Hanschke

Enterprise Architecture Management – einfach und effektiv

Inge Hanschke

Enterprise Architecture Management – einfach und effektiv

Ein praktischer Leitfaden für die Einführung von EAM

3., überarbeitete und erweiterte Auflage

HANSER

Inge Hanschke, München, *www.hanschke-consulting.com*
Inge.Hanschke@Hanschke-Consulting.com
Sebastian Hanschke, München

Bibliografische Information der Deutschen Nationalbibliothek:

Die Deutsche Nationalbibliothek verzeichnet diese Publikation in der Deutschen Nationalbibliografie; detaillierte bibliografische Daten sind im Internet über *http://dnb.d-nb.de* abrufbar.

Vilshofener Straße 10 | 81679 München | info@hanser.de
Lektorat: Brigitte Bauer-Schiewek
Copy editing: Petra Kienle, Fürstenfeldbruck
Grafiken: Inge Hanschke, München, und Frank Fischer, Ottobrunn
Umschlagdesign: Marc Müller-Bremer, *www.rebranding.de*, München
Umschlagrealisation: Max Kostopoulos
Titelmotiv: © stock.adobe.com/shockfactor.de
Layout: Manuela Treindl, Fürth
Druck und Bindung: CPI Books GmbH, Leck
Printed in Germany

Print-ISBN: 978-3-446-46931-0

E-Book-ISBN: 978-3-446-47146-7

E-Pub-ISBN: 978-3-446-47552-6

Inhalt

Vorwort

Die Zukunft hängt davon ab, was wir heute tun.

Mahatma Gandhi

Enterprise Architecture Management (EAM) muss zum Enabler und Absicherer der digitalen Transformation werden. Unternehmensarchitekten müssen dafür sorgen, dass Unternehmen in der volatilen Welt entscheidungs- und handlungsfähig auf Basis von belastbaren Informationen bleiben. Neben Struktur, Single-Point-of-Truth, Standards und deren Operationalisierung müssen sie den digitalen Wandel des Unternehmens mit mehr Initiative, Kreativität und Innovation vorantreiben.

In der Praxis scheitern viele Unternehmen daran, ein nutzenstiftendes, angemessenes und handhabbares Enterprise Architecture Management (EAM) bereitzustellen. Gründe hierfür sind:

- fehlendes oder halbherziges Management-Commitment,
- fehlende oder inkonsequente Stakeholder-, Ziel- und Nutzenorientierung,
- unzureichende Agilität in den EAM-Prozessen oder bei den Unternehmensarchitekten und so kein agiles adaptives Unterstützen des Wandels,
- unzureichende Verankerung der EAM-Prozesse in die Planungs-, Entscheidungs- und Durchführungsprozesse,
- keine Konzentration auf das Wesentliche,
- unzureichende Skills im EAM-Kontext und
- schlechtes Aufwand-Nutzen-Verhältnis.

Direkt nutzbare Hilfestellungen für gerade die Erfolgsfaktoren für EAM sind rar. In der Literatur findet man zwar diverse Ansätze, die Informationen sind jedoch sehr verstreut und decken nicht alle relevanten Aspekte mit dem notwendigen Praxisbezug ab. Dies erschwert die Einarbeitung der Verantwortlichen in die anspruchsvolle Thematik.

Motiviert durch diese Herausforderungen, habe ich in diesem Buch die Erfahrungen aus über 250 EAM-Vorhaben und die Erkenntnisse aus dem intensiven Austausch mit einer großen Zahl von Experten sowohl aus Anwenderunternehmen und Beratungshäusern als auch aus der Wissenschaft zu einer Best-Practice-Sammlung konsolidiert. Das Buch hilft Ihnen insbesondere bei der Beantwortung der folgenden Fragen:

Wie kommen Sie zu einem wirkungsvollen Instrumentarium für die aktive Mitgestaltung der Geschäfts- und IT-Strategien und deren Operationalisierung? Wie müssen Sie vorgehen und mit welchem Aufwand müssen Sie rechnen? Wie bekommen Sie Ihr EAM auch wirklich in Ihrer Organisation verankert? Rechtfertigt der Nutzen den Aufwand? Wie wird EAM in Ihrem Unternehmen ein Selbstläufer?

Das Buch betrachtet das Thema EAM ganzheitlich und gibt konkrete Hilfestellungen für das Aufsetzen, den Ausbau und die Verankerung von EAM in Ihrem Unternehmen. Ausgangspunkt sind die Herausforderungen für Business-, IT- und insbesondere Compliance-Verantwortliche oder andere Nutznießer von EAM. Das Spannungsfeld zwischen Effizienz, Sicherheit und Zuverlässigkeit im Geschäftsbetrieb (Operational Excellence), Business-IT-Alignment, Steigerung des Wertbeitrags (Effektivität) und Treiben von Geschäftsinnovationen wird aufgezeigt. Durch Zuordnung von bewährten Nutzenargumenten und Einsatzszenarien für EAM wird die Argumentation im Management vereinfacht.

Mithilfe der Best Practices können Sie einfach entsprechend Ihren Herausforderungen das für Sie passende EAM ableiten. Mit diesem Buch können Sie erfolgreich in EAM einsteigen und dies dann kontinuierlich ausbauen. Der erste Schritt ist entscheidend. Eine zweite Chance gibt es selten.

Vorwort zur dritten Auflage

In der dritten Auflage wurden die Best Practices weiter konsolidiert. Durch die Kombination von Techniken aus dem agilen Umfeld, Lean Management, Organisationskontext, Business-Analyse und insbesondere auch Digitalisierungskontext wird der Nutzen von EAM erhöht und gleichzeitig der Aufwand insbesondere für die Datenbeschaffung reduziert. So wird die Grundlage für ein nachhaltiges wirksames EAM geschaffen, das schnell und nutzenorientiert eingeführt und dann nachhaltig im Unternehmen verankert werden kann. In dieser dritten Auflage finden Sie Best Practices für Business-driven EAM und Hilfestellungen, wie Sie sicher(er) erfolgreich EAM einführen können. Zudem finden Sie weitere praktische anonymisierte Beispiele aus realen Projekten, die Ihnen einen noch besseren Eindruck vom Leistungsvermögen von EAM geben.

Danksagung

Vielen Dank an die Diskussionspartner und Reviewer für den intensiven Austausch und die vielen Feedbacks. Insbesondere möchte ich mich bei Sebastian Hanschke und weiteren geschätzten Personen, die nicht genannt werden wollen, bedanken.

Bedanken möchte ich mich auch beim Hanser Verlag, insbesondere bei Brigitte Bauer-Schiewek für ihr wertvolles Feedback und die vielen wichtigen Hinweise sowie bei Irene Weilhart für die schnelle und sehr gute Unterstützung bei der Gestaltung.

Besonderer Dank geht an meinen Partner und meine Familie, die mir den Rücken freigehalten und mich auch durch Feedback tatkräftig unterstützt hat.

München, im Mai 2022

Inge Hanschke

1 Einleitung

Every morning in Africa, a gazelle wakes up.
It knows it must run faster than the fastest lion or it will be killed.
Every morning a lion wakes up.
It knows it must outrun the slowest gazelle or it will starve to death.
It doesn't matter whether you are a lion or a gazelle.
When the sun comes up, you better start running.

Thomas L. Friedman: The World is Flat, 2005

Die zunehmende Digitalisierung, Globalisierung, Fusionen, zunehmender Wettbewerb und kürzer werdende Innovationszyklen führen zu einer VUCA-Welt (Volatility, Uncertainty, Complexity and Ambiguity). Der Kunde und dessen Bedürfnisse stehen im Mittelpunkt der Digitalisierung. Unternehmen müssen ihre Geschäftsmodelle in immer kürzer werdenden Zeitabständen überdenken, optimieren und an veränderte Kundenbedürfnisse anpassen.

Dies erfordert aber ein Umdenken in der Planung und deren Operationalisierung. Flexibel muss das Geschäftsmodell entsprechend der Unternehmensstrategie und der Kundenbedürfnisse gestaltet, verprobt und kontinuierlich optimiert werden. Um dieses veränderte Geschäftsmodell mit Leben zu füllen, müssen passende Produkte, Services, Fähigkeiten, Prozesse und Organisation festgelegt und durch insbesondere IT-Unterstützung operationalisiert werden. Dies muss gleichzeitig risikoarm, robust und effizient erfolgen.

Ein flexibles Planungs- und Steuerungsinstrumentarium auf Basis von jederzeit hinreichend aktuellen und qualitativ hochwertigen Daten ist von Nöten, um schnell und mit der notwendigen Sicherheit Entscheidungen treffen zu können. Abhängigkeiten und Auswirkungen von Veränderungen müssen transparent sein. Genau das leistet ein agiles wirksames Enterprise Architecture Management (siehe Bild 1.1 und Kapitel 2). Entsprechend des Zitats von Charles Darwin: „Nicht die Stärksten überleben, sondern die, die sich am schnellsten anpassen können."

Der IT kommt sowohl in der Operationalisierung der digitalen Transformation als auch als Innovationsmotor eine Schlüsselrolle zu. Ohne adäquate IT-Unterstützung sind die Automatisierung von z. B. Geschäftsprozessen oder Schnittstellen sowie Veränderungen an Organisation, Geschäftsprozessen oder Produkten und Services nicht schnell genug und auch nicht zu marktgerechten Preisen realisierbar. IT-Innovationen, wie z. B. Machine Learning, IoT, Big Data, Cloud, Mobile oder Social Computing, sind häufig Grundlage für Business-Innovationen und daraus resultierende neue Geschäftsmodelle; gerade in Zeiten der Digitalisierung und Industrie 4.0.

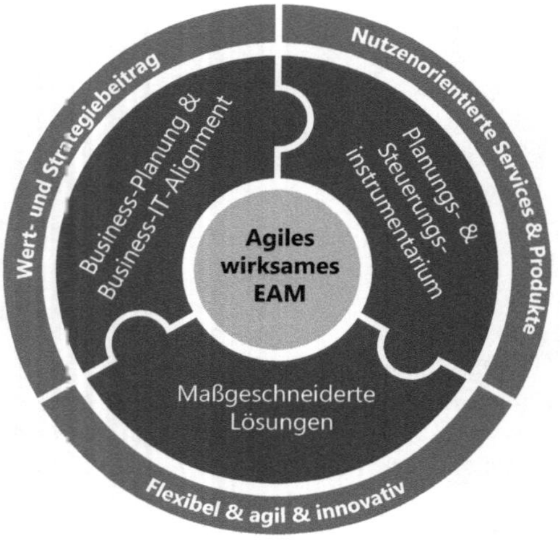

Bild 1.1
Wesentliche Säulen eines agilen und wirksamen Enterprise Architecture Management

Wichtig

Agilität und Flexibilität entscheiden neben einer konsequenten Kundenorientierung (Customer Experience), Business-Orientierung und Innovationskraft einhergehend mit Risikomanagement und Effizienzsteigerung über den Erfolg in der Digitalisierung.

Dies hört sich in der Theorie ganz einfach an. Jedoch hat die IT gar keine Möglichkeit, einen spürbaren Wertbeitrag zu leisten, wenn sie nur als Kostenfaktor gesehen wird. Sie muss sich erst einen höheren Stellenwert erobern. Ein entsprechendes Selbstverständnis und Leistungspotenzial sind dafür aber Voraussetzung. Denn wenn die IT nicht in der Lage ist, Geschäftsanforderungen schnell und zu marktgerechten Preisen umzusetzen, wird sie nach wie vor nur als Kostenfaktor wahrgenommen. Diesen Teufelskreis müssen Sie durchbrechen. Sie müssen die IT in den Griff bekommen, auf Veränderungen im Business vorbereiten und aktiv an der Weiterentwicklung des Geschäfts mitwirken. So können Sie das Business und die Unternehmensführung überzeugen und zum Partner oder Enabler des Business (siehe Abschnitt 3.4) werden. Die IT muss sich entsprechend dem obigen Zitat von Friedman für den nächsten großen „Run“ vorbereiten.

An die IT-Verantwortlichen werden hohe Anforderungen gestellt. Businessorientierte Diplomaten mit IT-Sachverstand und Durchhaltewillen sind gefordert, um die Akzeptanz auf Business- und IT-Seite zu bekommen und so schrittweise das Leistungspotenzial und den Stellenwert der IT zu steigern. Ein businessorientiertes strategisches und taktisches Planungs- und Steuerungsinstrumentarium ist erforderlich. Ein agiles wirksames Enterprise Architecture Management ist auch hier ein wesentlicher Erfolgsfaktor.

EAM liefert einerseits ein Instrumentarium, um Ihre IT in den Griff zu bekommen und deren strategische Weiterentwicklung zu planen und zu steuern. Andererseits schafft es eine gemeinsame fachliche Sprache als Grundlage für das Business-Alignment der IT und liefert Hilfsmittel für die aktive Beteiligung der IT an der Weiterentwicklung des Geschäfts.

Die Komplexität von EAM und insbesondere auch deren Verankerung in der Organisation sind sehr groß. Die Einführung von EAM geht einher mit einem Veränderungsprozess in Business und IT und deren Zusammenspiel. Abhängig von den persönlichen Zielen der verschiedenen Stakeholder-Gruppen muss EAM schrittweise aufgebaut und etabliert werden. Für jede Zielsetzung der relevanten Stakeholder müssen nutzenorientierte Lösungsvorschläge für die Beantwortung von Fragestellungen schnell und adäquat bereitgestellt werden, um alle Beteiligten an Bord zu behalten. Die Lösungsvorschläge müssen auf die Bedürfnisse der Stakeholder zugeschnitten sein, diese bei deren täglichen Arbeit entlasten und einen spürbaren Beitrag zur Erreichung der persönlichen Ziele bringen. Eine enge Kommunikation mit den Nutzern der EAM-Ergebnisse und den Datenlieferanten ist hierbei essenziell. Zudem müssen der Nutzen von EAM sowie der damit einhergehende Aufwand für jede Fragestellung ergründet werden. Nur wenn der Nutzen den Aufwand überwiegt, kann EAM nachhaltig im Unternehmen verankert werden.

Sie müssen schnell ein auf Ihre Anforderungen zugeschnittenes, angemessenes EAM aufsetzen und den Nutzen vermarkten. Auf dieser Basis können Sie Ihr EAM dann schrittweise einhergehend mit einem gesteuerten Veränderungsprozess ausbauen. In diesem Buch finden Sie eine Sammlung von Best-Practices, die Ihnen dabei helfen. Sie beruhen auf den Erfahrungen aus vielen EAM-Vorhaben und den Erkenntnissen aus dem intensiven Austausch mit einer großen Zahl von Experten sowohl aus Anwenderunternehmen, Beratungshäusern als auch aus der Wissenschaft. Die Best-Practices in diesem Buch helfen Ihnen, einerseits Ihr EAM-Vorhaben durchzusetzen und andererseits jede Ausbaustufe von EAM in wenigen Monaten erfolgreich durchzuführen sowie nachhaltig im Unternehmen zu verankern.

Wegweiser durch dieses Buch

Sie können die Kapitel in der vorgegebenen Reihenfolge oder aber auch selektiv lesen. Sie sind inhaltlich in sich abgeschlossen.

Kapitel 2 führt in das agile wirksame Enterprise Architecture Management ein. Standards, wie z. B. TOGAF (siehe [TOG09]), werden kurz vorgestellt, die Bestandteile und das Instrumentarium von EAM werden erläutert. Zudem wird die Best-Practice-EAM, die aus den Standards und den Erfahrungen von vielen EAM-Projekten resultiert, im Überblick vorgestellt. Die Best-Practice-Unternehmensarchitektur wird im Detail beschrieben. Unternehmensarchitekten erhalten zudem einen Überblick über die Best-Practice-Unternehmensarchitektur und Best-Practice-Visualisierungen, die aus Erfahrungen und Standards, wie z. B. TOGAF (siehe [TOG09]), abgeleitet wurden.

In **Kapitel 3** finden Sie einen Leitfaden für das Aufsetzen von EAM für einen Business-Verantwortlichen, CIO oder IT-Verantwortlichen. Ausgangspunkt bilden die Herausforderungen dieser Stakeholder-Gruppen. Ausgehend davon finden Sie Hilfestellungen für die Argumentation für EAM sowie für die Initiierung Ihres EAM-Vorhabens.

Kapitel 4 veranschaulicht den Nutzen von EAM mithilfe von Einsatzszenarien. Es wird aufgezeigt, wie mithilfe der Best-Practices die Anliegen der verschiedenen Stakeholder-Gruppen befriedigt werden können.

Kapitel 5 fasst alle Best-Practices zusammen. Sie bekommen Hilfestellungen für die Stakeholder-Analyse, die Gestaltung der Geschäftsarchitektur, die Bebauungsplanung, die technische Standardisierung und die Steuerung der Weiterentwicklung der Geschäftsarchitektur und der IT-Landschaft sowie eine Sammlung von Mustern für die Analyse, Gestaltung und Planung der IT-Landschaft. Empfehlungen für den Aufbau Ihrer EA-Governance sowie Schritt-für-Schritt-Anleitungen für die Einführung bzw. den Ausbau von EAM sowie für die Ziel-Bild- und Roadmap-Gestaltung runden die Best-Practice-Sammlung ab. Mithilfe der etablierten Standardvorgehensweise für die initiale Einführung und den schrittweisen Ausbau können Sie EAM in einer ersten Ausbaustufe bereits in wenigen Monaten zugeschnitten auf Ihre Bedürfnisse einführen und dann schrittweise nach diesem Vorgehen ausbauen. Die Bebauungsplanung ist eine komplexe Gestaltungsaktivität. Der Leitfaden in Kapitel 5 hilft Ihnen, dies systematisch und nachvollziehbar durchzuführen.

Kapitel 6 liefert Ihnen einen Leitfaden für die Toolunterstützung im Enterprise Architecture Management. Der Leitfaden ist dabei geprägt von den Erfahrungen von Sebastian Hanschke aus über 80 EAM-Tooleinführungs-, Migrations- und Verankerungsprojekten. Zu Beginn wird hier darauf eingegangen, wie die Datenqualität mit Enterprise Architecture Management Tools verbessert werden kann, bevor dann eine Auswahl von Enterprise Architecture Management Tools im groben Überblick näher vorgestellt wird. Dabei wird insbesondere auf die Kernfunktionalitäten sowie einige Best-Practices der ausgewählten EAM-Tools eingegangen. Zum Abschluss werden wesentliche Kern Use Cases dargestellt, welche typischerweise von Enterprise Architecture Management Tools unterstützt werden.

In jedem Kapitel finden Sie zahlreiche Literaturhinweise, die Ihnen Empfehlungen für die Vertiefung des jeweiligen Themas geben. Darüber hinaus gibt es ein umfangreiches Glossar, in dem alle wesentlichen Begriffe aus dem EAM-Kontext erläutert werden.

Wer sollte dieses Buch lesen?

Das Buch adressiert im Wesentlichen CIOs und IT-Verantwortliche, IT-Stabsstellen und insbesondere Unternehmensarchitekten. Aber auch Business-Planer, Prozessmanager, Projektportfolio- und Projektmanager erhalten Antworten auf wichtige Fragen:

- CDOs, Business-Planer, Business Capability Manager, Prozessmanager und Informationsmanager
  - Wie kann EAM bei der Geschäftsmodellweiterentwicklung unterstützen?
  - Wie kann Mehrwert aus Daten gehoben werden?
  - Wie kann eine Prozesslandkarte, Informationslandkarte oder Business Capability Map erstellt und genutzt werden? Welchen Nutzen kann dadurch erzielt werden?
  - Wie kann das Projektportfolio wirksam mithilfe von fachlichen Ordnungsrahmen strukturiert und gesteuert werden?
  - Wie finden Sie Handlungsbedarfe und Optimierungspotenziale für die Optimierung der Business-Unterstützung mithilfe der IT? Für Compliance und Sicherheit?
  - Wie kann erkannt werden, ob die IT-Landschaft zukunftssicher, einfach und robust oder komplex und instabil ist?
  - Wie decken Sie Abhängigkeiten und Auswirkungen von Business-Veränderungen auf?
  - Wie können Sie Handlungsfelder erkennen und systematisch Lösungen dafür ableiten?
- CIOs und IT-Verantwortliche sowie IT-Stabsstellen
  - Welchen Herausforderungen muss sich ein CIO aktuell stellen?
  - Was ist EAM und wie hilft EAM bei der Bewältigung dieser Herausforderungen?

- Aus welchen Bestandteilen besteht ein wirkungsvolles Instrumentarium? Wie unterstützt EAM das strategische IT-Management?
- Wie kommen Sie zu Ihrem Enterprise Architecture Management? Wie müssen Sie vorgehen und mit welchem Aufwand müssen Sie rechnen?
- Wie können Sie EAM nachhaltig in der Organisation verankern?
- Welcher Nutzen entsteht? Rechtfertigt der Nutzen den Aufwand?
- Wie können Sie EAM verargumentieren?
- Wie kann der Beitrag der IT zum Unternehmenserfolg dargestellt werden?

- Unternehmensarchitekten
  - Welche Standards gibt es im EAM-Umfeld? Wie ordnet sich die Best-Practice-EAM-Methode hier ein? Welche Unterstützung liefert die Best-Practice-EAM-Methode?
  - Aus welchen Bestandteilen besteht die Best-Practice-Unternehmensarchitektur?
  - Welche Sichten auf die Unternehmensarchitektur gibt es? Welche Stakeholder haben welche Anliegen? Wie können deren Ziele erreicht werden?
  - Wie kann der Informationsbedarf der verschiedenen Stakeholder-Gruppen gedeckt werden?
  - Wie machen Sie Abhängigkeiten und Zusammenhänge in und zwischen den Business- und IT-Strukturen transparent?
  - Wie erkennen Sie den Handlungsbedarf und das Potenzial für die Optimierung der IT?
  - Wie decken Sie Abhängigkeiten und Auswirkungen von Veränderungen in der IT auf?
  - Wie unterstützt EAM bei der strategischen IT-Planung?
  - Welchen Input liefert EAM zur strategischen IT-Steuerung?
  - Wie standardkonform ist Ihre IT-Landschaft?
  - Wie steuern Sie die Weiterentwicklung der IT-Landschaft wirksam?
  - Wie bekommen Sie EAM zum Fliegen?
- Projektportfolio-Manager, Multiprojektmanager und Entscheider
  - Wie sieht der Projektkontext aus?
  - Wie können Projekte wirksam unterstützt werden? Bei Entscheidungsvorlagen? Bei der Planung?
  - Welche Abhängigkeiten und Auswirkungen haben Projekte?
  - Wie konform sind die Projekte zu strategischen Vorgaben, technischen Standards und zur geplanten Soll-Bebauung?
  - Wie sind der Status und Fortschritt bei der Umsetzung der Soll-Vision?
- Verantwortliche für Business-Transformationen wie z. B. Fusionen oder Umstrukturierungen
  - Wie identifizieren Sie fachliche und IT-Anteile, die lose oder eng gekoppelt sind? Wie können Sie die Auswirkungen einer Umstrukturierung analysieren und bewerten?
  - Wie können Sie Planungsalternativen inhaltlich analysieren und gegenüberstellen?

Webseite zum Buch

Zu diesem Buch gibt es noch weitergehende Informationen, und zwar unter *https://plus.hanser-fachbuch.de* und *www.hanschke-consulting.com*:

- *Download-Anhang A:* Sammlung von Analysemustern für die Identifikation von Handlungsbedarf und Optimierungspotenzial in der IT-Landschaft
- *Download-Anhang B:* Sammlung von Gestaltungsmustern für den Entwurf der Ziel-IT-Landschaft
- *Download-Anhang C:* Sammlung von Planungsmustern für die Ableitung der Roadmap zur Umsetzung der Ziel-IT-Landschaft
- *Download-Anhang D:* Liste von Fragestellungen und Hilfestellungen für die Ableitung Ihrer Unternehmensarchitektur sowie geeigneter Visualisierungen zur Beantwortung Ihrer Fragestellungen
- *Download-Anhang E:* Charakteristika der Reifegrade des Enterprise Architecture Management
- *Download-Anhang F:* Modellierungsrichtlinien für die Geschäftsarchitektur und die IS-Landschaft
- *Download-Anhang G:* Einordnung von Best-Practice-EAM in das Rahmenwerk TOGAF (siehe [TOG09])

Auf

https://plus.hanser-fachbuch.de

geben Sie diesen Code ein:

`plus-57rEp-sH63m`

Abgrenzung und weiterführende Literatur

Operatives IT-Management sowie Business- und IT-Controlling werden in diesem Buch nur gestreift. Mehr Informationen zum operativen IT-Management finden Sie in [Ahl06], [Blo06], [Buc05], [Buc07], [Fer05], [Foe08], [GPM03], [Krc05], [Mai05], [Rom07], [Tie07] und [Zin04]. Ebenso finden Sie weitere Informationen zum IT-Controlling in [Ahl06], [Blo06], [Hei01], [Küt06], [Küt07] und [KüM07].

In diesem Buch wird nicht explizit zwischen dem strategischen und dem taktischen IT-Management unterschieden, da die Grenze zwischen beiden fließend verläuft und für die Fragestellungen nicht von Belang ist. Bezüglich der Unterscheidung sei auf einschlägige Literatur, wie z. B. [Mül05], verwiesen.

Die Betriebsinfrastrukturplanung wird im Folgenden nicht weiter detailliert. Hier sei auf die Literatur [Joh11] und [itS08] verwiesen.

In diesem Buch wird die Werkzeugunterstützung nur am Rande beschrieben. Einen Marktvergleich der kommerziellen EAM-Produkte finden Sie in [Seb08] und [Lef11].

2 EAM im Überblick

Was für den einfachen Menschen ein Stein ist, ist für den Wissenden eine Perle.

Dschelal ed-Din Rumi (1207–1273), persischer Mystiker und Dichter

Enterprise Architecture Management (EAM) ist ein wesentlicher Enabler der digitalen Transformation. Es schafft eine ganzheitliche Sicht auf das Geschäft und die IT in ihrem Zusammenspiel. Zudem stellt es ein Analyse-, Planungs- und Steuerungsinstrumentarium bereit. Dies ist die Grundlage, um Handlungsbedarf zu erkennen und vorausschauend agieren und zeitgerecht fundierte Entscheidungen treffen zu können.

Durch das EAM-Planungsinstrumentarium kann das fachliche und technische Ziel-Bild für das Unternehmen oder Bereiche abgeleitet aus der Strategie und Geschäftsanforderungen gestaltet und durch ein angemessenes Lösungsportfolio operationalisiert werden. Die Beseitigung von technischen Schulden, Automatisierung und Nutzung von bewährten Standards und Plattformen unterstützt Kosteneinsparung und Effizienzsteigerung. Dies ist ein weiterer wichtiger Baustein des Enterprise Architecture Management, das Technologiemanagement.

EAM liefert hierfür das Struktur-Backbone für das Unternehmen (die Unternehmensarchitektur), in dem alle fachlichen und technischen Strukturen aus unterschiedlichen Quellen gesammelt und in Beziehung gebracht werden. Es wird ein Single-Point-of-Truth für alle fachlichen und technischen Strukturen auf einer logischen Ebene hergestellt. Auf der Basis der Unternehmensarchitektur können die vielfältigen Informationsbedürfnisse der verschiedenen Stakeholder befriedigt und fundierter Input für Entscheidungen und die strategische, taktische und operative Steuerung bereitgestellt werden.

Die Unternehmensarchitektur beinhaltet die relevanten fachlichen und technischen Strukturen des Unternehmens (siehe Abschnitt 2.3). Sie ist der Kern von EAM. Mit ihrer Hilfe können die Fragestellungen von verschiedenen Stakeholdern beantwortet und so diesen bei deren täglichen Arbeit und bei der Erreichung ihrer Ziele geholfen werden. Visualisierungen sind ein wesentliches Mittel zur Beantwortung der Fragestellungen. In Bild 2.1 werden typische EAM-Visualisierungen dargestellt. Diese werden in Abschnitt 2.4 im Detail erläutert. In diesem Kapitel finden Sie eine Einführung in das Themengebiet Enterprise Architecture Management. Standards, wie z. B. TOGAF (siehe [TOG09]), werden kurz vorgestellt. Zudem wird ein Überblick über die Best-Practice-EAM-Methode gegeben, die aus den Standards und den Erfahrungen aus vielen EAM-Projekten hervorgegangen ist und kontinuierlich weiterentwickelt wird.

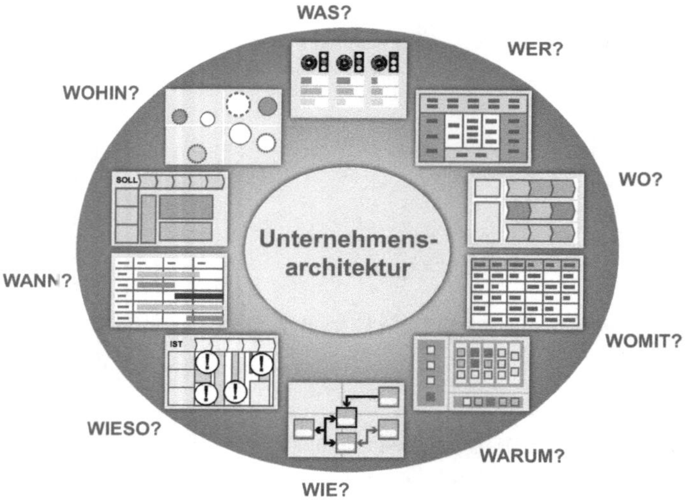

Bild 2.1 Unternehmensarchitektur und Visualisierungen – der Kern von EAM

EAM ist nicht gleich EAM. Die Ausprägung hängt stark von den individuellen Zielsetzungen und dem EAM-Reifegrad ab. Bei der Einführung lauern viele Fallstricke, wie z. B. nicht durchsetzbare Vorgaben, falsche Fokussierung oder aber zu große Einführungsstufen und die daraus resultierende unzureichende Verankerung in der Organisation. Ein systematisches schrittweises, nutzenorientiertes Vorgehen ermöglicht eine quick-win-basierte nachhaltige Einführung von EAM im Unternehmen. Best-Practices hierzu finden Sie in Kapitel 3, 4 und 5.

In diesem Kapitel erhalten Sie die Antworten auf folgende Fragen:

- Was ist EAM und welche Rolle spielt es bei der digitalen Transformation sowie Planung und Steuerung der IT?
- Welche Standards gibt es im EAM-Umfeld? Wie ordnet sich die Best-Practice-EAM-Methode hier ein?
- Welche Bestandteile hat die Best-Practice-EAM-Methode?
- Welche fachlichen und technischen Strukturen sind in der Regel Teil einer Unternehmensarchitektur?
- Welche Ergebnistypen liefert EAM? Wie grenzt sich dies zu anderen Disziplinen, wie z. B. zum Business Process Management (BPM), ab?

2.1 Was ist EAM?

Enterprise Architecture Management (EAM) ist ein systematischer und ganzheitlicher Ansatz für das Verstehen, Kommunizieren, Gestalten und Planen der fachlichen und technischen Strukturen im Unternehmen. Es hilft dabei, die Komplexität der Geschäftsarchitektur und der IT-Landschaft zu beherrschen und diese businessorientiert strategisch, taktisch und operativ weiterzuentwickeln. Siehe hierzu das folgende Zitat der Gartner Group [Gar08]:

„Enterprise architecture management is the process of translating business vision and strategy into effective enterprise change by creating, communicating and improving key principles and models that describe the enterprise's future state and enable its evolution."

EAM liefert einerseits das **Struktur-Backbone** für das Unternehmen (die Unternehmensarchitektur), in dem alle fachlichen und technischen Strukturen gesammelt und in Beziehung gebracht werden. Andererseits bietet EAM ein **Analyse- und Planungsinstrumentarium**, um auf der Basis der Unternehmensarchitektur die zukünftige Geschäftsarchitektur und IT-Landschaft zielgerichtet zu planen und weiterzuentwickeln. EAM schafft damit Transparenz über die Geschäftsarchitektur und die IT-Landschaft, fördert das Business-IT-Alignment und unterstützt die strategische und taktische Planung und Steuerung der Weiterentwicklung des Geschäfts und der IT.

EAM ist ein wesentlicher Bestandteil des Planungs- und Steuerungsinstrumentariums eines Unternehmens und beinhaltet alle Prozesse für die Dokumentation, Analyse, Qualitätssicherung, Planung und Steuerung der Weiterentwicklung der Geschäftsarchitektur und der IT-Landschaft in ihrem Zusammenspiel. Es stellt Hilfsmittel bereit, um die Komplexität der IT-Landschaft zu beherrschen und die IT-Landschaft zielgerichtet businessorientiert weiterzuentwickeln. Die Vision von EAM in einer hohen Ausbaustufe wird im Folgenden beschrieben.

Transparenz über die Geschäftsarchitektur und die IT-Landschaft ist die Voraussetzung für fundierte Entscheidungen und die Beherrschung der IT-Komplexität. EAM stellt diese Transparenz her. In der EAM-Datenbasis[1] werden hierzu die wesentlichen fachlichen Strukturen, wie z. B. Geschäftsprozesse und Business Capabilities, und die IT-Strukturen, wie z. B. Informationssysteme in ihrem Zusammenspiel, gesammelt. Über die Analyse der EAM-Datenbasis und anschauliche Ergebnisvisualisierungen (siehe Bild 2.2 und Abschnitt 2.4) können viele Fragestellungen beantwortet werden.

Es geht letztendlich darum, echten Mehrwert für relevante Stakeholder zu schaffen, indem deren Fragestellungen beantwortet werden. Für alle relevante Stakeholder muss persönlicher Nutzen bei der Bewältigung ihrer täglichen Arbeit oder aber für die Erreichung ihrer Ziele gestiftet werden. Für alle resultierenden Fragestellungen müssen passgenaue Visualisierungen „gefunden" werden.

[1] In der Regel werden die EAM-Strukturen in einer Datenbasis gesammelt. Bei kleinen Datenmengen z. B. im Projektkontext können diese aber auch in einer andersgearteten EAM-Dokumentation z. B. direkt in Form von Visualisierungen in PowerPoint dokumentiert und analysiert werden.

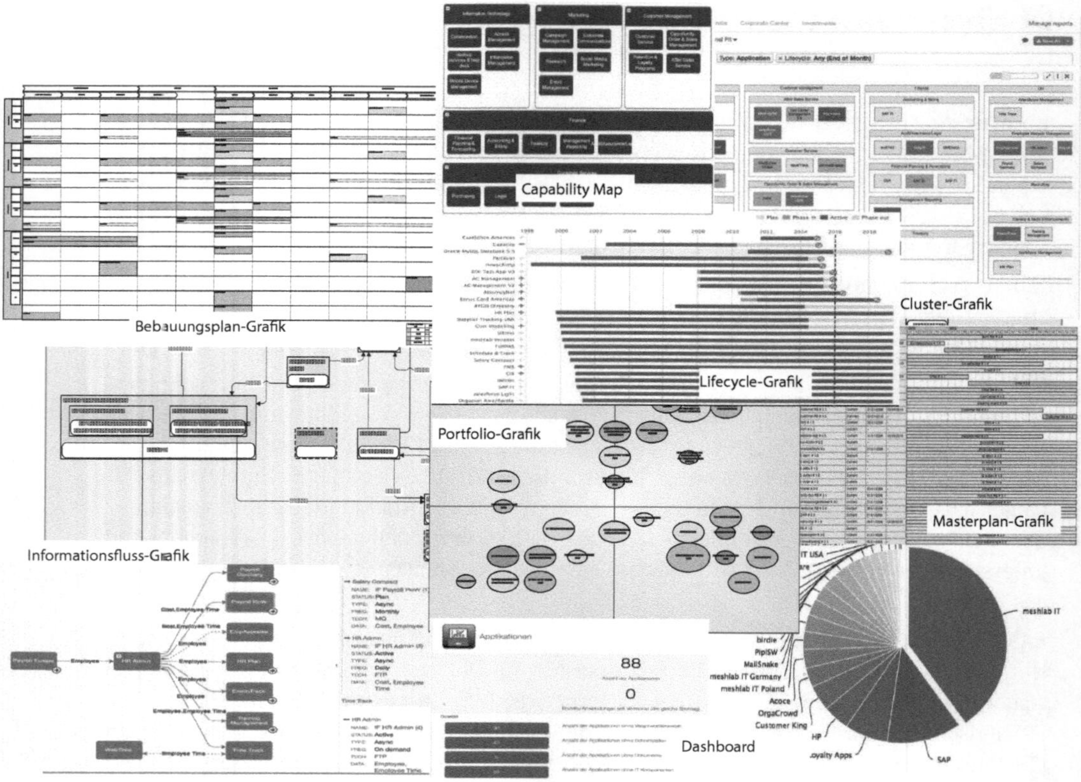

Bild 2.2 Typische EAM-Visualisierungen

Beispiele für Fragestellungen sind:

- Welche Zielkunden nutzen welche Produkte über welche Touchpoints?
- Welche aktuellen oder zukünftigen Business Capabilities sind für das Unternehmen relevant? Welche Geschäftsprozesse decken welche Business Capabilities ab?
- Welcher Partner aus dem Business-Eco-System stellt welche Business Capabilities bereit?
- Welche Geschäftsprozesse sind vom Ausfall eines Systems betroffen?
- Welche Fähigkeiten bzw. Business Capabilities werden in Zukunft benötigt? Welche sind bereits vorhanden?
- Welche Daten mit welchem Schutzbedarf werden von welchem Prozess verändert oder genutzt?
- Welche Geschäftsprozesse sind vom Ausfall eines Systems betroffen?
- Wer ist verantwortlich für welche Geschäftsprozesse oder Informationssysteme?
- Welche Informationssysteme unterstützen welche Geschäftsprozesse bzw. Business Capabilities?
- Wie sind Informationssysteme oder Schnittstellen technisch realisiert? Sind diese omnikanalfähig? Unterstützen diese die Cloud-Strategie?

- Welche Abhängigkeiten bestehen zwischen Geschäftsprozessen oder Informationssystemen?
- Welche Informationssysteme werden wann durch welche ersetzt oder abgeschaltet?
- Wie hat sich die Komplexität der IT-Landschaft und deren Kosten im letzten Jahr entwickelt?

Durch die systematische und überschaubare Darstellung der Geschäftsarchitektur und der IT-Landschaft in ihrem Zusammenspiel werden Zusammenhänge, Abhängigkeiten und Auswirkungen sichtbar und letztendlich häufig erst verstanden („Glauben durch Wissen ersetzen"). Das Überblickswissen ist allgemein zugänglich (keine „Kopfmonopole").

Die IT-Komplexität wird z. B. durch Visualisierung der Informationssysteme und deren Schnittstellen in einer Informationsflussgrafik offensichtlich. Hierdurch werden Zusammenhänge und Abhängigkeiten sichtbar und letztendlich häufig erst verstanden.

Wichtig

IT-Komplexität resultiert aus der Vielzahl und Heterogenität von Elementen, deren Abhängigkeiten, Redundanzen und Inkonsistenzen sowie der Veränderungsdynamik. Bereits bei mittelständischen Unternehmen oder aber ab einer größeren Anzahl von z. B. Geschäftsprozessen und IT-Systemen sind die Abhängigkeiten in der IT-Landschaft und vor allen Dingen die Geschäftsunterstützung nicht immer klar. Dies verschärft sich mit jeder Änderung. Mit jedem neuen Geschäftsprozess, jedem neuen Informationssystem, jeder neuen Schnittstelle oder Technologie wächst die Komplexität. Die Gefahr von redundanten und inkonsistenten Daten steigt. Die Auswirkungen von Änderungen werden unvorhersehbar, da Änderungen nur selten an einzelnen Informationssystemen vorgenommen werden können. Die Entwicklungs-, Wartungs- und Betriebskosten steigen.

Transparenz über die IT-Landschaft und die Geschäftsunterstützung ist die Voraussetzung, um über geeignete Konsolidierungsmaßnahmen die Komplexität in den Griff zu bekommen. EAM schafft diese Transparenz und damit das inhaltliche Fundament für die Konsolidierung der IT-Unterstützung durch z. B. Standardisierung, Homogenisierung, Vereinfachung, Beseitigung von Redundanzen, Abhängigkeiten und organisatorischen Maßnahmen. ■

Häufig reicht für die Beantwortung von Fragestellungen aber auch eine Liste, wie z. B. Liste der Informationssysteme und deren Verantwortlichkeiten. Für Steuerungsaufgaben sind hingegen Dashboards mit z. B. Torten-, Balken- oder Spider-Diagrammen (siehe Abschnitt 5.8) geeignet. Hier werden häufig der Status, der Fortschritt und die Prognose von Steuerungsaspekten betrachtet. Hierfür ist eine zeitliche Betrachtung erforderlich. So werden Trends leichter erkannt und damit die Möglichkeit für ein rechtzeitiges Agieren geschaffen.

Die relevanten Aspekte, auf die der Betrachter ein Hauptaugenmerk legen soll, können durch Kennzeichnungen, wie z. B. Farbe oder Linientypen, hervorgehoben werden. So lassen sich Handlungsbedarf und Optimierungspotenzial beziehungsweise Handlungsfelder und Ansatzpunkte für Tiefenbohrungen deutlich sichtbar machen.

Bei farbigen Hervorhebungen spricht man häufig von „Heat Map". Ein verbreitetes Beispiel für eine Heat Map findet man im Business Capability Management, wo die für die Umsetzung der Unternehmensstrategie zukünftig erforderlichen und die bereits vorhandenen Business Capabilities unterschieden werden (siehe Abschnitt 4.14).

Zugeschnitten auf die individuellen Fragestellungen, wie z. B. Berichtspflichten, muss EAM zeitnah die relevanten Informationen als Input für fundierte Entscheidungen möglichst aufwandsarm bereitstellen. Dies kann in einer Visualisierung (siehe Bild 2.2), als Dashboard, Liste oder aber auch als Export oder Schnittstelle in ein anderes integriertes System, wie z. B. ein Prozessmanagement-, ITSM- oder Projektportfoliomanagement-Werkzeug, erfolgen.

Wichtig

Achten Sie darauf, dass die bereitgestellten Ergebnisse wirklich genutzt werden. Alle nicht genutzten Ergebnisse sollten in regelmäßigen Abständen entlang eines festgelegten EAM-Prozesses „aufgeräumt“ werden.

Nur, wenn Ergebnisse wirklich genutzt werden, entsteht Nutzen für die nutzenden Stakeholder. Stellen Sie über einen engen Konakt mit den Stakeholdern sicher, dass die Ergebnisse maßgeschneidert auf die Bedürfnisse des Stakeholders passen. Nur so erhöhen Sie den Nutzen von EAM.

Achten Sie darauf, dass der Aufwand für die Datenerfassung, um die Ergebnisse bereitzustellen, in einem angemessenen Verhältnis zum Nutzen stehen. Der Nutzen muss in Summe deutlich höher als der Aufwand sein. Nur so kann EAM nachhaltig in der Organisation verankert werden. Siehe hierzu EA-Governance in Abschnitt 5.8. ■

Transparenz über die IT-Landschaft und die Geschäftsunterstützung ist die Voraussetzung, um über geeignete Konsolidierungsmaßnahmen die Komplexität in den Griff zu bekommen. EAM schafft diese Transparenz und damit das inhaltliche Fundament für die Konsolidierung der IT-Unterstützung durch z. B. Standardisierung, Homogenisierung, Vereinfachung, Beseitigung von Redundanzen, Abhängigkeiten und organisatorischen Maßnahmen.

EAM ist aber auch der Schlüssel für das **Business-Alignment der IT**. Dies wird durch abgestimmte Begriffe, die Verknüpfung zwischen Business- und IT-Strukturen und eine businessorientierte Steuerung der IT erreicht.

Abgestimmte Begriffe, die gemeinsame Sprache für Geschäftsprozesse, Business Capabilities und Geschäftsobjekte bilden eine gute Kommunikationsgrundlage für die unterschiedlichen Beteiligten in Business und IT. Dies ist letztendlich das gemeinsame Glossar, das im Idealfall unternehmensübergreifend vorgegeben wird. Die Semantik der Begriffe, z. B. von „Vertriebsprozess“ oder „Kundenauftrag“, wird festgelegt. Durch ein gemeinsames Verständnis werden Missverständnisse vermieden. Dies alleine ist schon ein großer Wert. Häufig gibt es in Unternehmen noch keine abgestimmten Listen von z. B. Geschäftsprozessen, Business Capabilities, Produkten oder Informationssystemen.

Über die abgestimmten fachlichen Strukturen kann zudem der Bezug zu IT-Strukturen hergestellt werden. So lassen sich Abhängigkeiten und Auswirkungen analysieren und auch darstellen. Die Fragestellung „Welche Informationssysteme unterstützen welche Geschäftsprozesse?“ kann beantwortet werden. Auf dieser Basis kann die Geschäftsunterstützung kontinuierlich optimiert und an den Zielen und Erfordernissen des Unternehmens ausgerichtet werden. Die Unternehmensarchitektur liefert das inhaltliche Fundament für die Weiterentwicklung des Geschäfts.

Das EAM-Analyseinstrumentarium beinhaltet Hilfsmittel, um Handlungsbedarf und Optimierungspotenzial zu identifizieren. So lassen sich z. B. einfach Redundanzen in der Geschäftsunterstützung über einen Bebauungsplan (siehe Abschnitt 2.4.3) aufzeigen.

In Bild 2.3 finden Sie ein Beispiel für eine Analyse der Geschäftsunterstützung. Ein Handlungsbedarf („Pain") bei einem Geschäftsprozess mit zu langen Durchlaufzeiten und gleichzeitig niedriger Wettbewerbsdifferenzierung ist der Ausgangspunkt für die Analyse. Die für den Geschäftsprozess genutzten Informationssysteme und deren Abhängigkeiten sowie technischen Bausteine werden ermittelt. Auf dieser Basis können Anhaltspunkte für die Reduzierung der Durchlaufzeiten identifiziert werden.

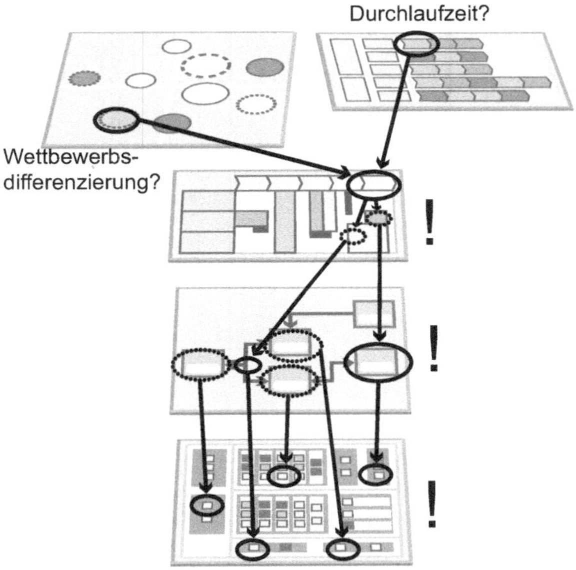

Bild 2.3
Beispiel Business-Alignment der IT

EAM unterstützt insbesondere auch bei der **Planung und Steuerung der digitalen Transformation und der Weiterentwicklung der IT-Landschaft.** EAM stellt ein Planungsinstrumentarium bereit und liefert Ihnen zeitnah und zielgruppengerecht fundierte Vorschläge für die fachliche und technische Soll- und Plan-Bebauung sowie Aussagen zu Auswirkungen und Machbarkeit von Business- und IT-Ideen als Input für fundierte Planungsentscheidungen. Auf dieser Grundlage können Sie die zukünftige Geschäftsarchitektur und die IT-Landschaft aktiv gestalten und die Weiterentwicklung businessorientiert steuern. Dies ist in Bild 2.4 dargestellt.

Ziel der strategischen Planung ist es, das Unternehmen an den Unternehmenszielen und geschäftlichen Erfordernissen auszurichten und auf den ständigen Wandel des Unternehmens und seines Marktumfelds vorzubereiten. Sie schafft ein ganzheitliches Verständnis des Geschäftsmodells, von den Zielen und der strategischen Positionierung und Differenzierung. Die strategische Planung gibt eine Vision und ein Zielbild als Orientierung vor und setzt Leitplanken für Entscheidungen und die Umsetzung, deren Einhaltung über die strategische, taktische und operative Steuerung sichergestellt werden muss. Die eigentliche Umsetzung der strategischen Planung erfolgt im Rahmen von Projekten oder Wartungsmaßnahmen.

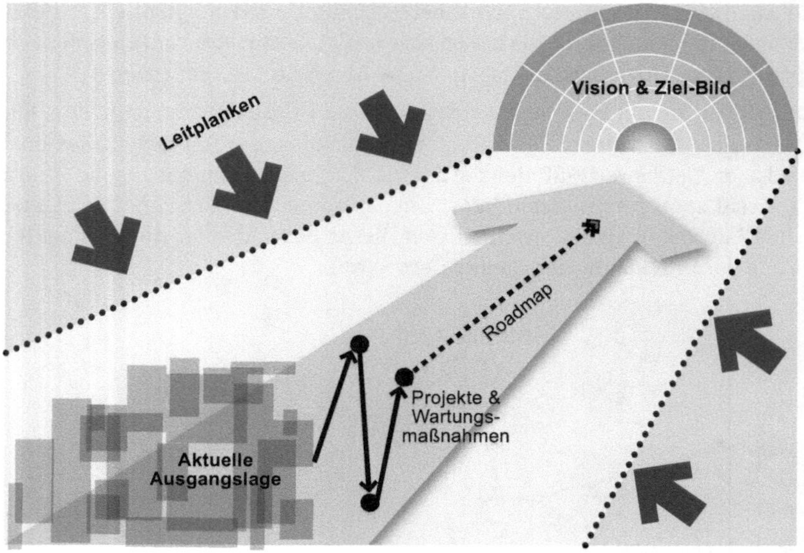

Bild 2.4 Vom Ist zur Soll-Vision

Das **Ziel-Bild** ist letztendlich der angestrebte Zustand in circa drei bis fünf Jahren[2]. Das Ziel-Bild beinhaltet grobe Eckwerte und Planungsprämissen und den taktischen „Plan" bezüglich aller Geschäftsfelder für die Umsetzung, die Roadmap. Die Vision und das fachliche Ziel-Bild werden aus der Unternehmensstrategie und den strategischen Geschäftsanforderungen unter der Berücksichtigung von Trends abgeleitet. Das fachliche Ziel-Bild wird in der Regel über die für die Umsetzung der Business-Strategie und Geschäftsanforderungen erforderlichen Business Capababilities in Kombination mit anderen Elementen der Geschäftsarchitektur, wie Produkte oder Daten, beschrieben. Diese fachlichen Strukturen bilden dann den fachlichen Ordnungsrahmen für die Ableitung der Ziel-IT-Landschaft. Für alle Handlungsfelder werden notwendige technische Fähigkeiten ermittelt und mit dem technischen Lösungsportfolio von u. a. Informationssystemen und Plattformen abgeglichen. So können Maßnahmen für die Umsetzung des Ziel-Bilds identifiziert werden.

Die **Leitplanken** sind in Bild 2.4 als „Begrenzer" für Projekte und Wartungsmaßnahmen gepunktet dargestellt. Die Leitplanken schränken die Freiheitsgrade für Projekte und Wartungsmaßnahmen ein. Neben fachlichen und organisatorischen Randbedingungen setzen insbesondere Prinzipien, Strategien und technische Vorgaben Rahmenbedingungen für die Umsetzung. Beispiele hierfür sind „Best-of-Breed" und Strategien, wie z. B. „Cloud-Strategie" oder „Ablösungsstrategie", sowie technische Standards, wie z. B. „MS SQL Server als Datenbanksystem zu verwenden".

Die Umsetzung des Ziel-Bilds und die Einhaltung der Leitplanken müssen über eine angemessene IT-Governance sichergestellt werden (siehe Abschnitt 5.8). Hier kann z. B. über Bewertungskriterien im Projektportfoliomanagement oder aber bei Projekten mittels Reviews zu wichtigen Meilensteinen die Einhaltung der vorgegebenen technischen Vorgaben über-

[2] In der Regel jedoch nicht über zehn Jahre.

prüft werden. Über klare Regeln muss festgelegt werden, was wie zu tun ist. Insbesondere muss klar aufgezeigt werden, wie bei Verstößen verfahren wird.

Die Vision, das Ziel-Bild und die Leitplanken werden im Rahmen der IT-Strategieentwicklung (siehe [Han14]) in der Regel jährlich oder auch nach Bedarf, z. B. bei großen Vorhaben, angepasst.

Mithilfe des EAM-Planungsinstrumentariums können die zukünftige Geschäftsarchitektur sowie die Soll-IT-Landschaft und die IT-Roadmap zur Umsetzung gestaltet werden. Ausgehend von den strategischen Vorgaben, Geschäftsanforderungen und aktuellen Handlungsbedarfen („Pains") werden Planungsszenarien für alle Handlungsfelder erstellt und analysiert. Analyse- und Gestaltungshilfsmittel unterstützen den kreativen Planungsprozess. Die Ableitung und Analyse von Lösungsideen und deren Bündelung zu Planungsszenarien werden erleichtert. Schnell und fundiert gelangen Sie zu Ihrer Soll-Landschaft und Roadmap zur Umsetzung. Best-Practices hierzu finden Sie in Abschnitt 5.5.

EAM liefert in einer hohen Ausbaustufe wertvollen Input zur Business-Planung und strategischen IT-Steuerung. Projekte können auf ihre Konformität mit dem Soll-Zustand und mit technischen Standards bewertet werden. Dies sind neben dem Strategie- und Wertbeitrag sowie Komplexitäts- und Kostensteuerungsgrößen wichtige Kriterien für die Bewertung und Priorisierung von Projekten im Projektportfoliomanagement, um das Portfolio strategisch auszurichten. Durch einen Plan-Ist-Abgleich können der Status und der Fortschritt der Umsetzung der Zielvorgaben sichtbar gemacht werden.

Die Unternehmensarchitektur gibt zudem über ihre Strukturen und Beziehungen ein Denkmodell für die strategische Business- und IT-Steuerung vor. Die verschiedenen Bebauungselemente, wie z. B. Geschäftsprozesse, Business Capabilities oder Informationssysteme, sind wichtige Steuerungsobjekte im strategischen businessorientierten Controlling. Die Verknüpfungen zwischen den Bebauungselementen können in der strategischen IT-Steuerung genutzt werden, um den Wertbeitrag für das Business aufzuzeigen. So kann z. B. über die Zuordnung von Informationssystemen zu Geschäftsprozessen der Grad der Business-Unterstützung aufgezeigt werden.

Um dies zu verdeutlichen, finden Sie in Bild 2.5 das Zusammenspiel zwischen der fachlichen sowie der strategischen und operativen IT-Planungs- und Steuerungsebenen dargestellt. In der fachlichen Planung wird z. B. eine Prozesslandkarte oder aber eine Business Capability Map (siehe Abschnitt 2.4.1) erstellt.

Die fachlichen Elemente werden in der Business-Planung beplant. Ergebnis sind u. a. eine Prozesslandkarte oder aber eine Business Capability Map. Diese fachlichen Elemente bilden den fachlichen Bezugsrahmen für die strategische Planung und Steuerung der IT. Im Bild 2.5 ist das IT-Ziel-Bild in Form einer Bebauungsplangrafik (siehe Abschnitt 2.4.3) dargestellt. Die Verbindung zwischen der fachlichen und der strategischen IT-Ebene wird über die Beziehung der IT-Elemente zu den fachlichen Elementen, in diesem Fall den Prozessen, hergestellt. Im Rahmen der strategischen IT-Planung wird die „ideale" Geschäftsunterstützung gestaltet.

In der strategischen IT-Planungsebene wird die IT-Landschaft im Überblick lang- und mittelfristig geplant. Ergebnis ist hier ein IT-Ziel-Bild und die Roadmap zur Umsetzung. Zur operativen IT-Planungsebene, die Ebene der Projekte und Maßnahmen, gibt es dann eine Verfeinerungsbeziehung, die in Bild 2.5 über die Detaillierung von Informationssystemen in die Infrastrukturelemente angedeutet ist.

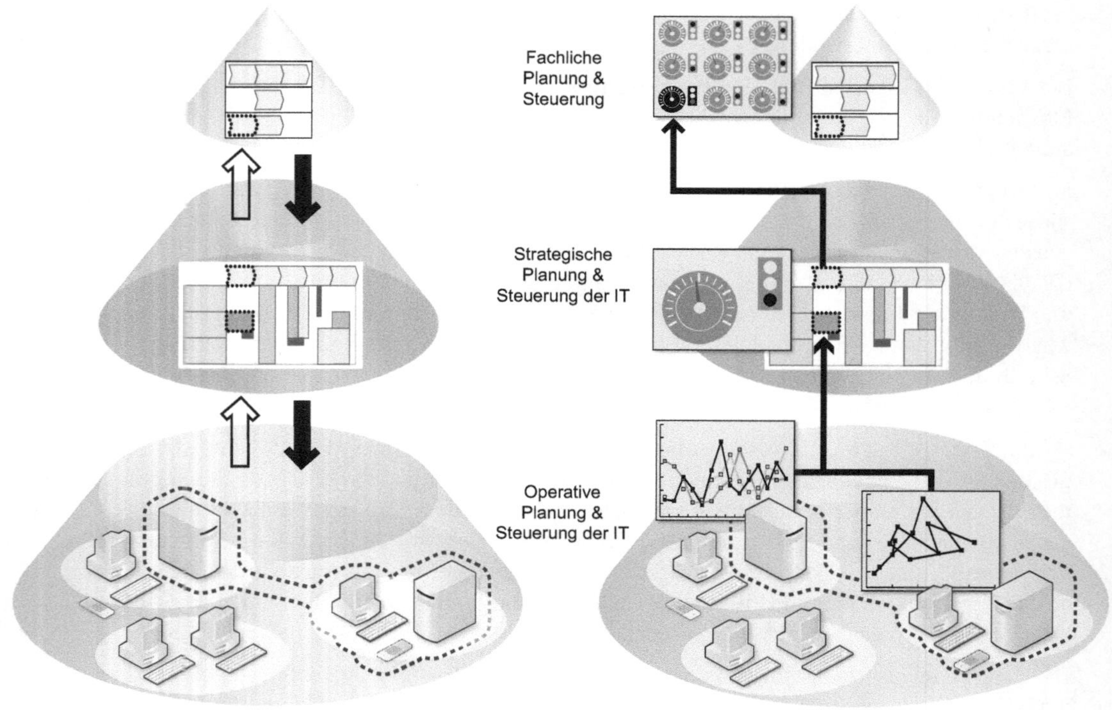

Bild 2.5 Fachliche und IT-Planung im Zusammenspiel

Über die Verbindungen zwischen den Ebenen können Sie businessorientierte Vorgaben an die IT weitergeben. So lassen sich z. B. die mit den Geschäftsprozessen verbundenen Ziele als Vorgaben an die unterstützenden Informationssysteme verwenden. Umgekehrt ist hierüber aber auch die operative Realität mit der Planungsebene verbunden. Die konkreten Messgrößen können dann, idealerweise, als Messgrößen für den Umsetzungsgrad der Planung verwendet werden oder aber auch, um operative Handlungsbedarfe auf die Elemente der Planungsebene „hochzuziehen". Beispiele sind die Anzahl von Störungen und Tickets pro Informationssystem oder auf der fachlichen Ebene pro Prozess.

Wichtig

Ein gut entwickeltes EAM ermöglicht es Ihnen, rasch und effektiv auf die Herausforderungen der digitalen Transformation und des sich immer schneller verändernden Markt- und Technologieumfelds zu reagieren. Es liefert wertvollen Input für die Business-Planung, die IT-Strategieentwicklung, das Demand Management, das Projektportfoliomanagement sowie die fachliche und IT-Planung und Steuerung. Abhängig von der organisatorischen Verankerung kann EAM darüber hinaus Einfluss auf Entscheidungen, die Lösungskonzeption von Projekten und die Gestaltung des Projektportfolios nehmen und deren Steuerung aktiv unterstützen.

2.1.1 EAM-Bestandteile

EAM ist ein ganzheitlicher und integrierender Ansatz zwischen Business und IT. Alle wesentlichen fachlichen und technischen Strukturen und deren Beziehungen untereinander werden gesammelt und in Beziehung gesetzt. Fachliche Anteile stammen originär häufig aus verschiedenen Quellen wie z. B. Geschäftsprozesse vom Prozessmanagement, Business Capabilities vom Business Capability Management, Produkte vom Produktmanagement und organisatorische Strukturen von der Organisationsabteilung.

Auch die IT-Anteile müssen von verschiedenen IT-Stellen und Systemen eingesammelt oder in Verbindung gebracht werden. So werden z. B. Prinzipien, Strategien oder technische Standards von CIO-nahen Stabstellen verwaltet. Inhalte der Applikationsbebauung kommen von der Anwendungsentwicklung und Betriebsaspekte vom Inhaus-, Cloud- und/oder outgesourcten IT-Betrieb.

Insofern ergeben sich verschiedene Aufgabenbereiche im Enterprise Architecture Management. Inhaltlich unterscheiden wir zwischen dem Management der Geschäftsarchitektur, dem IT-Bebauungsmanagement, dem Technologiemanagement und dem Management der Betriebsinfrastruktur.

Management der Geschäftsarchitektur

Das Management der Geschäftsarchitektur subsummiert die Ergebnisse aller Disziplinen, die sich mit der Bestandsaufnahme der bestehenden und der Gestaltung der zukünftigen fachlichen Strukturen beschäftigen, wie z. B. das Prozessmanagement, das Informationsmanagement, das Business Capability Management oder die Organisationsentwicklung. Es stellt sicher, dass alle Elemente der Geschäftsarchitektur in einer hinreichenden Aktualität, Vollständigkeit und Datenqualität in der benötigten Granularität übergreifend vorliegen. Durch Konsolidierung und übergreifende Abstimmung wird das fachliche Begriffs-Backbone geschaffen. Die Elemente der Geschäftsarchitektur, insbesondere Geschäftsprozesse oder Business Capabilities, bilden darüber hinaus einen fachlichen Ordnungsrahmen und geben das fachliche Bezugssystem für die Geschäftsmodellentwicklung und die businessorientierte Planung und Steuerung der IT vor.

Wichtig

Das Management der Geschäftsarchitektur wird gedanklich häufig eng zumindest mit dem Prozessmanagement verknüpft (siehe [Rei09] und [HLo21]). Hier werden diese Begriffe bewusst unterschieden. Aus Sicht des Enterprise Architecture Management und damit auch der Geschäftsarchitektur dürfen die Strukturen nicht zu feingranular sein. Es geht darum, eine Gesamtsicht über das Unternehmen im Überblick herzustellen, um strategische Fragestellungen beantworten zu können. Sicherlich ist die Detaillierung der grobgranularen Geschäftsprozesse in Abläufe für operative Fragestellungen wichtig. Dies ist aber dann eine andere Sicht – die der „operativen" Prozesse. Zwischen der logischen und der operativen Ebene muss es jedoch eine Verfeinerungsbeziehung geben, wo von einer Wertschöpfungskette in den operativen Prozess und auch umgekehrt „gesprungen" werden kann. ■

Die Ausprägung des Managements der Geschäftsarchitektur hängt davon ab, ob EAM im Business oder in der IT angesiedelt ist. Häufig ist das Management der Einzelbestandteile der Geschäftsarchitektur, mit Ausnahme des Informationsmanagements und des Business Capability Management, dem Business, z. B. der Unternehmensstrategie oder dem Organisationsbereich, zugeordnet. Die Konsolidierung, das Business Capability Management und das Informationsmanagement werden dagegen häufig von der IT verantwortet.

Wichtig

Stellen Sie über ein gemischtes Projektteam (Business und IT) bei der Einführung von EAM sowie ein gemischtes EAM-Steuerungsgremium im laufenden EAM-Betrieb sicher, dass die für die Geschäftsarchitektur erforderlichen Informationen in hinreichender Aktualität, Vollständigkeit und Qualität zur Verfügung stehen (siehe Abschnitt 5.8).

Wird das Business außenvorgelassen, verkümmert der Geschäftsarchitekturanteil im EAM oder aber es fehlt Akzeptanz durch das Business. Für einen ersten EAM-Einführungsschritt kann ohne Business-Beteiligung begonnen werden, wenn die EAM-Sponsoren lediglich aus der IT stammen. Hier können die Unternehmensarchitekten einen Grundstock von EAM-Methoden, EAM-Datenbasis und vor allen Dingen Know-how aufbauen, um in der Zukunft schneller Fragestellungen, auch von Business-Verantwortlichen, beantworten zu können. Wichtig ist dabei jedoch, dass fachliche Aspekte zumindest aus der Perspektive und dem Wissen der IT „vorgedacht" sind. D. h. insbesondere, dass nicht zumindest auf eine rudimentäre fachliche Bebauung verzichtet werden sollte.

Umgekehrt erzielt man aber auch schnell erste Erfolge durch eine Beschränkung auf die IT-Bebauung und eine rudimentäre fachliche Bebauung. Der Nutzen einer Geschäftsarchitektur lässt sich anhand exemplarischer Bebauungsplangrafiken oder anderer Visualisierungen auch mit nicht abgestimmten Geschäftsprozessen oder Business Capabilities gut aufzeigen. Darüber können Sponsoren im Business gewonnen und damit das Management der Geschäftsarchitektur im zweiten Schritt integriert und etabliert werden.

Wesentliche Teilprozesse des Managements der Geschäftsarchitektur sind:

- **Prozessmanagement** umfasst die Identifikation, Dokumentation, Gestaltung, Umsetzung, Steuerung und Optimierung von Geschäftsprozessen. Siehe Abschnitt 5.4.1.
- **Business Capability Management** ist ein systematischer Ansatz zur Identifikation der aktuell oder zukünftig für das Unternehmen relevanten Fähigkeiten (Business Capabilities) und zur schnellen Anpassung des Geschäftsmodells und der Geschäftsprozesse sowie deren IT-Unterstützung an veränderte Marktanforderungen und Wettbewerbsbedingungen. Siehe Abschnitt 5.4.2.
- **Informationsmanagement oder Datenmanagement** (siehe Abschnitt 5.4.3) umfasst die Menge aller organisatorischen, fachlichen, methodischen und technischen Konzepte und Verfahren mit dem Ziel,
  - die Daten für einen zuverlässigen Geschäftsbetrieb bereitzustellen,
  - die optimale Nutzung von Daten zu gewährleisten und
  - eine angemessene Datenqualität, Datenschutz und Informationssicherheit zu gewährleisten.

Jeder Stelle im Unternehmen müssen alle relevanten Informationen zum richtigen Zeitpunkt, am richtigen Ort und in der für den Verwendungszweck erforderlichen Qualität zur Verfügung stehen. Es beinhaltet die systematische, methodengestützte Planung und Steuerung der betrieblichen Informationsversorgung. Die Wertschöpfung aller Unternehmensbereiche hängt in erheblichem Umfang von der Qualität der Daten ab. Es ist der Prozess für das Planen, Gestalten, Überwachen und Steuern der Verwendung, Verteilung und Kommunikation von Informationen in Organisationen zur Erreichung strategischer Ziele.

- **Organisationsentwicklung** ist ein ein geplanter, systematischer und langfristiger Prozess der Veränderung und Weiterentwicklung der Aufbau- und Ablauforganisation von Unternehmen oder Unternehmensbereichen unter größtmöglicher Beteiligung aller Betroffenen. Siehe Abschnitt 5.4.4.

Diese sollten in der Business-Planung, Investitionsplanung und Projektportfoliomanagement verankert werden, um die Wirksamkeit und den Einfluss von EAM zu erhöhen.

Hinweis

Business-Planung ist der strategische und taktische, fachliche Planungsprozess, in dem das wirtschaftliche Umfeld, die Ziele, die benötigten finanziellen Mittel und die vorgesehenen Schritte zur Umsetzung der Unternehmensstrategie, Geschäftsanforderungen und Berücksichtigung von Trends, des Marktes und andere Randbedingungen betrachtet wird.

Investitionsplanung ist der Prozess der Erstellung und regelmäßigen Anpassung des Investitionsprogramms in der Regel jährlich im Rahmen der Unternehmensstrategieentwicklung und Business-Planung. Um den Ressourceneinsatz (insbesondere das finanzielle Budget) zu optimieren, sind eine Priorisierung sowie eine aktive Steuerung und Überwachung der Budgets mit einer Balancierung zwischen strategischen und operativen Maßnahmen erforderlich. Mithilfe einer Business Capability Map können Entscheidungen nachvollziehbar begründet und damit abgesichert werden.

Das **Projektportfoliomanagement** ist verantwortlich für die regelmäßige Planung, Priorisierung, übergreifende Überwachung und Steuerung aller Projekte eines Unternehmens oder einer Geschäftseinheit. Zu den Aufgaben des Projektportfoliomanagements gehören

- die Definition von Projekten und Programmen,
- die Bewertung von Projektanträgen,
- die Bewilligung, Zurückstellung und Ablehnung von Projektanträgen,
- die laufende Überwachung von Projekten aus der Sicht der Auftraggeber,
- die Wahrnehmung übergreifender Projekt- und Qualitätsmanagementaufgaben
- sowie das projektübergreifende Informations- und Wissensmanagement.

IT-Bebauungsmanagement

IT-Bebauungsmanagement ist eine Metapher, die sich der Bilder und Begriffe der Städte- und Landschaftsplanung bedient. Ein Bebauungsplan im Kontext der Stadtplanung legt das Straßennetz, die möglichen Nutzungen von Grundstücken und die Art der Bebauung fest.

Analog dazu dokumentiert, gestaltet und steuert das IT-Bebauungsmanagement die Weiterentwicklung der Informationssystemlandschaft (IS-Landschaft) in ihrem Zusammenwirken mit den anderen Teilarchitekturen (siehe Abschnitt 2.3). Die IS-Bebauung[3] wird in Beziehung zu den fachlichen und technischen Bebauungselementen gebracht. Geschäftsprozesse, Produkte, Business Capabilities, Daten und Informationssysteme und deren technische Realisierung werden in ihrer Gesamtheit und ihrem Zusammenspiel analysiert und bewertet. Die IS-Landschaft wird ausgerichtet an der Unternehmens- und IT-Strategie und den Geschäftsanforderungen zielgerichtet weiterentwickelt.

Das IT-Bebauungsmanagement dokumentiert und gestaltet die IS-Architektur[4]. Die IS-Bebauung verbindet die verschiedenen Bebauungen und den Kontext, wie z. B. Projekte oder Geschäftsanforderungen. Durch die Zuordnung von fachlichen Bebauungselementen zu den Elementen der IS-Bebauung wird die Business-Unterstützung der IT dokumentiert. Für jeden Geschäftsprozess, für jede fachliche Funktion (oder Business Capability) und für jedes Produkt des Unternehmens wird klar, welches IT-System welchen Beitrag leistet. Zusammenhänge und Abhängigkeiten in Business und IT werden transparent. So lassen sich einerseits der fachliche und technische Handlungsbedarf und die Optimierungspotenziale zur Verbesserung der Business-Unterstützung identifizieren. Andererseits können fundierte Aussagen über IT-Auswirkungen von Business-Entscheidungen getroffen werden. Ein wertvoller Input für das Projektportfolio- und Multiprojektmanagement wird geleistet.

Die technische Realisierung der Informationssysteme und Schnittstellen wird durch die Verbindung mit der technischen Bebauung beschrieben. So können auch hier technische Abhängigkeiten, Handlungsbedarf und Optimierungspotenziale aufgedeckt werden. Zum Beispiel kann man damit die Frage beantworten: „Welche Informationssysteme sind vom Release-Wechsel des Datenbanksystems ORACLE oder MS SQL Server betroffen?"

Über die Verknüpfung mit Infrastrukturelementen stellt man die Verbindung zur realen Betriebsinfrastruktur her. Über diese Verbindung können Vorgaben an den Betrieb wie z. B. Lizenz- oder SLA-Anforderungen weitergegeben werden. Umgekehrt ist auf diese Weise ein Abgleich mit der IT-Realität möglich. So lässt sich feststellen, welche Informationssysteme tatsächlich produktiv genutzt werden und welche Lizenz- oder SLA-Anforderungen wirklich umgesetzt wurden.

Technologiemanagement

Im Technologiemanagement werden das Lösungsportfolio und die technischen Standards, der Blueprint, des Unternehmens festgelegt, kontinuierlich weiterentwickelt und dessen Verbauung gesteuert. Das Technologiemanagement umfasst alle Prozesse zur Planung und Steuerung der Bereitstellung und Nutzung des Lösungsportfolios, der technischen Standardisierung, des Lifecycle-Managements und des IT-Innovationsmanagements. So werden die

[3] Auch Applikationsbebauung genannt.
[4] Auch Applikationsarchitektur genannt.

Flexibilität und Qualität durch adäquate Architekturen verbessert und die Kosten durch Standardisierung reduziert.

Neue technologische Entwicklungen aus dem Technologie-Scouting werden im IT-Innovationsmanagement im Hinblick auf ihre Einsetzbarkeit und ihrer Auswirkungen im Unternehmen beobachtet, evaluiert, bewertet und gegebenenfalls in den Blueprint aufgenommen. Über das Lifecycle-Management wird der Lebenszyklus aller technischen Elemente, auch technische Bausteine genannt, des Lösungsportfolios und der technischen Standards des Unternehmens explizit gemanagt. Technische Bausteine und deren Releases, die nicht mehr zukunftsfähig sind oder sich im Einsatz nicht bewährt haben, werden abgelöst. Über die technische Standardisierung wird festgelegt, welche Elemente des Lösungsportfolios für welchen Einsatzzweck für die Nutzung freigegeben sind, und es werden Hilfsmittel für die Nutzung bereitgestellt. Das stellt die Zukunftsfähigkeit und Tragfähigkeit von technischen Standards sicher.

Hinweis

Neben der technischen Standardisierung gibt es auch fachliche Standardisierungen von u. a. Geschäftsprozessen oder aber auch im Datenmanagement. Hierzu sei auf Abschnitt 5.4 verwiesen. ■

Der Blueprint setzt Rahmenvorgaben (siehe Leitplanke in Abschnitt 2.1) für die Weiterentwicklung der IT-Landschaft. So kann die häufig blumenkohlförmig gewachsene heterogene IT-Landschaft schrittweise durch Projekte und Wartungsmaßnahmen in die Richtung der technischen Vision weiterentwickelt werden (siehe Bild 2.6). Durch angemessene, tragfähige und zukunftsfähige Standards wird die IT auf absehbare Business-Änderungen vorausschauend vorbereitet.

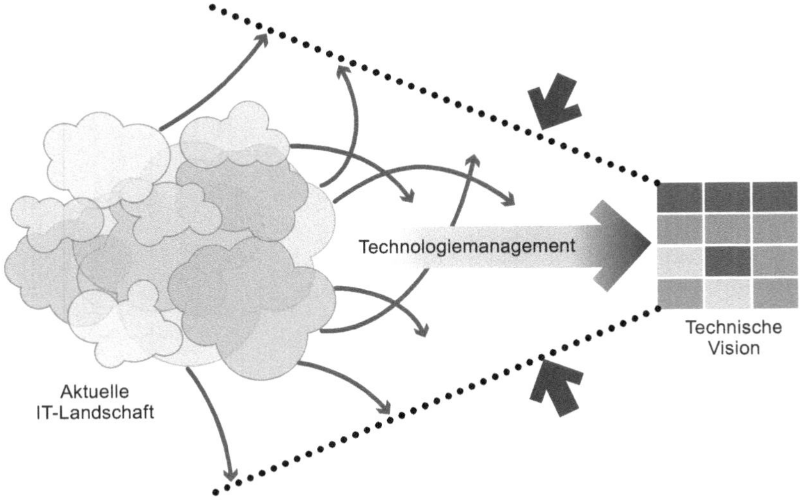

Bild 2.6 Technologiemanagement

Hinweis

Technische Standardisierung kann auch auf Ebene von Applikationen, Schnittstellen, technischen Bausteinen und Infrastrukturelementen erfolgen. Auf der Ebene von Applikationen werden Redundanzen in der Unterstützung von Business Capabilities, Produkten oder Geschäftsprozessen beseitigt. Das API-Management (siehe TBD) übernimmt die Standardisierung von Schnittstellen.

In Abhängigkeit von der strategischen Positionierung der IT im Gesamtunternehmen gibt es unterschiedliche Motive für die technische Standardisierung:

- **Kostenreduktion im IT-Basisbetrieb:** Nachhaltige Kostenreduktion durch Nutzung von Skaleneffekten, einer zentralen Verhandlungsmacht im Einkauf und der Know-how-Bündelung erzielen
- **Beherrschung und/oder Reduktion der IT-Komplexität:** IT-Komplexität durch Steigerung der technischen Qualität beherrschen (wiederholte Verwendung von bewährten technischen Bausteinen)
- **Optimierung des Tagesgeschäfts:** Standardisierung von Methoden und Verfahren z. B. für die Administration und den Betrieb von Anwendungen oder aber auch im fachlichen Kontext
- **IT strategisch ausrichten:** Tragfähige und zukunftssichere technische Standards vorgeben
- **Beitrag zur Weiterentwicklung des Geschäfts:** Festlegung von Standards, die Flexibilität fördern und Änderungen schneller durchführen lassen

Die technischen Standards wie z. B. die „erlaubten" Technologien, Datenbanken, Middleware-Lösungen und Referenzarchitekturen sind ein wichtiger Input für das IT-Bebauungsmanagement und das Management der Betriebsinfrastruktur (siehe Bild 2.7). Sie setzen Vorgaben für die technische Realisierung von Informationssystemen, Schnittstellen und Infrastrukturelementen, die insbesondere bei der Gestaltung der zukünftigen IT-Landschaft zu berücksichtigen sind.

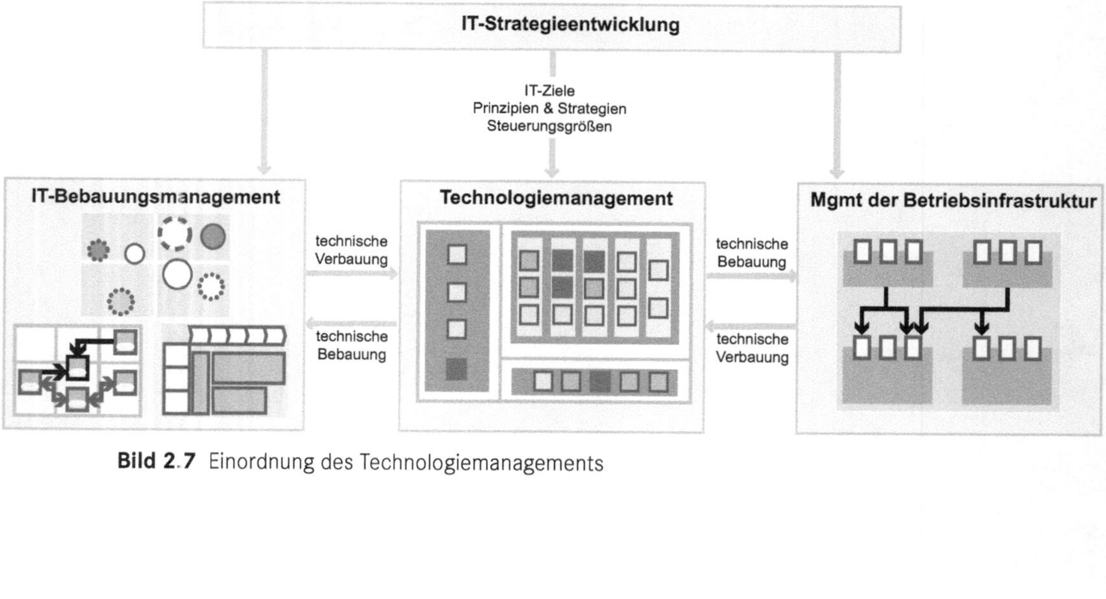

Bild 2.7 Einordnung des Technologiemanagements

Umgekehrt liefern das IT-Bebauungsmanagement und das Management der Betriebsinfrastruktur Informationen darüber, welche technischen Elemente in Informationssystemen, Schnittstellen oder in der Betriebsinfrastruktur wirklich verbaut sind. Diese Verbauungsinformationen sind ein wichtiger Input für die technische Standardisierung. Darüber hinaus wird Standardisierungsbedarf aufgedeckt. Hohe Wartungskosten, Heterogenität, Qualitätsprobleme oder eine hohe technische Komplexität liefern Anhaltspunkte für einen möglichen Bedarf.

Für jeden Standardisierungsbedarf z. B. für Datenbanken wird im Blueprint, auch technisches Referenzmodell (TRM) genannt, eine Schublade, eine technische Domäne, vorgesehen. „Der Griff in die richtige Schublade" erleichtert das Auffinden der zum Problemkontext passenden technischen Bausteine. Siehe hierzu Abschnitt 5.6.

Management der Betriebsinfrastruktur

Das Management der Betriebsinfrastruktur dokumentiert die Betriebsinfrastruktur auf einer groben Ebene und unterstützt bei der Gestaltung und Planung der zukünftigen Betriebsinfrastruktur. Details werden in der Regel im Servicemanagement z. B. in einer CMDB gehalten. Das Management der Betriebsinfrastruktur verbindet die operative Welt mit der taktischen und strategischen Ebene.

Technische Standards können ebenso für den Betrieb vorgegeben werden. So können z. B. Standards für Cloud, Hardware, Betriebssysteme oder Netzwerkkomponenten im Rahmen der Festlegung der „Service Strategy" und im „Service Design" (siehe ITIL V3 [Buc07]) gesetzt werden. Für weiterführende Informationen hierzu sei auf [Buc07], [Joh11] und [itS08] verwiesen.

2.1.2 EAM – die Spinne im Netz

EAM ist die Spinne im Netz des strategischen (IT-)Managements. Die Informationen und Visualisierungen aus EAM sind unabdingbar für wirksame Planungs-, Entscheidungs- und Durchführungsprozesse. Der wirkliche Nutzen entsteht nur im Zusammenspiel mit den anderen Disziplinen des strategischen Managements. So nutzt es wenig, wenn transparent ist, dass ein Projekt nicht konform zur Planung ist, wenn die Strategiekonformität nicht als Kriterium in Investitionsentscheidungen eingeht. Die Soll-Bebauungspläne und Standards können nur umgesetzt werden, wenn sie insbesondere über das Projektportfoliomanagement durchgesetzt werden.

In Bild 2.8 finden Sie ein Beispiel eines Managementinstrumentariums mit unterschiedlichen Disziplinen. Die verschiedenen Disziplinen für das strategische IT-Management werden ausführlich in [Han14] beschrieben. Dort finden Sie auch Hilfestellungen für die Ableitung Ihres IT-Managementinstrumentariums.

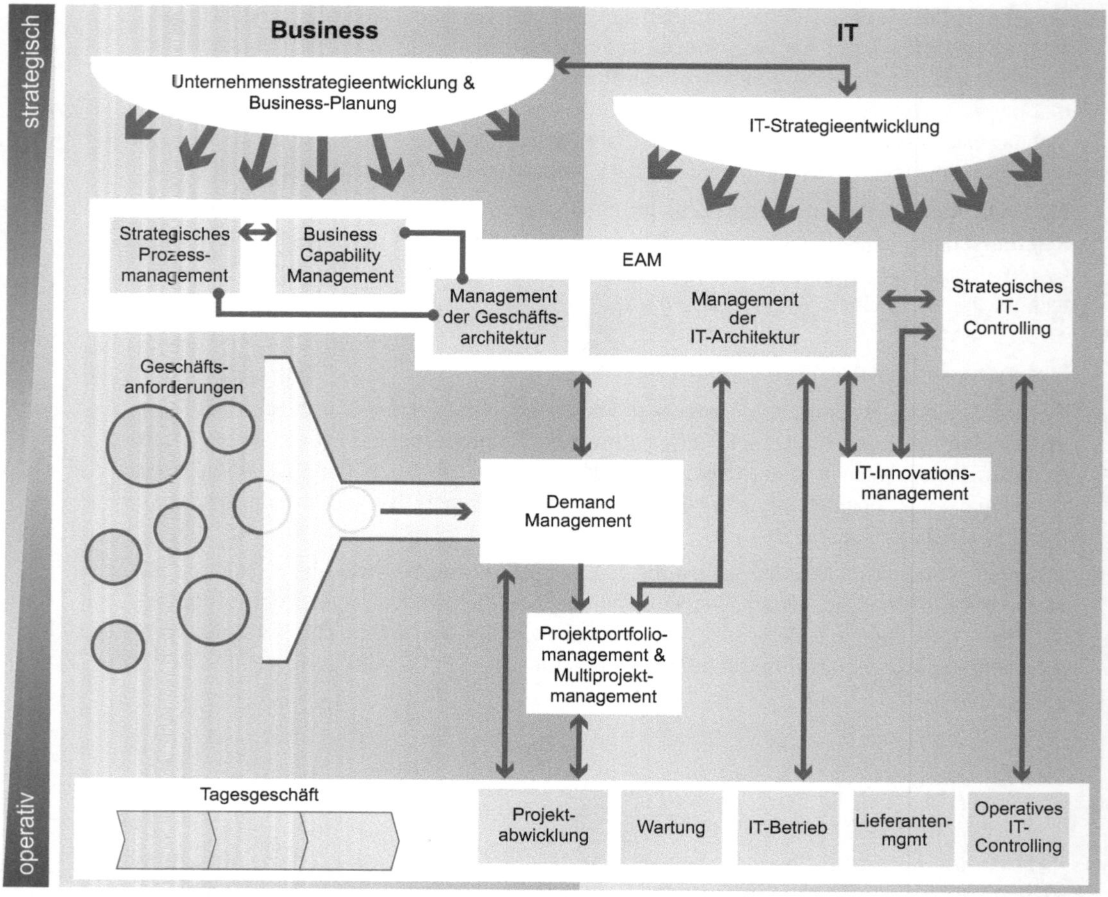

Bild 2.8 IT-Managementdisziplinen in ihrem Zusammenspiel

EAM spielt mit den anderen Managementdisziplinen auf vielfältige Art und Weise zusammen. Wesentliche Aspekte sind dabei:

- **Strategieentwicklung in Business und IT:** Die Unternehmensstrategie gibt das Geschäftsmodell und die strategischen Vorgaben wie Vision, Ziele, Strategien und Prinzipien für die Steuerung des Unternehmens vor. Die IT-Strategie leitet sich von der Unternehmensstrategie ab und setzt Vorgaben für die Planung und Steuerung der IT.

  Beitrag von EAM: Die Vision und das grobe Ziel-Bild aus der Unternehmens- und IT-Strategie werden durch EAM konkretisiert. Ein Soll-Bild und eine Roadmap zur Umsetzung entstehen. Die Rahmenvorgaben, wie z. B. Prinzipien, Strategien, technische Vorgaben und Randbedingungen, sind von EAM im Rahmen der Bebauungsplanung (siehe Abschnitt 5.5) einzuhalten.

- **Demand Management:** Das Demand Management ist die Disziplin für das Management der strategischen und operativen Geschäftsanforderungen. Es geht darum, im Zusammenspiel zwischen Business und IT die Geschäftsanforderungen möglichst angemessen, kostengünstig und trotzdem tragfähig und zeitgerecht in den Geschäftsprozessen und in der IT-Unterstützung umzusetzen.

Beitrag von EAM: EAM stellt für die Analyse der Abhängigkeiten und Auswirkungen Hilfsmittel, wie z. B. Bebauungspläne, Informationsflussgrafiken und Synchropläne (siehe Abschnitt 2.4), bereit. Das Demand Management kann sich des Analyse- und Gestaltungsinstrumentariums von EAM bedienen. Darüber hinaus dienen fachliche Strukturen als Ordnungsrahmen für das Einsortieren von Geschäftsanforderungen. Es ist ein wesentliches Hilfsmittel für die agile Planung (siehe [Han18]).

- **IT-Innovationsmanagement:** Durch die kontinuierliche Markt- und Trendbeobachtung werden frühzeitig relevante, technologische Neuerungen und Trends identifiziert sowie hinsichtlich der technologischen Reife und des Potenzials für den Einsatz im Unternehmen sowie der damit verbundenen Risiken bewertet. Relevante Trends werden in die technische Standardisierung im Technologiemanagement geordnet eingesteuert. So werden die technischen Standards zukunftsorientiert weiterentwickelt.

  Beitrag von EAM: EAM liefert für das Trend-Scouting einen technischen Ordnungsrahmen. Für alle Schubladen des technischen Referenzmodells (siehe Abschnitt 5.6) muss Ausschau nach Neuerungen gehalten werden. Auch, wenn im Rahmen des Lifecycle-Managements festgestellt wird, dass ein technischer Baustein veraltet ist, muss nach einem Nachfolger gesucht werden.

  EAM kann aber auch im Rahmen des Innovationsmanagements genutzt werden, um mögliche Lösungen zu gestalten sowie die Abhängigkeiten und Auswirkungen von Business-Ideen zu analysieren. Die im IT-Innovationsmanagement identifizierten relevanten neuen technologischen Standards müssen über das Technologiemanagement in EAM eingesteuert werden.

- **Projektportfoliomanagement:** Unter Projektportfoliomanagement wird die regelmäßige Planung, Priorisierung, übergreifende Überwachung und Steuerung aller Projekte eines Unternehmens oder einer Geschäftseinheit verstanden.

  Beitrag von EAM: Das Enterprise Architecture Management liefert folgenden Input für das Projektportfoliomanagement:

  - Vorschläge für die Soll-Bebauung und die Roadmap zur Umsetzung für Projektanträge
  - Prüfung der Konformität von Projekten zur Soll-Bebauung, der IT-Roadmap und der technischen Standards
  - Bereitstellung von Informationen für die Bewertung und Priorisierung von Projekten, bezogen auf das gesamte oder einen Ausschnitt des Projektportfolios
  - Zeitnah fundierte Aussagen über Machbarkeit und Auswirkungen von Business- und IT-Ideen, z. B. über „what if"-Analysen
  - Aufzeigen von Konfliktpotenzialen zwischen Projekten

- **Strategisches (IT-)Controlling:** Beim strategischen (IT-)Controlling werden insbesondere Status und Fortschritt der Umsetzung der strategischen Vorgaben und Planungen transparent gemacht. Hierzu werden die Zielzustände und Strukturen aus EAM genutzt. Es wird ein Soll-Ist-Vergleich durchgeführt und auf adäquate Steuerungsgrößen zurückgegriffen (siehe Abschnitt 5.8), die mit operativen Messgrößen aus der Projektabwicklung und dem Betrieb in Beziehung gesetzt werden.

Umgekehrt nutzt EAM strategische Steuerungsgrößen aus dem strategischen (IT-)Controlling, um die Weiterentwicklung der IT-Landschaft wirksam zu steuern.

In Abschnitt 5.8 finden Sie zugeordnet zu den Herausforderungen von CIOs häufig verwendete Kennzahlen.

- **Projektabwicklung und Wartungsmaßnahmen:** Projekte und Wartungsmaßnahmen sind das Vehikel, um das Ziel-Bild wirklich umzusetzen. Das Enterprise Architecture Management unterstützt in vielfältiger Weise:
  - EAM liefert einen wichtigen Input bereits für die Projekt- und Maßnahmendefinition. Die Projekt- und Maßnahmeninhalte und die Abgrenzung können durch die vorliegende Dokumentation der Ist-, Plan- und Soll-Bebauung schärfer gefasst werden. Anhaltspunkte für Tiefenbohrungen lassen sich zudem aufzeigen. Dies verkürzt die Definition und das Aufsetzen von Projekten erheblich.
  - Durch zeitgerechte fundierte Analysen entsprechend den Fragestellungen aus dem Projektkontext kann EAM einen wesentlichen Input insbesondere in der Konzeptionsphase des Projekts oder der Maßnahme liefern.
  - Im EAM werden die Inhalte und Zeitpunkte der Umsetzung aller Projekte vom Projektportfoliomanagement übernommen und in Beziehung zu den fachlichen und technischen Strukturen in der EAM-Datenbasis gebracht. Die betroffenen z. B. Applikationen, Capabilities und Geschäftsprozesse sind damit zugeordnet. So können Konfliktpotenziale aufgedeckt und ein wichtiger Beitrag zur Projektsynchronisation geleistet werden.

Wichtig

EAM ist, wie in Bild 2.8 dargestellt, die „Spinne im Netz" des strategischen IT-Managements. Die Informationen und Visualisierungen aus EAM sind unabdingbar für wirksame Planungs-, Entscheidungs- und Durchführungsprozesse. Durch die Integration kann EAM Einfluss nehmen. Dabei sind insbesondere die fachliche Planung, wie z. B. das Demand Management, und Prozesse wichtig, in denen Investitionsentscheidungen getroffen werden.

Um eine hinreichend aktuelle und qualitativ hochwertige EAM-Datenbasis zu erhalten, müssen die EAM-Pflegeprozesse in die Planungs-, Durchführungs- und Entscheidungsprozesse integriert werden. Insbesondere die Integration in die Projektabwicklung und Wartungsmaßnahmen ist entscheidend. Über die Mitarbeit in den Projekten und/oder Quality Gates müssen die Informationen über die Veränderung der IT-Landschaft gesammelt und in die EAM-Datenbasis eingepflegt werden. Details zur EA-Governance finden Sie in Abschnitt 5.8.

Die Pflege der EAM-Datenbasis verursacht eine Menge Aufwand, insbesondere bei den Schlüsselpersonen mit dem fachlichen und technischen Überblickswissen. Wann lohnt sich EAM?

Lean EAM – agil und wirksam

Die Antwort ist hier erst mal sehr einfach: EAM lohnt sich, wenn die Summe des persönlichen Nutzens den dafür erforderlichen Aufwand deutlich übersteigt. Wir nennen diesen Zielzustand „Lean EAM" oder agiles und wirksames EAM. Nur ein Kosten-Nutzen-optimiertes EAM-Instrumentarium kommt letztendlich zum Fliegen.

Der Weg dahin ist nicht ganz einfach. Wesentliche Erfolgsfaktoren dafür sind:

- **Lean-Prinzip der Kundenwertorientierung:** Persönlichen Nutzen für die Stakeholder für deren tägliche Arbeit und zur Erreichung ihrer persönlichen Ziele erzeugen

  Alles, was hierzu keinen Beitrag liefert, ist „Verschwendung" und kann aussortiert werden. Häufige Beispiele sind Datensammlungen ohne Abnehmer.

- **Nutzen durch Nutzung:** Dies hört sich auch erst mal banal an, ist es aber nicht. Leider findet man häufig in Unternehmen Datensammlungen ohne Abnehmer. Hier gibt es unterschiedliche Ursachen. So kann es sein, dass der bisherige Abnehmer kein Interesse mehr daran hat. Eine weitere weitverbreitete Ursache ist die fehlende Konzentration auf das Wesentliche, die „Sammelwut": „Es könnte ja jemand mal brauchen."

  Erst durch die wirkliche Nutzung bei der täglichen Arbeit oder zur Erreichung deren Ziele entsteht persönlicher Nutzen.

- **Kein Ballast und Konzentration auf das Wesentliche:** Alles weglassen, was nicht zielführend und kein ausreichendes Kosten-Nutzen-Verhältnis hat. Dies bezieht sich sowohl auf inhaltliche Strukturen als auch auf Prozesse und Organisation.

  Die Kosten-Nutzen-Betrachtung ist sicher nicht einfach. Eine grobe Analyse ist aber erfolgsentscheidend. Siehe hierzu Abschnitt 3.3.2.

- **Agilität – flexibel auf Veränderung reagieren:** Ein agiles EAM fokussiert die zeitgerechte Lösung konkreter Probleme in Feedback-Schleifen mit dem jeweiligen Nutznießer und Verantwortlichen. Unternehmensarchitekten müssen dazu die wirklichen Anforderungen ihrer internen oder externen Kunden verstehen, Klarheit und Verständnis über eine passgenaue Visualisierung der Handlungsfelder und deren Abhängigkeiten und Auswirkungen schaffen und dann Lösungen gemeinsam mit den Kunden unter Nutzung des vorausschauend aufgebauten Lösungsportfolios schnell und agil bereitstellen. Inputs aus regelmäßigen Feedbackrunden müssen schnell verarbeitet und in die Transparenz-, Steuerungs- oder Lösungssichten eingearbeitet werden.

  Die zeitgerechte schnelle Lieferung von Mehrwert für den häufig spontanten Bedarf eines Stakeholders ist hier das Entscheidende. Siehe hierzu Abschnitt 5.2.2.

- **Hinreichend qualitativ hochwertige und aktuelle EAM-Datenbasis:** Nur, wenn Qualität und Aktualität passen, werden die EAM-Ergebnisse wirklich auf Dauer genutzt. Allerdings sind die Datenlieferanten im Allgemeinen Schlüsselpersonen im Unternehmen, wie z. B. Business-Analysten oder Lösungsarchitekten. Sie stehen häufig unter hohem Zeitdruck und haben daher weder Zeit noch Lust, zusätzlichen Aufwand ohne erkennbaren Nutzen zu leisten. Nur durch „erkannten" Nutzen, möglichst wenig Aufwand und sicherlich auch den „sanften Druck" seitens des IT-Managements und der Unternehmensführung kann die Unterstützung aller erforderlichen Stakeholder gewonnen und erhalten werden. Auch hierzu gibt es Best-Practices. Siehe Abschnitt 5.8.

- **Fokus auf Fehler ausmerzen und Probleme lösen:** Engpässe oder Fehler, wie z. B. unzureichende Datenqualität für die Erstellung einer Entscheidungsvorlage, sind vorrangig zu beheben. Nicht beseitigte Engpässe und Fehler senken die Akzeptanz für EAM erheblich. Der Nutzen kann nicht gehoben werden.

  Die Engpässe und Fehler lassen sich aber durchaus unterschiedlich beheben. Einerseits könnte die Datenqualität nachhaltig durch entsprechende Pflege- und Qualitätssicherungsprozesse verbessert werden. Andererseits könnten die Entscheidungsvorlage oder

der Bericht so weit geändert werden, dass er nur auf Daten hoher Qualität beruht. Siehe Abschnitt 5.8.

- **Stufenweiser nutzenorientierter Ausbau von EAM:** Die Einführung und der Ausbau des Enterprise Architecture Management können nur in kleinen überschaubaren Stufen mit sichtbarem Quick-win erfolgen. Nur wenn der Nutzen erkannt wird, gibt es gute Argumente für Investitionen in den weiteren Ausbau. Die ständige Verbesserung muss das tägliche Denken bestimmen („Lean Thinking"). So können Fehler abgestellt, Ergebnisse optimiert und auf diese Weise der Nutzen erhöht werden.

Nachdem der Bootstrap geschafft ist, sollte EAM nutzenorientiert ausgebaut werden. Entscheidend ist hierbei der persönliche Nutzen der Stakeholder bei der Erreichung ihrer individuellen Ziele und bei der Bewältigung ihrer täglichen Arbeit. So kann EAM stufenweise entsprechend des individuellen Mehrwerts der Stakeholder erweitert werden. Welche Stakeholder in welcher Ausbaustufe einbezogen werden, muss über eine Stakeholder-Analyse (Interesse und Einfluss an EAM siehe [Han14]) ermittelt werden. Nur, wie finden Sie den Mehrwert für die Stakeholder?

Um diese Frage zu beantworten, müssen wir die Perspektive der Nutzer einnehmen. Schauen wir uns einige Nutzergruppen näher an. In Bild 2.9 finden Sie skizzenhaft einerseits in der Mitte der Struktur-Backbone EAM und außen verschiedene Aufgabenbereiche und deren Sichten.

In der Mitte ist der Struktur-Backbone angedeutet, die relevanten fachlichen und technischen Strukturen des Unternehmens. Der Struktur-Backbone ist umgeben von den Visualisierungen, die häufig in einer EAM-Sicht genutzt werden (siehe Abschnitt 2.4). Nutzer dieser Sicht sind neben Unternehmensarchitekten z. B. IT-Verantwortliche oder Verantwortliche für Informationssicherheit oder Compliance, die zugeschnitten auf ihre Bedürfnisse eine Teilsicht bereitgestellt bekommen.

Nun schauen wir uns zwei Beispiele der in Bild 2.9 dargestellten Aufgabenbereiche und Sichten näher an:

- **BPM (Business Process Management):** BPM ist häufig in einer Stabsabteilung im Organisationsbereich angesiedelt. Die Prozessmanager dokumentieren die Geschäftsprozesse, optimieren diese und entwickeln diese gegebenenfalls strategisch weiter. Für die Aufgaben benutzen sie typischerweise ein BPM-Werkzeug.

  Für die Prozessmanager sind sicherlich gewisse Informationen aus dem EAM hilfreich, wie z. B. die Antwort auf die Fragen. „Welche Anwendungen unterstützen welche Geschäftsprozesse?" oder „Welche Anwendungen gibt es?". Diese Ergebnisse möchten sie möglichst einfach und idealerweise in ihrer Werkzeugumgebung erhalten.

  EAM wird in der Praxis von Prozessmanagern häufig jedoch argwöhnisch betrachtet, da dort die Geschäftsprozessinformationen vielleicht auch, aber in einer anderen Granularität und ggf. unterschiedlich oder nicht konsistent gegenüber dem BPM-Werkzeug abgelegt sind. So ist z. B. die Verknüpfung zwischen den Aktivitäten des Geschäftsprozesses und den Anwendungen im BPM-Werkzeug abgebildet, wobei die Anwendungsnamen ggf. von denen in EAM variieren. In EAM existiert ggf. auch eine Zuordnung zwischen den Geschäftsprozessen und den Anwendungen auf einer gröberen Granularität, wobei auch die Geschäftsprozesse nicht immer deckungsgleich mit denen im BPM-Werkzeug sind. Zudem stellt sich die Frage der Verantwortlichkeiten; gerade für die Beziehungen zwischen Elementen, wie z. B. zwischen Aktivitäten und Anwendungen.

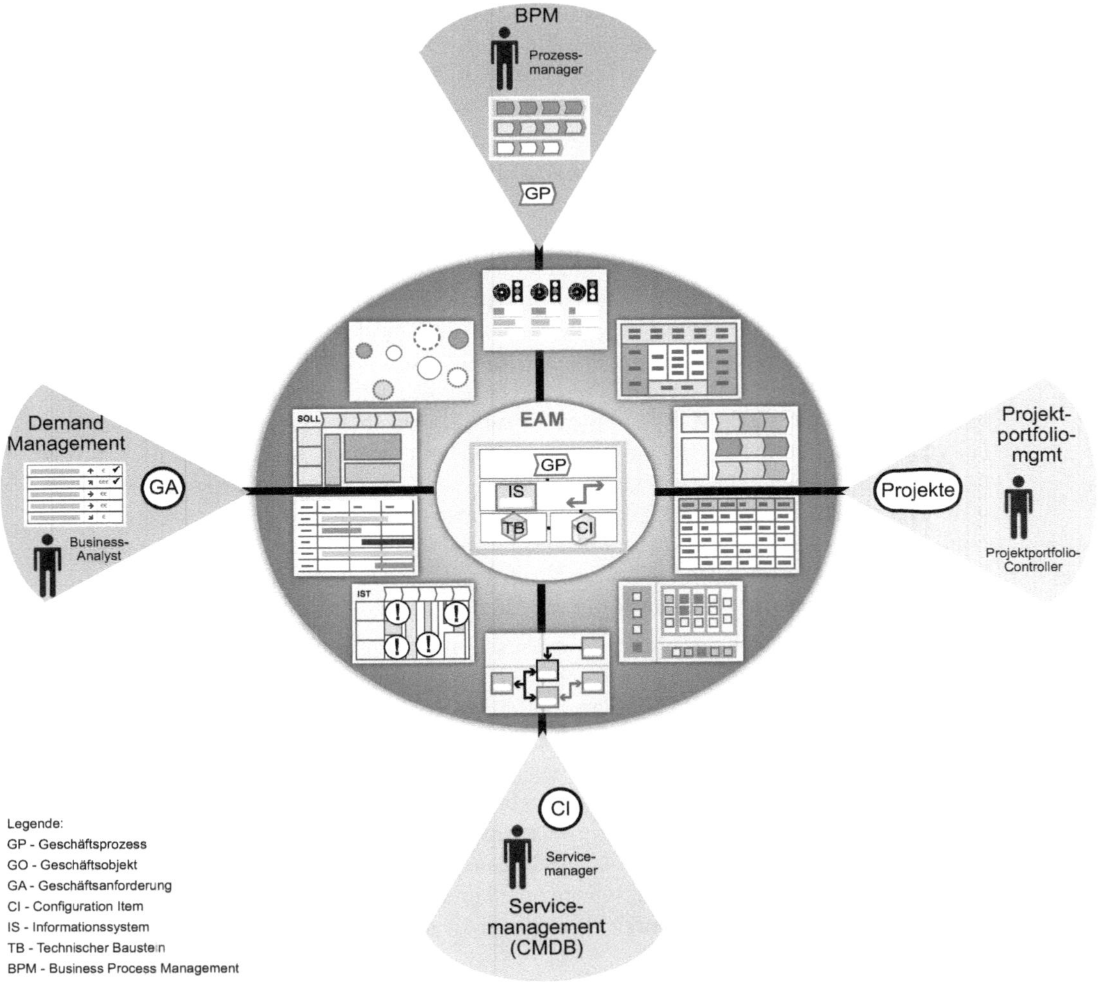

Bild 2.9 Lean EAM – nutzenorientierte integrierte persönliche Sichten

Nicht selten findet man in Organisationen noch mehr als zwei Versionen der Geschäftsprozesse, z. B. in Compliance- oder aber auch in IT-Servicemanagement-Dokumentationen. Dies verschärft die Situation noch weiter.

- **Demand Management:** Die Business-Analysten auf Fachbereichs- oder IT-Seite oder im Projekt stehen vor der Herausforderung, das „Anforderungschaos“ zu beherrschen und zudem sicherzustellen, dass mit angemessenem Aufwand die richtigen Dinge getan werden.

  Für die Business-Analysten sind auch gewisse Analyseergebnisse aus dem EAM für Kontext- und Auswirkungsanalysen und in einer hohen Ausbaustufe auch für die fachliche Planung hilfreich. Für die Business-Analyse-Aufgaben z. B. im Rahmen von Projekten wird aber häufig eine detailliertere Analyse erforderlich. Ein nahtloser Übergang ins Detail im Business-Analyse-Instrumentarium ist für die Business-Analysten notwendig. Die separaten sehr grobgranularen Informationen aus dem EAM bilden höchstens einen Einstiegspunkt.

EAM-Strukturdaten, wie die Liste der Geschäftsprozesse oder Anwendungen, und ein fachliches Domänenmodell sind hingegen für die Business-Analysten durchaus interessant. Hierdurch können die inhaltliche Bewertung und Priorisierung unterstützt werden. Diese Informationen müssen hierfür aber in der Werkzeugumgebung des Business-Analysten einfach zugänglich sein.

Alle möglichen EAM-Nutzer haben entsprechend ihrer Aufgabengebiete unterschiedliche Anliegen. Außer für Unternehmensarchitekten und strategische IT-Planer ist EAM in der Regel jedoch nicht das primäre Werkzeug. Das Interesse an „reinrassigen", über ein EAM-Werkzeug bereitgestellten, Ergebnissen ist dann häufig nicht so groß. Bedeutender sind eine möglichst optimale aufgabenorientierte Sicht und Werkzeugunterstützung für die verschiedenen Nutzer. Der Struktur-Backbone, d. h. insbesondere die Verknüpfung der unterschiedlichen fachlichen und technischen Informationen, hat für die Nutzer dann einen hohen Wert, wenn kaum Aufwand für die Bereitstellung anfällt und die Daten hinreichend qualitativ hochwertig und aktuell sind. Hierfür muss EAM sehr integrativ sein; alle Daten müssen möglichst automatisch bei Veränderungen in die jeweilige Werkzeugumgebung „transportiert" werden, ohne dass umfangreiche Pflege- oder Qualitätssicherungsaktionen anfallen. Die verbleibenden Aufwände für Korrekturen von z. B. Lücken oder Inkonsistenzen in Zuordnungen sollten durch Routinepflegeprozesse bewältigt und weitestgehend vom eigentlichen Nutzer ferngehalten werden. Diese administrativen Prozesse müssen aber klar bezüglich Verantwortlichkeiten, Aktualitätsanforderungen und den erforderlichen fachlichen Freigaben festgelegt sein.

Erfolgskritisch ist also eine möglichst optimale Unterstützung der verschiedenen Stakeholder bei der Bewältigung ihrer Aufgaben beziehungsweise Erreichung ihrer Ziele durch individuelle Sichten, die integriert den EAM-Struktur-Backbone sowie Analyse- oder Planungs-Features von EAM nutzen. Die verschiedenen Sichten und EAM sollten mit klaren Daten- und Prozessverantwortlichkeiten möglichst lose entsprechend der „Taktrate" der Prozesse in den Aufgabenbereichen gekoppelt sein. So werden z. B. neue Prozessmodelle erst nach einem entsprechenden Freigabeprozess veröffentlicht oder die IT-Strategieentwicklung erfolgt nur einmal im Jahr. Zuordnungen zwischen den Sichten, wie z. B. zwischen Prozessen und Anwendungen, müssen entsprechend der Aktualisierungserfordernisse der nutzenden Aufgabenbereiche durch Automatismen oder leichtgewichtige administrative Prozesse bereitgestellt werden.

Lean EAM lässt sich zusammenfassend durch nutzenorientierte integrierte persönliche Sichten bei gleichzeitig aufwandsarmer, qualitativ hochwertiger Datenpflege beschreiben. Die nutzenorientierten integrierten Sichten sind in Bild 2.9 dargestellt. Wichtig ist es, die Perspektive der Stakeholder einzunehmen und wirklich zu versuchen, deren Aufgaben, Randbedingungen und Ziele zu verstehen und dafür adäquate Lösungen bereitzustellen.

EAM sollte nur dann eingeführt werden, wenn die EAM-Ergebnisse wirklich „gewollt" und genutzt werden sollen. Aber: Wie findet man dies heraus? Wie sollte man vorgehen? Welcher Nutzen entsteht bei welchem Aufwand?

In Abschnitt 2.6 finden Sie einen Überblick über eine bewährte systematische agile Vorgehensweise. In Kapitel 3 finden Sie Materialien für Ihre Nutzenargumentation und die Aufwand-Nutzen-Betrachtung im Detail.

2.2 EA Frameworks

Enterprise Architecture Management ist kein neues Thema. Es gibt eine Vielzahl von Enterprise-Architecture-Rahmenwerken (EA Frameworks) mit unterschiedlichen Zielsetzungen. In [Mat11] wird von 70 verschiedenen Konzepten gesprochen. Verbreitet sind das Zachman Enterprise Architecture Framework und insbesondere TOGAF (The Open Group Architecture Framework). Diese werden im Folgenden kurz beschrieben.

Zachman Enterprise Architecture Framework

John A. Zachman (siehe [Zac87] und [Zac08]) legte bereits Mitte der 1980er-Jahre den Grundstein für sein nach ihm benanntes Framework. In seinen Arbeiten beschrieb Zachman die Relevanz der ganzheitlichen Betrachtung von Architekturen auf Unternehmensebene. Das Zachman Enterprise Architecture Framework gilt als eines der bekanntesten Frameworks und beeinflusste das heutige Verständnis der Unternehmensarchitekturen sowie viele später entwickelte Frameworks.

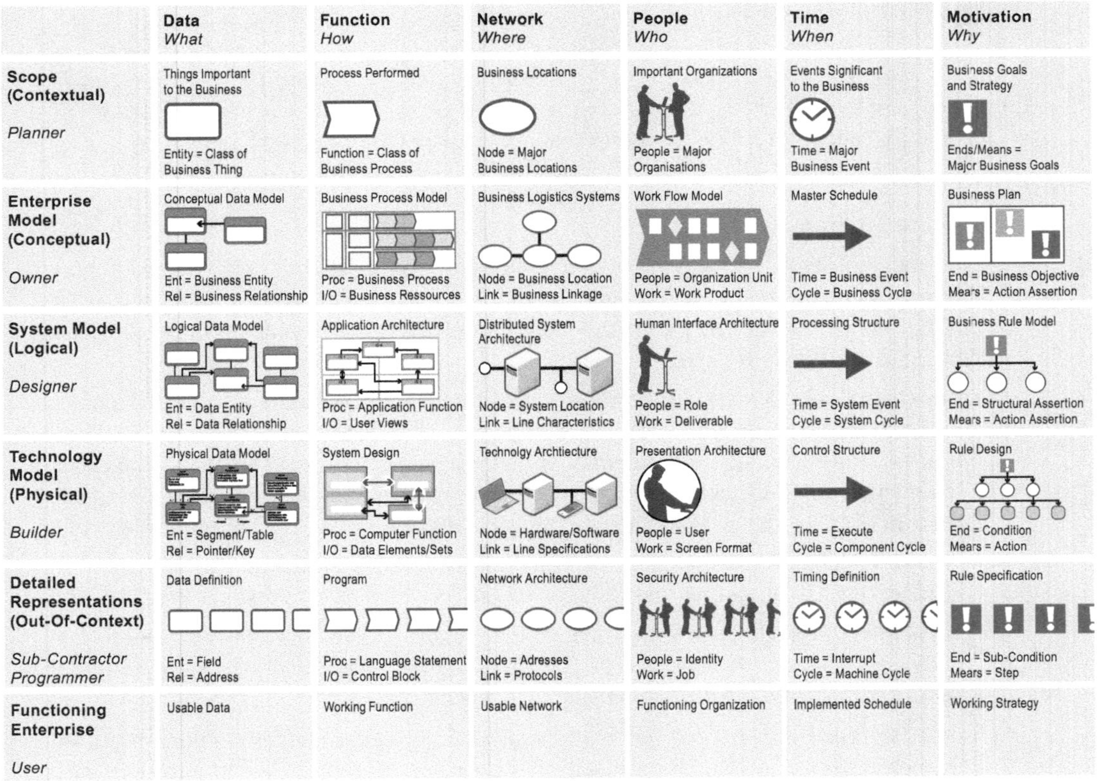

Bild 2.10 Das Zachman Enterprise Architecture Framework (vgl. [Sow92])

John A. Zachman veröffentlichte 1987 die erste Version seines Vorschlags für sein EA Framework (siehe [Zac87]). Zusammen mit John F. Sowa (siehe [Sow92]) erweiterte er es 1992, was zu der heute bekannten Ausprägung des Zachman Enterprise Architecture Frameworks führte (siehe Bild 2.10).

Entwurfsziel des Frameworks war die Bereitstellung von Beschreibungskonzepten, die geeignet sind, die vielfältigen Schnittstellen von Komponenten eines Informationssystems sowie deren Integration in die Organisation darzustellen.

Das Zachman Enterprise Architecture Framework zeigt strukturiert und übersichtlich verschiedene Sichten und Aspekte der Unternehmensarchitektur. Folgende Ebenen werden unterschieden: „Scope", „Enterprise Model", „System Model", „Technology Model", „Detailed Representations" und „Functioning Enterprise". Diese Sichten werden jeweils als Zeilen dargestellt. Die Anordnung der Zeilen erfolgt nach dem Detaillierungsgrad der Ebenen, der zunimmt, je tiefer sich die Zeile befindet. Folgende Aspekte werden benutzt: „Data", „Function", „Network", „People", „Time" und „Motivation". Jede Sicht wird unter dem jeweiligen Blickwinkel des Aspekts beleuchtet und in den Spalten der Matrix dargestellt. Die Kombination aus allen Einträgen ergibt ein Gesamtbild des Unternehmens.

Wichtig

Das Zachman Enterprise Architecture Framework ist ein guter Einstieg in die sehr komplexe Thematik der Unternehmensarchitekturen. Es beinhaltet jedoch keine konkrete Methode, keine ausreichende Werkzeugunterstützung und auch keine Hilfestellungen für die unternehmensspezifische Konzeption und Einführung.

Weitere EA Frameworks

Über den Einsatz von EA Frameworks gibt es wenig gesicherte Informationen. Laut einer Umfrage des Instituts für Enterprise Architecture Development aus dem Jahr 2005 (siehe [IFE05]) werden neben dem Zachman Framework die folgenden Frameworks in relevantem Umfang in der Praxis genutzt:

- **The Open Group Architecture Framework (TOGAF):** TOGAF basiert auf dem „Technical Architecture Framework for Information Management" (TAFIM) des Department of Defense (DoD). TOGAF wird als EA Framework vorgestellt, wobei dieser Begriff als methodischer Rahmen für die Entwicklung unterschiedlicher Unternehmensarchitekturen verstanden wird. Bei TOGAF stehen insbesondere Informationssystemlandschaften im Vordergrund.

  TOGAF verfolgt einen generischen Ansatz, um ein breites Spektrum von Zielsetzungen abzudecken. Es kann leicht um Bestandteile anderer Frameworks ergänzt werden.

  1995 wurde von der Open Group[5] die erste Version von TOGAF entwickelt und Anfang 2009 um die Version 9 (siehe [TOG01], [TOG03], [TOG07], [TOG09] und [TOG18]) erweitert. TOGAF 9.2 ist die aktuelle Version, die 2018 erschienen.

  Als wichtigste Neuerung zur Vorgängerversion 9.1 wurde das Framework umstrukturiert. Empfehlungen, wie TOGAF einzusetzen sei, wurden in die TOGAF Library verlagert.

[5] *http://www.opengroup.org*. Die Open Group ist ein Konsortium, dem eine Vielzahl von Unternehmen angehören, die ein gemeinsames Interesse an der Schaffung herstellerunabhängiger Standards im IT-Bereich haben.

Diese enthält zudem eine große Zahl an Leitfäden und White Papers aus z. B. der agilen Entwicklung oder aber der digitalen Transformation. Auch Verbesserungen im Bereich Risikomanagement und Informationssicherheit sind jetzt in der TOGAF Library zu finden. Die Änderungen im TOGAF-Kern sind eher gering. Hauptsächlich wurden im Bereich der Geschäftsarchitektur neue Konzepte hinzugefügt (Business Capability, Value Stream, Course of Action).

- **US Federal Enterprise Architecture Framework (FEAF):** FEAF wurde für die US-Regierung entwickelt und 1999 in der Version 1.1 veröffentlicht (siehe [Skk04]). Es gibt eine Struktur für die Unternehmensarchitektur von US-Behörden vor und ermöglicht damit die Entwicklung einheitlicher Prozesse mit dem Ziel, den Austausch von Informationen innerhalb der Behörden zu vereinfachen.
- **Department of Defense Architecture Framework (DoDAF):** DoDAF wurde 2003 in der Version 1.0 veröffentlicht und ist eine Weiterentwicklung des C4ISR[6] (siehe [DOD04-1] und [DOD04-2]).

  DoDAF wird für die Unternehmensarchitekturen im militärischen Bereich der USA eingesetzt. Es eignet sich besonders für große Systeme mit komplexen Integrations- und Kommunikationsaufgaben. Daher kommt DoDAF auch außerhalb des militärischen Bereichs bei großen Behörden und Unternehmen zum Einsatz; insbesondere bei Unternehmen, welche entweder geschäftliche Beziehungen mit dem DoD haben oder generell ein EA Framework adaptieren wollen.
- **Extended Enterprise Architecture Framework (E2AF):** E2AF wurde in der ersten Version 2003 veröffentlicht. E2AF basiert auf bestehenden Frameworks wie FEAF und TOGAF sowie auf praktischen Erfahrungen mit der Anwendung von Enterprise Architecture Frameworks (siehe [Skk04]).
- **Integrated Architecture Framework (IAF):** IAF wurde von Capgemini entwickelt und 1996 vorgestellt. Es liefert einen Ordnungsrahmen mit den Dimensionen Architekturaspekte (Aspect Areas) und Architekturebenen (Layers). Bei den Architekturaspekten werden die Kategorien Business, Information, Information Systems und Technology Infrastructure verwendet. Ergänzt werden diese von den beiden übergeordneten Architekturaspekten Governance und Security. Bei den Architekturebenen wird zwischen Contextual (Warum?), Conceptual (Was?), Logical (Wie?) und Physical (Mit was?) unterschieden (siehe [Eng08]).

Im Folgenden wird das bekannteste dieser EA Frameworks, TOGAF, kurz beschrieben. Bei den anderen EA Frameworks sei auf die angegebene Literatur verwiesen. Einen guten Überblick über die EA Frameworks finden Sie in [Bit11].

TOGAF (The Open Group Architecture Framework)

TOGAF ist das aktuell bekannteste und am weitesten verbreitete EA Framework. Die Open Group entwickelte 1995 die erste Version von TOGAF. Die aktuelle Version von 2018 ist 9.2.

TOGAF bietet im Wesentlichen einen methodischen Rahmen und einen Werkzeugkasten für die Entwicklung unterschiedlicher Unternehmensarchitekturen. Die Erstellung einer konkreten Unternehmensarchitektur wird auf der Basis einer Beschreibung von vordefinierten Komponenten (Building Blocks) und mithilfe eines Vorgehensmodells unterstützt. Das in TOGAF beschriebene Modell einer Unternehmensarchitektur unterscheidet vier Teilarchitekturen:

[6] Command, Control, Communications, Computers, Intelligence, Surveillance, and Reconnaissance

- Die **Business Architecture** beschreibt Strategien, Governance, Organisation und Geschäftsprozesse des Unternehmens.
- Die **Data Architecture** beschreibt die Daten und deren Zusammenhänge sowie Prinzipien für die Organisation und das Management der Ressourcen im Kontext der IS-Landschaft.
- Die **Application Architecture** beschreibt Informationssysteme sowie deren Beziehungen untereinander und zu Geschäftsprozessen.
- Die **Technology Architecture** beschreibt die aktuelle technische Realisierung und die zukünftigen unternehmensspezifischen technischen Standards wie z. B. Laufzeitumgebungen oder Middleware von Informationssystemen sowie die Betriebsinfrastruktur.

Die Data Architecture und die Application Architecture werden zur Information System Architecture zusammengefasst.

Die TOGAF-Dokumentation besteht aus folgenden wesentlichen Bestandteilen:

- **Architecture Development Method (ADM):** ADM ist eine generische Methode zur Entwicklung einer Unternehmensarchitektur (siehe Bild 2.11). Alle acht Phasen des Lebenszyklus einer Unternehmensarchitektur werden adressiert. Für jede Phase werden die Ziele, die Herangehensweise, der erforderliche Input, die Aktivitäten und die Ergebnisse dokumentiert.

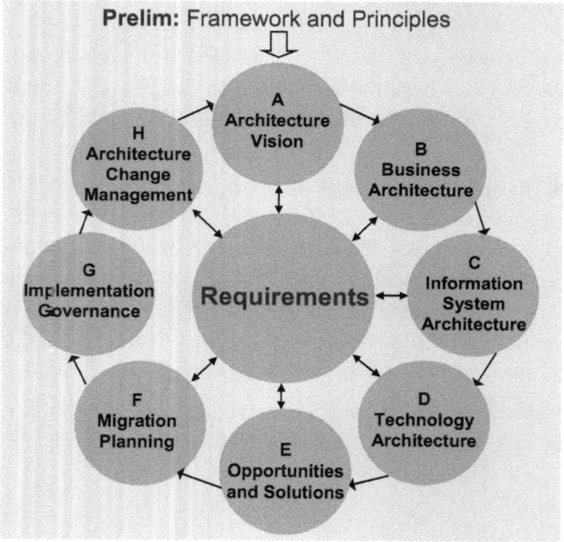

Bild 2.11
TOGAF ADM (siehe [TOG09])

Die ADM lässt sich zusammen mit dem Content Framework oder aber anderen Content Frameworks wie der Best-Practice-Unternehmensarchitektur in Abschnitt 2.3 einsetzen.

In den ADM Guidelines und Techniques werden Hilfestellungen für die Anpassung von TOGAF ADM gegeben. Andererseits wird hier zusätzliches Material für die Architekturentwicklung bereitgestellt. So werden z. B. Architekturstile wie SOA explizit betrachtet und Hilfestellungen im Kontext Sicherheit gegeben.

- **Architecture Content Framework:** Durch das Architecture Content Framework wird ein detailliertes Modell der Ergebnistypen für die (Weiter-)Entwicklung der Unternehmensarchitektur vorgegeben. Das Content Framework wurde im Wesentlichen von Capgemini und SAP in TOGAF 9 eingebracht. Es liefert ein detailliertes Meta-Modell und eine klare Definition und Beschreibung der EAM-Ergebnistypen.

Das Architecture Content Framework besteht aus einem Core Content Metamodel (siehe Download-Anhang G) und Erweiterungen für Governance-Aspekte, Services, Prozessmodellierung, Datenmodellierung, Infrastrukturkonsolidierung und Motivationsaspekte.

- **Enterprise Continuum & Tools:** Das Enterprise Continuum ist eine Sammlung von Referenzbeschreibungen in Form von grafischen Modellen und Textdokumenten. Das Enterprise Continuum besteht aus dem Architecture Continuum und Solution Continuum. Neben dem Enterprise Continuum werden hier Hilfsmittel für die Strukturierung der Unternehmensarchitektur, ein Architecture Repository sowie Tools für die Entwicklung der Unternehmensarchitektur beschrieben.

  Das Architecture Repository kann benutzt werden, um verschiedene Arten von Architekturergebnissen abzulegen. Das Architecture Repository beinhaltet neben dem Architecture Metamodel und der Architecture Capability insbesondere die Architecture Landscape, die Standards Information Base (SIB), die Reference Library und den Governance Log (siehe [TOG09]).
- **TOGAF Reference Models:** Wesentliche Bestandteile der Referenzmodelle sind das Technical Reference Model (siehe Bild 2.12) und das Integration Information Infrastructure Reference Model (IIIRM). Das Technical Reference Model (TRM) gibt einen Ordnungsrahmen für die Einordnung von technischen Standards vor. Das IIIRM ist eine Referenzarchitekturbeschreibung für die Integration von Informationssystemen.

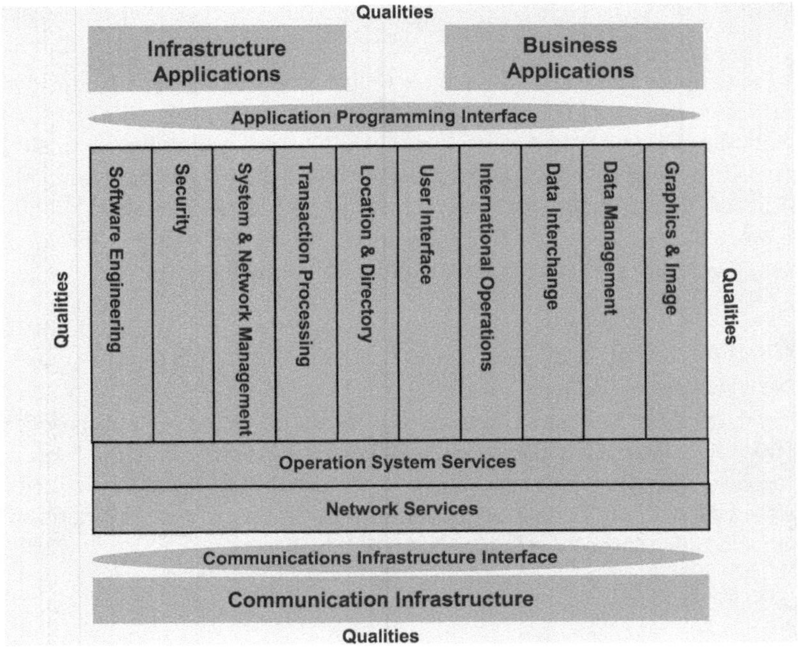

Bild 2.12 TOGAF Technical Reference Model (siehe [TOG09])

- **Architecture Capability Framework:** Das Architecture Capability Framework liefert eine strukturierte Definition von Organisation, Rollen, Skills und Verantwortlichkeiten. Darüber hinaus leistet es Hilfestellungen, um die „richtigen" Architekturbestandteile entsprechend den Anliegen der relevanten Stakeholder-Gruppen zu identifizieren (siehe [Gov09]).

TOGAF ist kostenlos, wenn es ausschließlich für interne Zwecke genutzt wird. Hierfür wird aber die Mitgliedschaft des Unternehmens im „The Open Group's Architecture Forum" vorausgesetzt. Die Open Group bietet zudem ein Zertifizierungsprogramm für TOGAF an.

TOGAF – kurz zusammengefasst

TOGAF ist ein umfangreiches, generisch aufgebautes Enterprise Architecture Framework. Es adressiert den gesamten Lebenszyklus einer Unternehmensarchitektur.

Im Mittelpunkt des Frameworks stehen die Architecture Development Method, das Architecture Content Framework und das Architecture Capability Framework.

Der Entwicklungsprozess für Unternehmensarchitekturen ist gut dokumentiert; er ist angereichert durch eine Sammlung von Referenzbeschreibungen und der Beschreibungen von Komponenten. In Version 9.2 gibt es zusätzlich eine Reihe von Anhaltspunkten für die Ableitung konkreter Unternehmensarchitekturen sowie spezifischer Fragestellungen, wie z. B. SOA oder Sicherheit oder aber Unterstützung von Geschäftsszenarien.

Das Abstraktionsniveau des Frameworks ist für eine Ad-hoc-Anwendung jedoch zu hoch. Konkrete Anleitungen z. B. für Visualisierungen oder die Bebauungsplanung werden nicht geliefert. Hruschka und Starke bezeichnen es als „leicht praxisfern" (siehe [Hru06]).

Allen EA Frameworks ist gemein, dass die jeweilige Unternehmensarchitektur durch verschiedene Sichten und Aspekte beschrieben wird (siehe [Der06]). Typische Sichten sind die Business Architecture, die Data Architecture, die Application Architecture und die Technology Architecture. Durch die Verknüpfung der verschiedenen Teilarchitekturen wird eine Gesamtsicht aufs Unternehmen geschaffen. Die in den EA Frameworks adressierten Aspekte (was, wie, wo, wer, wieso, wann, wohin und warum) lehnen sich häufig an die Aspekte aus dem Zachman Enterprise Architecture Framework an (siehe Bild 4.10).

Wichtig

Die vorhandenen EA Frameworks sind sehr komplex und abstrakt und nicht ad hoc nutzbar. Deshalb wurde basierend auf diesen EA Frameworks, insbesondere TOGAF, die pragmatische Methode Best-Practice-EAM entwickelt. Die Erfahrungen von vielen EAM-Projekten sind dabei eingeflossen. Die Methode ist unmittelbar einsetzbar und hilft Ihnen Schritt für Schritt (siehe Abschnitt 2.6) bei der Einführung und dem Ausbau von EAM in Ihrem Unternehmen.

2.3 Best-Practice-EAM im Überblick

EAM ist nicht gleich EAM. In Abhängigkeit von Ihren Zielsetzungen, Randbedingungen und EAM-Reifegrad (siehe Abschnitt 5.8) benötigen Sie unterschiedliche Ausprägungen von EAM. Die Ableitung von Ihrem EAM auf der Basis von TOGAF oder anderen EA Frameworks (siehe Abschnitt 2.2) ist sehr aufwendig und nur von EAM-Experten mit großem Zeitaufwand leistbar. Zudem lauern viele Fallstricke, wie z. B. nicht durchsetzbare Vorgaben oder falsche Fokussierung. EAM-Best-Practices helfen, diese Fallstricke zu umgehen und Ihr EAM möglichst schnell und erfolgreich aufzusetzen und kontinuierlich auszubauen.

Motiviert durch diese Herausforderungen entstand die Best-Practice-EAM-Methode. Sie wurde aufbauend auf insbesondere TOGAF entwickelt und beruht auf den Erfahrungen aus vielen EAM-Projekten sowie den Erkenntnissen aus dem intensiven Austausch mit einer großen Zahl von Experten sowohl aus Anwenderunternehmen und Beratungshäusern als auch aus der Wissenschaft. Die Methode wird kontinuierlich weiterentwickelt.

Das Leitmotiv von Best-Practice-EAM lautet „einfach und effektiv". **Einfachheit** ist im EAM wegen der Komplexität und Vielzahl von fachlichen und technischen Elementen und Sichten unabdingbar. Hier wird den Zitaten von Einstein, „Mache die Dinge so einfach wie möglich - aber nicht einfacher", sowie von Antoine de Saint-Exupéry, „Perfektion ist nicht dann erreicht, wenn man nichts mehr hinzufügen, sondern wenn man nichts mehr weglassen kann", gefolgt.

Die Basis bildet der „Kundenwert". Kunden sind die internen oder externen Nutznießer von EAM. Es gilt, einen Beitrag zur Unterstützung ihrer täglichen Arbeit und zur Erreichung ihrer persönlichen Ziele zu leisten. Die Fragestellungen aus diesem Kontext müssen idealerweise mit EAM-Mitteln beantwortet werden. Die Ergebnistypen müssen prägnant die gewünschten Aussagen vermitteln. Unnötiger Ballast muss sowohl in den Strukturen als auch in den Visualisierungen abgeworfen werden. Nur so kann eine hinreichend aktuelle, vollständige und konsistente EAM-Datenbasis bei vertretbarem Pflegeaufwand erzeugt werden. Überladene Visualisierungen führen zudem häufig zu mehrdeutigen oder unklaren Aussagen und damit zu völlig unbeabsichtigten Schlussfolgerungen, was letztendlich verheerende Fehlentscheidungen zur Folge haben kann. Der Überblick geht verloren. Viel Geld und Zeit wird z. B. für unnötige Datensammlungen verschwendet. Mit Einfachheit, d. h. mit einem angemessenen und handhabbaren Instrumentarium, geht in der Regel zudem Effizienz einher.

Einfachheit alleine genügt aber nicht. **Effektivität** ist zudem wichtig: Die richtigen Dinge müssen getan werden. Das bedeutet im Fall von EAM: Ausgehend von der Unternehmensstrategie und den aktuellen Geschäftsanforderungen muss die zukünftige IT-Landschaft im Zusammenspiel mit der Geschäftsarchitektur aktiv gestaltet werden. Die IT-Landschaft muss an den Geschäftsanforderungen ausgerichtet werden und die Roadmap zur Umsetzung muss entsprechend geplant werden, um einen Beitrag zu den Unternehmenszielen zu leisten.

Best-Practice-EAM liefert Ihnen einen Werkzeugkasten für die initiale Einführung von EAM in wenigen Monaten und den schrittweisen nutzenorientierten Ausbau und die Etablierung von EAM in Ihrem Unternehmen. Es hilft Ihnen beim Aufbau Ihres Instrumentariums für das strategische Management Ihrer IT-Landschaft. Die wesentlichen Bestandteile von Best-Practice-EAM sind:

- **Best-Practice-Unternehmensarchitektur:** Die Best-Practice-Unternehmensarchitektur ist das Fundament, das „Denkmodell“, von Best-Practice-EAM. Sie beinhaltet alle wesentlichen fachlichen und IT-Strukturen und deren Verknüpfung, die als Basis für fundierte Entscheidungen und für die strategische Planung und Steuerung der IT erforderlich sind. Die Best-Practice-Unternehmensarchitektur wird in Abschnitt 2.3 beschrieben.

  Zur kundenspezifischen Ableitung liefert die Best-Practice-Unternehmensarchitektur Empfehlungen für die Ableitung Ihrer spezifischen Unternehmensarchitektur und die Berücksichtigung Ihrer individuellen Ziele und Randbedingungen, wie z. B. Ihren EAM-Reifegrad sowie Modellierungsrichtlinien, Visualisierungsempfehlungen und Steuerungsgrößen zur Unterstützung der Abbildung von spezifischen Sachverhalten (siehe Abschnitt 5.8).
- **Sammlung von Katalogen, Leitfäden, Templates und Mustern:** Hierzu zählen u. a.:
  - Methodenbaustein Stakeholder-Analyse sowie Katalog von typischen Stakeholder-Gruppen (siehe Abschnitt 5.1)
  - Template für das Pflegekonzept zur Sicherstellung einer hinreichend aktuellen, vollständigen und qualitativ hochwertigen EAM-Datenbasis (siehe Abschnitt 5.8)
  - Kataloge von Zielsetzungen und Fragestellungen zugeordnet zu Stakeholder-Gruppen mit Zuordnung zu den benötigten fachlichen und technischen Strukturen und Visualisierungsempfehlungen (siehe Download-Anhang D)
  - Sammlung von Best-Practice-Visualisierungen für eine zielgruppengerechte Darstellung der EAM-Antworten auf Fragestellungen (siehe Abschnitt 2.4)
  - Sammlung von Einsatzszenarien: Anhand einer Sammlung von typischen Einsatzszenarien wird aufgezeigt, wie EAM die Anliegen der verschiedenen Stakeholder-Gruppen unterstützen kann. Siehe hierzu Kapitel 4.
  - Methode und Muster für die Bebauungsplanung und technische Standardisierung: Durch die bewährte Vorgehensweise bei der technischen Standardisierung und der Bebauungsplanung sowie der Sammlung von in der Praxis erprobten Gestaltungs- und Planungsmustern wird der kreative Gestaltungsprozess vereinfacht, Entscheidungen sowie der Strategiebezug werden nachvollziehbar und in ihren Auswirkungen transparent. Siehe hierzu Abschnitt 5.5.
  - Sammlung von Analysemustern: Analysemuster sind bewährte und verallgemeinerte Schablonen für die Identifikation und Visualisierung von Anhaltspunkten für Handlungsbedarf und Optimierungspotenzial in der IT-Landschaft. Die Analysemuster wurden aus verbreiteten Fragestellungen bei der Einführung und Optimierung der Best-Practice-Unternehmensarchitektur extrahiert und konsolidiert. Sie wurden bereits bei vielen Unternehmen erfolgreich angewendet. Die Muster können im Projektkontext oder aber im Rahmen der Bebauungsplanung selektiv oder aber auch gesamthaft angewendet werden, um einfach und schnell Handlungsbedarf und Optimierungspotenzial im jeweiligen Anwendungskontext zu ermitteln. Siehe Abschnitt 5.3.
- **EA-Governance-Haus:** Adäquate Rollen, Verantwortlichkeiten, Prozesse, Gremien, Regeln für die Datenpflege und Modellierung, Steuerungsgrößen und eine enge Integration in die Planungs-, Entscheidungs- und Durchführungsprozesse sind erforderlich, um EAM „zum Fliegen“ zu bekommen und nachhaltig im Unternehmen zu verankern. Abhängig von Ihrem EAM-Reifegrad und Ihren spezifischen Randbedingungen müssen Sie die für Sie passende EA-Governance festlegen. Das EA-Governance-Haus beinhaltet Hilfsmittel für alle Bestandteile. Siehe Abschnitt 5.8.

- **Etablierte Standardvorgehensweise für die nutzenorientierte agile Einführung und Ausbau von EAM:** Durch die bewährte nutzenorientierte Standardvorgehensweise für die initiale Einführung und den schrittweisen Ausbau können Sie EAM in einer ersten Ausbaustufe bereits in wenigen Monaten zugeschnitten auf Ihre Bedürfnisse einführen und dann schrittweise nach diesem Vorgehen ausbauen. Einen Überblick hierzu finden Sie in Abschnitt 2.6 und die detaillierte Schritt-für-Schritt-Anleitung in Abschnitt 5.7.

Im Folgenden werden die Best-Practice-Unternehmensarchitektur und die Best-Practice-Visualisierungen von Best-Practice-EAM beschrieben. Die weiteren Best-Practices finden Sie in Kapitel 5.

2.3.1 Best-Practice-Unternehmensarchitektur im Überblick

Wer hohe Türme bauen will, muss lange beim Fundament verweilen.

Anton Bruckner (österreichischer Komponist und Domorganist in Linz)

Eine **Unternehmensarchitektur** (Enterprise Architecture) schafft eine ganzheitliche Sicht auf das Geschäft und die IT in ihrem Zusammenspiel. Sie führt die verstreuten Informationen aus den fachlichen und technischen Bereichen und dem Unternehmenskontext zu einem Ganzen zusammen und zeigt die Vernetzung zwischen den Informationen auf. Auf dieser Basis kann das vielfältige Informationsbedürfnis der verschiedenen Stakeholder-Gruppen befriedigt und fundierter Input für Entscheidungen und die strategische Planung und Steuerung der IT und die Weiterentwicklung des Geschäfts bereitgestellt werden.

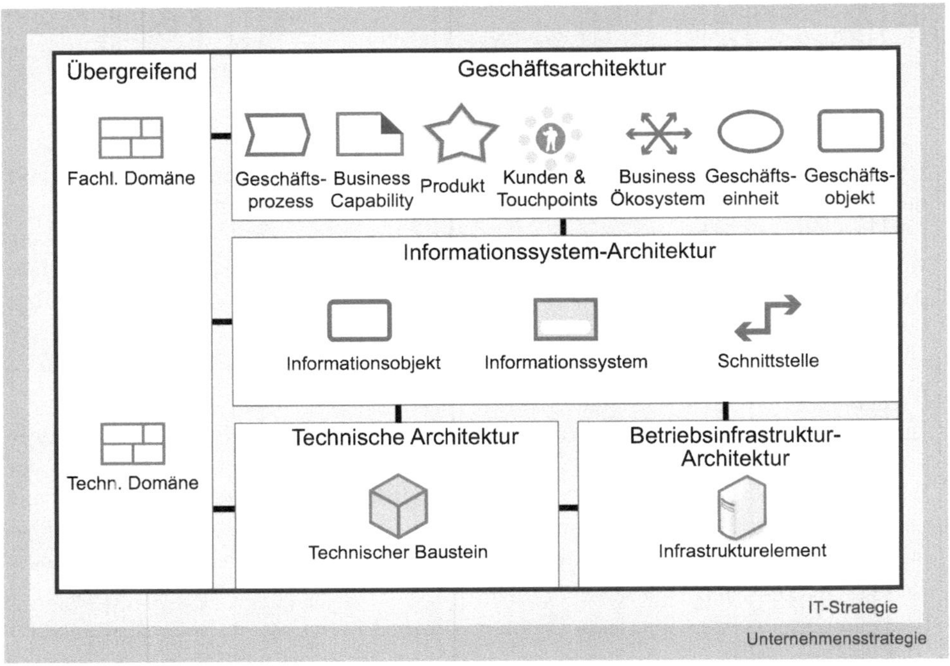

Bild 2.13 Best-Practice-Unternehmensarchitektur

Die Best-Practice-Unternehmensarchitektur (siehe Bild 2.13) ist das Fundament, das „Denkmodell“, von Best-Practice-EAM. Sie beinhaltet alle wesentlichen fachlichen und IT-Strukturen und deren Verknüpfung, die als Basis für fundierte IT-Entscheidungen und für das strategische Management der IT-Landschaft erforderlich sind. Sie besteht aus den Teilarchitekturen Geschäfts-, Informationssystem-, Technische und Betriebsinfrastrukturarchitektur. Die Geschäftsarchitektur beinhaltet alle fachlichen Strukturen, wie z. B. Geschäftsprozesse oder fachliche Funktionen. Die anderen Teilarchitekturen beschreiben die IT-Strukturen aus verschiedenen Blickwinkeln.

Durch die Verknüpfung der Bebauungselemente mit dem Unternehmenskontext wird die Unterstützung von Zielen, Geschäftsanforderungen und des Servicekatalogs ebenso erkennbar wie die Abhängigkeiten und Auswirkungen von Projekten.

Jede Teilarchitektur macht strukturelle Vorgaben für deren Befüllung, Bebauung genannt. So werden in der Geschäftsarchitektur Vorgaben für die fachliche Bebauung gemacht. Es wird festgelegt, wie z. B. ein Geschäftsprozess zu beschreiben ist und wie viele Geschäftsprozessebenen (siehe [All05]) überhaupt zu berücksichtigen sind.

Folgende Teilarchitekturen und deren Bebauungen werden unterschieden:

- **Geschäftsarchitektur (Business Architecture):** Die Geschäftsarchitektur beschreibt die wesentlichen fachlichen Einheiten eines Unternehmens, die maßgeblich das Geschäft bestimmen. Die wesentlichen Elemente der Geschäftsarchitektur sind Geschäftsprozesse, fachliche Funktionen, Produkte, Geschäftspartner, Vertriebskanäle, Geschäftseinheiten und Geschäftsobjekte. Mittels fachlicher Einteilungen, fachliche Domänen genannt, kann die fachliche Bebauung strukturiert werden.

> **Wichtig**
>
> Die Bebauungselemente der Geschäftsarchitektur werden auch „Geschäftsdimensionen“ genannt. In der Regel findet man fünf oder weniger verschiedene Geschäftsdimensionen im Unternehmen. ■

Über das Management der Geschäftsarchitektur wird sichergestellt, dass alle Elemente der Geschäftsarchitektur in hinreichender Aktualität und Datenqualität in der geforderten Granularität vorliegen, um auf dieser Basis die Fragestellungen der Stakeholder beantworten zu können. Alle relevanten Informationen werden vom Geschäftsarchitekt (siehe Abschnitt 5.8) von den verschiedenen Disziplinen, wie dem Prozessmanagement, dem Business Capability Management, der Organisationsentwicklung oder der Unternehmensstrategieentwicklung eingesammelt, zusammengeführt, qualitätsgesichert, abgestimmt und veröffentlicht.

- **Informationssystemarchitektur (Application Architecture):** Die Informationssystemarchitektur (IS-Architektur) gibt Beschreibungsmittel für die Dokumentation der IS-Landschaft des Unternehmens vor, d. h. für die Informationssysteme, deren Daten und Schnittstellen bzw. Informationsfluss. Die Informationssystembebauung kann auch über fachliche oder technische Domänen oder nach anderen Kriterien, Bebauungscluster oder IS-Domänen genannt, strukturiert werden.

Die Informationssystemarchitektur ist das Bindeglied zwischen der Geschäftsarchitektur und der technischen sowie der Betriebsinfrastrukturarchitektur. Durch die Verknüpfung mit den Elementen der Geschäftsarchitektur wird die IT-Unterstützung für das Business transparent. Die technische Realisierung der Informationssysteme und Schnittstellen werden durch die Zuordnung von Elementen aus der technischen Bebauung dokumentiert. Durch die Zuordnung der Infrastrukturelemente zu den Informationssystemen und Schnittstellen wird nachvollziehbar, auf welcher Betriebsinfrastruktur diese „laufen".

- **Technische Architektur (Technology Architecture):** In der technischen Architektur werden die unternehmensspezifischen technischen Bausteine für die Realisierung von Informationssystemen, Schnittstellen und Betriebsinfrastrukturbestandteilen hinterlegt. Technische Standards werden im Rahmen des Technologiemanagements (siehe Abschnitt 5.6) gestaltet.
- **Betriebsinfrastrukturarchitektur (Infrastructure Architecture):** Die Betriebsinfrastrukturarchitektur beschreibt grobgranular die angebotenen Infrastruktur-Services (siehe [Tog09]) und die Infrastruktureinheiten, auf denen Informationssysteme und Schnittstellen betrieben werden. Hierdurch wird eine Verbindung zu den Betriebsinfrastrukturen im operativen IT-Management hergestellt (siehe [itS08] und [Joh11]).

Die Bebauungselemente der verschiedenen Teilarchitekturen können innerhalb der Teilarchitektur und auch mit Elementen anderer Teilarchitekturen in Beziehung stehen. Die Verbindung zwischen den Teilarchitekturen ist durch Linien zwischen den Teilarchitekturen angedeutet. So können z. B. Abhängigkeiten zwischen Informationssystemen und Geschäftsprozessen und Infrastrukturelementen beschrieben werden. Darüber kann die Fragestellung „Welche Geschäftsprozesse sind von dem Ausfall des Servers X betroffen?" beantwortet werden.

Die Best-Practice-Unternehmensarchitektur wird in Abschnitt 2.5 im Detail beschrieben. Ausführungen für die Erweiterung in Richtung einer serviceorientierten Architektur finden Sie in Kapitel 4.

Wichtig

Die Best-Practice-Unternehmensarchitektur ist unmittelbar einsetzbar. Durch Weglassen von nicht benötigten Bebauungselementen und Beziehungen können Sie Ihre Unternehmensarchitektur einfach festlegen. Hilfestellungen für die Ableitung finden Sie in Abschnitt 5.7.

Entwurfsentscheidungen bei der Best-Practice-EAM (Unterschiede zu TOGAF):

- Bei der Best-Practice-Unternehmensarchitektur wird zwischen der technischen Architektur und der Betriebsinfrastrukturarchitektur unterschieden. Die technische Architektur beschreibt die technischen Komponenten von Informationssystemen, Schnittstellen und gegebenenfalls auch der Betriebsinfrastruktur, deren Lifecycle und Verbauung z. B. aus Lizenzierungsgründen geplant und gesteuert werden soll. Die Betriebsinfrastrukturarchitektur dokumentiert oder plant die reale operative Betriebsumgebung, die in der Regel in einer CMDB abgebildet ist. Hierfür gibt es in der Regel auch unterschiedliche Verantwortlichkeiten. Das Technologiemanagement liegt häufig in der Verantwortlichkeit des Stabs vom CIO während die Betriebsinfrastrukturarchitektur vom internen (gemeinsam zusammen mit dem externen) IT-Betrieb bestimmt wird.

- Daten- oder Informationsarchitektur sind in der Best-Practice-Unternehmensarchitektur nicht als separate Teilarchitektur vorgesehen. Die bei TOGAF in der Data Architecture enthaltenen Aspekte sind hier Bestandteil der Geschäftsarchitektur beziehungsweise der IS-Architektur.

  In der Geschäftsarchitektur werden Geschäftsobjekte und deren Beziehungen, z. B. in Form eines Glossars, sowie deren Verwendung in den Geschäftsprozessen oder Business Capabilities dokumentiert.

  In der IS-Architektur werden die von Informationssystemen genutzten oder zwischen diesen ausgetauschten Daten beschrieben. So trägt man den unterschiedlichen Sichtweisen der fachlichen und der IS-Bebauung Rechnung. ■

2.3.2 Die richtige Granularität

Wenn von EAM gesprochen wird, sind häufig verschiedene Dinge gemeint. EAM kann sowohl auf die strategische, taktische als auch auf die operative Planungsebene fokussieren. Für EAM sind grobgranulare Überblickssichten und eine möglichst gute Unterstützung der strategischen und taktischen Planung und Steuerung der Weiterentwicklung der IT-Landschaft von Belang. Operative Details, wie z. B. Signaturen von Schnittstellen, treten in den Hintergrund. Sicherlich ist es für die Analyse von Handlungsbedarfen wichtig, auch ins Detail zu gehen. Hierzu muss eine Verbindung zwischen dem grobgranularen und feingranularen bestehen. Über eine Drill-down-Möglichkeit sollten auch Details sichtbar und idealerweise auch analysierbar sein. Durch die Verbindung zwischen Details und grobgranularen logischen Strukturen wird hierzu die Basis geschaffen.

Empfehlung

Wie finden Sie die richtige Granularität?

Sie sollten einen Mittelweg zwischen feingranular und abstrakt nehmen (siehe [Nie05]). Feingranulare Informationen sind im Hinblick auf das strategische Management der IT-Landschaft nicht notwendig. Ganz im Gegenteil: Bei zu feingranularen Informationen sehen Sie „den Wald vor lauter Bäumen“ nicht mehr. ■

In Bild 2.14 finden Sie die verschiedenen fachlichen und technischen Strukturen und deren Kontext als Dreiecke. Die Unternehmensarchitektur sammelt die Spitzen der Dreiecke ein, wobei diese unterschiedlichen Tiefgang haben können. So werden Geschäftsprozesse in der Regel nur auf zwei bis maximal drei Modellierungsebenen (Wertschöpfungskettenebene) in EAM abgebildet. Der Prozessablauf mit den detaillierten Aktivitäten wird in der Regel in Prozessmanagementwerkzeugen (Business Process Management, kurz BPM) abgelegt (siehe [HLo21]). Analog sind detaillierte Klassenmodelle, Kontrollflüsse und Datenmodelle für Informationssysteme zwar im Projektkontext interessant; für EAM sind diese Informationen aber zu detailliert. Der typische Inhalt einer CMDB (Configuration Management Database), wie z. B. detaillierte Netzwerktopologien oder Hardware-Elemente (z. B. Router und Cluster-Konfigurationen), sind für EAM zu feingranular.

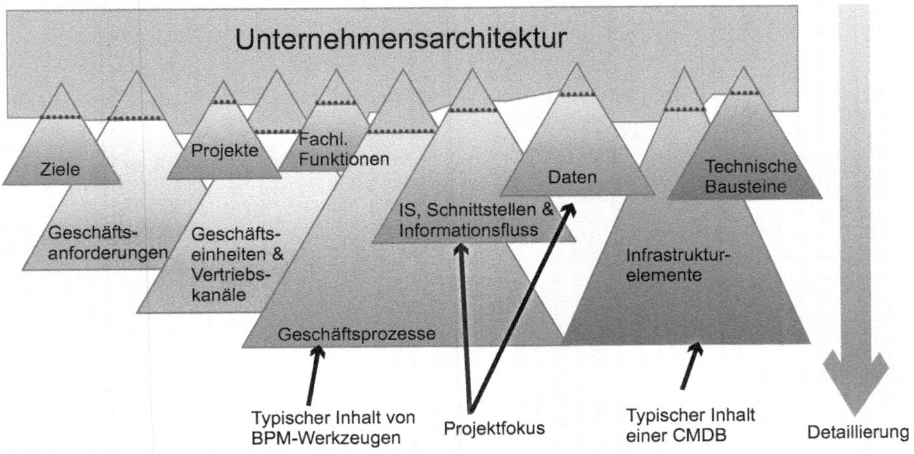

Bild 2.14 Granularität von Bebauungselementen (siehe [Win08])

Der Aufwand für die permanente Aktualisierung und Konsistenzsicherung von detaillierten Informationen steht nur selten in einem vernünftigen Verhältnis zum Nutzen. Wenn Sie alleine schon den Aufwand für eine detaillierte Prozessaufnahme oder Informationssystem-dokumentation betrachten, können Sie schnell erahnen, wie viel Aufwand die Erfassung und insbesondere auch die Abstimmung all dieser Informationen erfordern. Typischerweise sind bei der Pflege unterschiedliche Personengruppen im Kontext unterschiedlicher Prozesse involviert. Und dieser Aufwand ist nicht nur einmalig zu leisten. Diese Informationen mit ihren Beziehungen müssen permanent aktuell und konsistent gehalten werden.

Über einen zunehmenden Automatisierungsgrad bei der Informationsbeschaffung durch z. B. Einklinken in die Entwicklungspipeline, Cloud-Analysen, automatisches Asset-Management über IT-Servicemanagement-Lösungen oder aber SaaS-Analysen kann die operative Wirklichkeit ermittelt werden. Die Zuordnung zu den logischen Strukturen von EAM ist aber nach wie vor eine Herausforderung. Nur dann, wenn bereits z. B. im Code von Applikationen oder aber Projektrepositories über Metainformationen die logische Information zugeordnet wurde, kann diese automatisiert beim Scannen wieder ausgelesen werden. Ansonsten müssen die detaillierten Informationen den logischen Informationen manuell zugeordnet werden. Dies ist bei der Fülle der Daten nur entlang von klar definierten Prozessen mit guter Systemunterstützung leistbar.

Wichtig

Wägen Sie bei der manuellen Aufnahme jeder detaillierten Information in die EAM-Datenbasis Kosten und Nutzen ab. Der Aufwand für die permanente Aktualisierung und Qualitätssicherung übersteigt schnell den Nutzen. Wenn Sie detaillierte Informationen aus einem Projektkontext aufnehmen und nicht kontinuierlich aktualisieren wollen, kennzeichnen Sie diese Informationen als solche. Nur so können andere Nutzer sinnvolle Ergebnisse aus der Datenbasis entnehmen. So können Sie die Erwartungshaltung besser steuern.

Um eine Gesamtsicht - auch auf die detaillierten Daten - zu gewinnen, sollten Sie die Datentöpfe lose und idealerweise automatisiert integrieren. Eine lose Kopplung ist wichtig, da die verschiedenen Datentöpfe in der Regel zu unterschiedlichen Zeitpunkten aktualisiert werden. Nur so wird sichergestellt, dass die Gesamtdatenbasis zu jedem Pflegezeitpunkt hinreichend konsistent ist. Ein Beispiel hierfür ist eine Werkzeugintegration zwischen EAM-Werkzeugen und einem BPM- oder Projektportfoliomanagement-Werkzeug.

Für jeden Datentopf muss klar festgelegt werden, wer Master für welche Bebauungselementtypen, Beziehungen oder Attribute ist. Darüber hinaus sind eindeutige Identifikatoren erforderlich, um Elemente auch nach Änderung zuordnen zu können.

Beispiel „Kopplung von Prozessmanagement und EAM“:

Das Prozessmanagement ist in der Regel Master für die Geschäftsprozesse. Dieses gibt auch den eindeutigen Identifikator für einen Geschäftsprozess vor, der dann ins EAM mit übernommen wird. EAM ist der Master für Informationssysteme und für die Zuordnung von Informationssystemen zu Geschäftsprozessen.

Wenn bereits im Prozessmanagement eine Prozessmodellierung mit verlässlicher und aktueller Informationssystemzuordnung vorliegt, kann die grobgranulare Zuordnung von Geschäftsprozessen gegebenenfalls werkzeugunterstützt aus der feinen Granularität durch „Hochaggregation“ ermittelt werden.

Vorsicht: Die Qualität der fachlichen Zuordnung in den Prozessmodellen muss hinreichend gut sein.

■

Die richtige Abstraktionsebene und die jeweils angemessene strategische oder taktische Orientierung zu finden, ist eine Herausforderung. Die Informationen sollten Sie so weit herunterbrechen, dass nicht nur Worthülsen verwendet werden. Feiner sollten Sie sie aber nicht aufschlüsseln.

Sie müssen eine Balance zwischen Abstraktion und Detaillierung finden. Die Modellierung muss überschaubar bleiben und gleichzeitig genügend Aussagekraft für die Beantwortung der unternehmensspezifischen Fragestellungen haben. Ein wesentliches Kriterium ist die Pflegbarkeit der Informationsbasis. Je größer der Detaillierungsgrad, desto höher der permanente Pflegebedarf sowohl für die Erfassung als auch für die Zuordnungen. Der Nutzen muss immer dem Aufwand gegenübergestellt werden (siehe Abschnitt 3.3). Durch Automatisierung insbesondere über Integrationen hat hier der Aufwand erheblich reduziert werden. Wichtig ist aber, wie oben bereits ausgeführt, dass die Zuordnungen zwischen detaillierten Informationen und grobgranularen logischen Informationen bereits beim Erstellen/Erzeugen der detaillierten Informationen über Metainformationen für die Automatisierung vorbereitet werden.

Empfehlungen

- Beschränken Sie sich auf das Wesentliche und das Bekannte! Einerseits gilt es, den Überblick zu bewahren, und andererseits muss genügend Aussagekraft vorhanden sein, um die Fragestellungen wirklich beantworten zu können.
- Sie sollten sich auf die Informationen beschränken, die Sie für die Beantwortung Ihrer bereits konkret bekannten Fragestellungen wirklich benötigen. Eventuell noch offene und noch nicht genau fassbare Fragestellungen („Diese Informationen könnten ggf. auch noch irgendwann notwendig sein") sollten Sie explizit nicht berücksichtigen. Erst nach Konkretisierung der Fragestellung steht fest, welche Informationen Sie für die Beantwortung benötigen. So vermeiden Sie unnötige Aufwände und insbesondere behalten Sie das kontinuierlich zu pflegende Datenvolumen im Griff.
- Erhöhen Sie den Automatisierungsgrad durch z. B. Integrationen, Scan- und Identifizierlösungen unter Nutzung von Metainformationen, die für die automatische Zuordnung zwischen Elementen der Unternehmensarchitektur und für die Zuordnung zwischen grob- und feingranularen Informationen genutzt werden können.

Die Granularität hängt auch stark von der Planungsebene und dem damit verbundenen Planungshorizont ab. Die richtige Granularität muss an die Erfordernisse der verschiedenen Planungsebenen angepasst werden. Auf einer strategischen Ebene reicht eine grobe Granularität und auf der taktischen Planungsebene eine mittlere. Auf der operativen Projektebene ist eine feine Granularität erforderlich, um die Anforderungen in die Inkremente oder Iterationen des Projekts einzupassen. Dies schauen wir uns im Folgenden etwas näher an.

2.3.3 Planungsebenen und -horizonte

Die Bebauungen können sowohl den aktuellen als auch den künftigen Zustand und die Umsetzungsstufen dokumentieren. So lassen sich wesentliche Bestandteile des aktuellen bzw. zukünftigen Geschäftsmodells des Unternehmens in ihrem Zusammenspiel beschreiben. Für alle Bebauungen wird zwischen Ist, Plan und Soll unterschieden.

- **IST** – *Realität:* Wie sieht die aktuelle Geschäftsarchitektur oder IT-Landschaft aus und welcher Handlungsbedarf und welches Optimierungspotenzial bestehen?

  Die Ist-Bebauung beschreibt den aktuell produktiven oder historischen Stand der Bebauung. In der Ist-Bebauung sind z. B. alle Informationssysteme enthalten, die aktuell produktiv genutzt werden, oder alle aktuell gültigen Geschäftsprozesse sowie technischen Standards.

  Die Ist-Bebauung hat im Vergleich zur Plan- und Soll-Bebauung einen hohen Detaillierungsgrad. So werden z. B. Release-Nummern von Informationssystemen oder erweiterte Daten wie „Lines of Code" erfasst. Die Ist-Bebauung operiert auf Releases oder Instanzen von Informationssystemen (siehe Abschnitt 2.5). Theoretisch könnten hier auch alle Informationen zur Ist-bebauung vollständig modelliert werden. Praktisch sind nur die Informationen notwendig, die benötigt werden, um nutzenstiftende Fragestellungen der Stakeholder zu beantworten.

- **PLAN** – *absehbare und bereits geplante Zukunft:* Wie sieht die konkrete Planung für die absehbare Zukunft zur Umsetzung des Soll-Zustands aus und wie kann diese umgesetzt werden?

  Eine Plan-Bebauung dokumentiert den konkret geplanten Zustand der Bebauung in der Zukunft zu einem bestimmten Zeitpunkt. Häufig werden Plan-Bebauungen für Jahresscheiben und wichtige Synchronisationspunkte erstellt. Eine Plan-Bebauung beschreibt einen Schritt auf dem Weg von der Ist-Bebauung zur Soll-Bebauung bzw. einen Schritt zwischen zwei Plan-Bebauungen. In einer Mittelfristplanung wird typischerweise für einen längeren, aber noch überschaubaren Zeitraum in der Zukunft die Ziel-Bebauung festgelegt. Als Zeitraum wählt man häufig zwei bis maximal drei Jahre. Eine Mittelfristplanung ist also ein Meilenstein in Richtung Soll-Bebauung. Jedoch sind zwei bis drei Jahre in der Regel nicht wirklich absehbar. Insofern kann die Mittelfristplanung oder aber eine Programmplanung auch dem Planungszustand SOLL zugerechnet werden.

  Das Projektportfolio für das Folgejahr wird häufig im Rahmen der jährlichen strategischen IT-Planung festgelegt. Dies ist die konkreteste Plan-Bebauung. Hier werden häufig bereits z. B. Release-Nummern von Informationssystemen festgelegt. Die Plan-Bebauungen mit einem größeren Planungshorizont sind in der Regel gröber und entsprechen bezüglich der Granularität eher einer Soll-Bebauung.

- **SOLL** – *Soll-Zustand zur Umsetzung der Vision und der Geschäftsanforderungen:* Wie sieht die aus den Business-Zielen abgeleitete Soll-Vision der Geschäftsarchitektur und der IT-Landschaft sowie deren Roadmap zur Umsetzung aus?

  Wie sieht das Ergebnis eines Programms und dessen Roadmap zur Umsetzung aus?

  Die Soll-Bebauung ist eine Detaillierung des Ziel-Bilds, in dem die Business- und IT-Ziele sowie die aktuellen Geschäftsanforderungen umgesetzt sind. Die Soll-Bebauung wird entweder ohne Zeitpunktangabe oder aber in Soll-Stufen, z. B. 2023 und 2030, dokumentiert.

  Die Soll-Bebauung ist eine optimale Bebauung. Ihre Umsetzung ist ungewiss, da sich Rahmenbedingungen und Geschäftsanforderungen über die Zeit ändern können („Moving Target") oder aber Projekte sich nicht an strategische Vorgaben halten.

  Die Soll-Bebauung gibt aber einen verbindlichen Orientierungs- und Gestaltungsrahmen für die Umsetzung der Bebauung vor.

  In einer Soll-Bebauung im Kontext der IT-Strategie findet man tendenziell grobe strategische Aussagen wie z. B. Technologien wie .Net oder aber Hersteller wie IBM oder IT-Produkte ohne Versionsangabe wie z. B. SAP für Logistikprozesse. Darüber hinaus werden Prinzipien, wie z. B. „Best-of-Breed", und Strategien, wie z. B. eine „Erneuerungsstrategie", vorgegeben (siehe [Han14] und [Han18]).

Die erforderliche Granularität variiert in Abhängigkeit vom Planungshorizont der entsprechenden Planungsebene. Der notwendige Konkretisierungs- beziehungsweise Detaillierungsgrad der Bebauung nimmt von Ist über Plan bis hin zu Soll, d. h. von heute über die absehbare Zukunft bis hin zur fernen Zukunft, permanent ab (siehe Bild 2.15). Da die Planungsunsicherheit umso größer ist, je weiter in die Zukunft geplant wird, reicht auf einer strategischen Ebene eine grobe Granularität der Planungsobjekte aus, um passend zu den Erwartungen des Managements eine grobe, aber belastbare Aufwandsschätzung zu erstellen. Siehe hierzu „Agile Planung" in Abschnitt 5.2.2.

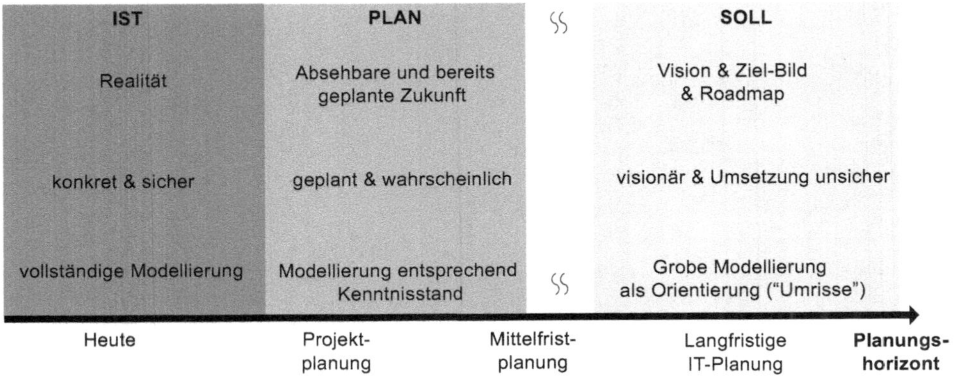

Bild 2.15 Planungshorizonte

Wichtig

- Berücksichtigen Sie bei der Dokumentation der Bebauung den Planungsstatus.

  Vorsicht: Häufig werden bei der Bestandsaufnahme der IT-Landschaft Projektplanungen in die Ist-Bebauung mit aufgenommen.
- Dokumentieren Sie die Ist-Bebauung detailliert und die Plan-Bebauung entsprechend des aktuellen Planungsstands z. B. aufgrund der Ergebnisse der Projektportfolioplanung. Bleiben Sie bei der Soll-Bebauung gröber. Hierdurch werden lediglich Planungsprämissen und Orientierungshilfen gegeben.
- Achten Sie bei der Plan- und Soll-Bebauung darauf, dass nur die abgestimmten Planungen dokumentiert werden. Nur so erhalten Sie auf Dauer eine konsistente und aussagekräftige Dokumentation.

Schauen wir uns die verschiedenen Planungsebenen etwas näher an. Die Planung und Steuerung der IT erfolgt auf strategischer, taktischer und operativer Ebene. Die Planungsebenen und deren Zusammenspiel wird in Bild 2.16 dargestellt.

Auf **strategischer Ebene** werden grobgranular Eckwerte und Orientierungshilfen für einen langfristigen Planungszeitraum gesetzt. Ziel der strategischen Planung ist es, das Geschäft und deren IT-Unterstützung an den Unternehmenszielen und geschäftlichen Erfordernissen auszurichten und auf den ständigen Wandel des Unternehmens und seines Marktumfelds vorzubereiten. Sie schafft ein ganzheitliches Verständnis des Geschäftsmodells, der Unternehmensstrategie, der strategischen Positionierung der IT und der IT selbst. Die strategische Planung gibt eine Vision und ein Ziel-Bild als Orientierung vor und setzt Leitplanken für Entscheidungen und die Umsetzung, deren Einhaltung über die Steuerung sichergestellt werden muss. Die eigentliche Umsetzung der strategischen Planung erfolgt im Rahmen von Projekten oder Wartungsmaßnahmen. Die Leitplanken schränken die Freiheitsgrade für Projekte und Wartungsmaßnahmen ein.

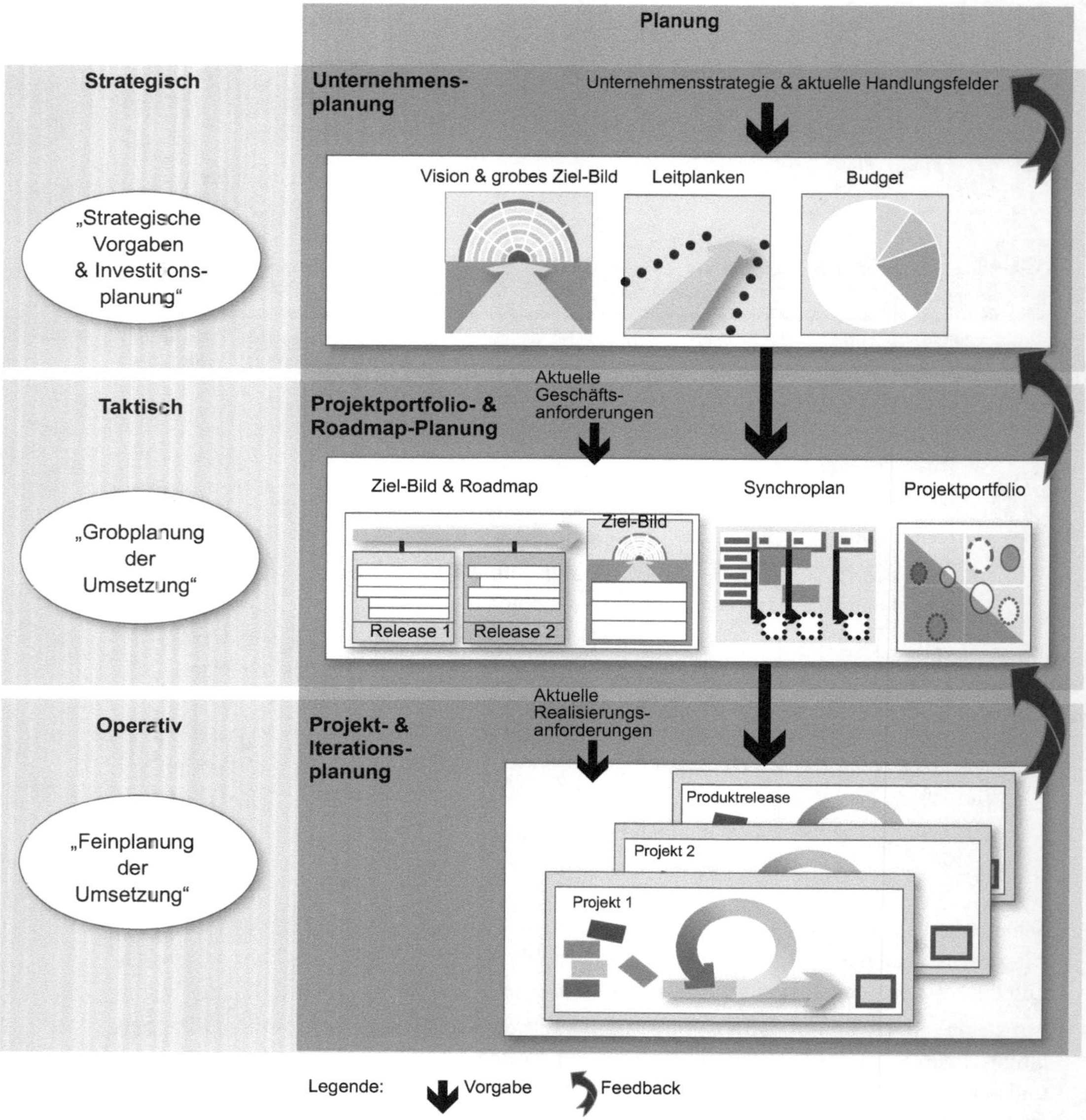

Bild 2.16 Planungsebenen im Zusammenspiel

Wichtig

Eine Vision ist die langfristig ausgerichtete Zielsetzung, an der sich sämtliche Aktivitäten orientieren. Sie dient als Leitgedanke für alle Beteiligten. In der Vision ist die aktuelle Ausgangslage berücksichtigt, damit ist sie prinzipiell umsetzbar. Eine Vision kann für ein gesamtes Unternehmen, für einzelne Produkte eines Unternehmens oder für fachliche Domänen gelten.

Die Vision kann wie eine Pressemeldung oder ein Produkt-Flyer aufbereitet sein. Dadurch kann das Ziel-Bild effektiv (intern und/oder extern) beworben und verkauft werden. Ein griffiges Leitmotiv (wie „einfach und effektiv") hilft, die Vision in den Köpfen der Beteiligten zu verankern. Die Vision wird über fachliche Inhalte, die Themenbereiche und Features, konkretisiert. ■

Die Vision, das Ziel-Bild und die Leitplanken werden im Rahmen der Strategieentwicklung (siehe [Han14]) in der Regel jährlich oder auch nach Bedarf, z. B. bei großen Vorhaben, angepasst. Das Ergebnis wird im Strategiedokument beschrieben. Das Strategiedokument ist also das wesentliche Ergebnisdokument der strategischen IT-Planung.

Das Ziel-Bild wird in der **taktischen Ebene** weiter detailliert. In der taktischen Planung wird letztendlich die Frage beantwortet: Wie werden die strategischen Vorgaben in Umsetzungspakete übersetzt? Das Ziel-Bild wird konkretisiert, die Roadmap für die Umsetzung wird grob gestaltet. Für einen planbaren und überschaubaren Zeitraum in der Zukunft[7] werden aus strategischen und aktuellen Geschäftsanforderungen Projekte oder Produkt-Releases geformt oder angepasst. Produkte können sowohl Fertigungserzeugnisse oder Dienstleistungen als auch IT-Kaufprodukte und Individualsoftware sein.

Enterprise Architecture Management kann hier einen großen Beitrag insbesondere durch die Bebauungsplanung (siehe Abschnitt 5.5) leisten und die grobe Lösung für das Projekt sowie die Roadmap zur Umsetzung gestalten. In Bild 2.16 sind typische Ergebnisse auf der taktischen Planungsebene dargestellt. Sie werden im Folgenden beschrieben.

Wichtig

Die taktische Planungsebene ist von besonderer Bedeutung, da hier frühzeitig und mit verhältnismäßig geringem Aufwand sichergestellt werden kann, dass das Richtige getan wird. So können Fehlinvestitionen vermieden und die relevanten Geschäftsanforderungen schnell und angemessen umgesetzt werden. Die strategische Planung erhält Bodenhaftung. Die strategischen Vorgaben werden fassbar und damit auch umsetzbar. ■

Die Ergebnisse der taktischen Planung werden wiederum in der **operativen Planungsebene** verfeinert. In der Projekt- und Iterationsplanung werden die im Rahmen der Projektportfolio- und Roadmap-Planung festgelegten Initiativen zumindest für die ersten Projektphasen oder Inkremente detaillierter geplant.

[7] Im wasserfallorientierten Umfeld ist der Planungszeitraum deutlich größer als im agilen Umfeld.

Wesentlich ist insbesondere die Verbindung zwischen den Planungsebenen. Darüber wird einerseits sichergestellt, dass die strategischen und taktischen Planungen auch in die operative Planung einfließen. Andererseits wird hierdurch eine Grundlage für die Steuerung der Umsetzung - auch bei veränderten Geschäftsanforderungen - geschaffen.

Wichtig

Schließen Sie die Lücke zwischen der strategischen Planung und der operativen Umsetzung. Die strategische und die operative Planungsebene sind in der Regel in den Unternehmen etabliert. Die taktische Planung und deren Verzahnung mit den anderen Ebenen werden dahingehend noch stiefmütterlich behandelt. Hierdurch wird jedoch viel Nutzenpotenzial verschenkt. Wenn man sich das Bild 2.16 anschaut, wird dies offensichtlich. Wenn die Projektportfolio- und Roadmap-Planung fehlt, dann klafft eine Lücke zwischen der Unternehmensplanung und der Projekt- und Iterationsplanung.

In der Projektportfolio- und Roadmap-Planung wird dafür gesorgt, dass die wirklich wichtigen und strategisch in der Investitionsplanung beabsichtigten Dinge auch umgesetzt werden. Durch eine Planung in einer groben, aber doch inhaltlich fundierten Granularität wird mit überschaubarem Aufwand ein inhaltlicher Rahmen für die Projekt- und Iterationsplanung geschaffen. Durch die Verknüpfung zwischen Artefakten auf den verschiedenen Ebenen wird die Grundlage für die Steuerung der Umsetzung geschaffen. Das, was beabsichtigt wurde, wird wirklich umgesetzt. Natürlich können sich im Rahmen der Umsetzung Veränderungen ergeben, diese müssen dann aber auf grober Ebene auch wieder in die Projektportfolio- und Roadmap-Planung einfließen. So können Veränderungen auf taktischem Level adäquat und mit überschaubarem Aufwand gemanagt werden. ■

Die Zusammenhänge zwischen den wesentlichen Disziplinen (siehe Abschnitt 2.1) in den verschiedenen Planungsebenen sind in Bild 2.16 dargestellt. Die Strategieentwicklung in Business und IT ist ebenso wie das strategische Controlling in der strategischen Ebene angesiedelt. Die Budgetierung hat sowohl strategische als auch taktische Anteile und ist daher dazwischen angeordnet.

EAM unterstützt vorwiegend die taktische Planung. Von daher beschreiben wir im Folgenden die typischen Ergebnistypen der taktischen Planung kurz. Details hierzu finden Sie in Abschnitt 5.4.

Wesentliche Ergebnisse der taktischen Planung sind die Detaillierung des Ziel-Bilds über die Beschreibung des Zielzustands über einen taktischen Soll-Bebauungsplan (siehe Bild 2.17) oder ein Soll-Portfolio sowie die Roadmap zur Umsetzung. Eine Roadmap beschreibt grob den Weg vom Ist-Zustand zum Ziel-Zustand. Eine Roadmap kann z. B. über eine Folge von Bebauungsplänen (siehe Bild 2.19), einen Synchroplan (siehe Bild 2.24) oder aber aus der Sicht einzelner Produkte etwas detaillierter als eine Abfolge von Releases dargestellt werden (Produkt-Roadmap siehe Bild 2.22). Über ein Projektportfolio wird in der Regel die absehbare Planung für z. B. ein Kalenderjahr dokumentiert (siehe Bild 2.23).

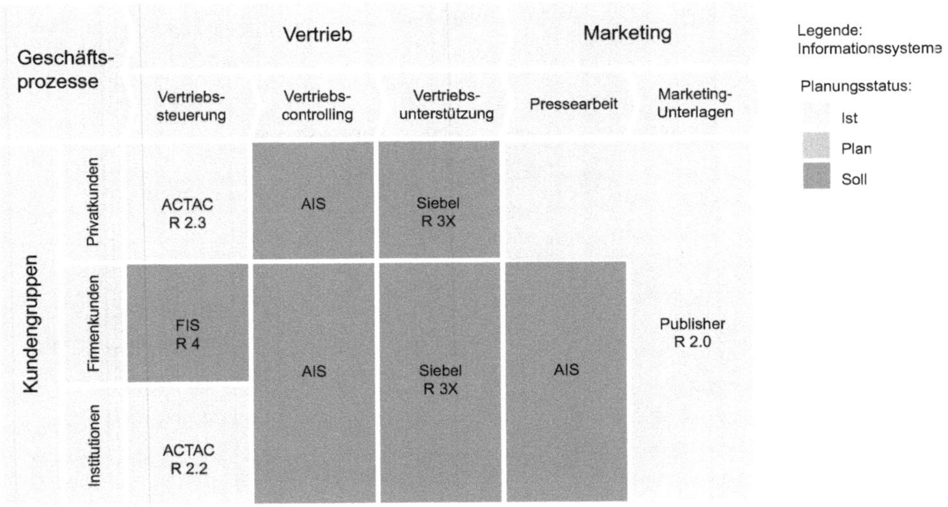

Bild 2.17 Beispiel für einen Soll-Bebauungsplan 2030

Hinweis

Die Unterscheidung zwischen der strategischen und taktischen Planungsebene ist nicht trennscharf. Ein Soll-Bebauungsplan kann ebenso auf strategischer Ebene genutzt werden, um das Ziel-Bild und die Vision zu untermauern. In diesem Fall sind aber die Inhalte des Soll-Bebauungsplans gröber. Es wird häufig nur eine grobe Aussage zum angestrebten Soll-Zustand gemacht, wie z. B. „SAP für die Unterstützung des Vertriebs". In der taktischen Planung wird man hier schon konkreter. So werden z. B. im Rahmen der Projektplanung das geplante Projektergebnis und der Weg dahin beschrieben. Das geplante Projektergebnis ist quasi ein Soll-Bebauungsplan für das Projekt. ■

In einem **Soll-Bebauungsplan** werden die zum Planungszeitpunkt geplanten Elemente in einer Matrix eingeordnet. Die Matrix wird in der Regel über fachliche, technische oder organisatorische Dimensionen aufgespannt. Beispiele für Dimensionen sind Geschäftsprozesse, Produkte, Geschäftseinheiten oder technische Bausteine.

In Bild 2.17 finden Sie ein Beispiel eines Soll-Bebauungsplans für die IS-Landschaft in 2030 für den fachlichen Ausschnitt „Vertrieb" und „Marketing". Neben den bis zum Jahre 2030 zu verändernden bzw. neu einzuführenden Systemen, wie z. B. „AIS R 1.0", werden auch die aktuell vorhandenen Systeme, die auch für 2030 in ggf. einem veränderten Release geplant sind, dargestellt.

In einem **Soll-Portfolio** werden die geplanten Elemente, wie z. B. Informationssysteme, zum Planungszeitpunkt entsprechend Kriterien in einer Portfoliografik eingeordnet. Im Beispiel in Bild 2.18 werden Informationssysteme entsprechend ihrer technischen Qualität und ihres Geschäftswerts in die vier Quadranten einsortiert (siehe Abschnitt 4.15 und [Mai05]). In der Regel werden bereits bestehende oder geplante Systeme, die zum Planungszeitpunkt 2030 voraussichtlich noch in ggf. veränderter Form existent sind, mit ins Portfolio aufgenommen.

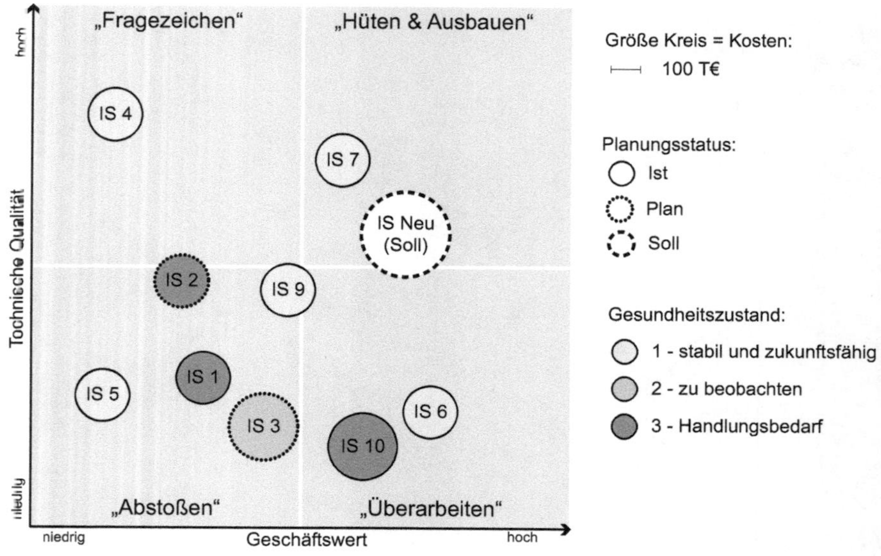

Bild 2.18 Soll-Portfolio für Informationssysteme

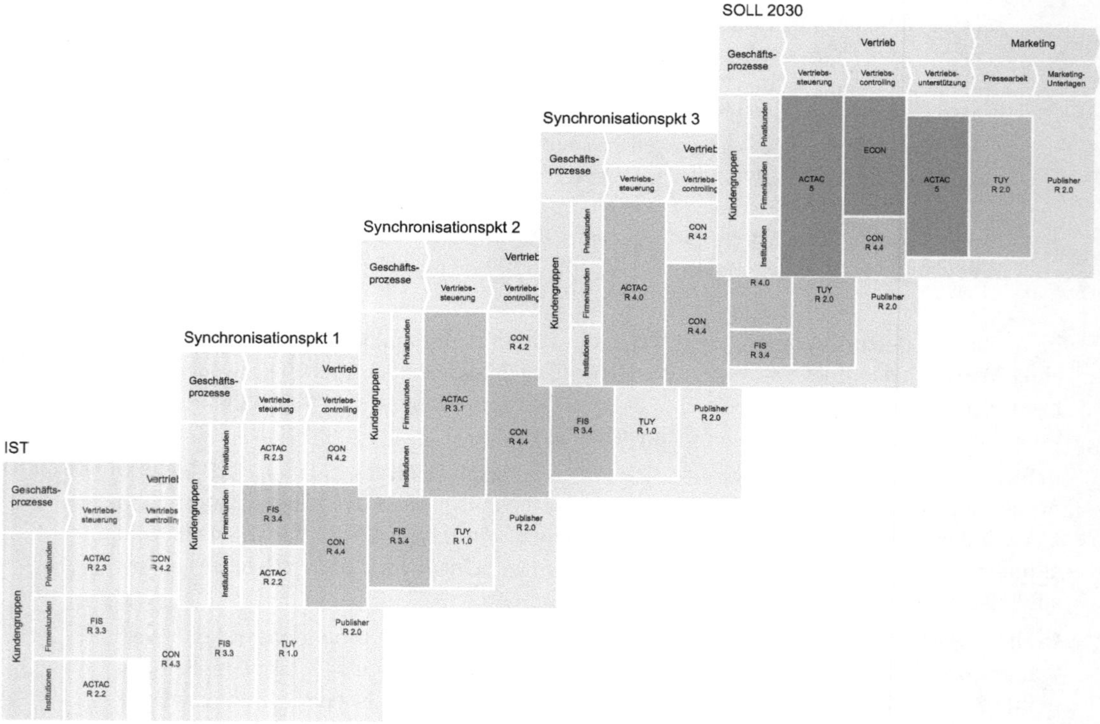

Bild 2.19 Roadmap als eine Abfolge von Bebauungsplänen

Neben den Klassifikationskriterien können noch weitere Aspekte, wie z. B. Kosten, Planungsstatus oder Gesundheitszustand, im Portfolio dargestellt werden.

Eine **Roadmap von Bebauungsplänen** (siehe Bild 2.19) beschreibt den geplanten Weg vom Ist-Zustand zum Soll-Zustand. In der Regel ist die Planung in absehbarer Zukunft, typischerweise ein Jahr, konkreter. Danach werden häufig nur noch wesentliche Synchronisationspunkte beschrieben, die mit erheblichen Veränderungen, wie z. B. dem Abschalten einer Kernanwendung, zusammenfallen.

Die Planungsschritte fallen nicht notwendigerweise mit einem Kalenderjahr zusammen. Häufig wird für das nächste Jahr eine detaillierte Planung im Rahmen der Budgetierung durchgeführt. Für die weitere Zukunft werden in der Regel nur noch wesentliche Synchronisationspunkte oder aber Rahmenvorgaben gesetzt. Diese werden nicht detailliert geplant, sondern basieren auf groben Abschätzungen z. B. für Kosten und Aufwände. Ein Beispiel hierfür ist die Ablösung der Kernsysteme durch eine neue Standardsoftware. Hier werden häufig Einführungsstufen festgelegt, wie z. B. Nutzung der Komponente Einkauf am 1.7.2023 im Gesamtunternehmen und die vollständige Lösung am Standort X am 1.1.2025 und an allen Standorten am 1.1.2030.

Ausgehend von einem aktuellen Portfolio kann eine Roadmap für die Weiterentwicklung der Landschaft in den nächsten Jahren erstellt werden. In Bild 2.20 sehen Sie ein Beispiel auf Basis des IS-Portfolios „Technische Qualität/Geschäftswert". Informationssysteme werden entsprechend den in Abschnitt 4.16 ausgeführten Strategien „abgelöst", „erweitert", „neu positioniert und erweitert" oder „überarbeitet".

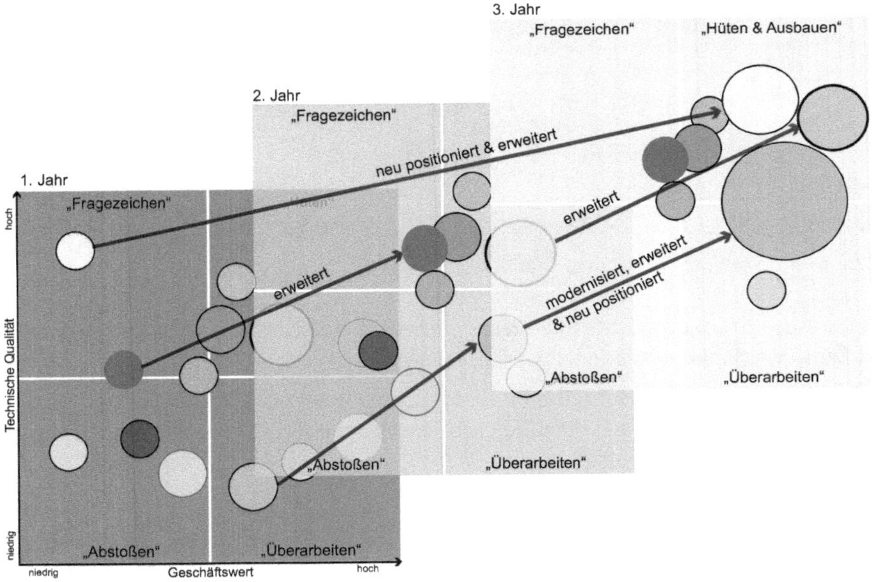

Bild 2.20 Roadmap für die Weiterentwicklung

Wichtig

Für die Darstellung der Veränderungen über die Zeit können entweder Pfeile oder aber eine Abfolge von Portfolios über die Zeit (Roadmap) verwendet werden.

Neben einer Abfolge von Bebauungsplänen oder Portfolios werden für die Darstellung einer IT-Roadmap zur Umsetzung einer Soll-Bebauung häufig **IT-Roadmap-Grafiken** eingesetzt (siehe Bild 2.21). Dies ist letztendlich eine zusammengefasste Portfoliodarstellung, in der Informationssysteme, technische Bausteine oder Projekte entsprechend Ihrer Planung in Planungszeiträume eingeordnet werden. Die Elemente werden nach einem Kriterium, z. B. Domänen, geclustert. Optional können Nachfolgerbeziehungen und Ablöseinformationen verwendet werden. Über die Nachfolgerbeziehungen wird gekennzeichnet, welche Systeme aus welchen resultieren.

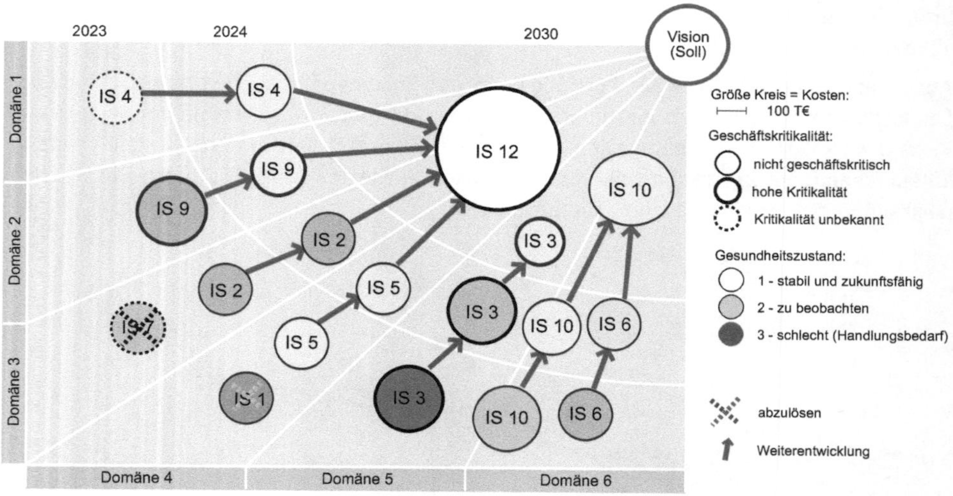

Bild 2.21 Beispiel einer IT-Roadmap-Grafik

In IT-Roadmap-Grafiken werden die Elemente grobgranular erfasst, d. h., es werden in der Regel keine Versionsinformationen (Releases) dargestellt.

Eine **Produkt-Roadmap** beschreibt die Planung aus Sicht eines Produkts. Sie besteht aus einer Abfolge von Releases mit dem Ziel, schrittweise die (Produkt-)Vision umzusetzen. Zu jedem Release werden festgelegt:

- (grob) geplanter Release-Termin,
- Schwerpunktthema des Release, abgeleitet aus den relevanten Themenbereichen,
- priorisierte Liste von (Teil-)Features, die mit Abschluss des Release umgesetzt sein sollen.

Die Roadmap-Planung für Produkte ist quasi eine grobgranulare Release-Planung. Es werden (Teil-)Features zu den definierten Release-Terminen in Umsetzungspakete zusammengefasst. Siehe hierzu [HGG15].

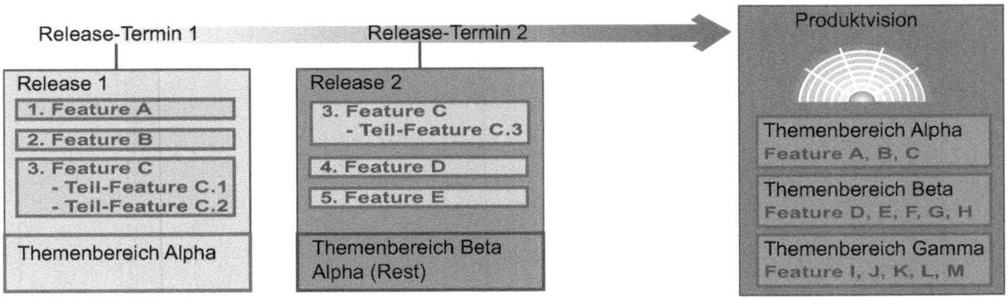

Bild 2.22 Beispiel einer Produkt-Roadmap

> **Definition Projektportfolio**
> Das Projektportfolio eines Unternehmens beinhaltet alle aktiven Projekte des Unternehmens von deren Genehmigung bis zu deren Beendigung. Da Projekte laufend neu genehmigt, neu priorisiert, verworfen und beendet werden, ändert sich das Projektportfolio ständig.

Die Entscheidungskriterien wie z. B. Kosten, Nutzen, Risiko, Strategie- und Wertbeitrag werden dabei häufig in einer Projektportfoliografik visualisiert. Die Projekte werden entsprechend der Bewertungskriterien in das Projektportfolio eingeordnet. Im Projektportfolio in Bild 2.23 werden die Projekte anhand ihrer Bedeutung und Dringlichkeit im Portfolio eingeordnet. Als weitere Bewertungskriterien werden das Projektbudget, der Projektstatus und die organisatorische Einordnung verwendet.

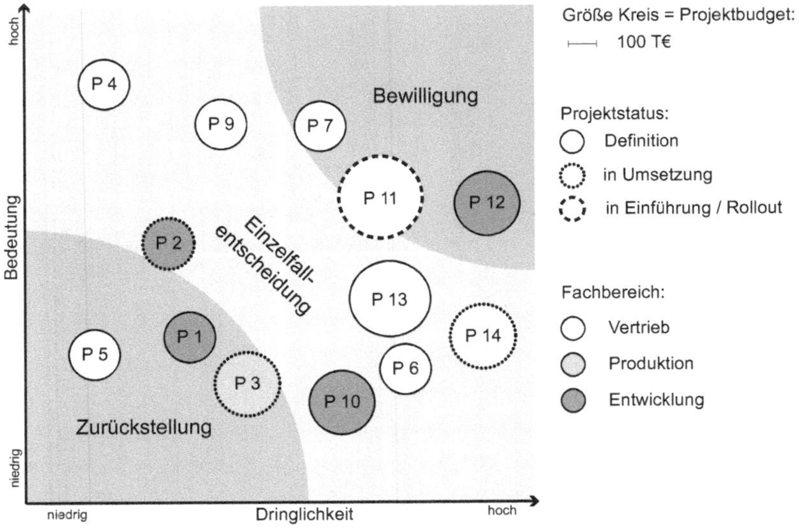

Bild 2.23 Beispiel Projektportfolio

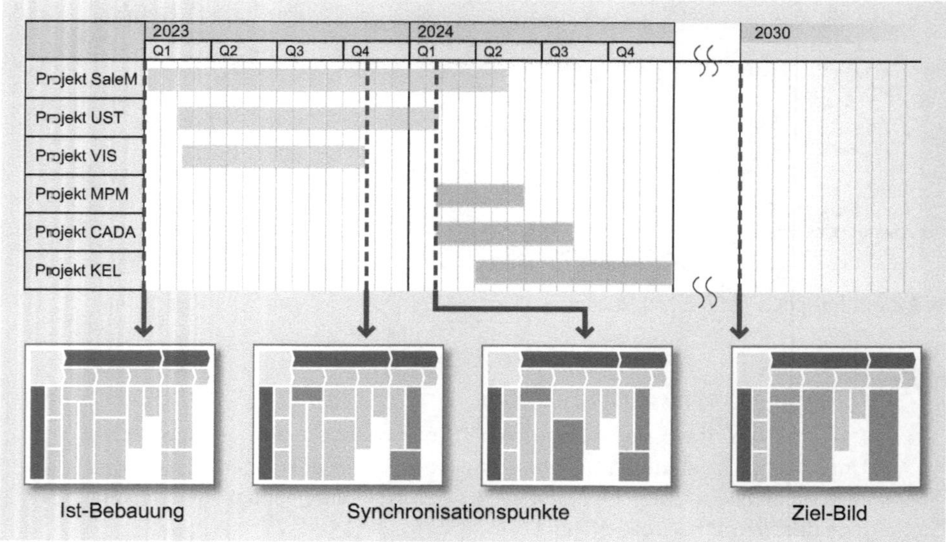

Bild 2.24 Beispiel Synchroplan

Durch einen **Synchroplan** werden die verschiedenen Maßnahmen zur Umsetzung des Ziel-Bilds, z. B. Projekte, zu einem Gesamtplan konsolidiert, der sowohl die inhaltlichen als auch zeitlichen Abhängigkeiten berücksichtigt. Auf grober Ebene ist der Synchroplan quasi ein Masterplan.

Im Rahmen der Bebauungsplanung wird für die Planungsszenarien auch eine grobe Umsetzungsplanung erstellt, in der Synchronisationspunkte inhaltlich ausgeprägt werden.

Wichtig

Ein Masterplan ist ein strategischer Multiprojektplan, in dem die wesentlichen grobgranularen Maßnahmen zur Umsetzung des Ziel-Bilds gesamthaft aufgeführt sind. Die Planung in der absehbaren Zukunft ist konkreter und je weiter es in die Zukunft geht, umso visionärer wird der Plan. Der Masterplan wird entsprechend der Veränderungen in der Strategie, Geschäftsanforderungen und Randbedingungen fortgeschrieben.

2.3.4 Granularitäten der Planungsebenen im Zusammenspiel

In Bild 2.25 finden Sie die unterschiedlichen Granularitäten von IT-Systemen den verschiedenen Planungsebenen zugeordnet. Darüber hinaus werden diesen zur Orientierung noch Granularitäten aus dem Demand Management und Prozessmanagement sowie von Projekten und Maßnahmen grob gegenübergestellt.

Beim Enterprise Architecture Management werden hierbei in Bezug auf die IT-Architektur folgende Granularitäten unterschieden:

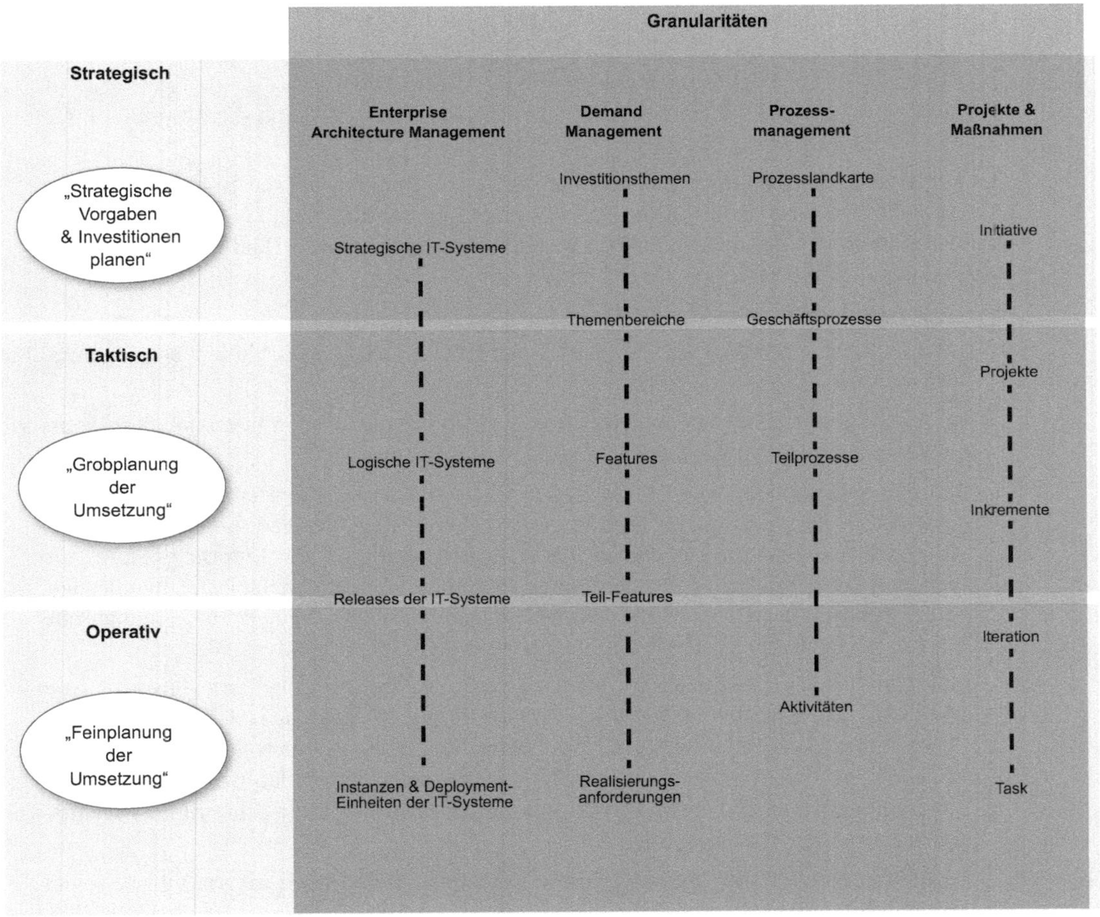

Bild 2.25 Granularitäten auf den verschiedenen Planungsebenen

- **Strategisches IT-System:** Ein strategisches IT-System ist eine grobe Planungseinheit für die strategische IT-Planung, die die Funktionalitäten für eine fachliche (Teil-)Domäne bereitstellt. Häufig hat das strategische IT-System noch keinen Namen und es wird stattdessen nur eine grobe strategische Aussage zum angestrebten Soll-Zustand wie z. B. SAP im Geschäftsfeld A und Microsoft im Front-Office, eine grobgranulare Business Capability wie z. B. „Flexible Außendienstplattform" genannt oder auch nur eine strategische Vorgabe für eine fachliche oder technische Domäne, wie z. B. „Kauflösung" oder „Technologie Java", gemacht.
- **Logisches IT-System:** Ein logisches IT-System konkretisiert ein strategisches IT-System. Es hat bereits einen Namen und gegebenenfalls eine grobe Release-Nummer, z. B. ACTAC V4. Die Funktionalitäten und auch die Abgrenzung zu anderen logischen IT-Systemen sind auf grober Granularität beschrieben. Der Lifecycle ist noch nicht im Detail festgelegt.

  Auf Ebene von Themenbereichen und Features kann die Produkt-Roadmap für das IT-System grob geplant werden (siehe Bild 2.16).

- **IT-System-Release:** Ein Release besteht aus einer Menge von Softwareeinheiten, die als Ganzes für die Nutzung bereitgestellt werden. Die Funktionalitäten werden im Rahmen der Release-Planung auf Ebene von Teilfeatures festgelegt.

  Für ein logisches IT-System kann es viele Releases geben. So kann die Anwendung ACTAC V4 die Releases ACTAC V4.1, V4.2 und V4.3 besitzen.
- **Logische Instanz eines IT-Systems:** Eine logische Instanz ist eine spezifische Ausprägung eines Release, orientiert z. B. an einem Standort. So kann z. B. ein IT-System-Release für den Standort A eine andere Schnittstelle nutzen als am Standort B. Häufig werden logische Instanzen von IT-Systemen zur Rollout-Planung genutzt.
- **Deployment-Einheit eines IT-Systems**

  Eine Deployment-Einheit ist eine Softwareeinheit, die als Ganzes auf der Betriebsinfrastruktur installiert werden kann.

Im Prozessmanagement werden in der Regel die Granularitätsebenen Wertschöpfungskette, Geschäftsprozess, Teilprozess und Aktivität unterschieden:

- **Wertschöpfungskette:** Die Wertschöpfungskette stellt die Geschäftsprozesse des Unternehmens in ihrem Zusammenwirken grafisch in der Regel als Prozesslandkarte (siehe Abschnitt 2.4.1) dar. Sie gibt eine fachliche Strukturierung für das Unternehmen vor, die sich im Allgemeinen in der Organisation widerspiegelt. Sie gibt einen fachlichen Bezugsrahmen und ein Begriffssystem für die strategische Planung vor. Eine Wertschöpfungskette wird in der Regel durch eine Prozesslandkarte (siehe [HLo21]) dargestellt.
- **Geschäftsprozess:** Geschäftsprozesse bestehen aus einer Abfolge von zielgerichteten Aktivitäten zur Umsetzung des Geschäftsmodells des Unternehmens. Geschäftsprozesse leisten einen unmittelbaren Beitrag zur Wertschöpfung oder unterstützen andere wertschöpfende Geschäftsprozesse. Geschäftsprozesse haben einen definierten Anfang und ein definiertes Ende mit einem klar festgelegten Ergebnis. In der Regel werden Geschäftsprozesse mehrfach durchgeführt.

  Geschäftsprozesse sind die wesentlichen Einheiten der Prozesslandkarte und bestehen aus Teil-Geschäftsprozessen.
- **Teil-Geschäftsprozess:** Teil-Geschäftsprozesse umfassen fachlich oder organisatorisch zusammenhängende Aktivitäten eines Geschäftsprozesses. Durch die Zusammenfassung entsteht eine gröbere Granularität, die die taktische Planung handhabbar macht.
- **Aktivität:** Aktivitäten sind feingranulare Bausteine von (Teil-)Geschäftsprozessen. Ein Geschäftsprozess umfasst mehrere zusammenhängende, strukturierte Aktivitäten, die gemeinsam ein Ergebnis erzeugen, das für Kunden einen Wert darstellt.

  Die Beschreibung von Prozessabläufen erfolgt in der Regel zum Teil in der Projekt- und Iterationsplanung und im Detail in der Umsetzungsphase.

Weitere Informationen zu den Granularitäten im Prozessmanagement finden Sie in [HGG15] und [HLo21]. Die Granularitäten für Projekte und Maßnahmen sind selbsterklärend (siehe [Glo11] und [GPM03]).

Empfehlung

Die Detaillierungsebenen können unternehmensspezifisch ausgeprägt werden. Legen Sie für Ihr Unternehmen die Detaillierungsebenen entsprechend Ihrer Randbedingungen und Ziele klar und unmissverständlich fest. Nur so erhalten Sie eine einheitliche Granularität von Geschäftsanforderungen und IT-Prozess-Strukturen für die Abstimmung sowie Planung und Steuerung. ■

Wichtig ist aber insbesondere der Zusammenhang zwischen den Granularitäten und den Planungsebenen. Dies schauen wir uns jetzt näher an.

Auf der **strategischen Planungsebene** werden eine langfristige Perspektive und die wesentlichen Produktbereiche, Aktivitäten des Unternehmens oder das Unternehmen als Ganzes adressiert. Die Planung ist eher abstrakt und global und erfolgt in dieser Planungsebene auf der Grundlage von groben Zielrichtungen, Investitionsthemen und Themenbereichen. Diese werden häufig in ein fachliches Domänenmodell, wie eine Prozesslandkarte (siehe Abschnitt 2.4.1), einsortiert. Wenn bereits in Richtung Umsetzung geplant wird, bewegt man sich hier in der Regel auf der Ebene von strategischen IT-Systemen. Diese verfeinern die Vision und bestimmen das grobe Ziel-Bild maßgeblich. Investitionen werden über Themenbereiche gesteuert.

Wichtig

Für die Auswahl der weiter zu verfolgenden Investitionsthemen ist häufig eine grobe Abschätzung in den Bewertungsdimensionen Aufwand, Nutzen, Wert- und Strategiebeitrag und Risiko ausreichend. Im Vordergrund steht die relative Bewertung der Investitionsthemen zueinander, nicht die detaillierte Bewertung eines einzelnen Investitionsthemas. Betrachten Sie Details nur so weit, wie sie für diese relative Bewertung und zur Entscheidungsfindung notwendig sind. Halten Sie den Aufwand für die Detaillierung von Investitionsthemen möglichst gering.

Erst wenn ein Investitionsthema weiterverfolgt werden soll, ist die Detaillierung in Themenbereiche zwingend erforderlich, um Features und Teil-Features ableiten zu können. ■

Die Planung und Steuerung erfolgen auf der **taktischen Ebene** in einer mittelfristigen Perspektive von einem bis fünf Jahre. Die Planung ist detaillierter als bei der strategischen Ebene, sie fokussiert aber zumeist nur die wesentlichen Bestandteile des Unternehmens oder der Aktivitäten. Die Planung erfolgt in dieser Planungsebene auf der Grundlage von Features und Teil-Features. Von der Umsetzung her wird auf Ebene von logischen und grob auf Releases von IT-Systemen geplant. (Teil-)Features werden zu den definierten Release-Terminen in Umsetzungspakete zusammengefasst. Ein Soll-Bebauungsplan (siehe Bild 2.17) und eine grobe Roadmap zur Umsetzung entstehen. Diese konkretisieren das Ziel-Bild.

Schwerpunktthemen für die einzelnen Releases ergeben sich aus den Themenbereichen, wie sie im Rahmen der Unternehmensplanung festgelegt wurden. Die Umsetzung eines Themenbereichs kann sich dabei über mehrere Releases erstrecken. Jeder Themenbereich wird, wenn nicht bereits erfolgt, priorisiert und entsprechend seiner Priorität analysiert, bewertet und über Features und ggf. Teil-Features weiter detailliert. Die am höchsten priorisierten Themenbereiche werden dabei vorrangig betrachtet. Der eigentliche Projektschnitt bzw. die Roadmap-Planung erfolgt dann auf Basis der Features und, soweit notwendig, Teil-Features. Eine technische Architekturvision und Rahmenbedingungen können z. B. durch eine Referenzarchitektur (siehe Download-Anhang 11) oder aber durch Architektur-Features vorgegeben und so in die Umsetzung eingesteuert werden.

Die Roadmap muss entsprechend veränderter Anforderungen und Rahmenbedingungen regelmäßig angepasst werden. Je weiter man in die Zukunft schaut, desto gröber ist die Planung der Releases. Das zeitlich nächste Release wird in der Regel auf Ebene von Teil-Features geplant. Für Folgereleases sind oft nur Features oder Themenbereiche angegeben.

Bei der Entwicklung von Kaufprodukten wird häufig der erwartete Funktionsumfang schon frühzeitig festgelegt. Basis hierfür ist ein funktionales Referenzmodell oder eine Business Capability Map (siehe Abschnitt 2.4.1), die den erwarteten Funktionsumfang zumindest bis auf Ebene der Features weitgehend vollständig beschreibt.

In der Projektportfolio- und Roadmap-Planung wird dafür gesorgt, dass die wirklich wichtigen und strategisch in der Investitionsplanung beabsichtigten Dinge auch umgesetzt werden. Durch eine Planung auf Ebene von Themenbereichen und Features wird mit überschaubarem Aufwand ein inhaltlicher Rahmen für die Projekt- und Iterationsplanung geschaffen. Durch die Verknüpfung zwischen den (Teil-)Features und Realisierungsanforderungen entsteht die Grundlage für die Steuerung der Umsetzung. Das, was beabsichtigt wurde, wird wirklich umgesetzt. Natürlich können sich im Rahmen der Umsetzung Veränderungen ergeben. Diese müssen dann aber auf grober Ebene auch wieder in die Projektportfolio- und Roadmap-Planung einfließen. So können Veränderungen auf taktischem Level adäquat mit überschaubarem Aufwand gemanagt werden.

Die priorisierten (Teil-)Features, Ergebnis der grobgranularen Roadmap-Planung, sind der Input für die Projekt- und Iterationsplanung. (Teil-)Features müssen in der **operativen Planungsebene** den Iterationen und Inkrementen des Projekts zugeordnet werden. Features bzw. Teil-Features sind als Grundlage für die konkrete Planung häufig noch zu grobgranular und werden daher auf Realisierungsanforderungen heruntergebrochen. Bei agilen Projekten mit Iterationen von drei oder vier Wochen müssen die Realisierungsanforderungen entsprechend klein gehalten und in die Iterationen eingepasst werden.

Auf der Basis der Realisierungsanforderungen erfolgt die Projektplanung im Detail. Die Aktivitäten für die Umsetzung der Realisierungsanforderungen müssen geplant und die Umsetzung entsprechend gesteuert werden. Weitere Hinweise hierzu finden Sie in [GPM03] sowie [Lit05].

Wichtig

Durch die Verfeinerung in (Teil-)Features und Realisierungsanforderungen und Verlinkung mit diesen kann der Business-Analyst die bestimmungsgemäße Verwendung von Budgets nachhalten. Wesentlich ist hierbei aber, dass er auch bei der Budgetfreigabe und Budgetsteuerung für Projekte und Wartungsmaßnahmen eingebunden ist (siehe [HGG15]).

Die Ausführungen haben gezeigt, wie wesentlich eine systematische und einheitliche Beschreibung der Geschäftsanforderungen und der anderen Artefakte auf unterschiedlichen Detaillierungsebenen entsprechend der Erfordernisse der verschiedenen Planungs- und Steuerungsebenen ist.

Empfehlung

- Berücksichtigen Sie, dass für die unterschiedlichen Planungsebenen unterschiedliche zeitliche Planungshorizonte gelten. Eine Detaillierung von Geschäftsanforderungen oder strategischen und logischen IT-Systemen über diese Planungshorizonte hinaus kann zu unnötigem Planungs-, Änderungs- und Verwaltungsaufwand führen und ist damit wirtschaftlich nicht sinnvoll. Die Planungshorizonte sind unternehmensspezifisch, in einem Unternehmen teilweise auch produktspezifisch, ausgeprägt.

  Bei einer agilen Vorgehensweise sind typische Planungshorizonte:

  - Produktvision: mehrere Jahre
  - Unternehmensplanung: ein Jahr
  - Produkt- und Portfolioplanung: die nächsten Monate
  - Projekt- und Iterationsplanung: die nächsten Wochen
- Detaillieren Sie Geschäftsanforderungen und IT-Systeme in den einzelnen Planungsebenen jeweils nur so weit, dass Sie ausreichend Informationen haben, um den jeweils „nächsten Schritt“ gehen zu können.
- Ein Plan ist eine auf dem aktuellen Kenntnisstand und bestimmten Annahmen nach bestem Wissen getroffene Aussage zu einer möglichen Entwicklung in der Zukunft. Es gibt keine Garantie, dass ein Plan zu 100 % „erfüllt“ wird. Nutzen Sie Pläne, um Abweichungen zu erkennen. Wenn es Abweichungen gibt, suchen Sie die Ursachen dafür. Passen Sie die Planung aufgrund der neu gewonnenen Erkenntnisse in enger Abstimmung mit Ihren Stakeholdern hinsichtlich Inhalte, Termine und Kosten an.
- Planänderungen sind eher die Regel als die Ausnahme. Etablieren Sie Abstimmungs- und Entscheidungsprozesse, in denen festgelegt ist, wie bei Planänderungen vorzugehen ist.

2.4 Best-Practice-Visualisierungen

Perfektion ist nicht dann erreicht, wenn es nichts mehr hinzuzufügen gibt, sondern wenn man nichts mehr weglassen kann.

Antoine de Saint-Exupéry (1900–1944)

Datensammlungen allein reichen nicht aus, um die mit der Einführung einer Unternehmensarchitektur verbundenen Ziele zu erreichen. Erst durch eine adäquate und zielgruppengerechte Aufbereitung entsteht ein realer Nutzen. Zusammenhänge und Abhängigkeiten werden häufig nur über grafische Visualisierungen oder aber Hervorhebungen in Ergebnisdarstellungen wie z. B. Excel-Listen ersichtlich. Fragestellungen lassen sich erst durch die Analyse und adäquate Darstellung der Ergebnisse beantworten. Wichtig ist dafür auch der „lean"-Gedanke (siehe Zitat von Antoine de Saint-Exupéry), da überladene Darstellungen die wesentlichen Aussagen verstecken.

In einer systematischen und überschaubaren Art und Weise lassen sich die Geschäftsarchitektur und die IT-Landschaft in ihrem Zusammenspiel aus verschiedenen Blickwinkeln visualisieren, um genau zugeschnitten auf die jeweilige Fragestellung des Stakeholders die richtige Antwort zu geben. So werden Transparenz geschaffen, Zusammenhänge und Abhängigkeiten sichtbar gemacht und letztendlich häufig erst verstanden. Trends werden leichter erkannt. Handlungsbedarf und Optimierungspotenzial sowie Ansatzpunkte für Tiefenbohrungen lassen sich ableiten. Berichtspflichten werden vereinfacht. Die Planungen werden manifestiert und fundierte Aussagen zu Auswirkungen und Machbarkeit von Business- und IT-Ideen sind möglich.

Wichtig

Das Informationsbedürfnis der verschiedenen Stakeholder-Gruppen ist aufgrund ihrer unterschiedlichen Ziele und Fragestellungen durchaus vielfältig. Häufig werden Zusammenhänge und Abhängigkeiten nur über grafische Visualisierungen oder aber über Hervorhebungen in Ergebnisdarstellungen wie z. B. Excel-Listen ersichtlich.

Über die Analyse der EAM-Datenbasis und eine anschauliche Darstellung der Ergebnisse können viele Fragestellungen der Stakeholder (siehe Download-Anhang D) beantwortet werden.

Listen, z. B. Excel-Listen mit Hervorhebungen, sind die am häufigsten verwendeten Ergebnisdarstellungen. In Bild 2.26 finden Sie ein Beispiel einer Liste von Informationssystemen mit Attributen entsprechend der Fragestellung eines Adressaten. Häufig werden ausgewählte Aspekte farblich hervorgehoben. Beispiele hierfür sind Kosten, die eine gewisse Grenze überschreiten, oder aber kritische Bewertungen im Kontext von Compliance oder Sicherheit. Weitere häufig relevante Aspekte finden Sie in Abschnitt 2.5.

Listendarstellungen werden häufig auch für den initialen Import in die EAM-Datenbasis und den Austausch zwischen Werkzeugen, wie z. B. einem EAM- und einem Prozessmanagement- oder Projektportfoliomanagement-Werkzeug, genutzt.

Informationssysteme	Kurzbeschreibung	Compliance-reelvant	Lizenz-kosten	Kosten Wartung & Betrieb	Nutzen	Schutz-bedarf	Sicherh.-level
ACTAC R2.2	Zentrales Logistiksystem	X	200 T/Jahr	40 T/Jahr	500 T/Jahr	groß	groß
ACTAC R2.3	Zentrales Logistiksystem	X	150 T/Jahr	30 T/Jahr	500 T/Jahr	groß	groß
FIS R3.3	Vertriebssteuerung	X	-	150 T/Jahr	300 T/Jahr	groß	groß
CON R4.2	Controlling-System	X	-	250 T/Jahr	100 T/Jahr	groß	groß
CON R4.3	Controlling-System	X	-	300 T/Jahr	150 T/Jahr	groß	mittel
TUY R1.0	Marketing-System PR		-	100 T/Jahr	90 T/Jahr	gering	gering
Publisher R2.0	Marketing-System WF		100 T/Jahr	20 T/Jahr	200 T/Jahr	gering	gering
Publisher R3.0	Marketing-System WF und PR		100 T/Jahr	20 T/Jahr	200 T/Jahr	gering	gering

Bild 2.26 Beispiel einer Liste von Informationssystemen

In Bild 2.27 sind **Steuerungssichten** dargestellt. Sie werden im Kontext der strategischen Steuerung der Weiterentwicklung der IT-Landschaft in Abschnitt 5.8.3 erläutert.

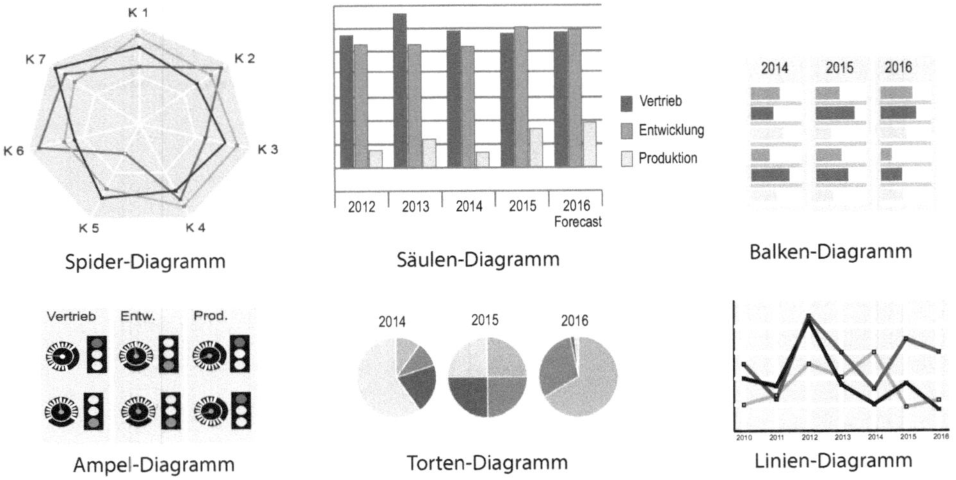

Bild 2.27 Beispiele für Steuerungssichten

In Bild 2.28 finden Sie zudem eine Steuerungssicht aus dem EAM-Umfeld, in dem der Dokumentationsstand transparent gemacht wird. Durch eine Kombination von Verlauf, aktuellem Stand, Bewertung des aktuellen Stands, kurzfristige Entwicklung und Prognose werden auf einen Blick der Status und der Fortschritt ersichtlich.

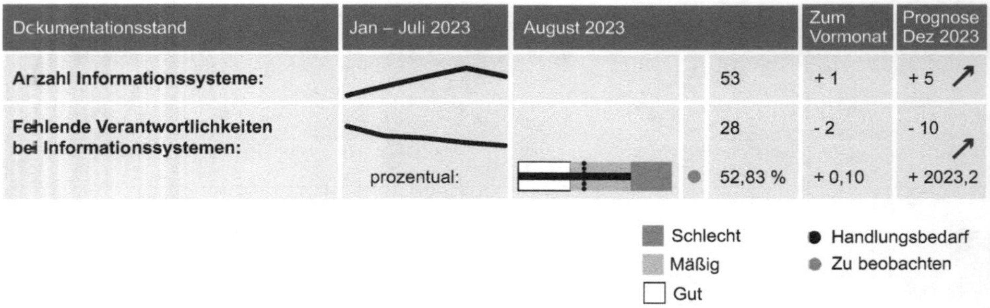

Bild 2.28 Beispiel einer Steuerungssicht zum Pflegestatus von EAM

Im Folgenden widmen wir uns den Visualisierungen, die häufig für die Beantwortung der Fragestellungen der Stakeholder benötigt werden. Tabelle 2.1 enthält einen Katalog von bewährten Visualisierungen. Für jeden Typ finden Sie eine Einordnung in den Themenkomplex sowie eine symbolische Visualisierung der wesentlichen Aspekte.

Tabelle 2.1 Katalog der Best-Practice-Visualisierungen

Kontext Unternehmensstrategieentwicklung	
Das **Geschäftsmodell** konkretisiert die wichtigsten Bestandteile Ihrer Unternehmensstrategie und setzt Eckwerte für deren Umsetzung. „Das Geschäftsmodell bestimmt die Zielkunden, die Kundenprozesse, die eigenen Geschäftsprozesse, die Produkte und Dienstleistungen, die Vertriebskanäle, die Form der Leistungserstellung, die Logistik, die Führung und vor allem auch das Erlösmodell" (zitiert aus [Kag06]; S. 17). Das **Business Model Canvas** ist ein strategisches Managementinstrument, das es ermöglicht, neue oder bestehende Geschäftsmodelle zu entwickeln und zu skizzieren (siehe [Ost10] und [Han18]).	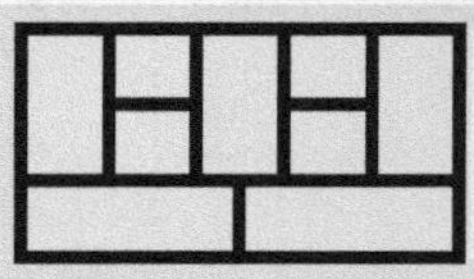
Das **Operational Model** zeigt im Überblick, mit welchen anderen Unternehmen (zum Beispiel Dienstleistern, Lieferanten, Shared-Service-Centern) Geschäftsbeziehungen bestehen. Es verschafft eine Übersicht über die Unternehmensschnittstellen und das Zusammenspiel mit Geschäftspartnern. Weitere Informationen hierzu finden Sie in [HLo21]. Verwandt hierzu ist das Target Operating Model als Ziel-Bild mit allen Elementen, die erforderlich sind, um die erforderlichen Veränderungen voranzutreiben. Siehe hierzu Abschnitt 5.4.4.	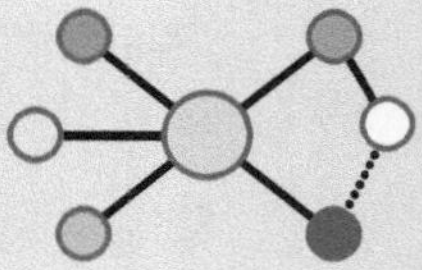

Tabelle 2.1 Katalog der Best-Practice-Visualisierungen

Kontext Business Capability Management	
Business Capability Maps beschreiben die aktuellen oder zukünftig benötigten Fähigkeiten des Unternehmens. Auf dieser Basis werden die Geschäftsprozesse und die Organisation schrittweise weiterentwickelt oder neu gestaltet. Business Capability Maps sind fachliche Domänenmodelle, die die wesentlichen Teile der Geschäftsarchitektur eines Unternehmens im Überblick beschreiben.	 
Kontext Prozessmanagement und Business Capability Management Weitere Informationen hierzu finden Sie in [HGG15] und [HLo21].	
Prozesslandkarte beschreibt die Geschäftsprozesse des Unternehmens im Überblick. Prozesslandkarten sind fachliche Domänenmodelle, die die wesentlichen Teile der Geschäftsarchitektur eines Unternehmens im Überblick beschreiben.	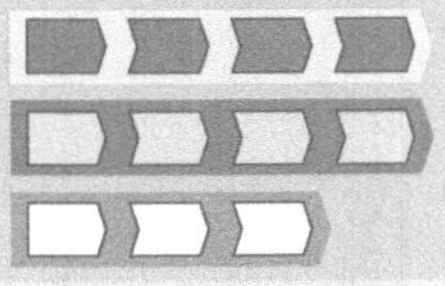
Die **erweiterte Prozesslandkarte** stellt die Teil-Geschäftsprozesse mit ihren wesentlichen Schnittstellen dar. Diese werden häufig auch in einer Swimlane dargestellt (siehe Swimlane-Diagramm).	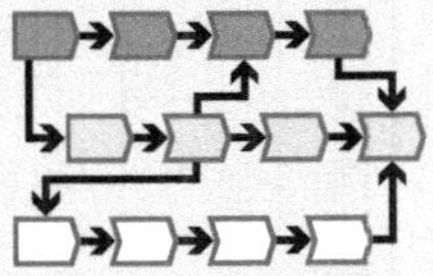
Swimlane-Diagramm dient zur Visualisierung von Zuständigkeiten und Abhängigkeiten von Teil-Geschäftsprozessen. Swimlanes können horizontal oder vertikal dargestellt werden. In BPMN werden in der Regel horizontale Swimlanes verwendet.	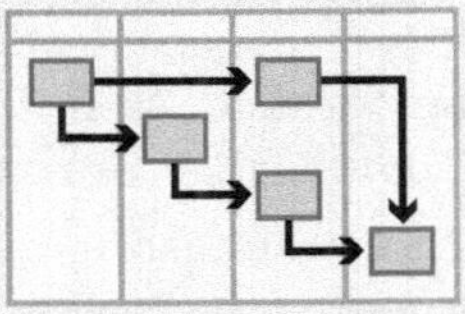
IAO-Diagramm (Input-Activity-Output-Diagramm) wird zur übersichtlichen Darstellung aller wesentlichen Informationen zu einem Geschäftsprozess genutzt. Aus den Input- und Output-Informationen kann der Informationsfluss zwischen Geschäftsprozessen abgeleitet werden.	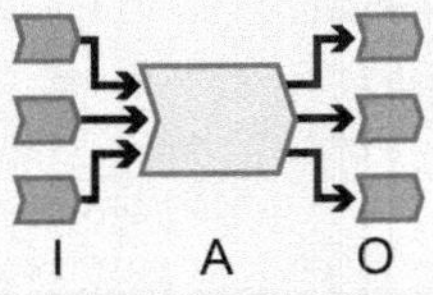
Ein **Prozessablaufdiagramm** zeigt den Prozessablauf im Detail. Er beschreibt, welcher Auslöser einen Prozess anstößt, in welcher Reihenfolge und unter welchen Bedingungen Aktivitäten durchgeführt werden und wer eine Aktivität im Prozess ausführt. Weitere Informationen hierzu finden Sie in [HGG15].	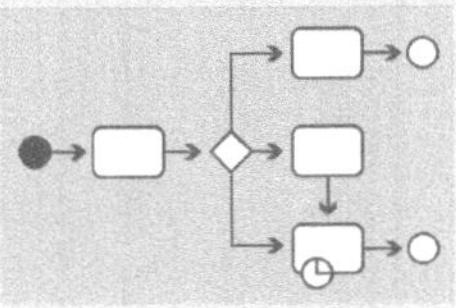

Tabelle 2.1 Katalog der Best-Practice-Visualisierungen

Kontext Enterprise Architecture Management	
Das **funktionale Referenzmodell** beschreibt die fachlichen Funktionen des Unternehmens im Überblick. Funktionale Referenzmodelle sind fachliche Domänenmodelle, die die wesentlichen Teile einer Geschäftsarchitektur eines Unternehmens im Überblick beschreiben. Funktionales Referenzmodell und Business Capability Model werden häufig synonym genutzt. Als Grafiktyp wird häufig eine („nested“) Cluster-Grafik verwendet. Eine **Cluster-Grafik** dient zur Darstellung von gegebenenfalls unterschiedlichen Bebauungselementen in einer nach einem Kriterium segmentierten Grafik. Die Bebauungselemente werden entsprechend des Kriteriums (direktes oder indirektes Attribut oder Beziehung des Bebauungselements) in Segmente einsortiert. Die Segmente können dabei durchaus hierarchisch weiter entsprechend eines festgelegten Kriteriums aufgeteilt werden. Die Festlegung der Größe und Anordnung der Segmente kann mit Bedeutung behaftet sein. Häufig erfolgt sie aber nach ästhetischen Gesichtspunkten. In den Clustern können sowohl fachliche als auch technische Elemente eingeordnet werden. Ein Beispiel für ein fachliches Modell ist die Business Capability Map (siehe Abschnitt 2.4.1). Ein Beispiel für die Einordnung von Informationssystemen in die fachlichen Domänen finden Sie in Abschnitt 2.4.1.	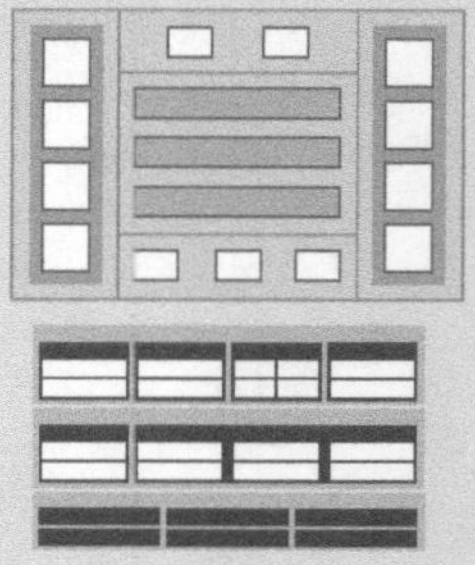
In einer **Blueprint-Grafik** werden die unternehmensspezifischen technischen Standards festgelegt, die für die technische Realisierung von Informationssystemen, Schnittstellen und der Betriebsinfrastruktur oder auch für fachliche Einsatzzwecke verwendet werden sollen. Als Grafiktyp werden hierfür auch häufig („nested“) Cluster-Grafiken verwendet.	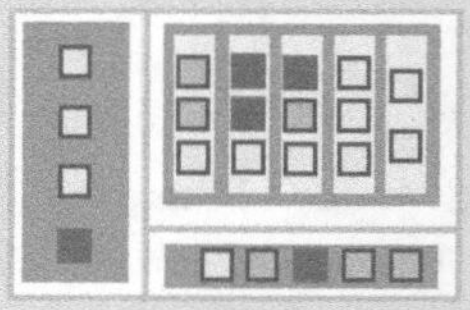
Die **Bebauungsplangrafik**, auch **Matrix-Diagramm** genannt, ermöglicht die Darstellung von Zusammenhängen zwischen den Elementen der Unternehmensarchitektur in Form einer Matrix. Hierzu werden Bebauungselemente in der Regel eines Elementtyps in einen zweidimensionalen gegebenenfalls hierarchischen Bezugsrahmen eingeordnet. So werden z. B. Informationssysteme zu Geschäftsprozessen oder Business Capabilities und Geschäftseinheiten in Beziehung gesetzt. Durch eine flexible Zuordnung von Bebauungselementen oder deren Attributen zu Zeilen, Spalten und Inhalt der Grafik können eine Vielzahl von Fragestellungen beantwortet werden. Zudem lassen sich Eigenschaften der Inhaltselemente über unterschiedliche Farben und Linientypen sowie Dekorationen visualisieren, um so zusätzliche Informationen bereitzustellen.	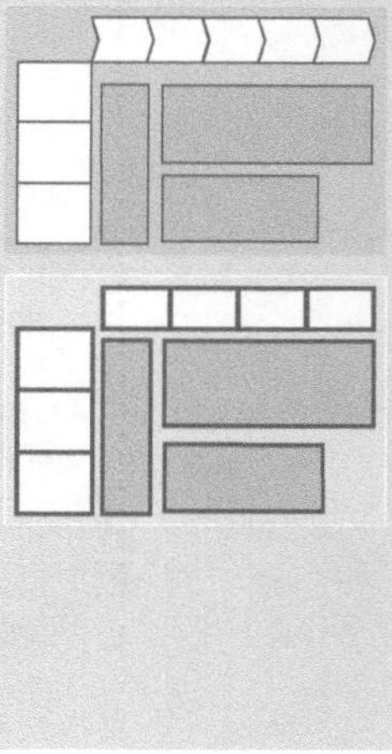

Tabelle 2.1 Katalog der Best-Practice-Visualisierungen

Auch hier gibt es Spezialfälle. So können auch Beziehungen, z. B. Informationsfluss zwischen Elementen, dargestellt werden. Ein weiterer Spezialfall ist die entartete zweite Dimension, d. h., wenn die zweite Dimension nur aus einem Element besteht. Dann kommt man entweder zu einer Schichtendarstellung (siehe Abschnitt 5.5) oder aber zu einer vertikalen Aufteilung. Entsprechend der Inhalte kann auch eine Unterscheidung in typische, fachliche und technische Bebauungsplangrafiken getroffen werden. Dies wird in Abschnitt 2.4.3 weiter ausgeführt.	
Eine **Informationsflussgrafik** wird zum Aufzeigen von Abhängigkeiten und Zusammenhängen zwischen Informationssystemen und deren fachlich logischem Informationsfluss genutzt.	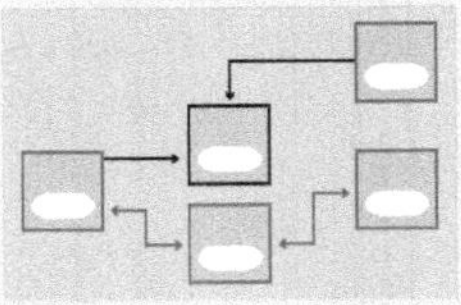
Oder allgemein: **Graphen** zur Darstellung von gerichteten oder ungerichteten Beziehungen zwischen gegebenenfalls geschachtelten Bebauungselementen. Die Kanten können eingefärbt, beschriftet und durch Linientypen, wie z. B. gepunktet oder gestrichelt, mit Informationen angereichert werden. Die Bebauungselemente in einer Graphendarstellung lassen sich zudem entsprechend fachlicher, technischer oder organisatorischer Kriterien in Bereiche clustern. So werden z. B. in einer Cluster-Informationsflussgrafik Informationssysteme entsprechend Cluster z. B. nach organisatorischen Bereichen aufgeteilt und separiert. Häufig werden Graphen z. B. für die Analyse von Abhängigkeiten genutzt. In Abhängigkeitsgraphen werden die Beziehungen zwischen den gleichen oder verschiedenen Bebauungselementtypen dargestellt. Eine besondere Ausprägung ist zudem die Schichten- oder Bahnendarstellung (Swimlane), in der die Cluster „übereinander" oder „nebeneinander" in gewünschter Reihenfolge angeordnet sind.	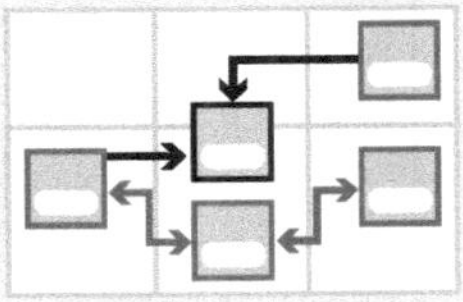
Zuordnungstabelle, auch Zuordnungsmatrix genannt, zur Dokumentation und Aufdeckung von Abhängigkeiten zwischen zwei Bebauungselementen, wie z. B. Zuordnung von Geschäftsobjekten zu Geschäftsprozessen. Die Art der Zuordnung, wie z. B. schreibender oder lesender Zugriff, kann weiter charakterisiert werden. Auf dieser Basis lassen sich detaillierte Analysen durchführen.	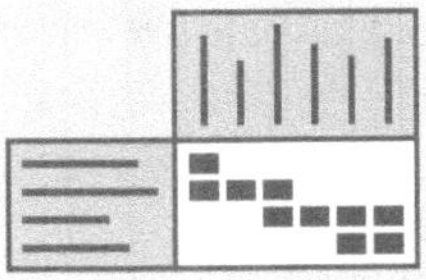
Lifecycle-Grafik zur Veranschaulichung des Status im Lebenszyklus von einer Menge von Bebauungselementen in einer zeitlichen Betrachtung	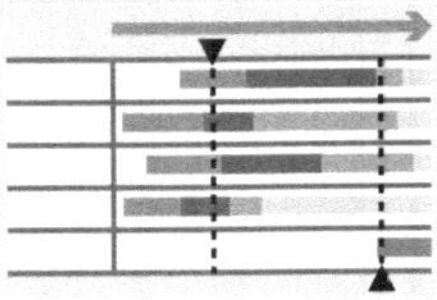

Tabelle 2.1 Katalog der Best-Practice-Visualisierungen

Masterplan-Grafik zur Veranschaulichung von zeitlichen Abhängigkeiten zwischen Projekten. Hierbei werden folgende Ausprägungen unterschieden: Erweiterte Masterplan-Grafik, in der sowohl Projekte als auch die abhängigen Informationssysteme oder technischen Bausteine mit deren Nutzungszeitraum oder Lifecycle dargestellt werden **Erweiterte Masterplan-Grafik, in der sowohl Projekte als auch die abhängigen Informationssysteme mit ihrem Status im Lebenszyklus dargestellt werden**	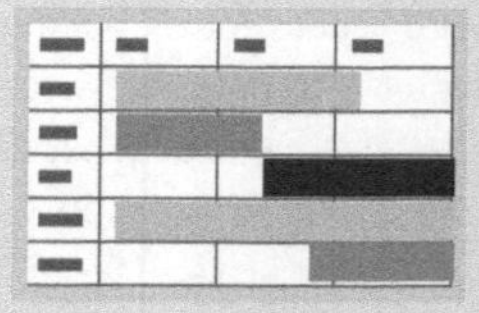
Plattformgrafik zum Aufzeigen von Abhängigkeiten zwischen Infrastrukturelementen bzw. Plattformen und der Nutzung von Infrastruktur-Services	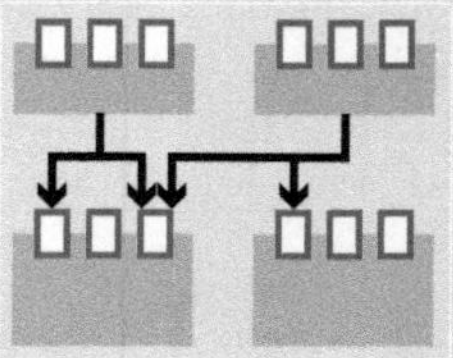
IT-Roadmap-Grafik zur Visualisierung der IT-Roadmap	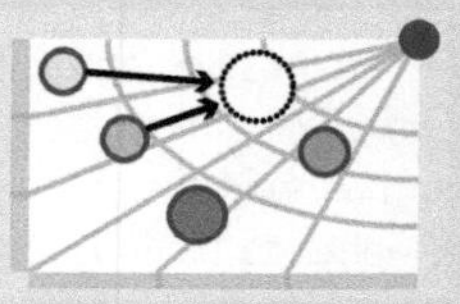
Nachfolgergrafik zur Darstellung der zeitlichen Abfolge beziehungsweise Nachfolgerbeziehungen im Kontext des Releasemanagements oder aber einer IT-Roadmap. Hier gibt es zwei Varianten: Einfache Nachfolgergrafik, in der nur die Nachfolgerbeziehung dargestellt wird Zeitliche Nachfolgergrafik, in der gemeinsame zeitliche Bezugspunkte gesetzt werden	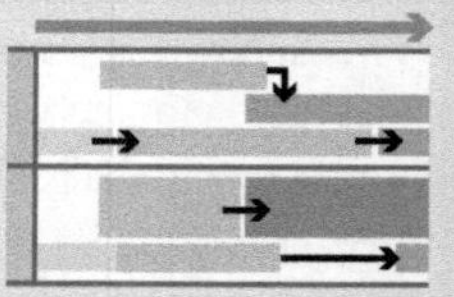
Kontext Business-Planung, Portfoliomanagement und Projektmanagement	
Ein **Projektantrag** enthält sämtliche Informationen für die Entscheidung für oder gegen die Durchführung des Projekts im Projektportfoliomanagement. Weitere Informationen hierzu finden Sie in [HGG15].	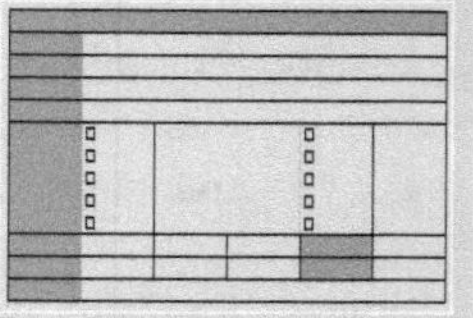
Portfoliografik dient zur Visualisierung von „Wertigkeiten“ von Bebauungselementen oder Strategien für Bebauungselemente auf einen Blick.	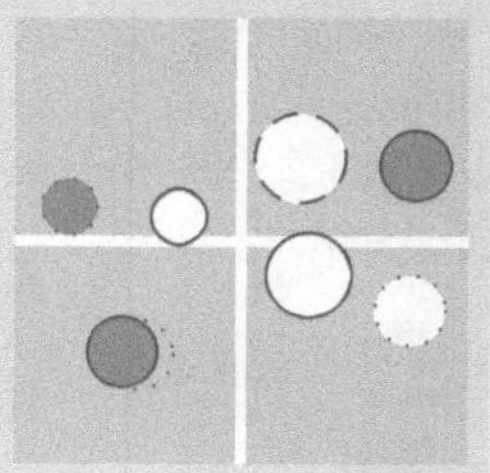

Tabelle 2.1 Katalog der Best-Practice-Visualisierungen

Burndown-Chart macht Projektfortschritt und Aufwände im agilen Kontext transparent. Weitere Informationen hierzu finden Sie in [HGG15].	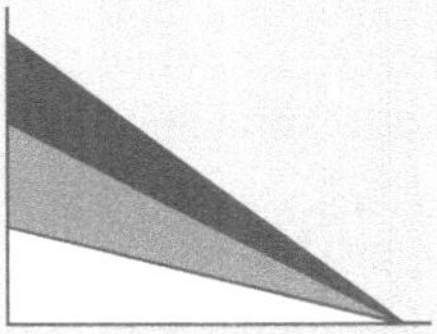
Kontext Anforderungsmanagement Weitere Informationen hierzu finden Sie in [HGG15].	
Die **Anforderungsliste** ist das zentrale Instrument im Anforderungsmanagement. Die Geschäftsanforderungen werden in der für das Unternehmen festgelegten Struktur aufgenommen und bewertet. Es ist das zentrale Instrument für das systematische Management der Geschäftsanforderungen.	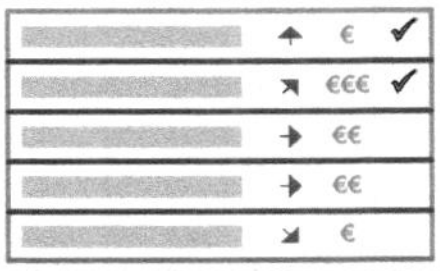
Die Auflistung von Anforderungen im agilen Kontext wird **Backlog** genannt. Es gibt unterschiedliche Backlogs, wie z. B. ein Produkt- oder Sprint-Backlog (siehe [Lef11]).	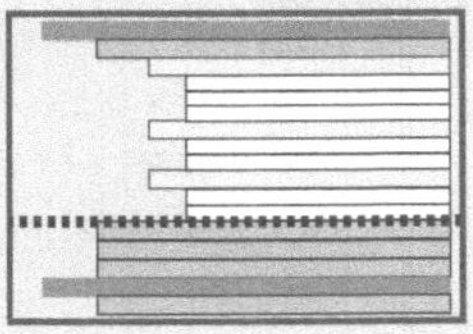
Das **fachliche Komponentenmodell** gliedert die einzelnen, IT-technisch umgesetzten oder umzusetzenden Funktionen bzw. Business Capabilities in fachliche Cluster, die Komponenten. Zusätzlich wird häufig auch noch der Informationsfluss zwischen den fachlichen Komponenten mit aufgenommen. Im Soll-Modell kann dies auch für „Capability based planning" genutzt werden (siehe [TOG18]).	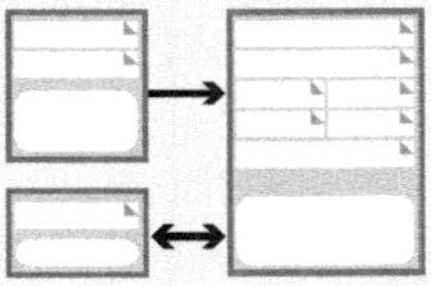
Ein **Use-Case** beschreibt das nach außen hin für den Nutzer eines Systems sichtbare Verhalten.	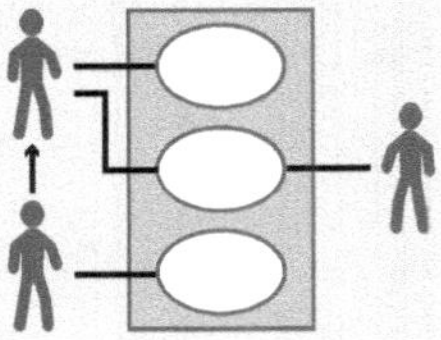
Das **fachliche Klassenmodell** stellt die wesentlichen Entitäten und deren Beziehungen sowie Geschäftsregeln dar. Währenddessen werden im **fachlichen Objektmodell** auf Ebene der fachlichen Begriffe, der Geschäftsobjekte Beziehungen hergestellt.	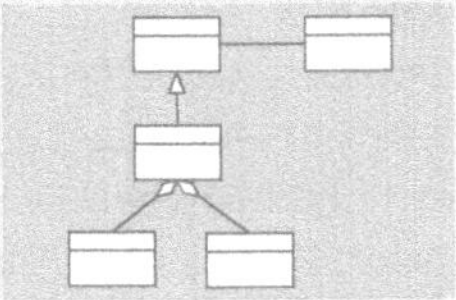 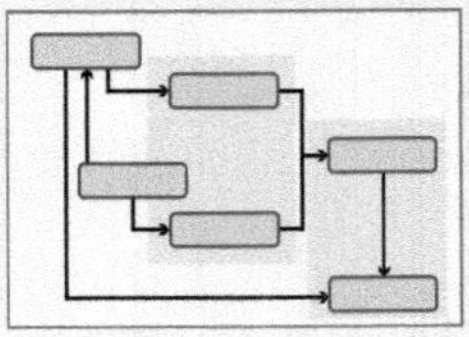

In den folgenden Abschnitten werden die typischen EAM-Visualisierungen weiter beschrieben. Für die anderen sei auf die angegebene Literatur verwiesen.

Im Unternehmenskontext gibt es sicherlich noch weitere spezifische Visualisierungen (siehe [Mat07] und [TOG18]).

Abhängig vom Reifegrad werden unterschiedliche Visualisierungen genutzt. Siehe hierzu die folgenden Abschnitte und [Sek05] und [Sch01]. Ein Beispiel für Visualisierungen mit einem hohen Reifegrad sind die fachliche Objektmodelle in der Informationsbebauung und im Datenmanagement (siehe hierzu Abschnitt 5.4.3).

Empfehlung

Beschränken Sie sich beim Einstieg in EAM auf die Visualisierungen, die Ihre Fragestellungen beantworten. Soweit möglich, sollten Sie lediglich Ergebnisdarstellungen mit einem niedrigen Detaillierungsgrad verwenden. So erzielen Sie schneller „vorzeigbare" Ergebnisse.

Beispiel: Starten Sie mit Geschäftsprozess- oder Informationssystemlisten und dokumentieren Sie die Abhängigkeiten zwischen den Elementen, wie den Informationsfluss, erst im zweiten Schritt.

In allen Ergebnisdarstellungen können Sie für alle Knoten und Kanten mittels farblicher Markierung, verschiedenen Linientypen und Dekorieren mit Symbolen oder Beschriftungen unterschiedliche Aspekte wie z. B. Strategie- und Wertbeitrag oder Standardkonformität hervorheben. Beschränken Sie sich hier auf die für die Beantwortung der Fragestellung wesentlichen Aspekte, um diese zu betonen.

Bei hierarchischen Bebauungselementtypen können Sie die Elemente auf unterschiedlichen Hierarchie-(Abstraktions-)ebenen darstellen und über ein Zoom-in und Zoom-out ins Detail oder ins Grobe wechseln. ■

Die wesentlichen Best-Practice-Visualisierungen aus dem EAM-Kontext werden im Folgenden detailliert beschrieben.

2.4.1 Fachliche Modelle

Nicht alle fachlichen Modelle, wie z. B. Prozesslandkarten, Informationslandkarten oder Business Capability Maps, entstehen originär im EAM-Kontext. Für die businessorientierte Weiterentwicklung der Geschäftsarchitektur und der IT-Landschaft müssen diese aber aus den verschiedenen Quellen eingesammelt und die Daten zu einem Single-Point-of-Truth konsolidiert werden. Fachliche Strukturen sind die Bezugspunkte bzw. bilden den Ordnungsrahmen für die businessorientierte Planung und Steuerung der IT (siehe Abschnitt 5.5).

Wichtig

Fachliche Strukturen bilden einen Ordnungsrahmen für die digitale Transformation und die businessorientierte Planung und Steuerung der IT. Über die Geschäftsarchitektur werden fachliche Änderungsbedarfe identifiziert, transparent gemacht und die erforderlichen Änderungen an z. B. Geschäftsprozessen, Systemen oder Schnittstellen geplant und gesteuert. ■

Schauen wir uns die einzelnen fachlichen Modelle etwas näher an.

Fachliche Domänenmodelle

Fachliche Domänenmodelle beschreiben die wesentlichen Aspekte der Geschäftsarchitektur eines Unternehmens im Überblick. Durch fachliche Domänen wird eine übergeordnete fachliche Strukturierung vorgegeben. Als fachliche Domänen werden häufig grobgranulare Geschäftsprozesse, Business Capabilities und/oder fachliche Funktionen, Produkte, Vertriebskanäle, Kundengruppen, Geschäftsobjekte und/oder Geschäftseinheiten genutzt. Die wesentlichen aktuellen oder zukünftigen fachlichen Bebauungselemente, wie z. B. Geschäftsprozesse oder fachliche Funktionen, werden in die fachlichen Domänen einsortiert. Das Ergebnis ist dann ein fachliches Domänenmodell.

Ein fachliches Domänenmodell gibt damit eine gemeinsame Sprache vor und schafft Bezugspunkte für die Verknüpfung mit den IT-Strukturen. Es gibt den Rahmen für die businessorientierte Weiterentwicklung der Geschäfts- und IT-Architektur vor.

Wichtig

In einem Unternehmen gibt es in der Regel nur ein übergreifendes fachliches Domänenmodell. Hiermit werden unternehmensübergreifend die Kernstrukturen der Geschäftsarchitektur festgelegt. Dies ist das fachliche „Big Picture“, auf dessen Grundlage übergreifende Konsolidierungen, die übergreifende Bebauungsplanung und die Steuerung der Weiterentwicklung der IT-Landschaft durchgeführt werden. Diese sind zudem die Grundlage für fachliche Diskussionen.

Neben dem übergreifenden fachlichen Domänenmodell gibt es in der Regel bei größeren Unternehmen dezentrale Modelle, wie z. B. bereichs- oder unternehmensspezifische Prozessmodelle. Diese entstehen häufig in den Fachbereichen entweder in Unkenntnis der zentralen Modelle oder aber, weil die zentralen Modelle nicht passend erscheinen. In Abhängigkeit vom Governance-Ansatz des Unternehmens werden diese kontinuierlich übergreifend konsolidiert oder aber lose mit einem übergreifenden Modell verbunden.

Das übergreifende fachliche Domänenmodell des Unternehmens wird in der Regel mit den grobgranularen Strukturierungselementen (häufig Ebene 2) übersichtlich auf einem DIN-A4-Blatt dargestellt und auch als Basis für Planungs- und Steuerungssichten verwendet. Siehe hierzu Abschnitt 5.5 und Kapitel 4. ■

Für die Ableitung von fachlichen Domänenmodellen (siehe Abschnitt 2.4.1) werden, soweit vorhanden, fachliche Referenzmodelle herangezogen. Fachliche Referenzmodelle geben für ein Unternehmen oder aber eine Klasse von Unternehmen, z. B. einer Branche, eine Empfehlung für die fachliche Strukturierung vor. Fachliche Referenzmodelle helfen dabei, das eigene Verständnis über Strukturen und Zusammenhänge zu schärfen. Beispiele sind VAA [Ges01] im Versicherungsumfeld oder eTOM in der Telekommunikation (siehe [Ber03-1] oder [Joh11]).

Referenzmodelle lassen sich selten unverändert auf die Gegebenheiten eines konkreten Unternehmens übertragen. Sie werden für die Anwendung im Unternehmen entsprechend der spezifischen Geschäftsanforderungen und Randbedingungen angepasst. Ergebnis ist das unternehmensspezifische fachliche Domänenmodell.

Typische Ausprägungen für fachliche Domänenmodelle sind Prozesslandkarten und funktionale Referenzmodelle (bzw. Business Capabability Maps). Diese beiden Ausprägungen beschreiben wir im Folgenden im Detail. Daneben existieren auch Mischformen. Hierzu gibt es Beispiele und Hilfestellungen in [Han14]. Eine weitere Ausprägung sind Produktlandkarten, diese spielen aber im EAM nur eine untergeordnete Bedeutung und werden daher hier nicht weiter erläutert (siehe [Bae07] und [Her06]). Folgende Fragestellungen können unter anderem mit fachlichen Domänenmodellen beantwortet werden:

- *Prozesslandkarte:* Welche Kern-, Führungs- und Unterstützungsprozesse gibt es in welcher fachlichen Domäne (z. B. Geschäftseinheit)? Welche sind wettbewerbsdifferenzierend?
- *Funktionales Referenzmodell/Business Capability Map:* Was sind die Kernfunktionen (Kernfähigkeiten) des Unternehmens? Welche sind bereits gut ausgeprägt und welche müssen noch auf- oder ausgebaut und auf welche kann verzichtet werden?
- *Produktlandkarte:* Welche Produkte oder Services erstellt das Unternehmen? Für welche internen oder externen Kundengruppen?
- *Gemischtes fachliches Domänenmodell:* Was sind die fachlichen Kernbereiche als Basis für die businessorientierte Planung und Steuerung der Weiterentwicklung?

Prozesslandkarte

Eine Prozesslandkarte stellt die Geschäftsprozesse in ihrem Zusammenwirken in der Regel auf Wertschöpfungskettenebene des Unternehmens grafisch dar. Die Geschäftsprozesse werden häufig entsprechend fachlicher Domänen gruppiert. In Bild 2.29 oben finden Sie ein Beispiel einer Prozesslandkarte. Die Geschäftsprozesse werden hier in Prozessketten in horizontalen fachlichen Domänen in einer „Swimlane"-Darstellung angeordnet (siehe [All05], [Ses07], [Ahl06], [Gad20])).

In Bild 2.29 unten ist eine erweiterte Prozesslandkarte für den Kernprozess I dargestellt. Die Abhängigkeiten von Kernprozess I werden übersichtlich visualisiert. Von der Wertschöpfungskette II werden die Geschäftsobjekte GO1 und GO2 als Input benötigt. Für die Wertschöpfungsketten V beziehungsweise IV wird GO3 beziehungsweise GO4 bereitgestellt.

Die erweiterte Prozesslandkarte kann ebenso geclustert werden. So werden Organisationsbrüche und (fehlende) Verantwortlichkeiten einfach ersichtlich.

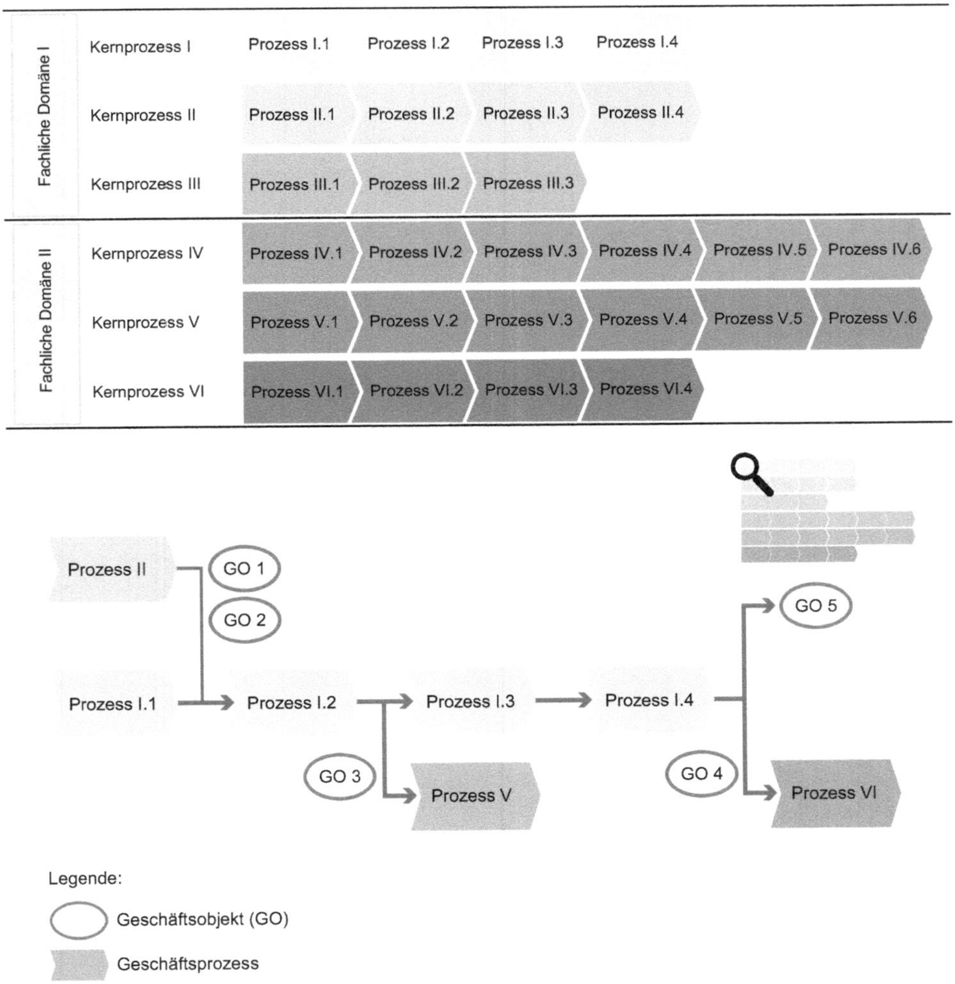

Bild 2.29 Prozesslandkarte in „Swimlane"-Darstellung – Zoom in Kernprozess I

> **Empfehlung**
> Markieren Sie die Wertschöpfungsketten jeweils mit einer Farbe einheitlich über alle Darstellungen. So lässt sich eine bestimmte Wertschöpfungskette in Portfolio- und Detaildarstellungen schneller finden. ■

Die Anordnung der Cluster erfolgt nach unternehmensspezifischen Kriterien. Häufig werden die Führungs- und Unterstützungsprozesse entweder vertikal seitlich oder horizontal ober- bzw. unterhalb der Kernprozesse angeordnet. Die Kernprozesse werden so ausgerichtet, dass die Geschäftsprozesse mit engeren Beziehungen zum Kunden links und zu Lieferanten rechts dargestellt werden. Detaillierte Hilfestellungen und Beispiele zum häufig verwendeten SCOR-Modell finden Sie in [Gau14] und für die Entwicklung Ihrer Prozesslandkarte in [Han14].

Erweiterte Prozesslandkarte (siehe [HLo21])

Die erweiterte Prozesslandkarte stellt die Teil-Geschäftsprozesse des Unternehmens mit ihren wesentlichen Schnittstellen dar (siehe Bild 2.30).

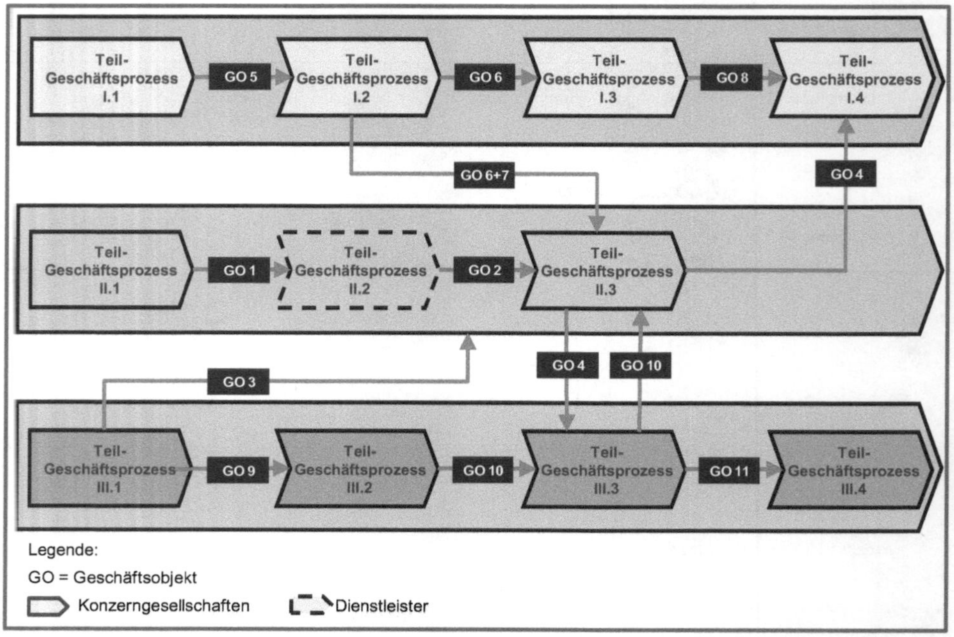

Bild 2.30 Erweiterte Prozesslandkarte

Die erweiterte Prozesslandkarte beantwortet Ihnen folgende Fragen:

- Welche Teil-Geschäftsprozesse gibt es in meinem Unternehmen?
- Welche Schnittstellen gibt es zwischen meinen Geschäftsprozessen?
- Welche Schnittstellen gibt es zwischen den Teil-Geschäftsprozessen?
- Warum gibt es die Schnittstellen und was wird über die Schnittstellen transportiert?

Die erweiterte Prozesslandkarte benutzt zwei bis drei verschiedene Symbole:

- Die Darstellung der Teil-Geschäftsprozesse erfolgt über Pfeilsymbole. Die Teil-Geschäftsprozesse eines Geschäftsprozesses werden horizontal nebeneinander aufgetragen.
- Die Schnittstellen zwischen den Teil-Geschäftsprozessen werden über Linien abgebildet. Die Richtung des Informationsflusses wird über Pfeilspitzen dargestellt. Besteht ein Austausch verschiedener Informationen zwischen zwei Teil-Geschäftsprozessen, dann stellen Sie den Hin- und Rückweg getrennt über zwei Pfeile dar (kein einzelner Pfeil mit zwei Pfeilspitzen).
- Die Informationen zu den ausgetauschten Geschäftsobjekten zwischen zwei oder mehreren Teil-Geschäftsobjekten werden als Rechtecke dargestellt. Die Geschäftsobjekte werden mit den auf der Fachseite gebräuchlichen Begriffen benannt und allgemein formuliert (zum Beispiel Angebot, Vertrag, Rechnung, Reklamation).

Die erweiterte Prozesslandkarte kann auch für die Darstellung weiterer Informationen genutzt werden, die über die reine Schnittstellenbetrachtung hinausgehen. Genau wie bei der Prozesslandkarte können Sie die folgenden Möglichkeiten nutzen, um zusätzliche Informationen zu den Teil-Geschäftsprozessen, den Schnittstellen und Geschäftsobjekten darzustellen:

- Linienfarbe, Linientyp, Füllfarbe und Füllmuster der Pfeilsymbole,
- Linienfarbe, -typ und -stärke der Linien für die Darstellung der Schnittstellen,
- Linienfarbe, Linientyp, Füllfarbe und Füllmuster für die Geschäftsobjekte.

Die erweiterte Prozesslandkarte gibt Ihnen einen schnellen Überblick über die wesentlichen Schnittstellen in Ihrer Prozesslandschaft und dient als Grundlage für die Analyse dieser Schnittstellen. Sie wird benutzt, um zusätzliche Informationen darzustellen und so Antworten auf eine Vielzahl von weiteren Fragen zu liefern, wie zum Beispiel:

- Welche Prozessschnittstellen sind automatisiert, welche sind „manuell"?
- Wie läuft zum Beispiel ein Auftrag durch unsere Prozesslandschaft?
- Wie sind die Verantwortlichkeiten bezogen auf bestimmte End-to-end-Prozesse geregelt?
- Wie viele Schnittstellen haben wir und wie können wir diese reduzieren?
- Wie sind Schnittstellen zwischen Prozessen realisiert (Briefversand, elektronischer Datenaustausch, Telefon, CD-Versand)?

Hilfestellungen für die Erstellung einer erweiterten Prozesslandkarte finden Sie in [HLo21] und [HGG12].

Funktionales Referenzmodell

In einem funktionalen Referenzmodell werden die aktuellen oder geplanten fachlichen Funktionen oder die Fähigkeiten (Business Capabilities) des Unternehmens dokumentiert. Häufig wird ein funktionales Referenzmodell auch Capability Map genannt. In Bild 2.31 finden Sie ein Beispiel eines funktionalen Referenzmodells aus dem Bankenkontext. Die fachlichen Funktionen werden hier im Wesentlichen nach Produkten strukturiert eingeordnet. Durch farbliche Markierungen (Heat Map) entsprechend unternehmensspezifischer Kriterien wird auf einen Blick ein optischer Eindruck vom Handlungsbedarf oder von anderen Sichtweisen vermittelt (siehe [Mic07]).

Ein funktionales Referenzmodell entsteht im Rahmen der Organisationsentwicklung oder des Business Capability Managements. Hilfestellungen für die Gestaltung Ihres funktionalen Referenzmodells finden Sie in [HLo21] und [Han14].

Wichtig

Ein funktionales Referenzmodell ist im Vergleich zu Prozesslandkarten „stabiler", da die fachlichen Funktionen oder Fähigkeiten des Unternehmens nicht von organisatorischen Änderungen tangiert werden.

In der Regel wird in Unternehmen nicht zwischen Business Capabilities und fachlichen Funktionen unterschieden. Ein funktionales Referenzmodell ist häufig eine Vorstufe einer Business Capability Map, in der häufig noch etwas „unschärfer" modelliert wird. ■

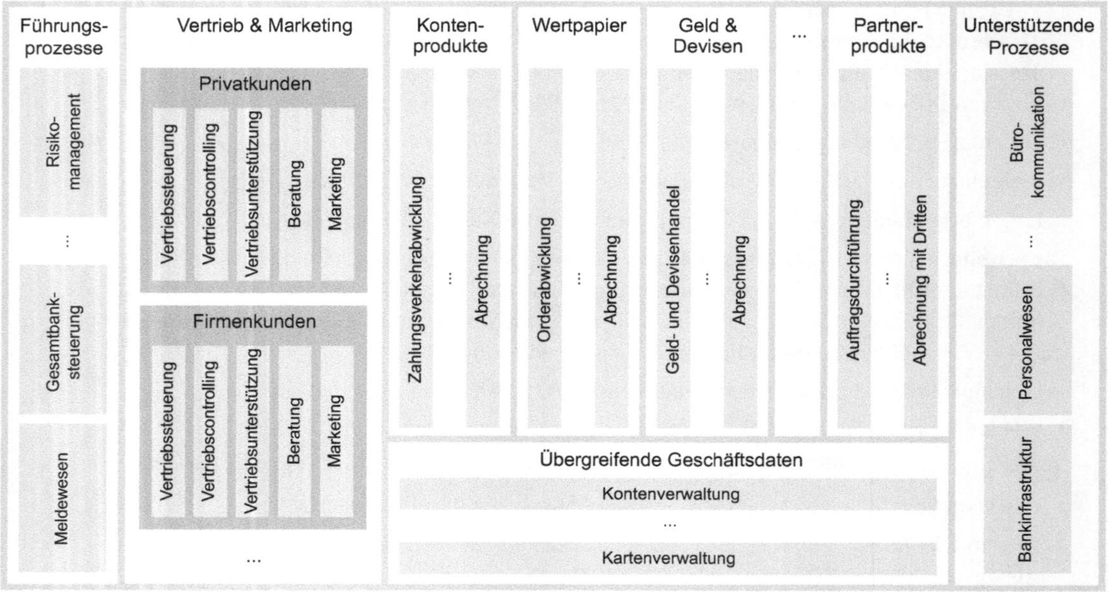

Bild 2.31 Beispiel eines funktionalen Referenzmodells

Business Capability Map

Eine Business Capability Map beschreibt die aktuellen oder zukünftig benötigten Fähigkeiten des Unternehmens. Auf dieser Basis werden die Geschäftsprozesse und die Organisation schrittweise weiterentwickelt oder neu gestaltet.

In einer Business Capability Map (siehe Bild 2.32) werden die Kernfähigkeiten des Unternehmens ermittelt, strukturiert und dokumentiert. Sie beschreibt die Elemente für das aktuelle und zukünftige Geschäft. Sie gibt einerseits ein Raster, eine fachliche Strukturierung, und andererseits eine fachliche Sprache, die Business Capabilities, vor. Die fachlichen Domänen und Business Capabilities werden analysiert und „beplant“. Handlungsbedarf und Optimierungspotenzial werden ermittelt und die Ergebnisse werden in einer Heat Map einfach und anschaulich visualisiert. Projekte lassen sich anhand der Business Capabilities klassifizieren und bewerten. So werden die Unternehmens- und die Investitionsplanung unterstützt und Entscheidungen abgesichert.

Die Business- und Investitionsplanung sind wesentliche Bestandteile der strategischen Unternehmensplanung (siehe [Pax10]). Bei Unternehmensneugründungen und Business-Transformationen wie z. B. Merger & Acquisitions werden in der Regel Business-Pläne neu erstellt oder ein bestehender Business-Plan wird an die aktuellen Ziele und Randbedingungen angepasst. Im Business-Plan werden typischerweise alle betriebswirtschaftlichen und finanziellen Aspekte des Geschäftsmodells sowie die Unternehmensziele und die Strategien und Maßnahmen zur Umsetzung beschrieben. Wesentlich ist hierbei insbesondere auch die Analyse der benötigten und vorhandenen Business Capabilities des Unternehmens.

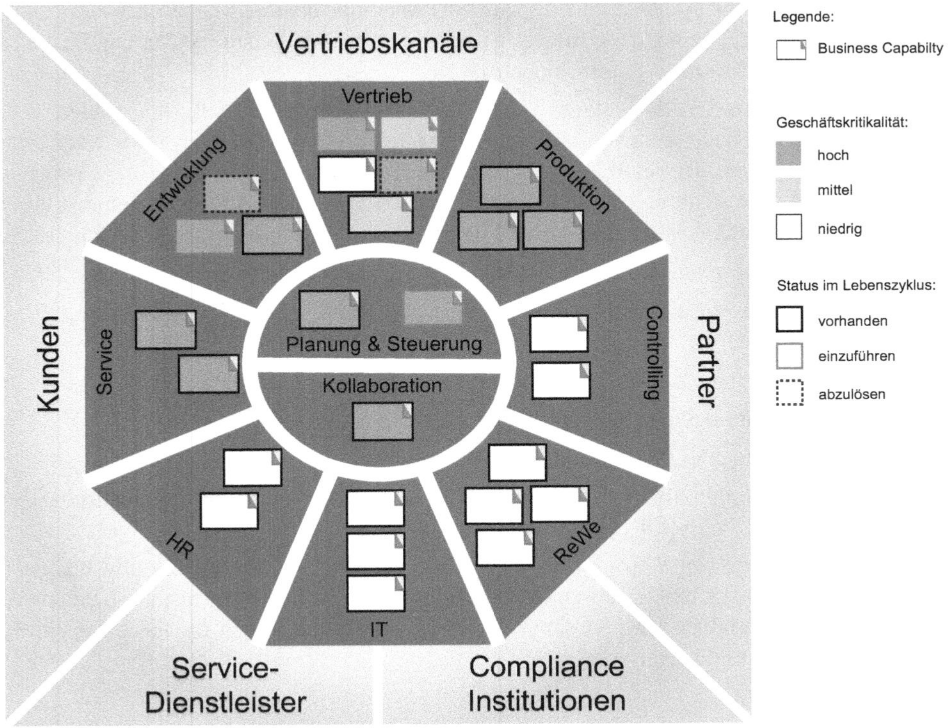

Bild 2.32 Beispiel Business Capability Map

Business Capability Maps geben eine fachliche Strukturierung vor und liefern gleichzeitig ein prägnantes und kompaktes fachliches Gesamtbild des Unternehmens. Anhand dessen können wesentliche Inhalte des Geschäftsmodells und der Unternehmensstrategie übersichtlich und überzeugend präsentiert werden. Business Capabilities sind geeignet, um strategische Entwicklungen zu diskutieren.

Die fokussierte Heat-Map-Darstellung erleichtert strategische Entscheidungen des Top-Managements über eine zukünftige Ausrichtung und Priorisierung signifikant. Es wird schnell ein optischer Eindruck vermittelt. Auf einen Blick wird deutlich, welche fachlichen Domänen oder Business Capabilities geschäftskritisch sind und an welchen Stellen wie stark investiert werden sollte. Mittels Hervorhebung von Kriterien wie zum Beispiel Geschäftskritikalität, Wettbewerbsdifferenzierung und Eigenleistungsfähigkeit wird ersichtlich, welche Fähigkeiten vom Unternehmen selbst erbracht oder zugekauft werden sollten. Sourcing-Entscheidungen werden abgesichert und das Anforderungsprofil für die Dienstleister lässt sich gut beschreiben. Bei diesen Entscheidungen unterstützt auch das strategische Prozessmanagement, das die Durchgängigkeit der Geschäftsprozesse sicherstellen muss und Informationen zu den Kernprozessen bereitstellen kann. Die Business Capabilities geben ein statisches Bild des Unternehmens wieder und sagen noch nichts über den Ablauf und die Sequenz von eingesetzten Business Capabilities aus. Letzteres erfolgt erst durch die Geschäftsprozesse und Detailprozesse, die die Business Capabilities orchestrieren und in eine sinnvolle Abfolge bringen.

In Bild 2.32 finden Sie ein Beispiel einer Ausprägung einer Business Capability Map, einer Heat Map, in der die Geschäftskritikalität und der Status im Lebenszyklus der Business Capabilities durch Grautöne unterschieden werden.

In einer Heat Map werden die Business Capabilities anhand gegebenenfalls unterschiedlicher Kriterien bewertet. So können z. B. die aktuell vorhandenen oder/und die zukünftig benötigten Business Capabilities dargestellt werden. Durch die Hervorhebung des Status im Lebenszyklus in Bild 2.32 wird sichtbar, welche Business Capabilities erst einzuführen oder abzulösen sind. Dieser Handlungsbedarf muss dann durch konkrete Maßnahmen aufgelöst werden.

Weitere häufig verwendete Kriterien für Analyse und Darstellung in einer Heat Map sind:

- Wettbewerbsdifferenzierung oder Strategie- und Wertbeitrag (zum Beispiel hoch, mittel und niedrig oder 0–10),
- Verantwortlichkeiten (zum Beispiel die verschiedenen Teilunternehmen),
- Schutzbedarf (zum Beispiel hoch, mittel und niedrig oder 0–10),
- Sourcing (zum Beispiel Eigen- oder Fremdleistung).

Weitere Kriterien finden Sie in Abschnitt 5.9.3 im Buch. Hilfestellungen zur Ermittlung der Kennzahlen finden Sie in [Küt11].

Eine Business Capability Map gibt aber auch ein Ziel-Bild vor. Es werden alle Business Capabilities aufgeführt, die für das zukünftige Geschäftsmodell erforderlich sind. Business-Transformationen und Projekte lassen sich anhand der zukünftigen Business Capability Map klassifizieren und bewerten.

Wichtig

Die zukünftige Business Capability Map beschreibt die zukünftigen Fähigkeiten der Organisation. Business Capabilities beschreiben das „Was“ im Gegensatz zu den Geschäftsprozessen, die das „Wie“ dokumentieren.

Business Capability Management schafft ein inhaltliches Fundament für Entscheidungen im Kontext von Business-Transformationen oder strategischen Veränderungen des Geschäftsmodells.

Jedes Projekt muss einen Beitrag für die Verwirklichung der zukünftigen Business Capability Map leisten. Nur so bekommen Sie die Planung auch wirklich umgesetzt. ■

Durch Heat Maps kann der Fortschritt der Umsetzung in Entscheidungsgremien aufgezeigt und damit gesteuert werden. So werden die Business- und die Investitionsplanung unterstützt und die Umsetzung des zukünftigen Geschäftsmodells abgesichert.

Die zukünftige Business Capability Map dient auch als fachlicher Bezugsrahmen für die IT-Umsetzung. Insbesondere für Business-Planer, Prozessmanager und Unternehmensarchitekten ist ein prägnantes und gleichzeitig kompaktes fachliches Gesamtbild des Unternehmens notwendig, um Synergie- und IT-Konsolidierungspotenziale aufzuzeigen und die stringente Umsetzung der zukünftigen Business Capabilities zu forcieren. Die IT-Strukturen, wie zum Beispiel Informationssysteme, werden den Kernfunktionen zugeordnet. Abdeckungslücken, funktionale Redundanzen und Abhängigkeiten werden transparent. Siehe hierzu das Beispiel Business-Transformation in Abschnitt 4.17. Zudem erhalten Sie in [Han14] Leitfäden für die

Erstellung Ihrer Business Capability Map bzw. Ihres funktionalen Referenzmodells und zur Ableitung von Business-Services.

Business Capabilities sind im Vergleich zu Geschäftsprozessen (siehe Abschnitt 4.14 im Buch) eine umsetzungsunabhängige Beschreibung des Geschäfts. Sie stellen „stabile" fachliche Strukturen dar, da sie beschreiben, was zu tun ist, und nicht, wie etwas zu tun ist (siehe [Dom11]) und [Mic07]). Beispiele für Business Capabilities sind „Produktmanagement" oder „Auftragsfeinplanung".

Fachliches Komponentenmodell

Für die Darstellung von Abhängigkeiten zwischen fachlichen Funktionen bzw. Business Capabilities wird das fachliche Komponentenmodell verwendet. In Bild 2.33 finden Sie ein Beispiel für ein fachliches Komponentenmodell. Fachliche Funktionen und Geschäftsobjekte werden fachlichen Komponenten (fachlichen Domänen) zugeordnet und die Datenabhängigkeiten zwischen den fachlichen Komponenten werden aufgezeigt. Alternativ oder ergänzend zum Informationsfluss können Sie auch den Kontrollfluss darstellen. Durch die Nummern auf den Kanten in Bild 2.33 wird die Reihenfolge festgelegt.

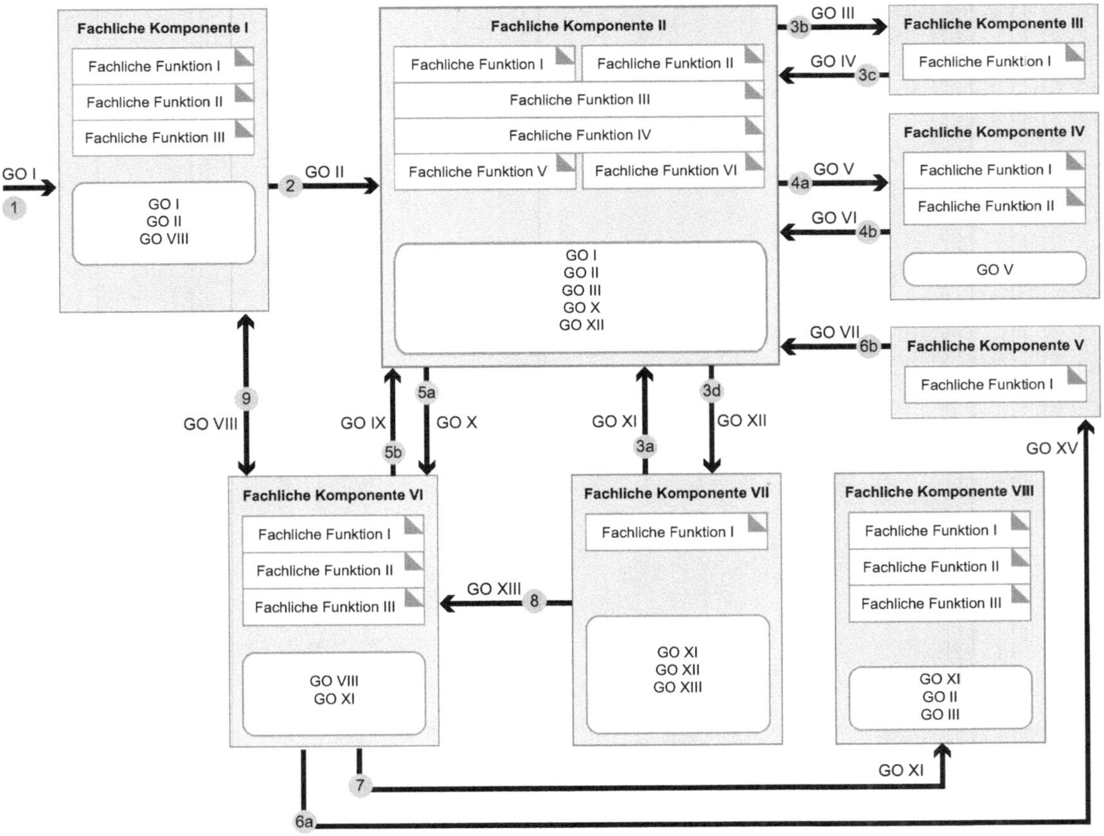

Bild 2.33 Beispiel für ein fachliches Komponentenmodell

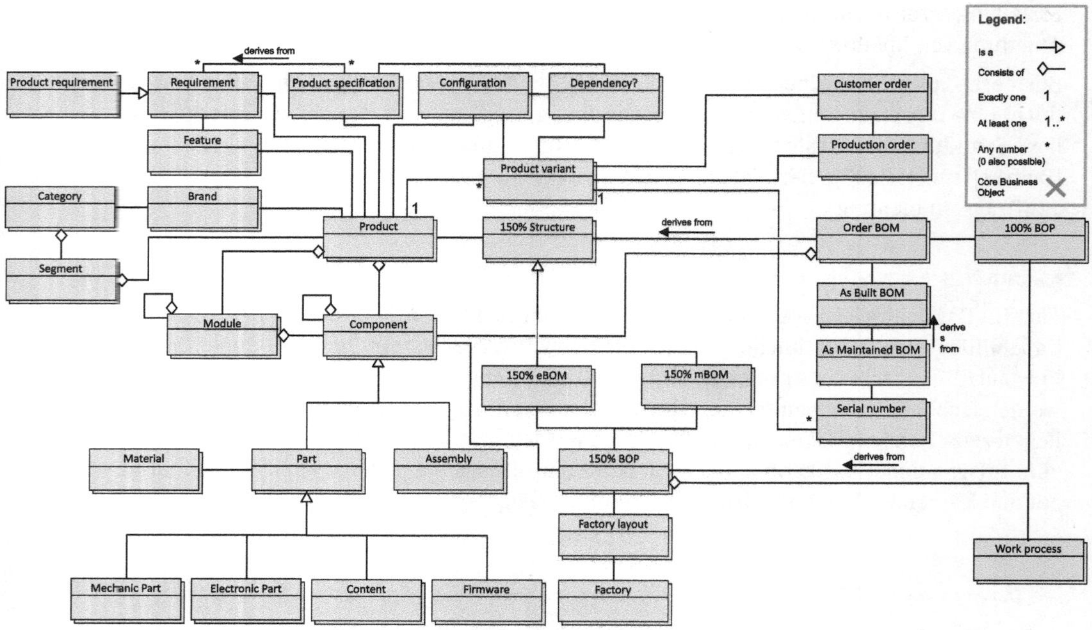

Bild 2.34 Beispiel eines fachlichen Objektmodells

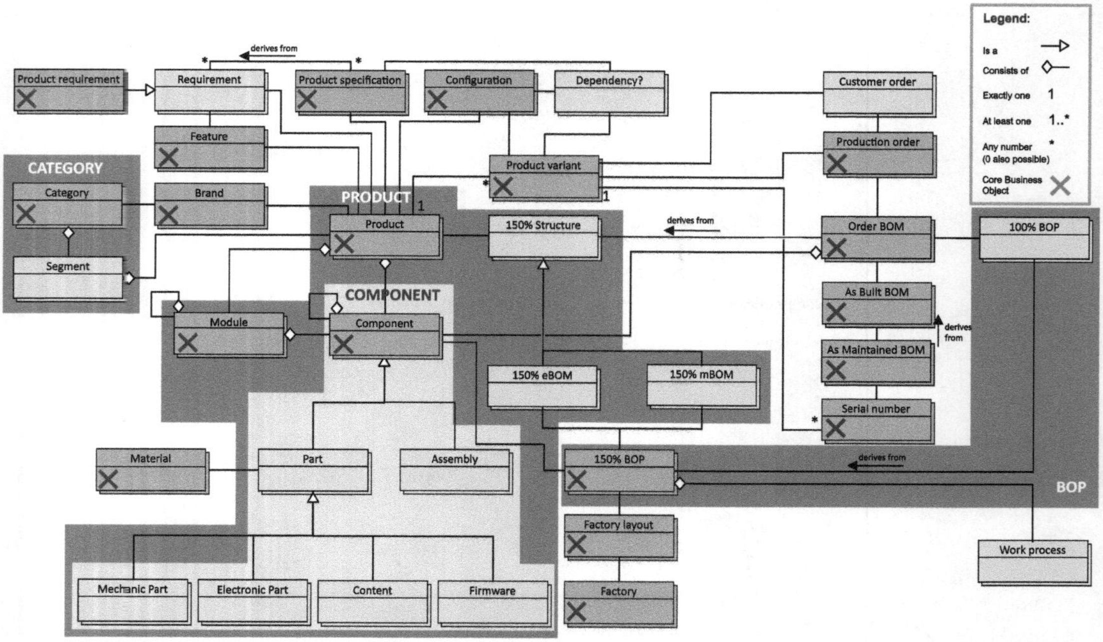

Bild 2.35 Beispiel eines fachlichen Objektmodells mit markierten Kerngeschäftsobjekten

Ein fachliches Komponentenmodell ist insbesondere im Kontext der Umsetzung der Serviceorientierung in der IT wichtig. Es gibt letztendlich die visionäre fachliche Strukturierung als Vorgabe für die IT-Umsetzung vor. In [Han14] und [HGG15] finden Sie weitere Beispiele und Erläuterungen hierzu.

Fachliches Objektmodell

Ein fachliches Objektmodell beschreibt die Abhängigkeiten und Beziehungen zwischen den Geschäftsobjekten. Daneben werden häufig die Geschäftsobjekte auf verschiedenen Granularitäten beschrieben. Kerngeschäftsobjekte fassen feingranulare Geschäftsobjekte zusammen.

Fachliche Objektmodelle sind ein wesentliches Element, um im Datenmanagement Transparenz über die für das Unternehmen relevanten Informationen zu schaffen.

Definition

Kerngeschäftsobjekte (kurz KGO) sind Geschäftsobjekte mit besonderer Bedeutung oder fachliche Gruppierungen (Zusammenfassung) von Geschäftsobjekten. Häufig werden diese top-down aus Geschäftsanforderungen oder Strategie abgeleitet. Häufig werden nur Kerngeschäftsobjekte als Grundlage für Planung und Steuerung verwendet. ■

In Bild 2.34 und Bild 2.35 finden Sie ein Beispiel eines fachlichen Objektmodells. In Bild 2.35 werden Kerngeschäftsobjekte und die damit inkludierten Geschäftsobjekte hervorgehoben. Weitere Informationen zu fachlichen Objektmodellen finden Sie im Abschnitt 5.4.3.

2.4.2 Blueprint-Grafik

In einer Blueprint-Grafik werden technische Komponenten in technische Domänen einsortiert. In der Regel werden dort die technischen Komponenten abgelegt, für die die Verbauung als oder in Informationssystemen, Schnittstellen oder der Betriebsinfrastruktur und/oder der Lifecycle explizit gemanagt werden sollen. Der Blueprint ist das Ergebnis der technischen Standardisierung (siehe Abschnitt 5.6). Hiermit können Fragestellungen, wie z. B. „Welche Datenbanksysteme sind im Einsatz?“ oder „Welche Datenbanksysteme dürfen zukünftig noch in welchem Release verwendet werden?“ beantwortet werden.

Ein Beispiel für einen Blueprint finden Sie in Bild 2.36. Hier wird die zukünftige Nutzung der technischen Bausteine über den Freigabestatus eingeschränkt. Unterschiedlichste Kategorien von Standards können festgelegt werden (siehe Abschnitt 5.6). Die Standards sind in Bild 2.36 als Kästchen mit unterschiedlicher Graustufe in Abhängigkeit vom Freigabestatus angedeutet. Bei Datenbanken wird ein Beispiel gegeben. „ORACLE 21c“ und „MySQL“ sind uneingeschränkt freigegeben. „SQL Server“ darf nur mit einer expliziten Einzelfreigabe verwendet werden.

Neben dem Freigabestatus können auch andere Aspekte wie z. B. der Lifecycle-Status, Lizenz-, Cloud- oder Kosteninformationen hervorgehoben werden. Weitere Informationen hierzu finden Sie in Abschnitt 5.6.

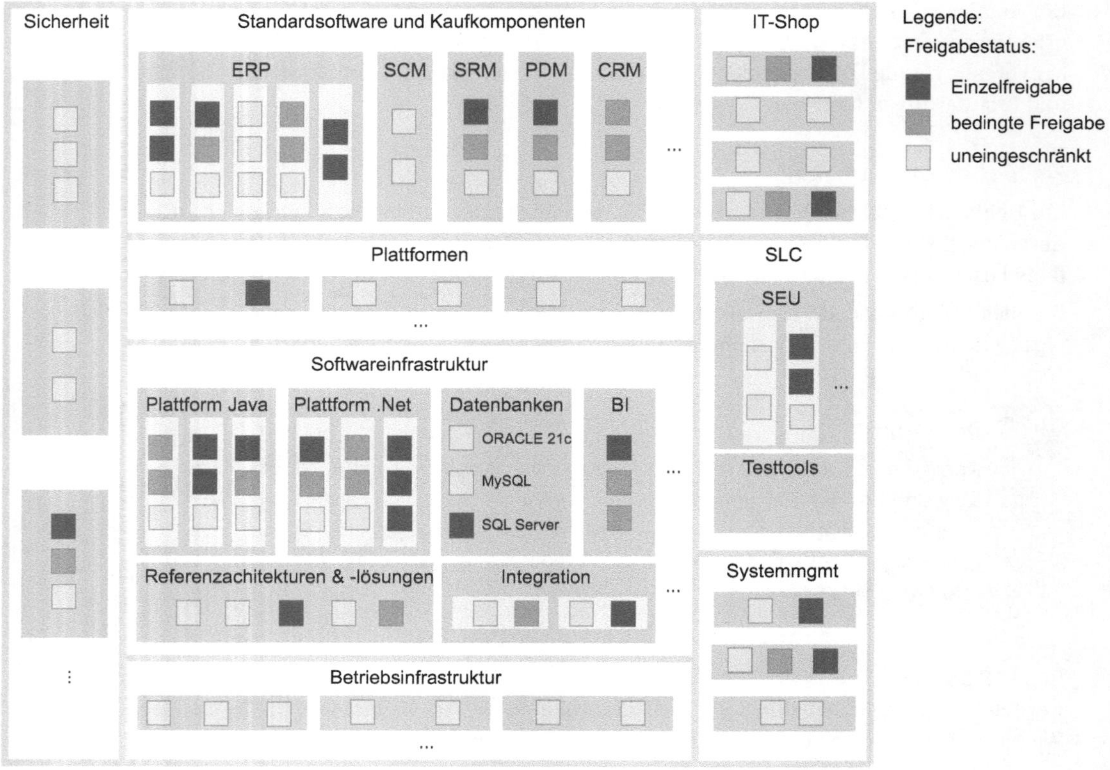

Bild 2.36 Beispiel einer Blueprint-Grafik

2.4.3 Bebauungsplangrafik

In einer Bebauungsplangrafik können Zusammenhänge zwischen den Elementen der Unternehmensarchitektur in Form einer Matrix dargestellt werden. Entsprechend der Inhalte werden drei Arten von Bebauungsplangrafiken unterschieden:

- **Fachliche Bebauungsplangrafik:** Darstellung von fachlichen Abhängigkeiten in der Geschäftsarchitektur. Alle fachlichen Bebauungselementtypen und auch weitere Aspekte, wie z. B. Verantwortlichkeiten, können in einer fachlichen Bebauungsplangrafik als Achsen- und Füllelemente verwendet werden. In Bild 2.37 finden Sie ein Beispiel für eine fachliche Bebauungsplangrafik, in der fachliche Funktionen in den fachlichen Bezugsrahmen aus Geschäftseinheiten und Geschäftsprozessen eingeordnet werden. So wird die fachliche Funktion „Kundenkontaktmanagement" sowohl von der Geschäftseinheit „Vertrieb Zentrale" als auch von „Vertrieb Region" im Geschäftsprozess „Vertriebssteuerung" genutzt. Die fachliche Funktion „Pflege Vertriebsvorgabewerte" wird hingegen nur von der Geschäftseinheit „Vertrieb Zubehör" in den Geschäftsprozessen „Vertriebssteuerung" und „Vertriebscontrolling" genutzt.

  Für die Beantwortung von Fragestellungen sind nicht alle Kombinationen von fachlichen Bebauungselementen sinnvoll. Folgende Kombinationen sind verbreitet:

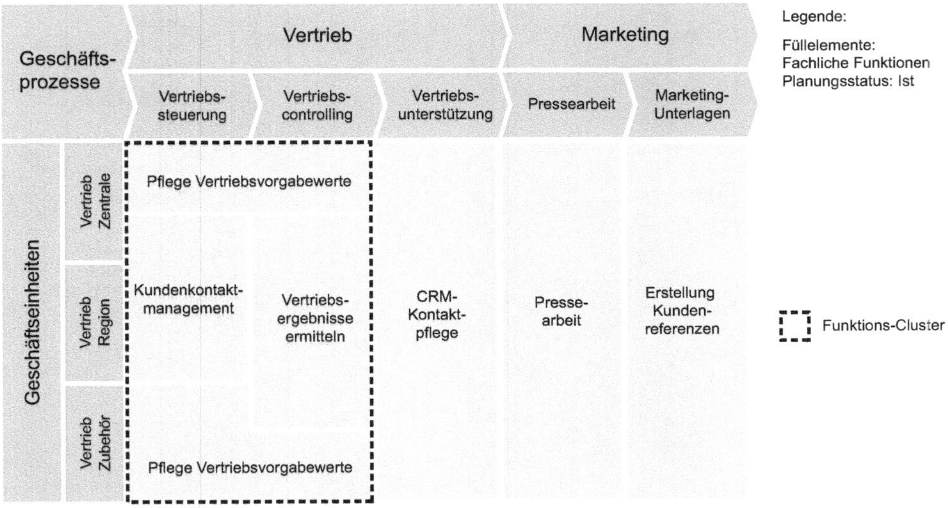

Bild 2.37 Beispiel für eine fachliche Bebauungsplangrafik

- *Geschäftsprozesse und Geschäftseinheiten als Achsen und fachliche Funktionen (bzw. Business Capabilities) als Füllelemente.* Damit lässt sich z. B. diese Fragestellung beantworten: Welche fachlichen Funktionen (bzw. Business Capabilities) werden von welchen Geschäftseinheiten in welchen Geschäftsprozessen genutzt?
- *Geschäftsprozesse und Geschäftseinheiten als Achsen und Geschäftsobjekte als Füllelemente.* Damit lässt sich z. B. folgende Fragestellung beantworten: Welche Geschäftsobjekte werden von welchen Geschäftseinheiten in welchen Geschäftsprozessen genutzt?
- *Produkte und Geschäftseinheiten als Achsen und fachliche Funktionen (oder Business Capabilities) als Füllelemente.* Damit lässt sich z. B. die Fragestellung beantworten: Welche fachlichen Funktionen (oder Business Capabilities) werden von welchen Geschäftseinheiten in welchen Produkten genutzt?
- *Geschäftsprozesse und Geschäftsobjekte als Achsen und fachliche Funktionen (oder Business Capabilities) als Füllelemente.* Damit lässt sich z. B. die folgende Fragestellung beantworten: Welche fachlichen Funktionen bzw. Business Capabilities nutzen welche Geschäftsobjekte in welchen Geschäftsprozessen?
- *Geschäftsobjekte und Geschäftseinheiten sowie fachliche Funktionen als Füllelemente.* Damit lässt sich z. B. beantworten: Welche Geschäftsobjekte werden von welchen fachlichen Funktionen (oder Business Capabilities) von welchen Geschäftseinheiten genutzt?

- **Technische Bebauungsplangrafik:** Darstellung der technischen Realisierung von Informationssystemen, Schnittstellen oder Infrastrukturelementen. In Bild 2.38 oben finden Sie ein Beispiel einer technischen Bebauungsplangrafik. In einer horizontalen Zeile wird die technische Realisierung der Informationssysteme beschrieben, indem angegeben wird, welcher technische Standard aus der jeweiligen technischen Domäne zur Realisierung des Informationssystems verwendet wurde. Alternativ können Sie anstelle der technischen Domäne ein beliebiges Attribut wählen. Häufig verwendet man die Standorte bzw. Lokationen, den Freigabestatus bzw. Standardisierungsgrad oder Verantwortlichkeiten sowie die Tier-Zugehörigkeit als zweite Dimension (siehe Bild 2.38 unten).

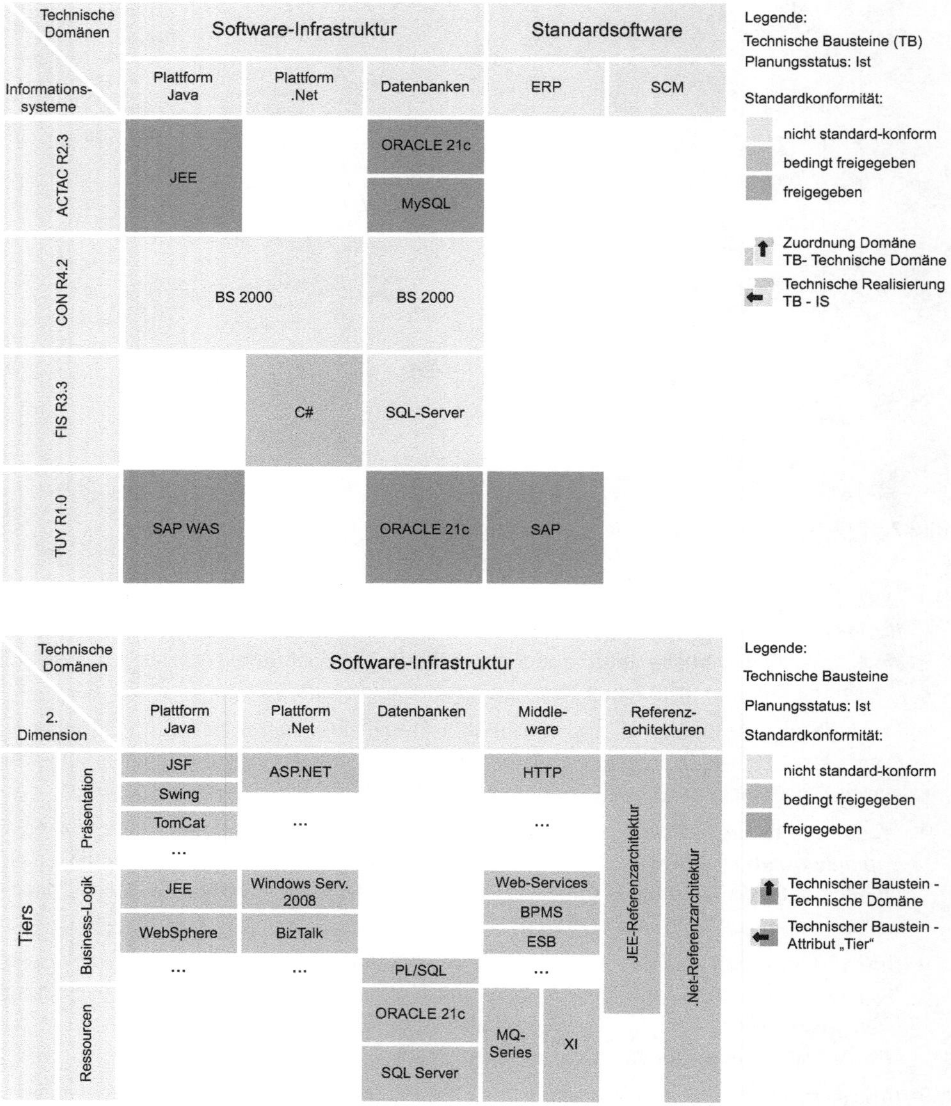

Bild 2.38 Beispiel für technische Bebauungsplangrafiken

Anstelle der technischen Realisierung von Informationssystemen kann auch die von Schnittstellen oder aber von Infrastrukturelementen beschrieben werden. Für die Visualisierung der Betriebsinfrastrukturbebauung werden in den technischen Bebauungsplangrafiken Standorte oder Lokationen häufig auf der y-Achse angeordnet. Die x-Achse zeigt die Betriebsinfrastrukturstandards, gegebenenfalls gruppiert nach Betriebsstrukturen wie z. B. Server-Plattformen. Für die Darstellung von Beziehungen z. B. zu technischen Standards können Sie auch Zuordnungstabellen verwenden.

Beispiele für Fragestellungen, die sich mithilfe technischer Bebauungsplangrafiken beantworten lassen:

- Wie sind die Informationssysteme und Schnittstellen technisch realisiert? Standardkonform? Freigabestatus?
- Welche technischen Bausteine sind auf Infrastrukturelementen installiert? Standardkonform? Freigabestatus?
- Welche technischen Bausteine werden an welchem Standort oder in welcher Lokation verwendet?
- Welchen Freigabestatus oder Standardisierungsgrad haben technische Bausteine?
- Wer hat welche Verantwortlichkeiten für technische Bausteine?
- Welche technischen Bausteine können welcher Tier zugeordnet werden?

- **„Typische" Bebauungsplangrafik:** Gängigste Form der Darstellung der IT-Unterstützung des Geschäfts. Informationssysteme werden zu fachlichen Bebauungselementtypen (Achsenelemente) oder weiteren Aspekten in Beziehung gesetzt. In Bild 2.39 finden Sie zwei Beispiele. Die x- und y-Achse spannen einen fachlichen Bezugsrahmen für das „Einsortieren" der Informationssysteme auf. In Bild 2.39 unten finden Sie ein Beispiel, in dem Informationssysteme entsprechend ihrer Geschäftsprozesszuordnung und ihren Verantwortlichkeiten eingeordnet werden.

  Beispiele für Fragestellungen, die sich mithilfe typischer Bebauungsplangrafiken beantworten lassen:

  - *Bezugsrahmen: Geschäftsprozesse und Geschäftseinheiten.* Damit lässt sich z. B. folgende Fragestellung beantworten: Welche Geschäftseinheit nutzt welches Informationssystem für welchen Geschäftsprozess?
  - *Bezugsrahmen: Business Capabilities und Geschäftseinheiten.* Damit lässt sich z. B. folgende Fragestellung beantworten: Welche Geschäftseinheit nutzt welches Informationssystem für welche Business Capabilities?
  - *Bezugsrahmen: Produkte und Geschäftseinheiten.* Damit lässt sich z. B. diese Fragestellung beantworten: Welche Geschäftseinheit nutzt welches Informationssystem für welches Produkt?
  - *Bezugsrahmen: Geschäftsprozesse und Geschäftsobjekte.* Damit lässt sich z. B. die Frage beantworten: Welches Geschäftsobjekt wird von welchem Informationssystem in welchem Geschäftsprozess genutzt?
  - *Bezugsrahmen: Geschäftsobjekte und Geschäftseinheiten.* Damit lässt sich z. B. die Frage beantworten: Welches Geschäftsobjekt wird von welchem Informationssystem in welcher Geschäftseinheit genutzt?

In Bild 2.40 finden Sie eine typische Bebauungsplangrafik mit Business Capabilities und Geschäftseinheiten an den Achsen. Dies ist die präferierte Bebauungsplangrafik im Kontext der strategischen IT-Planung (siehe Abschnitt 5.5).

Wichtig

Bebauungsplangrafiken sind ein zentraler Grafiktyp im Enterprise Architecture Management. Sie werden insbesondere eingesetzt, um die Business-Unterstützung der IT aufzuzeigen („typische“ Bebauungsplangrafik). Hierüber können einfach Redundanzen erkannt oder Synergien gehoben werden. ■

Weitere Beispiele und Erläuterungen finden Sie bei den EAM-Einsatzszenarien in Kapitel 4.

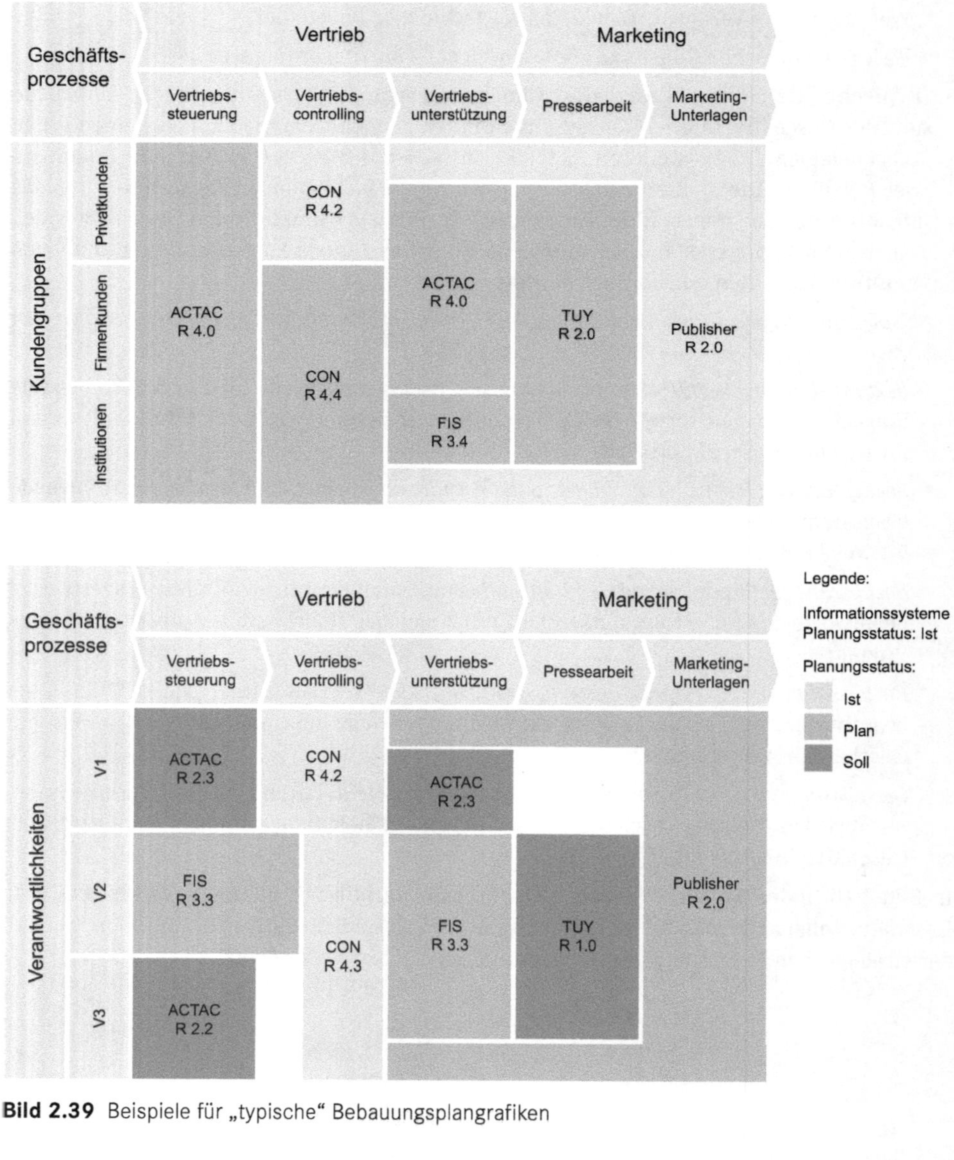

Bild 2.39 Beispiele für „typische“ Bebauungsplangrafiken

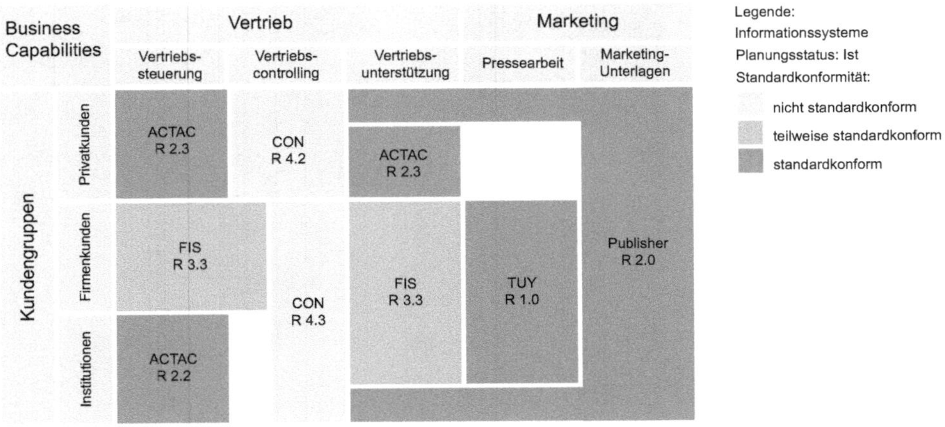

Bild 2.40 Typische Bebauungsplangrafik mit Business Capabilities

2-er- und 3-er-Tupel

Die Zuordnung zwischen Füllelementen und Achsenelementen kann in der Datenbasis entweder über zwei bidirektionale Beziehungen oder 3-er-Tupel erfolgen.

Neben direkten Beziehungen zwischen zwei Bebauungselementtypen sind auch „3-er-Tupel"[8] sehr verbreitet. So kann z. B. die Zuordnung von fachlichen Funktionen bzw. Business Capabilities zu Geschäftsprozessen auf gewisse Geschäftseinheiten eingeschränkt werden. Anwendungsbeispiele hierfür sind:

- unterschiedliche Funktionalität (oder z. B. Produktregeln) für die Vertriebsprozesse für unterschiedliche Vertriebsregionen,
- Vertriebskanäle, die für den Vertriebskanal zugelassene Produkte in einer gewissen Region vertreiben können.

Über die fachliche Zuordnung kann auch der Informationsfluss zwischen Geschäftsprozessen modelliert werden. Das „3-er-Tupel" (GP1, GO2, GP2) kann z. B. den Informationsfluss des Geschäftsobjekts GO2 von GP1 zu GP2 beschreiben. In seltenen Fällen findet man in der Praxis auch „n-stellige Tupel". Auch dies ist im Modell in Bild 2.51 abgedeckt. Da es in der Praxis aber von untergeordneter Bedeutung ist, wird im Folgenden nicht weiter darauf eingegangen.

Wann sollte man 2-er- und wann 3-er-Tupel für die fachliche Zuordnung verwenden?

Bei 2-er-Tupeln gibt es zwei direkte fachliche Zuordnungen, die unabhängig voneinander sind. Im Beispiel in Bild 2.41 gibt es die direkte Zuordnung von fachlichen Funktionen bzw. Business Capabilities zu Geschäftseinheiten und die direkte Zuordnung von fachlichen Funktionen bzw. Business Capabilities zu Geschäftsprozessen. Die „Funktion A" ist den Geschäftsprozessen „Vertriebssteuerung" und „Vertriebscontrolling" und zudem den Geschäftseinheiten „Vertrieb Zentrale", „Vertrieb Region" und „Vertrieb Zubehör" direkt zugeordnet. Die „Funktion B" steht nur mit dem Geschäftsprozess „Vertriebscontrolling" und der Geschäftseinheit „Vertrieb Zentrale" in direkter Beziehung. Die „Funktion C" ist beiden Geschäftsprozessen und den Geschäftseinheiten „Vertrieb Region" und „Vertrieb Zubehör" direkt zugeordnet.

8 Ableitung des Begriffs aus dem Umfeld Datenbanken

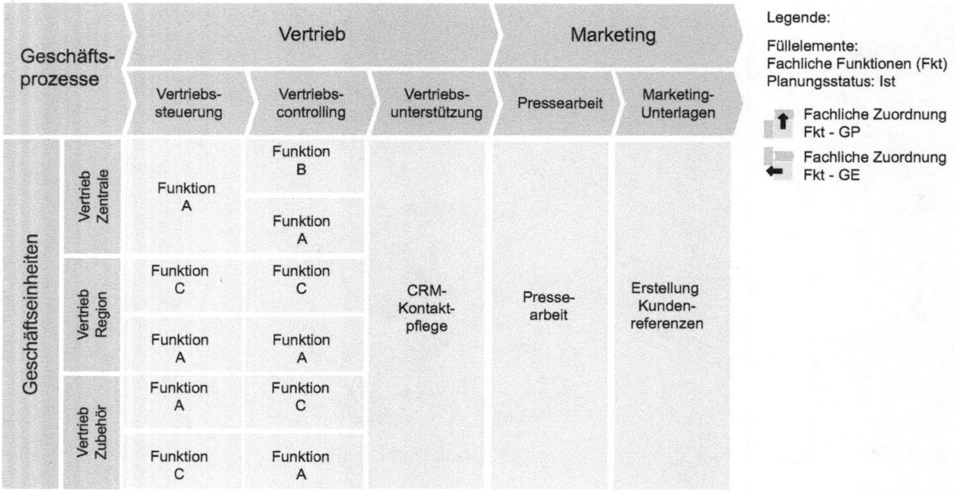

Bild 2.41 Beispiel für 2-er-Tupel visualisiert in einer fachlichen Bebauungsplangrafik

Bei 3-er-Tupeln (Bild 2.42) kann die fachliche Bebauungsplangrafik ganz anders aussehen. So wird die „Funktion A“ durch das 3-er-Tupel („Vertrieb Zentrale“, „Funktion A“, „Vertriebssteuerung“) auf die Vertriebssteuerung eingeschränkt. Dementsprechend wird die „Funktion A“ ausschließlich in der Geschäftseinheit „Vertrieb Zentrale“ für die Vertriebssteuerung genutzt. Nur wenn explizit ein weiteres 3-er-Tupel („Vertrieb Zentrale“, „Funktion A“, „Vertriebscontrolling“) vorhanden ist, kann der entsprechende Eintrag wie bei den 2-er-Tupeln in Bild 2.41 erreicht werden.

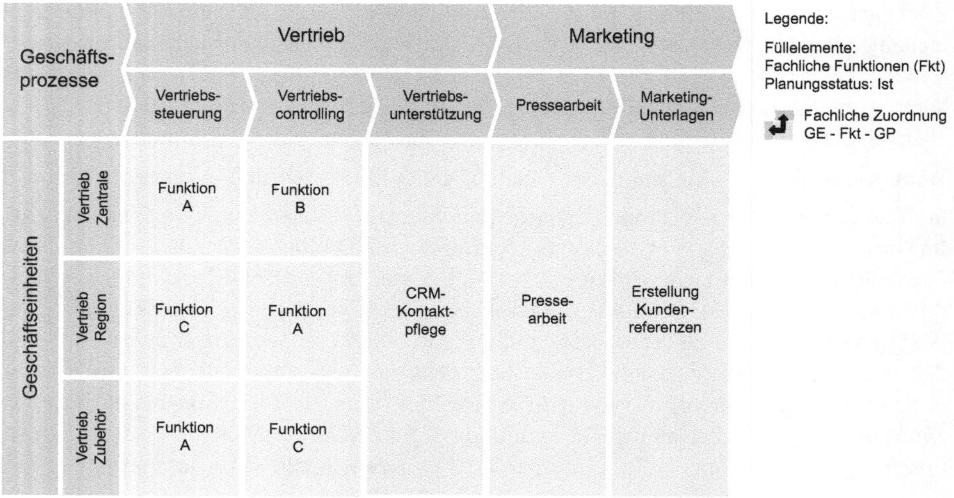

Bild 2.42 Beispiel für 3-er-Tupel, visualisiert in einer fachlichen Bebauungsplangrafik

Analog kann bei den Funktionszuordnungen von „Funktion A“ und „Funktion C“ zu den Geschäftseinheiten „Vertrieb Region“ und „Vertrieb Zubehör“ bei 2-er-Tupeln eine ausschließliche Verwendung einer der Funktionen zur Unterstützung eines bestimmten Geschäftsprozesses in einer bestimmten Geschäftseinheit nicht ausgedrückt werden.

In Bild 2.43 wird der Unterschied in der Modellierung zwischen 2-er-und 3-er-Tupeln als Vergleich zwischen den vorhergehenden Abbildungen erläutert. Die mit „X“ markierten weisen auf die verloren gehende Genauigkeit bei der Modellierung als 2-er-Tupel hin.

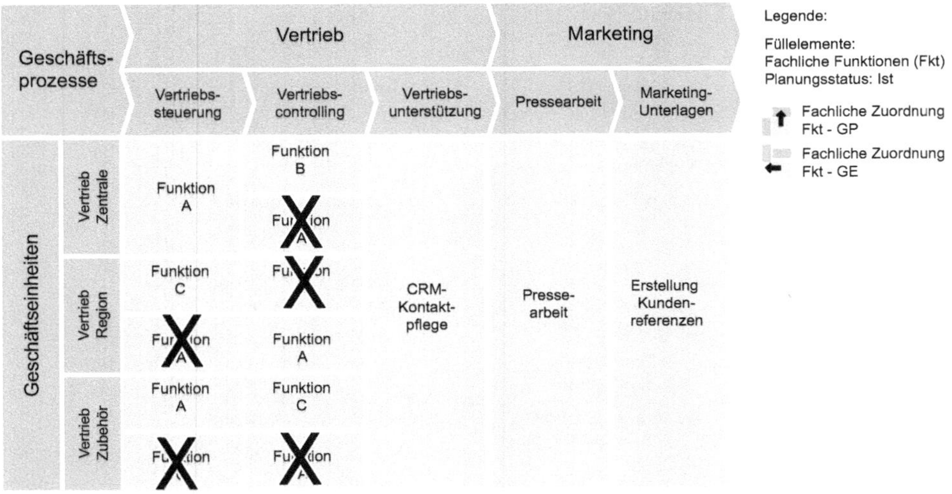

Bild 2.43 Beispiel für Unterschiede zwischen 2-er-Tupel und 3-er-Tupel

Wichtig

Die Modellierung über 3-er-Tupel ist „genauer“. Eine genauere Modellierung wird häufig genutzt, um Verantwortlichkeiten zu beschreiben.

Der Aufwand für die Datenpflege steigt bei 3-er-Tupeln im Vergleich zu 2-er-Tupeln deutlich an. Wägen Sie den Aufwand gegen den Nutzen ab.

2.4.4 Portfoliografik

Portfoliografiken dienen dazu, eine Menge von z. B. Projekten oder Informationssystemen übersichtlich zu visualisieren. Die relative Bewertung der Elemente wird durch die Positionierung im Vergleich zu den anderen Elementen auf einen Blick deutlich. Als Dimensionen für Projekte und Informationssysteme werden häufig Nutzenpotenziale, Kosten, Strategie- und Wertbeitrag sowie Risiken verwendet.

Portfolios eignen sich zudem sehr gut für die Visualisierung von Strategien. Häufig werden hierzu den Quadranten Strategien für die dort einsortierten Elemente zugeordnet. In [Han14] finden Sie weitere Erläuterungen und Beispiele.

Das Portfolio in Bild 2.44 unten leitet sich aus den Ansätzen von McFarlan (siehe [War02]) ab. Es werden Informationssysteme entsprechend ihres Wert- und Strategiebeitrags klassifiziert. Der Wertbeitrag bestimmt den Grad der Unterstützung des aktuellen Kerngeschäfts. Der Strategiebeitrag gibt an, welchen Beitrag das Informationssystem zur Umsetzung der Unternehmensstrategie leistet, d. h. wie groß der Beitrag des Informationssystems zum künftigen Geschäftserfolg ist. Entsprechend der Einsortierung in Quadranten werden Strategien für die Weiterentwicklung der Informationssysteme abgeleitet (siehe Bild 2.44 oben).

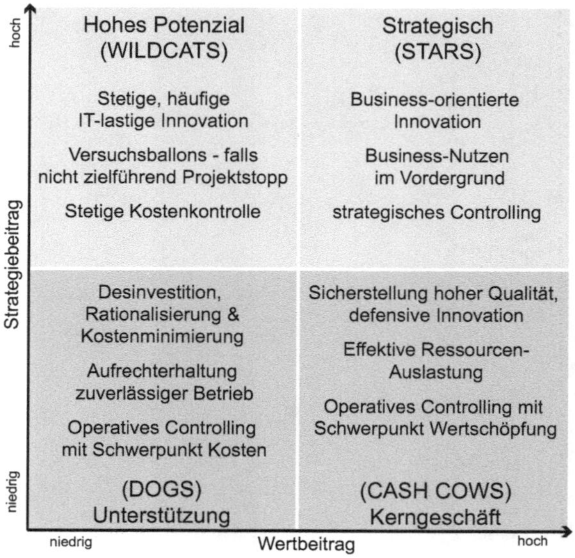

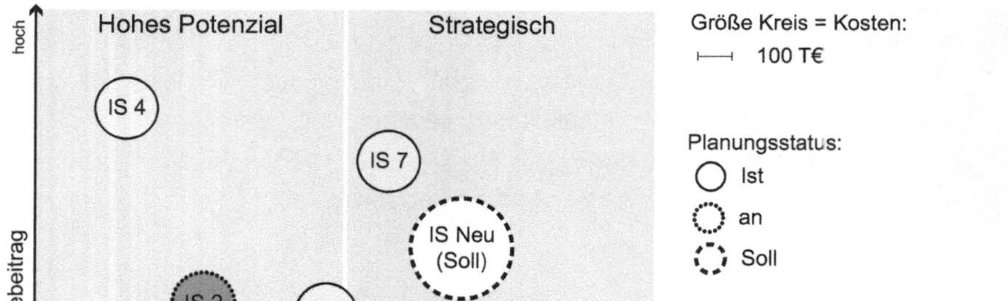

Bild 2.44 Beispiel einer IS-Strategie und Portfoliografik entsprechend McFarlan [War02]

Beispiele für Fragestellungen, die sich über Portfoliografiken beantworten lassen:

- Welche Geschäftsprozesse sind wettbewerbsdifferenzierend? Welche sind Commodity?
- In welche Informationssysteme sollte künftig investiert werden? Welche Informationssysteme sollten abgelöst werden?

Es können bis zu fünf Kriterien in einer Portfoliografik dargestellt werden. Zum einen sind dies die Achsenkriterien. Zum anderen können Größe, Farbe und Kantentyp der Füllelemente mit unterschiedlichen Kriterien belegt werden.

Wichtig

Portfolios können sowohl genutzt werden, um den Ist-Zustand zu veranschaulichen, als auch, um den Soll- oder Planungszustand oder deren Kombination aufzuzeigen. Siehe hierzu das Einsatzszenario „IS-Portfoliomanagement" in Kapitel 4.

Portfolios sind für die Entscheidungsvorbereitung in der strategischen IT-Planung und im Projektportfoliomanagement verbreitet. Sie sind insbesondere im Management sehr beliebt, da die wesentlichen Informationen übersichtlich und kompakt dargestellt werden.

2.4.5 Informationsflussgrafik

In einer Informationsflussgrafik werden die Abhängigkeiten und der Informationsfluss zwischen Informationssystemen dargestellt. Der Schwerpunkt liegt auf der Visualisierung von Schnittstellen, Datenfluss sowie logischen Komponenten und Daten der Informationssysteme. Über Informationsflussgrafiken werden Datenabhängigkeiten und der Integrationsgrad von Informationssystemen sichtbar.

In Bild 2.45 finden Sie oben eine Informationsflussgrafik. In dieser Grafik werden die Informationssysteme, wie z. B. ACTAC 2.3, und deren Teilsysteme, wie z. B. Service Alpha, und deren Informationsobjekte, wie z. B. Kunden, sowie deren Schnittstellen zu anderen Systemen dargestellt. Darüber hinaus werden weitere Aspekte (Planungszustand, Gesundheitszustand und Automatisierungsgrad) über farbliche Hervorhebungen und unterschiedliche Kantentypen bei Informationssystemen und Schnittstellen betont.

In Bild 2.45 unten finden Sie eine Cluster-Informationsflussgrafik, die nach Kerngeschäftsprozessen segmentiert ist. Daneben können auch andere Aspekte wie z. B. regionale Verantwortlichkeiten als Clusterung hervorgehoben werden. Hierüber lassen sich Organisationsbrüche aufzeigen.

In der Informationsflussgrafik in Bild 2.45 werden Informationssysteme, deren Informationsobjekte und Schnittstellen inklusive des Informationsflusses für die fachlichen Cluster „Vertrieb", „Einkauf", „Versand" und „Fertigung" dargestellt.

Der Informationsfluss zwischen den Informationssystemen kann in einem unterschiedlichen Detaillierungsgrad dargestellt werden. So werden im Beispiel zwischen dem Informationssystem IS1 und IS3 die „Lieferdaten"-Anteile der „Kunden"-Daten über die Schnittstelle von IS1 zu IS3 ausgetauscht. Zudem kann die Art der Schnittstelle weiter charakterisiert werden. Durch z. B. einen unterschiedlichen Kantentyp lässt sich hervorheben, ob es sich um eine manuelle oder eine automatisierte Schnittstelle handelt. Beispiele hierfür finden Sie in Kapitel 4.

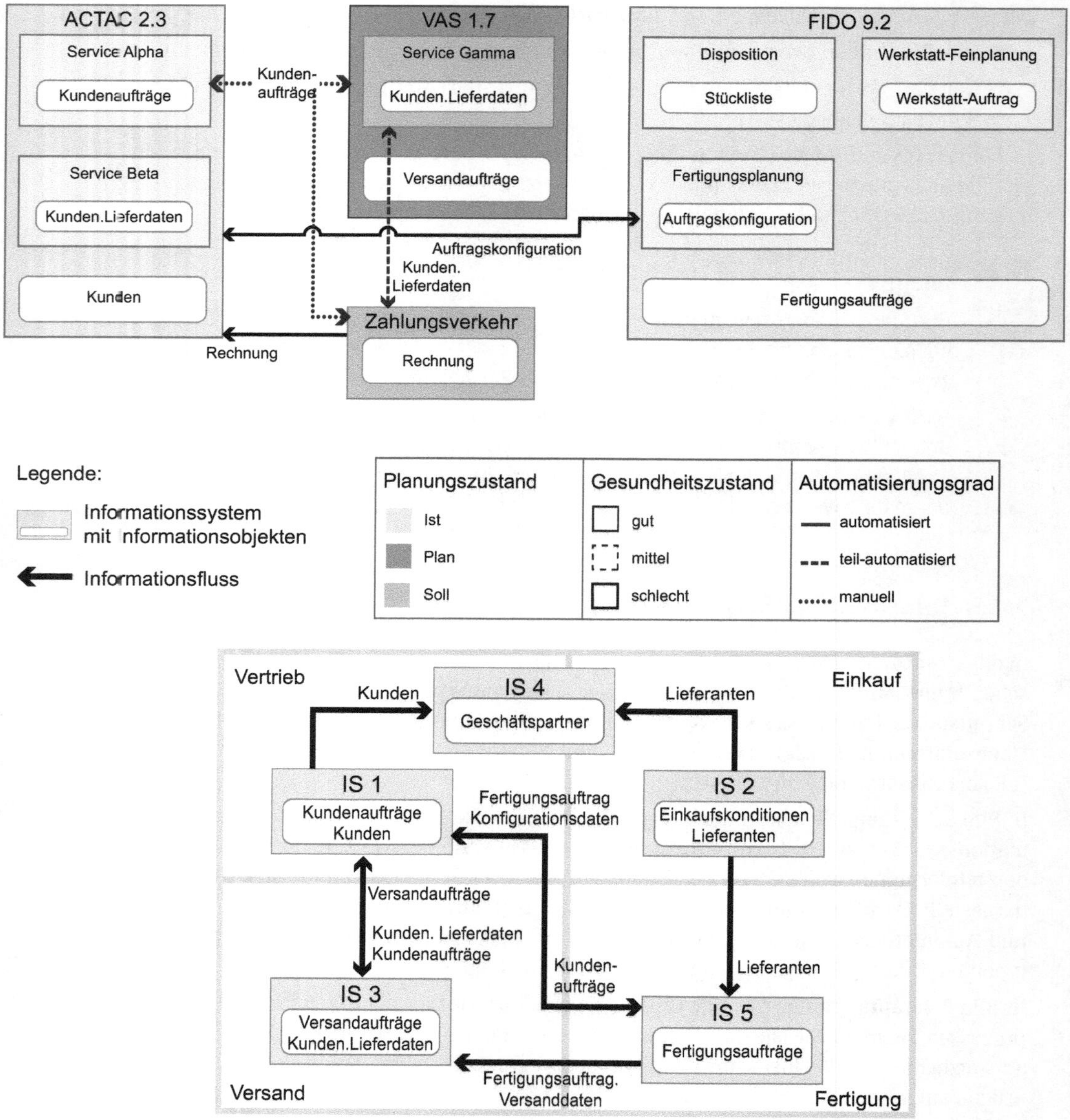

Bild 2.45 Beispiele für Informationsflussgrafiken

Beispiele für Fragestellungen, die sich über Informationsflussgrafiken beantworten lassen:

- Welche Informationssysteme sind von welchen Informationssystemen abhängig? Welche Informationssysteme sind Teilsysteme von anderen?
- Welche Informationsobjekte sind welchem Informationssystem zugeordnet?
- Welche Datenabhängigkeiten bestehen zwischen Informationssystemen? Welche Informationsobjekte werden über welche Schnittstelle ausgetauscht?

Weitere Beispiele für Informationsflussgrafiken finden Sie bei den EAM-Einsatzszenarien in Kapitel 4.

2.4.6 Zuordnungstabelle

Mit einer Zuordnungstabelle lassen sich Abhängigkeiten zwischen zwei Bebauungselementen, wie z. B. Zuordnung von Geschäftsobjekten zu Geschäftsprozessen, visualisieren. Die Art der Zuordnung kann weiter charakterisiert werden.

In der Zuordnungstabelle in Bild 2.46 werden Geschäftsobjekte Geschäftsprozessen zugeordnet. Die Art der Verwendung der Geschäftsobjekte in den Geschäftsprozessen wird durch „CRUD“ charakterisiert. So wird das Geschäftsobjekt „Kundenauftrag“ im Geschäftsprozess „Disposition“ nur gelesen („R“). Das Geschäftsobjekt „Fertigungsauftrag“ wird dagegen im Geschäftsprozess „Disposition“ entweder angelegt („Create“), verändert („Update“) oder gelöscht („Delete“). Die Zuordnung kann auch nur durch Ankreuzen markiert werden. Andere Charakterisierungen sind ebenfalls möglich. So kann man z. B. auch zwischen „Input“ und „Output“ von Geschäftsprozessen unterscheiden.

Geschäftsobjekte		Geschäftsprozesse: GP1 Disposition	GP2 Fertigungs-steuerung	GP3 Werkstatt-terminplanung	GP4 Ressourcen-einsatzplanung	...
Kundenauftrag	GO1	R				
Fertigungsauftrag	GO2	CUD	CUD	R		
Werkstattauftrag	GO3			CUD	R	
Lagerort	GO4	R	R	R		
Wareneingangsbeleg	GO5			R		
Lagerarbeiter	GO6				R	
...	...					

CUD Anlegen (Create), Verändern (Update) und Löschen (Delete)
R Lesen (Read)

Bild 2.46
Beispiel Zuordnungstabelle

Beispiele für Fragestellungen, die sich über Zuordnungstabellen beantworten lassen:

- Welche Abhängigkeiten gibt es zwischen fachlichen Funktionen bzw. Business Capabilities und Geschäftsprozessen? Zwischen Geschäftsobjekten und Geschäftsprozessen? Zwischen Geschäftsobjekten und fachlichen Funktionen bzw. Business Capabilities?
- Welche Abhängigkeiten gibt es zwischen Informationssystemen? Zwischen Informationsobjekten und Informationssystemen?

2.4.7 Lifecycle-Grafik

In einer Lifecycle-Grafik wird der Status im Lebenszyklus von Bebauungselementen in ihrer zeitlichen Abhängigkeit dargestellt. Lifecycle-Grafiken werden häufig für Informationssysteme, technische Bausteine oder Infrastrukturelemente verwendet. Über Lifecycle-Analysen kann anhand der Grafik einfach der Migrationshandlungsbedarf abgeleitet werden.

In Bild 2.47 finden Sie ein Beispiel einer Lifecycle-Grafik. In der Grafik sehen Sie zudem den Planungsstatus. Daraus können Sie entnehmen, welche der Informationssysteme erst geplant sind und welche bereits heute vorliegen.

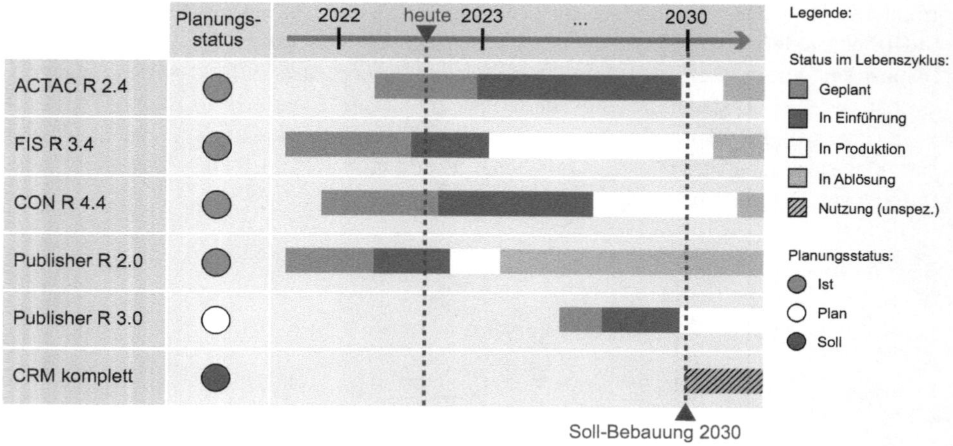

Bild 2.47 Beispiel Lifecycle-Grafik für Informationssysteme

2.4.8 Masterplan-Grafik

Eine Masterplan-Grafik dient zur Visualisierung von zeitlichen Abhängigkeiten von Projekten, Informationssystemen und technischen Bausteinen. Meilensteine und Abhängigkeiten zwischen Projekten und Informationssystemen oder zwischen Informationssystemen und technischen Bausteinen können übersichtlich abgebildet werden.

In Bild 2.48 oben finden Sie einen einfachen Masterplan ausschließlich mit Projekten. Neben der Projektlaufzeit wird der Projektstatus angegeben. Häufig werden zudem Meilensteine dargestellt. In Bild 2.48 unten finden Sie einen erweiterten Masterplan, in dem sowohl Projekte und die ihnen zugeordneten Informationssysteme als auch deren Lifecycle sowie Synchronisationspunkte dargestellt werden.

Durch eine Masterplan-Grafik kann die Weiterentwicklung der IS-Landschaft im Zeitverlauf abgebildet werden und Abhängigkeiten zwischen den einzelnen Projekten können identifiziert werden. Zu jedem Synchronisationspunkt lässt sich der Status der Bebauung anhand einer dafür typischen Grafik aufzeigen. Die resultierende Grafik wird im Folgenden „Synchroplan" genannt. Ein Beispiel für einen „Synchroplan" finden Sie im EAM-Einsatzszenario „Projektportfolio- und Multiprojektmanagement" in Abschnitt 4.18.

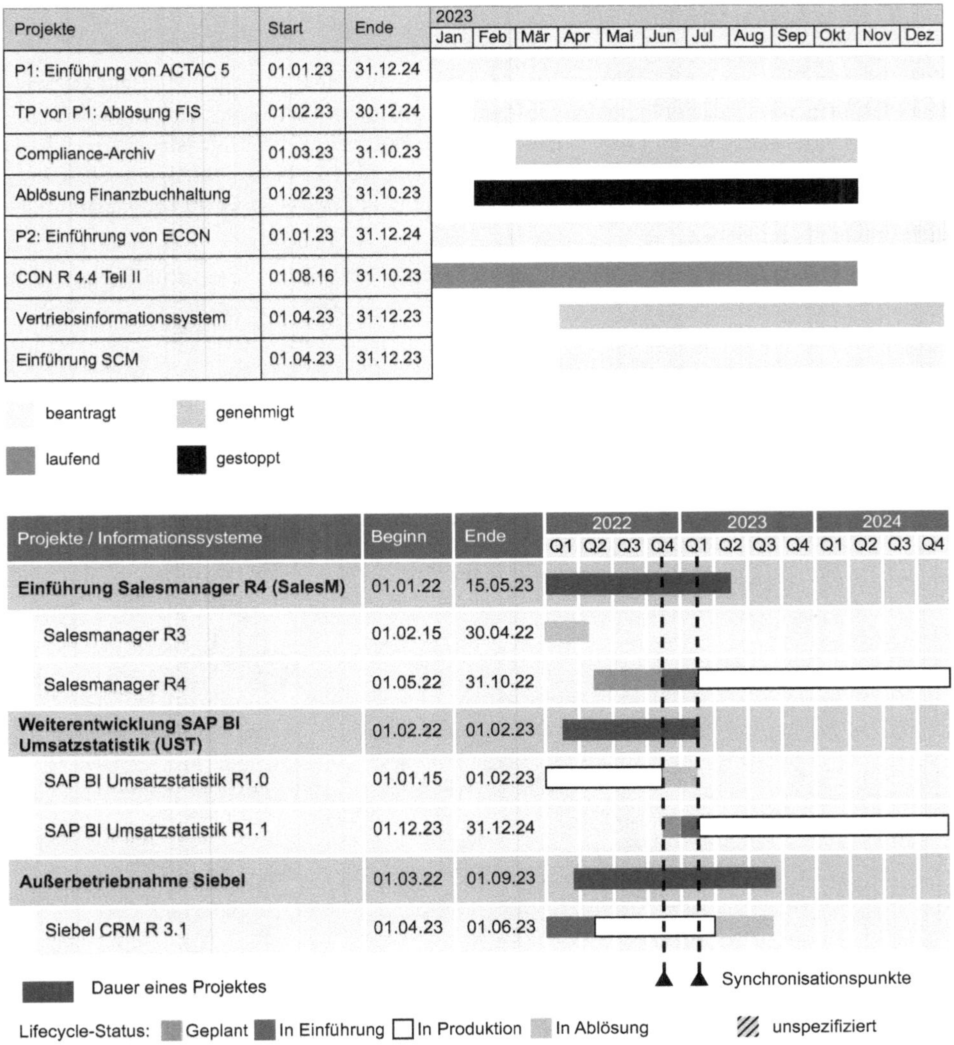

Bild 2.48 Beispiele für Masterplan-Grafiken

Beispiele für Fragestellungen, die sich über Masterplan-Grafiken beantworten lassen:

- Welche Abhängigkeiten gibt es zwischen Projekten?
- Welche Informationssystem-Releases sind von welchen Projekten tangiert?

2.4.9 Plattformgrafik

Mithilfe einer Plattformgrafik können beliebige Abhängigkeiten zwischen Plattformen und/oder Plattform-Services oder beliebigen Infrastrukturelementen dokumentiert werden. Informationssysteme und Schnittstellen können entweder Plattformen oder Infrastrukturelemente direkt oder aber dedizierte Plattform-Services nutzen (siehe Bild 2.49). Die Services (Leistungen) werden in einem standardisierten Servicekatalog mit deren SLAs und gegebenenfalls auch Preisen beschrieben.

Siehe hierzu auch EAM-Einsatzszenario „Betriebsinfrastrukturkonsolidierung“ in Kapitel 4.

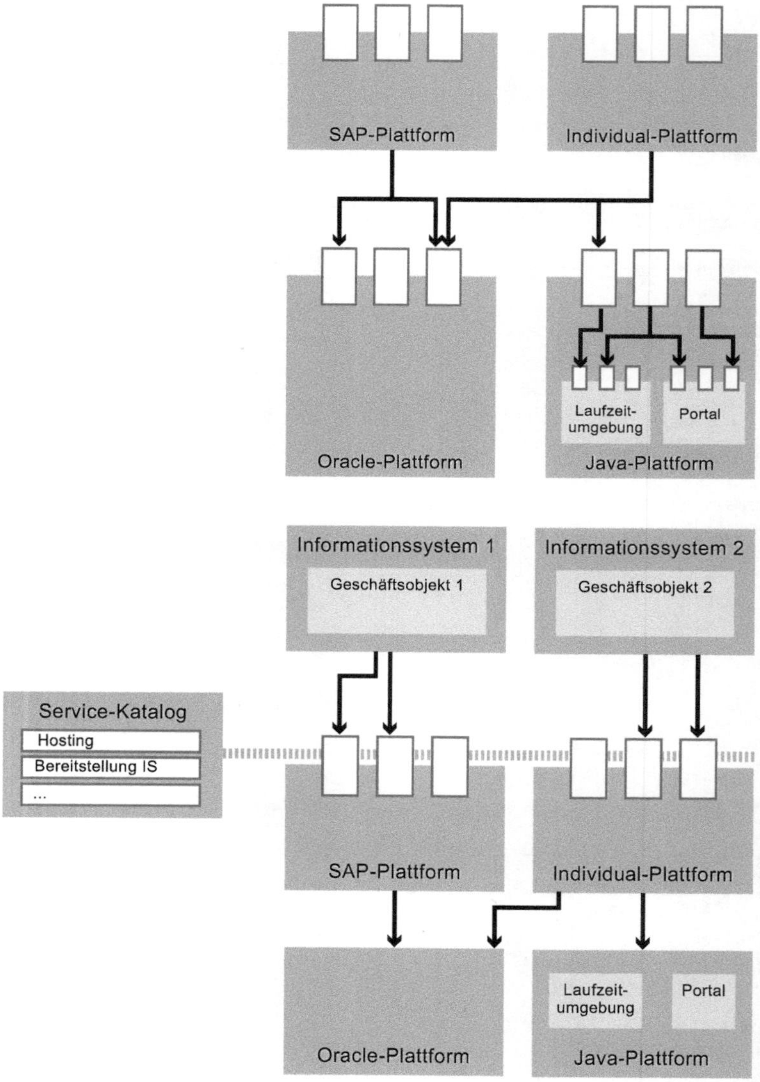

Bild 2.49 Beispiele für Plattformgrafiken

2.4.10 IT-Roadmap-Grafik

Für die Darstellung einer IT-Roadmap zur Umsetzung einer Soll-Bebauung werden häufig IT-Roadmap-Grafiken eingesetzt (siehe Bild 2.22). Dies ist letztendlich eine zusammengefasste Portfoliodarstellung, in der Informationssysteme, technische Bausteine oder Projekte entsprechend Ihrer Planung in Planungszeiträume eingeordnet werden. Die Elemente werden nach einem Kriterium, z. B. Domänen, geclustert. Optional können, wie in Bild 2.21 dargestellt, Nachfolgerbeziehungen und Ablöseinformationen verwendet werden. Über die Nachfolgerbeziehungen wird gekennzeichnet, welche Systeme aus welchen resultieren.

In IT-Roadmap-Grafiken werden die Elemente grobgranular erfasst, d. h., es werden in der Regel keine Versionsinformationen (Releases) dargestellt.

Beispiele für Fragestellungen, die sich über IT-Roadmap-Grafiken beantworten lassen:

- Welche Informationssysteme werden abgelöst? In welchem Soll-System münden welche Systeme?
- Wie sieht die grobe Roadmap zur Umsetzung aus?

Weitere Informationen hierzu finden Sie in Abschnitt 5.5 sowie im Einsatzszenario „IS-Portfoliomanagement“ in Kapitel 4.

2.4.11 Nachfolgergrafik

Nachfolgergrafiken sind eine alternative Darstellung für IT-Roadmaps oder aber für die Ablöseplanung im Release-Management. Hier gibt es zwei Varianten, die in Bild 2.50 dargestellt sind. Oben finden Sie die einfache Nachfolgergrafik, in der nur die Nachfolgerbeziehungen von z. B. Informationssystemen, technischen Bausteinen oder Infrastrukturelementen dargestellt sind. Aus dieser wird deutlich, welche Systeme welche ablösen.

Unten finden Sie die erweiterte Nachfolgerbeziehung, in der zeitliche Bezugspunkte gesetzt werden. So kann einfach ermittelt werden, welche zeitlichen Abhängigkeiten bestehen. Nachfolgerkanten lassen sich durch Angabe der Maßnahmen oder Projekte für die Umsetzung weiter charakterisieren. Hierüber kann dann auch eine Analyse erfolgen.

Beispiele für Fragestellungen, die sich über Nachfolgergrafiken beantworten lassen:

- Wie sieht die Release-Planung für ein Informationssystem aus?
- Welche Abhängigkeiten gibt es zwischen den Planungen?
- Wie sieht die Roadmap zur Umsetzung der Soll-Bebauung im Detail aus?

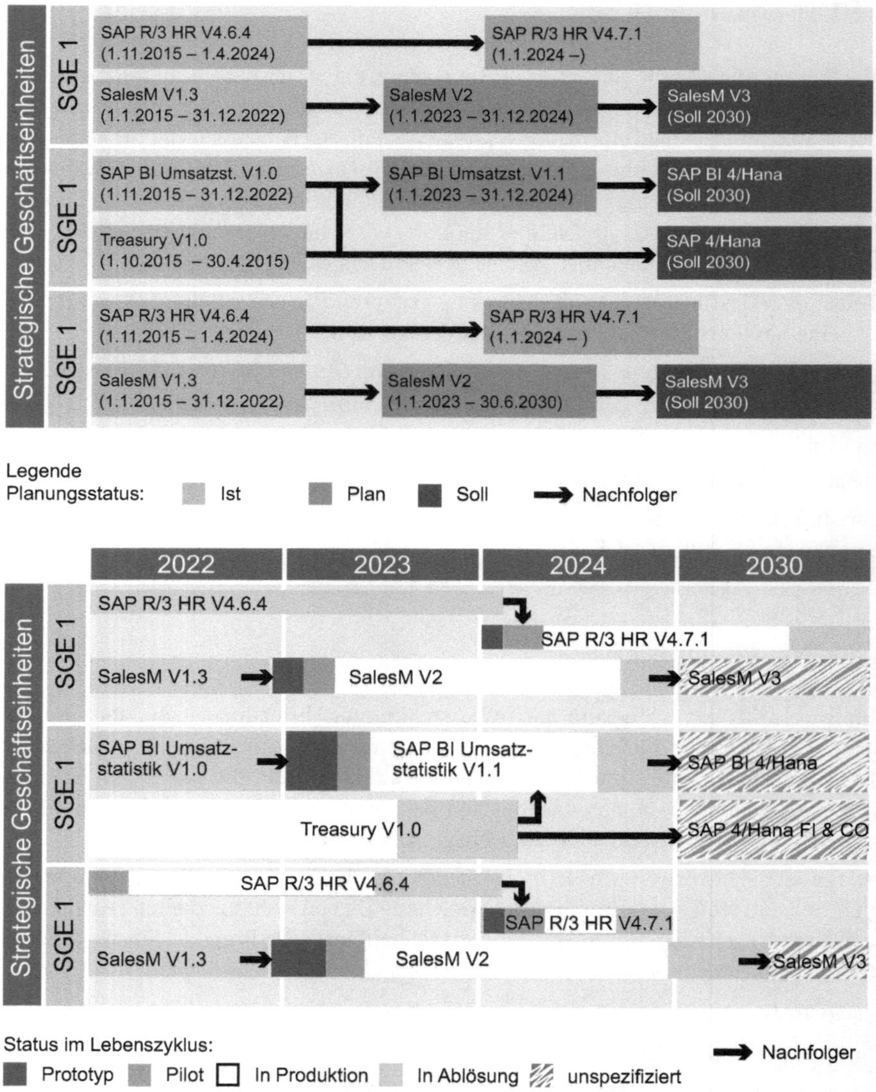

Bild 2.50 Beispiele für Nachfolgergrafiken

> **Wichtig**
>
> „Ein Bild sagt mehr als tausend Worte." Erst durch Visualisierungen entsteht der Nutzen. Die Antworten auf die Fragestellungen der Stakeholder müssen fokussiert auf die wesentlichen Informationen zielgruppengerecht bereitgestellt werden. Die Aspekte, die für Sie relevant sind, z. B. Verantwortlichkeiten, müssen Sie deutlich hervorheben. So können fundierte Entscheidungen auf der Basis der aussagekräftigen Visualisierungen getroffen werden.

Für **strategische IT-Entscheidungen** benötigen Sie in der Regel Überblicksdarstellungen, aus denen übergreifende Vorgaben, Zusammenhänge und Abhängigkeiten schnell ersichtlich werden. Beispiele hierfür sind Transparenzsichten wie Blueprint-, Portfolio- und Bebauungsplangrafiken oder Steuerungssichten wie Kuchen-, Balken-, Linien- oder Spider-Diagramme.

Dagegen ist für **operative IT-Entscheidungen** in der Regel eine Detailbetrachtung erforderlich. Die grobgranularen EAM-Sichten geben den Kontext vor und grenzen den Untersuchungsbereich für eine Tiefenbohrung ein. Häufig werden hierfür Informationsflussgrafiken oder aber Listen mit Hervorhebungen verwendet.

Entscheidungen sind jedoch nur so gut wie die verfügbare Datenbasis. Die Voraussetzung für fundierte aussagekräftige Ergebnisdarstellungen ist eine hinreichend vollständige, aktuelle und qualitativ hochwertige EAM-Datenbasis. Hilfestellungen hierfür finden Sie in Abschnitt 5.8. ■

Auf der Basis der vorgestellten Strukturen und Ergebnisdarstellungen unterstützt EAM beim strategischen IT-Management, indem viele Fragestellungen der Stakeholder beantwortet werden. Dies wird im nächsten Abschnitt ausgeführt.

■ 2.5 Best-Practice-Unternehmensarchitektur im Detail

In Abschnitt 2.3.1 wurde die Best-Practice-Unternehmensarchitektur im Überblick vorgestellt. Diese wird im Folgenden weiter detailliert.

In Bild 2.51 werden insbesondere die Beziehungen dargestellt, die in der Praxis relevant sind. Die Bebauungen der Teilarchitekturen und die übergreifenden Elemente sind der Kern der Unternehmensarchitektur. Über die Verknüpfung mit dem Unternehmenskontext wird die Integration von EAM in die Planungs-, Entscheidungs- und Durchführungsprozesse erleichtert.

Die in Bild 2.51 verwendete Notation ist etwas gröber als z. B. bei UML-Klassendiagrammen. So können die wesentlichen Informationen übersichtlich dargestellt werden. Die Beziehungen zwischen den Teilarchitekturen werden über Verbindungen der Elementtypen zum Rand der Teilarchitektur und gröber eingezeichnete Verbindungen zwischen den Teilarchitekturen dargestellt.

In der Notation werden einerseits die wesentlichen Bebauungselementtypen wie z. B. Geschäftsprozess oder Informationssystem und andererseits die Beziehungen zwischen diesen dargestellt. Zur Vereinfachung wird insbesondere auf die Kardinalität von Beziehungen verzichtet. Die Beziehungen innerhalb eines Elementtyps werden als Buchstaben auf der rechten Seite eines Elementtyps notiert. Die Variabilität bei der Attributierung von Beziehungen wird durch einen „*" gekennzeichnet. Dies führen wir im Folgenden weiter aus.

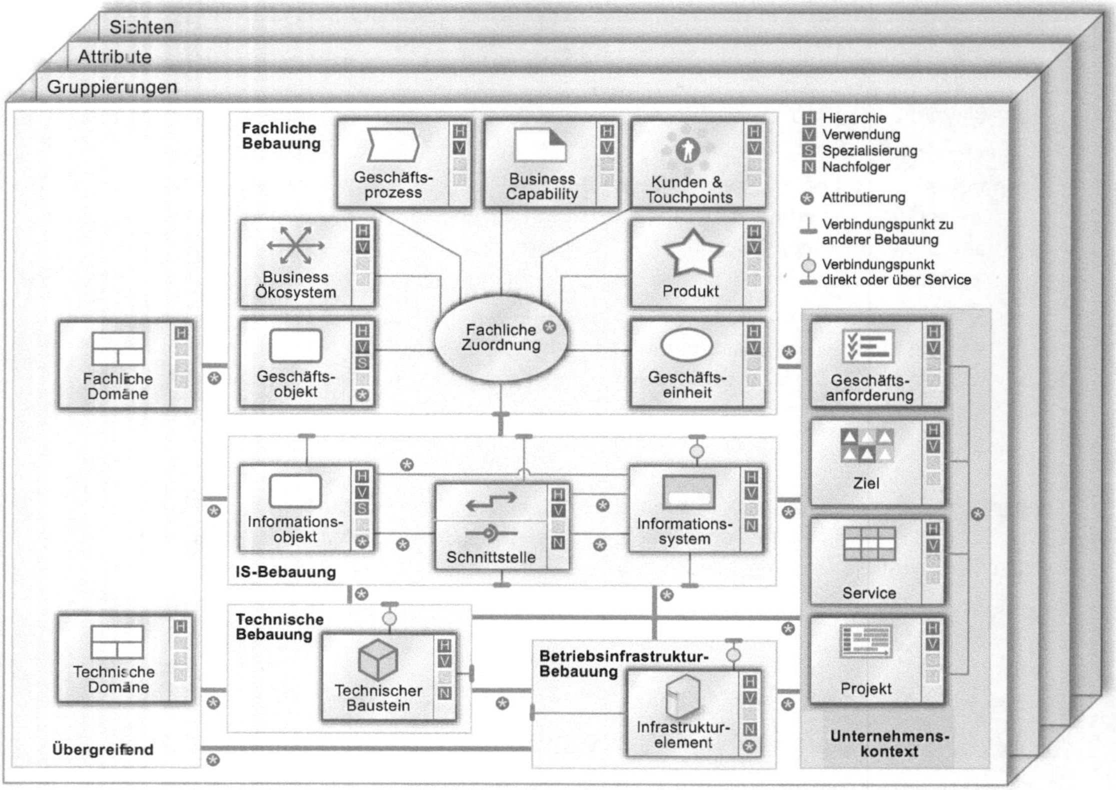

Bild 2.51 Detaillierte Best-Practice-Unternehmensarchitektur

Folgende Beziehungen zwischen Elementen eines Elementtyps werden unterschieden (rechte Leiste in einem Bebauungselementtyp in Bild 2.51):

- H – **Hierarchie:** Bebauungselementtypen, die so gekennzeichnet sind, können hierarchisch strukturiert sein. Beispiele hierfür sind Geschäftsprozesse mit Teilprozessen oder aber Informationssysteme, die aus Teilsystemen oder Komponenten bestehen.
- V – **Verwendung:** Die nicht notwendigerweise weiter spezifizierte Abhängigkeit zwischen Bebauungselementen wird über die Verwendungsbeziehung[9] abgebildet. Auf dieser Basis können Abhängigkeitsanalysen durchgeführt werden.

  Beispiele hierfür sind die Verwendungsbeziehung bei Informationssystemen oder bei technischen Bausteinen. So können Informationssysteme Komponenten (häufig auch Microservices genannt) von anderen Informationssystemen nutzen („verwenden“). Technische Bausteine können andere verwenden und so z. B. einen Technologie-Stack bilden. Durch die Analyse der Verwendungsbeziehungen lassen sich z. B. Abhängigkeiten von einer Laufzeitumgebung sichtbar machen. Ein weiteres Beispiel sind Business Services, die technische Services nutzen.

---

9 Die Verwendungsbeziehung wird häufig auch Assoziation genannt. Hier wird Verwendungsbeziehung genutzt, da die Nutzung, die Verwendung, des Elements in der Regel im Vordergrund steht.

- S – **Spezialisierung:** Die Instanzen eines Bebauungselementtyps werden entsprechend einem Spezialisierungskriterium in verschiedene Gruppen aufgeteilt. Dies ist eine horizontale Aufteilung, wenn man sich bildlich eine Tabelle mit den realen Instanzen in einer Zeile und den Attributen in den Spalten vorstellt. So können z. B. die Kundendaten entsprechend der geografischen Region gruppiert werden. Das Resultat sind dann „Kundendaten_Europa" und „Kundendaten_Asien". Die Spezialisierung spannt letztendlich Dimensionen auf, die insbesondere für die Analyse der Informationsbebauung, z. B. im Kontext des Datenmanagements oder Stammdatenmanagements, wichtig sind.
- **N – Nachfolger:** Die Nachfolgerbeziehung beschreibt eine in der Regel zeitliche Abhängigkeit zwischen Bebauungselementen. So kann ein Informationssystem der Nachfolger eines anderen Informationssystems sein, was insbesondere für Folge-Releases von Informationssystemen und analog für Schnittstellen gilt. Die Nachfolgerbeziehung wird auch für die Dokumentation der Ablösung von Elementen genutzt.
- *** – variable Beziehung:** Bebauungselemente können auch in anderen Beziehungen als Hierarchie, Verwendung, Spezialisierung und Nachfolger zueinanderstehen. Insbesondere im Rahmen der Informationsbebauung (siehe folgende Abschnitte) werden häufig fachliche Objektmodelle genutzt. Hier werden Beziehungen wie z. B. „wird genutzt von", „ist abhängig von" oder „geht über in" verwendet. Der Name der Beziehung kann „attributiert" werden.

„*" taucht in der Grafik aber auch an den Beziehungen zwischen den Bebauungselementtypen auf. Die Beziehungen können dann „attributiert" werden. So kann z. B. die Beziehung zwischen Informationssystemen und Informationsobjekten weiter durch die Art der Verwendung charakterisiert werden, wie z. B. „anlegen", „verändern", „löschen" oder einfach nur „lesen", häufig mit „CRUD" abgekürzt.

Eine weitere Variabilität findet sich bei den Beziehungen zu den Bebauungselementen Informationssysteme und Infrastrukturelemente. Hier gibt es zwei mögliche Ausprägungen. Einerseits können z. B. Informationssysteme direkt miteinander und über die fachliche Zuordnung mit den fachlichen Bebauungselementen verbunden sein. Andererseits können Services dazwischengeschaltet sein. Die Informationssysteme bzw. Infrastrukturelemente bieten dann Services an, die von anderen Elementen genutzt werden können.

> **Wichtig**
> Nutzen Sie die Selbstbeziehungen sowie eine hohe Variablität **nur** bei einem hohen EAM-Reifegrad **und** wenn der Nutzen den Aufwand bei weitem überwiegt. Der Pflegeaufwand steigt mit jedem Element und jeder Beziehung beträchtlich. Nur mit funktionierenden und, soweit möglich, automatisierten Pflegeprozessen bleiben die Bebauungsdaten hinreichend aktuell und konsistent. Nur so können Sie einen Single-Point-of-Truth sicherstellen. ■

Die **fachliche Zuordnung** ist kein Bebauungselement, sondern eine (n-stellige) Beziehung. Alle fachlichen Bebauungselemente und auch Informationssysteme (direkt oder über Services) können zueinander in Beziehung stehen. So lassen sich ein Geschäftsobjekt Geschäftsprozessen oder aber einem Informationssystem fachliche Funktionen zuordnen. Die Zuordnung kann attributiert werden. Dies ist durch den „*" in der „Fachlichen Zuordnung" angedeutet. Ein Beispiel hierfür ist die Art der Verwendung eines Geschäftsobjekts im Geschäftsprozess, z. B. als Input oder Output. So kann ein „Auftrag" Output des Geschäftsprozesses „Auftragsabwicklung" sein.

> **Tipp:**
>
> In der Praxis werden maximal Tripel mit Attributierung für insbesondere die strategische und taktische Planung der IT-Landschaft benötigt. Typische Tripel sind die Zuordnung von Informationssystemen zu Geschäftsprozessen oder Business Capabilities und einer weiteren fachlichen Dimension wie die Geschäftseinheiten. So kann dokumentiert werden, welche Geschäftseinheit welche Informationssysteme für welchen Geschäftsprozess oder Business Capability nutzt. Dies sind wichtige Aussagen sowohl für die Ziel-Bild-Gestaltung als auch für die Einführungs- und Ablöseplanung bzw. Roadmapping (siehe Abschnitt 5.5).
>
> Die technische Implementierung der fachlichen Zuordnung erfolgt sehr unterschiedlich in den verschiedenen EAM-Tools. Beispiele hierzu finden Sie in Kapitel 6. ■

Die Festlegung der fachlichen Zuordnung zu anderen fachlichen Bebauungselementen kann durch die Tupel-Schreibweise erfolgen, wie z. B. (<Geschäftsprozess-von>, <Geschäftsobjekt>, <„Art der Nutzung“>), (<Geschäftsprozess-von>, <Geschäftsobjekt>, <Geschäftsprozess-zu>) oder (<Geschäftsprozess>, <fachliche Funktion>, <Geschäftseinheit>). In Abhängigkeit der Tupel können durchaus unterschiedliche Attribute zur weiteren Charakterisierung verwendet werden.

Alle fachlichen und technischen Bebauungselemente können beliebig gruppiert, mit Attributen versehen und Sichten zugeordnet werden (siehe Bild 2.51). So können z. B. Informationssysteme in OLTP- und BI-Systeme klassifiziert werden. Die Gruppierung kann dabei auch hierarchisch sein. So können OLTP-Systeme weiter in Individual- und Standardsoftware unterschieden sein. Analog lassen sich hierarchisch strukturierte Regionen Bebauungselementen zuordnen und diese Informationen für Abfragen verwenden.

Durch Attribute kann weiterführende Information zu den Bebauungselementen zugänglich gemacht werden. Entsprechend Ihrer jeweiligen Fragestellungen resultiert Ihre Auswahl von Attributen. Typische Attribute werden nachfolgend beschrieben.

Eine Sicht ist klar Stakeholder-Gruppen oder einzelnen Stakeholdern (persönliche Sicht) zugeordnet und beantwortet deren Fragestellungen mit passgenauen Visualisierungen und den jeweiligen Daten mit ggf. erforderlichen Sichtbarkeitseinschränkungen.

Die Bebauungselemente können neben Attributen beliebig gruppiert werden, Dimensionen (im Kontext von BI-Lösungen) oder Tags bzw. Links lassen sich beispielsweise einem Wiki zuordnen (siehe dritte Ebene in Bild 2.51).

Alle fachlichen und technischen Bebauungselemente können in fachliche oder technische Domänen „einsortiert“ werden.

- **Fachliche und technische Domäne**: Die Bebauungselemente können in sogenannten Domänen strukturiert werden. Domänen können weiter unterteilt werden (Hierarchiebeziehung). Typischerweise werden die fachlichen Bebauungselemente nach fachlichen Kriterien in z. B. fachliche Domänenmodelle (siehe Abschnitt 2.4.1) aufgeteilt. „Vertrieb“ und „Produktion“ sind Beispiele für eine fachliche Strukturierung. So kann dem unternehmensspezifischen Geschäftsmodell und der Organisation in der Geschäftsarchitektur Rechnung getragen werden.

Die IS-Bebauung wird häufig auch in Domänen, auch Bebauungscluster genannt, strukturiert. Diese Strukturierung entspricht häufig organisatorischen Zuständigkeiten, die sich an fachlichen Strukturen (aus dem fachlichen Domänenmodell) orientieren.

Bebauungselemente können entweder eindeutig einer Domäne oder aber mehreren Domänen zugeordnet werden.

Technische Bebauungselemente werden in der Regel in einen technischen Katalog (Blueprint) einsortiert. Beispiele für technische Domänen sind „Datenbanken" und „Portale".

Neben den Beziehungen gibt es noch weitere übergreifende Elemente, die nicht in Bild 2.51 eingezeichnet sind. Dies sind querschnittliche Aspekte, die übergreifend relevant sind. Die Ausprägungen dieser übergreifenden Elemente können allen Bebauungselementen sowie deren Bestandteilen und Beziehungen zugeordnet werden. Zu den übergreifenden Elementen zählen:

- **Verantwortlichkeit:** Jedem Bebauungselementtyp und jeder Beziehung zwischen diesen können unterschiedliche Verantwortlichkeiten (Rollen) zugeordnet werden. Beispiele hierfür sind fachliche oder technische Verantwortliche, Lizenzverantwortliche, Prozess- oder Daten-Owner oder aber Schlüsselpersonen wie z. B. „Key-User für Vertrieb" oder aber betriebliche Kontaktpersonen.

  In der Regel werden konkrete Personen, wie „Gustav Maier", als Ausprägung für eine Verantwortlichkeit, wie z. B. fachlicher Verantwortlicher, den Bebauungselementen zugeordnet. Diese konkrete Person kann dann für Rückfragen oder aber für Pflegenotwendigkeiten kontaktiert werden.

  Die Verantwortlichk: eiten werden häufig im EAM-Werkzeug durch eine Integration mit LDAP oder Active Directory mit dem unternehmensspezifischen Berechtigungssystem verknüpft. Hier können alle relevanten Stakeholder-Gruppen (siehe Abschnitt 5.1) und deren Sichten adressiert werden.

  Wenn Einzelpersonen noch nicht festgelegt wurden, werden Personengruppen bzw. ganze Organisationsbereiche als verantwortlich gekennzeichnet. Beispiele für Personengruppen bzw. Organisationen sind die Support- oder die Betriebsorganisation.

- **Mandant (oder auch Standort oder Lokation):** Der zunehmenden Globalisierung und der wachsenden Zahl von Firmenzusammenschlüssen muss auch im EAM Rechnung getragen werden. Einerseits müssen die IT-Landschaften der verschiedenen, zum Teil rechtlich selbstständigen Unternehmen übergreifend erfasst und analysiert werden können. Andererseits benötigen die Einzelunternehmen oder Standorte auch eine individuelle Sicht auf ihre IT-Landschaft. Die fachlichen und technischen Strukturen, die einem Unternehmen zuzuordnen sind, müssen zusammengefasst und voneinander getrennt werden können. Die aus Sicht von einem Einzelunternehmen genutzten Systeme anderer Unternehmen müssen für diese als „extern" erkennbar sein. Übergreifend müssen aber auch standortübergreifende Sichten vorhanden sein, um z. B. die übergreifende Standardisierung voranzutreiben.

  Insbesondere in Konzernen ist es wichtig, dass die jeweiligen Teilunternehmen ihren Ausschnitt der Bebauungsdaten im Zusammenspiel mit den anderen Teilunternehmen analysieren können. Durch eine Mandantenkennung wird eine Sicht für das jeweilige Teilunternehmen geschaffen. Diese korreliert häufig auch mit entsprechenden Berechtigungen und Sichtbarkeiten.

  Einem Mandanten werden in der Regel auch Unternehmensname und weitere rechtlich relevante Informationen sowie Länderkennung und Standortinformationen zugeordnet.

- **Schablone (oder auch Template genannt):** Eine Schablone ist eine „Kopiervorlage" mit einem eindeutigen Namen. Eine Schablone besteht aus einem Teilausschnitt der Bebauungsdaten. So können z. B. alle Informationssysteme mit deren Schnittstellen und technischen Realisierungen aus der Zentrale mit Zuordnung zum Vertriebsprozess als Schablone „Vertriebsprozess" hinterlegt werden. Damit wird ein Standard für den fachlichen Einsatzzweck geschaffen, der in die verschiedenen Standorte ausgerollt werden kann (siehe Einsatzszenario „Standardisierung und Homogenisierung" in Kapitel 4).

  Dies wird häufig auch als Referenzbebauung genannt. Die Referenzbebauung kann „ausgerollt" und auch mit der tatsächlichen Bebauung in einem Kontext abgeglichen werden.

  Ein weiteres Beispiel sind fachliche Domänenmodelle. Fachliche Domänen und die ihnen zugeordneten Geschäftsprozesse oder fachlichen Funktionen bzw. Business Capabilities können zu einer Schablone - zu einem fachlichen Domänenmodell - zusammengefasst werden.

  Schablonen werden häufig als Ganzes auch versioniert.
- **Handlungsfeld:** Handlungsfelder sind zusammengehörige Geschäftsanforderungen, Handlungsbedarfe und Optimierungspotenziale, für die spezifische Lösungen und Maßnahmen zur Behebung gefunden werden müssen. Handlungsfelder sind die wesentlichen Planungseinheiten für die strategische IT-Planung.
- **Szenario und Bebauungsplan:** Im Rahmen der Bebauungsplanung werden gegebenenfalls alternative Planungsszenarien erstellt. Diese fassen Bebauungselemente und deren Beziehungen zusammen, wie z. B. „Planungsszenario Huber für Soll-Bebauung 2030 vom 21.12.2022". In diesem Planungsszenario können unterschiedliche Ist-, Plan- und Soll-Informationssysteme, Schnittstellen und auch Soll-Beziehungen zu Geschäftsprozessen enthalten sein. Auch für komplexe Analysen können alternative Zusammenfassungen erstellt werden.

  Szenarien können erstellt, geändert oder gelöscht und mit anderen Szenarien verglichen sowie in den Datenbestand übernommen werden. Szenarien können öffentlich oder privat genutzt werden und einem Genehmigungsprozess unterliegen.

  Bebauungen für einen gewissen Kontext und/oder ein Datum müssen als solches auch für historische Betrachtungen unter einem Namen zusammengefasst werden und idealerweise archiviert werden können (mit allen relevanten Beziehungsinformationen).

Empfehlung

Strukturieren Sie die Bebauung in Bebauungscluster entsprechend von Verantwortlichkeiten. Dies vereinfacht die Abstimmungen erheblich. Bebauungscluster sind Gruppierungen (siehe Bild 2.51).

Auf der rechten Seite in Bild 2.51 finden Sie den Unternehmenskontext. Dieser schafft die Verbindung zu anderen Disziplinen wie z. B. das Projektportfoliomanagement. Alle Bebauungselemente sowie deren Bestandteile und Beziehungen können in Verbindung zum Unternehmenskontext gebracht werden. Im Unternehmenskontext gibt es unternehmensspezifisch unterschiedlichste Elemente, die verbunden werden könnten. Diese Elementtypen findet man sehr häufig:

- **Ziel:** „Ziele“ bilden die Verbindung zu den strategischen Vorgaben der Unternehmensstrategie oder der IT-Strategie. Der Beitrag zur Umsetzung der Unternehmens- und IT-Strategie lässt sich über die Analyse der Verknüpfung zwischen den Bebauungselementen und Zielen ermitteln. Voraussetzung hierfür ist jedoch, dass die Ziele explizit benannt und gepflegt sind.
- **Projekt:** Bebauungselemente und die Beziehungen zwischen diesen können in Bezug zu Projekten und Maßnahmen gesetzt werden. So kann z. B. ein neues Informationssystem-Release und die Ablösung des Vorgänger-Release[10] einer Maßnahme M1 zugeordnet werden.

  Durch die Analyse der Bebauungsdatenbasis im Zusammenspiel mit dem Projektkontext werden Abhängigkeiten, Auswirkungen, Synergien und Redundanzen erkannt. Projektinformationen werden häufig aus einem Projektportfoliomanagement-Werkzeug bezogen.
- **Service (Servicekatalog):** Hierdurch werden die Produkte und Leistungen oder Services einer Organisation beschrieben, die für Kunden erbracht werden. Die Services können bezüglich funktionaler und dann im Anschluss bezüglich SLA-Aspekte zu aussagekräftigen und verrechenbaren Leistungen verfeinert werden. Die Differenzierung erlaubt eine gezielte Kostensteuerung.

  Beispiel für einen Service sind die Bereitstellung und Inbetriebnahme eines Informationssystems. Diese funktional differenzierte Leistung kann gemäß SLA- und QoS-Aspekten, wie z. B. Mengenrabattierungen, Reaktionszeiten, Verfügbarkeiten, Performanceaspekten oder Fehlertoleranzen weiter verfeinert werden, um vertragsrelevante Dienste zu erhalten. Hier können dann auch Malus-, Bonus- oder Rabattregeln zugeordnet werden.

  Im Fall des Outsourcings einer Leistung werden in der Regel Services gegenüber dem Kunden über SLAs und gegenüber den externen Dienstleistern über OLAs beschrieben. Services werden in der Regel in einem Service-Katalog zusammengefasst und für die internen und externen Kunden transparent gemacht.
- **Geschäftsanforderung:** Geschäftsanforderungen bilden die Schnittstelle zu Demand-Management-Werkzeugen. Die Zuordnung lässt sich ebenso für Analysezwecke nutzen und somit kann die Abdeckung von Geschäftsanforderungen dokumentiert und analysiert werden.

Hinweis

Der Kontext ist unternehmensspezifisch. Die aufgeführten Typen sind jedoch häufig vertreten. Daneben findet man u. a. Lizenzinformationen, Kosteninformationen, IT-Servicemanagement-Daten oder Schutzbedarfsklassifikationen und technische und organisatorische Maßnahmenkataloge für Informationssicherheits- und Datenschutzbelange sowie Informationsbebauungs-Metadaten und BI-Daten.

Der Kontext wird mit den EA-Daten in Verbindung gebracht und können dann idealerweise übergreifend mit den EA-Daten für Analysen, Planung und Steuerung genutzt werden. Tool-technisch sollten hier über Integrationen die Daten automatisch für Analysen, Planung und Steuerung im EAM-Tool oder auch exportierbar für Abnehmersysteme, wie BI-Systeme, zur Verfügung stehen. Siehe hierzu Kapitel 6. ■

[10] Dies kann erreicht werden, indem die Nachfolgerbeziehung zwischen den beiden Releases zur Maßnahme M1 zugeordnet wird.

In den folgenden Abschnitten werden die wesentlichen Bestandteile der verschiedenen Teilarchitekturen übergreifend vorgestellt. Für jede Architektur werden deren Bebauungselementtypen, Beziehungen, Attribute und Beispiele für die darüber beantwortbaren Fragestellungen aufgelistet. Zudem werden Hilfestellungen für die Ableitung Ihrer Unternehmensarchitektur gegeben.

Wesentlich für die Beantwortung Ihrer Fragestellungen sind die Attribute der Bebauungselemente. Bei den Attributen wird zwischen Kerndaten, erweiterten Daten und Steuerungsgrößen unterschieden:

- **Kerndaten** sind die Daten, die die Bebauungselemente beschreiben. Dazu zählen unter anderem die Namen von z. B. Geschäftsprozessen, Informationssystemen oder technischen Bausteinen.
- **Erweiterte Daten** sind unternehmensspezifische Daten, die den Bebauungselementen als Zusatzinformation beigefügt werden. Sie dienen dazu, Ihre spezifischen Fragestellungen zu beantworten. Beispiele hierfür sind die Größe eines Informationssystems in „Lines-of-Code“ oder aber Herstellerinformationen zu einem Informationssystem. Erweiterte Daten „leben“. Sie können hinzugefügt werden, wenn eine neue Fragestellung zu beantworten ist. Sie können aber auch entfernt werden, wenn sie nicht mehr benötigt werden.
- **Steuerungsgrößen** sind maßgeblich für die Unternehmens- und IT-Steuerung (siehe Abschnitt 5.8). Diese sind ebenso unternehmensspezifisch. Beispiele hierfür sind die Wettbewerbsdifferenzierung von Geschäftsprozessen, der Strategiebeitrag oder der Gesundheitszustand eines Informationssystems. Die Sichtbarkeit insbesondere von Steuerungsgrößen ist häufig eingeschränkt, wenn z. B. ein IS-Verantwortlicher nicht erfahren soll, dass „sein“ Informationssystem demnächst abgeschaltet wird.

Folgende Kerndaten sind für die Dokumentation aller Bebauungselemente relevant. Optionale Bestandteile sind mit „[]“ gekennzeichnet. Umsetzungsaspekte wie z. B. Identifikatoren für Geschäftsprozesse werden im Folgenden nicht adressiert.

- **Name:** Name des Bebauungselements, z. B. Geschäftsprozess „Auftrag erfassen“. Gegebenenfalls wird zwischen Kurznamen und Langnamen unterschieden oder aber durch eine Namenskonvention z. B. festgelegt, dass der Kurzname zu Beginn des Namens mit Leerzeichen vom Langnamen mit einer Anzahl von Zeichen anzugeben ist. Diese sind Teil der Modellierungsrichtlinien (siehe Abschnitt 5.9.2).
- **Beschreibung:** Beschreibung des Bebauungselements, z. B. „Vertriebsauftrag durch den Außendienst erfassen“
- [**Release-Nr**[11]]: Release-Nummer des Bebauungselements (z. B. Informationssystem, Schnittstelle oder technischer Baustein) wie z. B. „ACTAC 2.3“

  Durch den Namen und die Release-Nummer wird ein Release eines Bebauungselements eindeutig identifiziert.
- [**Planungsstatus**]: Unterscheidung des Planungsstatus mit den Ausprägungen „IST“, „PLAN“ und „SOLL“ (siehe Abschnitt 5.5)
  - „IST“ bezeichnet die aktuell „produktiven“ Bebauungselemente.

[11] Die Release-Nr. wird auch Versionsnummer genannt.

  - Mit „PLAN“ werden die Bebauungselemente gekennzeichnet, die aktuell in Planung oder gegebenenfalls bereits in Umsetzung und voraussichtlich zu einem festgelegten Termin produktiv gesetzt werden, wie z. B. ab 1.1.2024.
  - „SOLL“ beschreibt das Ziel-Bild der Bebauungselemente.
- [**Nutzungszeitraum**]: Beschreibt den Zeitraum des produktiven Einsatzes eines Bebauungselements durch eine „von-bis“-Angabe. Dies kann beispielhaft an einem Geschäftsprozess illustriert werden, der aufgrund gesetzlicher Anforderungen so nur von heute bis zum 31.12.2025 angewendet werden darf. Danach gibt es neue gesetzliche Anforderungen. Bei Plan- oder Soll-Elementen wird gegebenenfalls der geplante Nutzungszeitraum benannt. Bei Soll-Elementen ist dieser häufig nur sehr grob festgelegt, wie z. B. „ab 2030“.
- [**Status im Lebenszyklus oder Lifecycle-Status**]: Durch den Status im Lebenszyklus können Rückschlüsse z. B. auf die Reife oder Stabilität des Bebauungselements gezogen werden. Beispiele für Ausprägungen bei Informationssystemen oder technischen Bausteinen: „Geplant“, „In Einführung“, „in Produktion[12]“ und „in Ablösung[13]“. Auch bei Geschäftsobjekten findet man den Lebenszyklus, wie z. B. Kundenauftrag „initial angelegt“ und „geprüft“. Der Status im Lebenszyklus wird in der Regel nur für Ist- und Plan-Bebauungselemente beziehungsweise für den Detaillierungsgrad von logischen oder Releases von Bebauungselementen (siehe Abschnitt 2.3) gepflegt.

  Für jeden Lebenszyklusstatus kann ein Zeitraum hinterlegt werden. Zudem kann der Status im Lebenszyklus auch abhängig von der Beziehung zu anderen Bebauungselementen, wie z. B. „Informationssystem A ist Stand heute produktiv im Unternehmen 1 und im Unternehmen 2 in Ablösung“. Dies ist für eine Einführungs- und Ablöseplanung unabdingbar.
- [**Genehmigungsstatus**]: Für die Koordination der Datenpflege kann ein expliziter Freigabeworkflow festgelegt werden. Beispiele: „in Bearbeitung“, „in Prüfung“ und „Freigegeben“. Durch den Genehmigungsstatus kann gegebenenfalls die Sichtbarkeit eingeschränkt werden. So kann z. B. verhindert werden, dass noch nicht freigegebene Elemente bereits ausgewertet oder verbaut werden können. Häufig wird der Genehmigungsstatus im Kontext der Qualitätssicherung der Bebauungsdaten oder aber im Rahmen der Bebauungsplanung für „private“ Planungsszenarien genutzt.
- [**Instanzkennung**]: Instanzen von Bebauungselementen wie z. B. Informationssystemen sind gegebenenfalls notwendig, um die unterschiedliche Nutzung oder Nutzungsdauer der Elemente in z. B. den Standorten zu beschreiben. Neben den logischen Instanzen können, wie in Abschnitt 2.3 ausgeführt, auch physikalische Instanzen verwendet werden, um Betriebsaspekte abzubilden. In diesen Fällen wird neben dem Namen und der Release-Nr. auch die Instanzkennung zur eindeutigen Identifikation der Instanzen verwendet.
- [**Detailinformationen**]: Detaillierte Informationen zum Bebauungselement, wie z. B. ein Link zu detaillierten Dokumenten zum Geschäftsprozess oder Informationssystem. Weitere Beispiele für Detailinformationen aus der IS-Architektur sind die Größe des Informationssystems, z. B. in „Lines-of-Code“ (LOC), spezielle Eigenschaften wie die Portalfähigkeit, die GUI-Klassifikation, die Anzahl der Nutzer, die Art der Berechtigungsverwaltung oder spezielle Anforderungen z. B. für die Clients.

[12] „In Produktion“ wird auch „ausgerollt“ genannt.
[13] „In Ablösung“ wird auch „auslaufend“ oder „Legacy“ genannt.

Wichtig

- Achten Sie auf eine aussagekräftige Benennung der Bebauungselemente, aus der die Art und der Inhalt selbsterklärend hervorgehen.
- Der Planungsstatus ist erforderlich, um sauber zwischen der aktuellen und der zukünftigen nahen (Plan-) und fernen (Soll-)Bebauung zu unterscheiden. In der Dokumentation der Bebauungselemente muss der Planungshorizont angegeben werden. Nur so kann man unterscheiden, was wirklich vorhanden und was erst geplant ist. Dies ist insbesondere deshalb wichtig, da Planungen häufig nicht eingehalten werden. Die Analyse der Bebauungsdaten führt bei „Durchmischung" häufig zu falschen Ergebnissen, da die „unsauberen" Planungsdaten gleichwertig mit den „sauberen" Ist-Daten behandelt werden.
- Nur durch die Dokumentation des Nutzungszeitraums kann die Frage beantwortet werden: „Welche fachlichen Bebauungselemente gelten zu einem bestimmten Zeitpunkt?" oder „Wie sieht die IT-Landschaft zu einem gewissen Zeitpunkt aus?"
- Zwischen dem Planungsstatus und dem Nutzungszeitraum gibt es Abhängigkeiten. Der Nutzungszeitraum der Ist-Bebauungselemente sollte „heute" beinhalten und der von Plan- oder Soll-Elementen sollte in der Zukunft liegen. Hier müssen Sie Maßnahmen ergreifen, um die Konsistenz zu sichern (siehe Abschnitt 5.8).
- Die Nutzung des Genehmigungsstatus birgt ebenso Gefahren, da in der Regel die Sichtbarkeit in frühen Stadien eingeschränkt ist. Der Genehmigungsstatus muss entsprechend des Fortschritts gepflegt werden. Dies erfordert viel Disziplin in der Pflege.
- Die Komplexität steigt erheblich, je mehr optionale oder unternehmensspezifische Attribute Sie nutzen. Darüber hinaus steigt die Gefahr von Inkonsistenzen. So sind der Planungsstatus und der Status im Lebenszyklus häufig nicht orthogonal. Ein Beispiel für die Ausprägungen des Status im Lebenszyklus mit Überschneidungen sind: „Soll", „in Planung", „in Entwicklung", „Prototyp", „In Einführung", „in Produktion" und „in Ablösung".

  Verwenden Sie daher beim Einstieg in EAM nur einen kombinierten Planungsstatus oder den Status im Lebenszyklus, da der Aufwand für Konsistenzsicherung sehr groß ist. Beispiel „Geplant", „In Einführung", „in Produktion", „in Ablösung" und gegebenenfalls „abgelöst".

  Beim Ausbau können Sie beide Attribute nutzen. Auf diese Weise können Sie bei Analysen die „Unsicherheit" von Planungsdaten berücksichtigen. Sicherlich ist dann jedoch Werkzeugunterstützung für die Aktualisierung der Bebauungsdaten erforderlich. So können Planwerte in den Ist-Zustand automatisiert überführt werden, wenn die Planung wirklich so umgesetzt wurde.

  Für die technische Bebauung wird tendenziell eher der Lifecycle-Status und für die Informationsbebauung können beide Attribute verwendet werden.
- Beim Einstieg in EAM sollten Sie sich auf den Planungsstatus „Ist" und gegebenenfalls „Plan" beschränken. Die Bebauungsplanung erfordert einen höheren EAM-Reifegrad (siehe Abschnitt 5.8).

Best-Practices zu den verschiedenen Teilarchitekturen, deren Bebauungselementtypen, Beziehungen, erweiterten Daten und Steuerungsgrößen finden Sie in den folgenden Abschnitten.

Empfehlung

Wählen Sie aus den Strukturen die für Ihre Ziele und Fragestellungen passenden aus. Detaillierte Hilfestellungen für die Auswahl finden Sie in den folgenden Abschnitten und in Abschnitt 5.2. Darüber hinaus enthält Download-Anhang D eine konsolidierte Liste von Fragestellungen. ■

2.5.1 Geschäftsarchitektur

Die Geschäftsarchitektur beinhaltet alle für das Geschäft maßgeblichen Strukturen und Beziehungen. Sie gibt den fachlichen Bezugsrahmen für das strategische Management der IT-Landschaft vor. Zur Geschäftsarchitektur zählen im Wesentlichen folgende Bebauungselemente, im Folgenden auch Geschäftsdimensionen genannt:

- **Geschäftsprozess:** Geschäftsprozesse bestehen aus einer Abfolge von zielgerichteten Aktivitäten zur Umsetzung des Geschäftsmodells des Unternehmens. Geschäftsprozesse leisten einen unmittelbaren Beitrag zur Wertschöpfung oder unterstützen andere wertschöpfende Geschäftsprozesse. Geschäftsprozesse haben einen definierten Anfang und ein definiertes Ende mit einem klar festgelegten Ergebnis. In der Regel werden Geschäftsprozesse mehrfach durchgeführt.
- **Business Capablitity:** Business Capabilities sind (Geschäfts-)Fähigkeiten, die eine Organisation, eine Person oder ein System besitzt und auf die sich das Unternehmen stützt, um seine Geschäftsziele zu erreichen. Geschäftsfähigkeiten werden von Menschen oder Systemen in Prozessen unter Nutzung von Technologien und weiteren Ressourcen mit Leben gefüllt, um so das fachliche Leistungsvermögen des Unternehmens bereitzustellen.

  Die Fähigkeiten werden im Wesentlichen durch Geschäftsfunktionen beschrieben, die durch Ressourcen- oder Technologieanforderungen konkretisiert werden können. Es wird in der Regel zwischen wettbewerbsdifferenzierenden und unterstützenden Geschäftsfunktionen unterschieden.

  Eine Geschäftsfunktion oder fachliche Funktion ist eine in sich abgeschlossene und zusammenhängende fachliche Funktionalität wie z. B. „Kundenkontaktmanagement“. Mithilfe der fachlichen Funktionen wird das Leistungsvermögen des Unternehmens („Business Capabilities“) beschrieben. Fachliche Funktionen können in Teilfunktionen zerlegt werden und in Beziehung zu den anderen fachlichen Bebauungselementen und auch zur Informationssystem-Bebauung stehen.

  Business Capabilities werden in der Regel für Zwecke der srategischen Planung in Value Streams angeordnet. Ein Value Stream gibt an, welche Aktivitäten in welcher Reihenfolge nötig sind, um den eigentlichen Nutzen oder das eigentliche Ziel zu erreichen. Typisches Ziel ist, ein wertvolles Produkt oder eine Dienstleistung für den Markt zu liefern. Sehr hilfreich ist, dass zu den Phasen oder Aktivitäten des Value Streams bestimmte Fähigkeiten (Capabilities), Kenntnisse und Ressourcen zugeordnet werden können. Siehe hierzu Value Stream Mapping in Abschnitt 5.4.2.

- **Business-Ökosystem oder Partner- und Kunden-Coopetition:** Das Business-Ökosystem besteht unter anderem aus Lieferanten, Dienstleistern, Herstellern, Auftragsverarbeitern und weiteren Geschäftspartnern sowie Netzwerken und Marktpartnern. Auch die Einbindung des Kunden (Co-Creation) oder Coopetition mit Wettbewerbern fallen hierunter. Es geht letztendlich darum, im Unternehmen und mit dem relevanten Business-Ökosystem zusammen möglichst viel Kundenmehrwert zu generieren und den Geschäftsbetrieb gleichzeitig zu optimieren.

  Kunden sind tatsächliche oder potenzielle Nachfrager auf Märkten. Kunden können Einzelpersonen oder Institutionen (organisationales Kaufverhalten) sein. Im Kontext des Business-Ökosystems werden z. B. Kunden und Konsumenten in Entwicklungs- und Innovationsprozesse einbezogen. Beispiele für Kundengruppen sind hier Ideengeber oder Bewerter von Produkten.

  Kunden werden häufig in verschiedene Kundengruppen und ihre möglichen Kontaktpunkte mit dem Unternehmen oder der Marke, z. B. Apps oder Kundenportale, aufgeteilt. Ein Beispiel sind die Kundengruppen „Privatkunden“, „Firmenkunden“ und „Institutionen“.

- **Kunden und Touchpoints:** Kunden sind tatsächliche oder potenzielle Nachfrager auf Märkten. Kunden können Einzelpersonen oder Institutionen (organisationales Kaufverhalten) sein. Kunden werden häufig in verschiedene Kundengruppen und ihre möglichen Kontaktpunkte mit dem Unternehmen oder der Marke, z. B. Apps oder Kundenportale, aufgeteilt. Ein Beispiel sind die Kundengruppen „Privatkunden“, „Firmenkunden“ und „Institutionen“.

  Touchpoints sind Berührungspunkte oder Kundenkontaktpunkte eines Unternehmens, einer Marke oder eines Wirtschaftsguts zu möglichen, bestehenden oder ehemaligen Kunden entlang der Customer Journey. Vertriebskanäle sind wichtige Touchpoints. Customer Journey bezeichnet dabei die „Reise“ (engl. Journey) eines möglichen, bestehenden oder ehemaligen Kunden über die verschiedenen Kontaktpunkte mit einem Produkt, einer Marke oder einem Unternehmen.

  Vertriebskanäle, auch Absatzkanäle genannt, schaffen den Zugang zu Kunden für den Verkauf der Produkte und Dienstleistungen des Unternehmens. Beispiele für Vertriebskanäle sind der Direktvertrieb über unternehmenseigene Verkaufsniederlassungen (z. B. Outlets), der indirekte Vertrieb über den Handel oder Vertrieb über das Internet, wie z. B. Self-Service-Portale. Als Multikanalvertrieb wird die gleichzeitige Nutzung mehrerer Vertriebskanäle wie Handel, Internet und Außendienst bezeichnet.

- **Produkt:** Ein Produkt ist das Ergebnis eines Leistungsprozesses eines Unternehmens, z. B. eine Ware (Auto, Rechner). Ein Produkt kann sowohl materiell als auch immateriell (z. B. Dienstleistungen) sein und aus Teilprodukten bestehen.
- **Geschäftsobjekt:** Ein Geschäftsobjekt ist ein abgestimmter, fachlicher Begriff für abstrakte oder konkrete Objekte, die in der Informationsverarbeitung des Unternehmens von Relevanz sind, d. h. in engem Zusammenhang mit der Geschäftstätigkeit des Unternehmens stehen. Beispiele für Geschäftsobjekte sind „Kunde“, „Produkt“ oder „Auftrag“.
- **Geschäftseinheit:** Geschäftseinheiten sind entweder logische oder strukturelle Einheiten des Unternehmens, wie z. B. organisatorische Bereiche und Werke des Unternehmens, oder aber logische Nutzergruppen, wie z. B. „Außendienst“ und „Innendienst“. Geschäftseinheiten können in Teil-Geschäftseinheiten aufgeteilt werden. Ein Beispiel für eine Aufteilung ist der Außendienst an Standort A.

Wichtig

Bestimmen Sie die für Sie relevanten Geschäftsdimensionen. Wählen Sie aus den genannten Dimensionen aus oder ersetzen Sie eine Dimension entsprechend Ihrer Anforderungen. So können Sie z. B. Markt mit den Ausprägungen „Retail" und „Wholesale" oder Marktsegmenten anstelle von Business-Ökosystem verwenden. Wesentliche Aspekte sind dabei:

- Beschränken Sie sich auf die für Sie wesentlichen Dimensionen, die Sie für die Beantwortung Ihrer Fragestellungen wirklich benötigen. Nur so bleibt die Geschäftsarchitektur „pflegbar". In der Regel reichen fünf oder weniger Geschäftsdimensionen völlig aus.
- Starten Sie mit wenigen Bebauungselementtypen. Eine typische Einstiegskonfiguration sind fachliche Funktionen, Geschäftsprozesse oder alternativ Produkte zusätzlich zu Geschäftseinheiten.
- Verwenden Sie beim Einstieg in EAM nur Produkte oder Geschäftsprozesse. Die Auswahl kann je nach Branche durchaus verschieden ausfallen. Tendenziell sind Versicherungsunternehmen und Banken eher produktorientiert und produzierende Unternehmen eher prozessorientiert.
- Verwenden Sie beim Einstieg in EAM nur Geschäftsprozesse oder Business Capabilities. Nutzen Sie Business Capabilities, wenn sich Ihre Unternehmensorganisation häufig ändert oder aktuell z. B. wegen einer Umstrukturierung oder Fusion noch nicht feststeht. Hat sich die Organisation gefestigt, können Sie in Ausbaustufen durchaus Geschäftsprozesse zusätzlich zur Beschreibung Ihrer Business-Zusammenhänge verwenden.
- Starten Sie mit einer niedrigeren Einstiegsqualität und gegebenenfalls unvollständigen Datensammlung bei den fachlichen Bebauungselementen, wenn noch keine abgestimmte Liste dieser Elemente vorhanden ist. So können Sie anhand von Visualisierungen (siehe Abschnitt 2.4) den Nutzen für das Business-IT-Alignment aufzeigen. Hierüber finden Sie Sponsoren für den Ausbau von EAM.
- Verwenden Sie nicht die Organisationseinheiten Ihres Unternehmens als Geschäftseinheiten! Jede organisatorische Änderung ist ansonsten nachzupflegen. Verwenden Sie stattdessen logische Nutzergruppen wie z. B. „Außendienst" und „Innendienst".
- Benennen Sie die Bebauungselementtypen entsprechend des Sprachgebrauchs in Ihrem Unternehmen. So werden diese leichter „angenommen". ■

Fragestellungen

Über die fachliche Bebauung werden unter anderem folgende Fragestellungen beantwortet:

- Welche Geschäftsprozesse, Produkte oder Business Capabilities sind wettbewerbsdifferenzierend oder kritisch für das Unternehmen oder für ein bestimmtes Geschäftsfeld?
- Welche Geschäftsprozesse bestehen aus welchen Teilprozessen und welche Abhängigkeiten existieren dazwischen? Bei Produkten? Bei fachlichen Funktionen bzw. Business Capabilities?

- Welche Geschäftsprozesse nutzen welche fachlichen Funktionen bzw. Business Capabilities? Gibt es hierbei Redundanzen?
- Welche Produkte werden an welche Kundengruppen über welche Vertriebskanäle vertrieben?
- Welche Geschäftseinheiten sind für das Geschäft relevant? Welche Geschäftspartner, Produkte, Geschäftsprozesse oder Business Capabilities sind welchen Geschäftseinheiten zugeordnet?
- Werden Compliance-Anforderungen wie z. B. EU-DSGVO, KonTraG, GoBD, TMG, TKG, Urheberrecht, Solvency II, Basel II und Sarbanes Oxley Act umgesetzt? Kann die Erfüllung gesetzlicher oder freiwilliger Auflagen nachgewiesen werden? Gibt es für alle Geschäftsprozesse und Geschäftsobjekte klare Verantwortlichkeiten (Owner)?
- Wer ist fachlich verantwortlich für Geschäftsprozesse, Produkte oder fachliche Funktionen? Welche Fachabteilung ist Daten-Owner z. B. für die Kunden- oder Produktdaten?
- Welche Geschäftsprozesse sind fachlich verantwortlich für welche Geschäftsobjekte?
- Welche Geschäftsobjekte werden von welchen Geschäftsprozessen oder Business Capabilities in welcher Weise (lesend, erzeugend, verändernd, löschend oder einfach nur genutzt) oder als Input oder Output verwendet? Gibt es hier Redundanzen?
- Welche Beziehungen besitzen die Geschäftsobjekte untereinander? Sind die Geschäftsobjekte Teil von anderen oder stehen sie in einer anderen Beziehung zueinander? Wie sieht der Lifecycle[14] der Geschäftsobjekte aus?
- Welcher Handlungsbedarf oder welches Optimierungspotenzial besteht aktuell?
- Welche Business-Ziele bestehen? Wie sollen sie umgesetzt werden?
- Wie verändert sich das Geschäft in welchem Geschäftsfeld? Welche Produkte, welche Geschäftsprozesse, welche Vertriebskanäle oder welche Funktionalität sind betroffen oder werden künftig benötigt?

> **Wichtig**
>
> Konkretisieren Sie Ihre Ziele über Fragestellungen und leiten Sie daraus Ihre Geschäftsarchitektur ab. Im Folgenden finden Sie Empfehlungen in Bezug auf Beziehungen und Attribute und in Abschnitt 2.6 eine Schritt-für-Schritt-Anleitung für die Ableitung Ihrer Geschäftsarchitektur.

Beziehungen

Zwischen den fachlichen Bebauungselementen sind Beziehungen möglich. So kann ein Geschäftsprozess oder eine fachliche Funktion in Teilgeschäftsprozesse oder Teilfunktionen detailliert werden. Eine Geschäftseinheit kann für die Pflege des Geschäftsobjekts „Kunde“ verantwortlich sein und die Pflege im Rahmen des Geschäftsprozesses „Kundenmanagement“ durchführen. Eine andere Geschäftseinheit kann hingegen im Rahmen des Geschäftsprozesses „Kundenmanagement“ „Besuchsberichte“ erfassen.

---

[14] Der Lifecycle beschreibt die Zustände des Geschäftsobjekts und deren Veränderung.

Empfehlung

Beschränken Sie sich auf die für die Beantwortung Ihrer Fragestellungen notwendigen Beziehungen innerhalb und zwischen den fachlichen Bebauungselementtypen. Mit jeder Beziehung steigt der regelmäßige Pflegeaufwand. ■

In Tabelle 2.2 finden Sie Hilfestellungen für die Entscheidung bezüglich Beziehungen innerhalb eines Elementtyps.

Tabelle 2.2 Beziehungen zwischen fachlichen Bebauungselementen

	H – Hierarchie	V – Verwendung	S – Spezialisierung	N – Nachfolger	* – variable Beziehung
Geschäftsprozess	Abbildung von Prozesshierarchien	–	–	–	–
Business Capability	Differenzierte Betrachtung der Prozessabdeckung Unterstützung der Inkrementbildung bei der Umsetzungsplanung durch die Festlegung von Features und Teil-Features (siehe [Han14])	Abhängigkeitsanalysen	–	–	–
Kunde und Touchpoints	Abbildung von Kundengruppen sowie Teil-Touchpoints	–	–	–	–
Business-Ökosystem	Differenzierung von Kunden- oder Geschäftspartnergruppen	–	Horizontale Aufteilung von von Kunden- oder Lieferantengruppen	–	–
Produkt	Ihre spezifischen Fragestellungen	–	–	–	–
Geschäftsobjekt	Aufteilung in Teil-Geschäftsobjekte*	–	Horizontale Aufteilung der Instanzen	–	Fachliches Objektmodell
Geschäftseinheit	Aufteilung in logische Nutzergruppen	–	–	–	–

* Dies ist eine vertikale Aufteilung, wenn man sich bildlich eine Tabelle mit den realen Geschäftsobjektinstanzen in einer Zeile und den Attributen in den Spalten vorstellt. Jede Geschäftsobjektinstanz ist in ihre logischen Bestandteile „aufgeteilt". Ein Beispiel hierfür sind Kundendaten, die aus den Identifikations-, Adress-, Klassifikations- und Kontenstandsdaten bestehen, oder ein „Auftrag", der in die Teil-Geschäftsobjekte „Auftragskopf" und „Auftragsinhalt" zerlegt wird.

Wichtig

Weitere Beziehungen zwischen Elementen des gleichen Typs sollten Sie vermeiden, da diese zu großen permanenten Pflegeaufwänden führen.

Bei den fachlichen Zuordnungen zwischen fachlichen Bebauungselementen findet man in der Praxis unter anderem folgenden Ausprägungen:

- **Informationsfluss in Geschäftsprozessen:** Zuordnung von Geschäftsprozessen zu anderen Geschäftsprozessen mit Benennung des Geschäftsobjekts und der Flussrichtung (über Attributierung z. B. Input oder Output)

  Beispiel-Fragestellung: Welche Datenabhängigkeit besteht zwischen Geschäftsprozessen?
- **End-to-end-Prozessanalyse auf der Basis eines IAO-Diagramms** (siehe Abschnitt 2.4.1): Für die End-to-end-Prozessanalyse werden häufig sowohl der Informationsfluss als auch die Verantwortlichkeiten für die Teilprozesse und auch für die Prozessschnittstellen verwendet.

  Beispiel-Fragestellung: Welchen Input erhält der Prozess von wem entlang welchen Prozesses?
- **Funktionale Abdeckung von Geschäftsprozessen:** Business Capabilities mit Zuordnung zu Geschäftsprozessen und ggf. Geschäftseinheiten

  Beispiel-Fragestellung: Welche Business Capabilities werden von welchen Geschäftseinheiten in welchen Geschäftsprozessen genutzt?
- **Funktionale Abdeckung in Produkten:** Business Capabilities mit Zuordnung zu Produkten und ggf. Geschäftseinheiten

  Beispiel-Fragestellung: Welche Business Capabilities werden von welchen Geschäftseinheiten in welchen Produkten genutzt?
- **Datenverantwortlichkeiten:**

  Geschäftsobjekte mit Zuordnung zu Geschäftsprozessen und ggf. Geschäftseinheiten

  Beispiel-Fragestellung: Welche Geschäftsobjekte werden von welchen Geschäftseinheiten in welchen Geschäftsprozessen genutzt?

  Business Capabilities mit Zuordnung zu Geschäftsobjekten und ggf. Geschäftseinheiten

  Beispiel-Fragestellung: In welchen Business Capabilities werden in welchen Geschäftseinheiten welche Geschäftsobjekte genutzt?
- **Kundensegmentierung:** Zuordnung von Geschäftsprozessen, Produkten, Geschäftsobjekten oder Business Capabilities zu Kundengruppen und ggf. Vertriebskanälen

  Beispiel-Fragestellung: Welcher Kundengruppe wird welches Produkt über welchen Vertriebskanal angeboten?

Empfehlung

Beim Einstieg in EAM sollten Sie so wenige Beziehungen wie möglich zwischen fachlichen Bebauungselementen nutzen. Für den Einstieg empfehlen wir:

- **Hierarchiebeziehung:** Nutzen Sie eine flache Liste von fachlichen Funktionen bzw. Business Capabilities, Geschäftspartnern, Produkten und Geschäftsobjekten (keine Hierarchiebeziehung). Beschränken Sie sich auf maximal zwei bis drei Hierarchiestufen bei Geschäftsprozessen (Prozessmodellierungsebenen) und zwei Stufen bei Geschäftseinheiten und Vertriebskanälen. Weitere Hierarchiestufen erhöhen den Pflegeaufwand erheblich und führen darüber hinaus leicht zu unübersichtlichen Darstellungen.

  So können Sie mit überschaubarem Aufwand Erfahrungen sammeln. Ein Ausbau zu einem späteren Zeitpunkt ist jederzeit möglich.
- **Einordnung in fachliche Domänen:** Falls Sie bereits über ein fachliches Domänenmodell verfügen, ordnen Sie die fachlichen Bebauungselemente den Domänen zu. In der Regel werden beim Einstieg entweder Geschäftsprozesse oder Business Capabilities in die fachlichen Domänen eingeordnet.

  Falls Sie noch nicht über ein fachliches Domänenmodell verfügen, verschieben Sie dieses Thema in weitere EAM-Ausbaustufen. Der Abstimmungsaufwand gefährdet schnelle EAM-Erfolge. Grobe fachliche Domänen sollten aber schon genutzt werden. So können Sie die Möglichkeiten aufzeigen.

  Nutzen Sie keine weiteren fachlichen Beziehungen, d. h. weder die Verwendungs- noch die Spezialisierungs-, „*"- noch Beziehungen zwischen verschiedenen fachlichen Bebauungselementtypen.

  Nur so beschränken Sie die Einstiegskomplexität und kommen schnell zu einem vorzeigbaren Ergebnis, das Sie dann schrittweise ausbauen können.
- **Beschränken Sie sich bei der Informationsbebauung:** Nutzen Sie Geschäftsobjekte als Glossar. Stimmen Sie alle relevanten Begriffe ab. Beschränken Sie jedoch die Anzahl der Geschäftsobjekte auf circa 20.

  Zu Beginn ist eine Einstiegsqualität - d. h. nicht konsolidierte und nicht vollständig abgestimmte Geschäftsobjekte - durchaus ausreichend. So können Sie den Nutzen anhand der Visualisierungen (siehe Abschnitt 2.4) aufzeigen. Die Konsolidierung und Qualitätssicherung können dann schrittweise erfolgen.

  Wichtig ist hier jedoch, dass dies explizit kommuniziert wird. Ansonsten entsteht eine falsche Erwartungshaltung und Missverständnisse sind vorprogrammiert.

Auch beim Ausbau von EAM sollten Sie sich auf das Wesentliche beschränken. Insbesondere empfehlen wir:

- Dokumentieren Sie Geschäftsprozesse ohne Abhängigkeiten und Ablaufbeschreibungen.
- Wenn Sie ein fachliches Objektmodell (siehe [Sek05] und [Sch01]) nutzen, müssen Sie darauf achten, dass die Semantik aller Beziehungen, wie z. B. „Teil-von", klar definiert ist. Die Anzahl der verschiedenen Beziehungstypen sollte sehr klein sein. Mit jeder Beziehung nehmen die Komplexität und damit der Abstimmungs- und Pflegeaufwand sowie die Gefahr von Inkonsistenzen zu. Der hohe Abstimmungsaufwand für ein „gemeinsames" fachliches Objektmodell führt in der Regel zu langen Einführungszeiten. Wägen Sie bei jedem Beziehungstyp zwischen Aufwand und Nutzen ab. Häufig reichen hier „Teil-von" und „steht-in-Verbindung-mit" vollkommen aus.

■

Kerndaten, erweiterte Attribute und Steuerungsgrößen

Nicht alle in Abschnitt 2.5 benannten Kerndaten sind für alle fachlichen Bebauungselementtypen sinnvoll und notwendig.

> **Empfehlung**
>
> Beschränken Sie sich - insbesondere beim Einstieg - auf die wesentlichen Kerndaten (Name, Beschreibung und gegebenenfalls Detailinformationen). Verzichten Sie auf den Planungsstatus und den Nutzungszeitraum, sofern Sie diese nicht für die Beantwortung Ihrer Fragestellungen unbedingt benötigen. So reduzieren Sie die Komplexität und halten die EAM-Datenbasis pflegbar (siehe Abschnitt 5.8).
>
> Nutzen Sie nur dann fachliche Soll-Bebauungselemente (z. B. Geschäftsprozesse, Business Capabilities und Geschäftseinheiten), wenn Sie diese als fachlichen Bezugsrahmen für die strategische Planung Ihrer Informationssystemlandschaft benötigen (siehe Abschnitt 5.5).

Wesentlich für die Beantwortung Ihrer individuellen Fragestellungen sind häufig erweiterte Attribute und Steuerungsgrößen. In der Praxis findet man häufig folgende erweiterten Daten und Steuerungsgrößen:

- **Erweiterte Daten**
  - *Kategorie*

    Bei Business-Ökosystem: Kategorisierung des Business-Ökosystems in Lieferanten, Dienstleister, Hersteller, Auftragsverarbeiter, Netzwerke, Marktpartner und Kunden. Gegebenenfalls Unterscheidung des Business-Ökosystems in Kunden und Geschäftspartner und weitere Kategorisierung dieser.

    Bei Geschäftsprozessen: Kategorisierung in Führungs-, Kern- und unterstützende Prozesse

    Bei Business Capabilities: Kategorisierung ebenso in Führungs-, Kern- und unterstützende Capabilities und zusätzlich nach der Art in „vorhanden", „notwendig" und „abzulösen" oder zusätzlich nach „Innovation", „Differenzierung" und „Commodity" unterschieden.

    Bei Geschäftsobjekten: Kategorisierung in Stamm- und Bewegungsdaten bei Geschäftsobjekten oder Unterscheidung zwischen wettbewerbsdifferenzierend und Commodity
  - *Reifegrad von Geschäftsprozessen oder Business Capabilities*, wie z. B. „Ad-hoc", „Wiederholbar", „Definiert", „Gemanagt" und „Optimiert"
  - *Schutzbedarfsklassifikation* (gesamthaft oder für die Bestandteile Verfügbarkeit, Vertraulichkeit, Authentizität, Integrität der Daten) oder nur **Vertraulichkeitsstufen** (z. B. Öffentlich, Intern/Dienstlich, Vertraulich, Streng vertraulich bei Vertraulichkeitsstufen oder hoch, mittel und niedrig oder 0–10 bei der Schutzbedarfsklassifikation)

    Daneben können weitere Datenarten unterschieden und sowohl Geschäftsobjekten oder aber auch den anderen fachlichen und technischen Bebauungselementen zugeordnet werden:

    Für den Datenschutz werden auch Informationen über personenbezogene Daten benötigt. Geschäftsobjekte können als personenbezogene oder besondere personenbezogene Daten klassifiziert werden.

    Personenbezogene Daten sind die Einzelangaben über persönliche oder sachliche Verhältnisse einer bestimmten natürlichen Person, z. B. Name, Geburtsdatum, Anschrift, Einkommen, Kfz-Kennzeichen, Konto-Nr., Versicherungs- oder Personalnummer, Beruf usw. „Besonders personenbezogene Daten" sind Angaben über die rassische und ethnische Herkunft, politische Meinungen, religiöse oder philosophische Überzeugungen, Gewerkschaftszugehörigkeit, Gesundheit oder Sexualleben. Besonders mitarbeiterbezogene Daten sind besonders schützenswerte Daten von Mitarbeitern.

    Im Kontext der Mitbestimmung des Betriebsrats werden darüber hinaus auch Informationen über mitarbeiterbezogene Daten (z. B. „ja"/„nein") benötigt.

    „Mitarbeiterbezogene Daten" sind die Einzelangaben über persönliche oder sachliche Verhältnisse eines bestimmten Mitarbeiters, z. B. Name, Geburtsdatum, Anschrift, Einkommen usw.

    „Unkritische Daten" sind alle anderen Daten.

  - *SLA-Anforderungen und Verweise zu SLA-Dokumenten:* Angaben von SLA-Anforderungen wie z. B. im Hinblick auf die Verfügbarkeit, Performance, Zuverlässigkeit oder Ausfallzeiten und Angaben von Informationen zu abgeschlossenen SLAs wie z. B. Vertragsnummern und Vertragslaufzeiten

    Häufig reicht aber auch erstmal eine grobe Klassifikation in z. B. Platin, Gold, Silber und Bronze.

  - *Version* (z. B. V 1.1 der Capability „Auftragsverwaltung"): Dies ersetzt dann die Release-Nummer.

  Für Geschäftsprozesse wird häufig zudem die Prozessmodellierungsebene angegeben. Geschäftsobjekte werden durch ihre Reife oder den Status im Lebenszyklus (z. B. Kundenauftrag „initial angelegt" und „geprüft") weiter qualifiziert.

- **Steuerungsgrößen**
  - *Digitalisierungs-Enabling-Steuerungsgrößen*, wie z. B. Kundenzufriedenheitsindex, Automatisierungsgrad sowie Effektivität und Einfluss (siehe Abschnitt 5.9.3)
  - *Kosten ggf. unterschieden nach Investition und Wartung:* Häufig werden lediglich Größenordnungen angegeben, da Kostenkategorien für die Steuerung oft ausreichen.
  - *Strategische Klassifikationen:* Strategie- und Wertbeitrag, Geschäftswert, Wettbewerbsdifferenzierung, Veränderungsdynamik, Geschäftskritikalität und SOX-Relevanz (z. B. niedrig, mittel oder hoch oder 0–10)
  - *Technische Qualität* (z. B. niedrig, mittel oder hoch oder 0–10) oder Anzahl und Entwicklung über die Zeit der technischen Schulden
  - *SLA-Erfüllungsgrad* (z. B. Prozentsatz)

  Für Geschäftsprozesse werden zudem häufig Prozessqualität, Prozesstransparenz, IT-Unterstützungsgrad, Prozessbedeutung, Prozesskosten, Prozessrisiken und Prozesskomplexität genutzt (siehe [HLo21]).

Weitere Informationen zu den Steuerungsgrößen finden Sie in Abschnitt 5.9.3.

2.5.2 Informationssystemarchitektur

Die Informationssystemarchitektur (IS-Architektur) gibt die Strukturen für die Dokumentation der aktuellen und zukünftigen IS-Landschaft vor. Sie ist das Bindeglied zwischen der Geschäftsarchitektur und der technischen und Betriebsinfrastrukturarchitektur.

Die IS-Architektur beinhaltet folgende Bebauungselementtypen:

- **Informationssystem:** Ein Informationssystem ist eine logische Zusammenfassung von Funktionalitäten, die der Anwender als technische oder fachliche Einheit begreift (siehe [Sie02]). Es unterstützt im Allgemeinen zusammengehörige Business Capabilities, die sich logisch und technisch abgrenzen lassen.
- **Schnittstelle:** Eine Schnittstelle definiert eine gegebenenfalls gerichtete Abhängigkeit zwischen zwei Informationssystemen. Hierbei kann zwischen Informationsfluss und Kontrollfluss unterschieden werden. Der Begriff „Schnittstelle“ wird im Kontext des IT-Bebauungsmanagements (siehe Abschnitt 5.4) in der Regel im Sinn von „Informationsfluss“ zwischen Informationssystemen gebraucht.

Wichtig

Es gibt zwei Arten von Schnittstellen: „von-nach“ und „bietet-nutzt“, deren Semantiken sich voneinander unterscheiden. „von-nach“-Schnittstellen beschreiben die direkte logische Verbindung zwischen zwei Informationssystemen. Eine „von-nach“-Schnittstelle ist durch die Angabe der Informationssysteme, die über diese Schnittstelle verbunden werden, gekennzeichnet. Eine „bietet-nutzt“-Schnittstelle entspricht dem Interface in UML (siehe [Rup12]). Das Interface wird von einem Informationssystem angeboten und von (mehreren) anderen Informationssystemen genutzt. Ein Interface „Kundenkontaktdaten bereitstellen“ ist demzufolge eine logische und technische Gruppe zusammengehöriger Funktionen oder Services, die von einem Informationssystem angeboten werden.

Wichtig: Sie müssen sich für eine dieser beiden Varianten entscheiden, da die Varianten hochgradig redundant sind!

Beim Einstieg in EAM sollten Sie nur „von-nach“-Schnittstellen berücksichtigen. Die Modellierung von expliziten Interfaces und deren Nutzung sind sehr aufwendig und bringen kaum Mehrwert, da die wesentlichen Fragestellungen im Kontext des strategischen Managements der IT-Landschaft auch mit den „von-nach“-Schnittstellen beantwortet werden können. Alternativ zur „bietet-nutzt“-Schnittstelle können Sie zudem die Verwendungsbeziehung von Informationssystemen oder aber die Services nutzen. Siehe die Modellierungsrichtlinien in Download-Anhang F.

Da gerade die manuelle Erfassung von Schnittstellen sehr aufwndig ist, sind hier alle Möglichkeiten der Automatisierung zu überprüfen. Durch geeignete Dokumentationsrichtlinien von z. B. APIs können Metainformationen dort als verpflichtend zu dokumentieren aufgenommen werden. Diese können dann automatisiert ausgelesen werden.

- **Informationsobjekt:** Informationsobjekte sind informationssystemspezifische Begriffe für Daten. Sie werden von Informationssystemen auf unterschiedliche Art (z. B. „CRUD") genutzt und über Schnittstellen transportiert. Sie sind Geschäftsobjekten fachlich zugeordnet, die die fachlich übergreifend abgestimmten Begriffe repräsentieren. Informationsobjekte können analog wie Geschäftsobjekte in Beziehung zu anderen Informationsobjekten stehen. So kann ein Informationsobjekt Teil eines anderen Informationsobjekts sein. Ein Beispiel hierfür sind Adressdaten als Bestandteil von Kundendaten.

Wichtig

Geschäftsobjekte sind letztendlich der Sprache des Business entnommen, während Informationsobjekte in der jeweiligen Sprache des IS-Verantwortlichen beziehungsweise in der Sprache der jeweiligen Informationssysteme, z. B. SAP, beschrieben sind.

Unterscheiden Sie beim Einstieg in EAM **nicht** zwischen Geschäftsobjekten und Informationsobjekten, sondern verwenden Sie eine gemeinsame Liste von Begriffen. So können Sie den Aufwand in Grenzen halten und gleichzeitig Erfahrungen mit der Informationsbebauung sammeln. Ein Ausbau ist jederzeit später möglich. Siehe hierzu Best-Practices zum Datenmanagement in Abschnitt 5.4.3. ■

Fragestellungen

Durch Analyse der IS-Bebauung in ihrem Zusammenspiel mit der fachlichen, technischen und Betriebsinfrastrukturbebauung werden unter anderem die folgenden Fragestellungen beantwortet:

- Welche Informationssysteme gibt es und welchen Beitrag leisten diese für das Kerngeschäft? Welche Informationssysteme werden von welchen Geschäftseinheiten und Mandanten für welche Zwecke genutzt?
- Wie hoch ist der Strategie- und Wertbeitrag eines Informationssystems? Welche Geschäftsfelder werden unterstützt? Welche Kundengruppen werden adressiert? Welche Geschäftspartner und Kundengruppen nutzen dieses Informationssystem?
- Welche Geschäftsprozesse, Produkte oder Business Capabilities werden von welchem Informationssystem unterstützt? Welche Geschäftseinheiten nutzen welches Informationssystem für welchen Geschäftsprozess oder welche fachliche Funktion?
- Welche Informationssysteme hängen von welchen anderen Informationssystemen ab? Welche Schnittstellen existieren? Welche Daten werden über die Schnittstellen in welcher Richtung ausgetauscht?
- Welche Anforderungen bestehen im Hinblick auf Business-Qualität, z. B. Funktionserfüllung, Reifegrad, Verfügbarkeit, Zuverlässigkeit, Performance, Ergonomie, Zukunftsfähigkeit und Flexibilität? Inwieweit sind diese Anforderungen erfüllt?
- Werden Compliance-Anforderungen wie z. B. EU-DSGVO, KonTraG, GoBD, TMG, TKG, Urheberrecht, Solvency II, Basel II und Sarbanes Oxley Act umgesetzt? Kann die Erfüllung von gesetzlichen oder freiwilligen Auflagen nachgewiesen werden? Wie ist der Umsetzungsgrad von Autorisierung und Wiederherstellbarkeit? Wird dem fachlichen Schutzbedarf Rechnung getragen?

- Wie ist die technische Qualität der Informationssysteme? Wie ist die erwartete Nutzungsdauer der Informationssysteme? In welcher Lifecycle-Phase sind die verschiedenen Informationssysteme? Wie sehen deren Komplexität, Wartbarkeit, Anpassbarkeit und Integrationsfähigkeit aus?
- Welche Daten lassen sich den Informationssystemen zuordnen? Wie werden die Daten von den Informationssystemen verwendet (lesend, erzeugend, verändernd, löschend oder einfach nur genutzt)?
- Wie sind das Informationssystem oder die Schnittstelle technisch realisiert? Entsprechen die Realisierungen den unternehmensspezifischen Standards?
- Welche Auswirkungen haben der Ausfall eines Infrastrukturelements auf welche Informationssysteme? Und auf welche Geschäftsdimensionen?
- Wie sieht der Lifecycle der Informationssysteme, der Schnittstellen und der Daten aus?
- Wie sieht die IS-Landschaft im Jahr x fachlich und technisch aus?
- Wie verändert sich die IT-Landschaft von heute bis zu einem bestimmten Zeitpunkt? Welche Systeme werden neu eingeführt und welche werden abgelöst?

Wichtig

Konkretisieren Sie Ihre Ziele über Fragestellungen und leiten Sie daraus Ihre IS-Architektur ab. In Abschnitt 5.7 finden Sie hierzu einen Leitfaden. Im Folgenden erhalten Sie Empfehlungen in Bezug auf Beziehungen und Attribute. ■

Beziehungen

In der IS-Architektur gibt es verschiedene Beziehungen. Informationssysteme sind über Schnittstellen miteinander verbunden. Durch die zwei Kanten in Bild 2.51 zwischen Schnittstelle und Informationssystem wird beschrieben, welche Informationssysteme miteinander über eine Schnittstelle verbunden sind. Über die Schnittstellen können Informationsobjekte fließen. Dies wird im Folgenden als Informationsfluss bezeichnet. Der Informationsfluss kann gerichtet sein. Die Flussrichtung ist eine mögliche Attributierung auf der Kante zwischen der Schnittstelle und dem Informationsobjekt.

Informationssysteme verwenden Informationsobjekte. So kann ein Informationssystem Informationsobjekte anlegen, verändern, löschen oder einfach nur lesen, häufig mit „CRUD" abgekürzt. Ein Informationssystem kann das „führende System" für das Informationsobjekt sein. Dies ist eine mögliche Charakterisierung der Verwendungsart.

Ein Informationssystem kann der Nachfolger eines anderen Informationssystems sein, was insbesondere für Folge-Releases von Informationssystemen und analog für Schnittstellen gilt.

Informationssysteme können ebenso wie Schnittstellen und Informationsobjekte hierarchisch strukturiert sein. Informationssysteme können demnach aus Teil-Informationssystemen bestehen. Die Teil-Informationssysteme können über Komponenten einer Kaufsoftware wie z. B. SAP FI umgesetzt sein oder aber auch Services bereitstellen, die über das Vater-Informationssystem gruppiert werden. Schnittstellen können ebenso aus z. B. technischen Teilschnittstellen bestehen, die ein spezifisches Protokoll implementieren. Informationssysteme können Services bereitstellen, die von anderen Informationssystemen oder aber von Elementen der fachlichen Bebauung genutzt werden.

Die Aufrufbeziehung unter Informationssystemen wird mit der Verwendungsbeziehung gekennzeichnet. Ein Informationssystem kann z. B. verschiedene Services (Teil-Informationssysteme) „verwenden". So lässt sich auch die gemeinsame Nutzung eines Teil-Informationssystems (Service) durch verschiedene Informationssysteme modellieren. Alternativ kann dies durch Nutzung von Services selbst modelliert werden.

Bezüglich der Informationsobjekte gilt das Gleiche wie für Geschäftsobjekte (siehe Abschnitt 2.5.1).

Empfehlung

- Verzichten Sie zumindest beim Einstieg in EAM auf die Serviceschicht, auf Beziehungen zwischen Schnittstellen sowie auf Beziehungen zwischen Informationsobjekten. Durch diese Beziehungen steigen die Komplexität und der Aufwand für die Pflege. Dieser Aufwand steht in der Regel in keinem Verhältnis zum Nutzen.
- Über die Hierarchiebeziehung können Sie die wesentlichen Komponenten des Informationssystems transparent machen. Ein Informationssystem lässt sich in unterschiedlichen Granularitäten modellieren. In der Regel sollten Sie jedoch nicht mehr als zwei Hierarchiestufen verwenden. So kann ein Informationssystem aus einer Menge von Teil-Informationssystemen bestehen, die Schnittstellen zu anderen Teil-Informationssystemen anderer Informationssysteme haben. Hilfestellungen für die Festlegung der richtigen Granularität finden Sie in Abschnitt 2.3.2.

  Weitere Hierarchiestufen erhöhen den Pflegeaufwand erheblich und führen darüber hinaus leicht zu unübersichtlichen Darstellungen.
- Schnittstellen und Informationsobjekte sollten zumindest beim Einstieg ins EAM überhaupt nicht hierarchisch strukturiert werden, d. h., Sie sollten flache Listen modellieren. So sammeln Sie Erfahrung bei überschaubarem Aufwand. Ein Ausbau zu einem späteren Zeitpunkt ist jederzeit später möglich.
- Für alle Beziehungen zwischen der IS-Bebauung und anderen Bebauungen gilt es festzulegen, auf welcher Granularität die Zuordnung erfolgt, z. B. ob Informationssysteme Geschäftsprozessen auf der Ebene von Wertschöpfungsketten oder auf der Ebene von Aktivitäten zugeordnet werden.
- Ordnen Sie Informationssysteme möglichst nur einem Bebauungscluster zu, d. h. entweder einer fachlichen oder einer technischen Domäne. Achten Sie darauf, dass klare Verantwortlichkeiten für die Bebauungscluster bestehen. So lässt sich Abstimmungsaufwand aufgrund unklarer Zuständigkeiten vermeiden. ■

Beziehungen der IS-Architektur zur Geschäftsarchitektur

Mithilfe der Informationen der IS-Bebauung können Sie sich bereits einen Überblick über Ihre IS-Landschaft verschaffen. Die Informationssysteme und deren Zusammenspiel werden transparent. Durch die Beziehung der IS-Bebauung zu den anderen Bebauungen werden darüber hinaus Auswirkungen und Abhängigkeiten von Business- und IT-Ideen vom Geschäftsprozess bis hin zur Betriebsinfrastruktur analysierbar.

Durch die Zuordnung von Elementen der IS-Bebauung zu fachlichen Bebauungselementen wird die Business-Unterstützung beschrieben. Informationssysteme, Schnittstellen und Informationsobjekte können Geschäftsprozessen, fachlichen Funktionen bzw. Business Capabilities, Geschäftspartnern, Vertriebskanälen, Produkten, Geschäftseinheiten und Geschäftsobjekten zugeordnet werden. Die fachliche Zuordnung können Sie gegebenenfalls einschränken. So lässt sich z. B. ein Informationssystem nur von einer Nutzergruppe für die Durchführung eines Geschäftsprozesses verwenden. Andere Nutzergruppen verwenden ggf. ein anderes Informationssystem zum gleichen Zweck.

Wichtig

Die fachliche Zuordnung von Business Capabilities (oder fachlichen Funktionen) zu Informationssystemen ist wesentlich für die Analyse von funktionalen Redundanzen.

Serviceorientierung kann einfach durch die Strukturierung der Informationssysteme entsprechend der Business Capabilities in deren IT-Funktionalität über Teil-Informationssysteme und deren Zuordnung zu Business Capabilities ausgedrückt werden. Über explizite Modellierung von Services oder aber die Verwendungsbeziehung bei Informationssystemen oder „bietet-nutzt"-Schnittstellen können die Nutzungsbeziehungen einfach dargestellt werden. Siehe hierzu die Modellierungsrichtlinien im Download-Anhang F. ■

Geschäftsobjekte können Informationssystemen direkt oder indirekt zugeordnet werden. Indirekt erfolgt die Zuordnung über die fachliche Zuordnung zwischen Geschäftsobjekten und Informationsobjekten (siehe Bild 2.51). So kann Informationssystem A Master für das Informationsobjekt A_Kundendaten und ein Informationssystem B Master für das Informationsobjekt B_Geschäftspartner sein. Beide Informationsobjekte können in Beziehung zum Geschäftsobjekt Kunden stehen. Dann sind die Informationssysteme A und B transitiv dem Geschäftsobjekt Kunden zugeordnet. Analoges gilt für den Informationsfluss zwischen Informationssystemen.

Geschäftsobjekte und Informationsobjekte zusammen mit ihren Beziehungen zur fachlichen und IS-Bebauung bezeichnet man oft als Informationsbebauung. Siehe hierzu Abschnitt 5.4.3.

Empfehlung

Unterscheiden Sie beim Einstieg in EAM erst einmal nicht zwischen Geschäftsobjekten und Informationsobjekten, sondern verwenden Sie eine gemeinsame Liste von Begriffen. So halten Sie den Aufwand in Grenzen und sammeln gleichzeitig Erfahrungen mit der Informationsbebauung. Ein Ausbau ist jederzeit möglich.

Die Konzeption und Etablierung der Informationsbebauung mit dem Management der Geschäftsobjekte in der fachlichen Bebauung und den Informationsobjekten in der IS-Bebauung erfordern einen langen Atem. Sie drehen ein zu großes Rad, wenn Sie mit allem gleichzeitig beginnen!

Ordnen Sie Informationssysteme lediglich Geschäftsprozessen auf Wertschöpfungskettenebene zu. So bleibt die Zuordnung pflegbar. Durch eine Integration mit einem BPMS-Werkzeug kann ggf. die Zuordnungsinformation zwischen Informationssystemen und Geschäftsprozessen übernommen werden. Häufig erfolgt zwar die Zuordnung im BPMS-Werkzeug feingranular auf Aktivitäten; jedoch kann diese Zuordnung auf die logische Ebene im Rahmen der Integration „hochgezogen" werden. ■

Beziehungen der IS-Architektur zur technischen Architektur

Die technische Realisierung von Informationssystemen und Schnittstellen wird durch die Zuordnung von technischen Bausteinen dokumentiert. Technische Bausteine können Technologien, Plattformen, Referenzarchitekturen und Architekturmuster, IT-Produkte, IT-Komponenten und Werkzeuge zur Softwareentwicklung oder für das Systemmanagement sein (siehe Abschnitt 5.6). Durch technische Domänen werden die technischen Bausteine in Schubläden und Fächer wie z. B. „Datenbanksysteme", „Middleware" oder „SCM-Anwendungen" gruppiert. Dies vereinfacht die Auswahl bei der Zuordnung der technischen Realisierung z. B. zu Informationssystemen.

Für alle technischen Bausteine kann deren Standardisierungs- und Freigabestatus angegeben werden. Darüber lässt sich der Standardisierungsgrad der IT-Landschaft ermitteln und ein wesentlicher Input für die strategische IT-Steuerung in Richtung der vorgegebenen technischen Standards geben.

Beziehungen der IS-Architektur zur Betriebsinfrastrukturarchitektur

Über die Beziehung zur Betriebsinfrastrukturbebauung ist ein Abgleich mit der IT-Realität möglich. In der Betriebsinfrastrukturbebauung müssen für die Zuordnung zu den Informationssystemen und Schnittstellen grobgranulare Infrastrukturelemente wie z. B. „Portal-Infrastruktur" vorhanden sein. Diese Infrastrukturelemente müssen mit diesen in einer Verfeinerungsbeziehung stehen und konsistent mit den realen Betriebsinfrastrukturen gehalten werden. Die Zuordnung zwischen den grobgranularen Infrastrukturelementen und den feingranularen Elementen der Betriebsinfrastruktur muss im operativen IT-Management z. B. in einer CMDB erfolgen. Nur dort liegt das Wissen über die Verknüpfungen vor. Diese Integration sollte idealerweise automatisiert über Schnittstellen erfolgen.

Aus der Sicht eines ganzheitlichen IT-Managements ist ebenso eine Zuordnung zwischen den Informationssystemen und den Softwareeinheiten notwendig. Softwareeinheiten können z. B. Deployment-Einheiten für den Webserver-, Applikationsserver- und Datenbankanteil des Informationssystems sein. Nur durch diese Zuordnung lassen sich z. B. die SLA-Anforderungen von Informationssystemen an den Betrieb weitergeben und deren Einhaltung überprüfen. Weiterführende Informationen finden Sie in [Buc07].

Für einen automatisierten Abgleich zwischen z. B. einer CMDB und einer EAM-Datenbasis ist ein gemeinsames Meta-Modell notwendig. Die grobgranularen Elemente aus dem EAM müssen in Beziehung zu den feingranularen operativen Elementen der CMDB gebracht werden. Die Zuordnung zwischen den Infrastrukturelementen und den feingranularen Elementen der Betriebsinfrastruktur muss ebenso im gemeinsamen Meta-Modell enthalten sein wie die Zuordnung zwischen den Informationssystemen und den Softwareeinheiten des Informationssystems.

> **Empfehlung**
>
> Die Pflegeverantwortung für alle Elemente und für alle Beziehungen muss eindeutig geregelt werden. EAM sollte der Master für die Informationssysteme sein, da die strategische Planung dort erfolgt. Das Servicemanagement, genau genommen die dafür genutzte CMDB, sollte der Master für die Beziehungen zwischen den groben und feinen Elementen sowie für die Betriebsinfrastruktur sein, da nur dort das Wissen über die Zusammenhänge liegt! ■

Neben den Infrastrukturelementen können auch Infrastruktur-Services den Informationssystemen und Schnittstellen zugeordnet werden. Hierüber lassen sich die erforderlichen Leistungen (Services) im Betriebsumfeld näher beschreiben und damit analysieren (siehe Kapitel 4).

Im Folgenden werden die Strukturen der IS-Architektur weiter detailliert. Sie finden dort auch Hilfestellungen für die Ableitung Ihrer IS-Architektur und zur Granularität der Bebauungselemente.

Kerndaten, erweiterte Attribute und Steuerungsgrößen

Nicht alle in Abschnitt 2.5 benannten Kerndaten sind für alle Bebauungselementtypen der IS-Bebauung immer sinnvoll und notwendig.

> **Empfehlung**
>
> Release-Nummern werden in der Regel nur bei einem nahen Planungshorizont verwendet, d. h. in der Ist- und in konkreten Plan-Bebauungen.
>
> Verwenden Sie beim Einstieg in EAM lediglich die Kerndaten, die Sie für die Beantwortung Ihrer Fragestellungen wirklich benötigen. Jedes Attribut erhöht die Komplexität und damit die Dauer des Einführungsprojekts sowie den Aufwand für Pflege und Qualitätssicherung. ■

Wesentlich für die Beantwortung Ihrer individuellen Fragestellungen sind die erweiterten Attribute und Steuerungsgrößen. In der Praxis findet man häufig folgende erweiterte Daten und Steuerungsgrößen für Informationssysteme und Schnittstellen:

- **Erweiterte Daten für Informationssysteme und Schnittstellen:**
  - **Kategorie:** Eine Kategorisierung kann verwendet werden, um zu unterscheiden, ob es sich z. B. um eine **Kauf- oder eine Individualsoftware** („Standard", „Customized" und „Individual") handelt oder welche **Bedeutung** das Informationssystem für das Unternehmen hat, wie z. B. „Commodity", „geschäftskritisch", „wettbewerbsdifferenzierend" und „Innovation".

    Informationssysteme können aber auch nach der **Nutzungsart** („OLTP", „BI/DWH", „Infrastruktur-System"[15] und „COTS") oder der **Art des Bedienungsinterfaces** („webbasiert", „Mobile", „Citrix-Client", „Rich Client" und „Host-Client") oder dem **Betriebsmodell**

[15] Beispiele für Infrastruktursysteme sind Portale oder Identity-Management-Systeme.

(„SaaS“ und „On-premise“ oder „End-User“, „Betreiber 1“, „Betreiber 2“, „interne Cloud“ und „externe Cloud“ oder „Softwareverteilung“, „virtualisiert“, „dedizierte Betriebsumgebung“, „Cloud/SaaS“ und „extern“), dem **Support-Modell** („intern supported“, „extern supported“ und „nicht supported“ oder dem **Eigentumsmodell** („Eigentum“, „Miete“) klassifiziert werden.

- **Strategien:** Ein Beispiel sind hier die Gartner „pace-layered application strategy“ (siehe [Gar19]). Diese kategorisiert entsprechend der unterschiedlichen Geschwindigkeiten zwischen „systems of record“, „systems of difference“ und „systems of innovation“ (siehe Abschnitt 5.5).
- **Hersteller- und Dienstleisterinformationen:** Angabe des Herstellers, wie z. B. „SAP“, „Oracle“ oder aber „intern“ mit gegebenenfalls weiterführenden Informationen zu Verträgen oder Kontaktinformationen oder Ansprechpartnern. Neben den Herstellerinformationen können auch die Anbieterinformationen hinterlegt werden.

  Angabe der Betreiber und Service-Dienstleister für z. B. Support mit u. a. Kontaktinformationen sowie Link zu SLA/OLA-Informationen inkl. Beschreibung der Art der Leistung
- **Planumsetzung:** Für die weitere Detaillierung der Umsetzungsstufen kann ein weiteres Attribut verwendet werden, um die Stufen in allen Visualisierungen sichtbar zu machen. Beispiel analog Maizlish „Neu“, „Modernisieren“, „Erweitern/Ausbauen“ und „Ablösen“ und „Fortführen“. Siehe hierzu Abschnitt 5.5.
- **SLA-Anforderungen und Verweise zu SLAs:** Angaben von SLA-Anforderungen wie z. B. im Hinblick auf die Verfügbarkeit, Performance, Zuverlässigkeit oder Ausfallzeiten und Angaben von Informationen zu abgeschlossenen SLAs wie z. B. Vertragsnummern und Vertragslaufzeiten

  Häufig reicht aber auch erst einmal eine grobe Klassifikation in z. B. Platin, Gold, Silber und Bronze.

  Zusätzlich zu SLAs kann es auch OLAs geben.
- **Schutzbedarfsklassifikation** (gesamthaft oder für die Bestandteile Verfügbarkeit, Vertraulichkeit, Authentizität, Integrität der Daten) oder nur **Vertraulichkeitsstufen** (z. B. Öffentlich, Intern/Dienstlich, Vertraulich, Streng vertraulich bei Vertraulichkeitsstufen oder hoch, mittel und niedrig oder 0–10 bei der Schutzbedarfsklassifikation)

  Daneben können weitere Datenarten unterschieden und sowohl Geschäftsobjekten als auch den anderen fachlichen und technischen Bebauungselementen zugeordnet werden:

  Für den Datenschutz werden auch Informationen über personenbezogene Daten benötigt. Geschäftsobjekte können als personenbezogene oder besondere personenbezogene Daten klassifiziert werden.

  Personenbezogene Daten sind die Einzelangaben über persönliche oder sachliche Verhältnisse einer bestimmten natürlichen Person, z. B. Name, Geburtsdatum, Anschrift, Einkommen, Kfz-Kennzeichen, Konto-Nr., Versicherungs- oder Personalnummer, Beruf usw. „Besonders personenbezogene Daten“ sind Angaben über die rassische und ethnische Herkunft, politische Meinungen, religiöse oder philosophische Überzeugungen, Gewerkschaftszugehörigkeit, Gesundheit oder Sexualleben. Besonders mitarbeiterbezogene Daten sind besonders schützenswerte Daten von Mitarbeitern.

Im Kontext der Mitbestimmung des Betriebsrats werden darüber hinaus auch Informationen über mitarbeiterbezogene Daten (z. B. „ja"/„nein") benötigt.

„Mitarbeiterbezogene Daten" sind die Einzelangaben über persönliche oder sachliche Verhältnisse eines bestimmten Mitarbeiters, z. B. Name, Geburtsdatum, Anschrift, Einkommen usw.

„Unkritische Daten" sind alle anderen Daten.

- **Größe des Systems oder Anzahl von Nutzern:** Benennung der Größe des Systems z. B. über „Lines of Code (LOC)" oder/und die Anzahl von Nutzern des Systems. Dies kann ggf. noch weiter in durchschnittliche und maximale Nutzung differenziert werden.

  Häufig werden lediglich Größenordnungen angegeben, da diese für die Steuerung oft ausreichen (z. B. Anzahl Nutzer 0–10, 11–50, > 50 oder hoch, mittel, niedrig oder 0–10).

  Die Größe oder die Anzahl Nutzer wird z. B. im Application Portfolio Management (APM siehe Kapitel 4) für die Entscheidung genutzt, welche Informationssysteme eingehender einem „Health-Check" unterzogen werden sollen.
- **Skills:** Vorhandene oder erforderliche Skills wie z. B. „CRM-Experte". Zudem Anzahl der Personen mit diesem Skill. Häufig reichen hier Größenordnungen oder qualitative Aussagen, wie „kein Know-how", „zu wenig Know-how" und „ausreichend Know-how").
- **Lizenzmodell:** Ein Lizenzmodell beschreibt die Nutzungsrechte und deren Einschränkungen (z. B. Weitergabeverbote und begrenzte oder unbegrenzte Laufzeiten) für Softwarekomponenten. So können z. B. unterschieden werden:
  - Open-Source-Lizenz und deren Art
  - Einzel- oder Mehrbenutzer- oder Unternehmenslizenz
  - Named User oder Concurrent User
  - Voll- oder Upgrade-Version
  - Lizenzierung pro Gerät, CPU oder aber pro Anzahl verwalteter oder bearbeiteter Daten
  - Unternehmensgröße sowie Anzahl

- **Erweiterte Daten für Schnittstellen:** Automatisierungsgrad mit z. B.manuell, halbautomatisch und automatisch
  - *Aktualisierungsperiode:* Kategorisierung der Schnittstellen entsprechend dem Zeitpunkt und der Frequenz der Aktualisierung z. B. in online und Batch oder sofort, täglich, wöchentlich, monatlich und jährlich
  - *Datenvolumen:* Angabe der Größenordnung des übertragenen Datenvolumens durch die Angabe von Intervallen oder Kategorien wie z. B. groß, mittel und klein oder 0–10
  - *Protokoll:* Spezifikation des Übertragungsprotokolls wie z. B. TCP/IP oder http

    Häufig wird dies aber auch über die Zuordnung zur technischen Bebauung umgesetzt.
- **Steuerungsgrößen für Informationssysteme und Schnittstellen:**
  - *Digitalisierungs-Enabling-Steuerungsgrößen*, wie z. B. Kundenzufriedenheitsindex, Automatisierungsgrad sowie Effektivität und Einfluss (siehe Abschnitt 5.9.3)
  - *Kosten ggf. unterschieden nach Investition (CAPEX) und Wartung (OPEX).* Häufig werden lediglich Größenordnungen angegeben, da Kostenkategorien für die Steuerung oft ausreichen. Häufig wird auch nach einmaligen und laufenden Kosten unterschieden.

- *Strategische Klassifikationen:* Strategie- und Wertbeitrag, Geschäftswert, Kosten (insbesondere Betriebskosten), Geschäftskritikalität, technischer Gesundheitszustand, technische Qualität, Komplexität, Zukunftsfähigkeit, Standardisierungsgrad und SOX-Relevanz (z. B. niedrig, mittel oder hoch oder 0–10 oder bei der technischen Qualität die Anzahl der Tickets/Zeiteinheit)

  Die Ermittlung der technischen Qualität erfolgt häufig über einen Health-Check, der über viele Dimensionen erfolgt, die zu einem Gesamtstatus verdichtet werden. Beispiele für Einzelgrößen sind hier die Komplexität, die Betreibbarkeit, Güte der Dokumentation oder Integrationsfähigkeit.
- *Technische Qualität* (z. B. niedrig, mittel oder hoch oder 0–10) oder Anzahl und Entwicklung über die Zeit der technischen Schulden
- *Sicherheitslevel* (z. B. niedrig, mittel oder hoch oder 0–10) oder analog zum Schutzbedarf
- *SLA-Erfüllungsgrad* (z. B. Prozentsatz)
- *Operative Bewertungen:* Um einen regelmäßigen Überblick über Informationssysteme zu erhalten, werden deren wesentliche Eigenschaften bewertet.
  - Benutzerfreundlichkeit (z. B. über Anwenderprobleme und HelpDesk-Auswertungen)
  - Integrationsfähigkeit (z. B. über Schnittstellenbeschreibungen und Blueprint-Konformität)
  - Zuverlässigkeit (z. B. über Fehlerrate)
  - Ausfallsicherheit (z. B. über Ausfälle pro Woche)
  - Änderungsfreundlichkeit (z. B. einfach, mittel, komplex)
  - Güte der Dokumentation (z. B. nicht vorhanden, Überarbeitungsbedarf, akzeptabel und gut)

Betreffend erweiterte Daten und Steuerungsgrößen von Informationsobjekten, den applikationsspezifischen Begriffen, sei auf Geschäftsobjekte in Abschnitt 2.5.1 verwiesen. Weitere Informationen zu den Steuerungsgrößen finden Sie in Abschnitt 5.9.3.

Empfehlung

- **Dokumentieren Sie zu Beginn nur die Ist- und die Plan-Informationssysteme.**

  Die Dokumentation der Soll-Informationssysteme geht einher mit der Einführung und Etablierung der Bebauungsplanung (siehe Abschnitt 5.5). Die Art der Pflege und die Pflegeverantwortung bzw. Sichtbarkeit der Soll-Bebauung erfordern eine klare Konzeption und einen hohen Reifegrad.
- **Die Release-Nummer ist in der Ist-Bebauung essenziell, um Versionsabhängigkeiten aufzudecken.**

  Sie ist für Soll-Informationssysteme und -Schnittstellen nicht erforderlich, da diese häufig nur sehr grob durch den Namen beschrieben werden, wie z. B. „Neues Vertriebsinformationssystem“.

  Dokumentieren Sie jedoch nur dann Releases, wenn sich die IT-Landschaft ändert. Häufig ist dies nur für „Major Releases“ der Fall.

- **Nutzen Sie das Konzept der Informationssystem- oder Schnittstelleninstanzen nur, wenn Sie es unbedingt brauchen.**

  Die Anwendung dieses Konzepts erfordert einen hohen, kontinuierlichen Pflegeaufwand. Beim Einstieg in EAM sollten Sie sich insbesondere bei Schnittstellen „zurückhalten". Verwenden Sie bei Schnittstellen **nicht** die Release-Nummer, die Instanzkennung, den Planungsstatus, den Nutzungszeitraum, den Status im Lebenszyklus, die Hierarchie- und die Nachfolgerbeziehung. So wird der Aufwand für die Dokumentation in Grenzen gehalten und nahezu alle relevanten Fragestellungen im Kontext des Managements der IT-Landschaft lassen sich trotzdem beantworten.

2.5.3 Technische Architektur

Die technische Architektur beschreibt die technischen Bausteine, auf denen Informationssysteme, Schnittstellen und Betriebsinfrastruktur basieren. Sie ist ein wesentliches Mittel für die technische Standardisierung und vorausschauende Bereitstellung eines Lösungsportfolios. Technische Standards können vorgegeben werden und deren Einhaltung kann überwacht werden.

Folgende Kategorien von technischen Standards sind verbreitet:

- **Technologien und Protokolle**als Sammelbegriffe: Durch Sammelbegriffe aus dem Kontext von Softwareentwicklung, Standardsoftware oder Betrieb wie z. B. „.Net", „JEE", „SAP" oder „BS2000-Host" können sowohl die technologische Ausrichtung als auch die Ist-Situation kompakt unter dem Namen einer Technologie zusammengefasst werden.

  Im Schnittstellenbereich werden häufig Protokolle wie z. B. „HTTP", „RMI", „JMS" oder „TCP/IP" verwendet, um anhand deren Verbauungsinformation Analysen durchführen zu können.

- **Plattformen:** Plattformen verbinden Anbieter und Nachfrager oder einfach Geschäftspartner miteinander. Sie bieten für Plattformnutzer in der Regel einen einfachen Zugang, Mehrwertdienste wie Suche nach Produkten und Services, Preistransparenz, niedrigere Transaktionskosten und eine offene Infrastruktur mit klar definierten Geschäftsregeln. Die Plattform stellt eine offene Infrastruktur zur Verfügung und bestimmt die Regeln für den Austausch.

  Jedes Unternehmen muss für sich festlegen, welche Plattformen für welchen Zweck genutzt werden, ob dafür Services angeboten oder ggf. selbst oder mit Partnern aufgebaut werden. Dies muss in das Lösungsportfolio einfließen.

  Beispiele für Plattformen sind „API-Management", „Integrationsplattform", „B2B-Plattform" mit z. B. Portal, Sicherheitsinfrastruktur- und Kollaborationsbausteinen.

  Digitale Plattformen stellen in der Regel Services bereit. Diese und die anderen Services müssen professionell gemanagt werden.

  Managed Services sind IT-Dienstleistungen, die hinsichtlich Umfang und Verfügbarkeit genau definiert sind. Beispiele für Managed Services sind Anwendungsdienste, Bereitstellung von Speicherplatz oder das Monitoring von IT-Infrastrukturen.

- **Referenzarchitekturen, Integrationsarchitekturen** und **Architekturmuster** (siehe hierzu auch [Sta09] und [Vog05]): Referenzarchitekturen und Architekturmuster geben eine Lösungsschablone entweder für eine komplette IS-Kategorie vor, wie z. B. Template-Konzepte zum Rollout von Standardsoftware an mehreren Standorten und Referenzarchitekturen für webbasierte Java-Anwendungen, oder aber als Lösungsmuster für einzelne Problemstellungen, z. B. für eine Datenzugriffsschicht. Integrationsarchitekturen geben Strukturen für die Interoperabilität zwischen verschiedenen IT-Komponenten entlang der horizontalen und vertikalen Wertschöpfungskette vor.

  Es kann ggf. zwischen technologie- und produktunabhängigen und -abhängigen Referenzarchitekturen und Architekturmustern unterschieden werden. In der Praxis ist dies häufig jedoch nicht notwendig, da nur wenige Referenzarchitekturen in den Unternehmen vorhanden sind.
- **IT-Kaufprodukte:** Darunter werden Software- und Hardwarelösungen verstanden, die vom Markt als Produkt ohne unternehmensspezifische Anpassung mit oder ohne Kosten bezogen werden.

  Beispiele:
  - Fachliche Standardsoftware wie z. B. SAP, Siebel oder Kaufkomponenten wie z. B. OCR-Erkennung
  - PC-Infrastruktur und Bürokommunikationsprodukte wie z. B. Textverarbeitung, Groupware- und Fax-Lösung, DMS oder CMS
  - Laufzeitumgebungen, u. a. Application oder Web Server, wie z. B. Tomcat oder JBoss
  - Datenbanken wie z. B. ORACLE oder SQL Server
  - Middleware wie z. B. MQSeries oder CORBA oder Workflow-Engine oder Regelsysteme
  - Sicherheitsbausteine wie z. B. Firewalls oder Virenscanner
  - Frameworks oder Plug-ins wie z. B. für das Logging
  - HW- und Netzwerkinfrastruktur wie z. B. Server und Netzwerkkomponenten
- **Individual-Komponenten** für den „Einbau“ in Informationssystemen oder Schnittstellen: Individual-Komponenten können selbst erstellte Frameworks wie z. B. für Sicherheitsaspekte oder das Logging sein.
- **Technologiestack:** In einem Technologiestack werden in der Regel eng zusammenhängende technische Bausteine und Infrastrukturelemente zusammengefasst, die für die Entwicklung, die Wartung oder den Betrieb eines oder mehrerer Informationssysteme erforderlich sind oder als Ganzes „verbaut“ werden. Ein Beispiel für einen Technologiestack ist die „Java-Plattform 2“ mit den unternehmensspezifisch festgelegten Softwareentwicklungs-, Testkomponenten sowie Plug-ins, die nur in dieser Konfiguration in der Entwicklung oder im Betrieb eingesetzt werden darf.
- **Werkzeuge** für die Softwareentwicklung und das Systemmanagement
  - Werkzeuge im Umfeld der Softwareentwicklung wie z. B. eine Softwareentwicklungsumgebung oder Testwerkzeuge gehören ebenso in diese Kategorie wie z. B. Versions- und Konfigurationsmanagement-, Build- und Deployment-Werkzeuge.
  - Systemmanagementwerkzeuge sind Werkzeuge für den Betrieb der Informationssysteme wie z. B. Systemverwaltung, Monitoring oder Softwareverteilung.

Wichtig

Legen Sie die technischen Standards fest, die Sie für die Tragfähigkeit, Angemessenheit und Zukunftssicherheit Ihrer IT-Landschaft und damit zur Absicherung Ihres Geschäfts benötigen.

Die technische Bebauung kann in technische Domänen strukturiert werden. Die technischen Domänen bilden das technische Referenzmodell, den Ordnungsrahmen, der mit einem Schrank und seinen Schubladen vergleichbar ist. Die technischen Bausteine sind die Füllelemente des Schranks und seiner Schubladen. Der Schrank und seine Befüllung werden häufig auch als (technischer) Blueprint bezeichnet.

Für technische Bausteine können Services definiert werden, um standardisierte Leistungen zu beschreiben, die z. B. von externen Dienstleistern bezogen werden.

Fragestellungen

Mithilfe der technischen Bebauung können Sie unter anderem folgende Fragestellungen beantworten:

- Welche Plattformen, Technologiestacks, IT-Kaufprodukte, Middleware-Lösungen und welche Datenbanken werden verwendet? Welche davon sind als Standard im Unternehmen freigegeben?
- Welche Lösungen werden für welchen Einsatzzweck vorgegeben? Für fachliche Einsatzzwecke? Für technische Einsatzzwecke? (Siehe Einsatzszenario „Standardisierung und Homogenisierung“ in Abschnitt 4.10)
- Wie ist der Standardisierungsstatus der verschiedenen technischen Bausteine? Welche Ausnahmen sind möglich (über den Freigabestatus beschrieben)?
- Welche Plattformen sind für welchen Zweck zu nutzen, wie z. B. Integrationsplattform oder API-Management-Plattform?
- Welche technischen Standards sind in welchen Technologiestacks zusammengefasst?

Definition

In einem Technologiestack werden in der Regel eng zusammenhängende technische Bausteine und Infrastrukturelemente zusammengefasst, die für die Entwicklung, die Wartung oder den Betrieb eines oder mehrerer Informationssysteme erforderlich sind.

- Welche technischen Services sind notwendig und aus welchen technischen Bausteinen bestehen diese Services?
- Wie sieht der Lifecycle der technischen Bausteine aus?
- Welche Werkzeuge für die Softwareentwicklung sowie für das Systemmanagement werden in der IT eingesetzt?
- Wie zukunftsfähig und reif sind die technischen Standards?

Wichtig

Konkretisieren Sie Ihre Ziele über Fragestellungen und leiten Sie daraus Ihre technische Architektur ab. Abschnitt 5.6 bietet hierzu einen Leitfaden. Im Folgenden finden Sie Empfehlungen in Bezug auf Beziehungen und Attribute.

Beziehungen

Technische Bausteine werden in der Regel in technische Domänen eingruppiert, die in Summe dann den (technischen) Blueprint ergeben. Die technischen Bausteine können selbst wiederum aus Teilbausteinen bestehen (Hierarchiebeziehung) oder in Abhängigkeit zu anderen technischen Bausteinen stehen, wie z. B. ein Java Application Server zu einem JRE (Verwendungsbeziehung). Technische Bausteine können versioniert werden, d. h., es können unterschiedliche Release-Stände eines Java Application Servers, z. B. Version 1 und Version 1.1, im Blueprint verwaltet werden. Diese Versionsstände können zueinander in einer Nachfolgerbeziehung stehen. Die Nachfolgerbeziehung kann aber auch genutzt werden, um die Ablösung von technischen Bausteinen zu dokumentieren.

Die technischen Bausteine können in der IS- und Betriebsinfrastrukturarchitektur genutzt werden. Dies wird auch als Verbauung bezeichnet. So können technische Standards für die IS- und Betriebsinfrastrukturbebauung vorgegeben und deren Einhaltung überwacht werden.

Empfehlung

- Ordnen Sie technische Bausteine nur einer technischen Domäne zu.
- Nutzen Sie, soweit definiert, Plattformen für z. B. Integration oder API-Management.
- Fassen Sie, soweit möglich, fachlich oder technisch eng gekoppelte Bausteine zu logischen Technologiestacks zusammen. So können Sie die Bausteine zu Software-Packages bündeln und damit Abhängigkeitsfehler vermeiden, Testaufwände reduzieren und die Verbauung in der IS- und Betriebsinfrastrukturbebauung erleichtern. Beispiele für Technologiestacks sind BI-, Microsoft- oder Java-Technologiestacks.

Beschreiben Sie den Einsatzzweck für die technischen Standards. Hierdurch kann z. B. Abhängigkeiten von der Unternehmensgröße oder -organisation Rechnung getragen werden und es lassen sich unterschiedliche Vorgaben für unterschiedliche Typen von Geschäftseinheiten setzen.

Technische Plattformen und Technologiestacks können über eine Cluster-Analyse identifiziert werden. Technische Plattformen eignen sich insbesondere für die Entkopplung von z. B. Informationssystemen über eine Integrationsplattform oder für den sicheren Zugriff von außen. In einem Technologiestack werden in der Regel technisch eng zusammenhängende technische Bausteine und Infrastrukturelemente zusammengefasst, die für die Entwicklung, die Wartung oder den Betrieb eines oder mehrerer Informationssysteme erforderlich sind (siehe Download-Anhang A).

Kernattribute, erweiterte Attribute und Steuerungsgrößen

Nicht alle in Abschnitt 2.3 benannten Kerndaten sind für technische Bausteine immer sinnvoll und notwendig.

Wichtig

Release-Nummern (z. B. „Oracle Version 10") werden nicht bei allen Kategorien von technischen Bausteinen und in der Regel nur bei einem nahen Planungshorizont verwendet, d. h. in der Ist- und in konkreten Plan-Bebauungen. Bei der Kategorie „Technologien" oder „Protokolle" werden Release-Nummern in der Regel nicht verwendet. Bei den anderen Kategorien wird es in der Praxis unterschiedlich gehandhabt.

Beim Einstieg in EAM werden häufig keine Release-Nummern verwendet. Durch einfache Listen von technischen Bausteinen und deren Zuordnung zu z. B. Informationssystemen kann bei überschaubarem Aufwand ein hoher Nutzen erzielt werden. Fragestellungen wie z. B. „In welchen Informationssystemen wird das Datenbanksystem Oracle verwendet?" können auch so beantwortet werden.

Verwenden Sie beim Einstieg in EAM lediglich die Kerndaten, die Sie für die Beantwortung Ihrer Fragestellungen wirklich benötigen. Jedes Attribut erhöht die Komplexität und damit die Dauer des Einführungsprojekts sowie den Aufwand für Pflege und Qualitätssicherung.

Sicherlich ist beim Einstieg in EAM die Zuordnung von technischen Bausteinen zu z. B. Informationssystemen häufig nicht übergreifend möglich, da die entsprechenden Informationen nicht „zu beschaffen" sind. Aber auch dies ist eine wichtige Information! ■

Wesentlich für die Beantwortung Ihrer individuellen Fragestellungen sind erweiterte Attribute und Steuerungsgrößen. In der Praxis findet man häufig folgende erweiterten Daten und Steuerungsgrößen für technische Bausteine:

- **Erweiterte Daten für technische Bausteine:**
  - *Standardkonformität:* Durch den Grad der Standardkonformität wird angegeben, ob der technische Baustein als unternehmensspezifischer Standard gesetzt ist oder nicht.

    Beispiele für Ausprägungen: „standardkonform", „bedingt standardkonform" und „nicht standardkonform".
  - *Laufzeit Herstellersupport:* Angabe, wie lange der Herstellersupport läuft. Häufig werden lediglich dann hier Zeitpunkte eingegeben, wenn ein Hersteller ein Produkt oder eine Version davon angekündigt hat.
  - *Freigabestatus*[16]*:* Im Freigabestatus wird angegeben, ob und unter welchen Bedingungen der technische Baustein zur Verbauung in Informationssystemen, Schnittstellen und Betriebsinfrastruktureinheiten zur Verfügung steht.

[16] Der Freigabestatus wird auch Standardisierungsstatus genannt.

Beispiele für Ausprägungen: „uneingeschränkt", „eingeschränkt auf Bedingung"[17], „Einzelfreigabe"[18] und „nicht freigegeben".

Im Kontext der technischen Standardisierung wird häufig der Lifecycle-Status mit dem Freigabestatus kombiniert. Beispiel: „uneingeschränkt freigegeben - in Produktion", „eingeschränkt freigegeben - Geplant", „eingeschränkt freigegeben - Pilot", „eingeschränkt freigegeben - in Ablösung", „Einzelfreigabe" und „nicht freigegeben".

Durch die Zuordnung von „Grün"-Farben zu „uneingeschränkt freigegeben", „Orange-Tönen" zu „eingeschränkt freigegeben" und „Rot"-Tönen zu „Einzelfreigabe" und „nicht freigegeben" wird der Lifecycle-Status in Kombination mit dem Freigabestatus auf einen Blick sichtbar.

- *Nutzungseinschränkungen oder Einsatzzweck:* Für technische Bausteine bestehen häufig Nutzungseinschränkungen. Dies können z. B. Lizenzen oder Kapazitätsbeschränkungen sein. Häufig werden auch für verschiedene Unternehmen eines Konzerns unterschiedliche Standards vorgegeben. Dies kann auch über Nutzungseinschränkungen oder die Angabe eines Einsatzzwecks abgebildet werden. Nutzungseinschränkungen oder Einsatzzwecke müssen explizit angegeben werden.
- *Skills:* Vorhandene oder erforderliche Skills wie z. B. „CRM-Experte". Zudem Anzahl der Personen mit diesem Skill. Häufig reichen hier Größenordnungen oder qualitative Aussagen, wie „kein Know-how", „zu wenig Know-how" und „„ausreichend Know-how".
- *Hilfsmittel für die Nutzung:* Für alle technischen Bausteine müssen Hilfsmittel für die Nutzung bereitgestellt werden. Die Voraussetzungen und Abhängigkeiten (z. B. Installationsvoraussetzungen für die Anwendung) müssen ebenso bereitgestellt werden wie Hilfestellungen für die Konfiguration, Programmierbeispiele bei Frameworks sowie Hilfestellungen für die Integration, z. B. in Portale, und Migration, z. B. auf eine neue Version des technischen Bausteins.
- *Hersteller- und Dienstleisterinformationen:* Angabe des Herstellers, wie z. B. „SAP", „Oracle" oder aber „intern" mit gegebenenfalls weiterführenden Informationen zu Verträgen oder Kontaktinformationen oder Ansprechpartnern. Neben den Herstellerinformationen können auch die Anbieterinformationen hinterlegt werden.

  Angabe der Betreiber und Service-Dienstleister für z. B. Support mit u. a. Kontaktinformationen sowie Link zu SLA/OLA-Informationen inkl. Beschreibung der Art der Leistung
- *SLA-Anforderungen und Verweise zu SLAs:* Angaben von SLA-Anforderungen wie z. B. im Hinblick auf die Verfügbarkeit, Performance, Zuverlässigkeit oder Ausfallzeiten und Angaben von Informationen zu abgeschlossenen SLAs wie z. B. Vertragsnummern und Vertragslaufzeiten

  Häufig reicht aber auch erst einmal eine grobe Klassifikation in z. B. Platin, Gold, Silber und Bronze.

  Zusätzlich zu SLAs kann es auch OLAs geben.

[17] Bedingungswerte sollten zumindest als Prosa definiert sein, wie z. B. „eingeschränkt auf das Geschäftsfeld Vertriebsunterstützung".

[18] Einzelfreigabe bedeutet Freigabe im Ausnahmefall; muss in jedem Fall separat genehmigt werden.

- *Schutzbedarfsklassifikation* (gesamthaft oder für die Bestandteile Verfügbarkeit, Vertraulichkeit, Authentizität, Integrität der Daten) oder nur **Vertraulichkeitsstufen** (z. B. Öffentlich, Intern/Dienstlich, Vertraulich, Streng vertraulich bei Vertraulichkeitsstufen oder hoch, mittel und niedrig oder 0–10 bei der Schutzbedarfsklassifikation)

  Daneben können weitere Datenarten unterschieden und sowohl Geschäftsobjekten als auch den anderen fachlichen und technischen Bebauungselementen zugeordnet werden:

  Für Datenschutz werden auch Informationen über personenbezogene Daten benötigt. Geschäftsobjekte können als personenbezogene oder besondere personenbezogene Daten klassifiziert werden.

  Personenbezogene Daten sind die Einzelangaben über persönliche oder sachliche Verhältnisse einer bestimmten natürlichen Person, z. B. Name, Geburtsdatum, Anschrift, Einkommen, Kfz-Kennzeichen, Konto-Nr., Versicherungs- oder Personalnummer, Beruf usw. „Besonders personenbezogene Daten" sind Angaben über die rassische und ethnische Herkunft, politische Meinungen, religiöse oder philosophische Überzeugungen, Gewerkschaftszugehörigkeit, Gesundheit oder Sexualleben. Besonders mitarbeiterbezogene Daten sind besonders schützenswerte Daten von Mitarbeitern.

  Im Kontext der Mitbestimmung des Betriebsrats werden darüber hinaus auch Informationen über mitarbeiterbezogene Daten (z. B. „ja"/„nein") benötigt.

  „Mitarbeiterbezogene Daten" sind die Einzelangaben über persönliche oder sachliche Verhältnisse eines bestimmten Mitarbeiters, z. B. Name, Geburtsdatum, Anschrift, Einkommen usw.

  „Unkritische Daten" sind alle anderen Daten.

- *Lizenzmodell:* Ein Lizenzmodell beschreibt die Nutzungsrechte und deren Einschränkungen (z. B. Weitergabeverbote und begrenzte oder unbegrenzte Laufzeiten) für Softwarekomponenten. So können z. B. unterschieden werden:
  - Open-Source-Lizenz und deren Art
  - Einzel- oder Mehrbenutzer- oder Unternehmenslizenz
  - Named User oder Concurrent User
  - Voll- oder Upgrade-Version
  - Lizenzierung pro Gerät, CPU oder aber pro Anzahl verwalteter oder bearbeiteter Daten
  - Unternehmensgröße sowie Anzahl

Zudem werden häufig die erweiterten Daten und Steuerungsgrößen aus der IS- und Betriebsinfrastrukturbebauung entsprechend der Kategorie der technischen Bausteine verwendet. So sind z. B. Herstellerinformationen oder Informationen zum verwendeten Lizenzmodell auch für technische Bausteine relevant. Bei der technischen Architektur spielen die Beherrschung der IT- Komplexität und der Kosten durch Standardisierung, Lifecycle-Management und Management der technischen Schulden die größte Rolle. Siehe hierzu Abschnitt 5.6.

Empfehlung

- Initial sollte nur entweder die Standardkonformität oder der Freigabestatus für einen technischen Baustein vorgegeben werden. Nutzen Sie aber beide zur Unterstützung der technischen Standardisierung (siehe Abschnitt 5.6).
- Beim Einstieg in EAM sollten Sie den Freigabestatus, den Planungsstatus und den Status im Lebenszyklus nicht nutzen, da die Komplexität unverhältnismäßig im Vergleich zum Nutzen ansteigt. Nehmen Sie in den Blueprint nur die technischen Bausteine auf, die „direkt" verbaut werden können.
- Falls Sie den Status im Lebenszyklus nutzen, müssen Sie die Nutzung der technischen Bausteine in Abhängigkeit vom Status einschränken. Geplante Bausteine dürfen nicht „aus Versehen" verbaut werden.

Bei der unternehmensspezifischen Festlegung der technischen Domänen sollten Sie sich zumindest bei der Begriffsfestlegung an Standards orientieren. Ein häufig verwendeter Standard ist das TOGAF Technische Referenzmodell [TOG09].

Prägen Sie den ausgewählten Standard unternehmensspezifisch aus. Dies bedeutet insbesondere: Verwenden Sie nur die im Unternehmenskontext relevanten Schubladen.

Hinweis: Beim TOGAF TRM sind die fachlichen und die Softwareinfrastrukturschubladen häufig nicht ausreichend. Gestalten Sie diese entsprechend Ihren Zielsetzungen. ■

2.5.4 Betriebsinfrastrukturarchitektur

Die Betriebsinfrastrukturarchitektur beschreibt grobgranular Infrastrukturelemente wie z. B. Hardware- oder Netzwerkkomponenten oder gegebenenfalls virtualisierte Datenspeicher, die für den Betrieb von Softwarekomponenten notwendig sind. Sie stellt das Bindeglied zwischen EAM und einer CMDB dar. In einer CMDB wird die Infrastrukturarchitektur detaillierter beschrieben. Es werden u. a. Protokolle und Netztopologien im Detail abgebildet (siehe [Joh11]).

Durch die Verknüpfung von Infrastrukturelementen mit Informationssystemen und Schnittstellen wird der Bezug zwischen den Softwareeinheiten und den Infrastruktureinheiten hergestellt. In der Regel ist EAM der Master für die IS-Bebauung und eine CMDB der Master für die Betriebsinfrastrukturbebauung. Durch eine Verknüpfung zur technischen Bebauung lassen sich technische Vorgaben und der Standardisierungsgrad der Betriebsinfrastruktur ermitteln.

Zunehmend werden Infrastrukturelemente zu Technologiestacks oder Plattformen nach fachlichen oder technischen Kriterien zusammengefasst, um den Betrieb zu optimieren (siehe Einsatzszenario Betriebsinfrastrukturkonsolidierung und Konsolidierung der IS-Landschaft). Die Cluster-Analyse leistet hierfür wertvolle Dienste. So werden z. B. technische Bausteine und Infrastrukturelemente identifiziert, die für die Entwicklung oder den Betrieb eines Informationssystems erforderlich sind. Diese oder Teile davon (z. B. Front-, Backend- und Datenbankanteile) werden dann zu Informationssystemplattformen zusammengefasst (z. B. für SAP). Die Clusterung kann aber auch nach ausschließlich technischen Kriterien erfolgen.

Beispiele für Infrastrukturplattformen sind Data Center, Netzwerk-, Endnutzer-, Portalplattformen sowie Plattformen für gewisse Informationssysteme, wie z. B. SAP. Für die Plattformen werden Infrastrukturservices definiert, um die Leistungen besser zu charakterisieren. Die Services (Leistungen) werden in einem standardisierten Servicekatalog mit deren SLAs und gegebenenfalls auch Preisen beschrieben, um sie am Markt (interner oder externer Kunde) anzubieten. Die Leistungen können bezüglich funktionaler und dann im Anschluss bezüglich SLA-Aspekte zu aussagekräftigen und verrechenbaren Leistungen verfeinert werden. Die Differenzierung erlaubt eine gezielte Kostensteuerung. Im Metamodell in Bild 2.51 wird dies durch Zuordnung von Services zu Infrastrukturelementen und Zuordnung der Services zu Leistungen beschrieben.

Der IT-Betrieb hat sich die letzten Jahre erheblich verändert. Themen, wie „Infrastructure as Code (IaC)“ sind bereits in vielen Unternehmen in Einführung oder werden zumindest diskutiert.

Infrastructure as Code stellt IT-Infrastrukturleistungen wie Rechenleistung, Speicher und Netzwerk auf Basis von maschinenlesbarem Code zur Verfügung. Deshalb wird es auch „programmierbare Infrastruktur“ genannt. Die Infrastruktur wird ähnlich wie Software programmiert. Das IaC-Konzept ist eng mit dem DevOps-Konzept und dem Cloud-Computing-Modell Infrastructure as a Service (IaaS) verknüpft.

Zur Bereitstellung von Infrastrukturleistungen müssen keine manuellen Konfigurationsarbeiten ausgeführt werden. Die Infrastruktur wird über Skripte oder Programmfiles beschrieben und automatisiert gemäß den Vorgaben konfiguriert. Das Erstellen der Infrastruktur ist ein mit dem Programmieren von Software vergleichbarer Vorgang.

Fragestellungen

Mithilfe der Betriebsinfrastrukturbebauung im Zusammenspiel mit den anderen Bebauungen kann man unter anderem folgende Fragestellungen beantworten:

- Welche Infrastrukturelemente und welche technischen Bausteine sind zu welchen Technologiestacks und Plattformen zusammengefasst?
- Welche Infrastrukturservices sind für welche Technologiestacks und Plattformen definiert? Sind die Leistungen standardisiert? Wie sehen dazu SLAs und Verrechnungspreise aus?
- Welche Infrastrukturservices werden an welchen Standorten angeboten?
- Welche Infrastrukturservices werden von welchen Informationssystemen genutzt?
- Welche Infrastrukturelemente werden aktuell bzw. künftig durch welche technischen Bausteine mit welchem Standardisierungsgrad realisiert?
- Welche Konsolidierungsmöglichkeiten bestehen bzgl. der gemeinsamen Nutzung von Betriebsinfrastrukturen unter Berücksichtigung von Aspekten wie z. B. Performance, Sicherheit und Wartungsfenster?

Beziehungen

Infrastrukturelemente können selbst wiederum aus Teilelementen bestehen (Hierarchiebeziehung) oder in Abhängigkeit zu anderen Infrastrukturelementen stehen, wie z. B. ein Server-Cluster zu einem Datenbank-Cluster (Verwendungsbeziehung). Infrastrukturelemente werden häufig zu Technologiestacks und Plattformen zusammengefasst (umgekehrte Hierarchiebeziehung).

Die Nachfolgerbeziehung kann genutzt werden, um die Ablösung von Infrastrukturelementen zu dokumentieren. Für die Modellierung von Informationen, die für eine Topologiegrafik erforderlich sind (siehe [Haf04] und [Buc07]), sind auch attributierbare Beziehungen zwischen Infrastrukturelementen notwendig.

Über die Zuordnung von Infrastrukturelementen zu technischen Bausteinen wird die Standardkonformität dokumentiert und auch auswertbar. Ebenso auswertbar sind die angebotenen Services durch die Zuordnung von Infrastrukturservices.

Infrastrukturservices können aus Teilservices bestehen und andere Infrastrukturservices verwenden. Für die Visualisierung werden in der Regel Plattformgrafiken (siehe Abschnitt 2.4.9) verwendet.

Infrastrukturelemente und Infrastrukturservices können Informationssystemen und Schnittstellen zugeordnet werden. So lässt sich deren Nutzung dokumentieren und analysieren.

Empfehlung

- Fassen Sie, soweit möglich, kompatible Infrastrukturelemente zu logischen Plattformen zusammen. Siehe hierzu das Einsatzszenario „Betriebsinfrastrukturkonsolidierung" in Kapitel 4.
- Vermeiden Sie attributierbare Beziehungen. Der Aufwand für die Pflege steht in keinem Verhältnis zum Nutzen. Zudem benötigen Sie diese Informationen nicht für das strategische Management Ihrer IT-Landschaft. ■

Kernattribute, erweiterte Attribute und Steuerungsgrößen

Nicht alle in Abschnitt 2.3 benannten Kerndaten sind für Infrastrukturelemente und Infrastrukturservices immer sinnvoll und notwendig.

Empfehlung

Da in der Regel der Master für die Betriebsinfrastrukturbebauung außerhalb von EAM liegt (z. B. in einer CMDB), sind in EAM nur die grobgranularen Daten erforderlich, die Sie für die Beantwortung Ihrer Fragestellungen benötigen. Beschränken Sie sich, soweit möglich, auf die nichtoptionalen Attribute. ■

Wesentlich für die Beantwortung Ihrer individuellen Fragestellungen sind die erweiterten Attribute und Steuerungsgrößen. In der Praxis findet man häufig folgende erweiterte Daten und Steuerungsgrößen für die Elemente der Betriebsinfrastrukturbebauung:

- **Erweiterte Daten:**
  - *Kategorie:* Durch eine Kategorisierung lässt sich unterscheiden, ob es sich z. B. um Server oder Datenbanksysteme handelt. Ein weiteres Beispiel ist die Unterscheidung „virtuell"/„physisch".
  - *Herstellerinformationen:* Angabe des Herstellers, wie z. B. „HP" oder „Oracle"

- *SLA-Anforderungen und Verweise zu SLAs:* Angaben von SLA-Anforderungen wie z. B. im Hinblick auf die Verfügbarkeit, Performance, Zuverlässigkeit oder Ausfallzeiten und Angaben von Informationen zu abgeschlossenen SLAs wie z. B. Vertragsnummern und Vertragslaufzeiten

  Häufig reicht aber auch erst mal eine grobe Klassifikation in z. B. Platin, Gold, Silber und Bronze. Zusätzlich zu SLAs gibt es häufig auch OLAs.
- *Skills:* Vorhandene oder erforderliche Skills wie z. B. „CRM-Experte". Zudem Anzahl der Personen mit diesem Skill. Häufig reichen hier Größenordnungen oder qualitative Aussagen, wie „kein Know-how", „zu wenig Know-how" und „„ausreichend Know-how".
- *Anzahl von Nutzern:* Benennung der Anzahl von Nutzern des Systems. Dies kann ggf. noch weiter in durchschnittliche und maximale Nutzung differenziert werden.
- *Lizenzmodell:* Unterscheidung z. B. in:
  - Einzel- oder Mehrbenutzer- oder Unternehmenslizenz
  - Voll- oder Upgrade-Version
  - Lizenzierung pro Gerät, CPU oder aber pro Anzahl verwalteter oder bearbeiteter Daten

- **Steuerungsgrößen:**
  - Schutzbedarfsklassifikation und Sicherheitslevel (z. B. niedrig, mittel oder hoch) oder analog s. o.
  - SLA-Erfüllungsgrad (z. B. Prozentsatz)
  - Operative Bewertungen

    Um einen regelmäßigen Überblick zu erhalten, werden die wesentlichen Eigenschaften der Infrastrukturelemente bewertet:
    - Zuverlässigkeit (z. B. über Fehlerrate)
    - Ausfallsicherheit (z. B. über Ausfälle pro Woche)

Wichtig

Die Elemente der Betriebsinfrastrukturbebauung müssen konsistent mit den realen Betriebsinfrastrukturen sein, d. h., es muss eine Verfeinerungsbeziehung bis hin zu den Hardware-, Software-, Umgebungs- und Serviceeinheiten aus einer CMDB (Configuration Management Database) geben (siehe [itS08] und [Joh11]).

Stellen Sie die Verknüpfung zwischen den High-Level-Elementen aus der Betriebsinfrastrukturbebauung und den realen Betriebsinfrastrukturen im Servicemanagement innerhalb einer CMDB her! Nur im Servicemanagement liegt das Wissen über diese Zusammenhänge. ■

Für die Visualisierung der Betriebsinfrastrukturbebauung werden insbesondere Topologiegrafiken und technische Bebauungsplangrafiken verwendet (siehe [Haf04] und [Buc07]).

Wichtig bezüglich der Unternehmensarchitektur

Die Unternehmensarchitektur ist der „stabile Kern" von EAM. Die für Sie relevanten Bebauungselementtypen und deren Kerndaten und Beziehungen sollten nach initialer Festlegung und Erprobung innerhalb einer Ausbaustufe möglichst stabil gehalten werden. Nur so können Sie die Datenqualität kontinuierlich verbessern und kommen zu einer hohen langfristigen Datenqualität. Hilfestellungen für die Festlegung auf der Basis der Best-Practice-Unternehmensarchitektur finden Sie in Abschnitt 5.7.

Konzentrieren Sie sich auf die für Sie wesentlichen Bebauungselemente. Streichen Sie alle Elemente, die Sie für die Beantwortung Ihrer Fragestellungen nicht wirklich benötigen. So können Sie schnell sichtbare Erfolge mit vertretbarem Aufwand vorweisen.

Konzentrieren Sie sich auf das Wesentliche. Beschränken Sie sich auf die Strukturen, die Sie für die Beantwortung Ihrer Fragestellungen wirklich benötigen und die „einfach" zu beschaffen sind. Die Komplexität und der Aufwand für die Pflege und Konsistenzsicherung steigen mit jedem verwendeten Bebauungselementtyp, mit jeder Beziehung und jedem Attribut erheblich. Vermeiden Sie „Modellitis". Nur so können Sie schnell sichtbare Erfolge vorweisen.

Nach einer initialen Bestandsaufnahme muss die Datenbasis hinreichend vollständig, aktuell, qualitativ hochwertig und in einer einheitlichen Granularität gehalten werden. Dies gilt insbesondere für die Kerndaten und die Beziehungen. Nur so liefert EAM aussagekräftige Ergebnisse und damit Nutzen. Siehe hierzu Abschnitt 3.3.

2.6 Agiles Vorgehen bei der Einführung von EAM

Agiles Vorgehen ist bei der Einführung von EAM ein Erfolgsfaktor. Kleine Einführungsstufen mit klarem persönlichem Nutzen für die Kunden, ein gutes Aufwand-Nutzen-Verhältnis sowie kurze Feedbackschleifen, kontinuierliches Lernen, ein enger Einbezug aller relevanten EAM-Stakeholder und ein aktives Vermarkten aller Erfolge sind die wesentlichen Aspekte für die erfolgreiche Etablierung von EAM.

Bei der Einführung von EAM ist es von besonderer Bedeutung, dass die erste Ausbaustufe gelingt. Nur durch schnelle Erfolge können Sie die Skeptiker überzeugen und weitere Sponsoren für den Ausbau von EAM gewinnen. Ohne Konzentration auf das Wesentliche und Wichtige verrennen Sie sich in Details und verlieren das eigentliche Ziel aus den Augen. Für den Ausbau benötigen Sie viel Durchhaltevermögen.

Überschaubare beherrschte Ausbaustufen sind notwendig, um schnell zu Ergebnissen zu kommen, für die Feedback eingeholt werden kann, und dann auf diesem sicheren Terrain das Erreichte über die nächste Stufe weiter auszubauen. Mit jeder Einführungsstufe betritt man Neuland. Auch, wenn andere Unternehmen EAM-Ergebnisse erfolgreich etabliert haben, können diese Ergebnisse auf das eigene Unternehmen gegebenenfalls aufgrund anderer Ziele oder Randbedingungen nicht passen. Erforderliche Informationen können fehlen oder aber es gibt nicht wirklich Abnehmer für die Ergebnisse.

Nur, wenn alle Ausbaustufen in der Organisation verankert sind, d. h. in allen Planungs-, Entscheidungs- und Durchführungsprozessen, kann EAM nachhaltig überleben. Alle für die Verankerung notwendigen Verantwortlichen müssen auf eine geeignete Art und Weise einbezogen, motiviert und/oder überzeugt werden.

Die Geschäftsprozesse und die Organisation müssen entsprechend des Feedbacks und der Erfahrungen im Rahmen eines gesteuerten Veränderungsprozesses kontinuierlich optimiert werden. Veränderungsprozesse brauchen Zeit. Die Führungskräfte benötigen Fingerspitzengefühl und einen langen Atem, um die traditionellen Denk- und Arbeitsstrukturen und die Kultur nachhaltig zu verändern. Wichtig ist aber auch Mut zur Veränderung, um die Planung, Prozesse oder Organisation entsprechend veränderter Ziele und Rahmenbedingungen trotz zu erwartender Widerstände anzupassen.

Durch die schnellen, sicheren Schritte nimmt die Gesamtumsetzungsgeschwindigkeit zu. Jeder Erfolg beflügelt und muss aber auch vermarktet werden. Nur so werden weitere Sponsoren für den Ausbau gefunden.

Zudem bedarf es eines an den Kunden und deren konkreten Zielen ausgerichteten, pragmatischen, aber trotzdem systematischen Vorgehens. Ein solches Vorgehen stellen wir im Folgenden im Überblick und in Abschnitt 5.7 im Detail vor.

Konzeption, Pilotierung und Verankerung in jeder Ausbaustufe

Jede Ausbaustufe ist eine Business-Transformation, die vorwiegend vom CIO oder von IT-Verantwortlichen initiiert wird[19]. Jede auch noch so kleine Business-Transformation ist in der Regel mit der Veränderung der Organisation und Kultur des Unternehmens verbunden. Neue Kompetenzen sind in Business und IT aufzubauen. Das Beharrungsvermögen der Organisation ist zu überwinden. Dies geht nur mit einem phasenorientierten Vorgehen, da erst Sicherheit über den Inhalt und die Art und Weise der Umsetzung erlangt werden muss, bevor es in der Breite ausgerollt werden kann.

Jede Ausbaustufe besteht daher aus den Phasen Konzeption, Pilotierung und Verankerung in der Organisation. Die Konzeption und Pilotierung sollten im Rahmen eines Projekts durchgeführt werden. Die Verankerung, d. h. das Ausrollen in der Organisation, erfolgt in der Regel über die Linie.

- **Konzeptionsphase:** In der Konzeptionsphase wird abhängig von Ihrer Ausgangslage, Ihrem EAM-Reifegrad, maßgeschneidert auf die Ziele und Fragestellungen der relevanten Nutznießer kostennutzenorientiert die nächste Ausbaustufe festgelegt. Die Stakeholder-Analyse ist hier vorab oder zu Beginn der Konzeption entscheidend. Hier werden die relevanten Nutznießer und die Art und Weise des Einbezugs ebenso festgelegt wie die Datenlieferanten.

[19] Die nächste Ausbaustufe kann aber auch z. B. von Business-Verantwortlichen, Strategen, Sicherheits- oder Compliance-Verantwortlichen angestoßen werden.

Wesentlich ist aber auch die Priorisierung der Elemente auf Basis einer Einschätzung, ob die Umsetzung kurzfristig mit einem hinreichenden Kosten-Nutzen-Verhältnis erfolgen kann.

Ergebnis der Konzeption für jede Stufe sind das unternehmensspezifische EAM Framework sowie die für den Betrieb erforderliche EA-Governance und ein Kommunikationskonzept.

- **EAM Framework:** Im EAM Framework werden die Sichten der adressierten Nutznieder mit deren Zielen und Fragestellungen sowie die für die Beantwortung der Fragestellungen erforderlichen Ergebnistypen (EAM-Listen, EAM-Visualisierungen oder Ergebnistypen aus einer Disziplin wie z. B. BPM) dokumentiert. Daneben werden die für die Beantwortung erforderlichen fachlichen und technischen Strukturen beschrieben.
- **EA-Governance** (Prozesse, Regeln und Organisation von EAM): Um EAM zum Fliegen zu bekommen, müssen die Prozesse, Regeln und Organisation von EAM klar festgelegt und in den Planungs-, Entscheidungs- und Durchführungsprozessen verankert werden (siehe Abschnitt 5.8). Wesentlich sind hier unter anderem auch eine angemessene Werkzeugunterstützung und die Sicherstellung einer hinreichend aktuellen und qualitativ hochwertigen EAM-Datenbasis durch funktionierende Pflegeprozesse.
- **Kommunikationskonzept:** Für die Einführung und den Ausbau von EAM müssen Sponsoren gefunden und für funktionierende Datenpflege müssen alle Beteiligten überzeugt werden. Alle Beteiligten sind zum richtigen Zeitpunkt auf die richtige Art und Weise einzubeziehen. Dies muss explizit geplant werden. Wesentlich sind hier Informationsveranstaltungen (in Gruppen oder Einzelterminen), die Veröffentlichung von Ergebnisdokumenten und die Individualisierung durch zielgruppenorientierte nutzenbringende Visualisierungen sowie das Coaching beziehungsweise der Support der Nutznießer und Datenlieferanten. Siehe hierzu Abschnitt 5.8.
- **Pilotierung:** Die Pilotierung ist letztendlich eine Erprobung, das „Prüfen auf Herz und Nieren" der Tragfähigkeit und Umsetzbarkeit des Konzepts. Aufgrund von Feedback wird das Konzept in der Regel noch justiert, bevor es in der Breite ausgerollt werden kann.

  Die Konzeption jeder Ausbaustufe müssen Sie erst anhand eines repräsentativen Ausschnitts der Geschäftsarchitektur und/oder der IT-Landschaft pilotieren und ggf. optimieren, bevor Sie sie im Unternehmen ausrollen können. Insbesondere die Strukturen, Prozesse und die organisatorische Einbettung gilt es iterativ zu verfeinern und ihre Tragfähigkeit in einem ausreichend großen und realistischen Kontext zu erproben. Durch die konkrete Verwendung der vorliegenden Ergebnisse in Projekten, im Projektportfoliomanagement oder aber in der Planung und Steuerung wird Veränderungs- und Erweiterungsbedarf ersichtlich. So können z. B. in der Konzeption der Strukturen technische Aspekte wie Schnittstelleneigenschaften nicht berücksichtigt worden sein. In realen Projektsituationen kann diese Fragestellung jedoch von großer Bedeutung sein. Ihr spezifisches EAM-Framework wird so entsprechend den Erfahrungen optimiert. Nach der Erprobung ist klar, welche fachlichen oder technischen Bebauungselemente mit welchen Beziehungen und welche Kern- und erweiterten Daten für die Beantwortung der Fragestellungen der Stufe wirklich notwendig sind. Auch Ihre EA-Governance, z. B. die Anzahl der Unternehmensarchitekten oder die Pflegeprozesse, müssen auf den Prüfstand, um Ihre EAM-Ziele wirklich zu erreichen.

> **Wichtig**
>
> Die Auswahl des Pilotprojekts ist entscheidend für schnelle Erfolge. Konkreter Handlungsdruck ist ebenso wichtig wie eine „Koalition der Willigen". Die komplette EAM-Initiative sollte darüber hinaus mit einem separaten und projektunabhängigen Budget finanziert werden. Häufig gibt es einen Kompromiss. Der für das Projekt nützliche Anteil wird über das Projekt und die EAM-Framework-Aufbauarbeit über einen Querschnittstopf finanziert. Letzterer nimmt erfahrungsgemäß mit zunehmender EAM-Reife ab, da der Nutzen mehr erkannt und auch honoriert wird. ■

In der Phase werden zudem die erforderlichen Kompetenzen erst aufgebaut oder aber zumindest erweitert. Das heißt, die Unternehmensarchitekten können häufig noch nicht sicher auftreten. Antworten auf einige Fragen fehlen noch und etliche Aspekte sind noch nicht berücksichtigt.

Bevor Sie organisatorische Strukturen und Prozesse verändern, müssen Sie sicher sein, dass diese ausreichend „reif" sind. Dies ist in der Regel in der Pilotierungsphase noch nicht der Fall. Häufig fehlen Skills, an der einen oder anderen Stelle ist noch Überzeugungsarbeit zu leisten oder aber die Systemunterstützung fehlt in der Pilotierungsphase. Eine zweite Chance für die Einführung haben Sie in der Regel nicht oder nur mit ungleich höherem Aufwand.

Daher hat es sich bewährt, die veränderten Rollen, Organisation und Prozesse im Konzept zwar zu beschreiben, aber vorhandene Hauptakteure in der bestehenden Organisation für die Ausübung der erforderlichen neuen Aktivitäten zu gewinnen. Das Pilotieren erfolgt in der Regel in einer Projektorganisation. So kann am Ende des Pilotprojekts in der Übergabe in die Linie das Ausrollen, das Verankern in der Organisation erfolgen.

Während der Pilotierung müssen Sie unabhängig davon, ob in einer Projektorganisation oder in der Linie, sicherstellen, dass die Unternehmensarchitekten in den Disziplinen die Skills des geforderten Reifegrads erlangen. Nur so können die Aufgaben wirklich wahrgenommen und entsprechende Ergebnisse erzielt werden. Wenn die Skills noch nicht ausreichen, qualifizieren Sie Ihre Hauptakteure oder verstärken Sie sich in der Pilotierung. Trainieren Sie die Abläufe. Vorher sollten sie nach außen noch nicht so stark in Erscheinung treten.

- **Verankerung in der Organisation:** Das „Patentrezept" für die Verankerung in der Organisation könnte man wie folgt zusammenfassen: schnell realisierbare Ziele vorgeben und dann die Breite und Tiefe entsprechend den Erfordernissen über die aktive Einbindung in Projekte und die anderen Prozesse erhöhen; dabei neue Förderer finden sowie Signale durch sichtbare Erfolge setzen.

  Erst, wenn EAM in allen Planungs-, Entscheidungs- und Durchführungsprozessen verankert ist, „lebt" EAM. Die Umsetzung ist ein langer Weg. Im Rahmen der Etablierung vom EAM ist die Kommunikation ein Schlüsselerfolgsfaktor. Über einen formalen Kommunikationsplan und die Definition zentraler Schlüsselbotschaften muss sichergestellt sein, dass die relevanten Stakeholder ständig über den Wertbeitrag sowie über Fortschritte informiert werden und so kommunizieren, dass die Adressaten verstehen, worum es geht.

Festzulegen sind ferner die Kommunikationsmedien, derer sich alle bedienen, sowie ein Aktionsplan mit Zeitvorgaben und Zuständigkeiten. Um sicherzustellen, dass der Kommunikationsplan funktioniert, sollte ein Feedback-Prozess etabliert werden. Laut Gartner sollten rund 30 Prozent der Arbeit des EAM-Teams mit Kommunikation und deren Planung verbracht werden (siehe [Gar05]).

In der Regel werden die Konzeption und Pilotierung im Rahmen eines Projekts durchgeführt. Das Ausrollen in der Organisation erfolgt in der Regel über die Linie. Dort wird EAM kontinuierlich entsprechend des Feedbacks und der neuen oder veränderten Ziele oder Fragestellungen weiterentwickelt.

Wichtig

EAM-Vorhaben sind keine klassischen Projekte mit einem vorab klar definierten Ergebnis. Das Ergebnis wird erst im Rahmen der Konzeption quasi über ein Timeboxing festgelegt (siehe folgender Abschnitt). Deshalb lassen die Teams häufig die sonst typische Projektdisziplin vermissen, was zu einem Verlust an Fokussierung und Ergebnisorientierung führen kann. Damit fehlt es den Initiativen an Professionalität; IT-Mannschaften und Unternehmensleitungen beginnen zu nörgeln. Gartner schlägt deshalb vor, analog zu klassischen Projekten Projektpläne zu erstellen und professionelle Projektleiter zu etablieren, um für Projektdisziplin zu sorgen (siehe [Gar05]). Die im Folgenden erläuterte Standardvorgehensweise für die Konzeption können Sie als Grundlage für die Erstellung Ihres Projektplans verwenden. ■

Systematische Einführung von EAM mit Hilfe der bewährten Standardvorgehensweise aus der Best-Practice-EAM

Die Standardvorgehensweise für die Konzeption einer EAM-Ausbaustufe wird in Bild 2.52 im Überblick dargestellt. Dies ist eine bewährte nutzenorientierte Vorgehensweise für die Konzeption der ersten oder einer nachfolgenden Ausbaustufe von EAM. Damit können Sie zugeschnitten auf Ihre Bedürfnisse die nächste Ausbaustufe von EAM mit sichtbaren Erfolgen in wenigen Monaten umsetzen. Die Methode wurde bereits bei deutlich über 100 Unternehmen unterschiedlicher Größe erfolgreich angewendet.

Die inhaltlichen Schritte werden im Folgenden weiter ausgeführt.

I. Aufsetzen vom EAM-Projekt

Durch das richtige Aufsetzen des EAM-Projekts schaffen Sie die Voraussetzungen für den Erfolg. Wichtig ist insbesondere, dass Sie zu Beginn den Auftraggeber identifizieren und benennen. Dieser muss sich um die Budgets, weitere Sponsoren und die Festlegung des Projektleiters, des Projektteams und des EAM-Projektsteuerungsgremiums kümmern sowie die Ausgangslage ermitteln und seine strategischen Ziele und die Soll-Vision für die Endausbaustufe von EAM (siehe Abschnitt 3.3) skizzieren. Der Projektleiter sollte, wenn möglich, ein erfahrener Unternehmensarchitekt mit guter Verdrahtung im Unternehmen sein, der zukünftig die übergreifende inhaltliche EAM-Verantwortung übernehmen soll.

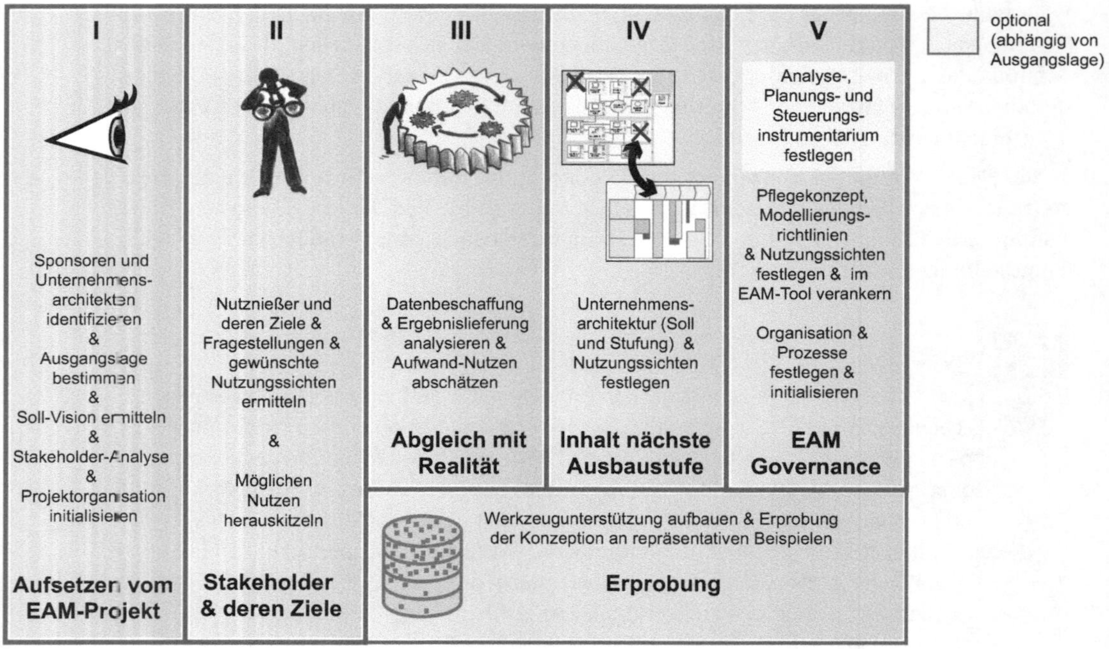

Bild 2.52 Vorgehen bei der Konzeption im Überblick

Bei der Ermittlung der Ausgangslage und der Soll-Vision-Bestimmung sowie bei der Initialisierung der Projektorganisation wird der Auftraggeber in der Regel durch den zukünftigen Projektleiter und ggf. weitere Unternehmensarchitekten unterstützt.

Die Bestimmung der Ausgangslage erfolgt über eine Einschätzung Ihres EAM-Reifegrads. Eine realistische Einschätzung Ihres EAM-Reifegrads ist wichtig, um eine umsetzbare Erwartungshaltung bezüglich der erreichbaren Ziele in der anstehenden Ausbaustufe zu erhalten. Das Reifegradmodell ist in Abschnitt 5.8 im Detail beschrieben. Es werden der aktuelle Dokumentationsgrad und die verwendete Methodik, die Reife der EAM-Prozesse, organisatorische Aspekte, die EAM-Wirksamkeit und die bestehende Werkzeugunterstützung analysiert. Ergebnis ist eine Reifegradstufe von „Initial“, „Im Aufbau“, „Transparenz“, „Steuerung“ bis zu „Selbstläufer“. In Abschnitt 5.8 finden Sie auch eine Tabelle, in der die Korrelation zwischen erreichbaren Zielen und Reifegraden hergestellt wird. Zudem finden Sie eine Tabelle mit Hilfestellungen, welche Stakeholder-Gruppe Sie bei welchem Reifegrad mit einbeziehen sollten.

Für die Festlegung der Projektorganisation muss eine Stakeholder-Analyse durchgeführt werden. Hier werden mögliche Nutznießer und Datenlieferanten bezüglich Ihres Interesses und Einflusses an EAM analysiert. Auf dieser Basis und dem Ergebnis der Reifegrad-Analyse kann entschieden werden, welche Stakeholder-Gruppe und welche konkreten Stakeholder überhaupt und in welcher Art und Weise im Projekt einbezogen wird. Den Best-Practice-Baustein zur Stakeholder-Analyse finden Sie in Abschnitt 5.1.

Das Projektteam sollten Sie in ein Kernteam und ein erweitertes Projektteam aufteilen.

- Das **Kernteam** erstellt die wesentlichen Projektergebnisse in Abstimmung mit dem erweiterten Team. Neben dem Projektleiter sollten im Wesentlichen weitere (gegebenenfalls angehende) Unternehmensarchitekten oder aber Schlüsselpersonen aus allen organisatorischen und inhaltlichen Bereichen, die entsprechend der Soll-Vision abgedeckt werden sollten, Mitglieder des Kernteams sein. Die Mitglieder des Kernteams müssen eine hohe Affinität zu EAM-Themen mitbringen und zumindest über grundlegende EAM-Skills verfügen. Gleichzeitig sollte das Kernteam möglichst klein (minimal) sein, um die Konzeption zügig durchzuführen.
- Das **erweiterte Projektteam** besteht aus den in der Stakeholder-Analyse identifizierten Nutznießern und Datenlieferanten, die in der Ausbaustufe berücksichtigt werden sollen. Diese werden in Form von Interviews und/oder bei Abstimmungsworkshops eingebunden. Das erweiterte Team kann sich im Rahmen der Konzeption gegebenenfalls verändern. Dies hängt maßgeblich von der „Klarheit" der Zielsetzungen der Auftraggeber und Sponsoren ab. Wenn sich im Projektverlauf die Zielsetzungen verändern und damit neue Sparringpartner für die inhaltliche Diskussion notwendig werden, wirkt sich dies auf das erweiterte Projektteam aus.

II. Ermittlung der Ziele, Fragestellungen und gewünschten Nutzungssichten der Stakeholder

Dreh- und Angelpunkt für die unternehmensspezifische Ausprägung von EAM sind die Ziele und Fragestellungen der in der Ausbaustufe zu berücksichtigenden Nutznießer. Es geht letztendlich darum, für die Nutznießer maßgeschneiderte Sichten überwiegend mit EAM-Mitteln zu gestalten, die diese bei ihrer täglichen Arbeit und/oder der Erreichung der persönlichen Ziele möglichst gut unterstützen.

Die Ziele und Fragestellungen werden von den verschiedenen Mitgliedern des erweiterten Projektteams über Interviews eingesammelt. Ergebnisdarstellungen, EAM-Visualisierungen und gegebenenfalls erweiterte Nutzungssichten mit Hilfe von anderen Disziplinen, wie z. B. BPM, zur Beantwortung der Fragestellungen werden anhand von repräsentativen Beispielen mit den Stakeholdern ebenso iterativ abgestimmt wie deren Prioritäten und Nutzen. Auf dieser Basis können die für die Beantwortung erforderlichen Strukturen ermittelt werden.

In Bild 2.53 wird dies an einem Beispiel illustriert. Für die Interviews mit den Stakeholdern ist es wichtig, dass Sie sich mit guten Vorschlägen für die Beantwortung der typischen Fragestellungen dieser Stakeholder-Gruppe vorbereitet haben. Dies ist in Bild 2.53 durch die Kataloge angedeutet. Best-Practices hierzu finden Sie in Abschnitt 5.2.

III. Abgleich mit der Realität

Durch die Analyse der Datenbeschaffung für die in Schritt II ermittelten Strukturen kann der Aufwand ermittelt und dem Nutzen gegenübergestellt werden. Durch die Konzentration auf die wesentlichen Fragestellungen mit einem guten Aufwand-Nutzen-Verhältnis wird die nächste Ausbaustufe festgelegt.

In der nächsten Ausbaustufe können nur die wesentlichen Fragestellungen und EAM-Antworten berücksichtigt werden, für die die erforderlichen Strukturen vorhanden sind oder mit einem vertretbaren Aufwand in angemessener Zeit beschafft werden können. Alle Fragestellungen, für die dies nicht gilt, können erst in einer späteren Ausbaustufe angegangen werden. Nur so können Quick-wins erzielt werden. Ein „Verzetteln" wird vermieden.

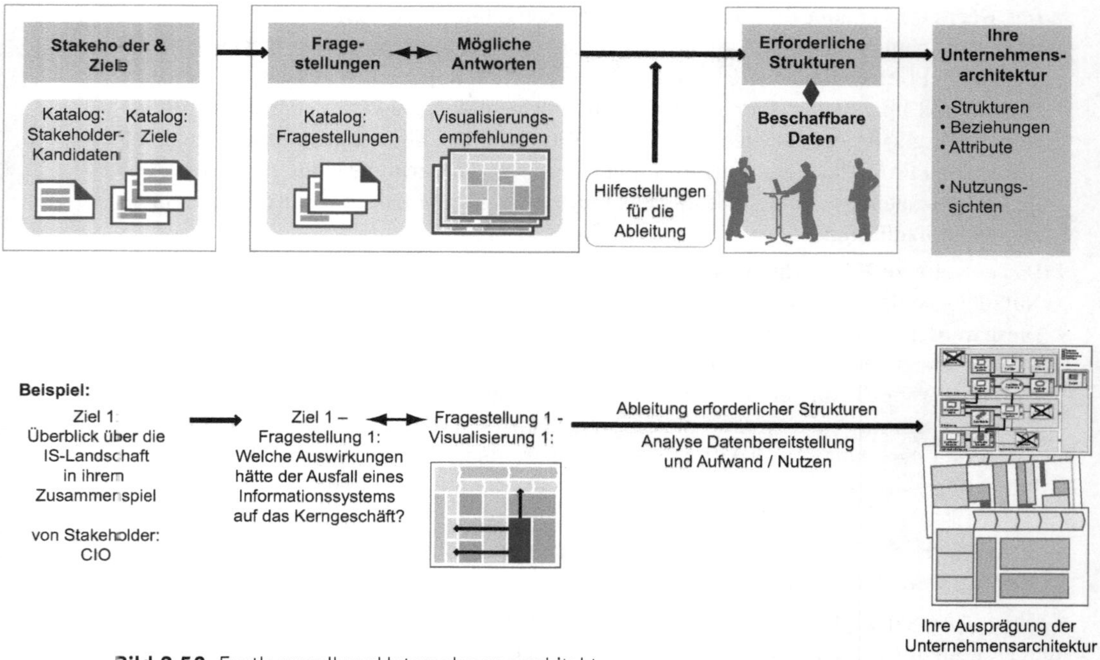

Bild 2.53 Festlegung Ihrer Unternehmensarchitektur

Die wesentlichen Fragestellungen erhält man einerseits über eine Priorisierung der Stakeholder. Diese muss aber insbesondere auch im Kontext der Kosten-Nutzen-Abschätzung hinterfragt werden, um sicherzugehen, dass die wirklich relevanten Fragestellungen angegangen werden.

Für die Kosten-Nutzen-Abschätzung muss der persönliche Nutzen für die Stakeholder dem Aufwand für die Erstellung der Antworten gegenübergestellt werden. In Bild 2.54 wird das prinzipielle Vorgehen diesbezüglich vorgestellt.

In Bild 2.54 wird auf der linken Seite die Ableitung Ihres spezifischen EA Frameworks (Unternehmensarchitektur, Nutzungssichten und EA-Governance) dargestellt. Ausgangspunkt sind die Ziele der verschiedenen Stakeholder. Für jedes Ziel, genauer genommen für jede Fragestellung und deren EAM-Antwort, muss der Stakeholder eine Aussage darüber treffen, was ihm die Beantwortung wert ist.

Ein Beispiel hierzu: Ein Stakeholder möchte für ein Sicherheitsaudit eine Liste der Sicherheitslevels von Applikationen in Korrelation zum Schutzbedarf der unterstützten Geschäftsprozesse sehen. Er kann selbst durch die Beauftragung eines Experten die Liste in ca. einem halben Tag erstellen lassen. Bei der Umsetzung innerhalb des EAM-Werkzeugs entsteht einmalig ein Aufwand von einigen Tagen, um alle erforderlichen Daten zusammenzutragen. Hinzu kommt noch der Aufwand für die kontinuierliche Pflege und Abstimmung. Diese können ggf. im Rahmen von anderen Abstimmungen durchgeführt werden. Dies muss aber, falls relevant, noch eruiert werden.

Wenn die Anforderung im Beispiel nur einmalig besteht, lohnt sich der Aufwand nicht. Wenn die Fragestellung häufiger auftaucht, kann dies schon wieder anders aussehen.

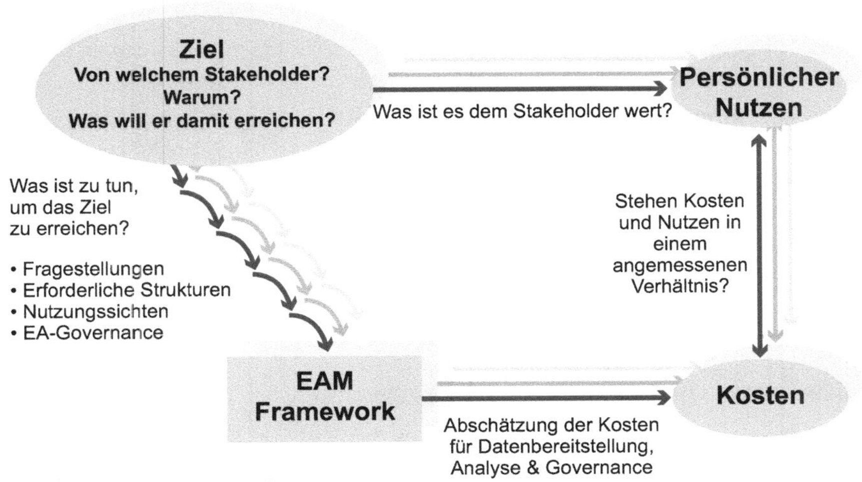

Bild 2.54 Kosten-Nutzen-Abwägung

> **Wichtig**
>
> Die persönliche Nutzeneinschätzung der Stakeholder je Fragestellung bestimmt letztendlich den maximal sinnvollen Aufwand für deren Beantwortung. Daher muss beim Einsammeln von Zielen und Fragestellungen immer die Frage nach dem Wert für den Stakeholder gestellt werden. Falls der Nutzen in keinem Verhältnis zum Aufwand steht, muss der Stakeholder auch mit einer groben Schätzung des Aufwands „konfrontiert" werden. So reduziert sich die Liste der umzusetzenden Fragestellungen häufig von ganz alleine. Die nutzenträchtigen und wichtigen Fragestellungen bleiben übrig. ■

Für die Kosten-Nutzen-Abschätzung ist der persönliche Nutzen des jeweiligen Stakeholders maßgeblich. Diese persönlichen Nutzen addieren sich und müssen in Summe deutlich größer sein wie die Kosten, die für z. B. regelmäßige Datenbereitstellung in einer hinreichenden Aktualität und Datenqualität anfallen. Nur so „überlebt" EAM nachhaltig. Weitere Informationen zum Nutzen von EAM finden Sie in Abschnitt 3.3.

IV. Inhalte der nächsten Ausbaustufe im Detail und von den weiteren grob festlegen

Durch die Konzentration auf die wesentlichen Fragestellungen mit einer hohen Priorität und einem guten Kosten-Nutzen-Verhältnis wird die nächste Einführungsstufe festgelegt. Die weiteren Einführungsstufen werden entsprechend Prioritäten, EAM-Reifegrad und Machbarkeitsabschätzungen grob konzipiert. Jede Einführungsstufe muss einen klar definierten Nutzen aufweisen.

Die Ergebnisse aus der Analyse der Datenbeschaffung in Schritt III bilden die Grundlage für die Erstellung der Empfehlung für die nächste Ausbaustufe im Detail und für die weiteren grob für den EAM-Projektsteuerkreis.

Wichtig

Jede Ausbaustufe müssen Sie in überschaubarer Zeit und mit einem guten Kosten-Nutzen-Verhältnis bewältigen. Beachten Sie hierbei folgende Prämisse:

Konzentration auf bekannte und relevante Fragestellungen: Ausgangspunkt für die Festlegung Ihres EAM-Frameworks sind die Zielsetzungen und die Fragestellungen des Unternehmens. Wichtig ist dabei, dass Sie nur konkret formulierbare Fragestellungen heranziehen. Durch eine Priorisierung und die Kosten-Nutzen-Abschätzung müssen Sie die Relevanz überprüfen. So lässt sich die Anzahl der Fragestellungen beschränken und damit der permanente Datenpflegeaufwand.

V. EA-Governance festlegen und initial aufsetzen

Nachdem die Inhalte und damit auch die EAM-Aufwände für deren Beschaffung klar sind, muss die zu Ihrem EAM-Reifegrad, Ihrem Unternehmen und Ihrer Unternehmensarchitektur passende EA-Governance (siehe Abschnitt 5.8) aufgesetzt und etabliert werden, um EAM auch wirklich zum Fliegen zu bekommen. Hierzu müssen die Rollen, Verantwortlichkeiten, Gremien, EAM-Regeln und die EAM-Prozesse sowie deren Integration in die Planungs-, Entscheidungs- und Durchführungsprozesse festgelegt werden. Wesentlich sind insbesondere die Pflegeprozesse und eine gute Werkzeugunterstützung, da über diese eine hinreichend aktuelle und qualitativ hochwertige Datenbasis sichergestellt wird. Durch eine regelmäßige Pflegeaktion, z. B. monatlich oder vierteljährlich, kann die Datenbasis auch bei einem niedrigen Reifegrad hinreichend aktuell gehalten werden. Mit zunehmendem Reifegrad sollten die Pflegeprozesse eng in die Planungs-, Entscheidungs- und IT-Prozesse integriert werden, um die Datenpflege entlang dieser Prozesse mit zu erledigen. Nur so bleibt die EAM-Datenbasis hinreichend aktuell und qualitativ hochwertig und nur dann liefert EAM wertvollen Input und kann Einfluss auf Entscheidungen nehmen.

Wichtig

Beachten Sie hierbei folgende Prämissen:

- **Keine Datenerfassung auf Verdacht:** Beschränken Sie sich auf die für die Beantwortung der bekannten und relevanten Fragestellungen erforderlichen Daten. Nur so stellen Sie sicher, dass ausnahmslos unbedingt benötigte Daten dokumentiert werden. Damit können Sie die Aufwände für die Datenerfassung in Grenzen halten.
- **Hinreichende Datenqualität und -aktualität:** Sowohl die Datenqualität als auch die Datenaktualität müssen lediglich hinreichend für die Umsetzung der jeweiligen Zielsetzungen sein. Nur die konkret für die nächste Ausbaustufe festgelegten Fragestellungen müssen beantwortet werden.

  So reicht eine Einstiegsdatenqualität im Hinblick auf neue Zielsetzungen häufig völlig aus. Durch z. B. eine erste rudimentäre, noch unvollständig abgestimmte Liste von fachlichen Funktionen (Business Capabilities) kann über eine Bebauungsplangrafik die funktionale Abdeckung gut aufgezeigt werden.

Der Nutzen wird so für Fachbereiche und das Management erst sichtbar. Dies ist die Voraussetzung, um sie für die Mitarbeit zu gewinnen.

Ein weiteres Beispiel ist die monatliche Aktualität von Steuerungsgrößen, wenn diese nur monatlich berichtet werden.

- **Aufwandsarme Datenbereitstellung:** EAM-Datenlieferanten haben selbst in der Regel nur wenig direkten Nutzen von EAM. Jedoch nur, wenn die Daten mit einer ausreichenden Datenqualität und Aktualität bereitstehen, führen Analysen und Auswertungen zu fundierten Ergebnissen und die Ergebnisse werden genutzt. Für die Datenlieferanten muss die Datenerfassung daher möglichst einfach sein. Idealerweise erfolgt diese automatisiert aus anderen Quellsystemen durch z. B. Integration von EAM und BPM. Wenn eine Datenbereitstellung oder -pflege erforderlich ist, ist eine angemessene Werkzeugunterstützung notwendig, die die Pflegeaufwände reduziert.

  Soweit möglich muss auch persönlicher Nutzen für Datenlieferanten geschaffen werden. So können die Dokumentationspflichten z. B. im Hinblick auf Compliance oder Sicherheit vereinfacht werden oder aber die Projekt- oder Wartungsarbeiten durch z. B. Fokussierung oder aber Input durch Analyse der Bebauung unterstützt werden.

  „Sanfter" Druck der Vorgesetzten ist darüber hinaus sicherlich notwendig, um eine nachhaltige hinreichend aktuelle und qualitativ hochwertige Datenlieferung sicherzustellen.

- **Die „richtigen" Datenlieferanten:** Datenlieferanten müssen die Daten auch wirklich liefern können. Daten können nur von denjenigen gepflegt und bereitgestellt werden, die die Inhalte wirklich kennen. Zum Beispiel ergibt es wenig Sinn, IS-Verantwortliche mit der Pflege der Zuordnung zu den Betriebsinfrastruktureinheiten zu befassen, wenn Ihnen die Zuordnung nicht bekannt ist und Sie diese Informationen erst von anderen erfragen müssen. ■

Nach der Festlegung der Organisation und Prozesse müssen diese ebenso wie das entsprechend den Fragestellungen und dem EAM-Reifegrad gestaltete Analyse-, Planungs- und Steuerungsinstrumentarium auch initiiert werden, um EAM Leben einzuhauchen.

Erprobung

Parallel, spätestens ab der Analyse der Datenbeschaffung, wird die Konzeption an repräsentativen Ausschnitten erprobt und die Werkzeugunterstützung aufgebaut. So wird die Konzeption ein Stück weit abgesichert.

In Abschnitt 5.7 finden Sie eine Schritt-für-Schritt-Anleitung für die Konzeption Ihrer ersten oder nächsten EAM-Ausbaustufe.

Erste Ausbaustufe (Bootstrap)

Der ersten Ausbaustufe von EAM kommt die größte Bedeutung zu, da es im Allgemeinen keine zweite Chance für einen erneuten Versuch gibt. Sie müssen in kurzer Zeit sichtbare

Erfolge vorweisen. Nicht alle EAM-Ziele sind erreichbar. Fortgeschrittene Ziele, wie z. B. die Gestaltung der Soll-IS-Landschaft, können erst adressiert werden, wenn eine hinreichend aktuelle, vollständige und qualitativ hochwertige Datenbasis nachhaltig vorliegt. Diesen Zielsetzungen müssen Sie sich schrittweise über die nächsten Ausbaustufen annähern. Über das Feedback auf der Basis der repräsentativen Beispiele und später der Erprobung im Rahmen des Ausrollens in der Breite gelingt dies bei einer systematischen Vorgehensweise.

Die Unternehmensarchitekten entwickeln in der ersten Ausbaustufe ein „Feeling“ für die Abstraktionen, die Granularität sowie den möglichen Einflussbereich von EAM, die wesentlichen Stakeholder und den notwendigen Veränderungsprozess im Unternehmen. Sie lernen und gewinnen an Sicherheit, um einschätzen zu können, welche Fragestellungen sie überhaupt und wie sie diese mit Hilfe von EAM beantworten können. Erst dann sind sie in der Lage, schnell Lösungen zu liefern. Der Schwerpunkt der ersten Ausbaustufe liegt also häufig auf dem Verstehen und Lernen. Daher sollte auch das EAM-Kernteam klein sein und überwiegend aus den Unternehmensarchitekten bestehen, die zukünftig EAM „stemmen“ müssen. Alle Beteiligten sollten zudem aufgeschlossen für das Themenfeld EAM sein und über hinreichende Skills (siehe Abschnitt 5.8) verfügen. Ansonsten werden Nebenkriegsschauplätze aufgemacht, die erfolgsgefährdend sind. Ein beliebter Nebenkriegsschauplatz ist die Nutzenfrage. Diese kann zu Projektstart noch niemand sicher beantworten, da dies ja gerade in der ersten Ausbaustufe herausgearbeitet wird. Es ist zu Beginn häufig intuitiv klar, dass man im Unternehmen „nicht an EAM vorbeikommt“. Was dies im Einzelnen heißt, ist aber offen.

Wichtig

In der ersten Ausbaustufe sollten das Kernteam und das erweiterte Team sehr klein sein. Jedes Mitglied muss selber großes Interesse am Erfolg der EAM-Initiative haben. ■

Um schnell ab der zweiten Ausbaustufe Ergebnisse liefern zu können, benötigt man einen „EAM-Kern“ in der EAM-Datenbasis und eine ausreichende Werkzeugunterstützung. Die Datenpflege und Serviceleistungen müssen zudem mit ausreichender Qualität aufgebaut und jeder Erfolg muss vermarktet werden.

Schon in der ersten Stufe müssen Sie daher zumindest in Ausschnitten eine Dokumentation der IT-Landschaft erstellen. So gelangen Sie zu überzeugendem Material, um in Projekten oder der strategischen Planung und Steuerung der IT zu überzeugen.

Der „EAM-Kern“ besteht in der Regel aus:

- **Fachliche und technische Strukturen**
  - *Liste der Informationssysteme mit allen relevanten Attributen* (siehe Abschnitt 2.5.2) für z. B. das Lifecycle-Management, das Applikationsportfoliomanagement sowie für die Umsetzung von Anforderungen aus dem Compliance- oder Informationssicherheitskontext
  - *Festlegungen von zentralen Attributausprägungen* (siehe Abschnitt 2.5): Beispiele hierfür sind Lifecycle-Status, Planungs- und Freigabestatus, Sicherheitslevel oder Automatisierungsgrad.
  - *Fachliche Ordnungsstrukturen:* Hierzu zählen insbesondere fachliche Domänen und gegebenenfalls grobgranulare Geschäftsprozesse oder Business Capabilities.

  - *Technische Ordnungsstrukturen:* Dies sind im Wesentlichen technische Domänen, die Schränke und Schubladen, in die technische Bausteine einsortiert werden.
  - *Zuordnung von Informationssystemen zu den fachlichen und technischen Ordnungsstrukturen:* Hiermit kann das Business-IT-Alignment oder technischer Handlungsbedarf schnell aufgezeigt werden.
- **Aufbau erster EAM-Visualisierungen** (Erläuterungen zu den Visualisierungen finden Sie in Abschnitt 2.4): In der ersten Ausbaustufe von EAM sind Sie noch in einem niedrigen EAM-Reifegrad. Daher müssen Sie versuchen, einen spürbaren Nutzen mit einem überschaubaren Aufwand zu erzielen. EAM-Visualisierungen sind hier ein gutes Mittel. Sie machen Zusammenhänge transparent und erzeugen somit einen „Aha"-Effekt. Einfache Überblicksdarstellungen, wie z. B. konsistente Listen, bieten einen guten Einstieg ins EAM. Listen können die Dokumentationspflichten z. B. im Zusammenhang mit dem Risikomanagement vereinfachen.

  Typische Beispiele hierfür sind:
  - Liste der Informationssysteme mit gegebenenfalls Hervorhebungen
  - Bebauungsplangrafik für das Aufzeigen des Business-IT-Alignments
  - Heatmap-Darstellungen für das Aufzeigen von technischen Handlungsbedarfen z. B. in einer Cluster-Grafik, einer Blueprint-Grafik oder aber einer technischen Bebauungsplangrafik
  - Gegebenenfalls für einen kleinen Ausschnitt eine Informationsflussgrafik, um die Möglichkeiten aufzuzeigen
  - Gegebenenfalls eine Auswahl der anderen Grafiktypen (siehe Abschnitt 2.4) entsprechend der im Rahmen der ersten Ausbaustufe festgelegten Zielsetzungen und der Soll-Vision von EAM

Wichtig für den Start „Think big" und „Start small":

- **Überblick vor Detaillierung:** Erstellen Sie einen Überblick über die IT-Landschaft und Geschäftsarchitektur in ihrem Zusammenspiel und keine Detaildokumentationen für detaillierte Einzelfragestellungen wie z. B. die Kostensituation bei den IT-Systemen.
- **Ganzheitliche Sicht:** Bei der Konzeption sollten Sie explizit versuchen, alle Bebauungen im Kontext der Unternehmensarchitektur und auch die Verbindung zu z. B. Projektportfoliomanagement oder Projektabwicklung mit zu berücksichtigen. Auch wenn nicht alle Teile im ersten Schritt umgesetzt werden, brauchen Sie das als Basis für den späteren Ausbau.
- **Agiles Vorgehen** wie ausgeführt

Bei den weiteren Ausbaustufen sollten dann schrittweise weitere Stakeholder einbezogen werden. Welche und in welcher Art und Weise wird aber im Rahmen der Stakeholder-Analyse für die weitere Ausbaustufe festgelegt. Ab der zweiten Ausbaustufe muss auf den persönlichen Mehrwert der Nutznießer sowie ein gutes Kosten-Nutzen-Verhältnis geachtet werden. Hierzu ist die aufwandsarme Bereitstellung der gewünschten Ergebnisse neben dem persönlichen Nutzen erfolgsentscheidend.

Zusammenfassung und Ausblick

EAM ist ein wesentlicher Bestandteil des Planungs- und Steuerungsinstrumentariums im IT-Management. Es hilft Ihnen, die IT in den Griff zu bekommen, die IT-Komplexität zu reduzieren, Kosten nachhaltig zu senken, die IT auf Änderungen vorzubereiten und am Business orientiert auszurichten.

Als Standards im EAM-Umfeld, Enterprise-Architecture-Rahmenwerke (EA Frameworks) genannt, gibt es vor allen Dingen das Zachman Enterprise Architecture Framework und insbesondere TOGAF (The Open Group Architecture Framework).

Die Best-Practice-EAM instanziiert TOGAF, um eine handhabbare EAM-Methode bereitzustellen. Wesentlich sind insbesondere die Unternehmensarchitektur, die Visualisierungen und die systematische Vorgehensweise zur Einführung von EAM in Quick-win-basierten Einführungsstufen.

Wesentliche Erfolgsfaktoren für ein erfolgreiches EAM sind:

- Klare Ausrichtung auf Wertschöpfung und persönlichen Nutzen von Stakeholdern mit maßgeschneiderten Sichten und interdisziplinär, zeitgerecht, agil entwickelte Lösungen anstelle von strikten Leitplanken und Governance
- Verlässliche EA-Strukturen als Metadaten mit Single-Point-of-Truth, die von anderen genutzt werden können, als Voraussetzung für ein grenzenloses digitales Nutzererlebnis und die Wertschöpfung
- Systematische und handhabbare Methodik mit Schwerpunkt auf Lösungsorientierung und Risikoabsicherung, kein Ballast und Konzentration auf das Wesentliche sowie Kosten-Nutzen-Orientierung
- Agilität und Eigenverantwortlichkeit gepaart mit Selbstorganisation und Feedback sowie Lösungsentwurf in kurzen Zyklen
- Hohe Datenqualität und soweit möglich automatisierte und intuitiv nutzbare Tool-Unterstützung mit einem integrierten Planungs- und Steuerungsinstrumentarium

Verankerung der Unternehmensarchitektur in der DNA vom Unternehmen (Architectural Thinking siehe [Win16]) sowie in allen Planungs-, Entscheidungs- und Durchführungsprozessen ■

3 EAM-Leitfaden für den CIO und CDO

Wenn man sich von der Intuition leiten lässt,
muss man systematisch vorgehen.

Pavel Kosorin, tschechischer Schriftsteller und Aphoristiker (* 1964)

Eine Unternehmensarchitektur (Enterprise Architecture) schafft eine ganzheitliche Sicht auf das Geschäft und die IT in ihrem Zusammenspiel. Sie führt die verstreuten Informationen aus den fachlichen und technischen Bereichen und Projekten zu einem Ganzen zusammen und zeigt die Vernetzung zwischen den Elementen auf. Sie erzeugt durch die Festlegung von fachlichen und technischen Strukturen eine gemeinsame Sprachbasis zwischen Business und IT, „eine Brücke" (siehe Bild 3.1). Abhängigkeiten und Auswirkungen von Veränderungen in Business und IT werden transparent. Auf dieser Basis können Sie vorausschauend agieren und fundierte Entscheidungen treffen. So hilft Ihnen das Enterprise Architecture Management, die digitale Transformation aktiv zu planen und zu steuern sowie den Stellenwert Ihrer IT im Unternehmen zu steigern und zum Partner oder sogar Gestalter des Business zu werden.

Bild 3.1 Brücke zwischen Business und IT

Insbesondere durch die Digitalisierung und Trends wie Nachhaltigkeit, KI/ML, „Intelligent Composable Business“, Hyperautomatisierung, digitale Plattformen, IoT, Edge Computing und Augmented Reality verändert sich die Rolle der IT im Unternehmen. Dies ist nach meiner Einschätzung ein unaufhaltsamer Zug, in der der CDO und CIO möglichst der „Zugführer“, der „Business-Enabler“, wird. EAM kann hier einen wichtigen Beitrag leisten.

Geschäftsmodelle verändern sich rapide. Die IT wird zunehmend Bestandteil von Geschäftsmodellen, wie an der Plattform-Ökonomie, Mobile Apps oder aber noch viel mehr im Kontext der Digitalisierung zu sehen ist. Die IT kann sowohl in der Umsetzung als auch als Innovationsmotor eine Schlüsselrolle einnehmen. IT-Innovationen sind häufig Grundlage für Business-Innovationen und daraus resultierende neue Geschäftsmodelle. Geschäftsprozesse und IT-Techniken verschmelzen immer stärker. Die Gestaltung neuer Geschäftsmodelle ist immanent mit der Umsetzung mit den richtigen Technologien wie z. B. IoT verbunden. Nur so können mit einem Zeitvorsprung vor dem Wettbewerb differenzierende Produkte oder Leistungen zu marktgerechten Preisen realisiert werden.

Die Business-Orientierung der IT nimmt einen immer höheren Stellenwert ein. Nur wenn der Mehrwert für die Weiterentwicklung des Geschäfts gesehen wird, hat die IT die Chance zum Business-Enabler zu werden. Im anderen Fall besteht die Gefahr, dass die IT an Stellenwert verliert und nur noch als Kostenfaktor oder noch viel schlimmer als „Verhinderer“ und „Blockierer“ gesehen wird. In diesem Fall wird die IT häufig zur reinen Service-Delivery-Einheit mit Rechenzentrum und Infrastruktursupport degradiert. IT-Umsetzungsfunktionen werden ins Business verlagert oder von extern eingekauft. So wird die Rolle des Chief Digital Officer häufig durch einen Nicht-IT-Fachmann besetzt.

EAM ist ein wesentlicher Erfolgsfaktor, um die Rolle als Business-Enabler zu erobern. Es stellt ein Instrumentarium bereit, um die Herausforderungen von Effizienz und Qualität in der Leistungserbringung, Time-to-Market einerseits und Flexibilität und Innovationsfähigkeit andererseits besser bewältigen zu können. Die IT-Komplexität wird beherrscht und die Auswirkungen von Veränderungen werden plan- und steuerbar.

Um vorausschauend agieren und fundierte Entscheidungen treffen zu können, brauchen Sie eine ganzheitliche Sicht auf das Geschäft und die IT in ihrem Zusammenspiel. Sie benötigen Transparenz über Ihre Ausgangslage und Ihre Unternehmensstrategie, um auf dieser Grundlage Ihre IT-Strategie und Ihre Soll-Vision abzuleiten und die IT zielgerichtet zu steuern. Ein Flugzeugcockpit, siehe Bild 3.2, veranschaulicht dies gut.

Sie als „Pilot“ des Unternehmens oder der IT benötigen ein wirkungsvolles und ausbaubares Instrumentarium, um

- auf einen Blick die aktuelle Ausgangslage und insbesondere situativ mögliche Risiken schnell zu erfassen,
- fundierte Entscheidungen zeitnah zu treffen,
- die Zukunft zielgerichtet businessorientiert zu gestalten (den richtigen Weg zu finden) und
- sicherzustellen, dass die Soll-Vision auch wie geplant umgesetzt wird.

Enterprise Architecture Management nimmt hierbei eine Schlüsselrolle ein. Im Folgenden wird ausgeführt, wie Ihnen EAM bei der Bewältigung Ihrer Herausforderungen hilft und wie Sie EAM in Ihrem Unternehmen verargumentieren können.

Bild 3.2 EAM – Analyse-, Planungs- und Steuerungsinstrumentarium

In diesem Kapitel finden Sie die Antworten auf folgende Fragen:

- Welchen Herausforderungen muss sich ein CIO und CDO aktuell stellen?
- Wie hilft EAM bei der Bewältigung dieser Herausforderungen?
- Aus welchen Bestandteilen besteht ein wirkungsvolles Instrumentarium für das strategische IT-Management? Wie unterstützt EAM das strategische IT-Management?
- Wie kommen Sie zu Ihrem Enterprise Architecture Management? Wie müssen Sie vorgehen und mit welchem Aufwand müssen Sie rechnen?
- Welcher Nutzen entsteht? Rechtfertigt der Nutzen den Aufwand?
- Wie können Sie EAM verargumentieren? ■

3.1 Aktuelle Herausforderungen für CIOs und CDOs

CDOs sind die Treiber der Digitalisierung. Hierzu muss ein CDO alle ökonomischen, technischen und strategischen Aspekte der Digitalisierungsvorhaben im Zusammenhang überblicken, Abhängigkeiten, Konflikte und Synergien erkennen und managen. Customer Experience Management ist ein Kern seiner Aufgaben, da die Bedürfnisse des Kunden im Vordergrund bei der Gestaltung neuer digitaler Geschäftsmodelle stehen. Er ist Innovationsmotor für die Entwicklung neuer digitaler Geschäftsmodelle und verantwortet deren Erfolgskontrolle und Optimierung. Zudem treibt er das Innovations-Enabling voran und arbeitet eng mit dem interdisziplinären Innovationsmanagement. Enterprise Architecture Management liefert hierfür einen wichtigen Beitrag. So kann das Planungs- und Steuerungs-instrumentarium von EAM die Weiterentwicklung und Operationalisierung vom digitalen Geschäftsmodell maßgeblich unterstützt werden. Die Operationalisierung einer digitalen Strategie geht zunehmend nur noch mit einer Digitalisierung treibenden IT, die u. a. Automatisierung, digitale Plattformen und einen stabilen, sicheren und zuverlässigen Geschäftsbetrieb ermöglicht.

Aber auch für CIOs verändert sich der Fokus. Er verschiebt sich zunehmend vom Fuß auf der Kostenbremse in Richtung Business-Orientierung und Business-Enabling. Von der IT werden ein hoher Beitrag zur Wettbewerbsdifferenzierung und Business-Agilität sowie Innovationsimpulse als Enabler der digitalen Transformation erwartet. Die IT ist auf Veränderungen vorzubereiten und differenzierende Geschäftsmodelle mit innovativen Produkt-, Marktzugangs- und Kundenbindungsstrategien sind mitzugestalten. Merger & Acquisitions, neue Kooperationsmodelle und Umstrukturierungen sind schnell und sicher zu bewältigen (siehe [Gau14]). Nur so kann kontinuierlich der Wert- und Strategiebeitrag der IT gesteigert und die IT zum „Business Enabler oder Money-Maker“ (siehe Abschnitt 3.4 und [Gar19]) werden.

Dies stellt hohe Anforderungen an den CDO und die IT-Verantwortlichen. Sie müssen sowohl die digitale Transformation, das IT-Handwerk, das Geschäft als auch das Management beherrschen und gleichzeitig Operational Excellence und Business Excellence anstreben. Sehen wir uns die in Bild 3.3 dargestellten Herausforderungen für IT-Verantwortliche im Folgenden genauer an.

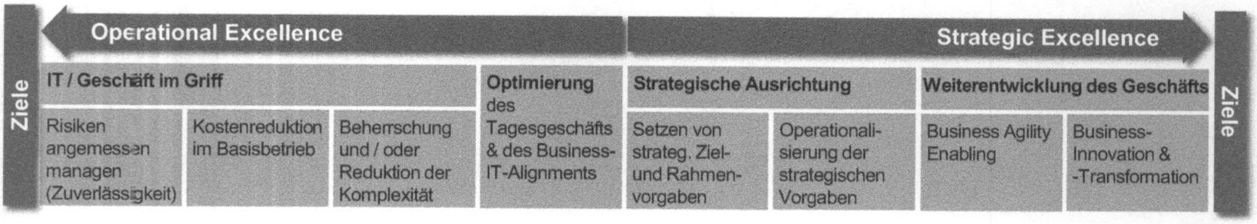

Bild 3.3 Herausforderungen für das IT-Management im Überblick

3.1.1 Operational Excellence

Operational Excellence ist die Fähigkeit, das aktuelle Geschäft kostenangemessen und zuverlässig mithilfe der IT zu unterstützen und dabei die IT-Unterstützung kontinuierlich zu verbessern. Insbesondere Verlässlichkeit und Sicherheit des Geschäftsbetriebs sind für das Unternehmen überlebenswichtig. Der Basisbetrieb muss sicher, performant, stabil und kostenoptimiert gewährleistet werden, um die Geschäftstätigkeit des Unternehmens nicht zu gefährden. Die IT muss zudem über die Kompetenz verfügen, das Business bezüglich effizienzsteigernder Maßnahmen wie z. B. im Kontext der Automatisierung von Geschäftsprozessen zu beraten. Hierbei müssen immer IT-Trends und deren mögliche Auswirkungen auf das Business und die IT im Auge behalten werden. Beispiele für technische Trends sind die Hyperautomatisierung oder digitale Plattformen, IoT, Edge Computing oder Augmented Reality.

Eine hinreichende Operational Excellence ist notwendig, um den erforderlichen Freiraum für Veränderungen zu schaffen. In der Regel werden mit zunehmender Operational Excellence, wie in Bild 3.4 dargestellt, die Kosten im operativen Geschäftsbetrieb nachhaltig reduziert. Damit stehen selbst bei sinkendem IT-Budget mehr Mittel für Innovationen in Business und IT zur Verfügung, um Agilität sicherzustellen und den Wert- und Strategiebeitrag der IT zu steigern.

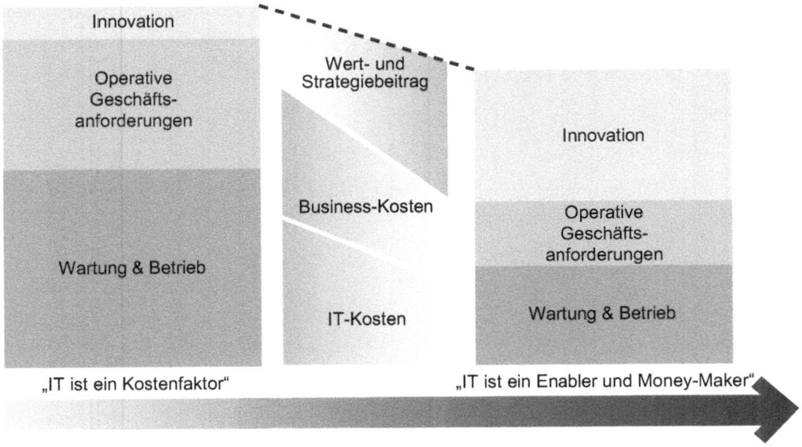

Bild 3.4 Durch Operational Excellence Freiraum für Veränderungen schaffen

Wesentliche Aspekte der Operational Excellence sind:

- **Sicherstellung des Geschäftsbetriebs:** Gewährleistung eines ausreichend zuverlässigen und stabilen IT-Betriebs, ein angemessenes Management von Risiken sowie die Erfüllung der wachsenden Sicherheits- und Compliance-Anforderungen
- **Kostenreduktion im IT-Basisbetrieb:** Die Kosten im IT-Basisbetrieb im Vergleich zum Wettbewerb müssen nachhaltig durch Konsolidierung der Betriebsinfrastruktur und angemessene Sourcing-Entscheidungen reduziert werden, um Freiraum für Innovationen zu schaffen. Klar definierte Dienstleistungen müssen zu marktgerechten Preisen angeboten werden. Dies erfordert systematische und effiziente Leistungsprozesse.

- **Beherrschung und/oder Reduktion der IT-Komplexität:** Die zunehmende IT-Komplexität führt dazu, dass IT-Verantwortliche die IT nicht mehr im Griff haben. Zudem verursacht IT-Komplexität immense Kosten, die es durch Konsolidierungsmaßnahmen einzudämmen gilt. Die Komplexitätstreiber müssen identifiziert und die Umsetzung der Konsolidierung muss forciert werden.
- **Optimierung des Tagesgeschäfts:** Ohne IT ist das Tagesgeschäft kaum mehr durchzuführen. Der IT kommt damit auch eine tragende Rolle im Hinblick auf die Optimierung des Tagesgeschäfts z. B. durch Automatisierung zu. Durch die Unterstützung bei der Optimierung des Tagesgeschäfts erhöht sich der Wertbeitrag der IT und das Business-IT-Alignment wird verbessert.

  Voraussetzungen dafür sind das Verstehen der wesentlichen geschäftlichen Abläufe, die Aufdeckung von Handlungsbedarf und Optimierungspotenzial sowie adäquate zeitgerechte Umsetzung der erforderlichen Maßnahmen.

Die ersten drei Aspekte können unter „die IT bzw. das Geschäft in den Griff bekommen“ zusammengefasst werden. Die Aspekte werden im Folgenden weiter beschrieben.

Sicherstellung des Geschäftsbetriebs

Unzureichende Zuverlässigkeit im Geschäftsbetrieb sowie Nichterfüllung von Compliance- und Sicherheitsanforderungen sind wesentliche Risiken, die durch das IT-Management adressiert und angemessen gemanagt werden müssen. Dies wird im Folgenden weiter ausgeführt.

Definition

Business Continuity Management zielt darauf ab, die Kontinuität des Geschäftsbetriebs selbst in kritischen Situationen (Notfällen) sicherzustellen, und ermöglicht Organisationen bei Störungen von kritischen Geschäftsprozessen, angemessen und schnell zu reagieren. Bestandteile des Notfallmanagements sind die Notfallvorsorge und Notfallbewältigung.

Business Continuity Management (kurz BCM) ist ein systematisches Notfall- und Krisenmanagement zur Bewältigung von denkbaren Situationen, die zum Stillstand kritischer Prozesse führen und damit das Überleben des Unternehmens bedrohen können. Diese Prozesse sowie die möglichen Risiken, denen sie ausgesetzt sind, gilt es zu ermitteln. Die maximal tolerierbaren Ausfallzeiten der kritischen Geschäftsprozesse sind zu definieren. Für alle Risiken müssen die möglichen Auswirkungen (z. B. finanziell oder aber immateriell, wie z. B. den Ruf des Unternehmens betreffend) und die Eintrittswahrscheinlichkeit benannt und Maßnahmen vorgegeben werden, die im Falle des Eintritts der verschiedenen Risiken durchzuführen sind.

Ein **zuverlässiger IT-Betrieb** ist für einen reibungslosen Geschäftsbetrieb entscheidend. Die Betriebsinfrastruktur muss stabil und leistungsfähig sein. Sicherheit, Skalierbarkeit, Ausfallsicherheit, Verfügbarkeit und Performance sind sowohl auf Hardware-, Netzwerk-, Betriebssystem-, Laufzeitumgebungs- als auch auf Anwendungsebene erforderlich. Zudem ist ein ausreichendes Know-how bei den Mitarbeitern im IT-Betrieb bzw. beim IT-Dienstleister notwendig. Über entsprechende Service-Level-Vereinbarungen (Service Level Agreement

– kurz SLA) werden der Leistungsumfang (funktional und nichtfunktional) und der Preis in der Regel festgelegt. Dies erfolgt über ein **Service-Level-Management**, das auch die Einhaltung der SLAs überwacht.

Der CIO oder IT-Verantwortliche muss ein systematisches Notfall- und Krisenmanagement zur Bewältigung von denkbaren Situationen sicherstellen. Es sind alle Situationen, die zum Stillstand kritischer Prozesse führen und damit das Überleben des Unternehmens bedrohen können, zu identifizieren und dafür Notfallkonzepte zu erstellen. Dies wird **Business Continuity Management** genannt. Siehe hierzu Abschnitt 4.6.

Die Risiken im Kontext von Compliance und Sicherheit nehmen immer weiter zu. Die sich laufend verändernden und erweiterten Compliance- und Sicherheitsanforderungen müssen bewältigt werden. Verstöße gegen gesetzliche oder freiwillige Auflagen können zu gravierenden wirtschaftlichen Schäden und persönlichen Haftungsrisiken von Vorständen und Geschäftsführern führen. Das **Compliance Management** ist damit ein wesentlicher Bestandteil des unternehmensweiten Risikomanagements und strahlt in alle Unternehmensbereiche aus. Für die Umsetzung nahezu aller Compliance-Anforderungen resultierend aus KonTraG, GoBD, MaK, TMG, TKG, Urheberrecht, Solvency II, Basel II und Sarbanes Oxley Act muss die Ordnungsmäßigkeit der Prozesse und Systeme in der Systementwicklung und im Systembetrieb nachgewiesen werden. Daraus folgen umfangreiche Berichtspflichten und zudem teilweise sehr lange Aufbewahrungsfristen von Dokumenten und Daten. Siehe hierzu Abschnitt 4.4.

Ähnlich sieht es mit **Datenschutz (u. a. EU-DSGVO) und Informationssicherheit** (entsprechend ISO 27001 oder Cyber-Security) aus (siehe [Han19]). Die Sicherheitsbedrohungen und die damit verbundenen möglichen Schäden nehmen auch wegen der globalen Vernetzung und Mobilität immer weiter zu. Bedrohungsanalysen müssen durchgeführt werden, unternehmensspezifische Sicherheitsrichtlinien gilt es zu erstellen und umzusetzen. Der IT-Sicherheit kommt hier aufgrund der Abhängigkeit des Geschäftsbetriebs von der IT zunehmend mehr Bedeutung zu.

Kostenreduktion im IT-Basisbetrieb

Die IT-Kosten stehen nach wie vor unter Druck. Ansatzpunkte für eine nachhaltige Kostenreduktion sind:

- **Professionelles Servicemanagement:** Durch systematische und effiziente Prozesse und ein definiertes Produkt- und Dienstleistungsangebot (Servicekatalog) mit klar festgelegten SLAs und Preisen können die standardisierten Leistungen schrittweise optimiert und damit kostengünstiger bereitgestellt werden. Beispiele für Leistungen sind die Bereitstellung eines Heimarbeitsplatzes oder einer Außendienstanbindung.

  Von besonderer Bedeutung im Kontext der nachhaltigen Kostenreduktion ist die **Betriebsinfrastrukturkonsolidierung.** Hierbei wird die Betriebsinfrastruktur standardisiert, homogenisiert und optimiert. Wesentliche Mittel sind die Einführung, Bündelung und Zentralisierung von Plattformen, Know-how und standardisierten Services mit klar definierten SLAs sowie Ablösung von Technologien und Systemen (Lifecycle-Management) oder Reduktion der Abhängigkeiten sowie die Vereinfachung auf allen Ebenen. Verbreitete Maßnahmen sind Lizenzmanagement, Virtualisierung, Service-Katalog-Management, Cloud-Computing und Datacenter Management (siehe [Han13]). Durch die Know-how-Bündelung sowie Reduzierung von Lizenz-, Wartungs- und Betriebskosten können enorme Kosteneinsparungen realisiert werden.

In den letzten Jahren verändert sich der IT-Betrieb in Richtung „Infrastructure as Code (IaC)". Infrastructure as Code stellt IT-Infrastrukturleistungen wie Rechenleistung, Speicher und Netzwerk auf Basis von maschinenlesbarem Code zur Verfügung. Deshalb wird es auch „programmierbare Infrastruktur" genannt. Die Infrastruktur wird ähnlich wie Software programmiert. Das IaC-Konzept ist eng mit dem DevOps-Konzept und dem Cloud-Computing-Modell Infrastructure as a Service (IaaS) verknüpft.

Zur Bereitstellung von Infrastrukturleistungen müssen keine manuellen Konfigurationsarbeiten ausgeführt werden. Die Infrastruktur wird über Skripte oder Programmfiles beschrieben und automatisiert gemäß den Vorgaben konfiguriert. Das Erstellen der Infrastruktur ist ein mit dem Programmieren von Software vergleichbarer Vorgang.

Daneben ist die Infrastruktur durch Entwicklungen im Kontext IoT, 5G, Cloud-Computing, Edge Computing und der ortsunabhängige Betrieb geprägt. Beim Edge Computing werden Daten dezentral an dem Ort, wo sie generiert wurden, verarbeitet. Die Bedeutung der Technologie steigt mit der Menge an Daten, die durch das Internet der Dinge (IoT) erzeugt wird.

Der ortsunabhängige Betrieb bietet Unternehmen nicht nur mehr Flexibilität, sondern auch einen einfacheren Zugang zu den Talenten. Der IT-Betrieb muss den Betrieb des verteilten Unternehmens unterstützen und nicht an einem bestimmten geografischen Standort gebunden sein. D.h., Mitarbeiter können von überall arbeiten.

Um dies zu ermöglichen, werden zunehmend Infrastruktur-Management-Plattformen und IaC, wie bereits beschrieben, eingesetzt.

- **Technologiemanagement: IT-Innovationsmanagement, Lifecycle-Management, technische Standardisierung und Homogenisierung der Betriebsinfrastruktur und des Lösungsportfolios.** Durch die technische Standardisierung und Homogenisierung sowie ein explizites Lifecycle-Management kann die Komplexität der IT-Landschaft erheblich reduziert, das Know-how gebündelt und verbessert, Skaleneffekte und die zentrale Einkaufsmacht im Einkauf genutzt und Lizenz-, Wartungs- und Betriebskosten reduziert werden. Neben der Komplexitätsreduktion und Kosteneinsparung wird zudem die technische Qualität durch die Verwendung von erprobten standardisierten Services und Bausteinen verbessert.

  Von besonderer Bedeutung ist aber zunehmend das IT-Innovationsmanagement und die businessorientierte explizite Weiterentwicklung des Lösungsportfolios im Zusammenspiel mit der strategischen IT-Planung. Für alle Handlungsfelder, für die es noch keine adäquate Lösung gibt, werden technische Capabilities abgeleitet. Für jede technische Capability werden adäquate Lösungsszenarien erarbeitet und synchronisiert über das Projektportfoliomanagement auch entsprechend der konkreten Anforderungen implementiert. So entwickelt sich das Lösungsportfolio kontinuierlich weiter. Siehe Abschnitte 5.6 und 4.20.

- **Sourcing und Ressourcenmanagement:** Durch ein adäquates Sourcing und Ressourcenmanagement wird sichergestellt, dass das passende Know-how ausreichend und zeitgerecht zur Verfügung steht. Zudem können Skaleneffekte und die zentrale Verhandlungsmacht im Einkauf genutzt und darüber zusammen mit einem expliziten Skill-Management zur Know-how-Bündelung Kosteneinsparungen erzielt werden. Angemessene Sourcing-Entscheidungen zugeschnitten auf das Leistungspotenzial und die Kerneigenleistungsfähigkeit des Unternehmens sind erfolgskritisch. Viele Produkte oder Services, die nicht zum Kerngeschäft der Unternehmens-IT gehören oder aber nicht zu einem marktgerechten Preis bereitgestellt werden können, werden häufig extern bezogen (siehe [Han14]). Wesentlich sind hierfür die **Festlegung der Sourcing-Strategie**, das **Skill-Management** und das **Geschäftspartnermanagement**.

Beherrschung und/oder Reduktion der IT-Komplexität

Ein wesentlicher Erfolgsfaktor für Operational Excellence ist die Beherrschung und/oder Reduktion der IT-Komplexität. Die technologische Vielfalt, die Abhängigkeiten zwischen Systemen, die funktionalen Redundanzen, Datenredundanzen und -inkonsistenzen sowie unnötige Systeme und Schnittstellen führen zu immensen Wartungs- und Betriebskosten. Die zunehmende Komplexität ist zudem für die IT-Verantwortlichen nicht mehr zu bewältigen. Zeitnah fundierte Entscheidungen zu treffen, wird immer schwieriger.

Ohne eine Konsolidierung der Landschaft wird die Komplexität immer größer. Die IT-Landschaft muss vereinfacht, standardisiert und homogenisiert werden. Der Wildwuchs muss aufgeräumt werden. Hierzu müssen die Komplexitätstreiber ermittelt und die Umsetzung der Maßnahmen zur Beherrschung der Komplexität forciert werden.

Beispiele für Maßnahmen zur Beherrschung oder Reduktion der Komplexität sind neben dem Sourcing und Ressourcenmanagement (siehe oben):

- **IT-Konsolidierung:** Durch die Reduktion von Redundanzen und Abhängigkeiten sowie die Ablösung von überflüssigen Technologien oder Systemen (oder Versionen davon), die Homogenisierung sowie die Vereinfachung auf allen Ebenen wird die IT-Landschaft überschaubarer und beherrschbar.

  Die wesentlichen Bestandteile der IT-Konsolidierung sind:

  - *Betriebsinfrastrukturkonsolidierung* (siehe oben)
  - *Technologiemanagement:* Im Technologiemanagement werden die technischen Standards, der Blueprint, des Unternehmens festgelegt, kontinuierlich weiterentwickelt und dessen Verbauung gesteuert. Neue technologische Entwicklungen werden im IT-Innovationsmanagement (siehe Abschnitt 4.20) im Hinblick auf ihre Einsetzbarkeit und Auswirkungen im Unternehmen beobachtet, evaluiert, bewertet und gegebenenfalls in den Blueprint aufgenommen. Der Lebenszyklus der technischen Bausteine wird gemanagt. Technische Bausteine und deren Releases, die nicht mehr zukunftsfähig sind oder sich im Einsatz nicht bewährt haben, werden abgelöst. So werden die Zukunftsfähigkeit und Tragfähigkeit von technischen Standards sichergestellt.
  - *Konsolidierung der IS-Landschaft:* Die Konsolidierung der IS-Landschaft erfolgt durch Standardisierung und Homogenisierung, Beseitigung von Redundanzen und Abhängigkeiten sowie organisatorische Maßnahmen.

Wichtig

Die IT-Konsolidierung ist eine langwierige und fortwährende Aufgabe. Bis Systeme abgeschaltet oder Technologien komplett abgelöst werden, vergehen häufig Jahre. Der Nutzen entsteht aber erst mit der vollständigen Ablösung.

Die IT-Konsolidierung muss in der strategischen, taktischen und operativen IT-Planung und in den Entscheidungsprozessen eine zentrale Rolle spielen. Jedes Projekt und jede Wartungsmaßnahme müssen einen messbaren Beitrag zum „Aufräumen" leisten. Dies ist eine wichtige Steuerungsaufgabe. Nur so reduzieren Sie die Komplexität Ihrer IT-Landschaft nachhaltig. ■

- **Fachliche Standardisierung:** Durch die Festlegung von Standards für die Elemente der Geschäftsarchitektur, insbesondere für Geschäftsprozesse, Business Capabilities und Geschäftsobjekte, wird die Vielfalt eingeschränkt und damit reduziert sich der Aufwand für die Umsetzung von Geschäftsanforderungen in der IT-Umsetzung. Zudem vereinfachen sich die Einarbeitung und die Administration.

Dies geht jedoch auf Kosten der Flexibilität. Regionale Besonderheiten und auch individuelle Randbedingungen werden häufig nicht vollständig abgedeckt. Daher findet man zunehmend eine Kombination von übergreifenden Referenzmodellen und individuellen dezentralen Modellen. So können die Vorteile von der übergreifenden Konsolidierung mit den passgenauen dezentralen Modellen gehoben werden.

Wichtig

Die fachliche Standardisierung geht, soweit die Geschäftsprozesse oder Business Capabilities IT-unterstützt werden, mit der Konsolidierung der IS-Landschaft einher. Durch die Festlegung von Standards für Informationssysteme beschränken diese die Geschäftsprozesse bzw. Business Capabilities auf dieser Basis.

IS-Konsolidierungsprojekte sind also in der Regel gleichzeitig fachliche Standardisierungsprojekte und haben daher eine hohe Komplexität. ■

Optimierung des Tagesgeschäfts

Durch die Automatisierung von Abläufen, die Standardisierung von Geschäftsprozessen und insbesondere die Verschlankung von Geschäftsprozessen können enorme Einsparungspotenziale erzielt werden. Die Verschlankung von Geschäftsprozessen ist mittels Reduktion von Ausnahmefällen oder aber einer optimierten, gegebenenfalls automatischen Behandlung von Ausnahmefällen erreichbar. So fand die Aberdeen Group [Abd00] heraus, dass drei Viertel der geschäftlichen Transaktionen an irgendeinem Punkt Ausnahmen von der Regel erfordern. Die Reduzierung dieser Ausnahmen bietet ein gewaltiges Einsparpotenzial.

Wesentliche Aspekte der Optimierung des Geschäfts:

- Festlegung klarer Verantwortlichkeiten und Kompetenzen
- Schaffung von Transparenz über Geschäftsprozesse und/oder fachliche Funktionen
- Beseitigung von Redundanzen und Inkonsistenzen
- Automatisierung und Beschleunigung von Abläufen
- Beseitigung von organisatorischen, Medien- und Systembrüchen
- Verschlankung von Geschäftsprozessen durch die Beseitigung von Ausnahmefällen sowie deren standardisierte Behandlung
- Erhöhung des Standardisierungsgrads von fachlichen Funktionen und Geschäftsprozessen sowie deren Homogenisierung
- Zentralisierung oder Outtasking von fachlichen Funktionen und Geschäftsprozessen für Commodity-Dienstleistungen
- Schaffung von Business-Möglichkeiten durch IT-Innovationen wie z. B. Kollaborationsplattformen für eine bessere Einbindung von Partnern und Lieferanten
- Beseitigung von Datenredundanzen und Inkonsistenzen sowie Sicherstellung von klaren Verantwortlichkeiten für Geschäftsobjekte (Stammdatenmanagement)

Das größte Nutzenpotenzial liegt in der Optimierung der Geschäftsprozesse und der Organisation.

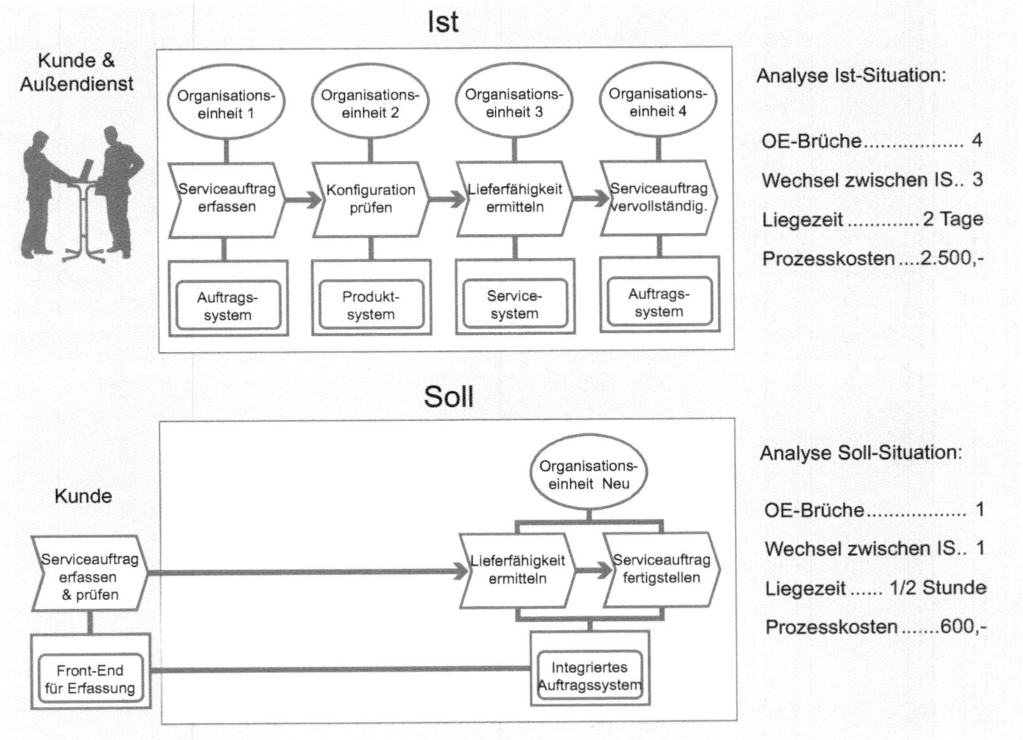

Bild 3.5 Beispiel für die Optimierung des Geschäfts

In Bild 3.5 finden Sie ein Beispiel für eine Geschäftsprozessoptimierung.

Die IT muss fundierten Input für die Optimierung des Geschäfts liefern und damit ihren Wertbeitrag erhöhen. Einerseits können Handlungsbedarf und Optimierungspotenzial aufgezeigt werden. Andererseits können die Auswirkungen von Business- und IT-Ideen schnell und fundiert nachvollzogen werden. So werden die „time-to-market" verkürzt und die Entscheidungssicherheit erhöht. Dies liefert für das Business spürbaren Nutzen und hilft der IT, sich als Partner oder Enabler des Business zu etablieren (siehe Abschnitt 3.4).

Die Einsparungsmöglichkeiten, z. B. durch Effizienzsteigerung in Geschäftsprozessen, oder aber das Wertsteigerungspotenzial, z. B. aufgrund von verbessertem Service durch eine bessere Servicedatenbasis, sind enorm. Der Nutzen kann aber nur unternehmensspezifisch bewertet werden.

Ansatzpunkte zur Optimierung des Tagesgeschäfts sind:

- **Projektabwicklung:** Im Rahmen von Projekten werden Ansatzpunkte für die Optimierung des Tagesgeschäfts umgesetzt. Damit steigt auch der Wertbeitrag der Projekte.
- **Demand Management:** Die wirklichen Anforderungen und Prioritäten verstehen, aufnehmen und deren Umsetzung forcieren, dies leistet das Demand Management. Für die Optimierung des Tagesgeschäfts sind insbesondere das Auftragsmanagement, die fachliche Projektportfolio- und Roadmap-Planung sowie fachliche Umsetzungssteuerung wichtig. Das Anforderungschaos wird über ein konsequentes Auftragsmanagement beherrscht.

Geschäftsanforderungen werden systematisch aufgenommen, analysiert, priorisiert und abgestimmt. Durch die fachliche Projektportfolio- und Roadmap-Planung wird sichergestellt, dass mit angemessenem Aufwand die richtigen Dinge getan werden (siehe [HGG15]).

- **Operatives Prozessmanagement:** Im Rahmen des operativen Prozessmanagements und insbesondere der Geschäftsprozessoptimierung (GPO) werden Handlungsbedarf und Optimierungspotenzial aufgedeckt und die Optimierung planbar. Wesentlich ist eine systematische und einheitliche Dokumentation basierend auf Standards. So werden die Geschäftsprozesse erst wirklich verstanden und analysierbar.
- **Stammdatenmanagement:** Stammdatenmanagement ist essenziell, um die Datenqualität und damit den Wert der Daten zu erhöhen. Durch die Konsolidierung von Stammdaten, wie z. B. Kundendaten, können die Geschäftsprozesse häufig erheblich vereinfacht werden, da viele Ausnahmebehandlungen oder Umwege in der Pflege entfallen.

Wichtig

Eine hinreichende Operational Excellence, d. h. die effiziente und zuverlässige Beherrschung des Tagesgeschäfts, ist für die IT Pflicht. Wenn das Tagesgeschäft nicht funktioniert, sind Sie nur ein Kostenfaktor und gleichzeitig ein Geschäftsrisiko. Sie müssen Operational Excellence beweisen. Nur so schaffen Sie sich den Freiraum für Innovationen.

3.1.2 Strategic Excellence

Strategic Excellence ist die Fähigkeit, das Unternehmen oder den jeweiligen Verantwortungsbereich strategisch auszurichten und systematisch weiterzuentwickeln. Aufgrund der sich immer schneller ändernden Randbedingungen und Geschäftsanforderungen müssen hierzu gegebenenfalls auch das Geschäftsmodell, die Business Capabilities, die Organisationsstruktur und die Geschäftsprozesse hinterfragt und gegebenenfalls angepasst werden.

Definition Geschäftsmodell

Ein Geschäftsmodell beschreibt die Geschäftsinhalte und deren Differenzierung gegenüber dem Wettbewerb gesamthaft für das Unternehmen oder aber für eine Geschäftseinheit.

Das Geschäftsmodell ist der Kern der Unternehmensstrategie. Es bestimmt das **Was** und das **Wie**. Im Geschäftsmodell werden zur Konkretisierung der Ziele im Wesentlichen die Dimensionen Produkte, Kunden und Ressourcen festgelegt.

Mit zunehmender Business-Orientierung wird Strategic Excellence immer wichtiger für CIOs und IT-Verantwortliche in ihrem Verantwortungsbereich. CDOs treiben die Digitalisierung und müssen ebenso wie CIOs Operational Excellence und auch Strategic Excellence anstreben.

Wesentliche Herausforderungen sind dabei (siehe Bild 3.3):

- **Strategische Ausrichtung des Unternehmens und der IT:** Durch die Vorgabe einer Vision, eines Ziel-Bilds und Leitplanken für die Umsetzung sowie einer Roadmap für die

Umsetzung werden eine Orientierung und Rahmenbedingungen für alle Entscheidungs-, Planungs- und Durchführungsprozesse gegeben. Dies erfolgt sowohl auf strategischer als auch auf taktischer Ebene. Auf der strategischen Planungsebene (u. a. Strategieentwicklung) werden grobe Rahmenvorgaben gesetzt, die in der taktischen Planungsebene (u. a. Demand Management) weiter detailliert und in Lösungen und Umsetzungspakete übersetzt werden.

Neben dem Setzen der Vorgaben müssen diese durch entsprechende Entscheidungs-, Planungs- und Durchführungsprozesse, wie z. B. im Projektportfoliomanagement, operationalisiert werden. Nur so werden diese auch wirklich umgesetzt.

- **Aktive Weiterentwicklung des Geschäfts** durch Business-Agilitäts-Enabling und Unterstützung von Business-Innovationen und der digitalen Transformation
  - **Business-Agilitäts-Enabling:** Setzt sowohl im Business als auch in der IT an. Im Business geht es insbesondere darum, über das **Business Capability Management** die für das Unternehmen aktuell oder zukünftig relevanten Fähigkeiten zu identifizieren und dann bereitzustellen. Auf der IT-Seite stehen dagegen die Vorbereitung und Flexibilisierung der IT im Vordergrund. Die IT muss schnell auf Veränderungen in den Geschäftsanforderungen reagieren und Business-Transformationen schneller und risikoärmer umsetzen.
  - **Weiterentwicklung oder Veränderung des Geschäfts (Business-Innovation und digitale Transformation):** Business-Innovation und eine professionelle digitale Geschäftstransformation sind für das Unternehmen wichtig, um nachhaltig wettbewerbsfähig zu bleiben. Nur so kann sich das Unternehmen auf die Veränderungen im Wettbewerb und Markt einstellen. Dies betrifft sowohl das Business als auch die IT im gleichen Maße.

    Die IT muss dabei insbesondere einen Beitrag zu attraktiveren Produkten und Dienstleistungen oder zur Erreichung neuer Kundensegmente oder Regionen leisten. IT-Innovationsmanagement ist hier ebenso eine Schlüsseldisziplin wie das Enterprise Architecture Management, mit dessen Hilfe Business-Transformationen z. B. durch Nutzung des Analyse- und Planungsinstrumentariums schneller und risikoärmer geplant werden können (siehe Abschnitt 4.17).

Diese Herausforderungen werden im Folgenden weiter beschrieben. In den folgenden Abschnitten und Kapiteln finden Sie Hilfestellungen für die Bewältigung dieser Herausforderungen.

Strategische Ausrichtung des Unternehmens und der IT

Eine klare Ausrichtung und festgelegte Mittel und Wege für deren Umsetzung sind ein wesentlicher Erfolgsfaktor für Unternehmen. Hierzu müssen auf strategischer und operativer Ebene Ziele und Leitplanken gesetzt und operationalisiert werden.

Wesentlich hierfür sind grobe Rahmenvorgaben aus der strategischen und taktischen Planungsebene:

- **Unternehmensstrategieentwicklung** als wesentlicher Bestandteil der Unternehmensführung: Im Rahmen der Unternehmensstrategieentwicklung werden die Vision, die Ziele und das angestrebte Geschäftsmodell sowie die Mittel und Wege zu deren Umsetzung festgelegt. Neben der grundlegenden Positionierung, wie z. B. Kostenführerschaft, Differenzierung oder Nischenstrategie, geht es dabei insbesondere um die permanente (Weiter-)Entwicklung des Geschäftsmodells und dessen Operationalisierung. Nur so können die Möglichkeiten und Zukunftschancen des Unternehmens gesteigert werden.

Für die taktische Planung und Operationalisierung bedient sich die Unternehmensstrategieentwicklung der Unternehmensplanung und -organisation.

- **Budgetierung:** Die Budgetierung ist ein betriebswirtschaftlicher Planungsprozess mit dem Ziel, finanzielle Rahmenvorgaben zu machen. Die Budgetierung beinhaltet alle Aktivitäten im Rahmen der Aufstellung, Verabschiedung, Durchsetzung, Anpassung und Kontrolle von Budgets. Sie ist Teil des Gesamtplanungsprozesses sowie ein wichtiges Steuerungsinstrument.
- **Strategisches Prozessmanagement:** Das strategische Prozessmanagement zielt darauf ab, schnell einen Überblick durch z. B. eine Prozesslandkarte zu gewinnen und die zukünftigen Geschäftsprozesse effektiv zu gestalten.
- **Produktmanagement:** Das Produktmanagement umfasst die Planung, Steuerung der (Weiter-)Entwicklung oder Produktion, die Vermarktung, das Ausrollen und das Ausphasen von Produkten im Einklang mit der Unternehmensstrategie und dem Geschäftsmodell.
- **Organisationsentwicklung:** Die Organisationsentwicklung zielt darauf, die Aufbau- und Ablauforganisation effizienter und effektiver zu gestalten. Es gilt dabei, die Organisation entsprechend dem Geschäftsmodell aufzustellen und zu enablen, um die Zukunft aktiv zu gestalten. Die Veränderung erfolgt im Rahmen eines gesteuerten Veränderungsprozesses.
- **IT-Planung und -Steuerung:** Die zukünftige IT-Landschaft, das IT-Produkt- und Dienstleistungsportfolio sowie die IT-Organisation müssen entsprechend der Anforderungen aus der Unternehmensstrategie und den aktuellen Geschäftsanforderungen gestaltet werden. Nur so können bei der hohen Abhängigkeit von der IT die Unternehmensziele und das angestrebte Geschäftsmodell umgesetzt werden. Hierzu müssen strategische Ziel- und Rahmenvorgaben gesetzt und deren Einhaltung überwacht werden.

  Wesentliche Bestandteile sind:

  - *IT-Strategieentwicklung:* Die IT-Strategie wird aus der Unternehmensstrategie und den aktuellen Geschäftsanforderungen unter Berücksichtigung von technologischen Trends und den bestehenden Randbedingungen der IT abgeleitet. Ergebnis sind insbesondere IT-Ziele, Prinzipien und Strategien, Bebauungspläne und Maßnahmen für deren Umsetzung. Durch eine enge Verzahnung von IT-Strategieentwicklung und Unternehmensplanung wird das Business-IT-Alignment gestärkt und eine angemessene businessorientierte IT-Unterstützung des Geschäfts erreicht. Eine kontinuierliche Überprüfung und der Einbezug von Feedback erfordern eine Anpassung der IT-Strategie an die veränderten Geschäftsanforderungen und Randbedingungen.

    Im IT-Strategiedokument fließen die Ergebnisse aus der IT-Planung mit ein. Dies sind u. a.:
  - das *IS-Portfoliomanagement*, in dem Strategien für Informationssysteme als Input für Entscheidungen einfließen, und
  - die *IS-Bebauungsplanung*, in der das Ziel-Bild und die Roadmap zur Umsetzung in Form von z. B. Bebauungsplänen gestaltet wird.
- **Demand Management:** Das Demand Management vermittelt und dolmetscht zwischen den Fachbereichen und der IT. Es unterstützt die Planung und Steuerung sowohl auf strategischer als auch auf taktischer und operativer Ebene. Von besonderer Bedeutung ist die fachliche **Projektportfolio- und Roadmap-Planung**. Hier werden auf einer taktischen Ebene das Projektportfolio und die Roadmap zur Umsetzung für alle Produkte geplant und entsprechend der sich ändernden Anforderungen und Rahmenbedingungen angepasst (siehe Abschnitt 4.18).

Eine Planung ohne Umsetzung bleibt unwirksam. Die Vorgaben müssen kommuniziert und vor allen Dingen in den Planungs-, Entscheidungs- und Durchführungsprozessen berücksichtigt werden. Von daher müssen die strategischen Vorgaben durch ein entsprechendes Steuerungsinstrumentarium verzahnt mit den Planungs-, Entscheidungs- und Durchführungsprozessen operationalisiert werden. So kann nachvollziehbar der Fortschritt der Umsetzung überwacht werden (siehe hierzu Abschnitt 4.18).

Es geht darum, die richtigen Entscheidungen zu treffen und deren Umsetzung zu steuern. Maßgeblich für die Operationalisierung der Planung sind folgende Disziplinen:

- **Strategisches Controlling:** Das strategische Controlling zielt auf die Steigerung der Effektivität ab. Es stellt entscheidungsrelevante Informationen in adäquater Form für das Management bereit, so dass die richtigen Entscheidungen zur richtigen Zeit getroffen werden können (siehe Abschnitt 4.18).
- **Projektportfoliomanagement:** Übergreifende Planung, Priorisierung, Überwachung und Steuerung aller Projekte eines Unternehmens oder einer Geschäftseinheit. Hierbei gilt es sicherzustellen, dass die richtigen Projekte zum richtigen Zeitpunkt im richtigen Umfeld mit den richtigen Ressourcen durchgeführt werden (siehe Abschnitt 4.18).
- **Multiprojektmanagement:** Übergreifende Planung und Überwachung von mehreren Projekten und Management der Projektabhängigkeiten sowie Hebung der Synergien (siehe Abschnitt 4.18).

Business-Agilitäts-Enabling (Time-to-Market)

Business-Agilitäts-Enabling setzt sowohl im Business als auch in der IT an. Im Business spielt insbesondere das Business Capability Management eine tragende Rolle. Das **Business Capability Management** ist ein systematischer Ansatz, um die für das Unternehmen aktuell oder zukünftig relevanten Fähigkeiten zu identifizieren und dann bereitzustellen. Es liefert ein Instrumentarium, um die aktuelle Ist-Situation zu analysieren und das zukünftige Geschäft und dessen IT-Unterstützung zu gestalten (siehe Abschnitt 4.14).

Die IT muss sich auf Veränderungen in den Geschäftsmodellen und kürzer werdende Innovations- und Produktlebenszyklen sowie Business-Transformationen, wie z. B. Merger & Acquisitions, Outsourcing und Umstrukturierungen, vorbereiten. Neue oder veränderte Geschäftsanforderungen müssen schnell und in hoher Qualität mit Zeitvorsprung vor dem Wettbewerb umgesetzt werden. Die IT muss hierzu flexibler und agiler werden.

Dies ist nicht so einfach, wenn die IT-Landschaft „historisch" gewachsen ist. Schon kleine Änderungen können in dem komplexen Gesamtsystem verheerende Auswirkungen haben. Um flexibel und schnell auf neue Anforderungen reagieren zu können, müssen Änderungen möglichst lokal an wenigen Stellen durchgeführt werden können. Änderungen an Geschäftsregeln oder Workflows sollten einfach modelliert oder konfiguriert werden können. Eine modulare IT-Landschaft mit einer Integrationsarchitektur ist hierzu erforderlich.

Vorhandene IT-Systeme sind aber häufig monolithisch. Um eine ausreichende Flexibilität zu erreichen, bestehen zwei Möglichkeiten. Systeme können durch neue modulare Systeme abgelöst werden oder aber vorhandene Systeme lassen sich in Komponenten zerlegen. Die Umsetzung erstreckt sich bei komplexen Systemen in beiden Fällen über viele Jahre.

Wichtig

Wenn Sie Ihre IT auf Veränderungen im Business ausrichten wollen, dann müssen Sie diese „komponentisieren“ und mit einer Integrationsarchitektur versehen. Wie dies aussehen kann, wird im Folgenden erläutert.

Die Komponentisierung der IT-Landschaft und die Einführung einer Integrationsarchitektur sind wichtige Bestandteile der IT-Konsolidierung. Eine solche IT-Konsolidierung können Sie nur mit großem Durchhaltewillen über viele Jahre hinweg im Rahmen von Projekten und Wartungsmaßnahmen umsetzen. Dies verursacht sicherlich bei den ersten Projekten Mehrkosten, um die fachliche und technische Architektur und Infrastruktur zu schaffen. Nur so erreichen Sie aber die gewünschte Flexibilität. Vermeiden Sie reine IT-Konsolidierungsprojekte, da hier der Business-Nutzen in der Regel nicht unmittelbar vorhanden ist.

Nutzen Sie möglichst jedes Projekt und auch Wartungsmaßnahmen, um Ihre IT schrittweise vorzubereiten (Komponentisierung und Integrationsarchitektur). Die Argumentation gegenüber der Unternehmensführung ist sicherlich nicht einfach. Wenn die Fachbereiche bislang unzufrieden mit Dauer und Kosten der Umsetzung von Geschäftsanforderungen sind, können Sie diese „Pains“ für Ihre Argumentation nutzen.

Zielzustand sind intelligent zusammensetzbare Businessfähigkeiten. Gartner (siehe [Gar20]) nennt dies „intelligent Composable Business“. Dies ist die Fähigkeit, sich auf der Grundlage der aktuellen Situation an die veränderten Anforderungen und Rahmenbedingungen schnell anpassen und grundlegend umgestalten zu können. Unternehmen müssen in der Lage sein, schnell aufgrund fundierter Daten Entscheidungen situativ zu treffen und diese schnell umzusetzen bzw. nachzujustieren.

Wichtig ist, dafür eine widerstandsfähige Struktur, einen Baukasten und ein Planungs- und Entscheidungsinstrumentarium für das Unternehmen bereitzustellen, um mit den ständigen Veränderungen umgehen zu können. Grundlage dafür sind:

- Situatives Bewusstsein („situative Awareness“) durch einfache Erkennung von Handlungsbedarfen oder Notwendigkeiten von Veränderungen. Voraussetzung dafür sind automatisierte datengetriebene und intuitiv nutzbare, KI-unterstützte Entscheidungsunterstützung auf Basis einer qualitativ hochwertigen und aktuellen Datengrundlage, z. B. eine EAM-Datenbasis.
- Autonome selbstständige menschliche oder KI-Agenten oder Geschäftseinheiten, die schnell und flexibel sowie nachvollziehbar reagieren können. Dies impliziert in der Regel, dass es sowohl zentrale übergreifende als insbesondere dezentrale „Agenten“, z. B. Unternehmensarchitekten, gibt, die weitestgehend autonom, aber doch übergreifend synchronisiert handeln können.
- Modulare Geschäftsfunktionen-Baukästen, die einfach und situativ ereignisorientiert angetriggert und flexibel kombiniert werden können. Dies sollte direkt aus der automatisierten datengetriebenen Entscheidungsunterstützung heraus erfolgen. Die Veränderungen müssen transparent und nachvollziehbar sein, auf Basis der dann veränderten Datengrundlage.

Die bei der Modularisierung der Systeme gebildeten Komponenten sind letztendlich die Business-Services (siehe Abschnitt 4.14). Sie sollten sich an den Business Capabilities des Unternehmens ausrichten. **Business Capabilities** beschreiben die vorhandenen oder benötigten (Geschäfts-)Fähigkeiten des Unternehmens ablauf-, werkzeug- und organisationsunabhängig. Business Capabilities sind Fähigkeiten, die eine Organisation, eine Person oder ein System besitzt und auf die sich das Unternehmen stützt, um seine Geschäftsziele zu erreichen. Sie sind „stabiler“ als Geschäftsprozesse, da sie beschreiben, was zu tun ist, und nicht, wie es zu tun ist (siehe [Dom11]) und [Mic07]). Für die Bereitstellung und Nutzung der Business Capabilities sind jedoch Menschen, Organisation, Prozesse und Technologie notwendig (siehe [Bit11] und [TOG09]).

Neue oder veränderte Geschäftsanforderungen haben, solange sich das Geschäftsmodell nicht ändert, keine Auswirkungen auf die Business Capabilities. Lediglich die Abläufe, die Werkzeuge und die Organisation, mit denen sie umgesetzt werden, gilt es zu verändern. Wenn sich das Geschäftsmodell zum Beispiel im Rahmen von Fusionen oder großen Umstrukturierungen ändert (siehe Business-Transformationen in Abschnitt 4.17), sind die vom Unternehmen abzudeckenden Business Capabilities ebenfalls anzupassen. Dies ist jedoch nur selten der Fall. Aber auch hier leisten Capabilities einen wertvollen Dienst. Sie schaffen einen fachlichen Bezugsrahmen, anhand dessen z. B. fusionierende Unternehmen inhaltlich verglichen werden können.

Mithilfe der neuen oder veränderten Business Capabilities kann das neue Geschäftsmodell schnell, zuverlässig und flexibel gestaltet werden. Wesentlicher Grund hierfür ist das durch das Business Capability Management vorgegebene prägnante und gleichzeitig kompakte fachliche Gesamtbild des Unternehmens. Anhand dessen können wesentliche Inhalte des Geschäftsmodells und der Unternehmensstrategie übersichtlich und überzeugend präsentiert und strategische Entwicklungen diskutiert werden. Weitere Erläuterungen zum Business Capability Management finden Sie in Abschnitt 4.14.

Business Capabilities sind gleichzeitig ein geeignetes Mittel, um funktionale Redundanzen zu identifizieren. Durch die funktionale Abdeckungsanalyse von Informationssystemen werden diese transparent. Die Reduktion von funktionalen Redundanzen ist notwendig, um die Auswirkungen von Änderungen zu begrenzen. Nach Beseitigung der Redundanzen muss nur noch lokal an den „betroffenen“ Business Capabilities und dem „Glue“ gearbeitet werden.

Eine Integrationsarchitektur liefert unternehmensspezifische Vorgaben für die Flexibilitätsbaukasten- und serviceorientierte Umsetzung von Geschäftsanforderungen. Hierzu zählen Technologie-, Softwarearchitektur- und Infrastrukturaspekte für Entwicklung, Betrieb und Governance der involvierten Einzelsysteme und deren Zusammenspiel (End-to-end). Siehe hierzu Abschnitt 4.14.

Beispiele hierfür sind Architekturvorgaben für die lose Kopplung von Komponenten über einen ESB (Enterprise Service Bus) oder aber die Herauslösung der Geschäftsregeln und Ablaufsteuerung aus dem Programmcode und die Hinterlegung dieser in einer Rules Engine und einem BPMS (Business Process Management System) mit KI/ML-Unterstützung. Änderungen an Geschäftsregeln, z. B. veränderte Preisberechnung, und Abläufen, z. B. Änderung des Genehmigungsverfahrens, ziehen keine Auswirkungen an den Business-Services nach sich. Business-Services, wie z. B. Provisionsabrechnung, können einfach ersetzt werden.

Neben dem inhaltlichen Aufräumen (IT-Konsolidierung) müssen die „Klingen geschärft“ werden. Eine adäquate IT-Organisationsform und schlanke, aber wirksame und agile IT-Prozesse sind für eine schnelle und fundierte Informationsbeschaffung sowie kurze Entscheidungswege maßgeblich. Vor allem ist aber ein **effizientes Software-Engineering-Instrumentarium**, bestehend aus Werkzeugen für Entwicklung, Test, Inbetriebnahme, Betrieb, Management und Governance, notwendig, um schnell und zuverlässig neue Anforderungen umsetzen zu können. Agile Methoden, Software-Engineering-Methoden und -Umgebungen sind wichtige Bausteine.

Eine agile Vorgehensweise (wie z. B. Scrum [Glo11] und GAME^2 [HGG12]) und ein explizites Veränderungsmanagement (Change Management) integrieren in die Planungs-, Entscheidungs- und insbesondere in die Projektabwicklungsprozesse sind wichtig. Die agile Kultur ermöglicht schnelle Feedback-Zyklen und gleichzeitig das frühzeitige Erkennen von Änderungsbedarf insbesondere an Strukturen.

Weiterentwicklung des Geschäfts (Business-Innovation und digitale Transformation)

Das Unternehmen muss sich den Veränderungen im Wettbewerb und Markt stellen, um nachhaltig wettbewerbsfähig zu bleiben. Wesentlich ist dabei das **Innovationsmanagement**, um Chancen und Potenziale frühzeitig zu erkennen und die Zukunft aktiv mitzugestalten. Im Innovationsmanagement geht es darum, kreativ neue Business-Ideen zu finden und diese in Einklang mit der Unternehmensplanung zu bringen. Dies erfolgt durch eine interdisziplinäre Zusammenarbeit und mit Hilfe systematischer Innovationsmanagement-Prozesse (siehe Abschnitt 4.20).

Dies gilt auch für die IT. Die IT muss einen Beitrag zu attraktiveren Produkten und Dienstleistungen oder zur Erreichung neuer Kundensegmente oder Regionen leisten. Hierzu muss der Wert- und Strategiebeitrag der IT kontinuierlich gesteigert werden. Aufbauend auf einer hinreichenden Operational Excellence muss sich die IT schrittweise in Richtung „Business-Enabler“ und „Money-Maker“ (siehe Abschnitt 3.4) vortasten. Diese Zielsituation lässt sich wie folgt charakterisieren:

Die IT ist integraler Bestandteil des Geschäfts, bietet gegebenenfalls auch Produkte und Dienstleistungen nach außen an („Money-Maker“) und generiert mit IT-Innovationen und der geschickten Anwendung der bestehenden IT-Technik in enger Kooperation mit dem Business neue Business-Innovationen. Der Strategie- und Wertbeitrag wird von der Unternehmensführung und den Fachabteilungen deutlich wahrgenommen.

Wesentlich sind insbesondere das **Business-Alignment der IT** und das **IT-Innovationsmanagement**. Eine gemeinsame fachliche Sprache sowie eine businessorientierte Planung und Steuerung der IT sind essenziell, um die IT am Business auszurichten. Der Grad und die Qualität der Unterstützung des aktuellen und zukünftigen Geschäfts müssen kontinuierlich erhöht werden. Das zukünftige Geschäft muss identifiziert und abgesichert werden.

IT-Innovationsmanagement ist essenziell für die kontinuierliche Weiterentwicklung der unternehmensspezifischen technischen Standards (des Blueprints). Im IT-Innovationsmanagement werden vorausschauend neue Technologien beobachtet, evaluiert und bewertet. Die Reife und das Potenzial für den Einsatz im Unternehmen werden eingeschätzt.

Die technischen Standards werden überprüft und gegebenenfalls aktualisiert, um deren Tragfähigkeit und Zukunftssicherheit sicherzustellen. So werden z. B. neue Technologien mit in den Blueprint aufgenommen oder Technologien und IT-Produkte, die am Ende ihres Lebenszyklus stehen, als „auslaufend“ gekennzeichnet und die Nutzung in Projekten eingeschränkt.

In der höchsten Ausbaustufe leistet das IT-Innovationsmanagement einen wichtigen Input für Business-Innovationen und damit für den zeitlichen Vorsprung des Unternehmens gegenüber dem Wettbewerb. Business-Ideen können gemeinsam mit dem Business generiert, evaluiert, ggf. pilotiert und als Business-Innovationen umgesetzt werden. Dieses explizite IT-Innovationsmanagement muss mit dem Business-Innovationsmanagement gekoppelt bzw. integriert werden, um schnell technologische Möglichkeiten mit neuen Business-Ideen in Einklang zu bringen bzw. neue Business-Ideen in Diskussionen in gemischten Teams erst entstehen zu lassen.

Wichtig

Um zum Business-Enabler und Money-Maker zu werden, muss der CIO fortwährend die Effizienz und Innovationskraft der IT steigern, die Sprache des Business sprechen und die IT businessorientiert steuern und weiterentwickeln. ■

Veränderung des Geschäfts (Business- und digitale Transformation)

Fundamentale Veränderungen im Business, wie z. B. die digitale Transformation und gravierende Umstrukturierungen, Merger & Acquisitions, neue oder veränderte Kooperationsmodelle mit Partnern und Lieferanten oder Prozessstandardisierung müssen möglichst schnell und risikoarm bewältigt werden.

Business-Transformationen verändern das Geschäftsmodell und/oder die Organisation des Unternehmens gravierend. Beispiele für Business-Transformationen sind:

- Die digitale Transformation bezeichnet den Wandel zu neuartigen, häufig disruptiven Geschäftsmodellen mittels Informations- und Kommunikationstechnik. Analoge Daten werden in digitale umgewandelt, Geschäftsprozesse werden flexibilisiert, selbstlernend und automatisiert sowie Technik, Informationen, Dinge und Menschen werden vernetzt. Der Kunde und dessen Bedürfnisse stehen im Mittelpunkt. Durch Effizienz muss der Freiraum für Innovation geschaffen werden.
- Merger & Acquisitions im Kontext von Firmenübernahmen, Fusionen oder Zerschlagungen
- Neue oder veränderte Kooperationsmodelle mit Partnern oder Lieferanten, wie zum Beispiel Supply-Chain-Initiativen
- Gravierende Umstrukturierungen im Unternehmen aufgrund einer veränderten Unternehmensausrichtung, wie zum Beispiel eine globale Ausrichtung im Kontext eines „Global Sourcing" zur Bündelung von Einkaufsvolumen für Rohmaterialien, Verlagerung von Produktionsstandorten, Verringerung der Wertschöpfungstiefe durch den Bezug von Halbfabrikaten von Zulieferern anstelle von Eigenproduktion oder aber der Organisation nach Produkten, Prozessen sowie regionalen oder funktionalen Gesichtspunkten
- Prozessstandardisierung, wie zum Beispiel europaweite oder globale Prozessharmonisierung und eine damit einhergehende Systemharmonisierung

Business-Transformationen haben in der Regel eine große Tragweite. Das Unternehmen wird zumindest in Teilen grundlegend neu gestaltet. Eine Neugestaltung (**die Festlegung eines neuen oder veränderten Geschäftsmodells**) birgt jedoch viele Risiken. Allein die Globalisierung von zum Beispiel Vertriebs- und Servicestrukturen setzt eine Globalisierung der Kundenstammdaten, das heißt eine globale Harmonisierung der Kundenstrukturen und -daten, sowie konsistente und qualitativ hochwertige Bewegungsdaten voraus.

Eine Business-Transformation ist erst dann umgesetzt, wenn Organisation, Geschäftsprozesse, IT und Geschäftsdaten, insbesondere die Stammdaten, transformiert sind. Dies hat natürlich auch große Auswirkungen auf das aktuelle Projektportfolio. Jedes Projekt im Kontext der Business-Transformation ist sorgfältig auf die entsprechende Konformität zu prüfen und ggf. zu stoppen oder zu verändern.

Dennoch sind Business-Transformationen in vielen Unternehmen an der Tagesordnung. Die Entscheidungen diesbezüglich müssen mit hoher Verlässlichkeit, das heißt hoher Qualität und niedrigem Risiko, zum Beispiel im Rahmen einer Due Diligence getroffen werden. Nach einer positiven Entscheidung für eine Business-Transformation, wie zum Beispiel einem Firmenzukauf, muss diese schnell und sicher bewältigt werden. Wesentlich ist auch die Absicherung von Entscheidungen vor und während einer Business-Transformation durch die Analyse von deren Abhängigkeiten und Auswirkungen.

Wichtig

Due Diligence ist ein amerikanischer Rechtsbegriff, dessen Bedeutung im deutschsprachigen Raum weiter gefasst wird. Im Allgemeinen versteht man darunter die sorgfältige Analyse, Prüfung und Bewertung eines Objekts im Rahmen z. B. einer Akquisition.

Enterprise Architecture Management liefert fundierte Informationen als Grundlage für Business-Transformationen. Über die Analysemöglichkeiten auf Basis der EAM-Daten können Handlungsbedarf und Optimierungspotenzial identifiziert sowie Planungsszenarien ermittelt, analysiert und bewertet werden. EAM liefert die inhaltliche Basis für die Prüfung, Risikobewertung, Planung und Steuerung der Umsetzung einer Business-Transformation. Die Entscheidungsqualität wird erhöht, Risiken werden reduziert und die Umsetzung wird beschleunigt. Durch eine Business-Transformation sind sowohl die Geschäftsarchitektur als auch die IT-Landschaft massiv betroffen. Das Geschäftsmodell und auch dessen IT-Unterstützung stehen auf dem Prüfstand.

Die Veränderung erfolgt über einen gesteuerten Änderungsprozess, das Change Management. **Change Management** ist ein ganzheitlicher Ansatz, der Veränderungen im Unternehmen vorbereitet, begleitet und nachhaltig einführt. Die Kultur wird verändert und die fehlenden Kompetenzen werden aufgebaut. Hierbei ist ein schrittweises Vorgehen entscheidend: schnell realisierbare kurzfristige Ziele vorgeben und dann entsprechend der Erfordernisse über eine aktive Einbindung aller erforderlichen Stakeholder den Schritt umsetzen, dabei neue Förderer gewinnen sowie Signale durch sichtbare Erfolge setzen. Der Faktor Mensch ist dabei der kritische Erfolgsfaktor. Dessen Verharrungsvermögen entscheidet maßgeblich über die Dauer des Veränderungsprozesses. Der Kommunikation und der Mitarbeiterführung kommen daher entscheidende Bedeutung für den Erfolg des Veränderungsprozesses zu. Weitere Informationen hierzu finden Sie in Abschnitt 5.8.5.

In Abhängigkeit vom jeweiligen Ziel benötigen Sie, wie in diesem Abschnitt ausgeführt, unterschiedliche Themenbereiche (siehe Abschnitt 2.3), um Ihren Beitrag zur Bewältigung zu leisten.

Für die Bewältigung der Herausforderungen benötigen Sie ein auf Sie zugeschnittenes IT-Management-Instrumentarium (siehe Bild 3.6). Hierbei nimmt das Enterprise Architecture Management eine Schlüsselrolle ein. In [Han14] finden Sie Hilfestellungen für die Ableitung eines für Sie handhabbaren Instrumentariums (Lean ITM-Instrumentarium).

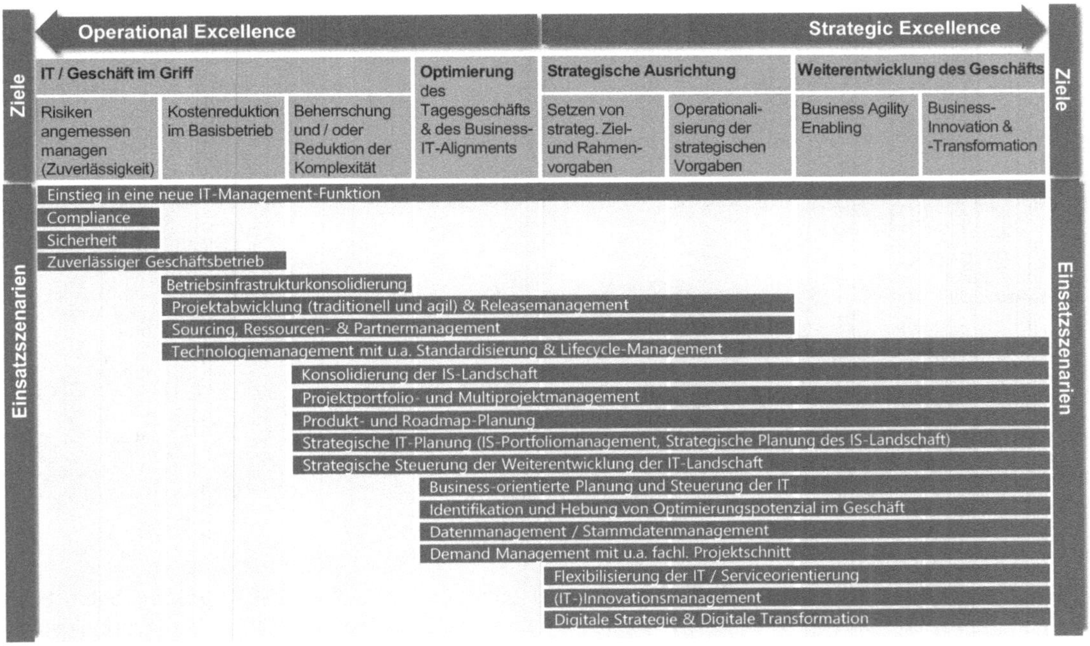

Bild 3.6 Bewältigung der Herausforderungen für CIOs

3.2 Beitrag von EAM zur Bewältigung der Herausforderungen

Enterprise Architecture Management stellt Hilfsmittel bereit, um die Komplexität der Geschäftsarchitektur und der IT-Landschaft zu beherrschen und die Geschäftsarchitektur und die IT-Landschaft strategisch und businessorientiert weiterzuentwickeln. Eine gut entwickelte Unternehmensarchitektur ermöglicht es Ihnen, rasch und effektiv auf die Herausforderungen des sich immer schneller verändernden Markts und Technologieumfelds zu reagieren.

EAM liefert einerseits über die Bereitstellung eines **Struktur-Backbones** Transparenz für das Unternehmen (die Unternehmensarchitektur), indem alle fachlichen und technischen Strukturen aufgesammelt und in Beziehung gebracht werden. Andererseits bietet EAM ein **Analyse- und Planungsinstrumentarium**, um auf der Basis der Unternehmensarchitektur die zukünftige IT-Landschaft und Geschäftsarchitektur zielgerichtet zu planen und weiterzuentwickeln. EAM schafft damit Transparenz über die IT-Landschaft im Zusammenspiel mit der Geschäftsarchitektur, fördert das Business-IT-Alignment und unterstützt die strategische Planung und Steuerung der IT:

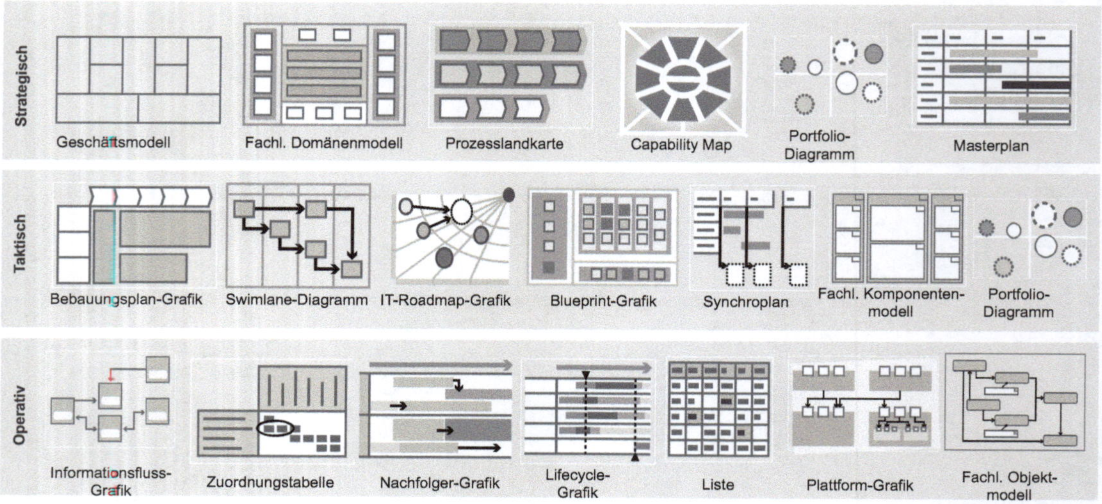

Bild 3.7 Visualisierungen im Kontext von EAM

- **Transparenz** durch z. B. die Visualisierung der Geschäftsunterstützung oder der Schnittstellen von IT-Systemen ist notwendig, um die Komplexität der Geschäftsarchitektur und der IT-Landschaft zu beherrschen. EAM stellt diese Transparenz her. In der EAM-Datenbasis werden die wesentlichen fachlichen Strukturen wie z. B. Geschäftsprozesse und Capabilities in ihrem Zusammenspiel mit den IT-Strukturen wie z. B. Informationssysteme abgelegt. Über die Analyse der EAM-Datenbasis und anschauliche Visualisierung der Ergebnisse (siehe Bild 3.7) können viele Fragestellungen beantwortet werden. Die IT-Komplexität wird z. B. durch Visualisierung der IT-Systeme und deren Schnittstellen offensichtlich.

  Beispiele für Fragestellungen sind:

  - Welche Geschäftsprozesse sind vom Ausfall eines IT-Systems betroffen?
  - Wer ist verantwortlich für welche Geschäftsprozesse oder IT-Systeme?
  - Welche Abhängigkeiten bestehen zwischen IT-Systemen?
  - Welche Auswirkungen haben Business- oder IT-Ideen?

  Die Bedeutung von EAM nimmt mit der Unternehmensgröße und der Anzahl der Geschäftsprozesse und IT-Systeme zu. Mit jedem neuen Geschäftsprozess, jedem neuen Informationssystem, jeder neuen Schnittstelle oder Technologie wächst die Komplexität. Die Gefahr von redundanten und inkonsistenten Daten steigt. Die Auswirkungen von Änderungen werden unvorhersehbar, da Änderungen nur selten an einzelnen Informationssystemen vorgenommen werden können. Die Entwicklungs-, Wartungs- und Betriebskosten steigen.

- Die **Weiterentwicklung des Geschäfts** wird insbesondere durch die Geschäftsarchitektur unterstützt. Die Geschäftsarchitektur visualisiert das aktuelle und zukünftige Geschäftsmodell, gibt Strukturen für die Geschäftsmodellweiterentwicklung vor und unterstützt bei deren Operationalisierung. Siehe hierzu Bild 3.8.

Bild 3.8 Geschäftsarchitektur als wesentlicher Erfolgsfaktor für eine erfolgreiche digitale Transformation

Definition Target Operating Model

Ein Target Operating Model, kurz TOM und auf Deutsch „Zielbetriebsmodell", definiert ein Zielbild mit allen Elementen, die erforderlich sind, um die erforderlichen Veränderungen voranzutreiben. Das TOM konkretisiert hierzu die strategische Entwicklung als Modell mit mehreren Dimensionen, wie z. B. Geschäftsprozesse, Fähigkeiten, Mitarbeiter, Business-Ökosystem, Organisation, Informationen und Assets/Infrastruktur.

Ein Target Operating Model beantwortet die zentralen Fragen:

- Wie sollten Organisation, Fähigkeiten und Prozesse zukünftig aussehen, um die zukünftigen Produkte und Dienstleistungen zu vermarkten, zu verkaufen, herzustellen, zu betreiben und/oder Service bereitzustellen?
- Welche Skills müssen hierfür aufgebaut werden? Welche Qualifizierungsmaßnahmen sind hierfür notwendig? Wie kann das Business-Ökosystem wertstiftend eingebunden werden?
- Wie sieht die IT- und operationale Zielarchitektur (u. a. „embedded" und Internet of Things – kurz IoT) und Roadmap zur Umsetzung aus? Welches Lösungsportfolio, wie z. B. Plattformen für die Integration, muss bereitgestellt werden?
- Welche Governance-Strukturen und Mechanismen sind notwendig, um handhabbar und wirksam die digitale Transformation zu steuern? Welche Rollen mit welchen Verantwortlichkeiten und welche Gremien sind notwendig? Welche Policies müssen vorgeben werden? Wie können die Prozesse schlank und handhabbar gestaltet und verzahnt werden? Welches Steuerungsinstrumentarium für situative und „realtime" Entscheidungen?

Wichtig sind hier insbesondere:

- Schlanke, „streamlined" und optimierte Geschäftsprozesse mit Mehrwert für Kunden und Mitarbeiter. Eine intelligente Prozessautomatisierung ist hierfür ebenso wichtig, in der insbesondere manuelle Schnittstellen und wiederholbare Tätigkeiten automatisiert werden.
- Situative Entscheidungsunterstützung bis hin zu in Echtzeit mittels Advanced Business Analytics und KI/Machine Learning
- Vertikale Vernetzung (u. a. IoT) und horizontale Vernetzung unter Nutzung des Business-Ökosystems

Zielzustand sind, wie bereits oben ausgeführt, intelligent zusammensetzbare Businessfähigkeiten und die Fähigkeit, sich auf der Grundlage der Kenntnis der aktuellen Situation an die veränderten Anforderungen und Rahmenbedingungen schnell anpassen und grundlegend umgestalten zu können. Unternehmen müssen in der Lage sein, schnell aufgrund fundierter Daten Entscheidungen situativ zu treffen und diese schnell umzusetzen bzw. nachzujustieren. Hierzu dient das Analyse-, Planungs- und Steuerungsinstrumentarium von EAM.

EAM liefert hierzu u. a.:

- **Beitrag zur Business-Strategie und deren Operationalisierung:** Die Unternehmensarchitektur (EA) muss die Gestaltung der digitalen Geschäftsmodelle erleichtern, d. h., sie muss mit den Business-Verantwortlichen eng zusammenarbeiten, um Geschäfts- und Betriebsmodelle neu zu gestalten, die sich dynamisch an neue Kundenbedürfnisse, Wettbewerbssituation anpassen und Chancen eröffnen können.
- **Nutzenbringende EAM-Services für alle Stakeholder:** EAM muss eine verteilte Entscheidungsfindung ermöglichen, d. h. Produkt- (und Projekt-) und Innovationsteams in die Lage versetzen, intelligente vorausschauende Entscheidungen zeitgerecht zu treffen, indem sie Daten, Steuerungssichten, Entscheidungsbedarf, Analyse- und Planungssichten maßgeschneidert auf die Bedürfnisse in engen Dialog erstellt oder über Self-Service bereitstellt.
- **EAM wird zum Innovationstreiber:** EAM-Vertreter sollten feste Teilnehmer im interdisziplinären Innovationsmanagement (siehe Abschnitt 5.4.5) sein und technische Innovationen sowie das Analyse-, Planungs- und Entscheidungsinstrumentarium von EAM für die Operationalisierung der Business-Innovationen mit einbringen.

Hierfür sind ein hoher Reifegrad und eine Verankerung von EAM in der Organisation erfolgsentscheidend. Zielzustand ist hier sicherlich ein „Architectural Thinking" als eine Art des unternehmensweiten Denkens und Handelns, die ganzheitlich und langfristig Systemaspekte sowie fundamentale Entwurfs- und Evolutionsprinzipien bei der alltäglichen Entscheidungsfindung im Kontext der Weiterentwicklung der Geschäftsarchitektur und IT-Architektur in Einklang bringt (siehe [Win16]). Nur so werden anstelle von lokalen Optima die mittel- oder langfristigen, unternehmensweiten Ziele von möglichst vielen Stakeholdern angestrebt. Nur so kann EAM für die Weiterentwicklung des Geschäfts wirksam einen Beitrag leisten.

- Das **Business-Alignment** der IT wird durch abgestimmte Begriffe, die Verknüpfung zwischen Business- und IT-Strukturen und eine businessorientierte Steuerung der IT erreicht.

  Abgestimmte Begriffe, die gemeinsame Sprache, für Geschäftsprozesse, fachliche Funktionen (Business Capabilities) und Geschäftsobjekte bilden die Grundlage für die Kommunikation zwischen Business und IT. Die Semantik der Begriffe z. B. von „Vertriebsprozess" oder „Kundenauftrag" wird festgelegt. Durch ein gemeinsames Verständnis werden Missverständnisse vermieden.

  Über die abgestimmten fachlichen Strukturen kann der Bezug zwischen fachlichen und IT-Strukturen hergestellt werden. So lassen sich Abhängigkeiten und Auswirkungen analysieren und auch darstellen. Auf dieser Basis kann die Geschäftsunterstützung optimiert und die IT businessorientiert an den Zielen und Anforderungen des Unternehmens ausgerichtet werden. Die Unternehmensarchitektur liefert das inhaltliche Fundament für die Weiterentwicklung des Geschäfts.

- Die **Planung und Steuerung der IT** wird einerseits durch die Erstellung von Vorschlägen für die zukünftige Bebauung (Applikationslandschaft, technische Standards und Betriebsinfrastruktur) und die IT-Roadmap unterstützt. Andererseits liefert EAM Ihnen zeitnah und zielgruppengerecht die relevanten Informationen als Input für fundierte Entscheidungen und Planungen.

  Ausgehend von den strategischen Vorgaben und aktuellen Handlungsbedarfen („Pains") werden Planungsszenarien erstellt und analysiert. Analyse- und Gestaltungshilfsmittel unterstützen den kreativen Planungsprozess. Die Ableitung und Analyse von Lösungsideen und deren Bündelung zu Planungsszenarien werden erleichtert. Schnell und fundiert gelangen Sie zu Ihrer Soll-Landschaft und IT-Roadmap.

  Ihre Soll-Vision und Ihr Ziel-Bild werden entlang der grob geplanten IT-Roadmap im Rahmen von Projekten und Wartungsmaßnahmen umgesetzt. Prinzipien, wie z. B. „Best-of-Breed", und Strategien, wie z. B. „Ablösungsstrategie", setzen Rahmenbedingungen für die Umsetzung der aktuellen Geschäftsanforderungen. Details und Beispiele hierzu finden Sie in Abschnitt 5.4. Für die strategische IT-Steuerung liefert EAM einerseits wertvollen Input und nutzt andererseits strategische Steuerungsgrößen, um die Weiterentwicklung der IT-Landschaft wirksam zu steuern.

  Die zukünftige IT-Landschaft und die technischen Standards werden vorgegeben. Projekte können so auf ihre Konformität zum Soll-Zustand und zu technischen Standards bewertet werden. Dies sind wichtige Kriterien für die Bewertung und Priorisierung von Projekten im Projektportfoliomanagement, um das Portfolio strategisch auszurichten. Durch einen Plan-Ist-Abgleich können der Status und der Fortschritt der Umsetzung der Zielvorgaben sichtbar gemacht werden.

  Die Unternehmensarchitektur gibt über ihre Strukturen und Beziehungen ein Denkmodell für die strategische IT-Steuerung vor. Die verschiedenen Bebauungselemente, wie z. B. Geschäftsprozesse oder Informationssysteme, sind wichtige Steuerungsobjekte im strategischen IT-Controlling. Die Verknüpfungen zwischen den Bebauungselementen können zudem in der strategischen IT-Steuerung genutzt werden. So kann z. B. über die Zuordnung von Informationssystemen zu Geschäftsprozessen der Grad der Business-Unterstützung aufgezeigt werden.

Strategische Vorgaben aus dem Business können in Beziehung zu IT-Strukturen gebracht werden und so lässt sich die IT businessorientiert steuern.

Umgekehrt sind für die strategische Planung der IT-Landschaft sowohl Kennzahlen aus EAM heraus als auch eine ganze Reihe von Kennzahlen aus anderen Quellen wichtig, die im strategischen IT-Controlling zusammenlaufen sollten. Hierzu zählen Strategie- und Wertbeitrag, Wettbewerbsdifferenzierung, IT-Performance, Kosten, Nutzen und die Risikobewertung der verschiedenen Steuerungsobjekte. Beispiele für wichtige Kennzahlen, die direkt aus einem EAM-Datenbestand ermittelt werden können, sind z. B. Standardisierungsgrad, Bebauungsplankonformität, Anzahl von Informationssystemen und Anteil fehlender Verantwortlichkeitszuordnungen.

Steuerungsgrößen werden aber auch für die eigentliche Weiterentwicklung von EAM genutzt. So kann z. B. anhand des Dokumentationsgrads und der Dokumentationsqualität eine Einschätzung bezüglich der Aussagekraft der EAM-Datenbasis getroffen werden. Weitere Details zur strategischen IT-Steuerung und zum Beitrag von EAM finden Sie in Abschnitt 5.8.

Das EAM-Instrumentarium leistet zudem wertvolle Dienste im Kontext von Business-Transformationen, wie z. B. Merger & Acquisitions, oder gravierenden Umstrukturierungen im Unternehmen. Bei Merger & Acquisitions müssen verschiedene bestehende IT-Landschaften zusammengeführt werden. Ein gemeinsamer fachlicher Bezugsrahmen (z. B. Geschäftsprozesse oder Business Capabilities) für die verschiedenen IT-Landschaften muss festgelegt und die IT-Landschaften im gemeinsamen Bezugsrahmen müssen einheitlich dokumentiert werden. Erst auf dieser Basis können die verschiedenen IT-Landschaften im Hinblick auf Business-Abdeckung sowie Handlungsbedarf und Optimierungspotenzial vergleichend analysiert werden. Alternative Soll-Planungsszenarien können erstellt, analysiert und bewertet werden. Business-Transformationen werden schneller und vor allen Dingen risikoärmer durchgeführt, da das inhaltliche Fundament vorhanden ist.

Wichtig

EAM ist ein wesentlicher Baustein im strategischen IT-Management. Es schafft das inhaltliche Fundament für die Beherrschung der IT-Komplexität und für die strategische Planung und Steuerung der IT.

Voraussetzung für die Steigerung des IT-Wertbeitrags ist der Beitrag zur Weiterentwicklung des Geschäfts. Grundlegend ist hierfür das Business-Alignment der IT. Nur durch eine gemeinsame fachliche Sprache und die Verknüpfung zwischen Business- und IT-Strukturen kann die Business-Unterstützung überhaupt analysiert und optimiert werden.

Für die Agilität der IT ist es wichtig, die IT-Landschaft entsprechend der Business Capabilities, Produkte oder gegebenenfalls der geplanten Geschäftsprozesse zu gestalten. Hierzu müssen einerseits die Business Capabilities oder Geschäftsprozesse als gemeinsame fachliche Sprache festgelegt werden und andererseits muss deren IT-Unterstützung dokumentiert sein. Die neue IT-Landschaft kann businessorientiert gestaltet sowie fachliche Redundanzen können aufgedeckt und beseitigt werden. Auf dieser Basis kann auch durch das evolutionäre Zerschlagen von bestehenden Informationssystemen (Komponentisierung) oder aber durch neue serviceorientierte Informationssysteme die IT-Landschaft schrittweise serviceorientiert gestaltet werden. Informationen hierzu finden Sie in Abschnitt 4.14.

Durch die gemeinsame fachliche Sprache und die Verknüpfung zwischen den fachlichen und IT-Strukturen werden Abhängigkeiten und Auswirkungen von Business- und IT-Ideen erkennbar und analysierbar. Die IT liefert so das Handwerkszeug, um Input für Business-Innovationen zu leisten. Wenn zudem die Bebauungsplanung der zukünftigen IT-Landschaft ausgerichtet an den strategischen Vorgaben aus Business und IT erfolgt, wird der Wert- und Strategiebeitrag der IT erheblich gesteigert.

Wichtig

Gestalten Sie Ihr Enterprise Architecture Management entsprechend der persönlichen Ziele und Fragestellungen Ihrer Stakeholder. Hilfestellungen hierfür finden Sie in den folgenden Kapiteln.

EAM ist die Spinne im Netz des strategischen (IT-)Managements, wie in Abschnitt 2.1.2 ausgeführt. Die Informationen und Visualisierungen aus EAM sind unabdingbar für wirksame Planungs-, Entscheidungs- und Durchführungsprozesse. Der wirkliche Nutzen entsteht nur im Zusammenspiel mit den anderen Disziplinen des strategischen (IT-)Managements. So nutzt es wenig, wenn transparent ist, dass ein Projekt nicht konform zur Planung ist, wenn die Strategiekonformität nicht als Kriterium in Investitionsentscheidungen eingeht. Die Soll-Bebauungspläne und Standards können nur umgesetzt werden, wenn sie insbesondere über das Projektportfoliomanagement durchgesetzt werden.

Die Pflege der EAM-Datenbasis verursacht jedoch eine Menge Aufwand, wenn diese nicht automatisiert erfolgen kann. Insbesondere werden hier die Schlüsselpersonen mit dem fachlichen und technischen Überblickswissen benötigt. Daher stellt sich die Frage: Wann lohnt sich EAM?

EAM sollte nur dann eingeführt werden, wenn Nutzen in Summe viel, viel größer als der Aufwand ist. D. h. aber insbesondere, dass die EAM-Ergebnisse wirklich „gewollt" und genutzt werden sollen. Aber: Wie findet man dies heraus? Welcher Nutzen entsteht bei welchem Aufwand?

Hilfestellungen hierfür finden Sie im nächsten Abschnitt.

3.3 Aufwand und Nutzen von EAM

EAM ist kein Selbstzweck. Nur wenn die Summe des persönlichen Nutzens aller EAM-Stakeholder den dafür erforderlichen Aufwand deutlich übersteigt, lohnt sich EAM. Nur, wie kommt man zu einer belastbaren Aufwand- und Nutzenabschätzung?

Eine belastbare Aufwand- und Nutzenabschätzung kann nur unternehmensindividuell nach der Identifikation und Analyse der Stakeholder, deren Ziele und Fragestellungen sowie die Ermittlung der relevanten EAM-Antworten erfolgen. Für jede gefundene Antwort müssen der persönliche Nutzen und der Aufwand für die einmalige und insbesondere auch kontinuierliche Bereitstellung gegenübergestellt werden. Einmaliger Aufwand entsteht z. B., wenn initial eine Informationssystem-Liste (IS-Liste) aus der ggf. Vielzahl von im Unternehmen existierenden Listen konsolidiert wird. Kontinuierlicher Pflegeaufwand entsteht durch die erforderliche Aktualisierung bei Änderungen.

Die Summe des persönlichen Nutzens muss deutlich größer als der kontinuierliche Aufwand sein, damit EAM nachhaltig im Unternehmen verankert werden kann. Wenn der einmalige Aufwand sehr hoch ist, muss sehr sorgfältig abgewogen werden, ob dies in der anstehenden EAM-Ausbaustufe wirklich angepackt oder aber in eine der nächsten Ausbaustufen verschoben werden soll.

Sie müssen, gerade in der ersten Einführungsstufe, schnell sichtbare Erfolge vorweisen. Ohne Konzentration auf das Wesentliche und Wichtige verrennen Sie sich jedoch in Details und verlieren das eigentliche Ziel aus den Augen. Für den Ausbau benötigen Sie viel Durchhaltevermögen.

In jeder Ausbaustufe müssen Sie sich auf das konzentrieren, was Sie mit vertretbarem Aufwand kurzfristig umsetzen können. Erfolgsfaktor ist hierfür ein systematisches agiles Vorgehen, wie Sie in kurzer Zeit Quick-wins erzielen können. In kleinen Schritten mit jeweils sichtbaren Erfolgen, vielen Feedback-Iterationen und einer engen Zusammenarbeit mit allen EAM-Beteiligten muss Ihr EAM wachsen und gedeihen. Nur wenn der Nutzen erkannt wird, gibt es gute Argumente für die Investitionen in den weiteren Ausbau. So können Sie den Veränderungsprozess im Unternehmen und insbesondere in der IT initiieren und vorantreiben.

Wichtig

Die Nutzenfrage kann erst nach der Stakeholder-Analyse und einer Grobkonzeption einer Ausbaustufe beantwortet werden.

In der nächsten Ausbaustufe sollte nur das umgesetzt werden, was kurzfristig mit vertretbarem Aufwand geleistet werden kann. Ansonsten besteht die Gefahr, sich zu verzetteln. Zudem können so schnell erste sichtbare Ergebnisse erstellt und für das Marketing genutzt werden. Eine Ausbaustufe sollte in circa drei Monaten konzeptioniert und verankert werden.

In jedem Fall gilt aber für jede Ausbaustufe: Die Summe des persönlichen Nutzens aller EAM-Antworten muss deutlich größer als der kontinuierliche Aufwand sein, damit EAM nachhaltig im Unternehmen verankert werden kann. ■

Wie kommen Sie nun zu Ihrer nächsten Ausbaustufe? Und wie können Sie den Aufwand und den Nutzen abschätzen?

Durch das systematische Standardvorgehen der Best-Practice-EAM-Methode (siehe Abschnitte 2.6 und 5.6) kann EAM in einer ersten Ausbaustufe mit sichtbaren Erfolgen in wenigen Monaten eingeführt werden. In einem Schnelldurchlauf kann ein EAM-Grobkonzept bereits innerhalb einer Woche erstellt und so die Nutzenfrage beantwortet werden. Die Methode wurde bereits bei vielen Unternehmen unterschiedlicher Größenordnung erfolgreich angewendet. Wesentlicher Teil der Einführungsmethode ist die Bestimmung Ihrer individuellen Unternehmensarchitektur und der für Sie relevanten EAM-Antworten.

Zugeschnitten auf Ihre Ziele und Fragestellungen werden Ihre Unternehmensarchitektur sowie die passenden EAM-Antworten ermittelt (siehe Bild 3.9). Über eine Stakeholder-Analyse werden die zu berücksichtigenden Stakeholder ermittelt. Für alle Stakeholder werden deren Ziele und Fragestellungen eingesammelt und passende EAM-Antworten gesucht. EAM-Antworten sind häufig Visualisierungen und Auswertungen. Anhand von repräsentativen Beispielen aus dem Kontext der Stakeholder erlangen diese eine Vorstellung darüber, ob die EAM-Antwort für sie Nutzen bringt, und können diese priorisieren. Durch die Analyse der Datenbeschaffung kann der Aufwand ermittelt und dem Nutzen gegenübergestellt werden. Durch die Konzentration auf die wesentlichen Fragestellungen mit einem guten Aufwand-Nutzen-Verhältnis wird die erste Einführungsstufe festgelegt.

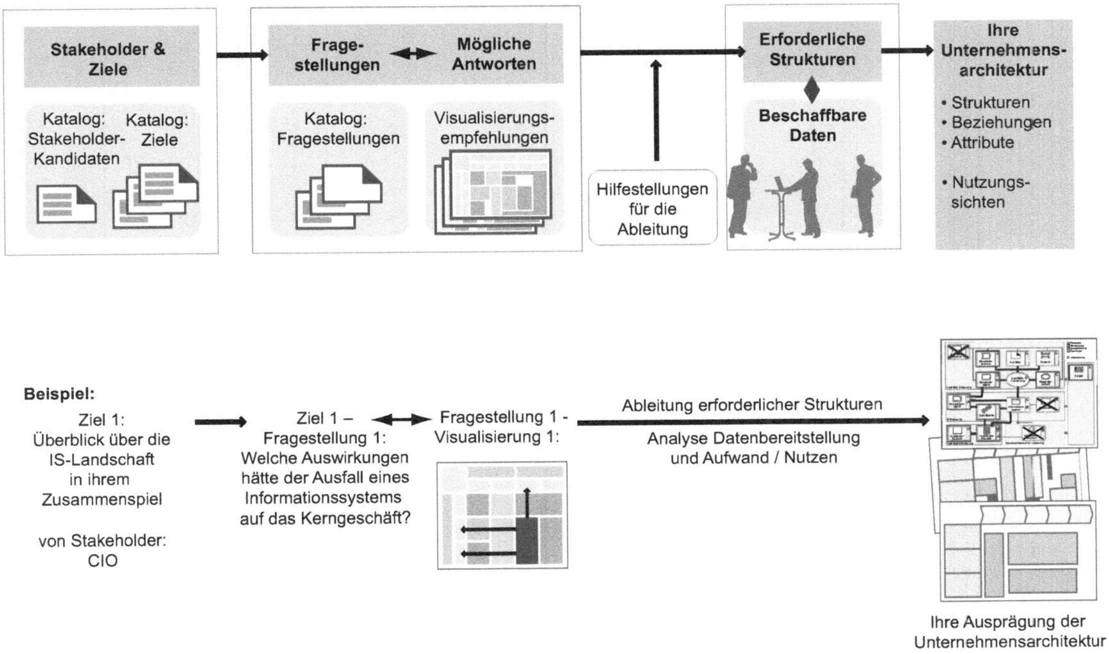

Bild 3.9 Ermittlung Ihrer Unternehmensarchitektur

Um Ihrem EAM Leben einzuhauchen, müssen Sie die zu Ihrem EAM-Reifegrad, Ihrem Unternehmen und Ihrer Unternehmensarchitektur passenden Rollen, Verantwortlichkeiten, Gremien, EAM-Prozesse und Modellierungsrichtlinien festlegen. Wesentlich sind insbesondere die Pflegeprozesse, eine automatisierte Integration mit bestehenden datenliefernden Systemen, wie z. B. ein BPMS, und eine gute Werkzeugunterstützung, um die Pflege möglichst aufwandsarm durchzuführen. Durch eine regelmäßige Pflegeaktion, z. B. monatlich oder vierteljährlich, kann die Datenbasis auch bei einem niedrigen Reifegrad hinreichend aktuell gehalten werden. Mit zunehmendem Reifegrad sollten die Pflegeprozesse eng in die Planungs-, Entscheidungs- und Durchführungsprozesse integriert werden, um die Datenpflege entlang dieser Prozesse, wie z. B. der Projektabwicklung oder Wartungsprozesse, mitzuerledigen. Darüber hinaus sollten alle „guten Datenquellen" angezapft werden und die Daten daraus automatisch mit der EAM-Datenbasis verknüpft werden. Nur so bleibt die EAM-Datenbasis hinreichend aktuell, vollständig und qualitativ hochwertig und nur dann stiftet EAM Nutzen. Dies ist in Bild 3.10 dargestellt.

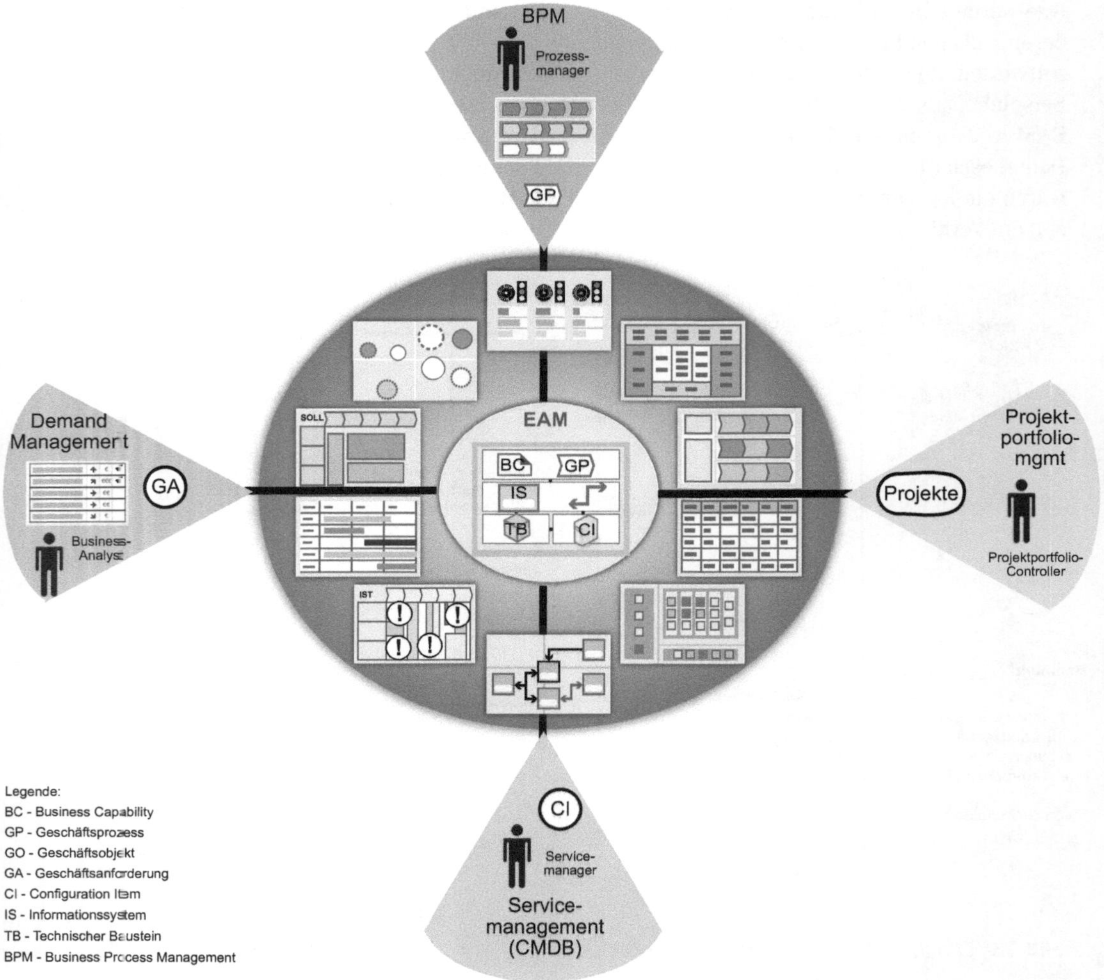

Bild 3.10 Beispiel für integratives EAM als Ziel-Bild

In Bild 3.10 sehen Sie EAM als „Spinne im Netz" mit dem Single-Point-of-Truth bezüglich der fachlichen und technischen Strukturen, die originär durchaus aus verschiedenen Systemen und Disziplinen stammen können. Projekte entstehen z. B. über das Projektportfoliomanagement und werden durch einen Projektportfolio-Controller gemanagt. Cis kommen vom Servicemanagement und werde mit u. a. Informationssystemen, Schnittstellen und technischen Bausteinen über EAM-Strukturen verknüpft. Das Demand Management ist verantwortlich für Geschäftsanforderungen, die mit u. a. Geschäftsprozessen und Business Capabilities verknüpft sind. Das Geschäftsprozessmanagement und damit das BPMS sind verantwortlich für Geschäftsprozesse und verknüpfen diese mit Informationssystemen aus EAM.

Weitere Details zur Integration und Einführungsmethode finden Sie in den Abschnitten 2.6 und 5.6. Für den Erfolg gibt es jedoch einige Voraussetzungen, die der EAM-Auftraggeber schaffen muss. Diese werden im Folgenden weiter ausgeführt.

3.3.1 Erfolgsvoraussetzungen für die EAM-Einführung

> **Wichtig**
> Schaffen Sie die Voraussetzungen für den EAM-Erfolg in jeder Ausbaustufe von EAM. Dies ist die wesentliche Aufgabe des Initiators, des Auftraggebers, des EAM-Projekts. ■

Als Auftraggeber des EAM-Projekts müssen Sie insbesondere Folgendes sicherstellen:

- **Zumindest ein qualifizierter und EAM-begeisterter (zukünftiger) Unternehmensarchitekt:** Unternehmensarchitekten sind die Kümmerer, Planer und Gestalter der Unternehmensarchitektur und in der Einführungsphase die „Arbeiter“ (oder „Fleißbienchen“), die die Konzeption tragen. Analysieren Sie, ob Sie qualifizierte Unternehmensarchitekten oder Mitarbeiter mit entsprechendem Potenzial haben. Übertragen Sie demjenigen, den Sie zukünftig als EAM-Verantwortlichen etablieren wollen, die Projektleitung des Einführungsprojekts oder geben Sie diesem im EAM-Projekt zumindest eine wesentliche Rolle. Wenn Sie noch keine qualifizierten Unternehmensarchitekten haben, sollten Sie sich qualifizierte externe Unterstützung für das Einführungsprojekt besorgen. Die Externen sollten dann den ausgewählten Unternehmensarchitekten coachen.
- **Sponsoren für das EAM-Projekt und den späteren Ausbau:** Sie benötigen weitere Sponsoren. Die Sponsoren, die Auftraggeber und gegebenenfalls andere nutznießende Stakeholder geben dem EAM-Einführungsprojekt „Rückendeckung“. Sie haben Einfluss und sorgen initial für die entsprechenden Budgets und dafür, dass die richtigen Personen im EAM-Projekt mitwirken. Später machen sie aktiv Marketing mit den EAM-Erfolgen und helfen, EAM „zum Fliegen zu bekommen“.

  Sponsoren können mittels einer Stakeholder-Analyse anhand des Organigramms ermittelt werden (siehe Abschnitt 5.1). In der Regel wissen Sie genau, wer von den potenziell relevanten Entscheidern Nutzen aus EAM ziehen und gleichzeitig dem Thema EAM gewogen sein könnte. Im Allgemeinen sollte der CIO unter den Sponsoren vertreten sein. Mit den möglichen Sponsoren sollten Sie sich, wenn dies „politisch“ opportun ist, bezüglich deren Beteiligung am Projekt austauschen.

  Bei einem niedrigen EAM-Reifegrad sollten Sie den Kreis der Projektbeteiligten und auch der Sponsoren eher klein halten. Jeder weitere Beteiligte muss erst überzeugt und „eingefangen“ werden. Sie brauchen schnelle und sichtbare Erfolge. Wählen Sie daher die Beteiligten und Sponsoren sorgfältig aus.
- **Ihre Soll-Vision und die „Hidden Agenda“ ermitteln:** Sie selbst und die anderen Sponsoren haben Ziele, wofür EAM einen Beitrag leisten soll. Diese Ziele sind häufig eher „visionär“. Beispiele sind die nachhaltige Kostenreduktion im Anwendungsbetrieb, Vorbereitung der IT auf Veränderungen im Geschäftsmodell sowie Business-Transformationen oder aber als Gesprächspartner auf Augenhöhe von der Unternehmensführung wahrgenommen zu werden. Diese Anliegen und auch die „Hidden Agenda“ müssen verstanden sein, um EAM in diese Richtung aufzusetzen. Letztere wird häufig nicht explizit dokumentiert. Man muss bei der Sammlung der Ziele sorgfältig darauf achten, dass man keine „Hidden Agenda“ eines einflussreichen Sponsors verletzt.

- **Projektorganisation initialisieren:** Für das EAM-Projekt müssen Sie, um arbeitsfähig zu sein, ein Kernteam und ein erweitertes Team sowie ein Projektsteuerungsgremium festlegen.

  Ausgehend von der Stakeholder-Analyse und einer groben Zielanalyse können Sie die für Sie relevanten Stakeholder-Gruppen ermitteln (siehe Abschnitt 5.1). Aufgrund der Organisationsstruktur ist dann klar, welche Einheiten gegebenenfalls involviert werden können. Wählen Sie wenige repräsentative und aufgeschlossene Einheiten aus. Prüfen Sie, ob Sie in der Stakeholder-Analyse alle inhaltlichen Bereiche der Unternehmensarchitektur, die für die Umsetzung der Soll-Vision erforderlich sind, berücksichtigt haben. Sie müssen jedoch z. B. nicht alle Anwendungsentwicklungseinheiten mit hinzuziehen. In der ersten Ausbaustufe reicht häufig eine.

  Wenn der Reifegrad noch niedrig ist, sollten Sie den Kreis für die erste Ausbaustufe eher klein halten. Auf jeden Fall sollten aber alle Involvierten EAM aufgeschlossen gegenüberstehen.

  Das Kernteam sollte neben „dem" Unternehmensarchitekten, der idealerweise die Rolle des Projektleiters ausfüllt, im Wesentlichen aus (zukünftigen) Unternehmensarchitekten der zu berücksichtigenden IT- und ggf. Facheinheiten bestehen. Im Projektsteuerungsgremium sollten die Führungskräfte der berücksichtigten Einheiten neben den Sponsoren vertreten sein.

  Das erweiterte Team umfasst zusätzlich auch alle notwendigen Interviewpartner oder Input-Geber, die im Rahmen des Projekts voraussichtlich benötigt werden. Das erweiterte Team kann sich durchaus im Rahmen des Projekts verändern. Wichtig ist jedoch, dass das Kernteam und das Projektsteuerungsgremium möglichst unverändert bleiben. Das Kernteam sollte bei der initialen Einführung in der Regel aus zwei bis circa vier Unternehmensarchitekten bestehen.

Wichtig

Bei der Einführung von EAM sind folgende Aspekte entscheidend:

- Management-Commitment,
- Sponsoren, die dem EAM-Projekt Rückendeckung geben,
- fähiger Unternehmensarchitekt, der sich für EAM engagiert und die Projektleitung übernimmt.

Machen Sie Betroffene zu Beteiligten, indem Sie alle wesentlichen Stakeholder einbeziehen. Konzentrieren Sie sich auf die konkreten Ziele und Fragestellungen der relevanten Stakeholder. Aber achten Sie darauf, dass Sie eine „Koalition der Willigen" schmieden, d. h., vermeiden Sie unnötige Widerstände, die schnelle Erfolge gefährden.

3.3.2 Aufwand und Nutzen von EAM

EAM hat nur dann eine Existenzberechtigung, wenn die Summe des persönlichen Nutzens den Aufwand deutlich übersteigt. Der Aufwand von EAM lässt sich im Vergleich zum Nutzen einfach ermitteln:

- **Einmalige Kosten:** für das EAM-Einführungsprojekt, die Schulung der Mitarbeiter, den Ausbau des EAM-Instrumentariums und die Lizenzkosten für die EAM-Werkzeuge
- **Laufende Kosten:** für die Datenbeschaffung, die Ergebnisbereitstellung, die EAM-Gremien, die Unternehmensarchitekten, soweit diese nicht über Projekte finanziert werden, und die Wartung und den Betrieb der EAM-Werkzeuge

Bei den laufenden Kosten stellt sich die Frage: Wie groß sind denn die Aufwände für die Datenlieferanten und für die Unternehmensarchitekten?

Dies ist in der Theorie einfach zu beantworten. Im Rahmen der Konzeption Ihrer Unternehmensarchitektur muss ohnehin analysiert werden, wer (Rolle und System) wann entlang welchen Prozesses welche Daten liefert, pflegt oder qualitätssichert. Ebenso müssen bei der Festlegung Ihrer EA-Governance die Anzahl und Verteilung der Unternehmensarchitekten festgelegt werden. Hier müssen insbesondere auch der Kommunikationsaufwand für das Überzeugen sowie die Einflussnahme auf Investitionsentscheidungen und inhaltlichen Projektentscheidungen abgeschätzt werden. Auf Basis dieser Informationen können Sie die Aufwände und damit die Kosten hochrechnen.

Wichtig

Es wird meist circa ein Unternehmensarchitekt pro 100 Informationssysteme benötigt, wenn der Schwerpunkt auf dem Management der IT-Landschaft liegt. Oft teilt sich der Aufwand auf verschiedene Unternehmensarchitekten und/oder Datenlieferanten auf.

Dieser Erfahrungswert wurde aus einer Vielzahl von EAM-Vorhaben konsolidiert. Die Bandbreite lag hier zwischen 0,7 und 1,4 Personen pro 100 Informationssysteme.

In großen dezentral organisierten Organisationen ist der Aufwand typischerweise größer als in mittelständischen Unternehmen mit kurzen Entscheidungswegen. ■

In der Praxis stellt sich jedoch die Frage nach der Angemessenheit. Dies lässt sich aber nur in Zusammenhang mit der Kosten-Nutzen-Abwägung beantworten. Hierzu muss der Nutzen der EAM-Antworten auf die Fragestellungen der Stakeholder dem dafür benötigten Aufwand gegenübergestellt werden. In Bild 3.11 wird das prinzipielle Vorgehen diesbezüglich dargestellt.

In Bild 3.11 wird auf der linken Seite die Ableitung Ihres spezifischen EAM Frameworks (Unternehmensarchitektur, EAM-Antworten und EA-Governance) dargestellt. Ausgangspunkt sind die Ziele der verschiedenen aus der Stakeholder-Analyse ermittelten Stakeholder. Für jedes Ziel, genauer genommen für jede Fragestellung, muss der Stakeholder eine Aussage darüber treffen, was ihm die Beantwortung wert ist.

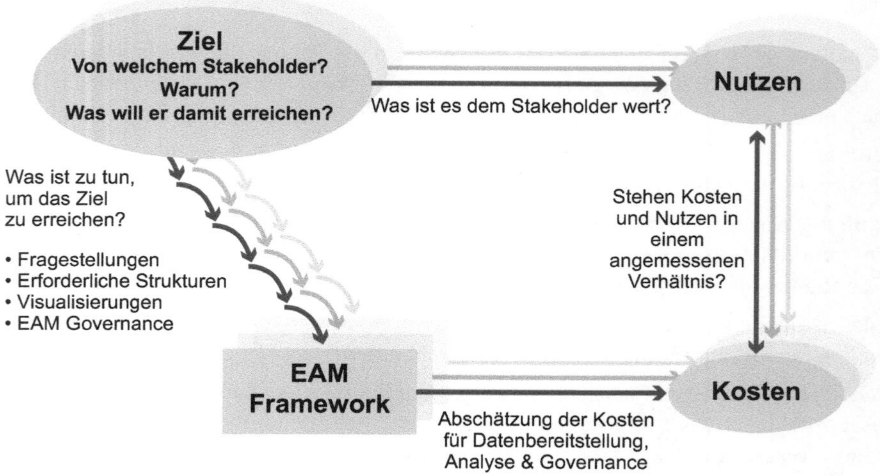

Bild 3.11 Kosten-Nutzen-Abwägung

Ein Beispiel hierzu: Ein Stakeholder möchte für ein Sicherheitsaudit eine Liste der Sicherheitslevels von Informationssystemen in Korrelation zum Schutzbedarf der unterstützten Geschäftsprozesse sehen. Er kann selbst durch die Beauftragung eines Experten die Liste in ca. einem halben Tag erstellen lassen. Bei der Umsetzung innerhalb des EAM-Werkzeugs entsteht einmalig ein Aufwand von einigen Tagen, um alle erforderlichen Daten zusammenzutragen. Hinzu kommt noch der Aufwand für die kontinuierliche Pflege und Abstimmung. Diese können ggf. im Rahmen von anderen Abstimmungen durchgeführt werden. Dies muss aber, falls relevant, noch eruiert werden.

Wenn die Anforderung im Beispiel nur einmalig besteht, lohnt sich der Aufwand nicht. Wenn die Fragestellung häufiger auftaucht, kann dies schon wieder anders aussehen.

Wichtig

Die persönliche Nutzeneinschätzung der Stakeholder je Fragestellung bestimmt letztendlich den maximal sinnvollen Aufwand für deren Beantwortung. Daher muss beim Einsammeln von Zielen und Fragestellungen immer die Frage nach dem persönlichen Wert für den Stakeholder gestellt werden. Falls der Nutzen offensichtlich in keinem Verhältnis zum Aufwand steht, muss der Stakeholder auch mit einer groben Schätzung des Aufwands „konfrontiert" werden. So reduziert sich die Liste der umzusetzenden Fragestellungen häufig von ganz alleine. Die nutzenträchtigen und wichtigen Fragestellungen bleiben übrig.

Schauen wir uns den Nutzen von EAM etwas genauer an. Bei der Nutzenbetrachtung muss analysiert werden:

- Wer hat den Nutzen? Stakeholder im Business und in der IT? In Querschnittsbereichen, wie z. B. Projektmanagement Office?
- Wann wird der Nutzen verwirklicht? Kurz-, mittel- oder langfristig?

- Welche Art von Nutzen entsteht? Werden Kosten (einmalige und laufende) eingespart oder ist ein Wertsteigerungspotenzial zu erwarten?
- Ist der Nutzen quantifizierbar? Wenn ja, ist er direkt oder indirekt messbar?

Bei den einsparungsgetriebenen Nutzenarten kann unterschieden werden in:

- **GP-Kosten:** Einsparung bei der Abwicklung von Geschäftsprozessen

  Beispiel: Welche Kosten fallen weg, wenn die Kundenstammdaten nur noch an einer zentralen Stelle gepflegt werden?
- **IT-Kosten:** Einsparung bei IT-Kosten

  Beispiel: Welche einmalige oder laufende IT-Kosten fallen weg, wenn Informationssysteme abgeschaltet oder Schnittstellen deaktiviert werden können?
- **Fiktive Kosten:** Vermeidung von fiktiven Kosten oder Verlusten

  Beispiele: nicht realisierbare Umsatzsteigerung, Haftungsschäden, Imageschäden oder Risikokosten
- **Intransparenzkosten:** Einsparung operativer Aufwände zum Erzielen der erforderlichen Transparenz, um z. B. Berichtspflichten nachzukommen oder Entscheidungen treffen zu können

  Beispiel: Anzahl der Entscheidungsvorlagen x Einsparung pro Vorlage

Der Business-Mehrwert (Wertsteigerungspotenzial) wird in der Regel anhand von Abschätzungen ermittelt. So kann das Potenzial zur Steigerung des Umsatzes, des Auftragseingangs oder von Kunden- oder Marktanteilen über eine Hochrechnung auf der Basis von historischen oder Ist-Daten, z. B. Geschäftsprozesskosten pro Auftrag, ermittelt werden.

Da IT-Kosten in der Regel nur einen kleinen Prozentsatz der Gesamtkosten im Unternehmen ausmachen, liegt das größte Nutzenpotenzial in der Optimierung des Geschäfts. Durch die Automatisierung von Abläufen und Schnittstellen oder die Standardisierung von Geschäftsprozessen oder Reduktion von Ausnahmen lassen sich enorme Einsparungspotenziale erzielen.

Der Nutzen von EAM ist jedoch vorwiegend qualitativ. Sie bekommen Ihr Geschäft und Ihre IT durch die auf Sie zugeschnittene Unternehmensarchitektur und EAM-Antworten auf Ihre Fragestellungen in den Griff. Entscheidungen werden abgesichert, Risiken reduziert und wesentliche Informationen für die Planung und Steuerung der IT bereitgestellt. Ohne eine hochwertige EAM-Datenbasis müssten die für Entscheidungen notwendigen Informationen mit einem großen Aufwand erst beschafft werden. Die übersichtlichen EAM-Visualisierungen sind zudem als Hilfsmittel für die Argumentation und Entscheidungsfindung u. a. im Projektportfoliomanagement und in der Projektsteuerung wertvoll. Eine qualitative Bewertung lässt sich nur schwer erstellen. In einigen Fällen können Sie den Nutzen grob abschätzen.

In Tabelle 3.1 finden Sie eine Sammlung von Nutzenargumenten für EAM mit Beispielen, die aus der Erfahrung von vielen EAM-Projekten konsolidiert wurden. Für jedes Nutzenargument wird die Art des Nutzens angegeben und ob es (zum Teil unter großen Anstrengungen) quantifiziert werden kann.

Die wesentlichen Nutzenaspekte werden in Bild 3.12 und Bild 3.13 aufgeführt. In Bild 3.12 wird anhand der Nutzenaspekte der Beitrag von EAM zur Zielerreichung aufgezeigt. In Bild 3.13 sind die Nutzenaspekte entsprechend ihrer zeitlichen Realisierbarkeit und des Fokus IT oder Business zugeordnet.

Tabelle 3.1 Nutzenargumente für EAM

Nummer	Nutzenargument (Beispiel)	Beispiele für genutzte EAM-Ergebnisse*
Informationsbedarf abdecken Spezifischen Informationsbedarf der Stakeholder(-Gruppen) auf Basis der EAM-Datenbasis befriedigen und zugeschnittene Visualisierungen, Listen oder Steuerungssichten bereitstellen		
1 (Qualitativ, Intransparenzkosten)	Verstehen und Aufzeigen von Zusammenhängen und Abhängigkeiten (Überblick herstellen) mithilfe von Ergebnissen aus EAM heraus; insbesondere Visualisierungen und Listen (z. B. Informationsflussgrafik, die das Zusammenspiel der verschiedenen Informationssysteme verdeutlicht)	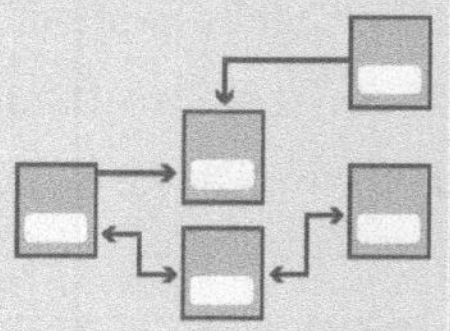
2 (Quantitativ, Intransparenzkosten)	Unterstützung bei der Informationsbeschaffung z. B. für die Budgetplanung oder Lifecycle-Analysen durch Recherche in der EAM-Datenbasis (z. B. Ermittlung der aktuellen Liste der Informationssysteme und deren Verantwortlichkeiten und Lifecycle-Status)	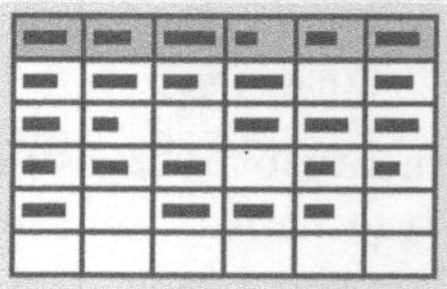
3 (Quantitativ, Intransparenz- und fiktive Kosten)	Vereinfachung von Dokumentations- und Berichtspflichten z. B. im Kontext von Compliance und Sicherheit durch wiederholbare Abfragen in der EAM-Datenbasis (z. B. Schutzbedarfsliste oder Liste der SOX-relevanten Informationssysteme, in der kritische Systeme hervorgehoben sind)	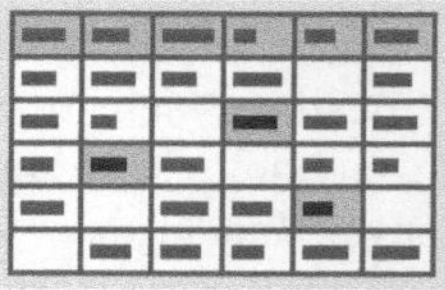
4 (Quantitativ, Intransparenzkosten)	Unterstützung bei der Erstellung von Entscheidungsvorlagen für die Steuerungsgremien insbesondere im Projektportfoliomanagement oder in der Projekt- und Programmsteuerung durch u. a. Überblicksdarstellungen, Listen und Steuerungssichten (z. B. Portfoliografik, in der Informationssysteme entsprechend ihres Strategie- und Wertbeitrags, technischen Gesundheitszustands und ihrer Kosten qualifiziert werden)	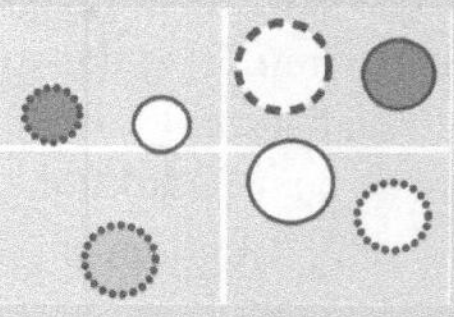
5 (Quantitativ, Intransparenzkosten)	Reduzierte Projektvorbereitung und fundierter Input für die Projektabwicklung durch Analyse der EAM-Datenbasis bereitstellen (z. B. Ermittlung des Projektkontextes oder Analyse spezifischer Projektfragestellungen)	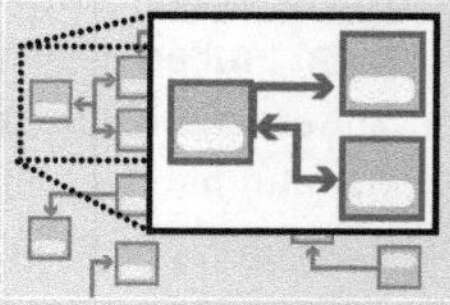

Nummer	Nutzenargument (Beispiel)	Beispiele für genutzte EAM-Ergebnisse*
Business-IT-Alignment fördern Durch abgestimmte fachliche Strukturen, wie z. B. Geschäftsprozesse oder Geschäftseinheiten, und die Verknüpfung dieser mit den IT-Strukturen wird eine Kommunikationsbasis mit dem Management und dem Business geschaffen. Auf dieser Basis können die IT-Unterstützung für das Business aufgezeigt und die IT businessorientiert gesteuert werden.		
6 (Qualitativ, Intransparenzkosten)	Gemeinsame fachliche Sprachbasis durch abgestimmte Begrifflichkeiten erzeugen (z. B. Glossar für die fachlichen Begrifflichkeiten wie Namen von Geschäftsprozessen oder Business Capabilities sowie fachliches Domänenmodell)	 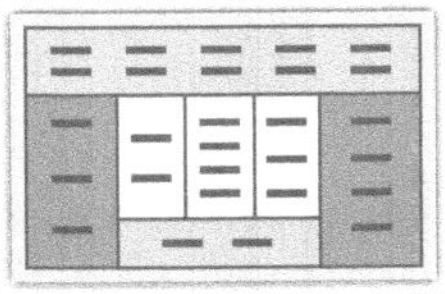
7 (Qualitativ, Intransparenzkosten)	Verknüpfung von Business- und IT-Strukturen, um IT-Unterstützung für z. B. Geschäftsprozesse aufzuzeigen, zu analysieren und zu gestalten Prozesslandkarte bzw. Prozessportfolio legen z. B. die Geschäftsprozesse fest, die in der Bebauungsplangrafik als fachlicher Bezugsrahmen verwendet werden. Über Informationsflussgrafiken werden die technischen Abhängigkeiten sichtbar.	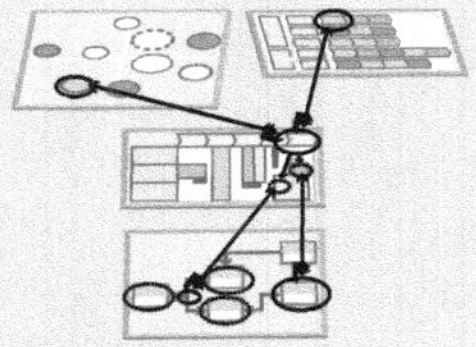
Entscheidungs- und Planungssicherheit erzeugen und damit Risiken reduzieren Entscheidungen und Planungen werden durch fundierte Informationen aus Analysen abgesichert.		
8 (Qualitativ, IT-, GP- und Intransparenzkosten)	Aufdeckung von Handlungsbedarf und Optimierungspotenzial durch die Analyse der EAM-Datenbasis u. a. im Hinblick auf Verantwortlichkeiten, Redundanzen, Inkonsistenzen, IT-Komplexität, Anhaltspunkte für die Optimierung der Business-Unterstützung (z. B. Handlungsbedarf in einer Bebauungsplangrafik darstellen)	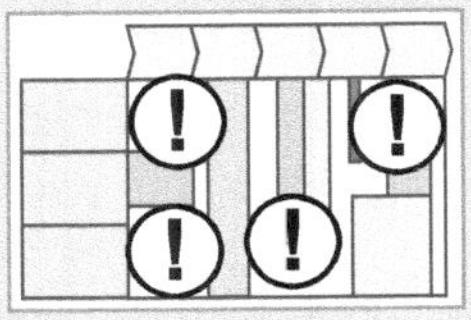
9 (Quantitativ, Intransparenzkosten)	Bereitstellung von fundiertem Input für das Projektportfoliomanagement und (IT-)Entscheidungen durch aufbereitete Überblicksdarstellungen, Listen und Steuerungssichten sowie Planungsergebnisse und Ergebnisse der Analyse von Abhängigkeiten und Auswirkungen (z. B. Gesamtportfolio im Zusammenspiel darstellen und Abhängigkeiten zwischen Projektanträgen im Masterplan aufzeigen)	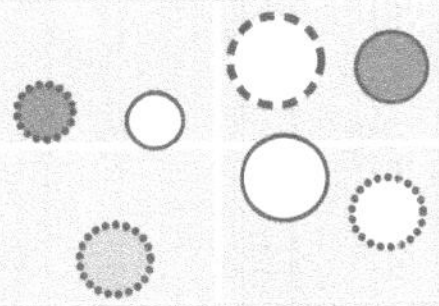 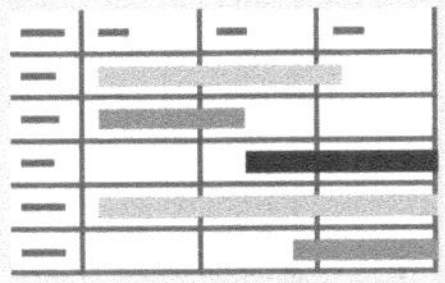

Nummer	Nutzenargument (Beispiel)	Beispiele für genutzte EAM-Ergebnisse*
10 (Qualitativ, IT-, GP- und Intransparenzkosten)	Zeitnah fundierte Aussagen über Zusammenhänge, Abhängigkeiten und Auswirkungen von Veränderungen in und zwischen Business und IT (z. B. Geschäftsprozessunterstützung eines IT-Systems oder Auswirkungen bei einem Release-Wechsel oder beim Ausfall eines IT-Systems aufzeigen)	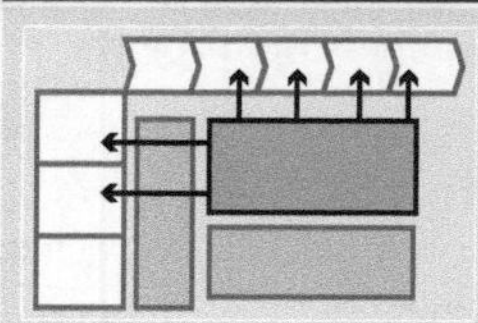 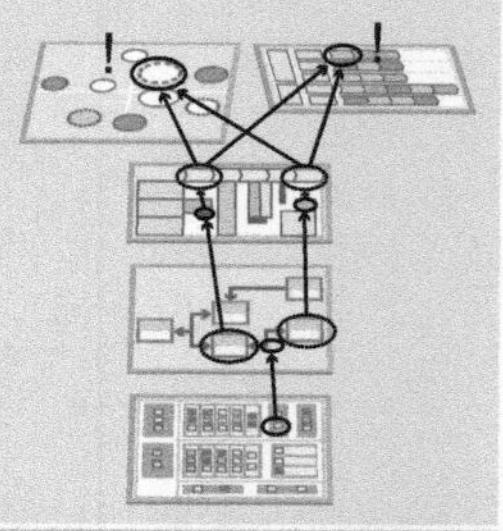
Hebung von technischen Einspar- und Qualitätssteigerungspotenzialen durch die technische Standardisierung und Homogenisierung sowie angemessene Sourcing-Entscheidungen		
11 (Quantitativ, IT- und GP-Kosten)	Technische Standardisierung und Lifecycle-Management, um Kosten zu senken und die technische Qualität zu steigern. Vorgabe von unternehmensspezifischen Standards und Überwachung von deren Einhaltung sowie explizites Lifecycle-Management von technischen Komponenten. Beispiele hierfür sind die Standardisierung und Homogenisierung der PC-Infrastruktur, JEE- und SAP-Plattformen (z. B. Verstöße gegen technische Standards in einer Bebauungsplangrafik visualisieren).	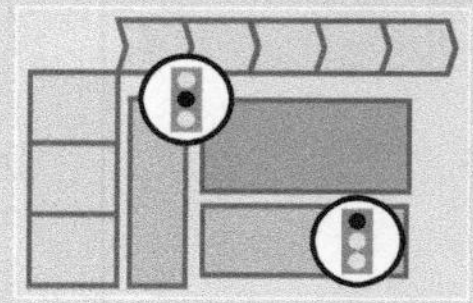
12	Betriebsinfrastrukturoptimierung mittels Standardisierung, Homogenisierung der Betriebsinfrastruktur durch Einführung, Bündelung und Zentralisierung von Plattformen, Know-how und standardisierten Services (z. B. standardisierte Services und Leistungskatalog, die von Kunden „bestellt" oder von Informationssystemen genutzt werden können)	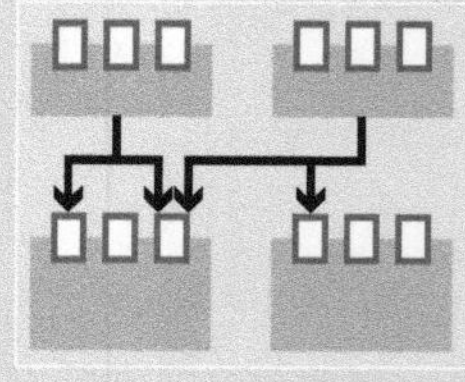
13 (Quantitativ, IT- und GP-Kosten)	Vorschläge für ein adäquates Sourcing durch die Analyse der EAM-Datenbasis erstellen (z. B. Analyse der EAM-Datenbasis bzgl. der Ergebnisqualität, Lieferfähigkeit und Termintreue von Lieferanten und Darstellung des Ergebnisses in einer Liste)	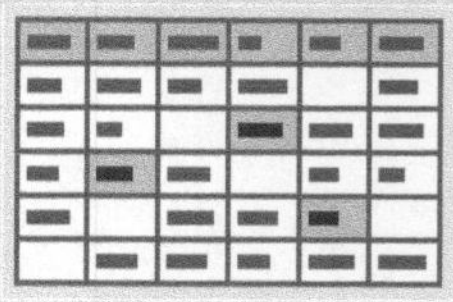

Nummer	Nutzenargument (Beispiel)	Beispiele für genutzte EAM-Ergebnisse*
Nachhaltige IT-Kostenreduktion Die Kosten im laufenden Geschäftsbetrieb (Commodity) müssen nachhaltig gesenkt werden, um Freiraum für Investitionen zu schaffen.		
14 (Quantitativ, IT-Kosten oder Business-Mehrwert)	**Unterstützung der IT-Konsolidierung** durch die Analyse der EAM-Datenbasis als Basis für die nachhaltige IT-Kostenreduktion: ▪ Ansatzpunkte zur Verringerung der Komplexität und Inhomogenität der IT-Unterstützung aufzeigen ▪ Ideen für die Verbesserung der Organisation (z. B. Verantwortlichkeiten) generieren Zu den IT-Konsolidierungsmaßnahmen zählen z. B. die Eliminierung aller unnötigen und redundanten Systeme, Komponenten oder Schnittstellen sowie die Vereinfachung der verschiedenen Elemente und/oder die Zuordnung klarer Verantwortlichkeiten oder die Zentralisierung von IT-Funktionen (z. B. Analyse von Abhängigkeiten zwischen Systemen).	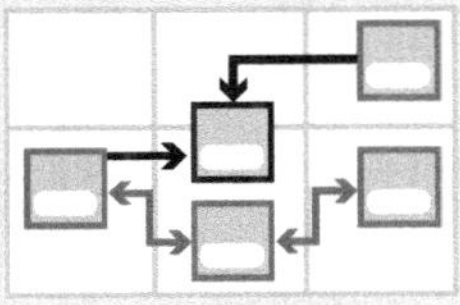 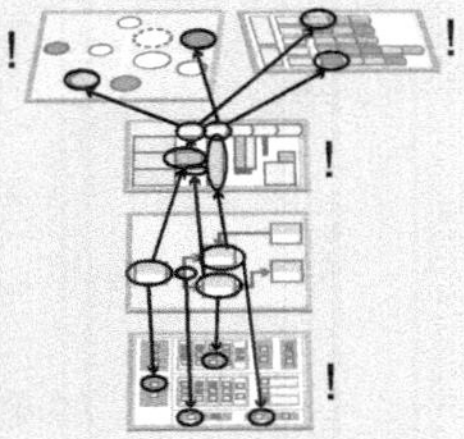
IT auf Veränderungen im Business vorbereiten (Flexibilität) IT muss schnell Geschäftsanforderungen umsetzen und Business-Transformationen bewältigen können. Eine modulare und möglichst einfache IT-Landschaft und Integrationsarchitekturen sind für die Umsetzung essenziell.		
15 (Qualitativ, IT- und GP-Kosten oder Business-Mehrwert)	Entwicklung und Veröffentlichung von verbindlichen Vorgaben für die IT-Umsetzung (z. B. Soll-IS-Landschaft und IT-Roadmap oder Integrationsarchitektur und Serviceorientierung als Standard für gewisse Kategorien von Informationssystemen setzen)	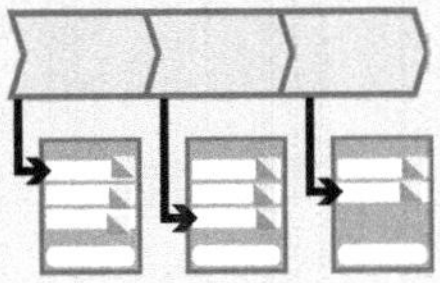
16 (Qualitativ, IT- und GP-Kosten oder Business-Mehrwert)	Gestaltung der zukünftigen IT-Landschaft und deren Roadmap zur Umsetzung Zeitnah fundierte Aussagen über Machbarkeit und Auswirkungen von Business- und IT-Ideen durch die Gestaltung und Analyse von Planungsszenarien machen (fachliche und IS-Bebauungsplanung im Zusammenspiel) Beispiele für Business-Ideen sind neue Produktinnovationen oder schnellere Erschließung neuer Kundengruppen oder Märkte (z. B. alternative Planungsszenarien entwerfen und analysieren).	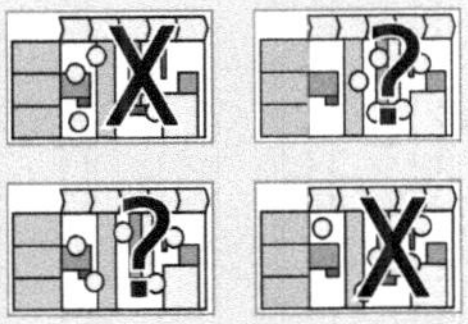
17 (Qualitativ, GP-Kosten oder Business-Mehrwert)	Unterstützung von Merger & Acquisitions, Outsourcing und dergleichen durch Hilfsmittel für die Zusammenführung und Konsolidierung von IT-Landschaften (z. B. Analyse der Zusammenführung von zwei IT-Landschaften im Kontext einer technischen Due Diligence)	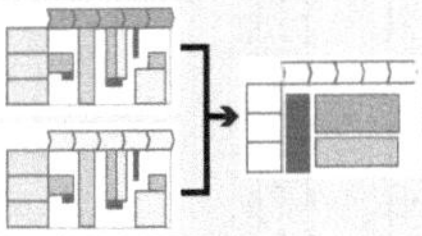

Nummer	Nutzenargument (Beispiel)	Beispiele für genutzte EAM-Ergebnisse*
Direkten Business-Mehrwert erzeugen Das größte Nutzenpotenzial von EAM liegt in der Weiterentwicklung des Geschäfts. Durch fundierten Input für die Optimierung des Geschäfts oder aber durch Gestaltungshilfen mithilfe des EAM-Planungsinstrumentariums kann EAM mittelbar einen Beitrag leisten.		
18 (Qualitativ, GP-Kosten oder Business-Mehrwert)	Input für die Optimierung der Geschäftsarchitektur auf der Basis der Analyse der Geschäftsarchitektur im Zusammenspiel mit der IT-Landschaft geben ▪ Beseitigung von Redundanzen bei Stammdaten ▪ Reduktion von Ausnahme- und Fehlerfällen in Geschäftsprozessen ▪ Automatisierung von Geschäftsabläufen ▪ Outsourcing von Geschäftsprozessen, z. B. der Schadenabwicklung ▪ Erhöhung des Standardisierungsgrads von fachlichen Funktionen und Geschäftsprozessen und deren Homogenisierung (z. B. harmonisierte Geschäftsprozesse und ihre harmonisierte IT-Unterstützung) ▪ Beseitigung von organisatorischen Medien- und Systembrüchen ▪ Unternehmensspezifische Einsparpotenziale aufgrund von konkret bekannten Handlungsbedarfen ▪ Unternehmensspezifische Wertsteigerungspotenziale aufgrund der neuen Business-Möglichkeiten (z. B. Kundengewinnung) z. B. Reduktion der Vorgangsbearbeitungszeiten durch Automatisierung oder Strukturierung der Prozesse entsprechend klarer Verantwortlichkeiten	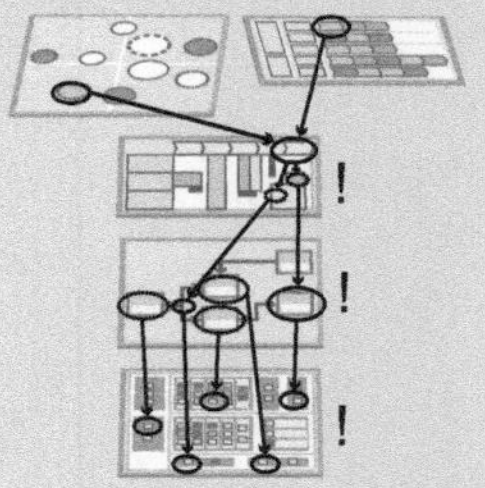
19 (Qualitativ, GP-Kosten oder Business-Mehrwert)	Fachliche Bebauungsplanung zur Gestaltung der zukünftigen fachlichen Strukturen, wie z. B. Geschäftsprozesse. Dies erfolgt in der Regel im Rahmen des strategischen Prozessmanagements (siehe [HLo21]), des Business Capability Management (siehe [HGG12]) oder der Organisationsentwicklung (z. B. Soll-Capability Map oder Soll-Prozesslandkarte).	 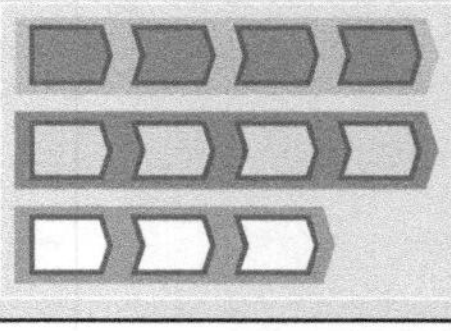

* Erläuterungen zu den Grafiken finden Sie in Abschnitt 2.4.

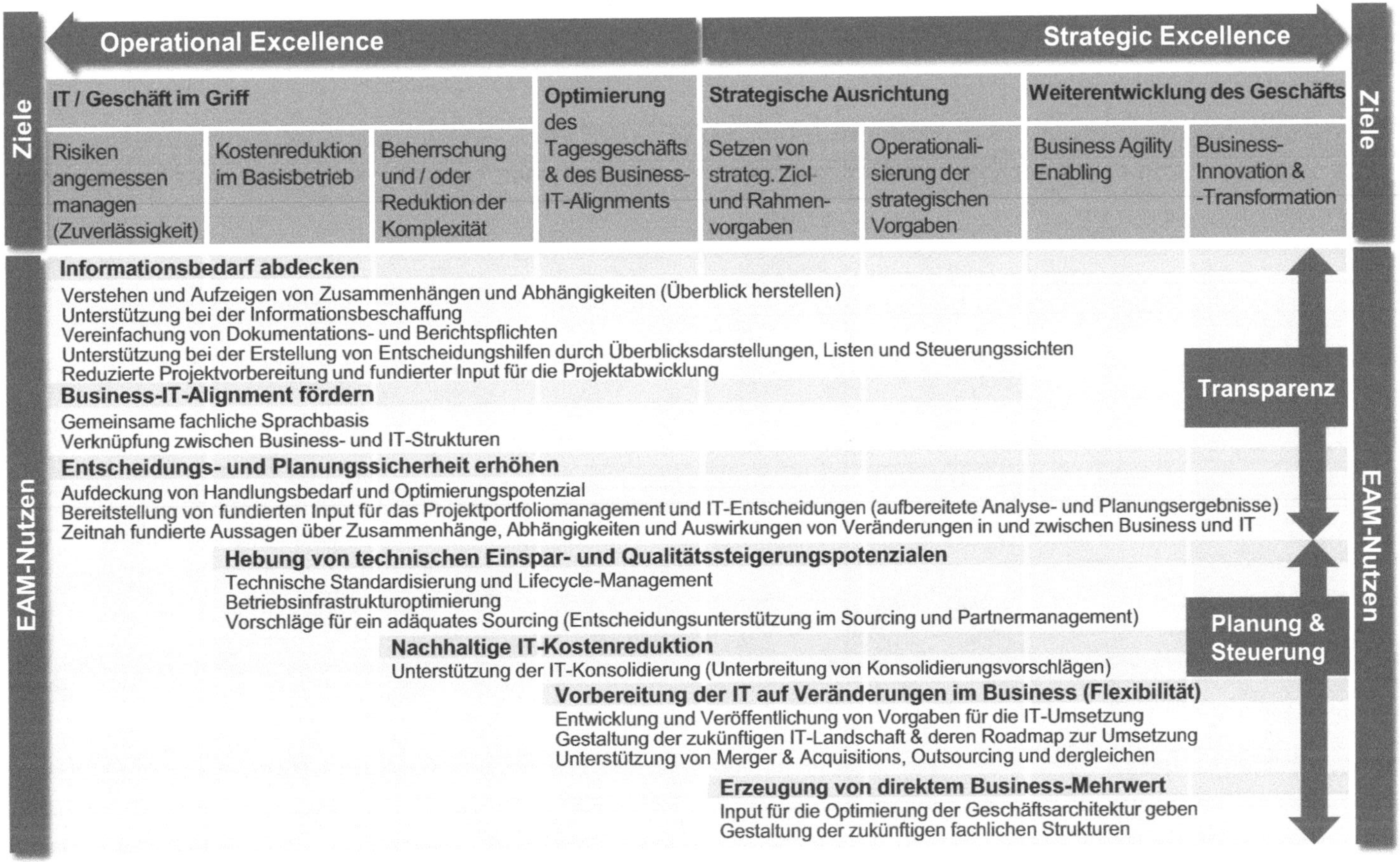

Bild 3.12 EAM-Nutzen als Beitrag zur Umsetzung von Zielen

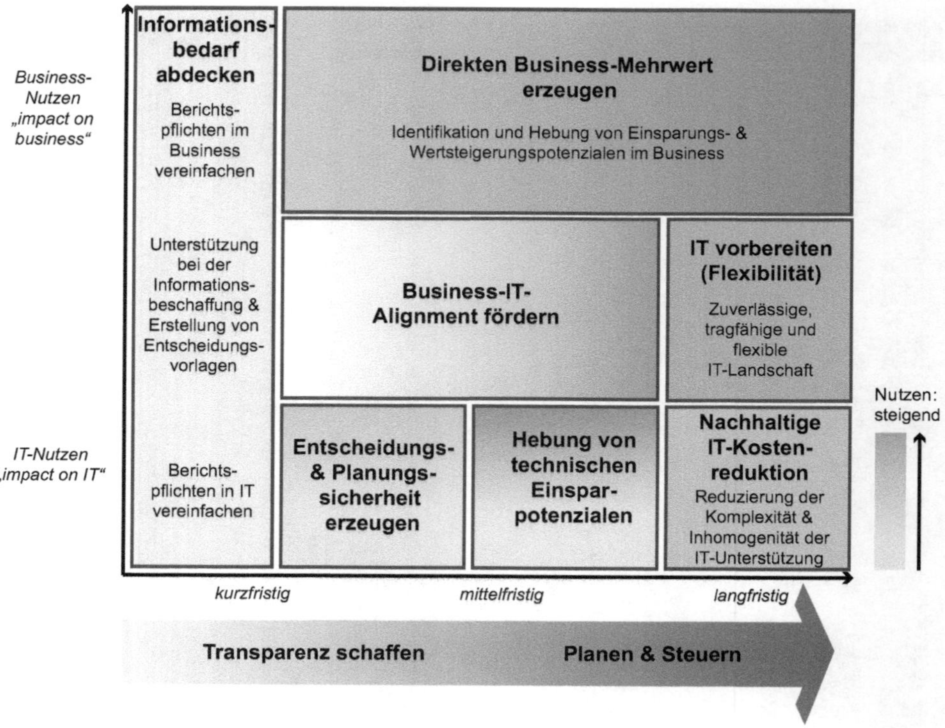

Bild 3.13 EAM-Nutzen

Für Ihre Nutzenbewertung sollten Sie auf jeden Fall zumindest folgende quantitativ bewertbaren kurzfristigen Nutzenaspekte anführen und für sich abschätzen:

- Einsparungen lassen sich bei den regelmäßigen Dokumentations- und Berichtspflichten erzielen. Ein Beispiel ist die Erstellung von Informationssystemlisten im Compliance- und Sicherheitsumfeld. Für regelmäßige Berichte muss man nicht jedes Mal eine neue Bestandsaufnahme durchführen. Man kann auf den bestehenden Datenbestand aufsetzen und muss nur gegebenenfalls für einzelne Informationen eine Nacherhebung initiieren.
- Der Aufwand für die Erstellung von Entscheidungsvorlagen für die Steuerungsgremien, insbesondere im Projektportfoliomanagement oder in der Programmsteuerung, lässt sich erheblich reduzieren, wenn zumindest Ausschnitte aus einem EAM-Werkzeug generiert werden können. Häufig werden hier Visualisierungen, Listen oder aber Steuerungssichten aus einem EAM-Werkzeug eingebunden.
- Wiederkehrende Analysen der Bebauung zur Aufdeckung von Handlungsbedarf und Optimierungspotenzial können bereitgestellt und automatisiert werden. Beispiele hierfür sind die Analyse bezüglich Lücken in der Zuordnung von Verantwortlichkeiten sowie die Prüfung auf Redundanzen, Inkonsistenzen oder Strategie- oder Bebauungskonformität.
- Die Projektvorbereitung kann durch die Verringerung von Rechercheaufwänden und die Nutzung der Analysemöglichkeiten erheblich reduziert werden. So ist z. B. keine erneute umfangreiche Befragung von Fach- bzw. Informationssystemverantwortlichen notwendig.

Empfehlung

Ermitteln Sie die Anzahl der Berichte, Entscheidungsvorlagen oder Projektvorbereitungen und schätzen Sie die durchschnittliche Einsparung grob ab. Auf diese Weise können Sie die Einsparung hochrechnen und somit quantifizieren! ■

Langfristiger und gleichzeitig deutlich schwerer zu quantifizierende Nutzenargumente sind:

- Durch technische Standardisierung und Homogenisierung können IT-Einsparungspotenziale aufgedeckt und gehoben werden. Maßnahmen in diese Richtung sind die Vorgabe von Standardtechnologie- und System-Stacks sowie stringentes Aufräumen der Technologiealtlasten sowie adäquates Sourcing. IT-Einsparpotenziale können z. B. durch die Abschätzung der „geplant abgeschalteten" Systeme hochgerechnet werden.
- Nachhaltige Reduktion von IT-Kosten durch Reduzierung der IT-Komplexität und Inhomogenität der IT-Unterstützung und/oder Optimierung der IT-Governance und IT-Organisation

  Wesentliche Maßnahmen hierfür sind die Eliminierung aller unnötigen und redundanten Systeme, Komponenten oder Schnittstellen sowie Vereinfachung der verschiedenen Elemente und/oder Zentralisierung von IT-Funktionen. Auch hier kann eine Abschätzung aufgrund der „geplant abgeschalteten" Systeme durchgeführt werden. Diese Abschätzung hinkt aber in vieler Hinsicht, da Veränderungen im Business einhergehen müssen, um diese Einsparungen wirklich zu erzielen. Hier muss eine ganzheitliche Kosten-Nutzen-Betrachtung angestellt werden.
- Vorbereitung der IT auf Business-Veränderungen durch eine zuverlässige, tragfähige und flexible IT-Landschaft

  Ziel dabei ist u. a. eine schnellere Unterstützung von Merger & Acquisitions, Outsourcing und dergleichen sowie neuer Produktinnovationen und schnellere Erschließung neuer Kundengruppen oder Märkte. Eine Abschätzung ist hier nur rein subjektiv möglich. Hier kann der Wert für den IT-Verantwortlichen z. B. anhand eingesparter Beratungsleistung benannt werden.
- Business-Kosten können durch Hebung von Optimierungspotenzialen eingespart werden. Beispiele hierfür sind die Konsolidierung von redundanten Informationen, die Vereinfachung von Routinevorgängen, Reduzierung von Mehrfacheingaben oder die Automatisierung von Abläufen. Diese Einsparungen sind einerseits nur mittelbar und andererseits erst langfristig erzielbar. Wertsteigerungspotenziale im Business haben ebenso einen langfristigen Charakter. Die Abschätzung muss individuell für das Unternehmen erfolgen. So kann z. B., wenn die Vorgangsbearbeitungszeit reduziert wird, eine Hochrechnung für die Einsparung über alle Vorgänge erfolgen.

  Ein Beispiel hierfür ist die übergreifende Konsolidierung von Kunden- und Auftragsdaten in einer internationalen Firmengruppe durch die Einführung eines Stammdatenmanagementsystems. Durch diese Einführung können die Reisekosten der Außendienstler optimiert werden. Man vermeidet unnötige Doppelbesuche bei dem gleichen Kunden durch verschiedene Außendienstler von den verschiedenen Teilunternehmen der Firmengruppe. Alleine durch diese Optimierung konnten pro Jahr deutlich über 100.000 Euro eingespart werden. Das Wertsteigerungspotenzial ist noch deutlich größer, da der Kunde besser betreut werden kann. Alle Informationen über den Kunden liegen dem Außendienst beim Besuch vor.

Empfehlung

Der Aufwand für die Pflege der z. B. durch Redundanzanalyse eliminierten zusätzlichen Stammdaten pro Stammdatensatz lässt sich ebenso wie der Aufwand pro eingesparten Vorgang abschätzen. Auf diese Weise können Sie auch diese Einsparungen hochrechnen und somit quantifizieren.

Die Quantifizierung des Nutzens ist an und für sich schon schwierig und auch erst in einem hohen EAM-Reifegrad sinnvoll möglich. Bei einer großen Anzahl von Stakeholdern wird es zudem noch sehr aufwendig, da der Nutzen aus Sicht der jeweiligen Stakeholder betrachtet werden sollte.

Wichtig

Fragen Sie die Stakeholder bereits in den Interviews für jede der von diesen eingebrachten Fragestellungen nach deren Nutzen. Nur so kommen Sie einerseits zu einem angemessenen EAM und andererseits zu Ihrer Nutzenabschätzung. Eine Nutzenabschätzung im Nachhinein ist nahezu unmöglich.

Grenzenlos aufwendig wird es, wenn Sie versuchen, exakte Zahlen zu bestimmen. Hier müssen Sie eine komplexe BI-Lösung aufbauen sowie Mehraufwand von Interimslösungen und manuellen Workarounds mitberücksichtigen. Zudem lassen sich nicht alle Nutzenargumente belastbar quantifizieren. Die Gefahr einer „Milchmädchenrechnung" besteht. Maßgeblich ist letztendlich das Verhältnis von Aufwand und Nutzen.

Wichtig

Häufig reichen eine Liste der Nutzenargumente und eine grobe Abschätzung des Nutzens für die Argumentation. Als Ausgangspunkt können Sie die Nutzenargumente aus Bild 3.13 verwenden.

Sie müssen den Nutzen unternehmensspezifisch für sich bewerten!

Der Großteil des EAM-Nutzens kann in der Regel erst nach Jahren gehoben werden, wie in Bild 3.13 deutlich wird. Realistische Ausbaustufen mit klar formulierbarem Nutzen sind notwendig. In Bild 3.14 werden typische Ausbaustufen und deren Nutzen dargestellt. Das Einstiegsziel ist in der Regel die Schaffung von Transparenz. Die Geschäftsarchitektur und die IT-Landschaft müssen im Überblick und im Zusammenspiel mit der Geschäftsarchitektur verstanden werden, damit sich deren Komplexität beherrschen und Ansatzpunkte für die Optimierung ableiten lassen. Auf dieser Basis kann man die Weiterentwicklung der Geschäftsarchitektur und IT-Landschaft aktiv gestalten und steuern. Die technische Standardisierung ist dabei häufig ein Einstiegspunkt. Die nachhaltige IT-Kostenreduktion durch IT-Konsolidierung kann in der Regel erst aufbauend auf einem funktionierenden Technologiemanagement umgesetzt werden, da nur so die für die IT-Konsolidierung erforderliche Standardisierung auf den unterschiedlichsten Ebenen durchgesetzt werden kann. Auf dieser Basis kann die IT im Hinblick auf Veränderungen im Business vorbereitet und gegenüber dem Management der Beitrag des Verantwortlichen (bzw. der IT oder Business-Einheit) zum Geschäftserfolg aufgezeigt werden.

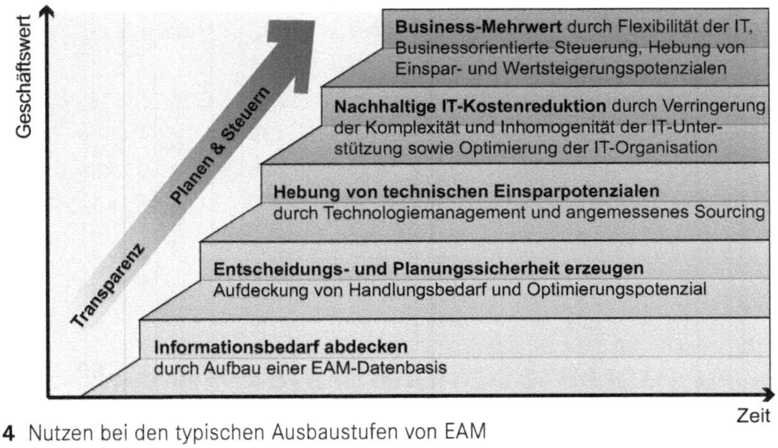

Bild 3.14 Nutzen bei den typischen Ausbaustufen von EAM

Der kurzfristig zu erzielende quantitative Nutzen ist nicht unerheblich. Dies hört sich vielleicht überraschend an. Aber wenn Sie sich bei der Einführung von EAM auf das Wesentliche konzentrieren, ist der quantitative Nutzen in der Praxis zum Teil bereits höher als der Aufwand für die Einführung und den Regelbetrieb eines EAM. Der Gesamtnutzen ist jedoch aufgrund der Vielzahl qualitativer Nutzenargumente erheblich größer. Häufig rechnet sich die Einführung von EAM schon im ersten Jahr. Wichtig ist dafür sicherlich eine Beschränkung auf die wesentlichen Zielsetzungen und eine agile Vorgehensweise bei der Einführung.

So können Sie den Veränderungsprozess im Unternehmen und insbesondere in der IT initiieren und vorantreiben. In machbaren Schritten mit jeweils sichtbaren Erfolgen können Sie Ihr Instrumentarium initial auf- und dann ausbauen. Nur wenn der Nutzen erkannt wird, sind die Investitionen für den weiteren Ausbau argumentierbar. In kurzen Feedbackschleifen und durch ein kontinuierliches Lernen der Unternehmensarchitekten können Sie immer neue Stakeholder und Fragestellungen mit in Ihr EAM Framework integrieren. Entscheidend sind die Konzentration auf das Wesentliche, Angemessenheit, Nutzen- und Ergebnisorientierung, um schnell neue Fragestellungen integrieren zu können. Mut zur Veränderung gehört aber auch mit dazu, um das EAM Framework entsprechend veränderter Ziele und Rahmenbedingungen kontinuierlich anzupassen.

Wichtig

- Agiles Vorgehen ist bei der Einführung von EAM ein Erfolgsfaktor. Kurze Feedbackschleifen, kontinuierliches Lernen und eine enge Zusammenarbeit mit den Nutznießern von EAM sind die wesentlichen Faktoren für die erfolgreiche Etablierung von EAM. Es bedarf eines an konkreten Zielen ausgerichteten, pragmatischen, aber trotzdem systematischen Vorgehens (siehe Abschnitt 5.6).
- Von besonderer Bedeutung ist die erste Ausbaustufe. Sie müssen in kurzer Zeit sichtbare Erfolge vorweisen. Ohne Konzentration auf das Wesentliche und Wichtige verrennen Sie sich in Details und verlieren das eigentliche Ziel aus den Augen. Für den Ausbau benötigen Sie viel Durchhaltevermögen. Über die Integration in die Planungs-, Entscheidungs- und IT-Prozesse forcieren Sie die Umsetzung.

- Schätzen Sie den Nutzen unternehmensspezifisch ab. Nutzen Sie hierzu die Hilfestellungen aus diesem Abschnitt.

  Die persönliche Nutzeneinschätzung der Stakeholder für deren Fragestellungen bestimmt letztendlich den maximal möglichen Aufwand für deren Beantwortung.
- Verbreiten Sie die Visualisierungen, Listen und Steuerungssichten aus EAM, um Sponsoren zu gewinnen, Nutzen zu begründen und Erfolge zu vermarkten. ■

3.4 Argumentationsleitfaden für EAM

Wenn EAM in Ihrem Unternehmen noch nicht gesetzt ist, brauchen Sie die richtigen Argumente, um mögliche Sponsoren und insbesondere die Unternehmensführung von EAM zu überzeugen. Sie müssen aufzeigen, welchen Beitrag EAM zur Umsetzung der Ziele und gegebenenfalls auch der „Hidden Agendas" leisten kann. Nur so bekommen Sie, wenn Ihre „Portokasse" nicht ausreicht, Ihr Startbudget für die erste Ausbaustufe von EAM gesammelt oder genehmigt.

Die Argumentation gegenüber der Unternehmensführung unterscheidet sich in Abhängigkeit vom Stellenwert Ihrer IT im Unternehmen. Der aktuelle und auch der angestrebte zukünftige Stellenwert müssen realistisch eingeschätzt und vor allen Dingen von der Unternehmensführung mitgetragen werden.

Auf dieser Basis können Sie Ihre Vision und Ihr Ziel-Bild skizzieren und den Beitrag von EAM zur Umsetzung anschaulich darstellen. Dies, zusammen mit einem groben Umsetzungsplan und einer Aufwand-Nutzen-Gegenüberstellung, gibt Ihnen ausreichend Munition, um die Unternehmensführung zu überzeugen. Die Aspekte sollten Sie in wenigen Präsentationsfolien anschaulich darstellen. Diese Folien können Sie dann sowohl für die Argumentation gegenüber der Unternehmensführung als auch für die Gewinnung von Sponsoren einsetzen.

Beim Umsetzungsplan ist insbesondere die erste Stufe wichtig. Sie müssen in einer überschaubaren Zeit spürbaren Nutzen (Quick-wins) bei einem angemessenen Aufwand-Nutzen-Verhältnis realisieren. Hierbei müssen Sie Ihren EAM-Reifegrad berücksichtigen, um eine realistische Erwartungshaltung zu erzeugen.

Mithilfe von weiteren Sponsoren können Sie Ihren Einfluss vergrößern und dem EAM-Vorhaben mehr Nachdruck verleihen. Die Sponsoren liefern gegebenenfalls sogar das notwendige Startbudget für EAM. Die Anliegen der Sponsoren müssen mit in Ihr Ziel-Bild und Ihre Umsetzungsplanung aufgenommen werden.

Wichtig

1. **Bestimmung der Ausgangslage**
   a) Digitale Reifegrad-Analyse
   b) Standortbestimmung und strategische Positionierung der IT
   c) Ermittlung des EAM-Reifegrads
2. **Erstellung des Argumentationsfoliensatzes**
   a) Stakeholder-Analyse zur Ermittlung möglicher Sponsoren
   b) Skizzierung Ihrer Vision und Ihres Ziel-Bilds und des Beitrags von EAM zur Umsetzung
   c) Beschreibung des groben Umsetzungsplans insbesondere mit einer realistischen ersten Stufe und einer Aufwand-Nutzen-Gegenüberstellung
3. **Überzeugen der Unternehmensführung**

Das Vorgehen zum Durchsetzen der EAM-Initiative wird im Folgenden im Detail beschrieben.

3.4.1 Bestimmung der Ausgangslage

Eine Standortbestimmung und die strategische Positionierung bilden den Startpunkt. Sie müssen sowohl den aktuellen Digitalisierungsgrad, den aktuellen und zukünftigen Stellenwert der IT als auch den EAM-Reifegrad realistisch einschätzen, um die richtigen Argumente auszuwählen.

Der Digitalisierungsreifegrad (siehe Abschnitt 4.22) kann über eine ganzheitliche Analyse aller Dimensionen der Digitalisierung ermittelt werden (siehe Bild 3.15). Die Reifegradeinschätzung ist einer der ersten Schritte der digitalen Transformation und wesentliche Voraussetzung für eine wirksame digitale Transformation.

Hilfestellungen für die Standortbestimmung und Positionierung der IT finden Sie in [Han14]. In Abschnitt 5.1 wird ausführlich erläutert, wie Sie Ihren EAM-Reifegrad einschätzen können.

Der EAM-Reifegrad ist maßgeblich für die Gestaltung der Umsetzungsstufen Ihres Ziel-Bilds. Bei niedrigem EAM-Reifegrad benötigen Sie wesentlich mehr Schritte und damit auch mehr Zeit für die Verwirklichung Ihrer Soll-Vision.

Bei der Standortbestimmung und Positionierung der IT wird zwischen „IT ist Kostenfaktor", „IT ist ein Vermögenswert", „IT ist ein Business-Partner" und „IT ist ein Enabler und Money-Maker" unterschieden (siehe Bild 3.16). Hilfestellungen für die Positionierung finden Sie in [Han14].

- **„IT ist ein Kostenfaktor":** Die IT ist lediglich interner Dienstleister für IT-Commodity-Produkte, wie z. B. die Auftragserfassung, Rechnungsdruck oder Endgerätebereitstellung. Analog zu anderen internen Dienstleistern, wie z. B. der Finanzbuchhaltung, wird die IT als ein notwendiges, aber lästiges Übel gesehen und soll so kostengünstig wie möglich sein. Die IT hat keinen Einfluss auf das Geschäft.

Bild 3.15 Bestimmung digitaler Reifegrad

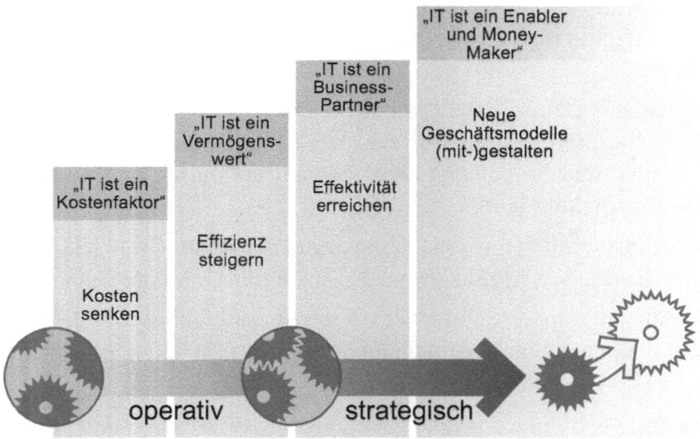

Bild 3.16 Stellenwert der IT

- **„IT ist ein Vermögenswert“:** IT-Lösungen werden als ein wesentlicher Bestandteil des Kerngeschäfts und als unabdingbar für die Umsetzung der gesetzlichen Sicherheits- und Compliance-Anforderungen gesehen. „Operational Excellence“ ist die Zielvorgabe für die IT. Der Fokus liegt auf der Steigerung der Effizienz und Qualität in Business durch IT aufgrund von verbesserten Geschäfts- und Entscheidungsprozessen. Die IT stellt einen zuverlässigen und kostengünstigen Basisbetrieb sicher und kann das Business bezüglich effizienzsteigernder Maßnahmen wie z. B. im Kontext der Automatisierung von Geschäftsprozessen beraten. Der Grad der erreichten „Operational Excellence“ definiert den Wertbeitrag der IT.

- **„IT ist ein Business-Partner":** Die IT schafft in der Wahrnehmung des Business nicht nur einen Wert-, sondern auch einen Strategiebeitrag. Neben dem zuverlässigen und kostengünstigen Geschäftsbetrieb leistet die IT einen wesentlichen Beitrag zur Effektivität, d. h. zur Umsetzung der Unternehmensstrategie. Die IT liefert einen fundierten Input für Business-Entscheidungen und zur Optimierung des Geschäfts z. B. durch Standardisierung der IT-Unterstützung von Geschäftsprozessen. Geschäftsanforderungen werden auf der Basis von konsolidierten, flexiblen und tragfähigen IT-Strukturen schnell und kostengünstig umgesetzt. Durch das Aufzeigen von Auswirkungen und Abhängigkeiten von Business- und IT-Ideen ist die IT ein Gesprächspartner des Business auf Augenhöhe. Die enge Verzahnung von IT- und Business-Planung ist Voraussetzung dafür, dass der Geschäftsnutzen über Investitionen entscheidet und geschäftsorientierte IT-Produkte mit fachbereichsadäquaten SLAs entstehen.
- **„IT ist ein Enabler und Money-Maker":** Nur, wenn in der Wahrnehmung des Business neue Geschäftsmodelle durch die IT aktiv mitgestaltet werden, wird die IT als „Enabler" für das Geschäft eingeschätzt. Durch eine starke Business-Orientierung und vorausschauendes Agieren entstehen Impulse durch neue Technologien und flexible, tragfähige IT-Strukturen, die eine rasche Veränderung des Geschäfts überhaupt erst ermöglichen. Die IT sieht sich als Teil des Geschäfts, bietet gegebenenfalls auch Produkte und Dienstleistungen nach außen an („Money-Maker") und generiert mit IT-Innovationen und der geschickten Anwendung der bestehenden IT-Technik neue Business-Ideen.

Entsprechend der angestrebten zukünftigen Positionierung unterscheiden sich die notwendigen Argumente für das Durchsetzen der EAM-Initiative. Wenn die IT lediglich Kostenfaktor ist, können Sie nur über Kostenreduktion, z. B. über technische Standardisierung oder Aufräumen, argumentieren.

Als Vermögenswert können Sie zusätzlich durch die Effizienzsteigerung im Business punkten. Dies beinhaltet im Wesentlichen Verbesserungen in der IT-Performance, Leistungssteuerung z. B. von Projekten und Lieferanten und die zuverlässige Umsetzung der regulatorischen Anforderungen (Risikomanagement). EAM unterstützt durch:

- die Vereinfachung von Berichtspflichten,
- die Vereinfachung bei der Erstellung von Entscheidungsvorlagen und
- die Aufdeckung von Handlungsbedarf und Optimierungspotenzial in der IT-Unterstützung.

So können z. B. Konsolidierungspotenzial und Automatisierungsmöglichkeiten in der IT-Landschaft insbesondere bei technischen Standards, Informationssystemen und Schnittstellen aufgezeigt werden.

Als Business-Partner haben Sie durch kontinuierliche IT-Konsolidierung die Operational-Excellence-Voraussetzungen geschaffen, um das Business in der Optimierung des Geschäfts zu beraten. EAM hilft Ihnen, z. B. durch eine gemeinsame Sprachbasis und Verknüpfung zwischen Business- und IT-Strukturen sowie eine businessorientierte Steuerung, die IT am Business auszurichten. Zudem unterstützt EAM im Rahmen der technischen Standardisierung die Einführung von Integrationsarchitekturen und so die Vorbereitung der IT auf Veränderungen im Business. Durch das Zusammenspiel von IT-Innovationsmanagement und Technologiemanagement stellen Sie sicher, dass zukunftsfähige und tragfähige Standards gesetzt werden.

Als Enabler oder Money-Maker haben Sie es geschafft. Sie können das Geschäftsmodell mitgestalten. EAM hilft Ihnen dabei, die IT agil auszurichten und den Strategiebeitrag zu steigern.

Das IT-Innovationsmanagement ist auf Business-Innovationen ausgerichtet. Die IT wird businessorientiert gesteuert und ist auf Veränderungen im Business vorbereitet. Grundlage hierfür ist insbesondere die Umsetzung von fachlichen Domänenmodellen auf der Basis von Business Capabilities und das agile Instrumentarium, wie in Abschnitt 2.4.1 ausgeführt.

3.4.2 Erstellung des Argumentationsfoliensatzes

Auf der Basis der Standortbestimmung und strategischen Positionierung können Sie nun Ihre Soll-Vision und Ihr Ziel-Bild erstellen. Die strategischen Ziele von CDOs und CIOs können durchaus unterschiedlich ausgeprägt sein und unterschiedlich formuliert werden. Beispiele für Formulierungen von CDOs und CIOs (auch „Hidden Agendas“):

- „Digitale Geschäftsmodelle etablieren“,
- „Digitalisierungs- und Automatisierungsgrad erhöhen“,
- „Business-Ökosystem ausbauen“,
- „IT in den Griff bekommen“,
- „Reputation des CIO gegenüber den Fachbereichen und der Unternehmensführung verbessern“,
- „Nachhaltige Kostenreduktion im Anwendungsbetrieb“,
- „Von der Unternehmensführung als Gesprächspartner auf Augenhöhe wahrgenommen werden“,
- „Operational Excellence, Agilität und Wertbeitrag der IT steigern“.

Letztendlich geht es darum, die digitale Transformation voranzutreiben, den Stellenwert der Digitalisierung und der IT im Unternehmen und damit auch der eigenen Person zu steigern.

Für die Argumentation für EAM müssen Sie aber Ihr Ziel-Bild weiter detaillieren. Um Ihrem EAM-Vorhaben noch mehr Nachdruck zu verleihen, sollten Sie zudem nach möglichen weiteren Sponsoren suchen. Nehmen Sie deren Anliegen mit in Ihr Ziel-Bild auf. Mögliche Sponsoren sind u. a.:

- CEOs mit digitaler oder IT-Affinität
- CDO oder Leiter Organisation
- CIO oder IT-Bereichsverantwortliche,
- Projektmanager von großen Projekten oder aber die jeweils zuständige Führungskraft,
- Fachbereichsverantwortliche,
- Verantwortliche für Informationssicherheit oder Compliance und
- Verantwortliche der Unternehmensstrategieentwicklung.

In Abschnitt 5.1 werden die Stakeholder-Analyse und Zielermittlung im Detail erläutert.

Wie sieht ein Ziel-Bild als Basis für Ihre EAM-Argumentation aus?

Ihr Ziel-Bild besteht aus Ihren Digitalisierungs- und IT-Zielen und Ihren „Plänen“. Die Soll-Bebauung der Geschäftsarchitektur und der IT-Landschaft ist neben dem technischen Blueprint einer der wesentlichen Pläne (siehe Abschnitt 5.4).

Die Digitalisierungs- und die IT-Ziele sollten aus den Unternehmenszielen, Trends und Geschäftsanforderungen nachvollziehbar abgeleitet werden (siehe [Han14]). Dies ist leider häufig mangels formulierter Unternehmensstrategie nur schwer möglich. Dann können Sie sich damit behelfen, dass Sie anhand der Herausforderungen für CDOs und CIOs (siehe Abschnitt 3.1) Ihre Schwerpunkte in Abstimmung mit der Unternehmensführung bestimmen und auf dieser Basis Ihre IT-Ziele festlegen. Die Herausforderungen eignen sich auch als Hilfsmittel für den Ableitungsprozess an sich. Die Bewältigung der für Sie relevanten Herausforderungen ergibt in Summe letztendlich Ihr Ziel-Bild, das Sie zusammen mit dem Beitrag von EAM gegenüber der Unternehmensführung darstellen müssen.

Digitalisierungsziele beziehen sich hauptsächlich auf die Geschäftsarchitektur und das Business-IT-Alignment. IT-Ziele im Kontext von EAM adressieren häufig den Grad der Strategieumsetzung und des Business-Alignment der IT, den technischen Zustand der IT-Landschaft, IT-Performance in Bezug auf den Basisbetrieb und auf Projekte, die Reife der IT-Organisation und insbesondere den Kostenaspekt (siehe Abschnitt 5.8). Die Kostenreduktion im Basisbetrieb um 30 % ist ein Beispiel für ein IT-Ziel für die Dimension Kosten.

Wie kommen Sie nun zu Ihren Argumenten für EAM?

Die Herausforderungen für CDOs und CIOs (siehe Abschnitt 3.1) sind ein guter Ausgangspunkt, um Argumente für EAM zu finden. Für die Konkretisierung Ihres eigenen Ziel-Bilds können Sie die Tabelle 3.2 heranziehen. Wählen Sie einfach die für Sie relevanten Herausforderungen aus (siehe Schritt 1 in Bild 3.17).

Tabelle 3.2 Zuordnung der EAM-Nutzenargumente zu den Herausforderungen für CIOs (Nummern sind Referenzen auf die EAM-Nutzenargumente in Tabelle 3.1)

	„IT ist ein Kostenfaktor“	„IT ist ein Vermögenswert“	„IT ist ein Business-Partner“	„IT ist ein Enabler und Money-Maker“
Operational Excellence				
Risiken angemessen managen; insbesondere Sicherheit, Compliance und Business Continuity	1, 2, 3	1, 2, 3, 10		
Kostenreduktion im IT-Basisbetrieb	1,2, 4, 5, 8, 11, **12,** 13			
Beherrschung und/oder Reduktion der IT-Komplexität (Konsolidierung)		1, 2, 4, 8, 9, 10, 11, 12, **14,** 16		
Erhöhung des Wertbeitrags			1,2, 4, 6, 7, 16	1,2, 4, 6, 7, 16, 17
Strategic Excellence				
Strategische Ausrichtung der IT am Business			**15,** 16, 18	
Business-Agilitäts-Enabling			**15, 16, 17**	
Business-Innovation und -Transformation			IT 16, 18	Business und IT 16, 18, 19

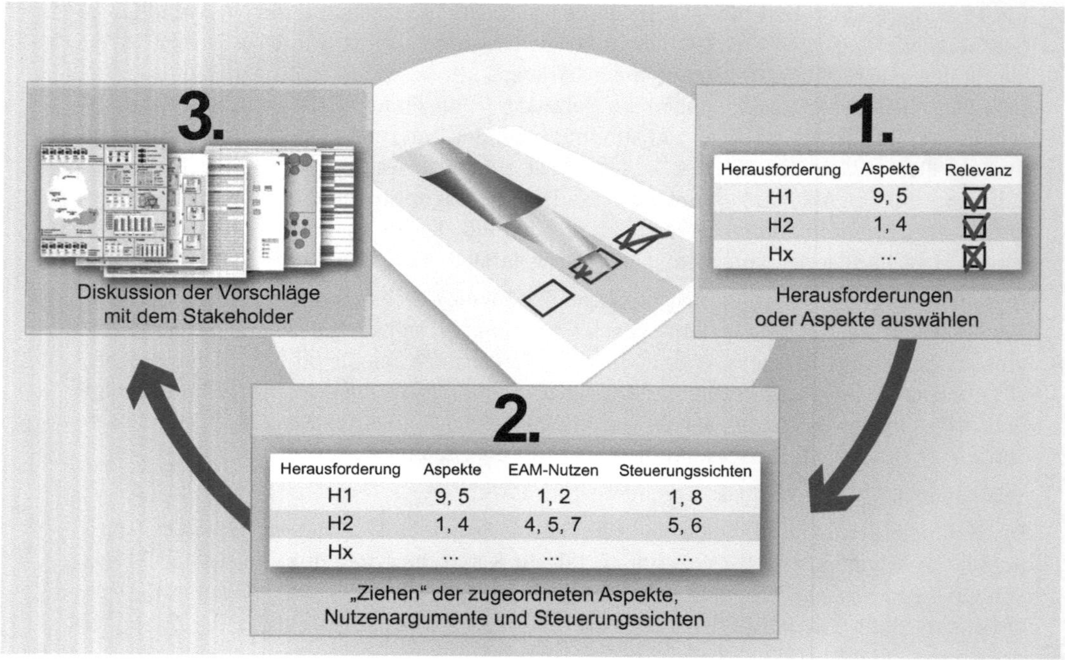

Bild 3.17 Hilfsmittel für die Diskussion mit Stakeholdern

Für jede Herausforderung wird in Abhängigkeit von der Positionierung der Beitrag von EAM durch Verweis auf die EAM-Nutzenargumente in Tabelle 3.1 zugeordnet (siehe Schritt 2 in Bild 3.17). Diese Nutzenargumente sind bewährte „Platzhalterargumente", die Sie mithilfe von Beispielen aus Ihrem Umfeld instanziieren müssen. In Tabelle 3.1 finden Sie Beispiele für die Veranschaulichung. Mithilfe dieser Visualisierungen aus Ihrem Kontext können Sie den EAM-Nutzen veranschaulichen und so die EAM-Nutzenargumente bekräftigen (siehe Schritt 3 in Bild 3.17).

Häufig helfen Ihnen darüber hinaus Aspekte wie z. B. Business-Transformation oder Konsolidierung der IS-Landschaft. Für diese Aspekte finden Sie in Kapitel 4 EAM-Einsatzszenarien, in denen gesamthaft jeweils ein Aspekt alleine und zudem die EAM-Unterstützung im Detail beschrieben ist.

In Abschnitt 5.8 finden Sie darüber hinaus eine Tabelle mit Steuerungssichten und Steuerungsgrößen, die ebenso den Herausforderungen für CDOs und CIOs zugeordnet sind. Diese Tabelle können Sie in Schritt 2 in Bild 3.17 nutzen, um Vorschläge für adäquate Steuerungssichten abzuleiten und diese dann ebenso mit den Stakeholdern zu besprechen.

In [Han14] finden Sie Erläuterungen zu diesen „Platzhalterargumenten". In Abschnitt 3.1 werden die CDO- und CIO-Herausforderungen auf einzelne Aspekte heruntergebrochen. Hier erhalten Sie weitere detaillierte Hilfestellungen und Beispiele, die Sie für die Argumentation nutzen können.

> **Wichtig**
>
> Sie müssen die „Platzhalter"-Argumente durch Beispiele aus Ihrem Unternehmenskontext füllen. Unterlegen Sie Ihr Ziel-Bild mit möglichen und gleichzeitig anschaulichen EAM-Ergebnissen. Zeigen Sie damit den Beitrag, der durch EAM entsteht.
>
> Nutzen Sie aktuelle „Pains". Wenn Sie anhand der EAM-Visualisierungen Lösungsideen skizzieren können, haben Sie in der Regel schon gewonnen. Hilfsmittel, um Lösungen zu finden, werden immer gerne angenommen. So können Sie mit EAM überzeugen. ■

In Bild 3.18 wird in einer Bebauungsplangrafik der Schutzbedarf von Geschäftsprozessen dem Sicherheitslevel von Informationssystemen gegenübergestellt. Ein „Pain" wird eingekreist. Für den Geschäftsprozess „Vertriebscontrolling" wird für die Kundengruppen „Firmenkunden" und „Institutionen" durch das unterstützende Informationssystem „CON R 4.3" ein ungenügendes Sicherheitslevel bereitgestellt. Wenn Sie jetzt noch Maßnahmen zur Beseitigung aufzeigen können, haben Sie ein überzeugendes Argument geliefert und damit gepunktet.

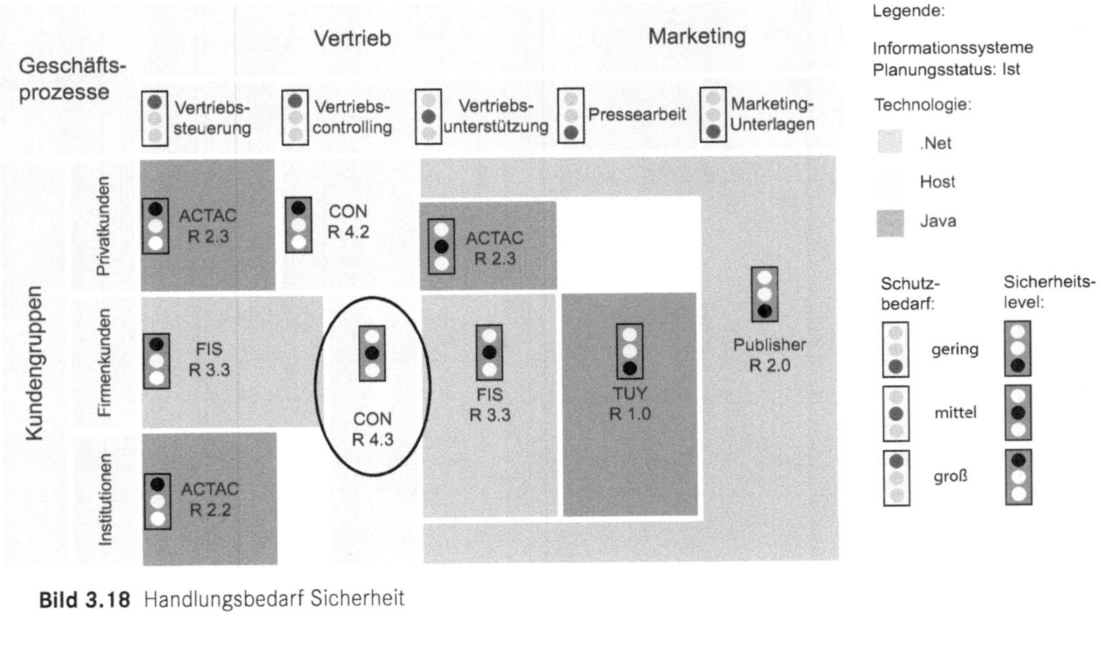

Bild 3.18 Handlungsbedarf Sicherheit

Neben dem Ziel-Bild und dem Beitrag von EAM zur Umsetzung müssen Sie grob aufzeigen, wie Sie planen, das Ziel-Bild umzusetzen. Die erste Umsetzungsstufe müssen Sie im Detail planen und hierfür auch eine belastbare Aufwand-Nutzen-Darstellung erstellen. Für die weiteren Umsetzungsstufen reicht in der Regel eine Skizze aus.

3.4.3 Überzeugen der Unternehmensführung

Sie müssen die Entscheidung pro EAM herbeiführen. Der schönste Foliensatz nützt jedoch nichts, wenn er nicht zielgruppengerecht gestaltet ist. Sie müssen einerseits aufzeigen, wie Sie die Unternehmensführung bei deren Zielerreichung unterstützen können. Andererseits müssen Sie Vertrauen durch Ihre Überzeugungskraft und sorgfältige Auswahl der verwendeten Argumente und Beispiele schaffen. Die Nutzung aktueller „Pains" ist, wie schon ausgeführt, hilfreich.

Die Beschreibung eines Steuerungsinstrumentariums, mit dessen Hilfe Sie den Status und Fortschritt der Umsetzung überwachen können, hilft zudem dabei, Vertrauen zu schaffen. Besonders geeignet sind hierfür Cockpits, da sie sehr anschaulich sind. In Cockpits werden viele verschiedene Steuerungsgrößen aus unterschiedlichsten Kontexten zusammengefasst. Ein Beispiel hierfür finden Sie in Bild 3.19 und weitere in Abschnitt 5.8.

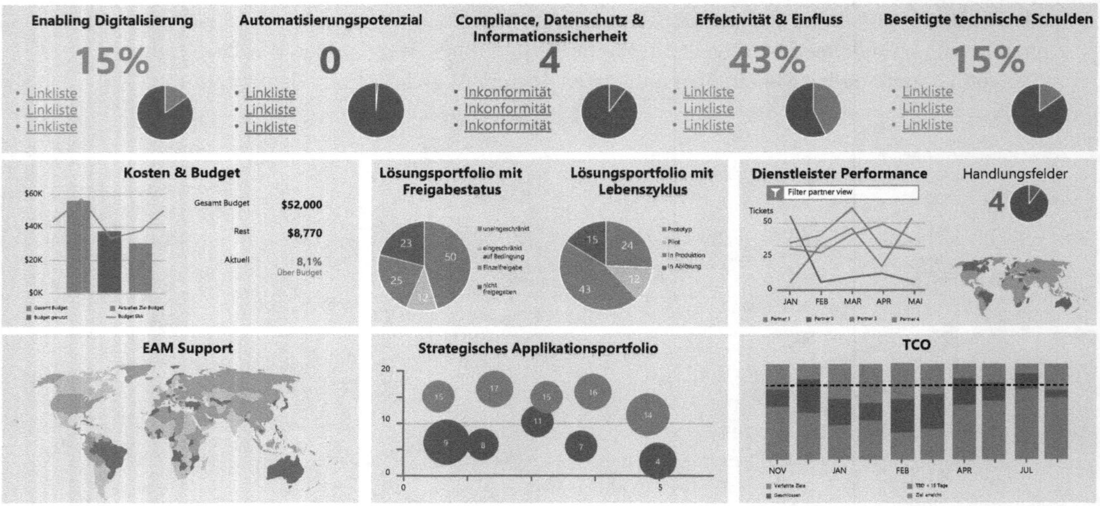

Bild 3.19 Beispiel Steuerungsinstrumentarium

Das Steuerungsinstrumentarium muss aber maßgeschneidert auf die verfolgten Ziele der EAM-Ausbaustufe ausgerichtet werden. In Bild 3.20 finden Sie Beispiel-Ziele für eine erste Ausbaustufe.

Prio 1 = In erster Ausbaustufe
Prio 2 = Vision

IT im Griff (Risiken – Kosten – IT-Komplexität)	**Prio**	
„Single-Point-of-Truth" - Relevante fachliche und technische Strukturen	1	Muss
Transparenz über Zusammenhänge und Abhängigkeiten	1	
Zusammenspiel und Abhängigkeiten von Informationssystemen und Schnittstellen aufzeigen (Informationsfluss) u.a. für Migrationen	1	
Technologiemanagement (technische Standardisierung & Lifecycle-Management)	?	
Risiken beherrschen – u.a. Informationssicherheit & Datenschutz & Compliance	?	
Kostenreduktion im Basisbetrieb (u.a. Zusammenspiel mit CMDB)	2	
Business-IT-Alignment & Geschäft enablen	**Prio**	
Mitwirkung / Mitgestaltung Geschäftsmodelle & Digitalisierung	?	
Datenmanagement mit u.a. Datenlandkarte, Masterschaft & Data Governance	1	
Fachliches Ziel-Bild (mit u.a. Business Capabilities, Geschäftsprozesse, Produkte, Kunden & Partner)	1	Muss
Einfluss im Projektportfoliomanagement	2	
Zusammenspiel mit Demand Management; u.a. Projektschnitt und agile Planung	?	
IT-Landschaft gestalten	**Prio**	
Ziel-Bild & Roadmap zur Umsetzung mit ggf. Lösungsszenarien	2	
Prinzipien & Lösungsportfolio; u.a. Plattformen und Cloud/SaaS	?	
Solution Architekturen (Projekte)	?	

Bild 3.20 Beispiel Ziele einer EAM-Ausbaustufe

Wichtig

Die Nutzenargumentation hat einen großen Stellenwert. Nur mit ihrer Hilfe können Sie die Unternehmensführung wirklich überzeugen. Häufig ist die Darstellung von quantifizierbarem Nutzen kriegsentscheidend. Der EAM-Nutzen ist jedoch vorwiegend qualitativ. Zudem lässt sich der Großteil des quantitativen Nutzens in der Regel erst nach Jahren belastbar ermitteln (siehe Abschnitt 3.3).

Wie befreien Sie sich aus diesem Dilemma?

Verwenden Sie einerseits allgemeine Nutzendarstellungen, in denen die zeitliche Dimension dargestellt wird (siehe Bild 3.13 und Bild 3.14). Nutzen Sie andererseits die Nutzenhochrechnungen (siehe Abschnitt 3.3) für die kurzfristigen Nutzenargumente und überzeugen Sie durch die Lösung von „Pains".

Wesentlich für den Erfolg ist insbesondere die kontinuierliche Kommunikation mit allen relevanten Stakeholdern. Der Kommunikationsaufwand für das Überzeugen und Vermarkten ist in der Regel deutlich größer als der Aufwand für die Erstellung von EAM-Ergebnissen. Sie müssen die verschiedenen Entscheider individuell abholen und so Sponsoren gewinnen, den Stakeholder-individuellen Nutzen darstellen und Erfolge fortwährend vermarkten.

Kommunikation ist der wichtigste Erfolgsfaktor für EAM. Um Ihr Instrumentarium initial auf- und dann auszubauen, müssen Sie die verschiedenen Nutznießer verstehen, Sponsoren gewinnen, Nutzen verargumentieren und Erfolge vermarkten. Dies können Sie im Rahmen der Stakeholder-Analyse (siehe Abschnitt 5.1) festlegen. ■

Zusammenfassung und Ausblick

EAM ist ein wesentlicher Bestandteil des strategischen (IT-)Managements und unterstützt Sie bei der Bewältigung Ihrer aktuellen Herausforderungen. Es hilft Ihnen, das Geschäft und die IT in den Griff zu bekommen und businessorientiert weiterzuentwickeln, die IT-Komplexität zu reduzieren, Kosten nachhaltig zu senken, das Geschäft und die IT auf Änderungen vorzubereiten und strategisch am Business orientiert auszurichten.

EAM ist die „Spinne im Netz" des strategischen (IT-)Managements:

- EAM schafft Transparenz als Basis für fundierte Entscheidungen.
- EAM enabelt die Weiterentwicklung des Geschäfts.
- EAM ermöglicht das Business-Alignment der IT.
- EAM ist die inhaltliche Grundlage für die strategische Planung und Steuerung der IT.

Schaffen Sie die Voraussetzungen für ein erfolgreiches EAM. Sorgen Sie für:

- Management-Commitment, um die notwendigen Investitionen und Entscheidungen durchzusetzen.
- Sponsoren, die dem EAM-Projekt Rückendeckung geben.
- Fähige (zukünftige) Unternehmensarchitekten, die sich für EAM engagieren
- Zufriedene Stakeholder, die Nutzen aus EAM ziehen und diesen auch kommunizieren
- Realistische Vorgaben, die Sinn machen und durchsetzbar sind
- Integration ins Projektportfoliomanagement und Verzahnung mit der Projektabwicklung (Bewertung von Projektanträgen und Quality Gates), um Ihr Ziel-Bild wirklich umzusetzen
- Agiles und angemessenes* Vorgehen, um Stakeholder wirklich abzuholen, schnelle Erfolge zu erzielen und Ihr EAM an die sich ändernden Anforderungen anzupassen
- Überschaubare und nutzenorientierte (opportunistische) erste Ausbaustufe, um in kurzer Zeit sichtbare Erfolge vorzuweisen
- Konsequente Kommunikation und Vermarktung auch kleiner Erfolge („Tue Gutes und sprich darüber"), um Sponsoren und den nötigen Schub für den Ausbau von EAM zu gewinnen. Nichts inspiriert mehr als sichtbarer Erfolg!

* Angemessen = an konkreten Zielen ausgerichtetes, pragmatisches, aber trotzdem systematisches Vorgehen.

4 EAM-Einsatzszenarien

„Das Beispiel ist die Schule des Menschen;
in einer anderen lernen sie nichts!"

Edmund Burke (1729–1797)

Die Ergebnisse und der Nutzen von Enterprise Architecture Management (EAM) werden häufig erst durch konkrete Beispiele ersichtlich. Anhand einer Sammlung von typischen EAM-Einsatzszenarien erfahren Sie in diesem Kapitel, wie Sie mit Hilfe Ihres Lean-EAM-Instrumentariums die Anliegen der unterschiedlichen Stakeholder (siehe Abschnitt 5.1) in Business und IT unterstützen können.

Die Einsatzszenarien stellen Hilfestellungen für viele der Herausforderungen für CDOs und CIOs (siehe Bild 4.1 und Abschnitt 3.1) bereit. Die Herausforderungen reichen von Operational Excellence bis zu Strategic Excellence. Entsprechend der Ausgangslage, Randbedingungen, digitalen Reife und Positionierung der IT gibt es unterschiedliche Schwerpunkte. In diesem Kapitel finden Sie Hilfestellungen, um die für Sie relevanten und auf Ihre individuellen Ziele zugeschnittenen Einsatzszenarien auszuwählen.

Ausgangspunkt für die Auswahl sind immer die Stakeholder, für die das Einsatzszenario persönlichen Nutzen für die tägliche Arbeit oder aber die Erreichung ihrer Ziele liefert. Daher werden bei allen Einsatzszenarien die Stakeholder-Gruppen aus Abschnitt 5.1, die Ziele (siehe Abschnitt 3.1) und Erläuterungen zur EAM-Unterstützung anhand beispielhafter Visualisierungen aufgeführt. Bei den Stakeholder-Gruppen werden die Verantwortlichkeiten entsprechend RACI unterschieden (R – Responsible/Durchführungsverantwortung, A – Accountable/Kostenverantwortung, C – Consulted/Fachverantwortung, I – Informed/Informationsrecht).

In diesem Kapitel finden Sie Antworten auf folgende Fragen:

- Wie können Sie Fortschritte in Richtung Operational oder Strategic Excellence mit Hilfe von EAM erzielen?
- Wie können Sie Business-IT-Alignment erreichen?
- Wie können Sie die Weiterentwicklung des Geschäfts durch EAM unterstützen?
- Welche Stakeholder(-Gruppen) können wie durch EAM unterstützt werden?

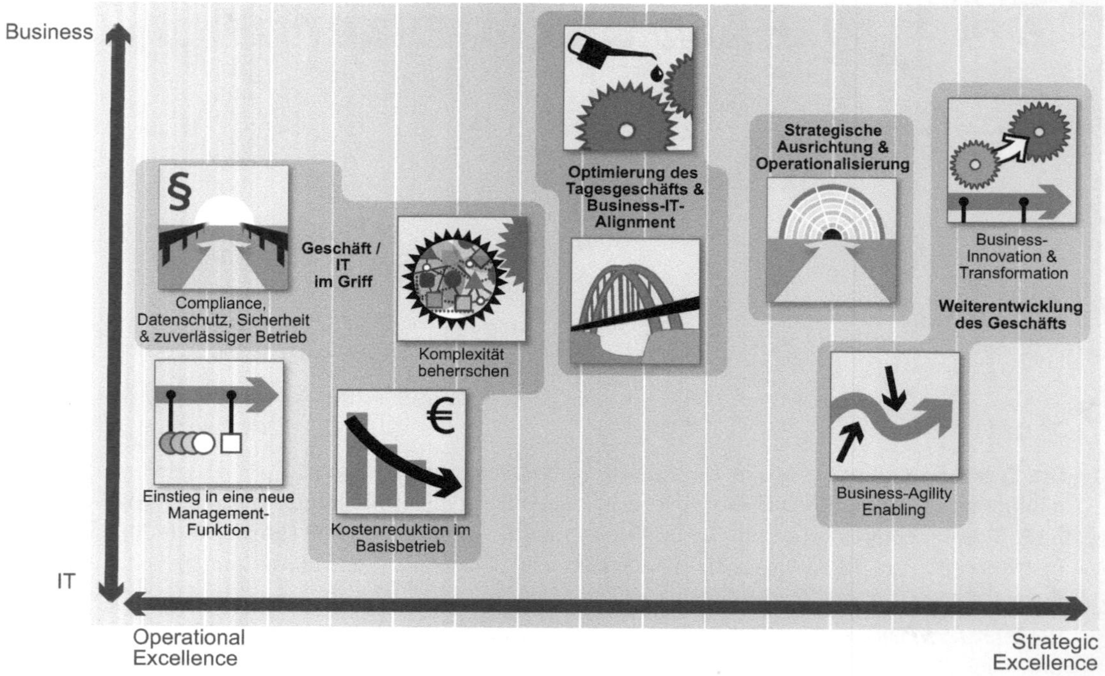

Bild 4.1 Herausforderungen für Verantwortliche in Business und IT

■ 4.1 Ziele und Einsatzszenarien im Überblick

Die Herausforderungen für IT-Verantwortliche können abhängig von den Zielen, der Ausgangslage, Randbedingungen und Positionierung der IT sehr unterschiedlich ausfallen. So können diese z. B. überwiegend operativ und/oder strategisch geprägt sein. Entsprechend der individuellen Anforderungen muss auch das Lean-IT-Management-Instrumentarium und insbesondere auch das EAM gestaltet werden. Für jede Herausforderung muss überlegt werden, welches Instrumentarium für deren Bewältigung notwendig und sinnvoll ist. Hierzu erhalten Sie hier Hilfestellungen.

In Bild 4.2 finden Sie eine Übersicht über alle wesentlichen EAM-Ziele, die relevanten Einsatzszenarien und den EAM-Nutzen. Die für Sie relevanten Ziele können Sie finden, indem Sie in der Grafik vertikal nach unten gehen. Dort finden Sie die Einsatzszenarien im Kontext des für Sie relevanten Ziels.

Wenn Sie in der Grafik noch weiter nach unten gehen, finden Sie den Beitrag von EAM zur Umsetzung des jeweiligen Aspekts im Überblick aufgezeigt. Detaillierte Informationen zu den Nutzenaspekten finden Sie in Abschnitt 3.3.

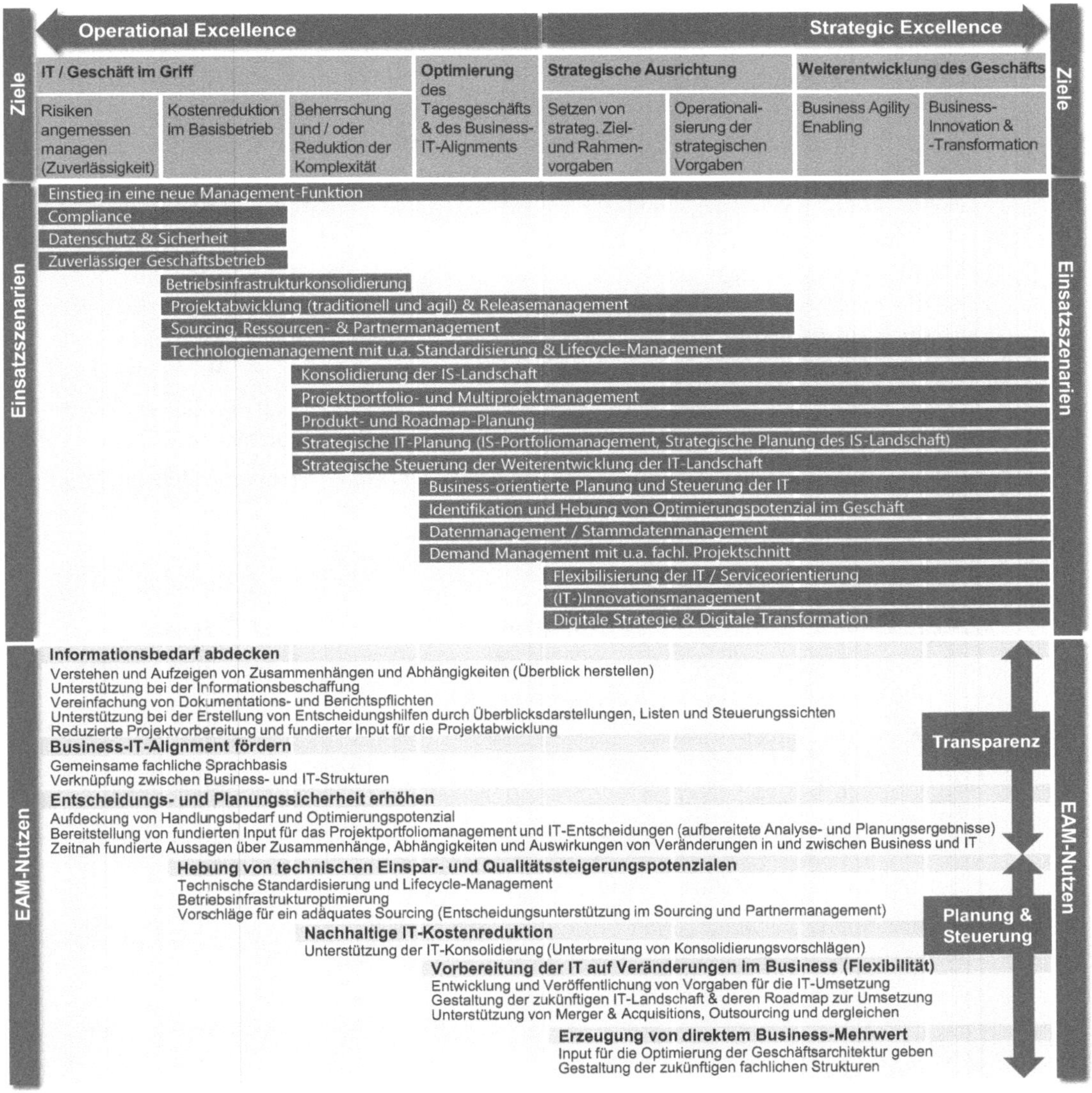

Bild 4.2 Ziele, Einsatzszenarien und EAM-Nutzenargumente

Operational Excellence ist, wie in Abschnitt 3.1.1 ausgeführt, die Fähigkeit, das aktuelle Geschäft kostenangemessen und zuverlässig mithilfe der IT zu unterstützen und dabei die IT-Unterstützung kontinuierlich zu verbessern. Die wesentlichen Herausforderungen sind dabei:

- **Risiken angemessen managen** *(Zuverlässigkeit):* Gewährleistung eines zuverlässigen IT-Betriebs und Erfüllung der wachsenden Datenschutz-, Sicherheits- und Compliance-Anforderungen

- **Kostenreduktion im Basisbetrieb:** Die Kosten im Basisbetrieb im Geschäft und in der IT müssen nachhaltig durch Konsolidierung der Betriebsinfrastruktur, von Abläufen, einer professionellen Abwicklung von Projekten und Wartungsmaßnahmen sowie angemessene Sourcing-Entscheidungen reduziert werden, um Freiraum für Innovationen zu schaffen.
- **Beherrschung und/oder Reduktion der Komplexität:** Die zunehmende Komplexität führt dazu, dass Verantwortliche die IT oder allgemein ihr Business nicht mehr im Griff haben. Zudem verursacht Komplexität immense Kosten, die es durch Konsolidierungsmaßnahmen einzudämmen gilt.
- **Optimierung des Tagesgeschäfts und des Business-IT-Alignments:** Ohne IT ist das Tagesgeschäft kaum mehr durchzuführen. Der IT kommt damit auch eine tragende Rolle im Hinblick auf die Optimierung des Tagesgeschäfts durch z. B. Automatisierung zu. Durch die Unterstützung bei der Optimierung des Tagesgeschäfts erhöht sich der Wertbeitrag der IT.

Zur Bewältigung der Herausforderungen gibt es in Abhängigkeit von der Zielsetzung verschiedene Ansatzpunkte, die in den folgenden Einsatzzenarien zusammengefasst sind:

- Einstieg in eine neue Management-Funktion (siehe Abschnitt 4.2) insbesondere mit Transparenz über die Informationssystemlandschaft (siehe Abschnitt 4.3)
- Compliance Management (siehe Abschnitt 4.4)
- Management von Datenschutz und Unternehmenssicherheit (siehe Abschnitt 4.5)
- Gewährleistung eines zuverlässigen Geschäftsbetriebs (siehe Abschnitt 4.6)
- Betriebsinfrastrukturkonsolidierung (siehe Abschnitt 4.7)
- Projektabwicklung und Releasemanagement (siehe Abschnitt 4.8)
- Sourcing, Ressourcen- und Partnermanagement (siehe Abschnitt 4.9)
- Technologiemanagement mit Lifecycle-Management, Standardisierung und Homogenisierung (siehe Abschnitt 4.10)
- Konsolidierung der IS-Landschaft (siehe Abschnitt 4.11)
- Projektportfolio- und Multiprojektmanagement (siehe Abschnitt 4.18)
- Identifikation und Hebung von Optimierungspotenzial im Business u. a. mit Prozessmanagement und Stammdatenmanagement (siehe Abschnitt 4.12)
- Demand Management (siehe Abschnitt 4.13)

Hinweis

Einige Einsatzszenarien haben sowohl operative als auch strategische Aspekte. ■

Strategic Excellence ist die Fähigkeit, das Unternehmen oder den jeweiligen Verantwortungsbereich strategisch auszurichten und systematisch weiterzuentwickeln. Wesentliche Herausforderungen sind dabei:

- **Strategische Ausrichtung:** Setzen von strategischen Vorgaben und Sicherstellung ihrer Einhaltung.
- **Business-Agilitäts-Enabling:** Vorbereitung und Flexibilisierung des Geschäfts und der IT, sodass diese schnell auf Veränderungen in den Geschäftsanforderungen reagieren kann und Business-Transformationen schneller und risikoärmer umsetzen kann.

- **Weiterentwicklung des Geschäfts (Business-Innovation und -Transformation):** Fachliche Planung und Steuerung der Weiterentwicklung des Geschäfts. Von besonderer Bedeutung ist hier insbesondere der Beitrag der IT zu attraktiveren Produkten und Dienstleistungen oder zur Erreichung neuer Kundensegmente oder Regionen sowie die Umsetzung von Business-Transformationen.

Zur Bewältigung der Herausforderungen gibt es in Abhängigkeit von der Zielsetzung verschiedene Ansatzpunkte, die in den folgenden Einsatzszenarien zusammengefasst sind:

- Strategische Vorgaben und Leitplanken (siehe Abschnitt 4.15)
- Businessorientierte Planung und Steuerung mit insbesondere Business Driven Architecture und Business Capability Management (siehe Abschnitt 4.14)
- Gestaltung von Ziel-Bild und IT-Roadmap (IS-Bebauungsplanung siehe Abschnitt 4.16)
- Business-Transformation und Change Management inkl. Organisationsentwicklung (siehe Abschnitt 4.17)
- Projektportfoliomanagement und Multiprojektmanagement (siehe Abschnitt 4.18)
- (IT-)Steuerung und (IT-)Controlling (siehe Abschnitt 4.19)
- IT-Innovationsmanagement (siehe Abschnitt 4.20)
- Datenmanagement (siehe Abschnitt 4.21)

Die Einsatzszenarien werden im Folgenden im Detail beschrieben. Zudem wird im Unterkapitel „Digitalisierung" (siehe Abschnitt 4.22) aufgezeigt, wie das Enterprise Architecture Management die digitale Transformation unterstützen kann.

> **Empfehlung**
> Wählen Sie die für Sie relevanten Ziele und Einsatzszenarien aus und nutzen Sie diese, um ein Gefühl für das für Sie sinnvolle EAM-Instrumentarium zu bekommen. ■

■ 4.2 Einstieg in eine neue Management-Funktion

Kurzbeschreibung: Transparenz über die aktuelle Geschäftsarchitektur, IT-Landschaft und über Handlungsfelder erlangen sowie Ableiten von Maßnahmen durch

- die strukturierte und systematische Erfassung und Analyse der Geschäftsarchitektur und der Ist-Landschaft sowie
- Bebauungsplanung der zukünftigen Landschaft und einen Ist-Soll-Abgleich.

Stakeholder-Gruppen: CDO/CIO/IT-Verantwortlicher (A), IT-Stratege (R), Unternehmensarchitekten (C), Verantwortliche für den Betrieb und PC-Infrastrukturen sowie Anwendungsentwicklung (C)

Ziele:

- *Digitale Transformation meistern* (Einschätzen des digitalen Reifegrads und Verstehen der aktuellen Handlungsfelder)
- *IT in den Griff bekommen* (Verstehen der Strukturen und Zusammenhänge, Handlungsbedarf, Risiken, Optimierungspotenzial und das erforderliche Planungs- und Steuerungsinstrumentarium identifizieren sowie Maßnahmen für die Umsetzung aufsetzen)
- *Stellenwert der Digitalisierung und der IT erhöhen durch das Aufzeigen des Business-Alignments der IT und des Beitrags zur Weiterentwicklung des Geschäfts* (Strategie- und Wertbeitrag)
- *Persönliche Haftungsrisiken einschätzen können und Maßnahmen für deren Beherrschung einleiten*

Erläuterungen und geeignete Visualisierungen

Ein neuer CDO, CIO oder IT-Verantwortlicher muss in kurzer Zeit (in den „berühmten" ersten 100 Tagen) einen Überblick über seinen Verantwortungsbereich gewinnen. Diese zeitliche Frist wird in der Regel vom Vorgesetzten gewährt, um sich in die neue Stelle einzuarbeiten und erste Erfolge vorzuweisen. Danach erfolgt die erste Bewertung der Leistung. Eine zweite Chance gibt es in der Regel nicht.

In dieser Zeit muss der CDO oder CIO schnell ein Verständnis für die Ausgangslage und die Herausforderungen des Unternehmens und der IT entwickeln, die wesentlichen Stakeholder kennenlernen und vor allen Dingen ein klares Ziel-Bild und einen Maßnahmenplan erstellen sowie diesen mit seinen Vorgesetzten abstimmen.

> **Wichtig**
>
> EAM hilft Ihnen, die Ist-Situation der Geschäftsarchitektur und IT-Landschaft schnell zu erfassen, das Ziel-Bild abzuleiten sowie Handlungsbedarf aus der Analyse der Ist-Situation sowie dem Ist-Soll-Abgleich zu ermitteln.

Um das Ziel-Bild zu entwickeln, müssen Sie eine digitale Reifegradeinschätzung, eine Standortbestimmung und strategische Positionierung der IT durchführen (siehe Abschnitt 3.4). Auf dieser Basis können Sie dann Ihre zukünftige IT-Strategie aus der Unternehmensstrategie ableiten. Insbesondere müssen Sie Ihre Soll-Vision durch Ziele, Strategien und Leitplanken operationalisieren. Beispiele sind Strategien wie z. B. Innovationsstrategie und Leitplanken wie technische Vorgaben oder Prinzipien wie z. B. „Make-or-Buy". Diese geben eine Orientierung und Rahmenvorgaben für die Gestaltung der zukünftigen IT-Landschaft und die Steuerung der Weiterentwicklung.

Wenn bereits eine hinreichend aktuelle, vollständige und qualitativ hochwertige EAM-Datenbasis vorhanden ist, können Sie alle Visualisierungen aus Abschnitt 2.4 entsprechend Ihrer individuellen Fragestellungen nutzen. Wenn noch keine (oder keine ausreichende) EAM-Datenbasis vorhanden ist, müssen Sie eine Bestandsaufnahme durchführen. Als erster Schritt reichen häufig Listen von Business Capabilities, Geschäftsprozessen, Informationssystemen und technischen Bausteinen mit Informationen zu Verantwortlichkeiten und, soweit beschaffbar, zu Kosten, Nutzen, Strategie- und Wertbeitrag sowie weitere unternehmensspezifische

Kriterien. Anhand dieser Listen kann dann die Detaillierung der Bestandsaufnahme mithilfe der jeweiligen Verantwortlichen erfolgen. Welche weiteren Daten erfragt oder auf andere Weise beschafft werden müssen, hängt von Ihren Zielen, Randbedingungen, Ausgangslage und Positionierung ab. Wesentlich sind darüber hinaus in der Regel:

- **Identifikation der Geschäftstreiber:** Falls keine Geschäftstreiber z. B. in der Unternehmensstrategie oder IT-Strategie dokumentiert sind, leiten Sie diese aus den strategischen Vorgaben und Geschäftsanforderungen ab und dokumentieren Sie diese. Dokumentieren Sie Ihr Verständnis der Geschäftstreiber und des Geschäftsmodells (siehe hierzu Abschnitt 5.4.6) inklusive Kunden, Touchpoints, Produkt- und Dienstleistungsportfolio und Business-Ökosystem. Holen Sie hierzu Feedback von den jeweils Verantwortlichen ein.

  Leiten Sie daraus die erforderlichen Fähigkeiten (Business Capabilities) ab und analysieren Sie diese in Bezug auf Strategie- und Wertbeitrag und alle Dimensionen der Digitalisierung oder andere strategische, taktische oder operative Aspekte (siehe hierzu Abschnitt 5.4.2).

  Dokumentieren Sie die Business Capabilities in einer Business Capability Map (siehe Abschnitt 2.4.3) und verorten Sie darin die ermittelten Handlungsbedarfe, Optimierungspotenziale und Handlungsfelder sowie fachliche Strategien für jede fachliche Domäne.

  Leiten Sie – soweit möglich – für die Handlungsfelder die erforderlichen technischen Capabilities ab und ordnen Sie diese vorhandenen technischen Bausteinen zu.
- **Sammlung bekannter „Pains“:** Erfassung von bekannten fachlichen und technischen Handlungsbedarfen oder Problemen, wie z. B. lange Liegezeiten von Auftragseingangsbestätigungen.

Wichtig

Die Lösung von bekannten „Pains“ führt schnell zur Akzeptanz im Unternehmen. Anhaltspunkte für die Ermittlung von „Pains“ erhalten Sie über Gespräche mit den wesentlichen Stakeholdern. Folgende Fragen können hier hilfreich sein:

- Welche Projekte laufen aktuell mit welchen Schwerpunkten?
- Wo sind Kosten verborgen?
- Welcher Konsolidierungsbedarf besteht? Gibt es offenkundige Redundanzen und warum?
- Welche provisorischen Lösungen sind in Betrieb (Umgehungslösungen oder Altlasten)?
- Gibt es Bruchstellen in den Prozessen zwischen verschiedenen Abteilungen?
- Gibt es unklare Verantwortlichkeiten oder Arbeitsanweisungen?
- Gibt es Reklamationen oder Beschwerden? Hintergrund?
- Gibt es Ressourcenengpäße und, wenn ja, an welchen Stellen?

- **Business-Alignment der IT:** Verknüpfung zwischen IT- und Business-Strukturen, um z. B. die Geschäftsprozessunterstützung oder funktionale Abdeckung aufzeigen zu können. Über die Verknüpfungen können Sie businessorientierte Vorgaben an die IT ableiten. Häufig werden hierzu Bebauungsplangrafiken (siehe Abschnitt 2.4.3) verwendet.

Empfehlung

Wenn keine abgestimmten Geschäftsprozesse (oder/und Business Capabilities) vorliegen, sollten Sie diese zumindest grobgranular ermitteln. Nur so können Sie einerseits die erforderlichen Fähigkeiten für die digitale Transformation als auch eine Verknüpfung zu IT-Strukturen herstellen und die Ableitung Ihres Ziel-Bilds nachvollziehbar gestalten.

- **Compliance-, Datenschutz- und Sicherheitsanforderungen:** Ermittlung der Compliance-, Datenschutz- und Sicherheitsanforderungen und Analyse, ob diese aktuell erfüllt sind. Dokumentation insbesondere der Handlungsbedarfe.

Wichtig

Der Nachweis von Compliance, Datenschutz und Sicherheit ist für die Unternehmensführung von großer Bedeutung (siehe Einsatzszenario „Compliance Management" und Einsatzszenario „Management von Datenschutz und Informationssicherheit"). Transparenz und Lösungsansätze in dieser Richtung sind daher gern gesehen.

- **Strategien für Informationssysteme:** Klassifikation der Informationssysteme entsprechend ihres Strategie- und Wertbeitrags oder nach anderen mit dem Geschäft assoziierten Kriterien und Zuordnung von Strategien zu Informationssystemen in Abhängigkeit von der Klassifikation. Sehr verbreitet ist hier die McFarlan-Matrix (siehe [War02]). Diese wird im Einsatzszenario „IS-Portfoliomanagement" erläutert. Ein weiteres bewährtes Beispiel finden Sie in Bild 4.3. In diesem Portfolio werden die Geschäftsprozesse entsprechend ihrer Wettbewerbsdifferenzierung und Veränderungsdynamik klassifiziert. Die Wettbewerbsdifferenzierung von Geschäftsprozessen ist hoch, wenn diese wesentlich für den Erhalt oder Ausbau des Geschäfts sind. Die Veränderungsdynamik ist hoch, wenn Geschäftsprozesse aufgrund von z. B. veränderten Wettbewerbs- oder Rahmenbedingungen ständig anzupassen sind.

  Für jeden Quadranten werden Strategien für die dort einsortierten Geschäftsprozesse und Informationssysteme wie „Automatisiert & integriert", „Agil", „Automatisiert & Standard" und „Manuell & Standard" gegeben. Informationssysteme werden in einen Quadranten einsortiert, wenn sie Geschäftsprozesse unterstützen, die diesem Quadranten zugeordnet werden. Weitere Details zu diesem und weiteren Portfolios finden Sie in Abschnitt 4.14.

Auf der Basis dieser Informationen und den strategischen Vorgaben kann die Ziellandschaft gestaltet werden. So können Sie dann durch einen Ist-Soll-Abgleich Maßnahmen für die Umsetzung ermitteln. Siehe hierzu Einsatzszenario „Gestaltung Ziel-Bild und IT-Roadmap (IS-Bebauungsplanung)".

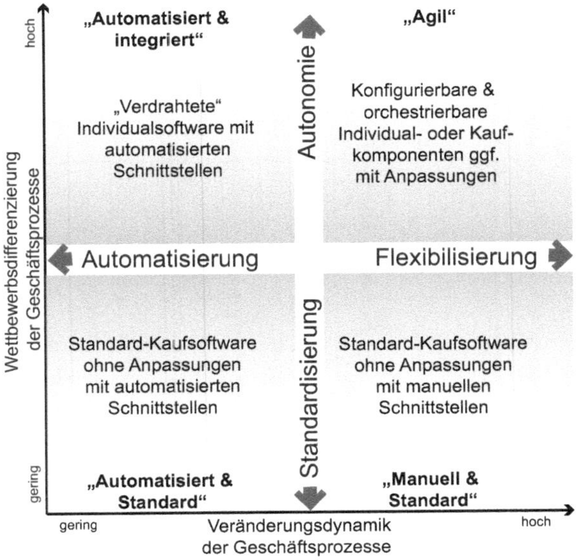

Bild 4.3
IS-Strategie in Abhängigkeit von der Klassifikation der Geschäfts-prozesse

4.3 Transparenz über die Informationssystemlandschaft

Kurzbeschreibung: Transparenz und „Single Point of Truth“ über die vorhandenen und geplanten Informationssysteme sowie deren Zusammenspiel sowie über deren Lebenszyklus als Grundlage für die Planung und Steuerung der Weiterentwicklung der IT-Landschaft

Stakeholder-Gruppen: CIO/IT-Verantwortlicher (A), Business-Verantwortlicher (C und I), Verantwortliche für den Betrieb (I und C) IT-Stratege (C), Unternehmensarchitekten (R), Verantwortliche für den Betrieb und PC-Infrastrukturen sowie Anwendungsentwicklung, Compliance und Informationssicherheit (C)

Ziele:

- *Beherrschung und/oder Reduktion der IT-Komplexität durch ein explizites Management der Informationssystemlandschaft*

Erläuterungen und geeignete Visualisierungen

Transparenz über die vorhandenen und geplanten Informationssysteme ist die Basis, um die IS-Landschaft aktiv weiterzuentwickeln. In vielen Unternehmen gibt es viele unterschiedliche Listen, die für unterschiedliche Zwecke in unterschiedlicher Aktualität, Vollständigkeit, Granularität und Konsistenz vorliegen. Beispiele hierfür sind Listen aus dem IT-Betrieb (z. B. in einer CMDB), der Anwendungsentwicklung, dem Einkauf, für die Kommunikation mit dem Betriebsrat oder zur Management der Informationssicherheit, Datenschutz, Compliance oder Lizenzen.

Eine konsolidierte Liste von Informationssystemen, die für alle Zwecke als „Single Point of Truth" verwendet wird, ist ein großer Mehrwert, da dadurch eine gemeinsame Kommunikations-, Planungs- und Steuerungsgrundlage geschaffen wird. Diese Liste muss alle Aspekte der konsolidierten Listen beinhalten. Ein Beispiel finden Sie in Bild 4.4.

Informationssysteme	Kurzbeschreibung	Lizenzkosten	Kosten Wartung & Betrieb	Nutzen	Schutzbedarf	Sicherh.-level
ACTAC R2.2	Zentrales Logistiksystem	200 T/Jahr	40 T/Jahr	500 T/Jahr	groß	groß
ACTAC R2.3	Zentrales Logistiksystem	150 T/Jahr	30 T/Jahr	500 T/Jahr	groß	groß
FIS R3.3	Vertriebssteuerung	-	150 T/Jahr	300 T/Jahr	groß	groß
CON R4.2	Controlling-System	-	250 T/Jahr	100 T/Jahr	groß	groß
CON R4.3	Controlling-System	-	300 T/Jahr	150 T/Jahr	groß	mittel
TUY R1.0	Marketing-System PR	-	100 T/Jahr	90 T/Jahr	gering	gering
Publisher R2.0	Marketing-System WF	100 T/Jahr	20 T/Jahr	200 T/Jahr	gering	gering
Publisher R3.0	Marketing-System WF und PR	100 T/Jahr	20 T/Jahr	200 T/Jahr	gering	gering

Bild 4.4 Beispiel Liste von Informationssystemen

Wichtig

Schaffen Sie einen „Single Point of Truth" durch eine konsolidierte Liste von Informationssystemen, die alle wesentlichen Informationen der relevanten Nutznießer beinhaltet.

Stellen Sie über entsprechende Governance-Mechanismen (siehe Abschnitt 5.9) sicher, dass die „alten" Listen nicht weiterleben und alle die konsolidierte Liste nutzen und pflegen.

Eine konsolidierte Liste von Informationssystemen ist in der Regel der Ausgangspunkt für die Schaffung von Transparenz über die IT-Landschaft. Schnittstellen und der Informationsfluss zwischen Informationssystemen erfordern eine weitere Detaillierung, die zumeist nur für einen Ausschnitt der Landschaft oder für Projekte geleistet werden kann. In Bild 4.5 finden Sie ein Beispiel für eine Informationsflussgrafik aus einem Projektkontext, in dem neben dem Zusammenspiel der Informationssysteme deren Umsetzungsstufen dargestellt werden.

Auf der Basis der konsolidierten Liste von Informationssystemen kann auch deren Lebenszyklus von der Einführung bis zum Ablösen geplant und gesteuert werden. In Bild 4.17 finden Sie ein Beispiel einer Lifecycle-Grafik. Insbesondere über die Planung und Steuerung der Ablösung von Informationssystemen kann die Anzahl der Informationssysteme und damit die Komplexität der IT-Landschaft reduziert werden. Weitere Informationen zum Lifecycle-Management finden Sie im Abschnitt 4.10.

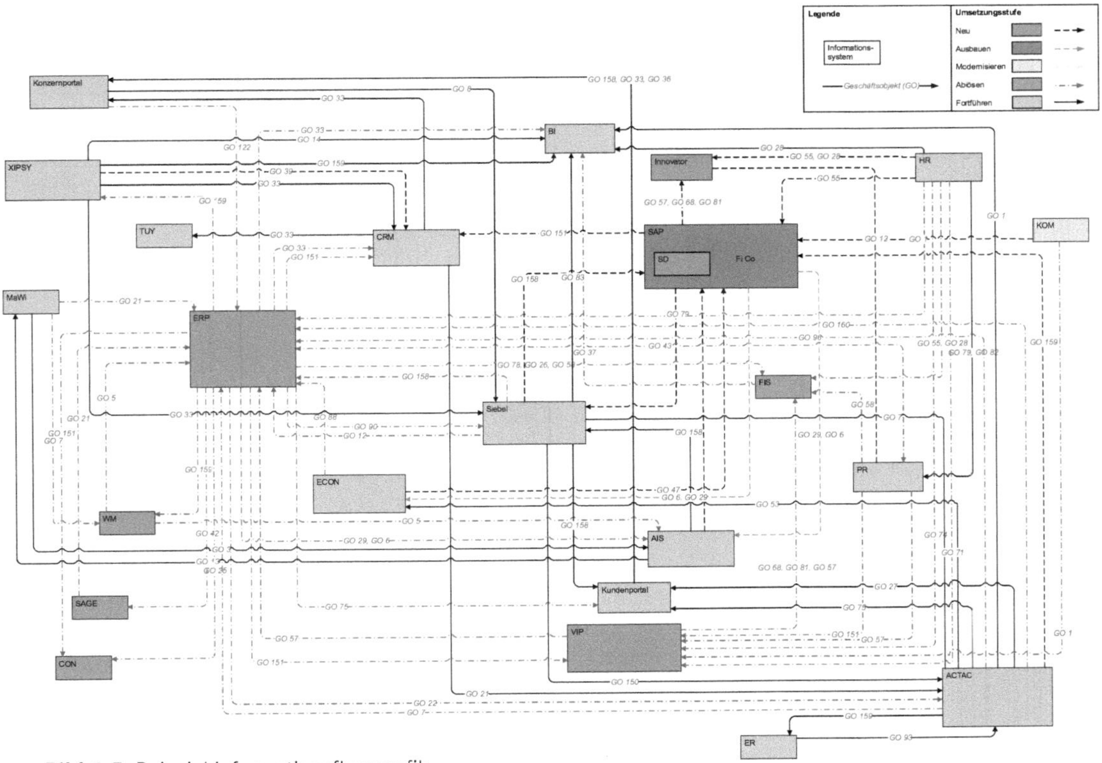

Bild 4.5 Beispiel Informationsflussgrafik

4.4 Compliance Management

Kurzbeschreibung: Nachweis der Erfüllung von gesetzlichen oder freiwilligen Auflagen wie z. B. KonTraG, GoBD, TMG, TKG, Urheberrecht, Solvency II, Basel II, Sarbanes Oxley Act, EU-DSGVO, ISO 27001 durch die Unterstützung der Berichtspflichten

Stakeholder-Gruppen: Unternehmensführung (A), Business-Verantwortlicher (C und I), Verantwortliche für Compliance (R), CIO/IT-Verantwortlicher (I und ggf. A und C), Verantwortliche für den Betrieb (I und C)

Ziele:

- *Risiken angemessen managen:* Ein funktionierendes Risikomanagement insbesondere im Hinblick auf die Absicherung persönlicher Haftungsrisiken etablieren und verbessern.
- *Automatisierung oder zumindest Erleichterung der Berichterstattung:* Vereinfachung oder sogar Automatisierung der Berichterstattung durch z. B. Standard-Reportings auf der Basis vom Single-Point-of-Truth aller für das Compliance-Reporting erforderlichen Daten.

Erläuterungen und geeignete Visualisierungen

Der Begriff Compliance steht für die Einhaltung von gesetzlichen Bestimmungen, regulatorischer Standards und Erfüllung weiterer wesentlicher und in der Regel vom Unternehmen selbst gesetzter ethischer Standards und Anforderungen.

Compliance umfasst die Einhaltung aller Gesetze, Verordnungen und Richtlinien sowie von vertraglichen Verpflichtungen und freiwillig eingegangenen Selbstverpflichtungen. Die Gewährleistung der Compliance-Anforderungen gestaltet sich in Anbetracht der „Regulierungswut“ zunehmend komplexer.

Durch verschiedene Skandale und damit einhergehende Haftungsklagen in den USA ist Compliance Management zu einem Modewort geworden. Compliance Management ist ein wichtiges Element im Risikomanagement eines Unternehmens und unerlässlich für einen nachhaltigen Unternehmenserfolg. Verstöße gegen gesetzliche oder freiwillige Auflagen können zu drastischen wirtschaftlichen Schäden führen. Beispiele hierfür sind Schadensersatzansprüche, Ausschluss von öffentlichen Ausschreibungen, Imageverlust durch z. B. negative Berichterstattung, schlechte Bewertung durch den Kapitalmarkt und hohe Rechtsberatungskosten. Vorstände, Geschäftsführer und Aufsichtsräte sind persönlich verantwortlich. In Folge einer Verletzung können sie abberufen, gekündigt oder strafrechtlich verfolgt werden oder müssen Bußgelder und Geldstrafen oder Schadenersatzansprüche übernehmen. Insbesondere deshalb hat Compliance Management im Unternehmen eine hohe Priorität. Risiken aus Compliance-Verstößen müssen identifiziert, bewertet und behandelt werden, soweit möglich muss man ihnen präventiv begegnen.

EAM unterstützt das Compliance Management durch Transparenz und kann so helfen, das Vertrauen der Unternehmensführung und von Geschäftspartnern zu sichern. Insbesondere werden Berichtspflichten vereinfacht und Compliance-Kontrollen dokumentiert. Damit kann der Nachweis angetreten werden, dass das Compliance-Management-System den Anforderungen genügt. Wesentlich sind hier:

- Identifizierung, Dokumentation und Visualisierung von Compliance-relevanten fachlichen oder technischen Strukturen (wie z. B. Listen von Compliance-relevanten Geschäftsprozessen oder Informationssystemen)
- Dokumentation der Ownerschaft von Geschäftsprozessen und Geschäftsobjekten sowie der Autorisierung von IT-Systemen und deren Aufbewahrungsfristen
- Dokumentation der Compliance-Controls zu z. B. Geschäftsprozessen und Verantwortlichkeiten für die Kontrolle
- Dokumentation, Bewertung und Überwachung von Systemänderungen und ihren Auswirkungen sowie automatische Benachrichtigung der Compliance-Verantwortlichen z. B. per maßgeschneidertem Dashboard und Notifikation per E-Mail
- Standardisierte Berichte für die Compliance-Verantwortlichen über die Bedrohungen und deren Status anhand EAM-Visualisierungen

EAM unterstützt das Compliance Management insbesondere über Listen. In Bild 4.6 finden Sie eine Liste von Informationssystemen, in der die Compliance-relevanten Systeme markiert sind. Zudem sind der Schutzbedarf und das Sicherheitslevel markiert. Hieraus kann z. B. über das Management der Unternehmenssicherheit (siehe Abschnitt 4.5) Handlungsbedarf z. B. im Kontext der Autorisierung von IT-Systemen identifiziert werden.

Informationssysteme	Kurzbeschreibung	Compliance-reelvant	Lizenz-kosten	Kosten Wartung & Betrieb	Nutzen	Schutz-bedarf	Sicherh.-level
ACTAC R2.2	Zentrales Logistiksystem	X	200 T/Jahr	40 T/Jahr	500 T/Jahr	groß	groß
ACTAC R2.3	Zentrales Logistiksystem	X	150 T/Jahr	30 T/Jahr	500 T/Jahr	groß	groß
FIS R3.3	Vertriebssteuerung	X	-	150 T/Jahr	300 T/Jahr	groß	groß
CON R4.2	Controlling-System	X	-	250 T/Jahr	100 T/Jahr	groß	groß
CON R4.3	Controlling-System	X	-	300 T/Jahr	150 T/Jahr	groß	mittel
TUY R1.0	Marketing-System PR		-	100 T/Jahr	90 T/Jahr	gering	gering
Publisher R2.0	Marketing-System WF		100 T/Jahr	20 T/Jahr	200 T/Jahr	gering	gering
Publisher R3.0	Marketing-System WF und PR		100 T/Jahr	20 T/Jahr	200 T/Jahr	gering	gering

Bild 4.6 Beispiel einer Liste von Informationssystemen

Wichtig

Eine vollständige Liste von Geschäftsprozessen, Geschäftsobjekten, Informationssystemen oder Schnittstellen mit Compliance-relevanten Informationen „auf Knopfdruck“ ist alleine schon ein hoher Wert. Wenn diese zudem noch ein Teil eines maßgeschneiderten Dashboards mit getriggerten Handlungsempfehlungen sind, wird der Aufwand für das Compliance Management erheblich reduziert.

In EAM werden lediglich grobgranulare Informationen berücksichtigt, die den Überblick über die Risiken und deren Beherrschung verschaffen. So werden in EAM in der Regel die Compliance-relevanten Elemente identifiziert (z. B. Geschäftsprozesse) und wichtige Informationen, wie z. B. Verantwortlichkeiten, erfasst. Detailinformationen, wie z. B. Controls in Prozessabläufen, werden in der Regel in einem Prozessmanagement-Werkzeug dokumentiert. Über eine Integration von Detailsystemen, wie z. B. Prozessmanagement, Datenkatalog-Management oder IT-Servicemanagement, kann eine Verbindung hergestellt und das Compliance Management ganzheitlich auf Basis von verlässlichen Daten durchgeführt werden. ■

Neben den Listen können alle EAM-Transparenzsichten (siehe Abschnitt 2.4) genutzt werden, um das Compliance-Management-System zu implementieren. Durch die Analyse der EAM-Datenbasis können Risiken identifiziert und durch Hervorhebungen in Grafiken Handlungsbedarf aufgezeigt werden.

4.5 Management von Datenschutz und Informationssicherheit

Kurzbeschreibung: Aufzeigen von Schutzbedarf, Analyse von Datenschutz- und Sicherheitsbedrohungen und deren Auswirkungen sowie Nachweis von geeigneten Datenschutz- und Sicherheitsmechanismen zur Umsetzung der Sicherheitsanforderungen durch die Dokumentation und Analyse von Schutzbedarf und Sicherheitslevel sowie weiteren Aspekten wie z. B. der Autorisierung von IT-Systemen

Stakeholder-Gruppen: Unternehmensführung (I und ggf. A), Business-Verantwortlicher (C), Datenschutzverantwortlicher und Verantwortliche für Sicherheit (R), CIO/IT-Verantwortlicher (I und ggf. A und C), Verantwortliche für den Betrieb und PC-Infrastrukturen (I und C)

Ziele:

- *Handhabbares Instrumentarium für Datenschutz und Informationssicherheit:* Einfache und intuitive Unterstützung für alle Aufgabenbereiche im Datenschutz und Informationssicherheit.
- *Risiken angemessen managen:* Risikomanagement im Kontext von Datenschutz, IT-Sicherheit und Unternehmenssicherheit allgemein verbessern inklusive Identifizierung, Analyse, Bewertung, Behandlung sowie Überwachung und Überprüfung von Informationssicherheits- und Datenschutzrisiken.
- *Automatisierung oder zumindest Erleichterung der Berichterstattung:* Vereinfachung oder sogar Automatisierung der Berichterstattung durch z. B. Standard-Reportings auf der Basis vom Single-Point-of-Truth aller für das Datenschutz- und Informationssicherheits-Reporting erforderlichen Daten.

Erläuterungen und geeignete Visualisierungen

Informationssicherheit hat das Ziel, Informationen jeglicher Art und Herkunft, unabhängig davon, ob diese auf Papier, in IT-Systemen oder in den Köpfen vorhanden sind, zu schützen. Datenschutz adressiert die Teilmenge der personenbezogenen Daten und IT-Sicherheit konzentriert sich auf den Schutz elektronisch gespeicherter Informationen und deren Verarbeitung. Siehe hierzu [Han19].

Die Informations- und Kommunikationstechnik hat alle Lebensbereiche durchdrungen. Die Geschäftsprozesse von Unternehmen kommen kaum mehr ohne IT-Unterstützung aus. Die horizontale und vertikale Vernetzung von Partnern bis zu Maschinen nimmt immer weiter zu. Nur so kann schnell auf Kundenanfragen und sich ändernde Kundenbedürfnisse reagiert werden. Die hohe Durchdringung mit Informations- und Kommunikationstechnik erhöht jedoch gleichzeitig die Abhängigkeit und die Anfälligkeit für die kontinuierlich zunehmenden Sicherheitsbedrohungen, zum Beispiel im Kontext von Cyber-Security.

Sicherheits- und Datenpannen, wie Massen-E-Mails mit Viren, Veröffentlichung von vertraulichen Daten oder manipulierte, missbräuchlich verwendete, mutwillig zerstörte oder kompromittierte Daten, können für die Unternehmen zu ernsthaften rechtlichen oder wirtschaftlichen Konsequenzen führen. Insbesondere aber auch die Nichtverfügbarkeit von Systemen hat erhebliche wirtschaftliche Auswirkungen. Ein Beispiel hierzu ist die Unterbrechung einer Lieferkette in einer Just-in-time-Fertigung (JIT-Fertigung) aufgrund eines Systemabsturzes, der zu einem Produktionsstillstand führt, da wesentliche Rohstoffe oder Teile nicht angefordert werden und somit fehlen.

Externe Vorgaben wie Gesetze, Regulatoren und Normen sowie Anforderungen interessierter Parteien (z. B. BDSG, UWG, TMG, Regulierungsbehörden) und Verträge erfordern ein angemessenes Sicherheitsniveau und die Einhaltung von Formalien. Vorstände und Geschäftsführer haften persönlich für viele Versäumnisse und mangelnde Risikovorsorge. Ein Beispiel sind die hohen Bußgelder bei Datenpannen im Kontext der EU-DSGVO (europäische Datenschutzgrundverordnung). Imageschäden und Folgekosten erhöhen die Schadensauswirkungen noch erheblich. Die Gewährleistung der Persönlichkeitsrechte Betroffener und die Sicherstellung der Rechenschaftspflicht sind daher Grundanforderungen an ein Datenschutz-Managementsystem.

Informationssicherheit und Datenschutz sind unerlässlich, um sowohl personenbezogene Daten als auch Geschäfts- und Unternehmensgeheimnisse zu schützen und einen zuverlässigen Geschäftsbetrieb und die kontinuierliche Weiterentwicklung des Geschäftsmodells zu gewährleisten. Es geht letztendlich darum, mit Informationssicherheitsmanagement und Datenschutz den Erfolg des Unternehmens abzusichern. Gerade im Zeitalter der digitalen Transformation sind „sichere" Daten- und Integrationsplattformen mit vielen Automatismen als integraler Bestandteil des Managementsystems unerlässlich. Nur so kann der Mehrwert aus Daten gehoben und Big Data, Business-Analytics rechtssicher und berechtigt genutzt werden.

Die Informationssicherheit und der Datenschutz eines Unternehmens müssen einen Handlungsrahmen und Hilfestellungen liefern, um den kontinuierlichen Geschäftsbetrieb und auch die Geschäftsmodellweiterentwicklung hinreichend sicher zu ermöglichen.

Für die Bewältigung der vielfältigen Anforderungen und Herausforderungen im Datenschutz und in der Informationssicherheit ist ein handhabbares und mit allen Planungs- und Steuerungsfunktionen integriertes Managementinstrumentarium unabdingbar. Insbesondere die Verknüpfung von Informationssicherheit, Datenschutz, IT-Servicemanagement (ITIL®) und Enterprise Architecture Management stellt eine ideale Symbiose dar. Nur so wird z. B. eine ausreichende Datentransparenz hergestellt.

Ein handhabbares und integriertes Instrumentarium ist notwendig, um sowohl die EU-Datenschutz-Grundverordnung als auch die Anforderungen der Informationssicherheit (u. a. BSI und ISO 27001) nachhaltig zu erfüllen. Wesentlich sind sowohl organisatorische als auch technische Aspekte sowie insbesondere der Faktor Mensch, die ganzheitlich adressiert und kontinuierlich optimiert werden müssen.

Definitionen

Die **Informationssicherheit** zielt auf den angemessenen Schutz von Informationen und IT-Systemen in Bezug auf alle festgelegten Schutzziele, wie Vertraulichkeit, Integrität und Verfügbarkeit, ab. Ein unbefugter Zugriff oder die Manipulation von Daten soll verhindert und soweit möglich vorgebeugt werden, um daraus resultierende wirtschaftliche Schäden zu verhindern. Bei den Daten ist es unerheblich, ob diese einen Personenbezug haben oder nicht. Informationen können sowohl auf Papier als auch in IT-Systemen vorliegen.

IT-Sicherheit adressiert als Teilbereich der Informationssicherheit den Schutz elektronisch gespeicherter Informationen und deren Verarbeitung inklusive Funktionssicherheit, also das fehlerfreie Funktionieren und die Zuverlässigkeit der IT-Systeme. Hier müssen auch Systeme einbezogen werden, die häufig nicht unmittelbar als IT-Systeme wahrgenommen werden, wie Steuerungs- (ICS) oder IoT-Systeme. Die IT-Sicherheit ist also Bestandteil der Informationssicherheit. Das Aktionsfeld der klassischen IT-Sicherheit wird bei der Cyber-Sicherheit auf den gesamten Cyber-Raum ausgeweitet.

Unter **Datenschutz** wird primär der Schutz personenbezogener Daten vor missbräuchlicher Verwendung und Datenverarbeitung verstanden, um das Recht des Einzelnen auf informationelle Selbstbestimmung zu stärken. ■

Für ein funktionierendes Datenschutz- und Informationssicherheitsinstrumentarium muss Transparenz über alle zu schützenden Werte (Assets) hergestellt werden. Es müssen die Werte des Unternehmens ermittelt und in einem Asset-Register ständig aktuell gehalten werden, um auf dieser Basis die Schutzbedarfsfeststellung und das Risikomanagement durchzuführen sowie um geeignete Maßnahmen zum Schutz dieser Assets zu treffen.

Definition Schutzbedarfsfeststellung

Im Rahmen der Schutzbedarfsfeststellung wird der Schutzbedarf der Geschäftsprozesse, der verarbeiteten Informationen und der IT-Komponenten ermittelt (insbesondere im Hinblick auf die „CIA"-Schutzziele):

- Vertraulichkeit (Confidentiality): Nur berechtigte Personen haben Zugriff auf betriebliche Informationen und personenbezogene Daten.
- Integrität (Integrity): Sicherstellung der Korrektheit und Vollständigkeit (Unversehrtheit) von Daten und der korrekten Funktionsweise von Systemen.
- Verfügbarkeit (Availability): Informationen können von den Anwendern stets wie vorgesehen genutzt werden. ■

Daher verlangt die Norm ISO/IEC 27001 (siehe [Han19]), dass ein Asset-Register erstellt wird (ISO 7001 A.8.1.1), die Eigentümer der Assets klar festgelegt und ein akzeptabler Umgang mit Assets definiert wird (ISO 7001 A.8.1.3). Beispiele für Assets sind:

- Informationen, wie Personaldaten oder Kontaktdaten in elektronischer oder in Papierform
- Produkt- und Forschungsdaten, wie Produktplanungen oder Fahrzeug-Prototypen

- Hardware, wie Laptops, Server, Mobiltelefone oder USB-Speicher
- Software (Kaufsoftware und Individualsoftware), wie SAP, Salesforce oder eine eigenentwickelte Java-Anwendung
- IT-Systeme, wie Datenbanken oder Middleware
- Personen mit ihrem Wissen in den Köpfen
- Über das Asset-Management werden Informationen und andere Werte, die mit Informationen und informationsverarbeitenden Einrichtungen im Zusammenhang stehen, erfasst sowie ein Register (Inventar) dieser Werte gebildet und kontinuierlich gepflegt. Das Asset-Management ist ein wesentlicher Prozess jedes ISMS. Es liefert und aktualisiert initial das Asset-Register als Grundlage für die Festlegung des Geltungsbereichs sowie für die Modellierung des Systemverbunds, um die passenden IT-Grundschutz-Bausteine auszuwählen, und insbesondere für die Schutzbedarfsfeststellung, das Risikomanagement und die Festlegung der erforderlichen Sicherheitsmaßnahmen.

Hierzu kann Enterprise Architecture Management (EAM) in Kombination mit einer CMDB (Configuration Management Database) einen großen Beitrag leisten, da im Rahmen des Enterprise Architecture Managements über alle wesentlichen fachlichen und technischen Strukturen (siehe Bild 2.13) Transparenz hergestellt und die Weiterentwicklung dieser geplant und gesteuert wird.

Eine CMDB mit vorwiegend technischen Assets, den sogenannten Configuration Items (CI), wird im Rahmen des IT-Servicemanagements bereitgestellt. Durch eine Verknüpfung zwischen der EAM-Datenbasis und einer CMDB stehen alle fachlichen und technischen Strukturen bis auf niedrige technische Ebene für das Asset-Management zur Verfügung. Das Zusammenspiel zwischen EAM und ISMS sowie Datenschutz schauen wir uns in diesem Kapitel etwas näher an.

Zwischen Informationssicherheit und IT-Servicemanagement gibt es zudem enge Abhängigkeiten. So werden für die Umsetzung der Anforderungen an ein ISMS etablierte IT-Servicemanagement-Prozesse benötigt.

Das IT-Servicemanagement erfolgt in der Regel entsprechend des De-facto-Standards für IT-Servicemanagement „ITIL“ (siehe [Ebe21]). Die Information Technology Infrastructure Library (ITIL) ist eine Sammlung vordefinierter Prozesse, Funktionen und Rollen, wie sie typischerweise in jeder IT-Infrastruktur mittlerer und großer Unternehmen vorkommen. Zudem liefert ITIL eine Sammlung von Best-Practices zum IT-Servicemanagement.

Enterprise Architecture Management kann das Management von Datenschutz und Informationssicherheit erheblich auf folgende Art und Weise unterstützen:

- **Asset-Management mit EAM** (in Kombination mit CMDB siehe Bild 4.7): Ein zentrales Asset-Management, z. B. über ein Enterprise Architecture Management in Kombination mit einer CMDB, hilft Synergien zu heben. Jedoch müssen dann in diesem zentralen Asset-Management auch alle erforderlichen Strukturen in einer hinreichenden Aktualität und Vollständigkeit vorliegen. Bei der Inventarisierung sind laut Norm folgende Vermögenswerte zu beachten:
  - Alle Informationen, die sich auf beweglichen Datenträgern, Festplatten und Printmedien befinden und folgenden Inhalt haben:
    - Datenbanken, aktive und archivierte Dateien
    - Verträge und Vereinbarungen

  - Systemdokumentation und Supportinformation des Helpdesks
  - Forschungsinformationen, Benutzermanuals und Trainingsmaterialien
  - Geschäftspläne, die während eines Schadensfalls und danach die Weiterführung des Geschäftsfelds gewährleisten
  - Logs und Monitoringergebnisse sowie Überwachungspfade
- Alle auf Software basierenden Werte, wie Anwendungen, Systemsoftware und Entwicklungs-Tools
  - Alle physikalischen Werte, wie Computer und Kommunikationseinrichtungen, Telefone, Telefonanlagen und Voice-over-IP-Installationen
  - Kommunikationsdienste und Dienste zum Betrieb von Computern, wie Klimaanlage, Stromversorgung, Beleuchtung und andere Dienstleistungen
  - Lizenzinformationen über sowohl kommerzielle als auch Open Source Software

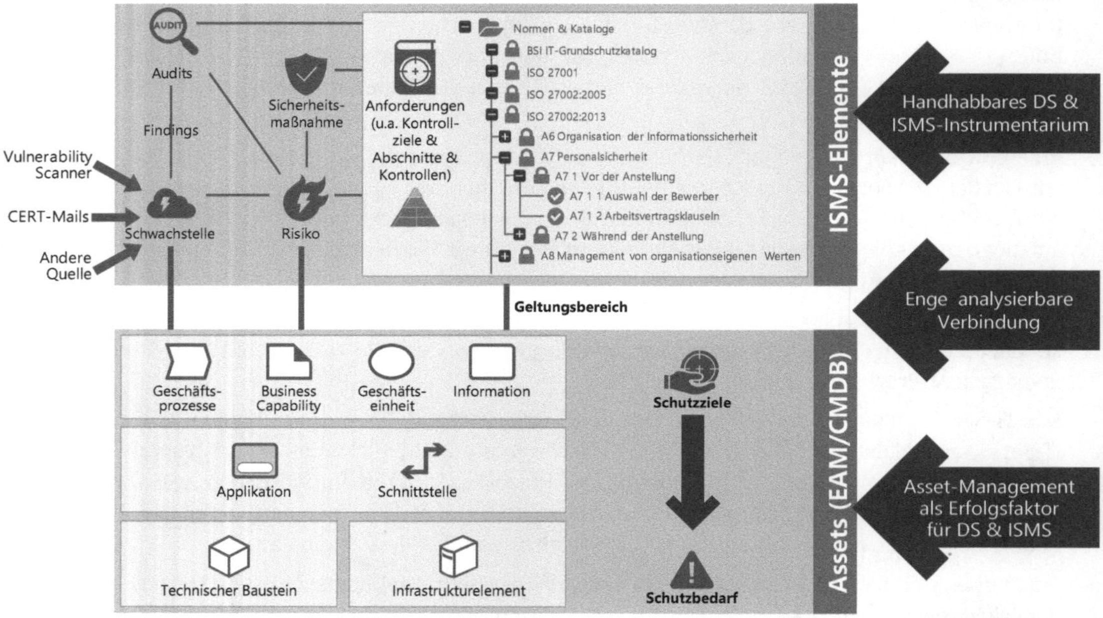

Bild 4.7 Zusammenspiel zwischen Strukturen aus EAM, Datenschutz und Informationssicherheit

- **Schutzbedarfsfeststellung** entsprechend der Schutzziele, insbesondere Vertraulichkeit, Verfügbarkeit und Integrität, durch z. B. ein EAM-Tool mit Integration zu einer CMDB mit z. B. Survey-Funktionalität (siehe hierzu Kapitel 6): Die Schutzbedarfsklassifikation kann als eine konsolidierte Bewertungsgröße oder für die Bestandteile Verfügbarkeit, Vertraulichkeit, Authentizität, Integrität der Informationen einzeln erfasst werden (siehe Abschnitt 2.5). Häufig werden Vertraulichkeitsstufen wie z. B. öffentlich, intern/dienstlich, vertraulich und streng vertraulich verwendet. Im Kontext der Mitbestimmung des Betriebsrats sind insbesondere auch mitarbeiterbezogene Daten von Belang, die ggf. für die Leistungskontrolle herangezogen werden können.

- **ISMS und Datenschutz Monitoring und Reporting unter Nutzung der datenschutz- und informationssicherheitsrelevanten EAM-Daten:** Möglichkeit, geeignete Kennzahlen und Reports zu definieren und automatisch z. B. über ein Dashboard bereitzustellen. Darüber hinaus sollte das Reporting z. B. gegenüber Behörden entsprechend der gesetzlichen Verpflichtungen automatisiert oder zumindest unterstützt werden. Neben der Verwendung von EAM-Daten kann auch das Analyse- und Reportinginstrumentarium von EAM genutzt werden.
- **Nutzung des EAM-Analyse-Instrumentariums** zur Identifikation von Gefährdungen sowie der Analyse von Abhängigkeiten und Auswirkungen
  - *Schutzbedarfs- und Gefährdungsanalyse:* Welche Gefährdungen gibt es für die Assets mit erhöhtem Schutzbedarf? Welche Schutzbedarfsanforderungen bestehen für fachliche und technische Assets?

    Der Schutzbedarf jedes IT-Systems muss vom Schutzbedarf des Geschäfts, insbesondere der Geschäftsprozesse und Geschäftsobjekte abgeleitet werden. Dies ist eine Zielvorgabe für die Umsetzung und den Betrieb der IT-Systeme. Der Schutzbedarf von IT-Systemen leitet sich aus Vererbung unter Anwendung des Maximum- und Kumulationsprinzips (siehe [Han19]) aus dem Schutzbedarf der unterstützten Geschäftsprozesse bzw. verarbeiteten Geschäftsobjekte ab.

    Auch die eigentliche Schutzbedarfs- oder Sicherheitsanalyse kann durch Listen erleichtert werden, in denen z. B. die Informationssysteme und deren Schutzbedarf aufgelistet sind. Entsprechend dem Schutzbedarf werden unterschiedliche Bedrohungsanalysen durchgeführt, deren Ergebnisse wiederum in der EAM-Datenbasis dokumentiert werden können.
  - *Abweichungsanalyse: Wo bestehen Lücken in der Abdeckung von Anforderungen?:* Durch Ermittlung des Sicherheitslevels und Abgleich mit dem Schutzbedarf kann Handlungsbedarf aufgedeckt werden. Dies kann anschaulich mithilfe einer Bebauungsplangrafik (siehe Bild 3.18) oder einer Liste (siehe Bild 4.6) visualisiert werden. Im konkreten Beispiel besteht für das Vertriebscontrolling ein hoher Schutzbedarf. Das Informationssystem CON R 4.3 hat aber nur ein mittleres Sicherheitslevel.
  - *Erweiterte Datenschutz- und Informationssicherheitsanalysen:* Durch Integration der EAM-Strukturen in die Datenschutz- und Informationssicherheitsstrukturen können übergreifende Analysen, Planungen und Reportings erfolgen.
    - Gefährdungsanalyse mit Verknüpfung zu IT-Grundschutz

      Hierzu sollte eine einfache Zuordnung der Gefährdungen zu den Assets möglich sein. Idealerweise sollten die Tabellen aus dem IT-Grundschutz direkt als Vorschlag mitgeliefert werden.
    - Risikoanalysen sowie Unterstützung bei der Risikobewertung und der Festlegung des Risikobehandlungsplans

Gesetzliche Regelungen wie das Gesetz zur Kontrolle und Transparenz im Unternehmensbereich (KonTraG) und das Bundesdatenschutzgesetz (BDSG) adressieren Aspekte der IT-Sicherheit und stellen weitreichende Anforderungen an Technik und Organisation eines Unternehmens. Siehe hierzu Einsatzszenario „Compliance Management“.

4.6 Gewährleistung eines zuverlässigen und kostengünstigen Geschäftsbetriebs (SLA und Business Continuity Management)

Kurzbeschreibung: Unterstützung bei der Durchführung, Planung und Steuerung des IT-Basisbetriebs durch

- Transparenz über Status und Handlungbedarf mit der Möglichkeit, unmittelbar einzugreifen („actionable Dashboard“)
- Transparenz über die wesentlichen Strukturen, Aspekte und Erfüllung der IT-Services sowie Kostenentwicklung im IT-Servicemanagement (siehe [Buc07], [itS08], [Joh11] und [Ebe21]) schaffen und
- Unterstützung bei der Erkennung von Handlungsbedarf und Planung der Verbesserung der IT-Services.

Stakeholder-Gruppen: Unternehmensführung (I), CIO/IT-Verantwortlicher (I oder A), Infrastrukturarchitekt (R), Verantwortliche für IT-Betrieb und PC-Infrastrukturen (A oder C)

Ziele:

- *Risiken angemessen managen:* Risikomanagement insbesondere im Kontext des SLA- und Business Continuity Managements sicherstellen, damit die Betriebsinfrastruktur und die Services nach einem Ausfall möglichst rasch wiederhergestellt werden können. Ein weiteres Anliegen ist die Steigerung der IT-Performance im IT-Basisbetrieb, um insbesondere die Anforderungen im Kontext Sicherheit, Skalierbarkeit, Ausfallsicherheit, Verfügbarkeit und Performance zu erfüllen.
- *Kostenreduktion im IT-Basisbetrieb:* Effizienzsteigerung bei IT-Services und marktgerechte Preise für IT-Leistungen mit Hilfe eines adäquaten Sourcing, Ressourcen- und Partnermanagements (siehe Abschnitt 4.9), von Standardisierung und Homogenisierung (siehe Abschnitt 4.10) und Betriebsinfrastrukturkonsolidierung (siehe Abschnitt 4.7).

  Wichtig ist insbesondere bei einer niedrigen Fertigungstiefe, die Leistungssteuerung von Lieferanten (z. B. Outsourcing-Dienstleister) sowie das Risikomanagement (u. a. Sicherheit und Compliance) durch klar definierte Services und SLAs[1] (bzw. OLAs[2] und UCs[3]) festzulegen.

Erläuterungen und geeignete Visualisierungen

Das IT-Servicemanagement fasst alle Aufgaben zusammen, die für Aufbau, Pflege und Ausbau des Geschäftsbetriebs notwendig sind. Die Geschäftsprozesse sollten zu möglichst geringen Kosten und optimal unterstützt sowie zuverlässig durchführbar und verfügbar sein. Wesentlich ist insbesondere der Nachweis der Erbringung der klar definierten Serviceleistung anhand von Messkriterien (KPIs).

1 Service Level Agreement
2 Operating Level Agreement
3 Underpinning Contract

Ein zuverlässiger IT-Betrieb ist für einen reibungslosen Geschäftsbetrieb entscheidend. Die Betriebsinfrastruktur muss stabil und leistungsfähig sein. Sicherheit, Skalierbarkeit, Ausfallsicherheit, Verfügbarkeit und Performance sind sowohl auf Hardware-, Netzwerk-, Betriebssystem-, Laufzeitumgebungs- als auch auf Anwendungsebene erforderlich. Daneben muss mit einem ausreichenden Know-how bei den Mitarbeitern im IT-Betrieb bzw. beim IT-Dienstleister die Leistungserbringung sichergestellt sein. Die Erfüllung der Leistungen wird in der Regel anhand eines festgelegten Servicekatalogs und der für die Leistungen festgelegten SLAs (bzw. OLAs und UCs) überprüft. Die SLA-Erfüllung ist eine der gebräuchlichsten Kennzahlen für den Nachweis der Leistungserbringung. Daneben können weitere Kennzahlen genutzt werden (siehe Abschnitt 5.9). Grundlage für die Überprüfung sind in der Regel die Daten, die aus einem operativen Reporting über Tickets oder aus einem IT-Monitoring gewonnen werden.

Mithilfe von EAM können die Basisdaten, wie z. B. Anzahl Tickets oder Störungen für einen bestimmten IT-Service in einem festgelegten Zeitraum, und die Kennzahlen über Hervorhebungen in EAM-Visualisierungen transparent gemacht werden. Häufig werden hierfür Cockpits (siehe Bild 4.62) genutzt.

Agile Arbeitsweisen und DevOps, also die Verzahnung von Softwareentwicklung und IT-Betrieb, werden zunehmend zum Stand der Technik. Hier findet man Kennzahlen, wie Vorlaufzeit für Veränderungen, Häufigkeit der Bereitstellung, Veränderung der Ausfallrate oder mittlere Zeit für die Wiederherstellung. Weitere Kennzahlen finden Sie in Abschnitt 5.9.

Das Thema IT-Sicherheit gewinnt aufgrund der immer weiter zunehmenden Bedrohungslage an Bedeutung. Hier findet man u. a. Ansätze wie:

- **Zero-Trust-Sicherheit** ist ein Sicherheitsmodell, bei dem niemandem automatisch vertraut wird. Bei einem Zero-Trust-Modell wird jeder Zugriff auf ein Unternehmensnetzwerk mehrfach geprüft, zum Beispiel durch Mechanismen wie die Multi-Faktor-Authentifizierung (MFA). Dies erfordert eine Enterprise-Sicherheitsarchitektur als wesentlichen Bestandteil der technischen Plattformen im Technologiemanagement. Eine Sicherheitsplattform setzt u. a. solche Technologien ein, um den Zugriff strenger zu kontrollieren und das Netzwerk vor Datenlecks zu schützen.
- **Security Information and Event Management, kurz SIEM**, ist ein System, welches die Logfiles der eingesetzten IT-Sicherheitslösungen auswertet, zusammenfasst und korreliert, um bestimmte Angriffsmuster und Anomalien erkennen und abwehren zu können. Es unterstützt bei der Erkennung und auch bei der strukturierten Behandlung. Dies setzt auf ein umfassendes IT Operations Management (ITOM) auf.
- **Umfassendes IT Operations Management (ITOM)** mit u. a. KI-unterstützten Plattformen für den IT-Betrieb, integriert mit IT Infrastructure Monitoring Tools (ITIM) und weiteren Monitoring-Tools für Application Performance Monitoring (APM) und Netzwerk Performance Monitoring und Diagnostic (NPMD).
- **Organisatorisch wird ein Security Operations Center (kurz SOC)** mit u. a. Dashboards aus SIEM benötigt. SOC dient zur zeitnahen Erkennung von Sicherheitsvorfällen. Das Einsatzteam besteht in der Regel aus IT-Sicherheitsexperten, die rund um die Uhr von verschiedenen Stellen gemeldete Sicherheitsvorfälle analysieren, bewerten und Empfehlungen abgeben. Die Mitarbeiter eines SOC sind nicht zuständig für die Behandlung der Sicherheitsvorfälle, sondern unterstützen die Detektion und koordinieren anschließend die notwendigen Prozesse, um die Behandlung in Gang zu setzen.

EAM unterstützt aber auch durch das Asset-Management (siehe Management von Datenschutz und Informationssicherheit) sowie das Analyse-, Planungs- und Steuerungsinstrumentarium. Eine Skizze für Abhängigkeitsanalysen finden Sie in Bild 4.8. Ein Beispiel hierfür ist die Ermittlung der Informationssysteme oder aber auch der Geschäftsprozesse, die von einem Ausfall oder unzureichender SLA-Erfüllung eines Infrastrukturelements betroffen sein könnten. In Abschnitt 4.6 finden Sie hierzu ein Beispiel. Aber alleine schon durch die Darstellung der Abhängigkeiten in einer Plattform-Grafik (siehe Abschnitt 2.4.9) wird die Fehlersuche vereinfacht.

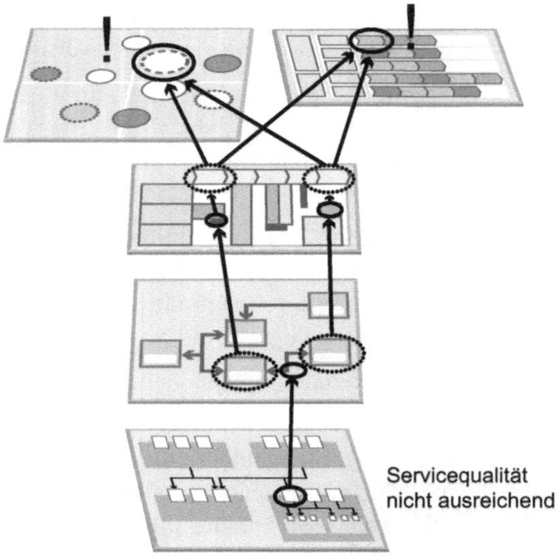

Bild 4.8
Analyse von Abhängigkeiten ausgehend von Infrastrukturproblemen

Von großer Bedeutung beim IT-Servicemanagement sind das Business Continuity Management und zunehmend auch das Compliance Management sowie das unternehmensweite Sicherheitsmanagement. Verstöße gegen gesetzliche oder freiwillige Auflagen können gravierende wirtschaftliche Schäden und persönliche Haftungsrisiken von Vorständen und Geschäftsführern verursachen. Das Compliance Management ist damit ein wesentlicher Bestandteil des unternehmensweiten Risikomanagements und strahlt in alle Unternehmensbereiche aus. Das Compliance Management wird in Abschnitt 4.4 beschrieben.

Die Sicherheitsbedrohungen nehmen auch wegen der globalen Vernetzung und Mobilität kontinuierlich zu. Durch einen Abgleich von Schutzbedarf und Sicherheitslevel kann Handlungsbedarf identifiziert werden. Siehe hierzu Abschnitt 4.5. Analog können auch eine Analyse und ein Abgleich bezüglich der Erfüllung der Anforderungen im Kontext von Skalierbarkeit, Ausfallsicherheit, Verfügbarkeit oder Performance durchgeführt werden.

Business Continuity Management (kurz BCM) ist ein systematisches Notfall- und Krisenmanagement zur Bewältigung von denkbaren Situationen, die zum Stillstand kritischer Prozesse führen und damit das Überleben des Unternehmens bedrohen können. Diese Prozesse sowie die möglichen Risiken gilt es zu ermitteln. Die maximal tolerierbaren Ausfallzeiten der kritischen Geschäftsprozesse sind zu definieren. Für alle Risiken müssen die möglichen Auswirkungen (z. B. finanziell oder auch immateriell, wie z. B. den Ruf des Unternehmens betreffend) und die Eintrittswahrscheinlichkeit benannt und Maßnahmen vorgegeben werden, die im Fall des Eintritts der verschiedenen Risiken durchzuführen sind. EAM kann hier durch Analysen, wie bereits beschrieben, unterstützen.

Transparenz über die IT-Strukturen und IT-Leistungen ist für die Gewährleistung eines zuverlässigen Geschäftsbetriebs sehr wichtig. Im Rahmen z. B. eines Service Management Assessments können unter anderem die Bereiche ermittelt werden, in denen Serviceverbesserungen notwendig werden. Von besonderer Bedeutung sind hier Risikoanalysen auch im Kontext der Sicherheit und Betriebsstabilität. Durch den Vergleich mit „Good Practices" z. B. aus dem ITIL-Umfeld (siehe [Buc07] oder [itS08]) können Anhaltspunkte für Optimierungen identifiziert werden. Auf dieser Basis können Maßnahmen zur Erhöhung des Reifegrads in der Serviceerbringung abgeleitet und entsprechende SLAs definiert werden.

Da der IT-Basisbetrieb eine IT-Commodity-Leistung ist (siehe Abschnitt 3.1 und [Kag06]) und die Kunden Beschaffungsalternativen haben, müssen bedarfsgerechte IT-Dienstleistungsprodukte in hoher Qualität zu marktgerechten Preisen bereitgestellt werden. Durch EAM-Visualisierungen wie z. B. Portfolios oder Spider-Diagramme kann ein Vergleich mit dem Wettbewerb visualisiert werden (siehe Abschnitt 2.4). Die Basisdaten hierzu müssen vom Controlling (siehe Abschnitt 5.9) geliefert werden.

Wichtig

Stellen Sie bei einem Vergleich mit dem Wettbewerb sicher, dass die Leistungen vergleichbar sind. Dies ist häufig nicht ganz unproblematisch, da die Leistungen nicht ausreichend beschrieben sind (siehe [Küt07]).

Als Kennzahl wird häufig der IT-Kostensatz pro Umsatz (siehe [Küt10]) der Branche zugrunde gelegt. Anhand der Kostenentwicklung über die Zeit kann der Fortschritt aufgezeigt werden (siehe Abschnitt 5.9).

Wesentlich für einen kostengünstigen Geschäftsbetrieb sind insbesondere die Zentralisierung und Bündelung des Einkaufs von IT-Leistungen sowie IT-Konsolidierungsmaßnahmen. EAM unterstützt insbesondere die IT-Konsolidierung. Siehe hierzu die Betriebsinfrastrukturkonsolidierung, die Standardisierung und Homogenisierung und die Konsolidierung der IS-Landschaft. ■

4.7 Betriebsinfrastrukturkonsolidierung

Kurzbeschreibung: Standardisierung, Homogenisierung und Optimierung der Betriebsinfrastruktur durch Einführung, Bündelung und Zentralisierung von Plattformen, Know-how und standardisierten Services mit klar definierten SLAs sowie Ablösung von Technologien und Systemen (Lifecycle-Management) oder Reduktion von Abhängigkeiten sowie die Vereinfachung auf allen Ebenen. Typische Maßnahmen im Kontext der Konsolidierung der Betriebsinfrastruktur sind zudem das Lizenz- und SLA-Management, die Nutzung von Virtualisierungstechniken, Cloud Computing, IaC-Prinzipien und die Einführung von z. B. Datacenter.

Stakeholder-Gruppen: CIO/IT-Verantwortlicher (A oder I), Infrastrukturarchitekt (R), Verantwortliche für IT-Betrieb und PC-Infrastrukturen (A oder C)

Ziele:

- *Kostenreduktion im IT-Basisbetrieb:* Kosten für IT-Commodity-Leistungen durch Einsparung von Lizenz-, Wartungs- und Betriebskosten sowie Personal in Folge der Konsolidierung von z. B. Betriebssystemen, Datenbanksystemen, Infrastrukturplattformen und -Services reduzieren.

  Durch die Konsolidierung, insbesondere von klar definierten Services mit SLAs (bzw. OLAs und UCs) wird zudem die Auslagerung von Services sowie die Lieferantensteuerung vereinfacht.

- *Beherrschung und/oder Reduktion der IT-Komplexität:* IT-Komplexität durch kontinuierliche IT-Konsolidierung beherrschen und verringern sowie IT-Performance im Basisbetrieb steigern. Weitere Aspekte zur Komplexitätsbeherrschung sind die Verbesserung von Administrierbarkeit, Ausfallsicherheit, Effizienz, Flexibilität, Performance, Sicherheit, Skalierbarkeit, Stabilität und Verfügbarkeit sowie Reduzierung von Abhängigkeiten. Hierzu sind geeignete Maßnahmen entsprechend der konkreten Anforderungen zu identifizieren.

  Wesentlich ist auch die strategische Weiterentwicklung der Betriebsinfrastruktur durch die Verbauung von zukunftssicheren technischen Bausteinen und Plattformen sowie das Ableiten und Anbieten von standardisierten Serviceleistungen (Servicekatalog).

- *Time-to-market:* Kürzer werdende Entwicklungszyklen und Flexibilitätsanforderungen in Richtung z. B. Skalierung müssen durch den IT-Betrieb bedient werden.

Erläuterungen und geeignete Visualisierungen

Grundlage für die Betriebsinfrastrukturkonsolidierung ist Transparenz über die konsolidierungsrelevanten Aspekte. Wenn es vorrangig um die Kostenreduktion geht, dann müssen die Informationen über die Betriebsinfrastruktur, die Services, die Servicekosten und die Hauptkostentreiber vorliegen. Ein Beispiel hierfür sind die Kosten pro User einer Applikation sowie Angaben über das Mengengerüst, wie z. B. Anzahl Tickets, benötigter Plattenplatz oder durchschnittliche Servicezeiten. Diese Informationen können über das Review von Service-Vereinbarungen oder aber vom Controlling eingeholt werden. Dies ist häufig nicht ganz einfach, da z. B. die Kosten pro User einer Applikation so nicht vorliegen. Hilfestellungen hierfür finden Sie in Abschnitt 5.9.

Abhängig von den Zielen kann die EAM-Datenbasis in Hinblick auf Handlungsbedarf und Optimierungspotenzial, z. B. Standardisierungsmöglichkeiten, analysiert und die zukünftige Betriebsinfrastruktur gestaltet werden. Das Vorgehen zur strategischen IT-Planung der IT-Landschaft wird im Abschnitt 5.5 ausgeführt.

Durch Bestandsaufnahme der technischen Bausteine der Betriebsinfrastruktur und der Analyse pro technische Domäne können Anhaltspunkte für die Standardisierung ermittelt werden. Standardisierungsmöglichkeiten bestehen gegebenenfalls bei allen Kategorien wie z. B. Plattformen, Betriebssystemen, Datenbanken oder Servern mit mehr als einem technischen Baustein oder aber auch bei verschiedenen Releases. Ergebnis ist letztendlich ein Blueprint (siehe Abschnitt 5.6), in dem die zukünftige Nutzung der technischen Bausteine z. B. über einen Freigabe-, Lifecyclestatus oder über die Standardkonformität festgelegt wird.

Wichtig

Schnelle Kosteneinsparungen sind in der Regel durch die Standardisierung der PC-Infrastruktur und Drucker infolge von Skaleneffekten zu erreichen (siehe Abschnitt 5.6). Die Standardisierung im Betriebsinfrastrukturumfeld erfolgt häufig auch über standardisierte Services, wie z. B. zur Archivierung, mit klar definierten Leistungen und SLAs.

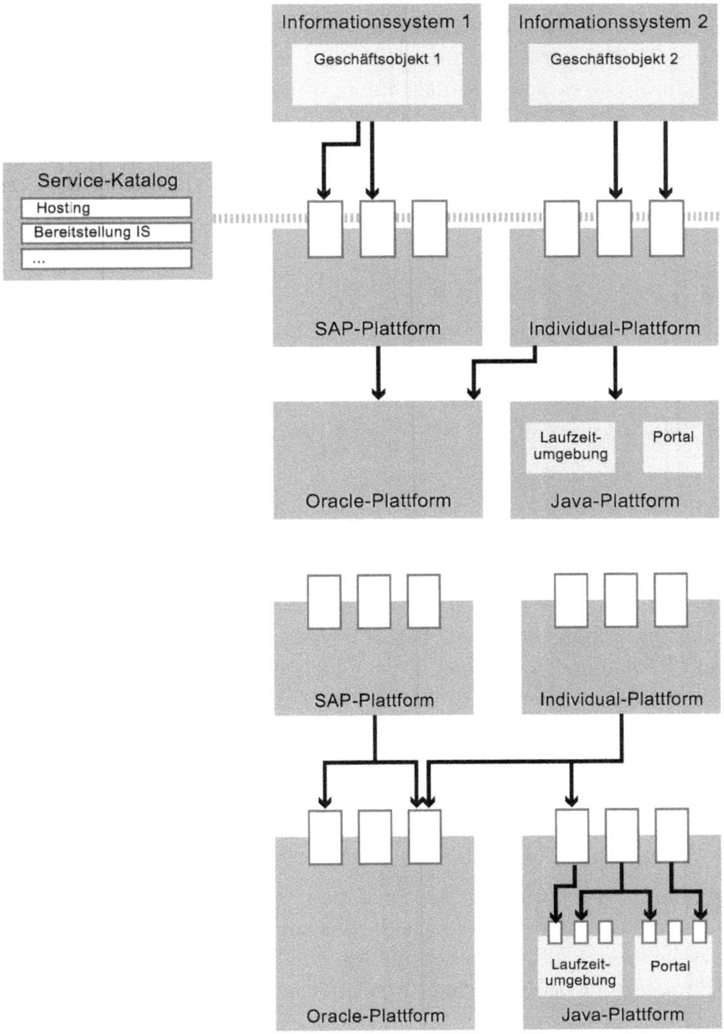

Bild 4.9 Beispiele für Plattformabhängigkeiten (Plattform-Grafik)

Betriebsinfrastrukturplattformen können Infrastruktur-Services anbieten und Infrastruktur-Services von anderen nutzen (siehe [itS08]). In der Plattformgrafik oben in Bild 4.9 werden sowohl die Abhängigkeiten zwischen den Plattformen als auch die Nutzung der Infrastruktur-Services von Informationssystemen abgebildet. Die SAP-Plattform nutzt (verwendet-Beziehung) die Oracle-Plattform. Die Individual-Plattform nutzt die Oracle- und auch die Java-Plattform. Die Java-Plattform besteht aus der Laufzeitumgebungs- und Portalplattform. Services werden unten in Bild 4.9 nur von den Top-Level-Plattformen angeboten. Die Services werden in einem standardisierten Service-Katalog mit deren SLAs und gegebenenfalls auch Preisen beschrieben.

In Bild 4.9 unten bieten alle Plattformen Services an. Die Abhängigkeiten zwischen Plattformen werden durch die Nutzung von Services beschrieben. Zudem werden Serviceabhängigkeiten dargestellt. Die Services der Java-Plattform hängen von Services der Teilplattformen ab. Mithilfe der Plattformgrafik können beliebige Abhängigkeiten zwischen Plattformen und Infrastruktur-Services dokumentiert werden. Informationssysteme können entweder Plattformen direkt oder aber dedizierte Infrastruktur-Services nutzen. Durch eine Cluster-Analyse auf Ebene der Infrastrukturelemente in Bezug auf Informationssysteme oder Informationssystem-Cluster können zudem Vorschläge für Plattformen und Infrastruktur-Services abgeleitet werden (siehe hierzu Download-Anhang A).

Wichtig

Durch die Zentralisierung, Standardisierung, Vereinfachung, Reduzierung und Virtualisierung von Plattformen können die Betriebskosten erheblich reduziert werden. Lizenz-, Hardware- und auch Mitarbeiterkosten können eingespart und die Servicequalität erhöht werden. ■

Zentralisierungspotenzial kann durch die Analyse der Betriebsverantwortung ermittelt werden. Als Ergebnisdarstellungen eignen sich hier Tabellen, Zuordnungstabellen und technische Bebauungsplangrafiken. In Bild 4.10 finden Sie eine technische Bebauungsplangrafik, in der in den Zeilen die verschiedenen Betriebsstandorte unterschieden werden. Durch die Eingruppierung der verschiedenen Infrastrukturelemente, wie z. B. SAP Server, in technische Domänen und Zuordnung zu den Betriebsstandorten wird eine Übersicht über die Betriebsinfrastruktur erzeugt. Für die Entscheidungsfindung sind in der Regel weitere Informationen notwendig. Im Beispiel werden die Anzahl der Nutzer und die Anzahl der auf den Plattformen betriebenen Informationssysteme exemplarisch mit aufgeführt. Lizenzmodelle sind häufig ein weiteres wichtiges Kriterium. Um Möglichkeiten der Zentralisierung oder aber der Plattformkonsolidierung zu bestimmen, müssen insbesondere technische und vertragliche Abhängigkeiten analysiert werden.

Die Abhängigkeiten zwischen den verschiedenen Infrastrukturelementen und auch zu technischen Bausteinen können durch Zuordnungstabellen aufgezeigt werden. Durch eine Cluster-Analyse können Plattformen identifiziert werden, die gleiche technische Bausteine nutzen oder aber für Informationssysteme bzw. Informationssystem-Cluster benötigt werden. So könnten in Bild 4.11, wenn separate Datenbankplattformen für ORACLE 10 und SQL-Server bereitgestellt werden, die Infrastrukturelemente I2 und I7 zu einer Java-Plattform, die zudem MySQL beinhalten würde, oder aber I3 und I6 zu einer .Net-Plattform zusammengefasst werden.

Auf dieser Basis können dann z. B. die Servicevereinbarungen und vertraglichen Bedingungen überprüft werden, was eine Entscheidungsgrundlage schafft.

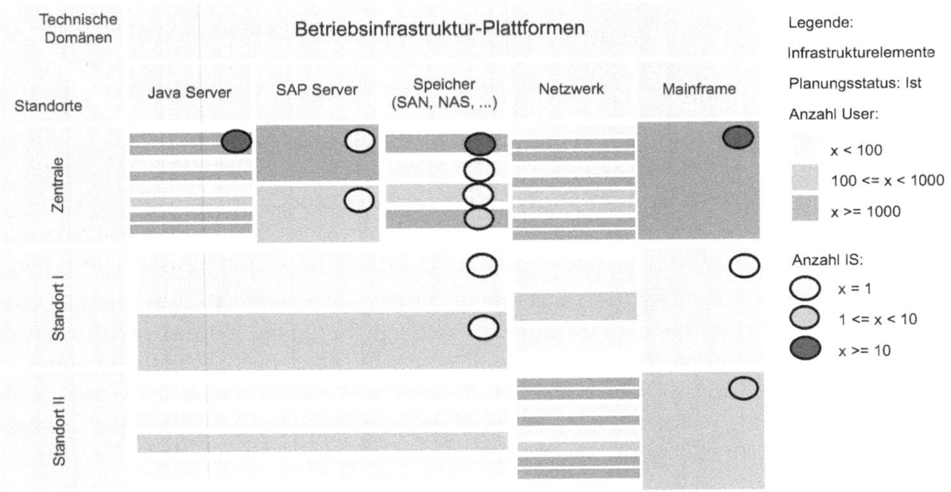

Bild 4.10 Beispiel technische Bebauungsplangrafik

Technische Bausteine		I1	I2	I3	I4	I5	I6	I7	...
Plattform Java	TB1		X		X			X	
Plattform .Net	TB2			X			X		
ORACLE 10	TB 3	X		X				X	
SQL-Server	TB 4			X			X		
MySQL	TB 5		X					X	
BS 2000	TB 6				X	X			
...	...								

Infrastrukturelemente

Standardisierungsgrad:
nicht standardkonform
überwiegend nicht standardkonform
überwiegend standardkonform
standardkonform

Bild 4.11 Beispiel Zuordnungstabelle zur Analyse von Abhängigkeiten

Wichtig im Kontext der Betriebsinfrastrukturkonsolidierung sind insbesondere auch Lebenszyklusanalysen. Der Umgang mit Infrastrukturelementen, die überwiegend für in Ablösung befindliche Informationssysteme genutzt werden, muss im Rahmen der Konsolidierung der Betriebsinfrastruktur geplant werden. In Bild 4.22 finden Sie ein Beispiel einer Lifecycle-Grafik.

Auch die Abhängigkeit vom Lebenszyklus der technischen Bausteine oder aber der abhängigen Infrastrukturelemente muss analysiert werden, um die Konsolidierung der Betriebsinfrastruktur und insbesondere die Ablösung von technischen Bausteinen oder Infrastrukturelementen vorausschauend planen zu können. Im Rahmen der Konsolidierung werden zudem in der Regel eine Reduktion von Abhängigkeiten und die Vereinfachung auf allen Ebenen angestrebt (siehe [Joh11]).

Der IT-Betrieb hat sich in den letzten Jahren erheblich verändert. Themen, wie Softwaredefinierte (Software Defined) Umgebungen und „Infrastructure as Code (IaC)" („programmierbare Infrastruktur"), virtualisierter, per Software steuerbarer Hardware, sind bereits in vielen Unternehmen in Einführung oder werden zumindest diskutiert.

Softwaredefinierte (Software Defined) Umgebungen zeichnen sich dadurch aus, dass die Logik komplett aus den einzelnen Hardware-Komponenten abstrahiert und in eine zentrale Steuersoftware implementiert wird. Der IT-Betrieb sowie Plattformprovider und Dienstleister können diese Steuereinheit dank entsprechender Schnittstellen und Tools problemlos ansteuern und IT-Strukturen ganz individuell zusammenstellen sowie punktgenau skalieren.

Infrastructure as Code stellt IT-Infrastrukturleistungen wie Rechenleistung, Speicher und Netzwerk auf Basis von maschinenlesbarem Code zur Verfügung. Deshalb wird es auch „programmierbare Infrastruktur" genannt. Die Infrastruktur wird ähnlich wie Software programmiert. Punktgenau lassen sich Speicher-, Server- und Netzwerk-Ressourcen oder gar komplette Rechenzentren zusammenstellen und jederzeit skalieren, ohne dass hierfür ein manueller Zugriff auf die jeweiligen Geräte erforderlich ist.

Das IaC-Konzept ist eng mit dem DevOps-Konzept und dem Cloud-Computing-Modell Infrastructure as a Service (IaaS) verknüpft. Auf diese Weise lassen sich der Aufbau und das Management von IT-Infrastruktur in hohem Maß automatisieren, um punktgenau auf wechselnde bzw. neue Anforderungen reagieren zu können. Es müssen zur Bereitstellung von Infrastrukturleistungen keine (oder kaum noch) manuelle Konfigurationsarbeiten ausgeführt werden. Die Bereitstellung wird so „automatisiert". Die Infrastruktur wird über Skripte oder Programmfiles beschrieben und automatisiert gemäß den Vorgaben konfiguriert. Veränderungen, wie z. B. das Bewegen von Inhalten und Änderungen, bleiben jederzeit transparent und detailliert nachvollziehbar. Das softwaregesteuerte und automatisierte Management der virtualisierten Ressourcen unterstützt dabei, das Potenzial der Cloud optimal auszuschöpfen. Wichtig ist aber auch, dass Hardware-Setups in gleichem Maße „testbar" wie Software werden und somit ein höheres Maß an Zuverlässigkeit und Betriebssicherheit entsteht (siehe Einsatzszenario „Business Continuity Management" in Abschnitt 4.6).

Hier kann auf Dienste mehrerer verschiedener IaaS-Provider gesetzt werden. Das hat zur Folge, dass Administratoren sich mit den Eigenheiten und vor allem mit den unterschiedlichen Schnittstellen der jeweiligen Plattformen auseinandersetzen müssen. Alternativ bieten spezielle IaC-Tools bzw. -Frameworks eigene Konfigurationssprachen, die ein anbieterübergreifendes Management der Ressourcen ermöglichen und genaue Kenntnisse über die angesprochenen APIs überflüssig machen. Diese Plattformen müssen im Enterprise Architecture Management im Rahmen des Technologiemanagements mit adressiert werden.

Über das Analyseinstrumentarium von EAM mit der Verbindung zwischen CMDB und EAM ist die operative Wahrheit transparent. Voraussetzung ist jedoch dafür, dass die CMDB-Inhalte gerade bei Ansätzen wie IaC mit den IaC-Plattformen integriert sind. Nur so ist die operative Wirklichkeit Teil der CMDB.

Infrastructure-as-Code und auch Infrastructure-as-a-Service sind die Voraussetzung für das „intelligent composable business". Dies erfordert jedoch einerseits Virtualisierung, andererseits aber auch eine einheitliche, modulare und softwaredefinierte Architektur für Hardware und Software und flexible Ressourcen-Pools. Auf dieser Basis kann ein einheitliches Systemmanagement erfolgen, der einen einfacheren und compliance-konformen IT-Betrieb erlaubt. Der Rollout neuer Infrastrukturen erfolgt binnen weniger Sekunden. Dadurch können die erforderliche Skalierung auf der einen Seite erhöht und die Betriebskosten auf der anderen Seite reduziert werden.

4.8 Projektabwicklung und Releasemanagement

Kurzbeschreibung: Unterstützung bei Initialisierung, Planung, Durchführung, Qualitätssicherung und Steuerung von agilen und klassischen (IT-)Projekten und Maßnahmen (z. B. Einführung oder Ersetzung eines Auftragsabwicklungssystems oder Einführung der Standardsoftware SAP) durch

- Bereitstellung von Informationen über den Projektkontext, Projektabhängigkeiten und zu spezifischen Projektfragestellungen (oder Maßnahmen),
- Identifikation von Handlungsbedarf und Optimierungspotenzial sowie Ansatzpunkten für eine Tiefenbohrung,
- Analyse von Abhängigkeiten und Auswirkungen von Veränderungen,
- Unterstützung bei der Erstellung, Analyse und Bewertung von Planungsszenarien sowie
- Transparenz über Status und Fortschritt der Umsetzung der Planung und strategischer Vorgaben als Input für die Projektsteuerung schaffen.

Stakeholder-Gruppen: Projektleiter oder Scrum Master (A oder C), Entscheider in Steuerkreisen (I), Unternehmensarchitekten (R) und IS-Verantwortlicher (R oder I)

Ziele:

- *Kostenreduktion und Qualitätssteigerung:* Fundierter Input ist für die Projektabwicklung notwendig. Durch die Transparenz können Fehler vermieden und Kosten eingespart werden. Projekt-, Wartungs- und Betriebskosten können zudem durch die verbesserte Leistungssteuerung z. B. von Zulieferungen eingespart werden. Zudem kann die Projektdauer („time to system") verkürzt werden, da Handlungsbedarf und Optimierungspotenzial frühzeitig eingesteuert werden kann.
- *Beherrschung und/oder Reduktion der Komplexität:* Durch insbesondere Standardisierung, Homogenisierung und Vereinfachung im Rahmen von Konsolidierungsmaßnahmen kann die Komplexität eingedämmt werden. Konsolidierungsmaßnahmen werden als Projekte oder Wartungsmaßnahmen eingeplant und durchgeführt.
- *Optimierung des Tagesgeschäfts:* Handlungsbedarf und Optimierungspotenzial müssen erkannt und geeignete Maßnahmen zur Optimierung eingeleitet werden. So kann der Wert- und Strategiebeitrag von Projekten und Wartungsmaßnahmen gesteigert werden.
- *Strategische Ausrichtung:* Im Rahmen von Projekten und Wartungsmaßnahmen müssen die strategischen Vorgaben und Pläne umgesetzt werden. Hierzu sind geeignete Governance-Mechanismen (siehe Abschnitt 5.9) erforderlich.

Erläuterungen und geeignete Visualisierungen

Für die Identifikation des **Projektkontexts** werden häufig Informationsflussgrafiken (siehe Abschnitt 2.4.5) eingesetzt. In Bild 4.12 finden Sie ein Beispiel einer solchen Grafik mit Zoom auf den Projektkontext für das Projekt „Weiterentwicklung SAP BI Umsatzstatistik (UST)". Im Projektkontext liegen die Informationssysteme SAP BI Umsatzstatistik R 1.0, Sales Manager R 3.0, SAP R 3.17, Treasury R 1.0 und Siebel CRM R 3.1. SAP BI Umsatzstatistik R1.0 ist das Informationssystem, das im Rahmen des Projekts weiterentwickelt werden soll. Die anderen Informationssysteme im Kontext sind über Schnittstellen direkt oder indirekt verbunden.

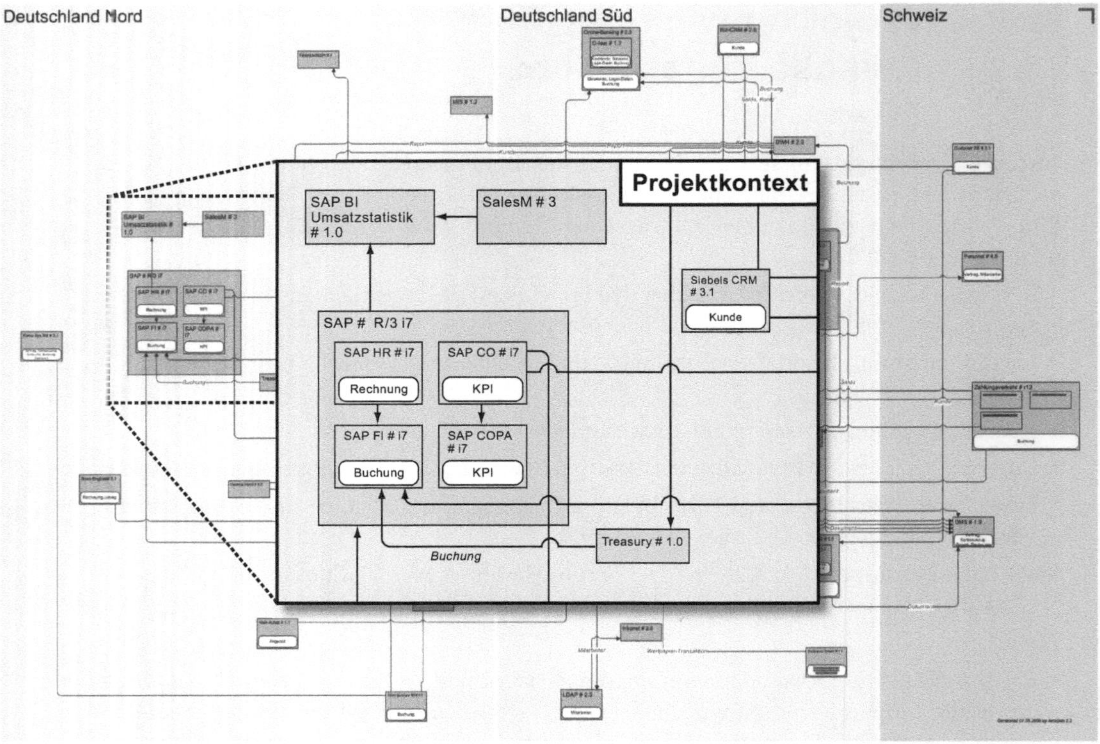

Bild 4.12 Beispiel Projektkontext in einer Informationsflussgrafik

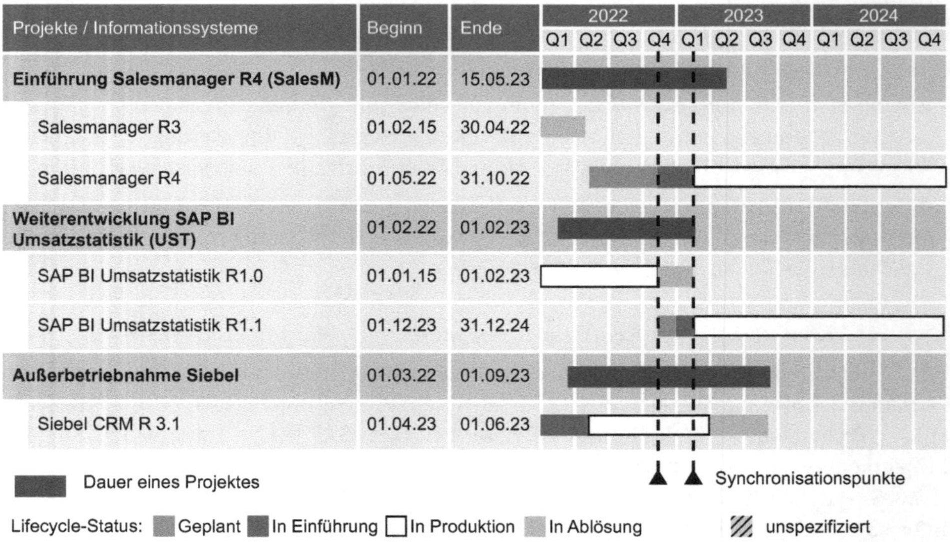

Bild 4.13 Beispiel für eine erweiterte Masterplan-Grafik

In der Grafik werden zudem die regionalen Verantwortlichkeiten als Clusterung hervorgehoben. So kann schnell identifiziert werden, welche Systeme und Schnittstellen im Projekt zu betrachten und welche Geschäftseinheiten bzw. Standorte mit einzubeziehen sind.

Für die Bestimmung des Projektkontexts können aber auch andere Grafiktypen (siehe Abschnitt 2.4) verwendet werden. Insbesondere Bebauungsplangrafiken oder durch Informationssysteme überlagerte Cluster-Grafiken werden häufig verwendet, da hierüber die fachliche Zuordnung von Informationssystemen veranschaulicht wird. Die fachlich zugeordneten Elemente müssen im Projektkontext betrachtet werden.

Projektabhängigkeiten lassen sich leicht anhand einer Masterplan-Grafik erkennen. Abhängigkeiten von Informationssystem-Releases werden über die erweiterte Masterplan-Grafik transparent. In Bild 4.13 finden Sie ein Beispiel für eine solche Grafik. Hier sind zwei Synchronisationspunkte eingezeichnet, die für das Projekt „Weiterentwicklung SAP BI Umsatzstatistik (UST)" wichtig sind. Dies sind einerseits das geplante Projektende und andererseits der Start des Pilotbetriebs des Informationssystem-Release „SAP BI Umsatzstatistik R1.1", das im Rahmen des Projekts bereitgestellt wird.

Anhand der Grafik lässt sich für beide Synchronisationspunkte der voraussichtliche Projektstatus über den Lebenszyklusstatus der Informationssystem-Releases zu einem bestimmten Zeitpunkt leicht erkennen. Die Abhängigkeiten zwischen den Projekten und zu den Informationssystemen müssen in der Projektplanung und der Projektsteuerung im Auge behalten werden. In Folge der Abhängigkeiten kann gegebenenfalls eine Zwischenlösung oder aber auch eine Ablösung eines Informationssystems oder einer Schnittstelle notwendig werden.

Die Verfolgung und Analyse der Projektabhängigkeiten sind insbesondere auch in der Multiprojektsteuerung wichtig. Mithilfe der erweiterten Masterplan-Grafik werden die Auswirkungen von Veränderungen im Projektnetzwerk transparent. Das Projekt „Einführung Salesmanager R4" ist in Verzug (siehe Bild 4.14). Das Projekt „Weiterentwicklung SAP BI Umsatzstatistik (UST)" muss nun zudem eine Schnittstelle zum Salesmanager R3 berücksichtigen, da zum geplanten Einführungszeitpunkt der SAP BI Umsatzstatistik R1.1 wahrscheinlich nur diese Version zur Verfügung steht.

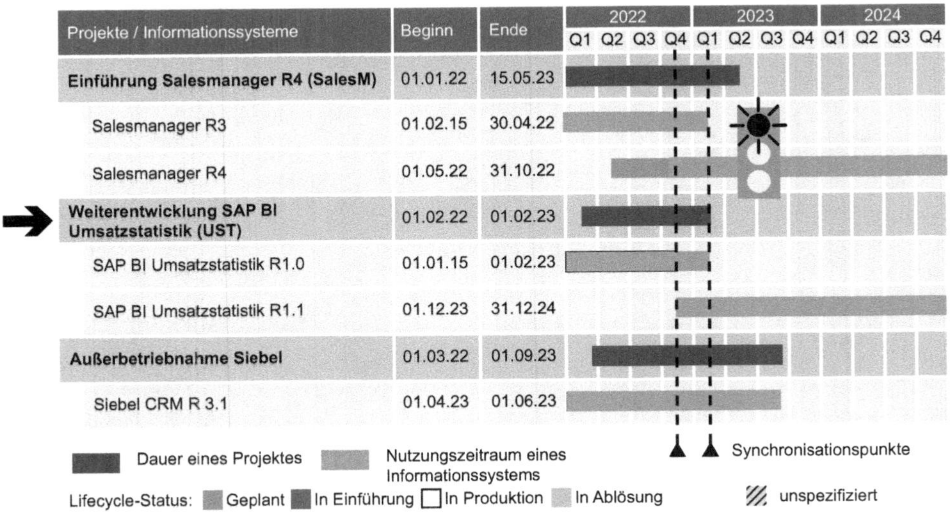

Bild 4.14 Beispiel für die Verfolgung von Projektabhängigkeiten

Die Visualisierung des Projektfortschritts inklusive der Projektabhängigkeiten kann auch über eine Synchroplan-Grafik (siehe Bild 4.60) erfolgen. Weitere Informationen hierzu finden Sie im Einsatzszenario „Projektportfoliomanagement und Multiprojektmanagement".

Über die Analyse der EAM-Datenbasis und die geeignete Visualisierung der Ergebnisse (siehe Abschnitt 5.3) können projektspezifische Fragestellungen beantwortet, Handlungsbedarf und Optimierungspotenzial sowie Ansatzpunkte für eine Tiefenbohrung oder Abhängigkeiten und Auswirkungen des Projekts identifiziert werden. Insbesondere kann so auch die Konformität zur Planung und die Einhaltung von strategischen Vorgaben, insbesondere technischen Standards, überprüft werden. In Bild 4.19 finden Sie ein Beispiel für einen unternehmensspezifischen Blueprint, über den die Standards vorgegeben werden. Falls für den Projektkontext relevante Informationen fehlen, kann gegebenenfalls eine Bestandsaufnahme oder Aktualisierung der vorhandenen Bebauungsdatenbasis erforderlich werden.

Empfehlung

Nutzen Sie die Sammlung von Analysemustern für die Beantwortung Ihrer spezifischen Projektfragestellungen. Siehe hierzu Abschnitt 5.3.

EAM unterstützt auch bei der Projektplanung. Planungsszenarien können einfacher erstellt, analysiert und bewertet werden. In Bild 4.15 finden Sie ein Beispiel für ein Planungsszenario für das Projekt, in dem der Zielzustand zum Projektende dargestellt wird.

Weitere Informationen hierzu finden Sie im Einsatzszenario „Gestaltung Ziel-Bild und IT-Roadmap" und in Abschnitt 4.15.

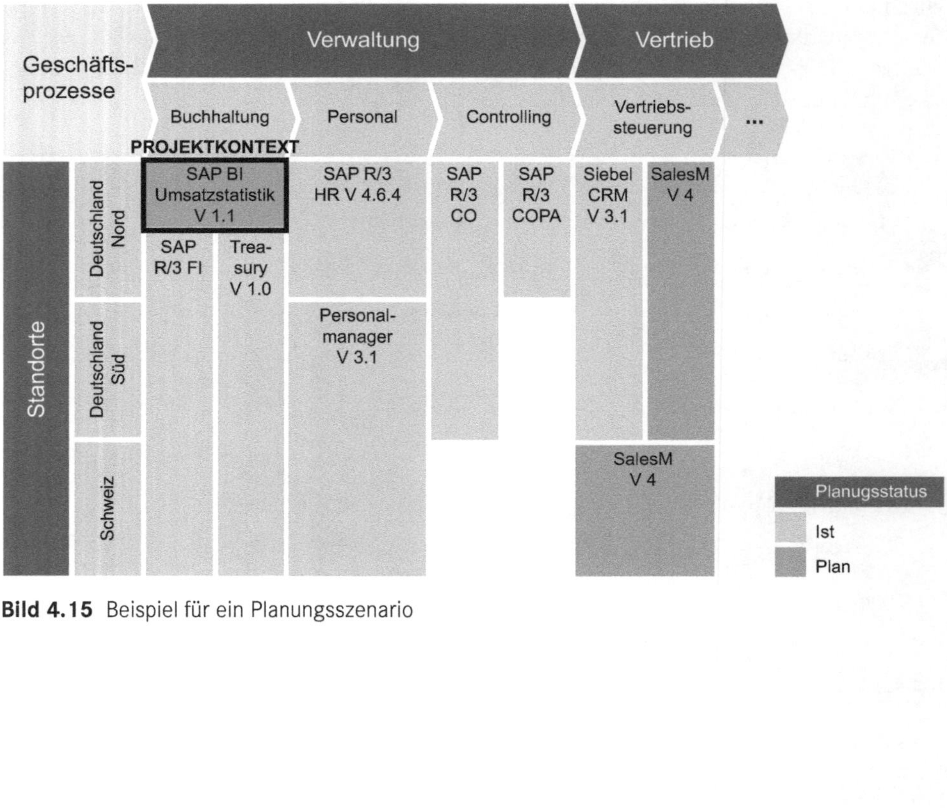

Bild 4.15 Beispiel für ein Planungsszenario

Wichtig

Wesentlich für die Projektsteuerung ist Transparenz über den Status und Fortschritt der Umsetzung der Planung und der strategischen Vorgaben. Dies kann auf unterschiedliche Art und Weise erfolgen. So kann der Unternehmensarchitekt im Projekt mitarbeiten oder als Qualitätssicherungsfunktion in die Projektabwicklung integriert sein. Als Qualitätssicherungsfunktion überprüft er im Rahmen von Quality Gates (definierte Meilensteine), ob die Projektergebnisse konform zur Planung und zu den vorgegebenen Standards sind. Zudem kümmert er sich bei Bedarf um die Aktualisierung der Bebauungsdatenbasis. ■

Durch den Abgleich mit der Planung und den Standards werden Abweichungen ersichtlich. Auf dieser Basis können Maßnahmen ergriffen werden. Hilfestellungen und Beispiele hierfür finden Sie bei den Einsatzszenarien „Konsolidierung der Betriebsinfrastruktur", „Standardisierung und Homogenisierung" und „Strategische IT-Steuerung".

4.9 Sourcing, Ressourcen- und Partnermanagement

Kurzbeschreibung: Unterstützung bei Sourcing-Entscheidungen durch Dokumentation und Analyse von Sourcing-relevanten Informationen wie z. B. Kerneigenleistung und Lieferantenbewertungen

Stakeholder-Gruppen: CIO/IT-Verantwortlicher (C, A oder I), IT-Stratege (R), Verantwortliche für den Betrieb und PC-Infrastrukturen (C, A oder I), Partner und Lieferanten (C und I)

Ziele:

- *Kostenreduktion im Basisbetrieb durch passende Sourcing-Entscheidungen* (u. a. Nutzung von Skaleneffekten) und Know-how-Bündelung
- *Beherrschung und/oder Reduktion der Komplexität:* Adäquates Know-how durch die richtigen Ressourcen und Partner sicherstellen und so das Geschäft, die IT-Landschaft und deren Komplexität im Griff behalten sowie die Qualität steigern.
- *Optimierung des Tagesgeschäfts durch eine verbesserte Leistungssteuerung* (konkrete Ausgestaltung entsprechend Wertschöpfungstiefe) intern und von Lieferanten. So kann das Tagesgeschäft optimiert werden.
- *Strategische Ausrichtung:* Sourcing-Strategie zielgerichtet umsetzen.

Erläuterungen und geeignete Visualisierungen

Die klassische Sourcing-Frage muss beantwortet werden: Welche IT-Leistungen kann bzw. soll ein Unternehmen selbst erbringen bzw. welche Leistungen sollen eingekauft werden?

Nicht alle Leistungen können oder sollten von der internen IT selbst erbracht werden. Für Sourcing-Entscheidungen muss das Leistungspotenzial der IT und deren Positionierung ermittelt und entsprechend die Fertigungstiefe festgelegt werden (siehe Kapitel 2 und 3). Je nach strategischen und operativen Kriterien sollten Sie entscheiden, welche Leistungen, von einem strategischen Blickwinkel aus betrachtet, ausgelagert werden können. Sie müssen zwischen dem strategischen und dem nichtstrategischen Teil der IT unterscheiden. Der strategische Teil differenziert das Unternehmen vom Wettbewerber. Hierzu zählen fachliche Kernkompetenzen und strategische Aufgabenbereiche. Diese verbleiben im Allgemeinen im Unternehmen. Bei den restlichen Aufgabenbereichen ist der Vergleich insbesondere der Transaktionskosten der internen und externen Leistungserbringung eine wesentliche Entscheidungsgrundlage. Hier müssen sowohl die eigentlichen Transaktionskosten als auch die Koordinations- und Controlling-Aufwände mitberücksichtigt werden.

Der nichtstrategische Teil kann als „Commodity" zugekauft werden. Die freiwerdenden Ressourcen und das Kapital können in strategische Aufgaben investiert werden. Die IT kann den Fremdbezug von Leistungen nutzen, um ihre Fertigungstiefe zu variieren, auf Nachfrageschwankungen flexibel zu reagieren, Qualitäts- und Preisvorteile einzukaufen und auf spezielle, selten gebrauchte Skills zuzugreifen. Durch eine partnerschaftliche Vernetzung mit den Lieferanten und ihre Einbeziehung in den Innovationsprozess lässt sich der Wertbeitrag der IT steigern. Der Lieferant bringt dann zusätzliche Kompetenzen und Ideen „ohne Mehrkosten" mit ein.

Beim Outsourcing werden externe Ressourcen genutzt und IT-Prozesse zu einem externen Anbieter verlagert. Ziel ist es, Kosten insbesondere durch Skalenvorteile zu reduzieren. Typische Beispiele hierfür sind der Dokumentendruck, das Rechnungswesen, das Gebäude- und Flottenmanagement, der Rechenzentrumsbetrieb von IT-Systemen (z. B. SAP), das Billing, Customer-Care-Funktionen und die Auskunft.

Durch die Standardisierung von IT-Prozessen z. B. durch CobiT und ITIL (siehe [Joh11] und [itS08]) wird eine Möglichkeit zum Vergleich verschiedener Outsourcing-Anbieter geschaffen.

Insourcing bezeichnet die Eigenerstellung von bisher extern eingekauften Produkten bzw. Leistungen. Es erfolgt eine Ausweitung der Wertschöpfungskette auf die bisher extern eingekauften Leistungen. So können Kosten gesenkt, insbesondere aber neue Geschäftsfelder eröffnet werden.

Im Rahmen des Offshoring werden häufig IT-Leistungen in Niedriglohnländer wie z. B. Indien (Offshore) oder Rumänien (Nearshore) verlagert, um die Personalkosten durch das Lohnkostengefälle zu senken. Das Einsparpotenzial muss unternehmensspezifisch eingeschätzt werden. Häufig wird auch die Organisationsform eines Offshore-Entwicklungszentrums gewählt. IT-Funktionen werden in Niedriglohnländer verlagert und externe Ressourcen werden in einem eigenen Unternehmen oder Joint Venture gebündelt.

Nach der Identifikation der potenziellen Insourcing-, Outsourcing- und Offshoring-Bereiche müssen Stärken und Schwächen sowie Chancen und Risiken analysiert und abgewogen werden. Es müssen insbesondere die Kernkompetenzen, Ressourcen, Kosten und Risiken betrachtet werden.

Basis der Festlegung der Sourcing-Strategie (siehe Abschnitt 5.9) sind die Analyse und die Bewertung des Leistungspotenzials der IT. Alle operativen und strategischen IT-Management-Funktionen und alle IT-Assets müssen betrachtet und mögliche Insourcing-, Outsourcing- oder Offshoring-Bereiche identifiziert werden. Eine mögliche Vorgehensweise zur Einschätzung des Leistungspotenzials finden Sie in Abschnitt 3.4.

Durch eine adäquate Sourcing-Strategie wird die Kostenstruktur verbessert, das operative Risiko reduziert, eine höhere Flexibilität und bessere Steuerbarkeit erreicht (siehe [Bal08] und [Keu08]). Outsourcing, Offshoring und Insourcing müssen jedoch sorgfältig geplant werden, um einen zuverlässigen operativen Basisbetrieb kontinuierlich zu gewährleisten. Die Risiken wie z. B. die Abhängigkeit vom Outsourcing-Anbieter oder aber das Risiko des Kompetenzverlusts sind ebenso wie das Vertrags- und das Qualitätsrisiko durch geeignete Maßnahmen so weit wie möglich zu reduzieren.

Auf der Basis der festgelegten Kerneigenleistungen sowie der festgelegten Sourcing-Strategie lässt sich das Lieferantenmanagement wirkungsvoll durchführen, d. h. das Lieferantenportfolio entwickeln und steuern. Als zentrale Entscheidungskriterien für externe Dienstleister kommen immer häufiger Eigenschaften wie Zuverlässigkeit, Vertragsflexibilität oder aber die Risikoübernahme und Managementkompetenzen zum Zuge. Für die Auswahl von Partnern gibt es eine Vielzahl von Entscheidungshilfen, z. B. Kostenvergleichsmodelle oder Scoring-Modelle. Diese beschreiben wir hier nicht weiter und verweisen auf die entsprechende Literatur (siehe [Bal08] und [Keu08]).

Die IT muss sich hierfür ihrer Kernkompetenzen bewusst sein und diese konsequent an den Business-Zielen orientiert ausbauen. Die Führung der internen und externen Dienstleister wird mit zunehmender Auslagerung immer mehr zu einer Schlüsselaufgabe der IT.

Empfehlung

Durch eine adäquate Sourcing-Strategie sollen folgende Ziele erreicht werden:

- Performance- und Effizienzsteigerung sowie eine nachhaltige Kostenoptimierung.
- Steigerung der Innovationskraft: Nutzung von Innovationen und Best-Practices durch Einbezug von Experten und Marktführern.
- Flexibilisierung: Flexible „on demand"-Nutzung von Ressourcen oder Services, um interne Engpässe auszugleichen. Beispiel hierfür ist Cloud-Computing (siehe Abschnitt 5.3.2).
- Risikominimierung: Operative Risiken werden durch SLAs mit Service-Providern und Backup-Strategien reduziert. Zudem wird häufig auch eine bessere Kontrolle erreicht.

Die Entscheidung, wann Leistungen selbst erbracht oder eingekauft werden, hängt von Ihrem Leistungspotenzial und Ihrer Kerneigenleistungsfähigkeit ab. Abhängig davon können Sie Ihr zukünftiges Leistungspotenzial und Ihre Fertigungstiefe über die Sourcing-Strategie festlegen.

Tendenziell gilt hierbei:

- Kernkompetenzen sollten im Unternehmen verbleiben. Hierzu zählen unter anderem das Demand Management und das Enterprise Architecture Management.
- Ressourcen sollten nur dann im Unternehmen verbleiben, wenn sie „bleibende" Werte schaffen. Durch die Zuordnung des Geschäftswerts zu den verschiedenen IT-Leistungen und deren Zuordnung zu den Ressourcen kann z. B. eine Entscheidungsgrundlage geschaffen werden. Daneben muss die Angebotssituation analysiert werden.

- Wenn im Markt überhaupt kein Anbieter für die Leistung zur Verfügung steht, ist der Aufwand der Analyse umsonst.
- Wann Zukauf oder Eigenleistung der Vorzug gegeben wird, sollten Sie in Abhängigkeit von Kriterien wie Wettbewerbsdifferenzierung und Eigenleistungsfähigkeit sowie Ihrer individuellen Sourcing-Strategie treffen. Eine häufig verbreitete Aussage in diesem Kontext ist: „Standardisierung, wo möglich; Varianz, wo nötig.“

Das Unternehmen kann den Fremdbezug von Leistungen nutzen, um ihre Fertigungstiefe zu variieren, auf Nachfrageschwankungen flexibel zu reagieren, Qualitäts- und Preisvorteile einzukaufen und auf spezielle, selten gebrauchte Skills zuzugreifen. Durch eine partnerschaftliche Vernetzung mit den Lieferanten und ihre Einbeziehung in den Innovationsprozess lässt sich der Wertbeitrag des Unternehmens steigern. Der Lieferant bringt dann zusätzliche Kompetenzen und Ideen „ohne Mehrkosten“ mit ein. ■

In Bild 4.16 finden Sie ein Beispiel für eine Sourcing-Strategie. Bei diesem Portfolio werden die Inhouse-IT-Leistungen entsprechend dem aktuellen Leistungspotenzial und ihrem Geschäftswert (Strategie- und Wertbeitrag) klassifiziert.

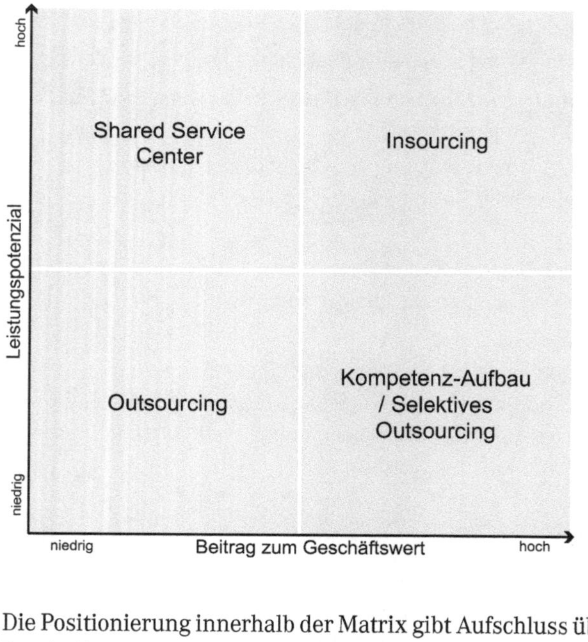

Bild 4.16
Beispiel Sourcing-Strategie verortet in Portfoliografik

Die Positionierung innerhalb der Matrix gibt Aufschluss über die Sourcing-Empfehlung (siehe Beschriftung im jeweiligen Quadranten). Alternativ können auch Capability Maps (fachliche Domänenmodelle) verwendet werden. Siehe hierzu [Bit11].

Das Wesentliche zum Sourcing auf einen Blick

- Ermitteln Sie Ihr Leistungspotenzial und Ihre Kerneigenleistungsfähigkeit! Legen Sie Ihr künftiges Leistungspotenzial und Ihre Fertigungstiefe in Ihrer IT-Strategie fest!
- Legen Sie Ihre Sourcing-Strategie im Rahmen der IT-Strategieentwicklung fest!
- Tendenziell gilt:

  Kernkompetenzen sollten im Unternehmen verbleiben. Hierzu zählt auch das Enterprise Architecture Management!

  Ressourcen sollten nur dann im Unternehmen verbleiben, wenn sie „bleibende" Werte schaffen. Durch die Zuordnung des Geschäftswerts zu den verschiedenen IT-Leistungen und deren Zuordnung zu den Ressourcen kann z. B. eine Entscheidungsgrundlage geschaffen werden. Daneben muss die Angebotssituation analysiert werden.

  Wenn im Markt überhaupt kein Anbieter für die Leistung zur Verfügung steht, ist der Aufwand der Analyse umsonst.

4.10 Technologiemanagement mit Lifecycle-Management, Standardisierung und Homogenisierung

Kurzbeschreibung: Identifikation von neuen IT-Innovationen, kontinuierliche Weiterentwicklung des Lösungsportfolios, Festlegung von technischen Standards und Überwachung beziehungsweise Forcierung der Einhaltung sowie Management des Lebenszyklus eines IT-Systems von der Einführung bis zur Ablösung

Stakeholder-Gruppen: CIO/IT-Verantwortlicher (A und C), IT-Stratege (C), IS-Bebauungsplaner (C), IT-Architekt (R), Infrastrukturarchitekt (C und R für den Infrastrukturteilbereich), Verantwortliche für den Betrieb und PC-Infrastrukturen (C), Partner und Lieferanten (C), IT-Innovationsmanager (C)

Ziele:

- *Kostenreduktion im IT-Basisbetrieb:* Nachhaltige Kostenreduktion durch Nutzung von Skaleneffekten, einer zentralen Verhandlungsmacht im Einkauf und der Know-how-Bündelung erzielen
- *Hebung von technischen Einspar- und Qualitätssteigerungspotenzialen* durch Festlegen von technischen Standards und Überprüfen von deren Einhaltung sowie Bereitstellen eines bewährten Lösungsportfolios und einfach nutzbarer Plattformen
- *Beherrschung und/oder Reduktion der IT-Komplexität:* IT-Komplexität durch Steigerung der technischen Qualität beherrschen (wiederholte Verwendung von bewährten technischen

Bausteinen) und Reduktion der Vielfalt durch u. a. Lifecycle-Management und technische Standardisierung

- *Optimierung des Tagesgeschäfts:* Bereitstellung eines Lösungsportfolios für alle benötigten technischen Capabilities, relevanten technischen Handlungsfelder sowie Standardisierung von Methoden und Verfahren z. B. für die Administration und den Betrieb von Anwendungen oder aber auch im fachlichen Kontext
- *IT strategisch ausrichten:* Tragfähige und zukunftssichere Lösungen und Standards unter Berücksichtigung von reifen, nutzbaren Technologien (siehe IT-Innovationsmanagement in Abschnitt 4.20) für alle fachlichen und technischen Capabilities vorgeben sowie Identifikation und Bereitstellung von Plattformen, die Flexibilität fördern und Änderungen schneller durchführen lassen
- *Beitrag zur Weiterentwicklung des Geschäfts:* Identifikation eines Lösungsportfolios für alle relevanten technischen Fähigkeiten sowie Festlegung von Standards, die Flexibilität fördern und Änderungen schneller durchführen lassen

Erläuterungen und geeignete Visualisierungen

Im Technologiemanagement werden das Lösungsportfolio und technische Standards für alle fachlichen und technischen Capabilities, häufig auch technischer Blueprint genannt, des Unternehmens festgelegt, kontinuierlich weiterentwickelt, deren Lebenszyklus gemanagt und die Nutzung (die Verbauung) gesteuert. Neue technologische Entwicklungen aus dem Technologie-Scouting werden im Hinblick auf ihre Einsetzbarkeit und Auswirkungen im Unternehmen beobachtet, evaluiert, bewertet und gegebenenfalls in den technischen Blueprint (das technische Lösungsportfolio des Unternehmens) aufgenommen. Bezüglich IT-Innovationsmanagement sei auf Abschnitt 4.20 verwiesen.

Definition Technologiemanagement

Das Technologiemanagement umfasst alle Prozesse zur Planung und Steuerung der Bereitstellung und Nutzung des Lösungsportfolios, der technischen Standardisierung, des Lifecycle-Managements und des IT-Innovationsmanagements.

Die Flexibilität und Qualität werden durch adäquate Architekturen erhöht und die Kosten durch Standardisierung reduziert.

Im Lifecycle-Management wird der Lebenszyklus eines IT-Systems von der Idee oder Einführung bis zum Ablösen hinweg geplant. Das Lifecycle-Management spielt eng mit Bebauungsplanung beziehungsweise dem Informationssystem-Portfoliomanagement (kurz IS-Portfoliomanagement) zusammen und ist ein wesentlicher Bestandteil der Standardisierung und Homogenisierung.

Der Lebenszyklus eines IT-Systems ist durch wichtige Ereignisse bestimmt. Wesentlich sind insbesondere die Inbetriebnahme und die Außerbetriebstellung, wenn das IT-System keinen geschäftlichen Nutzen mehr hat. Die Inbetriebnahme wird häufig innerhalb von Projekten geplant und umgesetzt. Sie stellt den Übergang zwischen der Anwendungsentwicklung und dem IT-Servicemanagement, dem IT-Betrieb, dar.

Die Planung der Außerbetriebstellung erfolgt zum Teil auch im Rahmen von Projekten während der Migrationsplanung (siehe Nachfolgergrafik in Abschnitt 2.4.11) von einem bestehenden System zu einem neuen System, das im Projektkontext eingeführt wird. Fokus ist jedoch häufig die Neueinführung und nicht die vollständige Ablösung. So wächst die Informationssystemlandschaft immer weiter an und dementsprechend steigen die Komplexität und die Kosten.

Das Lifecycle-Management setzt genau hier an. Durch die explizite Planung des Lebenszyklus von IT-Systemen und insbesondere deren Ablösung wird ein großer Beitrag zur Komplexitätsreduktion der IT-Landschaft geleistet. Zudem werden weitere wesentliche Lebensphasen, wie z. B. ein Pilotbetrieb, adressiert. Durch den Status im Lebenszyklus können Entscheider Rückschlüsse z. B. auf die Reife oder Stabilität des IT-Systems ziehen. Beispiele für Ausprägungen des Status im Lebenszyklus sind:

- *„Geplant“:* Das IT-System ist noch nicht für den produktiven Einsatz freigegeben. Es wird nur für Testzwecke genutzt.
- *„Pilot“* oder *„in Einführung“:* Das IT-System wird in einem begrenzten Einsatzgebiet pilothaft genutzt oder gerade im Rahmen von einem Projekt eingeführt. Der Einsatz in anderen Einsatzgebieten ist nicht freigegeben.
- *„in Produktion“:* Das IT-System ist ohne Einschränkungen in Produktion.
- *„in Ablösung“:* Das IT-System ist in Ablösung und darf für neue Anwendungsfälle nicht herangezogen werden.

Für jeden Lebenszyklusstatus kann in der Planung ein Zeitraum hinterlegt werden.

Wichtig

- Die Planung des Lebenszyklus von Informationssystemen erfolgt in der Regel im Kontext der Bebauungsplanung beziehungsweise des Informationssystem-Portfoliomanagements. Das Lifecycle-Management von technischen Bausteinen erfolgt dagegen in der technischen Standardisierung und Homogenisierung.
- Bei der Inbetriebnahme von IT-Systemen ist häufig noch nicht bekannt, wann diese abgelöst werden. In diesen Fällen bleiben die entsprechenden Zeiträume offen.
- Jedem Status im Lebenszyklus ist in der Regel ein Freigabestatus zugeordnet. Im Beispiel könnte „in Produktion“ dem Freigabestatus „uneingeschränkt“ sowie „Geplant“ und „Pilot“/“in Einführung“ dem Freigabestatus „eingeschränkt auf Bedingung“ sowie „in Ablösung“ dem Freigabestatus „Einzelfreigabe“ oder „nicht freigegeben“ zugeordnet werden. Dies wird häufig durch die entsprechende Farbgebung deutlich gemacht.

In Bild 4.17 finden Sie ein Beispiel einer Lifecycle-Grafik mit Zuordnung des Freigabestatus.

Bei der **Standardisierung und Homogenisierung** geht es um die Vereinheitlichung der Elemente der IT-Landschaft, die den gleichen fachlichen oder technischen Einsatzzweck haben.

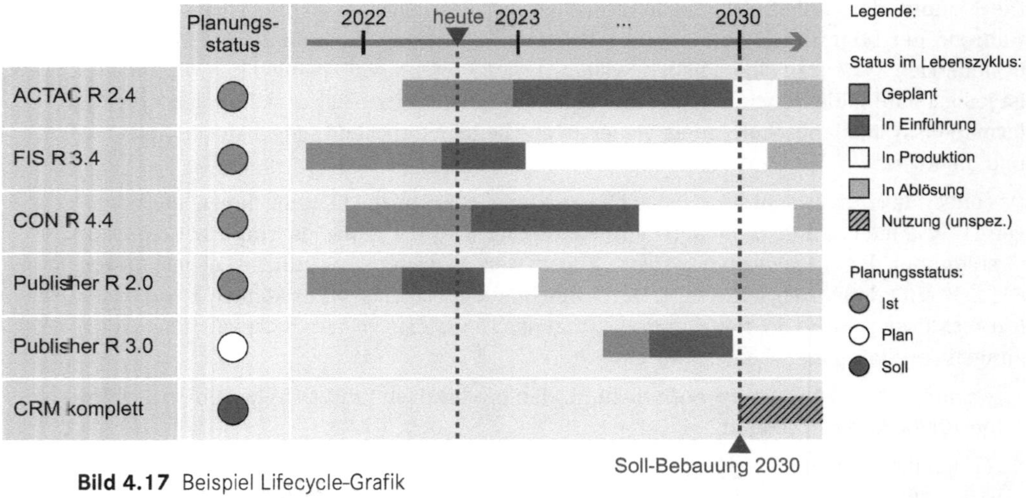

Bild 4.17 Beispiel Lifecycle-Grafik

Was bedeutet „gleicher Einsatzzweck"? Der Einsatzzweck von Informationssystemen wird typischerweise an deren Unterstützung von Geschäftsprozessen oder Capabilities (fachliche Funktionen) festgemacht. Informationssysteme unterstützen Geschäftsprozesse und setzen hierzu gewisse fachliche Funktionalität um. Durch die Analyse im Hinblick auf Redundanzen in der Unterstützung von Geschäftsprozessen oder fachlichen Funktionen können Standardisierungskandidaten ermittelt werden. In Bild 4.18 finden Sie ein Beispiel einer Bebauungsplangrafik, in der Informationssysteme Geschäftsprozessen und Kundengruppen zugeordnet sind. Anhaltspunkte für Redundanzen in der Geschäftsprozessunterstützung sind hervorgehoben. So unterstützen z. B. ACTAC R 2.3 und Publisher R 2.0 den Geschäftsprozess Vertriebsunterstützung.

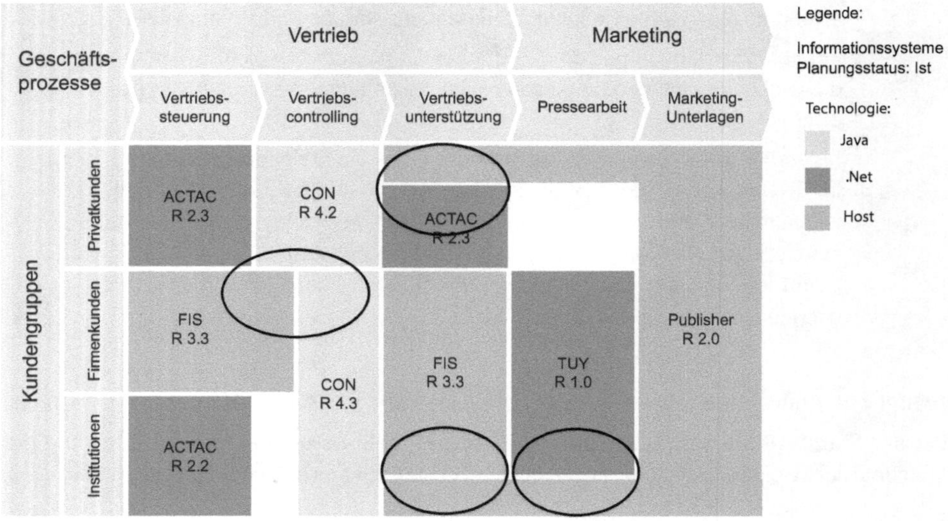

Bild 4.18 Analyse von Redundanzen in der Geschäftsprozessunterstützung

Da die Zuordnung in Bild 4.18 sehr grob ist, muss eine Detailanalyse auf Ebene der fachlichen Funktionen durchgeführt werden. Nur so kann festgestellt werden, ob wirklich eine Redundanz vorliegt.

Wichtig

Fachliche Redundanzen kosten im Gegensatz zu den fachlichen Auswirkungen im laufenden IT-Betrieb oft erstaunlich wenig. Erst wenn Anpassungen anfallen, wie z. B. im Rahmen eines Release-Wechsels einer Basissoftware oder der Umsetzung von Compliance-Anforderungen, explodieren mit zunehmender Komplexität der IT-Landschaft die IT-Kosten. Die Änderungen müssen an allen redundanten Stellen durchgeführt werden. Häufig werden Änderungen nicht konsequent an allen Stellen durchgeführt, was weitere Änderungen erschwert und insbesondere zu fachlichen Fehlern mit großer Auswirkung führen kann.

Fachliche Redundanzen werden über die Standardisierung der Geschäftsprozesse oder Capabilities einhergehend mit der Standardisierung auf Ebene von Informationssystemen beseitigt. Die Geschäftsprozesse und häufig auch die Organisation müssen im Rahmen der fachlichen Standardisierung neugestaltet oder zumindest angepasst werden. Für Kerngeschäftsprozesse sind dies daher häufig sehr komplexe und langlaufende Veränderungsprojekte. Die Entscheidung, ob eine fachliche Standardisierung durchgeführt wird oder nicht, wird daher im Business getroffen. Die IT hat hier lediglich Beratungs- und Umsetzungsfunktion. Die fachliche Standardisierung hat in der Regel jedoch eine deutlich größere Wirkung, Kosteneinsparung, Effizienz und Effektivität als eine reine technische Standardisierung auf Ebene der technischen Architektur oder der Betriebsinfrastruktur. ■

Durch die Standardisierung auf der fachlichen Ebene wird festgelegt, welche Informationssysteme für welchen Geschäftsprozess und/oder fachliche Funktion zukünftig eingesetzt werden sollen. Dies ist eine Zielvorgabe, die im Rahmen der IT-Konsolidierung umgesetzt werden muss. Inhaltlich gestaltet werden diese technischen Standards im Rahmen des IT-Bebauungsmanagements (siehe Einsatzszenario „Gestaltung Ziel-Bild und IT-Roadmap") vom IS-Bebauungsplaner.

Durch die Beschreibung ganzer Lösungen für fachliche Kontexte in Form von Schablonen (Templates) können diese als Standard vorgegeben und als Ganzes dann z. B. in verschiedene Standorte ausgerollt werden. Beispiel: SAP-Template für die Umsetzung des fachlichen Clusters Rechnungswesen. Das SAP-Template umfasst die Informationssysteme SAP und Geschäftspartnerverwaltung sowie deren Schnittstellen und Informationsfluss. Ebenso Bestandteil ist die Zuordnung zu den Geschäftsobjekten Rechnung und Geschäftspartner sowie die Zuordnung zu den Capabilities (fachlichen Funktionen) Finanzbuchhaltung, Kosten- und Leistungsrechnung, Statistik/Analyse und Finanzplanung.

Neben dem fachlichen gibt es auch den **technischen Einsatzzweck** mit den erforderlichen technischen Capabilities. Hierunter verbergen sich die technischen Bausteine, die für die Entwicklung und den Betrieb von Informationssystemen und Schnittstellen oder aber im Kontext des IT-Betriebs benötigt werden. Für die Kategorisierung werden hier technische Kriterien wie z. B. die Laufzeitumgebung oder Datenhaltung verwendet. Die Kategorien werden auch technische Domänen genannt (siehe Abschnitt 2.5.3).

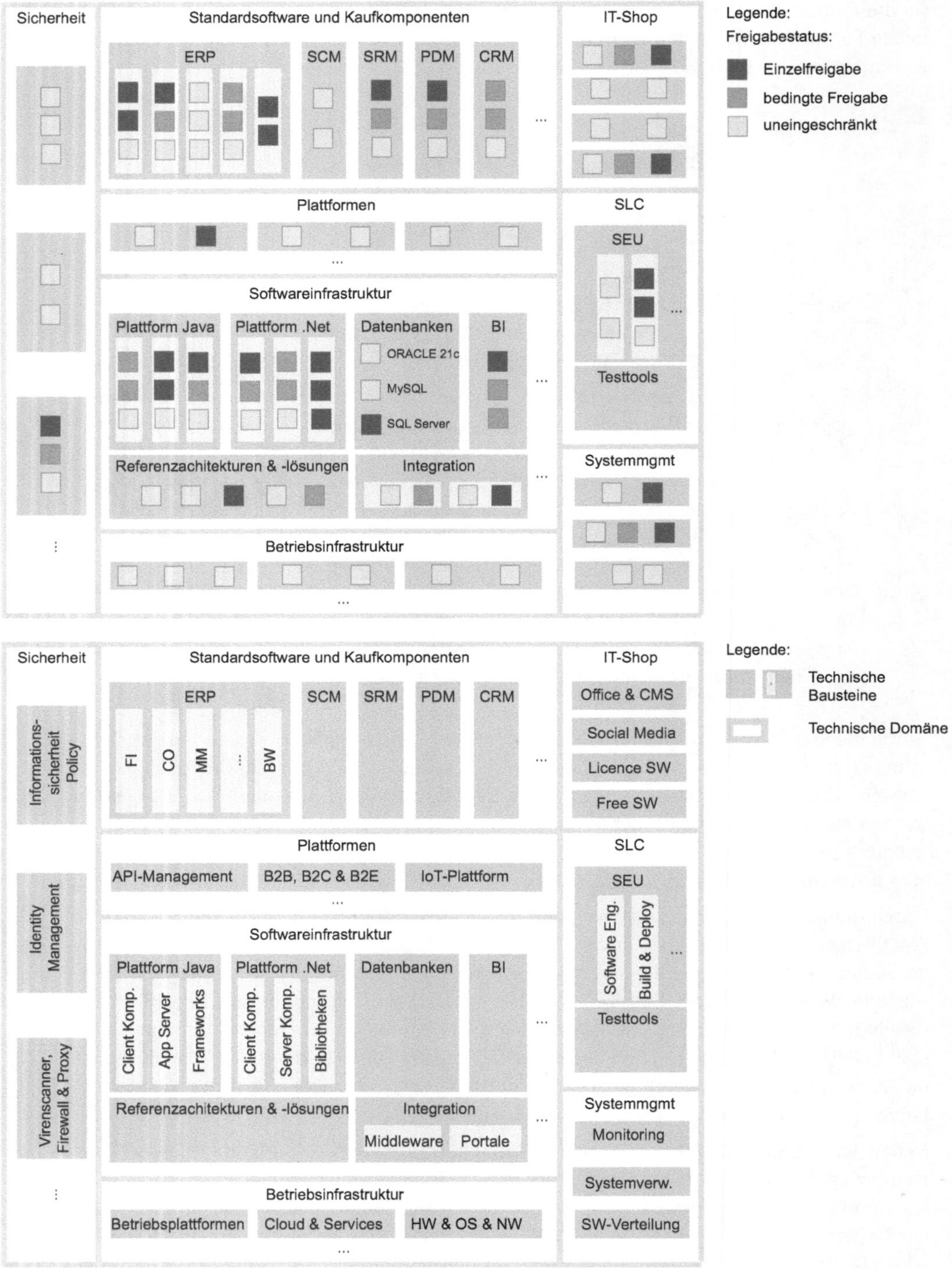

Bild 4.19 Beispiel Blueprint-Grafik

Durch Bestandsaufnahme und Einsortieren der in der IT-Landschaft verwendeten technischen Bausteine wird eine Übersicht über die Ist-Situation geschaffen. Entsprechend der IT-Strategie und der Geschäftsanforderungen können auf dieser Basis technische Standards für die verschiedenen technischen Domänen gesetzt werden. Die Sammlung von technischen Standards, kategorisiert nach den technischen Domänen, wird Blueprint oder technisches Referenzmodell genannt. Durch den Blueprint wird eine Vorgabe für die technische Realisierung von Informationssystemen, Schnittstellen und Infrastrukturelementen gegeben, die im Rahmen von Projekten, Wartungs- und Konsolidierungsmaßnahmen umgesetzt werden muss. Durch den Freigabestatus oder andere Vorgaben für die Verwendung wird die Nutzung gegebenenfalls eingeschränkt (siehe Abschnitt 2.5).

In Bild 4.19 finden Sie ein Beispiel eines Blueprints. Die Standards sind in Bild 4.19 oben als Kästchen mit unterschiedlicher Graustufe in Abhängigkeit von der Standardkonformität angedeutet. Bei der technischen Domäne Datenbanken finden Sie ein Beispiel. „ORACLE 21c" und „MySQL" sind standardkonform. „SQL Server" ist nicht standardkonform, darf also nicht verbaut werden. Im unteren Bild 4.19 finden Sie die Benennungen der „Schubladen", der technischen Domänen.

Wichtig

Auch Plattformen und Schnittstellenstandards können im Blueprint spezifiziert werden. Durch Vorgabe von Middleware-Bausteinen und Integrationsarchitekturen kann die Flexibilität der IT-Landschaft verbessert werden. Mit steigender Standardisierung lassen sich bestehende Systeme tendenziell leichter austauschen und neue Informationssysteme schneller in die Landschaft einbinden.

Plattformen (wie in Bild 4.19 abgebildet), API-Management oder IoT-Plattformen sind insbesondere für die digitale Transformation wichtig. Siehe hierzu Abschnitt 4.22 und Abschnitt 5.7. ■

Zudem können im Blueprint auch Schablonen für fachliche Kontexte als Standard abgelegt werden. In Bild 4.19 finden Sie z. B. die Kategorien ERP (Enterprise Resource Planning), SCM (Supply Chain Management), SRM (Supplier Relationship Management), PDM (Product Data Management) oder CRM (Customer Relationship Management).

Im Rahmen des Technologiemanagements (siehe Abschnitte 2.3.1 und 5.6) wird der Blueprint kontinuierlich weiterentwickelt. Neue technologische Entwicklungen werden im Hinblick auf ihre Einsetzbarkeit und Auswirkungen im Unternehmen beobachtet, evaluiert, bewertet und gegebenenfalls in den Blueprint aufgenommen. Der Lebenszyklus der technischen Bausteine wird gemanagt. Technische Bausteine und deren Releases, die nicht mehr zukunftsfähig sind oder sich im Einsatz nicht bewährt haben, werden als „abzulösen" über den Lifecycle-Status im Blueprint gekennzeichnet. So werden Zukunftsfähigkeit und Tragfähigkeit von technischen Standards sichergestellt.

Durch die Standardisierung wird die Vielfalt der eingesetzten technischen Bausteine reduziert. Standardisierungskandidaten können durch die Analyse des Blueprints und der technischen Bebauungsplangrafik gewonnen werden. Immer dann, wenn mehr als ein technischer Baustein in einer technischen Domäne vorhanden ist, besteht ein Anhaltspunkt für eine Vereinheitlichung.

Wichtig

Durch die Analyse des Blueprints erhalten Sie lediglich Anhaltspunkte. Eine detaillierte Betrachtung und Abwägung sind notwendig. So kann es durchaus sinnvoll und gewünscht sein, dass in Konzernen für Tochterunternehmen deren Größe entsprechend oder aufgrund anderer Kriterien unterschiedliche Standards für die gleichen fachlichen Einsatzzwecke gesetzt werden.

Nach Festlegung der technischen Standards kann eine technische Bebauungsplangrafik genutzt werden, um Handlungsbedarf für eine Homogenisierung aufzuzeigen. In Bild 4.20 finden Sie ein Beispiel für eine technische Bebauungsplangrafik, in der die technische Realisierung von Informationssystemen in den Zeilen beschrieben wird. Handlungsbedarf gibt es bei den Informationssystemen CON R 4.2 und FIS R 3.3. CON R 4.2 ist mit BS-2000-Technologie umgesetzt und sollte daher abgelöst werden. FIS R 3.3 benutzt das Datenbanksystem SQL-Server, das durch ein Standarddatenbanksystem, z. B. ORACLE 10 oder MySQL, ersetzt werden sollte.

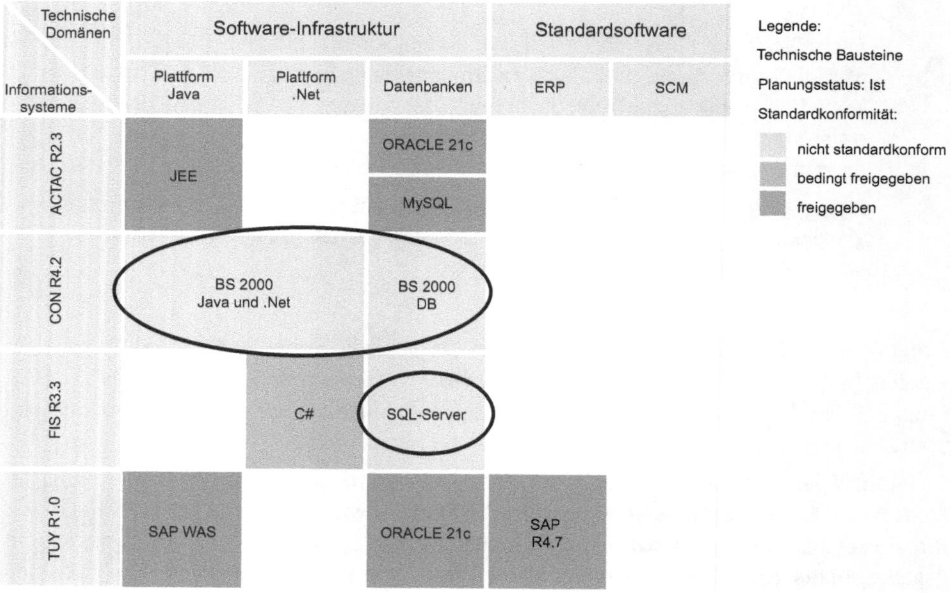

Bild 4.20 Beispiel einer technischen Bebauungsplangrafik

Wie in Abschnitt 4.7 ausgeführt wurde, können darüber hinaus über eine Cluster-Analyse technische Plattformen identifiziert werden. In einer Plattform werden in der Regel eng zusammenhängende technische Bausteine und Infrastrukturelemente zusammengefasst, die für die Entwicklung, die Wartung oder den Betrieb eines oder mehrerer Informationssysteme erforderlich sind.

Wichtig

Das Ablösen von bereits verbauten technischen Standards ist nicht so einfach. Für die Ablösung müssen Veränderungen an Informationssystemen, Schnittstellen und der Betriebsinfrastruktur vorgenommen werden. Die Homogenisierung muss explizit im Rahmen der IT-Konsolidierung durchgesetzt werden. Nur so ufert der Blueprint nicht aus und nur so kann der Nutzen erzielt werden. Siehe hierzu die Einsatzszenarien „Betriebsinfrastrukturkonsolidierung", „Konsolidierung der IS-Landschaft" und „Projektportfoliomanagement und Multiprojektmanagement". ■

Weitere Informationen zum Technologiemanagement finden Sie in Abschnitt 5.6.

4.11 Konsolidierung der IS-Landschaft („Application Rationalization")

Kurzbeschreibung: Die IT-Komplexität der IS-Landschaft senken, d. h. die IS-Landschaft wieder überschaubar und beherrschbar machen, durch Vereinfachung auf allen Ebenen mittels explizitem Lifecycle-Management sowie Standardisierung und Homogenisierung (siehe Abschnitt 4.10), Beseitigung von Redundanzen und Abhängigkeiten und organisatorische Maßnahmen.

Stakeholder-Gruppen: CIO/IT-Verantwortlicher (A), IT-Stratege (C), IS-Bebauungsplaner (R), IT-Architekt (C)

Ziele:

- *Beherrschung und/oder Reduktion der IT-Komplexität.* Nachhaltige Kostenreduktion durch einfachere IS-Landschaft (weniger, homogenere und einfachere Systeme und Schnittstellen und daher weniger Lizenz- und Ressourcenkosten) sowie eine einfachere Wartung und ein zuverlässigerer Betrieb. Die IT-Landschaft und insbesondere die Auswirkungen von Veränderungen werden besser verstanden.

  Ein wesentliches Mittel ist hier die „Application Rationalization".
- *Optimierung des Tagesgeschäfts und Unterstützung der Weiterentwicklung des Geschäfts.* Insbesondere durch die Vereinfachung auf technischer und fachlicher Ebene[4] kann ein hoher Wertbeitrag erzielt werden.
- *IT strategisch ausrichten durch beherrschbare und einfacher erweiterbare IS-Landschaft*

Erläuterungen und geeignete Visualisierungen

IT-Konsolidierung kann auf Ebene der Informationssystemlandschaft (aktuelles Einsatzszenario), der technischen Architektur oder der Betriebsinfrastruktur erfolgen. Die Betriebsinfrastrukturkonsolidierung wird in Abschnitt 4.7 beschrieben.

[4] Konsolidierung auf IS-Ebene impliziert immer auch eine fachliche Konsolidierung.

Die Konsolidierung der Informationssystemlandschaft wird häufig auch **„Application Rationalization“** genannt. Mithilfe der Anwendungsrationalisierung (englisch Application Rationalization) wird das bestehende Informationssystemportfolio des Unternehmens optimiert. Typische Optimierungsziele sind dabei Cloudifizierung, Effizienzsteigerung, Komplexitätsreduktion und Senkung der Gesamtbetriebskosten (TCO). Schatten-IT wird soweit möglich reduziert und die IT-Landschaft „entrümpelt“.

Application Rationalization beruht auf einer datengestützten Analyse der Informationssystemlandschaft und deren technischen Bebauung. Typische Kriterien für die Application Rationalization sind:

- **Kontext Absicherung von Geschäftsbetrieb und Kostenreduktion** („Technischer Gesundheitszustand“)
  - Standardkonformität, d. h. die Verbauung von keinen freigegebenen technischen Elementen
  - Grad der technischen Schulden entsprechend festgelegter Regeln, wie z. B. „Nutzung veralteter technischer Komponenten“
  - SLA- oder OLA-Erfüllungsgrad
  - Total Cost of Ownership (TCO)
- **Kontext Steigerung vom Geschäftswert sowie Enabling und Beschleunigung** („Geschäftswert“)
  - Strategiebeitrag: Grad der Konformität zur Unternehmensstrategie und Beitrag zu ihrer Umsetzung mit u. a. Konformität zu Unternehmenszielen, Zielbebauungen und sonstigen strategischen Vorgaben und Innovationsgrad
  - Wertbeitrag: Grad der Unterstützung des aktuellen Geschäfts mit z. B. Grad der Business-Abdeckung, des Business-IT-Alignments oder der Kundenzufriedenheit

Der technIsche Gesundheitszustand wird häufig über einen sogenannten technischen „Health-Check“ ermittelt. Ein „Health Check“ ist ein systematisches Vorgehen mit vorab unternehmensspezifischen Kriterien zum Aufdecken von technischen Schulden und Handlungsbedarf oder Optimierungspotenzial für die Erhöhung des Geschäftswerts von Informationssystemen.

Die Kriterien für die Application Rationalization und auch für einen Health Check müssen untersnehmensspezifisch entsprechend der individuellen Ziele und Positionierung der IT festgelegt werden.

Definition Schatten-IT

Die Schatten-IT umfasst alle informationsverarbeitenden Systeme, die ohne das Wissen der IT in den Fachabteilungen eines Unternehmens neben von der IT gemanagter IT-Infrastruktur und IT-Systeme genutzt werden.

Definition Total Cost of Ownership (kurz TCO)

Total Cost of Ownership, abgekürzt TCO, ist eine ganzheitliche Kostenbetrachtung von Informationssystemen oder Produkten oder Services, die nicht nur die Anschaffungskosten, sondern auch laufende direkte und indirekt Kosten über den kompletten Lebenszyklus hinweg berücksichtigt.

Wesentliches Ziel der Konsolidierung der IS-Landschaft ist die Reduktion der IT-Komplexität, um damit Freiraum für Business-Innovationen zu schaffen. IT-Komplexität resultiert aus der Vielzahl und Heterogenität von IT-Elementen, deren Abhängigkeiten, Redundanzen und Inkonsistenzen sowie der Änderungsdynamik. Jedes IT-System, jede Schnittstelle, jede Technologie und jedes Infrastrukturelement, das hinzukommt, erhöht die IT-Komplexität.

Die Änderungsrate hängt im Wesentlichen von neuen Geschäftsanforderungen und der Innovationsgeschwindigkeit der IT (den technologischen Veränderungen) ab. Beides nimmt kontinuierlich zu:

- **Steigende Anforderungen an die IT:** Die Veränderungsdynamik gerade durch die digitale Transformation und der Wettbewerb im Markt sowie die Diversifikation schlagen sich in den fachlichen Anforderungen an die IT nieder. Die IT muss immer schneller fachliche Anforderungen umsetzen und auf Veränderungen wie z. B. neue Marktteilnehmer oder Merger & Akquisitionen vorbereitet sein. Der Umfang (z. B. Lines of Code) und Heterogenität der IT-Landschaft nehmen zu. Wenn Änderungen nicht sauber entsprechend einer Anwendungsarchitektur mit u. a. Verwendung von Plattformen (siehe hierzu Abschnitt 4.22) durchgeführt werden, nimmt der Wildwuchs in der IT-Landschaft weiter zu.
- **Technologische Veränderungen (Innovationsgeschwindigkeit der IT):** Immer neue Technologiewellen rollen auf die IT zu und erhöhen die Komplexität weiter (z. B. Cloud-, KI-, IoT- und mobile Technologien). Zusätzlich sind ständig neue Releases von bereits im Einsatz befindlichen IT-Produkten wie z. B. Datenbanken, Laufzeitumgebungen, Middleware und Standardsoftware zu bewältigen. Die Vielfalt und Heterogenität erhöhen sich ständig, wenn nicht konsequent „ausgemistet" wird.

Ohne eine konsequente und kontinuierliche Konsolidierung entsteht ein zunehmender Wildwuchs. Die Wartungs- und Betriebskosten steigen nachhaltig. Der Freiraum für Innovationen wird immer kleiner.

In Bild 4.21 finden Sie einen kleinen Ausschnitt einer komplexen IS-Landschaft. Es ist eine Cluster-Informationsflussgrafik dargestellt, in der Informationssysteme Geschäftsprozessen zugeordnet werden. Viele Informationssysteme unterstützen die gleichen Geschäftsprozesse (fachliche Redundanzen). Zudem gibt es viele Schnittstellen zwischen den Systemen.

Um die IT-Komplexität zu beherrschen, müssen folgende Handlungsfelder angegangen werden:

- **Vielfalt und Heterogenität durch technische Standardisierung und Bereitstellung eines Lösungsportfolios beseitigen.** Technische Lösungen müssen z. B. für die IT-Unterstützung von Business Capabilities oder Geschäftsprozessen im Rahmen der Bebauungsplanung festgelegt werden. Über das Technologiemanagement gemanagte technische Standards schränken die Freiheitsgrade für die technische Realisierung von Informationssystemen, Schnittstellen und der Betriebsinfrastruktur ein. Die technische Komplexität wird durch die bewährten „standardisierte" Lösungsbausteine beherrscht und gleichzeitig reduziert, da keine weiteren technische Bausteine hinzukommen, wenn es bereits Lösungen für die IT-Unterstützung der Business Capabilities oder Geschäftsprozesse gibt. Durch das Lifecycle-Management wird zudem die Anzahl der unterschiedlichen Versionen eines technischen Bausteins, wie z. B. der ORACLE-Datenbanken, reduziert und sichergestellt, dass nur noch aktuelle und z. B. sichere Bausteine verwendet werden. Alte technische Baustein-Versionen werden in neue migriert.

Durch qualitativ hochwertige und tragfähige technische Bausteine, Plattformen und Schablonen werden zudem die Qualität und damit die Wartbarkeit der Systeme gesteigert. Siehe hierzu das Einsatzszenario „Standardisierung und Homogenisierung" in Abschnitt 4.10.

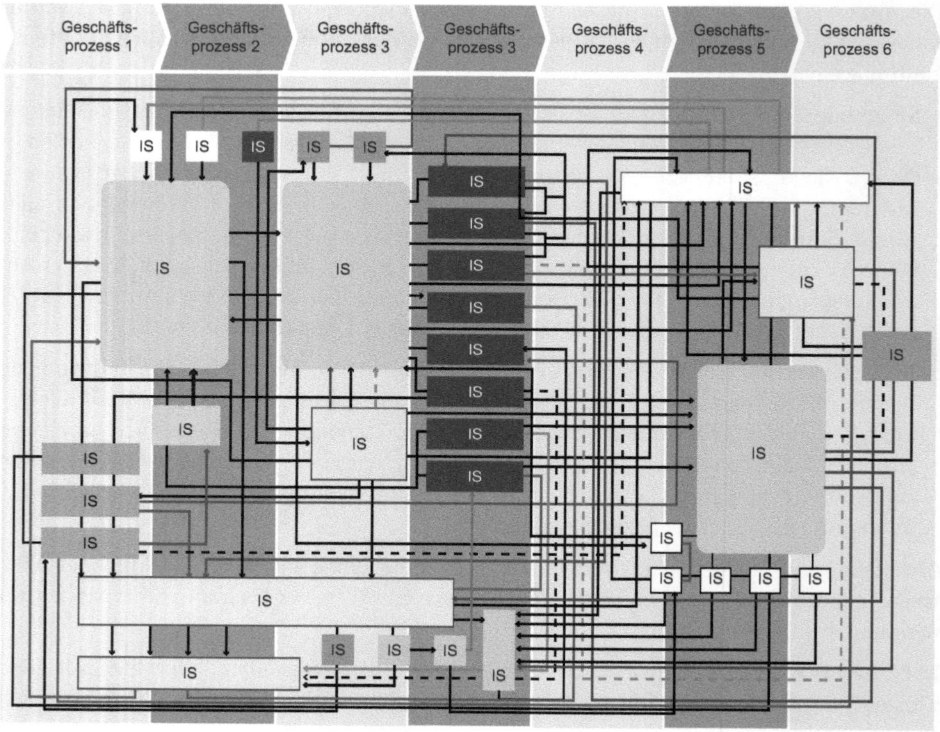

Bild 4.21 Beispiel einer komplexen IS-Landschaft (Cluster-Informationsflussgrafik)

Wichtig

Kohäsion innerhalb einer Einheit und lose Kopplung zwischen Einheiten:
Die Kohäsion beschreibt die innere Zusammengehörigkeit z. B. von fachlichen oder technischen Einheiten. Einheiten deren Kohäsion klein ist, sollten möglichst lose gekoppelt sein, d. h. nur soviele Abhängigkeiten, wie z. B. Schnittstellen, zu anderen Einheiten haben, wie unbedingt notwendig. So werden Abhängigkeiten und damit die Komplexität reduziert. Dies kann z. B. über Plattformen wie API-Management-Plattformen erfolgen.

- **Bestehenden Wildwuchs in der IT-Landschaft „aufräumen":** Die Einführung von Standards ändert noch wenig am bestehenden Wildwuchs. Erst durch die Abschaltung z. B. von „unnötigen" oder redundanten Systemen oder Schnittstellen wird die IT-Landschaft erheblich vereinfacht. Dies nennen wir im Folgenden Homogenisierung.

  Zudem müssen die Abhängigkeiten in der IT-Landschaft auf das Notwendige reduziert werden. Nur so werden die Auswirkungen von Veränderungen überschaubar. Hierzu werden häufig Plattformen und Anwendungsarchitekturen auf Basis dieser Plattformen verwendet.

  Wichtig ist hierfür insbesondere das Lifecycle-Management, wie in Abschnitt 4.10 ausgeführt. Lebenszyklusanalysen schaffen den Überblick darüber, welche Systeme (und deren Releases) wann in welchem Status im Lebenszyklus sind. Insbesondere kann über Lifecycle-Grafiken (siehe Bild 4.17) z. B. Migrationshandlungsbedarf erkannt werden.

  Die Ansatzpunkte für die Optimierung müssen identifiziert und dann über Projekte und Wartungsmaßnahmen umgesetzt werden. EAM unterstützt Sie bei der Identifikation. Kandidaten für „unnötige" Systeme oder Schnittstellen können durch Analyse einer EAM-Datenbasis ermittelt werden. Redundante Systeme sind ebenso Kandidaten wie Systeme ohne Nutzung. Mithilfe von Analysemustern lassen sich diese Kandidaten schnell aufspüren (siehe Abschnitt 5.3). Potenzielle Redundanzen in der Unterstützung von Geschäftsprozessen, fachlichen Funktionen oder Produkten können Sie z. B. über eine Bebauungsplangrafik (siehe Bild 4.18) aufdecken.

  Auch durch eine Portfolio-Analyse, in die Kriterien wie Nutzerzahlen, Kosten, Gesundheitszustand und Nutzen einfließen, können Kandidaten ermittelt werden. Siehe hierzu das Einsatzszenario „IS-Portfoliomanagement".

  Über die Analyse einer Informationsflussgrafik können Sie Datenabhängigkeiten und den Integrationsgrad von Informationssystemen ermitteln. In Bild 4.22 finden Sie eine Beispiel-Grafik mit zahlreichen Datenabhängigkeiten.

  Eine hoher Verflechtung (Integrationsgrad) liegt z. B. vor, wenn ein System viele oder komplexe Schnittstellen hat. ACTAC 2.3 in Bild 4.22 ist ein solches System mit einem hohen Integrationsgrad.

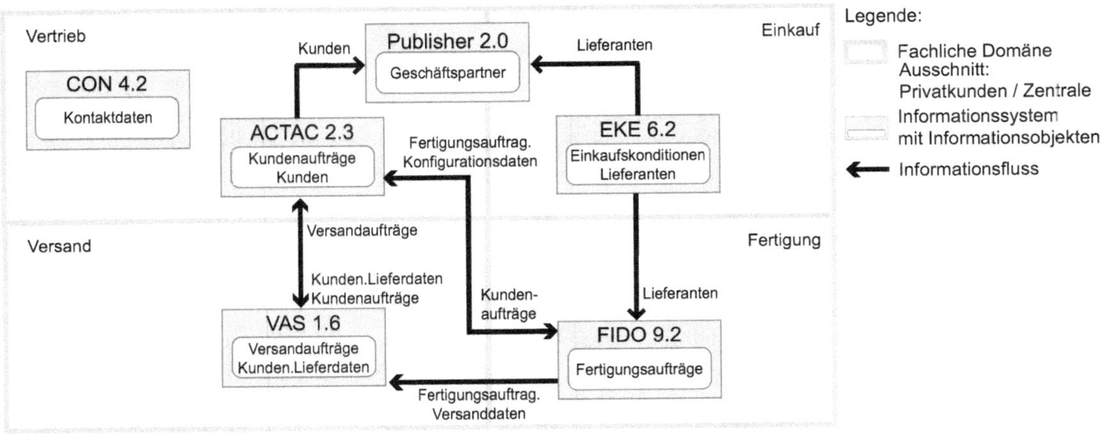

Bild 4.22 Analyse von Abhängigkeiten in einer Cluster-Informationsflussgrafik

Empfehlung

Nutzen Sie die Analysemuster aus Abschnitt 5.3 für die Identifikation von unnötigen oder redundanten Systemen oder Schnittstellen sowie für Cluster- und Abhängigkeitsanalysen.

Die Beseitigung von Redundanzen und unnötiger Informationssysteme ist in der Regel sehr aufwendig und teuer. Vorhandene Informationssysteme oder Schnittstellen müssen geändert werden. Zur Verringerung der Abhängigkeiten und des Integrationsgrads zwischen Systemen wird häufig eine Integrationsarchitektur wie z. B. ein ESB genutzt. Änderungen an Geschäftsregeln oder Workflows sollten einfach modelliert oder konfiguriert werden können. Nur so können Änderungen „lokal" ausgeführt werden. Bestehende Systeme lassen sich tendenziell leichter austauschen und neue Informationssysteme können schneller in die Systemlandschaft eingebunden werden. Dies erfordert aber in der Regel eine Komponentisierung der Informationssysteme. Nach deren Umsetzung ist die IT in der Lage, Business-Veränderungen schneller umzusetzen. Siehe hierzu das Einsatzszenario „Flexibilisierung der IT".

Der Änderungsaufwand an der bestehenden IT-Landschaft ist häufig enorm. Zudem steht für IT-Konsolidierung ohne direkt spürbaren fachlichen Nutzen selten Budget zur Verfügung.

Wichtig

Dokumentieren Sie Ihren IT-Konsolidierungshandlungsbedarf und lassen Sie ihn kontrolliert in Projekte und Wartungsmaßnahmen einfließen. Siehe hierzu das Einsatzszenario „Strategische Steuerung der Weiterentwicklung der IT-Landschaft".

- **Organisatorischen Handlungsbedarf erkennen und beseitigen sowie Hebung von weiteren Synergien und Optimierungspotenzialen:** Nur wenn es „Kümmerer" gibt, erfolgt eine Veränderung und vor allen Dingen das kontinuierliche „Aufräumen". Für alle fachlichen und technischen Strukturen müssen klar definierte Rollen und Verantwortlichkeiten festgelegt werden, die auf die jeweiligen IT-Konsolidierungsziele „eingeschworen" sind. Ein probates Mittel hierfür sind Zielvereinbarungen.

  Über die EAM-Datenbasis kann die Analyse im Hinblick auf zugeordnete Verantwortlichkeiten einfach erfolgen. In Listenform kann ausgegeben werden, wo Verantwortlichkeitszuordnungen fehlen. Darüber hinaus können unterschiedliche Visualisierungen verwendet werden. Über die Cluster-Informationsflussgrafik (siehe Bild 4.22) können organisatorische Schnittstellen sichtbar gemacht werden, wenn als Clusterung organisatorische Bereiche verwendet werden. Mithilfe einer Bebauungsplangrafik können übersichtlich Verantwortlichkeiten und Mehrfachzuordnungen aufgezeigt werden. Bild 4.23 zeigt eine Bebauungsplangrafik, in der Informationssysteme einerseits Geschäftsprozessen und andererseits Verantwortlichkeiten (strategischen Geschäftseinheiten) zugeordnet werden.

  Weitere Synergien und Optimierungspotenziale, wie z. B. durch durchgängige und bestmöglich automatisierte Prozesse in Business und IT oder aber Reduzierung von Datenabhängigkeiten durch Stammdatenmanagement (siehe Einsatzszenario „Stammdatenmanagement"), vereinfachen das Management. Durch die Analyse der EAM-Datenbasis kann auch hier fundierter Input bereitgestellt werden.

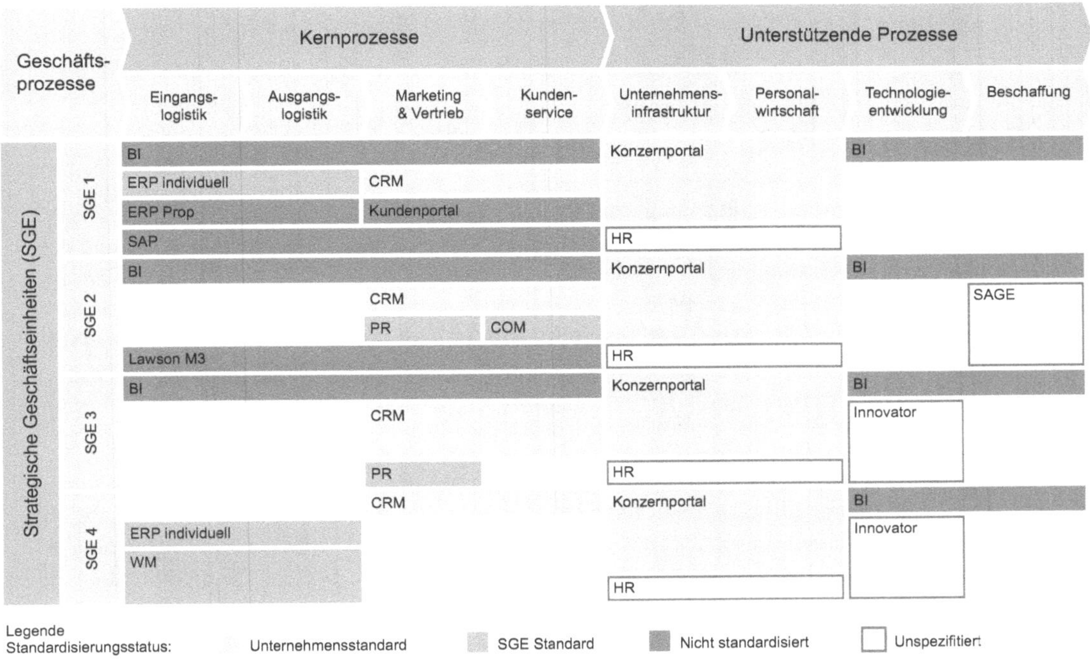

Bild 4.23 Verantwortlichkeiten in einer Bebauungsplangrafik

Die IT-Konsolidierung ist eine langwierige und fortwährende Aufgabe. Bis Systeme abgeschaltet oder Technologien komplett abgelöst werden, vergehen häufig Jahre. Der Nutzen entsteht aber erst mit der vollständigen Ablösung, d. h. der Abschaltung der Systeme. Daher muss die IT-Konsolidierung in der strategischen und operativen IT-Planung und in den Entscheidungsprozessen eine wichtige Rolle spielen. Jedes Projekt und jede Wartungsmaßnahme müssen einen messbaren Beitrag zum „Aufräumen“ leisten. Dies ist eine wichtige Steuerungsaufgabe. Nur so reduzieren Sie die Komplexität Ihrer IT-Landschaft nachhaltig. EAM unterstützt Sie auch hierbei, indem es für Sie den Status und den Fortschritt der Umsetzung transparent macht.

Wichtig

Sorgen Sie dafür, dass der Wildwuchs nicht durch Projekte und Wartungsmaßnahmen weiter zunimmt. Siehe hierzu die Einsatzszenarien „Projektportfoliomanagement und Multiprojektmanagement“ und „Steuerung der strategischen Weiterentwicklung der IT-Landschaft“.

Wesentlich ist auch ein Demand Management mit Augenmaß. Das Aufwand-Nutzen-Verhältnis sollte zumindest grob abgeschätzt bei der Umsetzung jeder Anforderung berücksichtigt werden. So werden nur die wirklich wichtigen Anforderungen umgesetzt. Die IT-Landschaft wächst nicht unkontrolliert. Siehe hierzu das Einsatzszenario „Demand Management“. ■

4.12 Input für die Geschäftsprozessoptimierung und das Stammdatenmanagement

Kurzbeschreibung: Aufdeckung von Handlungsbedarf und Optimierungspotenzial wie z. B. unklare Verantwortlichkeiten, Redundanzen, Inkonsistenzen, Abdeckungslücken, Automatisierungs- oder Vereinfachungspotenzial und Organisations-, Medien- und Systembrüche sowie Bereitstellung von Input für die Weiterentwicklung des Geschäfts durch Analyse und Gestaltung der zukünftigen Geschäftsarchitektur im Zusammenspiel mit der IT-Landschaft.

Stakeholder-Gruppen: Fachbereich oder CEO (A), Business-Planer (C und I), Unternehmensarchitekt/Geschäftsarchitekt (R), Daten-Owner (C und I), Prozess-Owner (C und I)

Ziele:

- *Optimierung des Tagesgeschäfts sowie Unterstützung der Weiterentwicklung des Geschäfts:* Die Optimierung des Tagesgeschäfts ist das Kernanliegen dieses Einsatzszenarios. Durch die Identifikation von Handlungsbedarf und Optimierungspotenzial werden Ansatzpunkte zur Verbesserung der Business-Unterstützung aufgedeckt. Diese Ansatzpunkte können sowohl operativer als auch strategischer Natur sein.

  Durch die Beseitigung von Redundanzen und Inkonsistenzen in der Informationsbebauung entfallen viele Pflege- und Konsistenzsicherungsaktivitäten. Dies führt zu einer enormen Qualitätssteigerung und in der Regel auch zu einer hohen Kosteneinsparung. Zudem wird mit der Stammdatenkonsolidierung innerhalb der IT-Landschaft die IT-Komplexität reduziert (Schnittstellen und Konsistenzüberprüfungen entfallen oder werden vereinfacht). Zudem wird durch die Stammdatenkonsolidierung die Durchführung von Veränderungen im Kontext dieser Stammdaten vereinfacht.

- *Strategische Ausrichtung:* Der aufgedeckte Handlungsbedarf und das ermittelte Optimierungspotenzial sind Geschäftsanforderungen, die bei der strategischen Ausrichtung der IT und des Geschäfts berücksichtigt werden müssen.

  Die Beseitigung von Redundanzen und Inkonsistenzen, wie z. B. durch die Stammdatenkonsolidierung, wirkt sich massiv auf die fachlichen Abläufe aus. Nur über das Setzen und Operationalisieren von strategischen Vorgaben kann dies wirksam umgesetzt werden. Die Umsetzung geht einher mit einer IT-Konsolidierung, diese muss bei der strategischen Ausrichtung der IT berücksichtigt werden.

Erläuterungen und geeignete Visualisierungen

Anhaltspunkte für Handlungsbedarf und Optimierungspotenzial können durch die Analyse der Geschäftsarchitektur im Zusammenspiel mit der IT-Landschaft anhand strategischer Fragestellungen oder Fragestellungen aus Projektkontexten aufgedeckt werden. So können die Geschäftsentwicklung und das Produktmanagement sowie das Prozessmanagement unterstützt werden (siehe [All05], [Ahl06], [Rei09] und [Ses07]). Siehe hierzu die Analysemuster in Abschnitt 5.3.

Darüber hinaus können aus IT-Sicht Optimierungsvorschläge abgeleitet werden. So wird einerseits Standardisierungspotenzial aufgedeckt und andererseits werden technische Innovationen eingebracht.

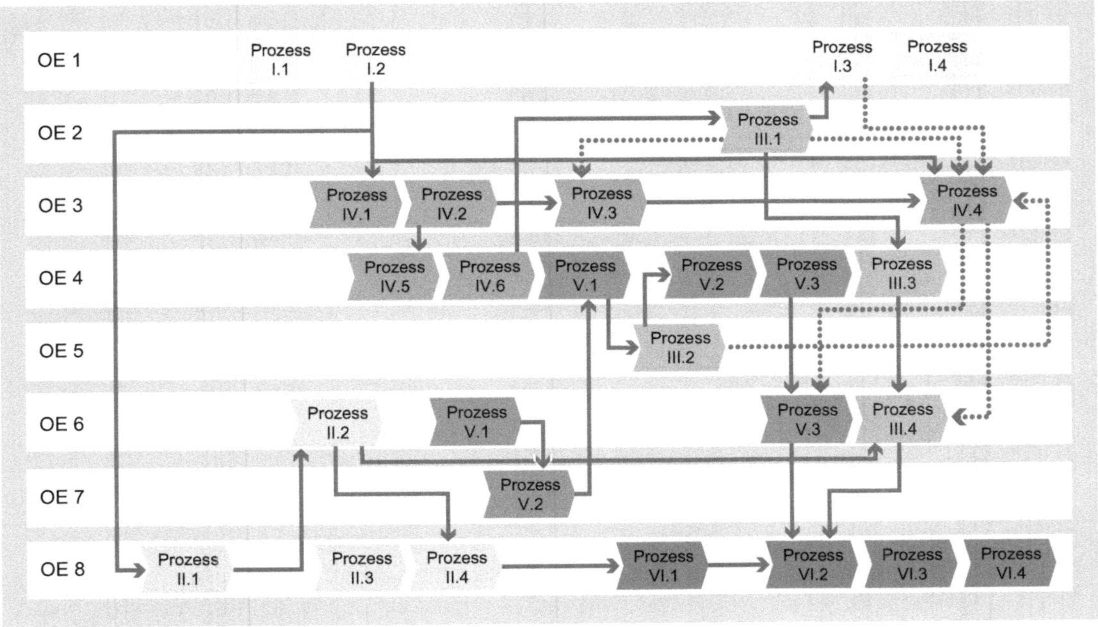

Bild 4.24 Analyse von Verantwortlichkeiten und Organisationsbrüchen

Wesentliche Aspekte für die Optimierung des Geschäfts sind:

- **Klare Verantwortlichkeiten** *z. B. für Geschäftsprozesse und Capabilities:* Durch Überblicksdarstellungen wie z. B. Prozesslandkarte, Swimlane-Diagramme, funktionales Referenzmodell, Produktlandkarte oder Geschäftsobjekt-Cluster-Grafik kann die Verantwortlichkeitszuordnung transparent gemacht werden. Unklare Verantwortlichkeiten und Organisationsbrüche sind unmittelbar ablesbar. In Bild 4.24 finden Sie eine Swimlane-Darstellung (siehe [HLo21] und [HGG15]), in der die Teilprozesse entsprechend der Verantwortlichkeiten eingeordnet werden.

  In Bild 4.25 finden Sie ein Beispiel zur Darstellung von Verantwortlichkeiten in einer Prozesslandkarte. Die organisatorischen Brüche innerhalb einer Prozesskette lassen sich über den Farbwechsel leicht erkennen.

Empfehlung

Durch eine Prozesslandkarte oder ein Swimlane-Diagramm lassen sich die Verantwortlichkeiten für die End-to-end-Geschäftsprozesse gut erkennen. Für einen End-to-end-Geschäftsprozess, eine Zeile in der Prozesslandkarte, sollte ein Verantwortlicher benannt werden. Nur so lässt sich eine übergreifende Optimierung erreichen.

Durch eine Vereinheitlichung der Modellierung der Zuständigkeiten wird Transparenz geschaffen und in der Regel ein hohes Optimierungspotenzial offenkundig. Die Festlegung von klaren Zuständigkeiten führt häufig zu einer Verringerung von Schnittstellen, schnelleren Durchlaufzeiten und letztendlich einer geringeren Fehlerquote. ■

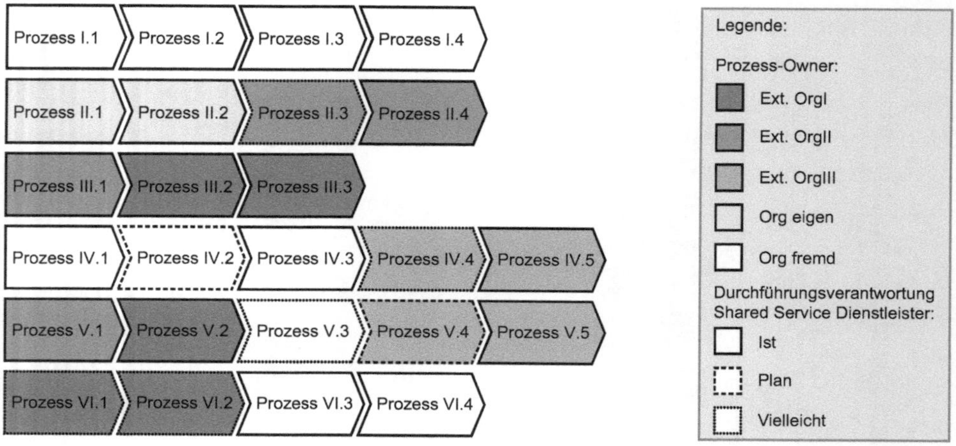

Bild 4.25 Darstellung von Verantwortlichkeiten in einer Prozesslandkarte

Ergänzend zu Prozesslandkarten werden bei der Analyse der Geschäftsarchitektur häufig auch weitere Informationen wie z. B. Portfoliografiken oder Tabellen verwendet, um Zusatzaspekte bei der Analyse einzubringen. So sind z. B. die Wettbewerbsdifferenzierung und die Prozesskomplexität als Informationen für die Optimierung der Verantwortungszuordnungen wichtig. Weitere Beispiele hierzu finden Sie in [HLo21].

- **Beseitigung von Redundanzen und Inkonsistenzen:** Bei fachlichen Redundanzen wird im Wesentlichen zwischen Daten-, organisatorischen und funktionalen Redundanzen unterschieden (siehe Analysemuster in Abschnitt 5.3). Datenredundanzen treten insbesondere dann auf, wenn Geschäftsobjekte verschiedenen Geschäftsprozessen oder fachlichen Funktionen zugeordnet sind. Daraus können auch Inkonsistenzen entstehen. Eine weitere Quelle für Inkonsistenzen sind Zyklen im Informationsfluss zwischen Prozessen. Funktionale Redundanzen treten auf, wenn fachliche Funktionen verschiedenen Geschäftsprozessen zugeordnet werden. Organisatorische Redundanzen hängen häufig mit mehrdeutigen Verantwortungszuordnungen zusammen, wenn z. B. mehrere Organisationseinheiten den gleichen Geschäftsbereich verantworten oder durchführen.

  Mithilfe von Zuordnungstabellen können in einfacher Form Anhaltspunkte für Redundanzen und Inkonsistenzen bei fachlichen Zuordnungen gefunden werden. In Bild 4.26 finden Sie eine Zuordnungstabelle, die die Zuordnung zwischen Geschäftsobjekten und Geschäftsprozessen darstellt. Das Geschäftsobjekt „Fertigungsauftrag" ist den Geschäftsprozessen „Disposition" und „Fertigungssteuerung" zugeordnet. Dies ist eine mögliche Redundanz. Im Rahmen einer Detailanalyse muss überprüft werden, ob es sich um einen Handlungsbedarf handelt oder nicht.

  Zyklen im Informationsfluss im Prozessablauf lassen sich anhand erweiterter Cluster-Grafiken erkennen. Bezüglich weiterer Details sei auf die Beschreibung von Zyklen im Informationsfluss in den Analysemustern in Abschnitt 5.3 verwiesen.

- **Stammdatenmanagement:** Das Ziel des Stammdatenmanagements ist die Konsolidierung der Stammdaten wie z. B. Kundendaten. Insbesondere Redundanzen und Inkonsistenzen wie z. B. Kunde „Maier, Daniel" und Kunde „Daniel Maier" mit gleichen Adressdaten werden beseitigt. Durch die Reduktion und Konsolidierung von Stammdaten können erhebliche Kosten eingespart werden (siehe [Krc05] und [Hei09]). Imageschäden wegen falscher oder unvollständiger Aussagen, umfangreiche Datenklärungen, Doppelerfassungen und komplexe Schnittstellen können vermieden oder reduziert werden. Stammdatenmanagement ist eine wichtige Voraussetzung für effiziente Geschäftsprozesse. Es entfallen viele Pflege- und Konsistenzssicherungsaktivitäten.

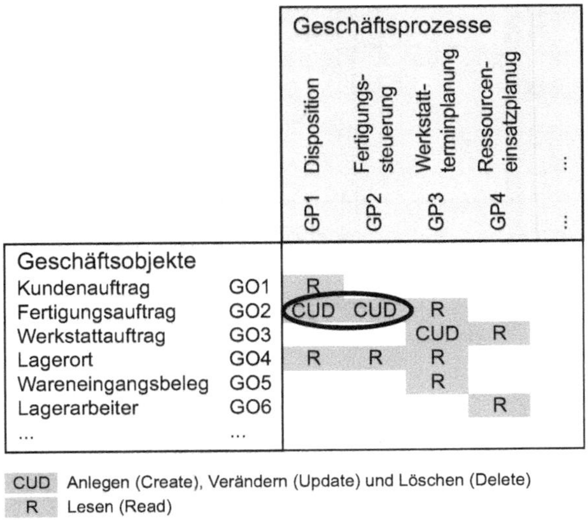

Bild 4.26
Beispiel Zuordnungstabelle mit einer möglichen Datenredundanz

EAM unterstützt bei der Identifikation von Datenredundanzen und bei deren Auflösung. Datenredundanzen treten insbesondere dann auf, wenn es keine klare Datenhoheit gibt oder mehrere Informationssysteme die gleichen Informationsobjekte, wie z. B. Kunde A und Kunde B, verändern. Eine Redundanz liegt auch vor, wenn verschiedene Informationssysteme einem Informationssystem die gleichen Daten liefern. Daraus können auch Inkonsistenzen entstehen. Eine weitere Quelle für Inkonsistenzen sind Zyklen im Informationsfluss zwischen Informationssystemen.

In Bild 4.27 finden Sie ein Beispiel für die Analyse im Hinblick auf Datenredundanzen mithilfe einer Zuordnungstabelle. Potenzieller Handlungsbedarf tritt insbesondere in den Situationen auf, wenn die gleichen Geschäftsobjekte in verschiedenen Informationssystemen verändert werden. Wenn verschiedene Releases eines Informationssystems, z. B. bei ACTAC, gleichzeitig in Produktion sind, kann auch dort ein Handlungsbedarf bestehen.

In Bild 4.28 finden Sie ein weiteres Beispiel für die Analyse im Hinblick auf Datenredundanzen. Ein potenzieller Handlungsbedarf liegt vor, da „Kundenaufträge“ sowohl von IS3 als auch von IS1 an IS5 geliefert werden.

Für die Gestaltung der Soll-Bebauung werden unterschiedliche Lösungsideen wie z. B. „Stammdaten-Hub“ oder „Klare Masterschaft und Synchronisierung“ gesammelt und analysiert. Ein Beispiel für den „Stammdaten-Hub“ finden Sie beim Einsatzszenario „Gestaltung Ziel-Bild und IT-Roadmap“.

Weitere Informationen zum Datenmanagement finden Sie in Abschnitt 4.21 und Abschnitt 5.4.3.

Geschäftsobjekte		IS 1 ACTAC R2.2	IS 2 ACTAC R2.3	IS 3 FIS R3.3	IS 4 CON R4.2	IS 5 CON 4.3	IS 6 TUY R1.0	IS 7 Publisher R2.0	…
Kundenauftrag	GO1	R							
Fertigungsauftrag	GO2	CUD	CUD	R	CUD	R	R		
Werkstattauftrag	GO3			CUD			R	R	
Lagerort	GO4	R	R	R		CUD	CUD		
Wareneingangsbeleg	GO5			R	R		R		
Lagerarbeiter	GO6							R	
…	…								

(Spaltenüberschrift: Informationssystem-Releases)

CUD Anlegen (**C**reate), Verändern (**U**pdate) und Löschen (**D**elete)
R Lesen (**R**ead)

Bild 4.27 Beispiel Analyse Datenredundanzen in einer Zuordnungstabelle

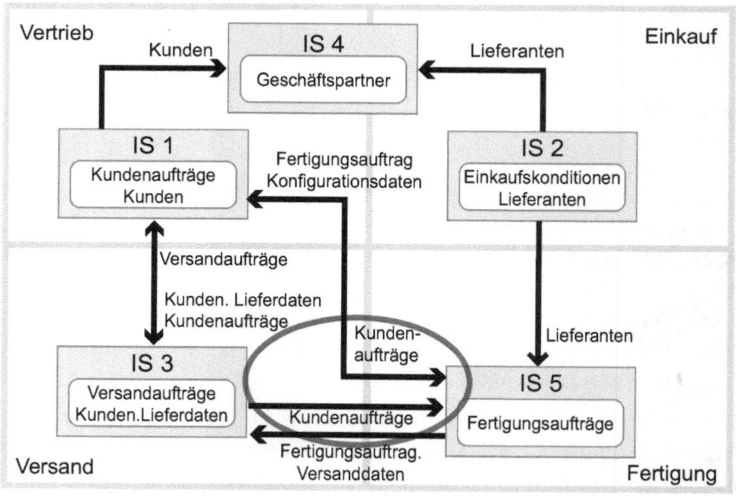

Bild 4.28 Beispiel Analyse Datenredundanzen in einer Cluster-Informationsflussgrafik

- **Wertstromanalyse:** Durch die Betrachtung des Material- und Informationsflusses werden mögliche Verschwendungen sichtbar gemacht. Liefer- und Durchlaufzeiten werden verkürzt. Der Ist-Zustand wird hierzu systematisch mit allen relevanten Kenngrößen erfasst. Die Wertstromdarstellung dient der übersichtlichen Visualisierung der gesamten Produktion einschließlich Material- und Informationsfluss. Mit Hilfe der bewährten zehn Gestaltungsrichtlinien des Wertstromdesigns kann ein optimierter Soll-Zustand für eine Produktion zielgerichtet entwickelt werden. So können Durchlaufzeiten radikal verkürzt und die Produktionssteuerung wesentlich transparenter gestaltet werden. Weitere Informationen hierzu finden Sie in [Mül11-2].

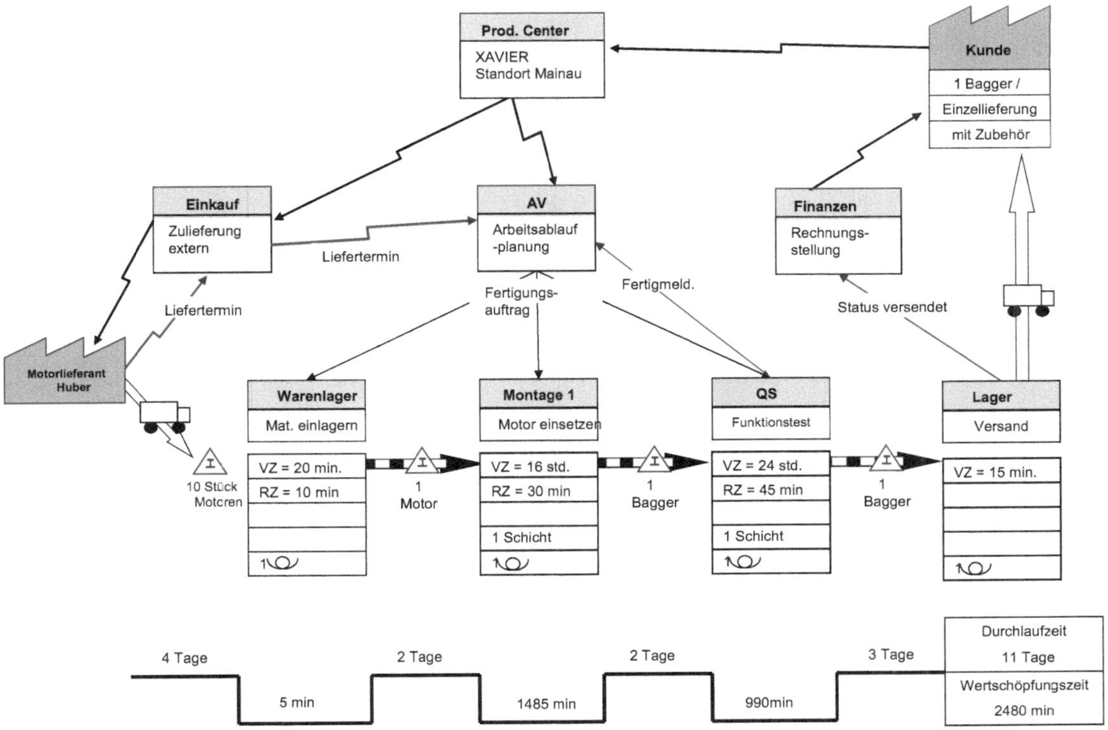

Bild 4.29 Beispiel Wertstromanalyse

Durch die Kombination von Wertstromanalyse und End-to-end-Prozessanalyse erreicht man eine ganzheitliche Betrachtung. Folgende Fragestellungen können u. a. beantwortet werden und so ein echter Input für die Weiterentwicklung des Geschäfts und auch der administrativen Prozesse geleistet werden:

- Wer liefert wann und wie welchen Input entlang welches Prozesses?
- Wer nutzt wann und wie welchen Output entlang welches Prozesses?
- Wer ist verantwortlich (RACI)?
- Wo gibt es Handlungsbedarf und Optimierungspotenzial?

Ein vereinfachtes Beispiel finden Sie hierzu in Bild 4.30.

- **Geschäftsprozessoptimierung (GPO),** *wie z. B. die Automatisierung und Beschleunigung von Abläufen:* EAM kann durch Überblickssichten Anhaltspunkte für Automatisierungsmöglichkeiten identifizieren. Beispiele hierfür sind Prozessportfolios (siehe Bild 4.31), eine Swimlane-Darstellung (siehe Bild 4.24) oder die Analyse des Informationsflusses der einem Prozess zugeordneten Informationssysteme und Schnittstellen. Für eine eingehende Analyse muss aber in der Regel der Prozess im Detail betrachtet werden. Dies erfolgt im operativen Prozessmanagement (siehe [Ahl06] und [Rei09]). Ein wesentliches Hilfsmittel hierfür sind Prozessablaufdiagramme (siehe Abschnitt 5.2.3 in [HGG15]).

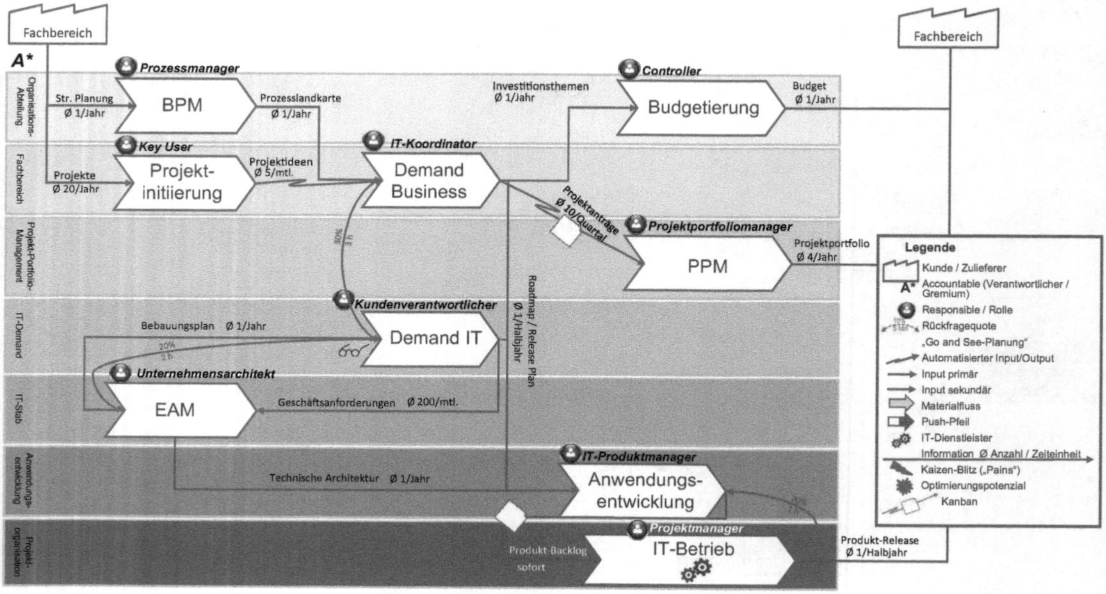

Bild 4.30 Beispiel kombinierte End-to-end- und Wertstromanalyse

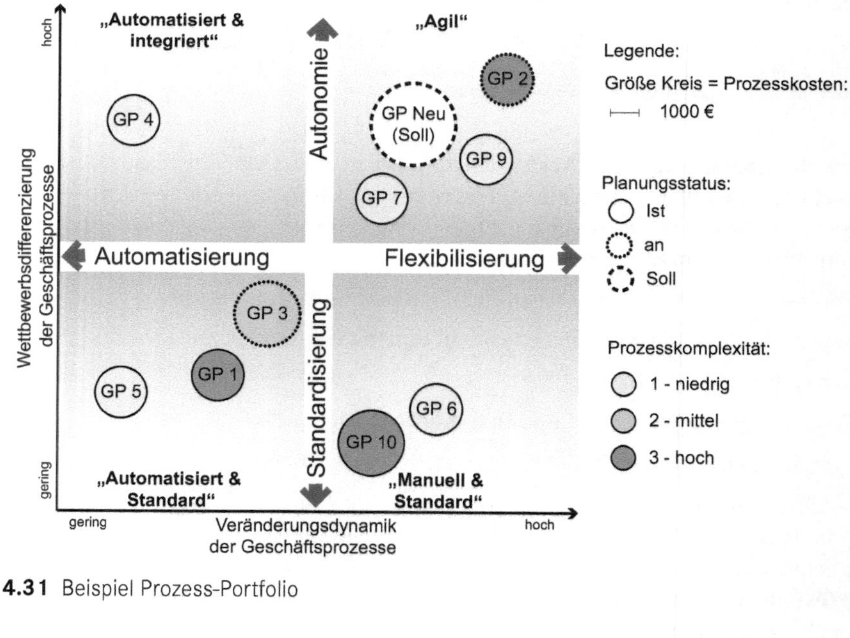

Bild 4.31 Beispiel Prozess-Portfolio

- **Beseitigung von organisatorischen, Medien- und Systembrüchen:** Für die Erkennung von organisatorischen Brüchen werden häufig Swimlane-Darstellungen verwendet (siehe Bild 4.24). Anhaltspunkte für Systembrüche können durch die Analyse der Geschäftsprozessunterstützung in einer Bebauungsplangrafik (siehe Bild 4.18) gewonnen werden. Immer dann, wenn für einen Geschäftsprozess unterschiedliche Systeme genutzt werden, die ggf. zudem nicht über Schnittstellen verbunden sind, könnte ein Systembruch vorliegen. Eine Detailanalyse ist an dieser Stelle erforderlich. Siehe hierzu [HLo21].
- **Erhöhung des Standardisierungsgrads von fachlichen Funktionen und Geschäftsprozessen sowie deren Homogenisierung:** Nach der Festlegung von Standards für fachliche Funktionen oder Geschäftsprozesse kann der Standardisierungsgrad anhand farblicher Markierungen in einer Prozesslandkarte oder einem funktionalen Referenzmodell dargestellt werden. Bei fachlichen Funktionen oder Geschäftsprozessen lässt sich der Standardisierungsgrad z. B. anhand der Standardisierung der zugeordneten Teilfunktionen ermitteln. Häufig wird jedoch lediglich zwischen „Standard" und „kein Standard" unterschieden (siehe Bild 4.32). So wird Handlungsbedarf sichtbar und kann dem Management gut vermittelt werden.

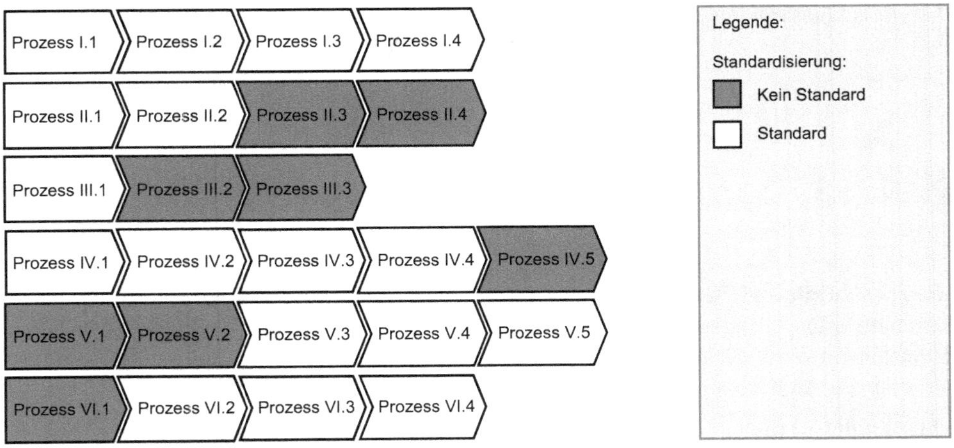

Bild 4.32 Beispiel mit Standardisierungsgrad in einer Prozesslandkarte

Neben dem Standardisierungsgrad werden Geschäftsprozesse im strategischen Prozessmanagement (siehe [HLo21]) häufig bzgl. ihrer Wettbewerbsdifferenzierung, ihres Strategie- und Wertbeitrags, ihrer Veränderungsdynamik, Prozessqualität, Prozesstransparenz, des IT-Unterstützungsgrads, der Prozessbedeutung, Prozessrisiken und Prozesskomplexität analysiert und klassifiziert (siehe Abschnitt 2.4.1).

- **Zentralisierung oder Outtasking von Commodity-Geschäftsprozessen:** Anhand von Prozessportfolios (siehe Bild 4.31) können Kandidaten für Zentralisierung oder Outtasking gefunden werden. Die Bewertung erfolgt anhand unternehmensspezifischer Kriterien. Für die Identifikation von Commodity-Geschäftsprozessen werden die Geschäftsprozesse in der Regel entsprechend ihrer Wettbewerbsdifferenzierung und/oder Geschäftskritikalität klassifiziert.

- **Verschlankung von Geschäftsprozessen durch die Beseitigung von Ausnahmefällen sowie standardisierte Behandlung derselben:** Laut Aberdeen Group [Abd00] können drei Viertel der geschäftlichen Transaktionen an irgendeinem Punkt Ausnahmen von der Regel erfordern. Die Reduzierung dieser Ausnahmen bietet ein gewaltiges Einsparpotenzial.

  Anhand einer fachlichen Bebauungsplangrafik (siehe Abschnitt 2.4.3) können funktionale Redundanzen und Ausnahmefälle aufgedeckt werden. In der Regel ist im Anschluss eine Detailanalyse im operativen Prozessmanagement erforderlich.
- **Schaffung von Business-Möglichkeiten durch IT-Innovationen** *wie z. B. Kollaborationsplattformen für eine bessere Einbindung von Partnern und Lieferanten:* Durch ein mit dem Business integriertes IT-Innovationsmanagement und Business-Alignment der IT kann eine businessorientierte Innovation erfolgen. EAM unterstützt hier durch die Analysemöglichkeiten auf der EAM-Datenbasis.

> **Wichtig**
>
> EAM liefert lediglich Anhaltspunkte für eine Optimierung. Häufig ist eine Tiefenbohrung, eine detaillierte Analyse, notwendig, um die Relevanz und Umsetzbarkeit zu überprüfen.

4.13 Demand Management

Kurzbeschreibung: Planung und Steuerung des Zuflusses von strategischen und operativen Geschäftsanforderungen in die Umsetzung durch das Demand Management. Das Demand Management vermittelt und übersetzt zwischen Business und IT. Hierzu werden sowohl Input als auch das Analyse- und Planungsinstrumentarium von EAM genutzt.

Stakeholder-Gruppen: Business-Planer (C und I), Unternehmensarchitekt (R), Daten-Owner (C und I), Prozess-Owner (C und I)

Ziele:

- *Optimierung des Tagesgeschäfts:* Das Demand Management stellt die angemessene Umsetzung von Geschäftsanforderungen sicher. Insbesondere werden hier auch Handlungsbedarf und Optimierungspotenzial im Tagesgeschäft berücksichtigt.
- *Strategische Ausrichtung:* Das Demand Management entwickelt die Geschäftsarchitektur im Zusammenspiel mit dem Prozessmanagement und Business Capability Management weiter und identifiziert die umzusetzenden Geschäftsanforderungen. Diese müssen bei der strategischen Ausrichtung der IT berücksichtigt werden.
- *Beitrag zur Weiterentwicklung des Geschäfts:* Durch die fachliche Planung und Steuerung der Umsetzung als Sprachrohr des Business wird sichergestellt, dass die fachlichen Ziele und Geschäftsanforderungen angemessen umgesetzt werden.

Erläuterungen und geeignete Visualisierungen

Das Demand Management ist die Disziplin für das Management der strategischen und operativen Geschäftsanforderungen. Es geht darum, im Zusammenspiel zwischen Business und IT die Geschäftsanforderungen möglichst angemessen, kostengünstig und trotzdem tragfähig und zeitgerecht in den Geschäftsprozessen und in der IT-Unterstützung umzusetzen. Das Demand Management vermittelt und dolmetscht zwischen den Fach- und IT-Abteilungen. Die wesentliche Tätigkeit im Demand Management ist die Business-Analyse, d. h. die Identifikation, Aufnahme, Bündelung, fachliche Planung, Bewertung und Steuerung der Umsetzung von Geschäftsanforderungen.

Der für einen Fachbereich zuständige Business-Analyst nimmt die Geschäftsanforderungen aus seinem Fachbereich strukturiert auf und überführt sie in machbare Umsetzungspakete. Hierzu müssen die wesentlichen Anforderungen identifiziert und dafür angemessene fachliche Lösungen gefunden werden. Jede Anforderung muss im Hinblick auf Sinn, Nutzen und Umsetzungsaufwand geprüft werden. Der Business-Analyst berät den Fachbereich bei der Priorisierung und hinterfragt die geschäftliche Notwendigkeit. So lassen sich Anzahl und Umfang von Geschäftsanforderungen erheblich reduzieren und vor allem kann dafür gesorgt werden, dass die „richtigen Dinge richtig" umgesetzt werden.

Soweit möglich, konzipiert und bündelt der Business-Analyst die Geschäftsanforderungen zu fachlichen Anforderungsbündeln, die gesamthaft umgesetzt werden sollen. Diese stimmt er in der Regel mit dem Fachbereichsverantwortlichen ab, bevor er sie in Form von Wartungsanforderungen, fachlichen Projektanträgen oder Tickets an die IT oder Organisationsabteilung zur Bewertung weiterleitet.

In Bild 4.33 werden die wesentlichen Schritte vom „O-Ton Kunde" bis zur Festlegung der Umsetzungspakete grob dargestellt.

Das Demand Management hat insbesondere auch eine Beratungsfunktion. So zeigt es die Komplexität von möglichen Lösungen für Geschäftsanforderungen gegenüber dem Business auf und hilft, die fachlich richtigen Entscheidungen zu treffen.

Nicht immer muss es beispielsweise die umfangreiche Lösung sein, die allen möglichen Anforderungen genügt. Es gibt Fälle, in denen das Zeitfenster für den Markteintritt sehr schmal ist (Lean -Startup-Methode, siehe [Han14]). Schnelle Lösungen sind gefragt. Eine Möglichkeit ist hier zumindest temporär der Verzicht auf IT-gestützte Prozesse oder Funktionen, wenn deren Bereitstellung das notwendige Zeitfenster für den Markteintritt gefährdet. Aber auch eine „schnelle" (Zwischen-)Lösung (bei der bewusst von IT-Standards abgewichen wird) ist gegebenenfalls notwendig. In der Kostenschätzung müssen dann die Kosten für den anstehenden Rückbau der Zwischenlösung (sprich: die Integration der „schnellen" Lösung in die IT-Landschaft) enthalten sein. Die Kosten für den Rückbau müssen auch bei der Wirtschaftlichkeitsbetrachtung berücksichtigt werden. Der Rückbau muss in dem Projekt umgesetzt werden, das auch die Zwischenlösung implementiert hat. Versuchen Sie nicht, den Rückbau auf „die lange Bank" zu schieben – er wird dann nie stattfinden. Mit der Folge, dass dauerhaft hohe Wartungs- und Infrastrukturkosten zu beklagen sind.

Manuell ausgeführte Geschäftsprozesse und die Prozesssteuerung durch Menschen entsprechen nicht dem Idealbild in einem modernen Unternehmen. Es ist aber im Einzelfall abzuwägen, ob IT-gestützte Verfahren unter den bestehenden Randbedingungen tatsächlich wirtschaftlich sind. Ein Beispiel sind lediglich drei gelegentliche Nutzer für ein System, dessen Funktionalitäten auch mit Excel bewältigt werden können.

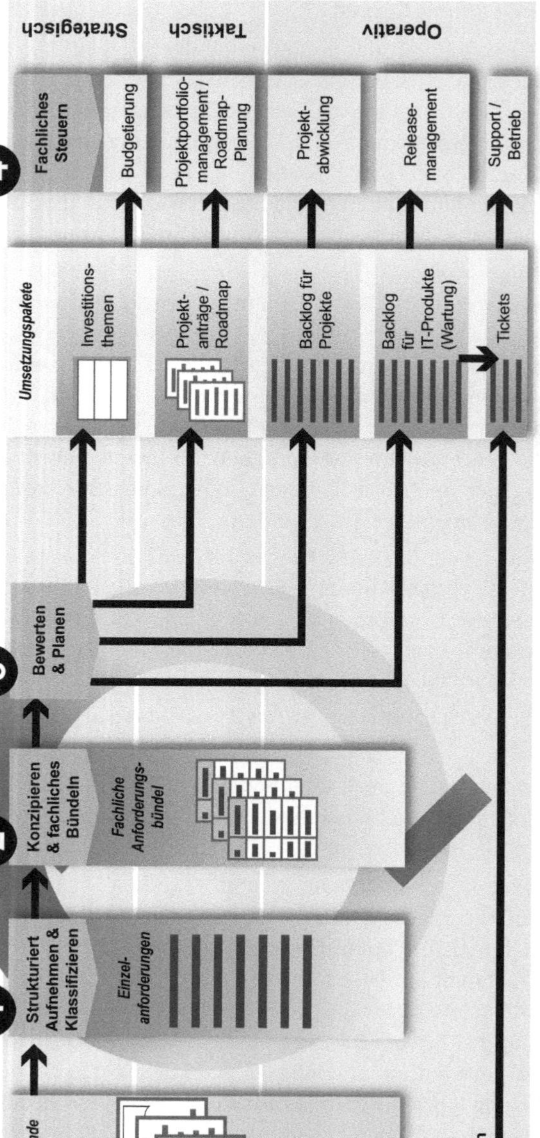

Bild 4.33 Vom O-Ton Kunde zur Umsetzung der Geschäftsanforderung (siehe [HGG15])

Wesentliche Erfolgsfaktoren für das Demand Management sind:

- **Beherrschung der Flut von Geschäftsanforderungen:** Systematisches und handhabbares Management der Geschäftsanforderungen als Grundlage für die fachliche Planung und Steuerung.
- **Mit angemessenem Aufwand sicherstellen, dass die richtigen Dinge getan werden:** Identifikation und Priorisierung der aus strategischer und „Pain"-Sicht wesentlichen Handlungsschwerpunkte auf einer strategischen und taktischen Planungsebene sowie fachlich fundierter Projektschnitt, Roadmap- und fachliche Projekt- und Iterationsplanung zeitgerecht und mit vertretbarem Aufwand sowie fachliche Steuerung der Umsetzung.

Die Beherrschung der Flut von Geschäftsanforderungen ist die Voraussetzung für die anderen Aufgaben im Demand Management. Schauen wir uns dies etwas näher an.

- Die Dokumentation und die Planung von Geschäftsanforderungen ufern häufig in riesige Papierberge und Modelle aus, die mit großem Zeitaufwand erstellt und für den eigentlichen Planungsprozess nur bedingt nutzbar sind. Dies hat in der Regel die beiden Ursachen:
- Der Anforderungssteller formuliert Anforderungen („O-Ton Kunde"[5]) in unterschiedlicher Granularität und Konkretisierung. So fällt es schwer, diese Anforderung in eine Struktur in das Demand -Management-Werkzeug oder aber in das Fachkonzept einzufügen. Die Anforderung müsste ggf. zerlegt oder mehrfach zugeordnet werden.
- Bei der Dokumentation der Anforderung werden diese nicht in einer einheitlichen Granularität beschrieben. Grob und fein granulare Anforderungen werden durchmischt als Input für die strategische, taktische und operative Planung und Steuerung verwendet. Für die strategische Planung müssen Anforderungen ggf. zusammengefasst und für die operative Planung zerlegt werden. Zum Planungszeitpunkt fehlt aber häufig der fachliche Input für das Vergröbern oder Zerlegen oder aber dieser Input muss mit großem Aufwand nachgeholt werden, da die Vergröberung oder Detaillierung nicht bereits bei der Anforderungserhebung fachlich geklärt wurde.

Für das Beherrschen der Flut der Geschäftsanforderungen ist es aber wichtig, einerseits die Anforderungen im O-Ton Kunde aufzunehmen und andererseits in eine einheitliche Granularität strukturiert herunterzubrechen. Der O-Ton Kunde ist die Grundlage für die Abstimmung mit dem Anforderungssteller. Durch die Zuordnung von strukturiert und in einheitliche Granularität heruntergebrochene Geschäftsanforderungen kann die Planung und Steuerung der Umsetzung vereinfacht und insbesondere auch für den Anforderungssteller transparent gemacht werden. Dies zeigen wir im Folgenden.

Ein Beispiel für eine Anforderung in „O-Ton Kunde" ist: „Die Auftragsbearbeitung genauso wie im Altsystem umsetzen." Die Geschäftsanforderung ist nicht unmittelbar klar. U. a. sind Fragen offen, wie: Welche Altsysteme sind im Detail gemeint? Welche der Funktionalitäten des Altsystems werden wirklich in welcher Priorität benötigt? Sollen die Funktionalitäten wirklich „1:1" umgesetzt werden oder soll gegebenenfalls doch die eine oder andere Verbesserung eingefügt werden? Was darf die Umsetzung kosten? Wann muss sie fertig sein?

Der Business-Analyst muss die Anforderung erst verstehen, Zusammenhänge und Abhängigkeiten analysieren, oft auch den Sinn hinterfragen und dann in Abstimmung mit dem Anforderungssteller gegebenenfalls aussortieren oder umformulieren und strukturiert aufnehmen. Der ursprüngliche O-Ton muss zusammen mit den aus der Business-Analyse

[5] Wörtliche Formulierung der Anforderung des Anforderungsstellers

resultierenden Geschäftsanforderungen aus Gründen der Nachvollziehbarkeit dokumentiert werden. Minimal muss ein Link gesetzt werden. Dies muss auch im Anforderungsmanagement-Werkzeug, z. B. Jira, umgesetzt werden.

Um das Granularitätsproblem in den Griff zu bekommen, ist eine systematische und einheitliche Beschreibung der Anforderungen auf unterschiedlichen Detaillierungsebenen entsprechend der Erfordernisse der verschiedenen Planungs- und Steuerungsaufgaben erforderlich. In der strategischen Planung werden lediglich grobgranulare und in der operativen Planung detaillierte Geschäftsanforderungen benötigt. Bewährt hat sich hierzu eine Strukturierung in Investitionsthemen, Themenbereiche, Features und Realisierungsanforderungen.

- **Investitionsthemen** beschreiben Maßnahmen zur Umsetzung der Ziele eines Unternehmens oder einer Geschäftseinheit. Sie werden im Verlauf der Budgetierung ermittelt, bewertet und mit Budget versehen. Die Budget-Zuordnung erfolgt in der Regel für eine Planungsperiode (z. B. ein Jahr) und kann im Rahmen einer rollierenden Planung, z. B. je Quartal, angepasst werden.

  Investitionsthemen werden häufig durch Schlagworte benannt, wie z. B. „Einführung CRM (Customer Relationship Management)“ oder „Partnerintegration des Unternehmens Energy Verde“.

- **Themenbereiche** beschreiben die konkreten Kundenbedürfnisse auf höchster Ebene. Sie füllen die Investitionsthemen mit Inhalten, sodass diese grob abgeschätzt und priorisiert werden können. Jeder Themenbereich kann jeweils unabhängig bewertet und priorisiert werden. Die Umsetzung eines Themenbereichs erfolgt über Projekte oder Wartungsmaßnahmen in einem oder mehreren Releases eines oder mehrerer IT-Systeme. Der Inhalt eines Themenbereichs wird in der Regel in wenigen Sätzen oder Aufzählungspunkten beschrieben. Die verfolgten Ziele müssen dabei klar hervorgehen.

  Beispiele für Themenbereiche für das Investitionsthema „CRM“ sind „Geschäftspartnermanagement“, „Call-Center-Unterstützung“ und „Servicesteuerung“. Im agilen Umfeld wird häufig der Begriff „Epic“ in diesem Kontext verwendet (siehe [Lef11]).

- **Features** sind Funktionalitäten eines oder mehrerer Systeme oder Produkte, die für den Anwender einen unmittelbaren Wert darstellen. Sie werden vom Anwender als ein sinnvolles Ganzes wahrgenommen. Bei (Software-)Produkten wird häufig bei der Bestimmung der Features hinterfragt, ob dieses für den Käufer kaufentscheidend ist.

  Ein Feature wird über ein Projekt oder eine Wartungsmaßnahme eines Release in einem oder mehreren miteinander verbundenen IT-Systemen umgesetzt. Für die Priorisierung und Umsetzungsplanung werden Features häufig in Teil-Features zerlegt, wenn eines von ihnen nicht in einer Iteration umgesetzt werden kann.

  Beispiele für Features für den Themenbereich „Geschäftspartnermanagement“ sind „Geschäftspartner-Stammdatenverwaltung“, „Geschäftspartner-Segmentierung“ und „Marketingaktions-Schnittstelle“. Teil-Features der „Geschäftspartner-Stammdatenverwaltung“ sind „Geschäftspartner-Stammdatenpflege“, „Beziehungsgeflechtpflege“ und „Kündigungsbearbeitung“.

  Ein Feature wird immer in einem Release, ggf. über mehrere Iterationen, umgesetzt. Der Umsetzungsaufwand für ein Feature sollte unter 100 Personentagen (PT) liegen. Liegt der Umsetzungsaufwand deutlich über 100 PT, muss für die Release-Planung eine weitere Detaillierung auf Teil-Features erfolgen.

- **Realisierungsanforderungen** sind Aussagen über eine Eigenschaft oder eine Leistung, die ein IT-System aus Sicht des Systemnutzers erbringen muss. Sie beschreibt nicht, wie diese Leistung zu erbringen ist. Realisierungsanforderungen werden im Anforderungsmanagement in Projekten oder Wartungsmaßnahmen ermittelt. Eine Realisierungsanforderung bezieht sich immer auf ein System oder Produkt.

  Eine Realisierungsanforderung wird über ein Projekt oder eine Wartungsmaßnahme in einer Iteration umgesetzt.

  Im agilen Umfeld wird häufig stattdessen die Einheit einer User Story (siehe [Lef11]) verwendet.

  Realisierungsanforderungen werden immer in einer Iteration umgesetzt. Der Umsetzungsaufwand sollte daher kleiner gleich 10 PT sein. Damit der Business-Analyst den Umsetzungsfortschritt in Projekten bzw. Wartungsmaßnahmen beurteilen kann, muss jede Realisierungsanforderung einem (Teil-)Feature zugeordnet sein.

Investitionsthemen sind die gröbsten Einheiten, Realisierungsanforderungen sind am detailliertesten. Investitionsthemen sind in der Regel rein problemorientiert und drücken die Bedürfnisse der Stakeholder ohne konkreten Lösungsansatz aus („Problembereich"). Durch die prägnante Beschreibung und Konzentration auf die für die strategische bzw. taktische Planungsebene relevanten Informationen kann passend zu dieser Planungs- und Steuerungsebene leichtgewichtig mit verhältnismäßig wenig Aufwand eine inhaltlich fundierte Planung erstellt werden.

Die Detaillierung erfolgt im Rahmen der fachlichen Planung. Mit zunehmender Detailtiefe gehen immer mehr Umsetzungsaspekte mit ein und wir befinden uns im „Lösungsbereich". Wir nähern uns immer mehr von der strategischen und taktischen Ebene der operativen Ebene an. Damit nehmen die Detaillierung und auch der Aufwand für die Dokumentation zu. Für die Projekt- und Iterationsplanung ist dieser höhere Detaillierungsgrad aber erforderlich und der Dokumentationsaufwand angemessen. Für die strategische (Unternehmensplanung) und taktische Planungsebene (Projektportfolio- und Roadmap-Planung) wird eine gröbere Granularität benötigt, da hier frühzeitig und mit verhältnismäßig geringem Aufwand sichergestellt werden muss, dass das Richtige getan wird. Eine leichtgewichtige strategische und taktische Planung mit Bodenhaftung ist notwendig. So können Fehlinvestitionen vermieden und die relevanten Geschäftsanforderungen schnell und angemessen umgesetzt werden. Nun schauen wir uns die Planungsebenen etwas detaillierter und im Zusammenspiel insbesondere in Bezug auf ihre Handhabbarkeit an.

Auf strategischer Ebene werden grobgranular Eckwerte und Orientierungshilfen für einen langfristigen Planungszeitraum gesetzt. Dies sind insbesondere die Vision, das grobe Ziel-Bild und die Leitplanken. Darüber hinaus werden auf der strategischen Planungsebene die Budgets für eine Planungsperiode in der näheren Zukunft (in der Regel ein Jahr) im Rahmen einer Investitionsplanung initial festgelegt und rollierend an die jeweiligen Geschäftsanforderungen und Randbedingungen angepasst. Es wird auf Unternehmens- und Geschäftseinheitenebene festgelegt, in welche Themenfelder in einer Planungsperiode vorrangig investiert werden soll (Investitionsthemen).

Das Ziel-Bild und die Investitionsthemen werden in der taktischen Ebene, der Projektportfolio- und Roadmap-Planung, weiter detailliert. Die Ergebnisse der taktischen Planung werden wiederum in der operativen Planungsebene verfeinert. In der Projekt- und Iterationsplanung werden die im Rahmen der Projektportfolio- und Roadmap-Planung festgelegten Initiativen zumindest für die ersten Projektphasen oder Inkremente detaillierter geplant.

Das systematische Management der Geschäftsanforderungen schafft die Basis für die inhaltliche Planung und Steuerung auf allen Ebenen. Wesentlich sind hier die strukturierte Aufnahme der Geschäftsanforderungen in der jeweils erforderlichen Granularität, die Verknüpfung zwischen den Granularitäten und mit dem O-Ton Kunde sowie mit den Umsetzungspaketen. Grob granulare Anforderungen werden, wenn diese im Kontext der taktischen Planung gesammelt werden, direkt auf die Granularität von Features in Abstimmung mit dem Anforderungssteller heruntergebrochen. Feingranulare Anforderungen werden entweder Features einer vorhandenen Capability Map (Bottom-up-Konsolidierung) zugeordnet oder aber, wenn nicht vorhanden, zu Features zusammengefasst. Auf diese Art und Weise liegen die Geschäftsanforderungen für die jeweilige Planungsebene in der erforderlichen Granularität vor.

Wesentlich ist insbesondere die Verbindung zwischen den Planungsebenen. Darüber wird einerseits sichergestellt, dass die strategischen und taktischen Planungen auch in die operative Planung einfließen. Andererseits wird hierdurch eine Grundlage für die Steuerung der Umsetzung - auch bei veränderten Geschäftsanforderungen - geschaffen. Voraussetzung dafür ist aber neben dem systematischen Management der Geschäftsanforderungen einerseits eine leichtgewichtige und fundierte fachliche Planung (Budgetierung) und andererseits ein passender Projektschnitt sowie eine angemessene Roadmap- und fachliche Projekt- und Iterationsplanung. Dies schauen wir uns jetzt näher an.

Leichtgewichtige, aber fachlich fundierte Budgetierung

In der Investitionsplanung (auch Budgetierung genannt) werden die Budgets für die nähere Zukunft (in der Regel ein Jahr) initial festgelegt und rollierend an die jeweiligen Geschäftsanforderungen und Randbedingungen angepasst. Der Business-Analyst in der Fachbereichsorganisation vertritt die inhaltlichen Interessen der Fachverantwortlichen. Er nimmt die Investitionsthemen und Themenbereiche auf, entwickelt und bewertet Lösungsszenarien und schätzt die erforderlichen Budgets in Zusammenarbeit mit den Umsetzungsverantwortlichen ab. Die Investitionsthemen und Themenbereiche resultieren aus strategischen Geschäftsanforderungen und aktuellen Handlungsbedarfen. Die strategischen Geschäftsanforderungen müssen, wenn noch nicht klar benannt, aus der Unternehmensstrategie und IT-Strategie abgeleitet werden. Aktuelle Handlungsbedarfe sind einerseits die „Pains" sowie die prioren aktuellen operativen Geschäftsanforderungen. Die „Pains" werden eingesammelt und die prioren aktuellen gesammelten Geschäftsanforderungen müssen konsolidiert und zu Handlungsschwerpunkten, den Investitionsthemen und Themenbereichen, zusammengefasst werden.

Durch die Budgetierung werden die vorhandenen Investitionsmittel für eine Planungsperiode auf Investitionsthemen verteilt. Das Gesamtbudget wird in der Regel von der Unternehmensführung für eine Planungsperiode (in der Regel ein Kalenderjahr) beschränkt. D. h., lediglich die prioren Themenbereiche, für die das Gesamtbudget reicht, werden weiter beplant. Hier spielt die relative Bewertung der Investitionsthemen zueinander eine wichtige Rolle. Diese erfolgt z. B. nach Kriterien wie Wert- und Strategiebeitrag, Kosten und Umsetzungsrisiko (siehe auch [Han14]).

Für jedes Investitionsthema und ggf. jeden Themenbereich muss eine grobe Abschätzung des erforderlichen Budgets in der Planungsperiode erfolgen. Die Abschätzung kann auf unterschiedliche Art und Weise erfolgen. Beispiele sind Analogieschätzungen auf der Basis oder Fortschreibung von Vergangenheitswerten, Mengen- oder Komplexitätsabschätzung oder auf der Basis eines Analyseprojekts, in dem die Anforderungen im Detail betrachtet werden (siehe [HGG15]).

Die Budgetierung erfolgt z. B. im Gegenstromverfahren (siehe [Gab12]). Top-down wird ermittelt, wie viel die Entscheider überhaupt für ein Thema ausgeben möchten. Bottom-up ist dann zu prüfen, ob das top-down vorgegebene Budget dafür ausreichend ist. Ein Bottom-up bestätigtes Budget gilt als Zusage, eine definierte Leistung für einen bestimmten Aufwand zu liefern.

Der Business-Analyst im Demand Management kann bei der Budgetierung auf unterschiedliche Art und Weise unterstützen. Er kann z. B. durch Ableitung strategischer Geschäftsanforderungen (siehe [HGG15]) oder Bottom-up-Konsolidierung (siehe unten) Investitionsthemen vorschlagen, diese anhand festgelegter Kriterien bewerten und eine Verteilung der Budgetanteile auf einzelne Investitionsthemen oder Themenbereiche vorbereiten. Die konkrete Beteiligung des Demand Managements bei diesen Aufgabenbereichen ist unternehmensspezifisch auszugestalten.

Die Budgetierung setzt durch die Vorgabe von Investitionsthemen und Themenbereichen und die Budgethöhe Handlungsschwerpunkte für die taktische und operative Planung. Durch das Herunterbrechen der Themenbereiche im Rahmen der Projektportfolio- und Roadmap-Planung werden die Budgets mit Leben gefüllt. Durch neue Anforderungen oder Ziele oder Sichtweisen verändern sich gegebenenfalls aber die Prioritäten. Budgets werden umgewidmet, d. h. anstelle der ursprünglich geplanten Themenbereiche werden andere durchgeführt oder aber die Themenbereiche modifiziert.

Die fachliche Planung muss ihren Zweck mit möglichst wenig Aufwand erfüllen, d. h. den fachlichen Input für die Budgetierung mit dem Kenntnisstand der Planung zu diesem Zeitpunkt liefern.

Von zeitaufwendigen detaillierten Analysen sollte in der Budgetierung in der Regel wegen dem „Moving Target" abgesehen werden. Anstelle dessen sollten leichtgewichtige Expertenschätzungen genutzt werden. „Hinreichend genaue" Aussagen sind ausreichend, da realistisch ohnehin nicht mehr verlässlich geliefert werden kann. Hierbei ist es aber wichtig, dass ein einheitliches Verständnis über die umzusetzenden Inhalte und die Vorhersagegenauigkeit zu Kosten, Terminen und Inhalten sowie der zugrunde liegenden Annahmen, Randbedingungen und Risiken bei allen Beteiligten besteht. Nur so werden Schuldzuweisungen für „Fehler" im Nachhinein vermieden. Oft ist dies nur in einer offenen Leistungskultur möglich. Bei einer angstgeprägten Absicherungskultur ist häufig niemand bereit, grobe, aber verbindliche Aussagen zu tätigen.

Für „riskante" Geschäftsanforderungen muss sicherlich an der einen oder anderen Stelle auch bei „hinreichend genauen" Aussagen genauer hingeschaut werden. Die detaillierte Analyse sollte dann im Rahmen eines „Analyseprojekts" und nur für diese risikobehafteten Geschäftsanforderungen durchgeführt werden.

Mit angemessenem Aufwand sicherstellen, dass die richtigen Dinge getan werden

Mit angemessenem Aufwand sicherzustellen, dass die richtigen Dinge getan werden, ist nicht einfach und muss sowohl auf taktischer als auch auf operativer Ebene durchgeführt werden.

Sowohl der fachlich fundierte Projektschnitt oder die Roadmap- sowie eine fachliche Projekt- und Iterationsplanung muss zeitgerecht und mit vertretbarem Aufwand erfolgen.

In der taktischen Planungsebene, der fachlichen Projektportfolio- und Roadmap-Planung (siehe [Han14]), wird dafür gesorgt, dass die wirklich wichtigen und strategisch in der Investitionsplanung beabsichtigten Dinge auch umgesetzt werden. Durch eine Planung in einer groben, aber doch inhaltlich fundierten Granularität wird mit überschaubarem Aufwand ein inhaltlicher Rahmen für die Projekt- und Iterationsplanung geschaffen. Durch die Verknüpfung zwischen Artefakten auf den verschiedenen Ebenen wird die Grundlage für die Steuerung der Umsetzung geschaffen.

Dies ist die Königsdisziplin im Demand Management, da dies die Beherrschung des Anforderungschaos voraussetzt und aufbauend darauf die taktische Planung systematisch durchgeführt werden muss. Hierzu werden mit vertretbarem Aufwand die relevanten Themenbereiche und Features identifiziert und abgestimmt. Die strategischen Geschäftsanforderungen werden weiter heruntergebrochen und aus den gesammelten Realisierungsanforderungen und Pains werden über eine Bottom-up-Konsolidierung Themenbereiche, Features und in einigen Fällen sogar Teil-Features identifiziert. Diese werden dann zu taktischen Umsetzungseinheiten gebündelt, analysiert und bewertet. Hierauf setzt die eigentliche taktische Umsetzungsplanung auf. Ergebnisse sind Projektanträge, das aus fachlicher Sicht sinnvolle Projektportfolio und/oder (Produkt-)Roadmaps (siehe Bild 4.34) für die Umsetzung der taktischen Umsetzungspakete. Die Projektanträge werden ins Projektportfoliomanagement und die Produkt-Roadmap ins Produktmanagement eingesteuert. Nur so wird erreicht, dass das, was beabsichtigt wird, auch wirklich umgesetzt wird.

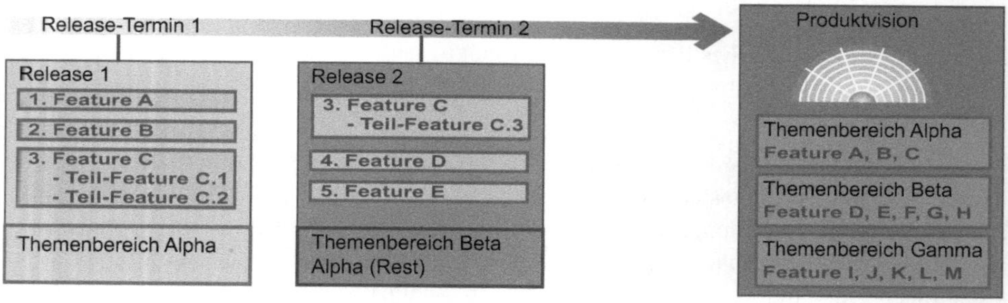

Bild 4.34 Beispiel einer Produkt-Roadmap

Neben den aus den Zielen abgeleiteten strategischen Geschäftsanforderungen sind die gesammelten Geschäftsanforderungen die Basis für die taktische Planung. Aus den strategischen Geschäftsanforderungen wird top-down z. B. eine Capability Map mit den (Teil-) Feature-Kandidaten erstellt. Die gesammelten Anforderungen haben die unterschiedlichsten Granularitäten; von der Tendenz her sind sie aber eher feingranular. Diese Anforderungen müssen den top-down ermittelten (Teil-)Feature-Kandidaten in der Bottom-up-Konsolidierung zugeordnet werden. Auf diesem Weg erhält man ähnliche Granularitäten. Themenbereiche und (Teil-)Features werden durch die Zusammenfassung und/oder das Splitten von Realisierungsanforderungen ermittelt. Die so identifizierten mittelgranularen Geschäftsanforderungen füllen die top-down ermittelten Themenbereiche und (Teil-)Features mit Leben und justieren diese, d. h., sie passen diese an die durch Kundenwünsche geforderte Realität an. Falls es keine passenden gibt, muss die Feature-Map entsprechend angepasst werden.

Die Roadmap muss entsprechend den veränderten Anforderungen und Rahmenbedingungen regelmäßig angepasst werden. Je weiter man in die Zukunft schaut, desto gröber ist die Planung. Das zeitlich nächste Release oder Programm/Projektportfolio wird in der Regel auf Ebene von Teil-Features geplant. Für die weitere Zukunft sind oft nur Features oder Themenbereiche angegeben.

Bei Kaufprodukten wird häufig der erwartete Funktionsumfang schon frühzeitig festgelegt. Basis hierfür ist eine Business Capability Map (siehe Abschnitt 4.14), die den erwarteten Funktionsumfang zumindest bis auf Ebene von Features weitgehend vollständig beschreibt.

Natürlich können sich im Rahmen der Umsetzung Veränderungen ergeben, diese müssen dann aber auf grober Ebene auch wieder in die Projektportfolio- und Roadmap-Planung einfließen. So können Veränderungen auf taktischem Level adäquat - mit überschaubarem Aufwand - gemanagt werden.

Die Planung erfolgt in dieser taktischen Planungsebene auf der Grundlage von Features und Teil-Features. Ergebnis der Planung ist eine Roadmap zur Umsetzung je Produkt und eine Abbildung auf Projekt(anträg)e für den Planungshorizont des Projektportfoliomanagements. Eine Roadmap besteht aus einer Abfolge von Releases mit dem Ziel, schrittweise die Produktvision umzusetzen. Dies ist in Bild 4.34 anhand eines Beispiels dargestellt. Zu jedem Release ist Folgendes festgelegt:

- **geplanter Release-Termin**
- **Schwerpunktthema des Release:** Als Schwerpunktthema für das nächste Release wird der am höchsten priorisierte Themenbereich der strategischen Planung herangezogen. Die Umsetzung des Themenbereichs kann sich über mehrere Releases erstrecken.
- **Priorisierte Liste von (Teil-)Features, die mit Abschluss des Release umgesetzt sein sollen (Projektschnitt):** Der Themenbereich wird über Features und ggf. Teil-Features weiter detailliert. Im Rahmen des Projektschnitts bzw. der Release-Planung wird festgelegt, welche Features und Teil-Features umgesetzt werden sollen.

In Abhängigkeit von Dringlichkeit, Relevanz und Größenordnung sowie unternehmensspezifischen Kriterien werden die verschiedenen Geschäftsanforderungen zu taktischen Umsetzungspaketen gebündelt. Diese werden in der Roadmap grob Releases zugeordnet und zur Entscheidung in das Entscheidungsgremium für die Roadmap eingesteuert.

Anhand der Häufung von bottom-up konsolidierten Anforderungen in Themenbereichen werden mögliche Schwerpunkte für künftige Releases identifiziert. Schwerpunkte können aber auch top-down durch strategische Überlegungen aufgrund z. B. der Marktbeobachtung entstehen.

Die Detailierung auf Ebene von Features bzw. Teil-Features erfolgt im Rahmen der Business-Analyse in enger Abstimmung mit den Fachbereichen und den Umsetzungseinheiten. Auf dieser Granularitätsebene wird das Planungsergebnis (Release oder Projekt) inhaltlich greifbar, Lösungsdetails sind aber noch nicht erarbeitet. Die Planung ist schon ausreichend konkret, um eine Orientierung für die konkrete Umsetzung in den Projekten zu geben. Ein kritischer Punkt ist hier sicherlich die Aufwandsschätzung. Man muss hinreichend zuverlässige Aussagen darüber machen, was in einem Release enthalten ist und was nicht. Hier gibt es aber eine Reihe von Tipps und Tricks (siehe [HGG15]).

In der Roadmap-Planung für Produkte werden (Teil-)Features zu grob definierten Terminen in Umsetzungseinheiten zusammengefasst. Schwerpunktthemen für die einzelnen Releases ergeben sich aus den Themenbereichen, wie sie im Rahmen der Unternehmensplanung festgelegt wurden. Die Umsetzung eines Themenbereichs kann sich dabei über mehrere Releases erstrecken.

Jeder Themenbereich wird, wenn nicht bereits erfolgt, priorisiert und entsprechend seiner Priorität analysiert, bewertet und über Features und ggf. Teil-Features weiter detailliert. Die am höchsten priorisierten Themenbereiche werden dabei vorrangig betrachtet. Der eigentliche Projektschnitt bzw. die Roadmap-Planung erfolgt dann auf Basis der Features und, soweit notwendig, Teil-Features.

Tipps für die Identifikation und das Zerlegen von Features

Um Features in einem bestimmten Themenbereich zu identifizieren, gehen Sie wie folgt vor:

Akteure identifizieren

Identifizieren Sie (potenzielle) Akteure, die mit dem System interagieren. Kandidaten hierfür sind beispielsweise:

- Benutzer in verschiedenen Rollen
- Beteiligte aus Geschäftsprozessen
- Administratoren, Support-Mitarbeiter, ...
- über Schnittstellen angebundene Systeme

Feature-Kandidaten identifizieren

Erstellen Sie eine erste Liste mit Kandidaten für Features. Das sind Funktionen bzw. Funktionsgruppen, die ein Akteur von einem System erwartet.

Mögliche Kandidaten können sein:

- Unterstützung für Aktivitäten aus Geschäftsprozessen
- CRUD (Create/Read/Update/Delete)-Funktionen für die Bearbeitung von Geschäftsobjekten
  Beispiel: „Kundenverwaltung“ (mit den Teilfunktionen „Kunde neu anlegen“ und „Kunde ändern“)
- Geschäftsregeln
  Beispiele: „Provisionsberechnung“ oder „Tarifierung“
- Funktionen für die Systemadministration und -konfiguration
  Beispiele: „Berechtigungspflege“ und „Benutzerverwaltung“

Feature-Kandidaten gruppieren bzw. detaillieren

Bilden Sie die Features, indem Sie die in Schritt 2 gefundenen Kandidaten zusammenfassen bzw. detaillieren. Die einzelnen Features sollten im Ergebnis in etwa die gleiche Granularität haben.

Qualitätsanforderungen und Rahmenbedingungen identifizieren

Nehmen Sie Features für Qualitätsanforderungen und Rahmenbedingungen mit auf, z. B. Anforderungen an Benutzbarkeit, Skalierbarkeit und Wartbarkeit. Hilfreich, um diese Anforderungen zu finden, sind z. B. fachliche Mengengerüste, wie die Aufrufhäufigkeit von Geschäftsprozessen oder die Anzahl der Nutzer des Systems (siehe dazu auch die Abschnitte 2.2.3 Prozessablaufdiagramm und 2.2.6 Fachliches Klassenmodell).

Funktionale oder technische Durchstiche aufnehmen

Wenn die Fachlichkeit oder technische Umsetzung noch nicht klar ist, kann in den ersten Iterationen ein funktionaler oder technischer Durchstich erforderlich sein. Auch solche Durchstiche müssen als „Feature" in die Planung aufgenommen werden.

Nutzen Sie, wenn vorhanden, unternehmensinterne Referenzmodelle oder Standardreferenzmodelle, um Feature-Kandidaten top-down abzuleiten. Diese Modelle können Sie auch zur Abstimmung mit den Fachbereichen heranziehen und abfragen, welche der Features für die Umsetzung des Themenbereichs benötigt werden. Durch das Feedback können Sie als schönen Nebeneffekt auch Ihr funktionales Referenzmodell optimieren (siehe [HGG15]).

Nehmen Sie die Anbindung bzw. Integration von Systemen als Feature-Kandidat mit auf, zum Beispiel „Anbindung Tarifsystem zur Preisermittlung".

Suchen Sie auch nach Assistenten oder Unterstützungsfunktionen, wie zum Beispiel „Volltextsuche".

Berücksichtigen Sie bei der Suche nach Features auch Qualitätsanforderungen und Rahmenbedingungen sowie ggf. erforderliche technische Durchstiche oder Prototypen.

Falls die Umsetzung eines Features aufgrund des großen Aufwands über mehrere Produkt-Releases verteilt erfolgen soll, können für die Zerlegung folgende Hilfestellungen genutzt werden:

Features anhand von Kriterien wie Risiko, Wertschöpfungsbeitrag oder Dringlichkeit zerlegen

Häufig lassen sich „große" Features, wie z. B. die „Kundenverwaltung", in Teil-Features entsprechend Kriterien wie Risiko, Wertschöpfungsbeitrag oder Dringlichkeit zerlegen.

Beispiel für eine Zerlegung anhand des Kriteriums „Dringlichkeit": Bei der „Kundenverwaltung" werden dringend die Kundenstammdaten benötigt, jedoch noch keine Zuordnung zu Kontakten. Daher wird das Feature „Kundenverwaltung" zerlegt in die Teil-Features „Primäre Kundendaten verwalten", „Kundenkontakt zuordnen" und „Vertriebsdaten verwalten". Für das anstehende Release wird das Teil-Feature „Primäre Kundendaten verwalten" eingesteuert, die anderen Teil-Features werden zurückgestellt.

Komplexe Geschäftsregeln zerlegen

Komplexe Geschäftsregeln kann man anhand einer ihrer Dimensionen (z. B. Produkt) zerlegen.

Beispiel: Die Berechnung der Versicherungsprämie für fünf verschiedene Versicherungsprodukte kann man in eine Prämienberechnung pro Versicherungsprodukt aufteilen. Damit bekommt man für jedes Versicherungsprodukt ein Teil-Feature.

Features anhand von Benutzerrollen zerlegen

Wenn Benutzer in unterschiedlichen Rollen mit dem System arbeiten, können Features ggf. entsprechend der Rollen in Teil-Features zerlegt werden.

Beispiel: Die Tarifierung von Versicherungsprodukten soll für „Spezialisten" und „Anfänger" möglich sein. Die „Spezialisten" benötigen zusätzliche Funktionen bei der Tarifierung, um auch Sonderfälle zu bearbeiten. Das Feature kann in Teil-Features für „Anfänger" und „Spezialisten" zerlegt werden.

Alternative Abläufe in Use-Cases abspalten

Wenn in einem Use-Case verschiedene alternative Abläufe vorgesehen sind, kann man jeden Ablauf als eigenes Teil-Feature aufnehmen. Dies gilt gleichermaßen für unterschiedliche Datenquellen und -kategorien, wie z. B. Kunden- und Partnerdaten.

Komplexität im User Interface reduzieren

Wenn die Komplexität im User Interface liegt, kann man in einem ersten Release ein „vereinfachtes" User-Interface einplanen, das in weiteren Releases schrittweise erweitert wird.

Funktionalitäten zerlegen

Bei großen komplexen Funktionalitäten, wie z. B. die Kundenverwaltung, können diese in Teilfunktionalitäten entsprechend z. B. „CRUD" zerlegt werden. Wörter wie z. B. „Verwaltung" oder „Management" sind Anzeichen dafür, dass eine Zerlegung möglich ist.

Anspruchsvolle nichtfunktionale Anforderungen zurückstellen

Bei „anspruchsvollen" nichtfunktionalen Anforderungen, wie z. B. Performance, kann man ggf. Abstriche in den ersten Iterationen machen. Die Performance-Anforderungen werden erst einmal reduziert und schrittweise optimiert. ■

In der operativen Planungsebene, der fachlichen Projekt- und Iterationsplanung, wird die taktische Planung verfeinert. Ergebnis der fachlichen Projekt- und Iterationsplanung ist eine Liste von Realisierungsanforderungen für das nächste Inkrement oder Iteration des Produkts oder des Projekts. Inkremente sind hierbei die Ergebnisse von Projekten oder aber die Inhalte von Produkt-Releases.

Die priorisierten (Teil-)Features, Ergebnis der Projektportfolio- und Roadmap-Planung, sind der Input für die fachliche Projekt- und Iterationsplanung. (Teil-)Features müssen den Inkrementen und Iterationen des Projekts oder aber des nächsten Releases der Produkt-Roadmap zugeordnet werden. Features bzw. Teil-Features sind als Grundlage für die konkrete

Planung häufig noch zu grobgranular und werden daher auf Realisierungsanforderungen heruntergebrochen. Bei agilen Projekten mit Iterationen von drei oder vier Wochen müssen die Realisierungsanforderungen entsprechend klein gehalten werden.

Bei der fachlichen Projekt- und Iterationsplanung kommt es im Wesentlichen darauf an, die für die Umsetzung anstehenden Features auf die vorgesehenen Inkremente und bei agiler Vorgehensweise auf die Iterationen der Projektdurchführung beziehungsweise der Produktreleaseentwicklung zu verteilen. Wichtig ist hier, dass die Geschäftsanforderungen vor dem Start der eigentlichen Projekt- und Iterationsplanung einheitlich auf die Granularität Feature oder gegebenenfalls Teil-Feature heruntergebrochen werden, falls diese noch nicht so vorliegen. Diese werden dann in der Projekt- und Iterationsplanung auf Realisierungsanforderungen heruntergebrochen.

Ergebnis der Projekt- und Iterationsplanung ist also eine priorisierte Liste von Realisierungsanforderungen für das nächste Inkrement oder die nächste Iteration des Produkts bzw. Projekts, die den (Teil-)Features zugeordnet sind. Diese entstehen im Rahmen der Anforderungsanalyse innerhalb des Umsetzungsprojekts. Das Anforderungsmanagement im Projekt erstellt dafür – ausgehend von den Ergebnistypen der Business-Analyse – fachliche Detailmodelle und -konzepte, die als Grundlage für die Umsetzung der Anforderungen in IT-Systemen dienen. Realisierungsanforderungen müssen durch das Anforderungsmanagement mit den (Teil-)Features, welche durch sie detailliert werden, in Bezug gebracht werden. Dadurch wird die Brücke zwischen den Detaillierungsebenen von Geschäftsanforderungen in der Business-Analyse und im Anforderungsmanagement geschlagen und die erforderliche Basis für die spätere Schaffung von Transparenz über den Umsetzungsfortschritt gelegt.

Erfolgsfaktoren für ein funktionierendes Demand Management

- Das Demand Management kommt erst dann auf den verschiedenen Planungsebenen zum Leben, wenn es schlank und handhabbar bleibt und somit der Nutzen die Kosten deutlich übersteigt. Erfolgsfaktoren hierfür sind die Anwendung von agilen und „lean" Prinzipien, wie zum Teil bereits ausgeführt. Beispiele für agile und lean Prinzipien sind:

  Kein Ballast – alles weglassen, was nicht zielführend ist und kein ausreichendes Kosten-Nutzen-Verhältnis aufweist. Dies bezieht sich sowohl auf inhaltliche Strukturen als auch auf Prozesse und Organisation. So können enorme Kosten durch Vermeidung von Verschwendung, wie z. B. unnötiger Doppelarbeiten und wertvernichtender Aktivitäten, eingespart werden. Wesentlich ist insbesondere der Verzicht auf unnötige Papierberge durch eine schlanke und systematische Dokumentation der Geschäftsanforderungen entsprechend der Anforderungen der Planungsebenen. Die Granularität der verwendeten Ergebnistypen muss der erforderlichen Genauigkeit der Planungsebene entsprechen. Over-Engineering ist zu vermeiden. Nur so steht der Aufwand in einem vernünftigen Verhältnis zum Nutzen.

  Die wichtigsten Schlüsselfaktoren sind aber die handelnden Personen, die Business-Analysten, und die Organisation des Demand Managements. Die fachlichen, methodischen und die Kommunikationsfähigkeiten der Business-Analysten sind hier ebenso zu nennen wie einfache Organisationsmethoden, stabile und überschaubare Prozesse mit klaren Verantwortlichkeiten und Kompetenzen. Diese führen zu stabilen und beherrschbaren Prozessen. Im Mittelpunkt stehen die Mitarbeiter mit ihrer praktischen Erfahrung, da darauf die Lösungskompetenz und Prozessbeherrschung fußen. Klare Verantwortlichkeiten anstatt genauer Vorgaben sind entscheidend.

- Zugeschnitten auf die Bedürfnisse der Entscheider und Planer müssen die Ergebnistypen, Prozesse und die Organisation des Demand Managements gestaltet werden. Die Entscheider und die Planer sind die wesentlichen „Kunden" des Demand Managements. An deren Bedürfnissen gilt es sich auszurichten, nur so kann das Demand Management seinen Nutzen entfalten.

  Wesentlich sind hier insbesondere verständliche und klar strukturierte Ergebnisse auf allen Planungsebenen, die zeitnah zugeschnitten auf die Fragestellungen der Stakeholder bereitgestellt werden können.

- Vorausschauende Planung, um so möglichst viele zukünftige Probleme zu vermeiden. Je mehr die zukünftigen Aktivitäten durchdacht sind, desto leichter kann auf unerwartete Ergebnisse reagiert werden. Dies geht einher mit einer Verantwortungsbereitschaft für die Planungsergebnisse und einem praktizierten Risikomanagement.
- Schnelle Feedback-Zyklen, sofortige Fehlerabstellung „an der Wurzel" und ein gesteuerter Veränderungsprozess sind sowohl auf inhaltlicher Ebene als auch im Hinblick auf die Prozesse notwendig, um einen Effizienz- und Qualitätsgewinn durch eine Reduktion von Fehlleistungen und ein frühes Reagieren auf Fehler (Reduktion der Fehlerkosten) zu erzielen. Auf inhaltlicher Ebene geht es insbesondere darum, sicherzustellen, dass die wirklich relevanten Anforderungen identifiziert, geplant und umgesetzt werden. Für den Demand-Management-Prozess an sich ist eine regelmäßige Überprüfung auf Effizienz, Effektivität und Kundenzufriedenheit insbesondere durch das Feedback der nutzenden Stakeholder wichtig, um den Input für eine kontinuierliche Verbesserung zu geben. Feedback wird explizit zu jeder Aktivität eingeholt. Die Unternehmenskultur muss über ein aktives Veränderungsmanagement zu einer offenen Leistungskultur hin entwickelt werden. Die ständige Verbesserung muss das tägliche Denken bestimmen. Wesentlich sind hier eine offene Kommunikation und Feedback-Prozesse und auch Eigenverantwortung, Teamarbeit und Empowerment.
- Von besonderer Bedeutung ist zudem die Einbettung des Demand Managements in das gesamthafte IT-Management-Instrumentarium. Nur wenn die Ergebnisse des Demand Managements wirklich in den Planungs-, Entscheidungs- und Durchführungsprozessen genutzt werden, entsteht Nutzen. So hilft es wenig, wenn transparent ist, dass ein Projekt nicht konform zur Planung ist, wenn die Strategiekonformität nicht als Kriterium in Investitionsentscheidungen eingeht. Die Soll-Bebauungspläne und Standards können nur umgesetzt werden, wenn sie insbesondere über das Projektportfoliomanagement durchgesetzt werden. Wesentlich ist ein schlankes, aber wirkungsvolles und ausbaubares Instrumentarium für das strategische IT-Management, das zur aktuellen Standortbestimmung und strategischen Positionierung der IT passt.

Zur Einschätzung und Bewertung von Geschäftsanforderungen benötigt der Business-Analyst in einer Demand-Management-Einheit die Hilfsmittel, die von EAM und auch Prozessmanagement (z. T. als Teil von EAM betrachtet) bereitgestellt werden. So kann er einerseits fundierte Informationen über die Zusammenhänge und Abhängigkeiten von fachlichen und technischen Strukturen aus der Unternehmensarchitektur beziehen. Ein Beispiel ist das Aufzeigen der IT-Unterstützung von Geschäftsprozessen. Andererseits kann er zusätzlich das Analyse-, Gestaltungs- und Planungsinstrumentarium des Enterprise Architecture Managements und des Prozessmanagements nutzen. Diese Aspekte werden im Folgenden weiter ausgeführt.

Wichtig

EAM ist in der Regel organisatorisch vorwiegend in der IT angesiedelt während das Demand Management zwischen dem Business und der IT geteilt ist. Wenn die Demand-Management- und EAM-Einheiten organisatorisch getrennt sind, muss die Zusammenarbeit individuell ausgestaltet werden. Dies hängt sehr stark von den handelnden Personen ab. Idealerweise sollten die Business-Analysten in Planungs- und Steuergremien vom Enterprise Architecture Management vertreten sein (siehe Abschnitt 5.9). So können sie Einfluss nehmen und die Disziplinen wachsen zusammen.

Verantwortliche Business-Analysten aus Demand-Management-Einheiten übernehmen häufig in Personalunion typischerweise auch vollständig die Rolle des Geschäftsarchitekten (siehe Abschnitt 5.9). ■

EAM als Informationslieferant

EAM und dessen Analyseinstrumentarium ist ein wichtiger Informationslieferant für das Demand Management. Fragestellungen wie z. B. „Welche Geschäftsprozesse sind von dem Ausfall des IT-Systems X betroffen?" können beantwortet werden (siehe Bild 4.35). Basis für die Informationsbereitstellung ist jedoch eine hinreichend aktuelle, vollständige EAM-Datenbasis auf der Basis einer Unternehmensarchitektur.

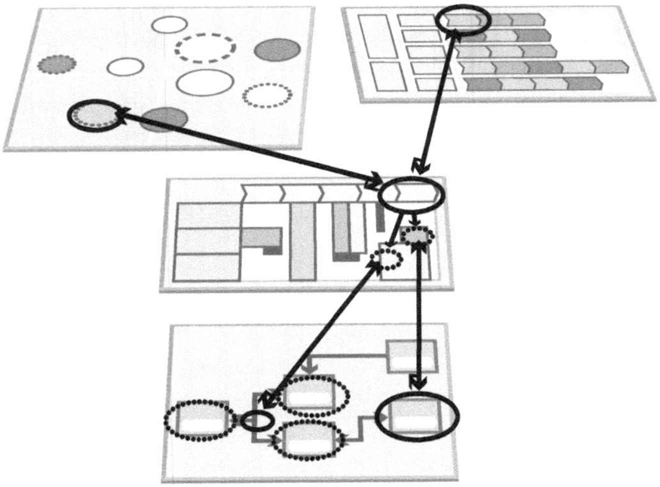

Bild 4.35
Zusammenhänge zwischen Bebauungselementen

Nutzung des Gestaltungs- und Planungsinstrumentariums von EAM

Wenn EAM im Unternehmen eingeführt ist und über ein Planungsinstrumentarium verfügt, kann dieses im Demand Management für die Generierung von fachlichen Lösungsideen herangezogen werden. Es können entweder die Ergebnisse der Bebauungsplanung genutzt oder aber die Bebauungsplanung im Zusammenspiel mit der fachlichen Lösungskonzeption durchgeführt werden. Ergebnis der Bebauungsplanung sind die Soll-IS-Landschaft zu einem vorgegebenen Zeitpunkt, z. B. für 2030, und die IT-Roadmap für die Umsetzung.

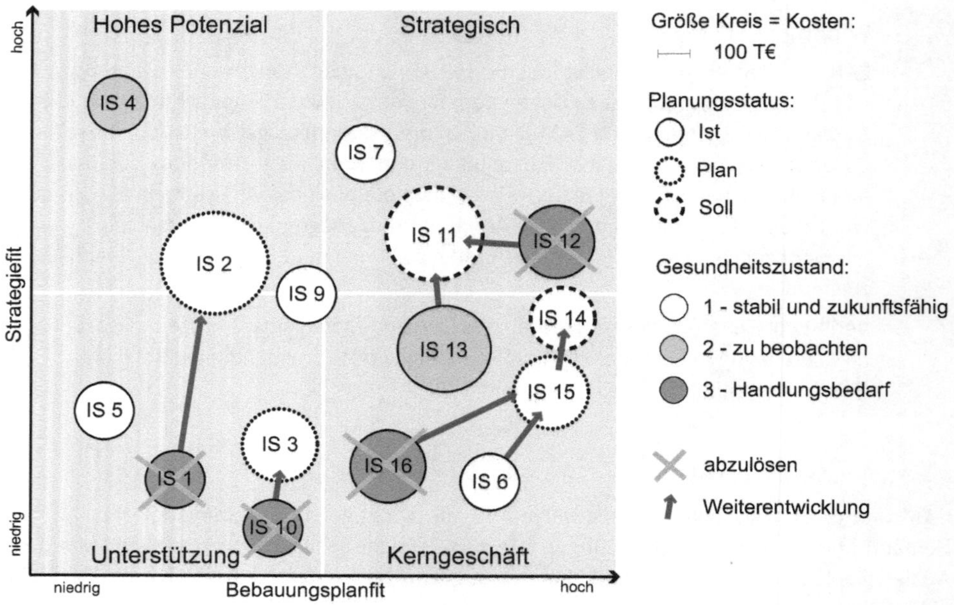

Bild 4.36 Beispiel Portfoliografik mit Visualisierung der geplanten Veränderungen der Systemlandschaft

Die Soll-IS-Landschaft wird in der Regel über Soll-IS-Portfolios oder Soll-Bebauungsplangrafiken beschrieben. In Bild 4.36 finden Sie ein Beispiel einer Portfoliografik, in der die Informationssysteme entsprechend ihres Strategie- und Bebauungsplanfits eingeordnet sind. Durch Pfeile wird die geplante Veränderung deutlich gemacht. Ablösekandidaten werden ebenso markiert.

In Bild 4.37 finden Sie ein Beispiel einer Soll-Bebauungsplangrafik.

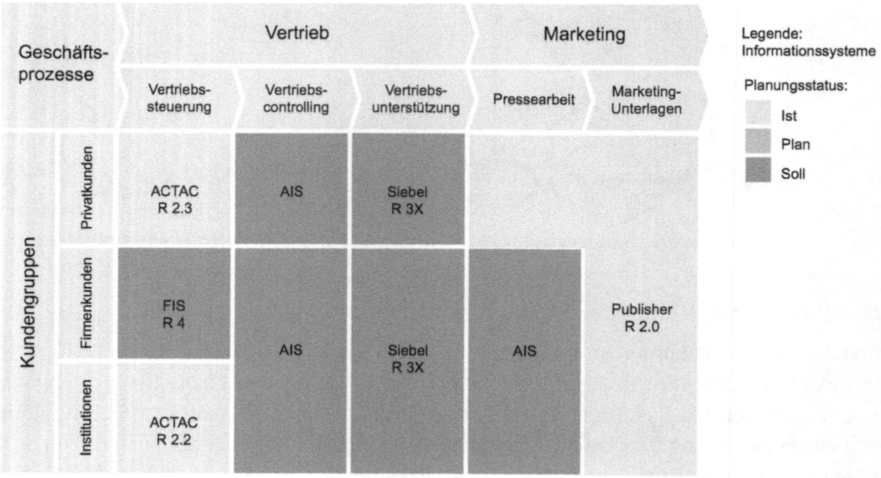

Bild 4.37 Beispiel Soll-Bebauungsplangrafik 2030

Diese Ergebnisse aus der Bebauungsplanung können für das Demand Management genutzt werden. Daneben kann auch die Gestaltung von Lösungsideen gemeinsam mit den Unternehmensarchitekten erfolgen, wenn das Demand Management und das Enterprise Architecture Management organisatorisch in verschiedenen Einheiten angesiedelt sind. Die Unternehmensarchitekten fokussieren dann in der Regel mehr auf die IT-Unterstützung für die Geschäftsanforderungen. Als Business-Analyst liefern Sie den fachlichen Input für die Bebauungsplanung. Gemeinsam entsteht ein rundes und auf jeden Fall vollständigeres Bild.

Empfehlung

Nutzen Sie die EAM-Datenbasis sowie das Analyse-, Gestaltungs- und Planungsinstrumentarium von EAM, wenn dies in ausreichender Qualität vorhanden ist. Beziehen Sie die (anderen) Unternehmensarchitekten bei der Gestaltung und Planung mit ein. Sie liefern insbesondere einen guten Überblick über das Zusammenspiel zwischen Business und IT. ■

Nutzung des Prozessmanagement-Instrumentariums

Die durch das Prozessmanagement in der Form einer Prozesslandkarte (siehe Abschnitt 2.4) vorgegebenen übergeordneten fachlichen Strukturen geben einen fachlichen Ordnungsrahmen für das Demand Management vor. Zudem kann das Analyse-, Gestaltungs- und Steuerungsinstrumentarium des strategischen und operativen Prozessmanagements für die Gestaltung der fachlichen Lösungsideen genutzt werden.

Das Prozessmanagement kann folgende Informationen für die Business-Analyse bereitstellen. Hierzu zählen (siehe [HLo21]):

- Informationen zu den Kern- und unterstützenden Prozessen
- Informationen zum Zustand und zur Planung der Geschäftsprozesse
- Vorschläge für Leistungskennzahlen für (Teil-)Geschäftsprozesse und Service Level Agreements (Dienstleister, IT)
- Informationen zu Abhängigkeiten zwischen Geschäftsprozessen
- Informationen zu den Verantwortlichkeiten und den Beteiligten innerhalb von Geschäftsprozessen
- Informationen zu involvierten IT-Systemen und IT-Komponenten

Umgekehrt ist das Prozessmanagement auf Informationen zu geplanten und laufenden Projekten oder sonstigen Maßnahmen angewiesen, weil diese Umfang und Zeitpunkt von Veränderungen an Geschäftsprozessen festlegen. Vor allem der Rückfluss von Informationen aus den laufenden Projekten ist essenziell. Verschieben sich Projekte um Wochen oder Monate oder werden Teile des Projektumfangs reduziert, dann ist diese Information für das Prozessmanagement sehr wichtig. Hier kann das Demand Management auch das Prozessmanagement unterstützen.

Nutzung des Instrumentariums des Business Capability Managements

Business Capability Maps beschreiben die Elemente für das aktuelle und zukünftige Geschäft. Sie geben einerseits ein Raster, eine fachliche Strukturierung, und andererseits eine fachliche Sprache, die Business Capabilities, vor. Die fachlichen Domänen und Business Capabilities werden analysiert und „beplant". Handlungsbedarf und Optimierungspotenzial werden ermittelt und die Ergebnisse in einer Heat Map einfach und anschaulich visualisiert. Projekte lassen sich anhand der Business Capabilities klassifizieren und bewerten. So wird die Business- und die Investitionsplanung unterstützt und Entscheidungen werden abgesichert.

Die Business- und Investitionsplanung sind wesentliche Bestandteile der strategischen Unternehmensplanung (siehe [Pax10]). Bei Unternehmensneugründungen, Merger & Acquisitions und auch bei strategischen Veränderungen am Geschäftsmodell werden in der Regel Business-Pläne neu erstellt oder ein bestehender Business-Plan wird an die aktuellen Ziele und Randbedingungen angepasst. Im Business-Plan werden typischerweise alle betriebswirtschaftlichen und finanziellen Aspekte des Geschäftsmodells sowie die Unternehmensziele und die Strategien und Maßnahmen zur Umsetzung beschrieben. Wesentlich ist hierbei insbesondere auch die Analyse der benötigten und vorhandenen Business Capabilities des Unternehmens.

Investitionsplanung ist der Prozess der Erstellung des Investitionsprogramms bei Neugründungen und dessen in der Regel jährlicher Anpassung im Rahmen der Unternehmensstrategieentwicklung und Business-Planung. Um den Ressourceneinsatz (insbesondere das finanzielle Budget) zu optimieren, ist eine Priorisierung sowie eine aktive Steuerung und Überwachung der Budgets erforderlich. Mithilfe einer Business Capability Map können Entscheidungen nachvollziehbar begründet und damit abgesichert werden.

Wie sieht die Unterstützung durch das Business Capability Management konkret aus?

Business Capability Maps geben eine fachliche Strukturierung vor und liefern gleichzeitig ein prägnantes und kompaktes fachliches Gesamtbild des Unternehmens. Anhand dessen können wesentliche Inhalte des Geschäftsmodells und der Unternehmensstrategie übersichtlich und überzeugend präsentiert werden. Business Capabilities sind geeignet, um strategische Entwicklungen zu diskutieren. Die fokussierte Heat-Map-Darstellung (siehe Bild 4.39) erleichtert strategische Entscheidungen des Top Managements über eine zukünftige Ausrichtung und Priorisierung signifikant. Es wird schnell ein optischer Eindruck vermittelt. Auf einen Blick wird aufgezeigt, welche fachlichen Domänen oder Business Capabilities geschäftskritisch sind und an welchen Stellen wie stark investiert werden sollte. In Bild 4.39 finden Sie ein Beispiel einer Heat Map, in der die Geschäftskritikalität und der Status im Lebenszyklus der Business Capabilities durch Grautöne unterschieden werden.

Business Capability Management schafft aber auch ein inhaltliches Fundament für Entscheidungen im Kontext von Business-Transformationen oder strategischen Veränderungen des Geschäftsmodells. Die zukünftige Business Capability Map wird gestaltet und dient als fachlicher Bezugsrahmen für die Umsetzung der Business-Transformation oder der strategischen Veränderung des Geschäftsmodells. Siehe hierzu das Einsatzszenario Business-Transformation in Abschnitt 4.17.

So wie beim Enterprise Architecture Management können Sie auch im Demand Management das Analyse-, Gestaltungs- und Steuerungsinstrumentarium des Prozessmanagements und Business Capability Managements nutzen. Häufig erfolgt dies in Personalunion. Der Business-Analyst kann gleichzeitig auch der Prozessmanager und Business Capability Manager für seine fachliche Domäne sein. Bezüglich des Instrumentariums des strategischen Prozessmanagements sei auf [HLo21] verwiesen. Hilfestellungen zu den Ergebnistypen des Prozessmanagements finden Sie in [HGG15].

4.14 Business Capability Management & Business Architecture 4 Digitalization

Kurzbeschreibung: Mittel, um das aktuelle Geschäft zu verstehen, Handlungsbedarf und Optimierungspotenzial sowie strategische Vorgaben zu diskutieren, zu kommunizieren und deren Umsetzung zu steuern. Im Kontext vom Enterprise Architecture Management bilden Business Capabilities eine stabile Basis für die businessorientierte Planung und Steuerung der Weiterentwicklung des Geschäfts und der IT-Landschaft.

Stakeholder-Gruppen: CEO (A), Business-Planer (C und I), Unternehmensarchitekt/Geschäftsarchitekt (R), Daten-Owner (C und I), Prozess-Owner (C und I)

Ziele:

- *Business-IT-Alignment und strategische Ausrichtung der IT:* Business Capabilities sind der „Rosetta Stone" für das Business-IT-Alignment. Sie geben einerseits eine gemeinsame fachliche Sprachbasis als auch das fachliche Ziel-Bild für die Gestaltung der zukünftigen IT-Landschaft vor.
- *Beitrag zur Weiterentwicklung des Geschäfts:* Die Weiterentwicklung des Geschäfts wird aktiv mit Hilfe vom Business Capability Management sowie anderen Disziplinen aus dem Management der Geschäftsarchitektur geplant und dessen Umsetzung gesteuert.

Erläuterungen und geeignete Visualisierungen

Enterprise Architecture Management stellt Hilfsmittel bereit, um die Komplexität der Geschäftsarchitektur und der IT-Landschaft zu beherrschen und die Geschäftsarchitektur und die IT-Landschaft strategisch und businessorientiert weiterzuentwickeln. Eine gut entwickelte Unternehmensarchitektur ermöglicht es Ihnen, rasch und effektiv auf die Herausforderungen des sich immer schneller verändernden Markts und Technologieumfelds zu reagieren.

Die **Weiterentwicklung des Geschäfts** wird insbesondere durch die Geschäftsarchitektur unterstützt. Die Geschäftsarchitektur visualisiert das aktuelle und zukünftige Geschäftsmodell, gibt Strukturen für die Geschäftsmodellweiterentwicklung vor und unterstützt bei deren Operationalisierung. Wesentliche Disziplinen für die businessorientierte Planung und Steuerung sind (siehe Abschnitt 3.2 und Bild 4.8):

- **Prozessmanagement** umfasst die Identifikation, Dokumentation Gestaltung, Umsetzung, Steuerung und Optimierung von Geschäftsprozessen. Siehe Abschnitt 5.4.1.
- **Business Capability Management** ist ein systematischer Ansatz zur Identifikation der aktuell oder zukünftig für das Unternehmen relevanten Fähigkeiten (Business Capabilities) und zur schnellen Anpassung des Geschäftsmodells und der Geschäftsprozesse sowie deren IT-Unterstützung an veränderte Marktanforderungen und Wettbewerbsbedingungen. Dies ist das zentrale Element für die business-orientierte Planung und Steuerung.
- **Datenmanagement** (siehe Abschnitt 4.21 und Abschnitt 5.4.3) umfasst die Menge aller organisatorischen, fachlichen, methodischen und technischen Konzepte und Verfahren mit dem Ziel,
  - die Daten für einen zuverlässigen Geschäftsbetrieb bereitzustellen,
  - die optimale Nutzung von Daten zu gewährleisten und
  - angemessene Datenqualität, Datenschutz und Informationssicherheit zu gewährleisten.

Jeder Stelle im Unternehmen müssen alle relevanten Informationen zum richtigen Zeitpunkt, am richtigen Ort und in der für den Verwendungszweck erforderlichen Qualität zur Verfügung stehen. Es beinhaltet die systematische, methodengestützte Planung und Steuerung der betrieblichen Informationsversorgung. Die Wertschöpfung aller Unternehmensbereiche hängt in erheblichem Umfang von der Qualität der Daten ab. Datenmanagement ist der Prozess für das Planen, Gestalten, Überwachen und Steuern der Verwendung, Verteilung und Kommunikation von Informationen in Organisationen zur Erreichung strategischer Ziele.

- **Organisationsentwicklung** ist ein geplanter, systematischer und langfristiger Prozess der Veränderung und Weiterentwicklung der Aufbau- und Ablauforganisation von Unternehmen oder Unternehmensbereichen unter größtmöglicher Beteiligung aller Betroffenen. Siehe Abschnitt 5.4.4.

Diese sollten in der Business-Planung, Investitionsplanung und im Projektportfoliomanagement verankert werden, um die Wirksamkeit und den Einfluss von EAM zu erhöhen.

EAM liefert hierzu u. a.:

- **Beitrag zur Business-Strategie und deren Operationalisierung:** Die Unternehmensarchitektur (EA) muss die Gestaltung der digitalen Geschäftsmodelle erleichtern, d. h. sie muss mit den Business-Verantwortlichen eng zusammenarbeiten, um Geschäfts- und Betriebsmodelle neu zu gestalten, die sich dynamisch an neue Kundenbedürfnisse, Wettbewerbssituationen anpassen und Chancen eröffnen können.
- **Nutzenbringende EAM-Services für alle Stakeholder:** EAM muss eine verteilte Entscheidungsfindung ermöglichen, d. h. Produkt- (und Projekt-) und Innovationsteams in die Lage versetzen, intelligente vorausschauende Entscheidungen zeitgerecht zu treffen, indem sie Daten, Steuerungssichten, Entscheidungsbedarf, Analyse- und Planungssichten maßgeschneidert auf die Bedürfnisse in engem Dialog erstellt oder über Self-Service bereitstellt.
- **EAM wird zum Innovationstreiber:** EAM-Vertreter sollten feste Teilnehmer im interdisziplinären Innovationsmanagement (siehe Abschnitt 5.4.5) sein und einerseits technische Innovationen sowie das Analyse-, Planungs- und Entscheidungsinstrumentarium von EAM für die Operationalisierung der Business-Innovationen mit einbringen.

Zielbetriebsmodell oder Target Operating Model

Ein Target Operating Model, kurz TOM oder auf Deutsch „Zielbetriebsmodell“, dient der Definition und Dokumentation des zukünftigen Ziel-BildZiel-Bilds sowie von künftigen Optimierungsstrategien für ein Unternehmen und umfasst eine oder mehrere Dimensionen. Diese können Prozesse, Einsatzfähigkeiten, Mitarbeiter oder die Infrastruktur der Organisation sein.

Das Target Operating Model stellt die Verbindung zwischen Vision und Strategie und der Organisationsstruktur dar. Das TOM konkretisiert hierzu die strategische Entwicklung als Modell mit mehreren Dimensionen, wie z. B. Geschäftsprozesse, Fähigkeiten, Mitarbeiter, Business-Ökosystem, Aufbau- und Ablauforganisation, Informationen und Assets/Infrastruktur. Wesentlich sind insbesondere auch Rollen und Verantwortlichkeiten sowie Kommunikations- und Kooperationsmechanismen. ■

Business Capability Management ist das zentrale Element für „Business Architecture 4 Digitalization“. Dies schauen wir uns nun etwas näher an.

Business Capability Management

Business Capability Management ist ein systematischer Ansatz zur Identifikation der aktuell oder zukünftig für das Unternehmen relevanten Fähigkeiten und zur schnellen Anpassung des Geschäftsmodells und der Geschäftsprozesse sowie deren IT-Unterstützung an veränderte Marktanforderungen und Wettbewerbsbedingungen.

Es zielt darauf ab, das aktuelle Geschäft besser zu verstehen, zu optimieren und das zukünftige Geschäft und dessen IT-Umsetzung schneller und in hoher Qualität mit Zeitvorsprung vor dem Wettbewerb zu gestalten.

Business Capability Management liefert ein Instrumentarium, um das aktuelle Geschäft besser zu verstehen und zu optimieren sowie das zukünftige Geschäft und dessen IT-Umsetzung schneller und in hoher Qualität mit Zeitvorsprung vor dem Wettbewerb zu gestalten.

In der betriebswirtschaftlichen Managementforschung wird Capability häufig mit Fähigkeit beziehungsweise Kompetenz gleichgesetzt. Hier gibt es ressourcen- (Resource Based View) und marktorientierte (Market Based View) Erklärungsansätze (siehe [Mar07] oder [Mol10]). Nach dem ressourcenorientierten Ansatz hat jedes Unternehmen vorhandene und potenzielle Ressourcen und Kompetenzen, die einzigartig sind. Diese müssen bestimmt werden, um das Unternehmen vom Wettbewerb zu differenzieren und den passenden Markt festzulegen. Beim marktorientierten Ansatz wird der Markt auf Basis seiner Vorteile ohne direkte Berücksichtigung der Stärken und Schwächen des Unternehmens ausgewählt und das Unternehmen und dessen Kompetenzen werden entsprechend ausgerichtet. Häufig findet man auch Mischformen (siehe [Ost03]). Diese beiden Ansätze, marktorientiert versus ressourcenorientiert, werden auch bei der Ableitung der Anforderungen an das strategische Prozessmanagement aus der Unternehmensstrategie diskutiert (siehe [HLo21]). Hier wurde die Annahme getroffen, dass die Behauptung eines Unternehmens am Markt wesentlich von den Geschäftsprozessen des Unternehmens abhängt. Im Business Capability Management werden nun die Bausteine der Geschäftsprozesse in den Vordergrund gestellt.

In IT-nahen Definitionen, wie zum Beispiel in [Kel09] oder [Bit11], wird Capability mit Geschäftsfähigkeit gleichgesetzt. Der Begriff Geschäftsfunktion wird häufig gleichwertig zu Geschäftsfähigkeit genutzt, da die funktionale Betrachtung im Fokus steht. Wesentliches Ziel beim IT-nahen Business Capability Management ist es, das Wissen um die Geschäftsfunktionen und deren Beziehungen zu IT-Strukturen zu nutzen, um Konsolidierungs- und Synergiepotenziale in der IT-Unterstützung des Geschäfts zu heben.

Forrester (siehe [Cam09]) definiert Business Capabilities IT-nah:

> *„A business capability defines the organization's capacity to successfully perform a unique business activity. Capabilities are the building blocks of the business, represent stable business functions, are unique and independent from each other, are abstracted from the organizational model, capture the business interests."*

In diesem Buch verwenden wir eine sehr IT-nahe Definition für Business Capabilities und Business Capability Management. Im Kontext des Enterprise Architecture Managements wird fachliche Funktion synonym mit Business Capability benutzt, da die Unterscheidung auf dem Abstraktionsniveau der taktischen Planungsebene unerheblich ist.

Definition Business Capability

Business Capabilities sind (Geschäfts-)Fähigkeiten, die eine Organisation, eine Person oder ein System besitzt und auf die sich das Unternehmen stützt, um seine Geschäftsziele zu erreichen. Geschäftsfähigkeiten werden von Menschen oder Systemen in Prozessen unter Nutzung von Technologien und weiteren Ressourcen mit Leben gefüllt, um so das fachliche Leistungsvermögen des Unternehmens bereitzustellen.

Die Fähigkeiten werden im Wesentlichen durch Geschäftsfunktionen beschrieben, die durch Ressourcen- oder Technologieanforderungen konkretisiert werden können. Es wird in der Regel zwischen wettbewerbsdifferenzierenden und unterstützenden Geschäftsfunktionen unterschieden.

Definition Business Capability Management

Business Capability Management ist ein systematischer Ansatz zur Identifikation der aktuell oder zukünftig für das Unternehmen relevanten Fähigkeiten (Business Capabilities) und zur schnellen Anpassung des Geschäftsmodells und der Geschäftsprozesse sowie deren IT-Unterstützung an veränderte Marktanforderungen und Wettbewerbsbedingungen. ■

Die Kernfunktionen des Unternehmens werden ermittelt, strukturiert und in einer Business Capability Map (siehe Bild 4.39) dokumentiert. Eine Business Capability Map beschreibt die Elemente für das aktuelle und zukünftige Geschäft. Sie gibt einerseits ein Raster, eine fachliche Strukturierung, und andererseits eine fachliche Sprache, die Business Capabilities, vor. Business Capabilites sind das Ergebnis aus der Identifikation der erforderlichen und vorhandenen Geschäftsfähigkeiten im Rahmen der Geschäftsmodell- und Strategieentwicklung. Zudem stellen Business Capabilities eine stabile Basis für die businessorientierte Planung und Steuerung der Weiterentwicklung der IT-Landschaft dar (siehe Bild 4.38).

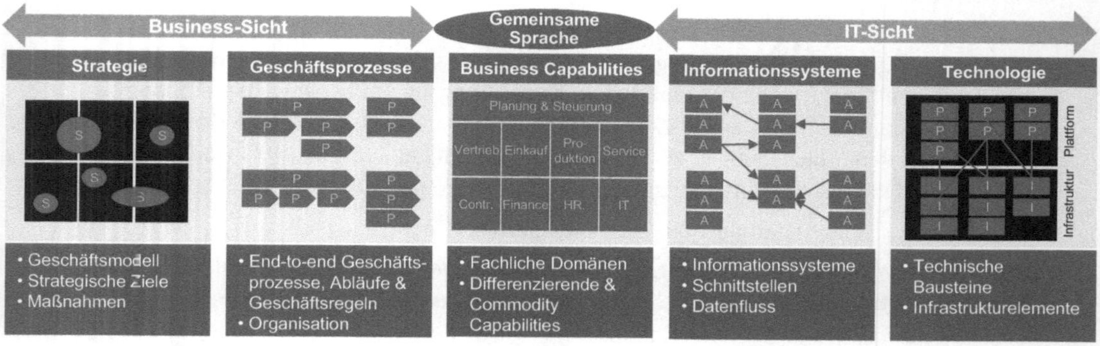

Bild 4.38 Business Capabilities der „Rosetta Stone" für das Business-IT-Alignment

Wichtig

Business Capabilities schaffen eine stabile fachliche Sprache. Sie beschreiben das „Was“ und nicht das „Wie“ des Geschäfts. Sie fassen die wesentlichen funktionalen Einheiten Ihres aktuellen oder zukünftigen Geschäftsmodells zusammen. ■

Die fachlichen Domänen und Business Capabilities werden analysiert und „beplant“. Handlungsbedarf und Optimierungspotenzial werden ermittelt und die Ergebnisse werden in einer Heat Map einfach und anschaulich visualisiert. Projekte lassen sich anhand der Business Capabilities klassifizieren und bewerten. So werden die Business- und die Investitionsplanung unterstützt und Entscheidungen abgesichert.

Die Business- und Investitionsplanung sind wesentliche Bestandteile der strategischen Unternehmensplanung (siehe [Pax10]). Bei Unternehmensneugründungen und Business-Transformationen, wie z. B. Merger & Akquisitionen, werden in der Regel Business-Pläne neu erstellt oder ein bestehender Business-Plan wird an die aktuellen Ziele und Randbedingungen angepasst. Im Business-Plan werden typischerweise alle betriebswirtschaftlichen und finanziellen Aspekte des Geschäftsmodells sowie die Unternehmensziele und die Strategien und Maßnahmen zur Umsetzung beschrieben. Wesentlich ist hierbei insbesondere auch die Analyse der benötigten und vorhandenen Business Capabilities des Unternehmens.

Business Capability Maps geben eine fachliche Strukturierung vor und liefern gleichzeitig ein prägnantes und kompaktes fachliches Gesamtbild des Unternehmens. Anhand dessen können wesentliche Inhalte des Geschäftsmodells und der Unternehmensstrategie übersichtlich und überzeugend präsentiert werden. Business Capabilities sind geeignet, um strategische Entwicklungen zu diskutieren.

Die fokussierte Heat-Map-Darstellung erleichtert strategische Entscheidungen des Topmanagements über eine zukünftige Ausrichtung und Priorisierung signifikant. Es wird schnell ein optischer Eindruck vermittelt. Auf einen Blick wird aufgezeigt, welche fachlichen Domänen oder Business Capabilities geschäftskritisch sind und an welchen Stellen wie stark investiert werden sollte. Mittels Hervorhebung von Kriterien wie zum Beispiel Geschäftskritikalität, Wettbewerbsdifferenzierung und Eigenleistungsfähigkeit wird ersichtlich, welche Fähigkeiten vom Unternehmen selbst erbracht oder zugekauft werden sollten. Sourcing-Entscheidungen werden abgesichert und das Anforderungsprofil für die Dienstleister lässt sich gut beschreiben. Bei diesen Entscheidungen unterstützt auch das strategische Prozessmanagement, das die Durchgängigkeit der Geschäftsprozesse sicherstellen muss und Informationen zu den Kernprozessen bereitstellen kann. Die Business Capabilities geben ein statisches Bild des Unternehmens wieder und sagen noch nichts über den Ablauf und die Sequenz von eingesetzten Business Capabilities aus. Letzteres erfolgt erst durch die Geschäftsprozesse und Detailprozesse, die die Business Capabilities orchestrieren und in eine sinnvolle Abfolge bringen.

In Bild 4.39 finden Sie ein Beispiel einer Ausprägung einer Business Capability Map, einer Heat Map, in der die Geschäftskritikalität und der Status im Lebenszyklus der Business Capabilities durch Grautöne unterschieden werden.

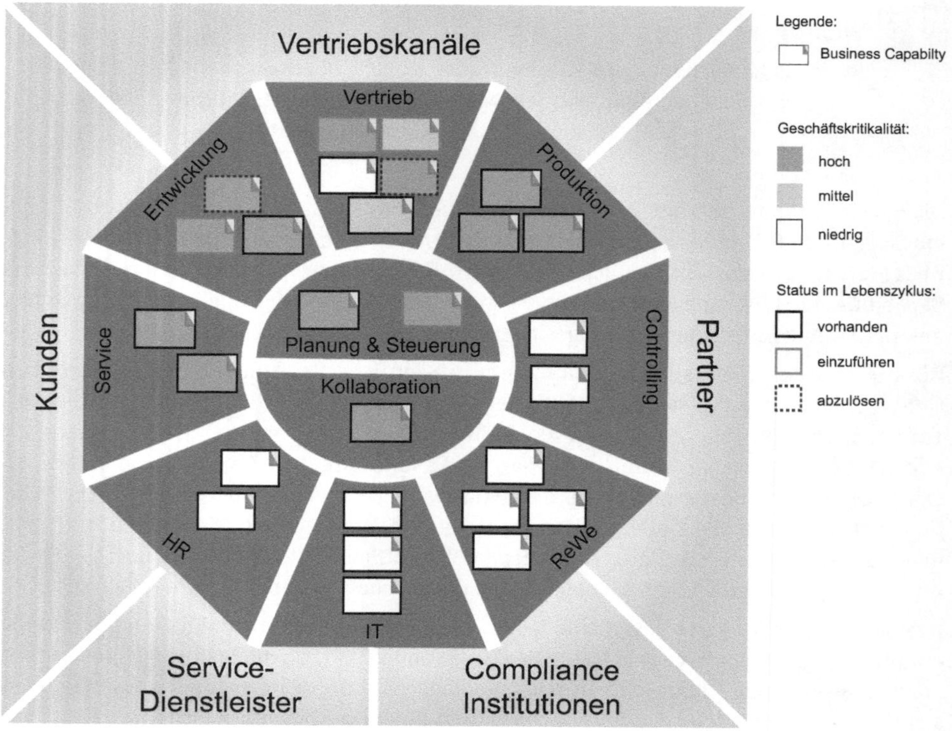

Bild 4.39 Beispiel Business Capability Map

In einer Heat Map werden die Business Capabilities anhand gegebenenfalls unterschiedlicher Kriterien bewertet. So können z. B. die aktuell vorhandenen oder/und die zukünftig benötigten Business Capabilities dargestellt werden. Durch die Hervorhebung des Status im Lebenszyklus in Bild 4.39 wird sichtbar, welche Business Capabilities erst einzuführen oder abzulösen sind. Dieser Handlungsbedarf muss dann durch konkrete Maßnahmen aufgelöst werden.

Weitere häufig verwendete Kriterien für Analyse und Darstellung in einer Heat Map sind:

- Wettbewerbsdifferenzierung oder Strategie- und Wertbeitrag (zum Beispiel hoch, mittel und niedrig),
- Verantwortlichkeiten (zum Beispiel die verschiedenen Teilunternehmen),
- Schutzbedarf (zum Beispiel hoch, mittel und niedrig),
- Sourcing (zum Beispiel Eigen- oder Fremdleistung).

Weitere Kriterien finden Sie in Abschnitt 5.9. Hilfestellungen zur Ermittlung der Kennzahlen finden Sie in [Küt11].

Eine Business Capability Map gibt aber auch ein Ziel-Bild vor. Es werden alle Business Capabilities aufgeführt, die für das zukünftige Geschäftsmodell erforderlich sind. Business-Transformationen und Projekte lassen sich anhand der zukünftigen Business Capability Map klassifizieren und bewerten.

Wichtig

Die zukünftige Business Capability Map beschreibt die zukünftigen Fähigkeiten der neuen Organisation. Auf dieser Basis werden die Geschäftsprozesse und die Organisation neugestaltet. Business Capability Management schafft ein inhaltliches Fundament für Entscheidungen im Kontext von Business-Transformationen oder strategischen Veränderungen des Geschäftsmodells.

Jedes Projekt muss einen Beitrag für die Verwirklichung der zukünftigen Business Capability Map leisten. Nur so bekommen Sie die Planung auch wirklich umgesetzt. ■

Durch Heat Maps kann der Fortschritt der Umsetzung in Entscheidungsgremien aufgezeigt und damit gesteuert werden. So werden die Business- und die Investitionsplanung unterstützt und die Umsetzung des zukünftigen Geschäftsmodells abgesichert.

Die zukünftige Business Capability Map dient auch als fachlicher Bezugsrahmen für die IT-Umsetzung. Insbesondere für Business-Planer, Prozessmanager und Unternehmensarchitekten ist ein prägnantes und gleichzeitig kompaktes fachliches Gesamtbild des Unternehmens notwendig, um Synergie- und IT-Konsolidierungspotenziale aufzuzeigen und die stringente Umsetzung der zukünftigen Business Capabilities zu forcieren. Die IT-Strukturen, wie zum Beispiel Informationssysteme, werden den Kernfunktionen zugeordnet. Abdeckungslücken, funktionale Redundanzen und Abhängigkeiten werden transparent. Siehe hierzu das Beispiel Business-Transformation in Abschnitt 4.17. Zudem erhalten Sie in [HGG15] Leitfäden für die Erstellung Ihrer Business Capability Map bzw. Ihres funktionalen Referenzmodells und zur Ableitung von Business Capabilities.

Business Capabilities sind im Vergleich zu Geschäftsprozessen (siehe [HLo21]) eine umsetzungsunabhängige Beschreibung des Geschäfts. Sie stellen „stabile" fachliche Strukturen dar, da sie beschreiben, was zu tun ist, und nicht, wie etwas zu tun ist (siehe [Dom11] und [Mic07]). Beispiele für Business Capabilities sind „Produktmanagement" oder „Auftragsfeinplanung".

Neue oder veränderte Geschäftsanforderungen haben, solange sich das Geschäftsmodell nicht ändert, keine Auswirkungen auf die Business Capabilities. Lediglich die Abläufe, die Werkzeuge und die Organisation, mit denen sie umgesetzt werden, gilt es zu verändern. Wenn sich das Geschäftsmodell zum Beispiel im Rahmen von Fusionen oder großen Umstrukturierungen ändert (siehe Business-Transformationen in Abschnitt 4.17), sind die vom Unternehmen abzudeckenden Business Capabilities ebenfalls anzupassen. Jedoch kann mithilfe der neuen oder veränderten Business Capabilities das neue Geschäftsmodell schnell, zuverlässig und flexibel gestaltet werden. Wesentlicher Grund hierfür ist das durch das Business Capability Management vorgegebene prägnante und gleichzeitig kompakte fachliche Gesamtbild des Unternehmens. Anhand dessen können wesentliche Inhalte des Geschäftsmodells und der Unternehmensstrategie übersichtlich und überzeugend präsentiert und strategische Entwicklungen diskutiert werden.

Definition Service

Ein Service (Dienst) ist eine klar abgegrenzte Funktionalität, die ein Servicegeber einem Servicenehmer über eine oder mehrere Schnittstellen bereitstellt. Jedem Service liegt ein Vertrag zugrunde. Der Vertrag legt einerseits die bereitgestellte Funktionalität und andererseits nichtfunktionale Eigenschaften (QoS - Quality of Service), wie z. B. Sicherheitslevel oder Performance, fest.

Definition Business-Service

Ein Business-Service ist ein fachlich orientierter Service, der im Business sichtbar und in der Sprache der Anwender beschrieben ist. Er stellt fachliche Funktionalität für die Nutzung in Geschäftsprozessen bereit und setzt damit eine für das Unternehmen notwendige Geschäftsfähigkeit (Business Capability) um.

Business-Services werden zu Geschäftsprozessen orchestriert und füllen Geschäftsfähigkeiten mit Leben. Beispiele für Business-Services sind die Bereitstellung von Produktdaten eines Autos für Kunden oder aber die Erfassung eines Versicherungsantrags.

Business-Services verbergen die technischen Details der Implementierung vor dem Business. Sie werden auf fachlicher Ebene entsprechend der Unternehmensstrategie und den Geschäftsanforderungen gestaltet und von der IT als definierter, wiederverwendbarer Katalog zur Nutzung in Geschäftsprozessen zur Verfügung gestellt. ■

Business Capabilities werden einer fachlichen Domäne zugeordnet und können in Teil-Capabilities, die über Business-Services bereitgestellt werden, strukturiert werden. So entsteht eine Hierarchie mit prinzipiell beliebig vielen Hierarchiestufen. Für das strategische Business Capability Management werden in der Regel lediglich drei Ebenen von Business Capabilities genutzt, wie im Beispiel in Bild 4.40 dargestellt. Die oberste Ebene bilden die fachlichen Domänen, die übergreifend für die Strukturierung von allen fachlichen Strukturen wie z. B. Geschäftsprozesse verwendet werden können. Zur fachlichen Strukturierung (fachliche Domänen) können sowohl Geschäftsprozesse, Produkte und Geschäftsobjekte als auch andere fachliche Dimensionen, wie z. B. Geschäftspartner oder Vertriebskanäle, herangezogen werden.

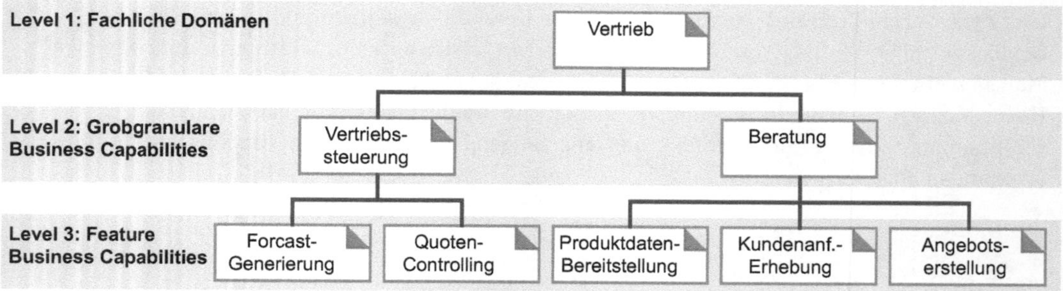

Bild 4.40 Beispiel einer Hierarchie von Business Capabilities (Ausschnitt)

In der zweiten Ebene finden sich die grobgranularen Business Capabilities, die in der Regel top-down aus der Unternehmensstrategie abgeleitet werden (siehe [Han14]). Darunter finden sich die Feature Business Capabilities, kurz Features. Features sind funktionale oder nicht-funktionale Eigenschaften (fachliche Funktionen) eines oder mehrerer Systeme oder Produkte, die für den Anwender einen unmittelbaren Wert darstellen. Sie werden vom Anwender als eine in sich geschlossene Einheit (ein sinnvolles Ganzes) wahrgenommen. Bei (Software-) Produkten wird häufig bei der Bestimmung der Features hinterfragt, ob dieses Feature für den Käufer kaufentscheidend ist.

Business Capabilities, vorwiegend in der Granularität Features oder Teil-Features, werden zu Geschäftsprozessen orchestriert und füllen Geschäftsfähigkeiten mit Leben. Beispiele für Business Capabilities sind die Bereitstellung von Produktdaten eines Autos für Kunden oder aber die Erfassung eines Versicherungsantrags.

Business Capabilities verbergen die technischen Details der Implementierung vor dem Business. Sie werden auf fachlicher Ebene entsprechend der Unternehmensstrategie und den Geschäftsanforderungen gestaltet und von der IT als definierter, wiederverwendbarer Katalog von Business-Services zur Nutzung in Geschäftsprozessen zur Verfügung gestellt.

Die grobgranularen Business Capabilities werden vorwiegend für die Optimierung des aktuellen und die Gestaltung des zukünftigen Geschäfts genutzt. Feingranulare Business Capabilities (Features und Teil-Features) dienen im Wesentlichen als Vorgabe für die Umsetzung von Business-Services (IT-Funktionalitäten).

Hinweis

Microsoft Services Business Architecture (siehe [Mic07]), kurz MSBA oder Motion genannt, ist die bekannteste Methode im Kontext des Business Capability Managements. In der Methode Motion von Microsoft wird die oberste Ebene „Foundation Capability", die nächste „Capability Groups" und die dritte Ebene „Business Capabilities" genannt. Weitere Informationen über MSBA finden Sie in diesem Abschnitt weiter hinten. ■

Jedes Business Capability kann durch Attribute genauer beschrieben werden. Neben der Kurz- und Langbeschreibung, dem Einsatzzweck und der Zuordnung zur fachlichen Domäne findet man häufig die folgenden Attribute:

- *Kategorie:* zum Beispiel Kern- oder unterstützendes Capability
- *Owner:* fachlicher Verantwortlicher
- *Priorität:* Priorisierung von Capabilities und den damit verbundenen Projekten anhand von Geschäftszielen, Treibern und/oder Risiken zum Beispiel entsprechend niedrig, mittel oder hoch klassifiziert
- *Strategische Klassifikationen:* Strategie- und Wertbeitrag, Wettbewerbsdifferenzierung, Veränderungsdynamik, Geschäftskritikalität und SOX-Relevanz zum Beispiel entsprechend niedrig, mittel oder hoch klassifiziert
- *Compliance-Relevanz und -Status:* zum Beispiel Compliance-Relevanz: ja/nein; Compliance-Status: nicht umgesetzt/aufgesetzt/vollständig umgesetzt oder niedrig, mittel oder hoch klassifiziert

- *Komplexität:* fachliche Komplexität oder Grad der Abhängigkeiten zum Beispiel entsprechend niedrig, mittel oder hoch
- *QualitätderIT-Unterstützung:*zumBeispielentsprechendniedrig,mitteloderhochklassifiziert
- *SLA-Erfüllung:* SLA-Erfüllungsgrad zum Beispiel über einen Prozentsatz oder SLA-Anforderungen und Verweise zu SLA-Dokumenten zum Beispiel entsprechend der Verfügbarkeit, Performance oder Ausfallzeiten und Infos zu Verträgen klassifiziert
- *Version:* zum Beispiel V 1.1 der Capability „Auftragsverwaltung"
- *Status im Lebenszyklus:* zum Beispiel entsprechend vorhanden, einzuführen, abzulösen klassifiziert
- *Schutzbedarfsklassifikation:* zum Beispiel entsprechend niedrig, mittel oder hoch klassifiziert
- *Sourcing:* zum Beispiel entsprechend Eigen- oder Fremdleistung klassifiziert

Die Attributausprägungen können entweder über pragmatische Meinungsbildung oder aber über eine Kennzahlenermittlung für die Business Capabilities festgelegt werden. Hilfestellungen für die Kennzahlenermittlung finden Sie in [Küt11].

Business Capabilities werden häufig in einer sogenannten Business Capability Map, auch funktionales Referenzmodell (siehe Abschnitt 2.4.1) genannt, dargestellt. Eine Business Capability Map ist letztendlich die grafische Anordnung von fachlichen Domänen sowie den ihnen zugeordneten Business Capabilities. In der Regel beschränkt man sich hierbei auf die grobgranularen Business Capabilities, um ein fachliches Big Picture zu erhalten.

Ein Ausschnitt einer Capability Map ist in Bild 4.41 dargestellt. Durch farbliche Markierungen („heat map") wird auf einen Blick ein visueller Eindruck vermittelt. Im Beispiel werden die Geschäftskritikalität über den Grauton und der Status im Lebenszyklus über den Kantentyp hervorgehoben.

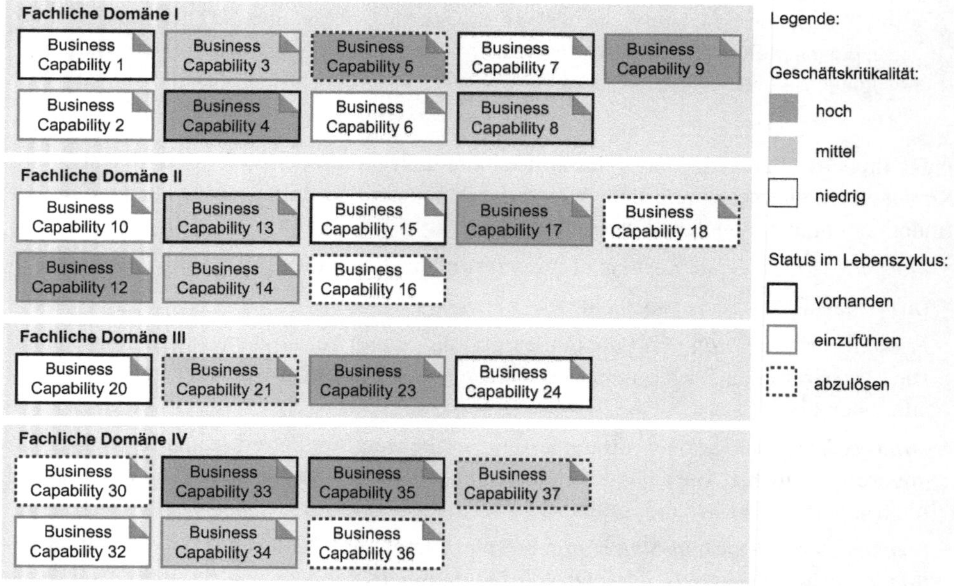

Bild 4.41 Ausschnitt aus einer Capability Map (Heat Map)

MSBA, der bekannteste Ansatz im Business Capability Management

Die Microsoft Services Business Architecture (siehe [Mic07]), kurz MSBA, ist eine in der Praxis bewährte und patentierte Methode für die Identifikation von Business Capabilities. MSBA stützt sich auf eine modellhafte Abbildung des Unternehmens, einer Business Capability Map (siehe Bild 4.42), und eine integrierte Werkzeugunterstützung.

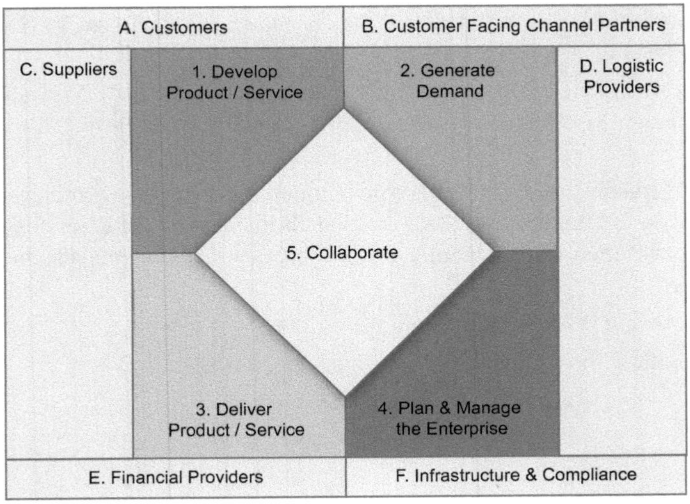

Bild 4.42 Fachliche Domänen der Capability Map der Microsoft Services Business Architecture (siehe [Mic07])

Die Capability Map der MSBA beinhaltet im Grundmodell fünf fachliche Domänen:

- Produkt- oder Service-Entwicklung („Develop Product/Service")
- Nachfrageerzeugung („Generate Demand")
- Auftragsabwicklung („Deliver Product/Service")
- Management und Planung des Unternehmens („Plan & Manage the Enterprise")
- Kollaboration („Collaborate")

Um die fachlichen Domänen sind weitere Domänen gruppiert, die das Umfeld des Unternehmens mitbestimmen. Dies sind die Domänen Kunden, Vertriebskanäle, Lieferanten, Logistikpartner, Finanzdienstleister und Infrastruktur- und Compliance-Aspekte. Diese Domänen enthalten eigene Business Capabilities, mit denen interagiert werden muss, die aber nicht mehr unter der Kontrolle des eigenen Unternehmens stehen.

Jeder fachlichen Domäne der Capability Map ist eine modellhafte Sammlung von Business Capabilities zugeordnet. Die Business Capabilities sind in bis zu fünf Ebenen in Teil-Capabilities strukturiert. So ist das Cluster „Nachfrageerzeugung" in die Business Capabilities „Partner Relationship Management", „Marketing" und „Vertrieb" aufgeteilt. Das „Marketing" ist weiter in „Marketing Management" und „Business Intelligence" aufgeteilt. Durch das sogenannte „go-in" (eine Ebene nach unten), „go-up" („Vater"), „go-out" („nach außen" zu den Zielrichtungen) und „go-down" (Detaillierung) kann zwischen den Ebenen oder dem Cluster entsprechend der jeweiligen Fragestellung gewechselt werden.

Jede Business Capability wird unter anderem durch die Attribute Zweck, Owner, Sourcing, Service-Level-Beschreibung sowie ihre Zugehörigkeit zur fachlichen Domäne beschrieben.

MSBA liefert mit seiner Methode einen systematischen Ansatz für die Ermittlung und Strukturierung der Business Capabilities im Unternehmen. In vier Phasen werden die Business Capabilities identifiziert:

- „*Establish Project Context*" (Ergebnis: „Go/NoGo"-Entscheidung): Ermittlung und Festlegung der Ziele, Randbedingungen und Geschäftsanforderungen.
- „*Capture Business Architecture*" (Ergebnis: erste Iteration des funktionalen Referenzmodells): Erstellung eines Grobentwurfs für das funktionale Referenzmodell als Grundlage für die Diskussionen mit allen wesentlichen Stakeholdern.
- „*Complete as-is Business Architecture*" (Ergebnis: funktionales Referenzmodell): Vervollständigung des funktionalen Referenzmodells und inhaltliche Abstimmung mit allen Schlüsselpersonen.
- „*Recommend next Steps*" (Ergebnis: vollständige Dokumentation inklusive Empfehlungen für die Umsetzung): Analyse des funktionalen Referenzmodells im Rahmen der Erstellung der vollständigen Dokumentation und Ableitung von Handlungsempfehlungen für die Umsetzung.

Bezüglich weiterer Details sei auf [Mic07] verwiesen.

Hilfestellungen für die Ableitung Ihrer Capability Map finden Sie in Abschnitt 5.4.

4.15 Strategische Vorgaben mit IS-Portfoliomanagement

Kurzbeschreibung: Strategische Vorgaben für den effektiven und effizienten Einsatz von Informationssystemen setzen durch Bewertung der Informationssyteme entsprechend festgelegter Kriterien und Positionierung im Portfolio entsprechend der Bewertung. Kriterien können z. B. Strategie- und Wertbeitrag, Kosten, Geschäftskritikalität, technischer Gesundheitszustand oder Komplexität sein. Bereiche, in der Regel Quadranten, sind mit Strategien für die Weiterentwicklung der Informationssysteme verbunden.

Stakeholder-Gruppen: CIO/IT-Verantwortlicher (A), IT-Stratege (C oder R), IS-Bebauungsplaner (R)

Ziele:

- *Beherrschung und/oder Reduktion der IT-Komplexität:* IT-Komplexität durch kontinuierliche IT-Konsolidierung reduzieren und damit die IT-Kosten nachhaltig reduzieren.
- *Business-IT-Alignment erhöhen:* Durch die Bewertung und Visualisierung des Beitrags zum Geschäft wird die Grundlage für die Erhöhung geschaffen.
- *Strategische Ausrichtung und Beitrag zur Weiterentwicklung des Geschäfts:* Durch Vorgabe und Bewertung der Informationssysteme entsprechend strategischer Kenngrößen, wie z. B. der Strategie- und Wertbeitrag der IT, kann die IT in diese Richtung gesteuert werden.

Erläuterungen und geeignete Visualisierungen

Im Rahmen des IS-Portfoliomanagements wird die Gesamtheit oder ein Ausschnitt der Informationssysteme entsprechend unternehmensspezifischer Kriterien bewertet, um auf dieser Basis das Portfolio strategisch weiterzuentwickeln. Die Kriterien werden aus der Unternehmens- und IT-Strategie sowie aktuellen operativen Handlungsbedarfen („Pains") abgeleitet (siehe hierzu Abschnitt 5.3).

Häufig werden Kennzahlen aus folgenden Kategorien genutzt:

- **Strategisches Alignment:** z. B. Strategiebeitrag, Standardkonformität oder Strategiekonformität (jeweils hoch, mittel oder niedrig)
- **Business-Alignment der IT:** z. B. Wertbeitrag, Geschäftskritikalität oder Business-Abdeckung (jeweils hoch, mittel oder niedrig)
- **Technischer Zustand:** z. B. IT-Komplexität, technischer Gesundheitszustand und Zuverlässigkeit im Betrieb (jeweils hoch, mittel oder niedrig)
- **Compliance und Sicherheit:** z. B. SOX-Relevanz sowie Schutzbedarfsklassifikation und Sicherheitslevel (jeweils hoch, mittel oder niedrig)
- **Relevanz:** z. B. Geschäftskritikalität (jeweils hoch, mittel oder niedrig) sowie Anzahl Benutzer
- **Kosten:** z. B. IT-Kosten (insbesondere Betriebskosten) oder Entwicklung der IT-Kosten über die Zeit

Neben strategischen Klassifikationen werden häufig auch operative Aspekte betrachtet, die im Rahmen einer EAM-Bestandsaufnahme miterfasst werden. Beispiele hierfür sind der Dokumentationsgrad, der SLA-Erfüllungsgrad und das Lizenzmodell. Auch anhand dieser Attribute kann die Funktionserfüllung eingeschätzt und Optimierungspotenzial abgeleitet werden. Weitere Informationen zu Steuerungsgrößen finden Sie in Abschnitt 5.9.

IS-Portfolios werden in der Regel mit Portfoliografiken oder Cluster-Grafiken visualisiert. Bei Cluster-Grafiken werden die Informationssysteme entsprechend eines Kriteriums einem Cluster zugeordnet (z. B. fachliche Domäne oder organisatorische Verantwortlichkeiten). Über eine Heat Map (siehe [Mic07]) können relevante Aspekte wie z. B. die Standardkonformität auf einen Blick hervorgehoben werden.

Eine Sammlung von IS-Portfolios finden Sie in [Han14]. In Bild 4.43 finden Sie als Beispiel die McFarlan-Matrix (siehe [War02]). Diese IS-Strategie ist sehr weit verbreitet. Durch die kompakte Darstellung des Beitrags der IT für den aktuellen und den zukünftigen Geschäftserfolg eignet sie sich gut für die Abstimmung der Weiterentwicklung des IS-Portfolios zwischen der Fach- und der IT-Seite.

Die Informationssysteme werden entsprechend ihres Wert- und ihres Strategiebeitrags klassifiziert. Der Wertbeitrag bestimmt den Grad der Unterstützung der wettbewerbsdifferenzierenden Geschäftsprozesse, z. B. im Vertrieb und in der Fertigung. Der Strategiebeitrag gibt an, welchen Beitrag das Informationssystem zur Umsetzung der Unternehmensstrategie leistet, d. h. wie groß der Beitrag des Informationssystems zum künftigen Geschäftserfolg ist. Details hierzu finden Sie in [War02] und [Han14].

Ein weiteres verbreitetes IS-Portfolio ist das von Maizilish/Handler (siehe [Mai05]). Bei dieser IS-Strategie werden die Informationssysteme entsprechend ihrer technischen Qualität und ihres Geschäftswerts in vier Quadranten klassifiziert (siehe Bild 4.44). Die technische Qualität bezieht sich sowohl auf den Status im Lebenszyklus des Systems als auch auf den Grad der Umsetzung von Qualitätsanforderungen wie z. B. Performance oder Sicherheit. Die technische Qualität bestimmt maßgeblich den Aufwand bei der Weiterentwicklung eines Systems. Der Geschäftswert beinhaltet sowohl den Strategiebeitrag als auch den Wertbeitrag eines Informationssystems. Erläuterungen zu den Kennzahlen sind in Abschnitt 5.9 zu finden.

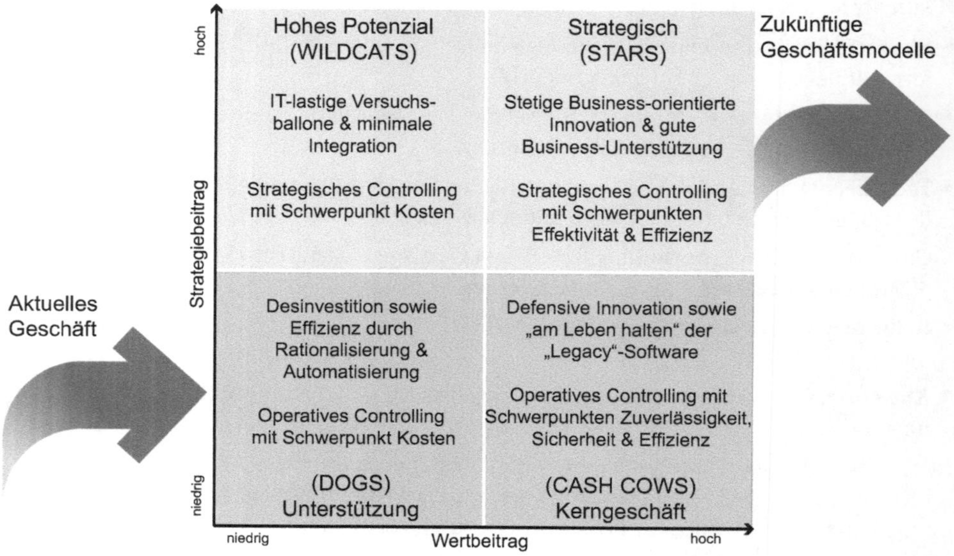

Bild 4.43 IS-Portfolio „Strategie- und Wertbeitrag"

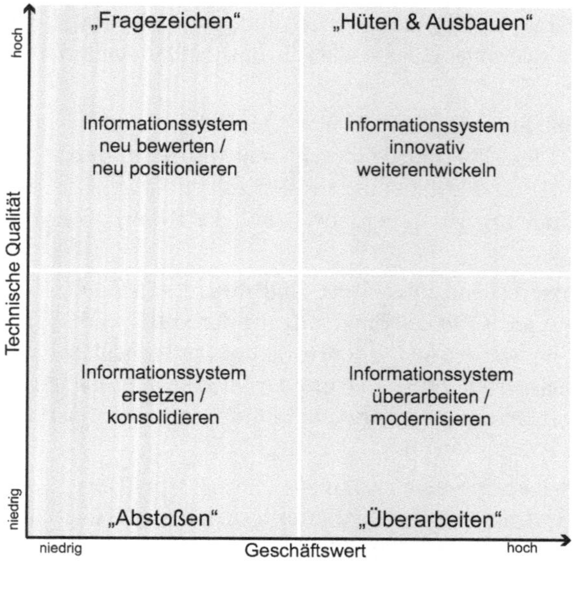

Bild 4.44 IS-Portfolio „Technische Qualität und Geschäftswert"

Durch die integrierte Darstellung von Business- und IT-Aspekten wird unmittelbar sichtbar, ob der Geschäftsbetrieb für das Kerngeschäft ggf. gefährdet ist. Entsprechend der Zuordnung zum Quadranten leiten sich Strategien für die Weiterentwicklung der Informationssysteme ab:

- **„Fragezeichen“:** Ein Informationssystem, das unter „Fragezeichen“ einsortiert ist, hat zwar eine hohe technische Qualität, aber wenig Business-Bezug.

  Alle Informationssysteme in diesem Quadranten stehen unter Beobachtung. Es muss regelmäßig überprüft werden, ob die Informationssysteme im IS-Portfolio verbleiben sollen oder ggf. fachlich erweitert und somit neu positioniert werden sollten.

  Häufig werden IT-lastige Versuchsballons oder fachlich unnötige Informationssystem-Teile, die z. B. in Folge von Veränderungen des Geschäftsmodells nicht mehr benötigt werden, als Fragezeichen eingestuft. Ein typisches Beispiel sind Berichte, die für einen nicht mehr aktuellen Zweck erstellt und nie „aufgeräumt“ wurden.
- **„Hüten & Ausbauen“:** Ein so klassifiziertes Informationssystem ist sprichwörtlich das „ideale“ Informationssystem. Sowohl die technische Qualität als auch der Geschäftswert sind hoch. Diese Informationssysteme sind „zu hegen und zu pflegen“, d. h. so zu pflegen, dass das Informationssystem technisch qualitativ hochwertig bleibt. Soweit sinnvoll, sollten die Informationssysteme fachlich weiter ausgebaut werden.
- **„Überarbeiten“:** Diese Informationssysteme sind wesentlich für das Kerngeschäft des Unternehmens, weisen aber eine niedrige technische Qualität auf. Bei Ausfall der Systeme ist die Geschäftstätigkeit des Unternehmens gefährdet. Daher müssen diese mit einer hohen Dringlichkeit modernisiert bzw., falls dies nicht möglich ist, durch andere Systeme mit einer hohen technischen Qualität ersetzt werden.
- **„Abstoßen“:** Informationssysteme, die weder für das aktuelle noch das zukünftige Geschäft wichtig noch technisch tragfähig sind, sollten „abgestoßen“ werden und deren Funktionalität in andere Informationssysteme mit einer besseren technischen Qualität verlagert werden.

Auf der Basis dieser Informationen und den strategischen Vorgaben können das Ziel-IS-Portfolio und die Roadmap für die Weiterentwicklung in den nächsten Jahren gestaltet werden. In Bild 4.45 finden Sie ein Beispiel auf Basis des IS-Portfolios „Technische Qualität/Geschäftswert“. Informationssysteme werden entsprechend den bereits ausgeführten Strategien „abgelöst“, „erweitert“, „neu positioniert und erweitert“ oder „überarbeitet“. Alternativ können Sie sicherlich auch andere zeitliche Darstellungen (siehe Abschnitt 5.5) verwenden.

Durch einen Ist-Soll-Abgleich können Sie Maßnahmen für die Umsetzung ermitteln. Siehe hierzu das Einsatzszenario „Gestaltung Ziel-Bild und IT-Roadmap“.

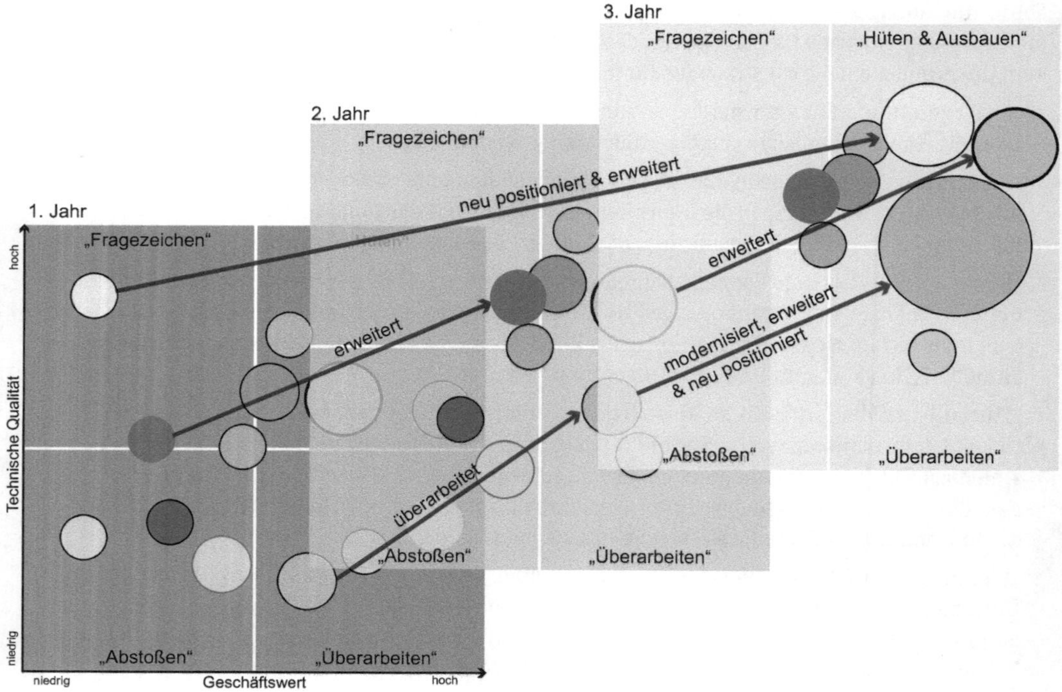

Bild 4.45 Roadmap für die strategische Weiterentwicklung

4.16 Gestaltung Ziel-Bild und IT-Roadmap (IS–Bebauungsplanung)

Kurzbeschreibung: Gestaltung der Soll-Bebauung der IS-Landschaft sowie der Roadmap für die Umsetzung als verbindlicher Orientierungsrahmen für Projekte und Wartungsmaßnahmen.

Stakeholder-Gruppen: CIO/IT-Verantwortlicher (A), IT-Stratege (C), IS-Bebauungsplaner (R), IT-Architekt (C), Geschäftsarchitekt (C)

Ziele:

- *Beherrschung und/oder Reduktion der IT-Komplexität:* IT-Komplexität durch kontinuierliche IT-Konsolidierung reduzieren und damit die IT-Kosten nachhaltig reduzieren
- *Business-IT-Alignment und strategische Ausrichtung der IT:* IT strategisch unter Berücksichtigung der Unternehmens- und IT-Ziele bei der IS-Bebauungsplanung ausrichten und zudem auf diese Art und Weise das Business-IT-Alignment erhöhen
- *Beitrag zur Weiterentwicklung des Geschäfts:* Das Ziel-Bild und die Roadmap zur Umsetzung wird aus der Unternehmensstrategie, Geschäftsanforderungen, „Pains“ und Trends systematisch abgeleitet. Für alle Handlungsfelder werden passgenaue Lösungen zur IT-Unterstützung identifiziert.

Für die Bereiche, in der Flexibilität strategisch angestrebt wird, wird dies bei der IS-Bebauungsplanung berücksichtigt. Die Verbesserung der Business-Unterstützung ist zudem ein Anliegen, was bei der IS-Bebauungsplanung verfolgt wird.

Erläuterungen und geeignete Visualisierungen

Im Rahmen der IS-Bebauungsplanung (siehe Abschnitt 5.5) werden die Soll-IS-Landschaft und die IT-Roadmap zur Umsetzung gesamthaft oder in Ausschnitten für einen Planungszeitraum (z. B. für 2030) gestaltet. In Bild 4.46 sehen Sie ein Beispiel einer Soll-IS-Landschaft in Form einer Bebauungsplangrafik und in Bild 4.47 ein Beispiel einer IT-Roadmap. Weitere Beispiele für die Darstellung einer IT-Roadmap finden Sie in Abschnitt 4.15.

Um die mit der strategischen Planung der IT-Landschaft verbundenen Ziele zu erreichen, müssen bei der IS-Bebauungsplanung folgende Aspekte beachtet werden:

- Einbezug von IT-Konsolidierungsmaßnahmen (siehe Einsatzszenarien „Konsolidierung der IS-Landschaft“ und „Standardisierung und Homogenisierung“ sowie „Betriebsinfrastrukturkonsolidierung“).
- Durch die IT-Konsolidierungsmaßnahmen wird die IT-Komplexität verringert. Dies führt zu einer nachhaltigen Kostenreduktion.
- Klare Fokussierung bei der Gestaltung der Soll-Bebauung in Richtung Geschäftsunterstützung, Beseitigung von „Pains“ sowie Vorbereitung und Ausrichtung der IT.
- Durch die Ableitung der Soll-Bebauung aus der Unternehmens- und IT-Strategie sowie Geschäftsanforderungen und „Pains“ wird die Business-Unterstützung optimiert und die IT an den Zielen strategisch ausgerichtet.
- Ein funktionales Referenzmodell, einhergehend mit Serviceorientierung und der konsequenten Nutzung einer Integrationsarchitektur, unterstützt die Agilität der IT. Siehe hierzu Einsatzszenario „Flexibilisierung der IT“.

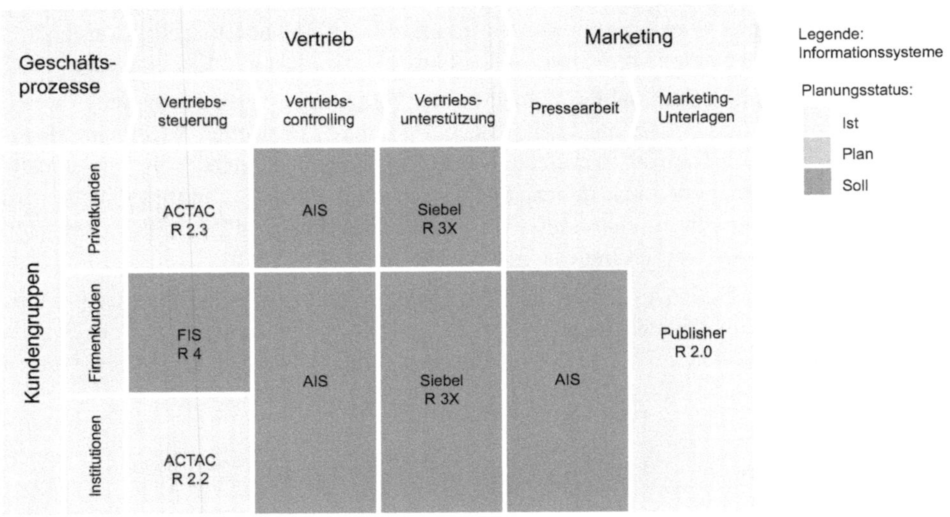

Bild 4.46 Beispiel Soll-IS-Landschaft 2030

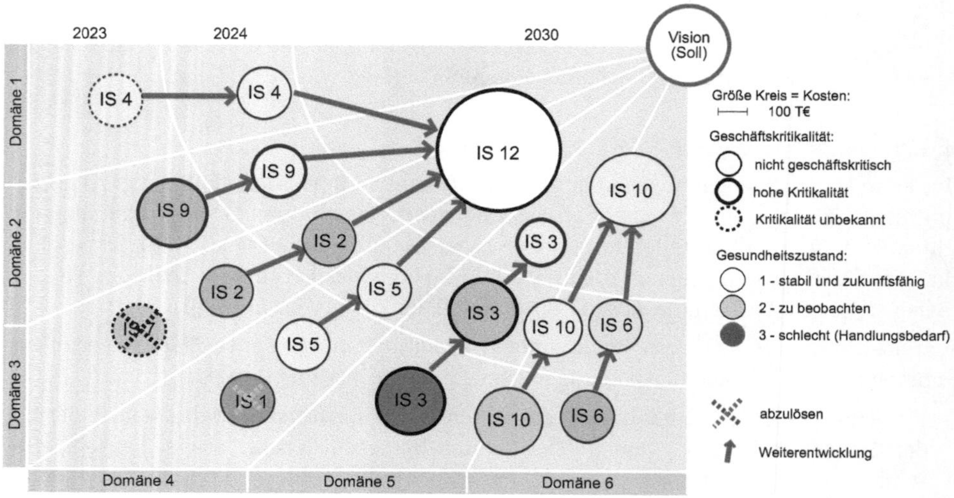

Bild 4.47 Beispiel für eine IT-Roadmap

Das Vorgehen und die Ergebnisse der IS-Bebauungsplanung werden in Abschnitt 5.5 ausführlich erläutert. In Abschnitt 5.5 finden Sie eine Schritt-für-Schritt-Anleitung für die Durchführung der IS-Bebauungsplanung. Im Folgenden wird das Vorgehen bei der Bebauungsplanung kurz zusammengefasst und anhand eines Beispiels erläutert.

Ausgehend von der Unternehmens- und IT-Strategie, den Geschäftsanforderungen und aktuellen „Pains" werden für die verschiedenen Handlungsfelder IT-relevante Aspekte identifiziert, die bei der Gestaltung der Soll-Landschaft zu berücksichtigen sind. Die IT-relevanten Aspekte werden zu Handlungsfeldern gebündelt. Für diese werden Lösungsideen gesammelt, analysiert, bewertet und zu Planungsszenarien gebündelt, die wiederum analysiert und bewertet werden. So werden in einem iterativen Prozess aus Analyse und Gestaltung gegebenenfalls alternative Planungsszenarien entwickelt, die einem Gremium, z. B. EAM-Board, vorgelegt werden. Die freigegebene Soll-Bebauung wird dann als Ziel-Bild dokumentiert und kommuniziert.

Ein Beispiel für einen IT-relevanten Aspekt ist die Vermeidung von inkonsistenten Daten in der Lagerverwaltung. Durch die Analyse der EAM-Datenbasis werden Anhaltspunkte für mögliche Dateninkonsistenzen ermittelt. In Bild 4.48 finden Sie eine Zuordnungstabelle zwischen Geschäftsobjekten und Informationssystemen. In dieser Zuordnungstabelle wird zudem die Art der Zuordnung charakterisiert. Es wird zwischen „F – führendes System" und „V – Verwendung und Bearbeitung von Daten" unterschieden.

Im Beispiel liegt lediglich in Bezug auf den Rohmateriallagerort eine Datenredundanz vor, da sowohl die Informationssysteme CON als auch TUY hierfür als führendes System eingetragen sind. In den anderen Fällen sind es nur unterschiedliche Releases desselben Informationssystems.

Empfehlung

Nutzen Sie die Standard-Analysemuster zur Aufdeckung von Handlungsbedarf und Optimierungspotenzial sowie Abhängigkeiten und Auswirkungen (siehe Abschnitt 5.3 und Download-Anhang A).

Datencluster:	Geschäftsobjekte:		IS 1 ACTAC R2.2	IS 2 ACTAC R2.3	IS 3 FIS R3.3	IS 4 CON R4.2	IS 5 CON 4.3	IS 6 TUY R1.0	IS 7 Publisher R2.0	...
Fertigungsdaten	Fertigungsauftrag	GO2	F	F	V	V	V	V		
	Fertigungsauftrag.Termine	GO7	F	F	V	V	V	V		
	Arbeitsplan	GO8	V	V	F					
	Werkstattauftrag	GO3			F			V	V	
	Prüfplan	GO9	F	F	V					
Vertriebsdaten	Kundenauftrag	GO1	V							
Lagerdaten	Rohmaterial.Lagerort	GO4	V	V	V	F	F	F		
	Rohmaterial.Lagermenge	GO10	V	V	V	F	F	V		
	Wareneingangsbeleg	GO5			V	V	F	V		
Mitarbeiterdaten	Lagerarbeiter	GO6							V	
	...	...								

Informationssystem-Releases

F Führendes System
V Verwendung und Bearbeitung von Daten

Bild 4.48 Ergebnisse der Daten-Cluster-Analyse

Für die Gestaltung werden unterschiedliche Lösungsideen wie z. B. „Stammdaten-Hub" oder „Klare Masterschaft und Synchronisierung" gesammelt und analysiert. Betrachten wir die Lösungsidee „Stammdaten-Hub" näher. In Bild 4.49 finden Sie den aktuellen Informationsfluss dargestellt. Sowohl CON als auch TUY sind isolierte Systeme. Gegebenenfalls existieren manuelle Schnittstellen.

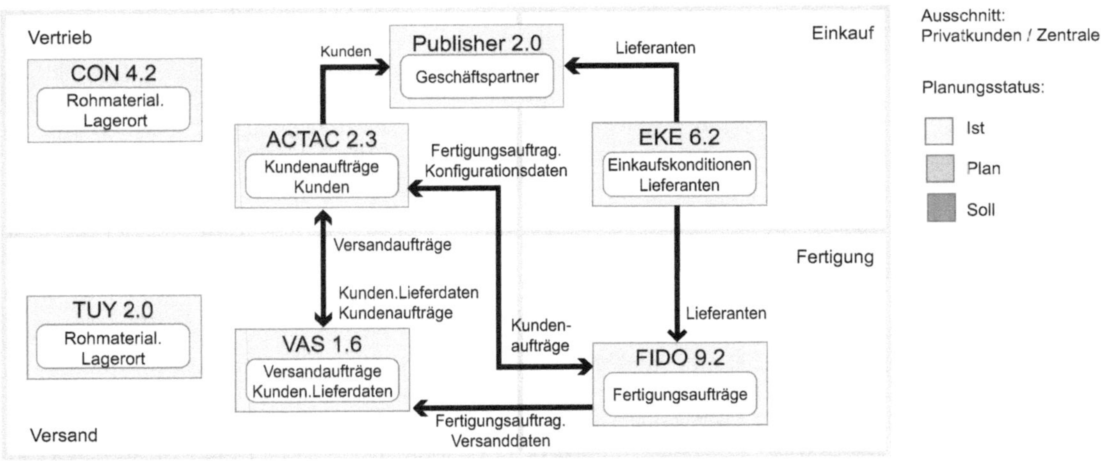

Bild 4.49 Beispiel Informationsfluss Ist-Zustand

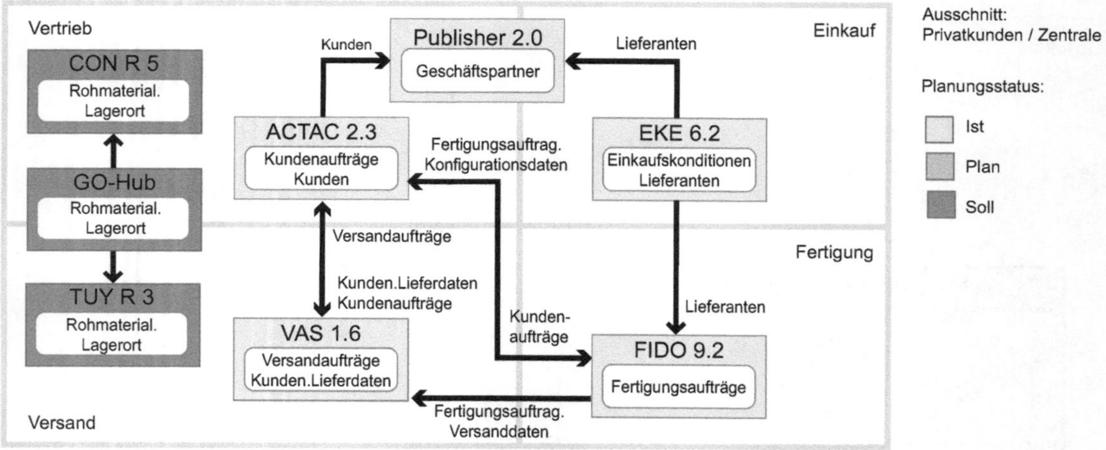

Bild 4.50 Beispiel Informationsfluss, nach Einfügen eines Stammdaten-Hub

Rohmaterial mit allen seinen Bestandteilen wie z. B. Lagerort ist ein Stammdatum (besonders ausgezeichnetes Geschäftsobjekt). Das Rohmaterial kann zusammen mit ggf. weiteren Stammdaten in einen Stammdaten-Hub transferiert werden. In Bild 4.50 wird ein neues Informationssystem GO-Hub dargestellt. Dieser Stammdaten-Hub wird entweder das führende System des Rohmateriallagerorts oder verteilt diese Informationsobjekte lediglich.

> **Empfehlung**
> Auch die kreative Gestaltungsaktivität wird durch Gestaltungsmuster wie z. B. „Füllen von Abdeckungslücken" unterstützt. Diese werden in Abschnitt 5.5 beschrieben.

So können Sie mithilfe von EAM Lösungsideen und Planungsszenarien entwickeln und analysieren sowie Input für die Bewertung bezüglich dem strategischen und Business Alignment, den Kosten und Nutzen, dem technischem Zustand, den Risiken, den Abhängigkeiten und Auswirkungen geben. Details hierzu finden Sie in Abschnitt 5.5. Dies ist wesentlicher Input für die IT-Masterplanung. Die grobe Planung der Umsetzungsschritte ist aber bereits wesentlicher Bestandteil der IS-Bebauungsplanung, da nur so die unterschiedlichen Planungsszenarien vollständig bewertet werden können. Hierzu werden mögliche Umsetzungsstufen zum Schließen der Lücke zwischen Ist und Soll sowie die dafür erforderlichen Maßnahmen inhaltlich entwickelt und bewertet.

IT-Masterplanung

Die IT-Masterplanung ist eine strategische Multiprojektplanung, in der die wesentlichen grobgranularen Maßnahmen zur Umsetzung des Ziel-Bilds gesamthaft aufgeführt sind. Die Planung in der absehbaren Zukunft ist konkreter und je weiter es in die Zukunft geht, umso visionärer wird der Plan. Der Masterplan wird entsprechend der Veränderungen in Strategie, Geschäftsanforderungen und Randbedingungen fortgeschrieben.

Das Multiprojektmanagement, das in der Regel beim Projektportfoliomanagement angesiedelt ist (siehe Abschnitt 4.18), ist verantwortlich für die IT-Masterplanung. Idealerweise unterstützt der Unternehmensarchitekt durch den fachlichen Input. Dies ist gut ersichtlich in einem Synchroplan, siehe Bild 4.60. EAM liefert hier strategische, fachliche und technische Sichten, die den angestrebten inhaltlichen Status der fachlichen und IT-Landschaft an den Synchronisationspunkten (Meilensteinen) beschreibt.

Flexibilisierung der IT

Eine flexible IT ist häufig eine Anforderung an ein IT-Ziel-Bild. Was heißt dies für die IT-Landschaft und für die IS-Bebauungsplanung?

Triebfelder für die angestrebte Flexibilisierung ist die für die Digitalisierung wichtige Business-Agilität. Neue oder veränderte Geschäftsmodelle müssen mit einem Zeitvorsprung vor dem Wettbewerb am Markt positioniert werden.

Die IT muss sich auf die Veränderungen in den Geschäftsmodellen und kürzer werdende Innovations- und Produktlebenszyklen sowie Merger & Acquisitions, Outsourcing und Umstrukturierungen vorbereiten. Neue oder veränderte Geschäftsanforderungen müssen schnell und in hoher Qualität umgesetzt werden.

Um Flexibilität in der IT-Landschaft zu erreichen, muss diese in den Bereichen, wo Veränderungen zu erwarten sind, komponentisiert (modularisiert) werden und Integrationsarchitekturen müssen bereitgestellt werden. Dies geht häufig einher mit einer Serviceorientierung und muss sich im Ziel-Bild und in den Leitplanken widerspiegeln. So kann die IT auf Veränderungen im Business vorbereitet werden und auf diese Weise einen großen Beitrag zur Weiterentwicklung des Geschäfts leisten.

Hinweis

Zielzustand sind intelligent zusammensetzbare Businessfähigkeiten. Gartner (siehe [Gar20]) nennt dies „Intelligent Composable Business“. Dies ist die Fähigkeit, sich auf der Grundlage der aktuellen Situation an die veränderten Anforderungen und Rahmenbedingungen schnell anpassen und sich grundlegend umgestalten zu können. Unternehmen müssen in der Lage sein, schnell aufgrund fundierter Daten Entscheidungen situativ zu treffen und diese schnell umzusetzen bzw. nachzujustieren.

Wichtig ist, dafür eine widerstandsfähige Struktur, einen Baukasten und ein Planungs- und Entscheidungsinstrumentarium für das Unternehmen bereitzustellen, die mit den ständigen Veränderungen umgehen können. Grundlage dafür sind:

- Situatives Bewusstsein („situative Awareness“) durch einfache Erkennung von Handlungsbedarfen oder Notwendigkeiten von Veränderungen. Voraussetzung dafür sind automatisierte datengetriebene und intuitiv nutzbare, KI-unterstützte Entscheidungsunterstützung auf Basis einer qualitativ hochwertigen und aktuellen Datengrundlage, z. B. auf Basis einer EAM-Datenbasis.
- Autonome selbstständige menschliche oder KI-Agenten oder Geschäftseinheiten, die schnell und flexibel sowie nachvollziehbar reagieren können.

Dies impliziert in der Regel, dass es sowohl zentrale, übergreifende als auch insbesondere dezentrale „Agenten", z. B. Unternehmensarchitekten, gibt, die weitestgehend autonom, aber doch übergreifend synchronisiert handeln können.

- Modulare Geschäftsfunktionen-Baukästen, die einfach und situativ ereignisorientiert angetriggert und flexibel kombiniert werden können. Dies sollte direkt aus der automatisierten datengetriebenen Entscheidungsunterstützung heraus erfolgen. Die Veränderungen müssen transparent und nachvollziehbar sein auf Basis der dann veränderten Datengrundlage.

Dies ist nicht so einfach, wenn die IT-Landschaft „historisch gewachsen" ist. Schon kleine Änderungen können in dem komplexen Gesamtsystem verheerende Auswirkungen haben. Um flexibel und schnell auf neue Anforderungen reagieren zu können, müssen Änderungen möglichst lokal an wenigen Stellen durchgeführt werden können. Änderungen an Geschäftsregeln oder Workflows sollten einfach modelliert oder konfiguriert werden können. Eine modulare IT-Landschaft mit einer Integrationsarchitektur ist hierzu erforderlich.

Wichtig

Wenn Sie Ihre IT auf Veränderungen im Business ausrichten wollen, dann müssen Sie diese in den relevanten Bereichen „komponentisieren" und mit einer Integrationsarchitektur versehen.

Die IT-Landschaft muss so in Komponenten zerlegt werden, dass fachlich zusammengehörige Funktionalitäten und Daten in einer Komponente angesiedelt sind. Die Komponenten sind untereinander lose über z. B. eine Regel-, Workflow-Engine oder ein Enterprise Service Bus gekoppelt.

Eine Integrationsarchitektur liefert unternehmensspezifische Vorgaben für die serviceorientierte Umsetzung von Geschäftsanforderungen. Hierzu zählen Technologie-, Softwarearchitektur- und Infrastrukturaspekte für Entwicklung, Betrieb und Governance der involvierten Einzelsysteme und deren Zusammenspiel (End-to-end).

Beispiele hierfür sind Architekturvorgaben für die lose Kopplung von Komponenten über einen ESB (Enterprise Service Bus) oder aber die Herauslösung der Geschäftsregeln, der Fehlerfälle und Ablaufsteuerung aus dem Programmcode und die Hinterlegung dieser in einer Rules Engine und einem BPMS (Business Process Management System). Änderungen an Geschäftsregeln (zum Beispiel veränderte Preisberechnung) und Abläufen (zum Beispiel Änderung des Genehmigungsverfahrens) ziehen keine Auswirkungen an den funktionalen Modulen nach sich. Funktionale Module, wie zum Beispiel Provisionsabrechnung, können einfach ersetzt werden. Die Änderung erfolgt lokal und kann schnell und kostengünstig durchgeführt werden, da nur reduzierte Integrations- und Testaufwände anfallen.

Die Komponenten, häufig auch Services genannt, sollten sich an den Business Capabilities des Unternehmens ausrichten. Beispiele für Services sind Vertriebscontrolling oder Provisionsabrechnung.

Gewachsene IT-Landschaften mit vielen funktionalen und Datenredundanzen, vielen und komplexen spezifischen Schnittstellen, heterogenen Technologien sowie vielen Inkompatibilitäten und Abhängigkeiten müssen „aufgeräumt" („SOA-fiziert") werden, um Änderungen schnell, kostengünstig und risikoarm durchzuführen und in Betrieb zu nehmen. So wird die erforderliche Flexibilität (Anpassungsfähigkeit) erzielt und darüber hinaus werden die Wartungs- und Betriebsaufwände und damit die IT-Kosten nachhaltig gesenkt.

Wichtig

Serviceorientierte Architekturen (SOA) versprechen Agilität in der Veränderung des Geschäftsmodells, indem Business-Services zu Geschäftsprozessen flexibel orchestriert und damit einfach und kostengünstig an veränderte Geschäftsanforderungen oder Randbedingungen angepasst werden können. Sie zielen auf die Komponentisierung der IT-Landschaft in fachliche Komponenten und eine flexible Kopplung der Komponenten ab.

SOA (serviceorientierte Architektur) hat eine fachliche und eine technische Dimension:

- Fachliche Funktionen (auch Business Capability oder Geschäftsfähigkeit genannt) als inhaltliche Implementierungs-, Strukturierungs- und Granularitätsvorgabe für Business-Services (siehe Abschnitt 4.14).
- Technische Umsetzung mittels einer für das Unternehmen standardisierten Integrationsarchitektur (u. a. lose Kopplung und Kontrakte) mit Integrationstechnologien, wie z. B. WebServices, Workflow und Rule Engines oder Enterprise Service Bus.

Das Business Capability Management (siehe Abschnitt 4.14) leistet hierzu einen wesentlichen Beitrag. Die Business Capabilities geben fachliche Bezugspunkte für die Planung und Steuerung der IT-Umsetzung vor. Das Anwendungsportfolio wird in Bezug auf die aktuellen und zukünftigen Geschäftsfähigkeiten optimiert. Hierbei wird die Soll-IS-Landschaft entsprechend der zukünftigen Business Capability Map komponentisiert, das heißt serviceorientiert gestaltet. Auf dieser Basis können mit Hilfe einer Integrationsarchitektur neue Abläufe einfach durch Zusammensetzen und Orchestrieren der Business-Services konfiguriert werden. Die IT kann so schneller auf sich verändernde Anforderungen reagieren. Die Orchestrierung der Business-Services, also deren Abfolge und Wechselwirkungen, wird durch die Geschäftsprozesse vorgegeben. Lassen sich die einzelnen Business-Services einfach miteinander verknüpfen, dann lassen sich auch Änderungen in den Prozessabläufen unter der Annahme des Einsatzes derselben Services schnell und ohne Programmieraufwand umsetzen.

In Bild 4.51 finden Sie ein Beispiel für eine Soll-Informationssystemlandschaft, die entsprechend der Business Capabilities serviceorientiert gestaltet wurde. Die Business Capability Map bildet die Zielvorgabe für das IT-Service-Modell der zukünftigen IT-Landschaft.

Fachlich zusammenhängende Business Capabilities (fachliche Domäne in Bild 4.51) werden in der idealisierten Zielvorstellung durch ein Informationssystem bereitgestellt. Die Business Capabilities geben die Strukturierung für die Soll-Informationssysteme vor. Die Soll-Informationssysteme werden entsprechend der Business Capabilities in Teil-Informationssysteme, auch IT-Funktionalitäten genannt, zerlegt. Für jede Business Capability existiert eine IT-Funktionalität (ein Service eines Informationssystems), der direkt eingebunden werden kann.

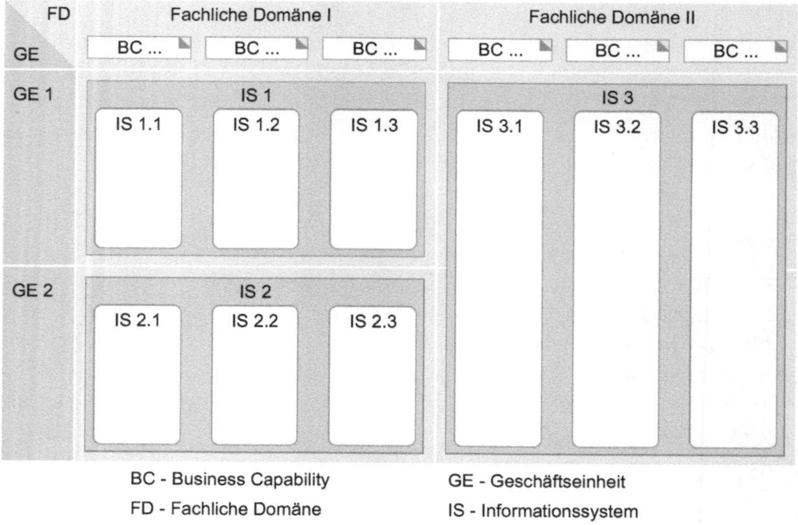

Bild 4.51 Serviceorientierte Gestaltung der IS-Landschaft

Die Gestaltung der zukünftigen IT-Landschaft erfolgt im Rahmen der Bebauungsplanung (siehe Abschnitt 5.5) auf der Basis der Business Capability Map entsprechend der strategischen Vorgaben und Randbedingungen. Durch die strategischen Vorgaben und Randbedingungen können zum Beispiel, wie in Bild 4.51 dargestellt, die Informationssysteme für die verschiedenen Geschäftseinheiten für die fachliche Domäne I durchaus unterschiedlich ausgeprägt werden.

Durch die „Komponentisierung" der IS-Landschaft entsprechend des funktionalen Referenzmodells und das Einziehen einer Integrationsarchitektur mit zum Beispiel einer Regel- und Workflow-Engine können Änderungen an Geschäftsregeln oder Geschäftsabläufen einfach modelliert und konfiguriert werden. So sieht zumindest das Zielszenario aus, um Business-Veränderungen schnell umsetzen zu können. Für die Vorbereitung der IT bedarf es aber in der Regel eines langen Atems.

Wichtig

Business Capabilities und ihre Verknüpfung mit IT-Strukturen, gepaart mit einer Integrationsarchitektur sind ein wichtiger Schritt in Richtung einer flexiblen IT.

So können funktionale Redundanzen in der Geschäftsunterstützung beseitigt und vor allen Dingen die IT auf Veränderungen im Business vorbereitet werden. Serviceorientierung in Business und IT und die konsequente Nutzung einer Integrationsarchitektur sind der Schlüssel dazu. Weitere Informationen zu Integrationsarchitekturen und Hilfestellungen für die Komponentisierung finden Sie in Abschnitt 4.14.

Serviceorientierung ist aber kein Selbstzweck und nicht immer adäquat. Durch die Zerschlagung und lose Kopplung von Komponenten werden Performance- und Sicherheitsanforderungen zum Teil schwieriger zu erfüllen. Viele Layer und Komponenten-Schnittstellen sind zu überwinden (siehe SOA-Referenzarchitektur in Abschnitt 4.14). Zudem dauert die Migration einer gewachsenen IT-Landschaft zur SOA-Landschaft viele Jahre und verschlingt große Summen (siehe [Sla11] und [Eng08]). ■

Business Capabilities (fachliche Funktionen) und ihre Umsetzung als Business-Services bieten darüber hinaus noch folgende weitere Vorteile:

- Fundierte Sourcing-Entscheidungen sind möglich. Anhand der festgelegten fachlichen Funktionen und deren Klassifikation bezüglich Wettbewerbsdifferenzierung kann entschieden werden, welche Fähigkeiten vom Unternehmen selbst erbracht oder zugekauft werden sollen. Zudem lässt sich das Anforderungsprofil für die Dienstleister konkreter festlegen.
- Fachliche Funktionen sind für die Abstimmung mit Stakeholdern im Anforderungsmanagement geeignet, weil sie die Funktionalität des zukünftigen Produkts beschreiben.
- Fundierter Input für Business-Transformationen, u. a. Merger und Akquisitionen, wird bereitgestellt (siehe Einsatzszenario „Business-Transformation").
- Projekte lassen sich anhand der fachlichen Funktionen klassifizieren und bewerten.
- Die Inkrementbildung bei Projekten wird unterstützt. Die Priorisierung und die Zerlegung in Inkremente können anhand der fachlichen Funktionen (gegebenenfalls auf Teilfunktionsebene) erfolgen.

Empfehlung

Business Capabilities und ihre Verknüpfung mit IT-Strukturen, gepaart mit einer Integrationsarchitektur sind ein wichtiger Schritt in Richtung einer flexiblen IT.

So können funktionale Redundanzen in der Geschäftsunterstützung beseitigt und vor allen Dingen die IT auf Veränderungen im Business vorbereitet werden. Serviceorientierung in Business und IT und die konsequente Nutzung einer Integrationsarchitektur sind der Schlüssel dazu. Weitere Informationen zu Integrationsarchitekturen und Hilfestellungen für die Komponentisierung finden Sie in Abschnitt 4.14.

Serviceorientierung ist aber kein Selbstzweck und nicht immer adäquat. Durch die Zerschlagung und lose Kopplung von Komponenten werden Performance- und Sicherheitsanforderungen zum Teil schwieriger zu erfüllen. Viele Layer und Komponenten-Schnittstellen sind zu überwinden (siehe SOA-Referenzarchitektur in [Han14]). Zudem dauert die Migration einer gewachsenen IT-Landschaft zur SOA-Landschaft viele Jahre und verschlingt große Summen (siehe [Sla11] und [Eng08]). ■

4.17 Business-Transformation, Change Management & Organisationsentwicklung

Kurzbeschreibung: Schaffung des inhaltlichen Fundaments für Entscheidungen und für die Steuerung der Veränderung, z. B. im Rahmen einer Due Diligence, und für die Umsetzung der digitalen oder einer einzelnen Business-Transformation.

Stakeholder-Gruppen: Unternehmensführung oder CDO (A), Business-Planer (R), Leiter Organisation (C, I oder R), CIO/IT-Verantwortlicher (A teilweise), Business-Verantwortlicher (C), Unternehmensarchitekten (R)

Ziele:

- *Strategische Ausrichtung:* Flexibilisierung, Standardisierung und Homogenisierung sowie Gestaltung der zukünftigen IT-Landschaft im Hinblick auf die Umsetzung der Unternehmens- und IT-Strategie entsprechend der Anforderungen der digitalen oder der Business-Transformation.
- *Beitrag zur Weiterentwicklung des Geschäfts:* Möglichst schnell und sicher die digitale Transformation oder die Business-Transformationen, wie z. B. einen Firmenzukauf, bewältigen. Wesentlich ist auch die Absicherung von Entscheidungen durch die Analyse von Abhängigkeiten und Auswirkungen von Business-Transformationen.

Erläuterungen und geeignete Visualisierungen

Die digitale Transformation und die einzelnen Business-Transformationen ändern das Geschäftsmodell und/oder die Organisation des Unternehmens (oder Teile davon) gravierend. Die Unternehmenskultur muss hier gleichzeitig mit der Organisation und den Prozessen über einen gesteuerten Veränderungsprozess weiterentwickelt werden.

Definition Digitale Transformation

Die digitale Transformation bezeichnet den Wandel zu neuartigen, häufig disruptiven Geschäftsmodellen mittels Informations- und Kommunikationstechnik. Analoge Daten werden in digitale umgewandelt, Geschäftsprozesse flexibilisiert und automatisiert sowie Technik, Informationen, Dinge und Menschen vernetzt. Der Kunde und dessen Bedürfnisse stehen im Mittelpunkt. Durch Effizienz muss der Freiraum für Innovation geschaffen werden. Disruption steht für den Umbruch, in dem traditionelle Geschäftsmodelle durch innovative Geschäftsmodelle abgelöst oder verdrängt werden.

Die digitale Transformation besteht aus vielen einzelnen Business-Transformationen, die das Unternehmen in einem gesteuerten Veränderungsprozess in Schritten weiterentwickeln.

Die fundamentalen Veränderungen müssen Sie möglichst schnell und risikoarm bewältigen. EAM leistet hierfür einen wichtigen Beitrag. Zuerst schauen wir uns aber das Wesen von Business-Transformationen etwas näher an.

Was bedeuted digitale Transformation oder Business-Transformation?

Gerade die Digitalisierung ist ein Game Changer. Sie ist geprägt von einem rasanten, scheinbar unaufhaltbaren Wandel in allen Lebensbereichen. Sie verändert Menschen, Unternehmen, Märkte und die Gesellschaft. Bestehende Produkte, Wertschöpfungsketten und etablierte Geschäftsmodelle verändern sich.

Die digitale Transformation oder auch einzelne Business-Transformationen haben in der Regel eine große Tragweite. Das Unternehmen wird zumindest in Teilen grundlegend neugestaltet. Beispiele für Business-Transformationen sind:

- **Verändertes Geschäftmodell** mit völlig neuartigen Produkten und Dienstleistungen, wie z. B. Übergang von Produkten zu Services, Bereitstellung von Datenprodukten oder Bereitstellung und Betrieb von digitalen Plattformen oder Services für digitale Plattformen.

Definitionen

Eine **digitale Plattform** ist intermediär in einem zweiseitigen bzw. mehrseitigen Markt. Sie verknüpft zwei oder mehrere unterschiedliche Akteursgruppen (z. B. Kunden, Lieferanten, Nutzer, Dienstleister). Die Plattform stellt eine offene Infrastruktur zur Verfügung und bestimmt die Regeln für den Austausch. Die Akteursgruppen profitieren jeweils von der Größe der anderen Gruppe(n) (Netzwerkeffekte). Auf einer Handelsplattform beispielsweise ist es für die Händler umso besser, je mehr Kunden die Plattform nutzen und ihre Produkte auf diesem Weg kaufen könnten. Andersherum haben die Kunden den Vorteil einer größeren Auswahl, wenn viele Händler die Plattform nutzen.

Quelle: Bundesministerium für Wirtschaft und Energie (2016)

Eine digitale Plattform ermöglicht Interaktionen über das Internet zwischen Nutzergruppen, sodass für diese Gruppen ökonomische Vorteile entstehen. Digitale Plattformen bilden entweder soziale Netzwerke mit positivem Rückkopplungseffekt, wie z. B. Facebook, oder stellen eine Basis für eine Vielzahl von Unternehmen, um deren Produkte und Dienstleistungen über das Internet zu vermarkten. Sie bringen die verschiedenen Nutzergruppen wie Käufer und Verkäufer zusammen (Marktplatz-Funktion).

Digitale Plattformen, wie z. B. Industrieplattformen, Data Sharing und IoT-Plattformen, B2B-Netzwerke, Vergleichs- & Bewertungsportale, Suchmaschinen, Handelsplattformen, soziale Netzwerke und Medienplattformen, Automotive-, Banken- oder Versicherungsplattformen sowie Vermittlerplattformen, verändern die Wertschöpfung und erhöhen die horizontale Vernetzung erheblich. Plattformen spielen bei der digitalen Transformation eine zentrale Rolle als Schnittstelle zwischen allen Beteiligten im digitalen Ökosystem. Digitale Produkte, Dienstleistungen und industrielle Produktion wachsen zusammen und werden über sogenannte Intermediäre (technisch durch Plattformen) zugänglich gemacht.

Gerade in Branchen wie Handel, Medien, Unterhaltung und Tourismus sind die Veränderungen deutlich zu erkennen. Online-Handelsplätze, digitale Kanäle ohne Zwischenhändler, Streaming-Dienste und Buchungsplattformen haben zum Teil bereits klassische Geschäftsmodelle abgelöst oder verändert.

> Einige Vergleichsportale und Vermittlerplattformen haben digitale Kanäle mit einer starken Marktmacht geschaffen. Ohne wirklich eigene Produkte oder Leistungen anzubieten, wird deren Anteil am „Kuchen" immer größer. Unternehmen, wie z. B. Händler, Restaurants oder auch Versicherungen, sind de facto gezwungen, diese Kanäle mit zu unterstützen. Eine Abhängigkeit zu diesen digitalen Plattformen entsteht. Zudem müssen alle relevanten neuen Plattformen mit zum Teil großem finanziellen Aufwand unterstützt werden. ■

- **Merger und Akquisitionen** im Kontext von Firmenübernahmen, Fusionen oder Zerschlagungen.
- **Neue oder veränderte Kooperationsmodelle mit Partnern oder Lieferanten**, wie zum Beispiel Supply-Chain-, Global-Sourcing[6]-Initiativen oder Outsourcing oder Outtasking von Leistungen.
- **Gravierende Umstrukturierungen im Unternehmen** und damit einhergehend die Änderung der Aufbau- und Ablauforganisation und der Unternehmenskultur. Die Gründe hierfür sind vielfältig. Beispiele sind eine veränderte Unternehmensausrichtung, wie zum Beispiel die Einführung vom Lean Management, eine globale Ausrichtung mit Hilfe eines Global Sourcings, Verlagerung von Produktionsstandorten, Verringerung der Wertschöpfungstiefe durch den Bezug von Halbfabrikaten von Zulieferern anstelle von Eigenproduktion oder aber die Organisation nach Produkten, Prozessen sowie regionalen oder funktionalen Gesichtspunkten.
- **Prozessstandardisierung**, wie zum Beispiel europaweite oder globale Prozessharmonisierung und eine damit einhergehende Systemharmonisierung.

Eine Neugestaltung birgt viele Unsicherheiten und Risiken. Je disruptiver der Wandel ist, desto weniger sind die Auswirkungen und Veränderungen insbesondere am Markt vorab absehbar. Ein agiles Vorgehen ist bei disruptiven Innovationen überlebensnotwendig (siehe Lean Startup und Minimum Viable Product, kurz MVP, in [Han18]), da deren Auswirkungen nicht wirklich planbar sind. Disruptive Innovationen verändern die Spielregeln auf dem Markt und das Nutzungsverhalten gravierend.

Allein die Globalisierung von zum Beispiel Vertriebs- und Service-Strukturen erfordert eine Globalisierung der Kundenstammdaten, das heißt eine globale Harmonisierung der Kundenstrukturen und -daten, sowie konsistente und qualitativ hochwertige Bewegungsdaten.

Eine Business-Transformation ist erst dann umgesetzt, wenn Organisation, Geschäftsprozesse, Business-Ökosystem, IT und Geschäftsdaten transformiert sind. Dies hat natürlich auch große Auswirkungen auf das aktuelle Projektportfolio. Jedes Projekt im Kontext der Business-Transformation ist sorgfältig auf die entsprechende Konformität zu prüfen und ggf. zu stoppen oder zu verändern. Die reglmäßige Synchronisation ist wesentlicher Bestandteil des Multiprojektmanagements.

Dennoch sind gravierende Business-Transformationen gerade durch den digitalen Wandel an der Tagesordnung. Die Entscheidungen diesbezüglich müssen mit hoher Verlässlichkeit, das heißt hoher Qualität und beherrschbarem Risiko, zum Beispiel bei Kauf eines Unternehmens im Rahmen einer Due Diligence getroffen werden. Nach einer positiven Entscheidung für

---

[6] Bündelung von Einkaufsvolumen

eine Business-Transformation, wie zum Beispiel einem Firmenzukauf, müssen diese schnell und sicher bewältigt werden.

Das typische Vorgehen bei der Entscheidung über eine Business-Transformation beinhaltet folgende Schritte:

1. Ziele und Rahmenbedingungen der Business-Transformation aufnehmen.
2. Bewertung der zukünftigen Rahmenbedingungen und Möglichkeiten.
3. Umsetzungsplanung und Bewertung der Aufwände und Risiken für alle relevanten Szenarien.
   a) Ist-Analyse und Gestaltung des Soll-Zustands.
   b) Planung der Umsetzung.
   c) Abschätzung des Aufwands und der Risiken.
4. Entscheidung durch Gegenüberstellen der Möglichkeiten und der Aufwände bzw. Risiken.

Wichtig

Sichern Sie Ihre Entscheidungen ab und führen Sie Business-Transformationen systematisch und nachhaltig durch. Wesentlich sind hierfür:

- Due Diligence: sorgfältige Analyse, Prüfung und Bewertung eines Objekts im Rahmen z. B. einer Akquisition
- Planung der Business-Transformation: Entwicklung eines realistischen Ziel-Bilds und der Roadmap für die Umsetzung sowie regelmäßige Anpassung der Planung entsprechend der Erfordernisse
- Transparenter inhaltlicher Umsetzungsstatus: fundierte und zeitnahe Informationen zu Status und Fortschritt der Business-Transformation
- Gesteuerter Veränderungsprozess (Change Management): Operationalisierung und schrittweise Verankerung in der Organisation

Professionelles Management von Business-Transformations-Projekten: sichere, risikoarme und zuverlässige Abwicklung ■

Kernerfolgsfaktoren für eine Business-Transformation sind:

- **Absicherung von Entscheidungen vor und während einer Business-Transformation** durch eine systematische Analyse und Planung der Business-Transformation und einen transparenten inhaltlichen Umsetzungsstatus
- **Sichere, risikoarme und zuverlässige Abwicklung** durch ein professionelles (Multi-) Projekt- und Change-Management auf der Basis von fundierten und aktuellen Informationen

Die sichere, risikoarme und zuverlässige Abwicklung von Business-Transformationen hat schon alleine eine sehr große Komplexität. Hohe Risiken, viele Beteiligte und der übergreifende Charakter stellen hohe Anforderungen an das Projektteam und insbesondere an das Projektmanagement. Weitere Informationen hierzu finden Sie in [Rat08] und [Bae07]. Im Folgenden schauen wir uns die Absicherung von Entscheidungen näher an.

Absicherung von Entscheidungen

Bei Business-Transformationen müssen sowohl die Entscheidungen für oder gegen eine Business-Transformation als auch Entscheidungen im Rahmen der Umsetzung unterstützt werden. Entscheidungen, ob eine Business-Transformation durchgeführt wird oder nicht, basieren auf einer Bewertung der zukünftigen Rahmenbedingungen und Möglichkeiten. Diese Einschätzung der Perspektiven (Nutzen) wird den erwarteten Aufwänden und Risiken gegenübergestellt.

Wichtig

Due Diligence ist ein amerikanischer Rechtsbegriff, dessen Bedeutung im deutschsprachigen Raum weiter gefasst wird. Im Allgemeinen versteht man darunter die sorgfältige Analyse, Prüfung und Bewertung eines Objekts im Rahmen z. B. einer Akquisition.

Wenn aufgrund großer Komplexität oder Tragweite die Entscheidungsvorbereitung nicht im Rahmen des Tagesgeschäfts des Demand Managements oder von Linienaufgaben erfolgen kann oder soll, wird in der Regel ein separates Analyseprojekt aufgesetzt. Bei der Akquisition von Unternehmen heißt dies Due Diligence. Diese ist sicherlich umfassender als „interne" Business-Transformationen, da hier das Geschäftsmodell, die Anlagen, Immobilien und Finanzen neben der Organisation, den Prozessen, der Qualifikation, Motivation, Kultur und dem Vergütungssystem der Mitarbeiter sowie die IT-Randbedingungen genau betrachtet werden müssen.

Eine Entscheidung für oder gegen eine Business-Transformation erfordert also auf jeden Fall eine ganzheitliche Betrachtung von inhaltlichen und organisatorischen Aspekten. Durch EAM können insbesondere die inhaltlichen Aspekte stark unterstützt werden.

Die Analyse- und Gestaltungsinstrumente der Business-Analyse, des Prozessmanagements, des Business Capability Management und des Enterprise Architecture Managements können zielgerichtet zu einem Business-Transformations-Instrumentarium zusammengestellt werden. Dies betrachten wir nun näher. Es umfasst die folgenden Bestandteile:

- **Festlegung der Ziele und Rahmenbedingungen der Business-Transformation:** Ausgangspunkt ist hier die systematische Identifikation der Geschäftstreiber aus der Unternehmensstrategie, den aktuellen Geschäftsanforderungen, ermittelten Pains sowie relevanten Trends. Dies ist zusammen mit der Aufnahme und Bewertung der zukünftigen Rahmenbedingungen und Möglichkeiten der erste Schritt. Als Modelle hierzu können insbesondere das Geschäftsmodell und Operational Model (siehe [HLo21]) mit genutzt werden. Der zukünftige Markt, die Kunden, die Produkte und Dienstleistungen, die Vertriebskanäle und die Fähigkeiten der Organisation inklusive des Zusammenspiels mit Partnern und Lieferanten bestimmen maßgeblich den Erfolg des veränderten Unternehmens oder des Unternehmensteils. Hier finden Methoden des Business Capability Managements (siehe Abschnitt 4.14) und des strategischen Prozessmanagements Anwendung (siehe [HLo21]). Fragen bezüglich Nutzen, Zukunftsfähigkeit und Wirtschaftlichkeit des neugestalteten Unternehmens können so beantwortet werden. Nur bei positiver Beantwortung machen weitere Schritte Sinn.

- **Gestaltung des Soll-Zustands (möglicher Lösungsszenarien):** Der Soll-Zustand muss sowohl fachlich als auch technisch als Grundlage für die Umsetzungsplanung und die Abschätzung der Aufwände und die Bewertung der Risiken gestaltet werden. Die fachliche Gestaltung des Soll-Zustands erfolgt häufig über fachliche Domänenmodelle entweder über das Business Capability Management (siehe Abschnitt 4.14) oder das Prozessmanagement (siehe Abschnitt 4.12) im Rahmen der Business-Analyse:
  - Die **Capability Map** oder das **funktionale Referenzmodell** gibt die zukünftig benötigten Fähigkeiten vor. Die Capability Map eignet sich sehr gut für die Analyse der Unterschiede bei verschiedenen Unternehmen z. B. im Kontext eines Aufkaufs eines Unternehmens. Über Heat Maps kann der Grad der aktuellen Umsetzung auf einen Blick veranschaulicht und damit ein wesentlicher Beitrag zur Steuerung der Umsetzung geleistet werden. Mehr zu Capability Maps und deren Erstellung finden Sie in [Han14].
  - Eine **Soll-Prozesslandkarte** (siehe Abschnitt 2.4.1) ist ein anderes Mittel für die Beschreibung des fachlichen Soll-Zustands. Da hier das „Wie“ und nicht nur das „Was“ beschrieben wird, ist die Capability Map bei gravierenden Veränderungen im Unternehmen vorzuziehen. Das „Wie“ muss dann im Detail erst noch erarbeitet werden.

  Hilfestellungen für die Erstellung einer Prozesslandkarte finden Sie in [HLo21].

Empfehlung

Verwenden Sie die Business Capabilities als fachlichen Bezugsrahmen, wenn bei einer Business-Transformation auch die Organisation und die Geschäftsprozesse strukturell neugestaltet und nicht nur verändert werden. Die Business Capabilities und die grobe Unternehmensorganisation werden bei Business-Transformationen häufig frühzeitig festgelegt. Die zukünftige Business Capability Map beschreibt die zukünftigen Fähigkeiten der neuen Organisation. Diese werden in EAM als fachlicher Bezugsrahmen und im Rahmen der Neugestaltung der Aufbau- und Ablauforganisation im strategischen Prozessmanagement genutzt. ■

Auf der Basis des fachlichen Ziel-Bilds kann das IT-Ziel-Bild erstellt werden. Hier finden Methoden der **IS-Bebauungsplanung** (siehe Abschnitt 5.5) Anwendung. Ergebnis der IS-Bebauungsplanung ist die Zielvorstellung über die zukünftige Geschäftsunterstützung und die grobe IT-Roadmap zu deren Umsetzung als Input für eine Entscheidung. Angereichert mit den organisatorischen und fachlichen Maßnahmen können so die Business-Transformation geplant und damit die Kosten und Risiken abgeschätzt werden. Auf dieser Basis kann dann eine Entscheidung darüber getroffen werden, ob die Business-Transformation überhaupt durchgeführt wird oder nicht.

- **Bestimmung der Ausgangslage (Ist-Analyse):** Auch bei der Bestimmung der Ausgangslage müssen sowohl die Fach- als auch die IT-Seite betrachtet werden. Im Business müssen die bestehenden Fähigkeiten und die Reife der vorhandenen Geschäftsprozesse eingeschätzt werden. Hierzu finden Methoden des Prozessmanagements und des Business Capability Managements Anwendung (siehe Abschnitte 4.14 und 4.12). Auf der IT-Seite müssen die Geschäftsunterstützung analysiert und Handlungsbedarf und Optimierungspotenzial mit Hilfe des EAM-Analyseinstrumentariums aufgedeckt werden (siehe Abschnitt 5.3).

Empfehlung

Reduzieren Sie den Aufwand. Wenn der Soll-Zustand bereits feststeht, kann sich die Ist-Analyse auf die Anteile beschränken, die in Zukunft noch relevant sind.

- **Transparenter inhaltlicher Umsetzungsstatus:** Wesentlich für Entscheidungen im Verlauf der Business-Transformation sind fundierte und zeitnahe Informationen zu Status und Fortschritt der Business-Transformation. Wesentlich ist hier insbesondere der Plan-Ist-Abgleich.

  Im **Plan-Ist-Abgleich** werden die Ergebnisse von Projekten mit der Planung abgeglichen. Der dokumentierte Soll-Zustand in Form eines fachlichen Domänenmodells (siehe Abschnitt 2.4.1) stellt die Bezugspunkte für den Plan-Ist-Abgleich bereit. Über einen Synchroplan (siehe Bild 4.60) wird für Planungszeitpunkte und wichtige Meilensteine, wie z. B. die Inbetriebnahme von Informationssystemen, der Fortschritt erkennbar. In einem Synchroplan können Änderungen in der fachlichen, IS-, technischen und Betriebsinfrastrukturbebauung in Verbindung mit Projekten anschaulich dargestellt werden.

  Neben einem Synchroplan kann auch eine zeitliche Abfolge von Portfolios für die Darstellung der Veränderungen bzw. des Fortschritts genutzt werden (siehe Abschnitt 2.1.1). Häufig wird neben den „Planungsscheiben" auch die Soll-Vorgabe abgebildet. So wird der Umsetzungsgrad auf einen Blick sichtbar.

  Neben dem Plan-Ist-Abgleich sind geeignete Steuerungsgrößen erforderlich. Diese müssen in das Steuerungsinstrumentarium für die Planungs-, Durchführungs- und Steuerungsprozesse integriert werden, um Wirkung zu entfalten. So können sowohl der aktuelle Status (wo stehen wir heute?) als auch der Fortschritt bei der Weiterentwicklung (sind wir auf dem richtigen Weg?) transparent gemacht werden.

  Die Steuerungsgrößen müssen entsprechend der Zielstellungen der Business-Transformation gewählt werden. Wenn es z. B. um die Konsolidierung der Systemlandschaft geht, können als einfache Steuerungsgröße die Anzahl der Informationssysteme und deren Entwicklung über die Zeit genutzt werden. Wenn es um das Verschmelzen von Unternehmen geht, kann der Grad der Umsetzung anhand von Projektmanagement-Steuerungsgrößen oder aber inhaltlich an dem Grad der Umsetzung der neuen oder veränderten fachlichen Funktionen aufgezeigt werden. Ein weiteres Beispiel ist die Einführung des Enterprise Architecture Managements. Hier kann z. B. der Dokumentationsgrad pro Bereich genutzt werden. Weitere Steuerungsgrößen finden Sie in Abschnitt 5.9.

Wichtig

Durch eine Business-Transformation sind sowohl die Geschäftsarchitektur als auch die IT-Landschaft massiv betroffen. Das Geschäftsmodell und auch dessen IT-Unterstützung stehen auf dem Prüfstand.

Das Business Capability Management liefert die Business Capability Map als wesentliche Beschreibung der zukünftigen Geschäftsarchitektur. Sie bildet gleichzeitig den fachlichen Bezugsrahmen für die Planung der IT-Unterstützung und den Abgleich mit den bestehenden Geschäfts- und IT-Architekturen der an der Business-Transformation beteiligten Unternehmen(seinheiten).

EAM liefert fundierte Informationen als Grundlage für die Planung und Steuerung von Business-Transformationen. Über die Analysemöglichkeiten auf Basis der EAM-Daten können Handlungsbedarf und Optimierungspotenzial identifiziert sowie Planungsszenarien ermittelt, analysiert und bewertet werden. EAM liefert die inhaltliche Grundlage für die Prüfung, Risikobewertung, Planung und Steuerung der Umsetzung einer Business-Transformation. Die Entscheidungsqualität wird erhöht, Risiken werden reduziert und die Umsetzung wird beschleunigt. ■

Sichere, risikoarme und zuverlässige Abwicklung

Die sichere, risikoarme und zuverlässige Abwicklung von Business-Transformationen hat eine sehr große Komplexität. Hohe Risiken, viele Beteiligte und der übergreifende Charakter stellen hohe Anforderungen an das Projektteam und insbesondere an das (Multi-)Projektmanagement. Hier ist ein Multiprojektmanagement-Instrumentarium notwendig, das es erlaubt, schnell den Überblick zu gewinnen und die Vielzahl der Projekte wirkungsvoll zu steuern. Hierfür leisten die Analyseinstrumentarien vom EAM, Business-Analyse und Prozessmanagement wertvolle Dienste (siehe Abschnitt 2.1).

Ein Beispiel aus dem EAM-Umfeld ist die Identifikation des **Projektkontexts**. Siehe hierzu das Einsatzszenario Projektabwicklung in Abschnitt 4.8.

Merger und Akquisitionen sind wichtige Beispiele für Business-Transformationen. Dies schauen wir uns im Folgenden weiter an.

Merger und Akquisitionen

Bei Merger und Akquisitionen sind im Unterschied zu den bisherigen Beispielen immer mehrere Unternehmen betroffen. Startpunkt ist auch hier die Soll-Konzeption nach der groben Abschätzung der zukünftigen Möglichkeiten und Rahmenbedingungen. Ein gemeinsamer fachlicher Bezugsrahmen muss erstellt werden. Hierfür wird, wie bereits ausgeführt, in der Regel ein funktionales Referenzmodell bzw. eine Capability Map verwendet.

Da die Akquisition in der Regel in überschaubarer Zeit abgeschlossen sein soll und das Aufwand-Nutzen-Verhältnis stimmen muss, lehnt man sich bei der Soll-Konzeption bereits an die Fähigkeiten der zu berücksichtigenden Unternehmen an. Falls es ein beherrschendes Unternehmen gibt, werden häufig dessen Strukturen, Prozesse und Systeme als Vorgabe für die einzuverleibenden Unternehmen gesetzt („Dampfwalze"). Bei gleichberechtigten Unternehmen wird eher nach Synergien gesucht und ein gemeinsames Modell im Einvernehmen gestaltet. Aus wirtschaftlichen Gründen oder zur Beschränkung der Umsetzungszeit wird häufig trotzdem nach einem Kompromiss gesucht, da in allen beteiligten Unternehmen erhebliche Veränderungen vorgenommen werden müssen. Ein gemeinsames fachliches Soll-Modell muss aber auf jeden Fall festgelegt werden, um eine Vergleichbarkeit zu erhalten.

Für den Abgleich der Geschäftsarchitekturen müssen die aktuellen Business Capabilities aller an der Business-Transformation beteiligten Unternehmen ermittelt werden. Es muss festgestellt werden, ob die Business Capabilities den zukünftigen entsprechen, welche fehlen und auch, welche aktuell vorhanden sind, die zukünftig nicht mehr benötigt werden.

Empfehlung

Nutzen Sie lediglich grobgranulare Business Capabilities für den Abgleich. So können Sie den Aufwand reduzieren und trotzdem wichtige Informationen für Entscheidungen liefern.

Stellen Sie sicher, dass die Business Capabilities klar und prägnant beschrieben sind. Nur so vergleichen Sie keine „Äpfel" mit „Birnen". Auch wenn die Business Capabilities der an der Business-Transformation beteiligten Unternehmen unterschiedlich in Hierarchien eingeordnet oder unterschiedlich benannt sind, lässt sich so anhand des Namens (oder der Kurzbeschreibung) häufig eine Korrelation zwischen Business Capabilities herstellen. Ein Beispiel ist „Kundenauftragsverwaltung" und „Order-Management".

Die Ermittlung der zukünftig benötigten Business Capabilities ist ebenso wichtig, da Sie auf diese Weise Hinweise für weitergehende Business-Transformationen, wie zum Beispiel Abspaltungen, erhalten.

In Bild 4.52 finden Sie eine Beispielgrafik, die den Abgleich der Business Capabilities illustriert. Für jede fachliche Domäne werden oben die zukünftig relevanten Business Capabilities BC 1 bis BC 12 aufgeführt (Status im Lebenszyklus „einzuführen").

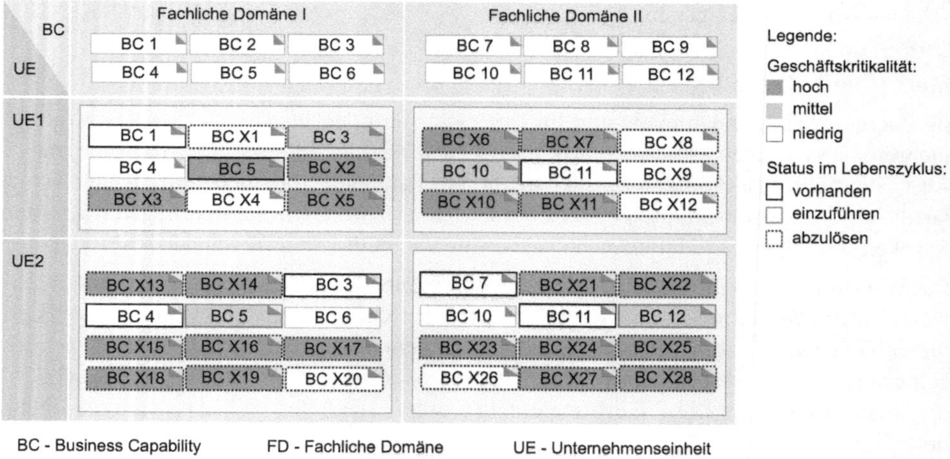

Bild 4.52 Abgleich der Business Capabilities bei einer Business-Transformation

Für jede an der Business-Transformation beteiligte Unternehmenseinheit finden Sie in Bild 4.52 ein horizontales Segment mit den diesem zugeordneten Business Capabilities, die aus dem Abgleich mit den zukünftig benötigten Capabilities hervorgehen. Hierbei wird unterschieden zwischen Business Capabilities, die aktuell bereits vorhanden, einzuführen und abzulösen sind. Daneben wird noch die Geschäftskritikalität der Business Capabilities für die Unternehmenseinheit aufgeführt. Aus dieser Darstellung gehen schnell die Unterschiede in der funktionalen Abdeckung hervor. Redundanzen und Abdeckungslücken werden identifiziert.

Wichtig

Durch den Abgleich der zukünftigen Business Capability Map mit der aktuellen Map des Unternehmens erhalten Sie Hinweise für die Unternehmensplanung. Es ist ein methodischer Baustein für die Entscheidungsfindung im Rahmen einer Due Diligence oder der Planung der Umsetzung der Business-Transformation.

Weitere Ergebnisse, zum Beispiel aus der Unternehmensstrategieentwicklung, dem strategischen Prozessmanagement und Enterprise Architecture Management, runden das Bild ab und liefern die für Entscheidungen erforderlichen Informationen. ■

Eine rein fachliche Betrachtung reicht jedoch nicht aus, um die Auswirkungen einer Business-Transformation abzuschätzen. Die Business-Transformation ist erst dann abgeschlossen, wenn das zukünftige Geschäftsmodell des neuen oder veränderten Unternehmens auch insbesondere in der Organisation (siehe [Vah05]) und IT-Umsetzung lebt. Das heißt, eine Detailbetrachtung in den anderen Bereichen ist erforderlich. Bezüglich organisatorischer Aspekte sei auf [Vah05] verwiesen.

Hinweise für die IT-Umsetzung erhält man u. a. durch den Vergleich der bestehenden IT-Architekturen der an der Business-Transformation beteiligten Unternehmen anhand der zukünftigen Business Capability Map. Funktionale Redundanzen und Abdeckungslücken werden aufgedeckt und die Auswirkungen der Business-Transformation auf die IT-Landschaften werden aufgezeigt.

Das Ergebnis des Abgleichs der IT-Landschaften anhand der Business Capability Map kann grafisch durch Überlagerung dieser mit Informationssystemen oder Bebauungsplangrafiken dargestellt werden. In Bild 4.53 finden Sie ein Beispiel für eine überlagerte Business Capability Map. Links sehen Sie eine Business Capability Map und rechts die Überlagerung dieser durch Informationssysteme. Die Informationssysteme, die IT-Unterstützung für die entsprechenden Business Capabilities anbieten, überlagern diese grafisch.

Dieser Abgleich kann für jede IT-Landschaft der an der Business-Transformation beteiligten Unternehmen durchgeführt werden. So können jeweils Anhaltspunkte für Redundanzen und Abdeckungslücken gewonnen und damit ein Vergleich gezogen werden (siehe [Kel09]).

Der ermittelte Handlungsbedarf und das Optimierungspotenzial liefern zudem wertvollen Input für die IT-Umsetzung der Business-Transformation. So ergibt sich zum Beispiel aus den Überlagerungen in Bild 4.53 an den Schnittstellen der neuen fachlichen Domänen Handlungsbedarf für die Festlegung der Verantwortlichkeiten für die Informationssysteme.

Mithilfe von Bebauungsplangrafiken lassen sich die IT-Landschaften der an der Business-Transformation beteiligten Unternehmen noch besser vergleichen. Eine Bebauungsplangrafik gibt einen zweidimensionalen Bezugsrahmen beispielsweise für die Zuordnung von Informationssystemen zu Business Capabilities (oder Geschäftsprozesse) und Unternehmenseinheiten vor. Durch Einordnung der Informationssysteme entsprechend ihrer Unterstützung der Business Capabilities in den zweidimensionalen Bezugsrahmen wird die IT-Unterstützung transparent. Die Verortung ist „exakter" als bei der Überlagerung der Business Capability Map. Dies werden wir im Folgenden an einem Beispiel verdeutlichen.

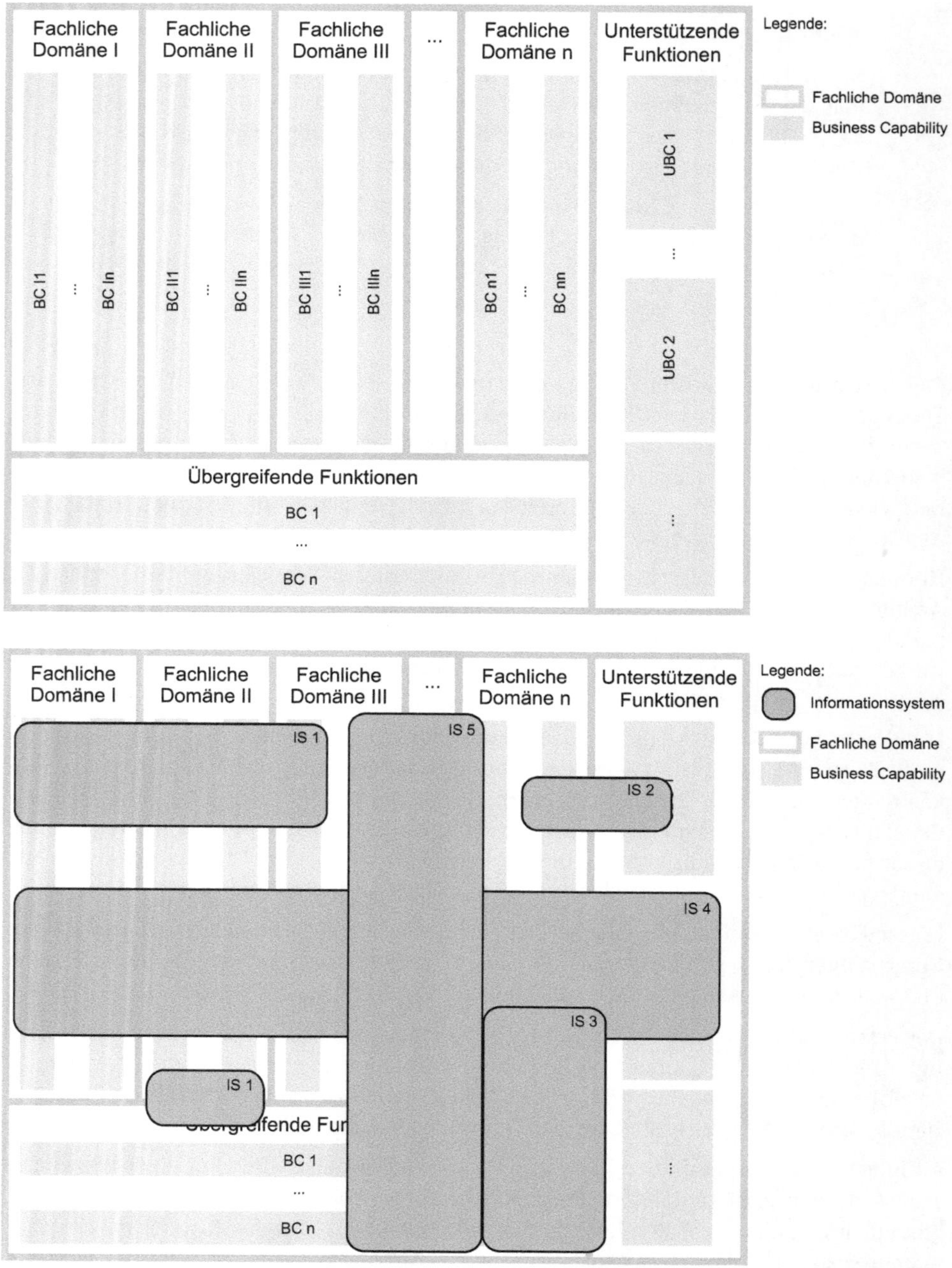

Bild 4.53 Mit Informationssystemen überlagerte Business Capability Map

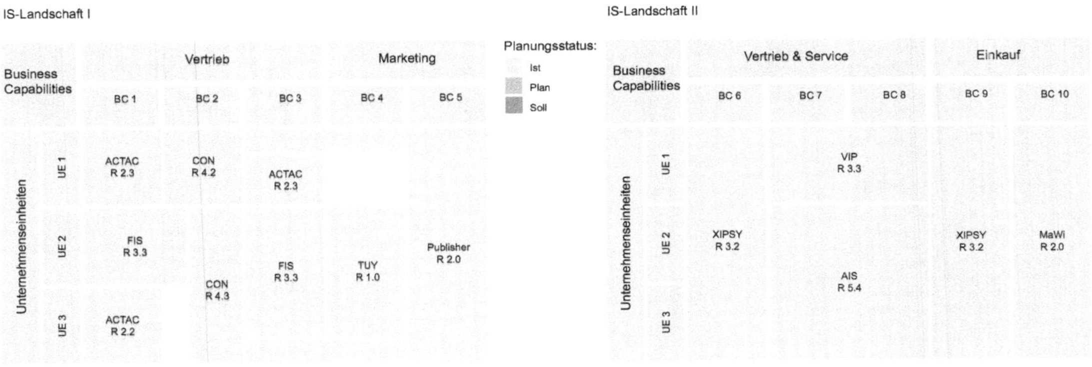

Bild 4.54 Vergleich zweier IT-Landschaften verschiedener Unternehmen

In Bild 4.54 finden Sie ein Beispiel der Ausgangssituation vor einer Firmenübernahme. In der Grafik sehen Sie die zwei IT-Landschaften der zu fusionierenden Unternehmen in einer Bebauungsplangrafik.

Die fachlichen Domänen (Vertrieb und Marketing sowie Vertrieb & Service und Einkauf) und die Business Capabilities und damit die fachlichen Bezugsrahmen der IT-Landschaften unterscheiden sich. Ein gemeinsamer fachlicher Bezugsrahmen ist notwendig, um funktionale Redundanzen zu erkennen.

In Abhängigkeit vom Kontext und den strategischen Vorgaben werden die neue (mögliche) Geschäftsarchitektur und deren IT-Unterstützung gestaltet. Die neue Geschäftsarchitektur ist insbesondere durch die Geschäftsprozesse, die Capabilities (fachlichen Funktionen) und die grobe Unternehmensorganisation (Geschäftseinheiten) geprägt.

Die Geschäftsprozesse und/oder Capabilities und die grobe Unternehmensorganisation bilden den fachlichen Bezugsrahmen für die Gestaltung der neuen IT-Landschaft durch eine IS-Bebauungsplanung.

Hilfestellungen hierfür finden Sie in [Han14]. Die zukünftige Business Capability Map gibt die Eckwerte, den fachlichen Bezugsrahmen, für die Planung der IT-Landschaft (siehe Bebauungsplanung in Abschnitt 5.5) vor.

Im Beispiel wird die Business Capability Map des Unternehmens I (IS-Landschaft I aus Bild 4.54) als gemeinsamer fachlicher Bezugsrahmen gewählt. Dieser ist in Bild 4.55 dargestellt. Durch die Dokumentation beider IT-Landschaften im gemeinsamen fachlichen Bezugsrahmen lassen sich diese analysieren und vergleichen (siehe Bild 4.56). Die bestehenden Informationssysteme werden dem gemeinsamen fachlichen Bezugsrahmen zugeordnet. Dies ist unter Umständen sehr aufwendig, da eine fachliche Einschätzung getroffen werden muss, welche Informationssysteme welche Business Capabilities des neuen fachlichen Bezugsrahmens unterstützen.

Wenn diese fachlichen Rahmenvorgaben beim Start der IS-Bebauungsplanung noch nicht bekannt sind, müssen sie über ein „kleines" Strategieprojekt mit hoher Dringlichkeit festgelegt werden. Dies ist die Voraussetzung für die Durchführung der neuen Bebauungsplanung, da man erst durch den fachlichen Bezugsrahmen die Vorgaben und Eckwerte, gegen die „geplant" werden kann, setzt.

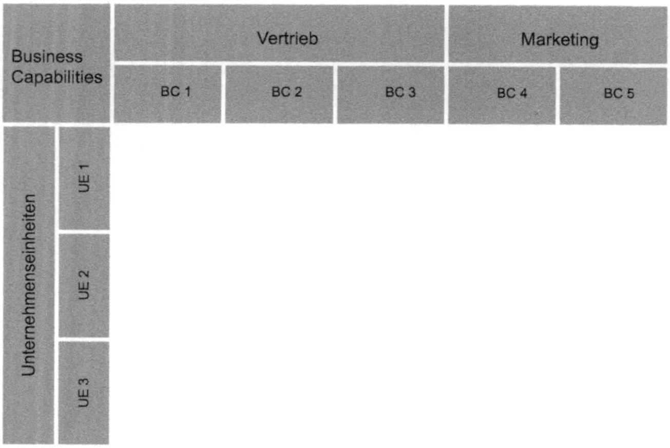

Bild 4.55
Festlegung des fachlichen Soll-Bezugsrahmens

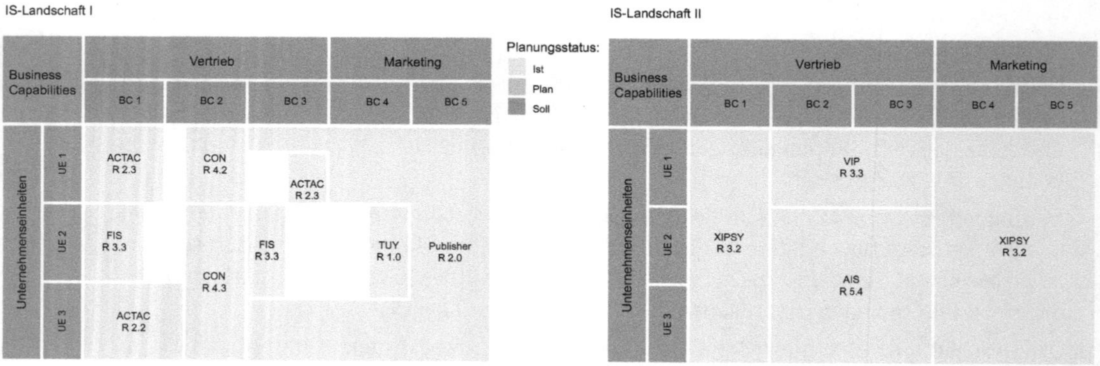

Bild 4.56 Aktuelle IT-Landschaften im neuen fachlichen Bezugsrahmen

Empfehlung

Verwenden Sie die fachlichen Funktionen als fachlichen Bezugsrahmen, wenn bei einer Business-Transformation auch die Organisation und die Geschäftsprozesse strukturell neugestaltet und nicht nur verändert werden. Die fachlichen Funktionen und die grobe Unternehmensorganisation werden bei Business-Transformationen häufig frühzeitig festgelegt. Die fachlichen Soll-Funktionen beschreiben die zukünftigen Fähigkeiten der neuen Organisation. Auf Basis der Soll-Funktionen werden die Geschäftsprozesse und die Organisation neugestaltet. ■

Im Beispiel wird der fachliche Bezugsrahmen des Unternehmens I (IS-Landschaft I) als gemeinsamer fachlicher Bezugsrahmen gewählt. Durch die Dokumentation beider IT-Landschaften im gemeinsamen fachlichen Bezugsrahmen lassen sich diese analysieren und vergleichen (siehe Bild 4.57). Die bestehenden Informationssysteme werden dem gemeinsamen fachlichen Bezugsrahmen zugeordnet. Dies ist unter Umständen sehr aufwendig, da eine fachliche Einschätzung getroffen werden muss, welche Informationssysteme welche Business Capabilities oder Geschäftsprozesse des neuen fachlichen Bezugsrahmens unterstützen.

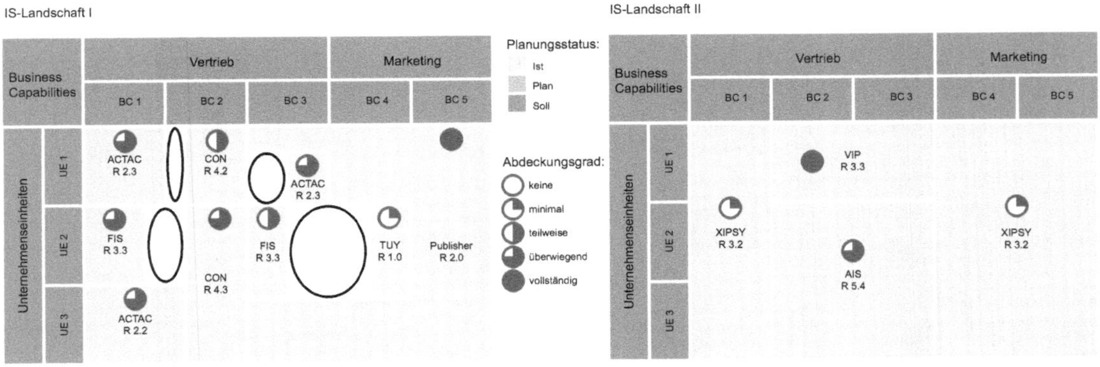

Bild 4.57 Beispiel für die Dokumentation der IT-Landschaften im gemeinsamen fachlichen Bezugsrahmen

Anstelle von Bebauungsplangrafiken können auch überlagerte fachliche Domänenmodelle genutzt werden (siehe Bild 4.53), um Anhaltspunkte für Redundanzen und Abdeckungslücken zu gewinnen. Der ermittelte Handlungsbedarf und das Optimierungspotenzial liefern wertvollen Input für die Neugestaltung. So ergibt sich z. B. aus den Überlagerungen in Bild 4.53 an den Schnittstellen der neuen Unternehmenseinheiten Handlungsbedarf für die Festlegung der Verantwortlichkeiten für die Informationssysteme.

Um belastbare Entscheidungen zu treffen, ist jedoch an vielen Stellen eine fachliche und technische Detaillierung nötig. Sie müssen gegebenenfalls eine Tiefenbohrung durchführen und zum Beispiel die Verantwortlichkeiten, den Informationsfluss oder die Schnittstellen näher betrachten. Aus der Darstellung in Bild 4.57 lässt sich anschaulich Handlungsbedarf für die Umsetzung der Business-Transformation ableiten. So werden zum Beispiel Abdeckungslücken oder fachliche Redundanzen in der IT-Unterstützung offenkundig.

Auf Grundlage der strategischen Vorgaben und der Erkenntnisse aus der Ist-Analyse im neuen fachlichen Bezugsrahmen können alternative Soll-Planungsszenarien erstellt, analysiert und bewertet werden. Die strategischen Vorgaben für die IT-Unterstützung können sehr unterschiedlich aussehen. Beispiele hierfür sind:

- *Ausrollen der bestehenden Lösung („Dampfwalze“):* Bei Aufkäufen von Unternehmen werden häufig die Geschäftsarchitektur und die IT-Lösung des „stärkeren“ Partners auf den „schwächeren“ übergestülpt.
- *Best-of-Breed („Rosinen picken“):* Beim „Best-of-Breed“-Ansatz wird jeweils die „beste“ Lösung oder das „beste“ Produkt für jedes Anwendungsfeld entsprechend vorgegebenen Kriterien ausgewählt. Die verschiedenen Lösungen und Produkte müssen zu einem Ganzen integriert werden.
- *„Survive“:* „Überleben“ mit der bestehenden IT-Landschaft (oder Landschaften). Lediglich Maßnahmen, die den Betrieb sicherstellen, werden durchgeführt.
- *Verschlankung der Landschaft*
  Abspaltungen reduzieren häufig das Produkt- oder Leistungsangebot eines Unternehmens. Die bestehende IT-Landschaft ist für das schlankere Unternehmen zu teuer. Die Komplexität und auch die IT-Kosten müssen jedoch angemessen für das neue Unternehmen gestaltet werden.

- *Standardisierung:* Fachliche und technische Standardisierung soll die IT-Kosten nachhaltig reduzieren.
- *„One-IT“:* Die ausgefranste IT-Landschaft soll durch eine Gesamtlösung abgelöst oder in diese evolutionär überführt werden.

In Bild 4.58 sehen Sie einige Soll-Szenarien in Abhängigkeit von der gewählten Strategie, die im Rahmen der Bebauungsplanung der IT-Landschaft des Unternehmens nach der Business-Transformation gestaltet wurden. Weitere Informationen zur Bebauungsplanung und zu Strategien finden Sie in [Han14].

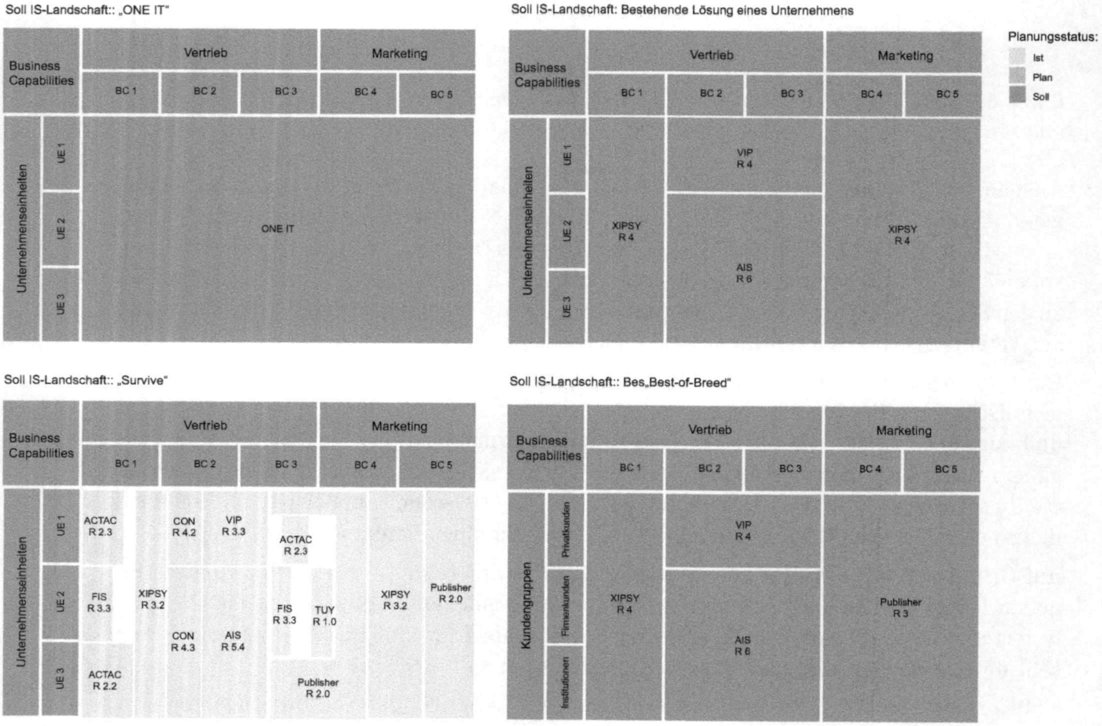

Bild 4.58 Beispiele für mögliche Soll-Landschaften nach Abschluss der Business-Transformation

Für die verschiedenen Soll-Szenarien kann eine grobe Umsetzungsplanung erstellt werden. So kann zum Beispiel mit einer Survive-Strategie gestartet werden und dann mittelfristig „One-IT“ umgesetzt werden. Bei der Kostenbewertung müssen auch Umgehungslösungen, Altlasten, Umarbeiten und Ersatzleistungen berücksichtigt werden. Die resultierenden Soll-Szenarien werden bewertet und eine Empfehlung für die IT-Umsetzung der Business-Transformation wird abgegeben.

Wie ausgeführt, können mithilfe des Business Capability Managements Handlungsfelder und Maßnahmen für die Umsetzung des neuen Geschäftsmodells abgeleitet und anschaulich dargestellt werden. Dies schafft ein inhaltliches Fundament für die Entscheidung, ob die Business-Transformation überhaupt durchgeführt werden soll oder nicht. Zudem wird die eigentliche Umsetzung der Business-Transformation unterstützt.

Die zukünftige Business Capability Map dient als fachlicher Bezugsrahmen und als Grundlage für die Prüfung, Risikobewertung, Planung und Steuerung der Umsetzung einer Business-Transformation. Die Entscheidungsqualität wird erhöht, Risiken werden reduziert und die Umsetzung wird beschleunigt.

Dies gilt insbesondere im Zusammenspiel mit dem strategischen Prozessmanagement. Die resultierende Business Capability Map ist ein wesentlicher Input für die Gestaltung der zukünftigen Geschäftsprozesse (siehe [HLo21]). Durch die Geschäftsprozesse wird das „Wie" des zukünftigen Geschäfts festgelegt. Sie fassen die im Ablauf zusammenhängenden Business Capabilities typischerweise unter Berücksichtigung von organisatorischen Randbedingungen zusammen. Auf dieser Grundlage kann auf Basis von Wertschöpfungsketten analog (siehe [HLo21]) Business-Transformation geplant werden. Dies ist einfacher und schneller als auf Basis von Business Capabilities durchführbar, da die Wertschöpfungsketten grobgranularer sind. Dies reicht aber häufig völlig aus. Zudem sind hier das „WIE" und indirekt auch das „WER" durch die organisatorischen Zuordnungen berücksichtigt. Abhängigkeiten und Organisationsbrüche werden so schneller deutlich und können damit bei der Planung der Business-Transformation berücksichtigt werden.

Für die verschiedenen Soll-Szenarien kann eine grobe Umsetzungsplanung erstellt werden. So kann z. B. mit einer Survive-Strategie gestartet werden und dann mittelfristig „One-IT" umgesetzt werden. Bei der Kostenbewertung müssen auch Umgehungslösungen, Altlasten, Umarbeiten und Ersatzleistungen berücksichtigt werden. Die resultierenden Soll-Szenarien werden bewertet und eine Empfehlung wird abgegeben.

Empfehlung

Nutzen Sie Wertschöpfungsketten anstelle von Business Capabilities für die oben beschriebene Unterstützung von Business-Transformationen, wenn Ihnen die grobgranulare Sicht ausreicht oder aber für Sie Abhängigkeiten und Organisationsbrüche wesentliche Entscheidungskriterien darstellen. Business Capabilities können dann ergänzend für eine Detailbetrachtung herangezogen werden.

Verwenden Sie die Business Capabilities (fachliche Funktionen) als fachlichen Bezugsrahmen, wenn bei einer Business-Transformation auch die Organisation und die Geschäftsprozesse strukturell neugestaltet und nicht nur verändert werden. Die Business Capabilities und die grobe Unternehmensorganisation werden bei Business-Transformationen häufig frühzeitig festgelegt. Die fachlichen Soll-Funktionen beschreiben die zukünftigen Fähigkeiten der neuen Organisation. Auf Basis der Soll-Funktionen werden die Geschäftsprozesse und die Organisation neugestaltet.

Wenn diese fachlichen Rahmenvorgaben beim Start der IS-Bebauungsplanung noch nicht bekannt sind, müssen sie über ein „kleines" Strategieprojekt mit hoher Dringlichkeit festgelegt werden. Dies ist die Voraussetzung für die Durchführung der neuen Bebauungsplanung, da man erst durch den fachlichen Bezugsrahmen die Vorgaben und Eckwerte setzt, gegen die „geplant" werden kann. ■

Empfehlung

Zusammenfassend die wesentlichen Schritte zur Unterstützung einer Business-Transformation:

1. Kontext und strategische Vorgaben ermitteln.
2. Gemeinsamen (neuen) fachlichen Bezugsrahmen für die gegebenenfalls unterschiedlichen IT-Landschaften festlegen.
3. Bei unterschiedlichen IT-Landschaften: IT-Landschaften im gemeinsamen Bezugsrahmen einheitlich dokumentieren.
4. IT-Landschaften im Hinblick auf Business-Abdeckung sowie Handlungsbedarf und Optimierungspotenzial analysieren.
5. Alternative Planungsszenarien für die Soll-Landschaft und die IT-Roadmap erstellen, analysieren und bewerten sowie die Ziellandschaft nach der Entscheidung für eine Variante dokumentieren.

Durch die fundierte Unterstützung von Business-Transformationen wird die inhaltliche Kompetenz der IT wahrgenommen. Das Image der IT wird besser, eine gute Gelegenheit für die Gewinnung von Sponsoren für EAM sowie für den Ausbau und die Etablierung von EAM. Zudem können Sie im Rahmen einer Business-Transformation Ihre EAM-Datenbasis schnell auf einen hochwertigen Stand bringen.

4.18 Projektportfoliomanagement und Multiprojektmanagement

Kurzbeschreibung: Sicherstellung der Umsetzung der geplanten zukünftigen Bebauung, der IT-Konsolidierungsmaßnahmen und der Einhaltung von Standards durch Einbezug von EAM-Bewertungsgrößen (z. B. Bebauungsplanfit, Standardkonformität und Beitrag zur IT-Konsolidierung) bei der Planung, Priorisierung und übergreifenden Steuerung sowie Überwachung des Projektportfolios.

Stakeholder-Gruppen: Unternehmensführung (I oder A), Projektportfoliomanager (R), Entscheider in Steuerkreisen (I), CIO/IT-Verantwortlicher (A), Business-Verantwortlicher (I oder C)

Ziele:

- *Kostenreduktion im IT-Basisbetrieb sowie Beherrschung und/oder Reduktion der Komplexität:* Gezielte Einsteuerung von insbesondere Maßnahmen im Kontext der Betriebsinfrastrukturkonsolidierung, Standardisierung und Homogenisierung, Konsolidierung der IS-Landschaft sowie Sourcing, Ressourcen- und Partnermanagement in Projekte durch z. B. entsprechende Bewertungskriterien für Projektanträge. Durch kontinuierliche Konsolidierung werden sowohl die Kosten nachhaltig reduziert als auch die IT-Komplexität reduziert und damit beherrscht.

- *Optimierung des Tagesgeschäfts:* Schaffung von einer Balance von strategischen und taktischen Maßnahmen im Projektportfolio durch entsprechende Bewertungskriterien.
- *Strategische Ausrichtung:* Nutzung von Bewertungskriterien für Projektanträge, um Maßnahmen zur Umsetzung von strategischen Vorgaben in das Projektportfolio zu integrieren.
- *Beitrag zur Weiterentwicklung des Geschäfts:* Schaffung von einer flexiblen IT entsprechend der strategischen Vorgaben durch Priorisierung dieser Maßnahmen und Einsteuerung dieser in das Projektportfolio. Zudem werden häufig der Strategie- und Wertbeitrag der IT gemessen und so eine Hilfestellung für die IT gegeben, um diese zu steigern.

Erläuterungen und geeignete Visualisierungen

Im Projektportfoliomanagement werden Projektanträge bewertet, priorisiert und das Projektportfolio festgelegt. Es werden Projekte gestartet, gestoppt oder unterbrochen und in diesem Rahmen Investitionsentscheidungen getroffen. Entscheidungsgrundlage sind aufbereitete Informationen zu den beantragten Projekten und zu Fortschritt und Performance der laufenden Projekte. Wesentliche Kriterien für die Bewertung von Projekten sind typischerweise Kosten und Nutzen, Strategie- und Wertbeitrag sowie eine Risikoeinschätzung.

Mit diesen Kriterien alleine kann aber nicht sichergestellt werden, dass der zukünftige Bebauungsplan (Soll und Plan) und die IT-Konsolidierungsmaßnahmen (siehe Einsatzszenario „Konsolidierung der IS-Landschaft") wirklich umgesetzt werden. Sicherlich könnten „Infrastrukturprojekte" und andere reinen IT-Projekte mit ins Projektportfolio aufgenommen werden, um die IT-Landschaft zu konsolidieren und strategisch weiterzuentwickeln. Dies ist jedoch nicht die Regel. In den meisten Unternehmen wird nur ein geringes Budget hierfür bereitgestellt. Projekte müssen fachlichen Nutzen aufweisen, um überhaupt durchgeführt zu werden.

Wie erreicht man dann, dass strategische Maßnahmen umgesetzt werden?

Empfehlung

Steuern Sie die strategischen Maßnahmen kontrolliert in Business-Projekte ein und stellen Sie sicher, dass Bebauungs- und Standardkonformität als Bewertungskriterien für das Projektportfolio herangezogen werden.

Jedes Projekt muss zudem einen spürbaren Beitrag zur IT-Konsolidierung leisten. Nur so können Sie in kleinen Schritten Ihre IT-Landschaft „aufräumen". Ansonsten wächst Ihre IT-Landschaft unkontrolliert weiter.

Eine Best-Practice in diesem Zusammenhang ist die Festlegung, dass, wenn ein neues IT-System im Rahmen eines Projekts eingeführt werden soll, auch mindestens ein IT-System abgelöst (abgeschaltet) werden muss. Durch eine explizite „Shutdown-Liste" wird dieses Vorgehen untermauert und gleichzeitig auch für alle transparent.

Diese Regel kann gegebenenfalls auch aufgeweicht werden. So kann die Regel für eine Geschäftseinheit in Summe in einem festzulegenden Zeitraum umgesetzt werden. Dies ist aber für ein einzelnes Projekt weniger spürbar und muss zentral nachgehalten werden.

Die IT-Konsolidierung erfordert in der Regel gravierende Veränderungen in der IT-Landschaft. Jedoch ist für die Umsetzung von Geschäftsanforderungen selten die Ersetzung von ganzen IT-Systemen notwendig. Dann müssen zu den Geschäftsanforderungen passende Inkremente für die Umsetzung der IT-Konsolidierung gefunden werden. Dies ist nicht immer ganz einfach. Hilfestellungen hierfür finden Sie im Abschnitt 4.11.

Wichtig

Der IT-Konsolidierung muss bereits bei der Formulierung eines Projektantrags ein hoher Stellenwert eingeräumt werden. Nur so findet sie wirklich statt. Dies gelingt nur mit Unterstützung der Unternehmensführung und der maßgeblichen Entscheider.

Für die einzelnen Projekte kann es zu Mehraufwänden kommen. Jedoch rechnen sich die Mehraufwände über die nachhaltige Kostenreduktion infolge der Konsolidierung. Dies muss in die Kosten/Nutzen-Betrachtung mit einfließen.

Zudem gibt es oft mehr Wechselwirkungen zwischen IT-Handlungsbedarf und Handlungsbedarf im Business als man erwartet. Gehen Sie über die durch EAM bereitgestellte gemeinsame Sprache und Bezugsrahmen in den Dialog mit dem Business und schaffen Sie „Win-Win“-Situationen.

Beispiel: Ein Auftragserfassungssystem basiert auf einer alten Version eines Datenbanksystems, das einen Bug hat. Dieser Bug führt zu Programmfehlern und damit zu Störungen in den Geschäftsprozessen. ■

Als Bewertungskriterien für Projekte reichen in der Regel zusätzlich zu Kosten, Nutzen, Strategie-, Wertbeitrag und Risikoeinschätzung der Bebauungsplanfit und die Standardkonformität, da die IT-Konsolidierung in der Regel Teil der Bebauungspläne ist, Abhängig von den Schwerpunkten können auch noch weitere Kriterien wie z. B. der Abdeckungsgrad von Geschäftsprozessen oder fachlichen Funktionen, die Strategiekonformität, der Standardisierungsgrad, die Kritikalität oder aber der Gesundheitszustand von Informationssystemen genutzt werden (siehe Abschnitt 5.9). Diese Informationen können aus EAM und dem strategischen IT-Controlling bezogen werden.

Portfolios sind insbesondere für die Entscheidungsvorbereitung in der strategischen IT-Planung und im Projektportfoliomanagement sehr verbreitet. Sie sind beim Management sehr beliebt, da die wesentlichen Informationen übersichtlich dargestellt werden. In Bild 4.59 finden Sie ein Beispiel für eine zweistufige Projektbewertung aus [Krc09] mithilfe von Portfoliografiken.

Bei diesen Portfolios in Bild 4.59 in Anlehnung an [Krc09] werden die Projekte einerseits entsprechend ihres Risikos und Nutzens und andererseits bezüglich ihres Strategiefits und ihres Bebauungsplanfits bewertet. Der Strategiefit kann z. B. durch das gewichtete Mittel des Beitrags zu den Einzelzielen ermittelt werden. Der Bebauungsplanfit kann z. B. durch einen Konformitätsgrad zur Soll-IS- und Soll-Technologie-Bebauung ermittelt werden. So fließt auch die Standardisierung und die Konformität mit dem Ergebnis der Bebauungsplanung mit ein. Weitere Details zu den Kennzahlen, der Bewertung in den Einzelportfolios und der Gesamtbewertung im Gesamt-Projektportfolio finden Sie in [Krc09].

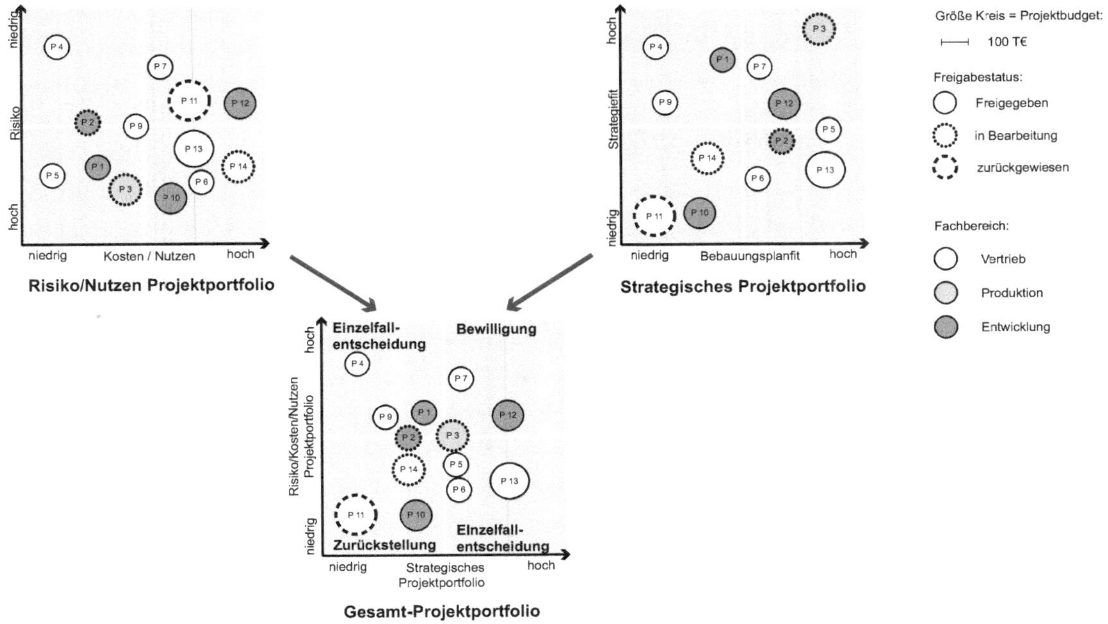

Bild 4.59 Beispielportfolios für die Bewertung von Projekten

EAM ist im Wesentlichen Inputgeber für das Projektportfoliomanagement und unterstützt so die Planung, Priorisierung und übergreifende Steuerung sowie Überwachung des Projektportfolios:

- Prüfung der Konformität von Projekten zur Soll- und Plan-IS-Bebauung sowie zu technischen Standards.
- Bereitstellung von Informationen für die Bewertung und Priorisierung von Projekten, bezogen auf das gesamte Projektportfolio wie z. B. Geschäftsprozessabdeckung oder Geschäftskritikalität.
- Zeitgerecht fundierte Aussagen über Machbarkeit, Abhängigkeiten und Auswirkungen von Projekten, z. B. über „what-if"-Analysen und Aufzeigen von Konfliktpotenzialen zwischen Projekten.
- Unterstützung bei der Steuerung von Programmen oder Projektportfolios durch Transparenz über Status und Fortschritt der Umsetzung sowie Projektabhängigkeiten.
- Unterbreitung von Projektvorschlägen auf der Basis von EAM-Analyseergebnissen.

Anhand einer erweiterten Synchroplan-Grafik (siehe Bild 4.60) wird die Roadmap, der Masterplan, für die Umsetzung übersichtlich dargestellt. Durch die explizite Darstellung der Synchronisationspunkte wird eine Basis für die Multiprojektsteuerung geschaffen. Für jeden Synchronisationspunkt kann der geplante Zustand der IT-Landschaft zu diesem Zeitpunkt in verschiedenen Sichten dargestellt werden. So werden der inhaltliche Status und Fortschritt deutlich.

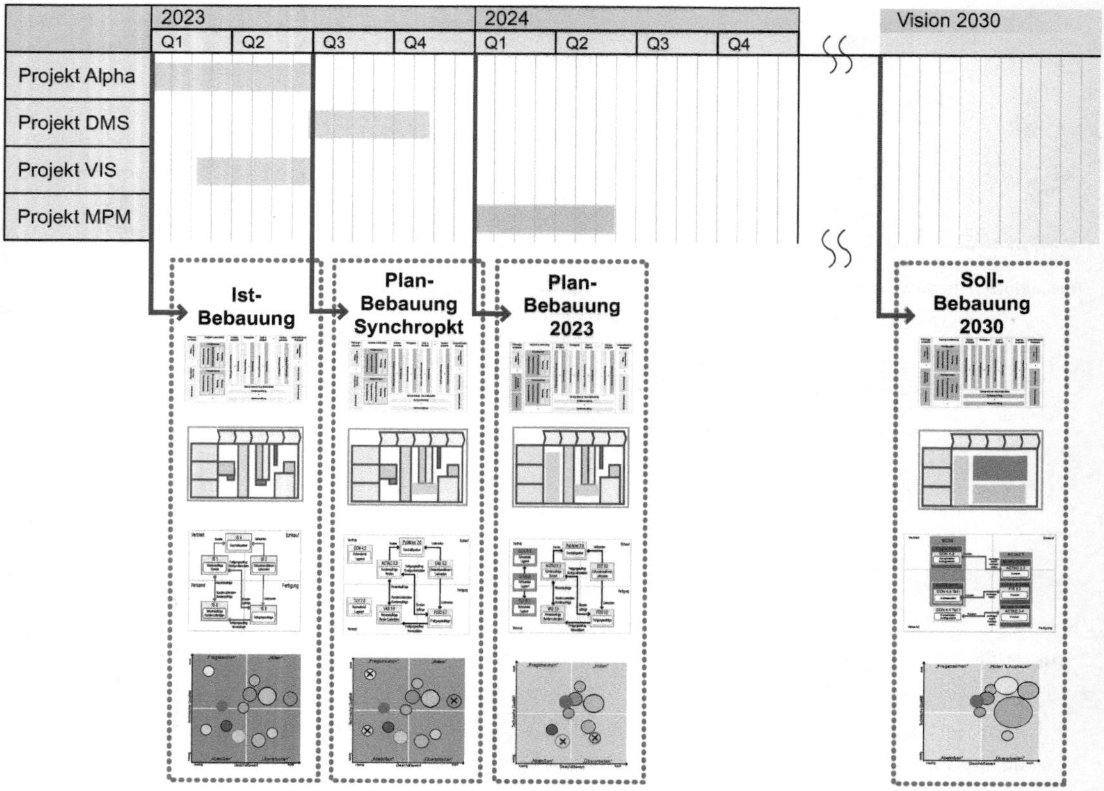

Bild 4.60 Beispiel für eine erweiterte Synchroplan-Grafik

Wichtig

In einem Synchroplan müssen die Visualisierungen eines Grafiktyps für jeden Synchronisationspunkt die gleiche Struktur aufweisen. In fachlichen Domänenmodellen eignen sich farbige Hervorhebungen, in Bebauungsplangrafiken muss der Bezugsrahmen gleich sein und in Cluster-Informationsflussgrafiken müssen die Cluster sowie die räumliche Anordnung der Informationssysteme annähernd gleich sein. Nur so werden Unterschiede (die Weiterentwicklung) sichtbar. ■

Der Aufwand für die Erstellung von Entscheidungsvorlagen für das Projektportfoliomanagement und in der Programmsteuerung lässt sich mithilfe von EAM erheblich reduzieren. Durch die fundierten Informationen und Analysemöglichkeiten werden die Entscheidungs- und Planungssicherheit erhöht und Risiken reduziert.

Jedoch müssen das jeweils aktuelle Projektportfolio in die EAM-Datenbasis eingepflegt und die Abhängigkeiten zu den anderen Bebauungselementen wie z. B. Informationssystemen gegebenenfalls aktualisiert werden. Dies ist die Grundlage für die Analysen im Projektkontext.

Wichtig

Die Integration ins Projektportfoliomanagement und in die Projektabwicklung ist wesentliche Voraussetzung für die Verankerung von EAM in der Organisation. Durch einen spürbaren Mehrwert ist die Unterstützung des Managements und der wesentlichen Stakeholder gesichert, sofern die Qualität des Inputs gewährleistet ist.

Den strategischen Umbau entsprechend Ihrer Ziele müssen Sie durch eine kontinuierliche Steuerung im Projektportfoliomanagement, in den Projekten, in der Wartung und im Betrieb gewährleisten.

Verankerung im Projektportfoliomanagement bedeutet, dass EAM-Ergebnisse (z. B. Bebauungspläne oder Kennzahlen) für Entscheidungen wirklich genutzt werden. Über die Anpassung der Entscheidungsvorlagen-Templates und der Bewertungskritierien im Projektportfoliomanagement kann dies z. B. vorangetrieben werden.

4.19 (IT-)Steuerung und (IT-)Controlling

Kurzbeschreibung: Aufzeigen des Status und des Fortschritts bezüglich der Umsetzung der strategischen Vorgaben und der geplanten Bebauung insbesondere durch Steuerungsgrößen aus EAM (z. B. Standardisierungsgrad, Bebauungsplanfit), dem Plan-Ist-Vergleich und weiterem fundierten EAM-Input (siehe Abschnitt 5.9).

Stakeholder-Gruppen: Unternehmensführung (I), CIO/IT-Verantwortlicher (A), IT-Stratege (C und I), IT-Controller (C und I), Unternehmensarchitekt (R), Projektportfolio-Controller (I)

Ziele:

- *Beherrschung und/oder Reduktion der IT-Komplexität, Optimierung des Tagesgeschäfts, strategische Ausrichtung der IT und Beitrag zur Weiterentwicklung des Geschäfts durch Setzen der entsprechenden Vorgaben und Sicherstellung ihrer Einhaltung.* Wesentlich ist u. a. die Beherrschung der IT-Komplexität durch eine kontinuierliche Konsolidierung und Ausrichtung der IT im Hinblick auf Flexibilität der IT entsprechend der strategischen Vorgaben.

Erläuterungen und geeignete Visualisierungen

Die IT-Landschaft muss in Richtung des Zielzustands Schritt für Schritt weiterentwickelt werden. Der Soll-Zustand und die IT-Roadmap müssen verbindlich für Projekte, Wartungsmaßnahmen und den Betrieb vorgegeben und der Status sowie der Fortschritt der Umsetzung transparent gemacht werden. Durch eine enge Integration in die Planungs-, IT- und Entscheidungsprozesse (siehe Abschnitt 5.9) wird die Umsetzung forciert. Abhängig vom Einfluss der Unternehmensarchitekten beziehungsweise der EAM-Sponsoren im IT-Management wird entweder nur Input für die Steuerung der Weiterentwicklung gegeben oder diese aktiv gesteuert.

EAM liefert einerseits wertvollen inhaltlichen Input zur strategischen IT-Steuerung. Von besonderer Bedeutung sind hier das Projektportfoliomanagement und die Projektsteuerung. Projekte können im Hinblick auf ihre Konformität zum Soll-Zustand und zur Standardkonformität bewertet werden und das Projektportfolio kann strategisch ausgerichtet werden. Der inhaltliche Fortschritt kann anhand z. B. einer erweiterten Synchroplan-Grafik (siehe Bild 4.60) transparent gemacht werden. Siehe hierzu die Einsatzszenarien „Projektportfoliomanagement und Multiprojektmanagement" sowie „Projektunterstützung".

Für die aktive Steuerung der IT-Landschaft sind aber insbesondere geeignete Steuerungsgrößen festzulegen und ein Steuerungsinstrumentarium zu etablieren. Beispiele für Kennzahlen sind Strategie- und Wertbeitrag, Wettbewerbsdifferenzierung, IT-Performance, Kosten, Nutzen und die Risikobewertung der verschiedenen Steuerungsobjekte. Beispiele für wichtige Kennzahlen, die direkt aus einem EAM-Datenbestand ermittelt werden können, sind z. B. Komplexität, Standardisierungsgrad, Bebauungsplankonformität, Anzahl von Informationssystemen und Anteil fehlender Verantwortlichkeitszuordnungen. Steuerungsgrößen werden aber auch für die gesteuerte Weiterentwicklung von EAM genutzt. So kann z. B. anhand des Dokumentationsgrads und der Dokumentationsqualität eine Einschätzung bezüglich der Aussagekraft der EAM-Datenbasis getroffen werden.

In Bild 4.62 finden Sie ein Beispiel eines Cockpits. Weitere Details zur strategischen IT-Steuerung und zum Beitrag von EAM finden Sie in Abschnitt 5.9. Mithilfe eines Cockpits können sowohl der aktuelle Status als auch der Fortschritt auf einen Blick transparent gemacht werden. Für das Aufzeigen des Fortschritts sind insbesondere zeitliche Entwicklungen und Trendanalysen von Belang (siehe Bild 4.61). Diese erzeugen auch bereits für einfach beschaffbare Daten, wie z. B. die Veränderung der Anzahl von Informationssystemen, einen hohen Nutzen. Komplexe Cockpits, wie in Bild 4.62, erfordern einen hohen EAM- und Controlling-Reifegrad im Unternehmen. Die Kennzahlen müssen zuverlässig und entsprechend der festgelegten Aktualität wiederholt mit geringem Aufwand zu beschaffen sein.

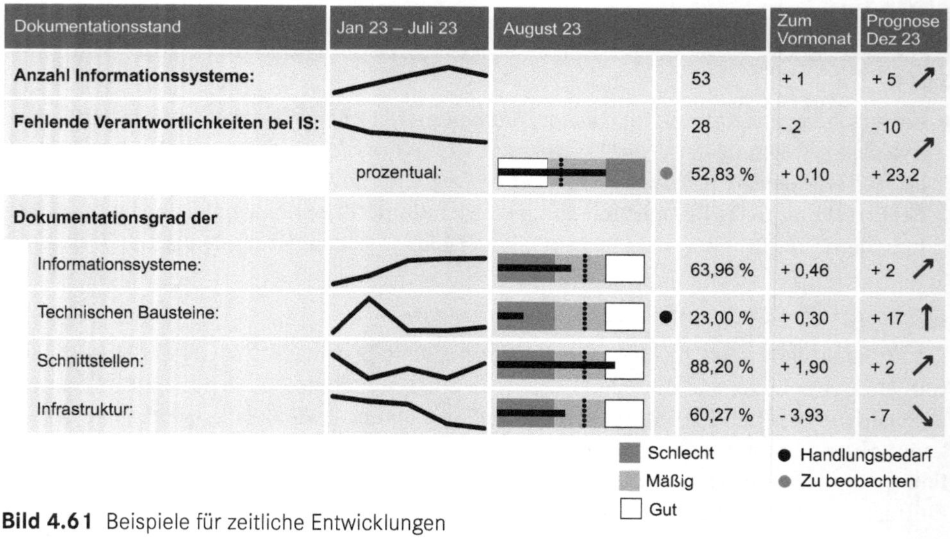

Bild 4.61 Beispiele für zeitliche Entwicklungen

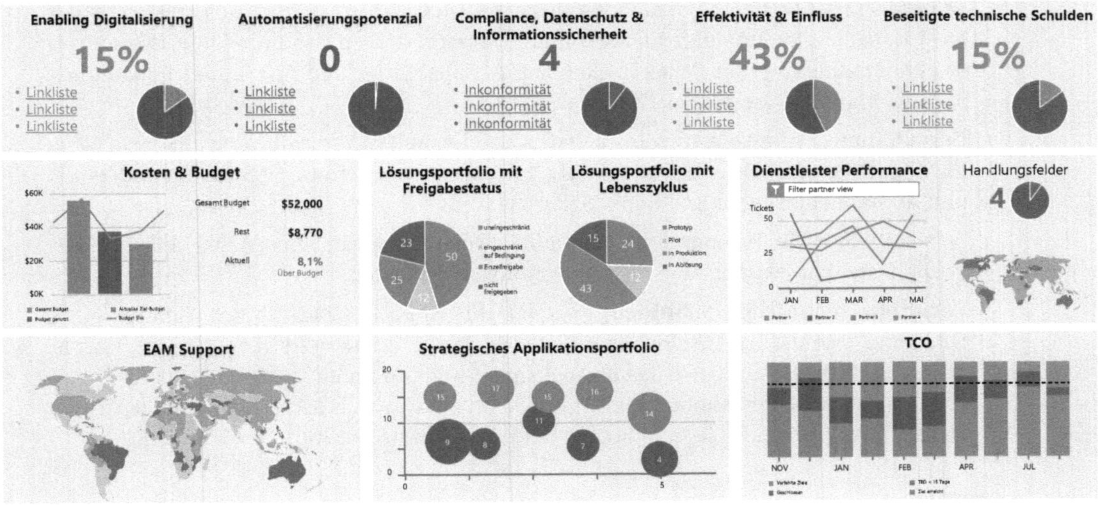

Bild 4.62 Beispiele für komplexere Cockpits

In Bild 4.62 finden Sie ein weiteres Beispiel für ein Cockpit, auch Dashboard genannt. Ein Dashboard ist eine übersichtlich aufbereitete konsistente Darstellung von wichtigen Kennzahlen und KPIs. Ein Dashboard wird in der Regel auf einer Seite bzw. Bildschirmansicht dargestellt. Es verdichtet relevante Daten, berechnet KPIs und visualisiert diese auf eine den Planungs-, Steuerungs- und Kontrollaufgaben des Stakeholders zugeschnittene Art und Weise.

Das Dashboard in Bild 4.62 stellt KPIs für die Abdeckung und den Mehrwert vom Enterprise Architecture Management dar. Es stellt alle wesentlichen Kennzahlen übergreifend mit Drill-down-Möglichkeiten gerade, wenn Handlungsbedarfe zu Tage treten, dar. Wesentliche Aspekte sind hier:

- **Enabling Digitalisierung** mit dem Ziel durch die Steigerung des Reifegrads der Digitalisierung und Time-to-market das Unternehmen voranzubringen.

  Beispiele für KPIs können z. B. sein: Gewichteter Durchschnitt von Kundenzufriedenheit, interne Prozessqualität, Mitarbeiterzufriedenheit, finanzieller Leistungsindex oder/und Prozent der umgesetzten EA-Ideen (wie viele EA-Ideen wurden von MVPs oder Projekten genutzt?).

- **Automatisierungspotenzia**l mit den Ansatzpunkten für die Automatisierung durch z. B. Geschäftsprozessautomatisierung durch z. B. Process Mining und Robotic Process Automation (RPA) oder selbstlernende Systeme (KI/ML) (siehe [Han18]).

  Beispiele für KPIs: Gewichteter Durchschnitt des Prozentsatzes der realisierten automatisierten Integrationen und des Prozentsatzes der automatisierten Arbeitsabläufe.

- **Effektivität & Einfluss** als Anhaltspunkte für die Einschätzung der Wirksamkeit des Enterprise Architecture Management.

  Beispiele für KPIs: Prozentsatz der Initiativen mit Einbeziehung von EAM oder EAM-Ergebnistypen.

Prozentsatz der Business Capabilities gesteuert von Fachbereichen, Anzahl der vertikalen operationalisierten Produkte und Anzahl der bereitgestellten Datenprodukte, Prozentsatz des benutzerdefinierten Codes in Commodity Capabilities und Anzahl der Capabilities, die eine Plattform verwenden.

- **Compliance-, Datenschutz- & Informationssicherheits-Unterstützung** auf Basis hoher EAM-Datenqualität für z. B. Datenschutz, Informationssicherheit, OSS-Analysen, Identity und Accessmanagement und Cyber Security.

  Beispiele für KPIs: Datenqualität (Aktualität, Vollständigkeit, Konsistenz) oder Ist-/Soll-Prozentsatz und Prozentsatz unklarer Verantwortlichkeiten.

- **Beseitigte technische Schulden:** Beispiele für KPIs: Prozentsatz der Auswirkungen bekannter technischer Schulden (veraltete oder nicht unterstützte Technologien, Harmonisierungsbedarf, Schwachstellen und bekannter weiterer Handlungsbedarf) Berechnungsgrundlage: Anteil der behobenen technischen Mängel für technische Komponenten an der Gesamtzahl der technischen Komponenten mit bekannten technischen Mängeln.

Empfehlung

Gerade für das Enabling der Digitalisierung ist die **Fähigkeit, sich schnell an sich ändernde Bedingungen anzupassen**, entscheidend für den Geschäftserfolg. Diese Flexibilität, oder auch Business-Agilität genannt, muss durch adäquate Geschäfts- und IT-Architekturen vorbereitet werden. Wichtig sind hier insbesondere:

- Intelligent zusammensetzbare Businessfähigkeiten (siehe [Gar20]). Dies ist wesentlicher Bestandteil einer auf Business-Agilität getrimmten Geschäftsarchitektur.
- Widerstandsfähige moderne baukastenorientierte IT-Architektur sowie Integrationsarchitektur mit horizontaler und vertikaler Vernetzung.
- Edge Computing zur verteilten Verarbeitung von Daten in Kombination mit Infrastructure as Code (IaC), Komponentenansätze und Virtualisierung für die Flexibilität in der Infrastrukturbereitstellung und im IT-Betrieb.

Weitere Beispiele finden Sie in Abschnitt 5.9.3.

Empfehlung

Nutzen Sie zeitliche Entwicklungen und Trendanalysen z. B. für die Kostenentwicklung, die Entwicklung der Anzahl oder Komplexität von Informationssystemen oder aber auch für die Flexibilitätsmaßnahmen und deren Wirkung im Unternehmen. So können Sie mit vertretbarem Aufwand den Fortschritt und insbesondere auch den Nutzen von EAM aufzeigen.

Bei zeitlichen Entwicklungen werden Trends anschaulich visualisiert, ohne dass Soll-Werte vorgegeben werden müssen. Daher eignen sie sich zum Einstieg in die strategische IT-Steuerung.

Schauen wir uns die businessorientierte Steuerung der Weiterentwicklung der IT-Landschaft näher an.

Businessorientierte Steuerung der Weiterentwicklung der IT-Landschaft

Ziel ist letztendlich die businessorientierte Weiterentwicklung der IT-Landschaft, um das Geschäft möglichst optimal zu unterstützen. Wichtig ist hierfür, dass fachliche Vorgaben in Bezug zu den IT-Strukturen gebracht und daraus IT-Vorgaben abgeleitet werden.

Grundlage hierfür ist eine gemeinsame „fachliche Sprache" als gemeinsame Kommunikationsbasis in Business und IT. Die Geschäftsarchitektur liefert diese. Beispiele hierfür sind Glossar der Geschäftsobjekte (wie z. B. Kunde oder Auftrag), Produktkatalog mit Beschreibung der Produkte, Liste der Geschäftsprozesse und fachlichen Funktionen sowie der Kategorien von Geschäftspartnern (Kunden und Lieferanten), Vertriebskanälen und Geschäftseinheiten, die in der EAM-Datenbasis gehalten werden. Durch abgestimmte fachliche Begriffe wird ein einheitliches Verständnis geschaffen. Jeder weiß, was mit dem Geschäftsobjekt „Auftrag" gemeint ist oder was sich hinter dem Geschäftsprozess „Lieferantenmanagement" verbirgt.

Fachliche Domänenmodelle bündeln die wesentlichen fachlichen Strukturen des aktuellen oder zukünftigen Geschäfts und geben Bezugspunkte für die Verknüpfung mit den IT-Strukturen vor (siehe [HLo21]). Ein Beispiel einer Prozesslandkarte sehen Sie in Bild 4.63 und ein Beispiel eines funktionalen Referenzmodells finden Sie in Bild 4.64.

Bild 4.63 Beispiel einer Prozesslandkarte

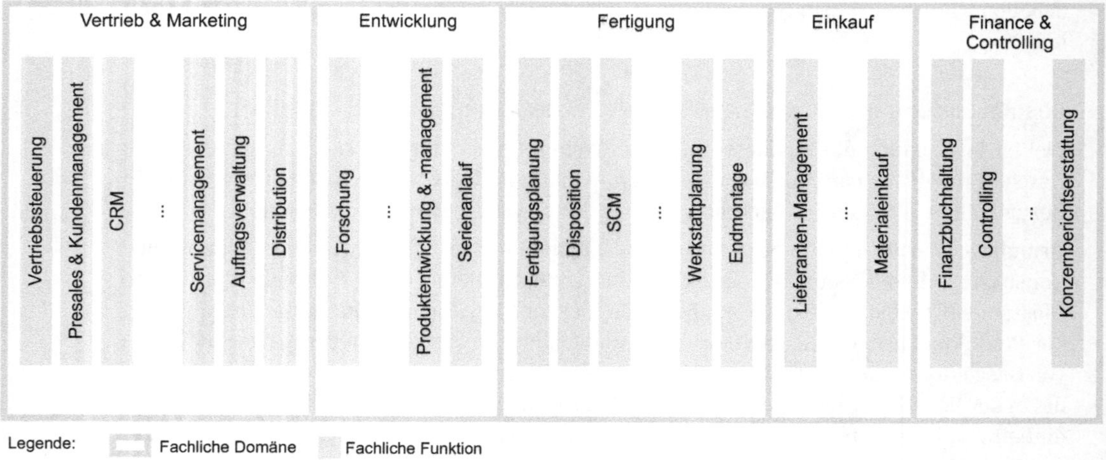

Bild 4.64 Beispiel eines funktionalen Referenzmodells

Empfehlung

Wenn Sie noch keine abgestimmten fachlichen Strukturen haben, sollten Sie Rohentwürfe von fachlichen Domänenmodellen erstellen und in die Kommunikation einsteigen. Der Nutzen wird für Fachbereiche und Business Manager schnell sichtbar und Sie finden Sponsoren für die Erstellung der fachlichen Domänenmodelle und auch für EAM allgemein.

Ein fachliches Domänenmodell gibt den fachlichen Bezugsrahmen für die Planung und Steuerung der Weiterentwicklung der IT-Landschaft vor. IT-Elemente wie z. B. Informationssysteme können den fachlichen Bebauungselementen wie z. B. Geschäftsprozessen oder fachlichen Funktionen zugeordnet werden. Dies kann z. B. durch die Überlagerung des fachlichen Domänenmodells mit den unterstützenden Informationssystemen visualisiert werden. Siehe hierzu Bild 4.65.

Am häufigsten wird eine Bebauungsplangrafik zur Visualisierung der IT-Unterstützung von Geschäftsprozessen oder fachlichen Funktionen genutzt. In Bild 4.66 finden Sie ein Beispiel für einen fachlichen Bezugsrahmen in Form einer Bebauungsplangrafik. Durch Einordnung der Informationssysteme entsprechend deren Geschäftsunterstützung in den zweidimensionalen Bezugsrahmen wird die IT-Unterstützung transparent.

Ein funktionales Referenzmodell kann auch als fachliche Bebauungsplangrafik dargestellt werden. Auch hier ist die Überlagerung durch Informationssysteme ein gutes Mittel, um die IT-Unterstützung zu veranschaulichen (siehe Bild 4.67).

Diese Visualisierungen sind ein probates Mittel, um das Business-IT-Alignment transparent zu machen. Durch die Analyse der fachlichen und IT-Strukturen in ihrem Zusammenspiel werden Handlungsbedarf und Potenzial für die Optimierung der Business-Unterstützung aufgedeckt. Aktuelle Problemfelder im Geschäft können im Hinblick auf ihre IT-Unterstützung beleuchtet werden. Umgekehrt können aus der Analyse der Geschäftsunterstützung von Informationssystemen und Schnittstellen Redundanzen, Abdeckungslücken und Automatisierungspotenziale identifiziert werden.

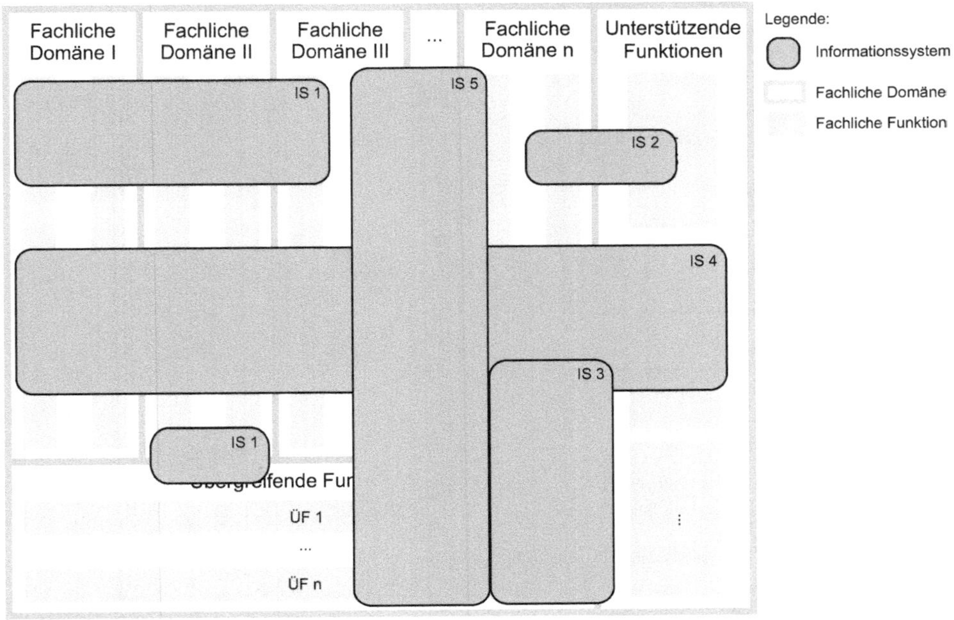

Bild 4.65 Beispiel eines mit IS überlagerten funktionalen Domänenmodells

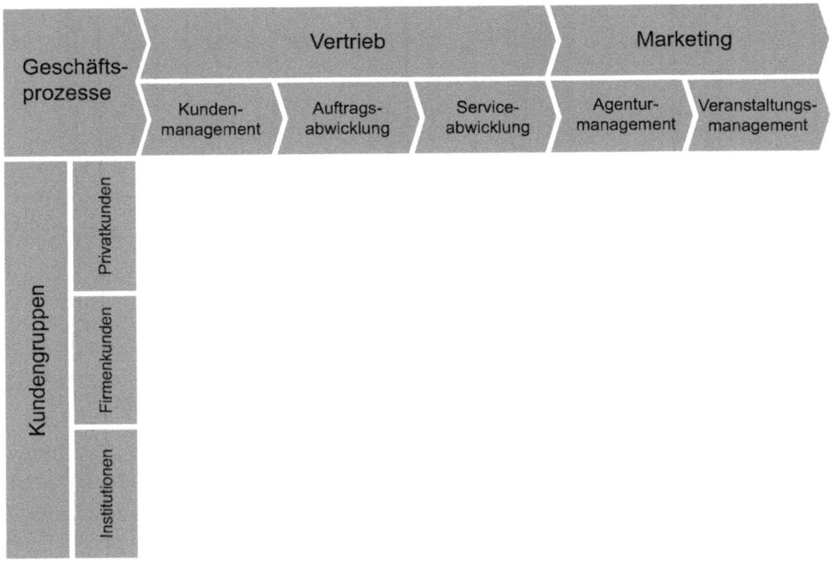

Bild 4.66 Beispiel des fachlichen Bezugsrahmens als Bebauungsplangrafik

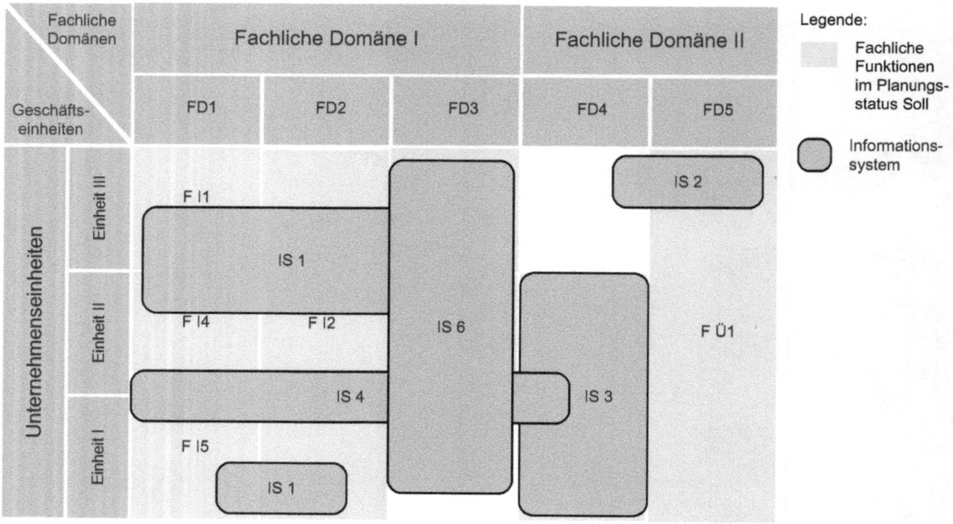

Bild 4.67 Beispiel einer fachlichen Bebauungsplangrafik mit IS-Überlagerung

Durch die Zuordnung lassen sich die Vorgaben für das Geschäft in Bezug zu den entsprechenden IT-Elementen bringen. Vorgaben für die IT leiten sich aus der Unternehmensstrategie ab. So hängen z. B. Sicherheitsanforderungen für Systeme vom Schutzbedarf von Geschäftsdaten in Geschäftsprozessen ab. Die Einhaltung dieser Vorgaben kann überprüft werden. Die IT-Landschaft kann businessorientiert gesteuert werden. Dies schauen wir uns nun etwas genauer an.

> **Wichtig**
>
> Für jedes Cluster (fachliche Domäne oder fachliches Bebauungselement) können gegebenenfalls unterschiedliche Strategien und Prinzipien für die Weiterentwicklung der IT-Landschaft vorgegeben werden. ■

Die Unternehmensarchitektur dokumentiert die fachlichen und technischen Strukturen und deren Beziehungen untereinander. So werden Abhängigkeiten und Auswirkungen transparent und die Business-Unterstützung planbar und steuerbar.

Wesentlich ist insbesondere die Verknüpfung zwischen den fachlichen Strukturen und den IT-Strukturen. In Bild 4.68 finden Sie dies anschaulich dargestellt. Die fachlichen Strukturen sind durch eine Prozesslandkarte symbolisiert. Die Geschäftsprozesse liefern Bezugspunkte für die Verortung der Informationssysteme im Bebauungsplan, der auf der Ebene der strategischen Planung der IT-Landschaft im Bild dargestellt ist. Die Informationssysteme, die diesen Geschäftsprozess unterstützen, können wiederum auf der operativen Ebene als Bezugspunkt für die Zuordnung von Betriebsinfrastruktur- und anderen technischen Aspekten genutzt werden.

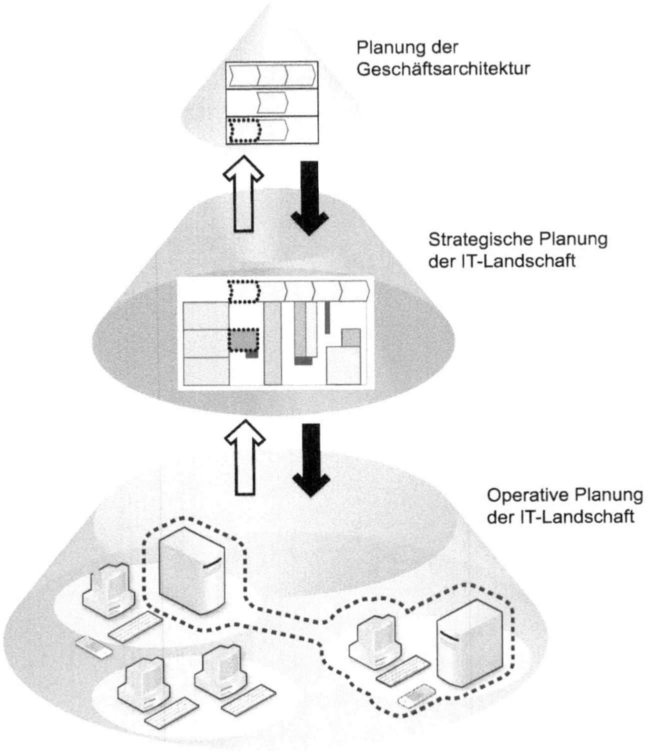

Bild 4.68
Beziehungen zwischen den EAM-Strukturen

Vorgaben und Ziele auf fachlicher Ebene können so in Beziehung zu den IT-Strukturen gesetzt werden. Auf dieser Basis lassen sich dann in der strategischen IT-Planung IT-Vorgaben ableiten, die die Umsetzung der fachlichen Vorgaben und Ziele unterstützen. In Bild 4.69 finden Sie hierzu ein Beispiel.

Auf fachlicher Ebene, d. h. in der Unternehmenssteuerung, werden in Bild 4.69 die Produkte des Versicherungsunternehmens bezüglich ihrer aktuellen und zukünftigen Bedeutung für das Unternehmen eingeschätzt. Die bestehenden Produkte werden im funktionalen Referenzmodell als fachliche Domänen genutzt. Durch die Zuordnung der IT-Strukturen zu den fachlichen Domänen werden die fachlichen Vorgaben für die IT-Elemente transparent. So nimmt z. B. der Wertbeitrag der Komposit-Produkte zu und der Strategiebeitrag tendenziell ab, da der Marktanteil eher sinkt. Dies muss nun in der strategischen IT-Planung für die IT-Systeme, die dieses Produkt unterstützen, berücksichtigt werden. Im Beispiel wird für diese IT-Systeme der Investitionsanteil erhöht, d. h., zukünftig werden mehr Projekte durchgeführt, um das IT-System zu stabilisieren und das Kerngeschäft zu optimieren. Häufig werden zudem andere Kennzahlen mit aufgenommen, um sich ein gesamthaftes Bild zu verschaffen. In diesem Beispiel werden der Gesundheitszustand, die Service-Abdeckung und die Kostenentwicklung betrachtet (siehe hierzu Kapitel 5). In der Regel gibt es zu diesen Steuerungsgrößen und Dashboards noch weitere Steuerungssichten, wie z. B. Maßnahmendefinitionen in einem Masterplan, und Detailinformationen (siehe Abschnitt 5.9).

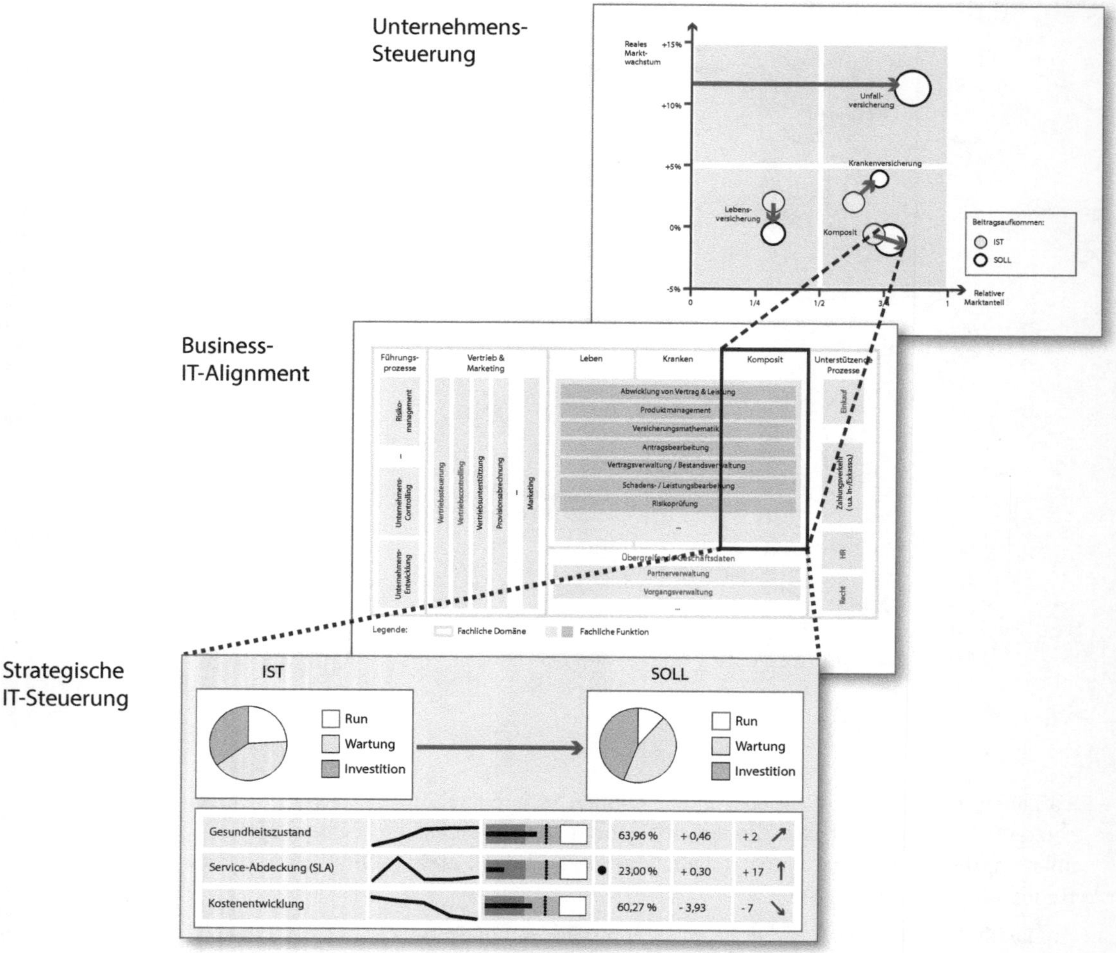

Bild 4.69 Businessorientierte Steuerung der IT

4.20 (IT-)Innovationsmanagement

Kurzbeschreibung: kontinuierliche Weiterentwicklung der unternehmensspezifischen technischen Standards (des Blueprints). Im IT-Innovationsmanagement werden vorausschauend neue Technologien beobachtet, evaluiert und bewertet. Die Reife und das Potenzial für den Einsatz im Unternehmen werden eingeschätzt.

Stakeholder-Gruppen: CIO/IT-Verantwortlicher (A), IT-Stratege (C), IT-Controller (C), Business-Verantwortlicher (C), IT-Architekt (C, I), IT-Innovationsmanager (R), Business-Planer (C, I), Prozess- und Daten-Owner sowie weitere fachlich orientierte Rollen (C, I)

Ziele:

- *Strategische Ausrichtung der IT und Beitrag zur Weiterentwicklung des Geschäfts:* Ermittlung von technischen Trends, die für die Tragfähigkeit und insbesondere auch im Hinblick auf Business-Innovationen entscheidende Impulse für die Weiterentwicklung des Unternehmens geben können.

Erläuterungen und geeignete Visualisierungen

Innovations-Enabling ist hier ein Schlüsselwort. Innovations-Enabling ist die digitale Fähigkeit, Kreativität der Mitarbeiter zu entfesseln. Wichtig sind hier u. a. Freiraum für Querdenken und unbewertete Ideenfindung zu schaffen. Hierzu müssen die Rahmenbedingungen und eine Innovationskultur aufgebaut werden. Andererseits müssen aber auch hier sicherlich Prozesse und Rollen im Innovationsmanagement festgelegt werden, nur so wird das Innovationsmanagement aktiv getrieben. Die Prozesse müssen hier sowohl die Ideenfindung, die Entwicklung und Bewertung der Ideen sowie das Management der Innovationsprojekte von der Konzeptentwicklung über den Business-Plan, Prototypen bis hin zur Umsetzung und Vermarktung über z. B. Lean-Startup-Methoden sowie dem Innovationscontrolling umfassen. Gleichzeitig muss mit Patenten und Schutzrechten umgegangen werden. Siehe hierzu [Han18].

Ausgangspunkt für das Innovations-Enabling bildet häufig das IT-Innovationsmanagement, das wir uns nun etwas näher anschauen.

Durch die frühzeitige, vorausschauende und kontinuierliche Beobachtung und richtige Einschätzung von technologischen Entwicklungen sowie des Lebenszyklus der verwendeten technischen Standards kann die Zukunftsfähigkeit abgesichert werden. So lassen sich auch der rasche technologische Wandel und die zunehmend kürzeren Lebenszyklen von IT-Produkten bewältigen. Das IT-Innovationsmanagement leistet hierzu einen wichtigen Beitrag (siehe Bild 4.70). Die Zukunftsfähigkeit des Lösungsportfolios und von technischen Standards ist ein wesentlicher Aspekt bei der Weiterentwicklung des Blueprints.

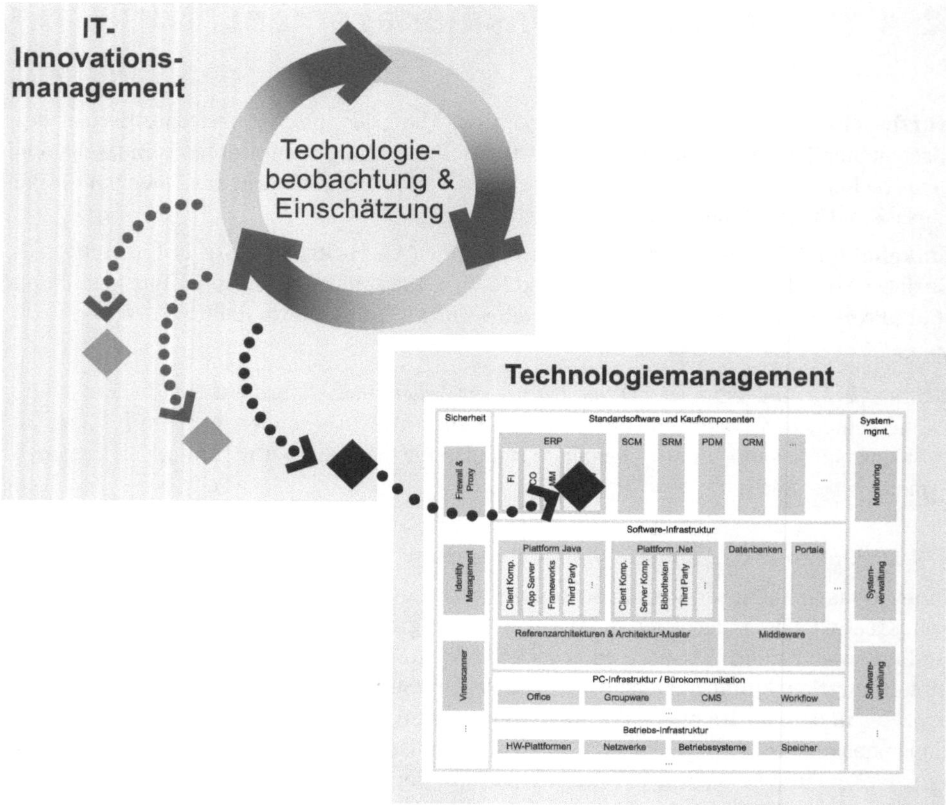

Bild 4.70 IT-Innovationsmanagement

Wesentliche Bestandteile des IT-Innovationsmanagements:

- **Technologiebeobachtung:** Durch ein sogenanntes „Themen-Radar" müssen proaktiv neue Trends, Technologien und IT-Kaufprodukte frühzeitig „wahrgenommen" und kontinuierlich verfolgt werden.

  Aufgrund der ständigen und zahlreichen technologischen Veränderungen kann das Themenradar eine große Zahl potenzieller Themen beinhalten.

- **Grobe Technologiebewertung:** Die technologische Reife und das Potenzial der möglichen IT-Innovationen sind zu analysieren, um auf dieser Basis die Anzahl der weiter zu untersuchenden IT-Innovationen etwas einzuschränken. Die Technologiebewertung kann hinsichtlich allgemeiner und unternehmensspezifischer Bewertungskriterien, z. B. Know-how, am Markt und im Unternehmen oder aber in Bezug auf die Verfügbarkeit von (IT-)Lösungen und Referenzen erfolgen. Die Einschätzung des Lebenszyklus, insbesondere bei IT-Kaufprodukten, ist dabei sehr wichtig. Im Allgemeinen werden hier z. B. auch Analystenmeinungen wie etwa die Positionierung im Hype-Cycle genutzt.

- **Identifikation der für das Unternehmen relevanten IT-Innovationen:** Um die relevanten IT-Innovationen zu identifizieren, müssen die technologische Reife, das Potenzial sowie der mögliche Einsatzzeitpunkt unter besonderer Berücksichtigung der damit verbundenen

Chancen und Risiken für das Unternehmen eingeschätzt werden. Für die Einschätzung der technologischen Reife können z. B. Experimente mit der Technologie oder dem IT-Kaufprodukt durchgeführt und die technischen Bausteine auf diese Weise praktisch erprobt werden. Hierzu können Sie gegebenenfalls Experten aus den eigenen Reihen oder von Beratungshäusern hinzuziehen. Die Reife und Tragfähigkeit gilt es für alle relevanten IT-Innovationen aufzuzeigen.

Der Einsatzzeitpunkt einer technischen Innovation hängt insbesondere auch vom unternehmensspezifischen Innovationsgrad ab, d. h. von der von Ihnen ausgewählten Adopter-Kategorie (vgl. [Rog95]):

- **Innovatoren:** Innovatoren sind experimentierfreudig und gehören zu den Ersten, die mit den neuen Technologien trotz ihrer Risiken und fehlender Erfahrungswerte „spielen“. Mit ihrer Begeisterung für die neue Technologie lancieren sie Trends.
- **„Early Adopters“ (frühe Abnehmer):** „Early Adopters“ sind technologiebegeistert und setzen technische Innovationen frühzeitig ein, sobald eine hinreichende technologische Reife erreicht ist und Einsatzmöglichkeiten vorhanden sind. Sie sehen darin Möglichkeiten, sich Wettbewerbsvorteile zu verschaffen, auch wenn die Technologie noch an diversen Kinderkrankheiten leidet. Sie sind die ersten echten Kunden für die Anbieter der neuen Technologie.
- **„Early Majority“ (frühe Mehrheit):** „Early-Majority-Kunden“ lassen sich von den Innovatoren und frühen Abnehmern von der Reife überzeugen und nutzen deren Erfahrungen zur Reduzierung der eigenen Risiken. Sobald die ersten positiven Erfahrungen vorliegen und ein klarer Nutzen erkennbar ist, springen sie auf den Zug auf, bevor er volle Fahrt aufgenommen hat. Sie wollen in der Regel einen monetär messbaren Vorteil (schneller, billiger oder besser) erzielen.
- **„Late Majority“ (späte Mehrheit):** Eine Adoption erfolgt erst dann, wenn sich die technische Innovation schon durchgesetzt hat und sehr verbreitet angewendet wird. Diese Gruppe ist eher konservativ. Erst, wenn sich die neue Technologie bewährt hat, springen sie auf den Zug auf. Das Risiko ist minimal und der Nutzen ist sicher.
- **„Laggards“ (Nachzügler):** Die Nachzügler orientieren sich an der Vergangenheit und an traditionellen Werten. Veränderungen benötigen häufig einen massiven Druck von außen.

Je nach strategischer Ausrichtung und Kultur muss die geeignete Adopter-Kategorie ausgewählt werden. Wenn Technologieführerschaft angestrebt wird, ist das Unternehmen in der Regel eher „Innovator“, „Early Adopter“ oder mindestens „Early Majority“. Strebt man Kostenführerschaft an, ist das Unternehmen in der Regel eher „Late Majority“ oder „Nachzügler“.

„Early Adopter“-Ansätze werden häufig von IT-Herstellern unterstützt. So gibt es im SAP-Umfeld Ramp-Up-Programme, die ein gutes Aufwands-/Nutzenverhältnis aufweisen. Durch reduzierte Lizenz- und Wartungskosten sowie Trainings- und Coaching-Maßnahmen kann man die Adoption erheblich unterstützen.

Durch die Nutzung von „Thinktanks“ und Innovationsspeerspitzen kann der erforderliche Freiraum für die Identifikation der relevanten IT-Innovationen geschaffen werden. Die Erfahrungen anderer wie z. B. IT Communities, Berater oder Hochschulen sollten pragmatisch mit einbezogen werden.

Die Wirksamkeit des IT-Innovationsmanagements muss durch ein kontinuierliches Monitoring z. B. der Anzahl der Themen im Themenradar oder aber des Feedbacks permanent überwacht werden. Ein an nackten Zahlen orientiertes Management von Innovationen ist nicht sinnvoll. Ein Zusammenhang zwischen F&E-Aufwendungen und Unternehmenserfolg lässt sich statistisch nicht nachweisen. F&E-Kapital ist Risikokapital.

Unabhängig davon muss für alle identifizierten IT-Innovationen hinterfragt werden, ob diese bedarfsgerecht und hinreichend stabil sind. Nur so können sie im Rahmen des Technologiemanagements als Vorgabe für die technische Realisierung von Informationssystemen, Schnittstellen oder Betriebsinfrastrukturelementen verwendet werden. Zur Bewertung sollten Sie die gleichen Kriterien wie bei der strategischen Weiterentwicklung der technischen Standards (siehe Abschnitt 5.6) heranziehen.

Wichtig

Durch die frühzeitige, vorausschauende und kontinuierliche Beobachtung und richtige Einschätzung von technologischen Entwicklungen sowie des Lebenszyklus der verwendeten technischen Standards wird der zuverlässige Geschäftsbetrieb nachhaltig abgesichert.

Das IT-Innovationsmanagement liefert einen wesentlichen Input für die strategische Weiterentwicklung der technischen Standards.

Zukunftssicherheit ist nur ein „Bauchgefühl"! Durch erfahrene Softwarearchitekten und eine erprobte Methodik wird das Bauchgefühl in gesicherte Erkenntnisse überführt. Ob sich die Annahmen, die der strategischen IT-Planung zugrunde liegen, bestätigen oder nicht, lässt sich letztendlich nur langfristig beurteilen. Durch eine sorgfältige Evaluierung, Analyse, Konzeption und Erprobung kann jedoch ein gewisses Mindestmaß an Sicherheit geschaffen werden.

In der höchsten Ausbaustufe leistet das IT-Innovationsmanagement einen wichtigen Input für Business-Innovationen und damit für den zeitlichen Vorsprung des Unternehmens gegenüber dem Wettbewerb. Business-Ideen können gemeinsam mit dem Business generiert, evaluiert, ggf. pilotiert und als Business-Innovationen umgesetzt werden. Dieses explizite IT-Innovationsmanagement muss mit dem Business-Innovationsmanagement gekoppelt bzw. integriert werden, um schnell technologische Möglichkeiten mit neuen Business-Ideen in Einklang zu bringen bzw. neue Business-Ideen in Diskussion in gemischten Teams erst entstehen zu lassen.

Erfolgsfaktoren für das Innovations-Enabling und das IT-Innovationsmanagement:

- Innovationsstrategie festlegen und verfolgen.
- Etablierung von Innovationsprozessen für das Erkennen von relevanten Themen und Trends, die Initiierung und Durchführung von Innovationsprojekten bis hin zur Markteinführung der relevanten Innovationen sowie Verankerung dieser in der Organisation.
- Implementierung eines leistungsfähigen Innovationscontrollings.
- Schaffung einer offenen, lernenden und querdenkenden Feedback-Kultur und „Think Tanks" als Basis für die Innovationsfähigkeit des Unternehmens.

4.21 Datenmanagement

Kurzbeschreibung: Kontinuierliche Bereitstellung aller Daten in angemessener Qualität für datengetriebene Geschäftsmodelle, optimale Nutzung der Daten und Sicherstellung von Datenschutz und Informationssicherheit. Siehe hierzu Abschnitt 5.4.

Stakeholder-Gruppen: Data Council (A), Datentreuhändler (A), Daten-Owner (A), Datenarchitekt und Data Stewards (R), Data Quality Staff (R) sowie weitere fachlich orientierte und technisch umsetzende Rollen (C, I)

Ziele:

- *Absicherung des zuverlässigen Geschäftsbetriebs; insbesondere Informationssicherheit und Datenschutz*

  Informationssicherheit: Identifikation und Management der Schutzbedarfe (u. a. Vertraulichkeit, Verfügbarkeit, Integrität, Authentizität).

  Datenschutz: Insbesondere Sicherstellung, dass personenbezogene Daten bestimmungsgerecht verwendet werden (u. a. EU-DSGVO).
- *Operationalisierung von strategischen Vorgaben; insbesondere im Kontext der Cloud-Strategie* für die Fragestellung: Welche Datenklassen können in welcher Art von Cloud verbracht werden?
- *Digitale Transformation mit Schwerpunkt auf Mehrwert aus Daten:* Mehrwert aus Daten heben durch die systematische Analyse, Planung und Steuerung der Informationsverbauung für zielgerichtete Vertriebs- und Marketingaktionen, maßgeschneiderte Produkte und Services und Steuerung der digitalen Transformation (Auswirkungen von Veränderungen transparent machen)

Erläuterungen und geeignete Visualisierungen

Datenmanagement ist ein Prozess für das Planen, Gestalten, Überwachen und Steuern der Verwendung, Verteilung und Kommunikation von Informationen in Organisationen zur Erreichung strategischer Ziele.

Das Datenmanagement umfasst die Menge aller organisatorischen, fachlichen, methodischen und technischen Konzepte und Verfahren mit dem Ziel,

- die Daten für einen zuverlässigen Geschäftsbetrieb bereitzustellen,
- die optimale Nutzung von Daten zu gewährleisten und
- eine angemessene Datenqualität, Datenschutz und Informationssicherheit zu gewährleisten.

Jeder Stelle im Unternehmen müssen alle relevanten Informationen zum richtigen Zeitpunkt, am richtigen Ort und in der für den Verwendungszweck erforderlichen Qualität zur Verfügung stehen. Datenmanagement treibt und steuert die Datenqualität und die Hebung von Datenpotenzial für die Generierung von Kundenmehrwert

Die Steuerung der digitalen Transformation hängt wesentlich von der Qualität und Konsistenz der zugrunde liegenden Daten und daraus gezogener Rückschlüsse ab sowie davon, wie schnell und flexibel die benötigten Informationen bereitgestellt werden können.

Dabei ist gerade neben einer hohen Datenqualität, die Datentransparenz und eine Katalogisierung, ein „Single-Point-of-Truth", dringend erforderlich. Nicht nur um Mehrwert zu identifizieren, sondern auch um die Zugänglichkeit zu vereinfachen und die Nutzung nachvollziehbar zu machen. Dies wird häufig mit den Prinzipien „Data as an Asset", „Data is shared", „Data is accessible" und „Data Trustee" umschrieben.

Datentransparenz bildet die Grundlage, um Mehrwert aus den Daten zu heben. In Bild 4.71 finden Sie alle wesentlichen Bestandteile, um Datentransparenz herzustellen. Dies sind insbesondere:

- *Glossar:* klar definierte Semantik für alle Geschäftsobjekte.
- *Fachliches Objektmodell:* Beschreibung der Abhängigkeiten und Beziehungen zwischen den Geschäftsobjekten.
- *Dokumentation der Verwendung von Informationen* durch CRUD-Matrizen (C-CREATE, R-READ, U-UPDATE, D-DELETE) sowohl für Geschäftsprozesse (kurz GP) und Business Capabilities (kurz BC) als auch für Applikationen. Bei Systemen ist zudem die Angabe der Masterschaft für die Erkennung von Redundanzen und Optimierungspotenzial wichtig. Siehe hierzu Abschnitt 4.12.
- *Dokumentation der Verteilung von Informationen* mithilfe klar definierter APIs (Application Programming Interface) sowie des Informationsflusses zwischen Systemen.

Datentransparenz ist die Voraussetzung, um Mehrwert aus Daten zu heben. Durch Data Governance wird insbesondere die Datenqualität sowie die bestimmungsgerechte Verwendung der Daten sichergestellt (siehe Abschnitt 4.6). Daneben ist Business Analytics eine Möglichkeit für die Nutzbarmachung von Daten. Wesentliche Informationen werden hier aggregiert entsprechend der Planungs- und Steuerungsbedürfnissen des jeweiligen Stakeholders bereitgestellt (siehe hierzu Abschnitt 5.9.3).

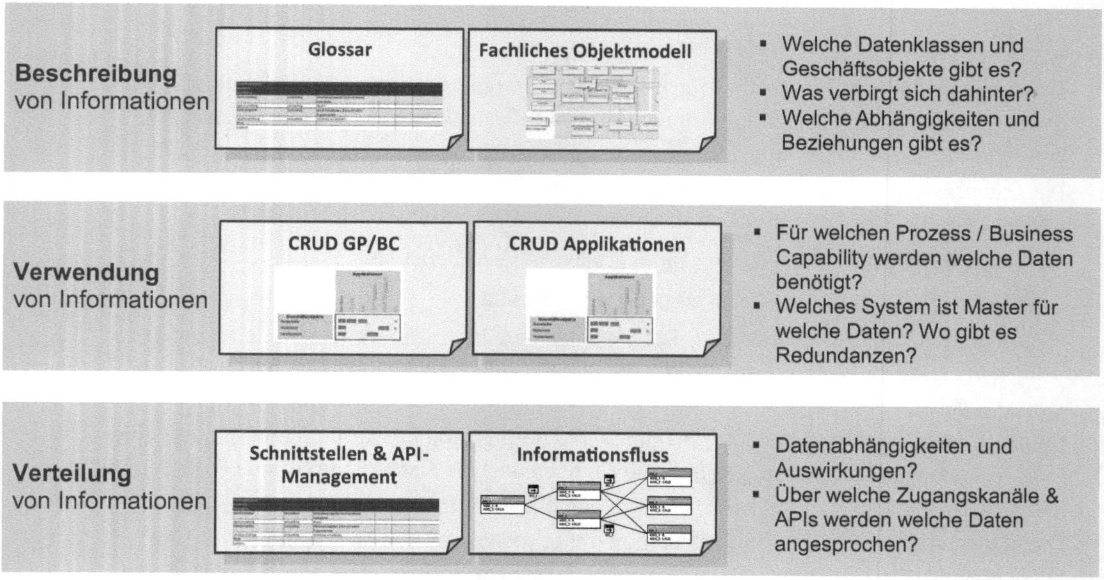

Bild 4.71 Wesentliche Elemente für Datentransparenz

Mehrwert aus Daten kann aber insbesondere auch durch Datenprodukte bereitgestellt werden. Datenprodukte generieren Mehrwerte auf Basis von Daten und Algorithmen und erweitern das Geschäftsmodell. Hier gibt es unterschiedliche Varianten:

- *„Data-as-a-Service"* als der reine Verkauf vorhandener Informationen wie z. B. Adressdaten für die Weiternutzung. Der Mehrwert entsteht direkt aus dem Datenhandel. Das Datenprodukt erzielt eigenen Umsatz.
- *„Data-enhanced Products"* werden vorhandene physische oder virtuelle Produkte oder Services durch die Nutzung von Informationen mit Hilfe von Algorithmen mit z. B. KI und Business Analytics verbessert. Der Wert des Produkts wird dadurch verbessert. Beispiele hierfür sind autonomes Fahren, die automatische Erkennung von Wartungsnotwendigkeiten einer Industrieanlage oder eine automatisierte Adressaktualisierung in einem CRM-System.
- *„Data-to-insights"*, um aus Big Data wertvolle Erkenntnisse für alle Planungs-, Entscheidungs- und Durchführungsprozesse zu gewinnen. Sie liefern insbesondere Entscheidungshilfen. Beispiele hierfür sind das digitale Kundenmanagement, wo aus dem „Digital Footprint", den Kunden bei ihrem Besuch auf z. B. Webseiten hinterlassen, Rückschlüsse für Vertrieb und Marketing abgeleitet werden können.

Wesentlich sind für Daten-Produkte Kompetenzen in den Bereichen Data Science und Data Engineering. Daten-Produkte müssen ebenso wie klassische Produkte und Services über ein professionelles Produktmanagement geplant und deren Lebenszyklus aktiv gesteuert werden (siehe [Han18]).

Die dazu benötigten Daten erhält er von den Lieferanten der Daten. Dies sind insbesondere die Business Analytics oder Entwicklungsteams, Data Engineers und Data Scientists. Der Data Engineer ist aktiv in allen Prozessen der Generierung, Speicherung, Pflege, Aufbereitung, Anreicherung und Weitergabe von Daten. Data Scientists sind zuständig, aus unstrukturierten Rohdaten eine strukturierte Datenbasis zu schaffen, zu analysieren und am Ende mit dem betriebswirtschaftlichen Know-how eine Entscheidungsgrundlage für das Unternehmen zu schaffen.

Definition Datenprodukt

Datenprodukte sind eigenständige Produkte oder Services. Gegebenenfalls reichern sie bestehende Produkte bzw. Services durch Nutzbarmachung der zur Verfügung stehenden Informationen an. Darüber hinaus können sie als für Kunden und Geschäftspartner nicht direkt sichtbare Entscheidungshilfe dienen. Dies ist quasi ein internes Produkt. ∎

Die Beherrschung der Datenflut („Big Data") ist erfolgsentscheidend für Datenprodukte. Der erste Schritt hierfür ist die Schaffung von Datentransparenz, wie bereits ausgeführt.

Datenprodukte entstehen zunehmend durch Nutzung von „Data Mesh" durch dezentrale Fachangebote für interne Datenkonsumierende, die sich auf eine Fachdomäne konzentrieren und die die Datenverantwortung und -nutzung aufeinander abstimmen. Einhergehend mit Datenplattformen mit u. a. erweiterten Business-Analytics-Funktionen können Datenprodukte miteinander kooperieren und aufeinander aufbauen, wodurch ein Netzwerkeffekt entsteht. So entsteht kontinuierlich unternehmerischer Mehrwert durch z. B. nach außen verkaufbare Datenprodukte.

Wichtig

Data Mesh verfolgt einen dezentralen Datenarchitekturansatz. Es wendet Prinzipien aus der modernen Softwareentwicklung auf Daten und Business Analytics an. Zudem kommen Domain-driven Design (DDD), Self-Service-Plattformen, Produktorientierung und Federated Governance zum Zuge.

Federated Governance ist hier ein Schlüssel, da in der traditionellen Vorgehensweise Probleme mit der Datenqualität und bei der Einstellung oder Ausbildung von Data Engineers nicht bewältigt werden. Beispiele für typische Probleme sind eine überlastete Daten- und Business-Analytics-Plattform-Teams und nicht enden wollende Abstimmungen für die Datenlandkarte. Anstelle von zentralen Monolithen wird das Datenmanagement in Domänen dezentralisiert.

Indem Unternehmen ihre Daten anstelle eines Monolithen nach Domänen organisieren, können sie ihre Domänen-Expertise mit den technischen Fähigkeiten kombinieren und so einen unternehmerischen Mehrwert generieren. Unter dem Kriterium der Domäne lassen sich Daten zu einem Portfolio diskreter Produkte bündeln. Jedes erfolgreiche Produkt muss seine Kunden begeistern, in diesem Fall die breitere Organisation: Data-Teams und alle anderen, die damit arbeiten müssen.

Domain-driven Design ist eine Herangehensweise für die Modellierung komplexer Software mit klaren fachlichen Strukturen, den fachlichen Domänen. Es werden komplexe Zusammenhänge mithilfe klar abgegrenzter Domänen sauber modelliert. Sie bilden Fachlichkeit und Fachlogik des Anwendungsgebiets ab, meist die typischen Anforderungen und Zusammenhänge bestimmter geschäftlicher Vorgänge. Das Domänenmodell versucht, diese Anforderungen mit Konzepten aus der objektorientierten Entwicklung zu modellieren. Das Domänenmodell bildet hier eine gute fachliche Kommunikationsgrundlage.

4.22 Digitale Strategie und digitale Transformation

Kurzbeschreibung: Kontinuierliche Bereitstellung aller Daten in angemessener Qualität für datengetriebene Geschäftsmodelle, optimale Nutzung der Daten und Sicherstellung von Datenschutz und Informationssicherheit. Siehe hierzu Abschnitt 5.4.

Stakeholder-Gruppen: Data Council (A), Datentreuhändler (A), Daten-Owner (A), Datenarchitekt und Data Stewards (R), Data Quality Staff (R) sowie weitere fachlich orientierte und technisch umsetzende Rollen (C, I)

Ziele:

- *Absicherung des zuverlässigen Geschäftsbetriebs; insbesondere Informationssicherheit und Datenschutz:*

Informationssicherheit: Identifikation und Management der Schutzbedarfe (u. a. Vertraulichkeit, Verfügbarkeit, Integrität, Authentizität).

Datenschutz: Insbesondere Sicherstellung, dass personenbezogene Daten bestimmungsgerecht verwendet werden (u. a. EU-DSGVO).

- *Operationalisierung von strategischen Vorgaben; insbesondere im Kontext der Cloud-Strategie* für die Fragestellung: Welche Datenklassen können in welche Art von Cloud verbracht werden?
- *Digitale Transformation mit Schwerpunkt auf Mehrwert aus Daten:* Mehrwert aus Daten heben durch die systematische Analyse, Planung und Steuerung der Informationsverbauung für zielgerichtete Vertriebs- und Marketingaktionen, maßgeschneiderte Produkte und Services und Steuerung der digitalen Transformation (Auswirkungen von Veränderungen transparent machen).

Erläuterungen und geeignete Visualisierungen

Die Digitalisierung verändert unseren Alltag und die Spielregeln. Volatile und zunehmend transparente Märkte, wachsender Margendruck, steigende Bedeutung von Wertschöpfungsnetzwerken, neue Wettbewerber, rasanter technologischer Wandel und gleichzeitig Fachkräftemangel - die „VUCA-Welt" („Volatility, Uncertainty, Complexity and Ambiguity") - erfordern ein Umdenken.

Definition Digitalisierung

Digitalisierung bezeichnet den Wandel zu neuartigen, häufig disruptiven Geschäftsmodellen mittels Informations- und Kommunikationstechnik. Analoge Daten werden in digitale umgewandelt, Geschäftsprozesse flexibilisiert und automatisiert sowie Technik, Informationen, Dinge und Menschen vernetzt. Der Kunde und dessen Bedürfnisse stehen im Mittelpunkt. Durch Effizienz muss der Freiraum für Innovation geschaffen werden.

Disruption steht für den Umbruch, in dem traditionelle Geschäftsmodelle durch innovative Geschäftsmodelle abgelöst oder verdrängt werden. ■

Beispiele für den Wandel sind:

- **Kundenbedürfnisse verändern sich kontinuierlich**. Komfort, Geschwindigkeit und Einfachheit ebenso wie örtlich und zeitlich unabhängige Verfügbarkeit von Services sowie eine reibungslose Abwicklung werden immer wichtiger. So werden neben konventionellen Kanälen Mobile Apps erwartet, die einfach bedienbar und personalisierbar sind und alle Leistungen integrativ mit bestehenden Kanälen anbieten. Beispiele sind sowohl Banking-Apps, Einkaufsportale als auch Vermittler-Portale, wie Lieferservice- oder Vergleichsplattformen.

  Individualisierte Komfortleistungen werden zunehmend erwartet. Beispiele sind kostenloser Gourmet-Kaffee in Wartebereichen oder „One-Klick"-Einkaufen. Kunden werden zunehmend genau auf ihre Bedürfnisse zugeschnittene Produkte oder Dienstleistungen angeboten. Durch reife und einsetzbare neue Technologien wie 3D-Druckverfahren werden diese teilweise erst möglich und können wirtschaftlich hergestellt werden.

- **Orts- und zeitunabhängige (ubiquitäre) sowie „peer-to-peer"-Kommunikation** über Mobile Messenger, Internetforen, Communities, soziale Netzwerke oder auf E-Commerce-Plattformen beeinflussen die Art und Weise der Zusammenarbeit, Unternehmenskultur und natürlich auch Kaufentscheidungen maßgeblich.
- **Neue Wettbewerber, wie Startups, Plattform-Provider und Technologiefirmen** wie Google oder Amazon, treten auf den Markt mit z. B. „Android Auto".
- **Internet of Things (IoT) und Industrie 4.0** verzahnen Abwicklungs-, Logistik- und Fertigungsprozesse mit modernster Informations- und Kommunikationstechnik. Industrie 4.0 steht hierbei für die vierte industrielle Revolution, in der Produkte, Wertschöpfungsketten und Geschäftsmodelle von unterschiedlichen Unternehmen horizontal und vertikal vernetzt und digitalisiert werden. In der Industrie 4.0 muss alles intelligent und „smart" sein. Ziele sind eine selbstorganisierende Produktion, Logistik und smarte Produkte, bei denen Maschinen, Anlagen und Produkte selbstständig miteinander und mit Menschen kommunizieren. Selbst Logistikketten werden smart. Mit Hilfe eines RFID-Chips sind Ortung und Erkennung von Produkten schon heute kein Problem mehr. Zu jedem Zeitpunkt ist bekannt, wo sich das Produkt befindet.

  Maschinen erlernen ihre Aufgaben und optimieren selbstständig die Prozesse. Routineaufgaben können in Regelsystemen formuliert und einer Maschine überlassen werden. Dies verändert die Arbeitswelt erheblich. Menschen gewinnen Zeit und so entstehen mehr Freiheiten für flexible Arbeitszeiten. Die Work-Life-Balance profitiert. Die Schattenseiten sind jedoch ein Stellenabbau und ein erhöhtes oder verändertes Kompetenzprofil.

  Datenschutz wird zunehmend zu einer Herausforderung, da die nun vernetzten Maschinen regelmäßig große Mengen an Daten versenden. Die Absicherung der Netze durch eine sichere Verschlüsselung ebenso wie die Informationssicherheit als solche erfordern rare Spezialisten. Nur so kann aber das Risiko eines Datenverlusts oder auch von empfindlichen Strafen z. B. bei Verstößen gegen die EU-DSGVO eingedämmt werden.
- **Servicebezogene Geschäftsmodelle** bieten anstelle von Produkten die Verfügbarkeit von Services an, z. B. „Rund-um-sorglos-Pakete". In der vorausschauenden Wartung („Predictive Maintenance") werden mit Hilfe vernetzter smarter Systeme, Messgeräten, Sensoren sowie Analysefähigkeiten mögliche Probleme frühzeitig aufgedeckt. Die Wartung erfolgt im Idealfall, bevor eine Störung auftritt. So wird eine höhere Verfügbarkeit erreicht und das Ausfallrisiko reduziert (z. B. Maschinenstillstände oder Autopannen).
- **Digitale Plattformen** wie z. B. eCommerce, Automotive-, Banken- oder Versicherungsplattformen sowie Vergleichsportale oder Vermittlerplattformen sowie technische Plattformen, wie z. B API-Management, verändern die Wertschöpfung und erhöhen die horizontale Vernetzung erheblich.

  Gerade in Branchen wie Handel, Medien, Unterhaltung und Tourismus sind die Veränderungen deutlich zu erkennen. Online-Handelsplätze, digitale Kanäle ohne Zwischenhändler, Streaming-Dienste und Buchungsplattformen haben zum Teil bereits klassische Geschäftsmodelle abgelöst oder verändert.

  Einige Vergleichsportale und Vermittlerplattformen haben digitale Kanäle mit einer starken Marktmacht geschaffen. Ohne wirklich eigene Produkte oder Leistungen anzubieten, wird deren Anteil am „Kuchen" immer größer. Unternehmen, wie z. B. Händler oder Restaurants genauso wie Versicherungen, sind de facto gezwungen, diese Kanäle mit zu unterstützen. Eine Abhängigkeit zu diesen digitalen Plattformen entsteht. Zudem müssen alle relevanten neuen Plattformen mit zum Teil großem finanziellen Aufwand unterstützt werden.

Wer die Digitalisierung erfolgreich meistern will, muss mit veränderten Kundenbedürfnissen, einer anderen Sicht der Digital Natives, schnell aufkommenden Wettbewerbern, immer vielfältigeren Mitarbeitererwartungen und den technischen Innovationen flexibel und schnell umgehen können. Alle Aspekte müssen ganzheitlich und systematisch adressiert werden. Hierzu dient die digitale Strategie.

Eine klare **digitale Strategie** und eine Standortbestimmung bilden im Idealfall den Startpunkt und gleichzeitig die Voraussetzung für eine erfolgreiche Planung und Steuerung der digitalen Transformation. Eine digitale Strategie gibt Orientierung und bietet einen Handlungsrahmen für die digitale Transformation. Über die Standortbestimmung wird die Ausgangslage bestimmt, die die Randbedingungen für die konkrete Planung und Steuerung der digitalen Transformation vorgibt. Sie zielt darauf ab, das Denken, Entscheiden und Handeln von jedem Mitarbeitenden eines Unternehmens auf den erfolgreichen digitalen Wandel hin auszurichten.

Auf dieser Basis kann dann die Geschäftsmodell(weiter)entwicklung (siehe [Han18]) aufsetzen und so das zukünftige Produkt- und Dienstleistungsspektrum, das Business-Ökosystem und die benötigten fachlichen und technischen Fähigkeiten abgeleitet werden. Für ein disruptives und kontinuierliches Geschäftsmodell ist ein explizites Innovationsmanagement mit Trend-Scouting (siehe Abschnitt 5.6), das mit der Geschäftsmodellweiterentwicklung verzahnt ist, erfolgsentscheidend. Die Geschäftsarchitektur mit insbesondere dem Business Capability Management (siehe Abschnitt 4.14) und das Datenmanagement (siehe Abschnitt 4.21) sind hierfür erfolgsentscheidend.

Die Veränderung des Geschäftsmodells (die Operationalisierung) erfordert eine explizite Planung und Steuerung sowie eine Verzahnung. Eine konkrete Roadmap zur Umsetzung mit konkreten Maßnahmen muss entwickelt und über Projekte und die Linie in einem kontinuierlichen Verbesserungs- und Veränderungsprozess umgesetzt werden. So werden das Produkt- und Dienstleistungsspektrum und die dafür erforderlichen fachlichen und technischen Fähigkeiten intern und extern (Business-Ökosystem) agil weiterentwickelt. Enterprise Architecture Management unterstützt auch dies maßgeblich durch die Ziel-Bild-Gestaltung und das Roadmapping (siehe Abschnitt 5.5).

Enterprise Architecture Management ist ein wesentlicher Enabler der digitalen Transformation. Es schafft eine ganzheitliche Sicht auf das Geschäft und die IT in ihrem Zusammenspiel. Zudem stellt es ein Analyse-, Planungs- und Steuerungsinstrumentarium bereit. Dies ist die Grundlage, um Handlungsbedarf zu erkennen und vorausschauend agieren und zeitgerecht fundierte Entscheidungen treffen zu können.

EAM als Enabler und Erfolgsfaktor für die Digitalisierung

Wege entstehen dadurch, dass man sie geht.

Franz Kafka

Enterprise Architecture Management liefert Ihnen ein wirkungsvolles Instrumentarium, um

- auf einen Blick die aktuelle Ausgangslage zu erfassen,
- fundierte Entscheidungen zeitnah zu treffen,
- die Zukunft zielgerichtet kunden- und businessorientiert zu gestalten (den richtigen Weg zu finden) und
- sicherzustellen, dass die Soll-Vision auch wie geplant umgesetzt wird.

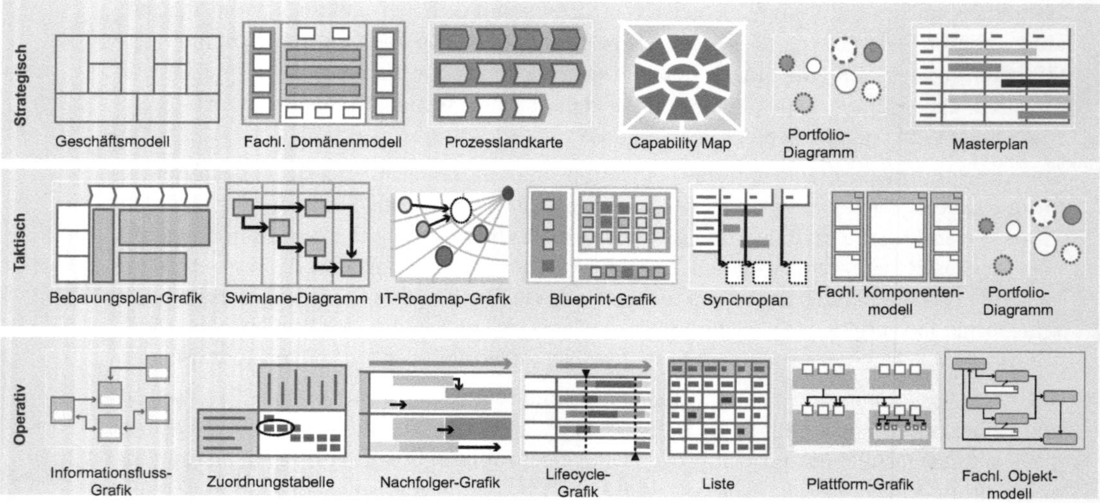

Bild 4.72 Nutzbare EAM-Ergebnistypen

EAM liefert einerseits das Struktur-Backbone für das Unternehmen (die Unternehmensarchitektur), in dem alle fachlichen und technischen Strukturen gesammelt und in Beziehung gebracht werden. EAM stellt Metadaten und konkrete Bebauungsdaten bereit, die von anderen für ein grenzenloses digitales Nutzererlebnis genutzt werden können.

Andererseits bietet EAM ein Analyse- und Planungsinstrumentarium, um auf der Basis der Unternehmensarchitektur die zukünftige Geschäftsarchitektur und IT-Landschaft zielgerichtet zu planen und weiterzuentwickeln. EAM schafft damit Transparenz über die Geschäftsarchitektur und die IT-Landschaft, fördert das Business-IT-Alignment und unterstützt die strategische und taktische Planung und Steuerung der Weiterentwicklung des Geschäfts und der IT.

Es geht letztendlich darum, wirklichen Mehrwert für relevante Stakeholder zu schaffen, indem deren Fragestellungen beantwortet werden. Für alle relevanten Stakeholder muss persönlicher Nutzen bei der Bewältigung ihrer täglichen Arbeit oder aber für die Erreichung ihrer Ziele gestiftet werden. Für alle resultierenden Fragestellungen müssen passgenaue Visualisierungen „gefunden" werden. Über die Analyse der EAM-Datenbasis und anschauliche Ergebnisvisualisierungen (siehe Bild 4.72 und Abschnitt 2.4) können viele Fragestellungen insbesondere der digitalen Transformation beantwortet werden.

EAM unterstützt insbesondere auch bei der **Planung und Steuerung der digitalen Transformation und der Weiterentwicklung der IT-Landschaft**. EAM stellt ein Planungsinstrumentarium bereit und liefert zeitnah und zielgruppengerecht fundierte Vorschläge für die fachliche und technische Soll- und Plan-Bebauung sowie Aussagen zu Auswirkungen und Machbarkeit von Business- und IT-Ideen als Input für fundierte Planungsentscheidungen. Auf dieser Grundlage können Sie die zukünftige Geschäftsarchitektur und die IT-Landschaft aktiv gestalten und die digitale Transformation businessorientiert steuern. Weitere Informationen hierzu finden Sie in Abschnitt 5.5.

Von besonderer Bedeutung ist hierbei die Business- und Investitionsplanung als wesentlicher Bestandteil der strategischen Unternehmensplanung (siehe [Pax10]). Bei Unternehmensneugründungen, Merger & Acquisitions sowie bei strategischen Veränderungen am Geschäftsmodell werden in der Regel Businesspläne neu erstellt oder ein bestehender Business-Plan an die aktuellen Ziele und Randbedingungen angepasst. Business-Pläne beschreiben typischerweise alle betriebswirtschaftlichen und finanziellen Aspekte des Geschäftsmodells sowie die Unternehmensziele, Strategien und Maßnahmen seiner Umsetzung. Wesentlich ist hierbei die Analyse der benötigten und vorhandenen Business Capabilities des Unternehmens.

Investitionsplanung ist der Prozess der Erstellung des Investitionsprogramms bei Neugründungen und dessen in der Regel jährlicher Anpassung im Rahmen der Unternehmensstrategieentwicklung und Business-Planung. Um den Ressourceneinsatz (insbesondere das finanzielle Budget) zu optimieren, ist eine Priorisierung sowie eine aktive Steuerung und Überwachung der Budgets erforderlich. Mithilfe einer Business Capability Map können Entscheidungen nachvollziehbar begründet und somit abgesichert werden.

Wie sieht dabei Unterstützung durch das Business Capability Management konkret aus?

Business Capability Maps geben eine fachliche Strukturierung vor und liefern gleichzeitig ein prägnantes und kompaktes fachliches Gesamtbild des Unternehmens. Anhand dessen können wesentliche Inhalte des Geschäftsmodells und der Unternehmensstrategie übersichtlich und überzeugend präsentiert werden. Business Capabilities sind geeignet, um strategische Entwicklungen zu diskutieren.

Die fokussierte Heat-Map-Darstellung erleichtert strategische Entscheidungen des Top Managements über eine zukünftige Ausrichtung und Priorisierung signifikant. Es wird schnell ein optischer Eindruck vermittelt. Auf einen Blick ist erkennbar, welche fachlichen Domänen oder Business Capabilities geschäftskritisch sind und an welchen Stellen in welchem Umfang investiert werden sollte. Mittels Hervorhebung von Kriterien wie zum Beispiel Geschäftskritikalität, Wettbewerbsdifferenzierung und Eigenleistungsfähigkeit wird ersichtlich, welche Fähigkeiten das Unternehmen selbst erbringen oder zukaufen soll. Sourcing-Entscheidungen werden abgesichert und das Anforderungsprofil für die Dienstleister lässt sich gut beschreiben. Bei diesen Entscheidungen unterstützen Sie auch das Strategische Prozessmanagement, das die Durchgängigkeit der Geschäftsprozesse sicherstellen muss und Informationen zu den Kernprozessen bereitstellen kann.

In Bild 4.73 finden Sie das Beispiel einer Heat Map, in der die Geschäftskritikalität und der Status im Lebenszyklus der Business Capabilities durch Grautöne unterschieden werden.

In einer Heat Map können die aktuell vorhandenen oder/und zukünftig benötigten Business Capabilities dargestellt werden. Durch die Darstellung des Status im Lebenszyklus in Bild 4.73 wird sichtbar, welche Business Capabilities erst einzuführen oder abzulösen sind. Dieser Handlungsbedarf muss im Rahmen zum Beispiel von Projekten aufgelöst werden.

Weitere häufig verwendete Kriterien für Analyse und Darstellung in einer Heat Map im Kontext der Business- und Investitionsplanung:

- Wettbewerbsdifferenzierung oder Strategie- und Wertbeitrag (zum Beispiel hoch, mittel und niedrig);
- Verantwortlichkeiten (zum Beispiel die verschiedenen Teilunternehmen);
- Schutzbedarf (zum Beispiel hoch, mittel und niedrig);
- Sourcing (zum Beispiel Eigen- oder Fremdleistung).

Weitere Kriterien finden Sie in Abschnitt 5.9 Hilfestellungen zur Ermittlung der Kennzahlen in [Küt11].

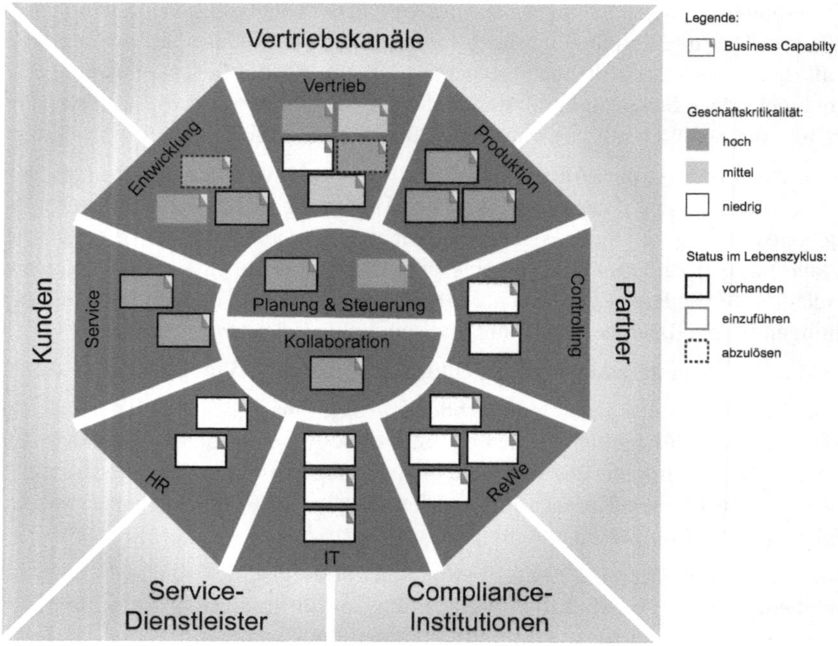

Bild 4.73 Beispiel Business Capability Map

Empfehlung für die digitale Transformation:

- Aktive Rolle in der Digitalisierung übernehmen und alle relevanten Stakeholder „mitnehmen". Hierzu:
  - Übersetzen der Stakeholder Fragestellungen von dessen Sprache in EAM und Beantwortung mit EAM-Mitteln, aber wieder in der Sprache des Stakeholders.
  - Bereitstellen von maßgeschneiderten Self-Service-Sichten für alle wesentlichen Stakeholder-Gruppen in deren Sprache und gewohnter Arbeitsumgebung.

Zusammenfassung und Ausblick

EAM unterstützt Sie dabei,

- die IT in den Griff zu bekommen oder sie im Griff zu behalten,
- Business-Alignment der IT zu erreichen und
- das Geschäft weiterzuentwickeln.

Anhand der in diesem Kapitel vorgestellten typischen EAM-Einsatzszenarien bekommen Sie einen Eindruck von den Möglichkeiten und dem Nutzen von EAM. Den vollen Nutzen entfaltet EAM jedoch nur dann, wenn es in die Planungs-, Entscheidungs- und IT-Prozesse eng integriert ist. Gestalten und etablieren Sie deshalb ein integriertes Instrumentarium (siehe Abschnitt 2.1) für die strategische Planung und Steuerung der IT und heben Sie so alle EAM-Nutzenpotenziale.

5 EAM Best-Practices

Die Erfahrung ist zweifellos die beste Lehrmeisterin, aber das Lehrgeld ist sehr hoch.

Françoise Sagan (1935–2004)

Die Einführung und der Ausbau des Enterprise Architecture Management sind sehr komplexe Aufgaben einhergehend mit einem Change-Management zur Verankerung jeder Ausbaustufe im Unternehmen. Im Folgenden finden Sie Best-Practices und Schritt-für-Schritt-Anleitungen (siehe Bild 5.1), die Sie schnell und sicher zum Erfolg führen. Die Anleitungen wurden aus den Erfahrungen vieler EAM-Projekte und den Erkenntnissen aus dem intensiven Austausch mit einer großen Zahl von Experten sowohl aus Anwenderunternehmen und Beratungshäusern als auch aus der Wissenschaft konsolidiert.

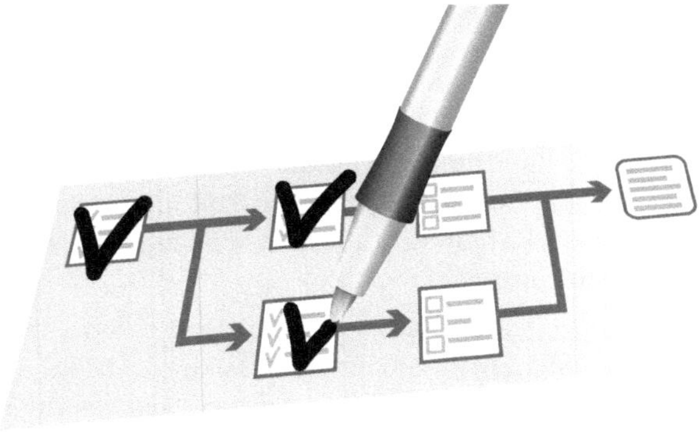

Bild 5.1
Schritt-für-Schritt-Anleitung

Den Startpunkt der Methodensammlung bildet die Stakeholder- und Kundenwertanalyse. Darüber setzen Sie letztendlich Ihre inhaltlichen Schwerpunkte für die Einführung oder den Ausbau Ihres EAM-Instrumentariums. Darüber hinaus finden Sie Muster, Hilfestellungen und Schritt-für-Schritt-Leitfäden für die Analyse, die Bebauungsplanung, das Technologiemanagement, den Aufbau Ihrer EA Governance sowie Leitfäden für die Einführung oder den Ausbau Ihres EAM.

In diesem Kapitel finden Sie Antworten zu folgenden Fragen:

- Was ist der Nutzen von EAM für welche Stakeholder? Welcher Kundenwert entsteht?
- Welchen Beitrag leistet EAM zur Weiterentwicklung Ihres Geschäftsmodells und dessen Operationalisierung? Wie kann die digitale Transformation durch EAM unterstützt werden?
- Welche Stakeholder sollten Sie in die Konzeption Ihres EAM-Instrumentariums einbeziehen?
- Wie kommen Sie zu Ihrem Ziel-Bild und zu Ihrer Roadmap zur Umsetzung?
- Wie erfolgen die technische Standardisierung und Homogenisierung?
- Wie können Sie EAM nachhaltig in Ihrer Organisation verankern? Welche Stolpersteine gibt es und wie können Sie diese umgehen?

5.1 Stakeholder-Analyse

Es ist nicht genug zu wissen, man muss auch anwenden,
es ist nicht genug zu wollen, man muss auch tun.

Johann Wolfgang von Goethe (1749–1832)

Für den initialen Aufbau, den Ausbau sowie den laufenden „Betrieb" Ihres EAM müssen die richtigen Personen aus allen relevanten Stakeholder-Gruppen einbezogen werden. Sie müssen die Stakeholder identifizieren, die Interesse am Erfolg oder Misserfolg von EAM haben, die davon betroffen sind oder aber Einfluss auf das EAM-Projekt nehmen können oder sollen. In diesem Abschnitt erhalten Sie dazu Hilfestellungen.

Die Stakeholder-Analyse erfolgt typischerweise in drei Phasen. In der ersten Phase werden mögliche Stakeholder-Gruppen identifiziert, die Einfluss oder Interesse an EAM haben oder aber von EAM betroffen sind. In der zweiten Phase werden in Abhängigkeit von Ihrer Soll-Vision und Ausgangslage die Stakeholder-Gruppen „gestrichen", die noch nicht in der anstehenden Ausbaustufe betrachtet werden können. Für die verbleibenden Stakeholder-Gruppen werden in der dritten Phase die konkret zu involvierenden Personen ausgewählt.

In Bild 5.2 finden Sie eine Übersicht zu den Stakeholder-Gruppen, die typischerweise unter die Kategorie Einfluss oder Interesse an EAM fallen, die EAM-Nutznießer. Darüber hinaus müssen Sie noch die Stakeholder-Gruppen ermitteln, die von EAM betroffen sind. Dies sind insbesondere die Datenlieferanten und deren Vorgesetzte (siehe Abschnitt 5.9).

Die drei Phasen der Stakeholder-Analyse werden im Folgenden weiter ausgeführt.

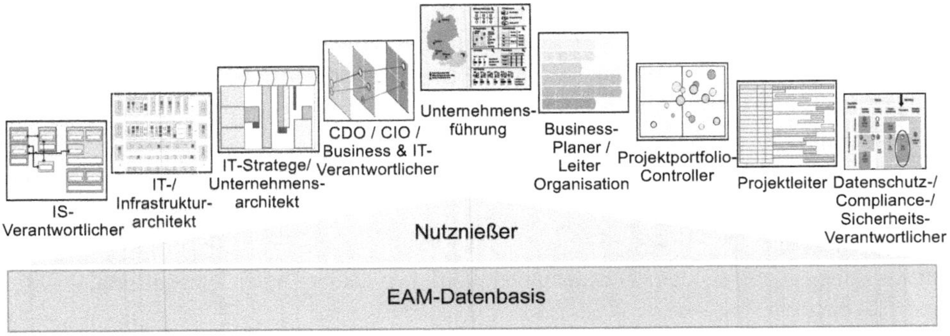

Bild 5.2 Verschiedene Stakeholder-Gruppen mit Einfluss oder Interesse an EAM

5.1.1 Identifikation von möglichen Stakeholder-Gruppen

Bei der Analyse, welche Stakeholder-Gruppen für Ihre EAM-Initiative eine Rolle spielen, müssen Sie sowohl beim fachlichen und technischen Management, bei Zentralfunktionen, Fachbereichen und Projektorganisationen als auch bei der IT und externen Organisationen Ausschau halten.

Im Folgenden finden Sie eine Liste von Stakeholder-Gruppen, die in der Praxis häufig bei EAM-Initiativen einbezogen werden. Die Strukturierung orientiert sich an den TOGAF-Kategorien (siehe [Tog09]):

- Übergreifende Unternehmensfunktionen (TOGAF: Corporate Functions)
- Fachbereich (TOGAF: End-User Organization)
- Projektorganisation (TOGAF: Project Organization)
- IT (TOGAF: System Operations, erweitert um weitere IT-Funktionen)
- Externe Einheiten (TOGAF: Externals)

Hinweis

EAM war in der Vergangenheit häufig ein IT-Thema. Mit zunehmender Digitalisierung gewinnt Enterprise Architecture Management und insbesondere die Geschäftsarchitektur für die Weiterentwicklung des Geschäftsmodells und dessen Operationalisierung an Bedeutung. Gerade der CDO, Business-Planer oder Prozessmanager werden immer häufiger zu Sponsoren für ein Business-getriebenes EAM.

IT-getriebene EAM-Projekte werden in der Regel von CIOs oder IT-Verantwortlichen initiiert. Sie sind in der Regel auch Sponsoren und häufig auch Initiatoren von EAM.

Beiden Gruppen wird bei der Kategorisierung der Stakeholder-Gruppen im Unterschied zu TOGAF ein größerer Stellenwert eingeräumt. In der Kategorie IT werden daher nicht nur Betriebsaspekte, sondern auch die Planungs- und Steuerungsaspekte adressiert. ■

Für alle Kategorien werden die wesentlichen Stakeholder-Gruppen benannt und deren Aufgaben sowie EAM-Anliegen erläutert. Einige Kategoriezuordnungen können unternehmensspezifisch auch variieren. So sind Unternehmensarchitekten der Stakeholder-Kategorie IT zugeordnet. Diese können aber auch gegebenenfalls den übergreifenden Unternehmensfunktionen zugeschlagen werden. Da dies jedoch in der Praxis selten der Fall ist, wurde hier die Zuordnung zur IT gewählt.

Übergreifende Unternehmensfunktionen (TOGAF: Corporate Functions)

Zur Kategorie übergreifende Unternehmensfunktionen zählen in der Regel folgende Stakeholder-Gruppen:

- **Unternehmensführung** *(CxOs, Geschäftsführer):* Strategische Unternehmensplanung, digitale Transformation und Festlegung der langfristigen Ziel- und Rahmenvorgaben sowie Planungs- und Kontrollsysteme sowie der Unternehmensorganisation

  Anliegen an EAM (nur mittelbar, d. h. in der Regel selbst kein Nutzer von EAM):
  - Unternehmensziele und Randbedingungen als Rahmenvorgaben setzen
  - Planung und Steuerung der digitalen Transformation auf Basis hinreichend aktueller und vollständiger Informationen maßgeschneidert aufbereitet in z. B. einem Cockpit (siehe hierzu Abschnitt 5.9.3)
  - Kompakte Informationen für die übergreifende Unternehmenssteuerung (Kontrolle und Steuerung) zur Sicherstellung des Geschäftsbetriebs und Umsetzung der Unternehmensziele erhalten (u. a. Kosten und Risiken)
  - Absicherung persönlicher Haftungsrisiken im Risikomanagement, u. a. die Aspekte Datenschutz, Compliance und Sicherheit, durch Transparenz und Vereinfachung von Dokumentationspflichten
  - Fachliche Domänenmodelle, wie z. B. Business Capability Maps, Prozesslandkarten oder Produktlandkarten als Basis für die Steuerung des Business, z. B. Cockpit auf der Basis von fachlicher Strukturierung im fachlichen Domänenmodell (siehe Abschnitt 2.4.1) und als Basis für Due Diligence sowie für Umstrukturierungen und Merger & Acquisitions

Chief Digital Officer (CDO)

Ein CDO verantwortet die Entwicklung der digitalen Strategie und neuer digitaler Geschäftsmodelle. Zudem treibt er die digitale Transformation auf allen Ebenen voran. Hierzu muss er alle ökonomischen, technischen und strategischen Aspekte der Digitalisierungsvorhaben im Zusammenhang überblicken, Abhängigkeiten, Konflikte und Synergien erkennen und managen. Der CDO ist in der Regel Teil der Unternehmensführung oder aber Stab der Unternehmensführung. Nur so hat er die notwendige Durchschlagskraft. In Abhängigkeit von Größe und Ausrichtung des Unternehmens sowie der Digitalisierungsaffinität der Unternehmensführung kann dies auch in Personalunion von z. B. dem CEO oder dem CIO erfolgen, wenn diese ausreichend Zeit für diese Aufgabe haben. Wichtig ist, dass Klarheit über den Verantwortungsbereich besteht und Schnittstellen zu anderen Bereichen geschaffen und alle Bereiche „mitgenommen" werden. ■

- **Chief Digital Officer (CDO):** Treiber der digitalen Transformation und verantwortlich für die digitale Strategie und neue digitale Geschäftsmodelle

  Anliegen an EAM:
  - Erstellung der digitalen Strategie unter Nutzung der Geschäftsarchitektur sowie des EAM-Planungs- und Steuerungsinstrumentariums
  - Fachliche Sprache und Strukturierung als Basis für die Business-Planung und -Steuerung bereitstellen
  - Unterstützung der Geschäftsmodellentwicklung durch die Geschäftsarchitektur, insbesondere Business Capability Management
  - Identifikation von fachlichen Handlungsfeldern und Ableitung von technischen Capabilities
  - Systematische Ziel-Bild-Entwicklung und Roadmapping – fachlich und technisch
  - Steuerung der digitalen Transformation u. a. mit Hilfe des EAM-Steuerungsinstrumentariums (siehe Abschnitt 5.9.3)
- **Business-Planer** *(u. a. für die Geschäftsmodellentwicklung oder fachliche Standardisierungsteams im Kontext der Geschäftsentwicklung):* (Weiter-)Entwicklung des Geschäftsmodells und der Geschäftsarchitektur

  Anliegen an EAM:
  - Fachliche Sprache und Strukturierung als Basis für die Business-Planung und -Steuerung bereitstellen
  - Unterstützung der Geschäftsmodellentwicklung durch die Geschäftsarchitektur, insbesondere Business Capability Management
  - Identifikation von fachlichen Handlungsfeldern und Ableitung von technischen Capabilities
  - Systematische Ziel-Bild-Entwicklung und Roadmapping – fachlich und technisch
  - Fachliche Standardisierungssichten, z. B. zur Aufdeckung von fachlichen Redundanzen sowie von regionalen oder divisionalen Unterschieden bei Geschäftsprozessen und deren IT-Unterstützung
  - Unterstützung bei Merger & Acquisitions und Umstrukturierungen z. B. durch das Aufzeigen und Analysierbarmachen von Abhängigkeiten und Auswirkungen
- **Verantwortliche für Datenschutz, Compliance oder Informationssicherheit:** Dokumentationspflichten und Ordnungsmäßigkeit der Prozesse und Systeme zur Umsetzung von Datenschutz-, Informationssicherheits- und Compliance-Anforderungen wie GDPR, KRITIS, ISO 27001, Sarbanes-Oxley Act (SOX), MaK, Basel II, KonTraG oder Solvency II sicherstellen

  Anliegen an EAM:
  - Ermittlung des Schutzbedarfs für Geschäftsobjekte, Prozesse, Produkte sowie für Informationssysteme oder technische Elemente
  - Analyse von Abhängigkeiten und Auswirkungen zur Aufdeckung von Risiken und Risikobehandlungsstrategien
  - Auswertung der EAM-Datenbasis im jeweiligen Verantwortungsbereich zur Vereinfachung der Dokumentations-/Nachweispflichten, z. B. Umsetzungsgrad von Ownerschaft von Geschäftsprozessen und Daten oder aber des Schutzbedarfs sowie Zuordnung erforderlicher Dokumente, wie z. B. Lösch- oder Archivierungskonzept

- **Projektportfoliomanager** *(Projektportfoliocontroller, Programmmanager):* Planung, Bewertung sowie übergreifende Überwachung und Steuerung aller Projekte eines Unternehmens oder eines Bereichs des Unternehmens. Sicherstellung, dass die richtigen Projekte zum richtigen Zeitpunkt im richtigen Umfeld mit den richtigen Ressourcen durchgeführt werden

  Anliegen an EAM:

  - Inhaltlicher Input für die Bewertung von Projekten und Projektanträgen, wie z. B. technischer Gesundheitszustand oder aber Bebauungsplanfit
  - Synergien, Redundanzen, fachliche und technische Abhängigkeiten und Auswirkungen transparent machen, z. B. über Portfoliografiken (siehe Abschnitt 2.4)
  - Fachliche und IT-Roadmap zur Umsetzung ableiten und transparent machen

- **Controller** *(Verantwortlicher Controlling):* Unterstützung der Entscheidungsprozesse des Managements durch die Bereitstellung von Steuerungsinstrumenten wie z. B. Cockpits oder Balanced Score Cards

  Anliegen an EAM:

  - Strukturen und Beziehungen von EAM bilden Denkmodell und fungieren als Steuerungsobjekte
  - Zielvorgaben sowie Status und Fortschritt von deren Umsetzung als Input für die strategische Steuerung erhalten

- **Leiter (Unternehmens-)Organisation:** Weiterentwicklung der Aufbau- und Ablauforganisation des Unternehmens

  Anliegen an EAM:

  - Analyse des organisatorischen Handlungsbedarfs wie z. B. fehlende Verantwortlichkeiten oder organisatorische Brüche
  - Unterstützung bei Merger & Acquisitions und Umstrukturierungen z. B. durch das Aufzeigen und Analysierbarmachen von Abhängigkeiten und Auswirkungen

Von untergeordneter Bedeutung für EAM sind übergreifende Funktionen wie Personal, Einkauf und Recht. Aber auch die Anliegen dieser Funktionen können im Einzelfall durch EAM unterstützt und damit im Unternehmenskontext für die EAM-Initiative relevant werden.

Fachbereich (TOGAF: End-User Organization)

Zur Kategorie Fachbereich zählen in der Regel folgende Stakeholder-Gruppen:

- **Business-Verantwortlicher** *(u. a. Leiter von Geschäftseinheiten oder aber Bereichs- und Abteilungsleiter im Business):* Wesentliche Aufgaben und EAM-Anliegen siehe Unternehmensführung eingeschränkt auf den jeweiligen Verantwortungsbereich

Business-Planer und Controller gibt es in der Regel sowohl übergreifend als auch in den Fachbereichen. In den Fachbereichen können insbesondere Prozess- und Daten-Owner sowie fachliche Experten (Domänenexperten), Sachbearbeiter und Produktmanager im Einzelfall als Interview- und Abstimmpartner relevant sein.

Wenn die IT dezentral organisiert ist, können Fachbereiche ihre eigene IT „besitzen“. Hier sind dann auch die fachbereichsspezifischen Stakeholder-Gruppen aus der Kategorie IT mit einzubeziehen.

Projektorganisation (TOGAF: Project Organization)

Zur Kategorie Projektorganisation zählen in der Regel folgende Stakeholder-Gruppen:

- **Projektleiter** *(Projektmanager):* Verantwortlich für die operative Planung und Steuerung eines Projekts

  Anliegen an EAM:

  - Reduzierte Projektvorbereitung und fundierter Input für die Projektabwicklung
  - Input für die operative Planung und Steuerung des Projekts

Neben Projektleitern ziehen gegebenenfalls auch andere Stakeholder-Gruppen einer Projektorganisation Nutzen aus EAM-Ergebnissen. Beispiele hierfür sind Business-Analysten, Softwarearchitekten oder Entscheider aus Steuerungskreisen.

Lösungsarchitekten (Solution Architects) stellen häufig in Projekten über Mitarbeit oder Review die bestimmungsgemäße Umsetzung der Bebauungsplanung sicher (siehe Abschnitt 5.4). Lösungsarchitekten sind in der Regel „Unternehmensarchitekten" (siehe nächster Abschnitt) oder Softwarearchitekten (siehe [Sta09]).

IT (TOGAF: System Operations, hier ausgeweitet auf die ganze IT)

Zur Kategorie IT zählen in der Regel folgende Stakeholder-Gruppen:

- **CIO/IT-Verantwortlicher:** Strategische Planung und Steuerung der IT gesamthaft oder für einen Ausschnitt

  Anliegen an EAM:

  - IT-Ziele, Strategien und Prinzipien sowie Randbedingungen als Rahmenvorgaben setzen
  - Business-Alignment der IT sowie strategische Planung und Steuerung der IT durch Transparenzsichten (siehe Abschnitt 2.4) und kompakte Informationen für die übergreifende IT-Steuerung (u. a. durch CIO-Cockpit, siehe Abschnitt 5.9) zur Sicherstellung des Geschäftsbetriebs und Umsetzung der Unternehmens- und IT-Ziele
  - Absicherung persönlicher Haftungsrisiken im Risikomanagement, u. a. die Aspekte Compliance und Sicherheit, durch Vereinfachung von Dokumentationspflichten
- **IT-Stratege** *(Leiter IT-Strategie, Stabstelle IT-Strategie):* Ableitung von strategischen IT-Vorgaben aus der Unternehmensstrategie

  Anliegen an EAM: Nutzung des strategischen Planungs- und Steuerungsinstrumentariums von EAM oder der entsprechenden Zulieferungen aus EAM (siehe Abschnitt 5.9)
- **Unternehmensarchitekt** *(Überbegriff über IS-Bebauungsplaner, IT-Architekten, Geschäftsarchitekten und Infrastrukturarchitekten):* Kümmerer und Gestalter von EAM (siehe Abschnitt 5.9) mit den Teilrollen:
  - **Geschäftsarchitekt** *(Business-Architekt oder fachlicher Unternehmensarchitekt):* Inhaltlich verantwortlich für die Geschäftsarchitektur
  - **IS-Bebauungsplaner** *(Applikationsarchitekt oder Unternehmensarchitekt):* Inhaltlich verantwortlich für die IS-Bebauung und deren Zusammenspiel mit den anderen Bebauungen
  - **IT-Architekt** *(technischer Architekt oder Unternehmensarchitekt):* Inhaltlich verantwortlich für die technischen Standards und Prinzipien und deren Nutzung in der Informationssystemlandschaft und in der Betriebsinfrastruktur

  - **Infrastrukturarchitekt:** Inhaltlich verantwortlich für die Betriebsinfrastrukturbebauung und die Sicherstellung von SLAs auf Betriebsinfrastrukturebene

  Anliegen an EAM:

  - Dokumentation und Qualitätssicherung von Teilen oder der gesamten Unternehmensarchitektur (entsprechend der Ausgestaltung der Rolle; siehe Abschnitt 5.9)
  - Analyse bezüglich spezifischer Fragestellungen wie z. B. zur Erkennung von Redundanzen, Geschäftsunterstützung oder Nutzung und bezüglich Abhängigkeiten und Auswirkungen von Änderungen
  - Gestaltung (Soll und Roadmap zur Umsetzung) von Teilen oder der gesamten Unternehmensarchitektur (entsprechend der Ausgestaltung der Rolle)
  - Steuerung der Weiterentwicklung der IT-Landschaft durch Bereitstellung von Input für die Planungs-, Entscheidungs- und IT-Prozesse sowie Überwachung der Einhaltung oder Nutzung durch insbesondere Reviews (Quality Gates) von Projekten

- **IS-Verantwortlicher** *(Applikationsverantwortlicher):* Ansprechpartner für alle Fragen im Kontext der Weiterentwicklung oder des Betriebs eines Informationssystems

  Anliegen an EAM:

  - Vereinfachung von Dokumentationspflichten
  - Input über den IS-Kontext für die Weiterentwicklung des Informationssystems gewinnen (insbesondere über die Schnittstellen des Systems)

Controller gibt es in der Regel sowohl übergreifend als auch in der IT. Sie sind wichtige Sponsoren von EAM, da über Kennzahlen der Erfolg von EAM aufgezeigt werden kann. Wenn Betriebsthemen oder PC-Infrastrukturen einen EAM-Schwerpunkt bilden, müssen auch die Verantwortlichen für den IT-Betrieb oder PC-Infrastrukturen einbezogen werden. Im Kontext vom IT-Innovationsmanagement sind zudem IT-Innovationsmanager von großer Bedeutung.

Externe Einheiten (TOGAF: Externals)

Zur Kategorie externe Einheiten zählen in der Regel Partner und Lieferanten, wie z. B. Outsourcing-Dienstleister.

Anliegen an EAM:

- Technische Standards und Vorgaben für die Ziel-Bebauung als Input und Rahmenbedingung für Leistungen (strategische Vorgaben)
- Analyse von Abhängigkeiten und Auswirkungen von Veränderungen als Input für die Erfüllung von SLAs und OLAs sowie von Datenschutz-, Informationssicherheits- und Compliance-Anforderungen
- Steuerungscockpit zum Ist-Soll-Abgleich sowohl inhaltlich als auch z. B. bzgl. der Kostenentwicklung

In Bild 5.3 finden Sie die für EAM wesentlichen Stakeholder-Gruppen und deren typischen Ziele beispielhaft zusammengefasst dargestellt. Die Ziele variieren unternehmensspezifisch.

Stakeholder-Gruppen	**IT/Geschäft im Griff**	Zuverlässiger Geschäftsbetrieb	Kostenreduktion im Basisbetrieb	Beherrschung und / oder Reduktion der IT-Komplexität	**Optimierung des Tagesgeschäfts und des Business-IT-Alignments**	**Ausrichtung des Unternehmens und der IT**	Strategische Planung	Taktische Planung	Operationalisierung der Planung	**Weiterentwicklung des Geschäfts**	Business-Agilitäts-Enabling	Business-Innovation und -Transformation
Unternehmensarchitekt (alle Ausprägungen)	✓				✓	✓				✓		
Geschäftspartner und Lieferant	✓				✓							
IT-Controller	✓		✓			✓			✓			
IS-Verantwortlicher	✓			✓	✓	✓			✓			
Demand Manager (Business-Analyst)	✓				✓	✓				✓		
IT-Innovationsmanager										✓		✓
Leiter IT-Betrieb und Infrastrukturverantwortlicher	✓					✓			✓			
Leiter Anwendungsentwicklung	✓				✓	✓				✓		
IT-Stratege	✓				✓	✓				✓		
CIO / IT-Verantwortlicher	✓				✓	✓				✓		
Projektleiter	✓			✓	✓	✓			✓			
IT-Koordinator (Business-Analyst)	✓				✓	✓				✓		
Business-Verantwortlicher	✓	✓	✓		✓	✓			✓	✓		✓
Innovationsmanager und Leiter F&E										✓		✓
Prozessmanager					✓	✓				✓		✓
Leiter Unternehmensorganisation	✓				✓	✓				✓		
Controller	✓				✓	✓			✓			
Produktmanager	✓		✓		✓	✓				✓		✓
CDO & Business-Planer	✓				✓	✓				✓		✓
Projektportfolio- und Programmmanager					✓	✓			✓			
Verantwortliche für Compliance oder Sicherheit (auch IT)	✓	✓										
Unternehmensführung (oder Stab CEO als Ausführender)	✓				✓	✓				✓		

Ziele

Bild 5.3 Stakeholder-Gruppen und deren typischen Ziele

Wichtig sind insbesondere Stakeholder-Gruppen mit Einfluss und Interesse an EAM. Durch die folgenden Fragen (siehe auch [Tog09]) können Sie aus dieser Liste Ihre Stakeholder-Gruppen mit Einfluss oder Interesse an EAM ermitteln:

- **Einfluss auf EAM:**
  - Wer hat Einfluss auf die für Sie relevanten Handlungsfelder?
  - Wer entscheidet was? Wer ist in der Planung oder Entscheidung über Investitionen involviert?
  - Wessen Commitment ist notwendig, um bei der EAM-Initiative weiterzukommen? Wer kann die Initiative stoppen oder erschweren?
  - Wer kontrolliert die für EAM erforderlichen Ressourcen (z. B. Business-Analysten oder Unternehmensarchitekten und vor allen Dingen die Datenlieferanten)?
  - Wer bezahlt die EAM-Initiative und die späteren Querschnittsaufwände?
  - Mögliche Sponsoren? Wessen Ziele werden durch Ihr EAM unterstützt? Wer kann Ihrer EAM-Initiative Rückendeckung geben?
- **Interesse an EAM (mögliche Nutznießer von EAM):**
  - Welche Stakeholder-Gruppen ziehen häufig Nutzen aus einem oder insbesondere aus dem von Ihnen geplanten EAM-Instrumentarium?
  - Wer wäre der Abnehmer für fundierte Informationen für Entscheidungen und Planungen oder die Steuerung?
  - Wer ist von welchen Veränderungen wie betroffen?
  - Wer konzipiert neue Systeme oder Prozesse? Wer kontrolliert Migrationen?
  - Wer kauft neue Systeme ein?
  - Wer sind die Spezialisten/Know-how-Träger in Projekten?

Durch die Beantwortung dieser Fragen wird die Liste der möglicherweise relevanten Stakeholder-Gruppen erweitert. Für alle Stakeholder-Gruppen muss eine Einschätzung bzgl. des Einfluss und des Interesses an EAM getroffen werden.

In Bild 5.4 finden Sie ein Beispiel für ein Ergebnis einer solchen Analyse (siehe [Tog09]). Die in den vorhergehenden Abschnitten aufgeführten Stakeholder-Gruppen sind entsprechend ihres Einflusses und Interesses an EAM in vier Quadranten einsortiert.

Stakeholder-Gruppen, die Sie bei „Commitment sicherstellen“ eingruppieren, haben Einfluss. Ihr Interesse an EAM ist aber (noch) nicht groß. Sie können sich unter EAM noch nicht so viel vorstellen oder aber haben wirklich kein Interesse, z. B. da sie nicht möchten, dass Informationen transparent werden. Diese Stakeholder-Gruppen sind mögliche Sponsoren. Sie können aber auch Stolpersteine in den Weg legen, d. h. das EAM-Projekt stoppen oder aufhalten. Wichtig sind insbesondere die Bewilligung von Budgets für die EAM-Initiative und die Unterstützung im Hinblick auf Datenlieferanten. Führungskräfte in Business und IT müssen mit der EAM-Initiative einverstanden sein und den Freiraum schaffen, damit ihre Mitarbeiter als Interviewpartner oder Datenlieferanten eingebunden werden können. Daher müssen Sie diese Stakeholder-Gruppen zumindest beim Ausbau von EAM „einfangen“, zu einem Commitment bewegen und „bei Laune halten“. Eine Möglichkeit dazu ist, die zu Ihren Anliegen passenden wichtigsten Stakeholder für den Projektsteuerkreis (siehe Abschnitt 5.9) für das EAM-Projekt zu gewinnen und vor jedem Steuerkreis-Meeting einzeln einzufangen.

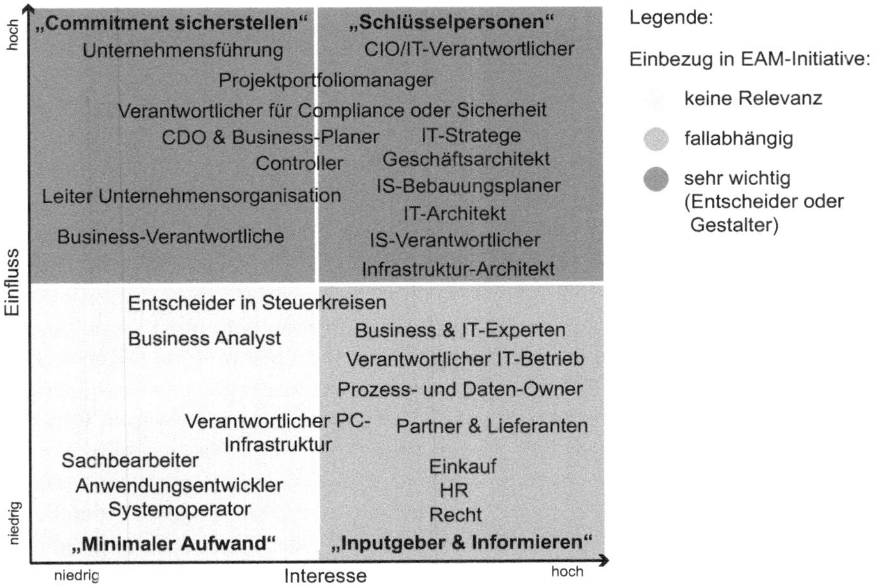

Bild 5.4 Beispielergebnis einer Stakeholder-Analyse (siehe [Tog09])

Vertreter der bei „Schlüsselpersonen“ eingruppierten Stakeholder-Gruppen sollten in die inhaltliche Gestaltung von EAM im Kern- oder erweiterten EAM-Projektteam einbezogen werden.

Dahingegen sollten die Stakeholder-Gruppen in „Inputgeber & Informieren“ gegebenenfalls durch Interviews und regelmäßige Informationen über den Status und Ergebnisse des EAM-Projekts auf dem Laufenden gehalten werden. Bei den Stakeholder-Gruppen, die nicht eindeutig einer Kategorie zugeschlagen werden können, müssen Sie abwägen. Stakeholder-Gruppen im Quadrant „Minimaler Aufwand“ müssen häufig gar nicht eingebunden werden. Eine allgemeine Veröffentlichung von EAM-Ergebnissen z. B. im Intranet reicht hier in der Regel völlig aus.

Darüber hinaus müssen Sie noch die Stakeholder-Gruppen ermitteln, die von EAM betroffen sind. Dies sind insbesondere die Datenlieferanten (siehe Abschnitt 5.9). Auch hierfür müssen Sie deren Einfluss und Interesse an EAM analysieren. Welche Datenlieferanten erforderlich sind, hängt im großen Maße von Ihren Zielstellungen und Fragestellungen ab. Hilfestellungen hierfür finden Sie im Download-Anhang.

Wichtig

Führen Sie die Einschätzung der Stakeholder-Gruppen nach Einfluss und Interesse an EAM aus Ihrer Sicht durch. Legen Sie entsprechend Ihrer Ausgangslage (insbesondere EAM-Reifegrad) und Zielsetzungen Ihres EAM-Auftraggebers fest, welche Stakeholder-Gruppen potenziell in der ersten Ausbaustufe und in weiteren Ausbaustufen mit einbezogen werden sollten. Hier sind neben den Stakeholder-Gruppen mit Einfluss und Interesse an EAM auch die Datenlieferanten mit zu betrachten. Welche Datenlieferanten erforderlich sind, hängt im großen Maße von Ihren Zielstellungen und Fragestellungen ab. Hilfestellungen hierfür finden Sie in Abschnitt 5.7. ■

5.1.2 Einschränkung der Stakeholder-Gruppen entsprechend Soll-Vision und Ausgangslage

In Abhängigkeit von Ihrer Soll-Vision und Ausgangslage müssen Sie die Liste der Stakeholder-Gruppen-Kandidaten um die reduzieren, die (noch) nicht in der anstehenden Ausbaustufe betrachtet werden können. Ihre Soll-Vision (siehe Abschnitt 3.4) bestimmt im Wesentlichen, wie Sie EAM im Unternehmen positionieren und welche Aspekte für Sie überhaupt relevant sind. Wenn EAM für Sie z. B. lediglich ein Transparenzinstrument ist und Sie dieses auch absehbar nicht zur strategischen IT-Planung nutzen möchten, müssen Sie die entsprechenden Stakeholder-Gruppen auch nicht einbeziehen.

Die Ausgangslage wird im Wesentlichen durch Ihren Reifegrad bestimmt. Hilfestellungen für die Einschätzung Ihres Reifegrads erhalten Sie in Abschnitt 5.8. In Bild 5.5 finden Sie eine Tabelle mit einer Empfehlung für die Einbindung der Stakeholder-Gruppen in Abhängigkeit Ihres Reifegrads, wenn ein vollumfängliches EAM-Instrumentarium entwickelt werden soll. Als optional sind die Stakeholder-Gruppen gekennzeichnet, die in Abhängigkeit von der Ausprägung Ihrer Soll-Vision gegebenenfalls einbezogen werden können. Wenn vorher bekannt ist, dass es Schwerpunkte z. B. auf EAM oder Demand Management gibt, dann ändert sich der Fokus. Dann ist insbesondere der Reifegrad der Schwerpunktdisziplin zu betrachten (siehe [Han14]).

		Stakeholder-Gruppen												Unternehmensarchitekt			
		Unternehmensführung	Verantwortliche für Compliance oder Sicherheit	Projektportfoliomanager	CDO & Business-Planer	Controller	Leiter Organisation	Business-Verantwortlicher	Projektleiter	CIO / IT-Verantwortlicher	IT-Stratege	IS-Verantwortlicher	Partner und Lieferant	Geschäftsarchitekt	IS-Bebauungsplaner	IT-Architekt	Infrastrukturarchitekt
Reifegrad	Initial									✓	✓			❍	✓	❍	
	Im Aufbau	❍	❍		❍				❍	✓	✓	❍		✓	✓	✓	❍
	Transparenz	❍	❍		❍	❍	❍	❍	❍	✓	✓	✓		✓	✓	✓	✓
	Planung	❍	✓	❍	✓	❍	❍	❍	✓	✓	✓	✓	❍	✓	✓	✓	✓
	Steuerung	✓	✓	✓	✓	✓	✓	❍	✓	✓	✓	✓	❍	✓	✓	✓	✓

Legende
✓ einbinden
❍ Einbindung optional

Bild 5.5 Einbindung von Stakeholder-Gruppen in Abhängigkeit vom Reifegrad

Empfehlung

Legen Sie entsprechend Ihrer Ausgangslage (insbesondere Reifegrad Ihrer Disziplinen) und Soll-Vision bzw. Zielsetzungen Ihrer EAM-Auftraggeber fest, welche Stakeholder-Gruppen potenziell in den nächsten Ausbaustufen mit einbezogen werden sollten.

Nutzen Sie die Tabelle in Bild 5.5 als Hilfestellung für die Auswahl der für Sie relevanten Stakeholder-Gruppen. Bei einem niedrigen Reifegrad sollten Sie den Kreis der Beteiligten eher klein halten. Jeder Beteiligte muss erst überzeugt und „eingefangen" werden. ■

5.1.3 Festlegung der zu involvierenden Stakeholder

Nun haben Sie die Stakeholder-Gruppen ermittelt, die Sie potenziell in der nächsten Ausbaustufe von EAM einbeziehen sollten. Auf dieser Basis können Sie die konkret zu involvierenden Personen festlegen.

Eine EAM-Initiative ist ein Projekt mit einem Projektteam und einem Entscheiderkreis. Beim Projektteam unterscheiden wir zwischen dem Kernteam und dem erweiterten Team. Das Kernteam ist typischerweise mit (zukünftigen) Kümmerern, wie z. B. Unternehmensarchitekten oder Business-Analysten, besetzt. Das erweiterte Team besteht aus allen Personen, die Input oder Feedback geben sollen. In Abhängigkeit von der Ausgangslage, der Ziele und Fragestellungen sind diese Teams und der Entscheiderkreis mit geeigneten Personen zu besetzen (siehe Abschnitt 5.8).

Bei der Auswahl der Personen aus den ermittelten relevanten Stakeholder-Gruppen sollten Sie deren aktuelles EAM-Verständnis bzw. -Erfahrung und deren Commitment zu EAM berücksichtigen. Nur bei hinreichender Erfahrung und Commitment zur EAM-Initiative macht der Einbezug Sinn. Bei Stakeholdern aus Gruppen, die Sie bei „Commitment sicherstellen" eingruppieren, sollten Sie analysieren, ob diese als mögliche Sponsoren oder als Mitglieder im EAM-Entscheiderkreis herangezogen werden könnten.

Wichtig

Bei einem niedrigen EAM-Reifegrad sollten Sie sich auf wenige Stakeholder im Kern- und erweiterten Team beschränken, die sehr aufgeschlossen für EAM sind.

Im tendenziell eher „feindlichen" Umfeld sollten Sie die aufgeschlossenen Führungskräfte der bei Phase 2 der Stakeholder-Analyse ermittelten Stakeholder-Gruppen in den EAM-Entscheiderkreis einbeziehen. ■

Für die Entscheidung, welche Stakeholder mit einbezogen werden sollten, ist es wichtig, die Gründe der einzelnen Stakeholder für ihre Haltung zu EAM zu verstehen. Meist spielen irrationale Ängste und Hoffnungen eine große Rolle. Beispiele hierfür sind Angst vor Veränderungen oder Befürchtungen, das Gesicht zu verlieren.

Zusammenfassung Leitfaden Stakeholder-Analyse

1. Ermittlung der potenziell relevanten Stakeholder-Gruppen
   a) Ermittlung der Stakeholder-Gruppen (Nutznießer und Datenlieferanten), die in Ihrem Unternehmen potenziell im EAM-Projekt einzubeziehen oder aber zu informieren sind
   b) Analyse der Stakeholder-Gruppen im Hinblick auf Einfluss und Interesse an EAM
2. Festlegung der Stakeholder-Gruppen, die in der nächsten Ausbaustufe einzubeziehen sind durch Einschränkung der Stakeholder-Gruppen in Abhängigkeit von der Soll-Vision und der Ausgangslage (Reifegrad)
3. Festlegung der konkreten Personen, die einzubeziehen sind

Alle Stakeholder, die Sie in eine EAM-Initiative als Gestalter oder Entscheider einbeziehen wollen, müssen vor dem Start der Initiative vom Nutzen überzeugt werden. Hierzu müssen Sie deren Anliegen an EAM verstehen und aufzeigen können, wie das EAM-Instrumentarium sie unterstützen kann. Dabei können Sie die Nutzenargumentation aus Abschnitt 3.3 nutzen. Die Stakeholder-Analyse ist Teil der Schritt-für-Schritt-Anleitung für die initiale Einführung und den schrittweisen Ausbau von EAM in Abschnitt 5.7. Hier finden Sie weitere Hilfestellungen. Nutzen Sie insbesondere auch die Liste der Fragestellungen im Download-Anhang. Hier finden Sie eine Sammlung von typischen Beispielen für Anliegen der verschiedenen Stakeholder-Gruppen.

5.2 Agil Kundenwert identifizieren

Für den Kundenwert ist der **persönliche Nutzen** der Stakeholder bei der Erreichung von deren individuellen Zielen und bei der Bewältigung ihrer täglichen Arbeit entscheidend. Nur, wie finden Sie den Mehrwert für die Stakeholder? Und wie verändert sich dieser aufgrund von Feedback des Stakeholders oder über die Zeit?

Um diese Frage zu beantworten, müssen wir die Perspektive der Nutzer einnehmen. Schauen wir uns einige Nutzergruppen näher an. In Bild 5.6 finden Sie skizzenhaft einerseits in der Mitte das Struktur-Backbone EAM und außen verschiedene Aufgabenbereiche und deren Sichten. EAM stellt Metadaten und konkrete Bebauungsdaten bereit, die von anderen genutzt werden können. Beispiele sind

- die Erstellung des Qualitätsmanagement-Handbuchs auf der Basis der Geschäftsprozess-Informationen sowie zugeordneter Applikationsdaten,
- Single-Point-of-Truth Liste der Applikationen als Basis für die Zuordnung im Prozessmanagement zu den Geschäftsprozessen,
- Zuordnung von Applikationen zu Projekten zum Anzeigen von Abhängigkeiten zwischen den Projekten,

- Detaillierung der EAM-Daten durch feingranulare Configuration Items (CI) und übergreifende Analysemöglichkeit sowie
- Nutzung der fachlichen Ordnungsstrukturen wie Prozesslandkarten oder Business Capabilities für das Verorten von Geschäftsanforderungen und zum agilen Planen (siehe Abschnitt 5.2.2).

In Bild 5.6 sind lediglich einige Sichten, die des Prozessmanagers, des Projektportfolio-Controllers, des Business-Analysten und die des Servicemanagers, dargestellt. Im Folgenden schauen wir uns die wichtigen Sichten etwas näher an, bevor wir auf das Thema Agilität im Kontext von EAM eingehen.

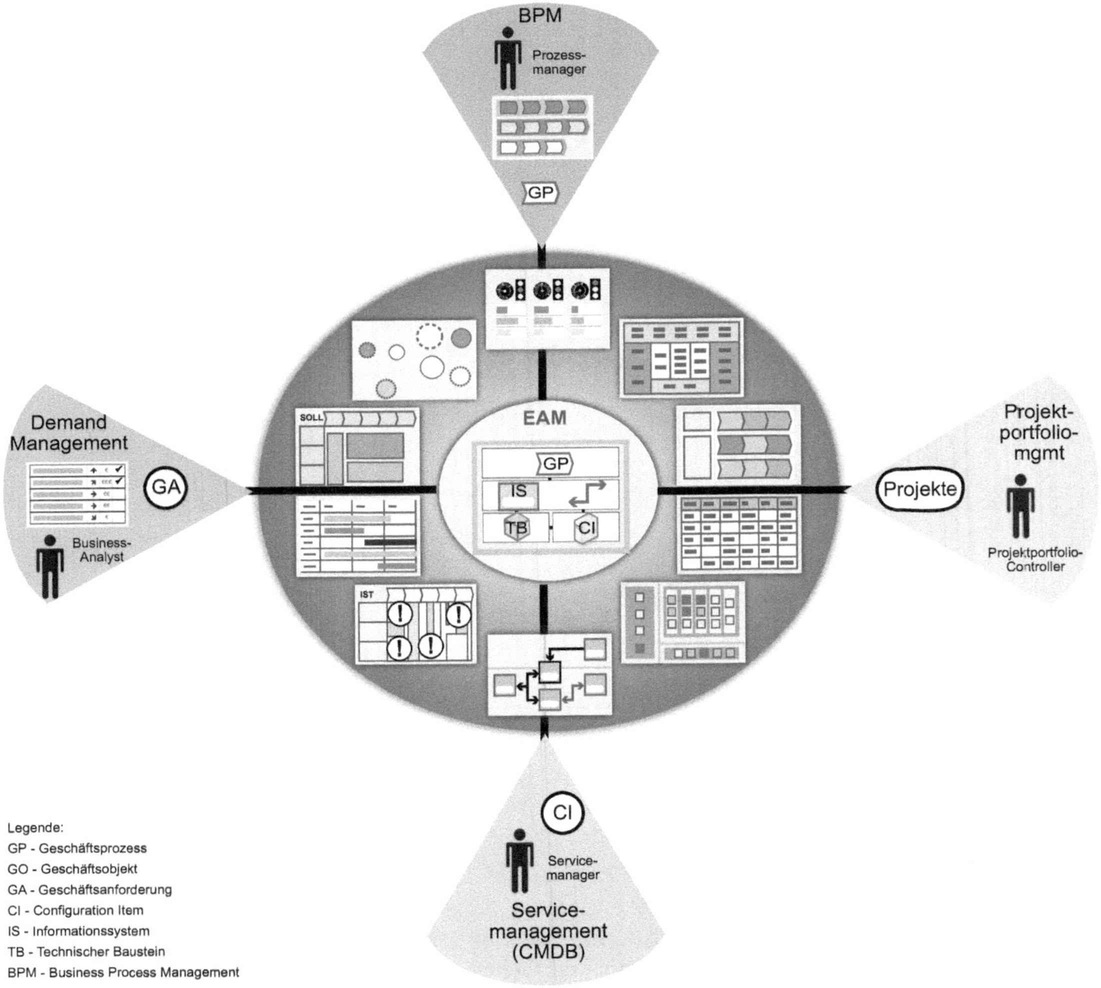

Bild 5.6 Nutzungssichten

5.2.1 Typische Sichten im Enterprise Architecture Management

In Bild 5.7 finden Sie typische Sichten im Enterprise Architecture Management. Alle Stakeholder-Gruppen die Nutznießer, Unternehmensarchitekt oder Datenlieferant sind, benötigen eine auf ihre Bedürfnisse maßgeschneiderte Sicht. Beispiele für Nutznießer finden Sie auch in Bild 5.2. Dies sind IS-Verantwortlicher, IT-Architekt, Infrastrukturarchitekt, IT-Stratege, Unternehmensarchitekt, CDO, CIO, Business- und IT-Verantwortliche, Unternehmens- oder Bereichsführung, Business-Planer, Leiter Organisation, Projektportfolio-Controller, Projektleiter, Datenschutz-, Compliance-, Informationssicherheitsverantwortlicher.

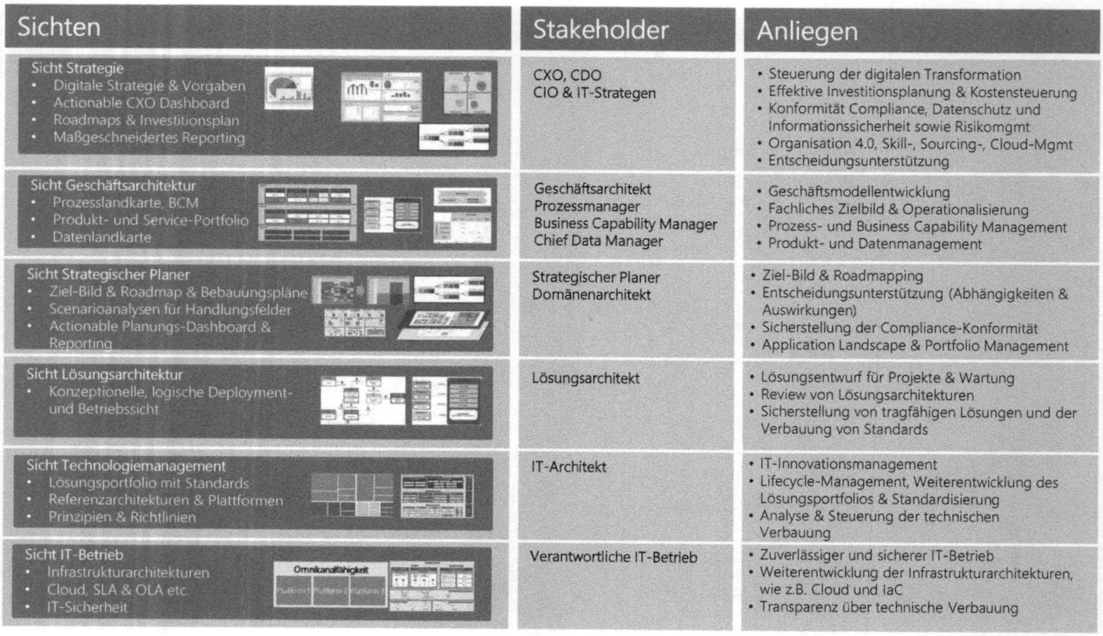

Bild 5.7 Beispiel Sichten im Enterprise Architecture Management

Nun schauen wir uns verschiedene Aufgabenbereiche und Sichten näher an:

- **CDO und Business-Planer:** EAM liefert ein fachliches Planungs- und Steuerungsinstrumentarium, um die digitale Transformation wirksam zu planen und zu steuern. Dies ist sowohl essenziell für die Geschäftsmodell(weiter-)entwicklung als auch für deren Operationalisierung. Siehe hierzu Abschnitt 5.4.
- **CIO und strategische IT-Planer:** EAM ist hier das Vehikel, um Transparenz über die IT-Landschaft zu schaffen und diese businessorientiert weiterzuentwickeln. Die Aufdeckung von Handlungs- und Optimierungspotenzial, die technische Standardisierung und die strategische Planung und Steuerung der Weiterentwicklung der IT-Landschaft sind die Hauptanliegen.
- **BPM (Business Process Management):** BPM ist häufig in einer Stabsabteilung im Organisationsbereich angesiedelt. Die Prozessmanager dokumentieren die Geschäftsprozesse, optimieren diese und entwickeln diese gegebenenfalls strategisch weiter. Für die Aufgaben benutzen Sie typischerweise ein BPM-Werkzeug.

Für die Prozessmanager sind sicherlich gewisse Informationen aus EAM hilfreich, wie z. B. die Antwort auf die Fragen „Welche Anwendungen unterstützen welche Geschäftsprozesse?“ oder „Welche Anwendungen gibt es?“. Diese Ergebnisse möchten sie möglichst einfach und idealerweise in ihrer Werkzeugumgebung erhalten.

EAM wird in der Praxis von Prozessmanagern häufig jedoch argwöhnisch betrachtet, da dort die Geschäftsprozessinformationen vielleicht auch aber in einer anderen Granularität und ggf. unterschiedlich oder nicht konsistent gegenüber dem BPM-Werkzeug abgelegt sind. So ist z. B. die Verknüpfung zwischen den Aktivitäten des Geschäftsprozesses und den Anwendungen im BPM-Werkzeug abgebildet, wobei die Anwendungsnamen ggf. von den in EAM variieren. In EAM existiert ggf. auch eine Zuordnung zwischen den Geschäftsprozessen und den Anwendungen auf einer gröberen Granularität, wobei auch die Geschäftsprozesse nicht immer deckungsgleich mit denen im BPM-Werkzeug sind. Zudem stellt sich die Frage der Verantwortlichkeiten, gerade für die Beziehungen zwischen Elementen, wie z. B. zwischen Aktivitäten und Anwendungen.

Nicht selten findet man in Organisationen noch mehr als zwei Versionen der Geschäftsprozesse z. B. in Compliance- oder aber auch in IT-Servicemanagement-Dokumentationen. Dies verschärft die Situation noch weiter.

- **Demand Management:** Die Business-Analysten auf Fachbereichs- oder IT-Seiten oder im Projekt stehen vor der Herausforderung, das „Anforderungschaos“ zu beherrschen und zudem sicherzustellen, dass mit angemessenem Aufwand die richtigen Dinge getan werden.

  Für die Business-Analysten sind auch gewisse Analyseergebnisse aus EAM für Kontext- und Auswirkungsanalysen und in einer hohen Ausbaustufe auch für die fachliche Planung hilfreich. Für die Business-Analyse-Aufgaben z. B. im Rahmen von Projekten wird aber häufig eine detailliertere Analyse erforderlich. Ein nahtloser Übergang ins Detail im Business-Analyse-Instrumentarium ist für die Business-Analysten notwendig. Die separaten sehr grobgranularen Informationen aus EAM bilden höchstens einen Einstiegspunkt.

  EAM-Strukturdaten, wie die Liste der Geschäftsprozesse oder Anwendungen, und ein fachliches Domänenmodell sind hingegen für die Business-Analysten durchaus interessant. Hierdurch können die inhaltliche Bewertung und Priorisierung unterstützt werden. Diese Informationen müssen hierfür aber in der Werkzeugumgebung des Business-Analysten einfach zugänglich sein.

Alle möglichen EAM-Nutzer haben entsprechend ihrer Aufgabengebiete unterschiedliche Anliegen. Außer für Unternehmensarchitekten und strategische IT-Planer ist EAM in der Regel jedoch nicht das primäre Werkzeug. Das Interesse an „reinrassigen“, über ein EAM-Werkzeug bereitgestellten, Ergebnissen ist dann häufig nicht so groß. Bedeutender sind eine möglichst optimale aufgabenorientierte Sicht und Werkzeugunterstützung für die verschiedenen Stakeholder-Gruppen. Der Struktur-Backbone, d. h. insbesondere die Verknüpfung der unterschiedlichen fachlichen und technischen Informationen, hat für die Nutzer dann einen hohen Wert, wenn für sie kaum Aufwand für die Bereitstellung anfällt und die Daten hinreichend qualitativ hochwertig und aktuell sind. Hierfür muss EAM sehr integrativ sein; alle Daten müssen möglichst automatisch bei Veränderungen in die jeweilige Werkzeugumgebung „transportiert“ werden, ohne dass umfangreiche Pflege- oder Qualitätssicherungsaktionen anfallen. Die verbleibenden Aufwände für Korrekturen von z. B. Lücken oder Inkonsistenzen in Zuordnungen sollten durch Routinepflegeprozesse bewältigt und weitestgehend vom eigentlichen Nutzer ferngehalten werden. Diese administrativen Prozesse müssen aber klar bezüglich Verantwortlichkeiten, Aktualitätsanforderungen und den erforderlichen fachlichen Freigaben festgelegt sein.

Erfolgskritisch ist also eine möglichst optimale Unterstützung der verschiedenen Stakeholder bei der Bewältigung ihrer Aufgaben bzw. Erreichung deren Ziele durch individuelle Sichten, die integriert den EAM-Struktur-Backbone sowie Analyse- oder Planungs-Features von EAM nutzen. Die verschiedenen Sichten und EAM sollten mit klaren Daten- und Prozessverantwortlichkeiten möglichst lose entsprechend der „Taktrate" der Prozesse in den Aufgabenbereichen gekoppelt sein. So werden z. B. neue Prozessmodelle erst nach einem entsprechenden Freigabeprozess veröffentlicht oder die IT-Strategieentwicklung erfolgt nur einmal im Jahr. Zuordnungen zwischen den Sichten, wie z. B. zwischen Prozessen und Anwendungen, müssen entsprechend der Aktualisierungserfordernisse der nutzenden Aufgabenbereiche durch Automatismen oder leichtgewichtige administrative Prozesse bereitgestellt werden.

Um den persönlichen Mehrwert zu verstehen, müssen Sie die Fragestellungen der Stakeholder aufnehmen. Für jede Fragestellung gilt es festzulegen, welche Ergebnisdarstellung die Beantwortung der Fragestellung am besten unterstützt. Für eine detaillierte Betrachtung im Kontext des operativen IT-Managements werden häufig Informationsflussgrafiken verwendet. Sie sind besonders geeignet für die Analyse der Schnittstellen- und Datenabhängigkeiten.

Für die Darstellung der Analyseergebnisse im Kontext des Business-Alignment der IT wird häufig eine Bebauungsplangrafik (siehe Abschnitt 2.4.3) verwendet. In Abhängigkeit von der Fragestellung werden sowohl die Achsen und Füllelemente sowie die charakterisierenden Merkmale als auch die Art der Beziehung zwischen den Füllelementen und den Elementtypen der Achsen klar festgelegt. So wird bei der Fragestellung „Welche Informationssysteme unterstützen die Geschäftsprozesse im Vertrieb und Marketing in welchen Geschäftseinheiten?" eine Bebauungsplangrafik gewählt, die die Geschäftsprozesse aus dem Vertrieb und Marketing in der x-Achse, Geschäftseinheiten auf der y-Achse und Informationssysteme als Füllelemente nutzt. Hierbei sind die Informationssysteme Geschäftsprozessen eingeschränkt auf Geschäftseinheiten fachlich zugeordnet.

Für Entscheidungsvorlagen werden häufig zielgruppengerecht besondere Aspekte hervorgehoben. Dies kann durch farbliche Markierung oder aber über den Linien- und Kantentyp erfolgen.

Wichtig

Identifizieren Sie die für Sie und Ihre Stakeholder relevanten Ziele (siehe Abschnitt 3.1) und Fragestellungen. Beantworten Sie die Fragestellungen durch adäquate Ergebnisdarstellungen (siehe Abschnitt 2.4).

Beschränken Sie sich dabei auf wenige und aussagekräftige Hervorhebungen. Nur so kommen die wesentlichen Aspekte zur Geltung.

Nutzen Sie hierzu die Auflistung repräsentativer Fragestellungen und die Visualisierungsempfehlungen zur Beantwortung der jeweiligen Fragestellungen in Download-Anhang D. Diese Fragestellungen und Visualisierungsempfehlungen wurden aus einer Vielzahl von EAM-Projekten konsolidiert. Weitere Hilfestellungen finden Sie bei den EAM-Einsatzszenarien in Kapitel 4.

Auf dieser Basis können Sie dann die Nutzenargumente aufnehmen und eine Kosten-Nutzen-Abwägung durchführen (siehe Abschnitt 3.3.2). So resultiert der Mehrwert für die Stakeholder.

Wichtig

Nutzen entsteht durch Nutzung. Analysieren Sie, wer wann entlang welchen Prozesses welche Ergebnisse wirklich nutzt. Jedes Fragezeichen heißt letztendlich, dass die Nutzung unklar ist.

5.2.2 Agiles EAM

Wie bereits beschrieben, muss EAM, um persönlichen Nutzen für Stakeholder zu stiften, diese bei der Erreichung deren individuellen Ziele und bei der Bewältigung deren tägiglichen Arbeit wirklich aus deren Sicht unterstützen. Nur: „Wie gut kennen Sie Ihre Stakeholder?" und „Wie verändern sich die Anforderungen der Stakeholder über die Zeit oder aufgrund von Feedback des Stakeholders?".

Die erste Frage haben wir schon in Abschnitt 5.1.1 adressiert. Durch die Schaffung von Transparenz, intensive und passende Kommunikation mit verständlichen Mitteln in der Darstellung und die explizite Einholung von Feedback lernen Sie die Bedürfnisse der Stakeholder immer besser kennen und können für diese maßgeschneiderte Sichten bereitstellen. Dies ist auch entscheidend für die Beantwortung der zweiten Frage. Dies stellt hohe Anforderungen an insbesondere die fachlichen und projektunterstützenden Unternehmensarchitekten (siehe Abschnitt 5.9.1.1). Sie benötigen engen und häufigen Kundenkontakt für alle von Ihnen bedienten Stakeholder. So müssen Sie einerseits Klarheit und Verständnis schaffen, Fachbereiche und weitere Stakeholder einbeziehen und andererseits schnell und flexibel Lösungen mit wirklichem Mehrwert für Ihre Kunden liefern und Feedback schnell einarbeiten. Nur so werden sie als Enabler und nicht als Verhinderer wahrgenommen.

Tipp

Ein agiles wirksames EAM fokussiert die Lösung konkreter Probleme in Feedback-Schleifen mit dem jeweiligen Nutznießer und Verantwortlichen. Es ist in der Lage, flexibel auf Veränderung zu reagieren. Unternehmensarchitekten müssen dazu die wirklichen Anforderungen ihrer internen oder externen Kunden verstehen, Klarheit und Verständnis über eine passende Visualisierung der Handlungsfelder und deren Abhängigkeiten und Auswirkungen schaffen und dann Lösungen gemeinsam mit den Kunden unter Nutzung des vorausschauend aufgebauten Lösungsportfolios schnell und agil bereitstellen. Inputs aus regelmäßigen Feedbackrunden müssen schnell verarbeitet und in die Transparenz-, Steuerungs- oder Lösungssichten eingearbeitet werden.

Beim Enterprise Architecture Management gibt es ein Spannungsfeld zwischen Bewahren und Verändern. Die verschiedenen Sichten für die Stakeholder können in der Regel einfach an deren wirklichen und sich verändernden Bedürfnisse angepasst werden und damit kann Mehrwert für diese erzeugt werden. Das Lösungsportfolio aus z. B. ERP- oder Plattformen für API-Management oder technischen Produkten für das IT-Servicemanagement sind in der Regel mit einem großen Kosten- und Zeitaufwand eingeführt und ausgerollt worden.

Veränderungen müssen hier unter der Betrachtung von insbesondere Kosten, Nutzen und Machbarkeit mit anderen Veränderungsnotwendigkeiten ganzheitlich balanciert werden. Plattformen und andere Lösungsbausteine sind nur zeitweise stabil. Immer, wenn sich die Anforderungen grundlegend ändern, muss auch an bestehenden Plattformen oder aber anderen Elementen des Lösungsportfolios gerüttelt werden. Enterprise Architecture Management muss schneller werden und sich agiler Methoden dazu bedienen. Es muss sorgfältig abgewogen werden, wo Stabilität und um welchen Preis in der Architektur vorgesehen werden sollte. Siehe hierzu Abschnitt 5.9.5.

Das Enterprise Architecture Management muss einerseits einen zuverlässigen, sicheren und kostengünstigen Geschäftsbetrieb im Auge behalten. Andererseits müssen Business-Agilität und technische Innovationen unterstützt werden.

Für den zuverlässigen, sicheren und kostengünstigen Geschäftsbetrieb sind stabile Plattformen, z. B. für das Business Analytics, API-Management sowie Integrationsplattformen oder für den sicheren Zugriff IAM- (Identity und Access Management) Plattformen unerlässlich. Auch auf der fachlichen Seite gibt es eine ganze Reihe Plattformen, wie z. B. Salesforce oder SAP.

Aber auch bei diesen Plattformen gibt es aufgrund z. B. neuer Technologien oder der Weiterentwicklung genutzter kommerzieller oder Open-Source-Produkte immer schneller Veränderungen. Stabile Plattformen können immer nur zeitweise sichergestellt werden. Daher muss auch die Unternehmens- und IT-Architektur in der Lage sein, Änderungen schneller robust durchzuführen. Gerade in Kontexten, wo Zuverlässigkeit und Sicherheit gefragt ist, wird Bewährtes bewahrt, solange noch keine neuen robusten Lösungsmuster vorhanden sind.

Ein gut balanciertes Enterprise Architecture Management unterstützt die digitale Transformation und zugehörige Projekte mit wiederverwendbaren Architekturelementen und abgesicherten Referenzarchitekturen. Es überprüft systematisch und regelmäßig, ob ein Anpassungsbedarf besteht, und wägt Kosten, Nutzen und Risiken sowie weitere Kriterien ab.

Hier gibt es sicherlich einen Unterschied in den erforderlichen Veränderungsgeschwindigkeiten zwischen „Systems of Innovation", „Systems of Differentiation" und „Systems of Record" (siehe Bild 5.8 und [Gar19]).

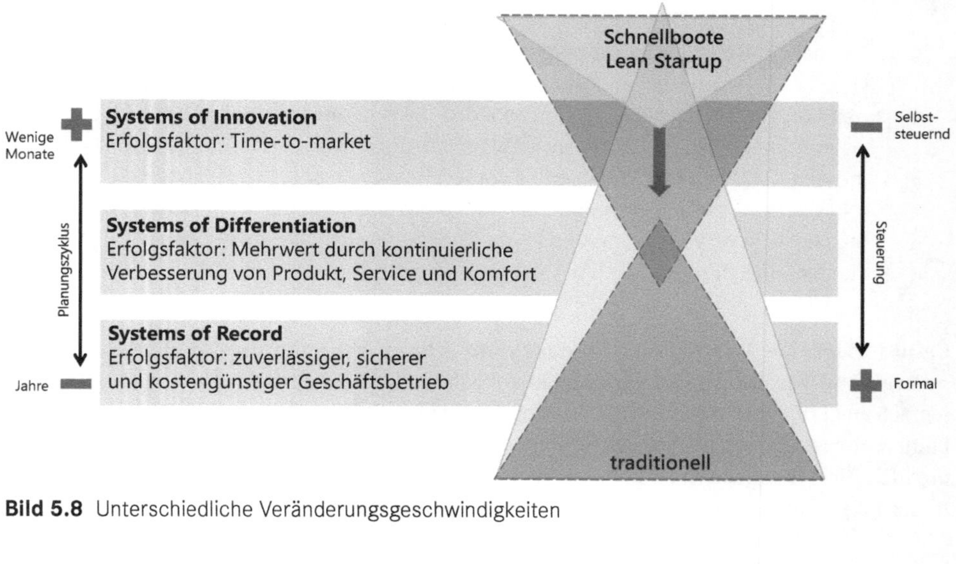

Bild 5.8 Unterschiedliche Veränderungsgeschwindigkeiten

- **„Systems of Innovation“:** Bei disruptiven oder gravierenden Innovationen zählt vor allen Dingen die Geschwindigkeit, um einen Vorsprung vor Wettbewerbern zu erzielen. Dies liegt daran, dass Innovationen die Spielregeln auf dem Markt und das Nutzungsverhalten gravierend verändern können.

  Aufgrund der Neuartigkeit gibt es gleichzeitig aber einen hohen Grad an Unsicherheit, besonders im Hinblick auf den Wert für den Kunden. Um möglichst schnell herauszufinden, ob das neue Produkt, ein neuer Service oder ein neues Feature für Kunden tatsächlich relevant ist, muss schnell Feedback eingeholt werden. Hier werden Techniken, wie „MVPs“ im Rahmen von „Lean Startup“ (siehe [Han18]) genutzt.

  Ein Beispiel hierfür ist eine neue Plattform für End-to-end-Mobilitätsleistungen. Hier muss u. a. angetestet werden, ob man hier einen hinreichenden Netzwerkeffekt erzielen kann.
- **„Systems of Differentiation“:** Durch die kontinuierliche Weiterentwicklung von bestehenden Produkten und Services wird Mehrwert für den Kunden geschaffen. Beispiele hierfür sind:
  - zusätzliche funktionale oder nichtfunktionale Features, wie eine Zusatzleistung oder Performance-Garantien,
  - Komfort-Dienstleistungen, wie Rundum-sorglos-Wartungsservices,
  - Integration von Services in digitalen Plattformen,
  - Ausbau der Omnikanalfähigkeit, wie z. B. die Bereitstellung von Self-Service-Portalen,
  - besserer und Rund-um-die-Uhr-Service durch den Einsatz von Bots, Assistenzprogramme oder selbstlernende Systeme,
  - Daten-Mehrwertdienste durch die Monetarisierung von Daten,
  - Schaffung von Mehrwert durch Nutzung von digitalen Technologien wie IoT, z. B. Vernetzung der klassischen Produkte über Sensoren und Schaffung einer Möglichkeit zur Steuerung über Apps, oder
  - Mehrwertdienste über die Cloud für Predictive Maintenance durch cloudbasierte Analyse von Betriebsdaten wie Laufzeit, Temperatur und Drehzahl seiner Maschinen beim Kunden.
- **„Systems of Record“:** „Systems of Record“ bezeichnen die unternehmensinternen geschäftskritischen Systeme, wie ERP-Systeme, Personalwesen, Finanzbuchhaltung und Schadenabwicklung in Versicherungen, in denen große Datenmengen anfallen und Transaktionen möglichst effizient durchgeführt werden. Die Geschäftsprozesse stehen in der Regel unter der vollständigen Kontrolle des Unternehmens. Ein zuverlässiger, sicherer und kostengünstiger Geschäftsbetrieb ist erfolgskritisch. Stabilität, Sicherheit und Zuverlässigkeit sind entscheidend.

  Die Geschwindigkeitsanforderungen für Veränderungen sind hier am geringsten. Für Neuerungen müssen deren Stabilität, Sicherheit und Zuverlässigkeit über ein geeignetes Test- und Freigabeverfahren sichergestellt werden.

Die Geschwindigkeitsanforderungen nehmen in Bild 5.8 von unten nach oben zu. Dies korreliert in der Regel auch mit dem Planungszyklus. Bei „Systems of Innovation“ und zunehmend auch bei „Systems of Differentiation“ findet man immer häufiger agile Planungs- und Entwicklungsprozesse ([Han18]). Umgekehrt nimmt die Agilität ab. Bei „Systems of Record“ findet man in der Regel eher formale Prozesse.

Agiles Vorgehen und agile Planung sind gerade bei disruptiven Innovationen erfolgsentscheidend, da sie ein schnelles Feedback für die Weiterentwicklung des Produkts oder der Dienstleistung entsprechend der Kundenbedürfnisse ermöglichen. Agile Planung bereitet auf das Unerwartete vor, anstatt davon auszugehen, dass es nicht eintreten wird. Von besonderer Bedeutung ist der Umgang mit Unsicherheit und hier als ersten Schritt die „wirklichen" Anforderungen. Hier gibt es häufig noch viele Fragezeichen. Nicht bei jedem offenen Punkt gibt es auf Nachfrage beim Anforderungssteller Antworten. Annahmen werden getroffen.

Wichtig ist, dass diese Annahmen inklusive deren Abhängigkeiten möglichst einfach dokumentiert sowie die Abhängigkeiten und Auswirkungen analysiert werden. Hierfür ist das EAM-Intrumentarium prädestiniert. Weitere Informationen zur agilen Planung finden Sie in [Han18]).

Definition: Planung

Planung ist ein systematisches Vorgehen zur Entwicklung eines Handlungsplans, um Ziele zu erreichen. Ziele sind rechtzeitig und „SMART" zu definieren und mit allen maßgeblichen Beteiligten abzustimmen:

- **S** - spezifisch.
- **M** - messbar.
- **A** - aktionsorientiert.
- **R** - realistisch.
- **T** - terminiert.

Planung ist eine Daueraufgabe, da Pläne fast immer von der Wirklichkeit überholt werden. Folgende Fragen werden bei der Planung gestellt:

- Welche Ziele werden verfolgt?
- Welche Maßnahmen führen zum Ziel?
- Sind die Inhalte und Meilenstein- sowie Releasetermine noch realistisch?
- Wo bestehen Risiken? Welche Maßnahmen müssen ergriffen werden, um Risiken zu vermeiden bzw. zu reduzieren?

Agile Planung bereitet auf das Unerwartete vor, anstatt davon auszugehen, dass es nicht eintreten wird.

Agiles Planen hat zwei Grundsätze:

- Je näher die Umsetzung, desto genauer der Plan!
- Soviel planen, wie nötig!

Eine digitale Organisation benötigt alle drei Geschwindigkeiten. Agile Schnellboote stellen häufig den Startpunkt parallel zur klassischen Organisation von etablierten Unternehmen dar, um die hohen Geschwindigkeitsanforderungen zu bedienen. Diese verschmelzen aber immer mehr mit der traditionellen Organisation, was hohe Anforderungen an die Organisation stellt. Insbesondere müssen mehr Freiraum, Zeit und Geld für Kreativität bereitgestellt werden. Dies lässt sich nur stemmen, wenn das etablierte Geschäft möglichst effizient betrieben wird. Hierzu müssen bestehende Produkte und Dienstleistungen auf ihre Möglichkeiten zur Effizienzsteigerung geprüft werden. Beispiele hierfür sind:

- Optimierung und Automatisierung der End-to-end-Prozesse, Routineprozesse und Beseitigung von Medienbrüchen sowie manuellen Tätigkeiten
- Standardisierung von technischen Plattformen und des IT-Betriebs
- Einsatz von situativen Assistenz- oder Entscheidungsunterstützungssystemen, Robotern und Bots, um Menschen zu entlasten oder zu ersetzen
- Digitalisierung der Kundeninteraktion durch z. B. Bots und KI/Machine Learning

Definitionen

Business-Agilität ist die Fähigkeit, schnell auf Veränderungen zu reagieren. Wesentliche Elemente sind hier die Agilität sowie Techniken, wie Minimum Viable Product (MVP) oder Lean Startup.

Ein **Minimum Viable Product (MVP),** wörtlich ein „minimal überlebensfähiges Produkt", ist die erste minimal funktionsfähige Iteration eines Produkts, das entwickelt werden muss, um mit minimalem Aufwand den Kunden-, Markt- oder Funktionsbedarf zu decken und handlungsrelevantes Feedback zu gewährleisten. MVP ist die Lösung mit dem minimalen Funktionsumfang, die einen Wert für den Kunden darstellt.

Lean Startup ist eine Methode (siehe [Han18]), die aus dem schnellen Lernen über Feedback der Schlüsselkunden und der iterativen kontinuierlichen Weiterentwicklung des Produkts oder der Dienstleistung besteht. Aufgrund des Feedbacks ist es möglich, frühzeitig auf Fehlentwicklungen zu reagieren, gegebenenfalls schnell und mit minimalen Investitionen Anpassungen am Produkt vorzunehmen und flexibel auf Veränderungen des Markts zu reagieren. Die Methode hat das Ziel, Produkte zeitnah auf den Markt zu bringen, um sie anhand von Feedback schrittweise zu verbessern. ■

In jedem Fall müssen aber Änderungsnotwendigkeiten schneller erkannt werden. Hierzu müssen Unternehmensarchitekten raus zu ihren internen und externen Kunden, um Feedback einzuholen. Zudem müssen sie den Input aus den Feedbackrunden schnell verarbeiten.

Für disruptive und auch für gravierende evolutionäre Veränderungen von Geschäftsmodellen sind agile Methoden essenziell. Für die Anforderungen zur Umsetzung eines zuverlässigen, sicheren und kostengünstigen Geschäftsbetriebs ist die agile Vorgehensweise mit Lean Startup und MVP (Minimum Viable Product) nicht ganz so entscheidend. Hier ist im Gegensatz dazu ein striktes Änderungsmanagement mit formalen Freigaben notwendig.

Architectural Thinking als Zielzustand des agilen EAM

Für eine ganzheitliche Betrachtung ist ein hoher Reifegrad und Verankerung von EAM in der Organisation erfolgsentscheidend. Zielzustand ist hier sicherlich ein „Architectural Thinking" als eine Art des unternehmensweiten Denkens und Handelns, die ganzheitlich und langfristig Systemaspekte sowie fundamentale Entwurfs- und Evolutionsprinzipien bei der alltäglichen Entscheidungsfindung im Kontext der Weiterentwicklung der Geschäftsarchitektur und IT-Architektur in Einklang bringt (siehe [Win16]). Es geht um ein kollektives Verständnis von exzellenten Produkten und Services und der Etablierung einer diesem Zweck dienende Architektur in einem gesteuerten Veränderungsprozess.

Nur so werden anstelle von lokalen Optima die mittel- oder langfristigen, unternehmensweiten Ziele von möglichst vielen Stakeholdern angestrebt. Gute Gründe und Bedingungen sind hier jedoch erfolgsentscheidend. Beispiele sind soziale Legitimation, Effizienz, organisatorische Verankerung und Vertrauen. Es geht darum, einerseits in jedem Beteiligten ein Gefühl oder sogar ein Wissen für gute und schlechte Architekturen zu implantieren. Andererseits gilt es ihn anzuspornen, sich auch gemäß diesem Wissen zu verhalten; selbst wenn es einfachere Wege gibt zum Ziel zu kommen.

Architectural Thinking impliziert daher einen Kulturwandel einhergehend mit einer breiten Verankerung eines Architekturverständnisses im Unternehmen. Wenn Unternehmensarchitektur in der DNA des Unternehmensverankert ist, werden formale Vorschriften und deren mühsame Durchsetzung überflüssig. Unternehmensarchitekten werden zum Lösungsfinder, Berater, Integrator und Gestalter des Business anstelle Polizisten, die „alles verbieten".

Einer der ersten Schritte in Richtung „Architectural Thinking" ist der einfache Zugang zu für den Stakeholder wichtigen Informationen sowie die proaktive Lösungsfindung und Architekturberatung, in der aktuelle Pains und Ziele der Stakeholder adressiert werden. Beispiele sind Empfehlungen für das Ablösen von wenige genutzten, kostenintesiveren Services und Informationssysteme.

Der einfache Zugang kann u. a. durch Self-Service Funktionen und maßgeschneiderte Sichten und Dashboards mit interaktiven Drilldown-Möglichkeiten, wie bereits ausgeführt, erleichtert werden.

Wichtig

Agiles EAM steht für:

- Fokussierung auf Wirksamkeit und Wertschöpfung orientiert am Feedback in kurzen Zyklen
- Lösungsorientierung mit sicherer Machbarkeit für die wirklichen Anforderungen mit persönlichem Nutzen für die Stakeholder
- Werte, Eigenverantwortung und Selbstorganisation sowie Enabling wichtiger als strikte Governance

Agiles EAM liefert das Struktur-Backbone sowie das Planungs- und Steuerungsinstrumentarium für eine erfolgreiche digitale Transformation auf Basis von machbaren Lösungen und Heben von Potenzialen. Es passt sowohl die Strukturen als auch das Instrumentarium an die Erfordernisse agil auf Basis einer ganzheitlichen Betrachtung entsprechend der Erfordernisse der Änderungsgeschwindigkeiten an. ■

Flexibilität der IT-Landschaft eine Voraussetzung für ein erfolgreiches agiles EAM

Business-Agilität erfordert Flexibilität in der IT-Landschaft. Agiles EAM muss diese Flexibilität zumindest an den Stellen, wo diese benötigt wird, agil planen und die Umsetzung steuerung.

Um Flexibilität in der IT-Landschaft zu erreichen, muss diese in den Bereichen, wo Veränderungen zu erwarten sind, komponentisiert (modularisiert) werden und Integrationsarchitekturen müssen bereitgestellt werden. Dies geht häufig einher mit einer Serviceorientierung und muss sich im Ziel-Bild und in den Leitplanken widerspiegeln. So kann die IT auf Veränderungen im Business vorbereitet werden und auf diese Weise einen großen Beitrag zur Weiterentwicklung des Geschäfts leisten.

Zielzustand sind intelligent zusammensetzbare Businessfähigkeiten. Gartner (siehe [Gar20] und [Gar21]) nennt dies „intelligent Composable Business". Dies ist die Fähigkeit, sich auf der Grundlage der aktuellen Situation an die veränderten Anforderungen und Rahmenbedingungen schnell anpassen und grundlegend umgestalten zu können. Unternehmen müssen in der Lage sein, schnell aufgrund fundierter Daten Entscheidungen situativ zu treffen und diese schnell umzusetzen bzw. nachzujustieren.

Wichtig ist, dafür eine widerständsfähige Struktur, einen Baukasten und ein Planungs- und Entscheidungsinstrumentarium für das Unternehmen bereitzustellen, die mit den ständigen Veränderungen umgehen können. Grundlage dafür sind:

- Situatives Bewusstsein („situative Awareness") durch einfache Erkennung von Handlungsbedarfen oder Notwendigkeiten von Veränderungen. Voraussetzung dafür sind automatisierte datengetriebene und intuitiv nutzbare, KI-unterstützter Entscheidungsunterstützung auf Basis einer qualitativ hochwertigen und aktuellen Datengrundlage z. B. auf Basis einer EAM-Datenbasis.
- Autonome selbständige menschliche oder KI Agenten oder Geschäftseinheiten, die schnell und flexibel sowie nachvollziehbar reagieren können. Dies impliziert in der Regel, dass es sowohl zentrale übergreifende als insbesondere dezentrale „Agenten", z. B. Unternehmensarchitekten, gibt, die weitestgehend autonom aber doch übergreifend synchronisiert handeln können.

Modulare Geschäftsfunktionen-Baukästen, die einfach und situativ ereignisorientiert angetriggert und flexibel kombiniert werden können. Dies sollte direkt aus der automatisierten datengetriebenen Entscheidungsunterstützung heraus erfolgen. Die Veränderungen müssen transparent und nachvollziehbar sein auf Basis der dann veränderten Datengrundlage.

Dies ist nicht so einfach, wenn die IT-Landschaft „historisch gewachsen" ist. Schon kleine Änderungen können in dem komplexen Gesamtsystem verheerende Auswirkungen haben. Um flexibel und schnell auf neue Anforderungen reagieren zu können, müssen Änderungen möglichst lokal an wenigen Stellen durchgeführt werden können. Änderungen an Geschäftsregeln oder Workflows sollten einfach modelliert oder konfiguriert werden können. Eine modulare IT-Landschaft mit einer Integrationsarchitektur ist hierzu erforderlich. Best-Practices hierzu finden Sie in den nächsten Abschnitten.

5.3 Identifikation von Handlungsbedarf und Optimierungspotenzial

Über die Analyse der EAM-Datenbasis und eine geeignete Visualisierung der Ergebnisse (siehe Abschnitt 3.4) werden Handlungsbedarf und Optimierungspotenzial sowie Ansatzpunkte für eine Tiefenbohrung aufgedeckt und die individuellen Fragestellungen der verschiedenen Stakeholder (siehe Abschnitte 5.1 und 5.2 sowie Download-Anhang D) beantwortet.

Für die Analyse wird gegebenenfalls nur ein bestimmter Ausschnitt der Gesamtbebauung betrachtet. Durch die gezielte Auswertung des Datenbestands nach spezifischen Kriterien können Handlungsbedarf und Optimierungspotenzial aufgedeckt oder aber über einen Soll-Ist-Abgleich Deltas erkannt werden.

Wichtig

Für die Durchführung der Analysen müssen entsprechend der jeweiligen Fragestellung die erforderlichen Daten in der Bebauungsbasis vorliegen. Falls die Daten nicht vorliegen, müssen sie gegebenenfalls erst eingepflegt werden (siehe Abschnitt 5.9).

Bei der Analyse der Gesamtbebauung werden häufig verschiedene Visualisierungen in Kombination verwendet. Die verschiedenen Visualisierungen zeigen anschaulich jeweils einen oder mehrere Teilaspekte der Antwort auf die Fragestellung. Durch „Nebeneinanderlegen“ der verschiedenen Visualisierungen werden Zusammenhänge, Abhängigkeiten und Auswirkungen transparent.

Häufig ist auch ein „Traversieren“ von fachlichen zu technischen Bebauungselementen oder umgekehrt notwendig. In Bild 4.8 finden Sie hierfür Beispiele. Ausgehend von einem fachlichen Handlungsbedarf, z. B. die untragbare Durchlaufzeit eines Geschäftsprozesses, wird analysiert, welche technischen Elemente betroffen sind.

Startpunkt für die Analyse bildet in diesem Beispiel eine Prozesslandkarte. Mithilfe einer Bebauungsplangrafik wird analysiert, welche Informationssysteme den Geschäftsprozess unterstützen. In der Informationsflussgrafik ermittelt man die Schnittstellenabhängigkeiten dieser von weiteren Informationssystemen. Für diese Informationssysteme werden deren technische Abhängigkeiten (technische Bausteine und Betriebsinfrastruktur) durch eine technische Bebauungsplangrafik identifiziert. Über eine Blueprint-Grafik werden die Abhängigkeiten der ermittelten technischen Bausteine zu weiteren technischen Bausteinen ermittelt.

Um Handlungsbedarf und Optimierungspotenzial zu identifizieren, müssen die Bebauungen in ihrem Zusammenspiel gezielt entsprechend ausgewählter Kriterien analysiert und das Ergebnis in einer adäquaten Visualisierung, Liste oder Steuerungssicht dargestellt werden. Die Analyse liefert häufig jedoch nur Anhaltspunkte für eine Tiefenbohrung. In diesen Fällen steht aufgrund der Analyseergebnisse noch nicht fest, ob tatsächlich ein Handlungsbedarf oder Optimierungspotenzial vorliegt. Expertengespräche und Detailanalysen sind zusätzlich erforderlich. Hierfür werden häufig spezialisierte Werkzeuge auf Detaildaten genutzt.

Beispiele hierfür sind Projektportfolio-, Prozessmanagement-, UML-, Qualitätssicherungs-, Testwerkzeuge oder Entwicklungsumgebungen.

Wichtige Kriterien für die Erkennung von möglichem Handlungsbedarf oder Optimierungspotenzialen sind einerseits Zusammenhänge unter den Bebauungselementen, wie z. B. „gemeinsame" Daten unterschiedlicher Informationssysteme. Andererseits können fachliche, technische oder finanzielle Bewertungen bzw. Kategorisierungen herangezogen werden. So kann die Bebauung z. B. nach Kosten, Strategie- und Wertbeitrag, Abdeckungsgrad der Geschäftsanforderungen und Risiken wie z. B. dem technischen Gesundheitszustand bewertet werden.

Wie findet man diese Kriterien?

Viele Kriterien werden offensichtlich, wenn ein akuter Handlungsbedarf besteht. Steht z. B. ein Informationssystem häufig wegen Fehlern oder Wartungsarbeiten nicht zur Verfügung, besteht ein Anhaltspunkt, dass es mit der Gesundheit des Informationssystems nicht zum Besten steht. Weitere Kriterien lassen sich durch das Herunterbrechen entlang der Bebauungselemente ermitteln. So können durch die Analyse der einzelnen fachlichen Funktionen oder Geschäftsprozesse weitere Kriterien identifiziert werden.

Hilfestellungen für die Identifikation von Anhaltspunkten für Handlungsbedarf und Optimierungspotenzial liefern insbesondere die im Folgenden beschriebenen Analysemuster.

Sammlung von Analysemustern

Best-Practice-EAM liefert Ihnen eine Sammlung von direkt verwendbaren Analysemustern. Analysemuster sind bewährte und verallgemeinerte Schablonen für die Identifikation und Visualisierung von Anhaltspunkten für Handlungsbedarf und Optimierungspotenzial in der IT-Landschaft. Die Analysemuster wurden aus verbreiteten Fragestellungen bei der Einführung und Optimierung der Best-Practice-Unternehmensarchitektur extrahiert und konsolidiert. Sie wurden bereits bei vielen Unternehmen erfolgreich angewendet. Die Muster können im Projektkontext oder aber im Rahmen der Bebauungsplanung selektiv oder aber auch gesamthaft angewendet werden, um einfach und schnell Handlungsbedarf und Optimierungspotenzial im jeweiligen Anwendungskontext zu ermitteln.

Folgende Kategorien von Analysemustern wurden konsolidiert:

- **R: Redundanzen.** Die Analysemuster dieser Kategorie liefern Anhaltspunkte für Redundanzen auf funktionaler, Geschäftsprozess-, Produkt- und/oder organisatorischer Ebene sowie in Bezug auf Geschäftsobjekte und technische Standards.

  Redundanzen führen häufig zu erhöhten Kosten aufgrund mehrfacher Wartungsgebühren oder erhöhtem Betreuungs-, Pflege- und Konsolidierungsaufwand. Aus Redundanzen können Inkonsistenzen mit einer ggf. großen Tragweite resultieren. Ein solcher Handlungsbedarf muss möglichst frühzeitig erkannt und beseitigt werden.
- **I: Inkonsistenzen.** Inkonsistenz bezeichnet einen Zustand, in dem zwei Elemente, die beide als gültig angesehen werden, nicht miteinander vereinbar sind. Inkonsistenzen führen in der Regel zu einem hohen Konsolidierungsaufwand. Inkonsistente Daten können zu wirtschaftlichen oder Imageschäden führen. Ein Beispiel hierfür sind z. B. unterschiedliche Preisdaten im Auftragsabwicklungssystem und im System beim Händler vor Ort. Handlungsbedarf aus Inkonsistenzen muss möglichst frühzeitig erkannt werden.

Inkonsistenzen können sowohl auf funktionaler als auch auf Datenebene vorliegen. Die Muster dieser Kategorie liefern Anhaltspunkte für mögliche Inkonsistenzen in funktionalen Zuordnungen oder aber für Dateninkonsistenzen aufgrund von Redundanzen, Zyklen oder unterschiedlicher Datenaktualität.

- **O: Organisatorischer Handlungsbedarf.** Fehlende oder inkonsistente fachliche Verantwortlichkeiten für fachliche Domänen, Geschäftsobjekte, Geschäftsprozesse, Produkte, fachliche Funktionen sowie Informationssysteme, technische Bausteine oder Betriebsinfrastrukturelemente können zu unnötigen organisatorischen Schnittstellen, Doppelarbeit oder inkonsistenten Daten führen.

  Die Muster dieser Kategorie liefern Anhaltspunkte für Auffälligkeiten in der organisatorischen Zuordnung sowie fehlende oder inkonsistente Verantwortlichkeiten. Verantwortlichkeiten können hierbei sowohl die fachliche als auch die technische Verantwortung oder aber z. B. die Betriebs- oder Supportverantwortung umfassen.
- **F: Umsetzung von Geschäftsanforderungen.** Durch Anwendung der Muster dieser Kategorie können mögliche Ansatzpunkte zur Optimierung der IT-Unterstützung des aktuellen und des zukünftigen Geschäfts identifiziert werden. Folgende Muster wurden identifiziert:
  - *Fachliche Abdeckungsanalyse* zur Aufdeckung einer unzureichenden Business-Unterstützung
  - *Ermittlung des Integrationsbedarfs* zur Optimierung der IT-Unterstützung, z. B. durch die Analyse im Hinblick auf manuelle Schnittstellen, einen unzureichenden Automatisierungsgrad von Schnittstellen oder Integrationslücken
  - *Müllanalyse* zur Ermittlung unnötiger Elemente, z. B. Informationssysteme, die gar nicht benötigt werden; durch eine Bereinigung des „Mülls“ wird ein enormes Einsparpotenzial erzielt.
  - *Cluster-Analyse* zur Identifikation von fachlich eng zusammengehörigen Funktionen, Geschäftsprozessen, Geschäftsobjekten und Geschäftseinheiten sowie Informationssystemen, Betriebsinfrastruktureinheiten und Projekten. Dies ist eine Form der Abhängigkeitsanalyse.
  - *Datenabhängigkeitsanalyse* zur Ermittlung der Informationssysteme, von denen andere Informationssysteme eine hohe Datenabhängigkeit haben
  - *Compliance-Analyse* zur Ermittlung des Umsetzungsgrads von gesetzlichen und freiwilligen Auflagen, wie z. B. Solvency II, Basel II oder Sarbanes-Oxley Act
  - *Kritikalitätsanalyse* zur Ermittlung der geschäftskritischen Geschäftsprozesse, Produkte, fachlichen Funktionen, Geschäftsobjekte, Informationssysteme, technischen Bausteine und Betriebsinfrastruktureinheiten
  - *Business-Zustandsanalyse* zur Identifikation einer unzureichenden IT-Unterstützung von Geschäftsprozessen, fachlichen Funktionen, Geschäftsobjekten und Produkten
  - *Ermittlung von potenziellen Sicherheitslücken*
  - *Wirtschaftlichkeitsanalyse* zur Ermittlung von potenziellen Anhaltspunkten für fehlende Wirtschaftlichkeit
- **T: Technische Handlungsbedarfe und Optimierungspotenziale.** Durch Vereinfachung und Erhöhung des Grads der Standardisierung, Homogenisierung und Flexibilität der IT-Landschaft kann die Qualität der IT-Landschaft nachhaltig gesteigert werden.

Durch die Identifikation von technischem Handlungsbedarf lassen sich Anhaltspunkte für die Optimierung finden. Folgende Muster zur Unterstützung des Technologiemanagements sowie zur Verbesserung der technischen Qualität wurden identifiziert:

- *Blueprint-Cluster-Analyse* zur Ermittlung der eng zusammengehörenden technischen Bausteine, sogenannter Blueprint-Elemente
- *Ermittlung des technischen Zustands* im Hinblick auf das Risikomanagement
- Ermittlung der Standardkonformität der IS-Landschaft sowie Heterogenitätsanalyse zur Identifikation von Optimierungspotenzial im Hinblick auf die Standardisierung und Homogenisierung
- *Ermittlung des Integrationsgrads* von Informationssystemen im Hinblick auf die Vereinheitlichung und Vereinfachung der Integration
- *Identifikation von Anhaltspunkten* für Abhängigkeiten bei Informationssystemen, technischen Bausteinen, Betriebsinfrastruktureinheiten und Projekten
- *Ermittlung der technischen Integrationsfähigkeit und der Flexibilität* von Informationssystemen im Hinblick auf die Anpassung an veränderte Geschäftsanforderungen

Wichtig

- Jedes Analysemuster liefert lediglich Anhaltspunkte für Handlungsbedarf bzw. Optimierungspotenzial. Ob jedoch z. B. eine ermittelte Redundanz wirklich eine Redundanz ist, müssen Sie selbst entscheiden. Häufig bedarf es einer Detailanalyse, einer sogenannten Tiefenbohrung, um eine Entscheidung zu treffen.

  Beispiel: Wenn mehrere Informationssysteme die gleichen Kunden- oder Preisdaten verändern, kann neben unnötigen Kosten aufgrund der Doppelerfassung bzw. Konsolidierung der Daten insbesondere auch das Erscheinungsbild gegenüber dem Kunden beeinträchtigt werden.
- Eine hinreichend aktuelle, vollständige und konsistente Dokumentation der IS-Landschaft in einer Bebauungsdatenbasis mit den für die Analyse relevanten Daten ist die Voraussetzung für aussagekräftige Analyseergebnisse. Siehe hierzu Abschnitt 5.9.

Eine Analyse wird immer zur Beantwortung von Fragestellungen durchgeführt. Durch die Fragestellungen werden die erforderlichen Strukturen und Ergebnisdarstellungen bestimmt. Die Festlegung der relevanten Fragestellungen stellt daher den Ausgangspunkt für die unternehmensspezifische Ausgestaltung von EAM dar. ■

Im Download-Anhang A finden Sie die Muster im Detail. Nutzen Sie die Muster als Input für die Analyse Ihrer Gesamtbebauung.

Der identifizierte Handlungsbedarf und das Optimierungspotenzial sind wesentlicher Input für die Gestaltung der zukünftigen IS-Landschaft. Hilfestellungen hierfür finden Sie im nächsten Abschnitt.

5.4 Management der Geschäftsarchitektur

Geschäftsarchitektur visualisiert das aktuelle und zukünftige Geschäftsmodell, gibt Strukturen für die Geschäftsmodellweiterentwicklung vor und unterstützt bei deren Operationalisierung. Wesentlich sind dabei die Strukturen, die für das aus der Strategie, Pains, Trends und Geschäftsanforderungen abgeleitete passende Geschäfts- und Betriebsmodell erforderlich sind (siehe Bild 5.9). Das Betriebsmodell muss in der Lage sein, mit hoher Agilität auf Umbrüche zu reagieren. Hierzu muss eine geeignete IT-Architektur der Zukunft gestaltet und über ein Lösungsportfolio und eine Roadmap operationalisiert werden. Die IT-Architektur muss Business-Agilität durch intelligent zusammensetzbare Businessfähigkeiten ermöglichen bei gleichzeitig robusten und zuverlässigen Geschäfts- und IT-Architekturen. Dies ist die Voraussetzung für ein geeignetes Betriebsmodell.

Bild 5.9 Geschäftsarchitektur als Basis für die Ableitung der IT-Architektur und des Betriebsmodells

Die Geschäftsarchitektur ist ein wesentlicher Erfolgsfaktor für eine erfolgreiche digitale Transformation:

- **Die Geschäftsarchitektur definiert den fachlichen Ordnungsrahmen** für Kommunikation und Planung in der Geschäftsmodellentwicklung sowie in der fachlichen und technischen Zielbild-Gestaltung und dem Roadmapping.
  - Geschäftsarchitektur visualisiert das Geschäftsmodell und dient so als Basis für die businessorientierte Planung & Steuerung der Weiterentwicklung des Unternehmens
  - Geschäftsarchitektur als Ordnungsrahmen und Kommunikationsgrundlage für Strategien und strategische Handlungsfelder sowie für die digitale Transformation und Rollout-Planung

   - Nachvollziehbare Ableitung der Anforderungen an die IT: Identifikation & Aufzeigen von fachlichen Handlungsfeldern und Ableitung von erforderlichen technischen Capabilities, des IT-Ziel-Bilds und Roadmap für die Umsetzung
- Die Geschäftsarchitektur im Zusammenspiel mit der IT-Architektur liefert die **Grundlage für die „richtigen" Investitionsentscheidungen und Innovationsprojekte**.
   - Fundierte Investitionsplanung („doing the right things") mit Hilfe gemeinsamen Single-Point-of-Thruth für fachliche Strukturen, den fachlichen Ordnungsrahmen für Projektportfoliomanagement, Multiprojektmanagement, Demand Management und Nutzung des Analyse- und Planungsinstrumentarium
   - Fördern von Innovation durch die systematische Deduktion des Lösungsportfolios für alle Handlungsfelder unter Einbezug der technischen Innovationen
- Die maßgeschneiderte Geschäftsarchitektur im Zusammenspiel mit der IT-Architektur ist die Voraussetzung für **Operational und Business Excellence**.
   - Nutzung des EA-Analyse- und Planungsinstrumentariums: Prozesse, organisatorische Strukturen, Verantwortlichkeiten und Skills sind wesentliche Bestandteile einer Geschäftsarchitektur.
   - Eine Geschäftsarchitektur vereinfacht die Festlegung von Verantwortlichkeiten und erleichtert die klare Definition von Projektaufträgen und die Transformation zur Organisation 4.0.

Die richtige Geschäftsarchitektur enabelt Innovation und sichert gleichzeitig den Geschäftsbetrieb ab. Wesentlich sind hierfür:

- **Beitrag zur Business-Strategie und deren Operationalisierung**: Die Unternehmensarchitektur und insbesondere die Geschäftsarchitektur muss die Gestaltung der digitalen Geschäftsmodelle erleichtern. Unternehmensarchitekten müssen hierzu mit den Business-Verantwortlichen eng zusammenarbeiten, um Geschäfts- und Betriebsmodelle neu zu gestalten, die sich dynamisch an neue Kundenbedürfnisse, Wettbewerbssituation anpassen und Chancen eröffnen können.
- **Nutzenbringende EA-Services für alle Stakeholder:** EAM muss eine verteilte Entscheidungsfindung ermöglichen, d. h. Produkt- (und Projekt-) und Innovationsteams in die Lage versetzen, intelligente vorausschauende Entscheidungen zeitgerecht zu treffen, indem sie Daten, Steuerungssichten, Entscheidungsbedarf, Analyse- und Planungssichten maßgeschneidert auf die Bedürfnisse in engen Dialogen erstellt oder über Self-Service bereitstellt.
- **EAM enabelt digitale Innovation:** EAM-Vertreter sollten feste Teilnehmer im interdisziplinären Innovationsmanagement sein und einerseits technische Innovationen sowie das Analyse-, Planungs- und Entscheidungsinstrumentarium von EAM für die Operationalisierung der Business-Innovationen mit einbringen.

Im Folgenden schauen wir uns das Ziel-Betriebsmodell etwas näher an.

Das Ziel-Betriebsmodell für einen effizienten und effektiven Geschäfts- und IT-Betrieb

Das Ziel-Betriebsmodell (englisch Target Operating Model, kurz TOM) unterstützt dabei, die Vision und die Strategie des Unternehmens greifbar zu machen. Es definiert ein Zielbild mit allen Elementen, die notwendig sind, um die Vision und die Strategie effektiv und effizient Wirklichkeit werden zu lassen. Das TOM konkretisiert hierzu die strategische Entwicklung als Modell mit mehreren Dimensionen, wie z. B. Geschäftsprozesse, Fähigkeiten, Mitarbeiter, Business-Ökosystem, Organisation, Informationen und Assets/Infrastruktur.

Ein Target Operating Model beantwortet die zentralen Fragen:

- Wie müssen Organisation, Fähigkeiten und Prozesse zukünftig gestaltet werden, um die zukünftigen Produkte und Dienstleistungen zu vermarkten, zu verkaufen, herzustellen, zu betreiben und/oder einen angemessenen Service bereitzustellen?
- Welche Skills müssen hierfür aufgebaut werden? Welche Qualifizierungsmaßnahmen sind hierfür notwendig? Welche Sourcing-Strategie ist notwendig? Wie kann das Business-Ökosystem wertstiftend eingebunden werden?
- Wie sieht die IT- und operationale Zielarchitektur (u. a. „embedded" und Internet of Things - kurz IoT) und Roadmap zur Umsetzung aus? Welches Lösungsportfolio, wie z. B. Plattformen für die Integration, müssen bereitgestellt werden? Wie kann die notwendige Flexibilität in der IT-Landschaft erreicht werden („intelligent composable business")? Wie kann die IT-Landschaft komponentisiert (modularisiert) werden? Wie müssen hierzu eine Integrationsarchitektur und Integrationsplattformen gestaltet werden?
- Welche Governance-Strukturen und Mechanismen sind notwendig, um handhabbar und wirksam die digitale Transformation zu steuern? Welche Rollen mit welchen Verantwortlichkeiten und welche Gremien sind notwendig? Welche Richtlinien müssen vorgeben werden? Wie können die Prozesse schlank und handhabbar gestaltet und verzahnt werden? Welches Steuerungsinstrumentarium ist für situative und „realtime" Entscheidungen und einfache Erkennung von Handlungsbedarfen oder Notwendigkeiten von Veränderungen notwendig?

Wichtig sind hier insbesondere:

- Digitales Geschäftsdesign durch Zerlegung von herkömmlichen Geschäftskomponenten und Neustrukturierung mit Hilfe von Technologien, um flexibel neue Produkte und Leistungen zu schaffen, zu operationalisieren und diese entsprechend der Erfordernisse agil anzupassen und zu skalieren.
- Dezentrale („federated") Governance, in der Governance-Standards zentral definiert werden, aber lokale Domänen-Teams die Autonomie und die Ressourcen besitzen, um diese Standards so umzusetzen, wie es für ihren jeweiligen Kontext am besten geeignet ist.
- Schlanke, „streamlined" und optimierte Geschäftsprozesse mit Mehrwert für Kunden und Mitarbeiter. Eine intelligente Prozessautomatisierung ist hierfür ebenso wichtig, in der insbesondere manuelle Schnittstellen und wiederholbare Tätigkeiten automatisiert werden.
- Situative „actionable" Entscheidungsunterstützung bis hin zu in Echtzeit mittels Advanced Business Analytics und KI/Machine Learning getroffenen Entscheidungen

Wichtig

Der Grad der Automatisierung hängt vom Einsatz von AI/ML und von Advanced Business Analytics ab. Für die situative Entscheidungsunterstützung und actionable Dashboards sind Empfehlungen mit Analyse der Abhängigkeiten und Auswirkungen mit nachvollziehbarer Erklärung der Ableitung wichtig. Bei zunehmender Komplexität aufgrund von z. B. Big Data oder zunehmender Vernetzung ist zukünftig auch eine autonome Entscheidungsautomation unter Verwendung von Vorhersagen, Prognosen, Simulationen oder anderer KI/ML zu erwarten.

- Vertikale Vernetzung (u. a. IoT) und horizontale Vernetzung unter Nutzung des Business-Ökosystems
- Die IT-Landschaft muss so in Komponenten zerlegt werden, dass fachlich zusammengehörige Funktionalitäten und Daten in einer Komponente angesiedelt sind. Die Komponenten sind untereinander lose über z. B. eine Regel-, Workflow-Engine oder ein Enterprise Service Bus gekoppelt.
- Befähigung verteilter Teams, neue Lösungen schnell, effizient und sicher bereitzustellen
- Nutzung von Technologieinnovationen für technologiegestützte Geschäftsmodelle und Lösungen bei gleichzeitiger Risikominimierung
- Beschleunigung der technologischen Innovation, d. h. schnelles Erkunden, Testen, Lernen und Einbeziehen neuer Fähigkeiten in die bestehenden Geschäftsmodelle und Enabling-Plattformen
- Formulierung einer ganzheitlichen Transformationsstrategie, Planung und Priorisierung von Investitionsvorhaben und Steuerung der Umsetzung, um dezentrale und zentrale (Produkt-) Einheiten in die Lage zu versetzen, lokale Prioritäten mit den Unternehmenszielen in Einklang zu bringen.

Das Ziel-Betriebsmodell basiert ebenso wie das Geschäftsmodell und die fachlichen und technischen Zielbilder auf den Bestandteilen der Geschäfts- und der IT-Architektur. Im Folgenden schauen wir uns die Geschäftsarchitektur etwas genauer an.

Bestandteile der Geschäftsarchitektur und deren Zusammenhänge

Die Geschäftsarchitektur beinhaltet die fachlichen Strukturen für das aktuelle und zukünftige Geschäftsmodell. Dies sind:

- **Kunde und Touchpoints:** Ein Kunde ist ein tatsächlicher oder potenzieller Nachfrager für die Produkte und Dienstleistungen des Unternehmens. Touchpoints sind die möglichen klassischen oder digitalen Berührungspunkte (Touchpoints) entlang der Customer Journey. Beispiele für Touchpoints sind Post, E-Mail, Social Media und digitale Plattformen.
- **Business Capabilities:** Aktuell vorhandene und zukünftig benötigte in sich abgeschlossene und zusammenhängende fachliche Funktionalität, die das Leistungsvermögen unabhängig von der Organisation beschreiben
- **Produkte:** Ergebnis des Leistungsprozesses eines Unternehmens, z. B. eine Ware wie ein Auto oder ein Rechner. Ein Produkt kann sowohl materiell als auch immateriell sein. Gerade in der Digitalisierung zählen Datenprodukte und Dienstleistungen immer mehr zum Produktkatalog eines Unternehmens.
- **Geschäftsobjekte:** Abgestimmte, fachliche Begriffe für abstrakte oder konkrete Daten in engem Zusammenhang mit der Geschäftstätigkeit des Unternehmens
- **Value Stream und Geschäftsprozesse:** Geschäftsprozesse bestehen aus einer Abfolge von zielgerichteten Aktivitäten zur Umsetzung des Geschäftsmodells des Unternehmens.

  Der Value Stream ist der End-to-end-Wertstrom mit allen Aktivitäten, die nötig sind, um den eigentlichen Nutzen oder das eigentliche Ziel zu erreichen.
- **Geschäftseinheiten (Organisation):** Logische oder strukturelle Einheiten des Unternehmens, wie z. B. Abteilungen, Standorte und Werke des Unternehmens, oder logische Nutzergruppen, wie z. B. „Außendienst“ und „Innendienst“.

Sehr hilfreich ist dabei, dass zu den Phasen des Value Stream bestimmte Fähigkeiten (Capabilities), Kenntnisse und Ressourcen zugeordnet werden können. In Bild 5.10 und Bild 5.11 sind die Zusammenhänge zwischen Value Streams, Business Capabilities und Geschäftsprozessen dargestellt. Geschäftsprozesse werden in der Regel in verschiedenen Ebenen modelliert. Auf hoher Ebene findet man in der Regel die Prozesslandkarte, auf der nächsten Ebene Swimlane-Diagramme und dann die detaillierten Prozessmodelle. Die Anzahl der Ebenen kann unternehmensspezfisch variieren. Weitere Informationen hierzu finden Sie in [HLo21]).

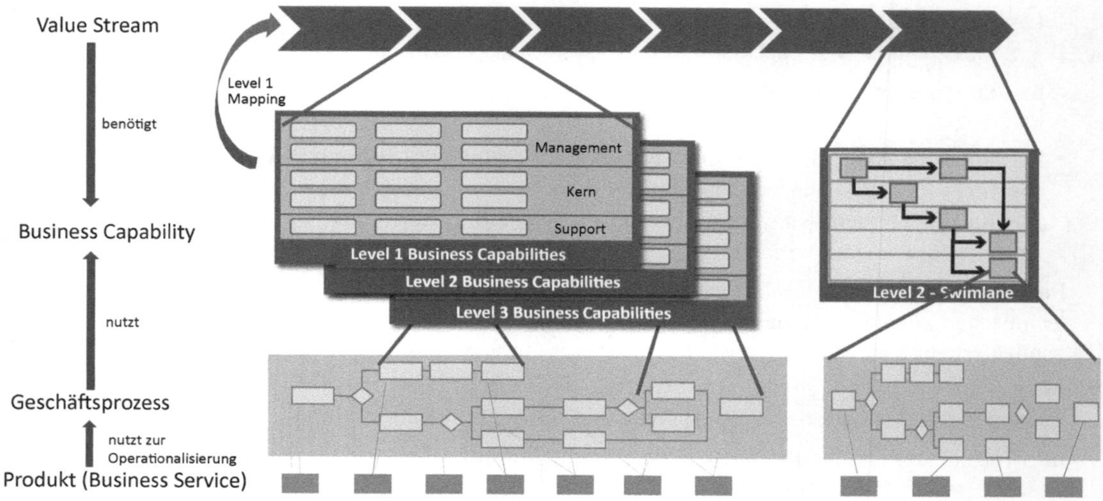

Bild 5.10 Zusammenhänge zwischen den Elementen

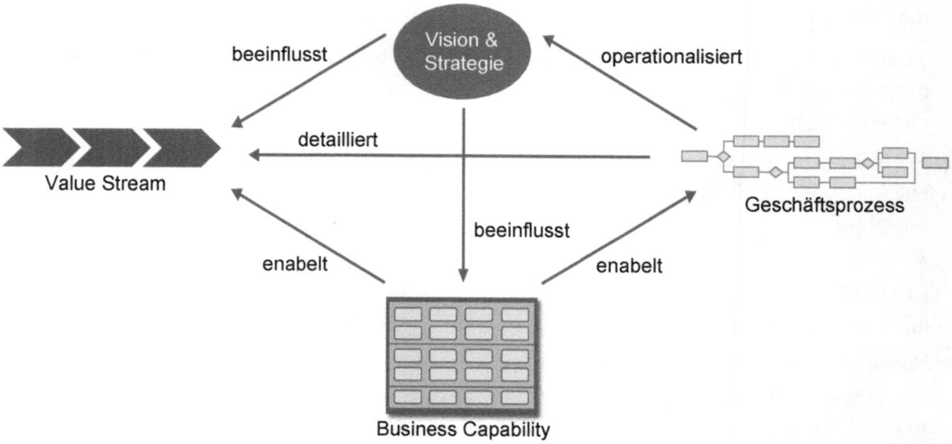

Bild 5.11 Beziehungen zwischen den Elementen

Wesentliche Bestandteile des Managements der Geschäftsarchitektur

Das Management der Geschäftsarchitektur beinhaltet die Dokumentation, Analyse, Planung und Steuerung der Weiterentwicklung aller Bestandteile der Geschäftsarchitektur. Wesentliche Teilprozesse des Managements der Geschäftsarchitektur sind:

- **Prozessmanagement** umfasst die Identifikation, Dokumentation, Gestaltung, Umsetzung, Steuerung und Optimierung von Geschäftsprozessen. Siehe Abschnitt 5.4.2.
- **Business Capability Management** ist ein systematischer Ansatz zur Identifikation der aktuell oder zukünftig für das Unternehmen relevanten Fähigkeiten (Business Capabilities) und zur schnellen Anpassung des Geschäftsmodells und der Geschäftsprozesse sowie deren IT-Unterstützung an veränderte Marktanforderungen und Wettbewerbsbedingungen. Siehe Abschnitt 5.4.1.

  Für eine erfolgreiche digitale Transformation müssen die aktuell und zukünftig relevanten Produkte und die dafür erforderlichen Geschäftsfähigkeiten identifiziert und dann Mitarbeiter und die Organisation sowie Prozesse des Unternehmens im Rahmen eines gesteuerten Veränderungsprozesses enabelt werden.
- **Informationsmanagement oder Datenmanagement** umfasst die Menge aller organisatorischen, fachlichen, methodischen und technischen Konzepte und Verfahren mit dem Ziel,
  - die Daten für einen zuverlässigen Geschäftsbetrieb bereitzustellen,
  - die optimale Nutzung von Daten zu gewährleisten und
  - eine angemessene Datenqualität, Datenschutz und Informationssicherheit zu gewährleisten.

  Jeder Stelle im Unternehmen müssen alle relevanten Informationen zum richtigen Zeitpunkt, am richtigen Ort und in der für den Verwendungszweck erforderlichen Qualität zur Verfügung stehen. Es beinhaltet die systematische, methodengestützte Planung und Steuerung der betrieblichen Informationsversorgung. Die Wertschöpfung aller Unternehmensbereiche hängt in erheblichem Umfang von der Qualität der Daten ab. Datenmanagement ist der Prozess für das Planen, Gestalten, Überwachen und Steuern der Verwendung, Verteilung und Kommunikation von Informationen in Organisationen zur Erreichung strategischer Ziele. Siehe Abschnitt 5.4.2.
- **Organisationsentwicklung** ist ein geplanter, systematischer und langfristiger Prozess der Veränderung und Weiterentwicklung der Aufbau- und Ablauforganisation von Unternehmen oder Unternehmensbereichen unter größtmöglicher Beteiligung aller Betroffenen. Siehe Abschnitt 5.4.4.

Nun schauen wir uns diese Disziplinen sowie das Innovationsmanagement und die Geschäftsmodellentwicklung etwas näher an.

5.4.1 Business Capability Management

Für eine erfolgreiche digitale Transformation müssen die aktuell und zukünftig relevanten Geschäftsfähigkeiten identifiziert und Mitarbeiter und die Organisation sowie Prozesse des Unternehmens im Rahmen eines gesteuerten Veränderungsprozesses enabelt werden. Das systematische Management der Fähigkeiten durch das Business Capability Management ist hierfür die Voraussetzung.

Definitionen

Business Capability Management ist ein systematischer Ansatz zur Identifikation der aktuell oder zukünftig für das Unternehmen relevanten Fähigkeiten und zur schnellen Anpassung des Geschäftsmodells und der Geschäftsprozesse sowie deren IT-Unterstützung an veränderte Marktanforderungen und Wettbewerbsbedingungen.

Business Capability Management liefert ein Instrumentarium, um das aktuelle Geschäft besser zu verstehen und zu optimieren sowie das zukünftige Geschäft und dessen IT-Umsetzung zu gestalten.

Business Capabilities sind (Geschäfts-)Fähigkeiten, die eine Organisation, eine Person oder ein System besitzt und auf die sich das Unternehmen stützt, um seine Geschäftsziele zu erreichen. Geschäftsfähigkeiten werden von Menschen oder Systemen in Prozessen unter Nutzung von Technologien und weiteren Ressourcen mit Leben gefüllt, um so das fachliche Leistungsvermögen des Unternehmens bereitzustellen.

Die Fähigkeiten werden im Wesentlichen durch Geschäftsfunktionen beschrieben, die durch Ressourcen- oder Technologieanforderungen konkretisiert werden können. Es wird in der Regel zwischen wettbewerbsdifferenzierenden und unterstützenden Geschäftsfunktionen unterschieden. ■

Business Capability Management ist essenziell für die Planung und Steuerung der digitalen Transformation. Erforderliche und vorhandene Geschäftsfähigkeiten dienen als Basis für die business-orientierte Planung und Steuerung der Weiterentwicklung der IT-Landschaft:

- **Vorgabe eines fachlichen Ziel-Bilds als Vision und gemeinsames fachliches Big Picture:** Zukünftiges angestrebtes Leistungsvermögen/Fähigkeiten als Orientierung sowie Aufzeigen von Handlungsfeldern
- **Unterstützung der Geschäftsmodellentwicklung sowie Business- und Investitionsplanung:** Umzusetzende Inhalte durch die explizite Benennung der erforderlichen Capabilities greifbar machen und fachliche Fokussierung durch Festlegung der geplanten oder erforderlichen Capabilities. Projekte bzw. Projektanträge lassen sich anhand der Business Capabilities klassifizieren und bewerten. So werden die Business- und die Investitionsplanung unterstützt und Entscheidungen abgesichert.
- **Nachvollziehbare Ableitung des IT-Ziel-Bilds und Roadmap zur Umsetzung:** Identifikation und Aufzeigen von fachlichen Handlungsfeldern aus Unternehmensstrategie, Pains & Trends und Ableitung von angemessenen Lösungsportfolios (technische Capabilities, Standards oder Prinzipien) für alle Handlungsfelder
- **Strategische IT-Planung (Ziel-Bild und Roadmap zur Umsetzung):** Business Capabilities bilden Ordnungsrahmen für strategische und taktische IT-Planung (siehe Abschnitt 5.3) sowie Voraussetzung für die Komponentisierung der IT-Landschaft.
- **Vorbereitung der IT auf Veränderungen im Business:** Die Business Capabilities geben fachliche Bezugspunkte für die Planung und Steuerung der IT-Umsetzung vor. Das Anwendungsportfolio wird in Bezug auf die aktuellen und zukünftigen Geschäftsfähigkeiten optimiert. Hierbei wird die Soll-IS-Landschaft entsprechend der zukünftigen feingranularen

Business Capability Map komponentisiert, d. h. serviceorientiert gestaltet. Auf dieser Basis lassen sich mit Hilfe einer Integrationsarchitektur neue Abläufe einfach durch Zusammensetzen und Orchestrieren der Business-Services konfigurieren. Die Orchestrierung wird über die Beschreibung in Geschäfts- und Detailprozessen je nach Detaillierungsgrad dargestellt (siehe Abschnitt 2.1). Die IT kann auf diese Weise schneller auf veränderte Anforderungen reagieren. Zudem kommt man hierdurch dem durch SOA vorgegebenen Ziel der Wiederverwendung von Services schon nahe.

Durch die Zuordnung von IT-Strukturen zu Business Capabilities kann die IT zudem businessorientiert gesteuert werden. Business-Vorgaben für eine fachliche Domäne oder eine Business Capability wie z. B. Desinvestition geben einen Rahmen für die strategische Planung der IT-Umsetzung vor. Basis hierfür sind prägnant bezeichnete grobgranulare Business Capabilities und Business-Services in einer möglichst einheitlichen Granularität (siehe Abschnitt 4.14).

- **Taktische Planung im Demand Management (Roadmap-Gestaltung):** Wesentlich sind abgestimmte fachliche Fähigkeiten und ein fachliches Big Picture als Grundlage für die Verortung von Anforderungen, Handlungsfeldern und Umsetzungsmaßnahmen. So leistet das Business Capability Management einen wesentlichen Beitrag zur Festlegung des zukünftig angestrebten Leistungsvermögens und der Fähigkeiten als Orientierung für den Soll-Ist-Vergleich und die Roadmap-Planung (siehe Bild 5.12).

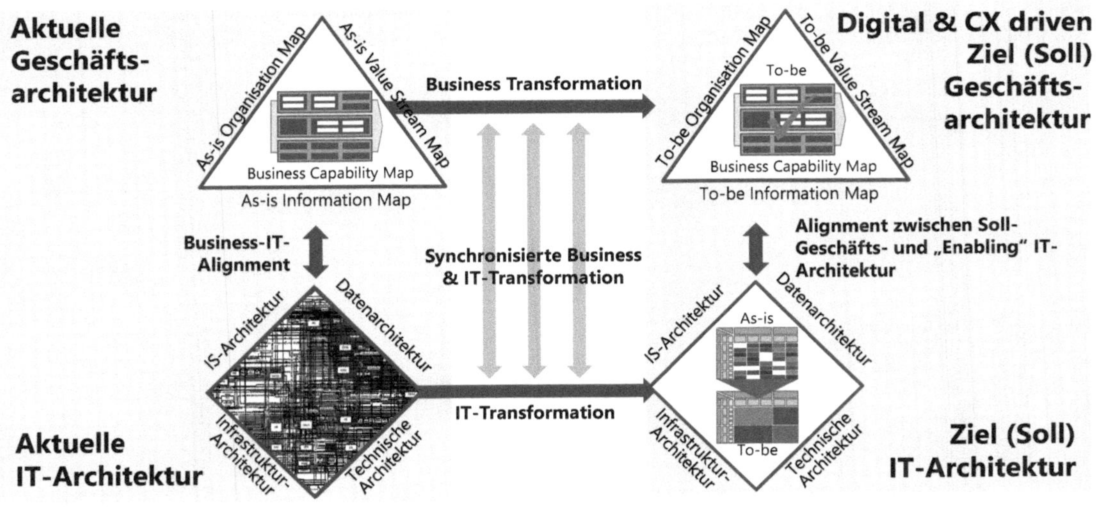

Bild 5.12 Business Capabilities als wesentliches Element für strategische IT-Planung

Das agile Management des Produkt-Backlogs auf der Basis der Business Capabilities nutzt die Business Capability Map zum Einsortieren der Feature-Requests und Bilden der Release-Schwerpunkte.

Ein Beispiel ist die Unterstützung beim agilen Planen von Projekten. So werden die Inkrementbildung von Projekten oder das Anforderungsmanagement unterstützt. Die Priorisierung und Zerlegung in Inkremente kann anhand der Business Capabilities (gegebenenfalls auf Business-Services oder deren Teilfunktionsebene) erfolgen. Für das Anforderungsmanagement liefert das Business Capability Management Ordnungsstrukturen für die Analyse und Bewertung von Anforderungen. So lassen sich Synergien leichter ermitteln und auch die Fokussierung auf strategische Ziele wird durch Business-Capability-basierte Priorisierung von Projekten erleichtert. Die strategische Prozessplanung liefert dann die Information, wie die Business Capabilities mit den Geschäftsprozessen verknüpft sind, und somit Hinweise, welche Capabilities gegebenenfalls über die reine Domänensicht hinaus kombiniert werden müssen, um später lauffähige End-to-end-Prozesse zu erhalten.

- **Planung und Steuerung der digitalen Transformation:** Fachliches Big Picture und Heatmaps als Basis für die Kommunikation sowie Planung und Steuerung über businessorientierte actionable Dashboards (siehe Abschnitt 5.9.3).

Das Business Capability Management liefert ein Instrumentarium, um das aktuelle Geschäft besser zu verstehen und zu optimieren sowie das zukünftige Geschäft und dessen IT-Umsetzung schneller und in hoher Qualität mit Zeitvorsprung vor dem Wettbewerb zu gestalten. Die Kernfunktionen des Unternehmens werden ermittelt, strukturiert und in einer Business Capability Map (siehe Bild 5.13) dokumentiert. Eine Business Capability Map beschreibt die Elemente für das aktuelle und zukünftige Geschäft. Sie gibt einerseits ein Raster, eine fachliche Strukturierung, und andererseits eine fachliche Sprache, die Business Capabilities, vor. Business Capabilities sind das Ergebnis aus der Identifikation der erforderlichen und vorhandenen Geschäftsfähigkeiten im Rahmen der Geschäftsmodell- und Strategieentwicklung. Zudem stellen Business Capabilities eine stabile Basis für die businessorientierte Planung und Steuerung der Weiterentwicklung der IT-Landschaft dar. Die IT-Strukturen, wie z. B. Informationssysteme, werden hierzu den Business Capabilities zugeordnet.

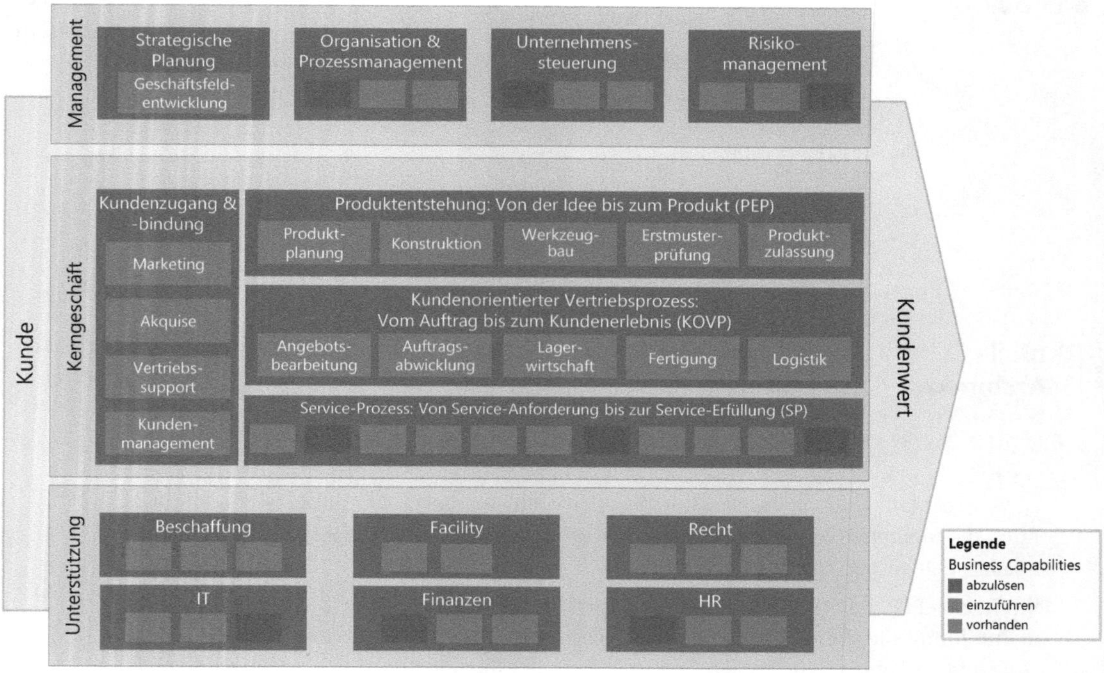

Bild 5.13 Beispiel Business Capability Map

Anhand dessen können wesentliche Inhalte des Geschäftsmodells und der Unternehmensstrategie übersichtlich und überzeugend präsentiert, strategische Entwicklungen diskutiert und die IT-Umsetzung gestaltet werden. Insbesondere für Business-Planer, Prozessarchitekten und Unternehmensarchitekten ist ein prägnantes und gleichzeitig kompaktes fachliches Gesamtbild des Unternehmens notwendig, um Synergie- und IT-Konsolidierungspotenziale aufzuzeigen und die stringente Umsetzung der zukünftigen Business Capabilities zu forcieren. Die Business Capabilities geben ein statisches Bild des Unternehmens wieder und sagen noch nichts über den Ablauf und die Sequenz von eingesetzten Business Capabilities aus. Letzteres erfolgt erst durch die Darstellung der Geschäftsprozesse und Detailprozesse, die die Business Capabilities orchestrieren und in eine sinnvolle Abfolge bringen. Erst so wird der Nutzen für das Unternehmen letztendlich verwirklicht.

Business Capabilities schaffen eine stabile fachliche Sprache. Sie beschreiben das „Was" und nicht das „Wie" des Geschäfts. Sie fassen die wesentlichen funktionalen Einheiten Ihres aktuellen oder zukünftigen Geschäftsmodells zusammen. Sie bilden einen „Rosetta Stone" für das Business-IT-Alignment (siehe Bild 5.14).

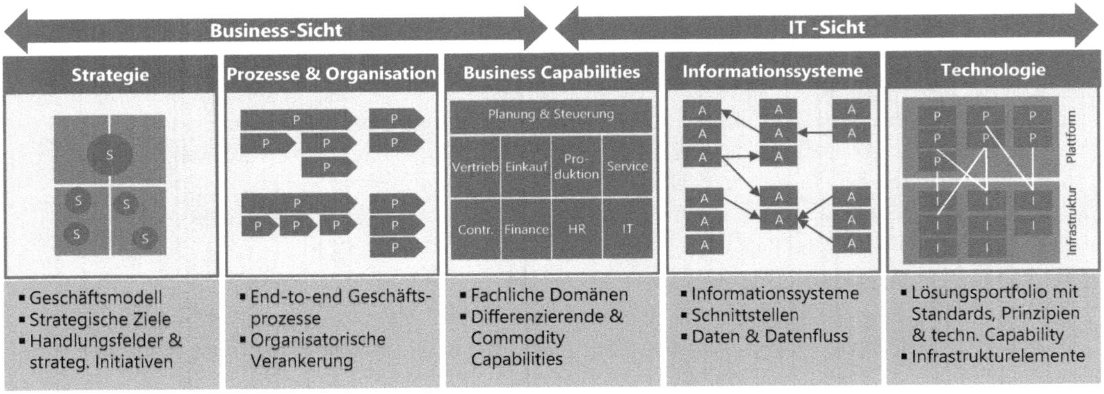

Bild 5.14 Business Capabilities als „Rosetta Stone" für das Business-IT-Alignment

Die Begriffe „Business Capabilities" und „Business Capability Management" werden in der Literatur sehr unterschiedlich verwendet. Im Wesentlichen möchten wir hier betriebswirtschaftliche und der IT nahe Definitionen aufführen.

In der betriebswirtschaftlichen Managementforschung wird Capability häufig mit Fähigkeit bzw. Kompetenz gleichgesetzt. Hier gibt es ressourcen- (Resource Based View) und marktorientierte (Market Based View) Erklärungsansätze (siehe [Mar07] oder [Mol10]). Nach dem ressourcenorientierten Ansatz hat jedes Unternehmen vorhandene und potenzielle Ressourcen und Kompetenzen, die einzigartig sind. Diese müssen bestimmt werden, um das Unternehmen vom Wettbewerb zu differenzieren und den passenden Markt festzulegen. Beim marktorientierten Ansatz wird der Markt auf der Basis seiner Vorteile ohne direkte Berücksichtigung der Stärken und Schwächen des Unternehmens ausgewählt und das Unternehmen und dessen Kompetenzen werden entsprechend ausgerichtet. Häufig findet man auch Mischformen (siehe [Ost11]). Diese beiden Ansätze, marktorientiert versus ressourcenorientiert, werden auch bei der Ableitung der Anforderungen an das Prozessmanagement aus der Unternehmensstrategie diskutiert (siehe Abschnitt 5.4.2). Hier wurde die Annahme getroffen, dass die Behauptung eines Unternehmens am Markt wesentlich von den Geschäftsprozessen des Unternehmens abhängt. Im Business Capability Management werden nun die Bausteine der Geschäftsprozesse in den Vordergrund gestellt.

In IT-nahen Definitionen, wie z. B. in [Kel09] oder [Bit11], wird Capability mit Geschäftsfähigkeit gleichgesetzt. Der Begriff Geschäftsfunktion wird häufig gleichwertig zu Geschäftsfähigkeit verwendet, da die funktionale Betrachtung im Fokus steht. Wesentliches Ziel beim IT-nahen Business Capability Management ist es, das Wissen über die Geschäftsfunktionen und deren Beziehungen zu IT-Strukturen zu nutzen, um Konsolidierungs- und Synergiepotenziale in der IT-Unterstützung des Geschäfts zu nutzen.

Forrester (siehe [Cam09]) definiert Business Capabilities IT-nah:

> *„A business capability defines the organization's capacity to successfully perform a unique business activity. Capabilities are the building blocks of the business, represent stable business functions, are unique and independent from each other, are abstracted from the organizational model, capture the business interests."*

In diesem Buch verwenden wir eine IT-nahe Definition für Business Capabilities und Business Capability Management.

Business Capabilities und Geschäftsprozesse

Business Capabilities sind im Vergleich zu Geschäftsprozessen eine umsetzungsunabhängige Beschreibung des Geschäfts. Sie stellen „stabile" fachliche Strukturen dar, da sie beschreiben, was und nicht wie etwas zu tun ist (siehe [Dom11]) und [Mic07]). Beispiele für Business Capabilities sind „Produktmanagement" oder „Auftragsfeinplanung".

Neue oder veränderte Geschäftsanforderungen ohne Veränderung des Geschäftsmodells haben keine Auswirkungen auf die Business Capabilities. Lediglich die Abläufe, die Werkzeuge und die Organisation, mit denen sie umgesetzt werden, gilt es entsprechend der Geschäftsanforderungen zu verbessern.

Wenn sich das Geschäftsmodell z. B. im Rahmen von Fusionen oder großen Umstrukturierungen verändert, sind die vom Unternehmen abzudeckenden Business Capabilities ebenfalls idealerweise flexibel anzupassen.

Wesentlicher Grund hierfür ist das durch das Business Capability Management vorgegebene prägnante und gleichzeitig kompakte fachliche Gesamtbild des Unternehmens. Anhand des fachlichen Big Picture aus den Business Capabilities können jedoch die Änderungsnotwendigkeiten übersichtlich und überzeugend präsentiert und die Erweiterungen oder Veränderungen vorgenommen werden. Das Storytelling ist hierbei eine wichtige Methode. ■

Struktur und Granularität von Business Capabilities

Business Capabilities werden einer fachlichen Domäne zugeordnet und lassen sich in Teil-Capabilities, auch Business-Services genannt, strukturieren. So entsteht eine Hierarchie (siehe Bild 5.15) mit prinzipiell beliebig vielen Hierarchiestufen. Für das strategische Business Capability Management werden in der Regel lediglich zwei Ebenen von Business Capabilities genutzt, wie im Beispiel in Bild 5.15 dargestellt.

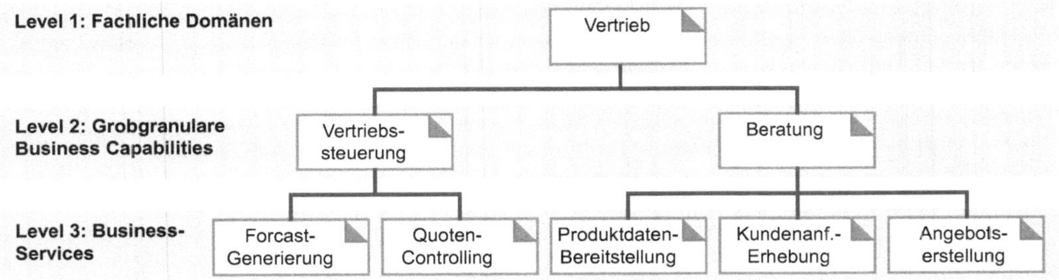

Bild 5.15 Beispiel einer Hierarchie von Business Capabilities (Ausschnitt)

Definition Service und Business-Service

Ein **Service** (Dienst) ist eine klar abgegrenzte Funktionalität, die ein Servicegeber einem Servicenehmer über eine oder mehrere Schnittstellen bereitstellt. Jedem Service liegt ein Vertrag zugrunde. Der Vertrag beschreibt einerseits die bereitgestellte Funktionalität und andererseits nichtfunktionale Eigenschaften (QoS – Quality of Service), wie z. B. Sicherheitslevel oder Performance.

Ein Business-Service ist ein fachlich orientierter Service, der im Business sichtbar und in der Sprache der Anwender beschrieben ist. Er stellt fachliche Funktionalität für die Nutzung in Geschäftsprozessen bereit und setzt damit eine für das Unternehmen notwendige Geschäftsfähigkeit (Business Capability) um.

Business-Services werden zu Geschäftsprozessen orchestriert und füllen Geschäftsfähigkeiten mit Leben. Beispiele für Business-Services sind die Bereitstellung von Produktdaten eines Autos für Kunden oder aber die Erfassung eines Versicherungsantrags.

Business-Services verbergen die technischen Details der Implementierung vor dem Business. Sie werden auf fachlicher Ebene entsprechend der Unternehmensstrategie und Geschäftsanforderungen gestaltet und von der IT als definierter, wiederverwendbarer Katalog zur Nutzung in Geschäftsprozessen zur Verfügung gestellt. ■

Im Business Capability Management werden in der Regel lediglich drei bis vier Ebenen von Business Capabilities genutzt, wie im Beispiel in Bild 5.15 dargestellt. Die oberste Ebene bilden die fachlichen Domänen, die übergreifend für die Strukturierung von allen fachlichen Strukturen, wie z. B. Geschäftsprozessen, verwendet werden können. Zur fachlichen Strukturierung (fachliche Domänen) können sowohl Geschäftsprozesse, Produkte und Geschäftsobjekte als auch andere fachliche Dimensionen, wie z. B. Geschäftspartner oder Vertriebskanäle, mit herangezogen werden.

In der zweiten Ebene finden sich die grobgranularen Business Capabilities, die in der Regel top-down aus der Unternehmensstrategie abgeleitet werden (siehe [2]). Darunter finden sich die Feature Business Capabilities, kurz Features. Features sind funktionale oder nichtfunktionale Eigenschaften (fachliche Funktionen) eines oder mehrerer Systeme oder Produkte, die für den Anwender einen unmittelbaren Wert darstellen. Sie werden vom Anwender als eine in sich geschlossene Einheit (ein sinnvolles Ganzes) wahrgenommen. Bei (Software-) Produkten wird häufig während der Bestimmung der Features hinterfragt, ob dieses Feature für den Käufer kaufentscheidend ist.

Tipp

Für die grafische Darstellung der wesentlichen Business Capabilities in der sogenannten Business Capability Map (siehe Bild 5.13) werden in der Regel die obersten beiden Granularitäten verwendet. Dies ist das „Big Picture“, das idealerweise für alle Zwecke immer in der gleichen Art und Weise verwendet wird. Diese Strukturen sollten sowohl in der Business Capability Map als auch in der Prozesslandkarte (siehe Abschnitt 5.4.2) verwendet werden.

Diese Level bleiben nach initialer Festlegung in der Regel relativ stabil. Lediglich bei disruptiven Innovationen verändert sich diese Struktur.

Empfehlungen für Ihre Business Capabilities:

- Anzahl Business Capabilities Level 1: 10 ± 2 (Orientierung)
- Anzahl Business Capabilities Level 2: 40 ± 20 (Orientierung)
- Gleiche Granularitäten auf allen Ebenen
- Möglichst schnell Stabilität der Business Capabilities auf Level 1 und 2 anstreben, da diese den fachlichen Ordnungsrahmen bilden
- Ordnen Sie die Business Capabilities Level 1 und Level 2 end-to-end-orientiert an, wie z. B. Marketing & Sales, Inbound Logistics, Operations, Outbound Logistics und Service oder aber entsprechend der Kernprozesse:
  - Kundenzugang und -bindung (Marktforschung, Kundenanfrage bis Klärung der Anfrage)
  - Innovationsprozess/PEP (Idee bis Produkt)
  - Absatzprozess/KOVP (Angebot, Vertrag, Rechnungserstellung bis Zahlungseingang)
  - Leistungserstellungsprozess (Produktion bis Lieferung)
- Business Capabilities ab Level 3 sollten wie Produkt-Features benannt werden. Sie werden u. a. für die Erkennung von fachlichen Redundanzen genutzt.
- Als Namen für Business Capabilities sollten nominalisierte Verben verwendet werden. Für Business-Capabilities-Level ≥ 2 sollten auch Kombinationen von Objekten (wie Vertriebskanäle, Geschäftsobjekte oder weitere) und Verben nominalisiert werden, wenn ein Objekt offensichtlich ist. Beispiel „Ersatzteilauftragsmanagement“.

Die grobgranularen Business Capabilities werden vorwiegend für die Optimierung des aktuellen und die Gestaltung des zukünftigen Geschäfts genutzt. Feingranulare Business Capabilities (Features und Teil-Features) dienen im Wesentlichen als Vorgabe für die Umsetzung von Business-Services (IT-Funktionalitäten). Diese entsprechen häufig der Granularitätsebene 4 (Level 4).

Die zukünftigen Business Capabilities sind die fachliche Vorgabe für die Weiterentwicklung der Applikationslandschaft. Insofern bilden sie die ideale fachliche Soll-Struktur der IT-Landschaft. Im Hinblick auf die Flexibilisierung der IT-Landschaft muss diese entsprechend der zukünftigen Business Capabilities (Level 3 bzw. 4) komponentisiert, d. h. serviceorientiert, gestaltet werden. Auf dieser Basis können mithilfe einer Integrationsarchitektur neue Abläufe einfach durch Zusammensetzen und Orchestrieren der Business-Services konfiguriert werden. Die IT kann so schneller auf sich verändernde Anforderungen reagieren. Die Orchestrierung der Business-Services, also deren Abfolge und Wechselwirkungen, wird durch die Geschäftsprozesse vorgegeben. Lassen sich die einzelnen Business-Services einfach miteinander verknüpfen, dann lassen sich auch Änderungen in den Prozessabläufen, unter der Annahme des Einsatzes derselben Services, schnell und ohne Programmieraufwand umsetzen. So sieht zumindest das Zielszenario aus, um Business-Veränderungen schnell umsetzen zu können. Für die Vorbereitung der IT bedarf es aber in der Regel eines langen Atems sowie tragfähiger Anwendungsarchitekturen als Zielvorgabe und Leitplanken für die Weiterentwicklung der Applikationslandschaft.

Die Business Capabilities sollten in einem Zielzustand den Granularitäten der Anforderungen (Investitionsthema, Epic, Feature, Realisierungsanforderung/User-Story, siehe Abschnitt 4.13) entsprechen. Beim Aufnehmen können die Feature-Requests zumindest einfach in die Business Capability Map einsortiert werden. So wird ersichtlich, in welchen Capabilities wie viele und welche Feature-Requests bestehen. So können Schwerpunkte für IT-Produkt-Roadmaps und die Release-Planung identifiziert werden. Umgekehrt können die Feature-Requests für die Verfeinerung oder Optimierung der Business-Capabilities-Level ≥ 3 genutzt werden.

So kann die Business Capability Map zur taktischen Planung und Roadmap-Gestaltung im Demand Management (siehe Abschnitt 4.13) genutzt werden. Neue Anforderungen, Feature-Requests, werden in die Capability Map einsortiert (siehe Bild 5.16). In Bild 5.17 ist das Zusammenspiel von Demand Management und den Disziplinen Strategieentwicklung, Business Capability Management, Demand Management, Projektportfoliomanagement (PPM) und Releasemanagement (Change Advisory Board, kurz CAB) dargestellt.

Tipp

Die Ableitung der Business Capabilities sowie insbesondere die Abstimmung der Strukturen (fachlichen Domänen) erfordern viel Fingerspitzengefühl. Gerade, wenn bereits Strukturen etabliert sind, wie z. B. über Prozesslandkarten, muss ein Kompromiss gefunden werden, mit dem alle Seiten „leben" können. Dieser Kompromiss muss sich insbesondere gut operationalisieren lassen. Nur so wird die Business Capability Map zukünftig als Grundlage für alle Planungs- und Entscheidungsprozesse herangezogen. Wesentlich ist hierfür, dass klare Verantwortlichkeiten und Kompetenzen, idealerweise passend zur Organisation, den fachlichen (Teil-)Domänen zuordenbar sind.

Trick hierzu: Erstellen Sie Teil-Domänen, worin aktuell keine klare organisatorische Zuordnung möglich ist, selbst wenn Sie dann drei Ebenen von Domänen erhalten sollten. Nur so bekommen Sie es nachhaltig zum „Fliegen". Diese Teil-Domänen können Sie zu einem späteren Zeitpunkt wieder aufräumen. ■

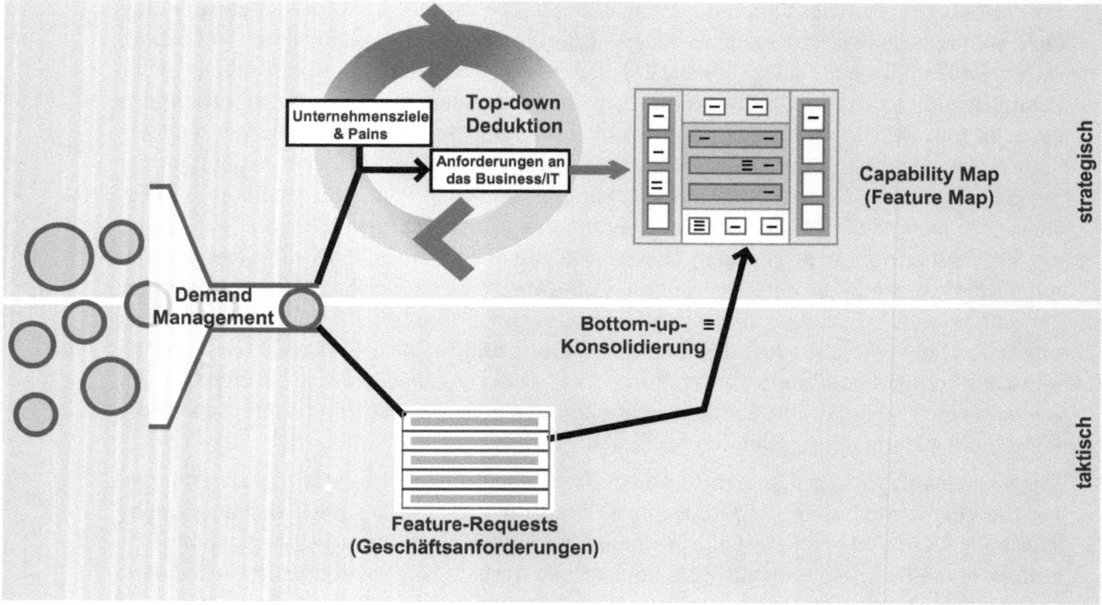

Bild 5.16 Inhaltliche Planung mit Hilfe einer Business Capability Map

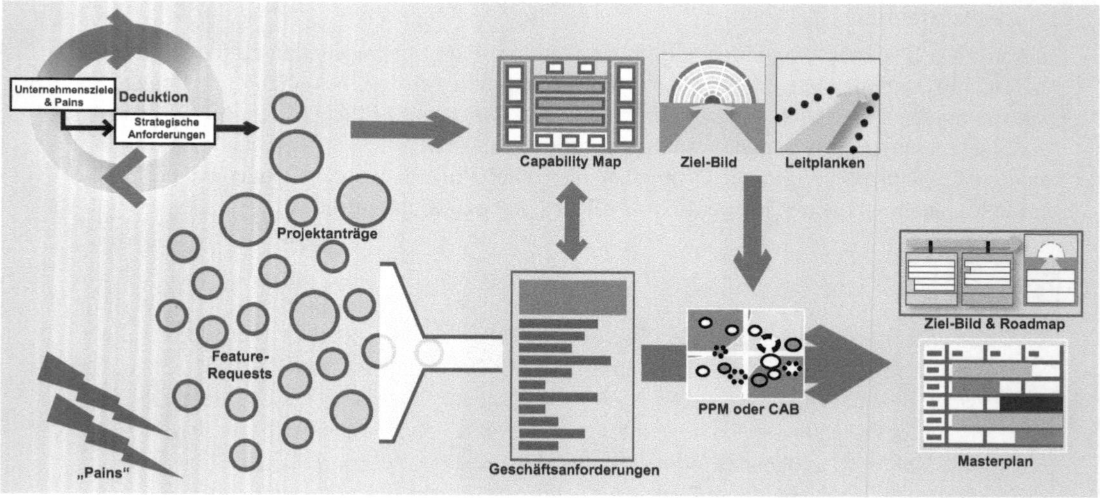

Bild 5.17 Zusammenspiel der Disziplinen

Jede Business Capability lässt sich durch Attribute weiter beschreiben. Neben der Kurz- und Langbeschreibung, dem Einsatzzweck und der Zuordnung zur fachlichen Domäne findet man häufig die folgenden Attribute:

- **Kategorie**
  Beispiel: unterstützende oder wertschöpfende Capability
- **Fachlicher Verantwortlicher** *(oder Owner oder Accountable):* In der Regel wird der fachliche Verantwortliche nur für die grobgranularen Capabilities (siehe Bild 5.15) festgelegt.
- **Strategische Klassifikationen**
  Beispiele: Strategie- und Wertbeitrag, Wettbewerbsdifferenzierung, Veränderungsdynamik, Geschäftskritikalität und SOX-Relevanz (z. B. niedrig, mittel oder hoch oder ein Wertebereich z. B. von 1 bis 10) oder aber „Innovation", „Differenzierung" und „Commodity"
- **Compliance-Relevanz und -Status**
  Beispiele:

  Compliance-Relevanz: ja/nein

  Compliance-Status: nicht umgesetzt/aufgesetzt/vollständig umgesetzt oder niedrig, mittel oder hoch)
- **Komplexität**: Fachliche Komplexität oder Grad der Abhängigkeiten (z. B. niedrig, mittel oder hoch)
- **Qualität der IT-Unterstützung**
  Beispiel: relative Einschätzung über niedrig, mittel oder hoch oder aber über den **SLA-Erfüllungsgrad der zugeordneten IT-Services** über Prozentsatz der Erfüllung
- **Version**
  Beispiel V 1.1 der Capability „Auftragsverwaltung"
- **Status im Lebenszyklus**
  Beispiel: vorhanden, einzuführen und abzulösen
- **Schutzbedarfsklassifikation**
  Beispiel: niedrig, mittel oder hoch
- **Sourcing-Strategie**
  Beispiel: Eigen- oder Fremdleistung

Darüber hinaus können sicherlich auch andere Attribute zugeordnet werden, die einerseits Aufschluss über die Business-Performance geben und andererseits weitere fokussierte Aspekte wie Reifegrad, Priorität, Prozessmaturität der zugeordneten Geschäftsprozesse, Ressourcenbedarf, Handlungsbedarfe oder Handlungsfehler, Risiken, Geschäftswert und Strategiebeitrag adressieren.

Die konkreten Attributausprägungen müssen Sie entsprechend Ihrer individuellen Ziele und Fragestellungen festlegen. Minimal werden in der Regel strategische Klassifikationen, wie Geschäftskritikalität, Status im Lebenszyklus sowie fachliche Verantwortliche festgelegt. Kennzahlen, wie die Qualität der IT-Unterstützung, können Sie entweder über pragmatische Meinungsbildung oder aber über eine rechnerische Kennzahlenermittlung für die Business Capabilities festlegen. Hilfestellungen für die Kennzahlenermittlung finden Sie in [Küt11].

Grafische Visualisierung der Business Capabilities

Business Capabilities werden häufig in einer sogenannten Business Capability Map, auch „funktionales Referenzmodell" (siehe [Han16]) genannt, dargestellt. Eine Business Capability Map ist letztendlich die grafische Anordnung fachlicher Domänen sowie der ihnen zugeordneten Business Capabilities. In der Regel beschränkt man sich hierbei auf die grobgranularen Business Capabilities, um ein fachliches Big Picture zu erhalten.

Bild 5.13 zeigt eine Business Capability Map. Durch farbliche Markierungen („Heatmap") wird auf einen Blick ein visueller Eindruck vermittelt. Im Beispiel in Bild 5.18 werden die Geschäftskritikalität über den Grauton und der Status im Lebenszyklus über den Kantentyp hervorgehoben.

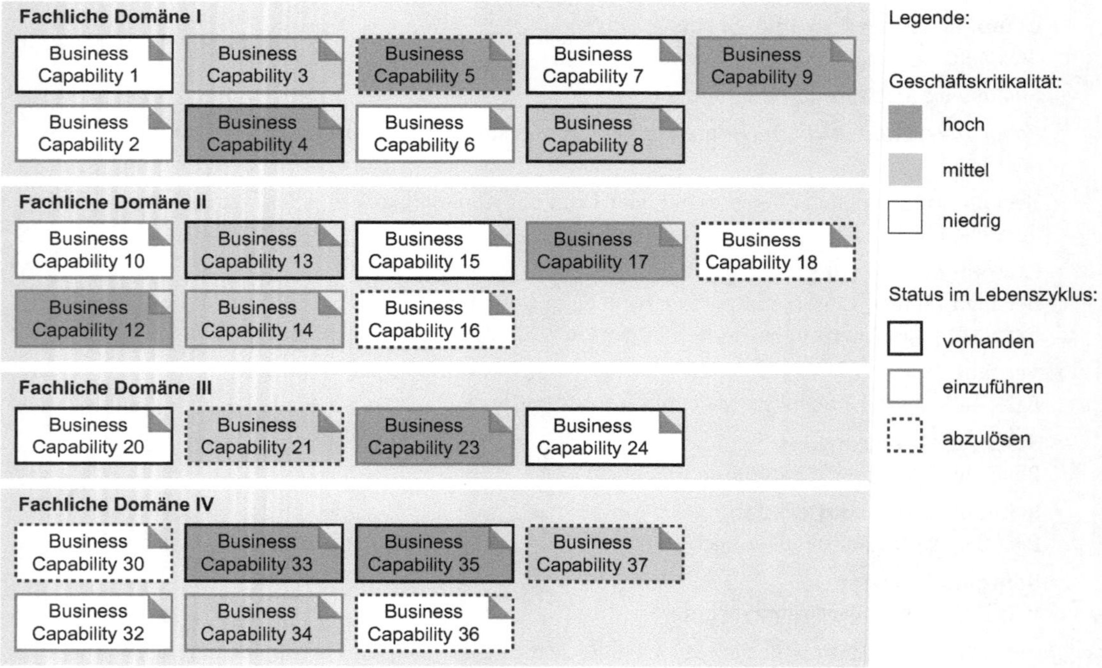

Bild 5.18 Heat-Map-Beispiel

Die fachlichen Domänen und Business Capabilities werden analysiert und „beplant". Handlungsbedarf und Optimierungspotenzial werden ermittelt und die Ergebnisse werden in einer Heatmap einfach und anschaulich visualisiert. Projekte lassen sich anhand der Business Capabilities klassifizieren und bewerten. So werden die Business- und die Investitionsplanung unterstützt und Entscheidungen abgesichert.

Die Business- und Investitionsplanung sind wesentliche Bestandteile der strategischen Unternehmensplanung. Bei Unternehmensneugründungen und Business-Transformationen, wie z. B. Merger & Acquisitions, werden in der Regel Business-Pläne neu erstellt oder ein bestehender Business-Plan wird an die aktuellen Ziele und Randbedingungen angepasst.

Im Business-Plan werden typischerweise alle betriebswirtschaftlichen und finanziellen Aspekte des Geschäftsmodells sowie die Unternehmensziele und die Strategien und Maßnahmen zur Umsetzung beschrieben. Wesentlich ist hierbei insbesondere auch die Analyse der benötigten und vorhandenen Business Capabilities des Unternehmens.

Business Capability Maps geben eine fachliche Strukturierung vor und liefern gleichzeitig ein prägnantes und kompaktes fachliches Gesamtbild des Unternehmens. Anhand dessen können wesentliche Inhalte des Geschäftsmodells und der Unternehmensstrategie übersichtlich und überzeugend präsentiert werden. Business Capabilities sind geeignet, um strategische Entwicklungen zu diskutieren.

In einem Unternehmen gibt es typischerweise nur ein fachliches Domänenmodell, wie z. B. ein funktionales Referenzmodell oder Business Capabilty Map, in dem die Business Capabilities des Unternehmens in einem „Big Picture“ dokumentiert werden. In Ausnahmefällen findet man auch verschiedene dezentrale bzw. lokale Business Capability Maps für unterschiedliche Unternehmensbereiche. Häufig gibt es übergeordnet dann eine zusammenfassende Business Capability Map.

Die fokussierte Heat-Map-Darstellung (siehe Bild 5.13 oder Bild 5.18) erleichtert strategische Entscheidungen des Topmanagements über eine zukünftige Ausrichtung und Priorisierung signifikant. Es wird schnell ein optischer Eindruck vermittelt. Auf einen Blick wird aufgezeigt, welche fachlichen Domänen oder Business Capabilities geschäftskritisch sind und an welchen Stellen wie stark investiert werden sollte. Mittels Hervorhebung von Kriterien, wie z. B. Geschäftskritikalität, Wettbewerbsdifferenzierung und Eigenleistungsfähigkeit wird ersichtlich, welche Fähigkeiten vom Unternehmen selbst erbracht oder zugekauft werden sollten. Sourcing-Entscheidungen werden abgesichert und das Anforderungsprofil für die Dienstleister lässt sich gut beschreiben. Bei diesen Entscheidungen unterstützt auch das strategische Prozessmanagement, das die Durchgängigkeit der Geschäftsprozesse sicherstellen muss und Informationen zu den Kernprozessen bereitstellen kann. Die Business Capabilities geben ein statisches Bild des Unternehmens wieder und sagen noch nichts über den Ablauf und die Sequenz von eingesetzten Business Capabilities aus. Letzteres erfolgt erst durch die Geschäfts- und Detailprozesse, die die Business Capabilities orchestrieren und in eine sinnvolle Abfolge bringen.

In einer Heatmap werden die Business Capabilities gegebenenfalls anhand unterschiedlicher Kriterien bewertet. So können z. B. die aktuell vorhandenen oder/und die zukünftig benötigten Business Capabilities dargestellt werden. Durch die Hervorhebung des Status im Lebenszyklus in Bild 5.18 wird sichtbar, welche Business Capabilities erst einzuführen oder abzulösen sind. Dieser Handlungsbedarf muss dann durch konkrete Maßnahmen aufgelöst werden.

Eine Business Capability Map gibt aber auch ein Ziel-Bild vor. Es werden alle Business Capabilities aufgeführt, die für das zukünftige Geschäftsmodell erforderlich sind. Business-Transformationen und Projekte lassen sich anhand der zukünftigen Business Capability Map klassifizieren, bewerten und steuern. So werden die Business- und die Investitionsplanung unterstützt und die Umsetzung des zukünftigen Geschäftsmodells abgesichert.

Tipp

Die zukünftige Business Capability Map beschreibt die zukünftigen Fähigkeiten der neuen Organisation. Auf dieser Basis werden die Geschäftsprozesse und die Organisation neu gestaltet oder verändert. Business Capability Management schafft ein inhaltliches Fundament für Entscheidungen im Kontext von Business-Transformationen oder strategischen Veränderungen des Geschäftsmodells.

Jedes Projekt muss einen Beitrag für die Verwirklichung der zukünftigen Business Capability Map leisten. Nur so bekommen Sie die Planung auch wirklich umgesetzt.

Eine Business Capability Map besteht aus den wesentlichen Business Capabilities und bildet häufig das fachliche Big Picture oder zumindest einen wesentlichen fachlichen Ordnungsrahmen für Ihr fachliches Ziel-Bild und die Roadmap für die Umsetzung.

Eine Business Capability Map ist eine Ausprägung eines fachlichen Domänenmodells, auch funktionales Referenzmodell genannt. In einem funktionalen Referenzmodell werden die fachlichen Funktionen, die Fähigkeiten (Capabilities) des Unternehmens, dokumentiert.

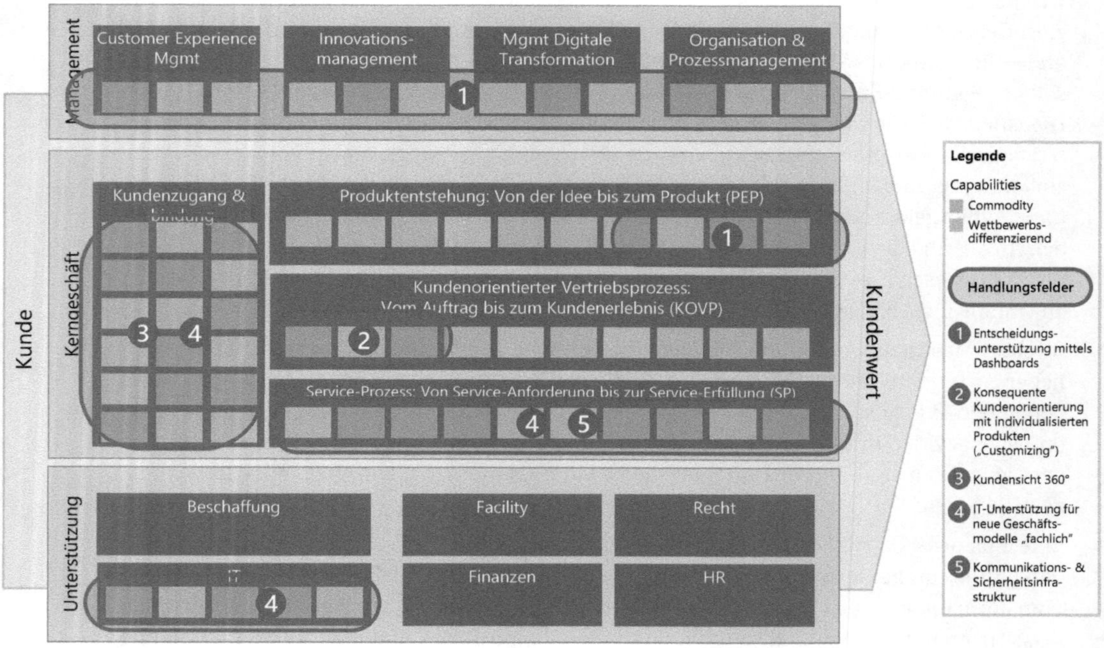

Bild 5.19 Handlungsfelder in einer Business Capability Map

Die zukünftige Business Capability Map dient auch als fachlicher Bezugsrahmen für die IT-Umsetzung. Insbesondere für Business-Planer, Prozessmanager und Unternehmensarchitekten ist ein prägnantes und gleichzeitig kompaktes fachliches Gesamtbild des Unternehmens notwendig, um Synergie- und IT-Konsolidierungspotenziale aufzuzeigen und die stringente Umsetzung der zukünftigen Business Capabilities zu forcieren. Die IT-Strukturen, wie z. B. Informationssysteme, werden den Kernfunktionen zugeordnet. Abdeckungslücken, funktionale Redundanzen und Abhängigkeiten werden transparent. Fachlich zusammenhängende Handlungsbedarfe und Optimierungspotenziale können zu Handlungsfeldern zusammengefasst werden (siehe Bild 5.19).

5.4.1.1 Vorgehen zur Ableitung einer Business Capability Map

Der Nutzen von Business Capability Maps überzeugt sehr schnell (siehe Business-Capability-Management-Einsatzszenarien in Abschnitt 5.4.1). Nun stellt sich unmittelbar die Frage: „Wie findet man die für das Unternehmen aktuell oder zukünftig relevanten Business Capabilities.

Den Ausgangspunkt der Ableitung Ihrer Business Capability Map bildet die Identifikation der Business Capabilities bzw. der fachlichen Funktionen. Eine scharfe Unterscheidung ist in der Praxis nicht notwendig, da es darum geht, die maßgeblichen fachlichen Strukturen im Unternehmen zu identifizieren. Methodisch „sauber" müssen natürlich erst die Fähigkeiten und dann die Funktionen, häufig auch Services genannt, zur Umsetzung identifiziert werden. Der Aufwand und vor allen Dingen der Zeitbedarf zur „sauberen" Ableitung sind aber aufgrund des enormen Abstimmungsaufwands in der Regel im engen Terminplan kaum möglich.

Tipp

Wenn Sie noch keine abgestimmten fachlichen Strukturen haben, sollten Sie Rohentwürfe Ihrer Business Capability Map erstellen und in die Kommunikation einsteigen. Der Nutzen wird für Fachbereiche und Business Manager schnell sichtbar und Sie finden Sponsoren für die Erstellung Ihrer Business Capability Map. ■

Die Identifikation der Business Capabilities kann entweder top-down oder bottom-up erfolgen (siehe [Dom11]). Der Top-down-Ansatz wird häufig als strategisch und der Bottom-up-Ansatz als opportunistisch (siehe Bild 5.20) bezeichnet.

- **Top-down-Ansatz:** Beim Top-down-Ansatz werden ausgehend von Ihrer Unternehmensstrategie, Trends und Ihren strategischen Geschäftsanforderungen die Geschäftsfunktionen ermittelt, die für die aktuelle und/oder zukünftige Umsetzung Ihres Geschäftsmodells erforderlich sind. Es wird ein fachlicher Ordnungsrahmen für die Optimierung des aktuellen und die Gestaltung des zukünftigen Geschäfts vorgegeben.
- **Bottom-up-Ansatz:** Der Bottom-up-Ansatz ist in der Regel projekt- und lösungsgetrieben. Entsprechend der Projektanforderungen werden die erforderlichen Business-Services (auch Business-Funktionen genannt) ermittelt und bereitgestellt. Bottom-up festgelegte Business Capabilities sind in der Regel feingranular. Zudem orientieren sie sich oft an den bestehenden Lösungen. Der Investitionsschutz für Altanwendungen steht häufig im Mittelpunkt des Bottom-up-Ansatzes. Die durch die vorhandene Systemlandschaft bereitgestellten Funktionalitäten und Schnittstellen bilden den Ausgangspunkt für die Festlegung von feingranularen Business Capabilities (Level > 2). Aus den feingranularen Business Capabilities müssen dann grobgranulare Business Capabilities bestimmt werden.

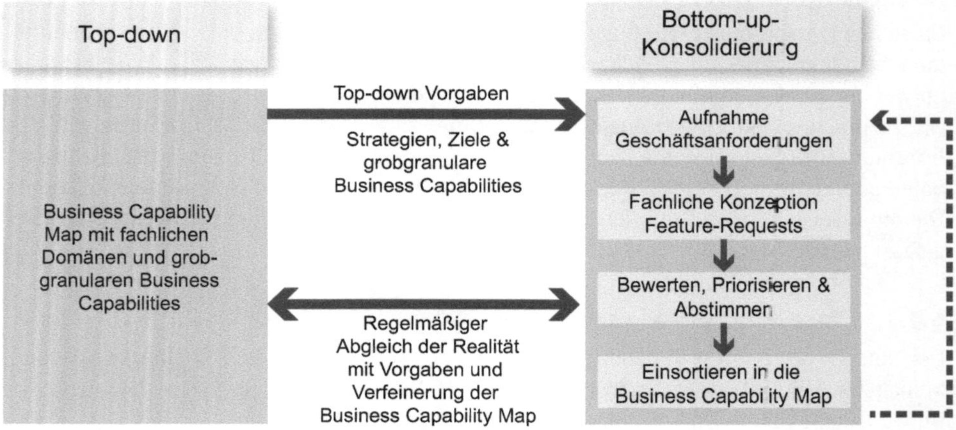

Bild 5.20 Hybride Vorgehensweise bei der Ableitung Ihrer Business Capability Map

Empfehlung

Wir empfehlen eine hybride und gleichzeitig agile Vorgehensweise (siehe Bild 5.20), um die Vorteile von beiden Ansätzen zu vereinigen. Übergeordnete Vorgaben und Strukturen für die fachlichen Domänen (Business Capabilities Level 1 und 2) werden top-down aus der Strategie und des Geschäftsmodells abgeleitet und auf Basis des Inputs/Feedbacks der Schlüsselpersonen oder projektgetrieben, d. h. bottom-up, mit Leben gefüllt bzw. justiert.

Verfolgen Sie bei der Festlegung der übergreifenden Struktur und der grobgranularen Business Capabilities stets einen Top-down-Ansatz. Nur so können Sie gewährleisten, dass Sie die Unternehmensstrategie und strategischen Geschäftsanforderungen berücksichtigen.
Durch eine übergeordnete Koordination auf Basis der Business Capability Maps verhindert man, dass in unterschiedlichen Projekten funktional sich überschneidende Services entstehen, die gegebenenfalls technisch unterschiedlich realisiert sind.

Ergebnis der Top-down-Festlegung ist ein funktionales Referenzmodell mit Top-down-Kandidaten für Business-Services als Input für Projekte. Konkret nutzbare Business-Services entstehen erst im Rahmen von Projekten und Wartungsmaßnahmen (bottom-up). Die bottom-up bereitgestellten Business-Services können sich von den Top-down-Kandidaten durchaus unterscheiden, da die bereitgestellten Business-Services die realen Projektanforderungen umsetzen. Sie ersetzen oder ergänzen die Top-down-Servicekandidaten zumindest teilweise.

Durch einen regelmäßigen Abgleich der Top-down-Vorgaben mit den Erkenntnissen aus den Projekten wird das funktionale Referenzmodell schrittweise justiert und somit immer „realitätsnäher“. So lässt sich die Angemessenheit der Business-Services für die Umsetzung der Geschäftsanforderungen sicherstellen. ■

Beim initialen Top-down-Ableiten der Business Capabilities Level 1 und Level 2 werden exemplarische Business Capabilities für die Level > 2 als eine Grundlage für die Kommunikation mit dem Business erstellt. Dies ist notwendig, da die Business Capabilities auf Level 1 und 2 noch sehr grob sind und Missverständnisse ohne ein zumindest exemplarisches Ausfüllen des Ordnungsrahmens begünstigen. Diese feingranularen Business Capabilities verdeutlichen die übergeordnete Struktur. Feingranulare Business Capabilities unterstützen den Realitätscheck des fachlichen Ordnungsrahmens.

Im Folgenden finden Sie ein bewährtes Vorgehen für die Identifikation von Business Capabilities. Bezüglich des Bottom-up-Abgleichs wird auf [Han18] verwiesen.

5.4.1.2 Schritt-für-Schritt-Anleitung zur Ableitung

Ausgehend von der Unternehmensstrategie und strategischen Geschäftsanforderungen werden die für das aktuelle und zukünftige Geschäft notwendigen Business Capabilities in einem iterativen Prozess identifiziert und zu einer Business Capability Map (Level 1 und 2), dem Big Picture, angeordnet. Die detaillierten Business Capabilities werden in der Regel in einer Tabelle oder in einem EAM-Tool aufgenommen.

Von besonderer Bedeutung ist hierbei der erste Schritt, da das Big Picture hinreichend stabil bleiben sollte. Die wesentlichen Schritte zur initialen Entwicklung einer Business Capability Map sind in Bild 5.21 dargestellt.

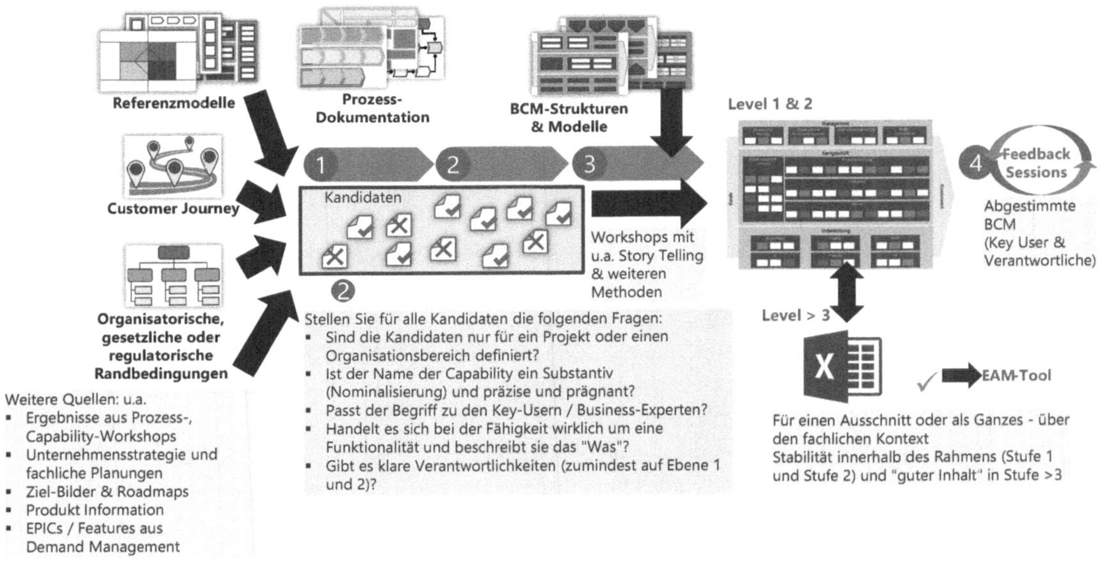

Bild 5.21 Initiale Entwicklung der Business Capability Map

Wesentlichen Input für die initiale Capability Map liefern Referenzmodelle, Customer Journeys, Prozessdokumentationen, bereits vorhandene funktionale oder Capability-Modelle sowie weitere fachliche Unterlagen. Identifizieren Sie aus diesen Kandidaten und ordnen Sie diese bereits in der initialen Business Capability Map sowie in einem Capability Excel an, siehe Bild 5.21. Nutzen Sie hierzu das Storytelling in Value Stream Mapping Workshops. Hierdurch können Sie gemeinsam die Capabilities in eine logische wertschöpfende Reihenfolge bringen. Zudem können zu den Phasen des Value Stream bestimmte Fähigkeiten (Capabilities), Kenntnisse und Ressourcen zugeordnet werden.

Nutzung von Storytelling für die Weiterentwicklung Ihrer Business Capability Map

Storytelling ist das Erzählen von Geschichten. Im Kontext der Weiterentwicklung Ihrer Business Capability Map können Sie diese Methode als interaktive Methode in einem interdisziplinären Team wie folgt nutzen (siehe Bild 5.22 und Bild 5.23):

1. *Beschreiben Sie die End-to-end-Wertschöpfungskette mit Hilfe der vorhandenen Capabilities auf Wertschöpfungskettenebene auf „Zetteln".*
   Hängen Sie Zettel für Zettel auf und stellen Sie ein gemeinsames Verständnis bei den Workshop-Teilnehmern sicher. Ordnen Sie die Capabilities entlang der Wertschöpfung an und „erzählen" Sie die „Wertschöpfungsgeschichte". Nehmen Sie Änderungsbedarf mit auf. Häufig werden hier Teilaspekte (u. a. Teil-Capabilities) benannt. Nehmen Sie diese ebenso wie Sonderfälle und Ausnahmen unterhalb der Kern-Capability auf.
2. *Analysieren Sie die konsolidierten Anforderungen und erweitern Sie gegebenenfalls die End-to-end Story.*
   Gehen Sie Anforderung für Anforderung durch und identifizieren Sie gemeinsam mit den Workshop-Teilnehmern gegebenenfalls notwendige weitere Capabilities. Erschaffen Sie mit den Workshop-Teilnehmern gemeinsam ein Bild von der Zukunft.

   Nehmen Sie die Vorschläge der Teilnehmer mit auf, diskutieren Sie diese im Plenum und sortieren Sie diese ggf. in der richtigen Granularität (Ebene) ein oder verwerfen Sie diese wieder.
3. *Analysieren Sie, ob auf Capabilities verzichtet werden kann.*
   Analysieren Sie, ob durch strategische Stoßrichtungen, wie z. B. Verlagerung von Unternehmensteilen nach außen, Capabilities entfallen können.
4. *Beschreiben Sie die Input- und Output-Beziehungen.*
   Geben Sie für jede Capability die erforderlichen Inputs (u. a. Daten oder Voraussetzungen) und deren Outputs an und verbinden Sie die Capabilities auf Wertschöpfungskettenebene.
5. *Analysieren Sie die Verantwortlichkeiten.*
   Analysieren Sie die RACI-Verantwortlichkeiten (R - Responsible, A - Accountable, C - Consulted, I - Informed). Notieren Sie Unklarheiten.

   Teilen Sie Business Capabilities mit allen erforderlichen Informationen, wenn es hier unterschiedliche Verantwortlichkeiten gibt.
6. *Führen Sie weitere Analysen entsprechend Ihrer Ziele und Stoßrichtungen durch.* ■

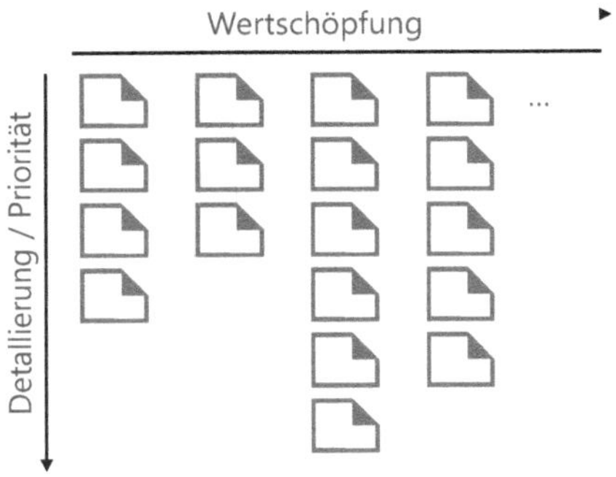

Bild 5.22
Storytelling – Erzählfluss entsprechend der Wertschöpfung

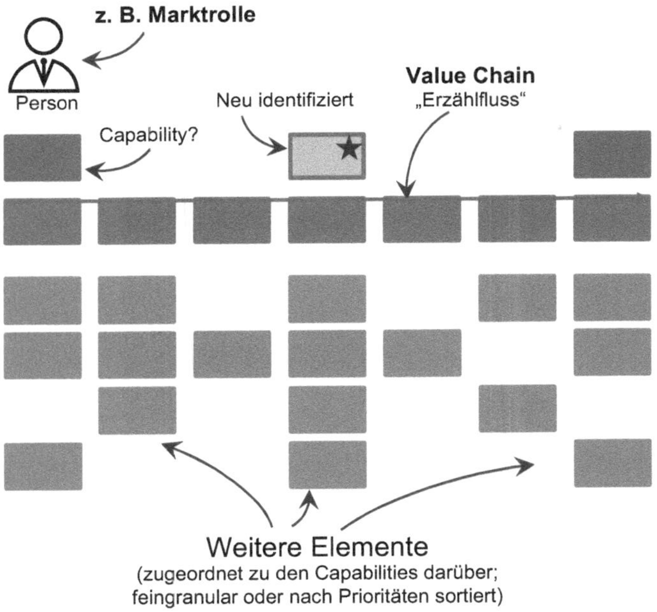

Bild 5.23
Storytelling mit Detaillierung und Priorisierung

Wichtig

Der Aufwand für die initiale Identifikation der Business Capabilities ist aufgrund der notwendigen Abstimmungen in der Regel beträchtlich. Daher sollten Sie iterativ vorgehen. Sobald Sie einen ersten groben, aber hinreichend „runden" Entwurf haben, sollten Sie diesen mit den Schlüsselpersonen in Ihrem Unternehmen abstimmen. Starten Sie dabei mit den fachlichen Domänen und den grobgranularen Business Capabilities. Aufgrund des Feedbacks können Sie dann die Qualität kontinuierlich erhöhen und letztendlich die Business Capability Map (funktionales Referenzmodell) zur Entscheidung vorlegen. ■

Eine Business Capability Map wird in der Regel innerhalb eines (internen) (Teil-)Projekts im Kontext der Business-Planung oder aber der Unternehmensstrategieentwicklung erstellt. Initiiert wird dies häufig von Stabsstellen in der Unternehmensstrategie, im Strategischen Prozessmanagement oder aber im Enterprise Architecture Management. Die resultierende Business Capability Map wird in der Unternehmensführung bzw. durch die Führung der Geschäftseinheiten freigegeben. Diese werden im Folgenden als Auftraggeber bezeichnet.

Folgende Schritte für die Erstellung einer Business Capability Map haben sich bewährt. Wenn die Ergebnisse eines Schritts bereits vorliegen, kann dieser einfach übersprungen werden.

I. Business-Kontext ermitteln

1. **Strategische Vorgaben, Geschäftstreiber und Randbedingungen ermitteln**
   a) Ermitteln Sie die wesentlichen strategischen Vorgaben aus der Unternehmensstrategie sowie die internen und externen Randbedingungen, wie z. B. gesetzliche und Compliance-Anforderungen. Wesentlich sind insbesondere strategische Grundausrichtungen bezüglich Ihrer Innovationsgeschwindigkeit, Ihres Produkt- und Leistungsspektrums, der Kundengruppen, -ansprache und -bindung sowie Ihrer Leistungserbringung und Sourcing-Strategie. Beispiele hierfür sind:
   - Produkt- und Leistungsspektrum: Premium-Strategie oder Kostenführerschaft;
   - Innovationsgeschwindigkeit: „Early-Majority“-Adopter-Kategorie (vgl. [Rog95]);
   - Kundengruppen: Privatkunden im Markt Europa;
   - Kundenansprache und -bindung: Self-Service-Portale und Direktvertrieb;
   - Leistungserbringung und Sourcing-Strategie: Konzentration auf Kerngeschäft, Outsourcing der Commodity.

   b) Sammeln Sie zudem die aktuellen Geschäftsanforderungen, aktuellen Handlungsbedarf und Randbedingungen durch Gespräche mit den fachlichen Schlüsselpersonen.

   c) Leiten Sie aus den strategischen Vorgaben und Geschäftsanforderungen Ihre Geschäftstreiber ab und dokumentieren Sie diese.

   d) Stimmen Sie sich auch hier mit dem Prozessmanagement ab, da Geschäftsprozesse Business Capabilities orchestrieren. Anforderungen an die künftige Gestaltung der Geschäftsprozesse sind auch für die Gestaltung der Business Capabilities relevant.

> **Wichtig**
>
> Falls es keine niedergeschriebene Unternehmensstrategie gibt, sollten Sie Ihre Annahmen über die Unternehmensstrategie aufschreiben – insbesondere die Unternehmensziele und die strategische Grundausrichtung. So verschaffen Sie sich einen Ausgangspunkt für die Abstimmung mit der Unternehmensführung sowie für die Ableitung der für Sie notwendigen Business Capabilities. ■

2. **Aktuelles oder zukünftiges Geschäftsmodell im Detail verstehen und beschreiben**
   a) Bestimmen Sie Ihre Kunden, Vertriebskanäle und Produkte.
   Detailfragen hierzu sind u. a.:
   - Welche Kundengruppen sind für das Unternehmen in welchen Märkten relevant? Welche gibt es aktuell? Welche werden künftig angestrebt?

- Welche Kundengruppen nutzen welche Produkte oder Dienstleistungen über welche Vertriebskanäle? Warum?
- Was differenziert Ihr Unternehmen gegenüber dem Wettbewerb? Eher Individualisierung oder Kostenführerschaft?
- Was ist das Kundenbedürfnis?
- Welche Wettbewerber sind mit welchen Konkurrenzprodukten zu welchen Kosten und Leistungen wie erfolgreich?
- Wie wichtig ist der Zeitvorsprung/die Agilität gegenüber dem Wettbewerb?

b) Ermitteln Sie die Geschäftspartner, Kommunikationsdienstleister, Vertriebskanäle und Institutionen, mit denen Sie zusammenarbeiten. Beschreiben Sie die Art und den Kontext der Zusammenarbeit (siehe hierzu auch die Ergebnistypen Geschäftsmodell, Operational Model und Fachliches Referenzmodell aus [HLo22]).

c) Analysieren Sie Ihre Ressourcen. Bestimmen Sie die Art und Skills der Ressourcen. Dokumentieren Sie Ihre Organisationsstrukturen, wie z. B. Standorte, Werke und logische Nutzergruppen. Dies setzt häufig Randbedingungen für die Ableitung Ihrer Capabilities.

3. **Den ermittelten Business-Kontext mit Ihrem Auftraggeber und mit Schlüsselpersonen abstimmen**
Gegebenenfalls können Sie die Abstimmung zunächst zusammen mit dem ersten Entwurf Ihrer Capability Map durchführen.

Definition Fachliche Domäne

Durch fachliche Domänen wird eine Strukturierung für die Geschäftsarchitektur vorgegeben. Diese Strukturierung wird häufig auf organisatorische Zuständigkeiten übertragen. So lassen sich die Bebauungselemente eines Clusters auch auf verschiedene fachliche Bebauungsplaner aufteilen. Der fachliche Bebauungsplaner kann sich dann auf die Fachlichkeit seines Bebauungsclusters konzentrieren. ■

II. Fachliche Domänen als Grundgerüst Ihrer Capability Map festlegen

4. **Sammeln Sie Vorschläge für fachliche Domänen**

a) Nutzen Sie als Ausgangspunkt für die Festlegung Ihrer fachlichen Domänen entweder Ihre Wertschöpfungsketten (siehe Abschnitt 2.1.3) oder aber Branchen-Referenzmodelle, soweit vorhanden. Beispiele für Branchen-Referenzmodelle sind die VAA im Versicherungsumfeld (siehe [Ges01]), die eTOM in der Telekommunikation (siehe [Ber03-2] und [Joh11] oder MSBA (siehe Bild 5.24).

Hinweis

Microsoft Services Business Architecture (siehe [Mic07]), kurz MSBA oder Motion genannt, ist die bekannteste Methode im Kontext des Business Capability Managements. In der Methode Motion von Microsoft wird die oberste Ebene „Foundation Capability“, die nächste „Capability Groups“ und die dritte Ebene „Business Capabilities“ genannt. ■

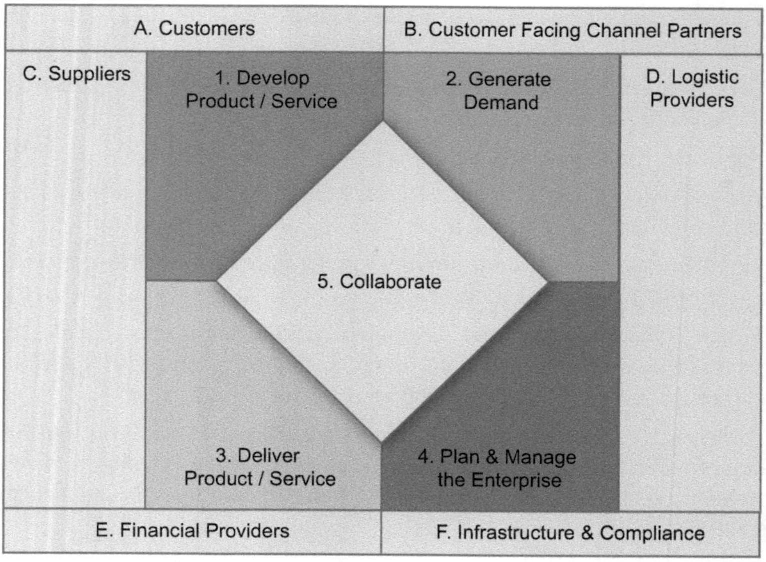

Bild 5.24 MSBA (siehe [Mic07])

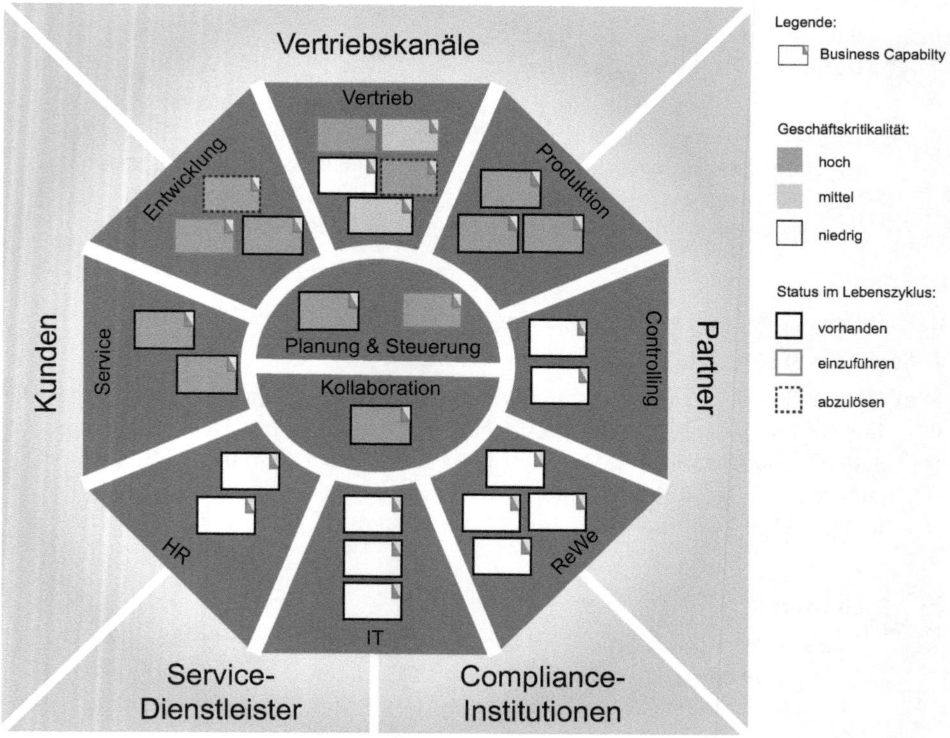

Bild 5.25 Beispiel Struktur Business Capabilities

b) In Bild 5.25 und Bild 5.13 finden Sie eine bewährte wertschöpfungskettenbasierte Domänenstruktur als Ausgangspunkt für die Ableitung Ihrer Business Capability Map.

c) Ergänzend zu Wertschöpfungsketten werden häufig Produkte, Kundengruppen, Vertriebskanäle, Standorte oder andere organisatorische Strukturen und/oder Geschäftsobjekte als fachliche Domänen genutzt. Siehe hierzu auch die Elemente einer Geschäftsarchitektur in Abschnitt 5.4.
Beispiele für Produkte im Bankenumfeld sind „Wertpapier" und „Geld & Devisen". „Partnerverwaltung" ist ein Beispiel für eine geschäftsobjektorientierte fachliche Domäne. Falls eine weitere Strukturierung erforderlich ist, werden häufig Kundengruppen, Vertriebskanäle oder Standorte genutzt. Sie können auch die in Kapitel 3 beschriebenen Ergebnistypen des Strategischen Prozessmanagements nutzen: Unternehmensprozessmodell, Fachliches Referenzmodell und Prozesslandkarte.

Gerade in der Digitalisierung werden immer häufiger mehrdimensionale Domänenlandkarten wichtig, da mehrere fachliche Dimensionen für die Planung und Steuerung der digitalen Transformation von Bedeutung sind. In Bild 5.26 finden Sie ein Beispiel mit einer mehrdimensionalen Domänenlandkarte in Matrixstruktur. Oben finden Sie Business Capabilities in zwei Hierarchieebenen. Seitlich finden Sie dann die Produkte aufgeteilt nach den Kundengruppen und zudem noch nach den Regionen.

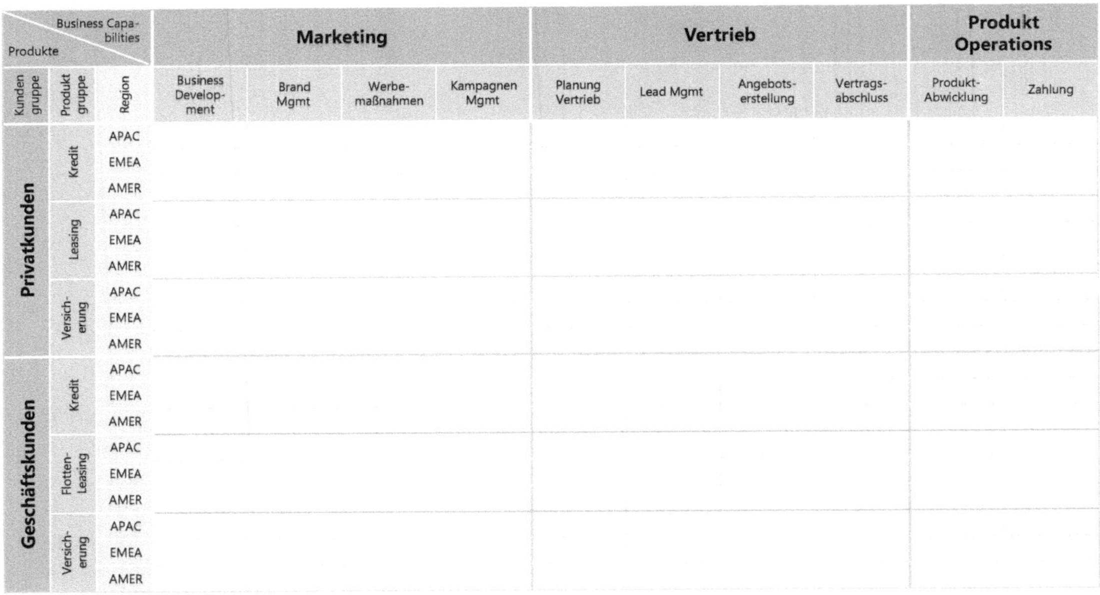

Bild 5.26 Beispiel zweidimensionale Domänenlandkarte

5. **Erstellen Sie einen Vorschlag für die fachliche Domänenstruktur.**

   a) Wählen Sie aus den Domänenkandidaten die für Sie passenden aus. Die fachlichen Domänen sollten hierbei überwiegend aus einer „Kategorie", wie z. B. Business Capabilities, stammen. Häufig werden Wertschöpfungsketten gegebenenfalls angereichert mit fachlichen Dimensionen, wie z. B. Geschäftsobjekten oder Vertriebskanälen, die „quer" zu den Wertschöpfungsketten und Geschäftsprozessen liegen.

Oft werden entweder die Kerngeschäftsprozesse oder die Produkte als Hauptstrukturierungskriterium verwendet. Im Banken- und Versicherungsumfeld wird typischerweise eine produktorientierte und im produzierenden Gewerbe eher eine prozessorientierte oder funktionale Strukturierung verwendet. Es können aber ebenso die anderen Bestandteile der fachlichen Bebauung herangezogen werden.

In Bild 5.27 finden Sie einen Ausschnitt eines funktionalen Referenzmodells aus dem Versicherungsumfeld. Letzteres ist produktorientiert strukturiert. Die Produkte „Leben“, „Kranken“ und „Komposit“ beinhalten jeweils die gleichen fachlichen Funktionen, daher wird dies in der Abbildung überlagert dargestellt. Auf der Hauptstrukturierungs- oder Unterstrukturierungsebene finden Sie also überwiegend Geschäftsprozesse, Produkte, fachliche Funktionen, Geschäftsobjekte oder Geschäftseinheiten, wie z. B. Nutzergruppen, Standorte oder Werke.

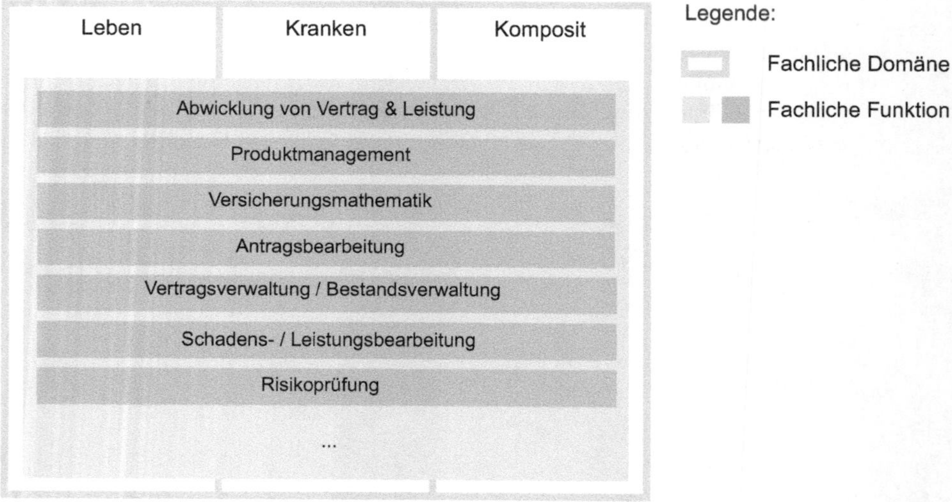

Bild 5.27 Beispiel fachliche Architektur Versicherungen Ausschnitt

Übergreifend benötigte Elemente, wie z. B. Geschäftsobjekte oder übergreifende Funktionen, werden häufig zusammen mit Geschäftsprozessen und Produkten in der Hauptstrukturierung verwendet. Beispiele für Geschäftsobjekte als Hauptstrukturierungselemente sind z. B. die Partnerverwaltung oder das Kontaktmanagement. Beispiele für übergreifende Funktionen sind unterstützende Prozesse oder fachliche Funktionen, wie z. B. das Personalwesen oder Führungsprozesse beispielsweise des Einkaufs. Beispiele hierfür finden Sie in den folgenden Bildern.

Bild 5.28 verwendet für die Hauptstrukturierung neben den Produkten die übergreifenden Geschäftsdatenprozesse, u. a. die Partnerverwaltung und die übergreifenden Funktionen in Vertrieb & Marketing sowie die Führungs- und unterstützenden Prozesse, wie z. B. Risikomanagement oder Personalwesen.

Das in Bild 5.29 gezeigte Beispiel-Referenzmodell aus dem Bankenumfeld ist analog aufgebaut. In Bild 5.30 wird ein Beispiel-Referenzmodell aus der Automotive-Branche dargestellt. Dies ist im Wesentlichen entsprechend den Kerngeschäftsprozessen auf Ebene der Wertschöpfungsketten strukturiert.

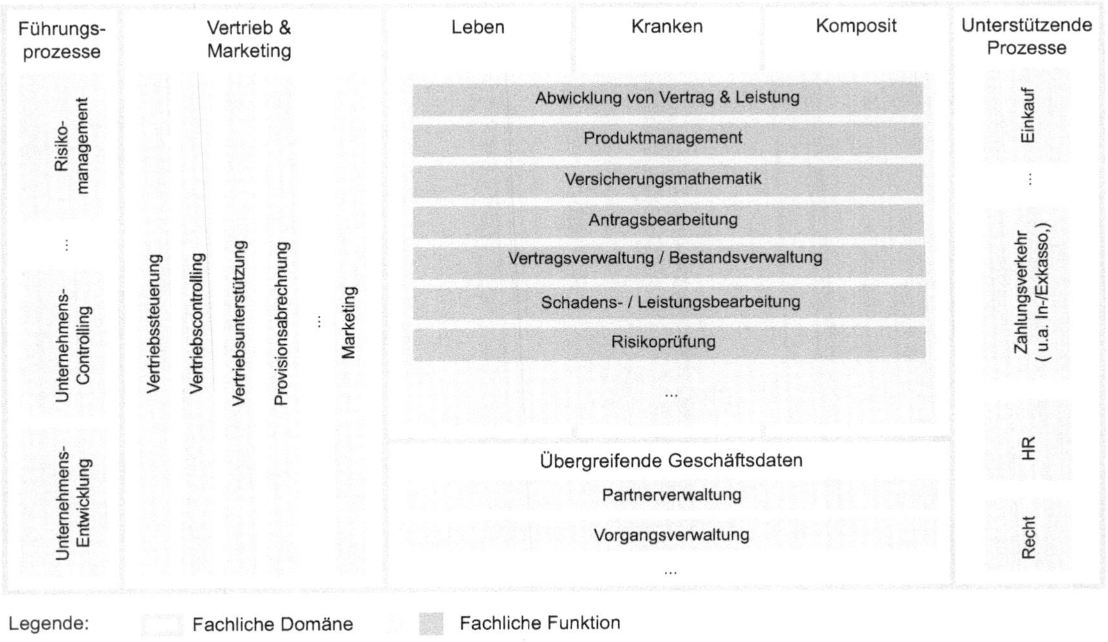

Bild 5.28 Beispiel fachliche Architektur Versicherungen

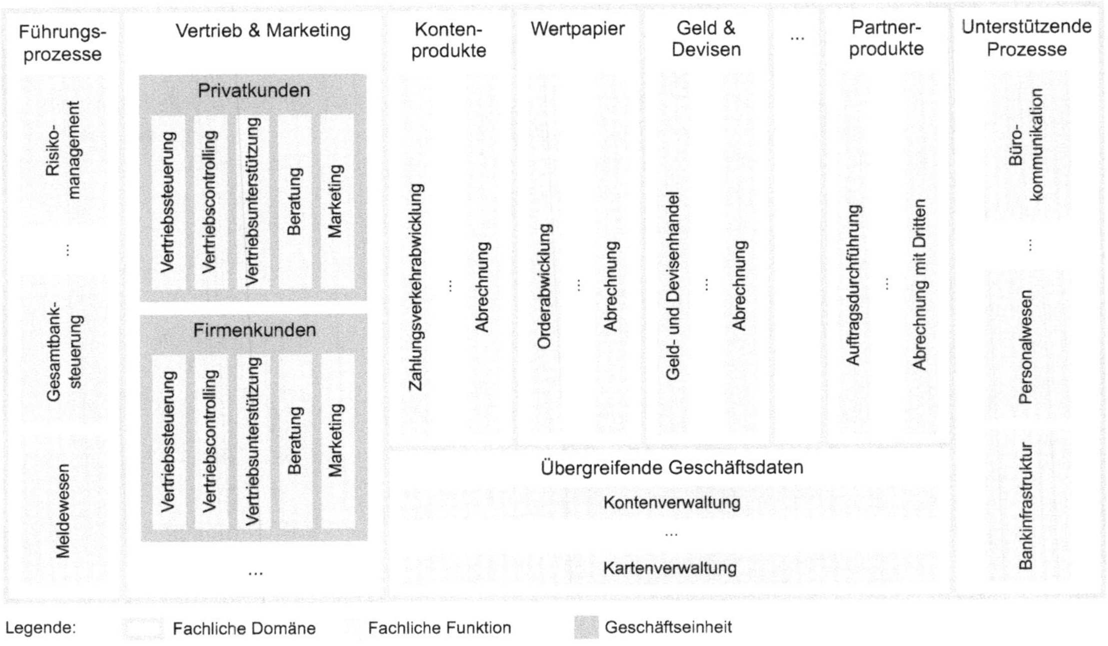

Bild 5.29 Beispiel fachliche Architektur Banken

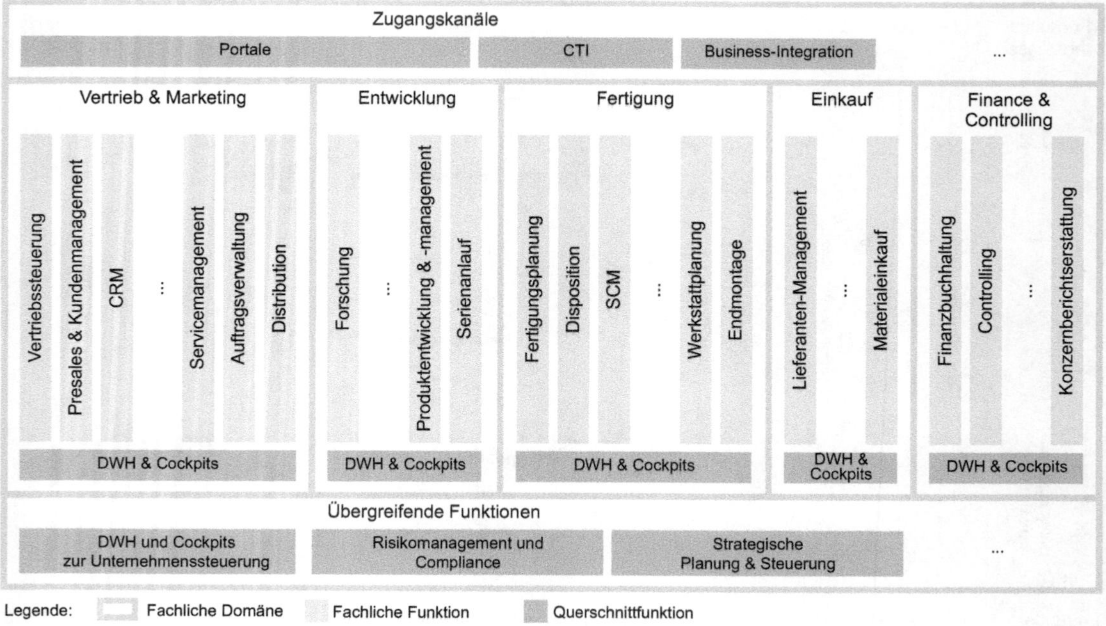

Bild 5.30 Beispiel fachliche Architektur Automotive

Für die weitere Detaillierung können zusätzliche Aspekte dieser fachlichen Bebauungselemente mit herangezogen werden, z. B. Kundengruppen (Beispiel: Privatkunden, Firmenkunden, vermögende Privatkunden und Institutionen), Zugangskanäle (Beispiel: Self-Service, Call Center, Außendienst und Filialen), Standorte oder Werke. Die daraus entstehenden Kategorien lassen sich gegebenenfalls nach zusätzlichen Kriterien weiter detaillieren. So können z. B. Kontoprodukte entsprechend den Zugangskanälen aus obiger Abbildung weiter detailliert werden in Kontoprodukte/Self-Service, Kontoprodukte/Call-Center, Kontoprodukte/Außendienst oder Kontoprodukte/Filiale. Gegebenenfalls lassen sich diese Aspekte auch für die Hauptstrukturierung verwenden.

In Bild 5.29 werden die Vertriebs- und Marketingaktivitäten entsprechend den relevanten Kundengruppen strukturiert. Diese Strukturierung entspricht im Allgemeinen auch der organisatorischen Struktur.

Empfehlung

Stellen Sie eine einheitliche Granularität der fachlichen Domänen sicher, um ein Ungleichgewicht zwischen den fachlichen Domänen zu vermeiden.

Die inhaltliche Erarbeitung und Abstimmung der Business Capability Map erfolgt in der Regel pro fachliche Domäne. Wenn es mehr als einen Verantwortlichen für eine fachliche Domäne gibt, erhöht sich der Abstimmungsaufwand enorm. ■

> **Wichtig**
> Achten Sie darauf, dass die fachlichen Domänen überschneidungsfrei sind. Nur so lassen sich Business Capabilities eindeutig einsortieren.

b) Beschreiben Sie die Inhalte der fachlichen Domänen. Durch die Detaillierung und das Niederschreiben bekommen Sie ein Gefühl dafür, ob die Granularität der Domänen einheitlich ist. Fassen Sie fachliche Domänen zusammen oder spalten Sie diese auf, um eine möglichst einheitliche Granularität zu erzielen.

> **Wichtig**
> Stellen Sie eine einheitliche Granularität der fachlichen Domänen sicher, um ein Ungleichgewicht zwischen den fachlichen Domänen zu vermeiden.

c) Analysieren Sie die verbleibenden Domänenkandidaten bezüglich der Verantwortlichkeiten. Für jede fachliche Domäne sollte es idealerweise nur einen Verantwortlichen geben. Dieser ist, wenn Wertschöpfungsketten als fachliche Domänen verwendet werden, in der Regel der Process Owner (siehe Abschnitt 5.9.1).

> **Wichtig**
> Die inhaltliche Erarbeitung und Abstimmung der Business Capability Map erfolgt in der Regel pro fachlicher Domäne. Wenn es mehr als einen Verantwortlichen für eine fachliche Domäne gibt, erhöht sich der Abstimmungsaufwand enorm.

6. **Ordnen Sie die fachlichen Domänen grafisch zu einer ersten Version der Capability Map (des funktionalen Referenzmodells) an.** Primär muss die Anordnung sinnvoll in Bezug auf die Steuerung der relevanten Fragestellungen des Unternehmens sein. Sie muss aber auch ästhetischen Ansprüchen genügen.
7. **Stimmen Sie die Domänenstruktur sowie die erste Version der Capability Map mit Ihrem Auftraggeber und mit Schlüsselpersonen ab.** Die Domänenstruktur bildet das Grundgerüst für Ihre Business Capability Map. Daher ist es wichtig, dass der Auftraggeber und Schlüsselpersonen aus dem Umfeld der fachlichen Domänen diese Strukturierung unterstützen. Dies sind mögliche Sponsoren für das Business Capability Management. Wählen Sie Schlüsselpersonen mit großem Einfluss und Interesse am Business Capability Management aus. Im Falle von Konflikten muss der Auftraggeber eine Entscheidung treffen.

III. Gestalten Sie Ihre grobe Capability Map in Iterationen

Gehen Sie iterativ bei der Gestaltung Ihrer Capability Map vor. Erstellen Sie Vorschläge pro fachliche Domäne und stimmen Sie diese in kurzen Feedback-Zyklen mit den jeweiligen fachlichen Schlüsselpersonen und den Verantwortlichen für die Domänen ab. Zwei bis maximal drei Iterationen haben sich bewährt. In einer ersten Iteration sollten Sie für jede Domäne Vorschläge für die grobgranularen Business Capabilities aus dem Business-Kontext und aus Gesprächen mit den Schlüsselpersonen ableiten. In den weiteren Iterationen geht es dann ums „Schleifen“, um die Akzeptanz durch die Schlüsselpersonen und durch das Management zu erhalten.

Folgende Schritte sind dafür notwendig:

8. **Ermitteln Sie Kandidaten für die grobgranularen Business Capabilities für jede fachliche Domäne.**
   a) Sammeln Sie mögliche Geschäftsfunktionen, die für das aktuelle und/oder die zukünftige Umsetzung Ihres Geschäftsmodells erforderlich sind. Leiten Sie die Geschäftsfunktionen aus den strategischen Vorgaben, Geschäftstreibern, dem Geschäftsmodell und den Geschäftsprozessen nachvollziehbar ab.
   b) Mögliche Kandidaten für Geschäftsfunktionen finden Sie, wenn Sie die Zusammenarbeit mit Kunden, Partnern, Service-Dienstleistern und Compliance-Institutionen über die gegebenenfalls unterschiedlichen Kommunikationskanäle (siehe Business-Kontext in Bild 5.25) sowie die interne Leistungserbringung anhand der Wertschöpfungsketten analysieren (siehe die Nutzung des Operational Model und der Swimlane-Diagramme in Kapitel 3). Produktkataloge und Leistungsbeschreibungen sowie interne Funktionsbeschreibungen sind hier wichtige Inputquellen.
   c) Hieraus ergibt sich schnell eine erste Liste mit Fähigkeiten, wie z. B. Kundenbeziehungsmanagement, Auftragsabwicklung oder Produktentwicklung. Im Rahmen der Abstimmungen mit den verschiedenen Stakeholdern wird die Liste immer länger und detaillierter.
   d) Nutzen Sie Best-Practices wie z. B. Standardreferenzmodelle oder die MSBA. Achten Sie hierbei auf eine möglichst einheitliche Granularität.

Tipp

Durch die Auswahl von Business Capabilities aus Standardmodellen können Sie schnell einen Bootstrap bei der Festlegung Ihrer Business Capabilities erzielen. Die so ermittelten Business Capabilities können Sie dann in Abstimmung mit allen relevanten Stakeholdern im Unternehmen Ihren Unternehmensbedürfnissen anpassen. ■

9. **Legen Sie Ihre Business-Capabilities-Kandidaten pro fachliche Domäne fest.**
   a) Fassen Sie Business Capabilities zusammen oder spalten Sie diese auf, um eine möglichst einheitliche Granularität zu erzielen.

Tipp

Achten Sie auf eine einheitliche Granularität der Business Capabilities, da diese die fachlichen Bezugspunkte für die Steuerung der Geschäftsentwicklung, für Business-Transformationen und für die strategische Gestaltung der IT-Landschaft bilden. ■

   b) Ordnen Sie die Kandidaten den fachlichen Domänen zu. Pro fachlicher Domäne sollte es mindestens fünf und nicht mehr als zehn grobgranulare Business Capabilities geben. So vermeiden Sie ein Ungleichgewicht zwischen den fachlichen Domänen.

c) Analysieren Sie die Business-Capability-Kandidaten pro fachliche Domäne in Bezug auf die Relevanz für das aktuelle und das zukünftige Geschäft sowie entsprechend weiteren strategischen Kriterien. Methoden für die strategische Analyse, wie z. B. ABC-, Kernkompetenz- oder Portfolioanalyse, finden Sie in [Ker08].

d) Diskutieren Sie die Auswahl mit Ihrem Auftraggeber sowie den Schlüsselpersonen und den Verantwortlichen der fachlichen Domäne. Die Entscheidung über die Business Capabilities einer fachlichen Domäne sollte vom fachlichen Domänenverantwortlichen getroffen werden.

e) Erstellen Sie eine erste Version Ihrer Business Capability Map (Schwerpunkt auf Inhalt und nicht auf Darstellung).
Achten Sie auf eine einheitliche Granularität der Business Capabilities, da diese die fachlichen Bezugspunkte für die Steuerung der Geschäftsentwicklung, für Business-Transformationen und für die strategische Gestaltung der IT-Landschaft bilden.

f) Sie können für die Identifikation der Business Capabilities auch die Geschäftsprozesse, insbesondere in der Darstellung als Swimlane-Diagramm nutzen. Die Bahnen entsprechen den Organisationseinheiten und liefern ein erstes Indiz für die Owner der Business Capability und somit auch in erster Näherung für den Domänenverantwortlichen. Jeder dieser Bahnen sind im Swimlane-Diagramm nun die wesentlichen Prozesse eines Geschäftsprozesses zugeordnet. Wenn diese für die Identifikation einer Business Capability noch nicht ausreichen, sollten Sie eine Ebene tiefer gehen und die Prozessdiagramme selbst betrachten (meistens wird es sich dabei um den Ergebnistyp ereignisgesteuerte Prozessketten handeln). Damit haben Sie sofort eine Zuordnung der Business Capability auch zu einem Geschäftsprozess. Eine genaue Beschreibung der Swimlane-Diagramme finden Sie in Abschnitt 5.4.2.

10. **Analysieren Sie Ihre Business-Capability-Kandidaten.**

a) Machen Sie einen Quercheck Ihrer Business-Capability-Kandidaten, indem Sie diese nach den für Sie relevanten Kriterien analysieren. Durch die Analyse erhalten Sie ein noch tieferes Verständnis. Unstimmigkeiten fallen schnell auf.

b) Kriterien für die Analyse sind z. B. Einsatzzweck, Wettbewerbsdifferenzierung, fachliche Verantwortlichkeit und Sourcing-Modell. Wesentlich ist auch, dass Sie zwischen aktuell vorhandenen und zukünftig erforderlichen Geschäftsaktivitäten unterscheiden. Die Analyseergebnisse können Sie mithilfe einer Heat Map (siehe Bild 5.18) oder Portfolios (siehe Abschnitt 4.15) veranschaulichen. Die Heat Maps und Portfolios erleichtern den Abstimmungsprozess. Über die Zuordnung von Prozessschritten, Informationssystemen und Geschäftseinheiten zu Capabilities werden zudem Redundanzen und Synergiepotenziale sichtbar.

c) Stimmen Sie die Analyseergebnisse mit den fachlichen Domänenverantwortlichen ab und verändern Sie gegebenenfalls Ihren Vorschlag der Business Capability Map (Schwerpunkt auf Inhalte und nicht auf der Darstellung).

11. **Erstellen Sie die grobe Business Capability Map als Big Picture.**

a) Entwerfen Sie Ihr funktionales Referenzmodell grafisch. Ordnen Sie die Domänen entsprechend dem Grundmodell aus (siehe Bild 5.21) oder einer für Sie adäquaten Darstellung an. Erstellen Sie eine Sicht nur mit den fachlichen Domänen und eine Sicht mit den Business Capabilities. Die Grunddarstellung von beiden muss hier gleich sein, um eine entsprechende Wiedererkennung zu erreichen. Aufgrund der Anzahl der Business Capabilities pro Domäne werden hierbei gewisse Rahmenbedingungen vorgegeben.

b) Erstellen Sie zudem Heat Maps entsprechend der für Sie relevanten Kriterien in der Big-Picture-Darstellung.

12. **Stimmen Sie das funktionale Referenzmodell mit Ihrem Auftraggeber und den Domänenverantwortlichen ab.** Holen Sie die Freigabe von den jeweiligen Domänenverantwortlichen (bei Wertschöpfungsketten sind dies in der Regel die Prozess Owner) und dem Auftraggeber für das funktionale Referenzmodell. Im Rahmen der finalen Abstimmung findet eine Feinjustierung der Business Capabilities statt. Granularitäten werden angepasst und an Begrifflichkeiten wird geschliffen, um das Gesamtmodell auszubalancieren.

Tipp

Machen Sie eine finale Abstimmungsrunde mit den Domänenverantwortlichen und abschließend mit dem Auftraggeber. Holen Sie sich dann die Freigabe in einem offiziellen Meeting des dafür zuständigen Steuerkreises ab, veröffentlichen Sie das Ergebnis und etablieren Sie ein Änderungsmanagement (siehe Abschnitt 5.9).

Nachdem das Big Picture, die Capability Map, erstellt und abgestimmt ist, können Sie die Business Capability Map detaillieren, wenn hierfür ein Nutzenpotenzial vorliegt. Eine Detaillierung ist in der Regel als Grundlage für eine Produktevaluierung oder aber eine Verwendung im Demand Management wichtig.

IV. Optional: Erstellen Sie Ihre detaillierte Business Capability Map.

Eine detaillierte Business Capability Map beinhaltet zusätzlich zu fachlichen Domänen und grobgranularen Business Capabilities feingranulare Business Capabilities, Business-Services genannt.

Nutzen Sie die Hilfestellungen zur Identifikation der grobgranularen Business Capabilities, um Ihre Business-Services zu ermitteln. Hier helfen Ihnen auch die detaillierten Prozessbeschreibungen aus dem Prozessmanagement (siehe [HLo21]).

Tipp

Verwenden Sie nicht zu viel Zeit darauf, Business-Services in allen Details auszuarbeiten. Top-down vorgegebene Business-Services dienen lediglich als Orientierung und als Kandidaten für die endgültige Festlegung im Rahmen der IT-Umsetzung der Business-Services im Kontext von Projekten oder aber im operativen Prozessmanagement (siehe [Han18]).

Wichtig ist hier, dass Sie ein Änderungsmanagement etablieren, damit Change Requests koordiniert eingesteuert werden können. Siehe hierzu (siehe Abschnitt 5.9).

V. Optional: Erstellen Sie ein logisches Funktionsmodell (auch fachliches Komponentenmodell genannt).

Ermitteln Sie die Abhängigkeiten zwischen Business Capabilities (siehe Bild 5.31) und stellen Sie diese mithilfe eines logischen Funktionsmodells dar (siehe Kapitel 2). Hilfestellungen hierfür finden Sie in [Ker08] und im Download-Anhang A von [Han18].

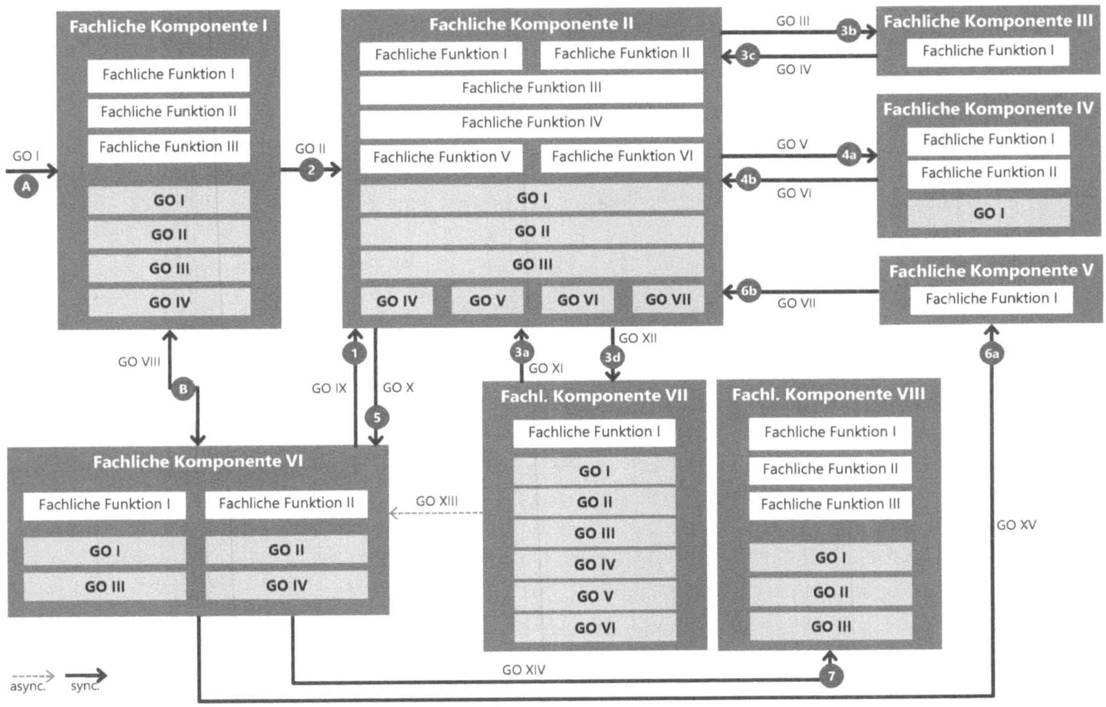

Bild 5.31 Fachliches Komponentemodell

Tipp

Beim Einstieg ins Business Capability Management sollten Sie lediglich eine grobgranulare Business Capability Map erstellen, d. h. grobgranulare Business Capabilities, die in fachliche Domänen geclustert sind. Allein die Abstimmung der grobgranularen Business Capability Map erfordert einen großen Aufwand, Überzeugungskraft und Durchhaltevermögen.

Stellen Sie eine hohe Qualität bei den fachlichen Domänen und grobgranularen Business Capabilities sicher. Klare und prägnante Bezeichnungen für Business Capabilities sind ebenso wichtig wie eine einheitliche Granularität.

Holen Sie sich Schritt für Schritt das Commitment von allen Entscheidern und Schlüsselpersonen in den betrachteten fachlichen Domänen für die grobgranulare Business Capability Map. Dies ist die Voraussetzung für die Nutzung.

Wichtig ist insbesondere auch die grafische Repräsentation – das Big Picture. Dieses sollte künftig in den Büros der Schlüsselpersonen und Domänenverantwortlichen hängen und in allen wichtigen Entscheidungsunterlagen als Basis für die Darstellung von Analyseergebnissen für die Geschäftsentwicklung oder aber auch für deren IT-Umsetzung genutzt werden. Erst wenn Sie das erreicht haben, haben Sie das Business Capability Management im Unternehmen verankert.

Dies geht in der Regel, wie schon ausgeführt, mit der Einführung des Strategischen Prozessmanagements und des Business Capability Management einher. Die Strukturierung des Big Picture folgt in der Regel entlang der Wertschöpfungsketten. Stellen Sie sicher, dass ein Mapping der Business Capabilities auf die Geschäftsprozesse erfolgt und dass die Geschäftsprozesse die benutzten Business Capabilities eindeutig benennen. Nur so können Sie den Nutzen für die Geschäftsentwicklung wirklich heben, da die Konzepte konsistent ineinandergreifen. ■

5.4.2 Prozessmanagement

Das Prozessmanagement ist hierfür ein wesentlicher Erfolgsfaktor für die digitale Transformation. Das Prozessmanagement ist für die Operationalisierung der digitalen Strategie essenziell. Erst, wenn die strategischen Vorgaben und Planungen in realen Prozessen operationalisiert und diese auch wirklich gelebt werden, ist der digitale Wandel erfolgreich (siehe [Han18]). Prozessmanagement erlebt gerade im digitalen Wandel eine Renaissance. Waren Prozessdokumente früher häufig Papierleichen in Schubladen, dann ändert sich dies im digitalen Wandel. Automatisierung hat hier einen besonderen Stellenwert. Prozessbeschreibungen werden zu gelebten automatisierten Prozessen.

Das strategische Prozessmanagement schafft hierzu übergeordnete fachliche Strukturen und einen langfristigen Plan zur Weiterentwicklung der Prozesslandschaft des Unternehmens. Geschäftsprozesse werden markt- und wettbewerbsbezogen analysiert, strategische Prozessziele werden entsprechend der Unternehmensstrategie festgelegt und deren Umsetzung wird geplant, kontrolliert und gesteuert. So schafft man die Voraussetzungen für den Erfolg des Geschäftsmodells, sichert vorhandene Erfolgspotenziale und baut neue auf.

Definitionen im Prozessmanagement

Das Prozessmanagement umfasst die Identifikation, Dokumentation Gestaltung, Umsetzung, Steuerung und Optimierung von Geschäftsprozessen.

Eine **Prozesslandkarte** stellt die Geschäftsprozesse in der Regel auf Wertschöpfungskettenebene des Unternehmens in ihrem Zusammenwirken grafisch dar. Sie gibt eine fachliche Strukturierung für das Unternehmen vor, die sich in der Regel in der Organisation widerspiegelt.

Das Swimlane-Diagramm beschreibt, wie ein Geschäftsprozess End-to-end im Unternehmen abgebildet ist. Dabei werden die wesentlichen Aktivitäten des Geschäftsprozesses und die durchführenden Organisationseinheiten sowie weitere beteiligte Geschäftspartner in ihrem Zusammenspiel beschrieben.

Das **Swimlane-Diagramm** beantwortet Ihnen folgende Fragen:

- Wer ist an dem Geschäftsprozess beteiligt?
- In welcher Reihenfolge laufen die Teilprozesse in einem Geschäftsprozess ab?
- Woher bezieht ein Geschäftsprozess seinen Input und wer benötigt den Output?
- Welche Schnittstellen gibt es in dem Prozess End-to-end?
- Welche Position nehme ich mit meiner Organisationseinheit oder als Partner im Business-Ökosystem in einem Geschäftsprozess aus der End-to-end-Sicht ein?

Das **IAO-Diagramm** (Input-Activity-Output-Diagramm) (siehe Bild 5.35) fasst alle wesentlichen Informationen für einen Geschäftsprozess zusammen. Dargestellt werden Input und Quelle des Inputs, Output und Empfänger des Outputs, wesentliche Aktivitäten oder Teilprozesse innerhalb des Geschäftsprozesses sowie die Verantwortlichkeiten. Es zeigt auch die Verknüpfung mit anderen Geschäftsprozessen.

End-to-end-Prozessmanagement betrachtet Prozesse vom Bedarf des Kunden bis zur Leistungserbringung und erstreckt sich über sämtliche zeitlich logisch aufeinanderfolgende Teilprozesse. ■

Prozessmanagement agiert auf unterschiedlichen Ebenen:

- Das **strategische Prozessmanagement** umfasst die planenden, kontrollierenden und steuernden Aktivitäten, die notwendig sind, um die Geschäftsprozesse eines Unternehmens an der Unternehmensstrategie auszurichten und diese zu unterstützen (siehe [HLo21]). Dies umfasst die strategische und taktische Ebene in Bild 5.32.

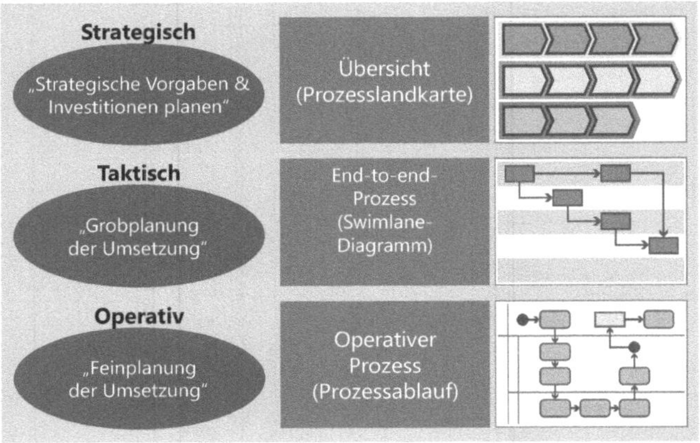

Bild 5.32
Ebenen im Prozessmanagement

Über eine Prozesslandkarte werden alle Geschäftsprozesse in der Regel auf Wertschöpfungskettenebene als ein fachliches „Big Picture“ dargestellt (siehe Bild 5.33).

Wichtig ist ein konsequentes End-to-end Verständnis vom Bedarf des Kunden bis zur kompletten Leistungserbringung. Für die ganzheitliche Sicht reicht hier eine grobgranulare Modellierung auf Ebene von Teilprozessen über die verschiedenen internen und externen Bereiche des Unternehmens- und Business-Ökosystems hinweg (siehe Swimelane-Diagramm in Bild 5.34.

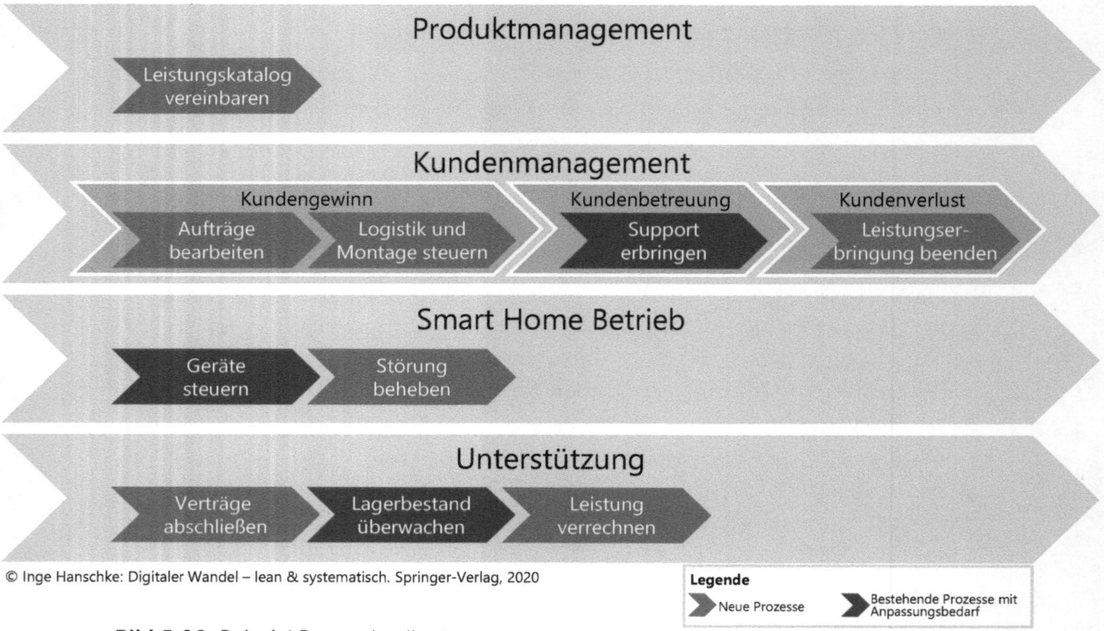

Bild 5.33 Beispiel Prozesslandkarte

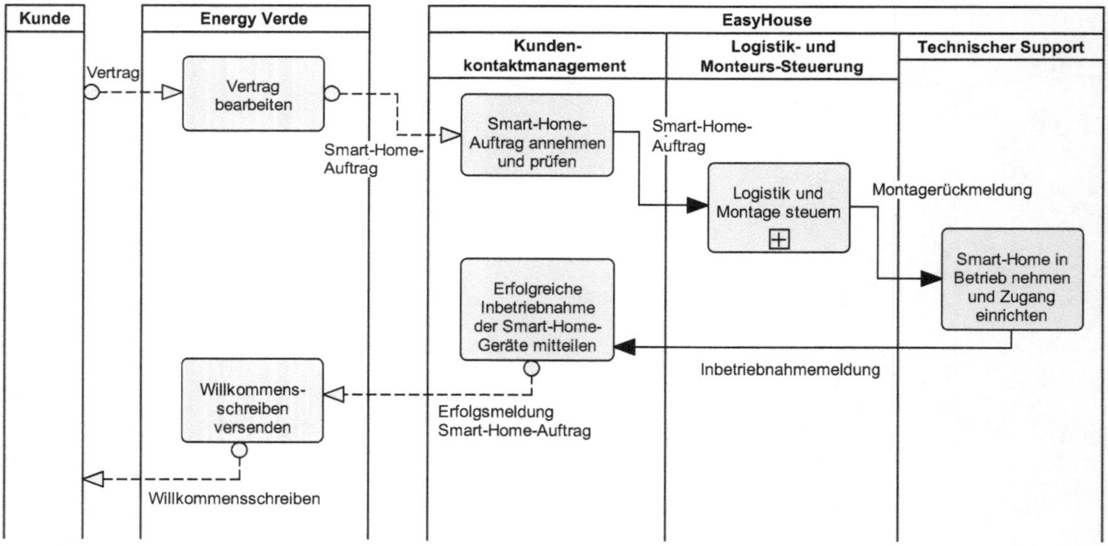

Bild 5.34 Beispiel Swimlane-Grafik

Durch die Analyse auf taktischer Ebene (Granularität Teilprozesse) können Anhaltspunkte für die Implementierung oder Optimierung gewonnen werden. Hierzu können IAO-Diagramme genutzt werden (siehe Bild 5.35). Hier werden im Wesentlichen die folgenden Fragen gestellt. Nur, wenn keiner der Aspekte offenbleibt, ist der Prozess operationalisierbar.

- Wer liefert wann warum entlang welchen Prozesses welchen Input?
- Wer nutzt wann warum entlang welchen Prozesses welches Ergebnis?

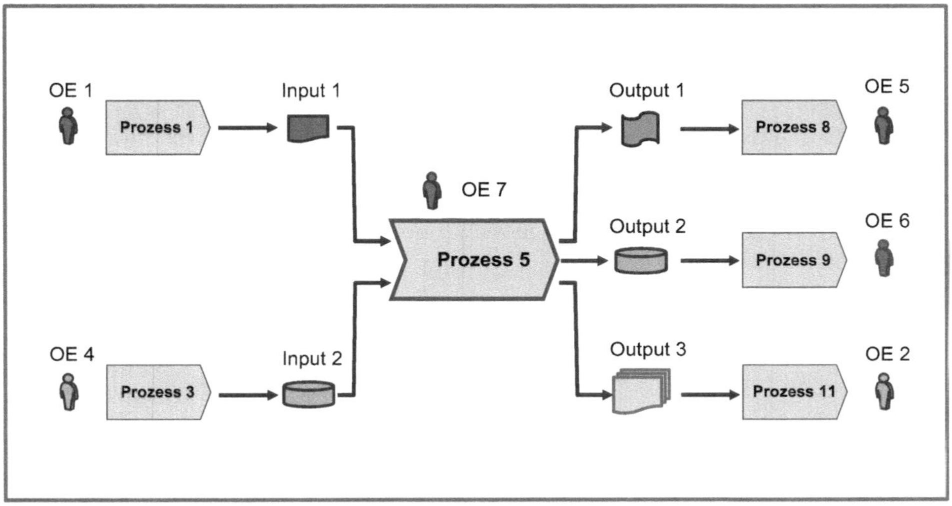

Bild 5.35 IAO-Diagramm (siehe [HLo21])

- Das **operative Prozessmanagement** wickelt die bestehenden Prozesse im Tagesgeschäft bestmöglich ab, um die vorgegebenen Leistungskennzahlen zu erreichen und die Potenziale bestehender Prozesse auszuschöpfen. Es modelliert, analysiert, designt und misst die Prozesse innerhalb seines Verantwortungsbereichs, der an den Schnittstellen zu anderen Organisationseinheiten endet. Es treibt die kontinuierliche Prozessverbesserung und verantwortet das Change Management für seine Prozesse. Siehe hierzu [HLo21].
- Für das **operative Prozessmanagement** werden die Abläufe auf Aktivitätenebene im Detail betrachtet (siehe operative Ebene in Bild 5.32.).

  Da die Modellierung (und vor allen Dingen deren kontinuierlichen Aktualisierung) auf dieser Granularität sehr aufwendig ist, sollte dies nutzenorientiert erfolgen. Welcher Nutzen relevant ist, muss unternehmensindividuell festgelegt werden. In Abhängigkeit davon ist das operative Prozessmanagement auszugestalten.

  Für Qualitätsmanagementsysteme oder aber Compliance-Fragestellungen werden häufig Prozessbeschreibungen benötigt. Idealerweise dienen diese auch als Arbeitsanweisungen oder werden sogar teilautomatisiert über z. B. eine Workflow-Engine.

Das Prozessmanagement wurde früher häufig sehr operativ angegangen. Eine Gruppe von Mitarbeitern im Prozessmanagement versuchte, die Prozesse ihres Unternehmens zu erfassen, zu dokumentieren, aktuell zu halten und kontinuierlich zu verbessern. Dies ist bei der heutigen Veränderungsgeschwindigkeit eine nicht mehr zu leistende Aufgabe.

Nur, wenn die operativen Prozessbeschreibungen wirklich für z. B. Informationssicherheit, Datenschutz, Compliance oder Qualitätsmanagement benötigt werden, sollte man die feingranulare Dokumentation erstellen und kontinuierlich aktuell halten.

Für die Digitalisierung wird aber das umfassende End-to-end-Prozessmanagement immer wichtiger. Es stellt sicher, dass alle Abläufe (Teilprozesse) in einem Geschäftsprozess bestmöglich zusammenarbeiten und auf den gemeinsamen Zweck hin, nämlich das Erfüllen der Kundenbedürfnisse, optimiert und abgestimmt sind.

Wichtig ist eine klare Eigentümerschaft insbesondere der Kernprozesse. Ohne eine klare Zuordnung der Eigentümerschaft sind Management, Bewertung und die kontinuierliche Verbesserung von Prozessen nicht möglich.

Prozesse auf allen erforderlichen Ebenen sollten jedoch kontinuierlich verbessert werden. Die konkreten und messbaren Verbesserungen betreffen die variablen und fixen Kosten, Qualitätsaspekte, Schnelligkeit und letztendlich auch Rentabilität. Grundlage hierfür sind häufig harmonisierte Prozesse als Voraussetzung für kontinuierliche Verbesserung, Konsistenz in der Leistungserbringung und Vermeidung von Redundanzen. Weitere Informationen hierzu finden Sie in [HLo21].

5.4.3 Datenmanagement

Daten sind der Rohstoff des 21. Jahrhunderts und die Grundlage für die horizontale und vertikale Vernetzung sowie für Business Analytics und Machine Learning. Digitale Unternehmen sind datengetrieben und datengesteuert. Es geht insbesondere darum, Mehrwert aus Daten zu ziehen.

Es gibt zunehmend mehr und neue Nutzungs- und Monetarisierungsmöglichkeiten für Daten, wie z. B. Datenmarktplätze. Marktplatzbetreiber stellen hier Plattformen und einheitliche Standards für den Verkauf und die Nutzung von Daten bereit.

Aber auch gerade im Kontext Customer Experience Management (siehe [Han18]) sind Rückschlüsse auf die wirklichen Bedürfnisse von Kunden essenziell. Für einen nachhaltigen Unternehmenserfolg ist eine möglichst positive „Customer Experience“, die Summe der Erfahrungen eines Kunden mit dem Unternehmen, immanent wichtig. Zufriedene Kunden führen zu einer größeren Verbreitung der Produkte und Dienstleistungen des Unternehmens und sind entscheidend, um dauerhaft als Marke und Unternehmen erfolgreich zu sein.

Hierzu muss das Unternehmen seine Kunden, deren Bedürfnisse und deren Feedback zu Produkten und Dienstleistungen des Unternehmens kennen. Daten aus den unterschiedlichsten Quellen müssen analysiert werden und als Input für die Weiterentwicklung des Geschäftsmodells genutzt werden. Beispiele sind hierbei das Klickverhalten auf Internetseiten, die Analyse aller Daten zu einem Kunden von Akquise- bis Beschwerdeinformationen oder direkte Feedbacks zu Produkten, die z. B. über Lean-Startup-Techniken schnell dem Kunden zur Verfügung gestellt werden.

Das Kundenverhalten, d. h. alle Regungen und Bewegungen des Nutzers, wird mit den neuen technischen Möglichkeiten nachvollziehbar und auswertbar. Beispiele sind Klicks, die Verweildauer und Interaktion der Nutzer in Suchmaschinen, Portalen, Online-Shops, Plattformen oder sozialen Medien als Indikatoren für den Erfolg von Internetangeboten und der Werbewirkung bzw. Markenbildung.

Eine ständig steigende Anzahl von Datensätzen oder Dateien in einer hohen Geschwindigkeit mit einer großen Datenvielfalt (strukturiert, semistrukturiert und unstrukturiert) aus dem Unternehmen oder Business-Ökosystem oder aus dem Internet fallen an. Daten können dabei klassische Transaktionsdaten, aber auch Daten aus vernetzten Produktionsmaschinen, Daten von Sensoren smarter Dinge, technische Log-Dateien bis hin zu sozialen Medien umfassen. Aus den Daten können entscheidungsrelevante Erkenntnisse abgeleitet, Zusammenhänge erkannt, Bedeutungen, Muster, Vorhersagemodelle und Steuerimpulse für eine situative Entscheidungsunterstützung abgeleitet werden. Es geht darum, schnell und flexibel Nutzen aus diesen Daten zu ziehen. Dies ist ein Wettbewerbsfaktor im digitalen Verdrängungswettbewerb.

So müssen Sie für die Festlegung der richtigen Marketingaktivitäten schnell in der Lage sein, aus dem Online-Verhalten von Kunden die richtigen Rückschlüsse zu ziehen und Angebote passgenau und in Echtzeit zu präsentieren. Auch im operationellen Betrieb, wie z. B. in der Produktion oder aber in der Flugverkehrsabwicklung oder Systembetrieb des Energienetzes, müssen Sie schnell auf Basis von z. B. Sensordaten Steuerimpulse nahe Echtzeit erhalten. Auf dieser Basis kann dann unterstützt mit Assistenten oder vollständig autonom auf der Basis von Machine Learning schnell und zuverlässig reagiert werden, wenn z. B. ein Eingriff bei einer Störung erforderlich ist.

Wesentlich sind hierfür die vier Themenfelder:

- Datenkatalog als „Single Point of Truth"
- Business Analytics und Datenproduktplattformen zur Nutzbarmachung
- Disziplin Datenmanagement für Datentransparenz sowie Planung und Steuerung des Nutzbarmachens der Daten
- Dezentraler, domänenorientierter Datenbesitz und Datenarchitektur auf Basis von Datenprodukten und Data Mesh

Empfehlung

Die Steuerung der digitalen Transformation hängt wesentlich von der Qualität und Konsistenz der zugrunde liegenden Daten und daraus gezogener Rückschlüsse ab sowie davon, wie schnell und flexibel die benötigten Informationen bereitgestellt werden können.

Dabei sind gerade neben einer hohen Datenqualität die Datentransparenz und eine Katalogisierung, ein „Single-Point-of-Truth", dringend erforderlich. Nicht nur um Mehrwert zu identifizieren, sondern auch um die Zugänglichkeit zu vereinfachen und die Nutzung nachvollziehbar zu machen.

Dies wird häufig mit den Prinzipien „Data as an Asset", „Data is shared", „Data is accessible" und „Data Trustee" umschrieben.

Ein unzureichendes Datenmanagement ist ein Risiko, z. B. für die Umsetzung der Anforderungen des Datenschutzes und der Informationssicherheit sowie für den zuverlässigen Geschäftsbetrieb. Eine mangelhafte Datenqualität und Datentransparenz verursachen zudem hohe Kosten und lassen manche strategische Chance verstreichen. Daten, insbesondere Stammdaten, sind die Grundlage für die Planung, Steuerung und Ausführung der Geschäftsprozesse.

Für die Digitalisierung sind sie erfolgsbestimmend. Aus den großen Datenmengen, z. B. im Social-Media-Kontext, müssen die wesentlichen Informationen für die Geschäftsmodellweiterentwicklung abgleitet werden. Ansonsten besteht die Gefahr, dass geschäftskritische Informationen zu Kunden- oder Wettbewerberverhalten sowie Material- und Informationsflüssen übersehen werden. Hieraus kann erheblicher wirtschaftlicher Schaden entstehen, da z. B. Cross-Selling-Potenzial nicht erkannt wird. Informationsinseln sind ein Handlungsbedarf und eine Quelle für Inkonsistenzen und manuellen Bereinigungsbedarf. Das nachträgliche Bereinigen von Daten ist im Vergleich zu qualitätssichernden Maßnahmen um den Faktor fünf bis zehn teurer.

Über das Datenmanagement werden die Datenqualität, die Datenverfügbarkeit und die Datennutzung gesteigert, um Mehrwert aus Daten zu heben. Insbesondere wird folgender Nutzen generiert:

- **Grundlage für eine erfolgreiche digitale Transformation:** 360°-Sicht auf den Kunden und das Unternehmen bereitstellen, um Mehrwert für Vertriebs- und Marketingaktionen zu liefern, maßgeschneiderte Produkte und Services mit Kundenwert zu gestalten und den Geschäftsbetrieb abzusichern und zu optimieren sowie die Auswirkungen von Veränderungen transparent zu machen.
- **Umsetzung der Cloud-Strategie:** Datenmanagement ist Voraussetzung für die sichere und datenschutzkonforme Umsetzung der Cloud-Strategie. Mithilfe des Datenmanagements kann die Fragestellung „Welche Daten liegen in welcher Cloud?" beantwortet werden.
- **Planungs- und Entscheidungsunterstützung durch Business Analytics:** Beliebige Daten schnell und einfach verknüpfen und für Analysen nutzbar machen, um alle relevanten Informationen zum richtigen Zeitpunkt, am richtigen Ort und in der für den Verwendungszweck erforderlichen Qualität zur Verfügung zu stellen. Vertrauenswürdige, konsistente und vollständige Daten und nachvollziehbare Kennzahlen bilden die Grundlage für fundierte Entscheidungsvorlagen.
- **Prozesseffizienz:** Datentransparenz ist wesentlich für die Erkennung und Beseitigung von Datenredundanzen sowie für die End-to-end-Optimierung und Automatisierung der Geschäftsprozesse. Durch Beseitigung von Redundanzen verringert sich der Aufwand für die manuelle Pflege sowie die Bereinigung inkonsistent gepflegter Daten. Die Datenqualität und Prozesseffizienz steigen, da unnötige Aufgaben für z. B. manuelle Datenbereinigung entfallen.
- **Kosteneinsparung:** Kosteneinsparung durch Beseitigung von Datenredundanzen, Harmonisierung der Geschäftsprozesse und Automatisierung der Geschäftsprozesse entlang der horizontalen und vertikalen Wertschöpfungsketten.
- **Business Continuity:** Eine hohe Datenqualität unterstützt im Unternehmen den reibungslosen Ablauf der Geschäftsprozesse und ist die Basis für einen zuverlässigen Geschäftsbetrieb.
- **Risikominimierung:** Datentransparenz ist wesentlich für die Risikominimierung im Hinblick auf die Nichterfüllung von Datenschutz- und Informationssicherheitsanforderungen (u. a. Vertraulichkeit, Verfügbarkeit, Integrität und Authentizität). So können Vertragsverletzungen und Haftungsschäden reduziert werden. Die EU-Datenschutzgrundverordnung (EU-DSGVO) setzt europaweit hohe Anforderungen. Datenmanagement ist die Voraussetzung für eine erfolgreiche Umsetzung.

Für die erfolgreiche digitale Transformation müssen Unternehmen schnell entscheiden und agil umsetzen, um mit einem Zeitvorsprung vor dem Wettbewerb neue Produkte und Dienstleistungen auf den Markt zu bringen. Das Datenmanagement wird hier zunehmend zum Erfolgsfaktor, um neue Produkte und Dienstleistungen maßgeschneidert auf die Kundenanforderungen und das Leistungsvermögen des Unternehmens zu konzipieren und bereitzustellen. Die Fähigkeit, aus den vorhandenen Daten Mehrwert zu ziehen, ist entscheidend. Massendaten aus Messdaten, Kommunikationsdaten, Echtzeitdaten von Sensoren aus dem Internet of Things (IoT), Analyse- und Monitoring-Daten, operativen IT-Systemen, Datawarehouse-Lösungen oder anderen Quellen, wie das Internet und Daten von Geschäftspartnern, stehen zur Verfügung. Aus den Daten müssen die richtigen Rückschlüsse gezogen, Innovationen gestartet und gleichzeitig die Wertschöpfungskette optimiert werden. Erkenntnisse und Entscheidungen, die sich aus Informationen und den hierzu genutzten Daten erzeugen lassen, stellen einen Wettbewerbsvorteil dar. So ist die Analyse des Kundennutzungsverhaltens maßgeblich für die Weiterentwicklung neuer Produkte.

Immer mehr Unternehmen haben zwar die Bedeutung des Datenmanagements erkannt. Es besteht aber eine große Diskrepanz zwischen Anspruch und Wirklichkeit. Nicht immer ist die Datenverwendung, wie z. B. Masterschaften, und der Informationsfluss zwischen Applikationen klar. Durch Datenredundanzen und Inkonsistenzen entstehen hohe Aufwände z. B. für Datenkonsolidierung. Zudem bilden sich Informationssicherheitsrisiken. Gerade in der schnelllebigen Zeit der Digitalisierung mit permanenten Produktinnovationen und gleichzeitig „einfachen“ Cloud-Lösungen entstehen in kürzester Zeit weitere Insellösungen, die im Nachhinein in die zentralen Systeme integriert und aktiv gemanagt werden müssen.

So steigen die Komplexität der IT-Landschaft und auch das Risiko im Kontext von Cybersecurity. Ein Beispiel sind Services in der Cloud, die einfach und auch vom Fachbereich ohne Mitwirkung und lästige Abstimmung mit der IT genutzt werden können. Nicht selten werden dabei unternehmenskritische Daten veröffentlicht, ohne dass die Auswirkungen transparent sind. Oder aber es entstehen Insellösungen, die nachträglich von der IT mit großem Aufwand mit anderen Systemen zu integrieren sind, da die Lösungen nicht ohne Daten aus anderen Systemen arbeitsfähig sind. Eine Cloud-Strategie fehlt häufig und so stellt eine hybride IT-Umgebung mit Cloud und On-Premise die Unternehmen vor ganz neue Herausforderungen.

Datenmanagement ist aber im Kontext Datenschutz für die Datenschutz-Folgenabschätzung (Privacy Impact Assessments) und auch für die Anonymisierung von Daten von Belang.

Wie können Sie die Herausforderungen des Datenmanagements bewältigen? Schauen wir uns hierzu das Datenmanagement und Best-Practices etwas näher an.

Datenmanagement – was ist das?

Das Datenmanagement ist der Prozess für das Planen, Gestalten, Überwachen und Steuern der Verwendung, Verteilung und Kommunikation von Informationen in Organisationen zur Erreichung strategischer Ziele.

Das Datenmanagement umfasst die Menge aller organisatorischen, fachlichen, methodischen und technischen Konzepte und Verfahren mit dem Ziel,

- die Daten für einen zuverlässigen Geschäftsbetrieb bereitzustellen,
- die optimale Nutzung von Daten zu gewährleisten und
- eine angemessene Datenqualität, Datenschutz und Informationssicherheit zu gewährleisten.

Das Datenmanagement stellt alle erforderlichen Daten in angemessener Qualität zum richtigen Zeitpunkt, am richtigen Ort und in der für den Verwendungszweck erforderlichen Qualität für die jeweiligen Stakeholder zur Verfügung. So können datengetriebene Geschäftsmodelle unterstützt werden. Datenmanagement stellt Daten für die optimale Nutzung bereit und adressiert dabei auch Datenschutz und Informationssicherheit. Datentransparenz und Datenqualität sind Grundlage zur Verbesserung der Kundenerlebnisse und damit Erfolgsfaktor für eine erfolgreiche digitale Transformation.

Für einen nachhaltigen Unternehmenserfolg ist eine möglichst positive „Customer Experience", die Summe der Erfahrungen eines Kunden mit dem Unternehmen, immanent wichtig. Zufriedene Kunden führen zu einer größeren Verbreitung der Produkte und Dienstleistungen des Unternehmens und sind entscheidend, um dauerhaft als Marke und Unternehmen erfolgreich zu sein.

Hierzu muss das Unternehmen seine Kunden, deren Bedürfnisse und deren Feedback zu Produkten und Dienstleistungen des Unternehmens kennen. Daten aus den unterschiedlichsten Quellen müssen analysiert werden und als Input für die Weiterentwicklung des Geschäftsmodells genutzt werden. Beispiele für Daten sind hierbei das Klickverhalten auf Internetseiten, Analyse aller Daten zum Kunden von Akquise- bis Beschwerdeinformationen oder direktes Feedback zu Produkten, die z. B. über Lean-Startup-Techniken schnell dem Kunden zur Verfügung gestellt werden.

In Bild 5.36 werden die verschiedenen Aspekte für ein erfolgreiches Datenmanagement dargestellt. Datenmanagement muss einerseits immer am Nutzen für das Unternehmen, dem Business Outcome, gemessen werden. Andererseits muss systematisch mit zukunftsfähigen Methoden und Technologien gearbeitet und die Datentransparenz über die vorhandenen Daten und deren Nutzung hergestellt und aktiv geplant und gesteuert werden.

Business Outcome adressiert sicherlich einerseits den Mehrwert der Daten inklusive der Datenmonetarisierung. Es schließt aber auch Effizienz und damit wirtschaftliche Aspekte ebenso wie die Gewährleistung eines sicheren und zuverlässigen Geschäftsbetriebs sowie eine nachhaltige Daten- und Servicequalität gerade für Operational Excellence, Informationssicherheit und Datenschutz mit ein.

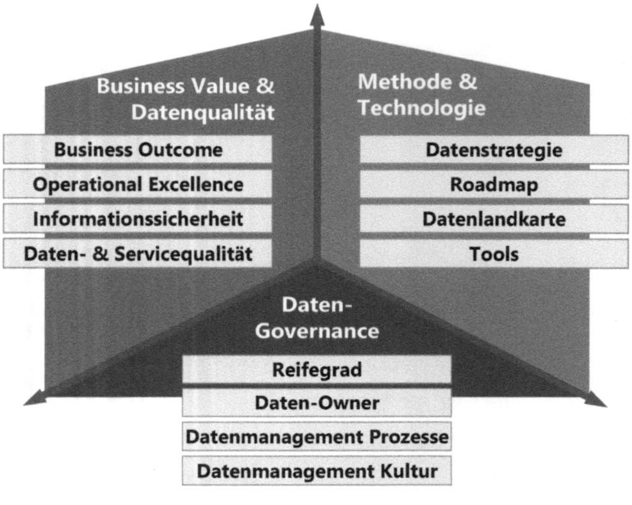

Bild 5.36
Datenmanagement-Aspekte

Hinweis

Daten sind der Rohstoff des 21. Jahrhunderts. Durch die digitale Fähigkeit des Datenmanagements wird der Wert gehoben. Hierzu muss der Business Outcome klar identifiziert werden, um die Customer Experience und damit nachhaltig den Unternehmenserfolg zu steigern. Grundvoraussetzung sind angemessene Methoden und Technologien und eine schlanke handhabbare Daten-Governance.

Angesichts der fundamentalen Veränderungen in der digitalen Transformation kommt es darauf an, das eigene Unternehmen rechtzeitig für die Anforderungen von morgen fit zu machen. Ein systematisches Datenmanagement ist hierfür ein Erfolgsfaktor. ■

Eine 360°-Sicht auf den Kunden ist hierbei wichtig. Diese 360°-Sicht auf den Kunden muss neben innovativen Ideen in die Gestaltung neuer Produkte und Dienstleistungen einfließen, um den Kunden Mehrwert zu liefern. Gleichzeitig muss aber der Business Outcome ganzheitlich betrachtet werden. Dies schließt Effizienz und damit wirtschaftliche Aspekte ebenso wie die Gewährleistung eines sicheren und zuverlässigen Geschäftsbetriebs sowie eine nachhaltige Daten- und Servicequalität mit ein (siehe Bild 5.36). Für die Umsetzung sind angemessene Methoden und Technologien und eine schlanke, handhabbare Daten-Governance erfolgsentscheidend.

Definitionen

Daten sind verschiedene Symbole und Zeichen, deren Bedeutung nur deutlich wird, wenn sie in einen Kontext gesetzt werden. Daten werden in Verknüpfung mit zusätzlichem Kontext zu einer Information und stellen so Kenntnisse über Sachverhalte oder Personen dar.

Wir verwenden die Begriffe Daten und Information synonym.

Das **Datenmanagement** umfasst das Planen, Gestalten, Überwachen und Steuern der Verwendung, die Verteilung und Kommunikation von Informationen in Organisationen zur Erreichung strategischer Ziele. Das Datenmanagement adressiert hierbei alle organisatorischen, methodischen, konzeptionellen, technischen Maßnahmen und Verfahren, die auf einen nachhaltigen Unternehmenserfolg abzielen. Hierzu sind die richtigen Daten zum richtigen Zeitpunkt für die Geschäftsprozesse bereitzustellen, die optimale Nutzung der Daten zu gewährleisten und eine angemessene Datenqualität und Informationssicherheit sicherzustellen. ■

Ein wirksames Datenmanagement benötigt hierfür sowohl eine klare Datenstrategie, eine gelebte Daten-Governance, Datentransparenz über eine Datenarchitektur sowie Information über die Datenherkunft, -verwendung und -verteilung. In Bild 5.37 finden Sie wesentliche Säulen des Datenmanagements abgebildet:

- **Datenstrategie** gibt eine Vision und Leitplanken für den Wandel zu datengetriebenen Geschäftsmodellen und -prozessen vor. Daten sind der „Rohstoff der Zukunft“ und die Voraussetzung für eine erfolgreiche digitale Transformation.

- **Daten-Governance** definiert Verantwortlichkeiten, Prozesse und Richtlinien für den Umgang, die Pflege und Nutzung von Daten, ausgerichtet an der Datenstrategie.
- **Datenarchitektur** schafft Datentransparenz über die Geschäftsobjekte und deren Zusammenspiel sowie Informationsfluss zwischen Prozessen und Informationssystemen.
- **Datenverwendung** umfasst alle Nutzungsszenarien von Daten, wie z. B. Nutzung von Daten in Geschäftsprozessen, Stammdatenmanagement, fachlicher Komponenten- bzw. Projektschnitt, Informationssicherheit und Datenschutz sowie Compliance und natürlich Business Analytics mit actionablen Dashboards auf Basis der Datenarchitektur.

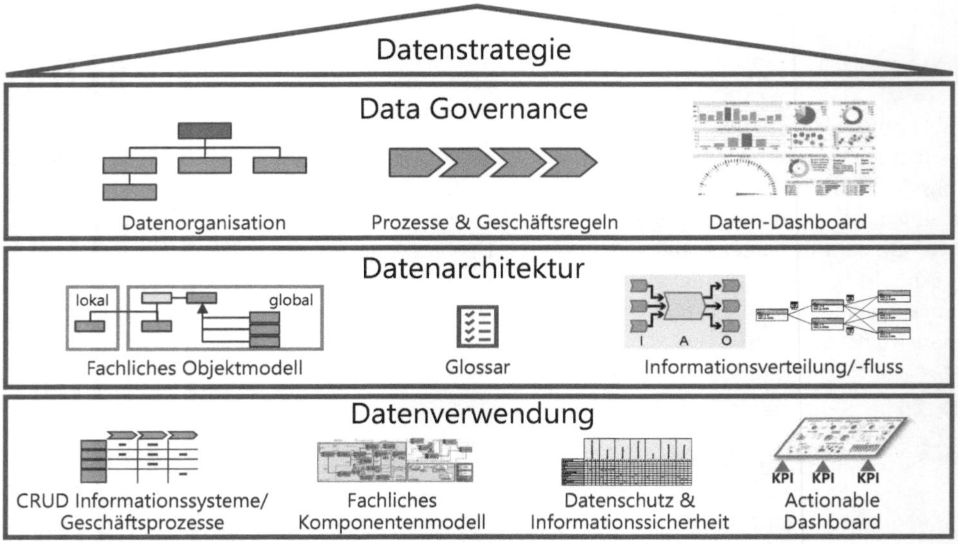

Bild 5.37 Wesentliche Bestandteile des Datenmanagements

Für die Umsetzung sind angemessene Methoden und Technologien und eine schlanke handhabbare Daten-Governance erfolgsentscheidend. Von besonderer Bedeutung sind eine klare Datenstrategie und Prinzipien als Leitplanken und Orientierungshilfen für Projekte und den laufenden Geschäftsbetrieb. Beispiele hierfür sind „Data as an asset", „Klare Verantwortlichkeit für Kennzahlen sowie Stamm- und Bewegungsdaten" oder die fachliche Clusterung in Data Marts. Jeder Mitarbeiter muss sich angesprochen und zuständig fühlen. Gleichzeitig müssen Datenqualitätsprozesse und Verantwortlichkeiten geregelt und über Prozesse operationalisiert werden.

Tool-Standards für alle Bereiche des Datenmanagements, wie z. B. Reporting, DWH, ETL und Business Analytics, geben gepaart mit Referenzarchitekturen weitere Leitplanken vor und helfen, die Komplexität und Kosten zu reduzieren sowie die Qualität durch professionalisierte Teams zu erhöhen.

Für die Planung und Steuerung des Datenmanagements ist eine Übersicht essenziell, die z. B. über ein fachliches Objektmodell (siehe [HGG16]) und grobgranulare Kerngeschäftsobjekte erzeugt werden kann. Zudem ist Transparenz über die Datenverwendung in Applikationen und in Geschäftsprozessen wichtig, um Abhängigkeiten und Auswirkungen von Veränderungen zu erfassen.

Nun schauen wir uns den Aspekt Datentransparenz etwas genauer an.

Datentransparenz schaffen

Datentransparenz bildet die Grundlage, um Mehrwert aus den Daten zu heben. In Bild 5.38 finden Sie alle wesentlichen Bestandteile, um Datentransparenz herzustellen. Dies sind insbesondere:

- Glossar: klar definierte Semantik für alle Geschäftsobjekte
- Fachliches Objektmodell: Beschreibung der Abhängigkeiten und Beziehungen zwischen den Geschäftsobjekten
- Dokumentation der Verwendung von Informationen durch CRUD-Matrizen (C-CREATE, R-READ, U-UPDATE, D-DELETE) sowohl für Geschäftsprozesse (kurz GP) und Business Capabilities (kurz BC) als auch für Applikationen. Bei Systemen ist zudem die Angabe der Masterschaft für die Erkennung von Redundanzen und Optimierungspotenzial wichtig.
- Dokumentation der Verteilung von Informationen mithilfe klar definierter APIs (Application Programming Interface) sowie des Informationsflusses zwischen Systemen

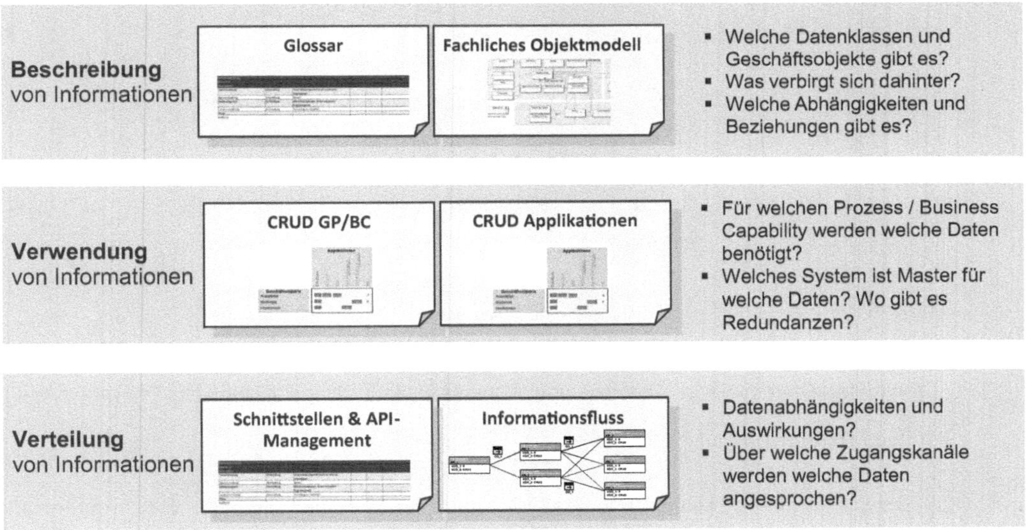

Bild 5.38 Datenlandkarte mit Beispiel-Fragestellungen

Für Datentransparenz müssen insbesondere die richtigen Granularitäten gewählt werden, damit das Datenmanagement handelbar wird. Deshalb wird hier unterschieden zwischen folgenden Granularitäten (siehe Bild 5.39):

- **Kerngeschäftsobjekte** *(kurz KGO)* sind fachliche Gruppierungen (Zusammenfassungen) von Geschäftsobjekten. Häufig werden diese top-down aus Kernanforderungen und der Strategie oder dem definierten Business Outcome abgeleitet. Beispiele: „Kunde" oder „Auftrag".

  Die Anzahl der Kerngeschäftsobjekte im Unternehmen sollte sehr beschränkt sein. Normalerweise sind dies deutlich weniger als 40. Für alle Kerngeschäftsobjekte sollte es Definitionen geben.

- **Geschäftsobjekte** *(kurz GO)* sind konsolidierte, fachlich abgestimmte Begriffe. Ein Geschäftsobjekt ist ein abgestimmter, fachlicher Begriff für abstrakte oder konkrete Objekte, die in engem Zusammenhang mit der Geschäftstätigkeit des Unternehmens stehen. Beispiele: „Interessent" oder „Fertigungsauftrag". Die Anzahl der Geschäftsobjekte sollte auch überschaubar sein. Häufig findet man deutlich weniger als 100 Geschäftsobjekte.
- **Informationsobjekte** *(kurz IO)* sind applikationsspezifische Daten. Informationsobjekte werden von Applikationen auf unterschiedliche Art (z. B. CRUD, C-CREATE, R-READ, U-UPDATE, D-DELETE) genutzt oder über Schnittstellen ausgetauscht. Sie konkretisieren die Daten für einen spezifischen Kontext. Beispiel: „SystemA_Kundendetaildaten".

  Die Anzahl der Informationsobjekte kann sehr groß werden. Zudem können unterschiedliche IO mit eigentlich gleicher Semantik vorhanden sein, da die Konsolidierung auf dieser Ebene schwierig ist.

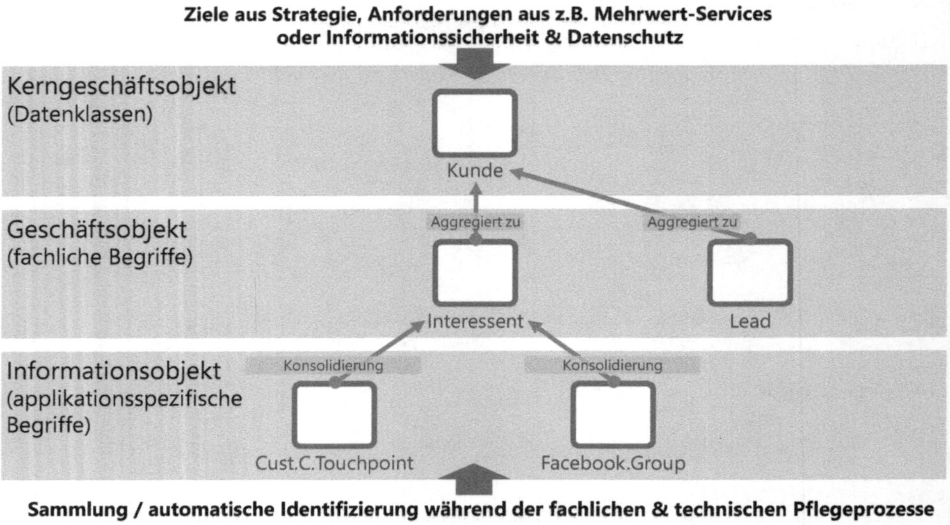

Bild 5.39 Erforderliche Datengranularitäten für Datentransarenz

Die verschiedenen Datenobjekte in einer Granularität und auch zwischen den Granularitäten stehen miteinander in Beziehung. Geschäftsobjekte werden zu Kerngeschäftsobjekten aggregiert. Informationsobjekte sind häufig entweder eine Detaillierung oder eine Spezialisierung der Geschäftsobjekte oder aber einfach nur noch unabgestimmte Datenobjekte, die zu konsolidieren sind. In Bild 2.34 finden Sie ein Beispiel eines fachlichen Objektmodells mit Beziehungen zwischen Geschäftsobjekten.

Daten-Governance und Datenmanagement Reifegrad-Check

Daten-Governance umfasst alle Rollen, Verantwortlichkeiten & Entscheidungsbefugnisse, Gremien, Regelwerke und Steuerungsprinzipien, die für die Etablierung des Datenmanagements erforderlich sind.

Das Datenmanagement kommt erst zum Fliegen, wenn es in der Organisation verankert ist. Wesentlich sind hierzu die in Bild 5.40 dargestellten Elemente:

- Die **Datenstrategie** gibt eine Vision und Leitplanken, wie z. B. Prinzipien, vor. Zudem beinhaltet diese eine Roadmap, um Daten in Mehrwert zu verwandeln.
- Die **Organisation des Datenmanagements** mit Rollen und klaren Verantwortlichkeiten, Gremien, Integration in die Aufbau- und Ablauforganisation sowie Awareness, Schulungen und ein Anreizsystem, um insbesondere für die ungeliebte Datenpflege zu motivieren
- **Prozesse, Regeln und Methoden des Datenmanagements** mit u. a. allen Prozessen für die kontinuierliche Sicherstellung der Datenqualität, der Datenidentifikation, Datenaggregation und Datennutzbarmachung. Dies beinhaltet auch Methoden für die Schaffung von Transparenz über die Informationsarchitektur sowie die Planung und Steuerung der Datennutzbarmachung. Hier werden häufig Musterarchitekturen und Musterlösungen sowie Standards und Leitlinien für die Umsetzung mit vorgegeben.

  Durch die Prozesse, Regeln und Methoden des Datenmanagements werden die Datenqualität sowie die Datennutzung und -verwertung sichergestellt. Hierzu müssen sowohl die Administration, Konsolidierung und Verteilung sowie Aspekte der Informationssicherheit und des Datenschutzes adressiert werden.

Bild 5.40 Daten-Governance

Wichtig

Idealerweise werden viele der Datenmanagementaufgaben in vorhandene Prozesse, wie z. B. im Prozessmanagement, Business Capability Management oder Demand Management, integriert, d. h., bestehende Rollen und Gremien übernehmen Durchführungs- bzw. Steuerungsaufgaben. Wenn z. B. ein Prozess-Board bereits etabliert ist, eignet sich dieses als übergreifendes Gremium für das Datenmanagement.

Wichtig sind beim Datenmanagement-Gremium Durchsetzungskraft und fachliche Expertise für die Planung und Überwachung des Datenmanagements.

Wesentlich sind insbesondere folgende Rollen und Verantwortlichkeiten (siehe Bild 5.41 und Bild 5.42):

- Der **Datentreuhänder** entwickelt und verantwortet die Strategie des Datenmanagements und managt Daten wie ein Anlagengut. Er koordiniert das Datenmanagement und etabliert dessen Standards und Organisation. Er sorgt für eine 360°-Sicht auf Kunden und erzeugt aktiv Mehrwert aus Daten für die Fachabteilungen. Er schafft vor allem eine horizontale, fachabteilungsübergreifende Sicht auf Daten.
- Der **Data Owner** verantwortet übergreifend und hat die Entscheidungsgewalt über die von ihm verantworteten Daten. Sie kommen meist aus den Fachbereichen, definieren die Anforderungen an die Daten, sichern Qualität und Verfügbarkeit und vergeben Zugriffsrechte. Sie sind auch der Ansprechpartner für Fragen oder Eskalation im Datenschutz und in der Informationssicherheit.

  Data Owner sind die eigentlichen „Datenbesitzer" („Accountable"). Sie sind zumeist Entscheider aus dem Fachbereich (dezentral und für einige Geschäftsobjekte, ggf. übergreifend). Der Data Steward arbeitet dem Data Owner zu. Die Aufgaben des Data Owner umfassen:

  - Semantik und Verwendungszweck des (Kern-)Geschäftsobjekts festlegen („entscheiden"),
  - Definition des Qualitätsanspruchs (z. B. Vollständigkeit, Aktualität, Konsistenz und Güte) für die Qualitätsplanung und -überwachung,
  - Festlegung der Schutzbedarfsanforderungen, insbesondere Vertraulichkeit, sowie Zugriffsrechte.
- **Data Stewards** sind die Treiber der Datenqualität. Data Stewards unterstützen den Datentreuhänder bzw. Data Owner bei der Durchsetzung der Regeln und kontinuierlichen Sicherung der Datenqualität eines bestimmten thematischen Bereichs (fachliche Domäne) oder Datendomänen. Sie sollten eine führende Rolle bei der Entwicklung von Datendefinitionen einnehmen. Sie sorgen vor allem für Transparenz der Daten und sollen aufzeigen, welche Probleme dem Gesamtunternehmen durch mangelhafte Datenqualität entstehen kann und wie man die Fachabteilungen in Sachen Datenqualität unterstützen kann.

  Sie sensibilisieren für eine Datenkultur und Datenqualität. Sie führen z. B. Schulungen diesbezüglich durch und zeigen die Auswirkungen von fehlender Datenqualität auf. Sie stellen für Kerngeschäftsobjekte, wie z. B. Kundendaten, die Datenqualität (hinreichende Vollständigkeit, Aktualität, Konsistenz und Güte) über die Forcierung von Datenqualitätsmaßnahmen und ein Qualitätsmonitoring mittels unternehmensindividuell festzulegenden Metriken sicher. Sie gewährleisten, dass Information korrekt, konsistent und durchgängig im ganzen Unternehmen verarbeitet und genutzt wird.

  Dies ist essenziell für z. B. zielgenaue Marketingaktivitäten. Sie arbeiten eng mit dem Fachbereich zusammen und unterstützen beim Einführen und Managen eines Datenglossars für alle wesentlichen Stamm- und Bewegungsdaten sowie beim Data Profiling, auch als „Daten-Archäologie" bekannt. Von besonderer Bedeutung sind alle Daten, um die 360°-Sicht auf Kunden herzustellen. Dies ist die Basis, um ein Produkt- und Dienstleistungsspektrum für optimale Kundenerlebnisse agil und nachhaltig bereitzustellen.

  Data Stewards arbeiten eng mit dem Datenschutzbeauftragten zusammen, um sicherzustellen, dass die Datensicherheitsanforderungen ebenso wie die Compliance-Anforderungen umgesetzt werden. Sie unterstützen zudem bei der Entscheidungsfindung und bei der Analyse der Abhängigkeiten für z. B. „Daten in der Cloud".

Data Stewards sollten gute Business-Analysten (siehe [HGG16]) sein, über fachliche Domänenexpertise und Kommunikations- und Vermittlungsgeschick verfügen. Zudem sollten sie mit dem Unternehmen verzahnt sein, insbesondere sollten sie die informellen Informationskanäle gut kennen.

Die Rolle ist in der Regel in einem „virtuellen“ Kompetenzzentrum (siehe Bild 5.43), dem Informations- oder Datenmanagement, angesiedelt. Organisatorisch ist die Rolle zumeist im Fachbereich oder bei übergreifenden Daten beim CDO angesiedelt. Die Zuordnung zum CDO ist essenziell, wenn einerseits eine übergreifende fachliche Sicht notwendig ist, und andererseits, wenn sowohl Einfluss als auch Budget für die erfolgreiche Verankerung des Datenmanagements erforderlich ist. Dies hängt u. a. damit zusammen, dass Fachbereiche, in denen Daten mit schlechter Qualität entstehen, diese häufig nicht selbst nutzen und daher kein Interesse haben, in Datenqualität zu investieren. Andere Fachabteilungen sind die Leidtragenden. Hier sind sanfter Druck und Überzeugen notwendig.

Für die Zuordnung zum Fachbereich spricht jedoch, dass die Geschäftsprozesse von dort gestaltet und durchgeführt werden. Die Maßnahmen für die Datenqualitätsverbesserung und die Datenverwertung müssen in den bestehenden Prozessen eingebettet werden. Ein Beispiel ist die Adressdatenbereinigung im Kontext der Marketingprozesse.

Die Rolle wird häufig mit der des Geschäftsarchitekten übergreifend oder für eine Domäne (Domain Business Architects) zusammengefasst, da die Daten eng mit den anderen wesentlichen fachlichen Strukturen, wie Geschäftsprozessen, Business Capabilities und Produkten, zusammenspielen. Weitere Informationen hierzu finden Sie im Kontext des Enterprise Architecture Management in Abschnitt 5.9.1.1.

Data Stewards definieren Grundsätze für Daten und treiben die Datenqualität. Sie kümmern sich in der Regel um Kerngeschäftsobjekte oder Geschäftsobjekte in einem fachlichen Bereich, einer fachlichen Domäne wie z. B. einem Kernprozess oder Business Capability (Level 2).

- Der **Data Scientist** gibt Antworten auf die analytischen Fragestellungen auf Grundlage der zur Verfügung stehenden Daten im Data Lake unter Nutzung von Data-Science-Methoden. Ausgehend von der fachlichen Fragestellung generiert er Ideen für mögliche Zusammenhänge, Abhängigkeiten oder Auswirkungen.

  Der Data Scientist, oder auch Datenanalyst genannt, gibt Antworten auf die analytischen Fragestellungen auf Grundlage der zur Verfügung stehenden Daten im Data Lake unter Nutzung von Data-Science-Methoden. Ausgehend von der fachlichen Fragestellung generiert er Ideen für mögliche Zusammenhänge, Abhängigkeiten oder Auswirkungen.

  Die strukturierte Analyse und Auswertung der riesigen und immer weiter explodierenden Datenmengen bilden die Hauptaufgabe des Data Scientist. Mithilfe der Data-Science-Methoden lässt sich neues, häufig unerwartetes Wissen aus dem Data Lake erschließen. Hierzu nutzt der Data Scientist Analysemethoden, die häufig auf Big-Data-Technologien wie Hadoop aufbauen. Er erstellt prädiktive Modelle, mit welchen auf die Zukunft bezogene Antworten aus Eingangsvariablen abgeleitet werden können. Zudem nutzt er Methoden aus der Statistik für z. B. die Analyse von Zusammenhängen.

  Das Anforderungsprofil ist sehr anspruchsvoll. So werden gute Kenntnisse in Statistik, maschinellem Lernen, Business Analytics sowie in einschlägigen Programmiersprachen vorausgesetzt und im Idealfall ergänzt mit Branchenkenntnis, analytischem Denkvermögen, Business-Analyse-, Kommunikations- und Teamfähigkeit.

Er arbeitet eng mit dem CDO zusammen, da er wesentlichen Input für die (Weiter-)Entwicklung der digitalen Geschäftsmodelle liefert.

Data Scientists managen den „Data Lake". Sie verknüpfen Daten und machen beliebige Daten schnell und einfach für Analysen nutzbar. Während beim klassischen Data Warehouse eine hohe (Prozess-)Effizienz für interaktive Analysen und Berichte im Vordergrund steht und die Informationen relativ passgenau für den Benutzer aufbereitet sind, ermöglicht ein Data Lake vor allem das einfache Entdecken neuer Zusammenhänge in nicht aufbereiteten Daten.

Eine wesentliche Aufgabe ist auch das Data Profiling, die „Daten-Archäologie", zur statistischen Analyse und Bewertung der jeweiligen Datenqualität. Dabei geht es vor allem um Konsistenz, Eindeutigkeit und Logik der Daten.

- Die **Data Quality Staff** ist für die Umsetzung und Unterstützung des Datenmanagement und Beratung und insbesondere auch Datenpflege und Qualitätssicherung verantwortlich. Diese sind in der Regel nur für einzelne Geschäftsobjekte, die Konsolidierungs- oder Qualitätssicherungsbedarf haben, notwendig. Ein Beispiel sind hier Adressdaten.

In Bild 5.41 finden Sie die typischen Aufgaben anhand der unterschiedlichen Granularitäten von Datenobjekten dargestellt. Der Data Steward (unterstützt durch Informations- und oder Domänenarchitekt oder übergreifend der Informations- oder Geschäftsarchitekt) leitet top-down aus der Strategie, den Geschäftsanforderungen sowie aus Anforderungen der Informationssicherheit und des Datenschutzes erforderliche Datenklassen oder Geschäftsobjekte ab.

Bottom-up werden durch technische Verantwortliche, wie z. B. Applikationsverantwortliche, Informationsobjekte gesammelt und die Datenlandkarte gefüllt. Dies sollte, soweit möglich, automatisiert durch z. B. Integration in die Entwicklungspipeline, Discovery-Möglichkeiten, Nutzung von Datenkatalogen oder Ähnlichem erfolgen.

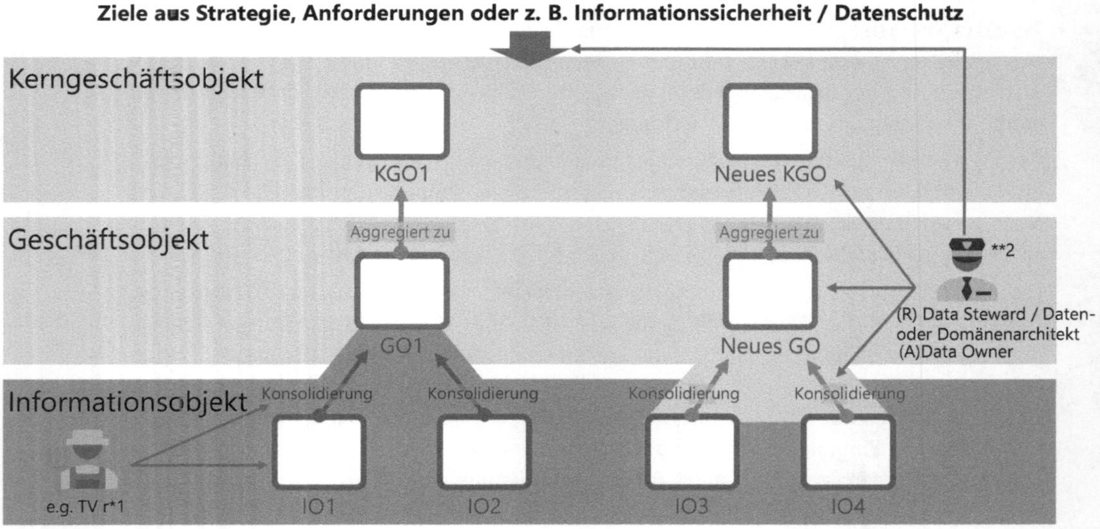

*1.g. Technischer Verantwortlicher:
- Pflege der einzelnen Informationsobjekte
- Zuordnung zu vorhandenen Geschäftsobjekten

**2
- Responsible für die Ableitung der KGO aus der Strategie
- Fachliche Abstimmung und Konsolidierung der GO und KGO
- Definition von neuen Geschäftsobjekten und Zuordnungen
- Ergänzung von fehlenden Zuordnungen

Bild 5.41 Rollen im Datenmanagement

Dem Data Steward obliegt dann die Zuordnung zu den Geschäftsobjekten bzw. Kerngeschäftsobjekten. Der Data Owner verantwortet die Daten in seinem Kontext, d. h., er entscheidet hier im Zweifelsfall.

In Bild 5.42 wird eine dezentrale Organisation mit Kompetenzzentren für u. a. Enterprise Architecture Management und Datenmanagement dargestellt. Hier finden Sie eine mögliche Verortung der Data Stewards und Data Owner.

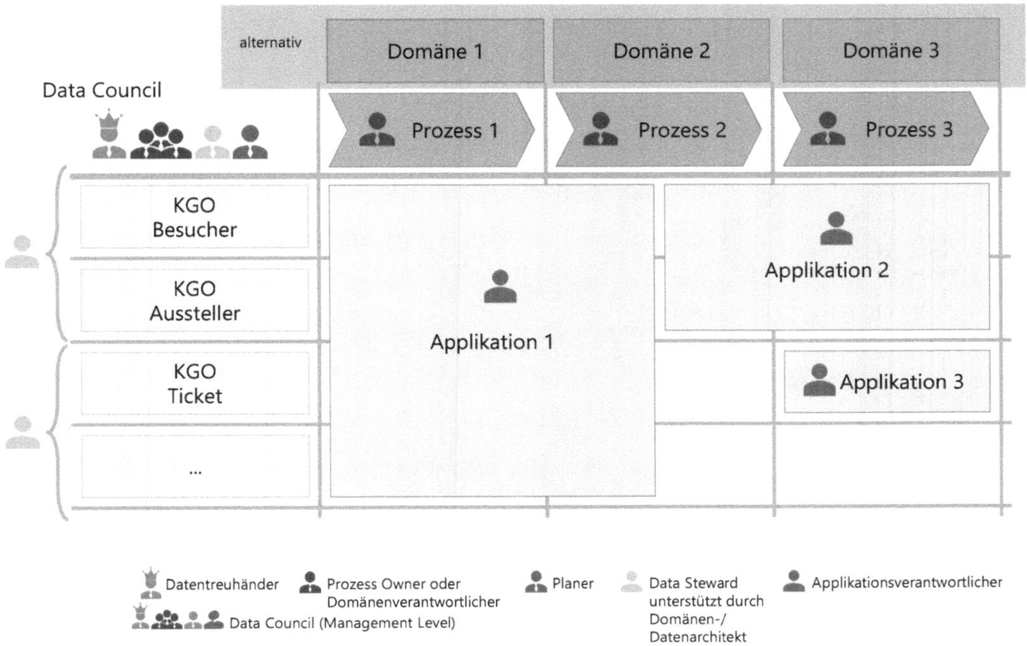

Bild 5.42 Rollen im Datenmanagement im Zusammenspiel

Neben den typischen Rollen einer Datenmanagementorganisation sind hier insbesondere auch Rollen im Enterprise Architecture von Bedeutung. Die folgenden Rollen unterstützen die Datenmanagement-Organisation im Datenmanagement.

- Der **Domänenarchitekt** ist verantwortlich für die übergreifende Konsolidierung, Qualitätssicherung und Steuerung der Bebauung (Ist, Soll und Plan) einer fachlichen Domäne. Der Schwerpunkt liegt in der Regel auf der Applikationsbebauung. Er arbeitet eng mit dem Demand Management und dem Projektportfoliomanagement zusammen sowie unterstützt bei der Investitionsplanung und Budgetierung.

  Er ist verantwortlich für die übergreifende Bereitstellung, Weiterentwicklung sowie Sicherstellung der Einhaltung des domänenspezifischen fachlichen und technischen Blueprints sowie für die Beratung und Unterstützung bei der Nutzung dieser und von technischen Bausteinen in enger Zusammenarbeit mit den übergreifenden Unternehmensarchitekten und Technologiearchitekten.

  Domänenspezfische Informationsarchitekten und Lösungsarchitekten werden in der Regel durch den Domänenarchitekt geführt.

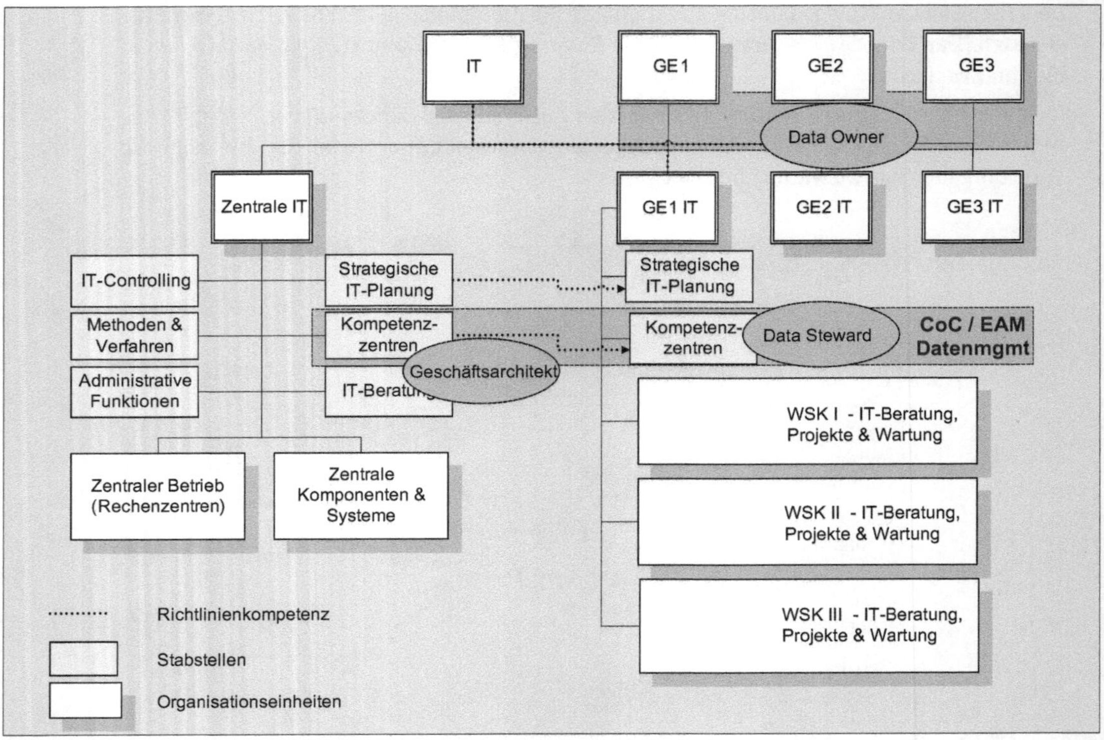

Bild 5.43 Beispiel Datenmanagement Organisation – Verortung von Rollen

- **Informationsarchitekt**, oder auch **Datenarchitekt** genannt, ist übergreifend verantwortlich (Responsible) für die aktuelle und zukünftige Informationsarchitektur im Kontext vom Enterprise Architecture Management. Er konsolidiert übergreifend die Informationsbebauung und entwickelt Methoden und Verfahren für das Stammdatenmanagement und das Datenmanagement inklusive der Steuerung der Datenqualität. Der Informationsarchitekt hat einerseits kontinuierliche Konsolidierungs-, Planungs- und Steuerungsaufgaben. Andererseits liefert er Informationsservices für z. B. die Geschäftsmodellentwicklung und die digitale Strategieentwicklung. Außerdem erstellt er z. B. Referenzdatenmodelle gemeinsam mit dem Data Scientist für Business Analytics. Informationsarchitekten sind in der Regel entweder zentral oder dezentral in fachlichen Domänen im Enterprise Architecture Management angesiedelt.

Um Datenmanagement in der Organisation zu verankern, ist eine adäquate handhabbare Daten-Governance unabdingbar. In diesem Kontext ist der neue Trend im Datenmanagement zu sehen, der „Data Mesh“ und Datenprodukte, um Datenmanagement endlich wirklich in den Griff zu bekommen.

Bislang gibt es in den meisten Organisationen nicht wirklich Datentransparenz, aufgrund fehlender Datenqualität in Folge der häufig eher zentralen Pflege- und Konsolidierungsaktivitäten. Auch im Kontext von Business Analytics findet man nach wie vor einzelne Data Warehouses oder Data Lakes als Teil der Big-Data-Infrastruktur. Viele Unternehmen haben inzwischen eine Business-Analytics-Plattform mit umfangreichen Self-Service- und vorbereiteten Data Marts und Reportings aufgebaut. Diese Lösungen werden häufig durch einen kleinen Kreis von Spezialisten implementiert, verwaltet und gewartet. Diese Spezialisten müssen sich oft mit gewaltigen technischen Schulden herumschlagen. Das Ergebnis ist ein überlastetes Datenteam, das sich aber eigentlich den wachsenden geschäftlichen Anforderungen widmen sollte. Dies führt zu Unzufriedenheit und wachsender Ungeduld unter den Datenkonsumenten.

Hier setzt eine dezentrale Struktur wie Data Mesh an. Es verbindet das Beste aus beiden Welten, d. h. eine zentrale Datenbank und dezentrale (Daten-)Domänen mit unabhängigen Pipelines, zu einer praktikablen und skalierbaren Alternative.

Data Mesh ist ein Ansatz, Datenhaltung und -nutzung im Unternehmen zu demokratisieren, um den vollen Mehrwert aus Daten durch einen föderalen und datenproduktorientierten Ansatz zu erschließen. Durch eine verteilte, domänenorientierte Datenarchitektur mit dezentralen Verantwortlichkeiten sowie mit intuitiv nutzbaren Self-Service-Analysen wird das Datenmanagement skalierbar.

Die wesentlichen Prinzipien sind hierbei:

- **Dezentraler, domänenorientierter Datenbesitz und Datenarchitektur:** Datenverantwortung wird dezentralisiert auf diejenigen, die eng mit den Daten arbeiten. So wird das Datenmanagement skalierbar. Durch die fachliche Nähe werden auch die kontinuierlichen Änderungen unterstützt und damit die Datenqualität erhöht.
- **Daten als Produkte:** Daten werden als „Produkte" behandelt, um möglichst viel Mehrwert aus den Daten zu ziehen. Auffindbarkeit, Verständlichkeit, Sicherheit und Vertrauenswürdigkeit der Daten sind hierfür wesentlich. Zudem werden die Interoperabilität und die Wiederverwendbarkeit angestrebt. So können Datenprodukte beliebig vernetzt und kombiniert werden. Datenprodukte werden föderal von dezentralen Teams bereitgestellt.
- **Datenplattform mit intuitiv nutzbaren Self-Service-Analysen:** Aufbau, Bereitstellung, Betrieb der selbstverwalteten, kostengünstigen, sicheren und zuverlässigen Datenplattforminfrastruktur mit u. a. Data Hubs, Advanced Business Analytics und Interoperabilitätsfunktionalitäten mit sicherem, berechtigtem Zugriff und Überwachung der Datenprodukte
- **Föderale Daten-Governance** (eingebettet in eine föderale EA-Governance siehe Bild 5.44): Data Mesh setzt auf eine verteilte Datenarchitektur, die autonom ist und von unabhängigen Teams aufgebaut und gemanagt wird. Durch einen Zusammenschluss von Eigentümern von Datenbereichen und Datenprodukten mit Entscheidungsautonomie sowie zentraler übergreifender Rahmenvorgaben, wie z. B. bestimmte globale Regeln leben die Datenprodukte.Die Pflege und auch die Entscheidungen werden da getroffen, wo sie fachlich auch getroffen werden können.

Datenprodukte

Ein **Datenprodukt** ist ein Produkt oder eine Dienstleistung, das/die vornehmlich Daten nutzt oder aber bestehende Produkte und Dienstleistungen durch Nutzbarmachung der zur Verfügung stehenden Informationen anreichert, um einen Wertbeitrag für ein Unternehmen zu erbringen. Ein Beispiel hierfür ist das Sammeln und Verkaufen von Adressdaten oder Nutzerdaten.

Ein gutes Datenprodukt ist „FAIR“ (findable, accessible, interoperable and reusable) und weist eine hohe Datenintegrität auf. Die Daten sind hinreichend korrekt, vollständig und konsistent. FAIR-Daten sind Daten, die den Grundsätzen der Auffindbarkeit, Zugänglichkeit, Interoperabilität und Wiederverwendbarkeit entsprechen:

- **Auffindbarkeit** durch Eintrag im zentralen Datenkatalog
- **Zugänglichkeit** durch z. B. Self-Service und möglichst selbstbeschreibende Struktur
- **Interoperabilität** durch z. B. Standards, Referenzierbarkeit über eine eindeutige, einzigartige ID
- **Wiederverwendbarkeit** durch insbesondere klare Definition einer Nutzergruppe und des Nutzungszwecks für ein Datenprodukt und Bereitstellung von APIs

Zu jedem Datenprodukt gibt es einen Datenprodukt-Owner, der es durch dessen Lebenszyklus begleitet. Er ist dafür verantwortlich, dass sein Produkt „funktioniert“. Hierzu setzt er die Bedürfnisse der Nutzer des Datenprodukts im engen Zusammenspiel mit den Data Scientists und Data Engineers oder Entwicklungsteams um.

Für alle Einträge im Datenprodukt muss im Datenkatalog hinterlegt werden, aus welchen Quellen sich das Datenprodukt zusammensetzt und wie es aufbereitet wird (Datenherkunft oder Englisch Data Lineage). Zu jedem Datenprodukt gibt es eine Data Pipeline mit Data Staging. Dies ermöglicht dem Nutzer des Datenprodukts, nachzuvollziehen, aus welchen Datenquellen sich das Datenprodukt zusammensetzt und wie es im Detail erstellt wird.

Für Datenprodukte müssen die relevanten Informationen und deren Detailgrad, Partitionierung, Historisierung, Aktualität/Update-Intervall, Häufigkeit der Bereitstellung sowie Archivierungs- und Löschanforderungen beschrieben werden. Technisch müssen die Speicherlösung, das Datenformat und die Zugriffstechnologien festgelegt werden.

Die Anreicherung eines Datenprodukts um Metadaten, wie z. B. nutzende Applikationen, Anzahl Datensätze über Zeit, Anzahl Zugriffe auf die Daten, erlaubt Verwendungs-, Wachstums- und Performance-Analysen. ■

Nach dem Subsidiaritätsprinzip liegen die Entscheidungsbefugnisse für einen Sachverhalt grundsätzlich jeweils auf der untersten Ebene, die imstande ist, die Entscheidung zu fällen, d. h., sie verfügt über die dafür notwendigen Informationen. Übergeordnete Stellen greifen nur in Ausnahmefällen ein und unterstützen die untergeordneten Ebenen bei Überforderung. Vorteile dieses Prinzips sind, dass der Kommunikationsaufwand verringert und gleichzeitig die Entscheidungsqualität verbessert wird.

(Advanced) Business Analytics und Big Data

Business Analytics erweitert die klassische Business Intelligence (BI) um den Blick in die Zukunft und setzt vor allem auf statistische Analysen von Unternehmensdaten. Business Analytics gibt Antworten auf die Fragen nach den Gründen, Auswirkungen, Wechselwirkungen oder Folgen von Ereignissen. Zudem ist es möglich, Szenarien durchzuspielen und Handlungsalternativen aufzuzeigen: Was geschieht, wenn wir an dieser oder jener Stellschraube drehen?

Um den Planungsprozess im Unternehmen zu verbessern, nutzt Business Analytics diverse Analyse-Tools, u. a. im Big-Data-Umfeld Hadoop. Über Advanced Business Analytics werden noch weitere Möglichkeiten, wie z. B. die Echtzeitfähigkeit bereitgestellt.

Mit „Big Data" werden große Mengen an Daten bezeichnet, die u. a. aus den operativen Datenbeständen des Unternehmens und zusätzlich aus z. B. sozialen Medien oder IoT-Daten stammen. Diese werden, wie bereits ausgeführt, in einem Data Lake gesammelt und über Data-Science-Methoden analysiert. Beispiele für Datenquellen sind das Internet und der Mobilfunk, die Finanzindustrie, die Energiewirtschaft, das Gesundheitswesen und der Verkehr und Daten, die aus Quellen wie intelligenten Agenten, sozialen Medien, Kredit- und Kundenkarten, Smart-Metering-Systemen, Assistenzgeräten, Überwachungskameras sowie Flug- und Fahrzeugen stammen und die mit speziellen Lösungen gespeichert, verarbeitet und ausgewertet werden.

In nahezu jedem Unternehmen wird aktuell an einer individuellen Implementierung von Business Analytics gearbeitet. Hier gibt es bereits viele Werkzeuge und auch Referenzarchitekturen.

Nach wie vor sind die Datentransparenz und die Datenqualität eine große Herausforderung. Über Datenmanagement wird versucht, diese in den Griff zu bekommen. ■

In Bild 5.44 wird das Management der Unternehmensarchitektur auf der strategischen, taktischen und operativen Ebene anhand der wesentlichen Strukturen und Ergebnistypen dargestellt. Durch eine domänenorientierte föderale Governance wird EAM erst skalierbar, da die Fachexperten für die Domäne diese strategisch, taktisch und operativ bebauen. Durch die übergreifenden Leitplanken sowie Vision und Strategie wird ein Rahmen geschaffen, der eine übergreifende Konsolidierung erlaubt. Weitere Details hierzu finden Sie in den nächsten Abschnitten.

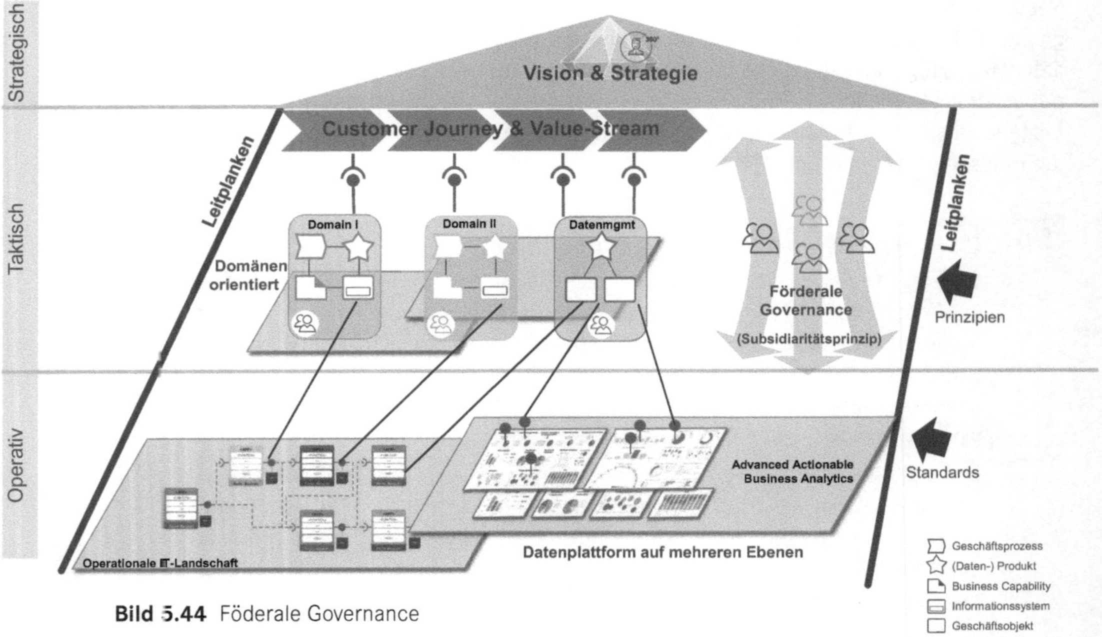

Bild 5.44 Föderale Governance

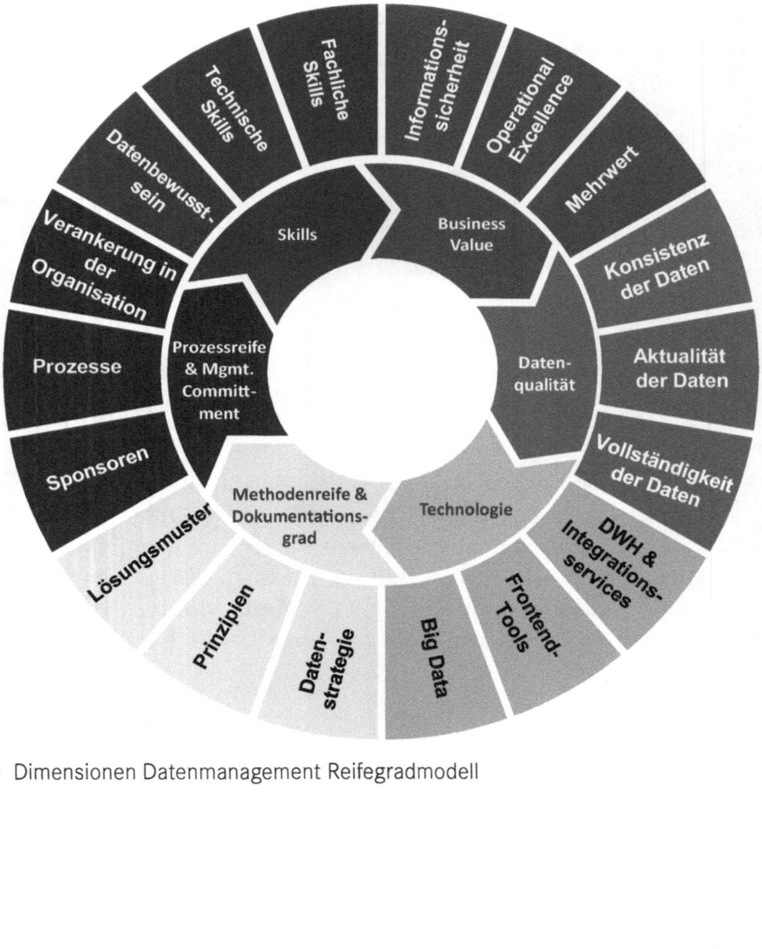

Bild 5.45 Dimensionen Datenmanagement Reifegradmodell

Reifegrad-Check Datenmanagement

Ausgangspunkt für eine handhabbare Daten-Governance ist eine realistische Einschätzung der aktuellen Ausgangslage. Hierfür ist eine Reifegradanalyse durchzuführen. In Bild 5.45 sind die betrachteten Dimensionen des Datenmanagement-Reifegradmodells abgebildet.

Eine realistische Einschätzung des Reifegrads ist essenziell, um adäquate Rollen und Datenmanagementprozesse festzulegen. In Bild 5.46 und Bild 5.47 finden Sie die Stufen des Reifegradmodells sowie Hilfestellungen für die Selbsteinschätzung des Reifegrads. Eine Reifegradstufe ist erreicht, wenn alle Aspekte der vorhergehenden Reifegradstufe abgehakt sind. Schrittweise kann so der Reifegrad erhöht werden. In einem Schritt kann maximal die nächste Reifegradstufe erreicht werden. Mit jeder Reifegradstufe nimmt der Mehrwert aus Daten zu.

Der Ist-Reifegrad wird in der Regel über ein Assessment der Ausgangslage festgestellt. Zudem wird der angestrebte Soll-Reifegrad festgelegt. Durch einen Ist-Soll-Abgleich können dann Handlungsfelder bestimmt und Maßnahmen dafür abgeleitet werden.

Durch die Verankerung der Datenmanagementprozesse in der Organisation bekommen Sie das Datenmanagement, gepaart mit einem gesteuerten Veränderungsprozess Ihrer Kultur in Richtung einer offenen Leistungs- und Fehlerkultur, zum Fliegen.

	Initial - „Informations-inseln“	Ansatzweise - „Problemlöser“	Fortgeschritten - „Effizienz-steigerung“	Durchgängig - „Strategie-partner“	Nachhaltig - „Business-Innovator“
Business-Value	Problemfälle mit z.T. manuellen Lösungen	Geschäftsbetrieb sichergestellt	Effizienzgewinne & Informationssicherheit & bereichsübergreifende Synergien	Operational Excellence & Entscheidungs-sicherheit	Mehrwert aus Daten, wie z.B. Kunden-Informationsservices oder Verkauf von Informationen
Datenqualität	Redundanzen, Inkonsistenzen & z.T. fehlende Aktualität	Lokale Datenqualitäts-lösungen	Definiertes semantisches Modell & Redundanzen teilweise beseitigt	Etabliertes konsistentes semantisches Modell	Semantisches Modell ist Grundlage für alle Informationsservices & Information Excellence
Technologie	Fehlende Standards	Technologie-Festlegung für Projekte	Technische Vorgaben/ BI-Referenzarchitektur für DWH, ETL, Front-End-Tools und Big Data	Datenmanagement Referenzarchitektur festgelegt und projekthaft umgesetzt	Datenmanagement Referenzarchitektur etabliert
Methodenreife & Dokumentations-grad	Problem-bewusstsein nicht vorhanden	erste Probleme erkannt; noch keine Datenstrategie	Datenstrategie & erste Prinzipien & Lösungsansätze	Prinzipien & Lösungsmuster vorhanden – teilweise umgesetzt	Agile Anpassung der Methoden entsprechend der Erfordernisse
Prozessreife & Management-Committment	kein Sponsor & keine definierten Prozesse	Erste Sponsoren & Projekthafte Umsetzung (Projektfokus)	Sponsor aus dem Management, Daten Stewards & Datenmanagement-Prozesse	Management-Committment & Integration in Prozesse erfolgt	Aktive Förderung durch Management & Integration in Prozesse etabliert
Skills	Kein explizites Skill-Management für Datenmanagement	Datenqualitäts-bewusstsein & erforderliches Know-how für Projekte	BI-Team mit Expertise in BI-Referenzarchitektur	Fachliche Lösungs-Skills für die Datenmanagement Referenzarchitektur	Lernende Organisation & explizites Innovations-management

Bild 5.46 Stufen Reifegradmodell

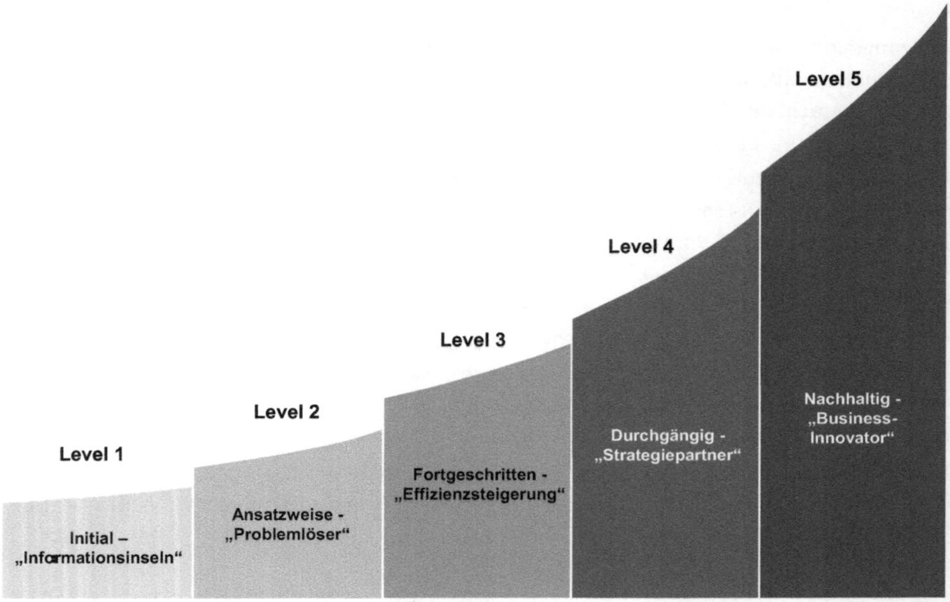

Bild 5.47 Maturity-Level-Reifegradmodell Datenmanagement

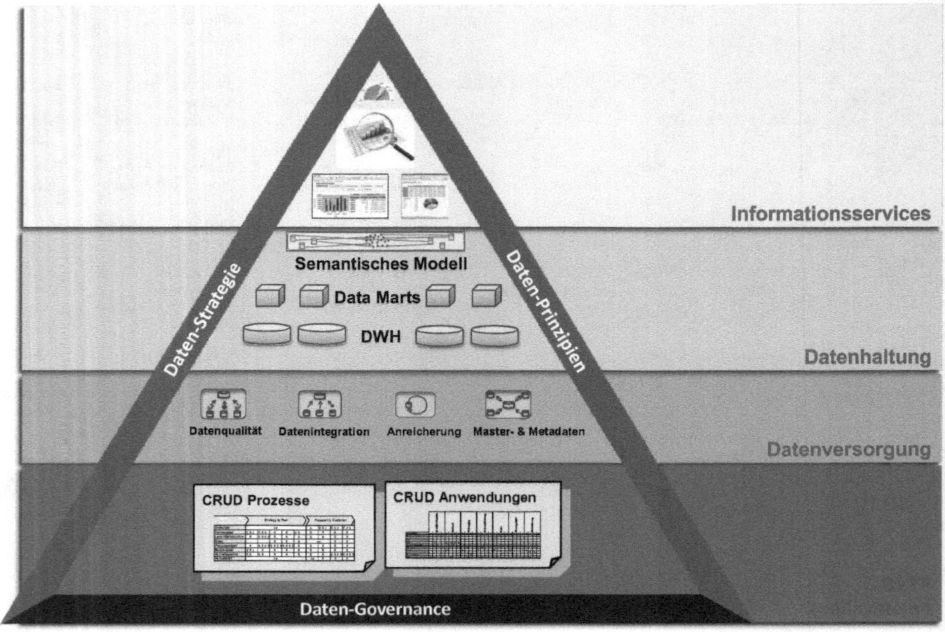

Bild 5.48 Ebenen Datenmanagement

Ebenen des Datenmanagements

Datenmanagement ist ein wesentliches Instrument für die nachhaltige Steigerung des Unternehmenserfolgs, da nur so die relevanten Informationen zum richtigen Zeitpunkt für Entscheidungen, Planungen und den Geschäftsbetrieb zur Verfügung stehen.

Für alle Ebenen des Datenmanagements (siehe Bild 5.48) müssen Methoden und Technologien bereitgestellt werden:

- **Ebene Quellsysteme (OLTP-Systeme).** Essenziell: Festlegung der Verwendung und Masterschaften (führende Systeme) für Geschäftsobjekte (Datenlandkarte)
- **Datenversorgung.** Essenziell: sichere und qualitativ hochwertige Datenlogistik mit ETL- und Qualitätsservices inklusive der Anreicherung von Daten und Master- und Meta-Datenmanagement
- **Business-Intelligence-Datenhaltung.** Essenziell: definiertes semantisches Modell mit u. a. zeitlicher/historischer Betrachtung sowie transparenter Herleitung von KPIs und BI-Referenzarchitektur
- **Business Analytics** (siehe oben). Essenziell: 360°-Sicht und maßgeschneiderte, auf die individuellen Bedürfnisse zugeschnittene Sichten bereitstellen. Hierzu werden aufbereitete Daten auf der Basis eines definierten semantischen Modells und Endbenutzer-Werkzeuge und -Tools für Reporting, Dashboards, Decision Support, interactive Analysis, OLAP Analysis & Data Exploration sowie Big Data Tools genutzt.

So liefert Datenmanagement sowohl Transparenz im Geschäftsbetrieb als auch tiefe Einblicke in die für Entscheidungen relevanten Fragestellungen. Wichtig sind hierbei:

- einfache und flexible sowie für Endanwender geeignete Aufbereitungsmöglichkeiten von Analyseergebnissen,
- einfacher Zugriff auf traditionelle und neuartige Datenquellen aus dem Unternehmen oder von Geschäftspartnern sowie Daten in Echtzeit, während der Kunde mit dem Unternehmen interagiert,
- Unterstützung der Data-Analytiker (häufig Data Scientists genannt) durch fortgeschrittene Analysemethoden z. B. im Big-Data-Umfeld oder Prognoseverfahren,
- Big oder Smart Data, um z. B. auf den Kunden oder Produkte bezogene Daten zu identifizieren, zu interpretieren und zu nutzen,
- hohe Datenqualität in den Quellsystemen und hierfür systematische Methoden für die Datenbereinigung und Qualitätssteigerung, die Datenbereinigung beginnt dabei mit dem Verstehen der Daten,
- übergreifendes semantisches Modell für Konsistenz und Transparenz zur Beantwortung von Fragen, wie:
  - „Woher stammen die Daten?"
  - „Welche Qualität haben sie?"
  - „Was für Daten wurden genutzt und wo sonst wurden sie noch verwendet?"
  - „Wie wurden die Daten transformiert?"
  - „Welche Berichte oder Informationsservices nutzen diese Daten?"

So können z. B. Marketing- und Werbekampagnen perfekt auf die Zielgruppe zugeschnitten und damit ein besseres „Business Outcome“ geliefert oder teure Entwicklungen in die falsche Richtung vermieden werden. „Saubere“ Daten sind die Erfolgsgrundlage.

Transparenz über die Datenverwendung ist wiederum die Voraussetzung für das Aufräumen. Diese Transparenz ist daher häufig ein erster Schritt bei der Einführung des Datenmanagements.

Vorgehen bei der Einführung und Verankerung vom Datenmanagement

In Bild 5.49 finden Sie ein systematisches Vorgehen für die Einführung und Verankerung vom Datenmanagement.

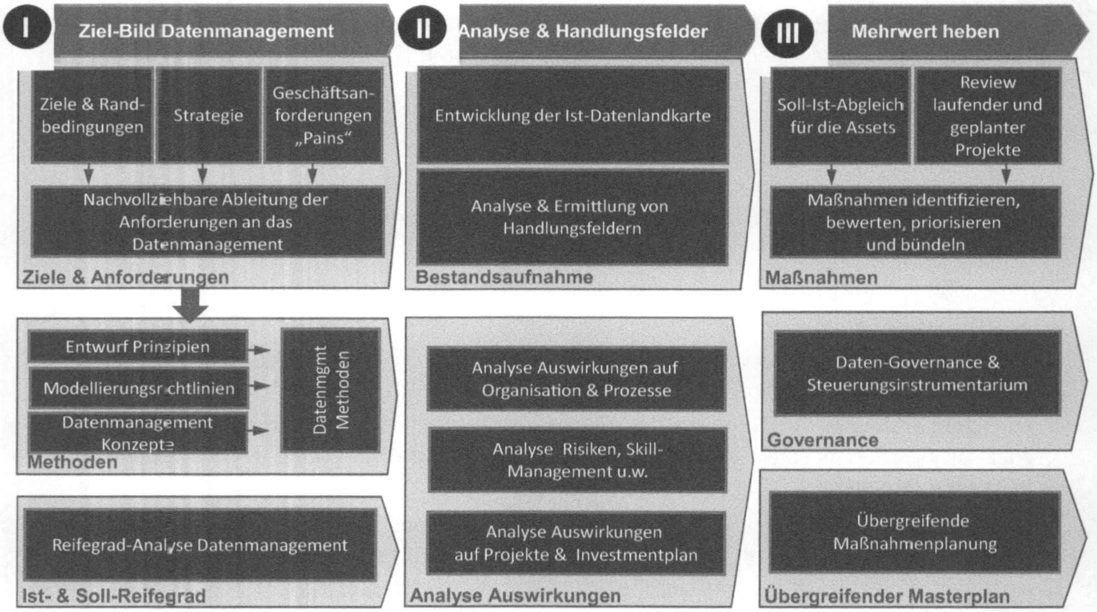

Bild 5.49 Vorgehen bei der Einführung Datenmanagement

Alleine die Erstellung der Datenlandkarte mit fachlichem Objektmodell sowie CRUD-Tabellen für das Aufzeigen der Datenverwendung sowie Informationsflüssen ist nicht ganz einfach. Die historisch gewachsene IT-Landschaft muss erst im Zusammenspiel mit fachlichen und technischen Strukturen verstanden werden. So muss es z. B. einen „Single Point of Truth“ für Applikationen und Geschäftsprozesse geben. Dies wird häufig über das Enterprise Architecture Management sichergestellt.

Das Datenmanagement wird zunehmend eine eigenständige Disziplin, ist aber eng mit dem Enterprise Architecture Management verbunden.

5.4.4 Organisationsentwicklung

Die erforderliche Aufbau- und Ablauforganisation zur agilen, gesteuerten digitalen Transformation muss einfach, effizient und handhabbar gestaltet werden, damit der Nutzen die Aufwände übersteigt und spürbar wird. Eine schlanke, kundenorientierte Organisation und kollaborative Prozesse sind notwendig, um Kundenzufriedenheit, Wettbewerbsfähigkeit und Mitarbeitermotivation ganzheitlich und systematisch zu erreichen. Lean ist hier ein Schlüssel, sowohl in Bezug auf Prozesse als auch auf Organisation und Werkzeugunterstützung, da nur so alle Aufgaben bewältigt werden können.

Organisation 4.0 fasst alle organisatorischen Aspekte zusammen, wie Unternehmen sich auf die Herausforderungen und Chancen der digitalen Transformation vorbereiten können. Hierzu zählen weitreichende organisatorische Anpassungen:

- Den Kunden und dessen Bedürfnisse in den Mittelpunkt stellen
- Installieren eines Kümmeres für die Digitalisierung (Chief Digital Officer)
- Freiraum für Innovation schaffen sowie Innovationsmanagement und Geschäftsmodellentwicklung als Prozesse operationalisieren
- Etablierung vom Datenmanagement und Advanced Business Analytics
- Etablieren einer übergreifenden End-to-end-Zusammenarbeit im Unternehmen und im Business Ökosystem mit aktivem Netzwerkmanagement
- Veränderte Führung mit Aufbrechen von Hierarchie und Bereichsdenken
- Mitnehmen aller Beteiligten im Rahmen eines expliziten Change Managements
- Nach wie vor einen zuverlässigen, sicheren und kostengünstigen Geschäftsbetrieb mit End-to-end-Lieferfähigkeit sicherstellen
- Skill-Management und Enablen der Mitarbeitenden

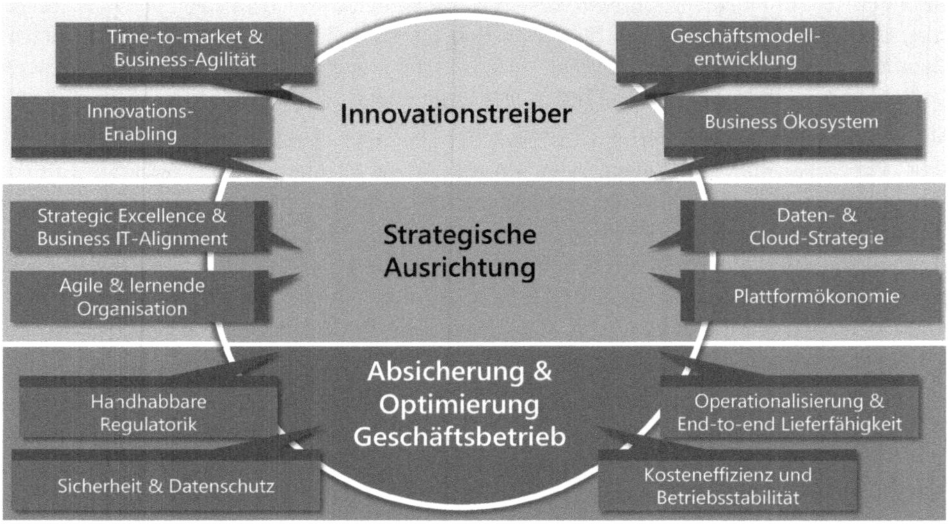

Bild 5.50 Beispiel Entwicklungsfelder Organisation 4.0

In Bild 5.50 finden Sie ein Beispiel für Entwicklungsfelder einer Organisation 4.0 mit den wesentlichen Stoßrichtungen Innovationstreiber, strategische Ausrichtung und Absicherung und Optimierung des Geschäftsbetriebs.

Die Organisation der Zukunft, Organisation 4.0, hat prozessorientierte, digitalisierte und am Kunden ausgerichtete Ordnungsstrukturen. Funktionsorientierte, arbeitsteilige, hierarchische Organisationsstrukturen stehen der im Rahmen der Digitalisierung zunehmenden Vernetzung im Wege. Hierfür werden die starren Hierarchien aufgebrochen und das „Bewahrertum" in einem gesteuerten Veränderungsprozess kontinuierlich reduziert.

Lebendige selbstorganisierende ergebnisorientierte Strukturen mit einer neuen Art der Führung („Digital Leadership" oder „Servant Leadership") entstehen. Die Transformation zur Organisation 4.0 geht einher mit der Kulturveränderung in Richtung einer offenen und lean Leistungskultur im Rahmen eines gesteuerten, schrittweisen Veränderungsprozesses.

Organisation 4.0 geht einher mit „Arbeit 4.0", einer flexibleren und mobilen Arbeitsweise und entsprechenden Arbeitszeitmodellen. So müssen Mitarbeiter nicht mehr zwingend jeden Tag ins Büro kommen. Sie können im Homeoffice, zu Hause oder von unterwegs arbeiten. Flexible Arbeitszeitmodelle mit z. B. Teilzeitarbeit, Auszeiten oder Zeitkonten werden zudem Alltag. Was früher eher eine Ausnahme war, wird immer mehr zur Erwartungshaltung für die raren digitalen Talente, für die die persönliche Freiheit eine immer größere Rolle spielt. Die neue Freiheit hat aber auch ihre Schattenseiten, da die Grenzen zwischen Arbeit und Freizeit verschwimmen. Klare Regelungen sind hier notwendig.

Die zunehmende Vernetzung und Business-Ökosysteme verstärken den Wandel in der Arbeitswelt zusätzlich. Unternehmen arbeiten im Hintergrund zusammen. Für Kunden und auch für Mitarbeiter ist nicht immer ersichtlich, wo das eigene Unternehmen aufhört und das andere anfängt. Fachkräfte werden zum Teil auch nur temporär benötigt oder wollen sich nicht mehr an einzelne Unternehmen binden. Die Loyalität zu Unternehmen sinkt.

Die Arbeit der Zukunft verändert sich aber auch durch die digitalen Technologien und insbesondere die Automatisierung. Menschen und Maschinen sowie Maschinen und Maschinen arbeiten immer enger zusammen. So werden Roboter zu „Kollegen" oder Maschinen ersetzen Menschen z. B. am Fließband. Menschen sind zwar immer noch in der Regel „die Überwacher" der Maschinen, aber auch dies verändert sich zunehmend.

Die Automatisierung verändert die Gesellschaft in den nächsten Jahren nachhaltig, da viele Routineaufgaben entfallen. Roboter oder Software, wie z. B. automatisierte Workflows, übernehmen die Aufgaben, die früher vom Menschen durchgeführt wurden. Beispiele hierfür sind die Schadensabwicklung in Versicherungen, Roboter in der Fertigung oder Bots in der Kundenkommunikation. Selbstlernende Systeme stoßen in neue Regionen vor. Der Wandel betrifft insbesondere gering qualifizierte Arbeitskräfte. Ob und wie für diese andere Aufgaben gefunden werden können, ist offen. Hier sind die Politik und die Gesellschaft als Ganzes gefordert.

Das ständige Lernen ist sowohl für jeden Einzelnen als auch für die Unternehmen („lernende Organisation") überlebensnotwendig. Dies ist ebenso ein Bestandteil von Organisation 4.0 und Arbeit 4.0, an denen keiner vorbeikommt, wenn er nicht den Anschluss verlieren will. Die schrittweise Veränderung in Richtung Organisation 4.0, einhergehend mit Arbeit 4.0, Digital und Servant Leadership und Lean-Kultur, ist ein wesentlicher Erfolgsfaktor für eine erfolgreiche digitale Transformation.

Definitionen

Digital Leadership umfasst alle Aufgaben und Werkzeuge für eine erfolgreiche Führung der digitalen Transformation, zugeschnitten auf die jeweiligen Ziele und Randbedingungen. Wesentlich ist vor allem eine partizipative Führung, um aus von Widerstand geprägten Mitarbeitern motivierte Verfechter der Digitalisierung zu machen. Widerstände sind normal, da durch die Innovationen massive Veränderungen mit Auswirkungen in allen Unternehmensbereichen entstehen. Viele Mitarbeiter haben Angst, dass sie selbst abgeschafft werden. Veränderungen können daher nicht einfach verordnet werden.

Die Anforderungen an Digital Leader sind enorm. Ein Digital Leader muss ein Unternehmen in die digitale Transformation führen, d. h. den Wandel aktiv gestalten und dafür auch selbst offen sein sowie über Geduld und Fingerspitzengefühl verfügen. Sie müssen sich schnell auf veränderte Randbedingungen einstellen und partizipativ Lösungen entwickeln.

Häufig wird die separate Rolle eines Chief Digital Officer (kurz CDO) mit Entscheidungskompetenzen eingeführt, um der digitalen Transformation mehr Nachdruck zu verleihen.

Der Chief Digital Officer (CDO) verantwortet die Entwicklung der digitalen Strategie und neuer digitaler Geschäftsmodelle. Zudem treibt er die digitale Transformation auf allen Ebenen voran.

Servant Leadership, die dienende Führung, ist eine Führungsphilosophie basierend auf Ideen von Robert K. Greenleaf (siehe [Gree15]), in der Sozialkompetenz und Führung im Vordergrund steht. Führungskräfte auf allen Ebenen vom oberen über das mittlere Management bis hin zum Projektmanagement sollen sich als dienender Führender verstehen im Gegensatz zum beherrschenden Führenden.

Die Aufgabe von Führungskräften ist es beim Servant Leadership, die Motivation und Kreativität der eigenen Mitarbeiter anzuregen, zu Höchstleistungen zu führen und das Potenzial der Mitarbeiter wirklich zu nutzen. Kreativität gerade z. B. in der Softwareentwicklung und im Dienstleistungsgeschäft sind erfolgsentscheidend, um Lösungen im komplexen oder neuen Umfeld zu finden. Hierzu muss die Führungskraft ein Umfeld für die Mitarbeiter schaffen, in dem sie Freiräume für eigenverantwortliches Arbeiten und zur eigenen Entfaltung haben. Hierzu sind Sicherheit und Respekt wesentliche Faktoren. ■

Ein **Target Operating Model**, kurz TOM und auf Deutsch Ziel-Betriebsmodell, definiert ein Zielbild mit allen Elementen, die erforderlich sind, um die erforderlichen Veränderungen voranzutreiben. Das TOM konkretisiert hierzu die strategische Entwicklung als Modell mit mehreren Dimensionen, wie z. B. Geschäftsprozesse, Fähigkeiten, Mitarbeiter, Business-Ökosystem, Organisation, Informationen und Assets/Infrastruktur.

Ein Target Operating Model beantwortet die zentralen Fragen:

- Wie sollten Organisation, Fähigkeiten und Prozesse zukünftig aussehen, um die zukünftigen Produkte und Dienstleistungen zu vermarkten, zu verkaufen, herzustellen, zu betreiben und/oder Service bereitzustellen?

- Welche Skills müssen hierfür aufgebaut werden? Welche Qualifizierungsmaßnahmen sind hierfür notwendig? Wie kann das Business-Ökosystem wertstiftend eingebunden werden?
- Wie sehen die IT- und operationale Zielarchitektur (u. a. „embedded“ und Internet of Things – kurz IoT) und die Roadmap zur Umsetzung aus? Welches Lösungsportfolio, wie z. B. Plattformen für die Integration, muss bereitgestellt werden?
- Welche Governance-Strukturen und Mechanismen sind notwendig, um handhabbar und wirksam die digitale Transformation zu steuern? Welche Rollen mit welchen Verantwortlichkeiten und welche Gremien sind notwendig? Welche Policies müssen vorgegeben werden? Wie können die Prozesse schlank und handhabbar gestaltet und verzahnt werden? Welches Steuerungsinstrumentarium für situative und „realtime“ Entscheidungen?

Wichtig sind hier insbesondere:

- Digitales Geschäftsdesign durch Zerlegung von herkömmlichen Geschäftskomponenten und Neustrukturierung mit Hilfe von Technologien, um flexibel neue Produkte und Leistungen zu schaffen, zu operationalisieren und diese entsprechend der Erfordernisse agil anzupassen und zu skalieren
- Dezentrale („federated“) Governance, in der Governance-Standards zentral definiert werden, aber lokale Domänen-Teams die Autonomie und die Ressourcen besitzen, diese Standards so umzusetzen, wie es für ihren jeweiligen Kontext am besten geeignet ist
- Schlanke, „streamlined“ und optimierte Geschäftsprozesse mit Mehrwert für Kunden und Mitarbeiter. Eine intelligente Prozessautomatisierung ist hierfür ebenso wichtig, in der insbesondere manuelle Schnittstellen und wiederholbare Tätigkeiten automatisiert werden.
- Situative „actionable“ Entscheidungsunterstützung bis hin zu in Echtzeit mittels Advanced Business Analytics und KI/Machine Learning
- Vertikale Vernetzung (u. a. IoT) und horizontale Vernetzung unter Nutzung des Business-Ökosystems
- Die IT-Landschaft muss so in Komponenten zerlegt werden, dass fachlich zusammengehörige Funktionalitäten und Daten in einer Komponente angesiedelt sind. Die Komponenten sind untereinander lose über z. B. eine Regel-, Workflow-Engine oder ein Enterprise Service Bus gekoppelt.
- Befähigung verteilter Teams, neue Lösungen schnell, effizient und sicher bereitzustellen
- Nutzung von Technologieinnovationen für technologiegestützte Geschäftsmodelle und Lösungen bei gleichzeitiger Risikominimierung
- Beschleunigung der technologischen Innovation, d. h. schnelles Erkunden, Testen, Lernen und Einbeziehen neuer Fähigkeiten in die bestehenden Geschäftsmodelle und Enabling-Plattformen
- Formulierung einer ganzheitlichen Transformationsstrategie, Planung und Priorisierung von Investitionsvorhaben und Steuerung der Umsetzung, um dezentrale und zentrale (Produkt-) Einheiten in die Lage zu versetzen, lokale Prioritäten mit den Unternehmenszielen in Einklang zu bringen.

Voraussetzung für eine erfolgreiche digitale Transformation ist ein gesteuerter Veränderungsprozess, hin zu einer digitalen Kultur, einer offenen Leistungs- und Innovationskultur. Eine offene Leistungskultur basiert auf Vertrauen, Respekt, Toleranz, Fairness, Partizipation und Integrität. Im Mittelpunkt steht der Mitarbeiter mit seiner Erfahrung, Lösungskompetenz und Prozessbeherrschung, da darauf die Lösungskompetenz und Prozessbeherrschung des gesamten Unternehmens fußt. Sie gibt Mitarbeitern Freiraum für Kreativität und stärkt so die Innovationskraft des Unternehmens. Zudem steigt die Mitarbeitermotivation.

Es bedarf klarer Verantwortung statt genauer Vorgaben. Wichtig ist insbesondere auch ein Verständnis für die Sinnhaftigkeit von Standards und Regeln und die Bereitschaft, diese ggf. zu verändern sowie auch eigene Fehler zu kommunizieren. In einem engen Austausch zwischen allen Beteiligten werden kollaborativ Ergebnisse erarbeitet. Dies vereinfacht die Zusammenarbeit und führt zu mehr Effizienz und Effektivität. Wesentlich sind hier eine offene Kommunikation, Feedback-Prozesse und auch Eigenverantwortung, Teamarbeit und Empowerment. Eigenverantwortung und persönliche Verpflichtung zu Qualität gepaart mit Lösungskompetenz und Fachwissen sind notwendig, um die wirklichen Anforderungen der Kunden und den Mehrwert für diese zu ermitteln. So können für die Kunden begeisternde Produkte oder Dienstleistungen wirtschaftlich bereitgestellt werden.

Innovations-Enabling ist eine zentrale digitale Fähigkeit. Hier geht es darum, die Kreativität der Mitarbeiter zu entfesseln. Wichtig ist hier u. a., Freiraum für Querdenken und unbewertete Ideenfindung zu schaffen.

5.4.5 Innovationsmanagement

„Wenn man etwas Neues machen will, ist man nicht sicher, ob es besser wird. Aber wenn etwas besser werden soll, muss man etwas Neues machen.“ G.C. Lichtenberg, 18. Jahrhundert

Innovations-Enabling ist, wie bereits ausgeführt, eine zentrale digitale Fähigkeit. Hier geht es darum, die Kreativität der Mitarbeiter zu entfesseln. Wichtig ist, Freiraum für Querdenken und unbewertete Ideenfindung zu schaffen. Hierzu müssen die Rahmenbedingungen und eine Innovationskultur aufgebaut werden.

Für die Operationalisierung wird ein Prozess, Innovationsmanagement genannt, benötigt. Nur so wird das Innovationsmanagement aktiv getrieben. Das Innovationsmanagement wird im digitalen Wandel zum Kernprozess des Unternehmens. Es umfasst alle Aktivitäten, um Innovation im Unternehmen zu fördern und zu nutzen.

Wichtig

Schaffung einer offenen, lernenden und querdenkenden Feedback-Kultur als Basis für die Innovationsfähigkeit des Unternehmens

Das Innovations-Enabling erfordert mehrerlei:

- Rahmenbedingungen schaffen, so dass überall Ideen entstehen und zu erfolgreichen Innovationen umgesetzt werden können. Wesentlich ist hier die Organisationsentwicklung mit dem Enablen der Mitarbeitenden.
- Schnelles Anpassungsvermögen an die veränderten Anforderungen und Rahmenbedingungen zur Unterstützung eines Intelligenten Composable Business (siehe [Gar20]). Wichtig sind hierfür eine situative Entscheidungsunterstützung und ein Innovationscontrolling.

- Operationalisiertes „Innovieren“, d. h. die aktive Ideensuche und -bewertung, Konzeptentwicklung, Geschäftsplanung, Entwicklung von den Prototypen bis zur fertigen Lösung, Vermarktung und Controlling von Ideen in der Organisation über einen expliziten interdisziplinären und gesteuerten Innovationsmanagementprozess verankern.

Tipp

Intelligent zusammensetzbare Businessfähigkeiten als Voraussetzung für schnelles Anpassungsvermögen. Dies ist die Fähigkeit, sich auf der Grundlage der aktuellen Situation an die veränderten Anforderungen und Rahmenbedingungen schnell anzupassen und diese grundlegend umgestalten zu können. Unternehmen müssen in der Lage sein, schnell aufgrund fundierter Daten Entscheidungen situativ zu treffen und diese schnell umzusetzen bzw. nachzujustieren.

Wichtig ist, dafür eine widerstandsfähige Struktur, einen Baukasten und ein Planungs- und Entscheidungsinstrumentarium für das Unternehmen bereitzustellen, die mit den ständigen Veränderungen umgehen können. Grundlage dafür sind:

- Situatives Bewusstsein („situative Awareness“) durch einfache Erkennung von Handlungsbedarfen oder Notwendigkeiten von Veränderungen. Voraussetzung dafür sind automatisierte datengetriebene und intuitiv nutzbare, KI-unterstützte Entscheidungsunterstützung auf Basis einer qualitativ hochwertigen und aktuellen Datengrundlage z. B. auf Basis einer EAM-Datenbasis.
- Autonome selbstständige menschliche oder KI-Agenten oder Geschäftseinheiten, die schnell und flexibel sowie nachvollziehbar reagieren können. Dies impliziert in der Regel, dass es sowohl zentrale übergreifende als insbesondere dezentrale „Agenten“, z. B. Unternehmensarchitekten, gibt, die weitestgehend autonom, aber doch übergreifend synchronisiert handeln können.
- Modulare Geschäftsfunktionen-Baukästen, die einfach und situativ ereignisorientiert angetriggert und flexibel kombiniert und orchestriert werden können. Dies sollte direkt aus der automatisierten datengetriebenen Entscheidungsunterstützung heraus erfolgen. Die Veränderungen müssen transparent und nachvollziehbar sein auf Basis der dann veränderten Datengrundlage.
- Etablierung autonomer Geschäftseinheiten, um flexibel auf neue Anforderungen zu reagieren.

Defintion Innovationsmanagement

Innovationsmanagement ist ein systematischer Prozess von der Ideenfindung bis zur wirtschaftlichen Umsetzung einer Neuerung.

Innovationsmanagement beinhaltet sowohl die Ideenfindung, die Entwicklung und Bewertung der Ideen sowie das Management der Innovationsprojekte von der Konzeptentwicklung über den Business-Plan, Prototypen bis hin zur Umsetzung und Vermarktung über z. B. Lean-Startup-Methoden sowie das Innovationscontrolling. Gleichzeitig muss mit Patenten und Schutzrechten umgegangen werden.

Trends wie Mobilitätsservices statt eines Kaufs von Fahrzeugen und deren Auswirkung und Potenzial für das Unternehmen müssen erkannt und gemanagt werden. Vorhandene Potenziale, z. B. durch bereits eingesetzte IT-Technologien im Kontext von Business Analytics oder Social Media, müssen besser und eventuell in anderen Anwendungsfeldern genutzt werden, Kundenprobleme müssen schnell gelöst und vor allen Dingen müssen neue Ideen für disruptive Geschäftsmodelle („Game-Changing Innovationen") in einem interdisziplinären Team entwickelt werden. Freiraum für Kreativität und Querdenken ist ein Schlüssel im interdisziplinären Analyse- und Gestaltungsprozess.

Im Innovationsmanagement gibt es unterschiedliche Methoden sowohl für die Ideenfindung als auch für die Ideenentwicklung und -bewertung. So kann der Ideenpool unterschiedlich, wie z. B. durch ein Ideenvorschlagswesen, gefüllt werden. Hierzu können interne oder externe Wissensquellen genutzt werden. So können Kundeninformationen aus Social Media ausgewertet werden.

Definition Technologie-Scouting

Technologie-Scouting ist ein systematisches Beobachten von neuen technologischen Entwicklungen und Bewerten deren Potenzials.

Das Technologie-Scouting leistet einen wesentlichen Beitrag, dass alle wesentlichen Trends und reife nutzbaren digitalen Technologien identifiziert werden. Viele digitale Technologien haben bereits im Hype-Cycle, siehe [Han 18], das Tal der Enttäuschung durchschritten und können in Produkten und Dienstleistungen genutzt werden. So eröffnen z. B. Social Media, Cloud-Computing, digitale Plattformen, Big Data/Data Analytics und KI/Machine Learning völlig neue Geschäftsmodelle.

Beim Technologie-Scouting kommt es insbesondere darauf an, alle wesentlichen Trends und Technologien zu berücksichtigen und eine Einschätzung über deren Reife, Zukunftsfähigkeit und Einsetzbarkeit für das Unternehmen zu liefern. Dies ist ein wesentlicher Input für das interdisziplinäre Innovationsmanagement sowie für das Technologiemanagement, um frühzeitig z. B. technische digitale Plattformen vorzubereiten (siehe Abschnitt 5.6). ■

Technologie-Scouting ist ein wesentliches Mittel für die Ideenfindung. Über ein Technologie-Scouting werden in der Regel systematisch neue technologische Entwicklungen beobachtet und deren Potenzial bewertet. Wichtig ist hierfür die spezifische Technologieadaption (siehe Bild 5.51). Der Technologieadoptionszyklus hängt mit dem Produktlebenszyklus zusammen. Unternehmen und Kunden sind Innovationen gegenüber unterschiedlich eingestellt.

Folgende Adoptionskategorien lassen sich unterscheiden:

- **Innovator:** Innovatoren sind Pioniere und Technologieenthusiasten, die aus Begeisterung und Interesse an der Erforschung neuer Technologien die Produkte kaufen. Sie sind risikobereit und aufgeschlossen für neue Technologien. Sie wollen Neues ausprobieren und erhoffen sich unmittelbare Verbesserungen aus den Ergebnissen der Einführung. Sie experimentieren gerne und sind technologieaffin. In der Regel können sie Innovationen aufgrund ihres überdurchschnittlichen Ausbildungsgrads beurteilen. Sie sind finanziell gesichert und können sich die häufig noch teuren und unausgereiften Produkte leisten. Sie machen einen geringen Teil der Gesamtkäuferschaft aus, haben aber einen starken Einfluss auf den Erfolg einer Innovation.

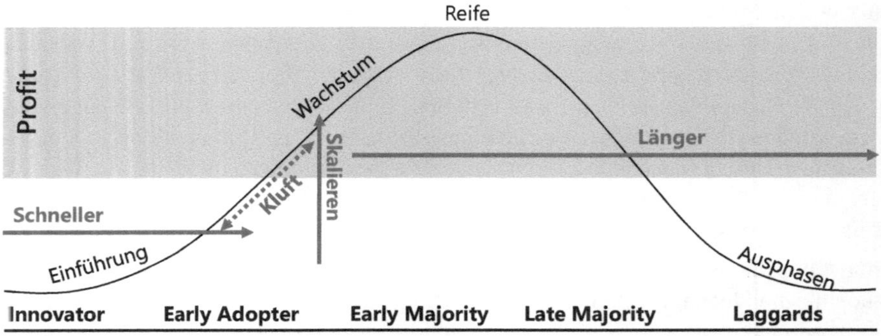

Bild 5.51 Produktlebenszyklus und Technologie-Adaptionszyklus

- **Early Adopter:** Early Adopter sind Visionäre, Vorreiter und Trendsetter. Sie legen großen Wert auf diese Rolle und sind ebenso technologieaffin wie die Innovatoren und in der Regel mit den Produkten sehr bewandert, weisen aber eine geringere Risikobereitschaft auf. Positive Erfahrungen der Pioniere üben eine Art Demonstrationseffekt für die Gruppe der Early Adopters aus.

  Sie erwerben die neuesten technischen Entwicklungen oder die neuesten Produktversionen zu einem sehr frühen Zeitpunkt, wenn diese meist noch unausgereift und teuer sind. Jedoch hat die Gruppe nicht den Mut oder die Möglichkeit zur sofortigen Adaption und wartet, bis eine Innovation etwas gereift ist. Early Adopters sind Meinungsführer und können gut als Tester und Feedback-Geber genutzt werden. Ihre Bewertungen haben Vorbildcharakter für die anderen Kundentypen.

- **Early Majority:** Kunden des Typs Early Majority sind Pragmatiker. Sie sind eher bedachtsam, haben keine große Risikobereitschaft und orientieren sich an der Meinung und den Bewertungen der Early Adopters (Nachahmungsdrang). Sie warten bis sich ein neues Produkt als ausgereift und nützlich erweist und treffen ihre Entscheidungen wohlüberlegt. Sie springen nicht unüberlegt auf Trends auf und warten positive Erfahrungsberichte ab, bevor sie sich zu einem Kauf entscheiden. Sie sind letztendlich entscheidend für den flächendeckenden Erfolg einer Innovation (Massenmarkt).

- **Late Majority:** Die Late Majority sind Mitläufer und Skeptiker. Sie sind sicherheitsorientiert, konservativ und gehen keine Risiken ein. Sie halten am Bewährten und Bekannten fest und sind zurückhaltend bei technischen Neuerungen. Erst wenn sich das Neue etabliert hat und der äußere gesellschaftliche Druck steigt („das machen doch alle so"), wie z. B. bei De-facto-Standards oder Inkompatibilitäten älterer Produkte, nehmen sie die Innovation an.

- **Laggards:** Laggards sind Nachzügler, die das neue Produkt erst dann nutzen, wenn es nicht mehr anders geht. Sie sind Skeptiker mit einem langen Entscheidungsprozess. Sie sind stark von ihrem Umfeld und massenmedialen Tendenzen bestimmt. Erst, wenn z. B. das Produkt nicht mehr lange verfügbar ist, wechseln sie. Sie interessieren sich weniger für die Technologie, als vielmehr für den Nutzen, der aus dieser erwächst.

In Abhängigkeit vom dedizierten Technologieadoptionstyp sind die Strategien im Innovationsmanagement und Technologie-Scouting unterschiedlich.

In Bild 5.52 wird das Zusammenspiel zwischen Technologie-Scouting und dem interdisziplinären Innovationsmanagement dargestellt. Das Technologie-Scouting liefert technische

Trends und Technologien als Input für das übergreifende Innovationsmanagement, die auf ihren Einsatz im Business interdisziplinär bewertet werden können. Durch die kontinuierliche Markt- und Trendbeobachtung werden frühzeitig relevante, technologische Neuerungen und Trends identifiziert sowie hinsichtlich der technologischen Reife und des Potenzials für den Einsatz im Unternehmen sowie der damit verbundenen Risiken bewertet. Relevante Trends werden in die technische Standardisierung im Technologiemanagement (siehe Abschnitt 5.6) geordnet eingesteuert. So werden die technischen Standards zukunftsorientiert weiterentwickelt.

Über Grundlagenforschung und Technologieentwicklung sowie kreatives Brainstorming werden neue Business-Ideen entwickelt, bewertet und über z. B. eine Vorentwicklung erprobt, bevor sie in der Produkt- und Prozessentwicklung reifen. Das Innovationsmanagement sollte idealerweise in einem interdisziplinären Team und auf der Basis systematischer Innovationsmanagement-Prozesse erfolgen.

Die Ideenfindung geht einher mit der Beobachtung von Innovationen und Analyse von Trends. Hier gibt es verschiedene Herangehensweisen. So können über Kundenbefragungen oder die Konsultation von Markt- oder Trendforschungsinstituten mögliche Kandidaten „vermutet" werden. Andere Techniken sind hier z. B. das Idealitätsprinzip, indem erstmal visionär von den Idealvorstellungen ausgegangen wird, die die potenziellen Kundengruppen des neuen Produkts oder der neuen Dienstleistung haben. Auch über z. B. das Design Thinking (siehe [Han18]) können Kandidaten einfließen.

Alle diese Kandidaten gilt es dann systematisch zu bewerten. Hier ist einerseits der Reifegrad von z. B. Technologien relevant. Andererseits müssen das Potenzial für das eigene Geschäft sowie die Fähigkeit des Unternehmens, dieses Potenzial zu heben, analysiert und bewertet werden. Kernfragen sind hier also:

- Welcher der Kandidaten zeigt Potenzial für Ihr Geschäft?
- Bei welchen Kandidaten ist Ihr Unternehmen dazu in der Lage, dieses Potenzial zu heben? Zum Beispiel durch die Entwicklung und Markteinführung neuer Produkte oder Dienstleistungen.

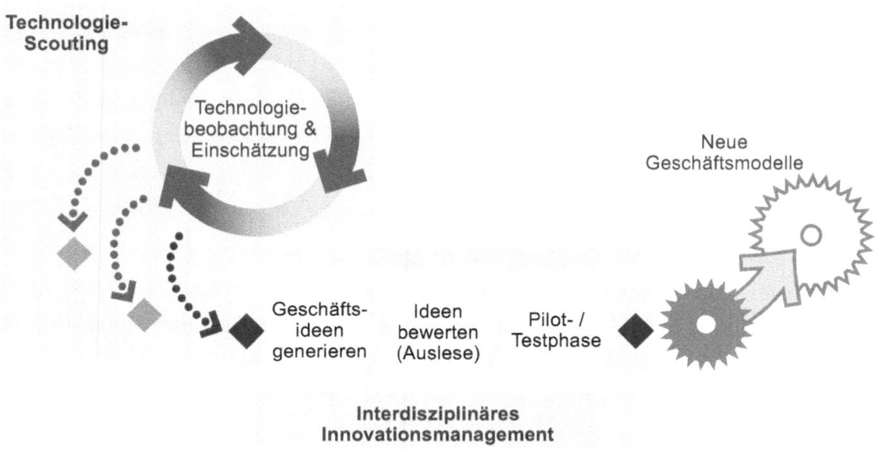

Bild 5.52 Zusammenspiel zwischen Technologie-Scouting und Innovationsmanagement

Neue oder veränderte Produkte und Dienstleistungen zur besseren Abdeckung der Kundenbedürfnisse oder aber Prozessinnovationen werden häufig erst in Verbindung mit neuen (vielleicht noch nicht vollständig ausgeschöpften) Technologien und dem Querdenken bereichsübergreifend möglich. Prozessinnovationen zur Erzeugung von Produkten und Erbringung von Dienstleistungen zielen z. B. durch Automatisierung auf Effizienzgewinne oder aber Qualitätssteigerung von Produkten ab.

Einhergehend mit Produkt- und Prozessinnovationen kann ein Markenimage (siehe [Han18]) zur Kundenbindung und Differenzierung gegenüber Wettbewerbern etabliert oder ausgebaut werden.

Häufig wird versucht, zwischen Innovation und Verbesserung zu unterscheiden. Dies ist jedoch schwierig, da die Grenzen zwischen Innovation und Verbesserung zunehmend verschwinden. Verbesserung und Innovation gehen Hand in Hand. Ein Unternehmen muss im Innovationsmanagement beides, die kontinuierliche Verbesserung und die Innovation, gleichzeitig angehen, um wirklich alle Chancen zu nutzen.

Verbessern ist die Optimierung oder Erweiterung von Bestehendem. Es ist somit auch die Umsetzung von etwas Neuem, allerdings mit einem niedrigeren Neuheitsgrad. So kann ein bestehendes Produkt, wie ein Arbeitsanzug, durch flexible gedruckte Sensorikanwendungen auf den Textilien zur Überwachung von Bewegungsabläufen oder Körperfunktionen smart gemacht werden. Der smarte Arbeitsanzug ist aber immer noch ein Arbeitsanzug.

Ambidextrie, die Symbiose von vorhandenem und neuem Wissen und das Beherrschen der dafür erforderlichen unterschiedlichen Methoden im Umgang mit dem Wissen, ist hier der Schlüssel. Im Rahmen eines kontinuierlichen Verbesserungsprozesses (KVP) und beim „Leanisieren“ (siehe [Han18]) werden vorhandene Wertschöpfungsketten kontinuierlich im Hinblick auf Kundenwert und Effizienz optimiert.

Innovationen oder Verbesserungen (im Folgenden nur einfach Innovation) müssen dabei nicht immer revolutionär, sondern vielmehr smart sein. Sie müssen Mehrwert für den Kunden und mittelfristig auch für das Unternehmen liefern sowie differenzierend gegenüber dem Wettbewerb sein. Kernfragen sind hier:

- Was ist der Mehrwert für unsere Zielgruppen? Welche Bedürfnisse haben diese? Welche Ideen gibt es, um deren Bedürfnisse zu befriedigen? Welche Teilnehmer des Business-Ökosystems können mit eingebunden werden? Können die Bedürfnisse nachhaltig befriedigt werden? Wirtschaftlich?
- Was ist mit den zur Verfügung stehenden Mitteln wie Ressourcen, Technologien, digitalen Plattformen, Business-Ökosystemen oder Prozessen möglich? Wo gibt es Optimierungspotenzial oder Nutzung von z. B. Technologien in anderen Bereichen?

Das Innovationsmanagement kümmert sich systematisch auf der Basis der Vorgaben und Leitplanken einer klaren digitalen Strategie (siehe [Han18]) um Ideen für neue disruptive Geschäftsmodelle oder aber die evolutionäre Weiterentwicklung der bestehenden Geschäftsmodelle. Strategische Zukunftsthemen und Innovationsfelder werden identifiziert und systematisch verfolgt. Dies ist die Basis, um „im Sturm des Wandels nicht weggeblasen zu werden“. Interdisziplinär ist hier entscheidend, da hierdurch die unterschiedlichen fachlichen, wirtschaftlichen und technischen Sichten und Möglichkeiten beleuchtet werden können. Durch Freiraum für die Kreativität und interdisziplinäres Zusammenarbeiten wird z. B. das Potenzial von technischen Innovationen überhaupt erst erkannt. Häufig findet Innovationsmanagement auch unternehmensübergreifend im Business-Ökosystem statt.

Die Innovationsprojekte werden in das Projektportfoliomanagement eingesteuert und mit Hilfe eines Innovationscontrollings gesteuert. In Bild 5.53 ist ein Innovationsportfolio dargestellt. Innovationen werden nach ihrem Erfolgspotenzial und Machbarkeit eingeordnet:

- WOW!: ein hohes Erfolgspotenzial und Machbarkeit
- „NOW?“: eine hohe Machbarkeit, aber ein niedriges Erfolgspotenzial
- „HOW?“: eine niedrige Machbarkeit, aber ein hohes Erfolgspotenzial

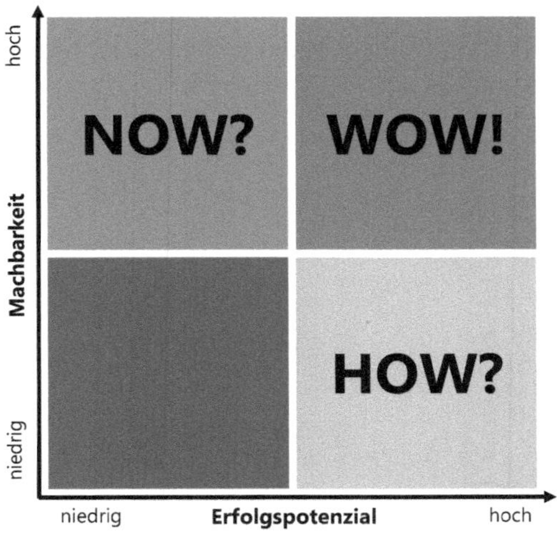

Bild 5.53
Beispiel Innovationsportfolio

Innovationen mit dem „WOW“-Effekt sind die erfolgsversprechendsten Innovationen. Bei einer niedrigen Machbarkeit bestehen Umsetzungsrisiken, die sorgfältig bewertet werden müssen. Bei einem niedrigen Erfolgspotenzial und einer hohen Machbarkeit muss sorgfältig bewertet werden, ob sich die Innovation wirklich „lohnt“. Häufig können hier aber auch die ersten Versuchsballons eingeordnet werden. Hier muss über ein schnelles Feedback über Lean Startup (siehe [Han18]) mit möglichst wenig Aufwand überprüft werden, ob sich diese lohnen.

Innovationen mit dem „WOW“-Effekt sollten möglichst schnell über Patente oder andere Schutzrechte geschützt werden. Die Markenbildung ist auch essenziell, um die Kundenbindung zu erhöhen und eine Eintrittsbarriere für Wettbewerber zu erzeugen.

Für die Machbarkeit und das Erfolgspotenzial müssen geeignete KPIs (Key Performance Indicator) festgelegt und in ein leistungsfähiges und systematisches Innovationscontrolling einfließen.

Es gilt, nach außen neue Märkte zu erobern, bestehende Produkte und Dienstleistungen attraktiver für Kunden zu gestalten, sich vom Wettbewerb zu differenzieren, seine Produkte und Dienstleistungen in digitale Plattformen zu integrieren oder eigene digitale Plattformen aufzubauen oder Services dafür anzubieten. Nach innen muss durch Effizienzsteigerung, wie z. B. Automatisierung, der Freiraum für Innovation geschaffen werden.

Eine systematische Geschäftsmodellentwicklung, z. B. auf der Basis von Business Modell Canvas (siehe Abschnitt 5.4.6), nutzt die Ideen aus dem Innovationsmanagement und adressiert alle Dimensionen des Geschäftsmodells.

In Bild 5.54 finden Sie ein weiteres Innovationsportfolio mit vier Quadranten zum Einsortieren des Ideenpools aus dem kreativen Innovationsprozess. Im Portfolio werden verschiedene Innovationstypen in Abhängigkeit vom Grad der Markt- und Technologieinnovation dargestellt. Alltagsinnovationen nutzen existierende, bewährte Technologien und adressieren vorhandene Kundengruppen und -segmente. Differenzierung kann entweder über Kosten oder Mehrwert für Kunden im Vergleich mit dem Wettbewerb geliefert werden. Letzteres erfordert eine ausreichende Schnelligkeit. Customer Experience Management (kurz CEM) (siehe [Han18]) auf allen Kundenkontaktpunkten („Touchpoints") ist hier erfolgsentscheidend. Dies beinhaltet auch z. B. digitale Plattformen wie Check24. Durch die Kostenführerschaft können z. B. „vergleichbare" Produkte und Leistungen einen enormen Kundenzugewinn erzielen. Für Wettbewerber ist es jedoch relativ einfach, hier zu überholen.

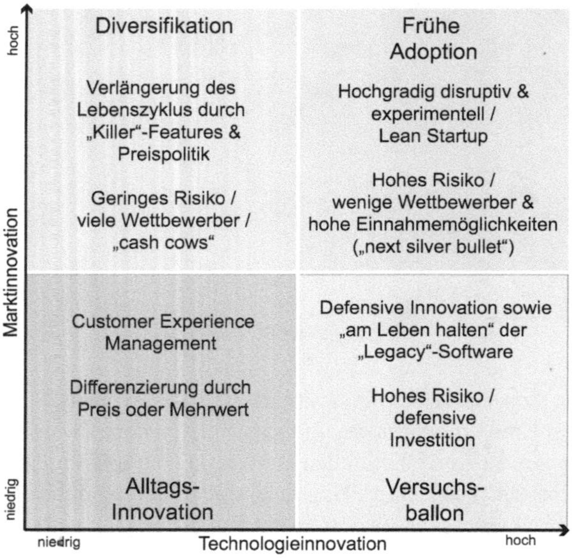

Bild 5.54 Weiteres Beispiel Innovationsportfolio

Im Quadranten „Diversifikation" wird vorhandene Technologie genutzt, um durch adäquate Preispolitik und diversifizierende „Killer"-Features neue Einnahmequellen in bestehenden oder neuen Märkten, Kanälen oder neuen Kundengruppen und -segmenten zu erschließen. Neben funktionalen Features kann auch z. B. durch Internationalisierung oder Vereinfachung der Nutzung ein Mehrwert für Kunden erzeugt werden. Ein Beispiel hierfür ist Twitter. Die Technologie ist relativ einfach, hat aber die Art und Weise des Informationsaustauschs gravierend verändert. Der Lebenszyklus von Technologien, Produkten oder Dienstleistungen wird hierdurch verlängert (siehe In Bild 5.54). Einfachheit, positive Kundenerlebnisse und eine Markenbildung sind auch hier erfolgsentscheidend. Basis ist eine sorgfältige Markt- und Kundenanalyse, um das Potenzial abschätzen zu können. Das Risiko und auch die erforderlichen Investitionen sind in der Regel überschaubar, allerdings auch für Wettbewerber.

Folgende Fragen sind im Innovationsmanagement u. a. relevant:

- Welche Quellen für Ideen nutzen wir? Interne Mitarbeiter? Business-Ökosystem? Kunden (Co-Creation)? Wettbewerber (Coopetition)? Wie holen wir gezielt Impulse und Ideen von außen ein? Welche Methoden setzen wir hierzu ein (z. B. Open Innovation)?

- Wie managen wir Ideen? Berücksichtigen wir auch alte bereits archivierte Ideen? Wie werden Ideen strukturiert eingesammelt? Wie bewerten wir Ideen? Wer bewertet die Ideen, eine Einzelperson, ein interdisziplinäres Team oder in der Crowd? Wie läuft der Feedback-Prozess?
- Wer entscheidet über den Start oder die Fortführung von Innovationsprojekten?
- Welche Erwartungshaltung verbinden wir mit Ideen? Erwarten Manager für unausgereifte Ideen bereits in frühen Phasen konkrete wirtschaftliche Aussagen? In welchem Reifegrad der Idee erstellen wir einen Business Case?
- Wie behalten wir den Überblick über den aktuellen Status der Innovationsprojekte und deren Abhängigkeiten? Wie und wann wird deren Erfolg gemessen und bewertet? Wie sieht das Innovationscontrolling aus? Fließt hier eine Bewertung der Erfüllung des Kundenbedürfnisses mit ein?

Innovationen sind wichtig. Damit man Innovationen für sich nutzen kann, braucht man einen guten Mix aus kurz- und langfristigen Produktinnovationen.

5.4.6 Geschäftsmodellentwicklung

Der digitale Wandel verändert bestehende Produkte, Wertschöpfungsketten und etablierte Geschäftsmodelle eines jeden Unternehmens und fordert radikale Innovationen. Innovative, maßgeschneiderte Produkte und Time-to-market entscheiden über die Wettbewerbsfähigkeit eines Unternehmens.

Renommierte Unternehmen in allen Branchen werden quasi über Nacht von neuen Wettbewerbern herausgefordert. So ist z. B. der Gebrauchtwagenmarkt über klassische Inserate irrelevant und durch Gebrauchtwagenplattformen abgelöst worden. Jeder kann sich einfach und schnell über den erzielbaren Preis für sein Wunschauto informieren. Über Vergleichsplattformen können auch Strom- oder Gasanbieter leicht verglichen werden. Diese Plattformen bieten zudem Services für einen einfachen und schnellen Wechsel. In anderen Branchen werden z. B. Dienstleistungen anstelle konkreter Produkte vertrieben, da nur noch über eine „Rundum-sorglos-Leistung“ eine Differenzierung möglich ist.

In der Geschäftsmodellentwicklung werden die Geschäftsmodelle der Zukunft gestaltet. Hierin wird untersucht, was Kunden wollen, wie sie es wollen und wie sie diese Bedürfnisse befriedigen können und damit gleichzeitig Geld verdienen.

Das Geschäftsmodell und die digitale Strategie als Ganzes sind so zu gestalten, dass sie die Wettbewerbsfähigkeit für die kommenden fünf bis zehn Jahre sichern. Hierzu müssen bestehende Geschäftsmodelle hinterfragt und innovative Ideen aus dem Innovationsmanagement für neue disruptive Geschäftsmodelle oder auch evolutionäre Weiterentwicklungen der bestehenden Geschäftsmodelle genutzt werden.

In der Geschäftsmodellentwicklung werden vor allem folgende Fragestellungen beantwortet:

- Welche Zielkunden werden adressiert? Welche Bedürfnisse haben diese?
- Was genau ist die Innovation der Geschäftsidee? Was macht die Geschäftsidee einzigartig?
- Warum soll der Kunde das Produkt oder die Dienstleistung kaufen?
- Welches Bedürfnis wird erfüllt? Wie und warum verbindet der Kunde mit dem Produkt oder der Dienstleistung ein positives Kundenerlebnis?

- Gibt es Wettbewerb? Wie differenziert sich das Produkt oder die Dienstleistung?
- Kann der Wettbewerb das Produkt oder die Dienstleistung einfach kopieren?
- Wie wird der Kunde auf das Produkt oder die Dienstleistung aufmerksam? Wie gelangt es zum Kunden oder Nutzer?
- Lässt sich mit dem Produkt Geld verdienen? Was sind die Kosten und erzielbaren Einnahmen?

Geschäftsmodelle verändern sich in Zeiten der zunehmenden Digitalisierung gravierend. Veränderungen können disruptiv oder evolutionär sein. Bei evolutionären Geschäftsmodellen können z. B. bestehende Geschäftsmodelle erweitert werden, indem Produkte und Dienstleistungen angereichert, Kombiprodukte auf der Basis von bestehenden Produkten angeboten, neue technische Möglichkeiten ausgenutzt oder Daten zur Verbesserung des Kundenerlebnisses verwendet werden. So kann z. B. der aktuelle Zustand eines Geräts in Echtzeit angezeigt und für eine vorausschauende Fernwartung genutzt werden.

Für eine disruptive und kontinuierliche Geschäftsmodellweiterentwicklung ist ein explizites Innovationsmanagement mit Trend-Scouting (siehe Abschnitt 5.4.5), das mit der Geschäftsmodellweiterentwicklung verzahnt ist, erfolgsentscheidend.

Bei disruptiven Geschäftsmodellen zählt vor allem die Geschwindigkeit, verursacht durch die Innovationsgeschwindigkeit und den Wettbewerbsdruck. Um möglichst schnell herauszufinden, ob das neue Produkt, ein neuer Service oder ein neues Feature für Kunden tatsächlich relevant ist, werden MVPs (Minimum Viable Products, siehe [Han18]) im Rahmen von Lean Startup genutzt. Das Minimum Viable Product (MVP) ist eine Lösung mit minimalem Funktionsumfang, der einen Wert für den Kunden darstellt. Lean Startup ist eine Methode zum schnellen Feedback-Einholen und iterativen, kontinuierlichen Weiterentwicklungen des Produkts oder der Dienstleistung. Aufgrund des Feedbacks kann frühzeitig auf Fehlentwicklungen oder Veränderungen des Markts reagiert werden und das Produkt gegebenenfalls schnell und mit minimalen Investitionen angepasst werden. Die Methode hat das Ziel, Produkte schnell auf den Markt zu bringen, um sie anhand von Feedback schrittweise zu verbessern. Dies veränderte fundamental die Art und Weise, wie neue Produkte entwickelt wurden.

Wesentlich ist die agile Weiterentwicklung der dann bestehenden Geschäftsmodelle und der operativen Umsetzung in Produkten und Dienstleistungen. Nur so kann das Potenzial aus den disruptiven und evolutionär weiterentwickelten Geschäftsmodellen gehoben werden (siehe Innovator-Dilemma in [Han18]).

Das Potenzial aus vielen Innovationen kann nur über die Kollaboration und Vernetzung mit dem Business-Ökosystem inklusive Kunden (Co-Creation) gestemmt werden. Externe Innovationsquellen und Ressourcen sind häufig zusätzlich zu den eigenen notwendig. Hierzu können intern und extern Innovationsforen genutzt werden, in denen sich jeder Mitarbeiter einbringen kann. Hier gibt es unterschiedliche Ansätze wie z. B. Innovation Labs.

Die Weiterentwicklung von bestehenden und die Entwicklung von disruptiven Geschäftsmodellen ist aufgrund der unterschiedlichen zu betrachtenden Dimensionen und deren Abhängigkeiten sehr komplex. So gibt es eine ganze Reihe von Stolpersteinen, z. B.:

- Nichtberücksichtigung von attraktiven Märkten, Kundengruppen und -segmenten,
- Nichtrealisierung von Kooperationspotenzialen,

- fehlende Verwertung von digitalen Abfallprodukten bestehender Prozesse,
- fehlende Verwertungskonzepte für teure F&E-Projekte,
- unzureichende Analyse der Wettbewerbssituation,
- falsche Einschätzung von Ressourcenbedarfen,
- Bewahrung alter Geschäftsmodelle,
- kurzfristige Betrachtung oder Visionsmangel,
- Silo-Denken anstelle ganzheitlicher und interdisziplinärer Sicht und
- fehlende Methoden für die Analyse und Weiterentwicklung von Geschäftsmodellen.

Geschäftsmodelle entsprechen nicht immer dem Erwarteten. Ein schönes Beispiel hierfür ist das Zitat von Henry Ford: „Wenn ich die Menschen gefragt hätte, was sie wollen, hätten sie gesagt, schnellere Pferde." Deshalb erfolgt die Geschäftsmodellentwicklung iterativ und feedbackorientiert. Kernelemente sind die Konzeption, der Prototyp und der Test bzw. das Feedback. Der Prototyp ist hierbei die kostengünstige Realisierung des Geschäftsmodells. In frühen Phasen des Prototyping wird unnötiger Aufwand vermieden, da umfangreiche Anpassungen zu erwarten sind. Diese erfolgen aufgrund des Feedbacks, das von möglichst vielen Lead-Kunden eingeholt werden sollte.

Eine systematische Geschäftsmodellentwicklung sowie die Operationalisierung des Geschäftsmodells sind essenziell, um Risiken resultierend aus veränderten oder neuen Geschäftsmodellen abzusichern. Wichtig ist hierbei:

- aktives Vorantreiben der Geschäftsmodellentwicklung und systematisches Vorgehen,
- Kunde steht im Mittelpunkt, daraus leiten sich Produkte und Dienstleistungen ab,
- Business-Ökosystem als Mittel zur Umsetzung berücksichtigen,
- Lean-Kultur als Voraussetzung für die erfolgreiche Transformation vorbereiten.

Bei der Geschäftsmodellentwicklung müssen sowohl neue Ideen einfließen als auch das bestehende Geschäftsmodell verbessert werden. Hierzu muss dieses mit seinen Bestandteilen und Zusammenhängen verstanden und in einem „Stresstest" analysiert werden, um Optimierungspotenziale und Handlungsbedarfe aufzudecken. Für die Gestaltung neuer Geschäftsmodelle auf der Basis der Ideen und Optimierungsmöglichkeiten können u. a. folgende Geschäftsmodellmuster angewendet werden.

Nun schauen wir uns Geschäftsmodellmuster sowie die Quasi-Standardmethode für die Dokumentation von Geschäftsmodellen, das Business Model Canvas (siehe [Ost11]), näher an.

Mithilfe des Business Model Canvas, originär von Alexander Osterwalder (siehe [Ost11]) entwickelt, verschaffen Sie sich schnell einen Überblick über die wichtigsten Schlüsselfaktoren Ihres Geschäftsmodells. Eine Geschäftsidee lässt sich einfach und prägnant mit allen wesentlichen Dimensionen auf einem einzigen Blatt Papier visualisieren.

Gleichzeitig ist es ein Arbeits- und Analyseinstrument, um ein Geschäftsmodell auf einer groben Ebene (Geschäftsmodellprototyp) zu entwickeln oder zu analysieren. Aufgrund der Einfachheit des Business Model Canvas lassen sich anhand dessen einfach die Potenziale für die Entwicklung des Unternehmens oder der Unternehmensbereiche oder Startups diskutieren, ein gemeinsames Verständnis erlagen und dann gemeinsame Eckwerte als Grundlage für die detaillierte Geschäftsmodellentwicklung abstimmen.

Die Erarbeitung erfolgt häufig in interdisziplinären Workshops. Hier werden auf einem großen Papierbogen (z. B. DIN A0) oder aber in Tools die neun Schlüsselfaktoren für ein Geschäftsmodell notiert. In Workshops werden Ideen für die Schlüsselfaktoren gesammelt und auf physischen oder elektronischen Klebezetteln notiert, diskutiert und gegebenenfalls verändert, bis ein stimmiges Modell gefunden ist.

Das Business Model Canvas ist neben einem Finanzplan ein wesentlicher Bestandteil eines Business-Plans, der alle wesentlichen Überlegungen beinhaltet, wie die Geschäftsidee erfolgreich umgesetzt werden kann. Dies ist der Ausgangspunkt für die (Weiter-)Entwicklung des Geschäftsmodells eines Unternehmens.

Ein Business Model Canvas enthält neun Schlüsselfaktoren (siehe Bild 5.55):

- **Kundengruppen- und -segmente**: definiert die für das Unternehmen relevanten Kundengruppen und -segmente mit deren Bedürfnissen, Merkmalen, Besonderheiten, Verhaltensweisen, Finanzkraft und bevorzugten Kanälen.

  Kernfrage: Wer sind die wichtigsten Kunden für das Unternehmen, für die Wert generiert werden soll?

  Fragen zur Identifikation der Kundengruppen:

  - Welche Zielgruppen sprechen wir aktuell an?
  - Welche könnten wir in Zukunft ansprechen?
  - Mit welchem Mehrwert? Mit welchen Produkten oder Dienstleistungen?
  - Wer könnte unsere Lösungsideen bzw. Produkte und Dienstleistungen benötigen?

Auf Grundlage von © www.businessmodelgeneration.com

Bild 5.55 Business Model Canvas

- **Kundenbeziehungen**: unterschiedliche Art der Beziehung zu den Kundengruppen und -segmenten, wie z. B. persönliche Bedienung, Self-Service, automatisierte Dienstleistungen, Communities, direkte Beteiligung des Kunden oder über Partner. Wesentlich ist dabei die Analyse, welche Beziehungsarten die verschiedenen Kundengruppen und -segmente bevorzugen, welche bereits vorhanden sind und wie diese kostengünstig einbezogen werden können. Die systematische Gestaltung und Pflege von Kundenbeziehungen über ein Customer Relationship Management (kurz CRM) sind essenziell. Hierzu sind ein systematisches Sammeln und Analysieren von Informationen über bereits bestehende und potenzielle Kunden wichtig. Nur so können Anhaltspunkte über Kundenzufriedenheit und Bedürfnisse von Kundensegmenten gewonnen werden.

  Kernfrage: Wie können die relevanten Kundengruppen und -segmente gewonnen und an das Unternehmen gebunden werden?

  Fragen zur Identifikation der Kundenbeziehungen:

  - Welche Art von Ansprache/Beziehung wollen die Kunden, um ein positives Kundenerlebnis zu erzielen? Aktuell? In Zukunft?
  - Welche Arten stellen wir aktuell bereit?
  - Welche Arten sind für die neuen Wertangebote erforderlich?

- **Kanäle**: Kundenberührungspunkte mit u. a. allen Vertriebs-, Distributions- und Kommunikationskanälen. Sie spielen eine essenzielle Rolle im Kundenerlebnis.

  Kernfragen: Welche Berührungspunkte („Touchpoints") gibt es für Kunden entlang ihrer Customer Journey? Über welche internen und externen Kanäle werden Kunden angesprochen, wie z. B. der Vertrieb, Internetverkauf über die Homepage, digitale Plattformen, eigene Filialen, Partnerfilialen, Großhandel, Außendienst oder Makler?

  Wie wird Aufmerksamkeit des Kunden erlangt? Wie erfolgt der Vertrieb? Wie wird der Kunde nach dem Kauf unterstützt?

  Fragen zur Identifikation der erforderlichen Kundenkontaktpunkte:

  - Wie liefern wir unsere Lösungen an welche Kundengruppe?
  - Wie finden Kunden unsere Lösungen?
  - Über welche Kommunikations- und Vertriebswege wollen die Kunden erreicht werden?

- **Wertangebote**: Wertangebote sind das Leistungsversprechen des Unternehmens. Es beinhaltet den spezifischen Nutzen jedes aktuellen oder zukünftigen Produkts bzw. jeder Leistung des Unternehmens für die relevanten Kundengruppen und -segmente. Dies kann z. B. eine Leistungsoptimierung eines bestehenden Produkts bzw. einer Dienstleistung, eine Arbeitserleichterung, eine hohe Liefergeschwindigkeit oder der „Coolness-Faktor" von Neuheiten sein. Hier geht es darum, zugeschnitten auf die festgelegten Kundengruppen und -segmente treffsichere maßgeschneiderte Produkte und Leistungen anzubieten, die deren Wünschen und Bedürfnissen entsprechen. Häufig heißt dies: einfacher, bequemer, individueller, cooler und günstiger.

  Kernfragen:

  - Welcher Mehrwert wird für Kunden in den jeweiligen Kundengruppen und -segmenten geliefert?
  - Welches Produkt und welche Dienstleistung erzeugen welchen Mehrwert?

- Welche Bedürfnisse haben externe und interne Kunden?
- Wie kann Mehrwert erzeugt werden?
- Welche Produkte und Leistungen bieten wir mit welchen Werte- und Nutzenversprechen an? Was bieten wir der Zielgruppe genau an?

- **Schlüsselaktivitäten:** erforderliche Aktivitäten für das Schaffen, Unterbreiten und Betreuen der Wertangebote sowie Aufbau und Aufrechterhaltung der Kundenbeziehungen für die relevanten Kundengruppen und -segmente. Dies schließt die Produkterstellung, Leistungserbringung sowie Marketing und Vertrieb mit ein.

  Kernfrage zur Identifikation der Schlüsselaktivitäten: Welche Maßnahmen müssen wir ergreifen, um das zukünftige Geschäftsmodell umzusetzen?

- **Schlüsselressourcen**: physische, finanzielle, intellektuelle, menschliche und künstliche (wie z. B. KI oder Roboter) Ressourcen für den erfolgreichen Aufbau und Betrieb des Geschäftsmodells. Hierzu können sowohl interne als auch externe Ressourcen von z. B. Schlüsselpartnern genutzt werden.

  Kernfrage: Welche Ressourcen sind unverzichtbar, um das Geschäftsmodell zu realisieren und wirtschaftlich zu betreiben?

  Fragen zu Identifikation der Schlüsselressourcen:

  - Welche Schlüsselressourcen gibt es im Unternehmen mit den erforderlichen Skills für die notwendigen Fähigkeiten? Ausreichend?
  - Welche Skills wollen wir entsprechend Sourcing-Strategie überhaupt und auf welche Art und Weise nach außen verlagern? Was ist wettbewerbsdifferenzierend?

- **Schlüsselpartner**: Netzwerk von Geschäftspartnern, strategische Allianzen, unterstützende Netzwerke, digitale Plattformen und interaktive Wertschöpfung mit dem Kunden (Co-Creation, siehe [Han18]), die einen Beitrag zum Gelingen des Geschäftsmodells haben. Schlüsselpartner unterstützen dabei, Geschäftsmodelle zu optimieren, Risiken zu minimieren und/oder Zugang zu wesentlichen Ressourcen zu erhalten. Hier wird häufig zwischen strategischen Allianzen von verschiedenen Unternehmen, zwischen Wettbewerbern (Coopetition) sowie Joint Ventures und Kunden-Anbieter-Beziehungen (Co-Creation) unterschieden.

  Kernfrage: Mit wem wird in welcher Form zusammengearbeitet, um die Schlüsselressourcen zu erhalten und die Schlüsselaktivitäten ausführen zu können?

  Fragen zur Identifikation der Schlüsselpartner:

  - Welche erforderlichen Skills können oder wollen wir nicht selbst stellen?
  - Welche Partner benötigen wir, um unser zukünftiges Produktportfolio anbieten zu können?
  - Welche Partner bringen welche Skills ein?

- **Einnahmequellen**: Einnahmen für alle Wertangebote sowie prozentualer Beitrag jeder Einnahmequelle zum Gesamtumsatz. Mögliche Einnahmequellen resultieren aus dem Verkauf von Wirtschaftsgütern, Nutzungsgebühren, Mitgliedsbeiträgen, Abonnements, Leasing, Lizenzen, Wartungsgebühren, Mieten und Gebühren.

  Kernfrage: Für welche Wertangebote bezahlt der Kunde wie viel aktuell und für welche Wertangebote ist er bereit, zu zahlen.

Fragen zur Identifikation der Einnahmequellen:

- Welche Einnahmequellen gibt es? Aktuell? In Zukunft?
- Welche Einnahmen können wir unter welchen Voraussetzungen erzielen?

- **Kostenstruktur**: alle fixen und variablen Kosten, die für den Betrieb des Geschäftsmodells mit den Schlüsselaktivitäten, Schlüsselressourcen und Schlüsselpartnern anfallen. Wenn die Kostenminimierung im Vordergrund steht, beeinflusst dies stark die Auswahl der Schlüsselpartner.

  Kernfragen: Welche Ausgaben sind notwendig, um das Wertangebot bereitzustellen? Ohne welche Ausgaben kann das Geschäftsmodell nicht funktionieren?

  Fragen zur Identifikation der Kostenstruktur:

  - Welche Kostenblöcke entstehen bei welchem Umsetzungsszenario welcher Lösungsidee für die Schlüsselaktivitäten, Schlüsselressourcen und Schlüsselpartner?
  - Wie sieht es mit dem Kosten-Nutzen-Verhältnis aus?

Das Leistungsversprechen, die Wertangebote, sind das Herzstück des Business Model Canvas. Hier wird der Nutzen, d. h. „Was bieten wir an Wert für den Kunden?“, ermittelt.

Die Reihenfolge für das Ausfüllen ist häufig tendenziell so (siehe Bild 5.29):

1. Identifikation der Kundengruppen und -segmente
2. Ermittlung der Wertangebotsideen
3. Analyse, über welche Kanäle die Wertangebote zum Kunden kommen
4. Analyse der Art der Ansprache der Kunden über die jeweiligen Kanäle
5. Identifikation der Einnahmequellen für die Wertangebote für Kundengruppen über die identifizierten Kanäle und Kundenbeziehungen
6. Identifikation der erforderlichen und vorhandenen Skills
7. Identifikation der Schlüsselpartner und deren Skills
8. Festlegung der Schlüsselaktivitäten
9. Ermittlung der Kostenstruktur (Größenordnungen)

Jedoch sollte immer, wenn ein Aspekt einer Dimension auftaucht, dieser auch direkt eingeordnet werden. Auch, wenn er eigentlich noch nicht dran ist.

Die Geschäftsmodellentwicklung mithilfe des Business Model Canvas verläuft in nicht ganz trennscharfen und unternehmensspezifisch anpassbaren Phasen mit u. a. Mobilisieren, Verstehen und Gestalten in einem interdisziplinären Team aus unterschiedlichen Fachbereichen und Managementebenen. In der Phase „Mobilisieren“ werden die Projektziele definiert, Rahmenbedingungen ermittelt und das Projektteam zusammengestellt. Recherchen, Interviews von Experten und Analysen von Inhaus- sowie externen Materialien, z. B. vom Wettbewerb, kennzeichnen die Phase „Verstehen“. In der „Gestalten“-Phase werden viele der im vorhergehenden Abschnitt vorgestellten Kreativitätstechniken in Workshops angewandt. Wesentlich sind auch hier unbewertete Ideensammlungen als erster Schritt vor deren ganzheitlicher Analyse und Bewertung auf Basis eines tiefgreifenden Verständnisses des Kunden und seiner Bedürfnisse.

Weitere Informationen zum Business Model Canvas finden Sie in [Ost11].

5.5 Strategische Planung der fachlichen und der IT-Landschaft

Ziel der strategischen Planung der fachlichen und IT-Landschaft ist es, das Unternehmen und die IT-Landschaft an den Unternehmenszielen und geschäftlichen Erfordernissen auszurichten und auf den ständigen Wandel des Unternehmens und des Marktumfelds vorzubereiten. Ausgangspunkt hierbei ist ein klares Verständnis der strategischen und fachlichen Herausforderungen im Planungskontext. Es gilt die Geschäftstreiber mit den strategischen Geschäftsanforderungen, den Pains, die zu berücksichtigenden fachlichen und technischen Trends und die gesetzten Randbedingungen, wie z. B. Compliance-Vorschriften, zu ergründen und daraus ein fachliches Ziel-Bild abzuleiten. Dies bildet wiederum den Rahmen für das IT-Ziel-Bild.

Die strategische Planung der IT-Landschaft besteht im Wesentlichen aus der Bebauungsplanung der IS-Landschaft und dem Technologiemanagement. Die strategische IT-Planung entwickelt die IT-Landschaft strategisch und businessorientiert vorausschauend weiter. Wesentliche Ziele sind dabei:

- **Ausrichtung der IT am Geschäft:** Gestaltung der zukünftigen Bebauung entsprechend der Unternehmensstrategie und der Geschäftsanforderungen
- **Adressierung der „Pains:** Beseitigung von Handlungsbedarf und Hebung von Optimierungspotenzial im Business und in der IT („technische Schulden")
- **Vorbereitung und Ausrichtung der I:** Zukunftssichere, flexibel veränderbare und gleichzeitig zuverlässige, sichere sowie kostengünstige IT-Landschaft

Ergebnis sind die Ziel-IT-Landschaft und die Roadmap zur Umsetzung. Die Ziel-IT-Landschaft ist ein Bebauungsplan. Wie im Städte- und Landschaftsbau wird im Bebauungsplan eine Vision und ein Rahmen für die Umsetzung vorgegeben. Im Städte- und Landschaftsbau regelt ein Bebauungsplan, was Sie wo bauen dürfen, also die Art und Weise der möglichen Bebauung von Grundstücken und die Nutzung einer von Bebauung frei zu haltenden Fläche. Bebauungspläne sind Satzungen und damit örtliche Gesetze, an die Bauherren sich halten müssen.

Die **Bebauungsplanung der IS-Landschaft**, auch IT-Bebauungsmanagement oder IS-Bebauungsplanung (siehe Abschnitt 5.5.2) genannt, schafft Transparenz über die Informationssystemlandschaft und stellt ein Instrumentarium für die Analyse, Planung und Steuerung der businessorientierten und digitalen Weiterentwicklung der IT-Landschaft bereit. Durch die Informationssystembebauungsplanung werden die zukünftige IS-Landschaft und die Roadmap zur Umsetzung gestaltet.

Das **Technologiemanagement** (siehe Abschnitt 5.6) umfasst alle Prozesse zur Planung und Steuerung des technischen Lösungsportfolios (Solution Management, Standardisierung und Lifecycle-Management) und des IT-Innovationsmanagements. Die Flexibilität und Qualität werden durch adäquate Lösungen und Architekturen erhöht und die Kosten durch Standardisierung werden reduziert. Für Time-to-market in Kombination mit maßgeschneiderten Produkten und Dienstleistungen müssen die IT beherrscht und schnell angemessene Lösungen gefunden werden. Hierzu leistet insbesondere das vorausschauend bereitgestellte Lösungsportfolio einen wertvollen Beitrag.

Wichtig

Die Planung und Weiterentwicklung der Betriebsinfrastruktur werden in diesem Buch dem operativen IT-Management zugeschlagen. Hilfestellungen für diesen Kontext finden Sie in Kapitel 4 bei den EAM-Einsatzszenarien zur Unterstützung des operativen IT-Managements. ■

Nun schauen wir uns zunächst das fachliche Ziel-Bild etwas näher an.

5.5.1 Fachliches Ziel-Bild

Dokumentiert werden das fachliche Ziel-Bild und die fachlichen Handlungsfelder insbesondere in der Geschäftsarchitektur. Die Geschäftsarchitektur visualisiert das aktuelle und zukünftige Geschäftsmodell, gibt Strukturen für die Geschäftsmodellweiterentwicklung vor und unterstützt bei der Ableitung des technischen Ziel-Bilds und dessen Operationalisierung. Die enge Verzahnung zwischen Business und IT ist gerade infolge der fortschreitenden Durchdringung digitaler Technologien notwendig, da hier bestehende Produkte, Wertschöpfungsketten und etablierte Geschäftsmodelle eines jeden Unternehmens verändert werden.

Das fachliche Ziel-Bild wird einerseits durch die zukünftige Capability Map (siehe Abschnitt 2.4.1) und andererseits durch die Zielkunden, Kundenkontaktpunkte, das angestrebte Produkt- und Dienstleistungsportfolio (inklusive Datenprodukten), das notwendige Business-Ökosystem, die Datenlandschaft sowie die Soll-Geschäftsprozesse und das Ziel-Betriebsmodell (siehe Abschnitt 5.4.4) geprägt. Für die ermittelten Handlungsfelder müssen Sie Abhängigkeiten und Auswirkungen von Lösungsideen und Veränderungen ganzheitlich über alle diese fachlichen Dimensionen (siehe Bild 5.56) analysieren, planen und steuern.

Bild 5.56 Dimensionen der Geschäftsarchitektur

Das fachliche Ziel-Bild mit insbesondere den für die Umsetzung erforderlichen Business Capabilities dient als Ordnungsrahmen für die Entwicklung der digitalen Roadmap und der IT-Roadmap zur Umsetzung. Die erforderlichen Fähigkeiten leiten sich aus der digitalen Strategie und den Erfordernissen des geplanten Produkt- und Dienstleistungsportfolios sowie des Business-Ökosystems ab. In Bild 5.13 ist ein Beispiel einer Business Capability Map mit den vorhandenen, einzuführenden und abzulösenden Business Capabilities dargestellt.

Business Capability Maps geben eine fachliche Strukturierung vor und liefern gleichzeitig ein prägnantes und kompaktes fachliches Gesamtbild des Unternehmens. Anhand dessen können wesentliche Inhalte des Geschäftsmodells und der Unternehmensstrategie übersichtlich und überzeugend präsentiert werden. Business Capabilities sind geeignet, um strategische Entwicklungen zu diskutieren. Insbesondere durch die Nutzung von Business Capabilities für Value Chains und das Value Chain Mapping werden die End-to-end-Prozesse veranschaulicht und Prozesslandkarten mit Business Capability Maps vereint.

Definitionen

Eine **Value Chain** ist eine Abfolge von Capabilities mit dem Ziel, ein werthaftes Produkt oder eine Dienstleistung für den Markt zu liefern.

Value Stream Mapping (VSM) dient zur visuellen Darstellung der Abfolge aller Prozessschritte und der unterstützenden Capabilities End-to-end vom Kundenrequest bis zur Auslieferung des Produkts oder einer Dienstleistung. ■

Business Capabilites ermöglichen oder unterstützen einen Value Stream. Darüber hinaus sind sie ein probates Mittel zur nachvollziehbaren Ableitung der Anforderungen an die Umsetzung, zum Teil in der IT. Hierzu werden einerseits anhand der Capabilities fachliche Handlungsfelder aufgezeigt und erforderliche technische Capabilities, des Ziel-Bilds und Roadmap für die Umsetzung, abgeleitet. Dies ist in Bild 5.57 visualisiert.

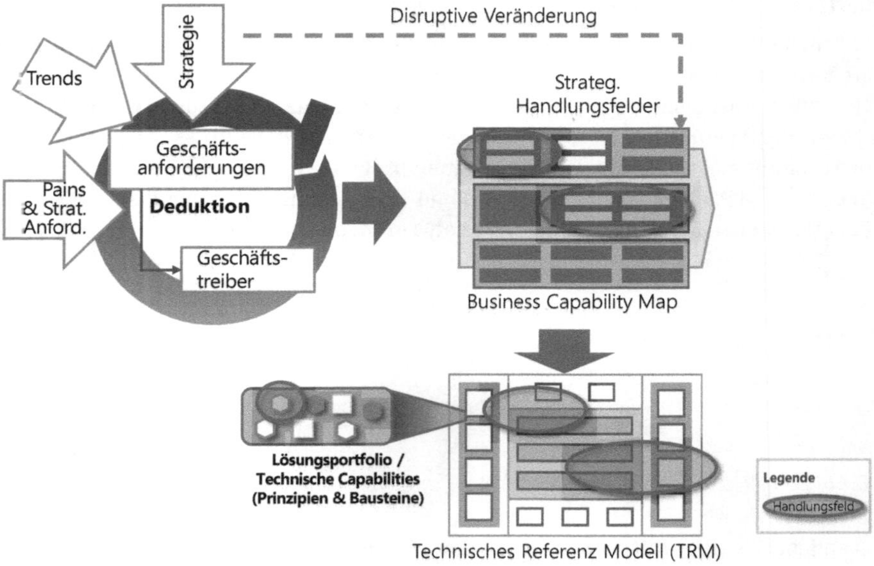

Bild 5.57 Ableitung des fachlichen Ziel-Bilds

Die folgenden Aktivitäten sind für die Festlegung des fachlichen Ziel-Bilds und die Ableitung von strategischen Handlungsfeldern notwendig.

1. **Falls noch nicht vorhanden: Erstellen Sie Ihre Business Capability Map.** Hilfestellungen finden Sie in Abschnitt 5.4.1.2.

   Ordnen Sie die Business Capabilities (in der Regel Ebene 2) in einem Value Stream an. Dies stellt eine Dimension des Ordnungsrahmens dar.

2. **Dokumentieren und verorten Sie die konsolidierten Anforderungen in der Business Capability Map.** Nutzen Sie die konsolidierten Anforderungen abgeleitet aus der Unternehmensstrategie, strategische Geschäftsanforderungen, Pains, Trends und Randbedingungen (siehe Abschnitt 4.2.1). Leiten Sie die erforderlichen Business Capabilities aus den Anforderungen ab. Nutzen Sie dazu die vorhandene Business Capability Map. Markieren Sie die bereits festgelegten strategischen Handlungsfelder durch einen benannten „Kringel".
3. **Erweitern Sie die Business Capability Map bei disruptiven Veränderungen.** Bei der Ableitung der erforderlichen Business Capabilities können neue benötigte Business Capabilities identifiziert werden. Diese müssen in der Business Capability Map mit aufgenommen werden. Ermitteln Sie zudem, ob auch weitere Partner des Business-Ökosystem oder Touchpoints hinzukommen. Nutzen Sie hierzu, wenn nicht offensichtlich, die Methode Storytelling (siehe Bild 5.22).
4. **Verorten Sie alle bislang identifizierten strategischen Handlungsfelder** in der ggf. erweiterten Business Capability Map. In Bild 5.57 sind diese über einen Kringel gekennzeichnet. Bitte benennen Sie zudem die Handlungsfelder.
5. **Identifizieren Sie weitere Handlungsbedarfe und Optimierungspotenziale durch Analyse der Business Capabilities** (siehe Abschnitt 5.4.1) **sowie aller Dimensionen der Unternehmensarchitektur** (siehe Bild 5.56), wie z. B. das Business-Ökosystem, im Ist-Soll-Abgleich sowie in Bezug auf die Umsetzung der digitalen Stoßrichtungen und der digitalen Fähigkeiten.

   Analysieren Sie auch die vorhandene und erforderliche IT-Unterstützung. Auch hier kann z. B. eine Unterstützung für die Omnikanalfähigkeit fehlen und dann dafür ein neuer technischer Baustein (wie z. B. Referenzarchitektur oder Plattform) erforderlich werden. Konkrete Hilfestellungen für die Analyse der IT-Landschaft finden Sie in Kapitel 2.

   Gruppieren Sie diese Handlungsbedarfe und Optimierungspotenziale entsprechend fachlicher und organisatorischer Abhängigkeiten (enge Abhängigkeiten zusammen und lose Abhängigkeiten getrennt).

   Legen Sie Sourcing- und Eigenleistungsschwerpunkte fest (siehe Sourcing-Strategie in [Hand18] und analysieren Sie Ihr Business-Ökosystem. Erstellen Sie eine Heatmap Ihrer Business Capability Map entsprechend Ihrer Sourcing-Strategie.

   Analysieren Sie analog andere Aspekte und stellen Sie diese in einer Heatmap dar und heben Sie die Handlungsbedarfe und Optimierungspotenziale geclustert nach Handlungsfeldern hervor.
6. **Leiten Sie aus den Business Capabilities die erforderlichen technischen Capabilities ab** und identifizieren Sie hier ggf. Lücken. Identifizieren Sie ein angemessenes Lösungsportfolio (technische Capabilities, Standards oder Prinzipien) für alle fachlichen Handlungsfelder. Erweitern Sie die technische Capabilities im technischen Referenzmodell (TRM) und markieren Sie hier die erforderlichen Lösungen für die fachlichen Handlungsfelder.

   Wichtig ist es hierbei, strategische Leitplanken, wie z. B. Cloud-Strategie, Entwurfsprinzipien oder technische Vorgaben für alle Handlungsfelder zu setzen („Makroarchitektur"). Makroarchitektur reicht hier häufig aus. Über die eigentliche Transformation entsteht der Lösungsbaustein häufig erst. Soweit möglich, können Sie aber bereits Lösungsbausteine, wie z. B. Standardlösungen für Marketing wie „Salesforce" oder Multikanalmanagement, als strategische Vorgaben setzen.

7. **Konsolidieren Sie alle Handlungsfelder und ordnen Sie diesen klare Verantwortlichkeiten zu.** Ggf. müssen Handlungsfelder aufgeteilt oder zusammengefasst werden.
8. **Dokumentieren Sie alle Handlungsfelder nach einem einheitlichen Schema mit einer nachvollziehbaren Ableitung.** Nutzen Sie hier Templates, in denen sowohl die Handlungsfelder als auch die Geschäftstreiber, die Handlungsbedarfe und Optimierungspotenziale als auch Rahmenbedingungen prägnant beschrieben sind. Daneben sollten in den Templates die bereits getroffenen Entscheidungen, abhängigen Initiativen sowie die Roadmap zur Umsetzung beschrieben sein.

Für die Handlungsfelder des fachlichen Ziel-Bilds können dann das IT-Ziel-Bild und die Roadmap zur Umsetzung abgeleitet werden. Auf dieser Basis können Entscheidungen schnell und belastbar getroffen werden. Zudem wird mit dem IT-Ziel-Bild auch ein Lösungsportfolio für alle fachlichen und technischen Capabilities mit tragfähigen Lösungsarchitekturen bereitgestellt. Hiermit und mit Standardisierung kann die zunehmende IT-Komplexität beherrscht werden.

Nun schauen wir uns die Ableitung des IT-Ziel-Bilds und der Roadmap zur Umsetung mit Hilfe der IS-Bebauungsplanung etwas näher an. Weitere Informationen zum Technologiemanagement finden Sie in Abschnitt 5.6.

5.5.2 IS-Bebauungsplanung

Im Rahmen der IS-Bebauungsplanung werden ausgehend von den strategischen Vorgaben und aktuellen Handlungsbedarfen („Pains") die Soll-Landschaft und die IT-Roadmap zur Umsetzung gesamthaft oder in Ausschnitten gestaltet. Hierbei muss die Soll-Landschaft folgenden Bedingungen genügen:

- **Ausrichtung am Geschäft:** Die Soll-Landschaft muss die Unternehmensstrategie und die Geschäftsanforderungen möglichst gut umsetzen.
- **Beseitigung der „Pains":** Die bekannten fachlichen und technischen Handlungsbedarfe und Optimierungspotenziale müssen beseitigt bzw. gehoben werden, um das Geschäft besser zu unterstützen.
- **Vorbereitung und Ausrichtung der IT:** Die Soll-Landschaft muss gleichzeitig zukunftssicher und flexibel veränderbar sein sowie einen zuverlässigen und kostengünstigen Geschäftsbetrieb ermöglichen. Hierfür müssen u. a. durch Standardisierung, IT-Konsolidierung und Serviceorientierung die Voraussetzungen in der IT geschaffen werden. Siehe hierzu die entsprechenden Einsatzszenarien in Kapitel 4.

Für die Handlungsfelder des fachlichen Ziel-Bilds werden das IT-Ziel-Bild und die Roadmap zur Umsetzung systematisch abgeleitet.

In Bild 5.58 finden Sie das Vorgehen zur Ableitung des Ziel-Bilds und der Roadmap zur Umsetzung im Überblick. Ausgangspunkt ist die Analyse der digitalen Strategie (siehe [Han18]), der Trends, wie z. B. Edge Computing, Mobility, IoT, Machine Learning oder Big Data, und der strategischen Anforderungen bzw. aktuell bestehender Pains. Die resultierenden Geschäftsanforderungen werden entlang der digitalen Dimensionen (siehe [Han18]) systematisch analysiert und zu den Anforderungen an das Business bzw. die IT abgeleitet sowie deren Priorität

(Wichtigkeit und Dringlichkeit) festgelegt. So werden z. B. Schwächen in der personalisierten Marktkommunikation (unzureichende oder fehlende Business Capabilities) sowie weitere aufzubauende Fähigkeiten aufgedeckt. Diese werden zu Handlungsfeldern in der Business Capability Map geclustert. Kriterien hierfür sind u. a. die fachliche bzw. technische Nähe, das Umsetzungsrisiko sowie Dringlichkeit.

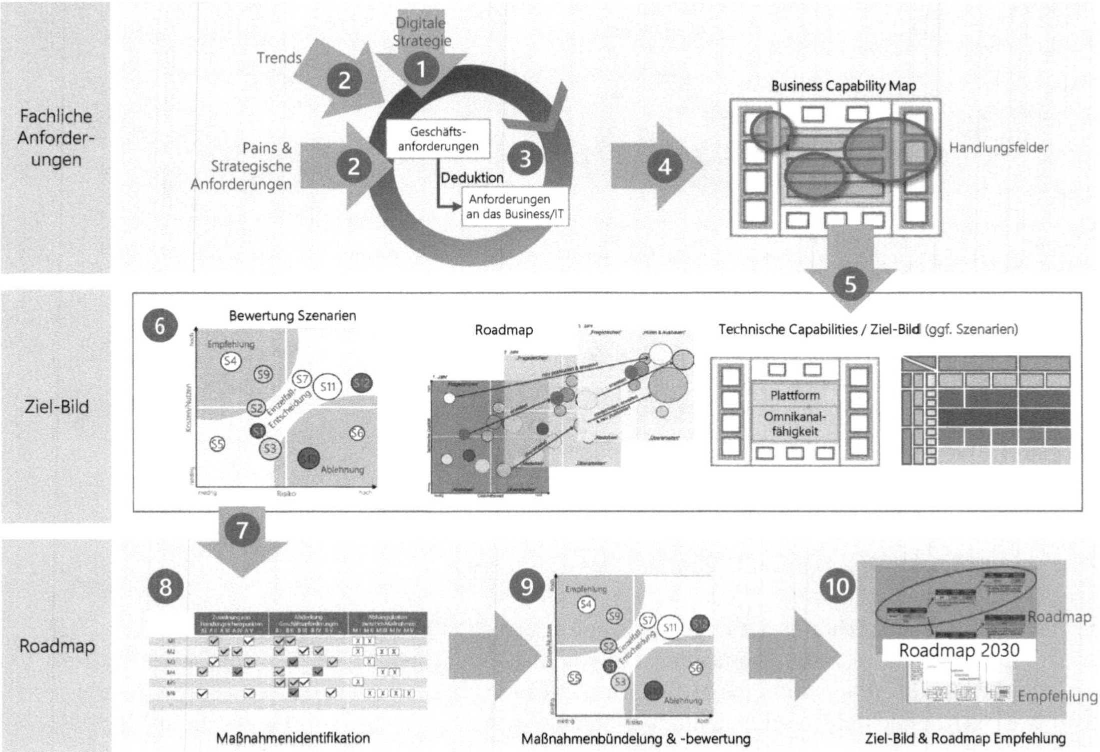

Bild 5.58 Ableitung von IT-Ziel-Bild

Für alle Handlungsfelder werden die technischen Capabilities (wie z. B. Skalierbarkeit oder Omnikanalfähigkeit) und mögliche Soll-Szenarien in einem kreativen Gestaltungsprozess systematisch (siehe Abschnitt 5.5.3) gestaltet und bewertet. Über einen Soll-Ist-Abgleich werden Handlungsschwerpunkte identifiziert, zu denen Maßnahmen für die Umsetzung identifiziert, gebündelt und bewertet werden. So entstehen das Ziel-Bild und die Roadmap für die Umsetzung. Dieses Vorgehen kann sowohl für Programme als auch für übergreifende Ziel-Bilder angewandt werden. Lediglich der Detaillierungsgrad unterscheidet sich hier. In Bild 5.59 finden Sie das Vorgehen mit den wesentlichen Punkten.

Auf dieser Basis können Entscheidungen schnell und belastbar getroffen werden. Zudem wird mit dem IT-Ziel-Bild auch ein Lösungsportfolio für alle fachlichen und technischen Capabilities mit tragfähigen Lösungsarchitekturen bereitgestellt. Hiermit und mit Standardisierung kann die zunehmende IT-Komplexität beherrscht werden.

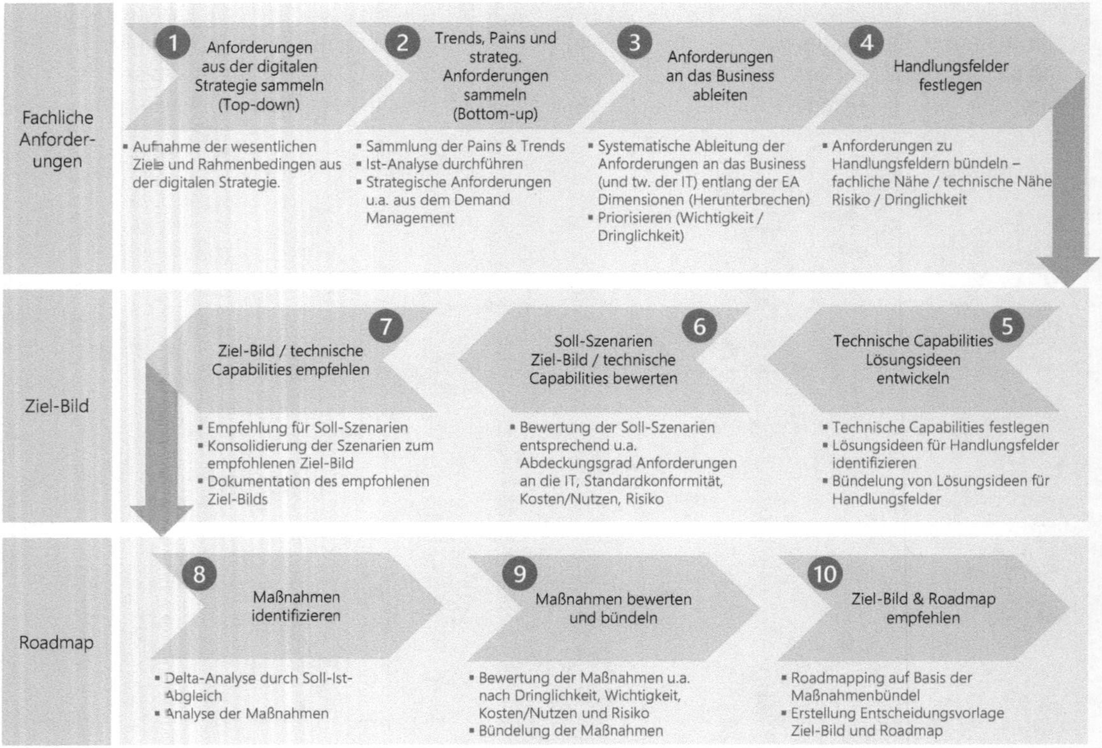

Bild 5.59 Vorgehen zum Ableiten von Ziel-Bild und Roadmap

Mögliche Ergebnisse der Ziel-Bild-Gestaltung sind in Bild 5.60 dargestellt. Das fachliche Ziel-Bild (siehe Ebene Geschäftsarchitektur) kann u. a. mit einem Geschäftsmodell, einer Business Capability Map oder Prozesslandkarte dargestellt werden. Häufig findet man Kombinationen von Darstellungen zu Sichten zusammengefasst. Das IT-Ziel-Bild besteht in der Regel für die Informationssystemarchitektur (kurz IS-Architektur) aus Bebauungsplänen und/oder Portfolio-Darstellungen. Für die technische Architektur wird häufig ein technisches Referenzmodell mit u. a. auch technischen Capabilities, wie Omnikanalfähigkeit, und Plattformen zur Visualisierung verwendet (siehe Abschnitt 5.6). In der Betriebsinfrastruktur-Architektur findet man immer mehr Edge- und Cloud-Architekturen (siehe Abschnitt 4.7).

In Bild 5.61 finden Sie ein Beispiel einer Roadmap mit der jeweiligen fachlichen, der Informationssystem- und der technischen Bebauung. Business Capabilities sind in der Regel die Grundlage für das fachliche Ziel-Bild.

Nun schauen wir uns die IS-Bebauungsplanung etwas näher an.

Die IS-Bebauungsplanung ist ein komplexer kreativer Gestaltungsprozess. Verschiedene Planungsszenarien werden erstellt, analysiert und bewertet. Auf dieser Basis wird eine Empfehlung für die Soll-Landschaft und auch für die IT-Roadmap gegeben. Die Best-Practice-EAM-Methode unterstützt diesen Prozess systematisch und nachvollziehbar.

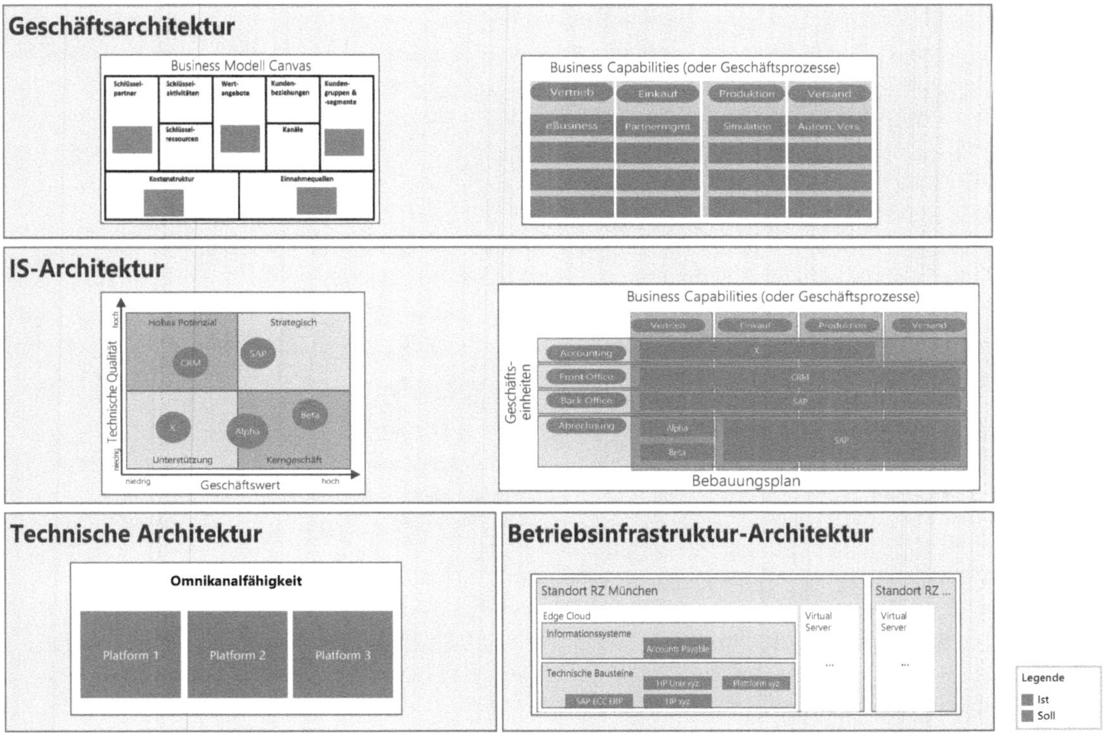

Bild 5.60 Beispiel Ergebnisse Bebauungsplanung

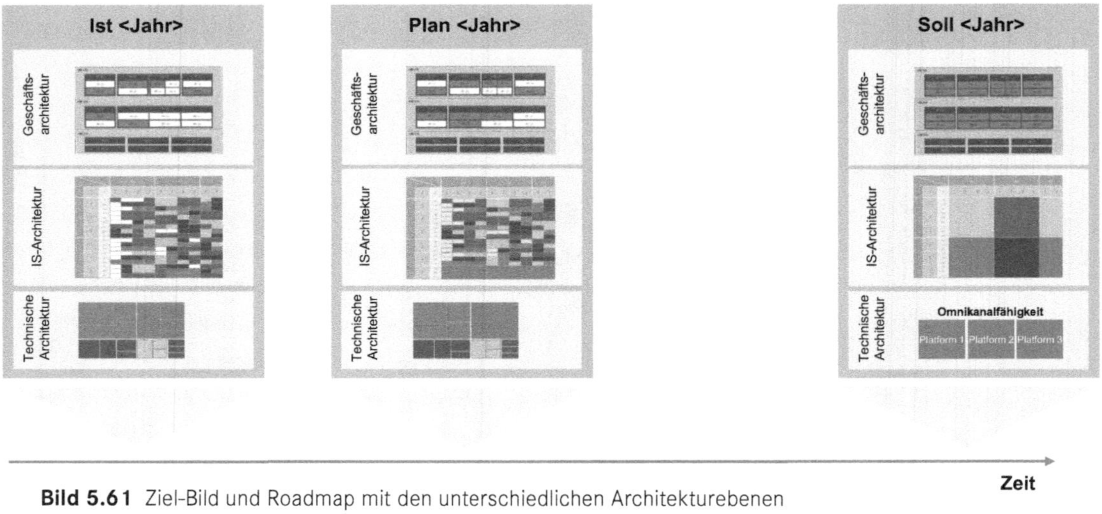

Bild 5.61 Ziel-Bild und Roadmap mit den unterschiedlichen Architekturebenen

Ergebnisse der IS-Bebauungsplanung

Ergebnisse der IS-Bebauungsplanung sind die Soll-IS-Landschaft zu einem vorgegebenen Zeitpunkt, z. B. für 2030, und die Roadmap für die Umsetzung. Häufig erfolgt die IS-Bebauungsplanung lediglich für einen fachlichen Ausschnitt, z. B. für ein Bebauungscluster.

IS-Bebauungsplanung kann für einen Projektkontext oder aber im Rahmen der IT-Strategieentwicklung erfolgen. Übergreifend gibt die Soll-IS-Landschaft zusammen mit den IT-Zielen letztendlich den Zielzustand in circa drei bis fünf Jahren vor. Es ist eine Orientierungsgröße und ein Maßstab für die Überprüfung der Zielerreichung. Im Projektkontext beschreibt die Soll-IS-Landschaft die Zielsituation nach Abschluss des Projekts.

Wichtig

Die Soll-IS-Bebauung und die Roadmap müssen klar, z. B. im Kontext der IT-Strategie oder im Rahmen von strategischen Projekten, dokumentiert und im Unternehmen veröffentlicht und kommuniziert werden. So werden sie zur verbindlichen Zielvorgabe, deren Einhaltung im Rahmen der strategischen IT-Steuerung durch Herstellung von Transparenz über Status und Fortschritt der Umsetzung überwacht werden kann. ■

Die Soll-IS-Landschaft wird in der Regel über Soll-IS-Portfolios (siehe Anwendungsszenario „IS-Portfoliomanagement" in Abschnitt 4.15) oder Soll-Bebauungsplangrafiken beschrieben. In Bild 5.62 finden Sie ein Beispiel einer Portfoliografik, in der die Informationssysteme entsprechend ihres Strategie- und Bebauungsplanfits eingeordnet sind. Durch Pfeile wird die geplante Veränderung deutlich gemacht. Ablösekandidaten werden ebenso markiert.

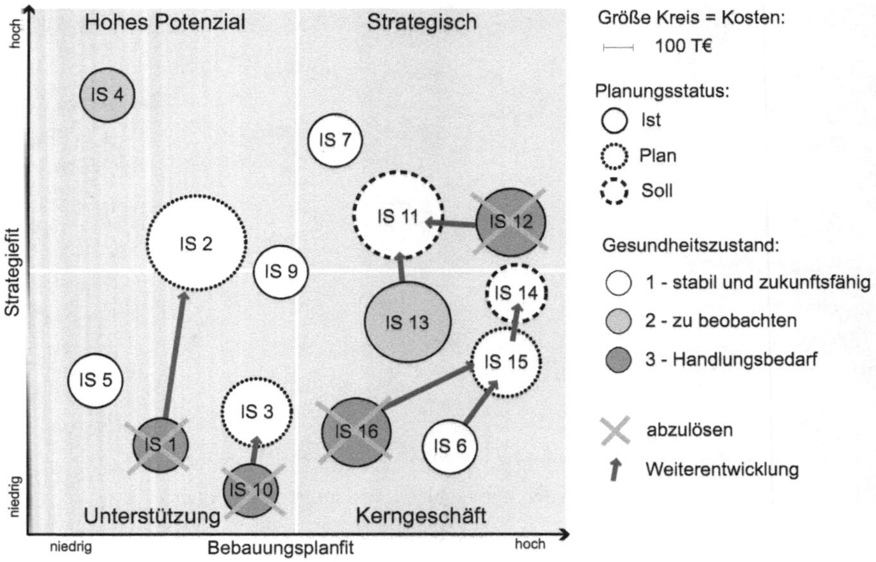

Bild 5.62 Beispiel IS-Portfolio mit geplanten Veränderungen

Portfoliodarstellungen sind gröber als Bebauungsplangrafiken. Bei IS-Portfolios werden in der Regel ausschließlich logische Informationssysteme (siehe Abschnitt 2.3.3) dargestellt, z. B. werden Release-Kennungen weggelassen. Bei Bebauungsplangrafiken werden diese entsprechend des Planungsstands angegeben. In Bild 5.63 finden Sie ein Beispiel einer Soll-Bebauungsplangrafik. Als Soll-Systeme werden in der Regel auch logische Informationssysteme verwendet. So wird entweder keine oder aber nur eine grobe Release-Nummer angegeben. Für die Ist-Systeme, die 2030 wahrscheinlich noch „laufen", werden die aktuellen IS-Releases (mit Release-Nummern) dargestellt. Auch hier könnte man die logischen Informationssysteme darstellen. Darauf wird aber häufig verzichtet, da die Aussage ausreicht, dass dieses System so (wahrscheinlich in irgendeinem Nachfolger-Release) 2030 noch vorhanden sein wird. Die genaue Planung erfolgt häufig auf einem taktischen Level im Rahmen der Release-Planung.

Über eine Soll-Bebauungsplangrafik wird die zukünftige IT-Unterstützung für einen fachlichen Kontext in einem Planungszeitraum festgelegt. In Bild 5.63 finden Sie hierfür ein Beispiel. In 2030 soll für das Vertriebscontrolling für alle Kundengruppen das Informationssystem AIS eingesetzt werden.

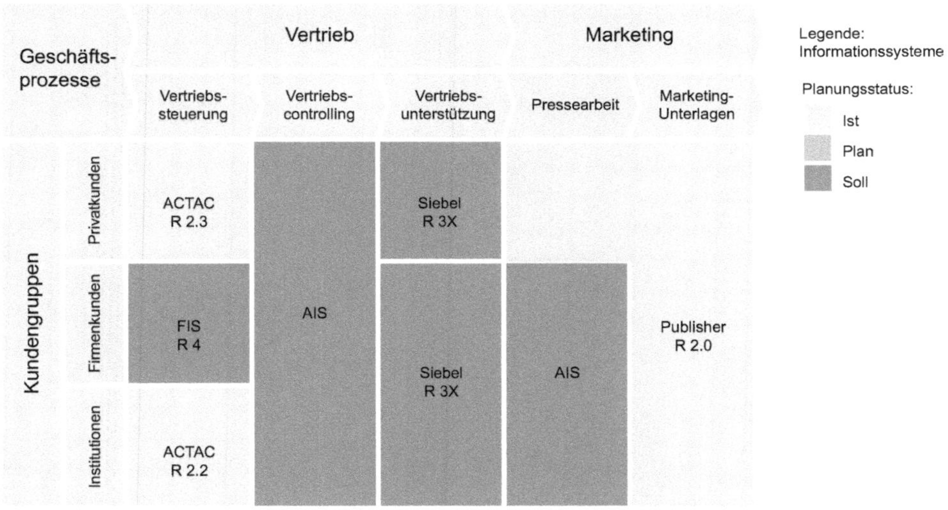

Bild 5.63 Beispiel Soll-Bebauungsplangrafik 2030

Wichtig

Nutzen Sie IS-Portfolios für die Kommunikation mit dem Management. Durch die Fokussierung auf die für das Management relevanten Größen und deren Wertigkeiten im Vergleich zueinander werden die wesentlichen Aussagen kompakt vermittelt.

Soll-Bebauungsplangrafiken gehen mehr ins Detail. Sie sind geeignet für die Kommunikation mit Fachbereichen, da hier die Abdeckung des Geschäfts übersichtlich visualisiert wird.

Detailliertere Grafiken, wie z. B. Informationsflussgrafiken, finden bei der Soll-Bebauung in der Regel keinen Einsatz.

Für die Darstellung einer Roadmap können einerseits Portfolios mit Kennzeichnung der Weiterentwicklung (siehe Bild 5.62), die Roadmap-Grafik (siehe Bild 5.65) oder eine Abfolge von Portfolios (siehe EAM-Einsatzszenario „IS-Portfoliomanagement“) oder von Bebauungsplangrafiken (siehe Bild 5.64) sowie Nachfolgergrafiken (siehe Abschnitt 2.4.11) genutzt werden.

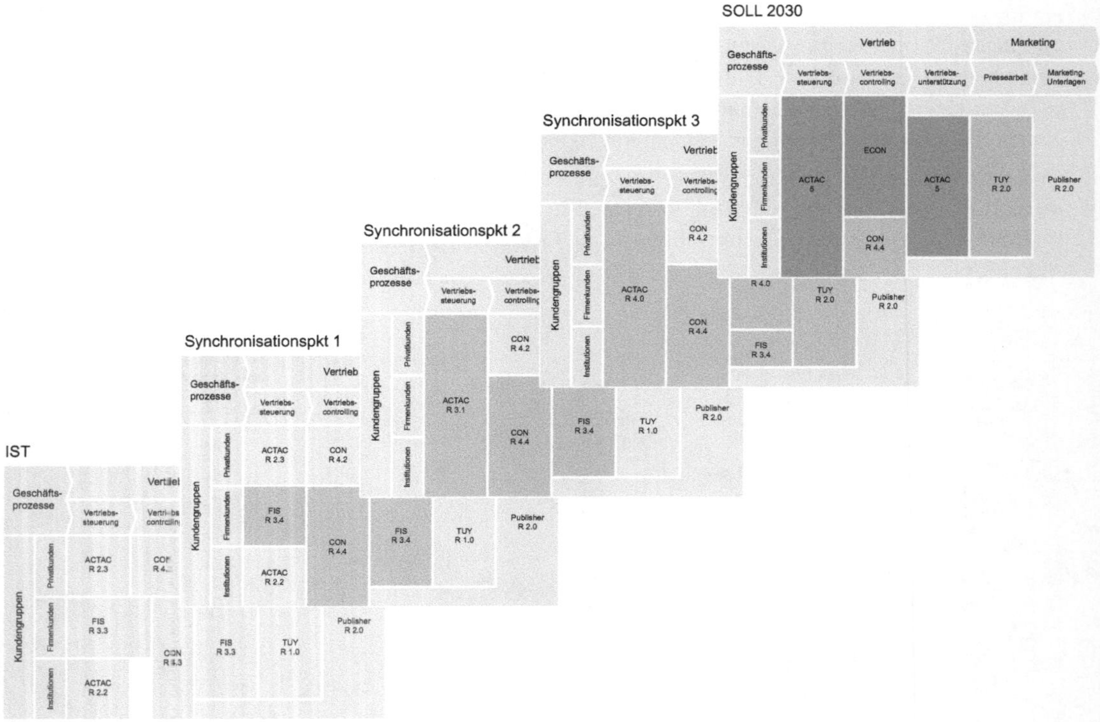

Bild 5.64 Beispiel für eine Roadmap

Roadmaps sind letztendlich eine Abfolge von Planungsschritten für die Umsetzung der Soll-Bebauung. Die Planungsschritte fallen nicht notwendigerweise mit einem Kalenderjahr zusammen. Häufig wird für das nächste Jahr eine detaillierte Planung im Rahmen der Budgetierung durchgeführt. Für die weitere Zukunft werden in der Regel nur noch wesentliche Synchronisationspunkte oder aber Rahmenvorgaben gesetzt. Diese werden nicht detailliert geplant, sondern basieren auf groben Abschätzungen z. B. für Kosten und Aufwände. Ein Beispiel hierfür ist die Ablösung der Kernsysteme durch eine neue Standardsoftware. Hier werden häufig Einführungsstufen festgelegt, wie z. B. Nutzung der Komponente Einkauf am 1.7.2023 im Gesamtunternehmen und die vollständige Lösung am Standort X am 1.1.2024 und an allen Standorten am 1.1.2025. Die Einführungsstrategie ist die strategische Vorgabe und die grob top-down geplanten Stufen bilden die Synchronisationspunkte.

In Bild 5.65 wird die Abfolge von Bebauungsplänen im Zusammenhang mit einem Masterplan für die bereits durch Projekte geplante Umsetzung dargestellt. Die Soll-Bebauung wird als Zielvision mit einer Unterbrechung zum konkret geplanten angegeben.

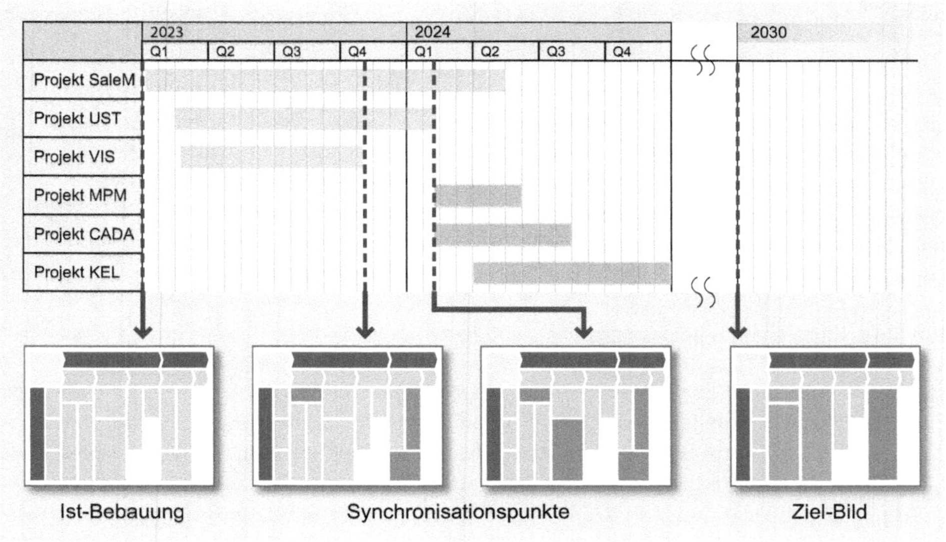

Bild 5.65 Ergebnis der Bebauungsplanung

Wichtig

Eine Soll-Bebauung und die Roadmap zur Umsetzung bilden Zielvorgaben, die im Rahmen von Projekten und Wartungsmaßnahmen umgesetzt werden müssen. Da nicht alle Projekte bebauungsplankonform sind, müssen die Zielvorgaben zumindest in der Regel jährlich in der Strategieentwicklung sowie im Kontext von großen Projekten an die bestehenden neuen Ziele und Rahmenbedingungen angepasst werden („Moving Target").

Methode und Muster für die IS-Bebauungsplanung

Ausgangspunkt für die Gestaltung der Soll-IS-Landschaft ist die Ermittlung des Business-Kontexts (siehe Bild 5.66). Die Unternehmensstrategie, die Geschäftsanforderungen und die aktuellen „Pains" im Business müssen gesamthaft oder aber für ein Projekt gesammelt werden, da sie durch die Soll-Bebauung umgesetzt werden sollen.

Daneben ist der fachliche Bezugsrahmen festzulegen, da dieser den Ordnungsrahmen für die Neugestaltung der Soll-IS-Landschaft bildet. Die IS-Landschaft muss so gestaltet werden, dass die geplante Geschäftsarchitektur möglichst gut unterstützt wird. Für jede fachliche „Schublade" muss festgelegt werden, wie das IT-Soll aussehen soll. Der fachliche Bezugsrahmen kann entweder über ein fachliches Domänenmodell (siehe Abschnitt 2.4.1) oder die Achsen einer Bebauungsplangrafik visualisiert werden.

Neben dem fachlichen Kontext müssen auch die IT-Vorgaben als Leitplanken und Ziel-Bild für den kreativen Gestaltungsprozess festgelegt werden. Hierzu zählen neben den IT-Zielen insbesondere Prinzipien und Strategien. Sie geben vor, auf welche Art und Weise die fachlichen „Schubladen" auszufüllen sind.

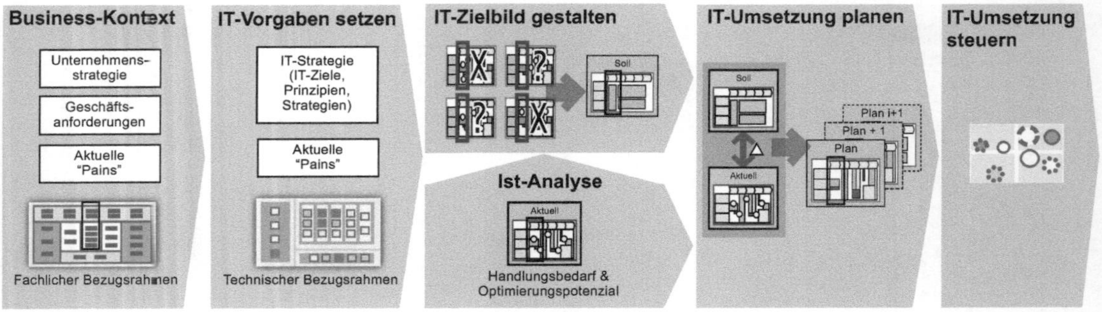

Bild 5.66 Prozess der IS-Bebauungsplanung im Überblick

Prinzipien sind konkrete und verbindliche IT-Grundsätze und Orientierungshilfen wie z. B. „Make-or-Buy"-Präferenzen oder „Best-of-Breed". Strategien sind Maßnahmen zur Absicherung der Zielerreichung. Sie geben an, in welcher Weise die Ziele erreicht werden sollen. Beispiele für Strategien sind Sourcing- oder Innovationsstrategien. Ein konkretes Beispiel ist die IS-Strategie nach McFarlan in Bild 4.43 (siehe [War02]). Weitere Erläuterungen und Beispiele zu Prinzipien und Strategien finden Sie im EAM-Einsatzszenario „Business-Transformation".

Soweit im Rahmen der IT-Strategie technische Vorgaben wie z. B. Integrationsarchitektur für eine Kategorie von Informationssystemen im technischen Bezugsrahmen gesetzt sind, sind diese ebenso wie aktuelle technische „Pains" zu berücksichtigen. Ein weiterer Input für die Gestaltung sind der Handlungsbedarf und das Optimierungspotenzial aus der Analyse der Ist-Bebauung.

Im Rahmen der Gestaltung der Soll-Bebauung (siehe „IT-Ziel-Bild gestalten" in Bild 5.66) werden in einem iterativen Prozess Planungsszenarien entwickelt, analysiert und bewertet. Auf dieser Basis werden ein oder mehrere der Planungsszenarien ausgewählt und einem Entscheiderkreis (z. B. EAM-Board) als Empfehlung vorgelegt. Die Empfehlung beinhaltet im Allgemeinen auch bereits eine sehr grobe Umsetzungsplanung (Roadmap). Nur so lassen sich Umsetzbarkeit, Dauer, Risiken und Kosten der Planungsszenarien grob bewerten.

Die Roadmap schließt die Lücke zwischen der Ist- und der Soll-Bebauung. Hierfür sind auf einer sehr groben Ebene machbare und überschaubare Umsetzungsschritte zu identifizieren. Alternative Planungsszenarien sind zu bewerten und gegenüberzustellen und die Umsetzungsplanung ist transparent darzustellen.

Jeder Umsetzungsschritt kann gegebenenfalls aus einer Reihe von Maßnahmen bestehen, die in einem oder mehreren Projekten oder Wartungsmaßnahmen angegangen werden können (siehe Bild 5.67). Eine Plan-IS-Bebauung ist also letztendlich nichts anderes als eine maßnahmenbezogene Veränderung der IS-Bebauung in Richtung Soll-IS-Bebauung. So wird der Ist-Zustand schrittweise in die Richtung der Soll-IS-Bebauung überführt.

Die Ableitung der Roadmap (siehe „IT-Umsetzung planen" in Bild 5.66) erfolgt ebenso in einem iterativen Prozess pro Planungsszenario der Soll-Bebauung. Planungsszenarien für die Roadmap werden entwickelt, analysiert und bewertet und einem Entscheiderkreis (z. B. EAM-Board) als Empfehlung vorgelegt.

Der kreative Gestaltungsprozess hat eine hohe Komplexität. Daher wird dieser im Folgenden etwas genauer erläutert und durch eine Schritt-für-Schritt-Anleitung (siehe Abschnitt 5.5.3) sowie Analyse- und Gestaltungsmuster unterstützt.

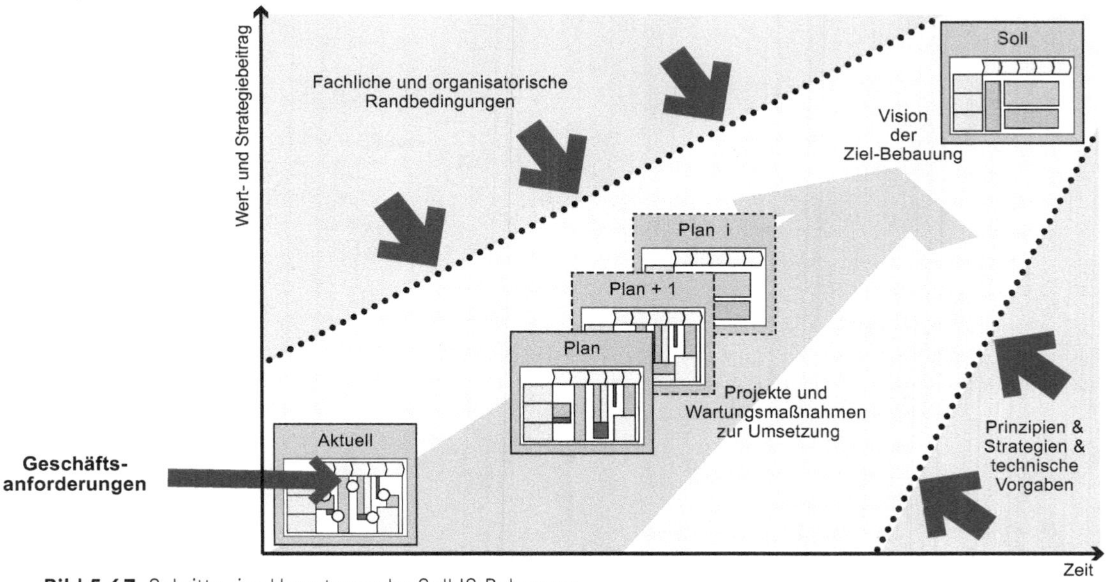

Bild 5.67 Schrittweise Umsetzung der Soll-IS-Bebauung

Gestaltung der Soll-IS-Bebauung

Ausgangspunkt für die Gestaltung sind, wie schon ausgeführt, der Business-Kontext und die IT-Vorgaben. Soweit noch nicht vorhanden oder dokumentiert, müssen diese zumindest für den Kontext der IS-Bebauungsplanung festgelegt und auch niedergeschrieben werden. Die Ziele, Geschäftsanforderungen und „Pains" bilden die Triebfeder für die IS-Bebauungsplanung. Der fachliche und technische Bezugsrahmen sowie die Strategien und Prinzipien geben die Leitplanken für die Gestaltung vor.

Die Gestaltung der Soll-IS-Bebauung ist ein iterativer Prozess aus Analyse und Gestaltung der IS-Bebauung und deren Beziehungen (siehe Bild 5.68). Die Unternehmens- und IT-Ziele, die Geschäftsanforderungen und die „Pains" werden entlang der Unternehmensarchitektur in IT-relevante Aspekte heruntergebrochen, bis die Aspekte für die Bebauungsplanung greifbar sind. Beispiele für IT-relevante Aspekte sind Handlungsbedarf bei der Geschäftsprozessunterstützung eines Prozesses wie z. B. Automatisierung des Ablaufs oder aber Optimierungspotenzial beim Stammdatenmanagement bei Kundendaten wie z. B. Inkonsistenzen in Adressdaten bei Geschäftspartnern.

Die Gesamtbebauung wird bezüglich der IT-relevanten Aspekte analysiert. So wird z. B. beim Automatisierungshandlungsbedarf über die Analyse des Informationsflusses ermittelt, wo manuelle Schnittstellen zwischen den Informationssystemen bestehen, die den untersuchten Geschäftsprozess unterstützen. Durch die Analyse aller IT-relevanten Aspekte werden eine Reihe von Handlungsfeldern ermittelt, die näher zu betrachten sind.

Im Rahmen der kreativen Gestaltungsaktivität werden für alle Handlungsfelder Lösungsideen für alle IT-relevanten Aspekte gesammelt, analysiert, bewertet und gegebenenfalls aussortiert. Im Rahmen der Analyse werden insbesondere die Abhängigkeiten und Auswirkungen der Lösungsideen ermittelt und überprüft, ob die durch die Unternehmensstrategie und Geschäftsanforderungen gesetzten Rahmenbedingungen eingehalten wurden.

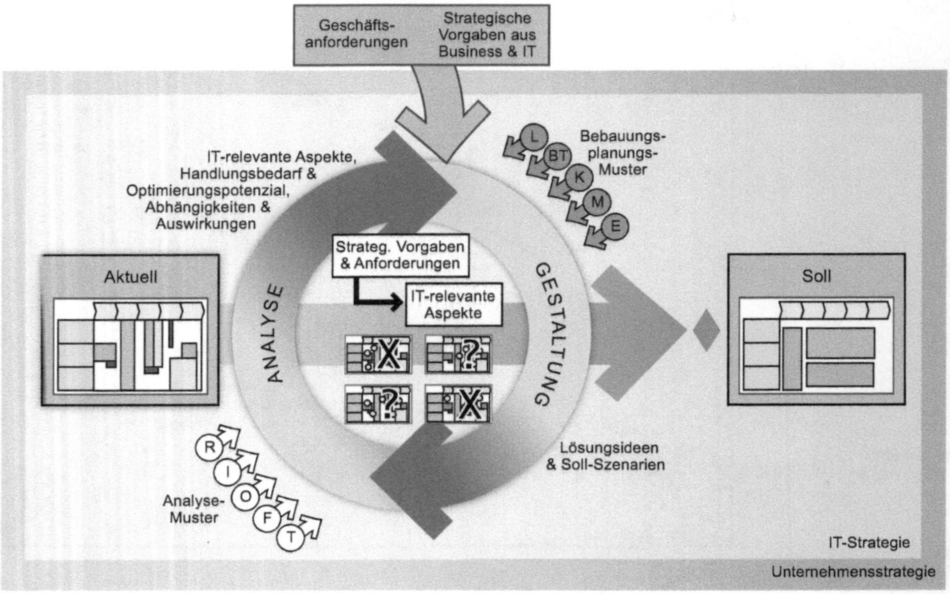

Bild 5.68 Gestaltung der Soll-Bebauung als iterativer Prozess

Bewertungskriterien sind z. B. der Abdeckungsgrad der Geschäftsanforderungen, ihre Strategiekonformität („Strategiefit"), ihre Standardkonformität, ihr Umsetzungsrisiko und ihre Kosten sowie Nutzen und weitere unternehmensspezifisch festgelegte Kriterien, z. B. aus der Projektportfoliobewertung oder dem IS-Portfoliomanagement (siehe entsprechende Einsatzszenarien in Kapitel 4).

Die Lösungsideen für die Handlungsfelder werden zu Planungsszenarien gebündelt (Gestaltung). Die Planungsszenarien werden entsprechend ihren Abhängigkeiten und Auswirkungen sowie weiteren Fragestellungen analysiert und entsprechend vorab festgelegten Bewertungskriterien bewertet und ggf. aussortiert. Die verbleibenden Planungsszenarien werden immer weiter konkretisiert, erneut analysiert und bewertet, bis sie die IT-Unterstützung für den zu gestaltenden Ausschnitt vollständig abdecken. Die resultierenden Planungsszenarien werden zusammen mit deren Bewertung und einer Empfehlung dem Entscheidungsgremium vorgelegt.

Empfehlung

Gegebenenfalls ist für die Analyse der Lösungsideen oder Planungsszenarien eine Anreicherung oder Aktualisierung der Bebauung entsprechend den für die Analyse relevanten Aspekten erforderlich.

Nutzen Sie die Standardanalysemuster zur Aufdeckung von Handlungsbedarf und Optimierungspotenzial sowie Abhängigkeiten und Auswirkungen. Diese sind in Bild 5.68 neben dem Hinweis auf die Analysemuster durch deren Kategorien „R", „I", „O", „F" und „T" dargestellt. Siehe hierzu Abschnitt 5.3.

Hilfestellung für die Gestaltungsaktivität liefern Gestaltungsmuster. Diese sind in Bild 5.68 neben dem Hinweis auf die Bebauungsplanungsmuster durch die Kategorien „L", „BT" und „K" angedeutet. Gestaltungsmuster sind bewährte und verallgemeinerte Schablonen für die zielgerichtete Weiterentwicklung und Visualisierung eines Ausschnitts der Soll-IS-Bebauung in einem gewissen Anwendungskontext. Folgende Gestaltungsmuster wurden aus der Erfahrung von vielen Projekten konsolidiert:

- **L:** *Identifikation von isolierten Gestaltungsbausteinen („Lösungsideen" oder „Bottom-up-Lösungen").* Hierzu zählen Muster für die Beseitigung von Redundanzen, zum Auffüllen von Abdeckungslücken in der Business-Unterstützung, zur Entflechtung, zur Zusammenfassung, Konsolidierung oder Homogenisierung der IS-Landschaft oder Plattformidentifikation im Kontext der Betriebsinfrastruktur oder technischen Bebauung.
- **BT:** *Veränderungen der gesamten oder großer Anteile der IS-Landschaft aufgrund einer Business-Transformation wie z. B. einer Fusion.* Hierzu zählen Muster für die Zusammenführung verschiedener IT-Landschaften und das Aufspalten einer IT-Landschaft. Siehe hierzu auch Einsatzszenario „Business-Transformation" in Kapitel 4.
- **K:** *Kosteneinsparung durch die IT-Konsolidierung.* Mittels technischer Konsolidierungen werden im Allgemeinen enorme Einsparungen erzielt. Durch die Standardisierung und Homogenisierung der Informationssysteme, der technischen Basis und der Betriebsinfrastruktur lassen sich die Hardware-, Lizenzkosten und Wartungsgebühren ebenso wie die Personalkosten reduzieren. Skaleneffekte z. B. durch die Zusammenführungen von Systemen auf einer Betriebsplattform sind erzielbar. Durch die Reduzierung der technischen Vielfalt vereinfacht sich die Integration von Systemen und Personalkosten sinken, da sich die Anzahl der zu betreuenden Systeme reduziert und zudem kein Know-how für die verschiedenen Technologien und insbesondere für deren Integration vorgehalten werden muss.

  Hier finden Sie Muster für die Konsolidierung der Betriebsinfrastruktur und Harmonisierung der technischen Basis von Informationssystemen, wie z. B. Datenbanken oder die ERP-Basis. Siehe hierzu auch die Einsatzszenarien „Betriebsinfrastrukturkonsolidierung" und „Konsolidierung der IS-Landschaft" in Kapitel 4.

Details zu den Gestaltungsmustern finden Sie im Download-Anhang B.

> **Wichtig**
> Gestaltungsmuster liefern lediglich Vorschläge für Ausschnitte der Soll-Bebauung. Sie müssen entscheiden, welche Vorschläge Sie annehmen und welche nicht.

Gestaltung der Roadmap (Plan-IS-Bebauung)

Die Soll-IS-Bebauung unterscheidet sich oft erheblich von der aktuellen Bebauung. Die Lücke ist im Allgemeinen so groß, dass sie nicht in einem Schritt zu schließen ist. Deshalb müssen im Rahmen der Gestaltung der Roadmap machbare und überschaubare Umsetzungsschritte identifiziert werden.

Wichtig

Jeder Umsetzungsschritt muss in einem vernünftigen zeitlichen Rahmen machbar sein. Hierzu müssen Sie eine grobe Lösungskonzeption und eine Maßnahmenplanung inklusive grober Zeit- und Kostenabschätzung erstellen. Der Aufwand hierfür ist sehr groß, wie im Folgenden erläutert wird.

Häufig wird daher in der Praxis auf die Erstellung einer detaillierten Roadmap mit einer hinreichenden Zeit- und Kostenabschätzung verzichtet und lediglich eine grobe Planung erstellt. Oft reichen Größenordnungen von Aufwänden und Zeiträumen oder grobe Risikobewertungen aus. Aber auch hierfür können Sie das im Folgenden skizzierte Vorgehen heranziehen. Sie reduzieren nur die Anzahl der Iterationen.

Die Gestaltung der Roadmap erfolgt auch in einem iterativen Prozess aus Analyse und Gestaltung (siehe Bild 5.69). Erster Analyseschritt ist der Abgleich zwischen der aktuellen und der empfohlenen oder bereits verabschiedeten Soll-IS-Bebauung. So werden die Deltas ersichtlich. Voraussetzung dafür ist jedoch, dass man einen gemeinsamen fachlichen Bezugsrahmen für die aktuelle und die Soll-IS-Bebauung verwendet.

Wichtig

Das „Koordinatensystem" für die Verortung der Informationssysteme und Schnittstellen muss gleich sein, um einen Abgleich durchführen zu können. Falls Unterschiede vorhanden sind, müssen Sie die fachliche Soll-Bebauung als Bezugsrahmen verwenden. Nur dann werden Deltas zwischen der aktuellen und der Soll-IS-Bebauung identifizierbar.

Eine eingehende Analyse ist erforderlich, um alle Deltas und deren Business-Auswirkungen zu erkennen. Die Deltas werden zu Handlungsschwerpunkten gebündelt. Auf dieser Basis können dann Maßnahmen für die Handlungsschwerpunkte ermittelt (gestaltet) werden. Die Maßnahmen werden dann analysiert und nach vorab festgelegten Kriterien bewertet und gegebenenfalls aussortiert. Wesentlich ist hierbei insbesondere auch die Analyse nach Abhängigkeiten und Auswirkungen der Maßnahmen, da diese die Möglichkeiten für die Bündelung einschränken.

Wichtig

Die Handlungsschwerpunkte helfen, die potenziell große Anzahl möglicher Maßnahmen zu managen.

Für die Analyse der Maßnahmen und Planungsszenarien können erneut die Standard-Analysemuster zur Aufdeckung von Handlungsbedarf und Optimierungspotenzial sowie Abhängigkeiten und Auswirkungen herangezogen werden. Diese sind in Bild 5.69 neben dem Hinweis auf die Analysemuster durch deren Kategorien „R", „I", „O", „F" und „T" dargestellt. Siehe hierzu Abschnitt 5.3.

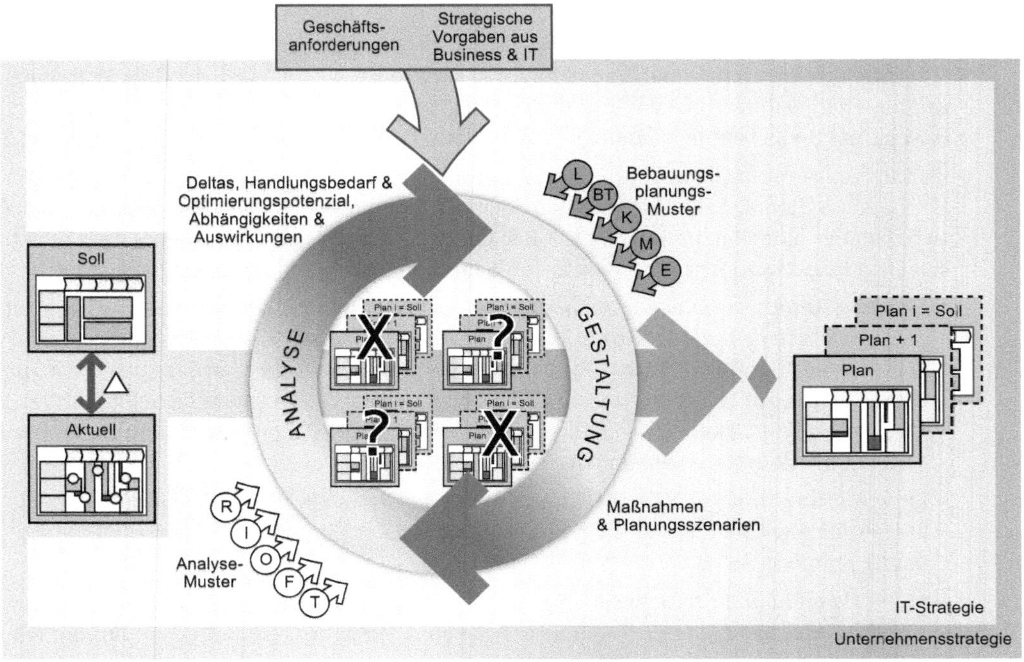

Bild 5.69 Prozess zur Gestaltung der Roadmap

Die Bewertung erfolgt in der Regel zumindest bezüglich folgender Aspekte:

- **Strategisches Alignment**
  Welchen Strategiebeitrag haben die Lösungsideen und Planungsszenarien (Strategiekonformität, Strategiefit)?
  Wie standardkonform sind die Lösungsideen und Planungsszenarien?
- **Business Alignment**
  Welchen Wertbeitrag haben die Lösungsideen und Planungsszenarien?
  Wie groß ist der Abdeckungsgrad der Geschäftsanforderungen?
- **Kosten- und Nutzenanalyse**
  Welche Gesamtkosten stehen welchem Nutzen gegenüber?
  Wo sind Kosten verborgen? Welche Altlasten sind aufzuräumen? Sind Umgehungslösungen, Umarbeiten oder Ersatzleistungen notwendig?
- **Technischer Zustand**
  Ist ein zuverlässiger und sicherer Geschäftsbetrieb sichergestellt?
  Wie sieht der technische Gesundheitszustand aus?
- **Risiken**
  Welche Risiken bestehen aktuell und welche Risiken bestehen bei der Umsetzung der Lösungsidee oder dem Planungsszenario?
- **Abhängigkeiten und Auswirkungen**
  Sind Lösungsideen oder Planungsszenarien miteinander kompatibel?
  Gibt es Konflikte oder Seiteneffekte durch die Lösungsideen oder Planungsszenarien?

Die Ableitung der Roadmap umfasst im Wesentlichen die Identifikation und Bündelung von Maßnahmen bis hin zu Umsetzungsszenarien. Durch die Bewertung der alternativen Umsetzungsszenarien kann eine Empfehlung für die zukünftige Plan-IS-Bebauung abgegeben werden. Hierbei unterstützen wiederum Planungsmuster. Diese sind in Bild 5.69 neben dem Hinweis auf die Bebauungsplanungsmuster durch die Kategorien „M“ und „E“ angedeutet.

Planungsmuster sind bewährte und verallgemeinerte Schablonen für die Ableitung von Maßnahmen, Handlungsschwerpunkten oder Planungsszenarien zum Schließen der Lücke zwischen der aktuellen und der Soll-IS-Bebauung in einem gewissen Anwendungskontext. Folgende Planungsmuster wurden aus der Erfahrung von vielen Projekten konsolidiert:

- **M:** *Identifikation der Handlungsschwerpunkte, Ableitung von Maßnahmen und Bündelung von Maßnahmen zu Planungsszenarien.* In dieser Kategorie finden Sie Muster zum Abgleich der aktuellen und der Soll-IS-Bebauung über einen gemeinsamen fachlichen Bezugsrahmen, zur Delta-Analyse, zur Identifikation von Handlungsschwerpunkten und Maßnahmen sowie zur Analyse von Auswirkungen und Abhängigkeiten von Maßnahmen und Planungsszenarien sowie Bündelung von Maßnahmen.
- **E:** *Einführungsstrategie bei der Ablösung von Kernsystemen* In dieser Kategorie finden Sie Muster für die Ableitung der Plan-IS-Bebauung bei der Einführungsstrategie „Big Bang“ und „Evolution“.
  - *„Big Bang“-Einführungsstrategie:* Bei der „Big Bang“-Einführungsstrategie werden neue Soll-Informationssysteme in einem Schritt im Allgemeinen einhergehend mit der Ablösung von Kernsystemen eingeführt. D. h., es findet eine umfangreiche Erneuerung ohne Zwischenschritte statt.

    Inhaltlich beinhaltet die Einführung häufig größere zusammenhängende Bereiche der Soll-IS-Bebauung wie z. B. ein gesamtes fachliches Cluster.

    Für die Durchführung ist ein großes, gleichzeitig aber stark auf die Einführung fokussiertes Softwareentwicklungsprojekt oder Standardsoftware-Einführungsprojekt erforderlich (abhängig von der Gestaltungsstrategie „Make-or-Buy“), um die große Komplexität in den Griff zu bekommen.

    Bewertung: Der „Big Bang“-Ansatz weist zwar eine hohe Komplexität und insofern ein hohes Risiko auf. Eine gesamthafte Veränderung ist jedoch so am schnellsten möglich. Die Projektdauer ist aber häufig sehr groß, was die Wahrscheinlichkeit von veränderten Rahmenbedingungen oder Geschäftsanforderungen während der Projektlaufzeit erhöht. Der Erfolg einer „Big Bang“-Einführung hängt vom Verstehen und Managen der inhaltlichen Komplexität der Vorhaben sowie der Belastbarkeit der Organisation ab.
  - *„Evolutionäre“ Einführungsstrategie:* Bei der schrittweisen Ablösung eines Kernsystems bzw. Einführung von Soll-Systemen durch Individualsoftware oder durch eine komponentenbasierte Standardsoftware[1] werden das Kernsystem und die Soll-Systeme entsprechend der vorgegebenen Soll-IS-Bebauung in funktionale Blöcke zerlegt. Die Herauslösung bzw. Entwicklung der funktionalen Blöcke wird auf verschiedene machbare und überschaubare Umsetzungsstufen verteilt. Bei den ersten Stufen konzentriert man sich häufig auf großen Handlungsbedarf oder aber Bereiche mit einem großen Wertbeitrag (Kriterien Dringlichkeit und Wichtigkeit).

[1] Bei der Einführung von Standardsoftware ist häufig ein evolutionärer Ansatz nicht machbar, da der Integrationsgrad der Standardsoftwarekomponenten oft zu hoch ist.

Bewertung: Aufgrund der schrittweisen Umsetzung von handhabbaren Teilen sind die Umsetzungsdauer und die Umsetzungsrisiken für jeden Schritt überschaubar. Geänderte Rahmenbedingungen können spätestens im nächsten Umsetzungsschritt berücksichtigt werden. Die einzelnen Umsetzungsschritte sollten nicht länger als ein Jahr dauern.

Hierbei können jedoch sehr aufwendige Übergangslösungen notwendig werden. Dies muss in der Gesamtbewertung berücksichtigt werden.

Wichtig

Jedes Planungsmuster liefert lediglich Vorschläge für Maßnahmen, Handlungsschwerpunkte und Ausschnitte der Plan-IS-Bebauung. Sie müssen entscheiden, welche Vorschläge Sie annehmen und welche nicht.

Die Sammlung von Mustern aus dem Download-Anhang C kann als Input für die unternehmensspezifische Gestaltung der Plan-IS-Bebauung verwendet werden. ■

Wichtig

Ziel der strategischen Planung der IT-Landschaft ist es, die IT an den Unternehmenszielen und geschäftlichen Erfordernissen auszurichten und auf den ständigen Wandel des Unternehmens und des Marktumfelds vorzubereiten. EAM stellt die für die strategische IT-Planung relevanten Informationen zeitnah und zielgruppengerecht bereit und hilft, Planungsszenarien zu entwickeln, zu analysieren und zu bewerten. Die Strukturen („Denkmodell") der Unternehmensarchitektur und die Analyse- und Gestaltungshilfen schaffen ein inhaltliches Fundament für die strategische IT-Planung. Schnell und fundiert gelangen Sie zu Ihrer Soll-Landschaft und der Roadmap für die Umsetzung.

Weitere Informationen finden Sie hierzu in den Einsatzszenarien in Kapitel 4. Die Schritt-für-Schritt-Anleitung für die IS-Bebauungsplanung finden Sie im nächsten Abschnitt. ■

5.5.3 Leitfaden für die IS-Bebauungsplanung

Die IS-Bebauungsplanung ist eine komplexe Gestaltungsaktivität. Im Folgenden finden Sie einen Leitfaden, wie Sie diesen Prozess systematisch und nachvollziehbar durchführen können. Die einzelnen Schritte werden in Bild 5.70 dargestellt.

Die Schritte IV bis VIII werden iterativ durchgeführt, bis die Soll-IS-Bebauung und die Roadmap zur Umsetzung so gestaltet sind, dass sie einem Entscheidergremium vorgelegt werden können. Gegebenenfalls können auch alternative Planungsszenarien mit einer Empfehlung vorgelegt werden.

Die Schritte in Bild 5.70 werden im Folgenden im Detail erläutert.

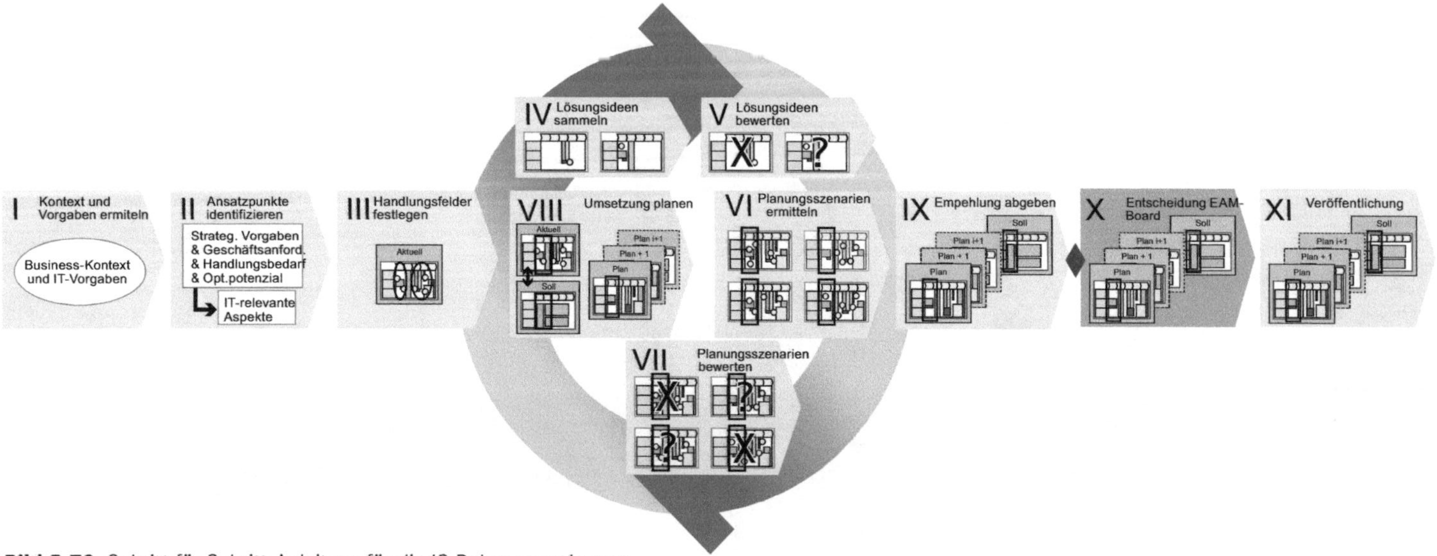

Bild 5.70 Schritt-für-Schritt-Anleitung für die IS-Bebauungsplanung

I. Kontext und Vorgaben ermitteln

1. **Dokumentieren Sie den Business-Kontext.**
   a) **Sammeln und dokumentieren Sie die Unternehmensziele, die Geschäftsanforderungen und die „Pains".** Dies sind die Triebfedern für die IS-Bebauungsplanung, da die Soll-Bebauung sie zufriedenstellend lösen muss. Dokumentieren Sie insbesondere auch die Rahmenbedingungen, die über die Gesetzgebung oder aber vom Unternehmen gesetzt sind.
   b) **Schreiben Sie den fachlichen Bezugsrahmen fest, da dieser der fachliche Ordnungsrahmen für die Neugestaltung ist.** Falls noch keiner festgelegt ist, legen Sie ihn zumindest für den Ausschnitt der IS-Bebauungsplanung fest. Siehe hierzu Einsatzszenario „Strategische Planung der IS-Landschaft" in Kapitel 4.
2. **Benennen Sie die strategischen IT-Vorgaben.** Dies sind insbesondere die IT-Ziele, die Strategien und Prinzipien sowie der technische Bezugsrahmen (technische Vorgaben wie z. B. eine Integrationsarchitektur für eine Kategorie von Informationssystemen). Hilfestellungen für die Dokumentation finden Sie in [Han14].

   Sammeln Sie daneben die aktuellen „Pains" in der IT.

> **Wichtig**
>
> Die strategischen IT-Vorgaben können sich bei den verschiedenen fachlichen und technischen Domänen durchaus unterscheiden. So können z. B. für die IT-Unterstützung der wettbewerbsdifferenzierenden Geschäftsprozesse Individuallösungen und für die anderen Prozesse Kaufsoftware als Vorgabe gesetzt werden. ■

Der fachliche und technische Bezugsrahmen sowie die Strategien und Prinzipien geben die Leitplanken für die Gestaltung vor. Die Ziele, Geschäftsanforderungen und „Pains" in Business und IT müssen über die Soll-IS-Bebauung umgesetzt werden.

II. Ansatzpunkte identifizieren

1. **Ermitteln Sie aktuellen Handlungsbedarf und das Optimierungspotenzial durch die Analyse der aktuellen Bebauung.** Ermitteln Sie Redundanzen, Inkonsistenzen, Abdeckungslücken, Standardisierungsbedarf und weitere Ansatzpunkte, um die Landschaft am Geschäft auszurichten, bekannte „Pains" zu beseitigen und die IT vorzubereiten und strategisch auszurichten. Nutzen Sie hierzu die Analysemuster aus Abschnitt 5.3.

   In Bild 5.71 finden Sie ein Beispiel für ein Analyseergebnis, dargestellt in einer Bebauungsplangrafik. Es bestehen verschiedene Handlungsbedarfe und Optimierungspotenziale, die im Rahmen der IS-Bebauungsplanung berücksichtigt werden müssen.

   Falls Daten fehlen oder die Datenqualität und -aktualität nicht ausreichen, ermitteln Sie diese.

   Die fachlichen und technischen Vorgaben, Geschäftsanforderungen, „Pains" (siehe Schritt I) und der über die Analyse der Gesamtbebauung ermittelte Handlungsbedarf und das Optimierungspotenzial bilden die Anforderungen an die IT.

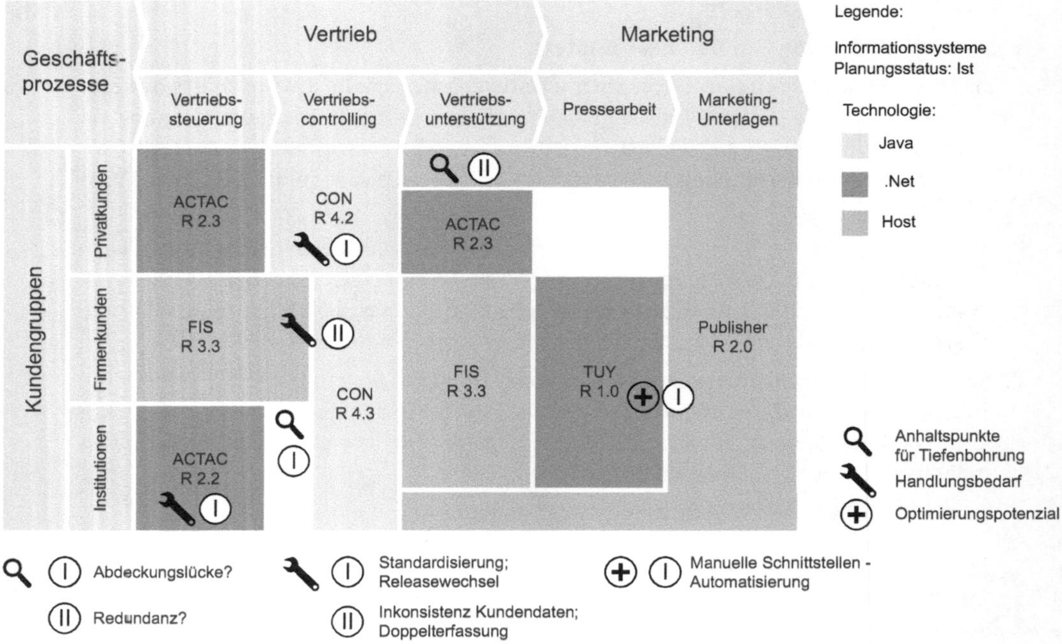

Bild 5.71 Analyse von Handlungsbedarf und Optimierungspotenzial in der Ist-Bebauung

2. **Leiten Sie aus den Anforderungen an die IT IT-relevante Aspekte ab und dokumentieren Sie diese.** Brechen Sie die Anforderungen an die IT hierzu entlang der Unternehmensarchitektur in IT-relevante Aspekte herunter, bis die Aspekte für die Bebauungsplanung greifbar sind. Dies wollen wir an einem Beispiel verdeutlichen.

   Nehmen wir an, wir verfolgen das Unternehmensziel, die Entwicklungszeiten für ein neues Produkt zu reduzieren. Ein Weg dafür kann sein, entlang der fachlichen Bebauung die verschiedenen Geschäftsprozesse zu betrachten, die im Kontext der Produktentwicklung stehen, um dort nach IT-relevanten Aspekten zu suchen. Betroffen können z. B. die Geschäftsprozesse Produktentwicklung, Produkttest und Serienanlauf sein. Diese Geschäftsprozesse können dann weiter nach entwicklungszeitenrelevanten Aspekten analysiert werden. Hier könnten das Produktdatenmanagement, die Integration mit Entwicklungspartnern oder aber die Integration mit den Produktionssystemen Ansatzpunkte für die Reduktion der Entwicklungszeiten für ein neues Produkt sein.

   Das Herunterbrechen auf die IT-relevanten Aspekte sowie die Analyse der bestehenden Bebauung in Bezug auf diese Aspekte erfordern sowohl ein ausreichendes fachliches Überblickswissen als auch insbesondere methodische Skills in der Bebauungsplanung.

Empfehlung

Brechen Sie die Anforderungen an die IT entlang der in Ihrem Kontext relevanten Bebauungselemente systematisch herunter. Gehen Sie hierzu über alle relevanten Bebauungselementtypen und hinterfragen Sie, ob der Aspekt für Elemente dieser Kategorie weiter zu untersuchen ist. So können Sie die IT-relevanten Aspekte nachvollziehbar ableiten. ■

III. Handlungsfelder festlegen

Analysieren Sie die Gesamtbebauung bzgl. der identifizierten IT-relevanten Aspekte. Fassen Sie fachlich oder technisch zusammengehörige IT-relevante Aspekte zu Handlungsfeldern zusammen. Dies sind die Handlungsfelder, für die Sie Lösungen finden müssen.

Im Beispiel von oben könnten z. B. Produktdatenmanagement, die Integration mit Entwicklungspartnern oder aber die Integration mit den Produktionssystemen mögliche Handlungsfelder sein.

IV. Sammeln Sie Lösungsideen für die Handlungsfelder

Diskutieren Sie die IT-relevanten Aspekte für jedes Handlungsfeld mit den jeweiligen Experten. Dokumentieren Sie die Ideen für die Lösung. Nutzen Sie zudem die Gestaltungsmuster der Kategorie „L - Lösungsideen" (siehe Download-Anhang), um Lösungsideen für die IT-relevanten Aspekte zu ermitteln.

Beispiel: Für den „Pain"-Punkt „Vermeidung der Doppelerfassung von Kundendaten" können verschiedene Lösungsideen wie z. B. „Stammdaten-Hub" oder „Klare Masterschaft und Synchronisierung" identifiziert werden.

V. Lösungsideen bewerten

Analysieren und bewerten Sie die Lösungsideen pro Handlungsfeld für alle Handlungsfelder. Sortieren Sie die nicht passenden Lösungsideen aus. Dokumentieren Sie Ihre Entwurfsentscheidungen.

Nutzen Sie die Analysemuster in Abschnitt 5.3 für die Analyse der Lösungsideen. Ermitteln Sie im Rahmen der Analyse insbesondere die Abhängigkeiten und Auswirkungen der Lösungsideen und überprüfen Sie, ob die durch die Unternehmensstrategie und Geschäftsanforderungen gesetzten Rahmenbedingungen eingehalten werden.

Bewertungskriterien für die Lösungsideen sind zudem z. B. der Abdeckungsgrad der Geschäftsanforderungen, ihre Strategiekonformität („Strategiefit"), Standardkonformität, ihr Umsetzungsrisiko und ihre Kosten sowie Nutzen und weitere unternehmensspezifisch festgelegte Kriterien z. B. aus der Projektportfoliobewertung oder dem IS-Portfoliomanagement (siehe entsprechende Einsatzszenarien in Kapitel 4).

VI. Planungsszenarien ermitteln

Bündeln Sie die Lösungsideen für die Handlungsfelder zu gesamthaften Planungsszenarien, die die IT-Unterstützung für den zu gestaltenden Ausschnitt (ein oder mehrere Handlungsfelder) vollständig abdecken, unter Berücksichtigung des festgelegten technischen Bezugsrahmens und der ermittelten Abhängigkeiten. Ergebnis sind gegebenenfalls alternative Planungsszenarien für die Soll-IS-Bebauung.

Nutzen Sie für die Identifikation von Planungsszenarien Gestaltungsmuster (siehe Abschnitt 5.3).

VII. Planungsszenarien bewerten

Analysieren Sie die Planungsszenarien. Nutzen Sie für die Analyse die Analysemuster (siehe Abschnitt 5.3). Identifizieren Sie insbesondere auch Abhängigkeiten und Auswirkungen der Planungsszenarien. Überprüfen Sie, ob die durch die Unternehmensstrategie und Geschäftsanforderungen gesetzten Rahmenbedingungen eingehalten werden.

Bewerten Sie die Planungsszenarien. Bewertungskriterien sind z. B. der Abdeckungsgrad der Geschäftsanforderungen, ihre Strategiekonformität („Strategiefit"), Standardkonformität, ihr Umsetzungsrisiko und ihre Kosten sowie Nutzen. In Tabelle 5.1 finden Sie ein Beispiel für eine Bewertung. Neben einer Tabelle eignen sich auch Portfolios für die Darstellung der Bewertung der alternativen Planungsszenarien. In Bild 5.72 finden Sie ein Beispiel für ein Portfolio mit zwölf Planungsszenarien, die entsprechend ihrem Umsetzungsrisiko und Kosten/Nutzen klassifiziert sind.

Tabelle 5.1 Beispiel für eine Bewertung alternativer Planungsszenarien

	Planungsszenario I	Planungsszenario II	...
Geschäftsanforderung 1			
IT-relevanter Aspekt 1.1	8 (von 10)	nicht erfüllt	
IT-relevanter Aspekt 1.2	7 (von 12)	9 (von 12)	
...			
Geschäftsanforderung 2			
IT-relevanter Aspekt 2.1	10 (von 14)	10 (von 14)	
IT-relevanter Aspekt 2.2	nicht erfüllt	10 (von 12)	
...			
...			
Abdeckungsgrad der Geschäftsanforderungen (gewichtetes Rating)	82 %	88 %	
Strategiefit			
▪ Prinzip 1	hoch	niedrig	
▪ Prinzip 2	mittel	hoch	
▪ ...			
▪ Technische Anforderung 1	mittel	hoch	
▪ ...			
Strategiekonformität	mittel	mittel	
Risikobewertung	risiko-avers	risiko-affin	
Kosten	300 T - 500 T	200 T - 300 T	
Nutzen	200 T/Jahr	150 T/Jahr	

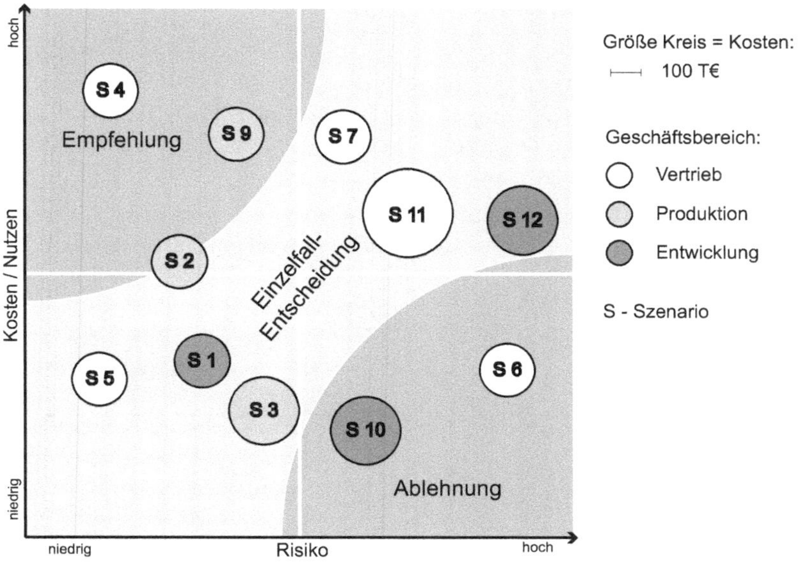

Bild 5.72 Beispiel für ein Szenarien-Portfolio

Einige Planungsszenarien werden so gegebenenfalls verworfen. Dokumentieren Sie Ihre Entwurfsentscheidungen. Die verbleibenden Planungsszenarien werden immer weiter konkretisiert, bis sie die IT-Unterstützung für den zu gestaltenden Ausschnitt vollständig abdecken.

Empfehlung

Führen Sie keine Alibibewertung durch. Wenn Sie z. B. bei einem Planungsszenario keine konkrete Aussage bezüglich des Abdeckungsgrads der Geschäftsanforderungen machen können, sollten Sie auf die Bewertung verzichten, um das Ergebnis nicht zu verfälschen.

Für die Bewertung der Risiken reicht häufig eine grobe Einschätzung des Risikoverhaltens aus (risiko-affin bzw. risiko-avers). Gleiches gilt auch für die meisten der anderen Aspekte.

Stellen Sie der Ist-Situation die alternativen Planungsszenarien gegenüber. Die Planungsszenarien müssen „besser“ als die Ist-Situation sein. ■

VIII. Umsetzung planen (Erstellen einer Roadmap)

Für die resultierenden, gegebenenfalls alternativen Planungsszenarien muss zumindest eine grobe Umsetzungsplanung erstellt werden, bevor sie zusammen mit einer Empfehlung einem Entscheidungsgremium, z. B. dem EAM-Board (siehe Abschnitt 5.9), vorgelegt werden können. Nur so lassen sich Umsetzbarkeit, Dauer, Risiken und Kosten der Planungsszenarien grob bewerten.

Hierzu ist eine Reihe von Teilschritten erforderlich:

1. **Ermitteln Sie die Deltas durch Abgleich zwischen der aktuellen Bebauung mit den gegebenenfalls alternativen Planungsszenarien für die Soll-IS-Bebauung.** Über die fachliche Zerlegung anhand des funktionalen Referenzmodells und der Überlagerung von Ist und Soll werden Deltas offensichtlich. Nutzen Sie hierzu das Planungsmuster Delta-Analyse aus dem Download-Anhang C.

   Ein Beispiel für Deltas finden Sie in Bild 5.73. In jeder Zeile werden ein Delta mit seinen erkennbaren Unterschieden in den verschiedenen Bebauungen sowie seine Business-Auswirkung beschrieben.

		Bebauung				Business-Auswirkungen	Handlungs-schwerpunkte
		Fachlich	IS	Technisch	Betriebs-infrastruktur		
D1	Auftrags-abwicklungs-system	Automatisierung der fachlichen Funktionen in der Auftrags-abwicklung	Neues Auftrags-abwicklungs-system und Schnittstelle zum Partnersystem	-	-	Effizienzsteigerung durch Beseitigung von manuellen Arbeitsschritten Konsolidierte Kundenstammdaten	Stammdaten-management für Kunden-Daten Einführung eines Auftrags-abwicklungssystems
D2	CRM	Veränderung der CRM-Funktionalität und Geschäfts-prozessen sowie Geschäftsdaten	Veränderungen am CRM-System ACTAC Wegfall des Systems FIS	-	Erweiterte CRM-Betriebsinfra struktur	Verbesserte Kundenintegration, d.h. insbesondere geringere Qualitätsprobleme Vereinheitlichte Produktstammdaten	Stammdaten-management - Produkte Aufbau einer CRM-Infrastruktur
...	...						

Bild 5.73 Beispiel für Deltas in der IS-Bebauung

   Deltas können z. B. durch Lücken in der aktuellen Bebauung, Ersatz und/oder Veränderung von Bestandteilen sowie aus Bereinigungsbedarf entstehen.

   Für die Durchführung der Delta-Analyse ist ggf. eine Detaillierung der aktuellen und der Soll-IS-Bebauung erforderlich. Hierzu sind die aktuelle und die Soll-IS-Bebauung entsprechend der fachlichen Soll-Bebauung weiter zu zerlegen und die Geschäftsobjekte und Schnittstellen entsprechend zuzuordnen. Im Rahmen der Detaillierung werden potenzielle Handlungsbedarfe zur Verfeinerung bzw. Veränderung der Soll-IS-Bebauung leichter identifiziert.

2. **Ermitteln Sie aus den Deltas Handlungsschwerpunkte.** Die Zahl der Handlungsschwerpunkte sollte nicht größer als zehn sein.

   In Bild 5.73 finden Sie die identifizierten Handlungsschwerpunkte in der rechten Spalte.

3. **Ermitteln Sie mögliche Maßnahmen zum Schließen der Lücken** und bestimmen Sie die Dringlichkeit der Maßnahmen durch den Abgleich mit dem operativen Bedarf. Bestimmen Sie die inhaltlichen und zeitlichen Abhängigkeiten zwischen den Maßnahmen.

   Ein Beispiel für eine Maßnahmenliste finden Sie in Bild 5.74. Für jede Maßnahme werden neben dem Handlungsschwerpunkt der Beitrag zur Umsetzung der Geschäftsanforderungen sowie ihre Abhängigkeit untereinander angegeben.

	Zuordnung von Handlungsschwerpunkten						Abdeckung Geschäfts-anforderungen						Abhängigkeiten zwischen Maßnahmen								
	H I	H II	H III	H IV	H V	...	BA I	BA II	BA III	BA IV	BA V	...	M1	M2	M3	M4	M5	M6	M7	M8	...
M1		✓			✓		✓	✓					☒	☒							
M2			✓	✓			✓		✓	✓			☒		☒	☒		☒	☒		
M3		✓			✓			✓			✓			☒			☒			☒	
M4	✓			✓			✓		✓	✓			☒		☒	☒		☒	☒		
M5			✓	✓			✓	✓	✓	✓			☒	☒	☒	☒	☒	☒	☒		
M6								✓						☒			☒				
M7	✓				✓						✓		☒							☒	
M8		✓						✓						☒			☒				
...																					

✓ vollständige Abdeckung
✓ überwiegende Abdeckung
✓ nur geringfügige Abdeckung

Bild 5.74 Beispiel für eine Maßnahmenliste

	Bewertung der Maßnahmen								
	Risiko	Strategie-fit	Bebauungs-fit	Kosten einmalig	Kosten jährlich	Nutzen monetär	Nutzen qualitativ	Dringlich-keit	Wichtig-keit
M1	gering	70%	100%	10T	5T/J	100T/J	gering	hoch	gering
M2	hoch	30%	30%	70T	20T/J	20T/J	mittel	hoch	hoch
M3	mittel	50%	50%	50T	20T/J	75T/J	hoch	mittel	mittel
M4	hoch	70%	20%	200T	30T/J	60T/J	gering	gering	hoch
M5	gering	30%	90%	120T	50T/J	150T/J	hoch	hoch	gering
M6	hoch	50%	20%	400T	50T/J	200T/J	mittel	mittel	hoch
M7	mittel	20%	30%	250T	25T/J	125T/J	gering	gering	mittel
M8	gering	90%	80%	100T/J	1T/J	10T/J	hoch	gering	gering
...									

Bild 5.75 Beispiel für eine Maßnahmenbewertung

Durch die Analyse der Maßnahmen im Hinblick auf Abhängigkeiten und Auswirkungen sowie Dringlichkeit werden Anhaltspunkte für die Priorisierung und Bündelung der Maßnahmen bzw. Maßnahmenbestandteile gegeben. Die Dringlichkeit der Maßnahmen leitet sich aus der Dringlichkeit des operativen und strategischen Handlungsbedarfs ab.

In Bild 5.75 finden Sie ein Beispiel für ein Bewertungsschema für Maßnahmen und Maßnahmenbündel.

4. **Bündeln Sie die Maßnahmen oder deren Bestandteile zu Maßnahmenbündeln und Planungsszenarien auf Basis der Ergebnisse der Analyse und Bewertung der Maßnahmen.** Unter Berücksichtigung der Abhängigkeiten und der Bewertung der Maßnahmen können alternative Maßnahmenbündel identifiziert werden: So können z. B. Maßnahmenbündel entsprechend Dringlichkeit und Wichtigkeit festgelegt werden. Hilfestellungen gibt Ihnen das Planungsmuster „Identifikation und Bündelung von Maßnahmen“ in Download-Anhang C.

5. **Bewerten Sie die Maßnahmenbündel und Planungsszenarien.** Die resultierenden Maßnahmenbündel bzw. Planungsszenarien müssen einer Bewertung und einer Abhängigkeitsanalyse unterzogen werden. So werden einige Maßnahmenbündel bzw. Planungsszenarien frühzeitig aussortiert.

Tabelle 5.2 Beispiel für eine Bewertung von Planungsszenarien

	Planungsszenario I bestehend aus M1, M3, M7 und M8	Planungsszenario II bestehend aus M2, M4 und M7	...
Geschäftsanforderung 1			
IT-relevanter Aspekt 1.1	M1, M7	nicht erfüllt	
IT-relevanter Aspekt 1.2	M8	M2	
...			
Geschäftsanforderung 2			
IT-relevanter Aspekt 2.1	M3, M7	M7	
IT-relevanter Aspekt 2.2	nicht erfüllt	M4	
...			
...			
Abdeckungsgrad der Geschäftsanforderungen	82 %	88 %	
Bebauungsplanfit	gut	schlecht	
Strategiekonformität	mittel	mittel	
Risikobewertung (Eintrittswahrscheinlichkeit pro Szenarium, Schwere* pro Risiko)			
Risiko 1 - Schwere I	10 %	-	
Risiko 2 - Schwere III	80 %	20 %	
...			
Umsetzungsrisiko	hoch	mittel	
Kosten	1. Jahr: 300 T - 500 T 2. Jahr: 400 T - 600 T	1. Jahr: 400 T - 600 T 2. Jahr: 100 T - 200 T 3. Jahr: 200 T - 400 T	
Umsetzungsdauer	2 Jahre	3 Jahre	
Nutzen	200 T/Jahr nach 1. Umsetzungsstufe	150 T/Jahr	

* Klassifikation: I niedrigster Schweregrad, II mittlerer Schweregrad, III höchster Schweregrad

In Tabelle 5.2 finden Sie ein Beispiel für ein Bewertungsschema für Planungsszenarien. Planungsszenarien sind im Gegensatz zu Maßnahmen und Maßnahmenbündeln vollständige, aber gegebenenfalls alternative Umsetzungsplanungen.

Wichtig

Bei der Bewertung des Planungsszenarios müssen die Umsetzbarkeit, die Kosten und der Nutzen eingeschätzt werden. Hier sind Bewertungen von Business und IT notwendig. Diese Bewertungen können über eine pragmatische Meinungsbildung beschafft werden. Hier besteht aber ein erhebliches Umsetzungsrisiko, da die Tragweite aufgrund der Komplexität nicht wirklich überblickt werden kann. Häufig ist deshalb für die Einschätzung der Machbarkeit in Business und IT ein grobes Lösungskonzept erforderlich. Hier müssen auch die verfügbaren Kompetenzen und Erfahrungen bewertet werden. Bei der Kostenbewertung müssen Umgehungslösungen und Umarbeiten berücksichtigt werden. Der Aufwand für die Erstellung ist nicht unbeträchtlich.

Wägen Sie für sich zwischen der verbleibenden Unsicherheit und den Aufwänden für die Absicherung ab. ■

IX. Empfehlung abgeben und X. Entscheidung EAM-Board

Formulieren Sie eine Empfehlung für ein Planungsszenario für die Soll-IS-Bebauung inklusive grober Umsetzungsplanung. Zeigen Sie nachvollziehbar, wie die Ziele, Geschäftsanforderungen und „Pains" unter Berücksichtigung der gesetzten Leitplanken umgesetzt werden.

Machen Sie, falls mehrere Planungsszenarien zur Auswahl stehen, eine Gegenüberstellung in Tabellenform oder als Portfolio (siehe Bild 5.72).

Erstellen Sie Projektvorschläge auf Basis der verabschiedeten Soll-IS-Bebauung und groben Umsetzungsplanung und steuern Sie diese ins Projektportfoliomanagement ein.

XI. Veröffentlichung

Dokumentieren und veröffentlichen Sie die neue Soll-IS-Bebauung und die Roadmap nach der Freigabe durch das Entscheidungsgremium. Nur durch Kommunikation wird sie zur Leitplanke für die strategische Weiterentwicklung der IS-Landschaft.

Wichtig

Last but not least: Die Planung sollte nicht zum Selbstzweck werden. Wägen Sie immer Aufwand und Nutzen gegeneinander ab.

Legen Sie vorab ein Bewertungsschema für Soll-Szenarien fest, um sicherzustellen, dass Ihre Ziele auch wirklich erfüllt werden. ■

Für die Ziel-Bild-Gestaltung werden digitale Plattformen, wie API-Management und Omnikanalfähigkeit immer wichtiger. Dies sind wesentliche Ergebnisse des Technologiemanagements.

5.6 Technologiemanagement

Wenn Du ein Schiff bauen willst, dann trommle nicht Männer zusammen, um Holz zu beschaffen, Aufgaben zu vergeben und die Arbeit einzuteilen, sondern lehre sie die Sehnsucht nach dem weiten, endlosen Meer.

Antoine de Saint-Exupéry

Im Technologiemanagement werden das Lösungsportfolio und die technischen Standards des Unternehmens festgelegt, kontinuierlich weiterentwickelt und dessen Verbauung gesteuert. So werden die Zukunftsfähigkeit und Tragfähigkeit der IT-Landschaft sichergestellt.

- Neue technologische Entwicklungen aus dem Technologie-Scouting werden auf ihre Einsetzbarkeit und Auswirkungen im Unternehmen beobachtet, evaluiert, bewertet und gegebenenfalls im Lösungsportfolio aufgenommen.
- Der Lebenszyklus der technischen Bausteine wird über das Lifecycle-Management von der Idee oder Einführung bis zum Ablösen hinweg geplant und überwacht. Technische Bausteine und deren Releases, die nicht mehr zukunftsfähig sind oder sich im Einsatz nicht bewährt haben, werden als „abzulösen" über den Lifecycle-Status im Blueprint gekennzeichnet und deren Ablösung wird geplant. So werden Zukunftsfähigkeit und Tragfähigkeit von technischen Bausteinen des Lösungsportfolios sichergestellt. Das Lifecycle-Management spielt eng mit der Bebauungsplanung beziehungsweise dem Informationssystem-Portfoliomanagement (kurz IS-Portfoliomanagement) zusammen und ist ein wesentlicher Bestandteil der Standardisierung und Homogenisierung.
- Die technischen Standards wie z. B. die „erlaubten" Technologien, Datenbanken, Middleware-Lösungen und Referenzarchitekturen sind ein wichtiger Input für das Management der IT-Landschaft und das Management der Betriebsinfrastruktur. Sie setzen Vorgaben für die technische Realisierung von Applikationen, Schnittstellen und Infrastrukturelemente, die insbesondere bei der Gestaltung der zukünftigen IT-Landschaft zu berücksichtigen sind.
- Das Solution Management, auch Lösungsarchitektur-Management genannt, erstellt für Projekte standardkonforme Lösungsarchitekturen unter Nutzung des Lösungsportfolios. Projekte können im Vorfeld durch z. B. High-level-Designs sowie Vorgaben unterstützt werden. Während der Projektabwicklung wird der Lösungsentwurf im Rahmen der Implementierung weiter detailliert und sichert so die Projektergebnisse ab.

Definitionen

Das **Technologiemanagement** umfasst alle Prozesse zur Planung und Steuerung der Bereitstellung und Nutzung des Lösungsportfolios, der technischen Standardisierung, des Lifecycle-Managements, Solution Management und des IT-Innovationsmanagements.

Die Flexibilität und Qualität werden durch adäquate Architekturen erhöht und die Kosten durch Standardisierung reduziert.

Im **Lifecycle-Management** (kurz LCM) wird der Lebenszyklus eines IT-Systems von der Idee oder Einführung bis zum Ablösen geplant. Das Lifecycle-Management spielt eng mit der Bebauungsplanung bzw. dem Informationssystem-Portfoliomanagement (kurz IS-Portfoliomanagement) zusammen und ist ein wesentlicher Bestandteil der Standardisierung und Homogenisierung. ■

Die technischen Standards sind Rahmenvorgaben (Leitplanken) für die Weiterentwicklung der IT-Landschaft. So kann die häufig blumenkohlförmig gewachsene heterogene IT-Landschaft schrittweise durch Projekte und Wartungsmaßnahmen in die Richtung der technischen Vision weiterentwickelt werden (siehe Bild 5.76). Durch angemessene, tragfähige und zukunftsfähige Standards wird die IT auf absehbare Business-Änderungen vorausschauend vorbereitet.

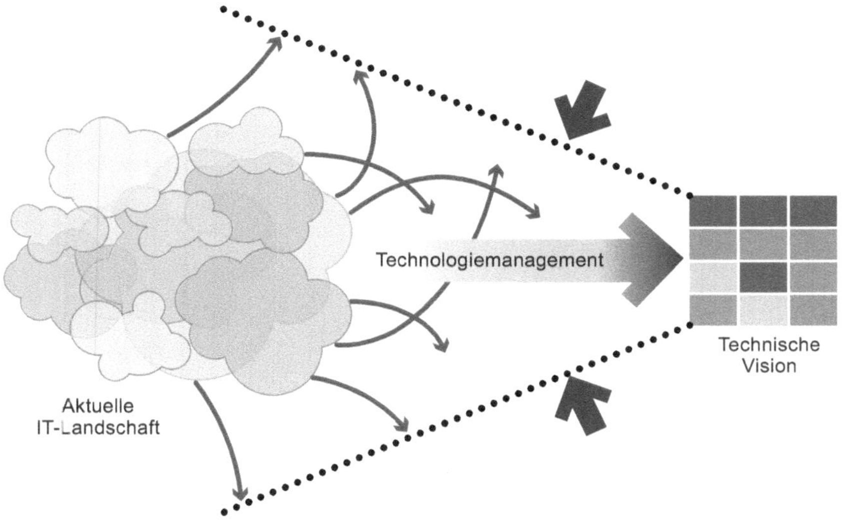

Bild 5.76 Technologiemanagement

Standardisierung kann auch auf Ebene von Applikationen, Schnittstellen, technischen Bausteinen und Infrastrukturelementen erfolgen. Auf der Ebene von Applikationen werden Redundanzen in der Unterstützung von Business Capabilities, Produkten oder Geschäftsprozessen beseitigt. Das API-Management übernimmt die Standardisierung von Schnittstellen.

Das Technologiemanagement verfolgt unterschiedliche Ziele. In Abhängigkeit von der digitalen Strategie und der strategischen Positionierung der IT im Gesamtunternehmen gibt es unterschiedliche Schwerpunkte für jedes Unternehmen:

- **Kostenreduktion im IT-Basisbetrieb:** Nachhaltige Kostenreduktion durch Nutzung von Skaleneffekten, einer zentralen Verhandlungsmacht im Einkauf, Know-how-Bündelung und Beseitigung von Redundanzen durch Standards erzielen
- **Hebung von technischen Einspar- und Qualitätssteigerungspotenzialen** durch Festlegen von technischen Standards und Überprüfen deren Einhaltung sowie Bereitstellen eines bewährten Lösungsportfolios und einfach nutzbare Plattformen

- **Beherrschung und/oder Reduktion der IT-Komplexität:** IT-Komplexität durch Steigerung der technischen Qualität beherrschen (wiederholte Verwendung von bewährten technischen Bausteinen) und Reduktion der Vielfalt durch u. a. Lifecycle-Management und technische Standardisierung
- **Optimierung des Tagesgeschäfts** durch Festlegen von technischen Standards und Überprüfen deren Einhaltung sowie Bereitstellen eines bewährten Lösungsportfolios und einfach nutzbare Plattformen
- **IT strategisch ausrichten:** Tragfähige und zukunftssichere Lösungen unter Berücksichtigung von reifen, nutzbaren Technologien für alle fachliche und technische Capabilities vorgeben
- **Beitrag zur Weiterentwicklung des Geschäfts:** Festlegung von Lösungsportfolio und insbesondere Plattformen, die Flexibilität fördern und Änderungen schneller durchführen lassen

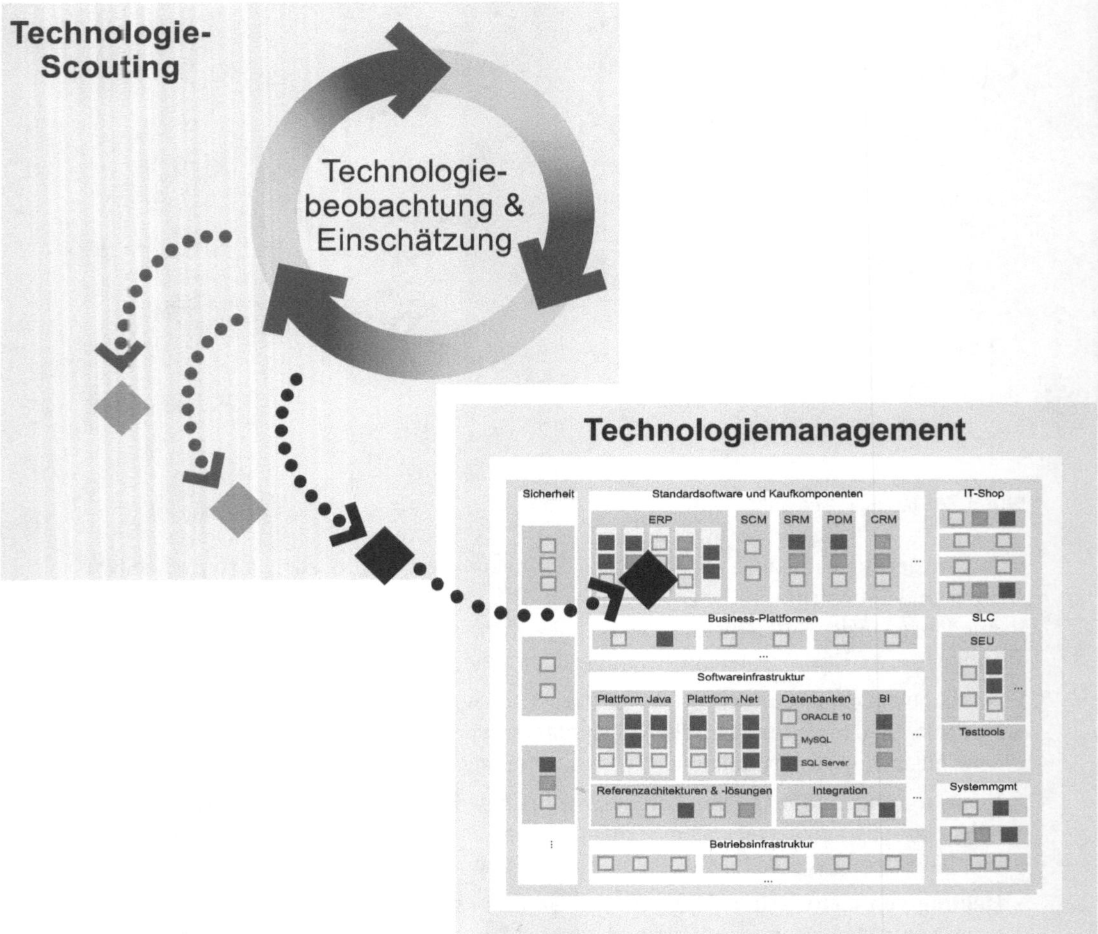

Bild 5.77 Technologie-Scouting und Technologiemanagement

Das Technologie-Scouting (siehe Bild 5.77) leistet einen wesentlichen Beitrag zur Identifizierung von wichtigen Trends sowie reifen und nutzbaren digitalen Technologien. Viele digitale Technologien haben bereits im Hype-Cycle das Tal der Enttäuschung durchschritten und können in Produkten und Dienstleistungen genutzt werden. So ermöglichen z. B. Social Media, 3D-Druck, VR/AR, Cloud-Computing, digitale Plattformen, Business Analytics und KI/Machine Learning und Hyper-Automation völlig neue Geschäftsmodelle.

Beim Technologie-Scouting kommt es insbesondere darauf an, alle wichtigen Trends und Technologien zu berücksichtigen und eine Einschätzung über deren Reife, Zukunftsfähigkeit und Einsetzbarkeit für das Unternehmen zu liefern. Dies ist ein wesentlicher Input für das Technologiemanagement sowie für das interdisziplinäre Innovationsmanagement.

Die Zukunftsfähigkeit von technischen Standards ist ein wesentlicher Aspekt bei der Weiterentwicklung des technischen Blueprints. Durch die frühzeitige, vorausschauende und kontinuierliche Beobachtung und richtige Einschätzung von technologischen Entwicklungen sowie des Lebenszyklus der verwendeten technischen Standards kann die Zukunftsfähigkeit abgesichert werden. So können z. B. technische digitale Plattformen oder die Omnikanalfähigkeit vorbereitet werden. Dadurch lassen sich auch der rasche technologische Wandel und die zunehmend kürzeren Lebenszyklen von IT-Produkten bewältigen.

Für jeden Standardisierungsbedarf, z. B. für Datenbanken, wird im technischen Blueprint, auch technisches Referenzmodell (TRM) genannt, eine Schublade, eine technische Domäne, vorgesehen. „Der Griff in die richtige Schublade" erleichtert das Auffinden der zum Problemkontext passenden technischen Bausteine.

! Wichtig ist die **Fähigkeit der Technologieadoption**. Dies ist die Fähigkeit, reife, nutzbare Technologien zu erkennen und schnell anforderungsgetrieben nutzbar zu machen. Hierzu müssen ein Trend-Scouting und ein professionelles Technologiemanagement etabliert werden.

Von besonderer Bedeutung sind aktuell folgende reife einsetzbare Technologien und Lösungsansätze:

- **BI/Business Analytics**, um den Mehrwert aus Daten zu heben, und
- **KI/Machine Learning**, da hierdurch erst neue Geschäftsmodelle und die Automatisierung ermöglicht werden.
- **Digitale Plattformen** wie Check24, Verivox, Amazon, Facebook, Integrations-, Handels- oder BI-Plattformen bilden mit ihrem Netzwerkeffekt einen neuen Ordnungsrahmen für die digitale Wirtschaft.
- **API-Management**: API-Management umfasst die Verteilung, Kontrolle und Analyse von APIs, mit denen Apps und Daten im gesamten Unternehmen und von Cloud zu Cloud verbunden werden. Damit können Organisationen, die APIs erstellen oder von Dritten nutzen, Aktivitäten überwachen und sicherstellen, dass alle Anforderungen der Entwickler und Anwendungen erfüllt werden, die diese APIs verwenden.
- **Automatisierung** spielt eine Schlüsselrolle in der Produktivitätssteigerung. Startpunkt ist häufig die robotergestützte Prozessautomatisierung (Robotic

Process Automation oder kurz RPA). Im nächsten Schritt rücken nun KI-gestützte Verfahren in den Mittelpunkt. So werden Software-Bots befähigt, auch mit unstrukturierten Daten zu interagieren. Dazu gehören vor allem Bilderkennung, Verarbeitung natürlicher Sprache (NLP), Machine Learning und dialogorientierte KI.

Automatisierung ist aber nicht gleich Automatisierung. In Bild 5.78 und Bild 5.79 sind unterschiedliche Aspekte der Digitalisierung aus IT-Sicht dargestellt. Dies reicht von der Teilautomatisierung von manuellen Abläufen bis zur Hyperautomation als Anwendung fortschrittlicher Technologien, wie Robot Process Automation (RPA), künstliche Intelligenz, maschinelles Lernen und Business Analytics.

Hyperautomation ist die Anwendung fortschrittlicher Technologien wie Robot Process Automation (RPA), künstliche Intelligenz, maschinelles Lernen und Business Analytics, um Mitarbeiter noch besser zu unterstützen und Prozesse „smart" und „intelligent" zu optimieren.

Jedes Unternehmen muss für sich entscheiden, welche der Aspekte für das Unternehmen in welchem Reifegrad relevant sind. In Bild 3.8 ist der Reifegrad der Automatisierung dargestellt. Schritt für Schritt kann der Reifegrad weiterentwickelt werden. Der Soll-Reifegrad muss entsprechend der jeweiligen Anforderungen individuell festgelegt werden.

Bezüglich Details zu diesen Technologien sei auf [Han18] verwiesen. ■

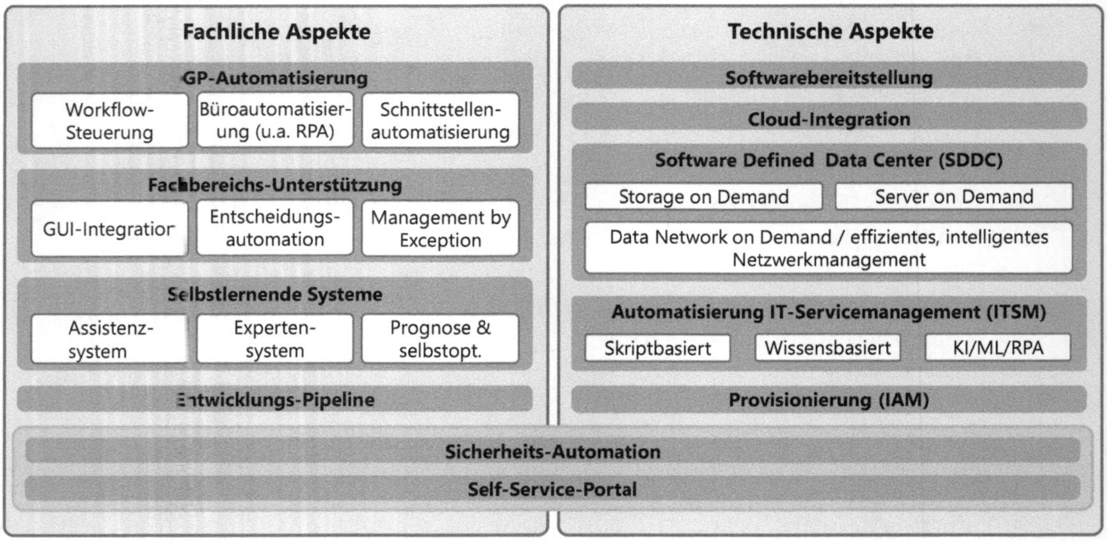

Bild 5.78 Aspekte der Automatisierung

Grafisch wird das technische Referenzmodell durch sogenannte „Cluster-Grafiken" visualisiert (siehe Abschnitt 2.4.2). In Bild 5.80 finden Sie ein Beispiel für einen unternehmensspezifischen Ordnungsrahmen.

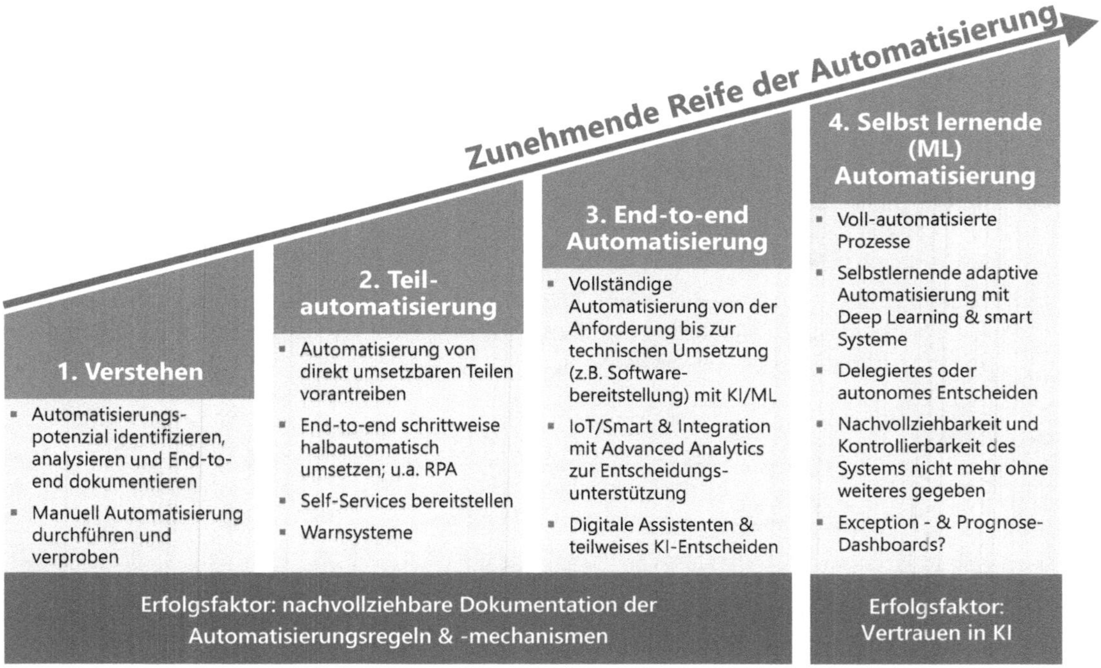

Bild 5.79 Automatisierungsreifegrad

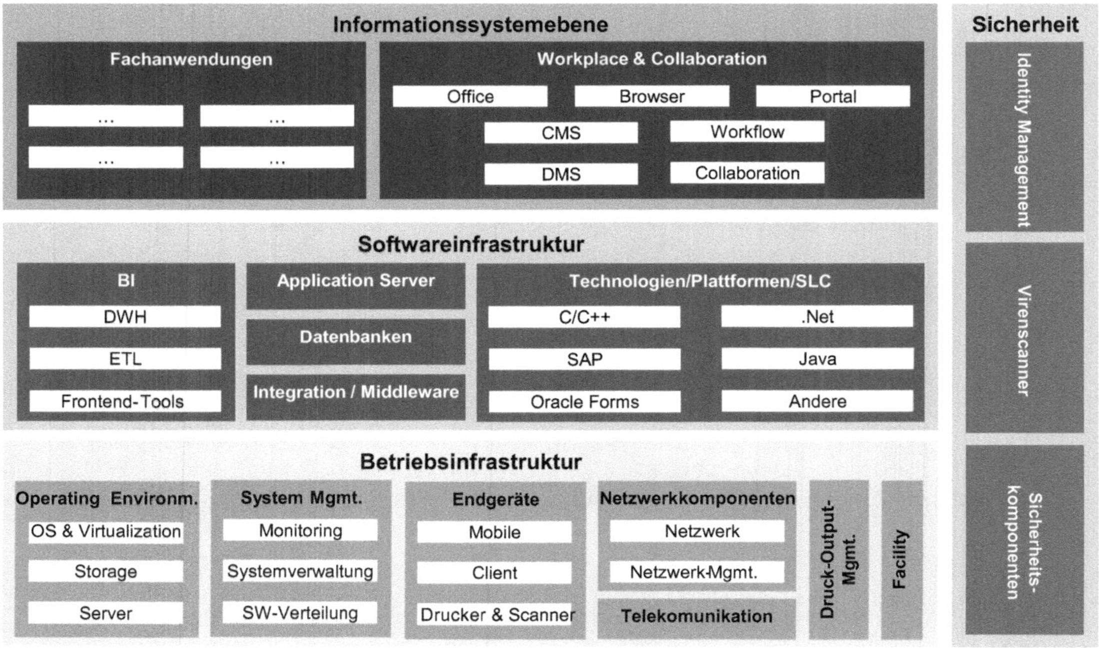

Bild 5.80 Beispiel technisches Referenzmodell

Das Technologiemanagement setzt letztendlich die für die Umsetzung der digitalen Strategie erforderlichen technischen Capabilities des Ziel-Bilds um. In einem Top-down-Ableitungsprozess werden die erforderlichen Lösungsbausteine, wie z. B. Integrationsplattform oder digitale Community-Plattform, sowie übergeordnete Architekturprinzipien, wie „Security by Design", festgelegt. Im Rahmen von Projekten können diese Lösungsbausteine dann mit Leben gefüllt werden. Die Entscheidung, welche Lösungsbausteine im Rahmen welches Projekts umgesetzt werden (Einsteuern in Projekte), erfolgt in der Regel im Projektportfoliomanagement (kurz PPM). Die Entscheidungen werden im Demand Management vorbereitet, wo EAM idealerweise eingebunden ist (siehe Bild 5.81).

In der technischen Soll-Bebauung werden die Lösungsbausteine des Lösungsportfolios mit u. a. Plattformen und Referenzarchitekturen verbaut. Schauen wir uns Referenzarchitekturen und die Lösungsbausteine etwas näher an.

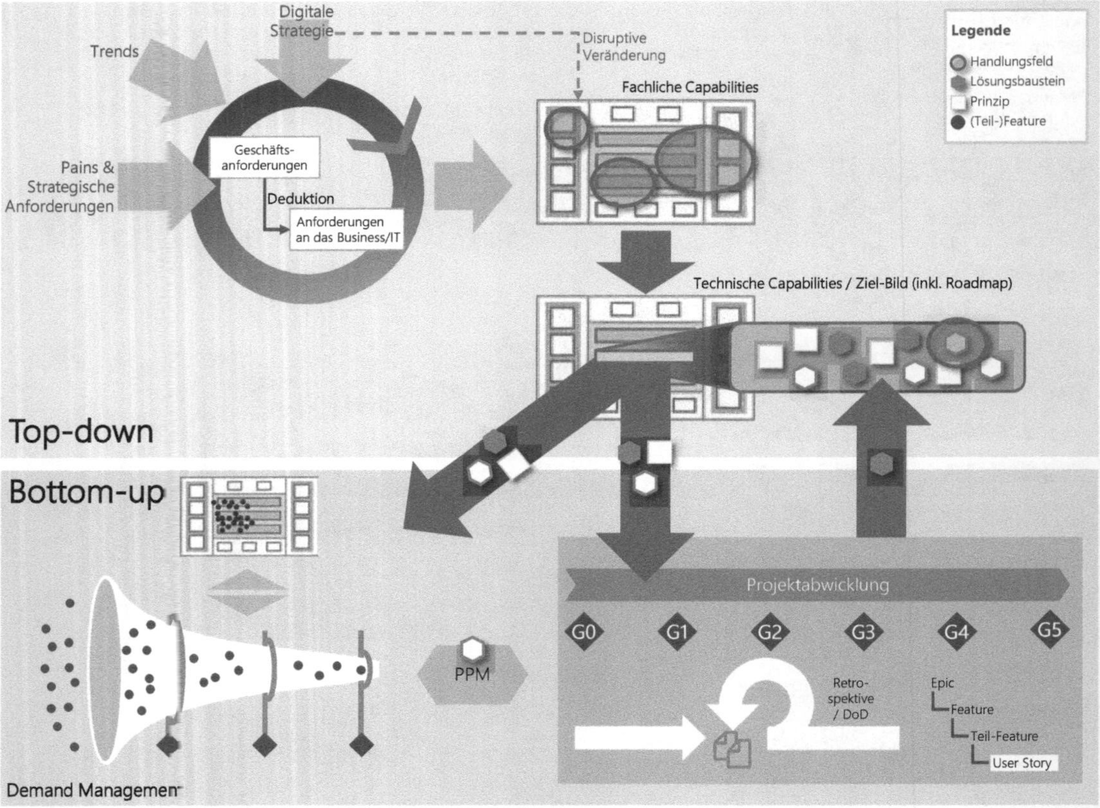

Bild 5.81 Zusammenspiel Technologiemanagement und Roadmapping

5.6.1 Referenzarchitekturen und Lösungsbausteine des Lösungsportfolios

Für die schnelle Bereitstellung von passgenauen und zukunftsfähigen IT-Lösungen ist ein auf die erforderlichen fachlichen und technischen Capabilities optimiertes Lösungsportfolio entscheidend. Bausteine des Lösungsportfolios können u. a. sein:

- Prinzipien als Leitplanken, falls noch kein Lösungsmuster oder Lösungsbaustein bereitsteht (siehe [Han18])
- Lösungsmuster, insbesondere Referenzarchitekturen, als Anleitung für die Entwicklung und Bereitstellung von Lösungen
- Tragfähige und flexible Lösungsmuster und Referenzarchitekturen geben Orientierung und gleichzeitig Leitplanken für die konkrete Gestaltung von Lösungen.
- Konkrete gekaufte oder individual entwickelte Lösungen oder Services, wie z. B. SAP oder selbstentwickelte Microservices
- Plattformen für fachliche oder technische Fähigkeiten wie z. B. Integrationsfähigkeit. Beispiele sind:
  - API-Management ist eine technische Fähigkeit und Grundlage für die horizontale und vertikale Vernetzung der zunehmend digitalen Welt.
  - Integrationsplattformen für die vertikale und interne Integration von IT-Systemen
  - IoT-Plattformen steuern den Datenaustausch zwischen Sensoren, Aktoren und Anwendungen und ermöglichen die intelligente Koordination sämtlicher Bestandteile einer vernetzten Gerätewelt.
- Tools für z. B. Softwareentwicklung oder IT-Betrieb
- Technologie-Stacks für technisch eng zusammenhängende Bausteine und Infrastrukturelemente, die für die Entwicklung, die Wartung oder den Betrieb eines oder mehrerer Informationssysteme erforderlich sind

Definition Referenzarchitektur und API-Management

Eine Referenzarchitektur ist eine musterhafte Beschreibung der Architektur eines fachlichen und/oder technischen Ausschnitts der Bebauung, die als Schablone oder Template für konkrete Bebauungen, wie z. B. für einen Markt oder ein Werk (eines konkreten Kontextes), genutzt werden können.

Ein Beispiel hierfür ist eine technische Referenzarchitektur für eine Kategorie von Informationssystemen, z. B. für webbasierte Anwendungen. In einer technischen Referenzarchitektur werden technische Bausteine des Lösungsportfolios „verbaut" und die Regeln für das Zusammenwirken der Bausteine festgelegt.

API-Management adressiert das aktive Management von APIs über den kompletten Lebenszyklus der Services hinweg. Dies beinhaltet die Steuerung, Optimierung, Standardisierung und Veröffentlichung von Services über APIs in einer sicheren und skalierbaren Umgebung. Sie automatisieren, überwachen und steuern die API-Verbindungen und gewährleisten die Konsistenz zwischen mehreren

API-Implementierungen und Versionen. Zudem unterstützen sie das Performance-Management und Informationssicherheitsmanagement, indem z. B. Sicherheitsrichtlinien integriert werden. API-Management ist eine Voraussetzung für die horizontale und vertikale Vernetzung in der Digitalisierung.

Im API-Management wird die Sicherheit immer wichtiger – insbesondere wenn alter Code, der nie für eine Internetanbindung ausgelegt war, mit einem Mal zugänglich wird. API-Management versetzt Unternehmen in die Lage, ihre Schnittstellen in einer sicheren und skalierbaren Multichannel-Umgebung auf effiziente Weise zu erstellen, bereitzustellen und zu verwalten. Für die Kommunikation werden standardisierte Protokolle, wie OAuth, SAML oder HTTPS, verwendet. Zudem werden technische Fähigkeiten für u. a. Sicherheit oder Performance bereitgestellt.

- Sicherheit: Schutz der Backend-Systeme gegen Attacken, wie z. B. DoS-Angriffe
- Performance: Reduktion von Downtime und Effizienzsteigerung von APIs und Client-Anwendungen
- Datenkonvertierung: Umwandlung in die von den Apps und Backend-Systemen eingesetzte Formate
- Orchestrierung: Modellierung und Steuerung von Abläufen auf Basis der Microservices über deren APIs
- Datendienste: Datenaggregation und Bereitstellung von Business Analytics Diensten inklusive deren Monetarisierung
- Logging und Monitoring: Basis für die Analyse von Leistungsdaten

Entsprechend der erforderlichen fachlichen und technischen Capabilities werden Anforderungen für Lösungsbausteine abgeleitet. Für relevante Klassen, wie z. B. Webanwendungen, können über eine Referenzarchitektur (oder andere Lösungsmuster) auf der Basis von Standards und Best-Practices Rahmenvorgaben genannt werden, die, soweit möglich, durch Leitlinien und gegebenenfalls Technologie-Stacks und -Plattformen flankiert werden. Die Referenzarchitekturen werden in der Regel von technischen Unternehmensarchitekten, auch Lösungsarchitekten genannt, bereitgestellt. Die verantwortlichen Lösungsarchitekten unterstützen in der Regel die ersten Pilotprojekte und schärfen im Rahmen dessen die Referenzarchitektur sowie Technologie-Stacks und Plattformen.

In Bild 5.82 finden Sie ein Beispiel einer Referenzarchitektur mit verschiedenen Ebenen sowie unterschiedlichen Anforderungen oder technischen Capabilities der Ebenen, wie z. B. Omnikanalfähigkeit oder Entkopplung.

Typische Elemente einer modernen Referenzarchitektur sind die Berücksichtigung der Omnikanalfähigkeit, digitale Plattformen, API-Management, Integrationsarchitektur und Microservices und Container-Technologie wie „Docker“.

Um flexibel und schnell auf neue Anforderungen reagieren zu können, müssen Änderungen möglichst lokal an wenigen Stellen durchgeführt werden können. Änderungen an Geschäftsregeln oder Workflows sollten einfach modelliert oder konfiguriert werden können. Eine modulare IT-Landschaft mit einer Integrationsarchitektur ist hierzu erforderlich. Monolithen werden zerschlagen und durch eigenständige, überwiegend fachlich definierte Microservices ersetzt.

So entstehen Landschaften mit einer Vielzahl von kleinen, sich schnell ändernden Services, die alle konfiguriert, integriert und überwacht werden wollen.

Die IT-Landschaft muss so in Komponenten zerlegt werden, dass fachlich zusammengehörige Funktionalitäten und Daten in einer Komponente angesiedelt sind. Die Komponenten sind untereinander lose über z. B. eine Regel-, Workflow-Engine oder einen Enterprise Service Bus gekoppelt.

Eine Integrationsarchitektur liefert unternehmensspezifische Vorgaben für die serviceorientierte Umsetzung von Geschäftsanforderungen. Hierzu zählen Technologie-, Softwarearchitektur- und Infrastrukturaspekte für Entwicklung, Betrieb und Governance der involvierten Einzelsysteme und deren Zusammenspiel (End-to-end).

Beispiele hierfür sind Architekturvorgaben für die lose Kopplung von Komponenten über einen ESB (Enterprise Service Bus) oder aber die Herauslösung der Geschäftsregeln und Ablaufsteuerung aus dem Programmcode und die Hinterlegung dieser in einer Rules Engine und einem BPMS (Business Process Management System). Änderungen an Geschäftsregeln (z. B. veränderte Preisberechnung) und Abläufen (z. B. Änderung des Genehmigungsverfahrens) ziehen keine Auswirkungen an den funktionalen Modulen nach sich. Funktionale Module, wie z. B. Provisionsabrechnung, können einfach ersetzt werden. Die Änderung erfolgt lokal, schnell und kostengünstig, da nur reduzierte Integrations- und Testaufwände anfallen.

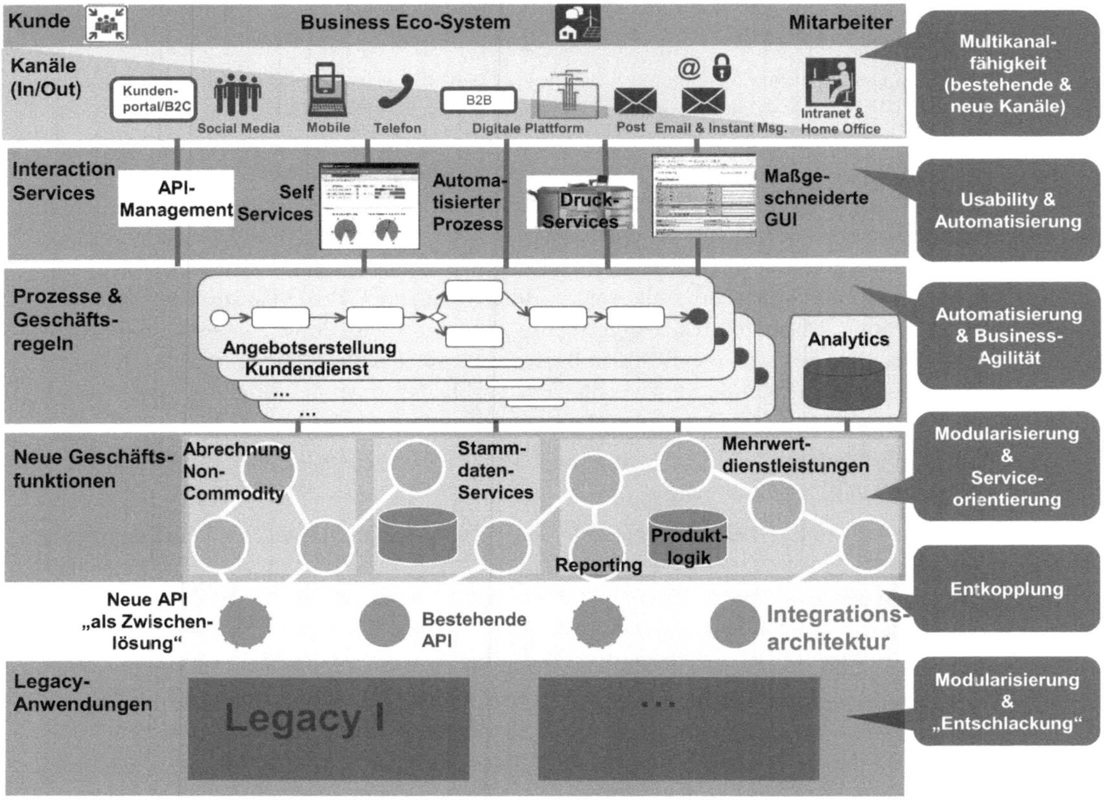

Bild 5.82 Beispiel Anwendungsarchitektur

Die Komponenten, die Microservices, sollten sich an den Business Capabilities des Unternehmens ausrichten. Beispiele für Services sind „Vertriebscontrolling.Statistikgenerierung“ oder „Provisionsabrechnung.Jahresberechnung“.

Gewachsene IT-Landschaften mit vielen funktionalen und Datenredundanzen, vielen und komplexen spezifischen Schnittstellen, heterogenen Technologien sowie vielen Inkompatibilitäten und Abhängigkeiten müssen „aufgeräumt“ („SOA-fiziert“) werden, um Änderungen schnell, kostengünstig und risikoarm durchzuführen und in Betrieb zu nehmen. So wird die erforderliche Flexibilität (Anpassungsfähigkeit) erzielt und darüber hinaus die Wartungs- und Betriebsaufwände und damit die IT-Kosten nachhaltig gesenkt.

Serviceorientierte Architekturen (SOA) versprechen Agilität in der Veränderung des Geschäftsmodells, indem Business-Services zu Geschäftsprozessen flexibel orchestriert und damit einfach und kostengünstig an veränderte Geschäftsanforderungen oder Randbedingungen angepasst werden können. Sie zielen auf die Komponentisierung der IT-Landschaft in fachliche Komponenten und eine flexible Kopplung der Komponenten ab.

SOA (serviceorientierte Architektur) hat eine fachliche und eine technische Dimension:

- Business Capability (oder Geschäftsfähigkeit genannt) als inhaltliche Implementierungs-, Strukturierungs- und Granularitätsvorgabe für Business-Services,
- technische Umsetzung mittels einer für das Unternehmen standardisierten Integrationsarchitektur (u. a. lose Kopplung und Kontrakte) mit Integrationstechnologien, wie z. B. Web Services, Workflow und Rule Engines oder Enterprise Service Bus.

Das Business Capability Management (siehe Abschnitt 5.4.1) leistet hierzu einen wesentlichen Beitrag. Die Business Capabilities geben fachliche Bezugspunkte für die Planung und Steuerung der IT-Umsetzung vor. Das Anwendungsportfolio wird in Bezug auf die aktuellen und zukünftigen Geschäftsfähigkeiten optimiert. Hierbei wird die Soll-IS-Landschaft entsprechend der zukünftigen Business Capability Map komponentisiert, d. h. serviceorientiert, gestaltet. Auf dieser Basis können mithilfe einer Integrationsarchitektur neue Abläufe einfach durch Zusammensetzen und Orchestrieren der Business-Services konfiguriert werden. Die IT kann so schneller auf sich verändernde Anforderungen reagieren. Die Orchestrierung der Business-Services, also deren Abfolge und Wechselwirkungen, wird durch die Geschäftsprozesse vorgegeben. Lassen sich die einzelnen Business-Services einfach miteinander verknüpfen, dann lassen sich auch Änderungen in den Prozessabläufen, unter der Annahme des Einsatzes derselben Services, schnell und ohne Programmieraufwand umsetzen.

Referenzarchitekturen und Plattformen enablen die Operationalisierung der Digitalisierung ebenso wie das Cloud-Computing.

Im digitalen Wandel ist eine zunehmende Verlagerung von Services in die Cloud (Iaas, PaaS, SaaS, BaaS) einhergehend mit einer Reduzierung der Wertschöpfungstiefe in der IT und eine gemanagte Serviceorientierung zu beobachten. Schauen wir uns das Cloud-Computing etwas näher an.

Cloud-Computing bezeichnet die Bereitstellung von IT-Infrastruktur, wie z. B. Speicherplatz oder Rechenleistung, Entwicklungsplattformen für webbasierte Anwendungen oder Anwendungsservices über das Internet. Cloud-Services sind in vielen Unternehmen ein fester Bestandteil der IT-Unterstützung geworden. Viele wesentliche Applikationen können bald nur noch über die Cloud bezogen werden. So setzen z. B. IT-Hersteller wie SAP oder Microsoft mit SAP S/4HANA oder Office 365 auf die Cloud. Umso wichtiger ist eine Cloud-Strategie als integraler Bestandteil der IT-Strategie für jedes Unternehmen, die Leitplanken für die wesentlichen Detailentscheidungen im Cloud-Computing vorgibt. Die Zeit des Abwartens ist vorbei. Häufig gibt es bereits eine Strategie für Anwendungen und Infrastruktur, aber noch keine Cloud-Strategie. So bleiben wichtige Fragen offen, wie z. B.: „Wie kann echter Mehrwert für Unternehmen durch Cloud-Lösungen geschaffen werden?"

Für eine Cloud-Strategie müssen folgende Fragen beantwortet werden:

- **Kundenwert:** Welche Anforderungen stellen Endbenutzer? Welche Services müssen für welche Plattformen, wie z. B. Mobile Devices, bereitgestellt werden?
- **SaaS, PaaS und/oder IaaS (siehe** Bild 5.83**):** Wo ist es sinnvoll, Software-as-a-Service (SaaS) zu nutzen? Gibt es Kundengruppen oder Unternehmensbereiche, in denen der einfache Zugang und die Schnelligkeit über SaaS-Lösungen besonders wichtig sind? Werden Lizenz- oder Wartungsgebühren durch Migration zu SaaS reduziert?

  Soll eine Plattform für Entwickler von Webanwendungen (Platform-as-a-Service, kurz PaaS) in der Cloud bereitgestellt werden, die mit geringem administrativen Aufwand ohne Anschaffung der darunterliegenden Hardware und Software z. B. als Entwicklungs- oder Laufzeitumgebung(en) genutzt werden kann? Welche Services wie Versionierung, Monitoring oder Kommunikation zwischen Anwendungen sind erforderlich?

  Wie und wo wollen wir Infrastructure-as-a-Service (IaaS) nutzen (z. B. Speicher und virtuelle Server in der Cloud)? Welche Skalierungsanforderungen bestehen? Wo und wann kann es zu Lastspitzen kommen, die durch skalierbare Cloud-Lösungen abgefangen werden können? Welche Systemmanagement-Services werden bereitgestellt?

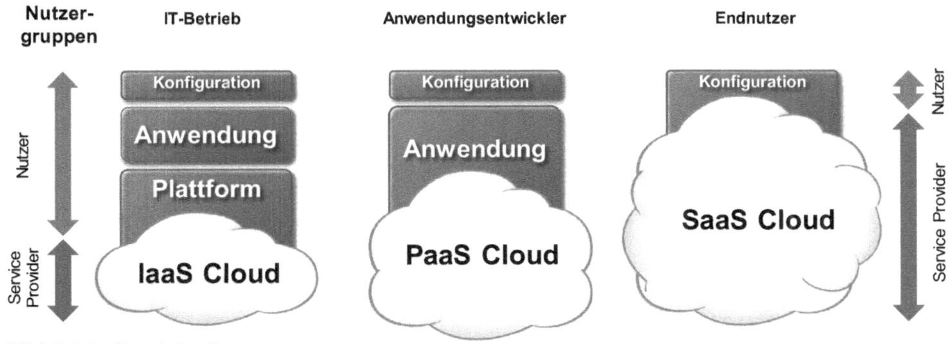

Bild 5.83 Cloud-Ansätze

- **Datenschutz, Sicherheit und Skalierung**: Welche Datenschutz- und IT-Sicherheitsanforderungen bestehen für welche Services und welche Daten?
- **Cloud-Modelle**: Welche zukünftigen Nutzungsmuster werden erwartet? Welche Cloud-Modelle entsprechen dem zu erwartenden Nutzungsmuster? SaaS, PaaS oder IaaS?
- **Plattformen und Anbieter**: Welche Plattformen und Cloud-Dienstleister passen für das Unternehmen? Liefern diese die erforderlichen Services und erfüllen sie die gesetzten Sicherheitsanforderungen? Passen die SLAs, die Umsetzung der Compliance-Anforderungen und die Serviceleistungen? Wie sieht es mit dem Preis-Leistungs-Verhältnis aus?
  Beispiele für Plattform-as-a-Service-Anbieter sind Google App Engine, Microsoft Azure und IBMs SmartCloud PaaS. Ein Beispiel für SaaS-Anbieter ist SalesForce.com.

Es gibt zwei grundlegende Cloud-Modelle, die Private-Cloud und die Public-Cloud. In der Private-Cloud behält die interne IT die Kontrolle, während die Public-Cloud vom jeweiligen Anbieter verwaltet wird. Darüber hinaus gibt es auch noch andere Varianten. Im Folgenden finden Sie eine Übersicht über die gängigen Cloud-Modelle, aus denen Sie sich die passenden, entsprechend des erwarteten Nutzungsmusters, auswählen müssen.

- **Private-Cloud:** Private-Clouds werden insbesondere aus Gründen des Datenschutzes und der IT-Sicherheit sowie aus Kostengründen verwendet. Eine Private-Cloud ist ein On-Premises Data Center, basierend auf Cloud-Technologie. Unternehmen betreiben ihre IT-Dienste selbst und stellen Endnutzern Cloud-typische Services zur Verfügung, wie z. B. eine skalierbare IT-Infrastruktur mit webbasierten Anwendungen.

  Von vielen Unternehmen wird zunehmend eine Managed Private-Cloud bevorzugt. Unternehmen erhalten dabei eine dedizierte Infrastruktur in einer Public-Cloud-Umgebung, die für das Unternehmen bereitgestellt wird. Voraussetzung ist, dass die Anbindung zur Public-Cloud durch VPNs und direkte Ethernet-Links performant, skalierbar und sicher ist. Dann vereinen Managed Private-Clouds die Sicherheit einer Private-Cloud mit der Skalierbarkeit einer Public-Cloud.

  Diese Voraussetzungen sind leider noch immer nicht für viele vorwiegend mittelständische und kleine Unternehmen zuverlässig und zu vertretbaren Kosten gegeben, da der Breitbandausbau in einigen Regionen nicht schnell genug voranschreitet. Dann sind Unternehmen gezwungen, eine redundante Anbindung mit entsprechend höheren Kosten aufzubauen.

- **Public-Cloud:** Eine Public-Cloud ist ein Angebot eines Dienstleisters, der seine Dienste über das Internet zugänglich macht. Beispiele für Public-Cloud-Angebote sind Microsoft Office 365 und SAP Business by Design.

  Einen Spezialfall stellen sogenannte Community-Clouds dar, die von mehreren Unternehmen z. B. im Kontext eines Projekts genutzt werden.

- **Hybrid-Cloud:** Eine Hybrid-Cloud ist eine Kombination von Private- und Public-Clouds. Es wird eine Verbindung zwischen Private- und Public-Cloud-Diensten hergestellt. Bestimmte Services laufen bei öffentlichen Anbietern über das Internet, während datenschutzkritische Services und Daten im Unternehmen betrieben und verarbeitet werden. Die Herausforderung liegt hier in der Klassifikation und Trennung der datenschutzkritischen und unkritischen Geschäftsprozesse sowie deren zuverlässiger und sicherer Integration. Voraussetzung ist eine Datenschutzklassifikation der im Unternehmen vorhandenen und verarbeiteten Daten.

- **Multi-Cloud und Hybrid Multi-Cloud:** In der Regel wird mehr als eine Public-Cloud genutzt, wie z. B. die von Microsoft und die von SAP, um die Dienste unterschiedlicher Anbieter nutzen zu können. Werden mehrere Public-Clouds mit einer Private-Cloud verwendet, wird dies auch als Hybrid Multi-Cloud bezeichnet.

  Das Management von Multi-Clouds wird hierbei zu einer Herausforderung. Hier greifen Cloud-Management-Plattformen (CMPs) und Cloud Service Broker (CSBs). Damit können mehrere Clouds wie eine einzige Cloud verwaltet werden. Der Nachteil ist jedoch, dass man nur einen Teil der Services aus jeder Cloud nutzen kann.

Hybrid und Multi-Cloud-Szenarien werden hierbei zum präferierten Betriebsmodell. Kostenkontrolle sowie zuverlässiges und sicheres Management der hyperkonvergenten Infrastrukturen mit Multi-Cloud- und On-Premise-Software auf der Basis von Container-Techniken sind zentrale Themen. Cloud-Management-Software wird zum integralen Bestandteil von Systemmanagementplattformen.

Entscheidend für die Auswahl sind die angebotenen Cloud-Services. Cloud-Computing wird sich in den nächsten Jahren noch weiterentwickeln und neue Gebrauchsmuster werden entstehen. Stellen Sie sich auf Veränderungen ein.

In Deutschland gibt es nach wie vor Vorbehalte, geschäftskritische Daten in die Cloud zu verlagern. Hauptgründe dafür sind einerseits der Kontrollverlust und andererseits Sicherheitsbedenken. Daten, „das Öl oder Gold des 21. Jahrhunderts", aus der Hand zu geben, erfordert insbesondere Vertrauen in die Cloud-Anbieter. Seriöse Cloud-Anbieter liefern entsprechende Nachweise für die Umsetzung der Datenschutz- und Informationssicherheitsanforderungen sowie über Performance und Skalierungsmöglichkeiten. Die Entscheidung der Verlagerung in die Cloud ist aber eine Risikoabwägung, die jedes Unternehmen treffen muss.

Wenn Daten in die Cloud verlagert werden, ist eine sichere und hochperformante Anbindung an die On-Premise-Infrastruktur unabdingbar. Auch hier müssen das Unternehmen und der Cloud-Anbieter darauf achten, dass die unternehmensspezifischen Sicherheitsrichtlinien und die Datenschutz-, Informationssicherheits- und Compliance-Anforderungen eingehalten werden. Häufig werden z. B. Cloud Access Security Broker (kurz CASB) als Wächter zwischen der On-Premise- und der Cloud-Infrastruktur eingesetzt. Daneben sollte in der Regel für den Zugriff auf Cloud-Anwendungen, ebenso wie auf Anwendungen in digitalen Plattformen, eine Multi-Faktor-Authentifizierung genutzt werden. Eine Multi-Faktor-Authentifizierung bezieht bei jedem einzelnen Anmeldevorgang weitere Daten aus dem Kontext mit ein, wie etwa die Session-ID, die IP-Adresse, die Art des Systems, das verwendete Gerät, die Anzahl erfolgreicher Anmeldungen oder den Standort des Nutzers, um eine Einstufung der Vertrauenswürdigkeit vorzunehmen. Wesentlich ist hierbei, dass alle Passcodes in Echtzeit zum Zeitpunkt der Anmeldung generiert werden und jegliche Kommunikation über eine AES-256-Bit-Verschlüsselung erfolgt. Häufig erhält man hier auch eine SMS oder ein Token auf ein Mobilgerät.

Eine Konsolidierung ist in der Regel der erste Schritt in Richtung Cloud-Computing. Für die Verlagerung von Services zum Service-Provider oder aber auch für den Aufbau von Private-Clouds müssen Sie die IT-Landschaft in der Regel vorbereiten. Typische Themen sind hierbei:

- **Virtualisierung:** Virtualisierung sind Software- und Hardware-Techniken, die eine Abstraktionsschicht zwischen dem Nutzer (oder Anwendungen oder Schnittstellen) einerseits und physischen Hardware-, Netzwerk- oder Softwarekomponenten andererseits bilden. Virtualisierung ermöglicht die Abstraktion von Hardware, Software und Netzen. Virtuelle (nicht physische) Geräte und Dienste emulieren Hardware, Betriebssysteme, Datenspeicher oder Netzwerkressourcen. Sie erlauben es, Computerressourcen transparent zusammenzufassen oder aufzuteilen oder ein Betriebssystem innerhalb eines anderen auszuführen.

  Virtualisierung wird häufig in den Data Centern der Unternehmen verwendet. Virtualisierung vereinfacht die Nutzung, erhöht die Auslastung der Ressourcen und ermöglicht eine transparente Skalierung, in der je nach Bedarf Ressourcen zugewiesen werden können. Zudem müssen in modernen Pay-per-Use-Szenarien die Kunden nur die Computingressourcen bezahlen, die sie wirklich benötigen. Der Aufwand für die Administration steigt jedoch bei der Virtualisierung.

  Es gibt drei Bereiche in der IT, in denen Virtualisierung hauptsächlich zum Einsatz kommt. Das sind Netzwerk-, Storage- und Server-Virtualisierung.

   - Bei der Netzwerk-Virtualisierung kombiniert man in einem Netzwerk verfügbare Ressourcen, indem man die verfügbare Bandbreite in Kanäle in einzeln zu verwaltende Sektionen aufteilt. Jeder Kanal ist vom anderen unabhängig und kann einem speziellen Server oder einem Gerät in Echtzeit zugewiesen werden. Hierdurch wird die tatsächliche Komplexität des Netzwerks verringert.
   - Die Storage-Virtualisierung ist das virtuelle Zusammenfassen von im Netzwerk verteilten physischen Storage-Geräten zu einem einzigen, zentral administrierbaren virtuellen Storage. Storage Area Networks (SAN) nutzen in der Regel Storage-Virtualisierung.
   - Server-Virtualisierung ist das virtuelle Bereitstellen oder Zusammenfassen von Server-Ressourcen mit deren Prozessoren, Arbeitsspeicher und Speicher. Die Nutzung wird vereinfacht und die Auslastung wird erhöht. Mehrere virtuelle Server können sich die Ressourcen eines physischen Hosts teilen. Die Ressourcen können bei Skalierungsanforderungen einfach erweitert werden.
- **Server-Konsolidierung:** Bei der Server-Konsolidierung wird eine zentrale „Farm" von virtuellen Servern aufgebaut, die den Wildwuchs an verteilten spezifischen Servern eindämmt. Hierdurch können Kosten eingespart und Administrationsaufwände reduziert werden.

  Cloud-Computing bietet einen ähnlichen Vorteil: Wenig ausgelastete und hinsichtlich des Supports anspruchsvolle Rechner vor Ort werden von einem gehosteten Dienst abgelöst. Mit der Server-Konsolidierung über Cloud-Dienste können Unternehmen also viele anwendungsspezifische Server ersetzen. Vor diesem Hintergrund kommt es darauf an, die richtige der beiden Strategien zu wählen.
- **IaaS-Cloud-Computing:** Hierdurch wird zwar die Komplexität der Software und Plattformen nicht reduziert, die Administrationskosten und Infrastrukturkosten (weniger Hardware sowie Raum- und Energiebedarf für das Rechenzentrum) verringern sich aber erheblich. Vorab werden neben der Analyse und Kosten-Nutzen-Abschätzung in der Regel die physikalischen Hardwareressourcen virtualisiert.
- **PaaS-Cloud-Computing und Plattformkonsolidierung:** Zur Vorbereitung für die Nutzung von Plattformen als Service sollten diese für den jeweiligen Einsatzbereich standardisiert werden. PaaS bietet für die Entwickler eine ganze Reihe von Tools und Diensten, die ihnen das Leben vereinfachen. Dies sind u. a. Software Development Kits (SDK) für Mobilgeräte, die unterschiedliche Endgeräte unterstützen, sowie für soziale Netzwerke und mehrsprachige Entwicklung einhergehend mit einer leistungsstarken Entwicklungsumgebung und Cloud-Datenbank.
- **Betrieb von Anwendungen durch die Nutzung von SaaS:** Die Verlagerung der IT-Betriebsleistungen in die Cloud erfolgt durch Nutzung von SaaS für Cloud-fähige Anwendungen, wodurch häufig erhebliche Kosten eingespart werden können. So ist z. B. die Nutzung von Salesforce.com für CRM häufig erheblich günstiger als interne Betriebsleistungen mit eigenen konsolidierten CRM-Servern in einer virtualisierten Rechner-Farm. Hier muss jedoch sorgfältig analysiert werden, ob die Anwendungen Cloud-fähig sind.

In Abhängigkeit von den Anforderungen und Randbedingungen müssen die geeigneten Maßnahmen ausgewählt werden. Wesentlich ist auch eine Kosten-Nutzen-Betrachtung. Um die Kosten für eine Verlagerung von Services in die Cloud abzuschätzen, müssen Sie Ihre IT-Infrastruktur und die Anwendungen kennen. Ressourcenhungrige Anwendungen sollten gegebenenfalls nicht mit anderen Anwendungen auf einem gemeinsamen Server laufen. Sie könnten z. B. einen eigenen, aber zentralisiert administrierbaren Server erhalten.

Anwendungen sollten auf ihre Eignung für die Cloud hin geprüft werden und es sollte ein passendes Cloud-Modell inklusive Anbieter ausgewählt werden. Folgende Fragen stellen sich dabei:

- Wie sieht der Ressourcenbedarf der Anwendung aus? Passt dieser zum Preismodell des Cloud-Dienstes?
- Anwendungen, die auf große Datenbestände zugreifen, werden hohe Storage-Gebühren verursachen, Anwendungen, die rund um die Uhr laufen, hohe Nutzungsgebühren. Achten Sie auf eine geringe Ressourcennutzung, besonders bei Storage.
- Ist es im Cloud-Modell möglich, denselben Cloud-Anbieter für alle Ihre Anwendungen zu nutzen? Die Zusammenarbeit mit mehreren Anbietern ist teuer und aufwendig. Zudem steigt die technische Komplexität, da die Anbieter zum Teil unterschiedliche Plattformen und Standards nutzen. Besonders schwierig wird es, wenn Sie einige Anwendungen noch im eigenen Rechenzentrum betreiben. Finden Sie einen Anbieter, der für die meisten Cloud-fähigen Anwendungen den besten Kompromiss aus Leistung, Kosten und Support-Aufwand bietet.
  Hier müssen auch Lizenzen, Wartung, Installation und technischer Support berücksichtigt werden. Ebenso müssen Sie eingesparte Ressourcen einbeziehen.
- Wie viel kann von Hardware, Betriebssystem, Middleware und Anwendungssoftware vom Cloud-Anbieter übernommen werden? Das übergreifende Systemmanagement und der Support der Endnutzer sollten in Ihren Händen verbleiben.
- Wie behalten Sie die Kontrolle und können die Compliance-, Datenschutz- und Sicherheitsanforderungen sicherstellen? Wie schnell können Sie auf einen anderen Cloud-Anbieter wechseln, falls Sie nicht mehr mit dem Cloud-Anbieter zufrieden sind oder aber dieser nicht mehr leistungsfähig ist? Welche SLAs sind notwendig und sinnvoll? Wie sollten die Verträge aussehen? Wie kann der Cloud-Anbieter die Einhaltung der Compliance-, Sicherheits- und Datenschutzanforderungen nachweisen?
- Gibt es ein Rückfallszenario? Ist dies im Risikomanagement mit betrachtet?

Datenübertragung und Speicherung in der Cloud stellen erhebliche Anforderungen an die Kommunikationsinfrastruktur. Von daher ist eine Analyse wichtig. Ansonsten können ggf. Projekte ausgebremst werden.

Die für die Cloud geeignetsten Anwendungen zeichnen sich durch begrenzte Datenübertragung aus.

Typische Entscheidungskriterien sind:

- **Total Cost of Ownership (TCO) sowie Return on Investment (ROI):** Die Kosten für das Gesamtsystem, bestehend aus Hardware, System- und Anwendungssoftware sowie IT-Betrieb, müssen über einen Zeitraum von einigen Jahren betrachtet und betriebswirtschaftlich bewertet werden.
- **Skalierbarkeit, Performance und Administrierbarkeit:** Basierend auf Normal- und Grenzlastprofilen muss eine Analyse erfolgen. Steigende und sich ändernde Anforderungen müssen zudem umgesetzt werden, wie Capacity on Demand. Das Gesamtsystem muss mit einem vertretbaren Aufwand administriert und überwacht werden können.
- **Verfügbarkeit und Ausfallsicherheit:** Das Gesamtsystem aus Hardware, System- und Anwendungssoftware sowie IT-Betrieb muss (24*7*52) verfügbar und ausfallsicher sein. Dies ist gerade in einer globalisierten Welt unerlässlich.

- **Sicherheit und Datenschutz:** Das Gesamtsystem aus Hardware, System- und Anwendungssoftware sowie IT-Betrieb muss alle Informationssicherheits- und Datenschutzanforderungen erfüllen.
- **Zukunftssicherheit und Tragfähigkeit:** Alle Komponenten müssen technisch tragfähig, gewartet, betreibbar und zukunftsfähig sein. Über ein explizites Technologiemanagement muss dies gemanagt werden.

Für Kunden liefert Cloud-Computing folgende Vorteile:

- Bereitstellung bzw. Nutzung von überwiegend standardisierten IT-Leistungen über das Internet,
- weltweiter Zugriff auf Dienste und Daten,
- Skalierbarkeit von Diensten,
- Reduzierung von Lizenz-, Hardware- und Rechenzentrumskosten,
- Einsparung bei Betriebsorganisation und Nutzung professioneller Services ohne eigenen Know-how-Aufbau,
- Abrechnung nach tatsächlichem Verbrauch („pay as you go").

Es ist damit zu rechnen, dass der Zugang zum Internet und somit zu Cloud-Plattformen in nicht allzu ferner Zukunft komplett kostenfrei zur Verfügung gestellt wird. Es wird somit für ISP (Internet Service Provider) attraktiv und notwendig, sich neue Geschäftsfelder durch Servicebündel in Ergänzung zu den bisherigen Diensten zu erschließen. Neue digitale Services eröffnen hier Potenzial. Viele ISPs bieten inzwischen eigene Cloud-Lösungen an.

Cloud-Computing wird häufig angestrebt, um den Automatisierungsgrad zu erhöhen. Automatisierung ist einer der wesentlichen IT-Trends der letzten Jahre – getrieben insbesondere durch Virtualisierung: So ist es dank Hypervisor wie VMware und Hyper-V inzwischen ohne Weiteres möglich, in weniger als 20 Minuten eine isolierte Entwicklungsumgebung zu erschaffen.

Infrastructure as a Code – auch bekannt unter der Bezeichnung „programmable Infrastructure" – beschreibt einen automatisiert ablaufenden IT-Provisioning-Prozess, in dem Systeme softwaregesteuert aufgesetzt und bereitgestellt werden. Wenn dieser Prozess wie gewünscht funktioniert, kann er deutlich schneller ablaufen als sein manuelles Pendant, während zeitgleich der menschliche Hang zur Fehleranfälligkeit eliminiert ist.

Infrastructure as a Code ist ein IT-Infrastruktur-Managementansatz für das Zeitalter von Cloud, Microservices und Continous Delivery. Die Grundidee besteht darin, IT-Infrastruktur als Software zu behandeln. So können Veränderungen schneller und einfacher, aber auch sicherer und zuverlässiger umgesetzt werden.

Quellcode automatisiert den Setup- und Konfigurationsprozess von virtuellen Maschinen und Containern, wodurch sich dieser auch leicht replizieren und skalieren lässt. Der Unterschied zu auf Skript-Basis automatisierten IT-Prozessen: IaC ist flexibel genug, um komplexe Verfahren abzubilden – es vereint die Vielseitigkeit von Code mit den Vorteilen einer Script-ähnlichen Umgebung. Statt beispielsweise eine Serverfarm manuell zu konfigurieren, erledigt das der Code für Sie – und ist dabei gleichzeitig die Dokumentation.

Das wichtigste Merkmal von Infrastructure as a Code ist also, dass es sich nicht um ein Produkt, sondern eine Methodik handelt, die ein schnelles Deployment von virtuellen Umgebungen ermöglicht. Um IaC richtig einzusetzen, benötigen Sie agile Entwicklungsprozesse (siehe [Han18]), eine DevOps-Umgebung und eine agile Entwicklungspipeline mit testgetriebener Entwicklung, Continuous Integration und Delivery lassen Infrastructure as a Code seine Vorteile ausspielen.

Nun schauen wir uns das technische Referenzmodell näher an.

5.6.2 Festlegung der technischen Domänen des Blueprints

Im Technologiemanagement werden die technischen Standards, der Blueprint, des Unternehmens festgelegt und kontinuierlich weiterentwickelt. Neue technologische Entwicklungen werden im IT-Innovationsmanagement im Hinblick auf ihre Einsetzbarkeit und Auswirkungen im Unternehmen beobachtet, evaluiert, bewertet und gegebenenfalls in den Blueprint (siehe Bild 4.8) aufgenommen. Der Lebenszyklus der technischen Bausteine wird gemanagt. Technische Bausteine und deren Releases, die nicht mehr zukunftsfähig sind oder sich im Einsatz nicht bewährt haben, werden abgelöst. So werden die Zukunftsfähigkeit und Tragfähigkeit von technischen Standards sichergestellt.

Wesentlich für das Technologiemanagement sind:

1. die Festlegung der für das Unternehmen relevanten Kategorien von Standards, d. h. der technischen Domänen, die „Fächer" und „Schubladen" des Blueprints,
2. die initiale Festlegung und kontinuierliche Weiterentwicklung und Pflege der technischen Standards mit u. a. Lifecycle-Management und
3. die Steuerung der Verbauung der technischen Standards.

Für jeden Standardisierungsbedarf z. B. für Datenbanken wird im Blueprint, auch technisches Referenzmodell (TRM) genannt, eine Schublade, eine technische Domäne, vorgesehen. „Der Griff in die richtige Schublade" erleichtert das Auffinden der zum Problemkontext passenden technischen Bausteine.

Grafisch wird das technische Referenzmodell durch sogenannte „Cluster-Grafiken" visualisiert (siehe Abschnitt 2.4.2). In Bild 2.34 finden Sie ein Beispiel für einen unternehmensspezifischen Ordnungsrahmen.

In Abhängigkeit von der Strategie und den Zielsetzungen sowie dem Reifegrad (siehe Tabelle 5.3) werden unterschiedliche Kategorien von Standards notwendig. Der Einstiegspunkt für die technische Standardisierung ist im Allgemeinen die Standardisierung der Commodity-IT-Produkte, wie z. B. die PC-Infrastruktur, durch einen zentralisierten Einkauf. In einer zweiten Ausbaustufe („Black-Box"-Standardisierung) werden in der Regel Technologien, IT-Kaufprodukte und Werkzeuge als verbindliche technische Vorgabe für Projekte und Wartungsmaßnahmen vorgegeben. Darüber hinaus können auch Standards für die „innere" Struktur („White-Box"-Standardisierung) der Informationssysteme und Schnittstellen in Form von Referenzarchitekturen und Architekturmuster, technische Komponenten (z. B. Frameworks) und Lösungen für fachliche Einsatzzwecke (wie z. B. SAP Templates) festgelegt werden.

Wichtig

Der Aufwand für die Erstellung dieser „White-Box"-Standards ist beträchtlich. Wägen Sie Kosten und Nutzen sorgfältig ab und überwachen Sie diese permanent. ■

Tabelle 5.3 Nutzenpotenziale in Korrelation zu den Technologiemanagement-Reifegraden

	Reifegrade		
	Einstieg	„Black-Box“	„White-Box“
Kosteneinsparung			
Nutzung von Skaleneffekten und einer zentralen Verhandlungsmacht im Einkauf	X	X	X
Know-how-Bündelung	X	X	X
Hohe technische Qualität			
Wiederverwendung von bewährten technischen „Black-Box“-Bausteinen		X	X
Standardisierung von „White-Box“-Standards			X
Angemessene IT-Unterstützung (z. B. Flexibilität)			
Referenzarchitekturen und Architekturmuster, die das Prinzip der Service- und Komponentenorientierung unterstützen			X
Standard-Middleware- und Schnittstellen/API-Lösungen wie z. B. ein Enterprise Service Bus		X	X
Zukunftssicherheit			
Business- und IT-Innovationen (IT-Innovationsmanagement)		X	X

Die Nutzenpotenziale korrelieren zu diesen Stufen. In Tabelle 5.3 finden Sie eine Zuordnung. Legen Sie in Abhängigkeit von Ihrem Reifegrad und Ihren Zielsetzungen sowie Ihrer IT-Strategie die „Schubläden“ und „Fächer“ Ihres Blueprints fest.

Wichtig

Nutzen Sie für die Festlegung der technischen Domänen Best-Practices und Standards, wie z. B. TOGAF TRM. Siehe hierzu auch Kapitel 4.

Gehen Sie über alle technischen Domänen und hinterfragen Sie, ob in Ihrem Unternehmenskontext hier Standardisierungsanforderungen bestehen.

5.6.3 Initiale Festlegung und kontinuierliche Weiterentwicklung und Pflege der technischen Standards

Für die initiale Befüllung des Blueprints sind folgenden Aktivitäten notwendig:

a) **Ermitteln Sie die aktuell genutzten technischen Bausteine** durch die Analyse der IS-Bebauung und der Betriebsinfrastruktur.

   Führen Sie beim Aufsetzen des Technologiemanagements eine Bestandsaufnahme durch. Ermitteln Sie die aktuell verwendeten technischen Bausteine für die technische Realisierung von Informationssystemen, Schnittstellen und der Betriebsinfrastruktur sowie für fachliche Einsatzzwecke. Sortieren Sie die technischen Bausteine in die technischen Domänen wie z. B. Datenbanken ein. Die bestehenden technischen Bausteine sind mögliche Kandidaten für den Blueprint.

Standardisierungsmöglichkeiten bestehen gegebenenfalls bei allen Kategorien wie z. B. Datenbanken mit mehr als einem technischen Baustein oder aber auch bei verschiedenen Releases einer Datenbank. Es können aber auch durchaus verschiedene technische Standards für den gleichen Einsatzzweck, z. B. für große Organisationen und kleine Organisationen, festgelegt werden.

Prüfen Sie, ob Sie diese bereits vorhandenen De-facto-Standards in den Blueprint aufnehmen wollen. Legen Sie für die technischen Bausteine den Freigabestatus bzw. die Standardkonformität fest.

b) **Sammeln Sie Ihre Standardisierungsanforderungen.**

Sammeln Sie Standardisierungsanforderungen und ordnen Sie diese technischen Domänen zu.

Standardisierungsanforderungen können aus unterschiedlichen Quellen stammen:

- Standardisierungsbedarf abgeleitet aus der IT-Strategie, wie z. B. für eine SOA-Referenzarchitektur und eine Integrationsplattform
- Technologische Trends aus dem IT-Innovationsmanagement (siehe [Han10]), wie z. B. Social Computing
- Standardisierungsbedarfe aus der Analyse der IS-Bebauung oder der Betriebsinfrastruktur, wie z. B. Informationssysteme für fachliche Einsatzgebiete oder aber Datenbanksysteme
- Aktuelle „Pains“ in Projekten, Wartungsmaßnahmen oder dem Betrieb, wie z. B. fehlende Monitoring-Lösungen
- Aktuelle bewährte Lösungen aus Projekten oder dem Betrieb

c) **Bewerten Sie die Standardisierungsanforderungen**

Die Standardisierungskandidaten werden in der Regel bezüglich ihrer Kosten[2], ihres Nutzens und ihrer operativen Dringlichkeit, insbesondere Kriterien wie z. B. Reifegrad, Strategiekonformität und Einsatzrisiken bewertet, bevor sie einem Gremium, wie z. B. dem Blueprint-Board (siehe Abschnitt 3.8.2.2), zur Entscheidung vorgelegt werden.

d) **Entscheidung über die Standardisierungskandidaten** z. B. durch das Blueprint-Board

e) **Umsetzung der Standardisierungsmaßnahmen entsprechend der Entscheidung**

Wichtig

Nehmen Sie in den initialen Blueprint nur strategische Vorgaben und bewährte Lösungen aus Ihrem Unternehmen auf (Mischung aus Top-down- und Bottom-up-Vorgehen). So können Sie die Weiterentwicklung strategisch ausrichten und schaffen gleichzeitig Akzeptanz für die Vorgaben.

2 Sowohl die einmaligen Kosten für die Erstellung des technischen Standards inkl. z. B. Lizenzkosten als auch die fortlaufenden Kosten wie z. B. für Wartung, Schulung oder Support

> Analysieren Sie alle technischen Domänen und legen Sie Ihre Standards für Technologien wie z. B. JEE oder IT-Produkte wie z. B. ORACLE 9.2 fest. Beschränken Sie sich dabei auf das Sinnvolle und Notwendige, dessen Umsetzung auch möglich und gleichzeitig angemessen ist. Einige Schubladen dürfen durchaus auch leer bleiben, wenn aktuell noch kein Standard sinnvoll festzulegen ist. ■

Die Weiterentwicklung der technischen Standards erfolgt ausgerichtet an der Unternehmens- und IT-Strategie sowie den Geschäftsanforderungen. Der Blueprint ist kontinuierlich an die veränderte Situation anzupassen. Dabei helfen Ihnen folgende Fragestellungen:

- Welche bestehenden technischen Standards sind noch angemessen, tragfähig und zukunftsfähig?
- Für welche technischen Trends und Neuerungen sollten neue technische Standards für das Unternehmen erstellt werden? Welche bestehenden technischen Standards sollte man dafür ablösen?
- Für welchen im Rahmen der Analyse der IS-Bebauung oder der operativen Projektabwicklung identifizierten Handlungsbedarf und für welche Optimierungspotenziale sollten neue technische Standards erstellt oder bestehende verändert werden?

Durch die Umsetzung der verabschiedeten Standardisierungsmaßnahmen wird der Blueprint weiterentwickelt. Beispiele für Standardisierungsmaßnahmen:

- *Erstellung von Referenzarchitekturen oder Architekturmustern:*
  Z. B. Erstellung einer Referenzarchitektur für JSF- oder Web-2.0-Anwendungen
- *Evaluierung von IT-Kaufprodukten:* Bei der Evaluierung von IT-Kaufprodukten werden die am Markt verfügbaren IT-Kaufprodukte ermittelt, entsprechend den unternehmensspezifischen Anforderungen bewertet, eine Vorauswahl getroffen und eine Empfehlung für eines der IT-Kaufprodukte aus der Vorauswahl abgegeben.
  Z. B. Auswahl von DMS, CMS oder Workflow-Engines
- *Erstellung von technischen Komponenten:* Entsprechend den unternehmensspezifischen Anforderungen werden technische Komponenten entwickelt oder angepasst bzw. konfiguriert.
  Z. B. unternehmensspezifische Frameworks für fachliche Transaktionen oder Auditing
- *Bereitstellung von Migrationshilfestellungen:* Wenn technische Standards, die in Informationssystemen oder Schnittstellen verbaut wurden, auslaufen, müssen Hilfestellungen für die Migration z. B. auf Nachfolgerbausteine gegeben werden. Dies kann z. B. ein Migrationskonzept, ergänzt um Migrationsskripte, sein. Migrationshilfestellungen sind insbesondere auch bei neuen Releases technischer Bausteine erforderlich.

Die Umsetzung von Standardisierungsmaßnahmen wird häufig in Form eines Projekts von technischen Spezialisten angegangen, fallweise auch mit Unterstützung der Produktanbieter. Für alle neuen oder veränderten technischen Bausteine muss über einen Freigabeprozess die technische Qualität überprüft, die Abnahme erteilt, der Freigabestatus festgelegt und der technische Baustein im Blueprint veröffentlicht werden. So wird der Blueprint Schritt für Schritt in Richtung Soll-Bebauung überführt.

Nach Aufnahme eines neuen technischen Standards in den Blueprint müssen dessen Tauglichkeit, Kosten und Nutzen kontinuierlich überwacht und ein Feedback von den Nutzern eingeholt werden. Ein Nutzenversprechen im Standardisierungsantrag muss nicht zwangsläufig eintreten! Wenn Sie feststellen, dass für einen technischen Baustein kaum Nachfrage besteht, er nicht tragfähig oder zukunftsfähig ist oder das Kosten-Nutzen-Verhältnis unangemessen ist, sollten Sie ihn schnellstmöglich aus dem Blueprint entfernen. Wenn der Baustein bereits im Einsatz ist, müssen Sie eine Alternative und einen Migrationsweg aufzeigen!

Wichtig

- Achten Sie auf die Angemessenheit, Tragfähigkeit, Zukunftsfähigkeit und einfache Nutzbarkeit aller neuen oder veränderten technischen Bausteine. Häufig werden technische Bausteine aus Best-Practices in Projekten unter Mitwirkung der Softwarearchitekten aus der „Linie" konsolidiert. Dies erhöht zudem die Akzeptanz der technischen Standards.
- Kommunikation von neuen und veränderten technischen Standards:
  Technische Standards können nur dann angewendet werden, wenn sie bekannt sind. Der technische Blueprint muss z. B. im Intranet veröffentlicht werden. Wichtig sind auch Hilfsmittel für die Nutzung. Nur durch Hilfsmittel für die Nutzung wie z. B. ein Nutzungskonzept oder Checklisten kann die bestimmungsgemäße Verbauung der technischen Bausteine sichergestellt werden. Minimal muss an dieser Stelle ein Link zur Dokumentation bzw. zu den Installationspaketen des technischen Bausteins vorhanden sein.
- Kontinuierliches Aufräumen:
  Sorgen Sie dafür, dass der Blueprint immer auf einem aktuellen Stand ist. Im Rahmen der Pflege sind die bestehenden Standards kontinuierlich zu überprüfen und nicht mehr relevante Standards als „abzulösen" zu markieren. Nur so bleiben die technischen Standards wartbar und nur so realisieren Sie die angestrebte Kosteneinsparung.

5.6.4 Steuerung der Verbauung der technischen Standards

Die besten technischen Standards helfen nicht, wenn sie nicht verwendet werden. Nur durch die aktive Steuerung der Verbauung (siehe Abschnitt 3.8.4.3) können die mit dem Technologiemanagement verbundenen Ziele (siehe Einsatzszenario „Technologiemanagement"in Kapitel 4) erreicht werden. Es muss sichergestellt werden, dass die festgelegten technischen Standards im Rahmen der Projekte und Wartungsmaßnahmen sowie im Betrieb eingehalten und abzulösende Standards auch wirklich abgelöst werden.

Wichtig

Durch die kontinuierliche Überwachung der Tragfähigkeit und Zukunftsfähigkeit, der Kosten und des Nutzens sowie der Häufigkeit des Einsatzes kann die Weiterentwicklung des Blueprint wirkungsvoll gesteuert werden. Hierfür sind z. B. Projekt- oder Nutzerbefragungen geeignet.

Die technischen Standards bilden Rahmenvorgaben für die IS-Bebauungsplanung.

5.7 Leitfaden für die Einführung und den Ausbau von EAM

Mithilfe der in diesem Abschnitt vorgestellten bewährten und nutzenorientierten Standardvorgehensweise können Sie EAM in einer ersten Ausbaustufe bereits in wenigen Monaten zugeschnitten auf Ihre Bedürfnisse einführen und dann schrittweise ausbauen.

Bei der Einführung von EAM ist es von besonderer Bedeutung, dass die erste Ausbaustufe gelingt. Nur durch schnelle Erfolge können Sie die Skeptiker überzeugen und weitere Sponsoren für den Ausbau von EAM gewinnen. Ohne Konzentration auf das Wesentliche und Wichtige verrennen Sie sich in Details und verlieren das eigentliche Ziel aus den Augen. Für den Ausbau benötigen Sie viel Durchhaltevermögen.

Wichtig

Trotz methodischer Vorgehensweise sollte allen Beteiligten klar sein: Der Weg ist anstrengend und erfordert Veränderung. Veränderungen machen Angst. Veränderungen bedeuten für viele, Abschied zu nehmen von liebgewonnenen Gewohnheiten, und bedrohen ggf. deren Interessen. Dies führt häufig zu Widerständen. Eine derartige Neuausrichtung der IT verlangt Disziplin und Durchhaltewillen. Der Erfolg basiert im Wesentlichen darauf, dass die Menschen den Wandel verstehen, aktiv mitgestalten und vor allem mittragen wollen.

Es wird bei der Umsetzung reichlich „menscheln“. Durchsetzung und Durchhalten sind häufig alles andere als einfach. Alle wichtigen Stakeholder stehen im Allgemeinen unter hohem Zeitdruck und haben daher weder Zeit noch Lust, zusätzlichen Aufwand ohne erkennbaren Nutzen zu leisten. Nur durch „erkannten“ Nutzen und sicherlich auch den „sanften Druck“ seitens des IT-Managements kann die Unterstützung aller erforderlichen Stakeholder gewonnen und erhalten werden.

So können Sie das Enterprise Architecture Management zu einer tragenden Säule des strategischen IT-Managements aufbauen und damit einen wichtigen Beitrag zur Sicherstellung des Geschäftsbetriebs sowie der Zukunftsfähigkeit der IT-Landschaft, zur IT-Investitionssteuerung und Projektsteuerung sowie zum Ressourcenmanagement leisten.

Voraussetzung für den Erfolg ist, dass EAM kontinuierlich gepflegt und weiterentwickelt wird. Durch eine kontinuierlich hohe Datenqualität, hinreichende Datenaktualität und vor allem erfahrene und kommunikationsstarke Unternehmensarchitekten mit sowohl methodischen als auch fachlichen Skills kann EAM zum Selbstläufer und in der Organisation verankert werden (siehe EAM-Reifegradmodell und Pflegekonzept in Abschnitt 5.7 und in Abschnitt 5.8).

Jede Einführungsstufe von EAM besteht aus drei Phasen:

- **Konzeptionsphase:** In kleinen Schritten mit vielen Feedback-Iterationen und einer engen Zusammenarbeit mit allen EAM-Beteiligten werden Ihr EAM-Framework und EA-Governance abgeleitet. Abhängig von Ihrer Ausgangslage, Ihrem EAM-Reifegrad, Ihren Zielen und

Fragestellungen wird eine nützliche und gleichzeitig kurzfristig machbare Ausbaustufe festgelegt. In Abschnitt 5.7.1 finden Sie einen Überblick über die Standardvorgehensweise und in Abschnitt 5.7.2 eine Schritt-für-Schritt-Anleitung.

- **Pilotierung:** Die Konzeption jeder Ausbaustufe müssen Sie erst anhand eines repräsentativen Ausschnitts der Geschäftsarchitektur und/oder der IT-Landschaft pilotieren und ggf. optimieren, bevor Sie sie im Unternehmen ausrollen können. Insbesondere die Strukturen, Prozesse und die organisatorische Einbettung gilt es iterativ zu verfeinern und ihre Tragfähigkeit in einem ausreichend großen und realistischen Kontext zu erproben. Durch die konkrete Verwendung der vorliegenden Ergebnisse in Projekten, im Projektportfoliomanagement oder aber in der Planung und Steuerung wird Veränderungs- und Erweiterungsbedarf ersichtlich. So können z. B. in der Konzeption der Strukturen technische Aspekte wie Schnittstelleneigenschaften nicht berücksichtigt worden sein. In realen Projektsituationen kann diese Fragestellung jedoch von großer Bedeutung sein. Ihr spezifisches EAM-Framework wird so entsprechend den Erfahrungen optimiert. Nach der Erprobung ist klar, welche fachlichen oder technischen Bebauungselemente mit welchen Beziehungen und welche Kern- und erweiterten Daten für die Beantwortung der Fragestellungen der Stufe wirklich notwendig sind. Auch Ihre EA-Governance, z. B. die Anzahl der Unternehmensarchitekten oder die Pflegeprozesse, muss auf den Prüfstand, um Ihre EAM-Ziele wirklich zu erreichen.
- **Verankerung in der Organisation:** Das „Patentrezept" für die Verankerung in der Organisation könnte man wie folgt zusammenfassen: schnell realisierbare Ziele vorgeben und dann die Breite und Tiefe entsprechend den Erfordernissen über die aktive Einbindung in Projekte und die anderen Prozesse erhöhen; dabei neue Förderer finden sowie Signale durch sichtbare Erfolge setzen.

  Im Rahmen der Etablierung des EAM ist die Kommunikation ein Schlüsselerfolgsfaktor. Über einen formalen Kommunikationsplan und die Definition zentraler Schlüsselbotschaften muss sichergestellt sein, dass die relevanten Stakeholder ständig über den Wertbeitrag sowie über Fortschritte informiert werden und so kommunizieren, dass die Adressaten verstehen, worum es geht.

  Laut Gartner sollten rund 30 Prozent der Arbeit des EAM-Teams mit Kommunikation und deren Planung verbracht werden (siehe [Gar05]).

In der Regel werden die Konzeption und Pilotierung im Rahmen eines Projekts durchgeführt. Das Ausrollen in der Organisation erfolgt in der Regel über die Linie. Dort wird EAM kontinuierlich entsprechend des Feedbacks und der neuen oder veränderten Ziele oder Fragestellungen weiterentwickelt.

In den meisten Fällen werden EAM-Vorhaben vom CIO oder von IT-Verantwortlichen initiiert. Die Einführung können aber auch z. B. Business-Verantwortliche, Strategen, Sicherheits- oder Compliance-Verantwortliche anstoßen (siehe Abschnitt 5.9).

EAM-Vorhaben sind keine klassischen Projekte mit klar definiertem Ergebnis. Das Ergebnis wird erst im Rahmen der Konzeption quasi über ein Timeboxing festgelegt (siehe Abschnitt 5.7.1). Deshalb lassen die Teams häufig die sonst typische Projektdisziplin vermissen, was zu einem Verlust an Fokussierung und Ergebnisorientierung führen kann. Damit fehlt es den Initiativen an Professionalität; IT-Mannschaften und Unternehmensleitungen beginnen zu nörgeln. Gartner schlägt deshalb vor, analog zu klassischen Projekten Projektpläne zu erstellen und professionelle Projektleiter zu etablieren, um für Projektdisziplin zu sorgen (siehe [Gar05]). Die im Folgenden erläuterte Standardvorgehensweise für die Konzeption können Sie als Grundlage für die Erstellung Ihres Projektplans verwenden.

5.7.1 Standardvorgehensweise für die Konzeption einer Ausbaustufe von EAM im Überblick

Die Standardvorgehensweise für die Konzeption einer EAM-Ausbaustufe wird in Bild 5.84 im Überblick dargestellt. Die inhaltlichen Schritte werden im Folgenden weiter ausgeführt.

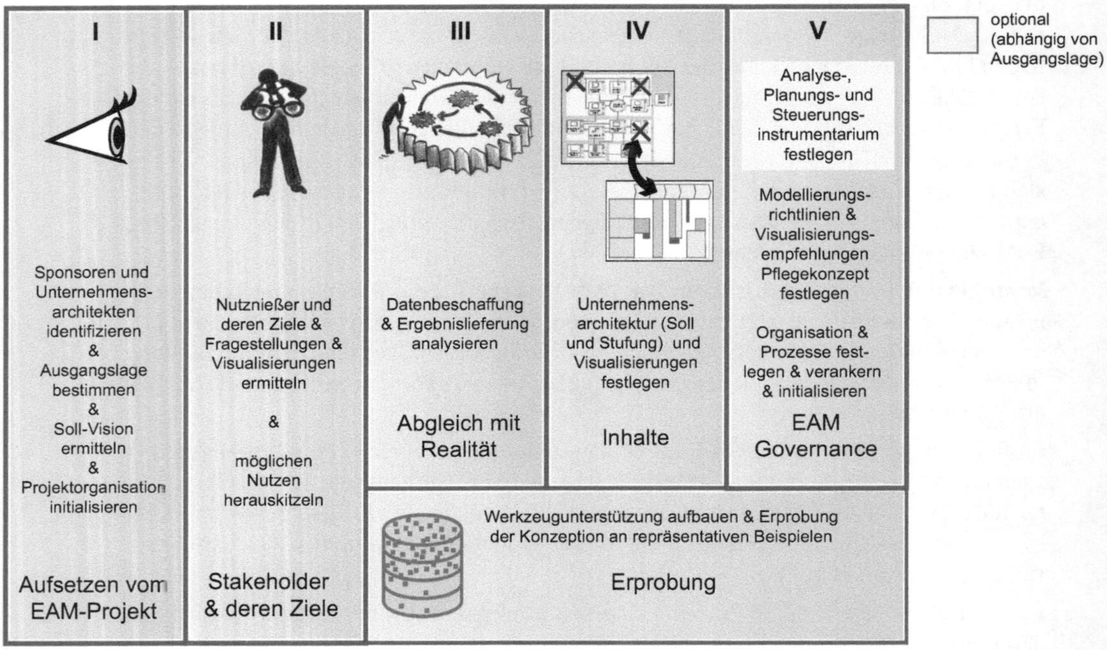

Bild 5.84 Vorgehen bei der Konzeption im Überblick

I. Aufsetzen des EAM-Projekts

Durch das richtige Aufsetzen des EAM-Projekts schaffen Sie die Voraussetzungen für den Erfolg. Wichtig ist insbesondere, dass Sie zu Beginn den Auftraggeber klar benennen. Dieser muss sich um die Budgets, weitere Sponsoren und die Festlegung des Projektleiters, des Projektteams und des EAM-Projektsteuerungsgremiums kümmern sowie die Ausgangslage ermitteln und ein grobes Ziel-Bild (seine Soll-Vision) für die Endausbaustufe von EAM skizzieren. Der Projektleiter sollte, wenn möglich, ein erfahrener Unternehmensarchitekt mit guter Verdrahtung im Unternehmen sein, der zukünftig die übergreifende inhaltliche EAM-Verantwortung übernehmen soll.

Bei der Ermittlung der Ausgangslage und der Ziel-Bild-Bestimmung wird der Auftraggeber in der Regel durch den zukünftigen Projektleiter und ggf. Mitglieder des zukünftigen Projektteams unterstützt.

II. Stakeholder-Analyse sowie Ermittlung der Ziele und Fragestellungen der Stakeholder

Dreh- und Angelpunkt für die unternehmensspezifische Ausprägung von EAM sind die Ziele und Fragestellungen der für Sie relevanten Stakeholder. Auf dieser Basis werden Ihre Unternehmensarchitektur sowie Visualisierungen und Auswertungen für die Beantwortung Ihrer Fragestellungen konzipiert.

In Abschnitt 5.1 finden Sie eine Anleitung für die Durchführung einer Stakeholder-Analyse und in Abschnitt 5.2 zur Kundenwertanalyse. Die Ziele und Fragestellungen werden von den verschiedenen Stakeholdern eingesammelt, Visualisierungen und Auswertungen zur Beantwortung der Fragestellungen anhand von repräsentativen Beispielen mit den Stakeholdern werden ebenso iterativ abgestimmt wie deren Prioritäten und Nutzen. Auf dieser Basis können die für die Beantwortung erforderlichen Strukturen ermittelt werden.

III. Analyse der Datenbeschaffung

Durch die Analyse der Datenbeschaffung für die in Schritt II ermittelten Strukturen kann der Aufwand ermittelt und dem Nutzen gegenübergestellt werden.

IV. Inhalte Ihrer Unternehmensarchitektur und die Einführungsstufen festlegen

Durch die Konzentration auf die wesentlichen Fragestellungen mit einer hohen Priorität und einem guten Aufwand-Nutzen-Verhältnis wird die nächste Einführungsstufe festgelegt. Die weiteren Einführungsstufen werden entsprechend Prioritäten, EAM-Reifegrad und Machbarkeitsabschätzungen grob konzipiert. Jede Einführungsstufe muss einen klar definierten Nutzen aufweisen.

Wichtig

Der ersten Ausbaustufe von EAM kommt die größte Bedeutung zu, da es im Allgemeinen keine zweite Chance für einen erneuten Versuch gibt. Die Unternehmensarchitekten entwickeln ein „Feeling“ für die Abstraktionen, die Granularität und den notwendigen Veränderungsprozess im Unternehmen. Schon in der ersten Stufe müssen Sie zumindest in Ausschnitten eine Dokumentation der IT-Landschaft erstellen. So gelangen Sie zu überzeugendem Material, um in Projekten oder der strategischen Planung und Steuerung der IT zu überzeugen.

Die erste Stufe müssen Sie in überschaubarer Zeit und mit einem guten Kosten-Nutzen-Verhältnis bewältigen. Beachten Sie hierbei folgende Prämissen:

- **Konzentration auf bekannte und relevante Fragestellungen:** Ausgangspunkt für die Festlegung der Strukturen, Visualisierungen und Prozesse sowie Organisation des EAM sind die Zielsetzungen und die Fragestellungen des Unternehmens. Wichtig dabei ist, dass Sie nur konkret formulierbare Fragestellungen heranziehen. Die Einschätzung der Relevanz ist etwas schwieriger, da dies eigentlich erst die Nutzung zeigt, doch sollte sie explizit begründet werden, da jede zu beantwortende Fragestellung im Allgemeinen permanenten Pflegeaufwand nach sich zieht. So lässt sich die Anzahl der Fragestellungen beschränken.

- **Überblick vor Detaillierung:** Erstellen Sie einen Überblick über die IT-Landschaft und Geschäftsarchitektur in ihrem Zusammenspiel und keine Detaildokumentationen für detaillierte Einzelfragestellungen wie z. B. die Kostensituation bei den IT-Systemen.
- **Ganzheitliche Sicht:** Bei der Konzeption sollten Sie explizit versuchen, alle Bebauungen im Kontext der Unternehmensarchitektur und auch die Verbindung zu Projekten und Wartungsmaßnahmen mit zu berücksichtigen. Auch wenn nicht alle Teile im ersten Schritt umgesetzt werden, brauchen Sie das als Basis für den späteren Ausbau.
- **Keine Datenerfassung auf Verdacht**
  Beschränken Sie sich auf die für die Beantwortung der bekannten und relevanten Fragestellungen erforderlichen Daten. Nur so stellen Sie sicher, dass ausnahmslos unbedingt benötigte Daten dokumentiert werden. Damit können Sie die Aufwände für die Datenerfassung in Grenzen halten.
- **Hinreichende Datenqualität und -aktualität:** Sowohl die Datenqualität als auch die Datenaktualität müssen lediglich hinreichend für die Umsetzung der jeweiligen Zielsetzungen sein. Nur die konkret vorhandenen Fragestellungen müssen beantwortet werden.

  So reicht eine Einstiegsdatenqualität im Hinblick auf neue Zielsetzungen häufig völlig aus. Durch z. B. eine erste rudimentäre, noch unvollständig abgestimmte Liste von fachlichen Funktionen kann über eine Bebauungsplangrafik die funktionale Abdeckung gut aufgezeigt werden. Der Nutzen wird so für Fachbereiche und Business Manager erst sichtbar. Dies ist die Voraussetzung, um sie für die Mitarbeit zu gewinnen.
  Ein weiteres Beispiel ist die monatliche Aktualität von Steuerungsgrößen, wenn diese nur monatlich berichtet werden.
- **Nutzen bzw. Vereinfachung für die Datenlieferanten:** Der Nutzen muss für alle Beteiligten vorhanden und transparent sein, insbesondere für die Datenlieferanten. Nur wenn die Daten mit einer ausreichenden Datenqualität und Aktualität bereitstehen, führen Analysen und Auswertungen zu fundierten Ergebnissen. Für die Datenlieferanten muss die Datenerfassung daher möglichst einfach sein. Hier ist eine angemessene Werkzeugunterstützung notwendig. Gleichzeitig müssen die Datenlieferanten die Daten auch wirklich liefern können. Daten können nur von denjenigen gepflegt und bereitgestellt werden, die die Inhalte wirklich kennen. Z. B. ergibt es wenig Sinn, IS-Verantwortliche mit der Pflege der Zuordnung zu den Betriebsinfrastruktureinheiten zu befassen, wenn ihnen die Zuordnung nicht bekannt ist und sie diese Informationen erst von anderen erfragen müssen.

  Der Nutzen für die Datenlieferanten lässt sich u. a. auch durch Hilfestellungen bei der täglichen Arbeit erhöhen. So können die Dokumentationspflichten z. B. im Hinblick auf Compliance oder Sicherheit vereinfacht werden oder aber die Projekt- oder Wartungsarbeiten durch z. B. Fokussierung oder aber Input durch Analyse der Bebauung unterstützt werden.

■

V. EA-Governance festlegen und initial aufsetzen

Nachdem die Inhalte und damit auch die EAM-Aufwände für deren Beschaffung klar sind, muss die EA-Governance (siehe Abschnitt 5.9) aufgesetzt und etabliert werden, um EAM auch wirklich zum Fliegen zu bekommen. Hierzu müssen die Rollen, Verantwortlichkeiten, Gremien und die EAM-Prozesse sowie deren Integration in die Planungs-, Entscheidungs- und Durchführungsprozesse festgelegt werden. Von besonderer Bedeutung sind die Regeln für die Modellierung, Visualisierung und Steuerung in Verbindung mit dem Pflegekonzept, da über dieses eine hinreichend aktuelle und qualitativ hochwertige Datenbasis sichergestellt wird.

Nach der Festlegung der Organisation und Prozesse müssen diese ebenso wie das entsprechend den Fragestellungen und dem EAM-Reifegrad gestaltete Analyse-, Planungs- und Steuerungsinstrumentarium auch initiiert werden, um EAM Leben einzuhauchen.

Erprobung

Parallel, spätestens ab der Analyse der Datenbeschaffung, wird die Konzeption an repräsentativen Ausschnitten erprobt und die Werkzeugunterstützung aufgebaut. So wird die Konzeption ein Stück weit abgesichert.

Im Folgenden finden Sie weitere Details und die Schritt-für-Schritt-Anleitung für die Konzeption Ihrer ersten oder nächsten EAM-Ausbaustufe. Hier wird davon ausgegangen, dass der Auftraggeber festgelegt und das Budget für die erste Ausbaustufe von EAM vorhanden ist (siehe hierzu auch Abschnitt 3.4).

5.7.2 Schritt-für-Schritt-Anleitung für die Konzeption einer Ausbaustufe von EAM

In Bild 5.85 finden Sie das Standardvorgehen für die Konzeption einer EAM-Ausbaustufe im Detail. In der Vorbereitungsphase wird das Projekt aufgesetzt und alle Voraussetzungen für den Projekterfolg werden geschaffen. Die eigentliche Konzeption erfolgt in einer Abfolge von drei Workshops und parallel dazu in einem intensiven Austausch mit allen relevanten Stakeholdern. Auf dieser Basis werden Ihr EAM Framework und Ihre EA-Governance festgelegt, an repräsentativen Beispielen erprobt und an Ihre zukünftige EAM-Organisation übergeben. Die Bestandsaufnahme Ihrer aktuellen und geplanten IT-Landschaft und Geschäftsarchitektur kann im Rahmen des EAM-Projekts oder aber dann später durch die Linienorganisation erfolgen. Die gesammelten Ergebnisse werden in einer Abschlusspräsentation allen Projektbeteiligten vorgestellt. Dies ist quasi das Entlasten des EAM-Projekts und markiert den Übergang in die Linie. Im Nachgang können hier gegebenenfalls noch kleinere Nacharbeiten aufgrund der Feedbacks für das Projektteam anfallen, der operative Betrieb von EAM liegt aber dann in der Linie.

Die Ergebnisse der Konzeption sind im Detail:

- Dokumentation der Stakeholder-Gruppen und der berücksichtigten Stakeholder
- Zusammenfassung der Zielsetzungen, Fragestellungen und Visualisierungsempfehlungen und Priorisierung dieser aus Sicht Ihrer Stakeholder (die Sichten der Stakeholder)

- Ihre Unternehmensarchitektur (Bebauungselementtypen, Kern- und erweiterte Attribute und Steuerungsgrößen sowie Beziehungen) und deren Stufung (siehe Kapitel 2)
- Ihre Modellierungsrichtlinien, in denen festgelegt wird, welche Bebauungselementtypen, welche Beziehungen und welche Attribute in welcher Art und Weise und Granularität zu modellieren sind (siehe Download-Anhang F)
- Beschreibung der Rollen, Verantwortlichkeiten, Gremien, EAM-Prozesse und deren Integration in die Planungs-, Entscheidungs- und Durchführungsprozesse (siehe Abschnitt 5.9)
- Ihr Pflegekonzept, in dem festgelegt wird, wer wann entlang welchen Prozesses welche Daten liefert, pflegt oder qualitätssichert (siehe Abschnitt 5.9.5)

Die Bestandteile der Konzeption werden in Iterationen erarbeitet. Auf der Basis von Informationsunterlagen und Interviewergebnissen werden jeweils Vorschläge vom Kernprojektteam erstellt, in einem Workshop und begleitenden Interviews mit dem Entscheiderkreis sowie weiteren Stakeholdern (erweitertes Team) abgestimmt, entsprechend dem Feedback optimiert und dann im Kontext des nächsten Workshops finalisiert. Auf diese Weise kann die Konzeption in kurzer Zeit in einer hohen Qualität erstellt werden.

Die folgenden Aktivitäten sind für die Erstellung der EAM-Konzeption notwendig. Die typische(n) jeweils verantwortliche(n) Rolle(n) finden Sie in Klammern. Dies kann natürlich in der Namensgebung und Ausgestaltung unternehmensspezifisch variieren.

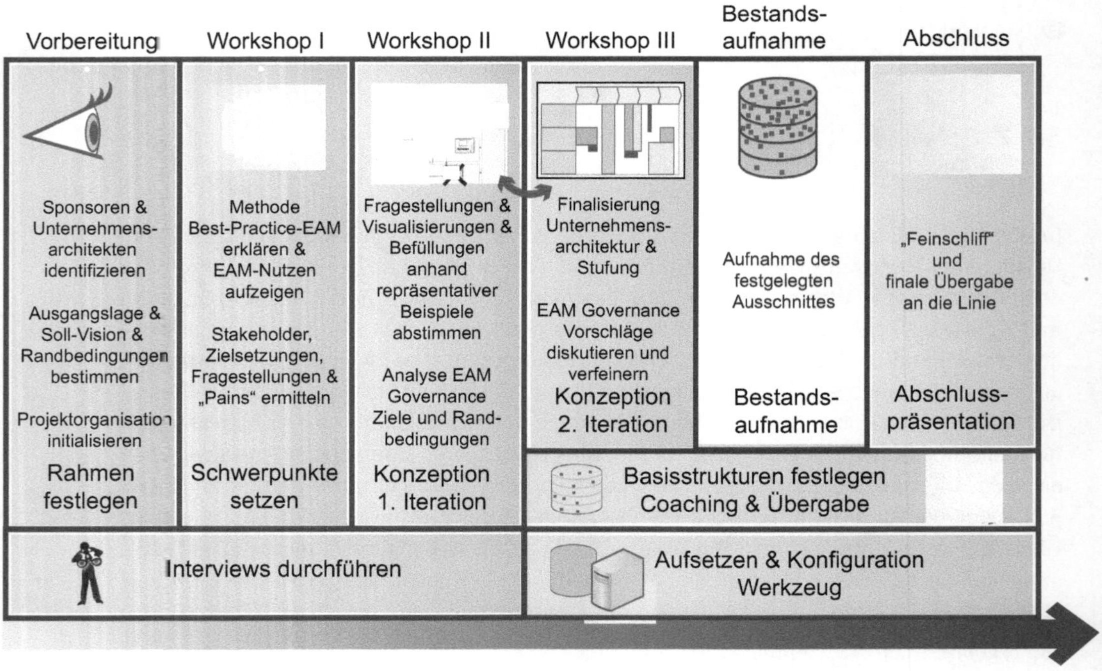

Bild 5.85 Detailliertes Standardvorgehen für die Konzeption Ihrer nächsten EAM-Ausbaustufe

I. Vorbereitung des EAM-Projekts

1. **Unternehmensarchitekten identifizieren** *(Auftraggeber):* Analysieren Sie, ob Sie einen qualifizierten Unternehmensarchitekten oder einen Mitarbeiter mit entsprechendem Potenzial haben, dem Sie die Projektleitung des Einführungsprojekts übertragen können. Wenn Sie noch keine qualifizierten Unternehmensarchitekten haben, sollten Sie sich qualifizierte externe Unterstützung für das Einführungsprojekt besorgen.

   Die Unternehmensarchitekten sind die inhaltlichen Kümmerer und unterstützen auch schon die weitere Vorbereitung des EAM-Projekts.

> **Wichtig**
> Legen Sie einen Projektleiter fest, der künftig auch in der Linie den „Hut" für EAM im Unternehmen aufsetzen wird. Er muss von EAM überzeugt sein und über ein entsprechendes Skill-Profil (siehe Abschnitt 5.9) verfügen oder dahingehend „aufbaubar" sein. ■

2. **Argumentationsfoliensatz erstellen** *(Auftraggeber und Projektleiter):* Soll-Vision und Randbedingungen ermitteln und auf dieser Basis den möglichen Nutzen von EAM anschaulich darlegen. Hilfestellungen für die Erstellung des Argumentationsfoliensatzes finden Sie in Abschnitt 3.4.
3. **Weitere Sponsoren gewinnen** *(Auftraggeber und Projektleiter):* Identifizieren Sie mögliche weitere Sponsoren. Führen Sie Gespräche mit Ihren Sponsoren. Nur auf diesem direkten Weg bekommen Sie ein Gefühl für deren Anliegen und deren „Hidden Agenda". Analysieren Sie, ob ihr Einfluss und Interesse an EAM ausreichend ist. Hilfestellungen für die Stakeholder-Analyse finden Sie in Abschnitt 5.1. Nutzen Sie den Argumentationsfoliensatz, um die von Ihnen gewünschten Sponsoren zu überzeugen. Erweitern Sie die EAM-Soll-Vision und den Argumentationsfoliensatz entsprechend den Anliegen der Sponsoren.
4. **Ermitteln Sie Ihre Ausgangslage und Randbedingungen** *(Auftraggeber und Projektleiter):* Beschaffen Sie sich EAM-relevante Dokumente als Basis für die Einschätzung Ihrer Ausgangslage, d. h. insbesondere Ihres EAM-Reifegrads (siehe Abschnitt 5.8).

   Hierzu zählen u. a. Organigramme, Strategiedokumente (Unternehmens- und IT-Strategie), strategische Planungen (Business und IT), Unterlagen über die Planungs-, Durchführungs- und Entscheidungsprozesse und Gremien, Beispiele für Steuerkreisdokumente, Unterlagen aus dem Projektportfoliomanagement, IT-Prozessdokumentation, exemplarische Geschäftsprozessdokumentationen, aktuelle Stände an Bebauungsdokumentationen (z. B. von vorhergehenden EAM-Anläufen), Unterlagen zur IT-Landschaft; ggf. auch aus Projektkontexten (z. B. Grobkonzepte) sowie Daten/Listen von Bebauungselementen (z. B. Geschäftsobjekte, Prozesse, technische Bausteine und Informationssysteme). Analysieren Sie die Dokumente. Hinterfragen Sie die Aktualität, Verbindlichkeit und Qualität der Dokumente.

   Ermitteln Sie den Reifegrad Ihres Unternehmens in Bezug auf EAM. Hilfestellungen für die Einschätzung des Reifegrads finden Sie in Abschnitt 5.8.

   Aus diesen Informationen verschaffen Sie sich ein Bild über Ihre Ausgangslage.

   Nehmen Sie zudem die benannten Randbedingungen der Auftraggeber und Sponsoren mit auf. Dies kann z. B. die Forderung nach der Umsetzung einer gewissen Zielsetzung oder aber ein gewisser Zeitrahmen sein.

5. **Legen Sie ein Kernteam, ein erweitertes Team und die Besetzung des Steuerungsgremiums fest** *(Auftraggeber und Projektleiter):* Das **Kernteam** sollte neben dem Projektleiter im Wesentlichen aus weiteren Unternehmensarchitekten bestehen. Alle wesentlichen organisatorischen und inhaltlichen Bereiche entsprechend der Soll-Vision müssen abgedeckt sein. Gleichzeitig sollte das Kernteam möglichst klein (minimal) sein, um die Einführung zügig durchzuführen.

   Legen Sie darüber hinaus das **erweiterte Projektteam** für die Mitwirkung in der Konzeption (und damit in den Workshops) und/oder Interviews fest (sofern zu diesem Zeitpunkt schon möglich). Das erweiterte Team kann sich im Rahmen der Konzeption gegebenenfalls verändern. Dies hängt maßgeblich von der „Klarheit" der Zielsetzungen der Auftraggeber und Sponsoren ab. Zudem können sich im Projektverlauf die Zielsetzungen verändern und damit neue Sparringpartner für die inhaltliche Diskussion notwendig werden.

   Folgende Fragen helfen bei der Auswahl: Welche Personen sind Schlüsselpersonen in den adressierten inhaltlichen Bereichen? Wer ist eventuell Nutznießer? Welche Datenlieferanten sind notwendig? Von welchen Prozessen oder Systemen müssen welche Daten bezogen werden? Welche Stakeholder sollten zu welchen Zielsetzungen interviewt werden? Gibt es bei den relevanten Stakeholdern konträre Interessen zu denen der Sponsoren? Wer hat welchen Einfluss und Interesse an EAM?

6. **Etablieren Sie ein Projektsteuerungsgremium** *(Auftraggeber):* Mitglieder sind typischerweise die Führungskräfte aus den adressierten inhaltlichen Bereichen, der Auftraggeber sowie die Sponsoren. Wichtig sind Teilnehmer mit Einfluss und Entscheidungsbefugnissen.

   Organigramme und fachliche Domänenmodelle, soweit vorhanden, sind nützliche Instrumente, um ein Gefühl dafür zu gewinnen, wer im Kernteam bzw. erweiterten Kernteam bzw. Steuerungsgremium eingebunden werden sollte. Nutzen Sie insbesondere die Stakeholder-Analyse aus Abschnitt 5.1, um die Projektorganisation festzulegen.

Wichtig

Bei einem niedrigen EAM-Reifegrad sollten Sie den Kreis der Beteiligten und auch der Sponsoren eher klein halten. Jeder weitere Beteiligte muss erst überzeugt und „eingefangen" werden. Sie brauchen schnelle und sichtbare Erfolge. Wählen Sie daher die Beteiligten und Sponsoren sorgfältig aus.

In Bild 5.5 finden Sie eine Tabelle mit einem Vorschlag, welche Stakeholder-Gruppen in Abhängigkeit vom EAM-Reifegrad berücksichtigt werden sollten. Sie können diese Tabelle als Input für Ihre Entscheidung verwenden. ■

7. **Festlegen der Termine** *(Projektleiter):* Legen Sie alle Workshop- und Interview-Termine möglichst frühzeitig fest, da die Terminkalender der Entscheider und Schlüsselpersonen häufig sehr voll sind. Falls Sie bezüglich der Dauer der Workshops unsicher sind, reservieren Sie etwas Zeit als Reserve. Jedoch sollten als Workshop-Dauer insgesamt nicht mehr als vier Stunden, in der Regel zwei bis drei Stunden, angesetzt werden. In den Workshops sollten konsolidierte Vorschläge und Entscheidungsbedarfe entsprechend der Workshop-Schwerpunkte behandelt werden, die vom Kernteam vorbereitet werden. Die Abstimmungen mit den jeweils Betroffenen sollten, soweit möglich, im Vorfeld erfolgen.

So können die Workshops für übergreifende Diskussionen und für die Beschlussfassung genutzt werden.

Legen Sie auch Termine für die Arbeitssitzungen des Kernteams fest. Hier eignen sich Jour-Fixe-Termine, da sich so die Kernteam-Mitglieder die Zeit entsprechend freihalten.

Für die Interviews und Abstimmungen sollten Sie bei CIO, Sponsoren und Kernteam-Mitgliedern mindestens eine Stunde einplanen. Bei Mitgliedern des erweiterten Projektteams reicht gegebenenfalls eine halbe Stunde, wenn diese bereits die Methode und Begrifflichkeit kennen. Wenn nicht, ist auch mindestens eine Stunde als Dauer zu empfehlen.

8. **Führen Sie einen Kick-off durch** *(Projektleiter):* Führen Sie den Kick-off nach erfolgter Planung als offiziellen Startpunkt des EAM-Vorhabens mit möglichst allen Mitgliedern des Kernteams und des Steuerungsgremiums durch. Im Rahmen des Kick-off werden insbesondere die Soll-Vision, die bereits gesammelten Ziele und Fragestellungen, das Vorgehen, die Projektorganisation und Aufgabenverteilung sowie die Randbedingungen vorgestellt und ggf. diskutiert. Das erweiterte Team wird festgelegt; zumindest die Personen, die am Workshop I teilnehmen sollen. Zudem wird ein gemeinsames Verständnis über die Methode und Begrifflichkeiten geschaffen. Falls Mitglieder des Steuerungsgremiums oder Kernteams nicht teilnehmen können, müssen diese einzeln „abgeholt" werden (siehe oben).

II. Erste Runde der Interviews vor oder zeitnah nach Workshop I durchführen (Projektleiter und ggf. Mitglieder des Kernteams)

Führen Sie vor dem ersten Workshop Einzelinterviews mit den Auftraggebern, Sponsoren, Mitgliedern des Steuerungsgremiums und dem Kernteam sowie, soweit möglich, auch mit dem erweiterten Team durch. Stimmen Sie deren Zielsetzungen und, soweit möglich, Fragestellungen sowie deren Priorisierung mit den verschiedenen Stakeholdern ab. Sammeln Sie darüber hinaus deren „Pains", mögliche Befüllungen für die Bezugselemente[3] (wie z. B. Liste von Produkten) und repräsentative Beispiele, die Sie in der Konzeption verwenden können.

1. **Vorbereiten der Interviews:** Bereiten Sie die Interviews vor, indem Sie eine Liste typischer Fragestellungen aus dem Kontext der Stakeholder erstellen. Sichten Sie hierzu die vorhandenen Informationsmaterialien. Stellen Sie anhand von EAM-Visualisierungen (siehe Argumentationsleitfaden in Abschnitt 3.4) den typischen Nutzen für den Stakeholder dar. Hierzu können Sie auch die Tabelle in Bild 5.86 nutzen. Hier finden Sie ein typisches Beispiel für die Nutzenargumente der unterschiedlichen Stakeholder-Gruppen. Weitere Informationen zu den Nutzenargumenten finden Sie in Abschnitt 3.3.2. Als Hilfsmittel für die Identifikation der typischen Fragestellungen aus dem Kontext des Stakeholders können Sie auch die Liste typischer Fragestellungen aus Download-Anhang D nutzen. Die Struktur der Liste finden Sie in Bild 5.88.

   Erstellen Sie zudem den aktuellen Stand der Unternehmensarchitektur angereichert mit einer Liste von typischen Ausprägungen für die Bebauungselemente und für die Attribute. Anhand der Diskussion mit dem Stakeholder bekommen Sie ein Gefühl dafür, welche Daten für den Stakeholder relevant sein können.

[3] Attributausprägungen und Listen von Bebauungselementen dienen dann als Bezugselemente bei der Erfassung anderer Bebauungselemente.

Nutzenargument		Stakeholder-Gruppen												Unternehmensarchitekt			
		Unternehmensführung	Verantwortliche für Compliance oder Sicherheit	Projektportfoliomanager	Business-Planer	Controller	Leiter Organisation	Business-Verantwortlicher	Projektleiter	CIO / IT-Verantwortlicher	IT-Stratege	IS-Verantwortlicher	Partner und Lieferant	Geschäftsarchitekt	IS-Bebauungsplaner	IT-Architekt	Infrastrukturarchitekt
Informationsbedarf abdecken																	
1	**Verstehen und Aufzeigen von Zusammenhängen und Abhängigkeiten (Überblick herstellen)**		G, I, K	G, I, K	G, I, K	G, K	G, K	G, I, K	X, K	X, K	X, K	X, K	T, K	G, I, K	X, K	I, T, B, K	I, T, K
2	**Unterstützung bei der Informationsbeschaffung**																
3	**Vereinfachung von Dokumentations- und Berichtspflichten**																
4	**Unterstützung bei der Erstellung von Entscheidungsvorlagen**																
5	**Reduzierte Projektvorbereitung und fundierter Input für die Projektabwicklung**																
Business-IT-Alignment fördern																	
6	**Erzeugung einer gemeinsamen fachlichen Sprachbasis**	G															
7	**Verknüpfung zwischen Business- und IT-Strukturen**		G, I														
Entscheidungs- und Planungssicherheit erhöhen																	
8	**Aufdeckung und Handlungsbedarf und Optimierungspotenzial**		G, K	X, K	G, I, K	G, K	G, K	G, I, K	X, K	X, K	X, K	X, K		G, I, K	X, K	I, T, B, K	I, T, K
9	**Bereitstellung von fundierten Input für das Projektportfoliomanagement und IT-Entscheidungen**																
10	**Zusammenhänge, Abhängigkeiten und Auswirkungen von Veränderungen in und zwischen Business und IT aufzeigen**																
Hebung von technischen Einsparungs- und Qualitätssteigerungspotenzialen																	
11	**Vorgabe von technischen Standards (technische Standardisierung)**									I, T, B, K	I, T, B, K				I, T, B, K	I, T, B, K	I, T, B, K
12	**Zeitnahe Aussagen über technische Abhängigkeiten und deren Auswirkungen**											I, T, B, K					
13	**Betriebsinfrastruktur-Optimierung**																
14	**Erstellung von Vorschlägen für ein adäquates Sourcing**																
Nachhaltige IT-Kostenreduktion																	
15	**Unterstützung der IT-Konsolidierung**									I, T, B, K	I, T, B, K	I, T, B, K			I, T, B, K	I, T, B, K	I, T, B, K
16	**Zeitnahe Aussagen über Machbarkeit und Auswirkungen von IT-Ideen (IS-Bebauungsplanung)**								X, K								
Vorbereitung der IT auf Veränderungen im Business (Flexibilität)																	
17	**Entwicklung und Veröffentlichung von Vorgaben für die IT-Umsetzung**									X, K	X, K				X, K	I, T, B, K	T, B, K
18	**Zeitnahe Aussagen über Machbarkeit und Auswirkungen von Business- und IT-Ideen (Fachliche und IS-Bebauungsplanung im Zusammenspiel)**			G, I, K	G, I, K			G, I, K	X, K			X, K		G, I, K			
19	**Unterstützung von Merger & Acquisitions, Outsourcing und dergleichen**																
Erzeugung von direktem Business-Mehrwert																	
20	**Vorschläge für die Optimierung der Geschäftsarchitektur**				G, I, K		G, K	G, I, K	G, I, K	G, I, K	G, I, K			G, I, K	G, I, K		
21	**Gestaltung der zukünftigen fachlichen Strukturen**																

Legende

X - alle Teilarchitekturen

G - Geschäftsarchitetkur, I - IS-Architektur, T - Technische Architektur, B - Betriebsinfrastruktur-Architektur

K - Kontext

Bild 5.86 Beispiel für Stakeholder-Gruppen und deren Ziele bzw. Nutzen

Empfehlung

Nutzen Sie Visualisierungsbeispiele, um die Möglichkeiten zur Beantwortung der Fragestellungen zu veranschaulichen, denn es gilt: „Ein Bild sagt mehr als tausend Worte."

So kann bei der Auswahl ein größeres Maß an Sicherheit erlangt werden, ob dieser Aspekt wirklich relevant ist. Die verschiedenen Stakeholder erhalten zudem einen besseren Eindruck von Möglichkeiten und lassen sich leichter vom Nutzen von EAM überzeugen.

Um ein Gefühl vom Nutzen für die Stakeholder zu erhalten, müssen Sie den Wert des Ergebnisses für den Stakeholder erfragen. So erhalten Sie Anhaltspunkte, welche Fragestellung welche Priorität für den Stakeholder hat. ■

2. **Führen Sie die Interviews durch.** Ziel des ersten Interviews mit einem Stakeholder ist es, einerseits ein Gefühl für EAM zu vermitteln und andererseits Input für die Konzeption zu erhalten. Nutzen Sie hierzu die vorbereiteten Unterlagen. Im Rahmen der Interviews müssen Sie die Ziele, Fragestellungen, aktuellen Handlungsbedarfe und repräsentativen Beispiele und möglichen Befüllungen der Bezugselemente aus dem Kontext des Stakeholders sammeln.

   a) **Erläutern Sie den möglichen Nutzen** für den konkreten Aufgabenbereich. Steigen Sie hierüber in eine intensive Diskussion der Möglichkeiten von EAM anhand konkreter Problemstellungen des Stakeholders ein. Fragen Sie nach seinem aktuellen Handlungsbedarf.

      Wenn der konkrete Aufgabenbereich des Ansprechpartners unklar ist, müssen Sie diesen abfragen. Zeigen Sie aber, dass Sie sich auf das Gespräch vorbereitet haben und bereits typische Fragestellungen und Sichten der Stakeholder-Gruppen als Diskussionsgrundlage einbringen.

      Wichtig ist auch, dass Sie nach Dokumenten aus dem Kontext des Stakeholders fragen, um diese im Nachgang auszuwerten. Nutzen Sie hierbei die Checkliste (siehe I.4). Bewährt hat sich bei Nicht-Führungskräften auch ein gemeinsames Durchforsten.

   b) **Sammeln Sie die Zielsetzungen und Fragestellungen der Stakeholder.** Hinterfragen Sie die Beweggründe. Lassen Sie den Stakeholder möglichst frei sprechen.

      Konkretisieren Sie die Zielsetzungen dann so weit wie möglich über Fragestellungen. Besprechen Sie diese anhand von konkreten Problemstellungen des Stakeholders. Skizzieren Sie mögliche Ergebnisdarstellungen zur Beantwortung der Fragestellungen und diskutieren Sie diese mit dem Stakeholder.

      Fragen Sie den Stakeholder nach konkreten Beispielen, wie z. B. Steuerkreisunterlagen, oder aber Grobkonzepten von relevanten Projekten.

   c) **Fragen Sie den Stakeholder bezüglich der Relevanz und Priorität der Fragestellungen.** Hinterfragen Sie die Aussagen, falls Sie die Begründungen nicht nachvollziehen können. Soweit zu diesem Zeitpunkt schon möglich, sollten Sie für Fragestellungen, die Sie als unangemessen einschätzen, eine grobe Aufwand-Nutzen-Abwägung machen und diese auch mit dem Stakeholder diskutieren. Nur wirklich relevante Fragestellungen dürfen weiterverfolgt werden.

Nutzenargument	Nr.	Zielsetzung	Reifegrade				
			Initial	Im Aufbau	Transparenz	Planung	Steuerung
Informationsbedarf abdecken							
	1	Verstehen und Aufzeigen von Zusammenhängen und Abhängigkeiten (Überblick herstellen)	S	X	X	X	X
	2	Unterstützung bei der Informationsbeschaffung	S	X	X	X	X
	3	Vereinfachung von Dokumentations- und Berichtspflichten	S	X	X	X	X
	4	Unterstützung bei der Erstellung von Entscheidungsvorlagen		S	X	X	X
	5	Reduzierte Projektvorbereitung und fundierter Input für die Projektabwicklung	S	X	X	X	X
Business-IT-Alignment fördern							
	6	Erzeugung einer gemeinsamen fachlichen Sprachbasis		S	X	X	X
	7	Verknüpfung zwischen Business- und IT-Strukturen		S	X	X	X
Entscheidungs- und Planungssicherheit erhöhen							
	8	Aufdeckung und Handlungsbedarf und Optimierungspotenzial	S	X	X	X	X
	9	Bereitstellung von fundiertem Input für das Projektportfoliomanagement und IT-Entscheidungen			S	X	X
	10	Zusammenhänge, Abhängigkeiten und Auswirkungen von Veränderungen in und zwischen Business und IT aufzeigen	S	X	X	X	X
Hebung von technischen Einsparungs- und Qualitätssteigerungspotenzialen							
	11	Vorgabe von technischen Standards (technische Standardisierung)			S	X	X
	12	Zeitnahe Aussagen über technische Abhängigkeiten und deren Auswirkungen			S	X	X
	13	Betriebsinfrastruktur-Optimierung			S	X	X
	14	Erstellung von Vorschlägen für ein adäquates Sourcing				S	X
Nachhaltige IT-Kostenreduktion							
	15	Unterstützung der IT-Konsolidierung			S	X	X
	16	Zeitnahe Aussagen über Machbarkeit und Auswirkungen von IT-Ideen (IS-Bebauungsplanung)			S	X	X
Vorbereitung der IT auf Veränderungen im Business (Flexibilität)							
	17	Entwicklung und Veröffentlichung von Vorgaben für die IT-Umsetzung				S	X
	18	Zeitnahe Aussagen über Machbarkeit und Auswirkungen von Business- und IT-Ideen (Fachliche und IS-Bebauungsplanung im Zusammenspiel)				S	X
	19	Unterstützung von Merger & Acquisitions, Outsourcing und dergleichen				S	X
Erzeugung von direktem Business-Mehrwert							
	20	Vorschläge für die Optimierung der Geschäftsarchitektur				S	X
	21	Gestaltung der zukünftigen fachlichen Strukturen				S	X

Legende S - Schrittweise annähern
X - erreichbar

Bild 5.87 Erreichbare Zielsetzungen in Abhängigkeit vom EAM-Reifegrad

Aber Vorsicht: Gleichen Sie die im Rahmen der Interviews gesammelten Zielsetzungen mit dem EAM-Reifegrad ab. Hilfestellungen hierfür finden Sie in der Tabelle in Bild 5.87.

Falls Zielsetzungen benannt wurden, die in der nächsten Ausbaustufe nicht erreichbar sind, müssen Sie dies dem Stakeholder während des Interviews verdeutlichen und die Zielsetzung mit einer niedrigeren Priorität versehen. Falls der Stakeholder nicht einverstanden ist, müssen Sie die Zielsetzung mit der vom Stakeholder benannten Priorität aufnehmen und zu einem späteren Zeitpunkt im Rahmen der Workshops oder der Abstimmung mit dem Auftraggeber wieder zum Thema machen.

Wichtig

Durch Zielsetzungen entsteht bei den Stakeholdern eine Erwartungshaltung. Jedoch sind nicht alle Ziele in jedem Reifegrad in der nächsten Ausbaustufe von EAM erreichbar. In der Tabelle in Bild 5.87 finden Sie die Ziele (anhand der Nutzenargumente aus der Tabelle in Bild 5.86) den Reifegraden gegenübergestellt.

Bei niedrigen Reifegraden müssen Sie versuchen, einen spürbaren Nutzen mit einem überschaubaren Aufwand zu erzielen. So bilden einfache Überblicksdarstellungen, wie z. B. Portfolios, und konsistente Listen einen guten Einstieg ins EAM. Überblicksdarstellungen machen Zusammenhänge transparent und erzeugen somit einen „Aha"-Effekt. Listen können die Dokumentationspflichten z. B. im Zusammenhang mit dem Risikomanagement vereinfachen.

Fortgeschrittene Ziele, wie z. B. die Gestaltung der Soll-IS-Landschaft, können erst adressiert werden, wenn eine hinreichend aktuelle, vollständige und qualitativ hochwertige Datenbasis nachhaltig vorliegt.

Neu hinzugenommenen Zielsetzungen müssen Sie sich schrittweise annähern. Über das Feedback auf der Basis der repräsentativen Beispiele und später der Erprobung im Rahmen des Ausrollens in der Breite müssen Sie die Konzeption schrittweise optimieren. ■

d) **Gehen Sie anhand des vorbereiteten Stands der Unternehmensarchitektur die Strukturen im Kontext seiner Fragestellungen gemeinsam mit dem Stakeholder durch.**

Nutzen Sie dabei Beispieldaten, soweit sie schon verfügbar sind. So bekommt der Stakeholder noch mehr Gefühl für die Granularität und Sie Input für die Gestaltung.

Fragen Sie nach möglichen Befüllungen, z. B. Status von Projekten oder im Lifecycle Management. Besonders wichtig sind die Inhalte der Bezugselemente. Bezugselemente sind Listen, die in Bezug zu den Kernbebauungselementen gesetzt werden. Hierzu zählen insbesondere die Listen der fachlichen Bebauungselemente, der technischen Bausteine und Verantwortlichkeiten sowie die Ausprägungen der verschiedenen Attribute wie z. B. Freigabestatus oder Lizenzmodelle.

Fragen Sie nach möglichen Datenquellen. Zählen Sie mögliche Datenquellen auf. Nutzen Sie hierbei die Liste in I.4.

Fragen Sie nach den Systemen, die aktuell im Einsatz sind. Fragen Sie nach dem Einsatzzweck, der Datenqualität und Aktualität und den Pflegeprozessen.

Lassen Sie sich bereits bestehende Daten zeigen.

> **Wichtig**
>
> Sie müssen die Zielsetzungen, Fragestellungen, Ergebnisdarstellungen und Strukturen wirklich verstehen, um sie einerseits hinterfragen und andererseits in der Konzeption berücksichtigen zu können.

3. **Dokumentieren Sie die Interview-Ergebnisse** und stimmen Sie die Ergebnisse per E-Mail/Telefon mit den Stakeholdern (oder gegebenenfalls persönlich; jedoch Vorsicht: Aufwand) mit den Stakeholdern ab. Nutzen Sie zum Quercheck und Konsolidieren auch die bereitgestellten Informationsmaterialien.

   Anhand der Dokumentation der Ziele, Fragestellungen, aktuellen Handlungsbedarfe, repräsentativen Beispiele und möglichen Befüllungen der Bezugselemente sowie der Priorisierungen kann die Konzeption erfolgen. Zudem kann aufgrund des Eindrucks beim Interview auch die Einschätzung des Stakeholders bezüglich seines Interesses an EAM überprüft werden.

III. Workshop I (Projektleiter unterstützt durch das Kernteam)

Ziel des Workshops I: gemeinsames Verständnis über die Methode und Begrifflichkeiten zu schaffen sowie eine initiale konsolidierte Sammlung der Zielsetzungen, Fragestellungen sowie erforderlichen Visualisierungen und aktuellen Handlungsbedarfe abzustimmen und zu priorisieren. Die Zielsetzungen sollten im Rahmen des Workshops I überwiegend festgelegt und damit die Schwerpunkte für die Konzeption gesetzt werden. Im Rahmen von Workshop I sollten Sie zudem bereits das EAM-Werkzeug kurz präsentieren, falls schon festgelegt.

Teilnehmer: Mitglieder des Steuerungsgremiums, Kernteam und erweitertes Team

Dauer: in der Regel zwei bis maximal drei Stunden

> **Wichtig**
>
> Das erweiterte Team sollte, soweit festgelegt, auf jeden Fall am Workshop I teilnehmen. Dies spart eine Menge Zeitaufwand bei den folgenden Interviews, da die Methode und Begrifflichkeiten dann schon bekannt sind. Zudem erfahren die Teammitglieder im Workshop unmittelbar, dass die Führungskräfte (Entscheiderkreis) das EAM-Vorhaben unterstützen, das verleiht dem Vorhaben Nachdruck. Diese Unterstützung haben Sie sich ja spätestens im Rahmen der Interviews gesichert.

4. **Bereiten Sie den Workshop I vor.**
   a) **Erstellen Sie einen Foliensatz, mit dem Sie die Methode, die Ergebnisse und vor allen Dingen den Nutzen von EAM anschaulich präsentieren.**
   Hierfür sollten Sie maximal 20 bis 30 Minuten vorsehen. In diesen Foliensatz sollten Sie unbedingt auch die Projektorganisation und den Zeitplan mit den abgestimmten Workshop-Terminen aufnehmen.

   Die Nutzendarstellung müssen Sie auf die erwartete Soll-Vision und Zielsetzungen hin ausrichten. So steuern Sie die Erwartungshaltung der Teilnehmer.

b) **Konsolidieren Sie die Interview-Ergebnisse und Ihre Soll-Vision und bereiten Sie diese auf.**
Konsolidieren Sie die Ziele, Fragestellungen und deren Ergebnisdarstellungen sowie den aktuellen Status der Überlegungen zur Unternehmensarchitektur. Hier sollten einerseits die Interview-Ergebnisse und andererseits Ihre Überlegungen zur Umsetzung der Soll-Vision einfließen. Nutzen Sie hierbei auch die bereitgestellten Informationsunterlagen. Fordern Sie, wenn notwendig, fehlende Unterlagen bei Mitgliedern des erweiterten oder Kernteams an. Vorsicht bei vorab nicht über das EAM-Vorhaben informierten Personen. Diese müssen Sie erst noch „abholen".

Erstellen Sie Folien, in denen Sie die Zielsetzungen, Fragestellungen und die Visualisierungen zur Beantwortung anschaulich dokumentieren. Nutzen Sie, soweit möglich, die identifizierten repräsentativen Beispiele zur Veranschaulichung.

Erstellen Sie darüber hinaus Folien, in denen die Unternehmensarchitektur mit ihren möglichen Ausprägungen (Beispiele) sowie die möglichen Attribute mit ihren Ausprägungen (z. B. Freigabestatus-Ausprägungen) dargestellt werden.

Heben Sie die offenen Punkte und Entscheidungsbedarfe deutlich hervor. Hierzu zählen auch die strittigen Zielsetzungen, die z. B. nicht reifegradkonform sind. Zeigen Sie die Auswirkungen von Entscheidungen deutlich auf.

c) **Stimmen Sie die Workshop-Inhalte vorab innerhalb des Kernteams und auch mit dem Auftraggeber sowie ggf. weiteren Sponsoren ab.**
Versenden Sie die Folien vorab an zumindest diesen Personenkreis und holen Sie deren Feedback ab. Arbeiten Sie das Feedback, soweit möglich, bereits ein.

Wichtig

Neuen Zielen müssen Sie sich schrittweise annähern. In den Reifegraden „Initial" und „Im Aufbau" sollten Sie ausschließlich daran arbeiten, Transparenz zu schaffen. Erst wenn genügend Erfahrung gesammelt wurde und Know-how aufgebaut ist, sind „höhere" Ziele realistisch umsetzbar. Dies wird in der Tabelle in Bild 5.87 durch ein „S" gekennzeichnet.

Mit der Umsetzung von neuen Zielen bieten Sie den Stakeholdern neue Möglichkeiten an. Durch die Nutzung und Erprobung bekommen Sie Feedback, das Sie zur Optimierung nutzen können. So können Sie Ihr EAM schrittweise erweitern.

Um z. B. das Ziel „Erzeugung einer gemeinsamen fachlichen Sprachbasis" zu erreichen, sind im Allgemeinen viele Iterationen zur Abstimmung des fachlichen Domänenmodells notwendig. Startpunkt bildet in der Regel eine nicht abgestimmte Sammlung der fachlichen Funktionen oder Geschäftsprozesse durch eine kleine Personengruppe. Anhand dessen kann der Nutzen von fachlichen Domänenmodellen aufgezeigt werden. Erst so bekommen Sie die Unterstützung, um den Ausbau voranzutreiben.

Immer wenn Sie eine neue Zielsetzung hinzunehmen, sollten Sie deren Umsetzung erst an einem gewissen Ausschnitt der Dokumentation erproben und nur wenige und dem Thema aufgeschlossene Stakeholder involvieren. Zudem sollten Sie, um möglichst rasch ein Ergebnis zu erzielen, mit einer mäßig hohen Datenqualität einsteigen.

So reicht zu Beginn z. B. im Hinblick auf das Ziel „Erzeugung einer gemeinsamen fachlichen Sprachbasis“ eine initiale Sammlung der Namen von fachlichen Funktionen oder Geschäftsobjekten. Die Abstimmung der Begriffe inklusive deren Beschreibungen (im Wortlaut) kann in einer zweiten Iteration erfolgen. Die initiale Sammlung lässt sich auf diese Weise bereits nutzen, um aufzuzeigen, welche Fragestellungen damit beantwortet werden können. Nach der Erprobung müssen Sie jedoch eine ausreichende Datenqualität herstellen. ■

5. **Führen Sie den Workshop I durch.**
   a) **Stellen Sie das Projekt mit seinen Zielen, Projektorganisation und Zeitplan sowie die bisherigen Aktivitäten (z. B. Liste der Interviews) vor.**
   b) **Erläutern Sie die Methode, die Ergebnisse und vor allen Dingen den Nutzen von EAM anschaulich in maximal zwischen 20 und 30 Minuten.**
   Sie müssen die wesentlichen Aussagen kompakt vermitteln. In dieser Zeit dürfen Sie auch keine ausufernden Diskussionen zulassen, da Sie ansonsten die Aufmerksamkeit der Teilnehmer verlieren.
   c) **Gehen Sie über die konsolidierten Zwischenergebnisse Folie für Folie und holen Sie sich das Okay oder To-dos für jeden offenen Punkt.**
   Dokumentieren Sie dies explizit.
   d) **Fragen Sie, ob Zielsetzungen fehlen.**
   Nutzen Sie hierzu die Liste der entsprechend EAM-Reifegrad erreichbaren Zielsetzungen in der Tabelle in Bild 5.87.

   Moderieren Sie die Diskussion und dokumentieren Sie die Ergebnisse.
   e) **Fassen Sie die Ergebnisse verbal zusammen und erläutern Sie das weitere Vorgehen.**
6. **Dokumentieren Sie die Workshop-Ergebnisse bereits in der zukünftigen Ergebnisstruktur und verteilen Sie den Ergebnisstand an die Workshop-Teilnehmer.**
   Vorläufiger Ergebnisstand (mit noch vielen offenen Punkten):
   - die Zusammenfassung Ihrer Zielsetzungen, Fragestellungen und Visualisierungsempfehlungen sowie deren Prioritäten, jeweils zugeordnet zu Stakeholder-Gruppen, sowie die offenen Punkte
   - der aktuelle Stand Ihrer Unternehmensarchitektur (Bebauungselementtypen, Kern- und erweiterte Attribute und Steuerungsgrößen sowie Beziehungen) und deren Stufung sowie die offenen Punkte

IV. Erste Runde der Interviews nach Workshop I vervollständigen (Projektleiter und Mitglieder des Kernteams)

Vervollständigen Sie nach dem ersten Workshop die Einzel-Interviews mit dem erweiterten Kernteam. Nutzen Sie im Interview für die Ermittlung die Fragestellungen der Stakeholder eine vorbereitete Liste von typischen Fragestellungen aus dem Kontext des Stakeholders mit den entsprechenden Visualisierungsbeispielen und typischen Attributen. Für die Vorbereitung können Sie auch die Liste der typischen Fragestellungen aus Download-Anhang D nutzen (Struktur siehe Bild 5.88). Weitere Details bezüglich Zielen, Vorbereitung, Vorgehen und Ergebnissen siehe Schritt II.

	Notwendige Strukturen – Fachlich: 1 - Fachliche Domänen	2 - Geschäftsprozesse	3 - Fachliche Funktionen	4 - Produkte	5 - Geschäftspartner	6 - Vertriebskanäle	7 - Geschäftseinheiten	8 - Geschäftsobjekte	IS: 9 - Informationssystem-Domänen	10 - Informationsobjekte	11 - Informationssysteme	12 - Schnittstellen	Tec: 13 - Technische Domänen	14 - Technische Bausteine	B: 15 - Infrastruktur-Elemente	K: Kontext	Beziehungen	Attribute
Zielsetzung 1																		
F11 Fragestellung 1		✓							✓						✓			
F12 Fragestellung 2			✓	✓	☒	☒	☒		✓								Fachliche Zuordnung zwischen GP und IS	Produktivitätszeitraum
F13 Fragestellung 3		✓													✓			
... ...																		
Zielsetzung 2																		
F21 Fragestellung 1		☒		✓	☒	☒	☒		✓		✓	✓						
F22 Fragestellung 2				✓				✓	✓		✓		✓				...	SLA-Anforderung
F23 Fragestellung 3		☒	✓		☒	☒	☒											
... ...																		

	Ergebnistypen: Fachliches Domänenmodell	Informationssystem-Cluster-Grafik	Blueprint-Grafik	Infrastruktur-Cluster-Grafik	Typische Bebauungsplan-Grafik	Fachliche Bebauungsplan-Grafik	Technische Bebauungsplan-Grafik	Portfolio-Grafik	Informationsfluss-Grafik	Cluster-Informationsfluss-Grafik	Swim-Lane Darstellung von Geschäftsprozessen	Zuordnungstabelle	Life-Cycle-Grafik	Masterplan-Grafik	Plattform-Grafik	IT-Roadmap-Grafik	Nachfolger-Grafik	Einfache Liste	Muster
Zielsetzung 1																			
F11 Fragestellung 1	☒	✓							✓										
F12 Fragestellung 2	☒			✓	☒			☒			✓	☒			☒	☒	☒		BP-GP/GE-IS-Geschäftskritikalität
F13 Fragestellung 3		✓	☒						✓	☒							☒		
... ...																			
Zielsetzung 2																			
F21 Fragestellung 1	☒	✓							✓										
F22 Fragestellung 2	☒			✓							✓					☒			BP-GP/GE-IS-TB-Standardkonformität
F23 Fragestellung 3		✓	☒			☒	☒		✓	☒			☒	☒			☒		
... ...																			

	Stakeholder-Gruppen: Unternehmensführung	Verantwortliche für Compliance oder Sicherheit	Projektportfoliomanager	Business-Planer	Controller	Leiter Organisation	Business-Verantwortlicher	Projektleiter	CIO / IT-Verantwortlicher	IT-Stratege	IS-Verantwortlicher	Partner und Lieferant	Unternehmensarchitekt
Zielsetzung 1													
F11 Fragestellung 1									✓				
F12 Fragestellung 2						✓			✓				
F13 Fragestellung 3						✓			✓				
... ...													
Zielsetzung 2													
F21 Fragestellung 1			✓										
F22 Fragestellung 2						✓			✓				
F23 Fragestellung 3						✓			✓				
... ...													

☒ alternativ erforderliche Strukturen
✓ erforderliche Strukturen

☒ mögliche Visualisierung
✓ präferierte Visualisierung

☒ optional
✓ hohe Priorität

Bild 5.88 Liste von typischen Fragestellungen mit Empfehlungen

Nutzen Sie hierbei aber die Ergebnisse des Workshops I. Holen Sie zudem Feedback zum Workshop ein, wenn der Stakeholder am Workshop teilgenommen hat.

Wichtig

Wenn Ihnen vorab aussagekräftige Unterlagen zur Verfügung stehen, sollten Sie hier nach möglichen repräsentativen Beispielen suchen. Anhand von repräsentativen Beispielen aus dem Kontext des Stakeholders können Sie diese besser abholen.

Im Interview müssen Sie zu Beginn bei allen Stakeholdern, die nicht am Workshop I teilgenommen haben, die Methode, die Begriffe und insbesondere die Ziele und Nutzen von EAM nochmals kurz einführen. So vermeiden Sie Missverständnisse und die Erwartungshaltung an EAM wird „justiert". Dies ist wichtig, da viele Stakeholder noch keine wirkliche Vorstellung vom Enterprise Architecture Management haben und in ihren Detailwelten wie z. B. Infrastrukturen, Datenmodellen oder aber detaillierten Prozessablaufbeschreibungen verhaftet sind. Sie müssen den richtigen Grad an Abstraktion und dessen Nutzen verstehen, um einen guten Input liefern zu können.

Anhand des konkreten Handlungsbedarfs und der repräsentativen Beispiele aus dem Kontext der Stakeholder kann der Nutzen von EAM für die Stakeholder greifbar transportiert werden.

Fragen Sie nach den konkreten Problemstellungen des Stakeholders. Diskutieren Sie Lösungsmöglichkeiten anhand von Visualisierungen repräsentativer Beispiele aus dem Umfeld des Stakeholders. „Ergründen" Sie die eingebrachten Fragestellungen.

V. Workshop II (Projektleiter und Kernteam)

Ziel des Workshops II: Verabschiedung der Zielsetzungen, Abstimmung des Zwischenstands der Fragestellungen und Ergebnisdarstellungen anhand von repräsentativen Beispielen sowie der Struktur, Befüllungen der Unternehmensarchitektur und der groben Eckwerte für die EA-Governance

Teilnehmer: Mitglieder des Steuerungsgremiums und Kernteams und festgelegte Mitglieder des erweiterten Teams

Dauer: in der Regel zwei bis maximal drei Stunden

1. **Vorbereitung des Workshops:** Konsolidieren Sie die Ergebnisse aus dem Workshop I und die Interviewergebnisse und bereiten Sie diese auf.
   a) **Dokumentieren Sie die Ziele, Fragestellungen und Ergebnisdarstellungen und deren Prioritäten.**
   Konsolidieren Sie die Ziele, Fragestellungen und Ergebnisdarstellungen, die Sie im Workshop I und in den Interviews ermittelt haben. Versuchen Sie, Lösungsvorschläge für die offenen Punkte zu machen. Erstellen Sie Ergebnisdarstellungen für alle bisher gesammelten Fragestellungen und stellen Sie diese übersichtlich auf einer Folie dar. Heben Sie die noch offenen Punkte, wie z. B. die Ausprägungen des Gesundheitszustands, hervor.

Überprüfen Sie zudem nochmals, ob die Ziele entsprechend des Reifegrads überhaupt erreichbar sind. Nutzen Sie hierzu die Tabelle in Bild 5.87.

b) **Ermitteln Sie die für die Beantwortung der Fragestellungen erforderlichen Informationen.**
Die Bebauungselemente, Beziehungen, Kern- und erweiterten Daten sowie Steuerungsgrößen können Sie insbesondere aus den Visualisierungsbeispielen zur Beantwortung der Fragestellungen ableiten, die Sie im Rahmen der Diskussion mit den Stakeholdern erstellt haben. Dokumentieren Sie insbesondere auch die Ausprägungen der Bezugselemente sowie von Attributen. Falls noch nicht festlegbar, erstellen Sie einen Vorschlag und markieren Sie diesen als offenen Punkt für die Abstimmung im Workshop.

Im Download-Anhang D finden Sie eine konsolidierte Liste von Fragestellungen, sortiert nach Zielsetzungen. Jeder Fragestellung sind die erforderlichen Bebauungselemente, Beziehungen zwischen den Bebauungselementen, zusätzlich erforderliche Attribute und eine Empfehlung für die Visualisierung zugeordnet. Die Struktur der Liste stellt Bild 5.88 dar.

Starten Sie mit der Dokumentation Ihrer Modellierungsrichtlinien. Siehe hierzu Abschnitt 8.3.2 und Download-Anhang F.

c) **Analysieren Sie die Datenbeschaffung.**
Ermitteln Sie für alle festgelegten Bebauungselementtypen, Beziehungen und Attribute, entlang welchen Prozesses von welchem Datenlieferanten wann und wie angetriggert die Daten bereitgestellt werden. Beginnen Sie mit der Erstellung eines Pflegekonzepts (siehe Abschnitt 5.9).

d) **Bewerten Sie den Aufwand für die Datenbeschaffung.**
Letztendlich steht die Frage dahinter: „Wie können welche der erforderlichen Daten mit welcher Qualität, Aktualität und mit welchem Aufwand beschafft werden?" Die drei Dimensionen Qualität, Aktualität und Aufwand sind für die Bewertung in Kombination ausschlaggebend:

Qualität: Nur, wenn die Daten mit einer hinreichenden Datenqualität zur Verfügung stehen, sind sie sinnvoll verwendbar. Nur wenn sichergestellt ist, dass die Daten konsistent und mit einer einheitlichen Granularität dokumentiert sind, können Aussagen daraus abgeleitet werden. Häufig reicht für die Erprobung aber auch eine Einstiegsqualität.

Aktualität: Wenn die Daten nicht kontinuierlich und zeitnah zu einer Veränderung gepflegt werden, sind die Datenbasis und damit auch die Analyseergebnisse nicht aktuell und somit ggf. nicht brauchbar. Der Nutzen von EAM wird in Frage gestellt, da keine Verlässlichkeit gegeben ist.

Aufwand: Der Aufwand für die kontinuierliche Datenpflege in einer hinreichenden Datenqualität muss im Verhältnis zum Nutzen stehen. Wenn große Anstrengungen unternommen werden müssen, um z. B. Betriebsinfrastrukturdaten auf einem für EAM sinnvollen Level zu ermitteln, und der Nutzen nicht besonders groß ist, sollte man zunächst darauf verzichten. Je größer der Aufwand, desto geringer im Allgemeinen die Akzeptanz. Der Pflegeaufwand muss „vertretbar" sein. Möglichst effiziente und einfache Wege der Datenbeschaffung gilt es zu finden. Lassen sich z. B. die Daten automatisiert bereitstellen, kann man ggf. eine Doppelerfassung vermeiden.

e) **Stellen Sie Aufwand und Nutzen für die Datenbeschaffung einander gegenüber.** Im Rahmen der Festlegung Ihrer Unternehmensarchitektur müssen Sie einen Abgleich zwischen den für die Beantwortung der Fragestellungen erforderlichen Informationen und den über Datenlieferanten beschaffbaren Informationen machen.

Die Analyse im Hinblick auf die Datenbeschaffung führt häufig zu einer Stufung. Nur die Ergebnisdarstellungen für Fragestellungen, die mit „bereitstehenden" oder mit vertretbarem Aufwand beschaffbaren Daten erstellt werden können, sollten in einer ersten Stufe umgesetzt werden.

Machen Sie einen Vorschlag für die Stufung.

Empfehlung

Der Nutzen lässt sich häufig nur schwer quantifizieren. Eine Abschätzung des Aufwands reicht häufig, um einzuschätzen, ob Fragestellungen wirklich wichtig sind. Wesentlich ist auch, wie in Abschnitt 4.4 ausgeführt, den Wert für den Stakeholder zu erfragen.

Konfrontieren Sie die Nutznießer mit dem Aufwand zur Beantwortung Ihrer Fragestellungen und stellen Sie diesen den Wert für den Stakeholder gegenüber. So fällt in der Regel ein gewisser Anteil der Fragestellungen weg.

Häufig reicht im Hinblick auf neue Zielsetzungen eine Einstiegsqualität der Datenbasis völlig aus. Typische Beispiele hierfür sind rudimentäre, noch nicht vollständig abgestimmte Listen von fachlichen Funktionen und/oder Geschäftsobjekten.

Durch eine solche rudimentäre Liste von fachlichen Funktionen kann über eine Bebauungsplangrafik z. B. die funktionale Abdeckung gut aufgezeigt werden. Der Nutzen wird so für Fachbereiche und Business Manager bereits sichtbar. So finden Sie Sponsoren für die Weiterentwicklung von EAM.

Die Darstellung des Informationsflusses über nicht abgestimmte Geschäftsobjektnamen ist ein weiteres verbreitetes Beispiel für eine niedrige Einstiegsqualität. Durch die Darstellung der Geschäftsobjekte in einer Informationsflussgrafik wird es einfacher, die gegenseitigen Abhängigkeiten unter den Informationssystemen zu verstehen. ■

f) **Dokumentieren Sie den daraus resultierenden Stand der Unternehmensarchitektur** mit allen offenen Punkten und vorgeschlagener Stufung übersichtlich in einer Präsentation. Offene Punkte können bezüglich Verwendung von Bebauungselementen, Beziehungen, Attributen, Ausprägungen dieser sowie der Datenherkunft, -qualität, -granularität, Vollständigkeit, Aktualität, Verantwortlichkeiten oder der Datenbeschaffung bestehen.

Wichtig

Dokumentieren Sie die erwartete Datenqualität pro Bebauungselementtyp, Attribut oder Beziehung im Konzept. So wird die Erwartungshaltung hinsichtlich der Analyseergebnisse gesteuert. ■

g) **Rekapitulieren Sie die Ergebnistypen zur Beantwortung der Fragestellungen.** Überprüfen Sie, ob die Fragestellungen mit den beschaffbaren Daten (oder der Datenqualität) überhaupt beantwortbar sind. Erstellen Sie auch hier einen Vorschlag für die Stufung und notieren Sie diesen und ggf. weitere offene Punkte. Bereiten Sie dies für den nächsten Workshop grafisch auf.

h) **Bereiten Sie die Eckwerte Ihrer EA-Governance zur Abstimmung vor.** Wesentlich sind insbesondere der organisatorische Unterbau von EAM (Rollen und deren Besetzung sowie Gremien) und die Steuerungsaufgaben, aus denen Sie später Ihre Steuerungsgrößen ableiten.

   Skizzieren Sie hierzu alternative Vorschläge für die Organisation und listen Sie die Steuerungsaufgaben auf (siehe Abschnitt 5.9).

i) **Stimmen Sie die Workshop-Inhalte vorab innerhalb des Kernteams und auch mit dem Auftraggeber und dem Steuerungsgremium ab.** Versenden Sie die Folien vorab zumindest an diesen Personenkreis, holen Sie dessen Feedback ein und arbeiten Sie dieses entsprechend ein.

j) **Stimmen Sie mit dem Steuerungsgremium (oder ggf. nur Ihrem Auftraggeber) die Teilnehmer für den Workshop II aus dem erweiterten Projektteam ab.**

2. **Durchführung des Workshops**

a) **Fassen Sie den Status des EAM-Projekts und die bisherigen Aktivitäten zu Beginn kurz zusammen.**

b) **Gehen Sie über die Folien der vorbereiteten Zielsetzungen und holen Sie sich das OK für diese.** Die Zielsetzungen und deren Prioritäten sollten im Verlauf von Workshop II finalisiert werden. Falls es noch offene Punkte gibt, nehmen Sie diese auf und bringen Sie sie im Kontext der zugeordneten Fragestellungen nochmals zur Diskussion.

c) **Gehen Sie über die konsolidierten Zwischenergebnisse** zu Fragestellungen und Unternehmensarchitektur inklusive Empfehlung für die Stufung. Holen Sie sich Folie für Folie das Okay für die Vorschläge und stimmen Sie die offenen Punkte soweit möglich ab. Dokumentieren Sie das OK sowie die restlichen offenen Punkte explizit.

Empfehlung

Fassen Sie Fragestellungen und deren Antworten, die den gleichen Ergebnistyp nutzen, in einer Folie zusammen. Nutzen Sie hierzu die ermittelten repräsentativen Beispiele. So können Sie am anschaulichen „Objekt" die offenen Fragen abstimmen. Als Strukturierung eignen sich die Themengebiete in den EAM-Einsatzszenarien aus Kapitel 4.

Gehen Sie konkret die Liste der Bezugselemente (s. o.) durch und klären Sie die offenen Punkte. Nutzen Sie hierzu jeweils eine Folie pro Bezugselement, wie z. B. Geschäftsprozesse oder Ausprägungen des Freigabestatus. ■

d) **Fragen Sie, ob Fragestellungen oder Datenaspekte fehlen.** Wenn ja, nehmen Sie diese oder aber nur den Hinweis auf, dass dies im Rahmen des nächsten Interviews mit dem betreffenden Stakeholder zu klären ist. Analog gehen Sie für Zielsetzungen vor, wenn diese nicht im Rahmen der Diskussion der Fragestellungen beantwortbar waren.

e) **Zeigen Sie vorbereitete Skizzen bezüglich der EAM-Organisation und Steuerungsaufgaben.**
Moderieren Sie eine Diskussion. Notieren Sie die wesentlichen Aussagen.

f) **Fassen Sie die Ergebnisse verbal zusammen und erläutern Sie das weitere Vorgehen.**

3. **Dokumentieren Sie die Workshop-Ergebnisse bereits in der zukünftigen Ergebnisstruktur** und verteilen Sie den Ergebnisstand an die Workshop-Teilnehmer. Vorläufiger Ergebnisstand (mit ggf. noch einigen offenen Punkten):
   - verabschiedete Zielsetzungen, gesammelte Fragestellungen und Visualisierungsempfehlungen sowie deren Prioritäten, jeweils zugeordnet zu Stakeholder-Gruppen, sowie die offenen Punkte,
   - aktueller Stand Ihrer Unternehmensarchitektur, der Inhalte der Bezugselemente, Ausprägungen der Attribute und deren Stufung sowie die offenen Punkte,
   - aktueller Stand von Modellierungsrichtlinien, Pflegekonzept, Steuerungsaufgaben sowie der EAM-Organisation sowie die offenen Punkte.

VI. Interviews vor oder nach dem Workshop II

Führen Sie mit allen Mitgliedern des Steuerungskreises und erweiterten Teams Interviews durch. Ziel ist dabei, die Stimmung bzgl. EAM einzufangen und die Lösungsvorschläge für die Fragestellungen der Stakeholder zu finalisieren. Stakeholdern, die im Kontext der EA-Governance relevant sind, müssen Sie zudem aufzeigen, wie ihre Steuerungsaufgaben unterstützt werden, und dies mit ihnen abstimmen. Darüber hinaus sollten Sie bei diesen Stakeholdern anhand Ihrer EAM-Organisationsvorschläge deren Unterstützung und Besetzungsvorschläge ermitteln.

Die Interviews müssen Sie, wie schon ausgeführt, vorbereiten, durchführen und im Anschluss nachbereiten.

Nach dem Workshop II

Nach dem Workshop II liegen die Zielsetzungen, Fragestellungen, geforderten Ergebnistypen bereits in einer hohen Qualität vor. Auf dieser Basis kann die Werkzeugevaluierung und -entscheidung final erfolgen, falls das Werkzeug nicht ohnehin schon vorher feststeht.

Das Werkzeug, ggf. in einer Teststellung, sollte dann möglichst schnell aufgesetzt und konfiguriert werden. Zudem sollten die Basisstrukturen im Werkzeug festgelegt werden, d. h. u. a. die Unternehmensarchitektur und deren Befüllung sowie insbesondere die Ergebnistypen.

Mit dem Coaching und der Übergabe an die zukünftigen Unternehmensarchitekten sollte möglichst früh begonnen werden. Idealerweise sind die Unternehmensarchitekten Teil des Kernteams und gestalten die Konzeption aktiv mit. Bei großen Organisationen ist der Kreis der zukünftigen Unternehmensarchitekten sehr groß. Diese sollten über Ihren Lead-Architekten (siehe Abschnitt 5.9) als Multiplikator ausgebildet, gecoacht und abgeholt werden. Wenn die Unternehmensarchitekten erst später zur Verfügung stehen, wird es schwieriger, sie zu begeistern. Diese Aufgabe fällt dem EAM-Verantwortlichen oder einem seiner Teammitglieder zu.

VII. Workshop III

Ziel des Workshops III: Verabschiedung der Zielsetzungen, Fragestellungen, Ergebnisdarstellungen sowie der Struktur und Befüllungen der Unternehmensarchitektur sowie Abstimmung und Verabschiedung der wesentlichen Festlegungen zur EA-Governance

Teilnehmer: Mitglieder des Steuerungsgremiums und Kernteams und festgelegte Vertreter des erweiterten Teams

Dauer: in der Regel zwei bis maximal drei Stunden

1. **Vorbereitung des Workshops:** Konsolidieren Sie die Ergebnisse aus dem Workshop II und die Interviewergebnisse und bereiten Sie diese auf. Führen Sie hierzu analoge Aktivitäten wie bei der Vorbereitung des Workshops II durch. Das Ziel ist aber die Finalisierung der Strukturen und eine grobe Festlegung der EA-Governance. Dabei liegen die Schwerpunkte auf:

   a) **Festlegung der Stufung**
   Bilden Sie anhand der Prioritäten der verabschiedeten Fragestellungen, Ergebnistypen und Unternehmensarchitekturaspekte die Stufung. Stellen Sie für die nächste Ausbaustufe sicher, dass die Elemente untereinander konsistent sind. Falls doch noch offene Punkte bestehen, klären Sie diese in Abstimmung mit dem Auftraggeber oder verschieben Sie sie explizit in die finale Liste der offenen Punkte.

   Die Endausbaustufe ergibt sich aus den niedriger priorisierten Zielen und Fragestellungen sowie der Soll-Vision.

   b) **Erstellen Sie das Pflegekonzept für die erste Ausbaustufe.**
   Überprüfen Sie, ob die Pflege für alle Daten festgelegt und die Daten mit einem akzeptablen Aufwand-Nutzen-Verhältnis beschaffbar sind. Falls noch Punkte offen sind, nehmen Sie diese in die Klärungsliste für den nächsten Workshop mit auf.

   c) **Konfigurieren und erfassen oder übernehmen Sie bereits die Bezugsdaten und die Daten der repräsentativen Beispiele in das EAM-Werkzeug.**
   Dieses sollte spätestens nach dem zweiten Workshop ausgewählt und zumindest in einer Teststellung aufgesetzt werden.

   d) **Bereiten Sie die EA-Governance-Aspekte zur Abstimmung vor.**
   Wesentlich sind insbesondere der organisatorische Unterbau von EAM (Rollen und deren Besetzung sowie Gremien) und die Steuerungsaufgaben, aus denen Sie später Ihre Steuerungsgrößen ableiten.

   Erstellen und dokumentieren Sie den aktuellen Stand Ihres Organisationsvorschlags. Nutzen Sie hierbei die Hilfestellungen aus Abschnitt 5.9. Fassen Sie die Steuerungsaufgaben zusammen. Gleichen Sie diese mit dem EAM-Reifegrad ab und ermitteln Sie mögliche Steuerungsgrößen (siehe hierzu Abschnitt 5.9.3).

   Analysieren Sie die Datenbeschaffung für die Steuerungsgrößen und machen Sie Vorschläge bezüglich der Datenbeschaffung.

   e) **Machen Sie einen Vorschlag für das Planungsinstrumentarium**, falls dies in Ihrem Projekt bereits relevant ist. Stimmen Sie diesen Vorschlag im Kernteam und mit dem Steuerungsgremium ab. Die Abstimmung erfolgt häufig über Einzelgespräche vor dem nächsten Workshop.

   f) **Stimmen Sie mit dem Steuerungsgremium (oder ggf. nur Ihrem Auftraggeber) die Teilnehmer für den Workshop III aus dem erweiterten Projektteam ab.**

2. **Durchführung und Nachbereitung des Workshops**
   a) **Fassen Sie den Status des EAM-Projekts und die bisherigen Aktivitäten zu Beginn kurz zusammen.**
   b) **Hängen Sie die Ergebnisdarstellungen aus.**
   Erzeugen Sie Ergebnistypen für die wichtigsten Fragestellungen, idealerweise aus dem EAM-Werkzeug heraus. Hängen Sie diese im Workshop-Raum aus. Dies regt in der Zeit vor dem Workshop zu Diskussionen an. Zudem wird der Nutzen deutlich wahrgenommen.

   Gehen Sie über die Folien der konsolidierten Ergebnisse zu Fragestellungen und Unternehmensarchitektur inklusive Empfehlung für die Stufung sowie Pflegekonzept, holen Sie sich Folie für Folie das Okay für die Vorschläge und stimmen Sie die offenen Punkte soweit möglich ab. Ziel ist die Finalisierung der Strukturen. Dokumentieren Sie das OK explizit. Falls noch offene Punkte bestehen, müssen Sie das weitere Vorgehen mit dem Auftraggeber abstimmen.

> **Wichtig**
> Im Rahmen der Abstimmung der Inhalte der Unternehmensarchitektur stimmen Sie indirekt auch die Modellierungsrichtlinien (z. B. wie viele Ebenen Geschäftsprozesse?) ab. ■

   c) **Führen Sie die vorbereitete EAM-Organisation und Steuerungsgrößen sowie das Planungsinstrumentarium zur Verabschiedung.**
   Stellen Sie den Stand der Überlegungen vor. Moderieren Sie die Diskussion und führen Sie für alle offenen Punkte eine Entscheidung herbei.
   d) **Fassen Sie die Ergebnisse verbal zusammen und erläutern Sie das weitere Vorgehen.**
   e) **Dokumentieren Sie die Workshop-Ergebnisse in der zukünftigen Ergebnisstruktur** und verteilen Sie den Ergebnisstand an die Workshop-Teilnehmer. Dies ist der vorläufige endgültige vollständige Ergebnisstand (mit ggf. noch sehr wenigen offenen Punkten).

Optional: Bestandsaufnahme

Für die Erprobung der Konzeption ist, wie schon ausgeführt, eine Pilotierung innerhalb eines repräsentativen Ausschnitts erforderlich.

Häufig wird diese Pilotierung im Rahmen der Konzeption mit übernommen. Für den festzulegenden Ausschnitt werden die Strukturen, wie im Konzept festgelegt, erfasst. Dies sollte idealerweise direkt von den zukünftigen Verantwortlichen durchgeführt werden. Hierzu müssen diese vorher durch Schulungen und Coaching befähigt werden.

Bei der Bestandsaufnahme wird in der Regel in drei Schritten vorgegangen:

1. Identifikation der Schlüsselpersonen aus dem zu erfassenden Umfeld sowie Abstimmung ihrer Verfügbarkeit mit der entsprechenden Führungskraft
2. Information der Schlüsselpersonen über das Vorhaben und die Methode für die Bestandsaufnahme

3. Durchführung von Bestandsaufnahme-Workshops mit den Schlüsselpersonen (ggf. in Gruppen):
   a) Ermittlung und Erfassung aller Bezugselemente, soweit diese nicht ohnehin schon im Rahmen der Konzeption festgelegt wurden
   b) Erstellung des fachlichen Bezugsrahmens für den fachlichen Ausschnitt
   c) Erfassung der Informationssysteme in diesem fachlichen Bezugsrahmen erstmals als eine Liste; Sammlung und Abstimmung der einzelnen Listeneinträge
   d) Ermittlung der Abhängigkeiten zwischen den Informationssystemen z. B. auf einer Metaplan-Wand über eine Zuordnungstabelle; gegebenenfalls mit weiteren Informationen, wie z. B. der Informationsfluss angereichert (falls Teil des Konzepts)
   e) Dokumentation der detaillierten Abhängigkeiten zwischen den Informationssystemen über Kontextsichten (falls Teil des Konzepts)
   f) Generieren Sie die vorbereiteten Sichten aus dem EAM-Werkzeug heraus und stellen Sie diese den Schlüsselpersonen zur Verfügung.

Nutzen Sie hierbei soweit möglich vorhandene Datensammlungen.

Wichtig

Überprüfen Sie zusammen mit den Schlüsselpersonen die Vollständigkeit, Aktualität, Granularität und Qualität vorhandener Datensammlungen, bevor Sie diese in die Bebauungsdatenbasis übernehmen. ■

VIII. „Feinschliff" und finale Übergabe an die Linie

1. **Stellen Sie die Konzeption fertig.** Berücksichtigen Sie das eingegangene Feedback. Stimmen Sie das Endergebnis innerhalb des Kernteams und mit dem Steuerungsgremium ab.
2. **Befüllen Sie das Werkzeug entsprechend der festgelegten Strukturen und Ausprägungen** sowie mit den repräsentativ erfassten Ausschnitten sowie den Ergebnissen aus der optionalen Bestandsaufnahme. Führen Sie eine erste Qualitätssicherung durch.
3. **Konfigurieren Sie das Werkzeug** entsprechend der Festlegungen im Pflegekonzept. Hier sind insbesondere die Rollen und Berechtigungen sowie vorgefertigte Ergebnistypen zugeordnet zu den entsprechenden Stakeholder-Gruppen von Belang.
4. **Informieren, coachen und schulen** Sie alle, die laut Pflegekonzept oder der anderen EAM-Prozesse eingebunden werden.

   Hinweis: In der Regel sollten alle wesentlichen EAM-Schlüsselpersonen ins Projekt eingebunden werden bzw. es sollte über Lead-Architekten sichergestellt werden, dass diese eingebunden werden.
5. **Veröffentlichen Sie die Ergebnisse** und schalten Sie das Werkzeug entsprechend der Berechtigungen frei.
6. **Bereiten Sie eine Abschlusspräsentation vor**, in der Sie allen Projektbeteiligten anschaulich und prägnant die Ergebnisse vorstellen. Übergeben Sie formal die Ergebnisse an die Linie.

Wichtig

Schaffen Sie die Voraussetzungen für eine erfolgreiche EAM-Einführung:

- Beschränken Sie sich auf das Wesentliche.
- Mit jeder zusätzlichen Information, jedem Bebauungselement und jeder Beziehung nimmt der Aufwand im Hinblick auf eine hinreichend aktuelle, vollständige und konsistente Bebauung erheblich zu.
- Schätzen Sie Ihren aktuellen Reifegrad realistisch ein. So steuern Sie die Erwartungshaltung der Anwender.
- Achten Sie auf die richtige Granularität. Bei zu feingranularen Informationen sehen Sie den Wald vor lauter Bäumen nicht mehr.
- Gestalten Sie ein auf Ihre Ziele und Fragestellungen zugeschnittenes EAM Framework. Wesentlich hierfür sind die Identifikation der Nutznießer und die Analyse ihrer Fragestellungen.
- „Think big & Start small"
- „Kitzeln" Sie den Entscheidungsbedarf und die Fragestellungen aller potenziellen Nutznießer aus diesen heraus. Erstellen Sie eine Gesamtkonzeption und setzen Sie diese in überschaubaren Schritten um. Achten Sie darauf, dass keine Wunschlistenmentalität mit unklaren Prioritäten und Aktivitäten Einzug hält.
- Achten Sie auf angemessene Strukturen und Pflegbarkeit; vermeiden Sie „Modellitis"! Beschränken Sie sich auf die Daten, die Sie für die Beantwortung der Fragestellungen wirklich benötigen.
- Stellen Sie sicher, dass alle für die Beantwortung der Fragestellungen erforderlichen Daten in einem angemessenen Aufwand-Nutzen-Verhältnis kontinuierlich bereitgestellt werden.
- Etablieren Sie einfache Pflegeprozesse und eine gute Werkzeugunterstützung.
- Integrieren Sie diese so früh wie möglich in die Planungs-, Durchführungs- und Entscheidungsprozesse. So können Sie die kontinuierliche Pflege der Daten sicherstellen.

5.8 EAM-Reifegrad

Sowohl die Einführung von EAM als auch die EA-Governance müssen abhängig vom jeweiligen Reifegrad gestaltet werden. Je geringer die Reife im EAM eines Unternehmens, desto pragmatischer muss EAM angegangen werden. Bei einem niedrigen Reifegrad haben die Unternehmensarchitekten noch wenig Einfluss. Mit steigendem Reifegrad nimmt der Einfluss der Unternehmensarchitekten oder deren Managementvertreter zu. Mit niedrigem Reifegrad sollte eine kleine, eher „zentralistische" EAM-Organisation (siehe Abschnitt 5.9) gewählt und z. B. die Bebauungsplanung nicht in der ersten Einführungsstufe angegangen werden.

Die Bebauungsplanung erfordert eine hinreichend aktuelle und qualitativ hochwertige Bebauungsdatenbasis als Grundlage für die Analyse und Gestaltung der Ziellandschaft. Voraussetzung für eine dauerhaft qualitativ hochwertige Bebauungsdatenbasis sind aber gut etablierte Pflegeprozesse. Die Pflegeprozesse müssen in Planungs-, Durchführungs- und Entscheidungsprozesse integriert sein. Hierzu müssen viele Stakeholder eingebunden und überzeugt werden. Bis funktionierende Pflegeprozesse in den IT- und Entscheidungsprozessen verankert sind, vergehen in der Regel einige Jahre bei einem kontinuierlich hohen Engagement der Unternehmensarchitekten. Siehe hierzu auch ein Zitat von Brian Burke, in [Gar08]:

> *„EA programs typically take three years to become mature. Start small. Pick low-hanging fruit. Build credibility. Develop the EA program through multiple iterations. Speed before breadth, breadth before depth.“*

Über Reifegradmodelle wie z. B. das Cobit- oder ITIL-Reifegradmodell (siehe [Joh11], [itS08] und [Luf00]) kann das Potenzial in den Prozessen ermittelt werden. So lassen sich Lücken insbesondere in den kritischen Prozessen identifizieren und gegenüber dem Management aufzeigen.

Für die Einschätzung des EAM-Reifegrads ist jedoch eine umfassendere Betrachtung notwendig. Nur so erhält man ein vollständiges Bild der aktuellen Ausgangslage. Für die Einschätzung müssen die Inhalte, Prozesse, Organisation, Wirksamkeit und Werkzeugunterstützung betrachtet werden. Folgende Aspekte sind dabei wichtig:

- **Dokumentationsgrad und -methodik**
  - **Fachliche Abdeckung**
    Wurden eine Stakeholder-Analyse durchgeführt, die wesentlichen Stakeholder identifiziert und deren Ziele und Fragestellungen adressiert? Wurde persönlicher Nutzen für die Stakeholder identifiziert?

    Wurden eine Aufwand-Nutzen-Betrachtung angestellt und die wesentlichen Fragestellungen und die dafür erforderlichen Strukturen und Ergebnisdarstellungen ermittelt? Sind alle dafür erforderlichen Strukturen und Ergebnisdarstellungen verfügbar? Wird der erwartete persönliche Nutzen für die Stakeholder tatsächlich erreicht?
  - **Methode**
    Gibt es eine dokumentierte Methode? Wie systematisch ist diese?

    Wie durchgängig? Wird sowohl Transparenz geschaffen als auch ein Planungs- und Steuerungsinstrumentarium bereitgestellt? Gibt es Informationsservices?

    Wie agil kann auf veränderte Anforderungen reagiert werden? Werden schnell werthafte Lösungen geliefert?
  - **Vollständigkeit**
    Sind alle Teilarchitekturen und deren Zusammenspiel wie z. B. das Business-Alignment entsprechend der Konzeption adressiert?

    Sind alle Unternehmensteile oder aber nur Ausschnitte dokumentiert? Ähnlich vollständig oder gibt es hier erhebliche Unterschiede?
  - **Granularität, Aktualität, Qualität und Konsistenz**
    Gibt es Vorgaben für die Dokumentation? Sind Modellierungsrichtlinien (siehe Abschnitt 5.9) festgelegt?

Sind alle Bebauungselemente sowie die Beziehungen zwischen diesen in der für die Beantwortung der Fragestellungen benötigten Granularität vorhanden (siehe Abschnitt 5.9)? Sind die Elemente entsprechend der Modellierungsrichtlinien abgebildet?

Sind die Dokumentation und die Bebauungsdatenbasis hinreichend aktuell sowie hinreichend stimmig und konsistent?

Erfolgt die Dokumentation auf Papier oder werkzeugunterstützt? Ist das Änderungsdatum erkennbar?

Gibt es hier Unterschiede in den verschiedenen Unternehmensteilen?

  - **Pflegbarkeit und Angemessenheit**
    Lässt sich die von der Unternehmensarchitektur vorgegebene Struktur inkl. der Steuerungsgrößen und erweiterten Daten mit einem angemessenen Aufwand warten?

    Können Daten automatisch über z. B. Integrationen oder Discovery-Funktionen geliefert werden?

    Können Stakeholder-Gruppen, wie z. B. Informations- oder Datenschutzbeauftragte für die Datenpflege für einen gemeinsamen Single-Point-of-Truth (SPoT) genutzt werden?

    Überwiegt der Nutzen den Aufwand?

- **EAM-Prozesse**
  - **Vollständigkeit der EAM-Prozesse**
    Sind alle EAM-Prozesse (siehe Abschnitt 5.9) hinreichend abgedeckt?

    Für welche Teilarchitekturen? Sind sowohl zentrale Qualitätssicherungs-, Konsolidierungs- oder Standardisierungsprozesse als auch dezentrale z. B. Bebauungsprozesse inklusive deren Zusammenspiel vorhanden?
  - **Reifegrad der Prozesse**
    Wie ist der Dokumentationsstand der Prozesse? Wie systematisch? Wie durchgängig?

    Ist klar geregelt, wer wann was macht? Sind die Entscheidungsbefugnisse und -wege geregelt? Gibt es klar definierte und kommunizierte Methoden? Gibt es regelmäßige Prozessoptimierungen? Wie findet die Information der Beteiligten statt? Gibt es einen Kommunikationsplan? Werden die Prozesse „gelebt"?

    Spezifisch für die verschiedenen EAM-Prozesse (siehe Abschnitt 5.9):

    Pflege: Gibt es ein Pflegekonzept? Entspricht die Aktualität der Bebauungsdaten den Vorgaben im Pflegekonzept?

    Bebauungsplanung: Gibt es ein methodisches Gerüst für die Bebauungsplanung? Auf welcher Planungsebene? Strategisch – Soll? Wird ein Ziel-Bild vorgegeben? Wird eine grobe Roadmap zur Umsetzung erstellt? Für welche Teilarchitekturen? Taktisch – Plan? Wie detailliert wird eine Roadmap geplant? Wie ist das Zusammenspiel mit dem Projektportfoliomanagement?

    Unterstützung: Werden Service-Leistungen zur Deckung des Informationsbedarfs der Stakeholder angeboten? Wie gut sind diese Service-Leistungen?

    Methoden- und Werkzeugweiterentwicklung: Gibt es eine Dokumentation der Methode und Werkzeugunterstützung? Gibt es einen klaren und etablierten Feedback-Prozess? In welchen Zeitabständen erscheint ein neues Methoden- oder Werkzeug-Release? Wie erfolgt die Einführung der EAM-Methode(n-Releases) und der Werkzeugunterstützung? Gibt es ein Coaching?

- **Durchführbarkeit**
  Wie verständlich, einfach und effizient sind die Prozesse? Sind die Verantwortlichkeiten klar festgelegt? Wird dies auch so gelebt?
- **Integration in die Planungs-, Durchführungs- und Entscheidungsprozesse** *(Prozessintegration)*
  Sind die EAM-Prozesse in die Durchführungs- und Entscheidungsprozesse integriert? In welchen Prozessen liegt bereits eine Integration vor? Welche Gremien gibt es?

  Beispiele für mit EAM zu verzahnende Prozesse: Unternehmensstrategieentwicklung, Business-Planung, IT-Strategieentwicklung, Technologiemanagement, IT-Innovationsmanagement, Anforderungsmanagement, Projektabwicklungsprozess, Softwareentwicklungsprozess, Change Management, Sicherheitsmanagement und Service-Level-Management

  Beispiele für IT-Entscheidungsprozesse: allgemeine IT-Management-Unterstützung, strategisches und operatives IT-Controlling, Projektportfoliomanagement, Projektsteuerungsprozesse, Lieferantenmanagement und Mitarbeiterentwicklung

- **Organisation**
  - **Rollen und Verantwortlichkeiten**
    Sind die Rollen und Verantwortlichen für alle EAM-Prozesse klar geregelt? Gibt es Unternehmensarchitekten? Welche Typen? Wie viele? Mit dem entsprechenden Skill-Level? Mit einer ausreichenden Entscheidungskompetenz?
  - **Stakeholder**
    Wurde eine Stakeholder-Analyse durchgeführt? Wer sind die Auftraggeber und Sponsoren? In der IT? Im Business? Welcher Einfluss? Wer ist Nutznießer? Welche Anliegen werden mit EAM verbunden? Wer ist Datenlieferant?

    Gibt es Feedback von den Stakeholdern? Einmalig oder regelmäßig? In welcher Form wird das Feedback eingeholt?
  - **Gremien**
    Sind die Gremien für Entscheidungen im Kontext der EAM-Pflege, der IS-Bebauungsplanung, der technischen Standardisierung und der Weiterentwicklung von EAM klar festgelegt? Leben diese auch?

- **Wirksamkeit von EAM**
  - **Reichweite bzw. Einfluss**
    Welche Teile des Geschäfts (z. B. Geschäftseinheiten oder Geschäftsprozesse) werden adressiert? Welche davon sind bereits einbezogen?
  - **Zielerreichung**
    Werden die mit EAM verbundenen Ziele wirklich erreicht?

    Transparenz? Können die richtigen Informationen zur richtigen Zeit für die richtigen Adressaten in der richtigen Ergebnisdarstellung bereitgestellt werden?

    Planung? Erfolgt eine Bebauungsplanung? Für welche Teilarchitekturen? Zu welchem Zeitpunkt? Entsprechen die Ergebnisse der Erwartungshaltung der Stakeholder?

    Steuerung? Wird die Konformität zur Planung überprüft? Werden z. B. der Bebauungsplanfit und die Standardkonformität überprüft? Für welche Anteile der Unternehmensarchitektur? Können alle erforderlichen Steuerungsaufgaben ausreichend unterstützt werden?

Welche Ziele werden erreicht? In welchen Unternehmenseinheiten? Was fehlt wo?

Wie ist die Kundenzufriedenheit?

- **Performance-Management zur Effektivitäts- und Effizienzkontrolle**
  Welche Steuerungsgrößen werden für die Steuerung der Weiterentwicklung der IT-Landschaft und von EAM eingesetzt (siehe Abschnitt 5.9.3)? Welche Kennzahlen sind vorhanden? Wie weit sind diese operationalisiert?

  Wird der Nutzen von EAM qualitativ dargestellt? Werden zumindest Teile davon quantifiziert?

  Werden der aktuelle Status, der Fortschritt, die Entwicklung über die Zeit und eine Prognose aufgezeigt?

- **Werkzeugunterstützung**
  - **Umfang der Werkzeugunterstützung**
    In welchem Umfang werden die EAM-Prozesse unterstützt? Welche Prozesse werden wie gut unterstützt? Welche grafischen Visualisierungsmöglichkeiten und welche Analyse-, Simulations-, Planungs- und Steuerungsmöglichkeiten gibt es?
  - **Handhabbarkeit**
    Wie benutzerfreundlich ist das Werkzeug? Wie einfach und wie effizient lassen sich die Routineaufgaben umsetzen? Gibt es Unterstützung für Routineaufgaben und Konsistenzsicherung? Können auch gelegentliche Nutzer intuitiv mit dem Werkzeug arbeiten? Wie ist die Akzeptanz des Werkzeugs?

    Kann das Werkzeug die für alle möglichen Nutznießer relevanten Informationen zeitnah und angemessen bereitstellen? Wie gut ist die Unterstützung für die Datenlieferanten? Kann die Datenbereitstellung wirksam unterstützt werden?
  - **Automation und Integration**
    Wie weit sind die für das Enterprise Architecture Management erforderlichen Datenbasen wie z. B. Prozessdaten, Projektdaten oder Betriebsdaten integriert? Welche Möglichkeiten für Import und Export sind gegeben? Welche Arten der Automation bzw. Integration mit anderen Werkzeugen gibt es?

    Gibt es eine Integration mit Kennzahlensystemen? Mit CMDBs? Mit Projektportfoliowerkzeugen (ggf. im Werkzeug selbst)? Mit Projektmanagementlösungen? Mit Prozessmanagementwerkzeugen? Mit Demand-Management-Werkzeugen? Mit strategischen Planungswerkzeugen?
  - **Anpassbarkeit an die unternehmensspezifischen Bedürfnisse**
    Lassen sich die erforderlichen Strukturen und Visualisierungen abbilden? Gibt es die Möglichkeit, rollen-, benutzer- oder gruppenabhängige Sichten zu erstellen (z. B. für alle IS-Bebauungsplaner in einem Geschäftsbereich)?

Für die Bewertung der Einzelaspekte lassen sich eine Systematik und ein einheitliches Bewertungsschema angeben. So können Bewertungen objektiviert und auch unternehmensübergreifend verglichen werden. Hierzu ordnet man den einzelnen Aspekten mögliche Ausprägungen zu, aus denen man dann im Rahmen der Bewertung auswählt. Die Bewertungen der Einzelaspekte lassen sich zu einer Gesamtbewertung zusammenfassen. Das Ergebnis wird häufig in Form eines Spider-Diagramms dargestellt (siehe [Mül05]).

Eine qualitative Bewertung reicht jedoch völlig aus, um ihren Reifegrad zu bestimmen. Für die Bewertung des EAM-Reifegrads habe ich ein praxiserprobtes Reifegradmodell entwickelt. Mit dessen Hilfe können Sie anhand der qualitativen Einschätzung entlang der genannten Aspekte Ihren Reifegrad selbst einschätzen.

Wichtig

- Bewerten Sie selbst Ihr EAM bezüglich dieser Aspekte! Auch wenn die Aspekte nur qualitativ bewertet werden, können Sie ihren Reifegrad ermitteln.

Der EAM-Reifegrad kann für die verschiedenen Teilarchitekturen der Best-Practice-Unternehmensarchitektur und auch für Unternehmenseinheiten durchaus unterschiedlich sein. Bewerten Sie daher den EAM-Reifegrad pro Teilarchitektur und Unternehmenseinheit. ■

Im Folgenden wird ein bewährtes Reifegradmodell vorgestellt. Folgende Reifegrade werden unterschieden:

- *Initial:* „Einstieg"
- *Im Aufbau:* „Erfahrung sammeln"
- *Transparenz:* „Input geben"
- *Planung:* „Gestalten"
- *Steuerung:* „Selbstläufer"

Wenn der Reifegrad „Initial" noch nicht erreicht ist, ist die Einführung von EAM schwierig. Wenn es keinen Sponsor für EAM im Management oder keine Person gibt, die die Rolle des Unternehmensarchitekten ausfüllen kann, ist es vielleicht sogar unmöglich. Da noch niemand Nutzen im EAM sieht, müssen der CIO bzw. die IT-Verantwortlichen zunächst viel Überzeugungsarbeit leisten. Gleichzeitig haben der CIO bzw. die IT-Verantwortlichen nur wenig Budget und Ressourcen zur Verfügung, müssen aber alle Dimensionen des EAM-Reifegrads auf einmal angehen, um das EAM überhaupt zum Fliegen zu bekommen. Großer persönlicher Einsatz und Durchhaltekraft sind für den langen Veränderungsprozess notwendig. Hilfestellungen hierfür finden Sie in Abschnitt 5.9.

Es folgen die verschiedenen Stufen des Reifegradmodells im Detail. Für alle Reifegrade werden die qualitativen Charakteristika angegeben, anhand deren Sie Ihren Reifegrad einschätzen können, sowie mögliche Maßnahmen zur Steigerung des Reifegrads beschrieben.

Wichtig

Bewerten Sie den EAM-Reifegrad (siehe Bild 5.89) für jede Teilarchitektur und gegebenenfalls für die Unternehmensbereiche getrennt. ■

Bild 5.89 Best-Practice-EAM-Reifegradmodell

Reifegrad „Initial"

Ausgangspunkt vieler Unternehmen ist der Reifegrad „initial". Diesen Reifegrad charakterisiert:

- **Dokumentationsgrad und -methodik:** Die Geschäftsarchitektur und/oder die IT-Landschaft sind bruchstückhaft dokumentiert. Die vorhandene Dokumentation wurde z. B. im Rahmen von größeren Projekten erstellt und dann nicht weitergepflegt. Die Granularitäten der Dokumentation der Geschäftsarchitektur und/oder der IT-Landschaft unterscheiden sich, da fallweise in Abhängigkeit von den jeweiligen Anforderungen nur die für das Projekt benötigten Ausschnitte dokumentiert wurden. Häufig ist die Dokumentation auch sehr unterschiedlich und folgt keiner einheitlichen Modellierungsrichtlinie.
- **EAM-Prozesse, Organisation und Werkzeugunterstützung:** Die EAM-Prozesse sind im Allgemeinen nicht definiert und nicht in die Planungs-, Durchführungs- und Entscheidungsprozesse integriert. Die Rolle des Unternehmensarchitekten ist ebenso wenig existent wie

Gremien, etwa das EAM-Board, oder wird nicht „gelebt". Die Werkzeugunterstützung ist, soweit überhaupt vorhanden, nicht systematisch und nicht durchgängig.

EAM ist noch nicht wirklich wirksam. Die Business- und IT-Verantwortlichen haben im Reifegrad „initial" erkannt, dass sie einen Überblick über die Geschäftsarchitektur und die IT-Landschaft benötigen, doch sie wissen noch nicht so recht, wie sie das Thema anpacken sollen. Unter Umständen haben sie bereits über eine Bestandsaufnahme versucht, die Geschäftsarchitektur und/oder IT-Landschaft zu dokumentieren, und sind schon auf die typischen Anfangsprobleme gestoßen:

- Welche Stakeholder sind mit einzubeziehen? Wie holt man diese ab? Wie kann man diese als Sponsoren gewinnen oder zumindest deren Skepsis reduzieren?
- Welche Aspekte sind relevant?
- Unklare Methode, somit uneinheitliche Modellierung
- Keine abgestimmten Begriffe
- Welche Granularität ist sinnvoll?
- Keine Unterscheidung zwischen Ist- und Plan-Bebauung
- Unklare Datenlieferanten und Datenbeschaffungsprobleme
- Mangelnde Datenqualität und -aktualität
- Fehlende oder unzureichend qualifizierte Unternehmensarchitekten
- Unzureichende Werkzeugunterstützung

Im Reifegrad „initial" müssen Sie EAM anhand überschaubarer und repräsentativer Beispiele erproben und Unternehmensarchitekten sorgfältig auswählen und aufbauen. Da Sie selbst noch wenig Erfahrung haben, sollten Sie sich den Freiraum schaffen, um zu lernen. Erst dann, wenn Sie sich sicher sind, sollten Sie „nach außen" treten. Hier sollten Sie aber bereits anschauliche Beispiele erarbeitet haben, die für die jeweiligen Adressaten von Nutzen und verständlich sind.

In einem ersten Schritt sollten Sie zugeschnitten auf die unternehmensspezifischen Fragestellungen die IT-Landschaft und gegebenenfalls auch die Geschäftsarchitektur zumindest in Ausschnitten aufnehmen. So kann ein Gefühl für Granularität und für den notwendigen Veränderungsprozess im Unternehmen gewonnen und gleichzeitig erste Akzeptanz geschaffen werden. Spürbarer Nutzen ist erfolgsbestimmend im Hinblick auf die Verankerung in der Organisation.

Anstehende Projekte sind für die Erprobung von EAM gut geeignet. Hier liegt einerseits ein konkreter Inhalt vor und andererseits ist das Ergebnis direkt nutzbar für Projekte und für das Marketing. Ansonsten besteht die Gefahr, dass nicht relevante Fragestellungen adressiert werden.

Nachdem die Unternehmensarchitekten erste Erfahrungen gesammelt haben, sollten sie diese zu Modellierungsrichtlinien konsolidieren. Wichtig sind dabei repräsentative Beispiele insbesondere für Dokumentation und Visualisierung der Geschäftsarchitektur und/oder IT-Landschaft. Auf dieser Basis kann auch eine Werkzeugevaluierung erfolgen, wenn das Werkzeug nicht ohnehin schon gesetzt ist.

Die Konzeption des Enterprise Architecture Management ist ein iterativer Prozess von der Erprobung des Konzeptstands in realen Projekten bis zur Weiterentwicklung der Methode auf Basis der Erfahrungen aus den Projekten. Siehe hierzu Abschnitt 4.6.

> **Wichtig**
>
> Trennen Sie die Weiterentwicklung der Methode ganz klar von der Mitwirkung in Projekten. Finanzieren Sie die (Weiter-)Entwicklung der Methode mit einem separaten und projektunabhängigen Budget.
>
> Sie müssen darauf achten, dass Sie einen Beitrag zum Projekt leisten. Der Nutzen muss die Kosten überwiegen. Ansonsten laufen Sie Gefahr, dass Sie die Erwartungshaltung des Projekts in Bezug auf Qualität oder Zeit nicht erfüllen und somit unwiederbringlich Akzeptanz verlieren. Daher dürfen das Lernen und die Feedback-Schleifen auch nicht zu Lasten des Projekts gehen. ■

Entscheidend für den Erfolg beim Aufsetzen des EAM sind die handelnden Unternehmensarchitekten. Sie müssen sorgfältig ausgewählt werden und über entsprechende Skills verfügen (siehe Abschnitt 5.9). Darüber hinaus muss es mindestens einen Sponsor mit einem hinreichenden Einfluss und Interesse an EAM geben (siehe Abschnitt 5.1).

Reifegrad „Im Aufbau"

Im Reifegrad „Im Aufbau" liegen bereits erste konkrete Erfahrungen und eine initiale einheitliche Dokumentation der Geschäftsarchitektur und/oder der IT-Landschaft zumindest für größere Ausschnitte vor. Erkennungszeichen für diesen Reifegrad sind:

- **Dokumentationsgrad und -methodik:** Die Geschäftsarchitektur und/oder IT-Landschaft ist dokumentiert, aber der Stand der Dokumentation ist unter Umständen veraltet, inkonsistent, liegt in einer unterschiedlichen Granularität vor und/oder wird nicht kontinuierlich oder zuverlässig gepflegt.
- **EAM-Prozesse, Organisation und Werkzeugunterstützung:** Unternehmensarchitekten sind benannt und die Pflegeprozesse sind definiert. Die Pflege wird jedoch noch sehr personenabhängig gelebt. Die Pflegeprozesse sind nicht in die Planungs-, Durchführungs- und Entscheidungsprozesse integriert. Gremien wie z. B. das EAM-Board sind noch nicht aufgesetzt bzw. nicht etabliert.
- **Wirksamkeit von EAM:** EAM hat noch keinen Einfluss im Unternehmen. Erste Ergebnisse sind zwar sichtbar. Diese werden aber noch nicht (systematisch) für die Planung und Steuerung verwendet.

Da die Dokumentation der Geschäftsarchitektur und/oder der IT-Landschaft nicht hinreichend aktuell, vollständig und konsistent ist, muss sie auf Aktualität und Konsistenz überprüft und ggf. eine Aktualisierung vorgenommen werden, bevor sie genutzt werden kann.

> **Wichtig**
>
> Damit aus der Dokumentation keine veraltete Schrankware wird, müssen Sie sie permanent aktualisieren. Eine hinreichende Datenqualität und -aktualität lässt sich nur durch funktionierende Pflegeprozesse sicherstellen. Wenn die Pflegeprozesse nicht in die Planungs-, Durchführungs- und Entscheidungsprozesse integriert sind, muss eine andere Art von Pflegeprozessen etabliert werden. So kann der Unternehmensarchitekt z. B. monatlich die Pflege der veränderten Daten vornehmen. Siehe hierzu Abschnitt 5.9. ■

Wenn die Pflegeprozesse noch nicht in die Planungs-, Durchführungs- und Entscheidungsprozesse integriert sind, hängen die Ergebnisse letztendlich von der Disziplin und dem Einsatz des jeweiligen Unternehmensarchitekten ab. Der persönliche Einsatz eines Unternehmensarchitekten ist insbesondere deshalb notwendig, weil durch die fehlende Einbindung in die Prozesse die Datenbeschaffung nicht ganz einfach ist. Wenn der Unternehmensarchitekt nicht selbst Experte auf dem jeweiligen Gebiet ist und selbst einen persönlichen Draht zum jeweiligen Datenlieferanten hat, muss er mit dem Nutzen werben und ihn überzeugen. Dies erfordert häufig eine große Kraftanstrengung, da der Datenlieferant in der Regel zunächst keinen persönlichen Nutzen sieht.

Ohne Einbindung in Projekte ist die Datenbeschaffung jedoch häufig ein aussichtsloses Unterfangen. Es ist zudem nicht einfach, einen Unternehmensarchitekten in ein Projektteam zu bekommen. Häufig „wehren" sich die Projekte, wenn es darum geht, ob ein Unternehmensarchitekt entweder im Projekt mitarbeiten oder aber das Projekt Input für ihn bereitstellen soll. Ein gewisser Mehrwert muss für das Projekt erkennbar sein. Hierfür ist ein intensives Werben mit dem Nutzen auf der Basis von realen Erfolgen aus Projekten erforderlich. Begleitend bedarf es häufig des sanften Drucks etwa seitens des Managements.

In jedem Fall muss der Unternehmensarchitekt aber einen spürbaren Beitrag leisten, wenn er im Projekt eingebunden ist. Dies stellt hohe Anforderungen an ihn, insbesondere an seine fachliche Kompetenz im Projektkontext. Man sollte die Projekte daher sehr sorgfältig auswählen. Weil es im Allgemeinen nur wenige Pilotprojekte gibt, werden sie mit großer Aufmerksamkeit verfolgt. Negatives Feedback kann das Aus für EAM bedeuten. Zumindest müssen bei negativem Feedback die Scharten ausgewetzt werden, was die Aufbauphase verlängert.

Parallel zur Projektarbeit darf jedoch die Konsolidierung sowohl der Methode, d. h. insbesondere der Modellierungsrichtlinie und der Visualisierungsempfehlungen, aber auch der aktuellen Bebauung und der Werkzeugunterstützung nicht vernachlässigt werden. Die Konsolidierung ist die Grundlage, um fundierten Input für andere Projekte und Maßnahmen zu geben.

Durch einen spürbaren Beitrag steigt die Akzeptanz von EAM. Durch ein aktives Marketing, in dem alle Projekterfolge insbesondere gegenüber dem Management transparent gemacht werden, lässt sich schrittweise deren Unterstützung gewinnen.

Wichtig

Wählen Sie Pilotprojekte sorgfältig aus. Schmieden Sie eine „Koalition der Willigen" und überzeugen Sie die Skeptiker mit konkreten Erfolgen! Vermarkten Sie auch kleine Erfolge! Optimieren Sie Ihre EAM-Methode und -Werkzeugunterstützung kontinuierlich nutzerorientiert! ■

Reifegrad „Transparenz"

Der Reifegrad „Transparenz" ist erreicht, wenn kontinuierlich eine hinreichend aktuelle und konsistente Dokumentation der Geschäftsarchitektur und/oder der IT-Landschaft vorliegt. Weitere Charakteristika dieses Reifegrads:

- **Dokumentationsgrad und -methodik:** Für den betrachteten Unternehmensteil sind alle Strukturen und Ergebnistypen entsprechend der Konzeption hinreichend aktuell, vollständig und qualitativ adäquat dokumentiert.

- **EAM-Prozesse:** Pflegeprozesse inkl. der Qualitätssicherung der Daten sind in den Prozessen mit Werkzeugunterstützung integriert und etabliert. Häufig wird bereits mit der Bebauungsplanung begonnen. Diese ist aber noch nicht etabliert.
- **Organisation:** Unternehmensarchitekten werden zumindest in die wichtigen Projekte standardmäßig eingebunden. EAM-Gremium, wie z. B. EAM-Board (siehe Abschnitt 5.9) für die Sicherstellung der kontinuierlichen Pflege sowie (Weiter-)Entwicklung der Methode und Werkzeugunterstützung, ist aufgesetzt.
- **Wirksamkeit:** Die Transparenz, die durch EAM geliefert wird, wird in den Planungs-, Durchführungs- und Entscheidungsprozessen genutzt. Die Planung und Steuerung selbst werden noch nicht durchgängig unterstützt.
- **Werkzeugunterstützung:** Die EAM-Datenbasis ist aufgebaut und die Ergebnistypen werden durch das Werkzeug unterstützt.

Durch die Einbindung der Unternehmensarchitekten in Projekte gibt es mehr Einflussmöglichkeiten. Umgekehrt muss aber der zuvor versprochene Nutzen tatsächlich geliefert werden, da sonst die Unternehmensarchitekten wieder ausgegrenzt werden.

Je nach Unternehmensgröße und IT-Organisation kann die Datenpflege in diesem Reifegrad weiter verteilt werden. So können z. B. Facharchitekten in Projekten oder IS-Verantwortliche mit eingebunden werden. Facharchitekten und IS-Verantwortliche müssen geschult und die Werkzeugunterstützung muss entsprechend optimiert werden. Die Unternehmensarchitekten müssen über eine entsprechende Qualitätssicherung sicherstellen, dass eine hinreichende Datenqualität und -aktualität kontinuierlich eingehalten wird.

Je besser der Input, desto größer die Akzeptanz des Enterprise Architecture Managements. Immer mehr Stakeholder unterstützen die Einbindung von EAM in Projekte. Insbesondere das Management und die Fachbereiche sehen den Nutzen. Entscheidungsvorlagen mit Geschäftsarchitektur und/oder IT-Landschaftsanteilen und dokumentiertem Handlungsbedarf und Optimierungspotenzial werden zunehmend zum Standard. Die Analysemöglichkeiten werden immer häufiger genutzt. Mit zunehmender Akzeptanz der übersichtlichen Darstellung der IS-Landschaften inkl. der Analyse- und Visualisierungsmöglichkeiten wird das EAM zum festen Bestandteil beim Aufsetzen von Projekten. Letztendlich entscheidet auf Dauer die Qualität des Inputs durch das EAM über dessen „Überleben".

Wichtig: Nachhaltigkeit und Sicherstellung einer hinreichenden Qualität

Eine verlässliche Datenbasis mit hinreichender Datenqualität und -aktualität ist die Grundvoraussetzung dafür, dass sie auch genutzt wird. Dies müssen die Unternehmensarchitekten sicherstellen.

Weil die Pflege von Daten im Allgemeinen aufwendig ist, erfolgt die Datenlieferung nicht automatisch in einer ausreichenden Qualität und Aktualität. Mit Durchhaltevermögen und Kontinuität in der Pflege sowie der Integration in die IT- und Entscheidungsprozesse müssen Aktualität und Qualität der Datenbasis aktiv überwacht und sichergestellt werden. Ein permanentes Einfordern und Überwachen der Datenlieferung sind notwendig. Zudem muss eine regelmäßige Qualitätssicherung eine ausreichende Datenqualität gewährleisten. ■

Ein entsprechender Skill- und Erfahrungslevel muss bei den Unternehmensarchitekten gehalten werden, auch wenn sich das Unternehmensarchitektenteam aufgrund von Fluktuation ändert. Die persönliche Kompetenz des Unternehmensarchitekten ist ausschlaggebend dafür, ob ihm Vertrauen geschenkt wird oder nicht. Schließlich muss er die Vertreter des IT- und Business-Managements und den Fachbereich überzeugen können.

Wenn sich der Nutzen permanent nachweisen lässt, wird das Enterprise Architecture Management zum etablierten Erfolgsfaktor für Projekte und Maßnahmen. So ist die Voraussetzung geschaffen, EAM als festen Bestandteil in die IT-Projektabwicklung und Maßnahmenabwicklung aufzunehmen und im Vorgehensmodell zu verankern.

Reifegrad „Planung"

Der Reifegrad „Planung" ist erreicht, wenn EAM integraler Bestandteil der strategischen IT-Planung ist. Charakteristika dieses Reifegrads:

- **Dokumentationsgrad und -methodik:** Die Dokumentation der Geschäftsarchitektur und/oder IT-Landschaft ist hinreichend vollständig, aktuell und konsistent. Die Soll-Bebauung und die Roadmap für die Umsetzung liegen für alle relevanten Teilarchitekturen vor.

  Die Bebauung ist um strategische und operative Steuerungsgrößen wie z. B. Strategiebeitrag, Wertbeitrag, Kosten oder Gesundheitszustand angereichert.
- **EAM-Prozesse, Organisation und Werkzeugunterstützung:** Unternehmensarchitekten und Pflegeprozesse sind etabliert. Die Pflegeprozesse sind mit den Planungs-, Entscheidungs- und Durchführungsprozessen verzahnt. Die Bebauungsplanung und die EAM-Gremien sind in diesem Kontext etabliert (siehe Abschnitt 5.9). Das Planungsinstrumentarium ist Teil der EAM-Werkzeugunterstützung.
- **Wirksamkeit von EAM:** EAM schafft Transparenz und unterstützt die strategische IT-Planung und hat hier maßgeblichen Einfluss.

Analog zur Etablierung der Dokumentation der Geschäftsarchitektur und/oder IT-Landschaft müssen beim Aufsetzen der Bebauungsplanung zuerst Erfahrungen gesammelt werden, bevor sich daraus ein konsolidiertes Vorgehen ableiten lässt. Parallel zur iterativen Festlegung der Methode zur Gestaltung der Soll-Bebauung und Roadmap zur Umsetzung muss auch eine adäquate Werkzeugunterstützung iterativ bereitgestellt werden. Beim Reifegrad „Planung" muss dies bereits zur Verfügung stehen.

Die Einbindung z. B. in das Projektportfoliomanagement etabliert das Enterprise Architecture Management als festen Bestandteil der Entscheidungsprozesse. Durch einen spürbaren Mehrwert ist die Unterstützung durch das Management und die überwiegende Anzahl der wesentlichen Stakeholder gesichert, sofern die Qualität des Inputs gewährleistet ist.

Maßgeblich für den Erfolg ist eine businessorientierte, auf den Punkt gebrachte Visualisierung der Soll- und Plan-Bebauung sowie der Abhängigkeiten und Auswirkungen von Business- und IT-Ideen. Dies erfordert insbesondere eine hohe Business-Orientierung der Unternehmensarchitekten.

Reifegrad „Steuerung"

Der Reifegrad „Steuerung" ist erreicht, wenn EAM ein Erfolgsfaktor für die Business-Planung ist. EAM hat eine hohe Wirksamkeit und Sichtbarkeit. Ihr Einfluss auf Entscheidungs-,

Planungs- und Steuerungsprozesse ist hoch. EAM ist ein „Selbstläufer“ und bietet sowohl ein Analyse- und ein Planungsinstrumentarium als auch ein Steuerungsinstrumentarium, das in den Planungs-, Durchführungs- und Entscheidungsprozessen verankert ist. Die Prozesse und die Organisation sowie die Werkzeugunterstützung sind etabliert.

Durch die permanente Optimierung der Methode, der Organisation und der Prozesse sowie die Tool-Unterstützung, einhergehend mit einer permanent hohen Qualität der Ergebnisse, entsprechend einem hohen Skill-Level und der Erfahrung der Unternehmensarchitekten (Business-Orientierung, fachlich, technisch und methodisch), lässt sich der Nutzen permanent steigern.

Das Wesentliche des Reifegradmodells auf einen Blick

Nach dem Entschluss, mit EAM zu beginnen, sollten Sie erst ein „Gefühl“ für das komplexe Thema gewinnen. Hierfür müssen Sie repräsentative Beispiele idealerweise im Projektkontext angehen.

Sie müssen Sponsoren im Management sowie bei den relevanten Stakeholdern finden und ausbauen. Dies ist nur mittels nachweisbarer Erfolge möglich.

Konsolidieren Sie die Erfahrungswerte und entwickeln Sie die Methode und die Werkzeugunterstützung kontinuierlich weiter. Trennen Sie dabei zwischen der Weiterentwicklung der Methode und der Mitwirkung in Projekten, um keine Akzeptanz in den Projekten zu verlieren.

Etablieren Sie schrittweise die Pflegeprozesse. Zu Beginn sollte die Pflege in einem kleinen Team von erfahrenen Unternehmensarchitekten erfolgen. Mit einer zunehmenden Akzeptanz und Verbreitung müssen Sie die Pflegeprozesse in die Durchführungs- und Entscheidungsprozesse integrieren. Nur so lebt EAM nachhaltig.

Der Übergang zwischen „Im Aufbau“ und „Transparenz“ ist die kritische Phase bei der Einführung des EAM. Durch die Mitwirkung der Unternehmensarchitekten in den Projekten erfolgt EAM nicht mehr im „stillen Kämmerlein“. Die Unternehmensarchitekten stehen unter Beobachtung.

Die Etablierung vom EAM ist ein lang andauernder Veränderungsprozess. Entscheidend ist, dass frühzeitig Nutzen entsteht und dieser kontinuierlich vermarktet wird.

Nutzen entsteht erst, wenn wirklich Input gegeben werden kann. Hierzu sind kompetente Unternehmensarchitekten und eine „kritische Masse“ von aktuellen und konsistenten Bebauungsdaten und Visualisierungen notwendig. Nur so kann der Wert gezeigt und die Überzeugungsarbeit geleistet werden.

Im Download-Anhang E sind die Kriterien für die Einschätzung des Reifegrads im Enterprise Architecture Management nochmals zusammengefasst. ■

5.9 EA-Governance

Eine für Ihr Unternehmen adäquate EA-Governance füllt das Enterprise Architecture Management erst mit Leben. Sie sorgt einerseits dafür, dass die Daten hinreichend vollständig, aktuell und qualitativ hochwertig sind. Andererseits stellt sie sicher, dass die strategischen Vorgaben, die technischen Standards und die Soll-Bebauung tatsächlich umgesetzt werden. In Bild 5.90 finden Sie alle dafür wesentlichen Bestandteile im EA-Governance-Haus.

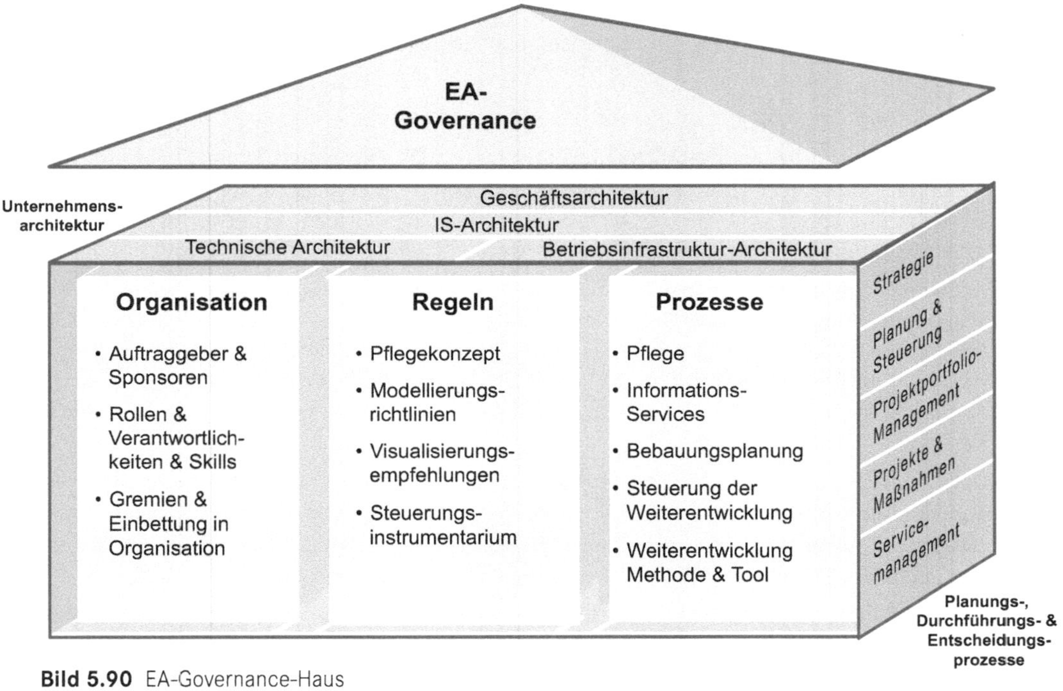

Bild 5.90 EA-Governance-Haus

Um EAM „zum Fliegen" zu bekommen und nachhaltig im Unternehmen zu verankern, sind folgende Aspekte relevant:

- **Angemessene Organisation („Wer?"):** Eine adäquate IT-Organisationsform mit zugeschnittenen Rollen und Verantwortlichkeiten sowie funktionierende Gremien sind für eine schnelle und fundierte Informationsbeschaffung sowie kurze Entscheidungswege im EAM maßgeblich. Best-Practices zu den für das Enterprise Architecture Management erforderlichen organisatorischen Strukturen und deren Etablierung finden Sie in Abschnitt 5.9.1.
- **Einfach anwendbare Regeln („Was?"):** Das Management einer Unternehmensarchitektur hat eine hohe Komplexität. Für die Dokumentation aller Bestandteile der Unternehmensarchitektur sind einfach nutzbare unternehmensspezifische Richtlinien für die Modellierung (Modellierungsrichtlinien) und ein Pflegekonzept notwendig, um hinreichend aktuelle und qualitativ hochwertige Daten mit einer einheitlichen Granularität zu erhalten. Die Daten werden entsprechend der Fragestellungen der verschiedenen Stakeholder-Gruppen

visualisiert. Auch hierfür sind Regeln ebenso wie für die Steuerung der Weiterentwicklung der IT-Landschaft und von EAM notwendig. Für Letzteres wird in der Regel ein Steuerungsinstrumentarium bereitgestellt, das den Status sowie den Fortschritt der Umsetzung transparent macht. Siehe hierzu Abschnitt 5.9.2.

- **Schlanke EAM-Prozesse („Wie?"):** EAM umfasst alle Prozesse zur Dokumentation, Qualitätssicherung, Analyse, Gestaltung und Steuerung der Weiterentwicklung der IT-Landschaft. Siehe hierzu Abschnitt 5.9.4.
- **Verankerung in der Organisation („Womit?"):** Zum „Fliegen" kommt EAM aber erst, wenn die EAM-Ergebnisse für Investitionsentscheidungen und für die Planung und Steuerung genutzt werden. Voraussetzung hierfür ist eine enge Integration der EAM-Prozesse in die Durchführungs-, Planungs- und Entscheidungsprozesse. Siehe hierzu Abschnitt 5.9.5.

Einordnung und Abgrenzung

EA-Governance ist ein wesentlicher Bestandteil der IT-Governance. Unter IT-Governance werden Grundsätze, Verfahren und Methoden zusammengefasst, die sicherstellen, dass mit Hilfe der eingesetzten IT die Geschäftsziele erreicht, Ressourcen verantwortungsvoll eingesetzt und Risiken angemessen überwacht werden (siehe [Mey03], [IGI08] und [ISA13]).

Zur Umsetzung einer IT-Governance haben sich neben unternehmensspezifischen Ansätzen sogenannte Rahmenwerke etabliert, die Strukturen, Hilfsmittel und die Vorgehensweise bei der IT-Steuerung definieren. Ein allgemein akzeptiertes Rahmenwerk ist CobiT (siehe [itS12]). CobiT ist ein internationaler IT-Governance-Standard. Er integriert internationale Standards wie z. B. die technischen Standards ISO/IEC 20000, EDIFACT, ISO 9000 und SPICE (siehe [Joh11]).

CobiT bietet einen Leitfaden für die Durchführung der Kontroll- und Führungsaufgaben. Die aktuelle fünfte Version von CobiT zielt auf eine ganzheitliche Betrachtung im Kontext einer „Enterprise Governance" und nicht mehr rein auf eine IT-Governance wie in den Vorgängerversionen ab. Die Prinzipien hinter der aktuellen CobiT-5.0-Version sind:

- **Nutzen der Stakeholder steht im Mittelpunkt:** Ausgangspunkt stellt eine Stakeholder-Analyse dar, in der die Bedürfnisse der Stakeholder-Gruppen identifiziert werden. Auf dieser Basis können die Anforderungen für das unternehmensspezifische Governance Framework abgeleitet werden. Die Unternehmens-Governance muss sicherstellen, dass der aus der Stakeholder-Analyse hervorgehende angestrebte Nutzen zu optimalen Kosten und mit steuerbaren Risiken erreichbar ist. Dies heißt aber auch, die Interessen der Stakeholder gegeneinander abzuwägen und die Entscheidungen unter Abwägung von Kosten-Nutzen- und Risikoaspekten ganzheitlich zu treffen.
- **End-to-end-Perspektive:** Governance und Management werden in CobiT 5 aus einer unternehmensweiten Sicht betrachtet, in der das IT-Governance-System sich nahtlos in das unternehmensweite Governance-System integrieren lässt. Ziel ist es immer, dass die IT die geschäftlichen Abläufe unterstützt und einen Wertbeitrag leistet. Sie muss ökonomisch und risikobewusst handeln.
- **Bereitstellung eines einzigen integrierten Frameworks:** CobiT 5 liefert einen Rahmen und integriert andere Standardwerke und deckt so alle Themenbereiche ab. Integriert werden u. a. COSO, ISO/IEC 9000, ISO/IEC 31000, ISO/IEC 38500, ITIL, ISO/IEC 27000 Series, TOGAF, PMBOK/PRINCE2 oder CMMI.

- **Bereitstellung einer gesamthaften übergreifenden Sicht:** Das CobiT 5 Framework deckt alle Aktivitäten der Steuerung und Führung übergreifend ab. IT-Ziele werden aus Unternehmenszielen abgeleitet und entsprechende Aktivitäten für die Umsetzung ermittelt.
- **Unterscheidung zwischen Governance und Management:** CobiT 5 macht eine klare Unterscheidungzwischen Governance und Management. Governance stellt sicher, dass die Stakeholder-Bedürfnisse, -Bedingungen und -Optionen bewertet werden und die notwendigen Vorgaben gesetzt und kontrolliert werden. Management ist dafür zuständig, alle dafür notwendigen Aktivitäten zu planen, durchzuführen und zu überwachen. Hierzu gibt es fünf Governance- und 32 Managementprozesse.

IT-Governance liegt in der Verantwortung von Führungskräften wie z. B. dem CIO. Für die unterschiedlichen Kernbereiche einer IT-Governance gibt es durchaus unterschiedliche Verantwortliche. Folgende Kernbereiche haben sich (siehe [itS08]) als wesentlich herauskristallisiert:

- **Business-Alignment** *(CobiT: Strategic Alignment):* Die IT muss an den Geschäftsanforderungen ausgerichtet werden.
- **Sicherstellung der Leistungserbringung** *(CobiT: Value Delivery):* Der operative Geschäftsbetrieb muss ebenso wie eine angemessene und kostengünstige IT-Unterstützung sichergestellt werden. Das Dienstleistungs- und Produktportfolio der IT sollte darüber hinaus einen Wert- und Strategiebeitrag erbringen (siehe Abschnitt 5.9.3.3).
- **Ressourcenmanagement** *(CobiT: Resource Management):* Alle IT-Assets wie z. B. Informationssysteme, Rechner oder aber auch Mitarbeiter und Lieferanten sind verantwortungsvoll zu managen.
- **Erfolgsmessung** *(CobiT: Performance Management):* Die Umsetzung der strategischen Vorgaben, der Vorgaben aus der Ziellandschaft sowie der technischen Standards sind ebenso zu überwachen wie die Abwicklung von Projekten und Wartungsmaßnahmen sowie die effiziente Leistungserbringung (siehe Abschnitt 5.9.3).
- **Risikomanagement** *(CobiT: Risk Management):* Die wachsende Abhängigkeit der Unternehmen von ihrer IT und die höhere Bedrohung der Unternehmensdaten durch z. B. Sicherheitslücken und kriminelle Aktivitäten führen zu einem geschärften Risikobewusstsein. Ein konsequentes Risiko-, Datenschutz- und Sicherheitsmanagement ist unabdingbar.

  In den letzten Jahren hat sich der Schwerpunkt „Compliance" verstärkt herausgebildet. Nach Vorfällen skandalöser Betriebsführung in Firmen wie z. B. Worldcom oder Enron wurden neue gesetzliche und aufsichtsrechtliche Vorschriften erlassen. Für die Umsetzung der Vorschriften wie z. B. Sarbanes-Oxley Act (SOX), MaK, Basel II, KonTraG und Solvency II (siehe [Joh11]) im Kontext der Corporate Governance (siehe [Wei04] und [Wei06]) sind aufwendige Aktivitäten notwendig, um die Angemessenheit und Ordnungsmäßigkeit sowohl der Systementwicklung als auch des Systembetriebs nachzuweisen.

Wichtig

- Ihr IT-Governance-Modell muss alle genannten Kernbereiche abdecken.
- Verwenden Sie CobiT als Ausgangspunkt für die Festlegung Ihrer unternehmensspezifischen EA-Governance. Eine Anpassung an Ihre spezifischen Rahmenbedingungen ist jedoch erforderlich.

- Die CobiT-Prozessbeschreibungen im Kontext von „Align, Plan and Organize (APO)", insbesondere APO03, sind für eine EA-Governance relevant. Nutzen Sie die Hilfestellungen aus CobiT 5 (siehe [ISA 13]). Weitere Tipps und Hilfestellungen für die Operationalisierung finden Sie in den folgenden Abschnitten.

EA-Governance ist ein Teilbestandteil Ihrer IT-Governance. EA-Governance füllt das Enterprise Architecture Management erst mit Leben. Sie sorgt einerseits dafür, dass die Daten hinreichend vollständig, aktuell und qualitativ hochwertig sind. Andererseits forciert sie, dass die EAM-Ergebnisse für Investitionsentscheidungen und für das strategische und operative IT-Management genutzt werden.

Jede Ausbaustufe von EAM (siehe Abschnitt 3.3.1) erfordert eine auf die jeweilige Organisation zugeschnittene EA-Governance. In einer ersten Ausbaustufe wird häufig eher zentralistisch gearbeitet. In einem kleinen Kreis hochqualifizierter und hochmotivierter Unternehmensarchitekten werden schnell verwertbare und vermarktbare Ergebnisse erstellt. Schrittweise kann dann das Enterprise Architecture Management und damit einhergehend die EA-Governance ausgebaut und optimiert werden.

Wichtig

Gestalten Sie für jede Ausbaustufe von EAM eine adäquate EA-Governance. Erster Schritt ist hierbei die Einschätzung Ihrer Ausgangslage. Nutzen Sie hierzu Prozess-Reifegradmodelle (siehe [Foe08]) und das EAM-Reifegradmodell (siehe Abschnitt 5.8). Für die Standortbestimmung können Sie darüber hinaus die Hilfestellungen aus [Han 14] heranziehen.

Wie kommen Sie nun zu der für Ihre Ausbaustufe von EAM passenden EA-Governance?

Hierzu müssen Sie die zu Beginn des Kapitels aufgeführten Aspekte „Angemessene Organisation", „Einfach anwendbare Regeln", „Schlanke EAM-Prozesse" und „Verankerung in der Organisation" mit Leben füllen. Hilfestellungen hierfür finden Sie in den nächsten Abschnitten.

5.9.1 Organisatorische Aspekte der EA-Governance

It is the changes in the way our work is organized which will make the biggest differences to the way we live.

C. Handy (1989)

Eine angemessene Organisation mit auf die Zielsetzungen und Rahmenbedingungen zugeschnittenen Rollen und Verantwortlichkeiten sowie funktionierende Gremien bestimmen maßgeblich die Durchsetzungskraft und den Aufwand für die Steuerung. So hängen z. B. die Schnelligkeit von Entscheidungen oder aber die Möglichkeiten der Standardisierung von der gewählten IT-Organisationsform ab.

Für jede Ausbaustufe von EAM muss eine adäquate EA-Governance und damit einhergehend eine EAM-Organisation gestaltet und die Organisation und Kultur entsprechend weiterentwickelt werden. Hierzu finden Sie im Folgenden Hilfestellungen und Best-Practices zu folgenden Themenfeldern:

- Rollen und Verantwortlichkeiten in EAM (siehe Abschnitt 5.9.1.1),
- Entscheidungsfelder und Gremien (siehe Abschnitt 5.9.1.2),
- Auswirkungen der IT-Organisationsform auf die Wirksamkeit von EAM (siehe Abschnitt 5.9.1.3),
- Veränderung der IT-Organisation (siehe Abschnitt 5.9.1.4).

Wichtig

Eine adäquate IT-Organisationsform, klar definierte Rollen und Verantwortlichkeiten sowie funktionierende Gremien sind für eine schnelle und fundierte Informationsbeschaffung sowie kurze Entscheidungswege im EAM maßgeblich. Durch einen stetigen Veränderungsprozess müssen Sie Ihre EAM-Organisation und -Prozesse kontinuierlich an veränderte Rahmenbedingungen anpassen und optimieren sowie die EAM-Prozesse in der Organisation verankern.

Kennzeichen eines wirksamen Enterprise Architecture Managements sind:

- **Fokussierung auf Wirksamkeit und Wertschöpfung:** Es ist lösungsorientiert, sieht Enabling und das Setzen von Leitplanken wichtiger an als strikte Governance und orientiert sich immer am Kundenfeedback.
- **Angemessene Strukturen und Methoden für machbare Lösungen:** Stellt fachliche und technische Strukturen als Single-Point-of-Truth und Ordnungsrahmen für die Planung und Steuerung der Weiterentwicklung des Geschäftsmodells und der IT-Landschaft bereit, liefert angemessene Lösungen mit sicherer Machbarkeit sowie identifiziert Risiken und Potenziale für die digitale Transformation.
- **Architectural Thinking:** Verankerung von Enterprise Architecture Management in der DNA eines Unternehmens mit interdisziplinären eigenverantwortlichen und selbstorganisierenden Teams
- **Agiles EAM:** Setzt auf zeitgerechte nutzenstiftende Lösungen und Feedback in kurzen Zyklen
- **Nutzen >> Kosten:** Die Summe des persönlichen Nutzens der Stakeholder überwiegt bei weitem die Aufwände für die Bereitstellung und des Betriebs von EAM ■

Nun schauen wir uns zunächst die Rollen und Verantwortlichkeiten im EAM an.

5.9.1.1 Rollen und Verantwortlichkeiten im EAM

Für ein funktionierendes EAM sind vor allen Dingen folgende Stakeholder-Gruppen wichtig:

- **Benannte Auftraggeber und Sponsoren:** Auftraggeber und Sponsoren haben Einfluss und „sorgen" initial für die entsprechenden Budgets und dafür, dass die richtigen Personen im EAM-Projekt mitwirken. Später machen Sie aktiv Marketing mit den EAM-Erfolgen und helfen, EAM zum Fliegen zu bekommen. Siehe hierzu Abschnitt Stakeholder-Analyse in Abschnitt 5.1.

- **Klar festgelegte Rolle Unternehmensarchitekt** *(oder Rollen):* Unternehmensarchitekten sind die Kümmerer, Planer und Gestalter der Unternehmensarchitektur und in der Einführungsphase die „Arbeiter", die die Konzeption und den Betrieb von EAM verantworten. Diese gibt es in er Regel in unterschiedlicher Ausprägung sowohl zentral als auch dezentral.
- **Explizit benannte Nutznießer:** Nutznießer sind die Stakeholder(-gruppen), die Interesse an EAM haben und für die EAM-Ergebnisse wertvoll sind. Der Nutzen kann z. B. in der Unterstützung bei der strategischen Planung und Steuerung der IT oder aber bei der Umsetzung von Compliance- und Sicherheitsanforderungen liegen (siehe Stakeholder-Analyse in Abschnitt 5.1).
- **Festgelegte Datenlieferanten:** Datenlieferanten können Personen oder aber auch IT-Systeme sein. Datenlieferanten sind maßgeblich für die Aktualität und Qualität der Daten. Für alle Elemente der Unternehmensarchitektur muss die Datenpflege sichergestellt werden (siehe Pflegekonzept in Abschnitt 5.9.2.1).

Alle Rollen und Verantwortlichkeiten müssen klar beschrieben sein. Hilfestellungen finden Sie hierbei im Abschnitt 5.9.2. Von besonderer Bedeutung für das Enterprise Architecture Management sind die spezifischen EAM-Rollen. Diesen widmen wir uns im Folgenden.

Die Unternehmensarchitekten sind für alle EAM-Prozesse (siehe Abschnitt 5.9.4) für die gesamte Bebauung oder einen Ausschnitt (Teilarchitektur und/oder fachliche oder technische Domäne) der Bebauung verantwortlich. Sie führen jedoch nicht notwendigerweise alle EAM-Prozesse selbst durch. So erfolgt die Datenpflege zum Teil durch andere Stakeholder-Gruppen. Auch die Analyse der Bebauungsdatenbasis kann von verschiedenen anderen Stakeholder-Gruppen durchgeführt werden. Eine unternehmensspezifische Ausgestaltung über das Pflegekonzept ist erforderlich (siehe Abschnitt 5.9.2).

Je nach Zielbetriebsmodell, Organisationsstruktur, Firmengröße sowie Reifegrad und Zielsetzungen von EAM gibt es durchaus unterschiedliche Arten von Unternehmensarchitekten. Folgende Verantwortlichkeiten (Teilrollen) findet man häufig gegebenenfalls an unterschiedliche oder die gleichen Personen „verteilt", wobei die Namensgebung in der Regel sehr unternehmensspezifisch ist:

- **Geschäftsarchitekt** ist für die Vorgabe der Modellierungsrichtlinien der Geschäftsarchitektur sowie Sammlung, Qualitätssicherung, Konsolidierung, Abstimmung, Veröffentlichung und Steuerung der Weiterentwicklung der Geschäftsarchitektur (Ist, Plan und Soll) übergreifend oder für fachliche Domänen verantwortlich.

  Datenlieferanten für den Geschäftsarchitekten sind neben den unterschiedlichen EAM-Rollen andere Rollen und auch Personen, die unabhängig von EAM im Unternehmen etabliert sein können. Hierzu zählen die **Prozessmanager** im Rahmen des Prozessmanagements, die **Capability Manager** im Rahmen des Business Capability Management, die **Produktmanager** im Kontext des Produktmanagements, **Data Stewards und andere Datenrollen** im Datenmanagement, **Business-Planer** in der Business-Planung oder Unternehmensstrategieentwicklung sowie **Organisationsentwickler** zur Festlegung von detaillierten Organisationsstrukturen und deren Kommunikation im Unternehmen.

  Der Geschäftsarchitekt ist verantwortlich für das Einsammeln, die Qualitätssicherung und die übergreifende Konsolidierung der aktuellen Geschäftsarchitektur-Daten aus z. B. dem Prozessmanagement, der Unternehmensorganisation oder Domänenarchitekten. Er ist auch der Kümmerer für die Bereitstellung der übergreifenden fachlichen Ordnungsrahmen, wie z. B. der Business Capability Map und liefert Input für die Bebauungsplanung der Applikationslandschaft.

- **IS-Bebauungsplaner**, oder auch strategischer (IT/IS-)Planer oder IS- oder Applikationsarchitekt genannt, verantwortet die IS-Architektur und das Zusammenspiel mit den anderen Teilarchitekturen übergreifend oder für fachliche Domänen.

  Die IS-Bebauungsplanung und die Steuerung der Weiterentwicklung der IT-Landschaft werden in der Regel vom IS-Bebauungsplaner selbst durchgeführt. So pflegt er in der Regel selbst auch die Soll-IS-Bebauung, die IT-Roadmap sowie die Ergebnisse aus dem Projektportfoliomanagement oder Projektsteuerungsgremien ein. Die Dokumentation der Ist-IS-Landschaft erstellt er häufig nicht selbst, da er nicht alle Informationssysteme und Schnittstellen im Detail kennt. Die IS-Verantwortlichen, soweit festgelegt, werden hier aktiv. Wenn noch nicht festgelegt, werden die Daten in der Regel von Projektmitarbeitern, wie z. B. Facharchitekten, geliefert oder eingepflegt. Der IS-Bebauungsplaner unterstützt die IS-Verantwortlichen und Projektmitarbeiter methodisch und führt eine Qualitätssicherung der „fremd" erstellten Dokumentation durch.

  Die Gesamtbebauung kann sowohl vom IS-Bebauungsplaner als auch von allen EAM-Nutznießern analysiert werden und entsprechende Ergebnisse lassen sich aus der EAM-Datenbasis herausziehen. Der IS-Bebauungsplaner bietet gegebenenfalls die Dienstleistung an, entsprechend der Fragestellungen der Nutznießer Analysen durchzuführen oder diese so vorzubereiten, dass die EAM-Nutznießer diese zukünftig selbst durchführen können.

  IS-Verantwortliche liefern und aktualisieren die Daten für die von ihnen verantworteten Informationssysteme entsprechend des Pflegekonzeptes. Der IS-Bebauungsplaner übernimmt die übergreifende die übergreifende Qualitätssicherung, die IS-Konsolidierung und das IS-Portfoliomanagement (siehe EAM-Einsatzszenarien in Kapitel 4) für die Ist-, Plan- und Soll-IS-Bebauung. IS-Bebauungsplaner arbeiten eng mit dem Demand Management und Projektportfoliomanagement zusammen und unterstützen bei der strategischen IT-Planung. Sie liefern zudem Input für die fachliche und technische Standardisierung.

- **IT-Architekt**, oder auch technischer Bebauungsplaner oder Technologie-Architekt genannt, ist für die technische Architektur übergreifend oder für technische Domänen verantwortlich.

  Der IT-Architekt ist verantwortlich für die übergreifende Bereitstellung und Weiterentwicklung des Lösungsportfolios (technischen Blueprints), die Sicherstellung der Einhaltung des Blueprints sowie für die Beratung und Unterstützung bei der Nutzung der technischen Standards. Wenn ein technischer Standard nicht vom IT-Architekten selbst erstellt wird, sollte er zumindest die Qualitätssicherung und die Abnahme durchführen und den technischen Baustein geordnet in das Lösungsportfolio überführen. Im Einzelnen hat er folgende Verantwortlichkeiten:

  - Aufnahme und Analyse von Standardisierungsanforderungen
  - Steuerung/Koordinierung der (Weiter-)Entwicklung der technischen Bebauung der technischen Domänen im engen Zusammenspiel mit den Verantwortlichen (Accountables) für die technischen Domänen und den Experten/technischen Verantwortlichen für die technischen Bausteine (u. a. Lifecycle-Management)
  - Qualitätssicherung des technischen Blueprints
  - Veröffentlichung und Kommunikation der Ergebnisse
  - Moderation des Technologie-Boards (Lead)
  - Festlegung und Weiterentwicklung der EAM-Methode für das Technologiemanagement und Werkzeuglandschaft mit u. a. Modellierungsrichtlinien und Konfiguration des EAM-Werkzeugs

Wesentliche Aufgaben des IT-Architekts sind daher auch das Lifecycle-Management und das Lösungsmanagement für Projekte. Das Technologiemanagement sollte eng mit dem IT-Innovationsmanagement verzahnt sein, um sicherzustellen, dass die für das Unternehmen relevanten und zukunftsfähigen technischen Trends und Produkte im Blueprint berücksichtigt werden.

- **Infrastrukturarchitekt** ist für die Betriebsinfrastrukturarchitektur (siehe [itS08] und [Joh11]) übergreifend oder aber für technische Domänen verantwortlich.

  Ein Infrastrukturarchitekt ist für die Überprüfung und Weiterentwicklung der Betriebsinfrastrukturarchitektur sowie die Sicherstellung von SLAs auf Infrastrukturebene verantwortlich. Hierzu zählt unter anderem die Betriebsinfrastrukturkonsolidierung (siehe EAM-Einsatzszenarien in Kapitel 4). Er ist insbesondere als Kümmerer an der technischen Standardisierung von Infrastrukturelementen und Plattformen beteiligt.

- **Informationsarchitekten** sind für die Informationsbebauung, d. h. für die Bebauungselemente Geschäftsobjekte und Informationsobjekte aus der fachlichen bzw. der IS-Bebauung und deren Zusammenspiel mit der Gesamtbebauung verantwortlich. Die Rolle des Informationsarchitekten geht einher mit der Einführung der Informationsarchitektur als separater Teilarchitektur. Häufig sind Informationsarchitekten einer fachlichen oder Daten-Domäne zugeordnet.

  Der Informationsarchitekt, oder auch Datenarchitekt genannt, arbeitet eng mit der Datenmangement-Organisation, wie z. B. Data Stewards, zusammen. Er sorgt für Datentransparenz, stellt Datenprodukte, Referenzmodelle bereit und stellt die einheitliche Pflege über Modellierungsrichtlinien sowie die Nutzung der Daten sicher.

  Wenn das Informationsmanagement nicht explizit im EAM etabliert ist, werden dessen Aufgaben häufig vom Geschäftsarchitekten, Domänenarchitekten oder vom Prozessmanager (oder aber Capability Manager) zusammen mit dem IS-Bebauungsplaner übernommen. Der Prozessmanager dokumentiert und gestaltet die Geschäftsprozesse im Zusammenspiel mit den Geschäftsobjekten. Der IS-Bebauungsplaner ist dagegen verantwortlich für die IS-Bebauung, d. h. auch für die Informationsobjekte und deren Zusammenspiel mit Informationssystemen und dem Informationsfluss. Die Beziehung zwischen Informationsobjekten und Geschäftsobjekten kann von beiden Rollen gepflegt werden. Dies muss unternehmensspezifisch das Pflegekonzept (siehe Abschnitt 5.9.2.1) klar festlegen.

- **Übergreifender Unternehmensarchitekt**, oder auch Manager Unternehmensarchitektur genannt, ist für die Festlegung und Weiterentwicklung der EAM-Methode (z. B. Modellierungsrichtlinien) und Werkzeuglandschaft sowie übergreifende Konsolidierung, Qualitätssicherung und Steuerung der Weiterentwicklung der Gesamtbebauung verantwortlich. Zudem ist er der Kümmerer für die Konsolidierung des übergreifenden Ziel-Bilds und der Leitplanken für die Umsetzung.

  Für die Weiterentwicklung der EAM-Methode und der Werkzeuglandschaft kann die Verantwortung gegebenenfalls auch geteilt sein. Es kann übergreifende fachliche, IS-, technische, Informations- und Betriebsinfrastruktur-Unternehmensarchitekten geben. Diese können die Methode für ihre jeweilige Teilarchitektur gestalten. Dann ist jedoch zusätzlich wiederum die Rolle eines übergreifenden Unternehmensarchitekten erforderlich. Dieser ist für das Zusammenspiel und die Beziehungen der Bebauungen untereinander verantwortlich und dafür, dass die bebauungsübergreifenden Fragestellungen der Stakeholder wirklich beantwortet werden können.

In Bild 5.91 finden Sie ein Beispiel für die Zuordnung der Rollen zu den Teilarchitekturen. Neben diesen Rollen gibt es insbesondere bei dezentral organisierten Unternehmen für die unterschiedlichen fachlichen (oder organisatorischen) Domänen jeweils Domänenarchitekten und Lösungsarchitekten (siehe Bild 5.92).

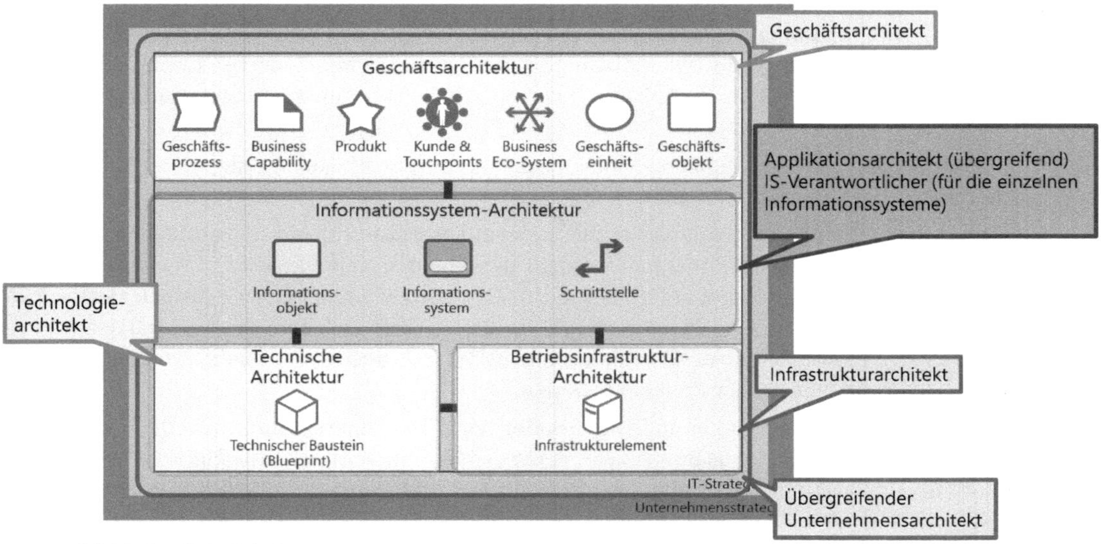

Bild 5.91 Beispielrollen

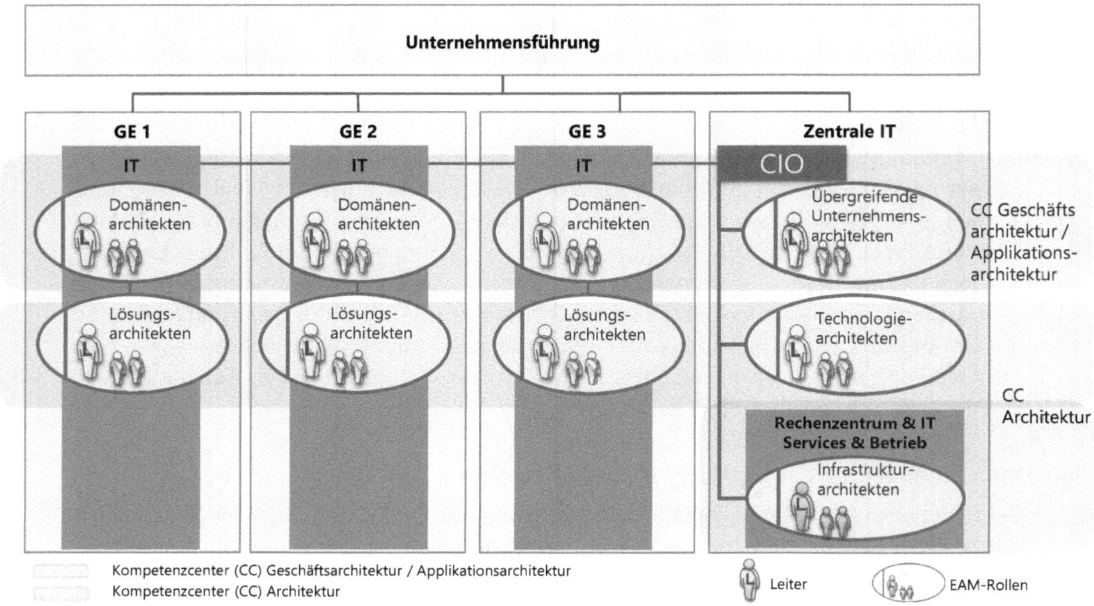

Bild 5.92 Beispiel dezentrale Organisation mit EAM-Rollen

- **Domänenarchitekt** verantwortet die übergreifende Konsolidierung, Qualitätssicherung und Steuerung der Bebauung (Ist, Soll und Plan) einer fachlichen Domäne. Schwerpunkt liegt in der Regel auf der Applikationsbebauung. Er arbeitet eng mit dem Demand Management und Projektportfoliomanagement zusammen sowie unterstützt bei der Investitionsplanung und Budgetierung.

  Er ist verantwortlich für die übergreifende Bereitstellung, Weiterentwicklung sowie Sicherstellung der Einhaltung des domänenspezifischen fachlichen und technischen Blueprints sowie für die Beratung und Unterstützung bei der Nutzung dieser und von technischen Bausteinen in enger Zusammenarbeit mit den übergreifenden Unternehmensarchitekten und Technologiearchitekten.

  Domänenspezfische Informationsarchitekten und Lösungsarchitekten werden in der Regel durch den Domänenarchitekt geführt.
- **Lösungsarchitekt**, auch Solution Architect genannt, verantwortet die standardkonforme Lösungsarchitekturen in Projekten. Er stellt die bebauungsplan-konforme Verbauung und den Einsatz technischer Standards in Projekten sicher (entsprechend festgelegtem Beteiligungsmodell) sicher. Er kann sowohl im Vorfeld von Projekten durch z. B. High-level-Designs sowie Vorgaben für Projekte unterstützen als auch in Projekten mitarbeiten oder aber Input liefern oder Projekte reviewen.

In Abhängigkeit von der Größe und Organisationsform des Unternehmens können diese Teilrollen unterschiedlich zusammengefasst werden. In mittelständischen Unternehmen gibt es in der Regel nur eine Rolle, die alle Teilrollen inkludiert. In größeren und in dezentral organisierten Unternehmen findet man hingegen viele dieser Teilrollen. Die Rollen Prozessmanager, Capability Manager und Geschäftsarchitekt sind häufig zusammengefasst, wenn das Prozessmanagement oder das Business Capability Management im Unternehmen etabliert ist. Andernfalls werden häufig die Rollen IS-Bebauungsplaner und Geschäftsarchitekt von einer Person mit Leben gefüllt. Dann ist EAM in der Regel ausschließlich in der IT angesiedelt und die Geschäftsarchitektur dient im Wesentlichen nur als fachlicher Bezugsrahmen für die IT-Bebauung.

Häufig findet man in größeren oder dezentral organisierten Unternehmen darüber hinaus eine Aufteilung entsprechend organisatorischer Zuständigkeiten, sogenannte Bebauungs-Cluster oder Domänen. Die Verantwortlichkeiten für die fachliche und die IS-Bebauung werden in der Regel entsprechend der Organisation der Business-Einheiten, wie z. B. Vertrieb und Produktion, verteilt. Häufig werden diese als Domänenarchitekt bezeichnet. Bei der technischen Bebauung werden die Verantwortlichkeiten hingegen entsprechend der technischen Expertise für technische Domänen, wie z. B. JEE- und SAP-Cluster, aufgeteilt. Für die Betriebsinfrastrukturbebauung zählt die organisatorische Struktur im Betrieb, wie z. B. die Aufteilung in die Rechenzentrumsstandorte. Weitere Informationen zu Abhängigkeiten von der Organisationsform finden Sie in Abschnitt 5.9.1.3.

Welche Abhängigkeit besteht zum EAM-Reifegrad?

Bei einem niedrigen EAM-Reifegrad (siehe Abschnitt 5.8), wie z. B. „initial" oder „im Aufbau", gibt es in der Regel noch wenige EAM-Sponsoren und wenige erfahrene Unternehmensarchitekten. EAM ist noch nicht in die Planungs-, Durchführungs- und Entscheidungsprozesse integriert und der Nutzen muss erst aufgezeigt werden. Die Pflege der Bebauungsdaten muss „zentralistisch" angegangen werden, da EAM noch nicht wirklich „lebt". Wenige hochmotivierte und qualifizierte Unternehmensarchitekten müssen die erforderlichen Daten einsammeln, qualitätssichern und konsolidieren und in die Bebauungsdatenbasis einpflegen. Nur so lässt sich eine hinreichend vollständige, aktuelle und qualitativ hochwertige Bebauungsdatenbasis für zumindest einen Ausschnitt des Unternehmens gewährleisten.

Bei den höheren Reifegraden ist EAM im Unternehmen bereits durchgesetzt und in die Planungs-, Durchführungs- und Entscheidungsprozesse integriert. Die Datenpflege und auch die Analysen werden von den Verantwortlichen für die Detaildaten überwiegend selbst durchgeführt. Der Anstoß erfolgt in der Regel entlang der Prozesse, wie z. B. bei der Inbetriebnahme eines neuen Informationssystem-Releases. Die Unternehmensarchitekten haben neben ihrer Planungs- und Steuerungsfunktion die Aufgabe, die Qualität der Gesamtbebauung zu sichern.

Wichtig

Die Ausprägung der EAM-Rollen muss abhängig von Ihrer Organisationsstruktur, Firmengröße sowie Reifegrad und Zielsetzungen von EAM gestaltet werden. Legen Sie die Verantwortlichkeiten für jeden EAM-Prozess und insbesondere die Pflegeverantwortung für jeden Bebauungselementtyp, jede Beziehung und für alle Attribute explizit fest (siehe Pflegekonzept in Abschnitt 5.9.2.1). ■

Welchem Skill-Profil muss ein Unternehmensarchitekt genügen?

Das Skill-Profil eines Unternehmensarchitekten ist sehr anspruchsvoll, doch lässt sich nur mit einem solchen Profil der in Abschnitt 3.1 aufgeführte Nutzen erreichen. Das Anforderungsprofil eines Unternehmensarchitekten im Detail:

- **Sehr erfahrener, langjähriger Mitarbeiter mit IT- und Business-Know-how**, der sowohl fachlich wie technisch einen guten Überblick über die IS-Landschaft hat und auch im Unternehmen gut „verdrahtet" ist.

  Der Unternehmensarchitekt muss ein Sparringspartner für die Fach- und IT-Seite sein, um die wesentlichen Informationen für die Dokumentation der IT-Landschaft oder die Bebauungsplanung zu erhalten. Er muss sowohl die Fach- als auch die IT-Sprache sprechen und die Geschäftsprozesse und IT-Prozesse in seinem Umfeld verstehen. Er muss die richtigen Fragen stellen können. Zudem verfügt er über eine umfangreiche Projekt- und Betriebserfahrung. Der Unternehmensarchitekt muss die typischen Problemstellungen von Projekten und im Betrieb selbst in einer Projektrolle, z. B. eines Softwarearchitekten (siehe [Sta09] und [Vog05]), erfahren haben. Er darf die Bodenhaftung und den Praxisbezug nie verlieren.

  Ein IT-Architekt und Infrastrukturarchitekt benötigt zudem ein fundiertes Softwarearchitektur- und Technologieverständnis sowie eine hohe technische Lösungskompetenz. Er muss schnell angemessene technische Empfehlungen und eine realistische Einschätzung über neue Technologien und Trends abgeben können.

- **Schnelles Auffassungsvermögen, hohes Abstraktionsvermögen, konzeptionelle Fähigkeiten, strategisches Denken und methodische Kompetenz:** Der Unternehmensarchitekt muss in der Lage sein, schnell die „richtigen Schubladen" zu finden und Wesentliches vom Unwesentlichen zu trennen. Das ist essenziell, um aus dem Wust an Informationen aussagekräftige Antworten auf die verschiedenen Fragestellungen abzuleiten. Zudem muss er die Sachverhalte schnell in der richtigen Granularität in der EAM-Datenbasis abbilden können.

- **Großes Engagement, gute kommunikative Fähigkeiten, Durchhaltevermögen und Überzeugungskraft:** EAM ist insbesondere in den ersten Jahren nach der Einführung kein Selbstläufer. Der Unternehmensarchitekt muss nachhaltig dranbleiben und das Management, die IS-Verantwortlichen, die Projektleiter oder die Fachseite immer wieder vom Nutzen überzeugen sowie Konsens in einer Gruppe von Personen mit unterschiedlichem Background herstellen. Unternehmensarchitekten müssen lernen, konstruktiv „Nein" zu sagen.
- **Innovationskraft, unternehmerisches Denken und Weitsicht:** Der Unternehmensarchitekt muss über Innovationskraft verfügen, um Business- und IT-Optimierungspotenzial zu identifizieren. Unternehmerisches Denken ist wichtig, um die strategischen Implikationen über alle Business- und IT-Bereiche hinweg zu erkennen und deren Wert bewerten zu können. Zudem ist Weitsicht notwendig, um kurz-, mittel- und langfristige Planungshorizonte im Blick zu behalten.

Wie viele Unternehmensarchitekten sind erforderlich?

Die erforderliche Anzahl der Unternehmensarchitekten hängt einerseits von der Größe, der Organisationsstruktur und vom EAM-Reifegrad des Unternehmens ab, andererseits von der konkreten Ausgestaltung der EAM-Methode und dem Mengengerüst. Folgende Fragen sollten Sie sich bei der Überprüfung Ihrer EAM-Organisation stellen:

- *Größe und Organisationsstruktur*
  - Gibt es dezentrale EAM-Einheiten? Wie viele und in welchen Einheiten? Besteht eine zentrale übergreifende EAM-Einheit? Welche Skill-Levels findet man in den verschiedenen Einheiten?
  - Sind Prozesse ausgelagert? Wie ist das EAM-Führungsmodell bezüglich dieser Prozesse gestaltet?
  - Wie groß sind die Organisationseinheiten und wie sieht das Führungsmodell aus?
  - Wie sieht das Zielbetriebsmodell aus? Ist dieses an fachlichen Domänen ausgerichtet?
  - Gibt es weitere organisatorische Rahmenbedingungen?
- *EAM-Reifegrad* (siehe Abschnitt 5.8)
  - Welcher EAM-Reifegrad liegt für die verschiedenen Teilarchitekturen in den verschiedenen für EAM relevanten Organisationseinheiten vor?
  - Welchen Reifegrad haben die EAM-Methode und das Tooling? Welchen Reifegrad haben die EAM-Prozesse zentral und dezentral? Wie weit sind diese in der Organisation verankert und damit wirksam?
- *Ausgestaltung EAM-Methode* (Unternehmensarchitektur und EA-Governance)
  - Welche Bebauungselementtypen, Attribute und Beziehungen sind entlang welches Prozesses von wem zu pflegen? Gibt es hier Unterschiede in Unternehmensteilen?

    Wie stark ist die Geschäftsarchitektur ausgeprägt? Werden überwiegend nur Listen der fachlichen Bebauungselemente hinterlegt? Sind Beziehungen zwischen den fachlichen Bebauungselementen zu pflegen? Ist hier noch Abstimmungs- oder Konsolidierungsaufwand zu leisten?

    Wie stark ist die Betriebsinfrastrukturarchitektur ausgeprägt? Werden nur grobgranulare Infrastrukturelemente gepflegt? Sind die Konsolidierung und Weiterentwicklung z. B. in Richtung von Plattformen anzugehen?

Gibt es eine separate Informationsbebauung?

Werden Beziehungen zwischen Bebauungselementtypen attributiert, wie z. B. Verwendungsbeziehungen zwischen Informationssystemen und Informationsobjekten?

Wird nur die aktuelle Bebauung gepflegt? Wird eine Bebauungsplanung durchgeführt, und wenn ja, für welche Teilarchitekturen und Bebauungselemente? Von wem und wann?

  - Zu welchen Planungs-, Durchführungs- und Entscheidungsprozessen gibt es bereits Schnittstellen? Sind diese schon etabliert?
  - Welche Aktualitäts- und Qualitätsanforderungen bestehen in Bezug auf die verschiedenen Elemente, Attribute und Beziehungen? Für welche Unternehmensteile?
  - Wie sieht das Dienstleistungsangebot der Unternehmensarchitekten aus? Arbeiten sie in Projekten aktiv mit oder sind sie nur an Abnahmen beteiligt? Stellen sie Serviceleistungen, wie z. B. bedarfsgerechte Analysen, für die verschiedenen Stakeholder-Gruppen bereit?
  - Welche Arten von Unternehmensarchitekten gibt es?
  - Wie sind Unternehmensarchitekten in die Planungs-, Durchführungs- und Entscheidungsprozesse eingebunden?
  - Wie gut ist die Werkzeugunterstützung? Für die Pflege? Für die Ableitung von Ergebnissen? Für die Bebauungsplanung? Für die Steuerung der Weiterentwicklung?

- *Mengengerüst*
  - Wie viele Ausprägungen der Bebauungselementtypen und Beziehungen, wie z. B. Geschäftsprozesse, Informationssysteme und Schnittstellen, gibt es?
  - Wie ist die Änderungshäufigkeit für die verschiedenen Bebauungselemente, Attribute und Beziehungen?
  - Wie viele Projekte gibt es pro Einheit, an denen Unternehmensarchitekten beteiligt werden sollten? Siehe hierzu Abschnitt 5.9.5.

Wichtig

Halten Sie die Anzahl der Unternehmensarchitekten möglichst klein. Ein schlagkräftiges und hochqualifiziertes Team ist für ein effektives EAM erforderlich. Achten Sie darauf, dass die Unternehmensarchitekten genügend Praxisbezug behalten!

Hinweis: In einer Umfrage haben wir ermittelt, dass circa 0,7 bis 1,5 Unternehmensarchitekten (umgerechnet auf Vollzeit) pro 100 Informationssysteme in Unternehmen notwendig sind, wenn der Schwerpunkt auf dem IT-Bebauungsmanagement liegt.

Für mittelständische Unternehmen reicht im Allgemeinen ein Unternehmensarchitekt in Teilzeit für das Gesamtunternehmen. Für größere Unternehmen muss in Abhängigkeit von der Beantwortung obiger Fragen die Anzahl der erforderlichen Unternehmensarchitekten festgelegt werden. Wenn mehrere Unternehmensarchitekten in einem Bereich vorhanden sind, gibt es in der Regel einen Vorgesetzten, z. B. Lead-Architekt genannt, der die Vertretung der Gruppe in Gremien übernimmt.

Das Wesentliche zur Rolle Unternehmensarchitekt

- Unternehmensarchitekten haben eine Dokumentations-, Gestaltungs- und Qualitätssicherungsfunktion sowie eine Steuerungsfunktion.
- Etablieren Sie EAM-Rollen, deren Kapazitäten sowie organisatorische Zuordnung entsprechend Ihrer Unternehmensgröße, Organisationsstruktur, EAM-Reifegrad, Ausprägung Ihrer EAM-Methode und dem Mengengerüst Ihrer EAM-Datenbasis.
- Führen Sie die Rolle Informationsarchitekt und eine Informationsarchitektur ein, wenn das Informationsmanagement organisatorisch verankert werden soll.

5.9.1.2 Entscheidungsfelder und Gremien

Ein Einfluss auf Entscheidungen kann nur über die Einbindung in entsprechende Gremien ausgeübt werden. Die Steuerungsgremien und deren Zusammensetzung sind unternehmensspezifisch auszugestalten. Hierzu sind alle unternehmensspezifischen Entscheidungsfelder zu ermitteln und entsprechende Gremien und Entscheidungsprozesse zu installieren.

Folgende Entscheidungsfelder findet man im Kontext der IT häufig in der Praxis:

- Strategische IT-Vorgaben (u. a. grobes Ziel-Bild und Leitplanken),
- Geschäftsarchitektur (u. a. aktuelle und zukünftige Geschäftsprozesse, Produkte oder fachliche Funktionen),
- IS-Architektur (u. a. aktuelle und zukünftige Informationssysteme, Schnittstellen und deren Informationsfluss),
- technische Architektur (u. a. technische Standardisierung inklusive IT-Innovationsmanagement),
- Betriebsinfrastrukturarchitektur (u. a. Infrastrukturelemente und -plattformen im Kontext des Servicemanagements),
- Geschäftsanforderungen (u. a. im Kontext vom Demand Management sowie Anforderungsmanagement),
- IT-Investitionen und Priorisierung (u. a. Festlegung des Projektportfolios und der IT-Budgets),
- IT-Ressourcen (u. a. Mitarbeiter, Lieferanten und Partner).

Bei den meisten der aufgeführten Entscheidungsfelder gibt es ein Zusammenspiel zwischen Unternehmensführung, den Fachbereichen und der IT. Dieses muss ausgestaltet werden. Um Einfluss zu nehmen, muss die IT die Umsetzung der strategischen und operativen Geschäftsanforderungen zielorientiert vorantreiben. Ein Szenario könnte wie folgt aussehen:

- Die Entscheidungsfelder „Geschäftsarchitektur" und „Geschäftsanforderungen" liegen in der Hoheit der Fachbereiche. Die Geschäftsarchitektur wird in der Regel im Rahmen der Business-Planung oder Unternehmensstrategieentwicklung gestaltet. Die Geschäftsanforderungen werden über die Unternehmensstrategie und die Fachbereiche eingebracht und von diesen priorisiert. Die IT berät das Business bezüglich Lösungsmöglichkeiten und deren IT-Auswirkungen sowie bringt IT-Innovationen ein.
- Abgeleitet von der Unternehmensstrategie, der Geschäftsarchitektur und den Geschäftsanforderungen werden im Rahmen der IT-Strategieentwicklung die strategischen IT-Vorgaben (siehe Abschnitt 3.3) entwickelt und die IS-Architektur von der IT gestaltet. Die Unternehmensführung gibt z. B. über Budgets Randbedingungen, u. a. auch für die IT-Ressourcen, vor.

- Die IT-Investitionsplanung und die Priorisierung erfolgen gemeinsam in einem Gremium, in dem Fachbereiche, IT und Unternehmensführung vertreten sind. Die IT muss hier die Aspekte der strategischen IT-Planung allen Beteiligten „nahebringen", um ausreichend Budgets für deren Umsetzung zu erhalten. Sie muss das Ziel-Bild und den damit verbundenen Business-Nutzen sowie den Fortschritt bei der Umsetzung z. B. über Kennzahlen (siehe Abschnitt 5.9.3) aufzeigen.

Wichtig

Nur wenn EAM-Input für die Priorisierung und für Investitionsentscheidungen eine Rolle spielt, kann die IT-Landschaft effektiv weiterentwickelt werden. ■

- Die Entscheidungsfelder „Technische Architektur" und „Betriebsinfrastrukturarchitektur" liegen häufig in der Hoheit der IT selbst. Das Business kann durch Zielvorgaben und SLAs Einfluss auf die IT nehmen. Ein Beispiel für eine Zielvorgabe ist die Betriebskostenreduktion um 20 %.

Wichtig

Entscheidend für den Einfluss der IT ist ihre Einbindung in die Gesamtunternehmensorganisation. Über die Beteiligung der IT an interdisziplinären Planungsteams kann sie einen Beitrag zur Geschäftsentwicklung leisten. Erst durch die gemeinsame Planung von Business und IT verstehen die Beteiligten die Hintergründe, Beweggründe und Zusammenhänge der Business- und der IT-Planung. Ein Papierdokument leistet dies nicht.

Wenn Ihre IT noch nicht in die Business-Planung eingebunden ist, liegt dies in der Regel an der aktuellen Positionierung der IT (siehe [Han14]). Die IT wird noch nicht als Partner oder Enabler des Business wahrgenommen. ■

Tipp

Verändern Sie die Wahrnehmung des Business über die IT durch die aktive Einbindung von Business-Vertretern in IT-Investitionsentscheidungen und in den Budgetierungsprozess. Durch die enge Kommunikation wird ein gemeinsames Verständnis geschaffen.

Die fachliche Priorisierung und Budgetierung muss die Fachseite verantworten. Die IT sitzt ansonsten zwischen allen Stühlen. Wichtig sind insbesondere die Budgetierung und eine leistungsbezogene Verrechnung. Nur so kann die IT den Kosten auch einen Nutzen gegenüberstellen und diesen gegenüber den Fachbereichen und dem Management darstellen. ■

Um Einfluss zu nehmen, müssen darüber hinaus die IT-Verantwortung ebenso wie die Gremien zur strategischen und operativen Steuerung der IT in der Unternehmensführung verankert sein. Der CIO kann z. B. entweder selbst Mitglied in der Unternehmensführung sein oder aber als Stab an die Unternehmensführung berichten. Die Unternehmensführung muss die Gremien und die Entscheidungsprozesse z. B. für das Projektportfoliomanagement festlegen.

Auf dieser Basis könnte eine Gremienlandschaft für die Entscheidungsfelder wie folgt aussehen.

Gremien für die Entscheidungsfelder

Folgende Gremien decken die genannten Entscheidungsfelder ab:

- **IT-Board:** Das IT-Board setzt sich im Allgemeinen aus Vertretern der Unternehmensführung und dem CIO zusammen, die in einem Turnus von z. B. einem Quartal tagen. Im IT-Board sind Entscheidungen bezüglich strategischer IT-Themen angesiedelt. Das IT-Board verabschiedet die IT-Strategie sowie die IT-Kosten- und Investitionsplanung und ist für die Festlegung und Überwachung der Zielerreichung und der IT-Governance-Bestandteile verantwortlich.
- **EAM-Board:** Das EAM-Board setzt sich in der Regel aus dem CIO und insbesondere den IS-Bebauungsplanern und Geschäftsarchitekten und weiteren Unternehmensarchitekten (oder den Lead Architekten bei großen Organisationen) sowie gegebenenfalls weiteren IT-Führungskräften und Führungskräften oder Know-how-Trägern aus den Geschäftseinheiten zusammen.

  In einem interdisziplinären Team aus IS-Bebauungsplanern, Geschäfts- sowie IT-Architekten kann die IT-Umsetzung der Geschäftsanforderungen effizient und effektiv geplant werden. Die fachlichen Bebauungsplaner sind dabei häufig in den Fachbereichen organisatorisch angesiedelt.

  Ziel des EAM-Boards ist die Gestaltung der optimalen Geschäftsunterstützung. Im EAM-Board werden inhaltliche Empfehlungen über die Weiterentwicklung der IT-Landschaft sowie der EAM-Methode und -Werkzeugunterstützung verabschiedet. Es werden Planungsprämissen für die IS-Bebauungsplanung vorgegeben, Planungsvarianten bewertet und eine Empfehlung für die Soll-IS-Bebauung und die IT-Roadmap gegeben. Dies ist ein wichtiger Input für die IT-Strategieentwicklung, für Investitionsentscheidungen und das Projektportfoliomanagement.
- **Projektportfolio-Board:** Das Projektportfolio-Board (siehe Bild 5.93 unten) setzt sich im Allgemeinen aus Vertretern der Unternehmensführung, dem CIO und Führungskräften aus den Geschäftseinheiten (Linie und Programme) sowie gegebenenfalls weiteren Führungskräften aus der IT zusammen (siehe [Ber03-1], [Blo06] und [Buc05]).

  Im Projektportfolio-Board wird das Projektportfolio gesteuert. Projektanträge werden bewertet und priorisiert und das Projektportfolio wird festgelegt. Es werden Projekte gestartet, gestoppt oder unterbrochen und in diesem Rahmen Investitionsentscheidungen getroffen; gegebenenfalls wird dabei das IT-Board einbezogen. Entscheidungsgrundlage sind aufbereitete Informationen zu den beantragten Projekten und zu Fortschritt und Performance der laufenden Projekte. Die Entscheidungsgrundlage wird in der Regel vom Projektportfolio-Controller vorbereitet (siehe Bild 5.93 oben). Dieser sammelt Projektanträge und Statusmeldungen der laufenden Projekte ein und bereitet das Gesamtprojektportfolio mit Scoring und Masterplan vor. Die Sitzungen des Projektportfolio-Boards folgen in der Regel einem festen Ablauf. Einerseits werden neue Projektanträge in der Regel vom Fachbereichsverantwortlichen vorgestellt und zur Entscheidung gebracht. Andererseits werden Entscheidungen im Gesamtprojektportfolio getroffen.

  Wesentliche Kriterien für die Bewertung von Projekten sind typischerweise Kosten und Nutzen, Strategie- und Wertbeitrag sowie eine Risikoeinschätzung. Für die Einschätzung der Konformität zur Ziel-Landschaft und zu den technischen Standards lassen sich z. B.

der Abdeckungsgrad von Geschäftsprozessen oder fachlichen Funktionen, die Strategiekonformität, der Standardisierungsgrad, die Kritikalität oder aber der Gesundheitszustand von Informationssystemen verwenden. Diese Informationen können aus dem Enterprise Architecture Management und dem strategischen IT-Controlling bezogen werden.

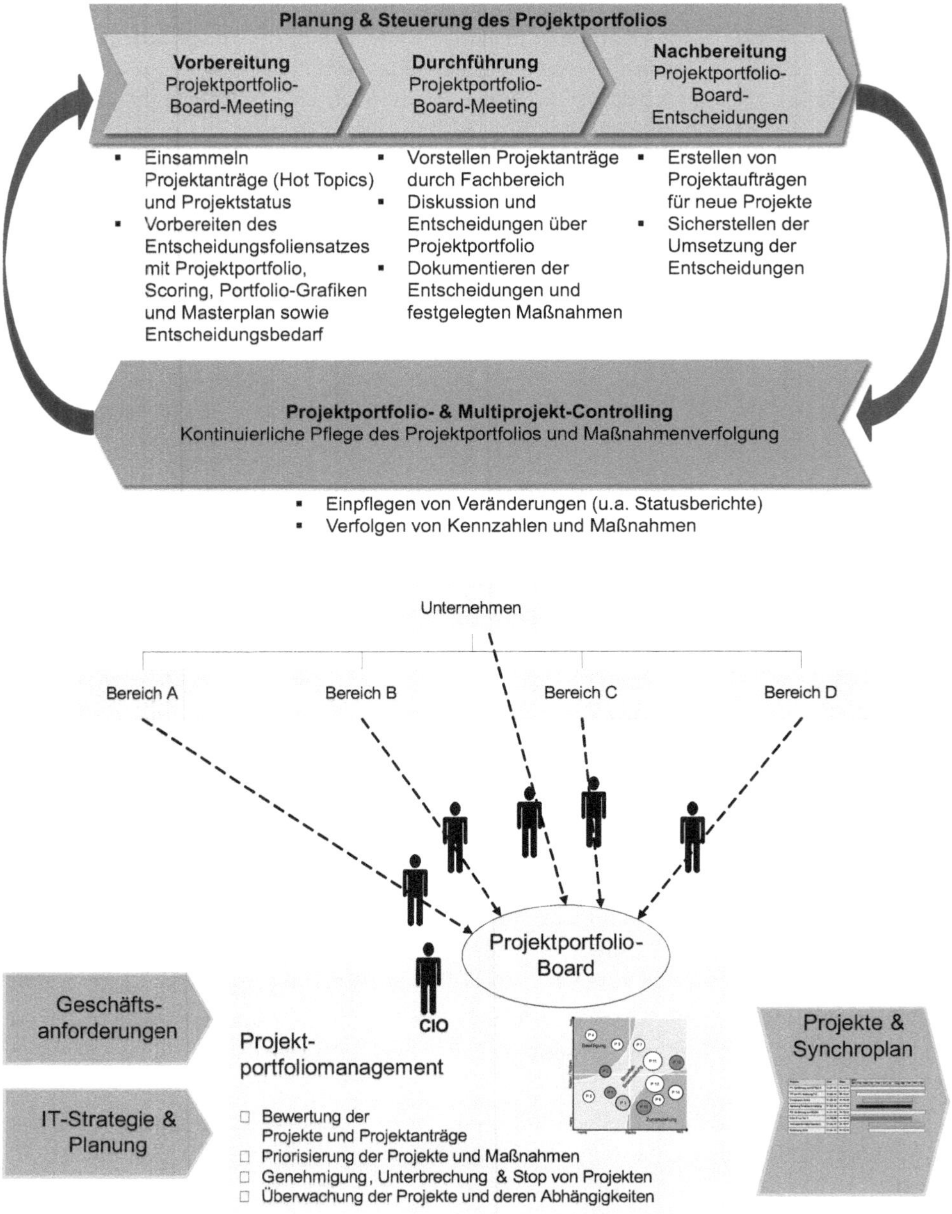

Bild 5.93 Projektportfoliomanagement – Ablauf und Organisation

- **Blueprint-Board:** Das Blueprint-Board, oder auch Technologie-Board, besteht in der Regel aus dem CIO und den IT-Verantwortlichen für den Betrieb, der Anwendungsentwicklung und gegebenenfalls der PC-Infrastrukturbereitstellung sowie insbesondere aus erfahrenen Vertretern aus dem Kreis der IT-Architekten sowie IS-Bebauungsplanern.

  Das Blueprint-Board überwacht die Angemessenheit, Tragfähigkeit und Zukunftsfähigkeit sowie die Kosten und den Nutzen der technischen Standards und des Lösungsportfolios. Im Blueprint-Board werden Entscheidungen im Hinblick auf die Weiterentwicklung des Blueprints getroffen. Standardisierungs- und Lösungsportfolio-Anträge werden bewertet und priorisiert. Der Blueprint wird festgelegt und Standardisierungsmaßnahmen werden überwacht (siehe Abschnitt 5.6). In der Praxis findet man Blueprint-Boards mit oder ohne Entscheidungskompetenz für Investitionen[4].

Das EAM- und das Blueprint-Board sind die wesentlichen Gremien im Kontext des Enterprise Architecture Management. Diese Gremien sind notwendig, um Entscheidungen über die Ziellandschaft (Soll-IS-Bebauung und Blueprint sowie zukünftige Betriebsinfrastruktur) und die Methode und Werkzeugunterstützung von EAM an und für sich zu treffen.

Wichtig

Integrieren Sie die EAM-Gremien in Ihre vorhandene Gremienstruktur. Nur so können Sie Einfluss auf Investitions- und Strategieentscheidungen nehmen. ■

Sie müssen die EAM-Gremien in die vorhandene Gremienlandschaft integrieren. Hierzu müssen Sie die Entscheidungsfelder zu den Gremien zuordnen und auf dieser Basis das Zusammenspiel der Gremien so festlegen, dass jeweils der erforderliche Input geleistet und die Entscheidungen gegebenenfalls eskaliert werden können. Wesentliche Aspekte hierbei sind die Zusammensetzung der Gremien und die Gremienordnung.

In Bild 5.94 finden Sie die Zuordnung der Gremien zu den Entscheidungsfeldern. Für die Dokumentation der Entscheidungs-, Partizipations- und Durchführungsrechte sowie -pflichten können Sie z. B. E - Entscheidend, A - Ausführend, B - Beratend und I - Informiert in der Matrix angeben.

Sie können mittels einer Matrix, in der Sie den acht IT-Entscheidungsfeldern die Entscheidergruppen gegenüberstellen, Ihre Entscheidungsstruktur festlegen bzw. dokumentieren. Auf dieser Basis können Sie die Zusammensetzung der erforderlichen Gremien ableiten.

Im Beispiel in Bild 5.95 wird von einer dezentralen Organisationsstruktur mit Geschäftseinheiten und dezentralen IT-Einheiten, die den Geschäftseinheiten zugeordnet sind, sowie einer zentralen IT-Einheit und ausgelagerten IT-Dienstleistern ausgegangen.

Auf dieser Basis können Sie festlegen, welche Rollen einzubinden sind. Ein Beispiel hierfür finden Sie in Bild 5.96. Hier werden sowohl die EAM-Rollen als auch die Managementrollen aufgeführt.

In der Regel leitet der CIO die IT-Steuerungsgremien. Er vertritt die Interessen der IT in der Unternehmensführung und sorgt für die Umsetzung von Unternehmensentscheidungen in der IT.

[4] In jedem Fall ist der Umfang der Investitionsentscheidungen erheblich eingeschränkt.

Die Entscheidungsstruktur muss den jeweiligen Gegebenheiten, der Unternehmensorganisation (siehe Abschnitt 5.9.1.3) und der strategischen Ausrichtung sowie der Positionierung der IT Rechnung tragen. In jeder guten Entscheidungsstruktur ist für alle Entscheidungsfelder festgelegt, wer für die Entscheidungen verantwortlich ist und damit bei Nichterreichung zur Rechenschaft gezogen werden kann. Z. B. werden IT-Investitionen häufig im Rahmen der unternehmensweiten Budgetplanung bestimmt, die das Topmanagement abgesegnet hat.

		Entscheidungsfelder						
		Strategische IT-Vorgaben	Geschäfts-architektur	IS-Architektur	Technische Architektur & Betriebs-infrastruktur	Geschäfts-anforde-rungen	IT-Investi-tionen	IT-Ressourcen
Gremien	IT-Board	E	I	I	I	I	E	I
	EAM-Board	B	E	E	B	I	I/B	I
	Projekt-portfolio-Board	I	I	I	I	E/I	E	I
	Blueprint-Board	I	I	I/B	E	I	I/B	I

E - Entscheidend, A - Ausführend, B - Beratend und I – Informiert

Bild 5.94 Beispiel für die Zuordnung der Gremien zu den Entscheidungsfeldern

		Entscheidungsfelder						
		Strategische IT-Vorgaben	Geschäfts-architektur	IS-Architektur	Technische Architektur & Betriebs-infrastruktur	Geschäfts-anforde-rungen	IT-Investi-tionen	IT-Ressourcen
Entscheidungsrechte	Unter-nehmens-führung	E	I	I	I	I	E	I
	Geschäfts-einheiten	B	E	B	I	E	B	B
	Zentrale IT	E	I	B	E	B	B	E
	Dezen-trale IT	A	B	E	B	E/A	B	E
	IT-Dienst-leister	B	I	B	I (B/A)	I/A	I	I/A

E - Entscheidend, A - Ausführend, B - Beratend und I – Informiert

Bild 5.95 Beispiel mit detaillierten Entscheidungs- und Mitwirkungsrechten

Rollen	Gremien: IT-Board	Gremien: EAM-Board	Gremien: Projektportfolio-Board	Gremien: Blueprint-Board
Unternehmensführung	X		X	
Führung Geschäftseinheiten	(X)	(X)	X	
Geschäftsarchitekten		X		
CIO	X	X	X	X
Führung IT-Einheiten		(X)	(X)	X
IS-Bebauungsplaner		X		X
IT-Architekten		X		X

Bild 5.96 Beispiel für die Zuordnung von Rollen zu Gremien

Die Gremienstruktur muss unternehmensindividuell entsprechend dem Reifegrad sowie der Firmenkultur und -strategien festgelegt werden (siehe [Mas06] und [Vah05]). Die Namensgebung ist zudem unternehmensspezifisch. In größeren Unternehmen gibt es ggf. mehrstufige Gremienstrukturen, wobei in der ersten Stufe das mittlere Management und in der nächsten Stufe das höhere Management vertreten ist.

Tipps

- Achten Sie darauf, dass die Gremien einerseits klein genug sind, um schnell und effektiv Entscheidungen treffen zu können, aber andererseits alle Verantwortlichen für die jeweiligen Entscheidungsfelder vertreten sind.
- Legen Sie von Anfang an einen festen Turnus oder Jour-fixe-Termin und eine Standardagenda für die Gremiensitzungen fest. So wird das Gremium ein Stück weit manifestiert.
- Legen Sie zudem eine Gremienordnung fest, in der u. a. auch geregelt wird, welche festen Mitglieder und welche Teilnehmer gemäß den Agendapunkten eingeladen werden.

Ob die Zusammenarbeit zwischen Business und IT eng und vertrauensvoll ist, hängt maßgeblich von den handelnden Personen auf beiden Seiten ab. Die Rollen müssen adäquat besetzt werden. Durch kompetente engagierte Ansprechpartner in der IT, die auch das notwendige Geschäftsverständnis mitbringen, lässt sich das Image der IT erheblich verbessern. Gute technische und fachliche sowie Kommunikations- und Führungsskills sind für alle Schlüsselrollen unabdingbar.

Wichtig

- Der Einfluss der IT korreliert mit der Einbindung in die Entscheidungsprozesse und Gremien.
- Legen Sie für alle Entscheidungsfelder Gremien und Entscheidungsprozesse sowie die Rollen und Verantwortlichkeiten auf der Fach- und der IT-Seite mit ihren Entscheidungs-, Partizipations- und Durchführungsrechten und -pflichten verbindlich fest.
- Stellen Sie über entsprechende Gremien und Entscheidungsprozesse sicher, dass sich die Unternehmensführung zu IT-Zielen und IT-Investitionen committet. Nur so können Sie den Einfluss Ihrer IT im Unternehmen stärken. Dies ist die Basis für ein effektives Enterprise Architecture Management.

5.9.1.3 Zentrale oder dezentrale Organisationsform

Die EA-Governance muss abhängig von der Organisationsform des Unternehmens gestaltet werden. Wenn EAM in einer zentralen Organisation übergreifend aufgehängt ist, kann diese direkt Einfluss auf alle Bereiche nehmen. In dezentralen Organisationen sind Einflussnahme und Durchsetzung von strategischen Vorgaben ungleich schwerer. Im Folgenden werden daher die verschiedenen Organisationsformen und deren Auswirkungen auf die EA-Governance beleuchtet. Darüber hinaus werden Sourcing- und Globalisierungsfragestellungen erörtert.

Zentrale oder dezentrale Organisation?

Autonomie von Geschäftseinheiten geht ohne zentrale Governance-Funktionen mit der Nutzung unterschiedlicher Prozesse, Capabilities, Datenprodukete, IT-Systeme und Technologien in den Geschäftseinheiten und mit deren Autonomie einher. Dies führt zu einem größeren Fit und einer größeren Flexibilität bei der Umsetzung der Geschäftsanforderungen für die Geschäftseinheit. Für das Gesamtunternehmen hat dies jedoch aufgrund der fehlenden Standardisierung höhere Gesamtkosten, unzureichende Möglichkeiten für End-to-end Prozesse und Business-Transformationen zur Folge.

Das Gegenteil der Autonomie ist die Zentralisierung. Hier werden häufig z. B. IT-Leistungen in einer eigenen Einheit, einem SharedService-Center, zentralisiert und die Prozesse, Capabilities, Datenprodukte und IT-Systeme standardisiert, um die Kosten durch Nutzung von Skalenvorteilen zu reduzieren sowie die End-to-end Möglichkeiten und Business-Transformationsmöglichkeiten zu vereinfachen.

Traditionell zentralisierte Organisationen stellen häufig fest, dass die von allen genutzten Infrastrukturen oft nicht den Bedürfnissen neuer und kleinerer Geschäftseinheiten gerecht werden. Deshalb werden nach und nach die entsprechenden Kompetenzen auf die lokale Ebene verlegt, wohingegen das traditionell diversifizierte Unternehmen Aufgaben zunehmend zentralisiert, um die Standardisierungsvorteile nutzen zu können.

Gerade die Art der IT-Organisation ändert sich in vielen Unternehmen wie ein Pendel, das zwischen zentralen und dezentralen Organisationsformen hin und her schwingt. Ein Pendelausschlag ist jeweils mit der Zielsetzung verbunden, die Stärken der neuen Organisationsform zu nutzen und die aktuellen Nachteile zu vermeiden. Häufig können aber erst nach dem Einschwingen einer neuen Organisation deren Vor- und Nachteile wirklich eingeschätzt werden. Laufende Organisationsänderungen sind Teil des kontinuierlichen Change-Managements im Unternehmen.

In Bild 5.97 werden die zentralisierte IT, die dezentralisierte IT und eine Mischform mit dezentraler IT und übergreifenden Kompetenzzentren (CC) sowie übergreifenden Betriebsfunktionen dargestellt.

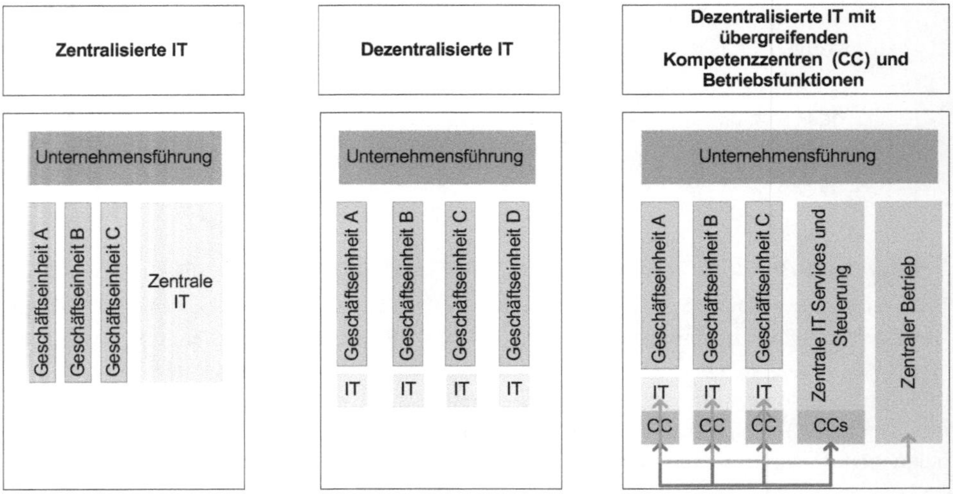

Bild 5.97 Beispiele für zentrale und dezentrale Organisationsformen in der IT

Die Mischform beinhaltet sowohl zentrale Bestandteile wie den zentralen Betrieb oder zentrale IT-Services als auch die übergreifende Planung und Steuerung der IT, in der eine Gesamtsicht über die IT-Landschaft hergestellt und die Performance der IT gesteuert wird. Des Weiteren sind Kompetenzzentren z. B. für EAM sowohl in der zentralen IT als auch in den dezentralen IT-Einheiten angesiedelt. Die Kompetenzzentren bilden eine virtuelle verteilte Organisation. Dies deuten die Pfeile in Bild 5.97 an. Die Zentrale hat die methodische Hoheit und die Konsolidierungsaufgabe. Die dezentralen Kompetenzzentren haben die fachliche Hoheit aufgrund ihrer Prozess- und Marktnähe.

In Konzernen findet man häufig eine Mischform wie in Bild 5.98 dargestellt. UF steht hier für die Unternehmensführung der Teilunternehmen.

In diesem Beispiel gibt es eine zentrale IT, die den zentralen Betrieb und die zentral genutzten Komponenten und Systeme wie z. B. die Controlling-Systeme sowie für Individualentwicklungen nutzbare Standardkomponenten bereitstellt und die übergreifende Standardisierung und Konsolidierung der IT-Landschaft sowie von Methoden und Verfahren vorantreibt. Daneben gibt es separate Geschäftseinheiten-ITs für die verschiedenen Geschäftseinheiten, z. B. Ressort-ITs genannt. Sie sind im Allgemeinen entsprechend den Geschäftseinheiten strukturiert – in diesem Fall entsprechend den Wertschöpfungsketten (mit WSK abgekürzt).

Die Geschäftseinheiten-ITs haben ebenso wie die zentrale IT Stabseinheiten für die strategische IT-Planung (IT-Strategieentwicklung, IT-Bebauungsmanagement und Technologiemanagement) und Kompetenzzentren, z. B. für Technologien oder Standardprodukte wie SAP.

Eine Beispielorganisation einer Mischorganisationsform finden Sie in Bild 5.99.

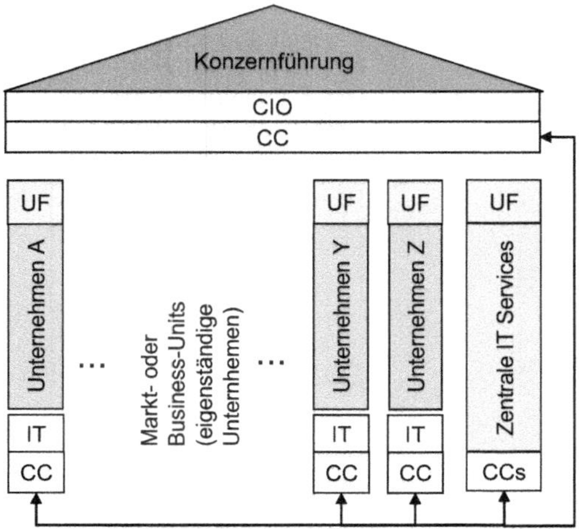

Bild 5.98 Beispiel einer Organisationsstruktur in einem Konzern

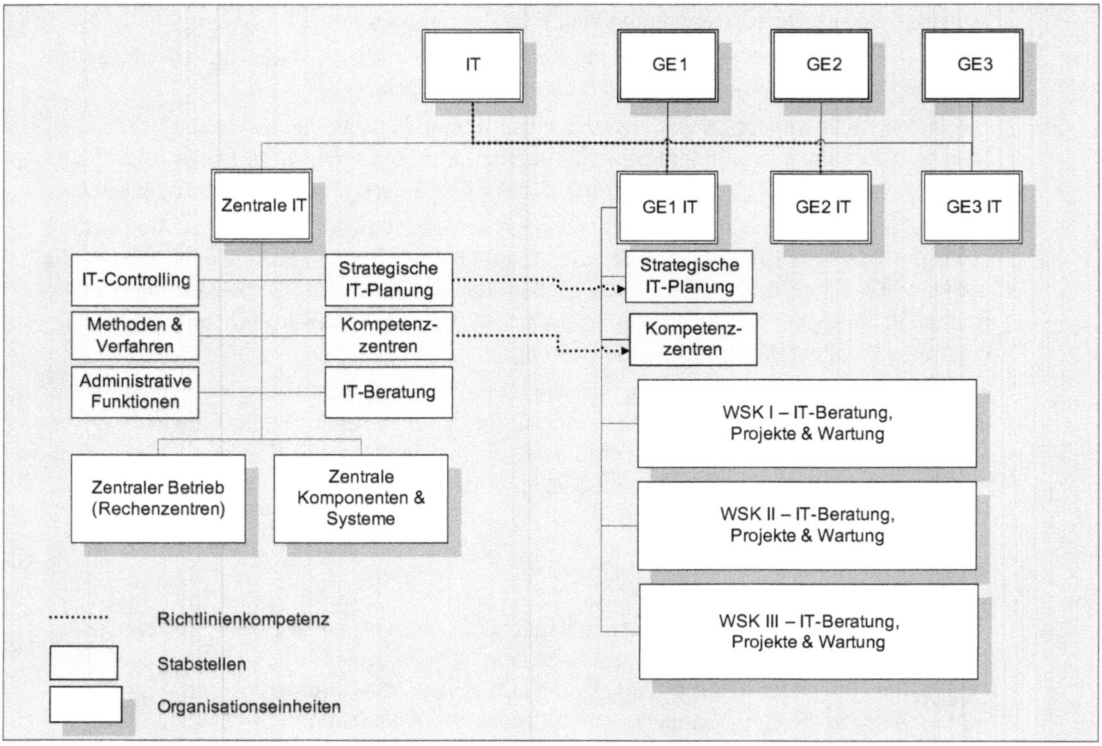

Bild 5.99 Beispiel für eine IT-Organisation

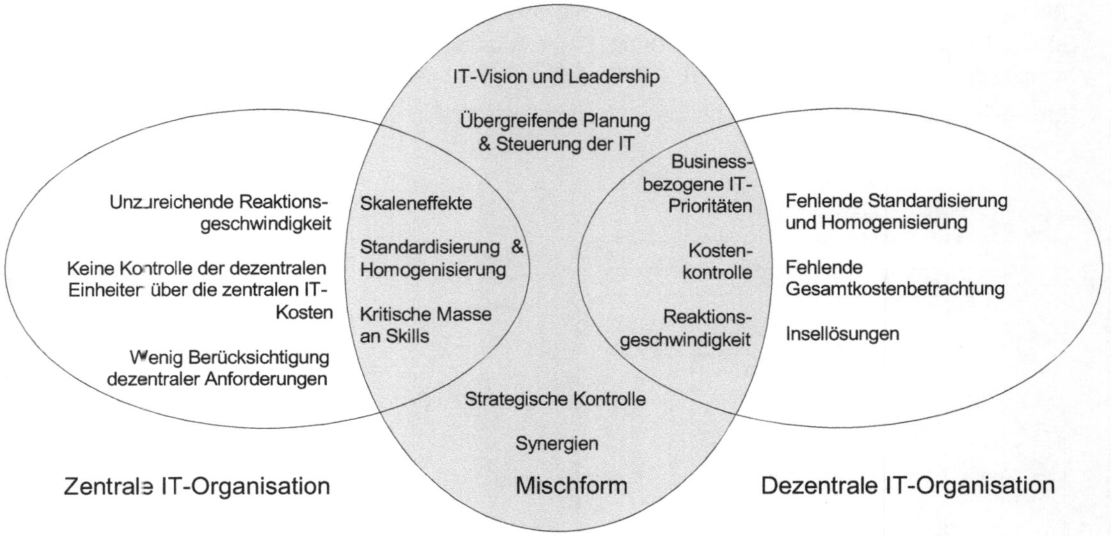

Bild 5.100 Vor- und Nachteile einer zentralen bzw. dezentralen IT-Organisation nach [Mar00]

Durch eine Mischorganisationsform wird im Allgemeinen ein Kompromiss zwischen Standardisierung und Autonomie erreicht. Inwieweit das Pendel in die eine oder andere Richtung schwingt, muss unternehmensindividuell festgelegt werden.

Sowohl die zentralen als auch die dezentralen Organisationsformen haben ihre individuellen Vor- und Nachteile. Diese sind in Bild 5.100 zusammengefasst.

Die jeweils adäquate Organisationsform muss immer unternehmensspezifisch festgelegt werden. Sie können in Abhängigkeit vom Reifegrad Ihrer Organisation (siehe [IGI08] und [Joh11]), Kultur, Strategie und Struktur zwischen den unterschiedlichen Ansätzen wählen.

Die Organisationsform muss den jeweiligen Gegebenheiten und der strategischen Ausrichtung sowie der Positionierung der IT Rechnung tragen. Bei innovativen Firmen oder Firmen mit starkem Wachstum findet man häufig größere dezentrale Anteile. Große zentrale Anteile finden Sie häufig bei effizienzorientierten Firmen, wo der IT-Schwerpunkt auf dem kostengünstigen und zuverlässigen Basisbetrieb liegt.

Zentrale IT-Einheiten stellen sicher, dass die Investitionen und die Veränderungen im Sinne der IT-Strategie getätigt werden. Sie sind häufig verantwortlich für die Entwicklung von IT-Vorgaben und die Überwachung der Einhaltung sowie für die Festlegung und Weiterentwicklung von Standards. Dezentrale ITs agieren dann innerhalb der durch die zentrale IT vorgegebenen Rahmenbedingungen.

Wichtig

Eine zentrale IT-Governance und damit auch eine zentrale EA-Governance sind sowohl für die Umsetzung der strategischen übergreifenden IT-Vorgaben als auch für eine übergreifende Standardisierung erforderlich. Die Unternehmensführung muss diese in der Organisation verankern. Nur mit den entsprechenden Befugnissen der zentralen Stellen sind die Vorgaben durchsetzbar.

Rein föderale Modelle erweisen sich häufig als sehr schwerfällig. Aufgrund der großen Anzahl von Beteiligten besteht die Gefahr, dass viele Entscheidungen verzögert und gleichzeitig viele Kompromisse eingegangen werden. Um dies zu verhindern, müssen die Entscheidungsprozesse sorgfältig „gemanagt" werden. Anhand vereinbarter Kriterien für die Priorisierung oder Eskalation und geeigneter Eskalationsinstanzen gilt es sicherzustellen, dass Entscheidungen ausreichend schnell getroffen werden.

Die **föderale domänenorientierte Governance** (siehe Bild 5.44) ist ein aktueller Trend aus dem Data Mesh, siehe Abschnitt 5.4.3. Grundlage sind verteilte dezentrale Architekturen auf allen Ebenen (Geschäfts-, IS-, IT- und Betriebsinfrastruktur-Architektur), die autonom sind und von unabhängigen Domänen-Teams aufgebaut und gemanagt werden. Die Pflege und auch die Entscheidungen werden da getroffen, wo sie fachlich auch getroffen werden können.

Jede Domäne hat einen klaren Verantwortlichen mit weitestmöglicher Entscheidungsautonomie. Mithilfe zentrale Rahmenvorgaben, wie z. B. Modellierungsrichtlinien und Prinzipien, wird ein Gleichglang hergestellt. Zudem sind eine übergreifende zentrale fachliche Konsolidierung sowie die Bereitstellung eines übergreifenden Lösungsportfolios wichtig, um unnötige Redundanzen und damit auch Kosten zu reduzieren und gleichzeitig aber technische Innovationen für alle Domänen zu erschließen.

Durch eine domänenorientierte föderale Governance wird EAM erst skalierbar, da die Fachexperten für die Domäne diese strategisch, taktisch und operativ bebauen. Durch die übergreifenden Leitplanken sowie Vision und Strategie wird ein Rahmen geschaffen, der eine übergreifende Konsolidierung erlaubt.

Der aktuelle Pendelschlag in der IT-Organisationsgestaltung geht in Richtung dezentraler IT-Organisationen. Den Geschäftseinheiten wird ein gewisser Grad an Autonomie eingeräumt. Andererseits „verschlanken" sich die IT-Organisationen zunehmend und konzentrieren sich aus Kostengründen auf das fachlich orientierte Kerngeschäft. IT-Funktionen des Basisbetriebs oder der nicht wettbewerbsdifferenzierenden Bereiche werden zum Teil an darauf spezialisierte Lieferanten ausgelagert, vor allem dann, wenn die Funktionen nicht zu den IT-Kernkompetenzen gehören.

Wie werden EAM-Rollen den Organisationseinheiten zugeordnet?

In Tabelle 5.4 finden Sie eine typische Zuordnung der EAM-Rollen (siehe Abschnitt 5.9.1.1) zu den Organisationseinheiten.

Das Wesentliche zur IT-Organisationsform

- Wählen Sie die für Sie adäquate Organisationsform. Wägen Sie hierzu die Vor- und Nachteile der dezentralen, zentralen und Mischorganisationsformen ab.
- Enterprise Architecture Management ist eine bereichs- bzw. konzernübergreifende Aufgabe. Deshalb muss die EA-Governance durch zentrale IT-Stellen mit entsprechenden Befugnissen autorisiert durch die Unternehmensführung geführt werden. Im Allgemeinen werden hierzu Gremien mit Vertretern aus den Geschäftseinheiten bzw. verbundenen Unternehmen eingerichtet.

■

Tabelle 5.4 Typische Zuordnung der EAM-Rollen zu den Organisationseinheiten

<table>
<tr><th></th><th>Zentrale IT-Organisation</th><th>Dezentrale IT-Organisation</th><th>Mischform (siehe Bild 5.100)</th></tr>
<tr><td>Geschäfts-architekt</td><td>Stabseinheit in der zentralen IT oder aber Stabseinheit im Business</td><td>Stabseinheit in den Geschäftseinheiten-ITs oder aber Stabseinheiten in Geschäftseinheiten für das jeweilige Bebauungscluster</td><td>Stabseinheit in den Geschäftseinheiten-ITs oder aber Stabseinheiten in Geschäftseinheiten für das jeweilige Bebauungscluster</td></tr>
<tr><td>IS-Bebauungs-planer</td><td rowspan="5">Stabseinheit in der zentralen IT im Kontext der strategischen IT-Planung</td><td rowspan="4">Stabseinheit in den Geschäftseinheiten-ITs für das jeweilige Bebauungscluster (Kontext strategische IT-Planung)</td><td>Stabseinheit in den Geschäftseinheiten-ITs für das jeweilige Bebauungscluster (Kontext strategische IT-Planung)</td></tr>
<tr><td>IT-Architekt</td><td rowspan="2">Stabseinheit in der zentralen IT im Kontext der strategischen IT-Planung</td></tr>
<tr><td>Infrastruktur-architekt</td></tr>
<tr><td>Informations-architekt</td><td>Stabseinheit in den Geschäftseinheiten-ITs für das jeweilige Bebauungscluster (Kontext strategische IT-Planung)</td></tr>
<tr><td>Unternehmens-architekt</td><td>Eine Stabseinheit (Kontext strategische IT-Planung) der Geschäftseinheiten-IT übernimmt die übergreifenden Aufgaben</td><td>Stabseinheit in der zentralen IT im Kontext der strategischen IT-Planung</td></tr>
</table>

Sourcing-Entscheidungen und EA-Governance

Nicht alle Leistungen können oder sollten von der internen IT selbst erbracht werden. Wie sieht es dabei mit dem Enterprise Architecture Management aus?

Hilfestellungen für Sourcing-Entscheidungen finden Sie im Einsatzszenario in Abschnitt 4.9. Enterprise Architecture Management ist hierbei entweder ein Kandidat für den Kompetenzaufbau bzw. das selektive Outsourcing oder aber für das „Insourcing".

Globalisierung und EA-Governance

Auch der Trend der Globalisierung hat erhebliche Auswirkungen auf die IT-Organisation und die EA-Governance.

Im Zuge der zunehmenden Globalisierung von Unternehmen durch z. B. Fusionen muss die IT dieser Unternehmen mit neuen Herausforderungen wie z. B. der Diversifikation aufgrund gesetzlicher und kultureller Unterschiede umgehen können. Der Trend geht hier weg von der zentralen IT für alle Unternehmensanteile hin zur globalen IT. Ziel ist es, die Kompetenzen und die kulturellen Besonderheiten zu nutzen („international global denken"). Globale Organisationen bilden, je nach Bedarf und um alle Chancen zu nutzen, virtuelle Teams von Mitarbeitern, Beratern, Zulieferern und Kunden. Das globale Wissen und die Fähigkeiten werden vernetzt.

Das Kunstwort „Glocalisation" trifft dabei das Vorgehen am besten. „Think global - act local" bringt den Inhalt prägnant auf den Punkt (siehe Bild 5.101).

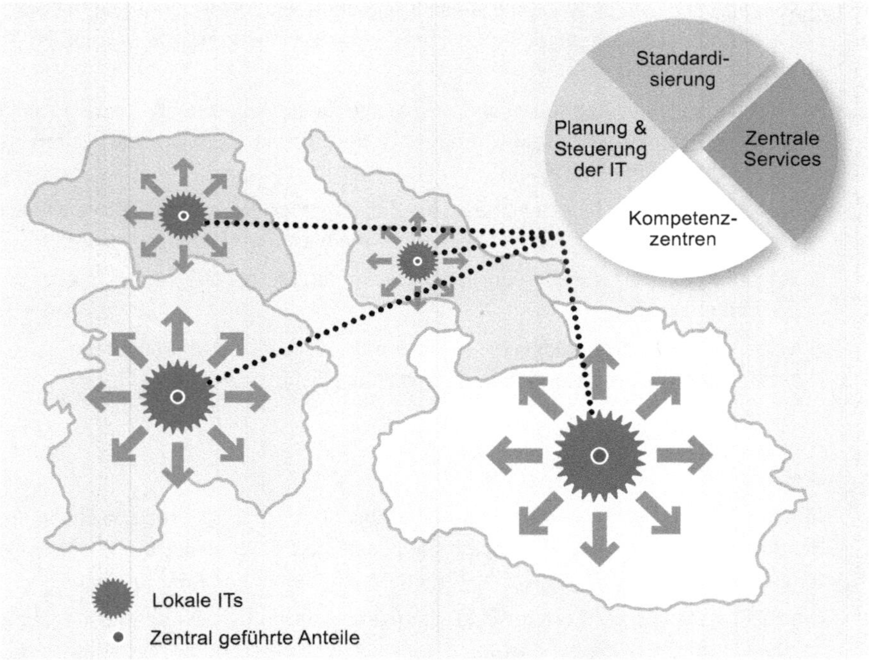

Bild 5.101 Glocalisation

Für die verschiedenen IT-Funktionen und Teile der IT-Landschaft muss über deren globale Verteilung entschieden werden. Die IT kann so organisiert werden, dass die IT-Funktionen zwar global verteilt sind, zentrale Funktionen für die Standardisierung, die Planung und Steuerung der IT und Kompetenzzentren sowie zentrale Services wie z. B. Rechenzentrumsleistungen zentral sichergestellt werden.

So kann ein Gleichgewicht zwischen den Anforderungen des Gesamtunternehmens im Hinblick auf die Steuerbarkeit und Kosteneffizienz sowie den lokalen Anforderungen der lokalen Unternehmen gefunden werden. Die IT-Services werden dort erbracht, wo dies am besten möglich ist. Damit können die Vorteile des globalen Unternehmens genutzt werden. Einer der Vorteile ist die Nutzung des internationalen Arbeitsmarkts, insbesondere in den Schwellenländern.

Tipps zur Globalisierung

- Schaffen Sie organisatorische und technische Strukturen, die die Zusammenarbeit und das Teilen von Wissen fördern. Virtuelle Teams und eine umfangreiche Kollaborations- und Wissensmanagementplattform sind essenziell, um durch die Dezentralisierung kein Wissen „zu verlieren". Reisezeiten können durch die Verwendung moderner Videokonferenzsysteme reduziert werden.
- EA-Governance sollte in den lokalen ITs zentral geführt werden. Die Vorgabe von Methoden und die Konsolidierung müssen übergreifend über alle lokalen ITs erfolgen.
- Stellen Sie sicher, dass das Team die erforderlichen Skills hat. Interkulturelle Kompetenz, Teamfähigkeit und Reisebereitschaft sind erforderlich. Bilden Sie die Teams entsprechend aus! Beginnen Sie rechtzeitig damit: Der Aufbau ist eine langfristige Maßnahme.
- Führen Sie globale Methoden und Werkzeuge für alle Kernaktivitäten der Projekte wie z. B. Projektmanagement oder Anforderungsmanagement und Enterprise Architecture Management ein.
- Stellen Sie darüber hinaus sicher, dass diese Methoden und Werkzeuge wirklich verwendet werden. Eine mögliche Maßnahme hierzu sind Zertifizierungen.
- Etablieren Sie eine globale Führung und schaffen Sie Anreizsysteme über z. B. Zielvereinbarungen.
- Nutzen Sie zudem die Möglichkeiten der föderalen domänenorientierten dezentralen Governance, wie oben ausgeführt.

Wichtig

Abhängig von Ihrem EAM-Reifegrad (siehe Abschnitt 5.8) und Ihren spezifischen Randbedingungen müssen Sie die für Sie passende EA-Governance und damit einhergehend auch EAM-Organisation für jede Ausbaustufe von EAM festlegen.

Die Einführung von EAM erfolgt in Stufen (siehe Abschnitt 3.3). Jede Ausbaustufe von EAM erfordert eine auf diese und die jeweilige Organisation zugeschnittene EA-Governance. In einer ersten Ausbaustufe wird häufig eher zentralistisch gearbeitet. In einem kleinen Kreis hochqualifizierter und hochmotivierter Unternehmensarchitekten werden schnell verwertbare und vermarktbare Ergebnisse erstellt. Schrittweise können dann das Enterprise Architecture Management und damit einhergehend die EA-Governance ausgebaut und optimiert werden.

5.9.1.4 Veränderung der IT-Organisation

Existieren heißt sich verändern.
Sich verändern heißt reifen.
Reifen heißt sich selbst endlos neu erschaffen.

Henri Bergson

Die Einführung einer EA-Governance ist in der Regel mit der Veränderung der Organisation und Kultur des Unternehmens verbunden. Neue Kompetenzen sind in Business und IT aufzubauen. Dies fängt beim CIO an. Der CIO wird zur Unternehmerpersönlichkeit mit Technologieverständnis. Das Verständnis für das Geschäft, die Kunden und den Wettbewerb sowie ein Partnernetzwerk sind ebenso wichtig wie kommunikative Fähigkeiten, Überzeugungskraft und strategisches Denken sowie Konsequenz, Durchhaltevermögen und natürlich auch IT-Kompetenz. Der CIO muss Technologien und technische Aussagen der IT selbst einschätzen können, Technologie-Detail-Expertise benötigt er jedoch nicht.

Erfahrene Unternehmensarchitekten werden ebenso wichtig wie Projektmanager, fachliche Architekten oder Softwarearchitekten. Nur so kann die IT die Fachbereiche kompetent beraten und nur so wird sie zum Partner oder gar Enabler des Business.

Im Rahmen eines langen Change-Prozesses müssen die Kultur verändert und die fehlenden Kompetenzen aufgebaut werden. Dieser Change-Prozess ist notwendig, um eine businessorientierte und gestaltende IT zu erreichen und damit aus IT Mehrwert zu generieren. Die IT-Manager müssen die Wahrnehmung des Managements verändern. Sie müssen dafür sorgen, als tragendes Element des Geschäfts wahrgenommen zu werden, und eine Wettbewerbsdifferenzierung erreichen.

Im Rahmen des Change-Management-Prozesses müssen Sie Ihre EA-Governance den sich verändernden Rahmenbedingungen anpassen und im Unternehmen verankern (siehe Bild 5.102).

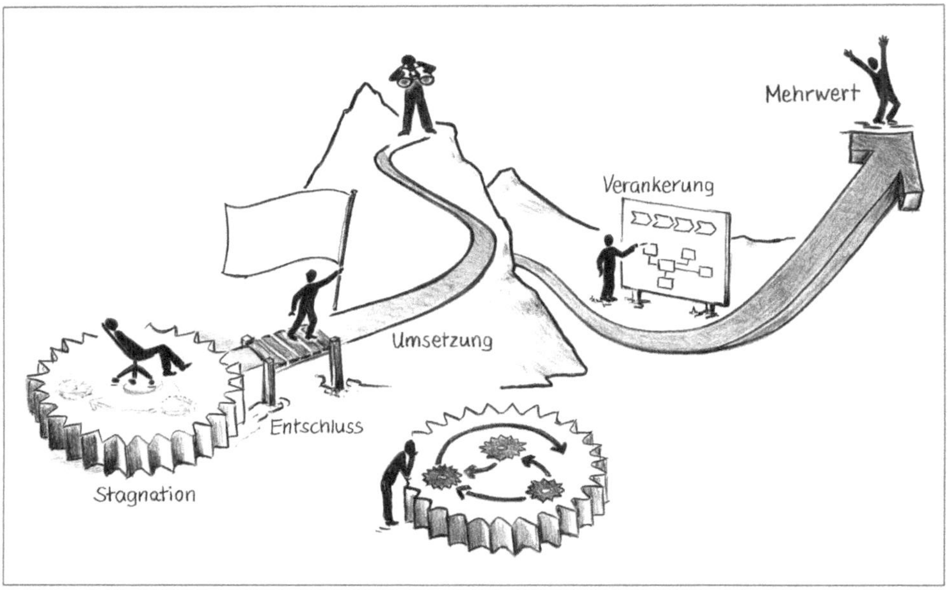

Bild 5.102 Veränderungsprozess zur organisatorischen Verankerung von EAM

Mithilfe von Reifegradmodellen wie z. B. dem CobiT-Reifegradmodell (siehe [Joh11], [itS08] und [Luf00]) und der Standortbestimmung (siehe Abschnitt 3.4) sowie der EAM-Reifegradbestimmung (siehe Abschnitt 5.8) können Sie Ihre aktuelle Ausgangslage ermitteln, kritische Punkte identifizieren und auf dieser Basis die nächsten Schritte festlegen.

Entscheidet sich ein Unternehmen, seine IT konsequent am Geschäft auszurichten und dadurch den Reifegrad zu erhöhen, steht es je nach Ausgangslage unterschiedlichen Herausforderungen gegenüber. Hartnäckigkeit, Konsequenz und Durchhaltevermögen sowie Abschied von zum Teil liebgewonnenen Gewohnheiten sind notwendig, um eine wirkungsvolle EA-Governance im Unternehmen zu verankern. Unklare Zielsetzungen, nicht messbare Zielerreichung oder eine fehlende Gesamtsicht sowie die daraus resultierende Inseloptimierung, operative Hektik und fehlende Personalentwicklung sind häufige Fallstricke.

Die handelnden Menschen müssen den Wandel verstehen und sich damit identifizieren. Nur so werden sie ihn aktiv mitgestalten und - vor allem - mittragen. Die Einbeziehung aller Betroffenen und eine funktionierende Kommunikation sind also essenziell.

Ein Projekt zur Einführung eines Enterprise Architecture Management startet im Allgemeinen euphorisch. Relativ rasch sind erste theoretische Konzepte erstellt. Im Rahmen der Detaillierung und insbesondere der Beantwortung der Fragestellung „Wie stellt man eine wirksame EA-Governance nachhaltig sicher?“ wird offenbar, dass eine Menge Arbeit und vor allem Kommunikation erforderlich sind, um alle relevanten Stakeholder in der Unternehmensführung, in den Fachbereichen und den IT-Funktionen zu überzeugen.

Bezüglich Details sei auf weiterführende Literatur verwiesen (siehe [Dop02] und [Bae07]).

Wichtig

- Bestimmen Sie Ihre Ausgangslage und setzen Sie ein Change-Management-Programm auf.
- Qualifizieren Sie Ihre IT. Business-Know-how, Kommunikationsskills und Überzeugungskraft sind ebenso wichtig wie Technologie-Know-how.

5.9.2 EAM-Regelwerk

Das Management einer Unternehmensarchitektur hat eine hohe Komplexität und benötigt klar definierte Regeln. Hierzu zählen insbesondere:

- **Pflegekonzept:** Ein Pflegekonzept regelt die Datenbereitstellung, Dokumentation und Qualitätssicherung der EAM-Datenbasis. Siehe hierzu Abschnitt 5.9.2.1.
- **Modellierungsrichtlinien:** Für die Dokumentation aller Bestandteile der Unternehmensarchitektur sind einfach nutzbare unternehmensspezifische Richtlinien für die Modellierung (Modellierungsrichtlinien) notwendig, um qualitativ hochwertige Daten mit einer einheitlichen Granularität zu erhalten. Sie müssen festlegen, welche Elemente der Unternehmensarchitektur Sie nutzen möchten und welche Attribute und Beziehungen Sie benötigen. Zusätzlich müssen Sie die Art und Granularität der Modellierung bestimmen. Siehe hierzu Abschnitt 5.9.2.2.

- **Visualisierungsempfehlungen:** Für die Beantwortung der Fragestellungen Ihrer Stakeholder sind Visualisierungsempfehlungen als Richtlinie oder Orientierungshilfe für Unternehmensarchitekten wichtig. Siehe hierzu Abschnitt 5.9.2.4.
- **Steuerungsinstrumentarium:** Ein Steuerungsinstrumentarium ist notwendig, um die Weiterentwicklung der Geschäftsarchitektur und der IT-Landschaft wirksam zu steuern. Hier müssen der Status sowie der Fortschritt bei der Umsetzung über einen Plan-Ist-Abgleich und über geeignete Steuerungsgrößen sichtbar gemacht werden. Siehe hierzu Abschnitt 5.9.3.

Wichtig sind im Kontext von strukturellen Vorgaben auch die Steuerungsgrößen, die Sie für Ihre IT-Steuerung benötigen. Von besonderer Bedeutung sind hierbei die Steuerungsgrößen für die strategische Steuerung der Weiterentwicklung der IT-Landschaft (siehe Abschnitt 5.9.4.2) und der Weiterentwicklung von EAM an sich. Ein Teil dieser Steuerungsgrößen kann aus EAM-Daten gewonnen werden, wie z. B. der Bebauungsplanfit oder die Standardkonformität. Ein anderer Teil kann lediglich als Attribut an ein Bebauungselement oder eine Beziehung beigepackt werden, um diese für EAM-Analysen, z. B. Portfolioanalysen, oder EAM-Steuerungssichten zu nutzen. Die Steuerungsgrößen können entweder direkt in der EAM-Datenbasis erfasst oder aus den unterschiedlichsten Systemen z. B. aus dem IT-Controlling oder Projektportfoliomanagement in die EAM-Datenbasis importiert werden. Siehe hierzu Abschnitt 5.9.4.1.

5.9.2.1 Pflegekonzept

EAM stiftet nur dann Nutzen, wenn die Ergebnisse aussagekräftig und richtig sind. Wenn den EAM-Ergebnissen einmal misstraut wird, ist es schwierig, wieder Akzeptanz zu finden. Deshalb müssen die Bebauungsdaten hinreichend vollständig, aktuell und in einer hohen Qualität sowie in der richtigen Granularität zur Verfügung stehen. Dies wird über die Erstellung und Anwendung eines Pflegekonzepts sichergestellt.

Das Pflegekonzept regelt die Datenbereitstellung sowie die Dokumentation und Qualitätssicherung der Bebauungsdaten. Die Datenbereitstellung hat vielfältige Aspekte. Hierzu zählen die Datenherkunft, die Prozesse und die Verantwortlichen für die Datenbeschaffung und Übermittlung. Alle Bebauungselemente und Beziehungen sowie deren Attribute entsprechend der spezifischen Unternehmensarchitektur müssen hierzu analysiert werden.

> **Wichtig**
>
> Ein Pflegekonzept ist essenziell, um sicherzustellen, dass eine Bebauungsdatenbasis zu jeder Zeit in einer hinreichenden Vollständigkeit, Qualität, Aktualität und angemessenen Granularität vorliegt. ■

Die Kerndaten, erweiterten Daten, Steuerungsgrößen und Beziehungen der Unternehmensarchitektur werden im Allgemeinen von unterschiedlichen Stakeholdern und Systemen entlang unterschiedlicher Prozesse bereitgestellt (siehe Abschnitt 5.1). Daher ist die Aktualität unterschiedlich und es kann auch nur die Aktualität der Bereitstellungsprozesse erreicht werden. Dies wird im Folgenden als hinreichende Aktualität bezeichnet. Entsprechende Beispiele:

- Im Rahmen von Projekten und Wartungsmaßnahmen verändern sich die Kerndaten und die erweiterten Daten der Ist- und teilweise der Plan-Bebauungselemente. Die Aktualisierung muss also gekoppelt mit diesen Durchführungsprozessen erfolgen, spätestens jedoch bei der Inbetriebnahme. Die Detaillierung nimmt mit zunehmendem Projektfortschritt zu. So werden Informationssysteme z. B. in Teilsysteme aufgeteilt, sobald diese in der IT-Konzeption feststehen, und diese Teilsysteme dann den jeweiligen Geschäftsprozessen oder fachlichen Funktionen zugeordnet.
- In der Bebauungsplanung werden der Ziel-Zustand und die Umsetzungsplanung gestaltet, d. h. die Soll- und Plan-Bebauungselemente (alle Datenkategorien) werden angepasst. Gegebenenfalls handelt es sich hierbei zunächst nur um Planungsszenarien, die erst ein Entscheidungsgremium verabschieden muss.
- Die Kerndaten und die Steuerungsgrößen von Plan-Bebauungselementen ändern sich aufgrund von Entscheidungen im Projektportfoliomanagement und Release-Management.
- Die Geschäftsprozesse und Geschäftsobjekte ändern sich im Rahmen des Prozessmanagements. Die fachlichen Funktionen, Produkte und Geschäftseinheiten ändern sich im Rahmen der Business-Planung. Die Beziehung von Geschäftsobjekten zu Informationssystemen wird im Rahmen einer Aktualisierung während der Bebauungsplanung gepflegt.

Initial erfolgt die Datenbeschaffung in der Regel über eine Bestandsaufnahme. Hierfür kann häufig auf vorhandene Datensammlungen zurückgegriffen werden. Dies können z. B. Bestandsaufnahmen im Kontext von Projekten, Ergebnisse von Geschäftsprozessanalysen, Prozessdokumentation, Einkaufslisten, das DL- und Produktportfolio sowie die Listen aus dem Servicemanagement (CMDB) sein. Häufig sind diese Datensammlungen jedoch veraltet, in unterschiedlicher Granularität und Qualität sowie nicht vollständig vorhanden.

Datenprobleme entstehen aber insbesondere beim „Betrieb“ von EAM. Lassen Sie uns dies etwas näher beleuchten:

- **Partielle Befüllung (Unvollständigkeit):** In einer Bebauungsdatenbasis werden die verstreuten Informationen aus den organisatorischen Bereichen und Projekten zu einem Ganzen zusammengeführt. Viele organisatorische Einheiten in Business und IT sind involviert. Von allen müssen Informationen eingesammelt werden. Dies kann sich bei der einen oder anderen Einheit durchaus schwierig gestalten. Eine hinreichend vollständige Liste z. B. von Geschäftsprozessen, Geschäftsobjekten, Geschäftseinheiten, Informationssystemen, Informationsobjekten, Schnittstellen, technischen Bausteinen und Infrastrukturelementen sowie Beziehungen zwischen diesen Elementen muss vorliegen, um Ihre Fragestellungen fundiert beantworten zu können.
- **Unzureichende Aktualität:** Die Daten werden in der Regel von unterschiedlichen Stakeholdern und Systemen entlang unterschiedlicher Prozesse zu verschiedenen Zeitpunkten bereitgestellt. So werden z. B. Projektinformationen entsprechend der Projektstatusberichte und der Entscheidungen im Projektportfoliomanagement frühestens nach Vorliegen der Daten aktualisiert. Die Planungs- und Entscheidungsprozesse geben die Taktrate vor. Ein weiteres Beispiel ist die Veränderung der Kerndaten von Informationssystemen im Rahmen der Projektabwicklung. In der Regel werden die Veränderungen frühestens bei den Quality Gates des Projekts oder bei der Inbetriebnahme der Anwendungen eingepflegt. Die Aktualität der Daten entspricht höchstens der des liefernden Planungs-, Entscheidungs- oder IT-Prozesses.

Die Prozessdokumentation wird oft – zumindest jährlich – aktualisiert, häufig gekoppelt an Prüfintervalle, z. B. im Kontext von Compliance. Die Dokumentation der aktuellen und der zukünftigen IS-Landschaft wird in der Regel zumindest jährlich mit der IT-Strategieentwicklung aktualisiert. Die Aktualisierung der Informationssystemdaten erfolgt in der Regel in kürzeren Zeitabständen, gekoppelt an bestimmte Ereignisse in IT-Prozessen, wie z. B. die Inbetriebnahme eines neuen Systems.

Infolge einer häufig fehlenden oder unzureichenden organisatorischen Einbettung von EAM werden Veränderungen der Daten vom jeweiligen Datenlieferanten nicht oder verzögert bereitgestellt. Der Unternehmensarchitekt bekommt häufig überhaupt nicht mit, dass sich z. B. die Planung eines Projekts oder aber die Funktionalität eines Informationssystems über Wartungsmaßnahmen geändert hat. Häufig ist zudem der Datenlieferant unklar und die Datenbeschaffung ist nicht geregelt.

Wichtig

In der Gesamtbebauung können durch unterschiedliche Aktualitäten Inkonsistenzen entstehen. In der Prozessdokumentation kann z. B. auf Informationssysteme referenziert werden, die aktuell schon nicht mehr produktiv sind. Je enger die Kopplung zwischen den verschiedenen Bebauungen, desto größer ist die Gefahr von Inkonsistenzen.

Achten Sie bei der Festlegung Ihrer Unternehmensarchitektur darauf, dass die Anteile der Gesamtbebauung mit unterschiedlichem Lifecycle möglichst lose gekoppelt sind. Nur so kann sichergestellt werden, dass die Gesamtbebauung zu jedem Pflegezeitpunkt hinreichend konsistent ist.

Legen Sie Ihre Aktualitätsanforderungen für alle Elemente der Unternehmensarchitektur anhand Ihrer Fragestellungen fest!

Beispiel: Wenn Sie jederzeit Auskunft darüber geben können wollen, welche Informationssysteme welche Geschäftsprozesse unterstützen, müssen Sie sicherstellen, dass bei jeder Prozessänderung und bei jeder Weiterentwicklung eines Informationssystems die Beziehungen zwischen Geschäftsprozessen und Informationssystemen aktualisiert werden.

Stellen Sie durch entsprechende organisatorische Maßnahmen eine hinreichende Aktualität sicher. Entscheidend hierfür sind klare Rollen und Verantwortlichkeiten sowie Pflegeprozesse, integriert in die IT- und Entscheidungsprozesse. ■

- **Unzureichende Qualität:** Die Datenqualität ist stark vom Datenlieferanten abhängig. Datenlieferanten können Personen oder aber auch IT-Systeme sein.

Wichtig

Problematisch sind insbesondere Redundanzen und Inkonsistenzen. Beispiele hierfür sind organisatorische Redundanzen und Dateninkonsistenzen aufgrund unterschiedlicher Datenquellen. Redundanzen und Inkonsistenzen verursachen in der Regel hohe Aufwände in der Pflege und Konsolidierung. Inkonsistente Daten können zu wirtschaftlichen oder Imageschäden führen, wenn z. B. falsche Preisdaten aufgrund von Dateninkonsistenzen in Kundenaufträgen errechnet werden. ■

Eine unzureichende Datenqualität kann unterschiedliche Ursachen haben. Hierzu zählen:

- **Schlampige Erfassung:** Die Daten der Bebauungsdatenbasis werden entweder vom Datenlieferanten direkt selbst erfasst bzw. übertragen oder durch Unternehmensarchitekten auf Basis des Inputs vom Datenlieferanten aufgenommen. Gründe für eine schlechte Datenqualität sind einerseits fehlende oder unqualifizierte Datenlieferanten oder Unternehmensarchitekten. Wenn der Datenlieferant nicht versteht, wofür die Daten später genutzt werden sollen, wird es ihm schwerfallen, eine ausreichende Datenqualität zu liefern. Häufig fehlt aber auch das erforderliche Abstraktionsvermögen. Er versteht die Vorgaben für die Dokumentation (Modellierungsrichtlinien genannt) nicht oder kann sie nicht anwenden. Ein typisches Ergebnis hierfür sind technische Namen für Informationssysteme (z. B. „Transaktion 120") und Informationsobjekte (z. B. „X12").

  Andererseits fehlt beim Datenlieferanten oder Unternehmensarchitekten häufig das Interesse oder er hat nicht genügend Zeit für eine fundierte Erhebung oder Abstimmung und „erledigt" seine Aufgaben formal.
- **Keine Unterscheidung zwischen Ist- und Plan-Bebauung:** Die fehlende Unterscheidung zwischen Ist- und Plan-Bebauung bei der Datenerfassung ist ein häufiger Spezialfall der schlampigen Erfassung. Bei Erfassung von Projektdaten werden diese mit der aktuell gültigen und produktiven Ist-Bebauung vermischt und somit die Datenqualität verschlechtert, da keine zeitpunktbasierten Abfragen mehr durchgeführt werden können.
- **Beziehungen zwischen Bebauungselementen unzureichend gepflegt:** Dies ist ein weiterer, häufig vorkommender Spezialfall der schlampigen Erfassung oder der partiellen Befüllung. Insbesondere aufgrund fehlender Verantwortlichkeiten für die Beziehungen zwischen Bebauungselementen werden diese nur unzureichend gepflegt. Ein Beispiel ist die Zuordnung von Informationssystemen zu Geschäftsprozessen. Diese Zuordnung wird häufig nicht aktualisiert, wenn sich Geschäftsprozesse oder Informationssysteme verändern.
- **Keine abgestimmten Begriffe:** Die Einträge z. B. für Geschäftsprozesse oder Geschäftsobjekte werden häufig nicht mit allen Verantwortlichen abgestimmt. So sind z. B. „Kundenauftrag" und „Auftrag" und „Vertriebsauftrag" in der Liste der Geschäftsobjekte enthalten. Die Semantik hinter den Begriffen ist nicht klar. Daher werden sie auch unterschiedlich genutzt.

Empfehlung

Stellen Sie eine hohe Qualität und Aktualität der Datenbasis durch eine explizite regelmäßige Qualitätssicherung und Datenbereinigung sowie kontinuierliche Optimierung sicher. Der Unternehmensarchitekt ist für die Datenqualität verantwortlich und muss regelmäßig eine Qualitätssicherung genauso wie eine Datenbereinigung durchführen. Das Intervall kann durchaus unterschiedlich sein. Monatliche oder vierteljährliche Qualitätsüberprüfungen sind sehr verbreitet (siehe Pflegekonzept im Abschnitt 5.9.2.1). Im Pflegekonzept muss beschrieben werden, was wann und in welcher Form zu qualitätssichern ist.

- **Uneinheitliche Modellierung:** Eine uneinheitliche Modellierung der Bebauungselemente und Beziehungen ist sehr verbreitet. Eine unklare Methode, d. h. keine oder unzureichende Modellierungsrichtlinien, oder aber deren Nichteinhaltung sind die typischen Ursachen. So ist die Semantik der Bebauungselemente, wie z. B. „Was ist ein Informationssystem", nicht klar. Ein Beispiel hierfür ist, wenn die Präsentationsschicht, die Businesslogik und das Datenhaltungssystem eines Informationssystems als getrennte Einheiten modelliert werden.

Andererseits kann auch beim jeweiligen Datenlieferanten eine unterschiedliche Vorstellung über die Granularität von Bebauungselementen und deren Beziehungen bestehen. So lassen sich Service-Komponenten einmal als Informationssystem und einmal als Teil eines Informationssystems modellieren. Auch die Zuordnung von Informationssystemen zu Geschäftsprozessen ist unterschiedlich handhabbar. Die Zuordnung kann auf Wertschöpfungskettenebene oder Aktivitätenebene erfolgen.

Querschnittsaspekte wie z. B. SOA, Portal und Data Warehouse werden häufig auch uneinheitlich modelliert. Services können als fachliche Funktionen oder als Teilinformationssysteme oder sogar als technische Bausteine modelliert werden. Portale können die über das Portal den Nutzern angebotenen Informationssysteme beinhalten. Alternativ können Schnittstellen zwischen dem Portalinformationssystem und den angebotenen Informationssystemen modelliert werden. Ein DWH lässt sich fachlich oder technisch strukturieren.

Ursachen für die Datenqualitätsprobleme sind in der Regel das fehlende Pflegekonzept oder aber die Tatsache, dass dieses nicht vollständig in die Praxis umgesetzt wird. Eine unzureichende Werkzeugunterstützung kann ein weiterer Grund sein.

Wichtig

Entscheidungen sind so gut wie die verfügbare Datenbasis. Die Aktualität, Vollständigkeit und Qualität der Datenbasis lassen häufig zu wünschen übrig, da die Pflege oder aber die Qualitätssicherung nicht oder nicht konsequent durchgeführt werden.

Bauen Sie hochqualifizierte Unternehmensarchitekten auf, die die Qualitätssicherung der Bebauungen regelmäßig durchführen.

Erstellen Sie ein Pflegekonzept und stellen Sie eine gute Werkzeugunterstützung bereit.

Ermitteln Sie hierzu für alle festgelegten Bebauungselemente, Beziehungen und Attribute, im Rahmen welcher Prozesse wer wann welche Änderung veranlasst, durchführt, konsolidiert oder qualitätssichert. Auf dieser Basis können Sie die Datenbereitstellung und Datenpflege im Pflegekonzept beschreiben. Von besonderer Bedeutung ist hierbei die Qualitätssicherung der Bebauungsdatenbasis, da die „eingesammelten" Daten häufig eine unterschiedliche Qualität aufweisen und nicht immer den Modellierungsrichtlinien entsprechen.

Überprüfen Sie die Vollständigkeit, Aktualität, Granularität und Qualität vorhandener Datensammlungen, bevor Sie diese in die Bebauungsdatenbasis übernehmen.

Hilfestellungen und Templates für die Erstellung Ihres Pflegekonzepts finden Sie in Abschnitt 5.9.2.1. ■

5.9.2.2 Leitfaden für die Erstellung eines Pflegekonzepts

Das Pflegekonzept regelt die Datenbereitstellung und die Datenpflege (siehe Abschnitt 5.9). Die Datenbereitstellung hat vielfältige Aspekte. Hierzu zählen die Datenherkunft, die Prozesse und die Verantwortlichkeiten für die Datenbeschaffung und Übermittlung. Hierzu werden alle Bebauungselementtypen und Beziehungen sowie deren Attribute entsprechend der spezifischen Unternehmensarchitektur analysiert.

Wichtig

Ein Pflegekonzept ist essenziell, um sicherzustellen, dass eine Bebauungsdatenbasis zu jeder Zeit in hinreichender Vollständigkeit, Qualität, Aktualität und angemessener Granularität vorliegt.

Achten Sie darauf, dass die Pflege möglichst aufwandsarm erfolgt. Nur so können Sie diese nachhaltig im Unternehmen verankern. ■

Folgende Schritte sind zur Erstellung Ihres Pflegekonzepts erforderlich:

I. Voraussetzungen schaffen

Die Analyse der Datenbeschaffung ist sehr aufwendig. Stellen Sie deshalb sicher, dass die geforderten Ziele, Fragestellungen und Ergebnisdarstellungen bereits hinreichend geklärt und auch priorisiert sind. Für alle Daten, die für die Beantwortung der ermittelten Fragestellungen und Ergebnisdarstellungen notwendig sind, müssen Sie dann die Datenbeschaffung klären. Über das Pflegekonzept müssen Sie dann sicherstellen, dass die Datenbeschaffung kontinuierlich erfolgt.

II. Analysieren Sie die Datenbeschaffung.

1. **Analysieren Sie für alle Kern- und erweiterten Daten sowie Steuerungsgrößen, entlang welchem Prozess welche Veränderungen in welchem System in welcher Qualität, Vollständigkeit, Aktualität und wo und von wem dokumentiert werden.** Ermitteln Sie zudem, wer Ansprechpartner für eventuelle Rückfragen ist, und treffen Sie eine Einschätzung darüber, wie Sie an die Informationen über die Veränderung kommen. In Tabelle 5.5 finden Sie dazu ein Beispiel.
2. **Wenn es noch Beschaffungslücken gibt, klären Sie, woher Sie diese Daten einmalig und wie Sie diese Daten kontinuierlich beschaffen können.** Falls die Daten nur in einem niedrigen Qualitätslevel zu beschaffen sind, klären Sie, ob dies ausreichend ist. Häufig reicht eine initiale Sammlung von Daten mit ggf. niedrigem Qualitätslevel in der geplanten Ausbaustufe von EAM.

Tabelle 5.5 Beispiel einer Tabelle mit den Ergebnissen der Analyse

Kern-, erweiterte Daten und Steuerungsgrößen	Veränderung der Daten					
	Prozess	Wo dokumentiert?	System	Datenqualität, Vollständigkeit und Aktualität	Ansprechpartner (Daten-Owner oder Know-how-Träger)	Wer informiert über Veränderung?
Informationssysteme						
Kerndaten	Projektabwicklung	IT-Konzeption	-	Unterschiedlich	Projektleiter	Information über Review- und Abnahme-Protokolle
	Wartungsmaßnahmen	?	-	Schlecht	IS-Verantwortlicher	Zufall
	Projektportfoliomanagement	Ergebnisprotokoll	Clarity	Hoch	Projektportfoliomanager	Ergebnisprotokoll
Erweiterte Daten	...	...	...	...	...	...
Steuerungsgrößen	...	...	...	...	...	...
...						

Empfehlung

Wenn Sie gewisse Strukturen und Beziehungen zwar für die Beantwortung von Fragestellungen benötigen, diese jedoch noch nicht in einer hinreichenden Qualität im Unternehmen vorliegen, können Sie mit einem niedrigen Qualitätslevel beginnen und darüber die Beantwortung der Fragestellung erproben. Schrittweise können Sie dann durch entsprechende Qualitätssicherungsmaßnahmen und die Verankerung in den Prozessen die Datenqualität anheben.

Beispiel: Im Unternehmen liegt noch keine abgestimmte Liste von fachlichen Funktionen oder Geschäftsprozessen vor. Um den Grad der Geschäftsunterstützung mit Fachbereichen diskutieren zu können, benötigen Sie diese Strukturen aber. Durch eine initiale Sammlung kann wohlwissentlich, dass die Liste z. B. der fachlichen Funktionen nicht verabschiedet ist, ein Bezug zwischen Informationssystemen zu den fachlichen Funktionen z. B. in einer Bebauungsplangrafik (siehe Abschnitt 5.4.3) hergestellt werden. So wird eine Grundlage für die Abstimmung mit dem Business geschaffen und darüber ggf. die Konsolidierung der fachlichen Strukturen initiiert. ■

Nutzen Sie die folgenden Prozesse als mögliche Datenlieferanten:

- *Prozesse, in denen sich Teile der Geschäftsarchitektur verändern:* Typische Vertreter sind Unternehmensstrategieentwicklung, Business-Planung, Prozessmanagement, Business Capability Management, Organisationsentwicklung und Informationsmanagement.
- *Prozesse, in denen sich Teile der IS-Landschaft ändern:* Typische Vertreter sind IT-Strategieentwicklung, IS-Bebauungsplanung, Projektportfoliomanagement, Projektabwicklung, Wartungsmaßnahmen und Informationsmanagement.
- *Prozesse, in denen sich Teile der technischen oder der Betriebsinfrastrukturbebauung verändern:* Typische Vertreter sind Betriebsinfrastrukturplanung, Servicemanagement, Durchführung von Standardisierungsmaßnahmen, Pflege des Blueprints und Projektportfoliomanagement.

Die Veränderungen werden in der Regel in folgenden Dokumenttypen erfasst: Business-Plan, Unternehmensstrategie, Projektdokumentation wie z. B. Fach- oder IT-Konzepte, Entscheidungsprotokolle, Inbetriebnahmedokumente, Prozessmodelle, fachliche Domänenmodelle, IT-Strategie und Infrastrukturplanung.

Klären Sie hier auch die Verantwortlichkeit.

Zur Identifikation der Datenlieferanten und Ansprechpartner können Sie die Stakeholder-Gruppen aus Abschnitt 5.1 nutzen.

Auch für die Art und Weise, wie Sie von der Veränderung erfahren, sollten Sie Standardausprägungen vorsehen. Beispiele hierfür sind:

Zufall, Datenlieferant informiert aktiv persönlich (oder System gibt ein Event), Datenlieferant wird von Ihnen regelmäßig bezüglich Änderungen befragt und Review- oder Abnahmeprotokolle werden eingeholt, direkte Einbindung z. B. über die Teilnahme an Reviews oder Abnahmen.

III. Festlegung von Datenhoheit, Datenherkunft und Datenbereitstellung

Die EAM-Datenbasis besteht aus Daten, die von anderen Datenquellen, wie z. B. Systemen, stammen oder dort direkt eingepflegt werden. Der Informationsfluss zwischen dem EAM-Werkzeug und diesen Datenquellen ist festzulegen.

3. **Legen Sie für alle Kern-, erweiterten Daten und Steuerungsgrößen fest, ob die EAM-Datenbasis oder aber ein anderes System der Master ist.** So werden in der Regel Projektinformationen aus einem Projektportfoliomanagement-System, detaillierte Infrastrukturdaten aus einer CMDB und die Geschäftsprozessinformationen aus einem Prozessmanagement-System bezogen.

   Wesentlich ist hierbei nicht der einmalige, sondern der kontinuierliche Bezug.

4. **Legen Sie die Schnittstellen zwischen den Systemen fest.** Dokumentieren Sie für die Systeme, welche Strukturen von dort in welcher Qualität, Vollständigkeit und Aktualität bezogen werden und wie die Datenbereitstellung für EAM erfolgt. Dokumentieren Sie analog, welche Daten EAM an welche Systeme liefert.

   Die Erfassung der Datenqualität, Vollständigkeit und Aktualität ist wichtig, da auf dieser Basis entschieden werden kann, ob eine Konsolidierung oder Qualitätssicherung erforderlich ist. Typische Ausprägungen für die Art der Datenbereitstellung oder -lieferung sind: manuelle Übernahme (d. h. Erfassung), automatischer Import oder halbautomatischer Import (z. B. über eine Excel-Datei).

Nutzen Sie hierzu eine Tabelle, in der für alle Kern-, erweiterten Daten und Steuerungsgrößen die Datenhoheit, Datenherkunft und Datenbereitstellung beschrieben sind. Erfassen Sie zudem die Ansprechpartner der jeweiligen Systeme und einen Link zur ausführlichen Schnittstellenbeschreibung.

Wichtig

Beim Fremdbezug von Strukturen von anderen Systemen muss in der EAM-Datenbasis der Identifikator des führenden Systems mit übernommen werden. Nur so können bei einem erneuten Import Veränderungen festgestellt werden und insbesondere auch Beziehungsinformationen beibehalten werden.

IV. Festlegung der Pflegeprozesse

Pflegeprozesse sind für alle EAM-Strukturen erforderlich, die entweder direkt dort einzupflegen sind oder zu konsolidieren oder zu qualitätssichern sind. So werden Daten gegebenenfalls aus verschiedenen Quellen bezogen. Diese Daten sind dann zu konsolidieren. Fremdbezogene Daten sind häufig zu qualitätssichern, ggf. zu vervollständigen und in Beziehung zu anderen Elementen zu setzen. So ist nach dem Import von Geschäftsprozessinformationen deren Zuordnung zu Informationssystemen gegebenenfalls zu überprüfen.

Für die Ermittlung der Pflegeverantwortlichkeiten eignet sich eine Tabelle, in der für alle Bebauungselementtypen deren Kerndaten, erweiterte Daten und Steuerungsgrößen sowie Beziehungen sowie für Metadaten die Pflegeverantwortlichen zugeordnet werden können. Ein Beispiel hierfür finden Sie in Ausschnitten in Tabelle 5.6. So stellen Sie sicher, dass Sie keine Pflegeeinheiten vergessen.

In den Pflegeprozessen müssen Sie festlegen, wer zukünftig wann welche Teile der Bebauungselemente und welche Beziehungen entlang welchen Prozesses antriggert oder kontinuierlich dokumentiert, konsolidiert und/oder qualitätssichert. Wesentlich ist insbesondere die Benennung der Pflegeverantwortlichkeiten, des Pflegezeitpunkts und des Inputs und Outputs. In Tabelle 5.7 finden Sie ein Template für die Dokumentation eines Pflegeprozesses. Über den Pflegezeitpunkt wird angegeben, in welche Planungs-, Durchführungs- und Entscheidungsprozesse der Pflegeprozess integriert ist und welches Ereignis, wie z. B. die Inbetriebnahme, die Pflege antriggert. Zudem wird angegeben, ob und in welchem Zeitabstand gegebenenfalls zusätzlich eine regelmäßige Pflege durchgeführt wird. Dies ist insbesondere bei einem niedrigen EAM-Reifegrad wichtig.

Von besonderer Bedeutung in der Datenpflege ist die Qualitätssicherung der Bebauungsdatenbasis, da die „eingesammelten" Daten häufig eine unterschiedliche Qualität aufweisen und nicht immer den Modellierungsrichtlinien entsprechen.

In der Qualitätssicherung müssen Sie sowohl die Bebauungselemente als auch deren Beziehungen überprüfen. Welche Prüfkriterien heranzuziehen sind, muss im Rahmen des Pflegekonzepts explizit als Checkliste für die Bebauungsplaner vorgegeben werden. Die folgenden Standardprüfkriterien sollten Sie auf jeden Fall berücksichtigen:

- *Einhaltung der Modellierungsrichtlinien*
  - Semantik und Granularität der Bebauungselemente und deren Beziehungen
  - Zu pflegende Attribute (Pflicht- und optionale Attribute)
  - Modellierung von speziellen Aspekten wie z. B. SOA, Portal oder DWH

- *Ermittlung von Redundanzen und Inkonsistenzen* (siehe hierzu Download-Anhang A „Analysemuster“)
  - Mehrfachvorkommen von „gleichen“ Bebauungselementen oder Beziehungen zwischen Bebauungselementen
  - Ermittlung von Daten- und funktionalen Inkonsistenzen und potenziellen Zuordnungsproblemen[5]
- *Ermittlung von Aktualitätsproblemen*
  - Überprüfung des Planungsstatus und des Nutzungszeitraums der verschiedenen Bebauungselemente im Zusammenspiel

Tabelle 5.6 Beispiel für Pflegeverantwortlichkeiten

	Rollen			
	IS-Verantwortlicher	**IS-Bebauungsplaner_ Vertrieb**	**IS-Bebauungsplaner_ Einkauf**	**...**
Informationssysteme	D	K, QS für Bebauungscluster Vertrieb	K, QS für Bebauungscluster Einkauf	
▪ Kerndaten				
▪ Erweiterte Daten	D			
▪ Steuerungsgrößen		D für Bebauungscluster Vertrieb	D für Bebauungscluster Einkauf	
Geschäftsprozesse				
▪ Kerndaten				
▪ Erweiterte Daten				
▪ Steuerungsgrößen				
▪ ...				
Fachliche Zuordnung GP zu IS	D	QS für Bebauungscluster Vertrieb	QS für Bebauungscluster Einkauf	
...				
Metadaten				
▪ Bebauungselementtypen				
▪ Attribute				
▪ Beziehungen				
▪ Profile				
▪ ...				

Legende: D - Dokumentation, K - Konsolidierung, QS - Qualitätssicherung

[5] Inkonsistenzen treten häufig dort auf, wo Bebauungselementtypen über verschiedene Beziehungen (transitiv) verbunden sind. Insbesondere, wenn es mehrere alternative Wege im EAM-Datenmodell gibt. Beispiel: Fachliche Funktionen können Geschäftsprozessen und Informationssystemen zugeordnet werden. Wenn nun zudem Geschäftsprozesse Informationssystemen zugeordnet sind, kann es hier potenzielle Inkonsistenzen geben.

Tabelle 5.7 Template Pflegeprozess

<table>
<tr><th colspan="3"><Name Pflegeprozess></th></tr>
<tr><th>Beschreibung</th><th>Zielsetzung</th><th>Strukturen und Beziehungen</th></tr>
<tr><td>Kurzbeschreibung des Pflegeprozesses</td><td>Benennung der mit dem Pflegeprozess verbundenen Zielsetzungen</td><td rowspan="11">Benennung der Bebauungselemente und deren Beziehungen sowie der zu pflegenden Kern- und erweiterten Daten sowie Steuerungsgrößen
Ggf. Angabe von Einschränkungen, z. B. „nur standardkonforme Elemente“</td></tr>
<tr><td colspan="2">Verantwortlichkeiten</td></tr>
<tr><td colspan="2">Pflegeverantwortung</td></tr>
<tr><td colspan="2">Benennung der Art der Pflegeverantwortung (D, K, QS) und der ausübenden Rolle</td></tr>
<tr><td colspan="2">Pflegezeitpunkt</td></tr>
<tr><td>Ereignisgetrieben</td><td>Regelmäßig</td></tr>
<tr><td>Welche Planungs-, Durchführungs- und Entscheidungsprozesse triggern den Pflegeprozess an?
Welches Ereignis wie?
Z. B. Inbetriebnahme ist der Trigger für die Pflege?</td><td>Wird der Pflegeprozess regelmäßig (unabhängig von IT- und Entscheidungsprozessen) durchgeführt?
Zu welchem Zeitpunkt?
Z. B. monatlich oder vierteljährlich?</td></tr>
<tr><td>Input und Datenlieferant</td><td>Output</td></tr>
<tr><td>Welche Informationen mit welchem Qualitätsanspruch sind für die Durchführung der Pflegeaktivität notwendig?
Benennung der Datenlieferanten (Rolle oder System) und gelieferten Daten</td><td>Was ist das Ergebnis des Pflegeprozesses?</td></tr>
</table>

Wichtig

Entscheidend ist der Kümmerer, der bei den unterschiedlichsten Datenlieferanten nachhakt und die Qualitätssicherung der „fremd“ bezogenen Daten durchführt.

Im Rahmen der Qualitätssicherung (siehe Abschnitt 5.9.4) müssen Sie alle wichtigen Konsistenzbedingungen überprüfen. Generell sind hier alle Abhängigkeiten von Status und Nutzungszeitraum zu prüfen. Darüber hinaus sind alle Beziehungen zu überprüfen, für die es alternative Wege im Meta-Modell gibt. Ein Beispiel hierfür ist die Zuordnung von Geschäftsobjekten zu Informationssystemen. Das kann direkt oder über Informationsobjekte erfolgen. ■

V. Legen Sie die Werkzeugunterstützung fest.

Eine gute Werkzeugunterstützung kann den Aufwand für Dokumentation, Analyse, Planung und Qualitätssicherung erheblich reduzieren und die Akzeptanz des EAM steigern. Insbesondere können Standardpflegefälle unterstützt, verschiedene Stakeholder-gruppenabhängige Sichten bereitgestellt und die Überprüfung der Einhaltung der Standardprüfkriterien automatisiert werden. Die Bebauungsplaner können zu festgelegten Zeitpunkten die Ergebnisse des Prüfberichts per Mail oder aber als Aufgabenpakete zur Verfügung gestellt bekommen.

Eine komfortable Werkzeugunterstützung für die Pflege und grafische Ergebnistypen sind erfolgsentscheidend!

Nur wenn die Pflege einfach möglich ist, lässt sich eine hinreichende Aktualität und Datenqualität erreichen. Ergebnistypen via PowerPoint veralten relativ schnell.

> **Wichtig**
>
> Eine **absolute** Vollständigkeit und Aktualität der EAM-Datenbasis sind nicht realistisch erreichbar. Daher sind die Aktualität, Vollständigkeit, Granularität und Qualität der Daten unterschiedlich.
>
> Der Absolutheitsanspruch ist nur durch eine automatische vollständige und sofortige Datenlieferung aller Bebauungselemente umsetzbar. Dies ist aber in der Regel nicht möglich, da die Daten häufig nicht so vorliegen, wie sie für die Beantwortung der Fragestellungen erforderlich wären. Sie müssen dann manuell nachbearbeitet oder erstellt werden.

VI. Fassen Sie die Ergebnisse im Pflegekonzept zusammen.

Eine Beispielstruktur für ein Pflegekonzept finden Sie in Tabelle 5.8.

> **Wichtig**
>
> - Ein Pflegekonzept besteht aus allen Regelungen für die Datenbereitstellung, die Datenpflege sowie deren Werkzeugunterstützung.
> - Etablieren Sie einfache Pflegeprozesse. Ermitteln Sie für alle festgelegten Bebauungselemente, Beziehungen und Attribute, im Rahmen welcher Prozesse und von wem die jeweiligen Daten wann verändert werden.
> - Integrieren Sie die Pflegeprozesse so früh wie möglich in die Planungs-, Durchführungs- und Entscheidungsprozesse. So stellen Sie die kontinuierliche Pflege der Daten sicher.
> - Eine komfortable Werkzeugunterstützung für die Pflege und grafische Ergebnistypen sind erfolgsentscheidend!
>   Nur wenn die Pflege einfach möglich ist, lässt sich eine hinreichende Aktualität und Datenqualität erreichen. Ergebnistypen via PowerPoint veralten relativ schnell.

Tabelle 5.8 Beispielstruktur eines Pflegekonzepts

I. Prämissen
Im Kapitel Prämissen erfolgt eine kurze Einführung und die Leitsätze für die Pflege, wie z. B. „Beschränkung auf das Wesentliche" oder „Jeder pflegt alle ihm bekannten Informationen", werden dokumentiert.
II. Unternehmensarchitektur
Beschreibung der Bebauungselemente, Kerndaten, erweiterten Daten, Steuerungsgrößen und Beziehungen in der unternehmensspezifischen Ausprägung der Unternehmensarchitektur. Für alle Strukturen wird zudem ihre Datenqualität angegeben (Einstiegsqualität oder hohe Datenqualität).
III. Datenhoheit, Datenherkunft und Datenbereitstellung
Dokumentation der Datenhoheit für alle Strukturen und der Datenlieferung zwischen den Systemen. Wesentlich sind u. a. Datenqualität, Vollständigkeit und Aktualität sowie die Art der Datenbereitstellung.
IV. Modellierungsrichtlinien
In den Modellierungsrichtlinien wird festgelegt, welche Bebauungselemente, Beziehungen und Aspekte auf welche Art und Weise und in welcher Granularität in die Dokumentation aufzunehmen sind.
V. Pflegeprozesse
Im Rahmen der Pflegeprozesse werden sowohl die Datenpflege als auch die Konsolidierung und Qualitätssicherung von Strukturen beschrieben. Für die Dokumentation eines Pflegeprozesses kann das Template in Tabelle 5.7 genutzt werden.
VI. Werkzeugunterstützung
In diesem Abschnitt wird die Art und Weise der Werkzeugunterstützung beschrieben.
VII. Glossar
Festlegung der unternehmensspezifischen Semantik der EAM-spezifischen Begriffe, wie z. B. Informationssystem.
VIII. Offene Punkte

5.9.2.3 Modellierungsrichtlinien

Die Modellierungsrichtlinien legen fest, welche Strukturen in welchen Granularitäten und in welcher Form abzubilden sind. Es werden Vorgaben für die Modellierung aller Bebauungselementtypen und deren Attribute und Beziehungen sowie für die Modellierung von Querschnittsaspekten wie z. B. SOA, Portal oder Data Warehouse erstellt.

Erstellen Sie Modellierungsrichtlinien für die Art und Granularität der Modellierung aller Bebauungselementtypen, deren Attribute und Beziehungen. Hilfestellungen hierzu erhalten Sie in der detaillierten Dokumentation der Best-Practice-Unternehmensarchitektur in Abschnitt 5.3. Weitere Beispiele für Modellierungsrichtlinien finden Sie im Download-Anhang F. Hier sehen Sie u. a. Beispiele bezüglich der Festlegung von Geschäftsprozessen in der EAM-Dokumentation, der Umsetzung der Serviceorientierung oder aber des Aufbaus und der Granularität von Informationssystemen.

Wichtig

Legen Sie Modellierungsrichtlinien abhängig von Ihren Fragestellungen für alle Teilarchitekturen der Best-Practice-Unternehmensarchitektur fest. Die Modellierungsrichtlinien bilden zusammen mit den Visualisierungsempfehlungen die Vorgabe für die Dokumentation der Bebauungselemente (siehe Abschnitt 5.9.2.4) und den Maßstab für die Qualitätssicherung der Bebauungen (siehe Abschnitt 5.9.2.1). Nur so erzielen Sie eine einheitliche Modellierung.

Achten Sie bei den Modellierungsrichtlinien auf angemessene Strukturen und Pflegbarkeit; vermeiden Sie „Modellitis"! Beschränken Sie sich auf die Daten, die Sie für die Beantwortung der Fragestellungen wirklich benötigen.

Eine Sammlung von Modellierungsrichtlinien für die Geschäftsarchitektur und die IS-Architektur finden Sie im Download-Anhang F. Aus dieser Sammlung können Sie einfach die für Sie relevanten Richtlinien auswählen. ■

5.9.2.4 Visualisierungsempfehlungen

Für die Beantwortung der Fragestellungen Ihrer Stakeholder sind Visualisierungsempfehlungen als Richtlinie oder Orientierungshilfe wichtig. Für die Beantwortung von gleichen Fragestellungen in unterschiedlichen Unternehmensbereichen sollte möglichst die gleiche und bewährte Art der EAM-Ergebnisdarstellung genutzt werden. Jede wiederkehrende Fragestellung sollte möglichst automatisiert zusammen mit der entsprechenden EAM-Ergebnisdarstellung, z. B. in Form einer gespeicherten Abfrage, in einem EAM-Werkzeug abgerufen und Stakeholdern zugeordnet werden können.

Wichtig

Unternehmensarchitekten sollten Dienstleistungen für z. B. die Analyse der EAM-Datenbasis oder Bebauungsplanung anbieten. Ein wesentliches Mittel hierfür sind Self-Service-Abfragen, die der Unternehmensarchitekt den EAM-Nutznießern zur Verfügung stellen sollte. So kann die Akzeptanz von EAM durch wahrgenommenen Nutzen schnell erhöht werden.

Visualisierungsempfehlungen zur Beantwortung einer Sammlung von wichtigen Fragestellungen finden Sie im Download-Anhang D. ■

5.9.3 Steuerungsinstrumentarium

Wer ein Ziel hat, findet einen Weg - sagt man.
Findet er den Weg allerdings nicht,
dann sollte es sein Ziel sein, einen Weg zu bauen,
den er dann beschreiten kann, um das Ziel zu finden!

Willy Meurer, (*1934), Aphoristiker und Publizist, Toronto

Ein mit den Planungs- und Entscheidungsprozessen verzahntes strategisches Steuerungsinstrumentarium ist notwendig, um die Weiterentwicklung der Geschäftsarchitektur und der IT-Landschaft wirksam zu steuern. Durch die Business-Planung und die strategische IT-Planung werden ein Ziel-Bild und Leitplanken vorgegeben. Die Geschäftsarchitektur und die IT-Landschaft werden über Projekte und Wartungsmaßnahmen in Richtung des Zielzustands Schritt für Schritt weiterentwickelt (gesteuerte Evolution). Durch eine enge Integration in die Planungs-, Durchführungs- und Entscheidungsprozesse (siehe Abschnitt 5.9.5) wird die Umsetzung forciert. Abhängig vom Einfluss der Unternehmensarchitekten bzw. der EAM-Sponsoren im IT-Management wird entweder nur Input für die Steuerung der Weiterentwicklung gegeben oder diese aktiv gesteuert. Über ein geeignetes Steuerungsinstrumentarium muss eine fundierte Entscheidungsgrundlage für die Business- und IT-Steuerung geschaffen werden. Hier müssen insbesondere der aktuelle Status sowie der Fortschritt bei der Umsetzung über einen Plan-Ist-Abgleich und über geeignete Steuerungsgrößen wie z. B. Bebauungsplanfit, Standardisierungsgrad oder aber die Kostenentwicklung über die Zeit sichtbar gemacht werden. Dies führen wir im Folgenden weiter aus.

5.9.3.1 Strategisches IT-Controlling

Die klassischen Instrumente des Controllings, die den Ressourcenverbrauch von Business und IT sowie die Zuordnung auf Kostenstellen transparent machen, sind zwar sehr wichtig, reichen aber bei Weitem nicht aus. Ein strategisches Steuerungsinstrumentarium ist erforderlich, das neben einer Kostentransparenz insbesondere auch die inhaltlichen und strategischen Aspekte abdeckt. Siehe hierzu das folgende Zitat aus [Bie07]:

> *„Erfolgreiches Handeln in Unternehmen verlangt das Treffen von Entscheidungen über den richtigen Einsatz knapper Ressourcen. Es gehört zu den wesentlichen Aufgaben der Entscheidungsvorbereitung, den Entscheidungsträgern die für eine Entscheidung erforderlichen Informationen verfügbar zu machen. Im Optimalfall gehören hierzu (vollständige) Informationen über die Handlungsalternativen, die möglichen Umweltzustände zum Zeitpunkt der Entscheidung, die Bewertungskriterien und deren Verknüpfung (Zielfunktion) sowie die möglichen Ergebnisse bei der Auswahl einer Handlungsalternative in einer gegebenen Umweltsituation."*

Ein strategisches Steuerungsinstrumentarium hilft dabei, zugeschnitten auf die Steuerungsaufgaben der jeweiligen Verantwortlichen Informationen für eine fundierte Entscheidung bereitzustellen. Durch das strategische Controlling werden die Ist-Werte der operativen Messgrößen gesammelt und konsolidiert, ein Plan-Ist-Vergleich wird durchgeführt, Prognosen werden erstellt und die Ergebnisse entsprechend der Steuerungsaufgabe aufbereitet.

Der Methodenkasten des strategischen IT-Controllings umfasst u. a.:

- **Balanced Scorecard (BSC):** Die Balanced Scorecard ist eine ziel- und kennzahlenbasierte Managementmethode, die sowohl die Vision und Strategie eines Unternehmens als auch relevante interne und externe Aspekte sowie deren Wechselwirkungen betrachtet. Ein Unternehmen wird parallel über mehrere Perspektiven und diesen zugeordnete Kennzahlen gesteuert. Typische Perspektiven einer BSC sind Finanz-, Kunden-, Prozess- und Mitarbeiterperspektive (siehe [Blo06]).
- **Lifecycle-Analyse:** Die technischen Standards und die Informationssysteme haben eine begrenzte Lebensdauer. Der Lifecycle-Status (siehe Abschnitt 2.3) ist für die Planung der strategischen Weiterentwicklung der IT-Landschaft (siehe [Ker08]) maßgeblich.
- **Portfolioanalyse:** Portfolios können sowohl genutzt werden, um den Ist-Zustand zu veranschaulichen, als auch, um den Soll- oder Plan-Zustand oder deren Kombination anhand verschiedener Kriterien aufzuzeigen. So lassen sich z. B. Planungsszenarien entwickeln, die als Leitlinie für die Weiterentwicklung der IT-Landschaft genutzt werden können (siehe Abschnitt [Han14] sowie [Buc05] und [Ker08]).
- **SWOT-Analyse:** Die SWOT-Analyse ist ein Instrument des strategischen Managements. Stärken und Schwächen sowie Chancen und Risiken werden analysiert. Durch die Gegenüberstellung der Stärken/Schwächen-Analyse und der Chancen/Risiken-Analyse können Strategien für die Ausrichtung oder Weiterentwicklung der IT abgeleitet werden. Die Stärken und Schwächen sind dabei relative Größen und sollten im Vergleich mit dem Wettbewerb betrachtet werden (siehe [Min05] und [Ker08]).
- **Szenario-Techniken:** Die Szenario-Technik ist eine Methode der strategischen Planung. Durch die Analyse möglicher Entwicklungen in der Zukunft werden Veränderungsmöglichkeiten frühzeitig erkannt. Es werden im Allgemeinen unterschiedliche Szenarien für die relevanten Fälle sowie für Extremfälle erstellt. Szenarien können sowohl für einen bestimmten Zeitpunkt erstellt werden als auch einen Trend vorhersagen (siehe [Min05] und [Ker08]).
- **Benchmarking:** Ein Benchmark ist ein Vergleich von im Allgemeinen standardisierten Kennzahlen zwischen verschiedenen Unternehmen oder Organisationen. Die Vergleichbarkeit der Kennzahlen muss sichergestellt sein. Hierbei werden häufig die Vergleichszahlen von den leistungsfähigsten Organisationen als Best-Practice angesehen und als Maßstab verwendet (siehe [Min05] und [Ker08]).
- **Potenzialanalyse:** Durch die Analyse aller IT-Assets, insbesondere der Fähigkeiten der Mitarbeiter und Lieferanten, werden die Kompetenzen der IT und die Entwicklungsmöglichkeiten transparent (siehe [Min05] und [Ker08]).

Im Folgenden wird das strategische IT-Controlling näher beleuchtet. Bezüglich des strategischen Business-Controllings sei auf [All05] und [Ahl06] verwiesen.

Der Leitsatz des strategischen IT-Controllings lautet: „Die richtigen Dinge tun." So werden Effektivität und damit die Zielsetzung des strategischen Controllings salopp umschrieben. Das strategische IT-Controlling sichert die Erreichung der langfristigen Ziele und Rahmenbedingungen ab, unter denen der operative Leistungsprozess erfolgt. Es unterstützt das IT-Management bei der Formulierung, Umsetzung und Überwachung der strategischen Vorgaben und Planungen. Mittels Frühindikatoren werden Abweichungen frühzeitig erkannt.

Im Gegensatz dazu adressiert das operative IT-Controlling im Wesentlichen die Effizienz: „Die Dinge richtig tun." Maßstab für das operative IT-Controlling sind häufig Kosteneinsparungen oder aber Gewinn- oder Rentabilitätssteigerungen im Unternehmen. Durch die Festlegung von Kennzahlen und durch das Reporting wird Input für die operative Steuerung der Leistungserbringung gegeben.

Mithilfe des strategischen IT-Controllings muss der Grad der Umsetzung der strategischen Vorgaben sowie der Planung transparent werden. Hierfür werden adäquate Steuerungsgrößen benötigt, die mit operativen Messgrößen aus der Projektabwicklung und dem Betrieb in Beziehung gesetzt werden.

In Bild 5.103 wird der Regelkreis, bestehend aus der strategischen IT-Planung („PLAN"), dem operativen IT-Management („DO"), dem strategischen IT-Controlling („CHECK") und der IT-Steuerung („ACT") dargestellt. Dieser Regelkreis ist das universelle Grundmuster jeder Steuerung. Es besteht aus den Schritten Planung, Umsetzung, Analyse und Korrektur und wird so lange durchlaufen, bis das Steuerungsziel erreicht wurde oder aber eine vorgegebene Zeitspanne verstrichen ist (siehe [KüM07]).

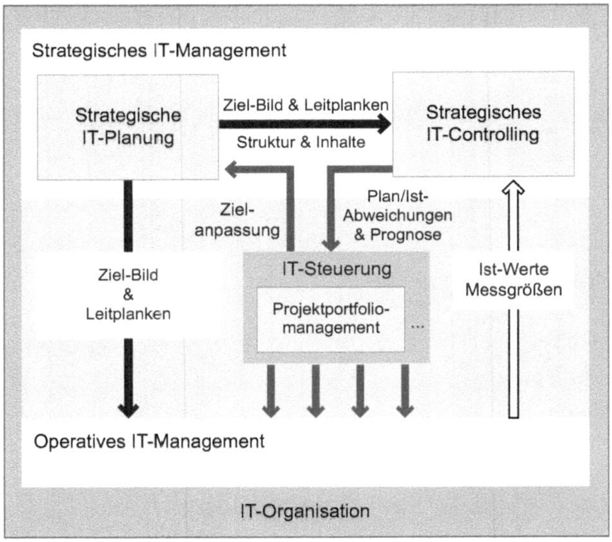

Bild 5.103 Regelkreis der strategischen IT-Steuerung

Durch die strategische IT-Planung werden das Ziel-Bild und die Leitplanken (siehe Abschnitt 4.15) für alle Planungs-, Durchführungs- und Entscheidungsprozesse und damit insbesondere auch für das operative IT-Management und das strategische IT-Controlling vorgegeben. Dies sind die Zielvorgaben zum Abgleich mit den realen Ist-Werten und Messgrößen. Mithilfe z. B. eines Kennzahlensystems müssen die realen Messgrößen und Ist-Werte aus dem operativen Betrieb in Verbindung mit den Steuerungsgrößen gebracht und Abweichungen transparent werden. So wird eine gesamthafte Sicht auf die IT-Performance bereitgestellt. Der Wert der IT wird sichtbar und kann nachhaltig gesteigert werden.

Die Verbindungen zwischen den verschiedenen Steuerungsebenen lassen sich über die Struktur- und Beziehungsinformationen aus dem EAM herstellen. Über die Verknüpfungen zwischen den Ebenen können Sie businessorientierte Vorgaben an die IT weitergeben.

So lassen sich z. B. die mit den Geschäftsprozessen verbundenen Ziele als Vorgaben für die geschäftsprozessunterstützenden Informationssysteme verwenden.

Durch die Verknüpfung der Kennzahlen der strategischen IT-Steuerungsebene mit den Basismessgrößen auf der operativen Steuerungsebene entsprechend den von EAM vorgegebenen Strukturen und Beziehungen wird die Basis für eine fundierte Steuerung der IT geschaffen. Die Basismessgrößen können z. B. über das System-Monitoring auf Ebene der Betriebsinfrastruktur erfasst, zu sinnvollen Informationen aggregiert, auf einige wenige Kennzahlen verdichtet und in einem Cockpit verfügbar gemacht werden (siehe Bild 5.104).

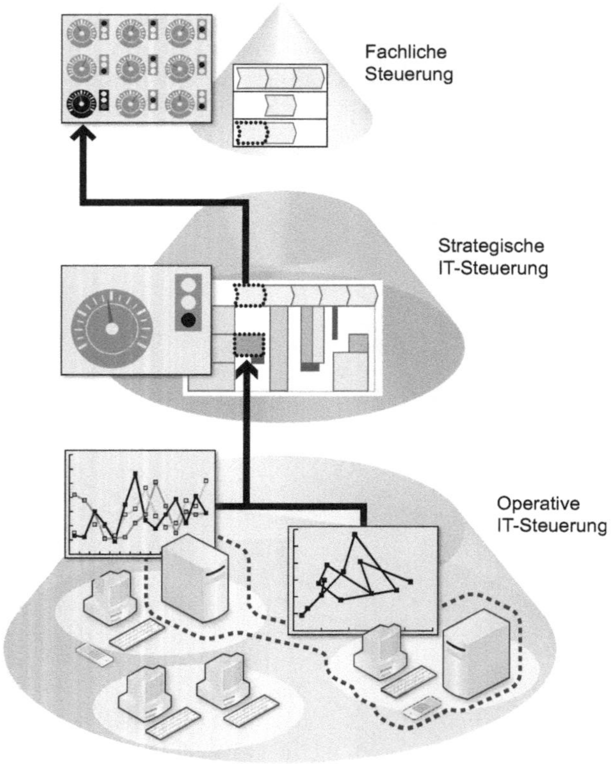

Bild 5.104
Steuerungsebenen

Je nach Steuerungsaufgabe benötigt man unterschiedliche Informationen und ein unterschiedliches Steuerungsinstrumentarium. Mögliche Steuerungsaufgaben sind z. B. die Steuerung der Weiterentwicklung der IT-Landschaft oder aber die IT-Kostensteuerung. Für die operative IT-Steuerung werden häufig Kosten oder SLA-Erfüllung als Steuerungsgrößen verwendet, für die strategische IT-Steuerung hingegen TCO, Nutzen, Strategie- und Wertbeitrag oder Gesundheitszustand und Standardkonformität. Siehe hierzu die Abschnitte 5.8.3.2 und 5.8.3.3.

Kosten spielen sowohl im strategischen als auch im operativen IT-Management eine zentrale Rolle. Daher gehen wir im Folgenden kurz auf die IT-Kostensteuerung ein.

IT-Kostensteuerung

Für die IT-Kostensteuerung ist eine transparente Kosten- und Leistungsverrechnung der IT notwendig. So können die IT-Kosten exakt und nachvollziehbar in Bezug zu Steuerungsobjekten wie z. B. den Deckungsbeiträgen von Produkten gebracht werden. Letztendlich geht es darum, einen monetären Wert für die IT-Services zu bestimmen. Kostentransparenz ist wichtig, um die IT zu „entlasten“, die IT zu steuern und weiterzuentwickeln und insbesondere auch für die Fachbereiche kalkulierbar zu machen. Durch Heranziehung bekannter Kosten lässt sich ein Kosten-Nutzen-Abgleich durchführen. Die IT-Kosten können in die Geschäftsprozess- oder Produktkalkulation einfließen. Eine vollständige Kostentransparenz ist nur über eine vollständige und verursachungsgerechte Verrechnung aller IT-Kosten zu erzielen.

Auf der Basis des Dienstleistungs- und Produktportfolios können die verschiedenen IT-Leistungen im Unternehmen benannt und auch bepreist werden. Der Leistungskatalog kann sowohl Infrastruktur-Services als auch Beratungsleistungen beinhalten. Die „Performance“ jeder IT-Leistung muss anhand von relevanten Kennzahlen wie z. B. SLA-Erfüllung oder Verfügbarkeit gemessen und bewertet werden. So lässt sich das Leistungspotenzial der IT einschätzen.

Die Kosten werden im Rahmen der IT-Budgetplanung geplant. Die IT-Budgetplanung wird durchgeführt, um konkrete Aussagen für die kommenden Jahre hinsichtlich der Investitionen für den Erhalt und die Erweiterung der IT-Leistungserbringung zu erhalten. Bei der IT-Budgetplanung sind sowohl Innovationen als auch laufende Kosten wie z. B. Wartungs- oder Personalkosten zu berücksichtigen.

Häufig werden insbesondere in Großunternehmen die IT-Kosten zwar in großer Vielfalt an Granularität und Tiefe gemessen und gesteuert, der Geschäftsnutzen der IT ist hingegen nicht bekannt. Dies öffnet den typischen Vorurteilen gegenüber der IT Tür und Tor – „viel zu teuer“, „zu unflexibel und langsam“ oder „nur ein zusätzlicher Kostenfaktor“.

Transparenz hinsichtlich Nutzen und Wertbeitrag von IT-Betrieb und -Projekten ist ein wichtiges Entscheidungs- und Steuerungsinstrument für CIOs, CFOs und Kunden der IT. Der CIO benötigt eine Argumentations- und Entscheidungshilfe gegenüber seinen Kunden und Lieferanten. Der CFO muss IT-Investitionen klare Nutzenpotenziale entgegenstellen. Für die Kunden der IT müssen die Umsetzung von Anforderungen, SLAs und Verbesserungen der Prozessunterstützung transparent gemacht werden.

Wichtig

Bei der IT-Budgetplanung sollten Sie sich nicht ausschließlich auf Kosten konzentrieren. Die IT-Budgetierung läuft häufig so ab: Jedes Jahr werden die IT-Budgets geplant. Sind sie zu hoch, ist der übliche Ansatz „Deckeln“ und Priorisieren, bis das IT-Budget „passt“. Weichen Sie von dieser Denkart ab und stellen Sie den Kosten die Nutzenargumente gegenüber. ■

Nun schauen wir uns die verschiedenen Steuerungsaufgaben der unterschiedlichen Stakeholder-Gruppen näher an.

5.9.3.2 Steuerungssichten für die verschiedenen Stakeholder-Gruppen

Alle relevanten Entscheider mit ihren unterschiedlichen Anliegen sind bei der Gestaltung des Steuerungsinstrumentariums zu berücksichtigen. Neben den IT-Verantwortlichen, die sowohl Investitionsentscheidungen als auch die strategische IT-Planung und IT-Leistungserbringung verantworten, sind auch Führungskräfte im Business und in der IT sowie die IT-Mannschaft zu unterstützen. Sie benötigen Informationen über den aktuellen Zustand, Prognosen und den Vergleich mit den Plan-Werten. Darüber hinaus dürfen alle Stakeholder, die eine Risikoverantwortung tragen, wie z. B. Compliance- oder Sicherheitsverantwortliche, nicht vergessen werden. Sie brauchen ein Instrumentarium, um entsprechende Kontrollpunkte zu setzen und zu überprüfen.

Compliance ist neben Sicherheit ein wichtiger Aspekt für die Unternehmens- und IT-Steuerung. Die Umsetzung nahezu aller Compliance-Anforderungen wie Sarbanes-Oxley Act (SOX), MaK, Basel II, KonTraG oder Solvency II haben signifikante Auswirkungen. Die Richtigkeit der vorzulegenden Finanzberichte und der Nachweis der Angemessenheit und Ordnungsmäßigkeit sowohl der Systementwicklung als auch des Systembetriebs sind unabdingbar.

Unterschiedliche Entscheidergruppen haben je nach fachlicher Ausrichtung, Führungsspanne und Organisation unterschiedliche Anforderungen an ihre individuelle Steuerungssicht. Die verschiedenen Anforderungen sind bei der Auswahl der relevanten Kennzahlen zu berücksichtigen. Für jede Sicht ist ein maßgeschneidertes Steuerungsinstrumentarium aufzubauen. Hierfür werden im Allgemeinen Kennzahlensysteme wie z. B. BSC (siehe [Blo06]) und Cockpits zur Visualisierung verwendet.

Wichtig

Ein Cockpit liefert eine strukturierte und kompakte Steuerungssicht. In dem Cockpit fließen alle relevanten Plan-, Ist- und Prognosewerte aus den verschiedenen operativen und strategischen Managementfunktionen zusammen. Sowohl betriebswirtschaftliche als auch fachliche, technische und organisatorische Informationen können als aussagekräftige Grafiken und Kennzahlen dargestellt werden. So lassen sich komplexe Zusammenhänge erkennen. ■

Folgende Sichten sollten auf jeden Fall unterschieden werden:

- **Sicht der Unternehmensführung:** Die Unternehmensführung benötigt Kennzahlen, die u. a. die Markt- und Umsatzentwicklung sowie die Positionierung und Effizienz des Unternehmens aufzeigen. Ein Teilaspekt davon ist in der Regel auch die IT-Performance. Hier werden häufig die Zielerreichung, Kosten, Risiken und der Nutzen der IT in einer einzigen oder in wenigen Kennzahlen transparent gemacht. Die IT-Kosten werden häufig auch im Benchmark mit externen IT-Dienstleistern oder IT-Abteilungen von vergleichbaren Unternehmen betrachtet. Risiken müssen insbesondere im Hinblick auf Projekte und den operativen Geschäftsbetrieb, Sicherheits- und Compliance-Aspekte sowie in der Umsetzung von Geschäftsanforderungen transparent gemacht werden. Business-Nutzen wird häufig in Form von z. B. Einspar-/Optimierungspotenzialen oder aber Strategie- oder Wertbeitrag oder aber durch den businessorientierten Innovationsgrad erfasst.

Wesentliche Kennzahlen: IT-Kosten (absolut, historisch und im Benchmark), Risiko (pro Projekt, Geschäftsbetrieb, Compliance, Sicherheit), Nutzen (Einspar-/Optimierungspotenziale, Strategie- oder Wertbeitrag, Innovationsanteil oder -grad) sowie Wettbewerbsdifferenzierung, Veränderlichkeit, Kritikalität, Umsatz oder Deckungsbeitrag, Strategiefit, Kundenzufriedenheit, Wirtschaftlichkeit, ROI und Flexibilität

- **Sicht der Fachbereichsverantwortlichen:** Fachbereichsverantwortliche brauchen Sicherheit darüber, dass ihr Geschäft reibungslos läuft. Handlungsbedarf, wie z. B. zu lange Durchlaufzeiten oder Qualitätsprobleme, muss auf einen Blick erkannt werden können. Ein wichtiger Punkt ist hierbei die möglichst optimale und gleichzeitig zuverlässige und kosteneffiziente Unterstützung durch die IT. Kennzahlen wie Geschäftsabdeckung oder aber Kundenzufriedenheit werden für die Bewertung der Business-Unterstützung herangezogen. SLA-Erfüllung und IT-Kosten werden als Kriterien für die Überprüfung der Zuverlässigkeit und Kosteneffizienz der IT genutzt.

  Wesentliche Kennzahlen: Grad und Qualität der Business-Unterstützung von Geschäftsprozessen und fachlichen Funktionen, Kundenzufriedenheit, fachbereichsrelevante Kosten (pro Projekt, Umsetzung der Geschäftsanforderungen, Wartung und Betrieb der Informationssysteme, Infrastrukturkosten z. B. für Betrieb, PC- und Netzwerkinfrastruktur), zuverlässiger Geschäftsbetrieb über z. B. Geschäftskritikalität, SLA-Erfüllung und Risiko (Projekt, Geschäftsbetrieb, Compliance, Sicherheit) sowie Abhängigkeitsgrad, fachliche Ownerschaft, Standardisierungsgrad, Grad und Anzahl von Redundanzen und Inkonsistenzen, Automatisierungsgrad, Nutzungsgrad, Strategie- und Wertbeitrag

- **Sicht des CIO und von IT-Verantwortlichen:** IT-Verantwortliche benötigen Kennzahlen einerseits, um die Business-Unterstützung sowie die Kosten, den Status und die Zuverlässigkeit des operativen Geschäftsbetriebs im Griff zu haben. Andererseits sind Kennzahlen nötig, die die strategische und operative Steuerung der Weiterentwicklung entsprechend den IT-Zielen und den strategischen und operativen Planungen ermöglichen.

  Ein CIO braucht eine Gesamtsicht auf die IT. In einem darauf zugeschnittenen strategischen Steuerungsinstrumentarium können alle Steuerungsgrößen für die operative und strategische Steuerung der IT zusammengefasst werden. Es verschafft einen umfassenden Überblick über die Konformität zur Planung und den Status der Leistungserbringung sowie über die Einhaltung von Compliance- oder Sicherheitsanforderungen. Zur Visualisierung kann z. B. ein Cockpit verwendet werden (siehe Bild 5.105).

  Wesentliche Kennzahlen: Die IT-Verantwortlichen benötigen die Kennzahlen der anderen Sichten für die Sicherstellung des Business-Alignment und weitere Kennzahlen, um Trend-Analysen, Soll-Ist-Vergleiche und verlässliche Prognosen zu erstellen, Investitionen präzise zu planen und die IT proaktiv zu steuern. Die Basis hierfür bilden die in Tabelle 5.9 aufgeführten Kennzahlen für die strategische IT-Steuerung. Darüber hinaus sind gegebenenfalls weitere operative Kennzahlen notwendig. Siehe hierzu [Küt11].

  Im CIO-Cockpit in Bild 5.105 werden einerseits strategische Steuerungsgrößen wie z. B. die Business-Abdeckung und IS-Klassifikation verwendet. Andererseits werden sowohl operative Steuerungsgrößen – wie z. B. die IT-Performance, die Kostenübersicht, der Lieferanten- und Projektstatus – als auch die SLAs für die Betriebsstandorte überwacht. Mithilfe der „Lupe“ kann der CIO einzelne Bereiche genauer ansehen. So erhält er ein gutes Hilfsmittel für die IT-Steuerung und kann bei Veränderungen schnell reagieren. Voraussetzung ist aber, dass die richtigen Steuerungsgrößen identifiziert und bereitgestellt werden.

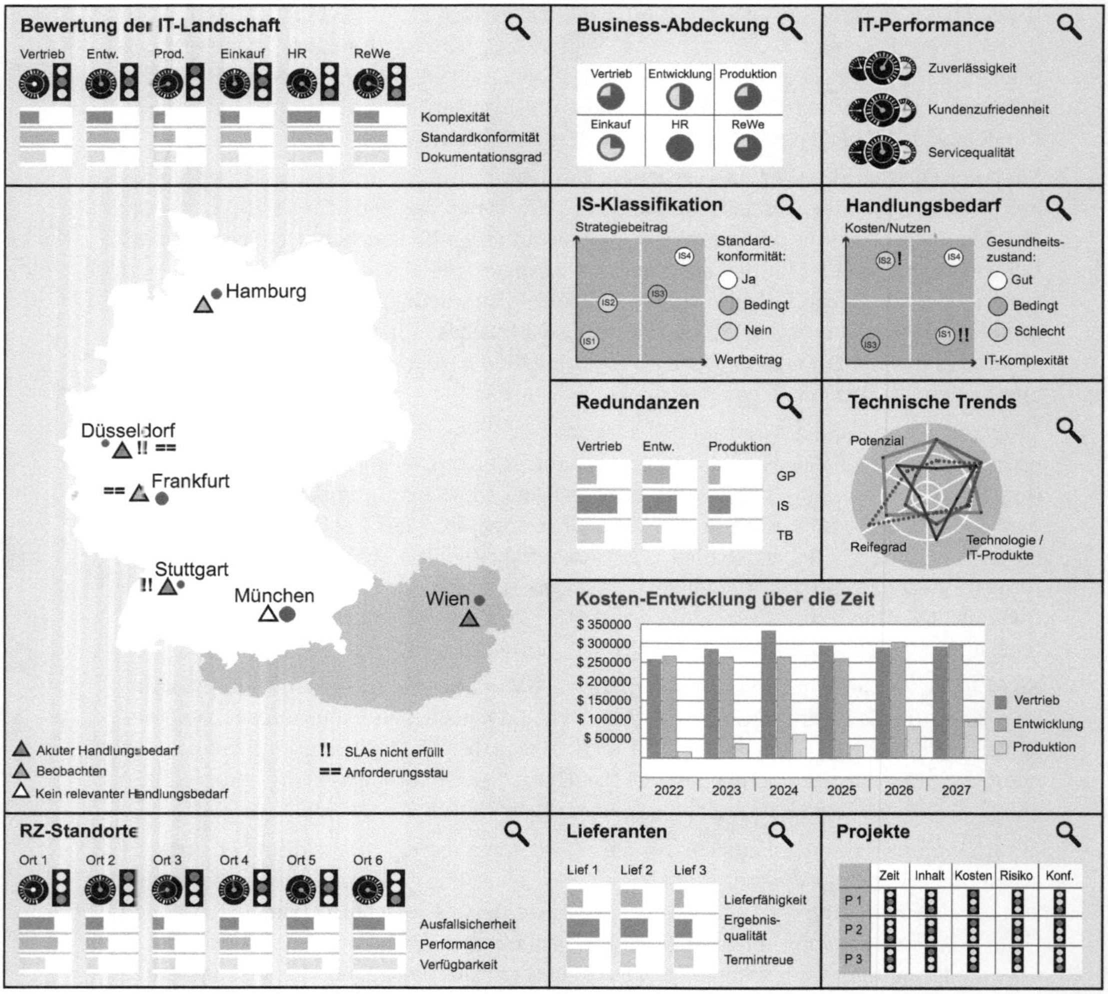

Bild 5.105 Beispiel eines CIO-Cockpits

Wie bereits ausgeführt, benötigt ein Fachbereichsverantwortlicher andere Informationen. Bild 5.106 verwendet ein fachliches Domänenmodell als Basis (siehe Abschnitt 2.4.1) und bezieht die Steuerungsinformationen wie SLA-Erfüllung und Grad der Business-Abdeckung auf die einzelnen fachlichen Anteile.

In Bild 5.107 finden Sie ein Beispiel für ein aktuelles Dashboard auf Basis von EAM-Informationen für Business- und IT-Verantwortliche mit unterschiedlichen Steuerungsbereichen:

- **Enabling Digitalisierung** mit dem Ziel durch die Steigerung des Reifegrads der Digitalisierung und Time-to-market, das Unternehmen voranzubringen

  Beispiel für eine KPI: Gewichteter Durchschnitt von Kundenzufriedenheit, interne Prozessqualität, Mitarbeiterzufriedenheit, finanzieller Leistungsindex oder/und Prozent der umgesetzten EA-Ideen – wie viele EA-Ideen wurden von MVPs oder Projekten genutzt

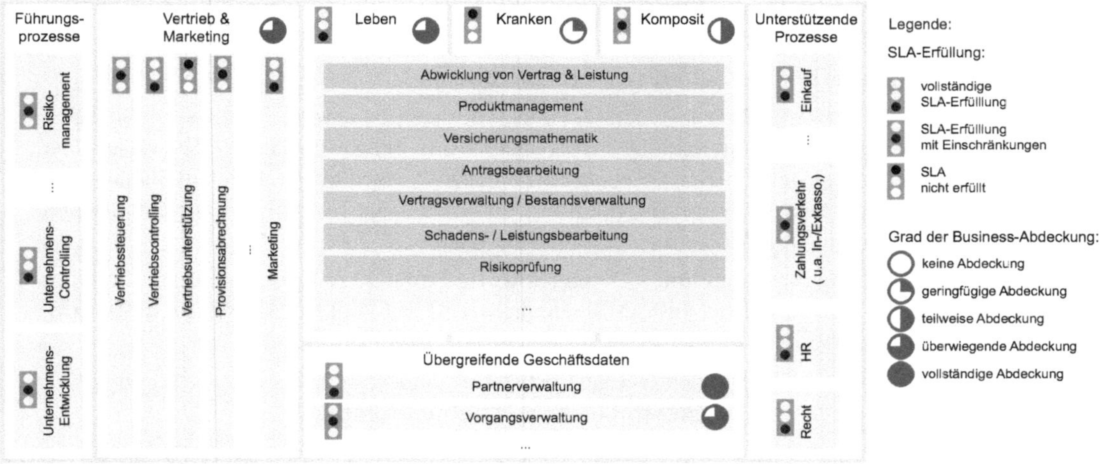

Bild 5.106 Beispiel Steuerungscockpit für einen Fachbereichsverantwortlichen

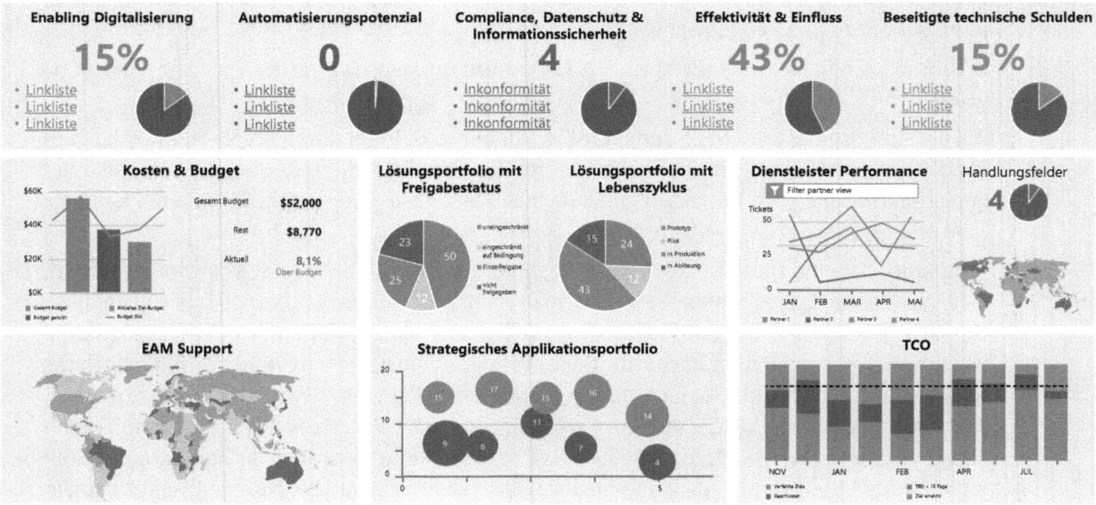

Bild 5.107 Beispiel EAM-Dashboard für Business- und IT-Verantwortliche

- **Automatisierungspotenzial** in Geschäftsprozessen, Automatisierung von Schnittstellen oder anderen Arten der Automatisierung, wie z. B. automatische Datenlieferung über die Entwicklungspipeline

  Beispiel für eine KPI: gewichteter Durchschnitt des Prozentsatzes der realisierten automatisierten Integrationen und des Prozentsatzes der automatisierten Arbeitsabläufe

- **Effektivität und Einfluss** von EAM (siehe Abschnitt 5.8)

  Beispiel für eine KPI: Prozentsatz der Initiativen mit Einbeziehung von EAM oder EAM-Ergebnistypen oder % der Business Capabilities gesteuert von Fachbereichen, Anzahl der vertikalen operationalisierten Produkte und Anzahl der bereitgestellten Datenprodukte %

des benutzerdefinierten Codes in Commodity Capabilities und Anzahl der Capabilities, die eine Plattform verwenden

- **Beseitigte technische Schulden** durch Initiativen

  Beispiel für eine KPI: Prozentsatz der Auswirkungen bekannter technischer Schulden (veraltete oder nicht unterstützte Technologien, Harmonisierungsbedarf, Schwachstellen und bekannter weiterer Handlungsbedarf) Berechnungsgrundlage: Anteil der behobenen technischen Mängel für technische Komponenten an der Gesamtzahl der technischen Komponenten mit bekannten technischen Mängeln

- Unterstützung von **Compliance, Datenschutz und Informationssicherheit** mit Hilfe von EAM-Daten mit einer hohen EAM-Datenqualität (u. a. GDPR, InfSec/KRITIS, OSS, IAM, CyberSecurity)

  Beispiel für eine KPI: Datenqualität (Aktualität, Vollständigkeit, Konsistenz) oder Ist-/Soll-Prozentsatz und Prozentsatz unklarer Verantwortlichkeiten

In der Unternehmensführung sind wieder andere Steuerungsgrößen von Belang. IT-Aspekte gehen hier zum Teil nur in konsolidierter Form ein. So könnten die Steuerungsinhalte aus Bild 5.107 über eine einzige KPI in eine Unternehmenssteuerungssicht einfließen. Hier könnte z. B. das gewichtete Mittel aus den Beispiel-KPIs verbunden mit Schwellwerten zu einer Ampel zusammengefasst werden.

Bild 5.108 zeigt hierfür ein Beispiel. Die IT-Performance aggregiert hier viele IT-Steuerungsgrößen.

Bei der Aufbereitung der Steuerungsgrößen können z. B. Indikatoren eingesetzt werden. Ein Indikator ist ein Signal, das zu einem bestimmten Berichtszeitpunkt eine Aussage über die geplante oder tatsächliche Ausprägung eines Steuerungsobjekts macht. Das Signal kann als Zahl oder grafisch dargestellt werden.

Eine Ampel ist eine spezifische Ausprägung für einen Indikator. Sie setzt Kennzahlenwerte in Farbsignale um. In der Praxis verwendet man häufig entweder zweifarbige (rot - grün) oder dreifarbige Ampeln (rot - gelb - grün). Um die Farbsignale zu erhalten, sind die Kennzahlenwerte entsprechend einem Raster in „Schubladen" zu clustern; z. B. hohes Risiko, mittleres Risiko oder niedriges Risiko. Jedes dieser Raster kann dann einer Farbe zugeordnet werden. Auf diese Weise lassen sich Aussagen schneller erfassen. Häufig werden hier auch Skalen verwendet, wie z. B. 0, 25, 50, 75 oder 100 %, wenn keine detaillierten Zahlen notwendig sind. So wird die prinzipielle Aussage auf einen Blick transparent. Neben Ampeln können auch Portfolios genutzt werden, wenn eine zweidimensionale Klassifikation der Steuerungsobjekte vorliegt, z. B. Strategie- und Wertbeitrag.

Für die Zusammenstellung und Aufbereitung von Kennzahlen wird häufig ein Tabellenkalkulationsprogramm mit Diagrammfunktionen verwendet. Darüber hinaus können auch OLAP-, BSC- oder Cockpit-Werkzeuge genutzt werden.

Durch die grafische Aufbereitung der Kennzahlen können Anwender Informationen rascher und besser aufnehmen und verarbeiten, weil Bilder aussagekräftiger als Texte und Zahlen sind. Beispiele für Visualisierungen (siehe [Mar00]): u. a. Geschäftsgrafiken wie z. B. Balken-, Säulen- oder Kurvendiagramme sowie Portfolios als Grafiken für multidimensionale Werte oder Bäume, Netze und Landkarten für Strukturdarstellungen.

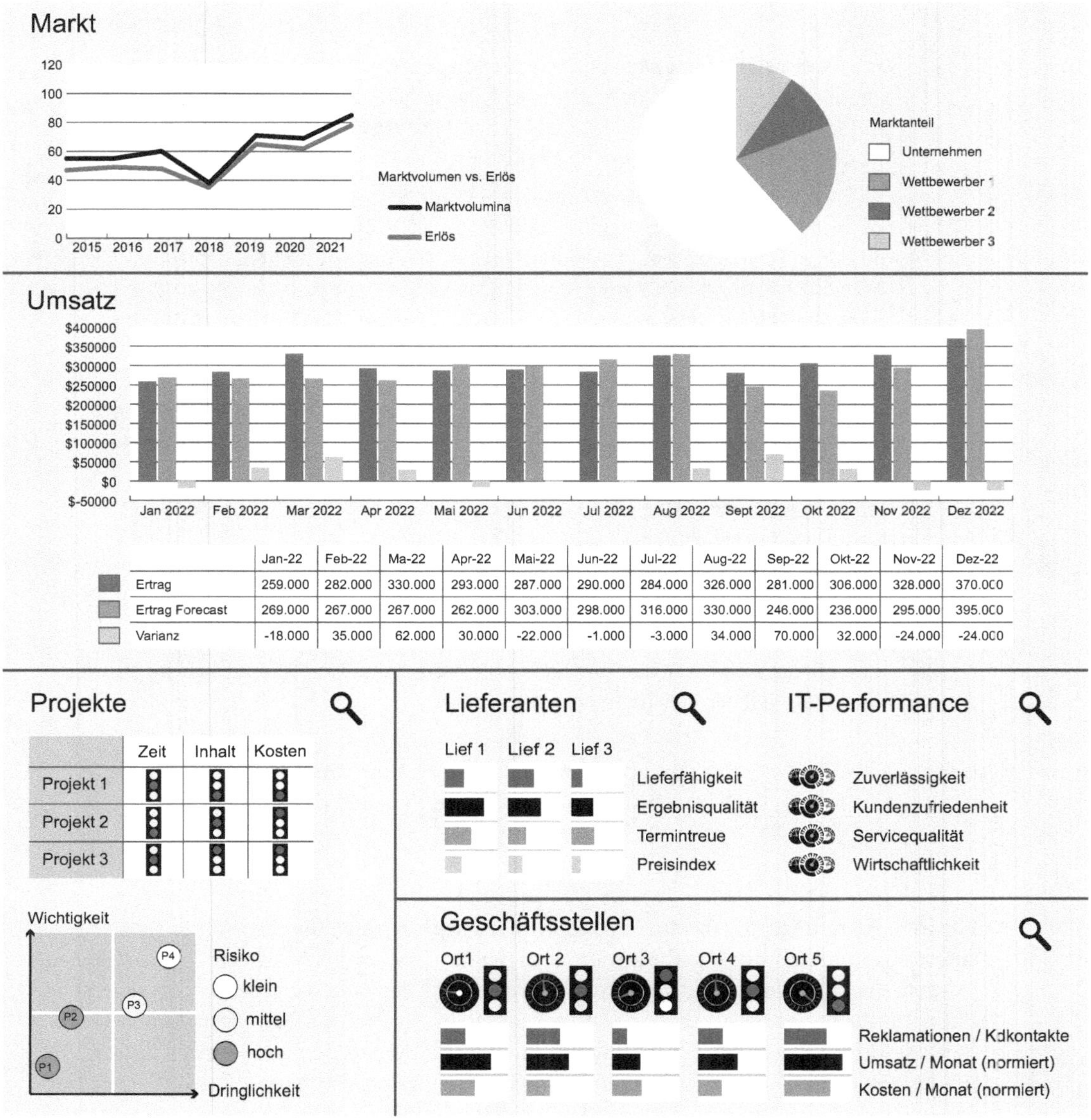

Bild 5.108 Beispiel Cockpit für die Unternehmensführung

Ziel der klassischen Geschäftsgrafik ist es, Zahlenwerte und deren Beziehungen untereinander darzustellen. Zur Abbildung struktureller Zusammenhänge zwischen Informationen finden vielfach Bäume (z. B. Organigramme, Entscheidungsbäume) Anwendung. Räumliche oder topologische Zusammenhänge werden durch Landkarten dargestellt, z. B. die räumliche Verteilung der Geschäftsstellen (siehe [Ahl06]).

Wichtig

Entscheidend für die Wirksamkeit des strategischen Steuerungsinstrumentariums sind die adäquate zielgruppengerechte Auswahl und Darstellung der Steuerungsgrößen. Wählen Sie passend zu den Steuerungsaufgaben der Entscheidergruppen aus der Liste der Kennzahlen die geeigneten aus (siehe Tabelle 5.9).

Pro Entscheidergruppe sollten Sie jeweils nur maximal fünf bis acht strategische Steuerungsgrößen definieren und mithilfe von EAM Steuerungsvisualisierungen, wie z. B. Torten-, Balken-, Linien- oder Spider-Diagramme, übersichtlich visualisieren. Cockpits sind hierfür gut geeignet. Das Wesentliche muss in einer kompakten aussagekräftigen und vor allen Dingen zielgruppenspezifischen Darstellung deutlich gemacht werden. So werden komplexe Zusammenhänge und Trends erkennbar. Grenzwertabhängige Alerts* z. B. in Form einer Ampeldarstellung, signalisieren sofortigen Handlungsbedarf. Die Entscheidergruppen haben damit einen umfassenden Überblick über ihren Steuerungsbereich. Entscheidungen werden mit einem Mehr an Sicherheit getroffen.

Hilfestellungen für die Ableitung Ihres Steuerungsinstrumentariums finden Sie in den folgenden Abschnitten.

* Alerts sind Schwellenwerte.

Nun schauen wir uns die Steuerungsaufgaben und die dafür benötigten Steuerungsgrößen der verschiedenen Stakeholder-Gruppen etwas näher an.

5.9.3.3 Steuerungsgrößen entsprechend der Steuerungsaufgaben

If you can't measure it, you can't manage it.

Peter Ferdinand Drucker

Für jede Steuerungsaufgabe sind dedizierte Steuerungsgrößen als Basis für fundierte Entscheidungen notwendig. Die Herausforderungen für CIOs, die in Abschnitt 2.2 beschrieben wurden, sind ein guter Ausgangspunkt für die Ableitung der Steuerungsgrößen. Entsprechend Ihren Herausforderungen und Steuerungsaufgaben müssen Sie Ihre Kennzahlen identifizieren. Hier können Ihnen Best-Practice-Kennzahlen helfen. In der folgenden Tabelle 5.9 finden Sie zu den Herausforderungen für CIOs repräsentative Steuerungsaufgaben und Steuerungsgrößen zusammengefasst. Die wichtigsten Steuerungsgrößen sind fett markiert. Diese Tabelle können Sie nutzen, um Vorschläge für adäquate Steuerungsgrößen abzuleiten und diese dann mit den Stakeholdern zu besprechen.

Als Steuerungsobjekte können Sie die angegebenen Bebauungselemente oder einen Ausschnitt der Bebauung mit diesen Elementen verwenden. Beispiele für solche Kennzahlen sind die Anzahl der Informationssysteme im Bebauungscluster „Vertrieb“ oder aber die IT-Kosten in der fachlichen Domäne Vertrieb pro User.

Tabelle 5.9 Repräsentative Steuerungsaufgaben und Steuerungsgrößen für die Bewältigung der Herausforderungen von CIOs

Heraus-forderung	Steuerungs-aufgabe	Steuerungsgrößen* und Steuerungsobjekte**
Operational Excellence		
IT/Geschäft im Griff	**Risiken angemessen managen** (Compliance, Sicherheit, Business Continuity)	Schutzbedarf (von Geschäftsprozessen oder fachlichen Funktionen oder Produkten) und Sicherheitslevel (von Elementen der IS-Architektur), Dokumentationsgrad, Geschäftskritikalität, SOX-Relevanz, Risiko, Grad der Compliance Steuerungsobjekte: fachliche und IT-Bebauungselemente SLA-Erfüllung (z. B. Ausfallsicherheit, Performance, Verfügbarkeit, Zuverlässigkeit, Kundenzufriedenheit und Service-Qualität zusammengefasst oder einzeln) Steuerungsobjekte: alle Elemente der IT-Architekturen; häufig Leistungen, Infrastruktur-Service und Informationssysteme sowie Basisbetrieb gesamthaft Fehlerquoten, Vorgangsbearbeitungszeit oder Auftragsdurchlaufzeit Steuerungsobjekte: Geschäftsprozesse oder fachliche Funktionen
	Kostenreduktion im Basisbetrieb	IT-Kosten sowie Soll-Ist-Vergleich und IT-Kostenentwicklung über die Zeit und Kostensatz-Benchmark in der Branche oder vergleichbaren Unternehmen Steuerungsobjekte: alle Elemente der IT-Architekturen; häufig Informationssysteme und Basisbetrieb gesamthaft Lieferantenbewertung: Lieferfähigkeit, Ergebnisqualität und Termintreue sowie Standardkonformität, Effizienz und Effektivität des Ressourceneinsatzes Steuerungsobjekte: Geschäftspartner
	Beherrschung und/oder Reduktion der Komplexität	Standardkonformität oder Standardisierungsgrad, Grad und Anzahl von Redundanzen und Inkonsistenzen, Grad und Anzahl von Elementen und Abhängigkeiten (Schnittstellen, technologische und Datenabhängigkeiten), IT-Komplexität, Anzahl Nutzer, Nutzungsgrad, technischer Gesundheitszustand, Integrationsfähigkeit, Erweiterbarkeit, Modularität, Prozentsatz unklarer Verantwortlichkeitszuordnungen Veränderung der Kennzahlen über die Zeit; insbesondere Anzahl, Standardisierungsgrad, IT-Komplexität und Kostenentwicklung über die Zeit Steuerungsobjekte: IT-Bebauungselemente und teilweise auch fachliche Bebauungselemente

Tabelle 5.9 Repräsentative Steuerungsaufgaben und Steuerungsgrößen für die Bewältigung der Herausforderungen von CIOs

Heraus-forderung	Steuerungs-aufgabe	Steuerungsgrößen* und Steuerungsobjekte**
Optimierung des Tagesgeschäfts und des Business-IT-Alignment		Effizienz und Effektivität des Demand Managements: Anzahl der Geschäftsanforderungen in unterschiedlichem Genehmigungsstatus, Anzahl „hängender" Anforderungen, Durchlaufzeit von Anforderungen bis zur Entscheidung, Indikator für die Budgeteinhaltung von Geschäftsanforderungen sowie die Entwicklung dieser Kennzahlen über die Zeit Steuerungsobjekte: Geschäftsanforderungen
		Projektstatus: Überblick über die Einhaltung von zeitlichen, inhaltlichen und Kostenvorgaben für alle Projekte sowie Risikoeinschätzung, Strategiekonformität, Standardkonformität, Bebauungsplanfit und Kosten/Nutzen-Abschätzungen Steuerungsobjekte: Projekte
		Grad und Qualität der IT-Unterstützung von Geschäftsprozessen oder Capabilities (Business-Abdeckung), Eigenleistungstiefe, Kerneigenleistungsfähigkeit und Leistungspotenzial Steuerungsobjekte: fachliche Domänen, Geschäftsprozesse, fachliche Funktionen, fachliche Zuordnung, Elemente der IS-Bebauung
		Grad und Qualität der Abdeckung von Geschäftsanforderungen Steuerungsobjekte: Geschäftsanforderungen sowie Zuordnung von Elementen zu Geschäftsanforderungen
		Business-Abdeckung, Risiko und Wertbeitrag sowie fachliche Ownerschaft, Kostenentwicklung über die Zeit Steuerungsobjekte: fachliche Domänen, Geschäftsprozesse, fachliche Funktionen, fachliche Zuordnung, Elemente der IS-Bebauung
		Prozesstransparenz, Prozesskomplexität und Prozessqualität Steuerungsobjekte: Geschäftsprozesse
		Automatisierungsgrad, Nutzungsgrad, Grad und Anzahl von Redundanzen und Inkonsistenzen, Standardisierungsgrad und -konformität Steuerungsobjekte: Elemente der fachlichen und IS-Bebauung

Tabelle 5.9 Repräsentative Steuerungsaufgaben und Steuerungsgrößen für die Bewältigung der Herausforderungen von CIOs

Heraus-forderung	Steuerungs-aufgabe	Steuerungsgrößen* und Steuerungsobjekte**
Strategic Excellence		
Strategische Ausrichtung	**Setzen von strategischen Ziel- und Rahmenvorgaben sowie Operationalisieren der strategischen Vorgaben**	Wettbewerbsdifferenzierung, Veränderungsdynamik, Budgeteinhaltung, Strategie- und Wertbeitrag, Kosten/Nutzen (sowie einzeln) und erforderliche Skills, Standardisierungsgrad oder -konformität, Strategiekonformität und Bebauungsplanfit Steuerungsobjekte: Elemente der fachlichen und IT-Bebauung
Weiter-entwicklung des Geschäfts	**Business-Agilitäts-Enabling**	Grad der Umsetzung der Serviceorientierung oder Komponentisierung und Bebauungsplanfit Steuerungsobjekte: Informationssysteme Integrationsgrad, Integrationsfähigkeit, Testautomatisierungsgrad, technischer Gesundheitszustand oder technische Qualität, Bebauungs- und Strategiekonformität, Bebauungsplanfit sowie Standardkonformität Steuerungsobjekte: Elemente der IT-Bebauungen Enabling Digitalisierung, Automatisierungspotenzial, Beseitigte technische Schulden sowie Compliance, Datenschutz und Informationssicherheit,
	Business-Innovation und -Transformation	Innovationsgrad oder Innovationsrate sowie Potenzial und Reifegrad von Technologien (IT-Innovationsmanagement), Zukunftsfähigkeit, technischer Gesundheitszustand oder technische Qualität Steuerungsobjekte: technische Bausteine und Elemente der IS-Bebauung sowie teilweise fachliche Bebauungselemente als fachlicher Ordnungsrahmen Für disruptive Innovationen könnten auch Steuerungsgrößen für z. B. Datenprodukte oder andere neuartige Produkte und Dienstleistungen doer andere fachliche Bebauungselemente hinzugefügt werden.

* Kennzahlen sind unternehmensspezifisch abzuleiten. Hilfestellungen finden Sie in [Küt07].
** Steuerungsobjekte sind jeweils Bebauungselemente verdichtet für einen Ausschnitt der Bebauung.

Wichtig

Viele der genannten Steuerungsgrößen sind sehr „fortgeschritten". Starten Sie zu Beginn mit einigen wenigen Kennzahlen, die pragmatisch ermittelt werden. In späteren Ausbaustufen können Sie die Kennzahlen verfeinern, wenn die Messgrößen vorhanden oder einfach zu beschaffen sind. Sie sollten dafür nicht erst eine neue Informationswelt aufbauen müssen. Die Informationen müssen aus bestehenden Systemen, wie z. B. Projektportfoliomanagement- oder Controlling-Systemen, extrahiert werden oder sich einfach mit geringem Aufwand über eine pragmatische Meinungsbildung ermitteln lassen.

Verfahren Sie getreu dem Motto von Lord Kelvin: „The degree to which you can express something in numbers is the degree to which you really understand it." ■

Für die für Sie relevanten Steuerungsaufgaben müssen Sie Kennzahlen festlegen. In einer ersten Ausbaustufe sollten Sie sich auf wenige aussagekräftige Kennzahlen aus den für Sie relevanten Dimensionen beschränken. Folgende Dimensionen haben sich bewährt:

- **Strategisches Alignment:** z. B. Strategiebeitrag, Standardkonformität oder Strategiekonformität von Informationssystemen oder Projekten (jeweils hoch, mittel oder niedrig)
- **Fachlicher Zustand:** z. B. Business-Abdeckung oder Risiko von Geschäftsprozessen oder fachlichen Funktionen (jeweils hoch, mittel oder niedrig)
- **Business-Alignment der IT:** z. B. Wertbeitrag oder Business-Abdeckung von Informationssystemen (jeweils hoch, mittel oder niedrig)
- **Technischer Zustand:** z. B. IT-Komplexität und technischer Gesundheitszustand von Informationssystemen, technischen Bausteinen oder Infrastrukturelementen (jeweils hoch, mittel oder niedrig)
- **Compliance und Sicherheit:** z. B. SOX-Relevanz sowie Schutzbedarfsklassifikation und Sicherheitslevel von Geschäftsprozessen bzw. Informationssystemen (jeweils hoch, mittel oder niedrig)
- **Relevanz:** z. B. Geschäftskritikalität von Informationssystemen und Geschäftsprozessen (jeweils hoch, mittel oder niedrig) sowie Anzahl Benutzer von Informationssystemen
- **IT-Performance des Basisbetriebs:** z. B. SLA-Erfüllung (hoch, mittel oder niedrig)
- **Projektstatus:** z. B. Kosten-, Termin-, inhaltlicher Status und Risiken aus dem Projektcontrolling von Projekten über Ampeln (grün, gelb, rot) sowie Bebauungsplanfit und Standardkonformität der Projekte (jeweils hoch, mittel oder niedrig)
- **Reife der Organisation:** z. B. erforderliche Skills der Geschäftseinheiten (vorhanden, teilweise, ungenügend)
- **Kosten:** z. B. IT-Kosten (insbesondere Betriebskosten) oder Entwicklung der IT-Kosten über die Zeit

Beschränken Sie sich dabei auf die für Sie relevanten Dimensionen entsprechend Ihrer Steuerungsaufgaben. Die meisten Steuerungsgrößen können Sie einfach über eine pragmatische Meinungsbildung im Rahmen von wenigen Workshops mit den Experten aus Business und IT ermitteln. Kostenkennzahlen der für das strategische IT-Management relevanten Steuerungsobjekte, wie z. B. Informationssysteme, sind deutlich schwieriger zu beschaffen. Hier gibt es zwei pragmatische Vorgehensweisen:

- grobes Abschätzen der Kosten von Informationssystemen durch die Applikationsverantwortlichen oder andere Experten in diesem Umfeld,
- Verteilung von Kosten der SLAs sowie Budgets für Projekte und Wartungsmaßnahmen, falls SLAs und Budgets den Informationssystemen **einfach zugeordnet** werden können.

Letztendlich müssen Sie mit dem Zahlenmaterial arbeiten, über das Sie verfügen, und daraus das Beste machen. So liegen z. B. die IT-Kosten für den Betrieb in Summe typischerweise als Information vor. Diese Information können Sie nutzen, um die Entwicklung der IT-Kosten über die Zeit aufzuzeigen. Analog können Sie über die zeitliche Veränderung der Anzahl der Informationssysteme pro Bebauungscluster auf einen Blick den Nutzen von EAM aufzeigen.

Neben strategischen Klassifikationen werden häufig auch operative Aspekte betrachtet, die im Rahmen einer EAM-Bestandsaufnahme mit erfasst werden. Beispiele hierfür sind der SLA-Erfüllungsgrad und das Lizenzmodell. Auch anhand dieser Attribute können die Funktionserfüllung eingeschätzt und Optimierungspotenziale abgeleitet werden.

Wichtig

Beschränken Sie sich auf die wesentlichen Kennzahlen. Aus Gründen der Übersichtlichkeit, Verständlichkeit, Nachvollziehbarkeit und Ermittelbarkeit sollten Sie nicht mehr als 20 Kennzahlen auswählen.

Für alle Kennzahlen müssen die Inhalte und die Ermittlung klar definiert werden (siehe [Han10] und [Küt11]). So kann man unter dem Begriff „IT-Kosten" sowohl IT-Kosten für den Basisbetrieb als auch für Projekte, pro User oder pro Transaktion und pro Jahr oder pro Monat verstehen.

Initiieren Sie Maßnahmen, wenn Sie noch kein ausreichendes Zahlenmaterial haben, um eine feingranulare Kostensteuerung in der Zukunft zu ermöglichen. Bauen Sie Ihr strategisches und operatives IT-Controlling entsprechend Ihren Bedürfnissen aus. Über diesen Weg können Sie mittelfristig bei einem höheren Reifegrad auch „exakte" Kennzahlen bestimmen. Siehe hierzu [Küt11].

Die Kennzahlen für die aktive Steuerung der Weiterentwicklung der Geschäftsarchitektur und der IT-Landschaft können genutzt werden, um den Nutzen von EAM aufzuzeigen. Der Nutzen wird offensichtlich, wenn z. B. die IT-Kosten über die Zeit sinken oder die Business-Abdeckung erhöht oder die Anzahl von Informationssystemen durch Abschaltung reduziert wird. Für die Weiterentwicklung der EAM-Methode und -Werkzeugunterstützung können auch Kennzahlen definiert werden. Beispiele hierfür sind die Vollständigkeit, Verständlichkeit, Nutzbarkeit, Wartbarkeit, Wirksamkeit, Kosten/Nutzen, Effizienz, Effektivität und Erweiterbarkeit.

Mehr zu Kennzahlen und Kennzahlenermittlung finden Sie in [Küt06], [Küt07], [KüM07] und [Küt11].

Was sind Kennzahlen überhaupt?

Eine Kennzahl ist eine Zahl, die zu einem bestimmten Berichtszeitpunkt eine Aussage über die geplante oder tatsächliche Ausprägung eines Merkmals eines Steuerungsobjekts macht. Die Merkmale können sich sowohl auf Zeitpunkte als auch auf Zeiträume beziehen. Eine Kennzahl nimmt unterschiedliche Werte an (siehe [Küt07]). Auf Basis einer Vorschrift zur quantitativen, reproduzierbaren und objektiven Messung einer Größe wird der Kennzahlenwert zu einem bestimmten Stichtag bestimmt. Man unterscheidet folgende Typen von Kennzahlen:

- **Qualitative und quantitative Kennzahlen:** Quantitative Kennzahlen sind messbar wie z. B. die Verfügbarkeit eines Rechners. Qualitative Kennzahlen wie z. B. Kundenzufriedenheit, Strategiebeitrag oder Code-Qualität müssen quantifiziert werden. Messbare Werte können empirisch oder aber durch z. B. Anwendung von gegebenenfalls mehrstufigen Bewertungsschemas mit Hilfsgrößen ermittelt werden. Die Einzelbewertungen können z. B. Befragungen ermitteln.

  In Tabelle 5.10 wird ein schematisches Beispiel für die Ermittlung des Strategiebeitrags abgebildet. Für jedes Projekt oder Informationssystem muss (z. B. durch Befragung) quantifiziert werden, welchen Beitrag es zu den verschiedenen Business-Treibern leistet. Über das gewichtete Mittel lässt sich daraus der Gesamtstrategiebeitrag für jedes Projekt oder Informationssystem ermitteln.

  Bild 5.109 zeigt ein schematisches Beispiel für das Merkmal „Strategiekonformität". Jeder Projektvorschlag wird in Bezug auf die Steuerungsobjekte Informationssysteme, Lieferanten und technische Bausteine entsprechend einem Bewertungsschema jeweils einzeln bewertet. Über ein gewichtetes Mittel wird auf dieser Basis die Gesamtstrategiekonformität ermittelt.

Tabelle 5.10 Quantifizierung eines qualitativen Merkmals

	Gewichtung	Objekt I	Objekt II	Objekt III	Objekt IV	Summe
Business-Treiber A						
Business-Treiber B						
Business-Treiber C						
Summe						

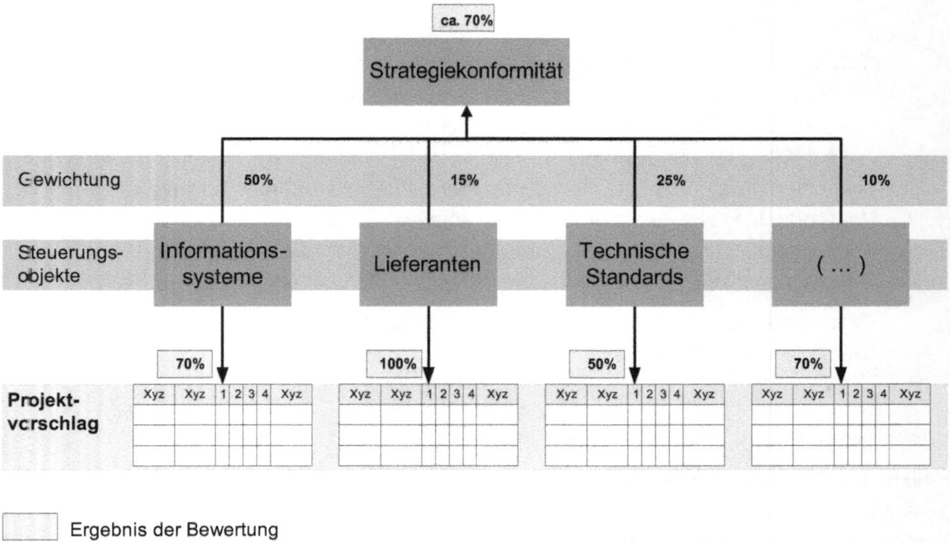

Bild 5.109 Quantifizierung eines qualitativen Merkmals (mehrstufiges Bewertungsschema)

- **Absolute Zahlen bzw. Verhältniszahlen:** Eine Kennzahl kann entweder eine absolute Zahl oder aber eine Zahl sein, die im Verhältnis zu anderen Informationen steht.

  Absolute Kennzahlen bilden Sachverhalte ohne Abhängigkeit von einer anderen Kennzahl ab, z. B. Investitionssumme, Projektlaufzeit, Summe der IT-Kosten, die Anzahl der IT-Mitarbeiter oder aber die Einführungskosten eines Projekts.

  Verhältniskennzahlen nutzen weitere Hilfsgrößen oder stehen in Abhängigkeit zu anderen Kennzahlen. Beispiele hierfür sind der Innovations- oder Fertigstellungsgrad.

  Zu den Verhältniskennzahlen zählen:

  - **Verlaufskennzahlen:** Verlaufskennzahlen, auch Indexkennzahlen genannt, geben Auskunft über den zeitlichen Verlauf von z. B. der Entwicklung des IT-Budgets oder der Anzahl der Nutzer eines Informationssystems. Hierüber können auch historische Betrachtungen angestellt werden.
  - **Beziehungskennzahlen:** Beziehungskennzahlen stehen in Beziehung zu anderen Kennzahlen, z. B. die IT-Kosten, bezogen auf den Umsatz, oder aber die Kosten, bezogen auf den Nutzen.
  - **Anteilskennzahlen:** Anteilskennzahlen setzen Teilmengen in Bezug zur Gesamtmenge oder anderen Teilmengen. Beispiele sind u. a. der Anteil der Infrastrukturkosten an den Gesamt-IT-Kosten oder der Anteil der IT-Kosten an den Gesamtkosten.
- **Benchmark-Kennzahlen:** Benchmark-Kennzahlen benötigen Vergleichskennzahlen aus der Branche oder aus anderen Unternehmensbereichen. In einem internen oder externen Vergleich werden die Kennzahlen des Unternehmens den Vergleichskennzahlen gegenübergestellt. Ein Beispiel hierfür sind IT-Kosten pro Arbeitsplatz im internationalen Branchenvergleich. Um die notwendige Vergleichbarkeit zu erzielen, bedarf es einer einheitlichen Grundlage. Ein Ansatzpunkt hierfür können Standards wie z. B. CobiT oder ITIL bilden.

Wichtig

Benchmark-Kennzahlen sind nur dann aussagekräftig, wenn die Inhalte und der logische Kontext dem der Vergleichskennzahlen entsprechen. Die Aussagekraft und der Kontext einer Benchmark-Kennzahl sind vor der Anwendung zu prüfen. So vermeidet man, dass „Äpfel" mit „Birnen" verglichen werden.

Kennzahlen schaffen einerseits Transparenz, andererseits werden sie zur Kontrolle der Zielerreichung eingesetzt.

Vorgehen bei der Auswahl der Kennzahlen

Die Auswahl der „richtigen" Kennzahlen ist eine der größten Herausforderungen bei der Einführung eines EAM-Steuerungsinstrumentariums. Aus der Fülle von potenziellen Kennzahlen für die IT – es können mehr als 100 Kennzahlen sein – müssen Sie aus Gründen der Übersichtlichkeit, Verständlichkeit, Nachvollziehbarkeit und Ermittelbarkeit die geeigneten auswählen. Es sollten nicht mehr als 20 Kennzahlen werden.

Folgendes Vorgehen zur Reduktion der Kennzahlen hat sich in der Praxis bewährt:

1. Ermittlung der „Long List“ aller potenziell relevanten Kennzahlen durch Bestimmung der möglichen Kennzahlen für die Steuerungsaufgabe.
2. Kritische Prüfung unter enger Einbeziehung der Stakeholder, welche Kennzahlen steuerungsrelevant sind. Erfahrungsgemäß kann auf diesem Wege die „Long List“ um mehr als ein Viertel reduziert werden.
3. Überprüfung der Kennzahlen im Hinblick auf Ausgewogenheit, Redundanzarmut, Orthogonalität und auf Abdeckung der Geschäftsanforderungen und IT-Ziele. Hierbei wird darauf geachtet, dass für die verschiedenen Steuerungsziele nur wenige (idealerweise eine) aussagekräftige Kennzahlen verbleiben. Ein weiteres, wenn nicht das wichtigste Kriterium sind darüber hinaus die Zielsetzungen der Entscheidergruppen, die vorab sehr sorgfältig analysiert werden müssen.
4. Überprüfung der Kennzahlen im Hinblick auf ihre Ermittelbarkeit. Es müssen also z. B. folgende Fragen geklärt werden: Liegen die zugrunde liegenden Messgrößen und Informationen in hinreichender Aktualität und Qualität vor? Oder müssen neue Informationen beschafft werden? Wenn ja, kann dies über eine pragmatische Meinungsbildung durch Business- und IT-Verantwortliche in der geforderten Aktualität und Qualität erfolgen oder müssen die Informationen aus bestehenden Systemen extrahiert oder dort sogar erst eingepflegt werden? Letztendlich geht es also darum, den Aufwand für die Datenbereitstellung abzuschätzen und dem Nutzen gegenüberzustellen.
5. Präzise Beschreibung der Kennzahlen unter Nutzung einer standardisierten Vorlage (siehe Tabelle 5.11)

Aufgrund der fehlenden Validität oder der Verfügbarkeit vieler Daten bzw. der zugrunde liegenden Reports ist eine eingehende Prüfung bereits während der Konzeptionsphase notwendig.

Mit Hilfe einer präzisen Beschreibung kann sichergestellt werden, dass sich alle Anforderungen wirklich umsetzen lassen. Spätestens jetzt fällt auf, dass bestimmte Ideen nicht realisierbar sind. Auf diesem Wege fallen häufig viele Kennzahlenkandidaten heraus. Im Rahmen der Planung wird für eine Kennzahl ein Zielwert vorgegeben, z. B. Kostenreduktion um 30 %. Gegebenenfalls wird ein Schwellenwert festgelegt, der angibt, wann ein Eingreifen erforderlich ist.

Die zentralen Messgrößen für operative IT-Kennzahlen kommen im Wesentlichen aus dem IT-Betrieb (z. B. Event-Monitoring im Systemmanagement), der Kostenrechnung und dem Projekt- und Projektportfoliocontrolling sowie der internen Leistungskontierung. Die strategischen Messgrößen kommen im Wesentlichen aus qualitativen Bewertungen durch die Fachbereiche, die Unternehmensführung sowie durch die IT-Verantwortlichen. Alle benötigten Informationen (ex post/ex ante) müssen ad hoc abrufbar und analysierbar sein. Dies kann nur durch die Integration von Informationen aus bestehenden Systemen wie z. B. internen Leistungsverrechnungs-, Frühwarn-, Risikomanagement-, strategischen und operativen Planungs-, Performance-, Monitoring- und Betriebsüberwachungssystemen erfolgen.

Neue Kennzahlen, die z. B. noch nicht im Rahmen des vorhandenen Reportings erhoben werden, sind häufig nur mit großem Aufwand oder unzureichender Qualität und Frequenz verfügbar. Häufig ist eine Anpassung von Reporting-Systemen oder sogar OLTP-Systemen erforderlich. Daher ist die Auswahl der wirklich relevanten Kennzahlen insbesondere im Hinblick auf deren fortlaufende Beschaffung von besonderer Bedeutung.

Tabelle 5.11 Template für die Beschreibung einer Kennzahl

ID: <Eindeutige ID>	Name: <Verbale Bezeichnung> Steuerungsobjekte
Definition	Kurze Beschreibung (zugrunde liegende Zielsetzung und Kontext, z. B. zugrunde liegende Strategie)
Kennzahlentyp	Angabe des Kennzahlentyps, z. B. qualitativ/quantitativ; absolut/Verhältnis und der Maßeinheit, z. B. Stück oder %
Zielvorgabe	Zielwerte bzw. bei Benchmark-Kennzahlen die externen Vergleichswerte
Grenz-/Toleranzwerte	Die Zielvorgaben werden häufig nicht genau getroffen. Durch die Grenz- und Toleranzwerte werden die tolerierten Abweichungen definiert.
Darstellung	Form und Umfang der grafischen oder zahlenmäßigen Darstellung, z. B. als Ampel-Chart, in dem die Ergebniswerte gerastert werden.
Datenquellenqualität und -aktualität sowie -periodizität	Aus welchen Quellen stammen die Rohdaten? Aus welchen vorhandenen Berichtssystemen oder aber von welchen Datenbeständen können die Daten extrahiert werden? Dokumentation der Datenverfügbarkeit, -qualität und -aktualität (z. B. online, täglich, wöchentlich oder monatlich) Angabe des erwarteten Aufwands zur Ermittlung der Kennzahlen
Berechnungsweg	Angabe des Berechnungswegs durch z. B. Formeln oder Bewertungsschemas
Gültigkeit	Gültigkeitszeitraum der Kennzahl
Adressaten	An wen wird die ermittelte Kennzahl berichtet?
Archivierung	Angabe der Archivierungspflichten und deren Begründung Gesetzliche Anforderungen oder Anforderungen aus der Revision oder aber Zeitreihenanalysen sind mögliche Begründungen.
Verantwortlicher	Wer ist für die Zielerreichung verantwortlich?

Für alle Kennzahlen ist die Frequenz anzugeben, mit der sie bereitgestellt werden müssen. Wenn die Kennzahlen über eine pragmatische Meinungsbildung ermittelt werden, muss ihre Aktualisierung über einen Prozess und ein Anreizsystem verankert werden. So kann z. B. die Bestimmung der strategischen Klassifikation von Informationssystemen von den verantwortlichen Bebauungsplanern im Rahmen der strategischen IT-Planung durchgeführt werden. Über Zielvereinbarungen lässt sich z. B. ein Anreiz schaffen, die Kennzahlen anforderungsgerecht zu aktualisieren. Über geeignete Qualitätssicherungsmaßnahmen müssen darüber hinaus die Qualität und Konsistenz der Kennzahlen regelmäßig überprüft werden.

Die Zusammenfassung von Einzelkennzahlen zu Steuerungsgrößen und den Steuerungssichten ist notwendig, weil einzelne Kennzahlen häufig lediglich Zustände von Teilen bewerten und wenig über Gesamtzusammenhänge und übergreifende Phänomene aussagen. Im Gegenteil: Einzelkennzahlen sind häufig mehrdeutig und daher nur eingeschränkt aussagekräftig. So ist z. B. die isolierte Betrachtung der Kennzahl „IT-Kosten/Umsatz“ alleine kaum sinnvoll.

Branchenabhängig, z. B. in Abhängigkeit vom Grad der Business-Unterstützung oder aber abhängig vom Innovationsgrad, kann in einer Gesamtbetrachtung ein konkretes Bild entstehen (siehe hierzu [Küt06], [Küt07] und [KüM07]).

Ziel ist es, die Kennzahlen zu Steuerungsgrößen in Steuerungssichten zusammenzufassen, Mehrdeutigkeiten auszuschließen und mögliche Abhängigkeiten zu berücksichtigen.

Das Wesentliche zu Kennzahlen

- Beschränken Sie sich auf das Wesentliche.
  Aus Gründen der Übersichtlichkeit, Verständlichkeit, Nachvollziehbarkeit und Ermittelbarkeit sollten Sie nicht mehr als 20 Kennzahlen auswählen.
- Dokumentieren Sie jede Kennzahl entsprechend einem einheitlichen Schema und benennen Sie klar die Aussage und Bedeutung im Kontext der strategischen und operativen IT-Steuerung.
- Die erforderlichen Kennzahlen müssen adäquat für die jeweiligen Fragestellungen, inhaltlich richtig, aussagekräftig, einfach ermittelbar und überprüfbar sowie hinreichend aktuell sein.
- Getreu der Aussage „Ich kann nur steuern, was ich intelligent messe", müssen die Messgrößen vorhanden oder einfach zu beschaffen sein. Sie sollten dafür nicht erst eine neue Informationswelt aufbauen müssen. Die Informationen müssen aus bestehenden Systemen extrahiert werden oder sich einfach über eine pragmatische Meinungsbildung ermitteln lassen.
- Fassen Sie Kennzahlen über ein Kennzahlensystem zu Steuerungsgrößen zusammen. So kann z. B. der Grad des Business Alignment über eine Kombination aus dem Grad und der Qualität der Geschäftsprozessunterstützung und dem Nutzungsgrad ermittelt werden (siehe [Küt06]).

5.9.3.4 Einführung eines Steuerungsinstrumentariums

Nach der Festlegung eines Steuerungsinstrumentariums muss dieses operationalisiert und dann pilotiert werden. Wesentlich hierfür ist die Unterfütterung der Kennzahlen mit Messgrößen. Nur so können Sie Steuerungsinformationen in der geforderten Aktualität und Qualität bereitstellen. Kennzahlensysteme und Cockpits sind aufzubauen. Hierfür müssen gegebenenfalls vorhandene Reporting- oder OLTP-Systeme angepasst und die Messgrößen in das Kennzahlensystem integriert werden.

Wichtig

Wählen Sie pragmatische Methoden statt filigraner Rechenmodelle!
Beschränken Sie sich auf die wesentlichen und ermittelbaren Kennzahlen und Steuerungsgrößen!

Darüber hinaus sind eine Vielzahl von organisatorischen Maßnahmen zu treffen, um die zuverlässige Sammlung der Messwerte zu ermöglichen und darauf basierend ein regelmäßiges Reporting zu gewährleisten. Ein hoher Aufwand besteht in der kontinuierlichen Überwachung und Nachsteuerung im Hinblick auf eine ausreichende Datenqualität der Kennzahlen.

Definieren Sie Standardreports oder andere automatisierte Verfahren und fordern Sie konsequent ein, dass sie verfügbar gehalten werden. So können Sie sicherstellen, dass die erforderlichen Informationen zur Steuerung des Unternehmens und der Prozesse zeitgerecht zur Verfügung stehen. Alle neuen Steuerungsgrößen müssen unmittelbar mit einem Anreizsystem verknüpft sein, um sicherzustellen, dass sie in hoher Qualität erhoben werden.

Am Ende der Pilotphase muss das Steuerungsinstrumentarium einer geplanten Revision unterzogen werden. Ziel muss es sein, die ursprünglichen Kennzahlen, wenn möglich, zu reduzieren. Prüfen Sie,

- ob sich die Kennzahlen als so aussagekräftig erweisen wie zunächst angenommen;
- ob es weiterer oder anderer Kennzahlen zur Steuerung bedarf;
- ob die Qualität der Messwerte zufriedenstellend ist;
- ob die Kennzahlen auch bei organisatorischen Veränderungen stabil bleiben.

Darüber hinaus sei auf weiterführende Literatur verwiesen (siehe [Küt11] und [KüM07]).

Wichtig

Die Steuerungsinstrumentarien für die verschiedenen Stakeholder-Gruppen sind ihrer Zielsetzung und ihrem Fokus entsprechend zu gestalten. Das Steuerungsinstrumentarium sollte in einem überschaubaren Zeithorizont von maximal einem Jahr sowohl entwickelt und abgestimmt als auch eingeführt werden. Nur so können Sie das Management davon überzeugen und die Wirkung verpufft nicht sofort.

Die Steuerungsinstrumentarien müssen im praktischen Einsatz erprobt werden. Nach der initialen Festlegung muss das Feedback der jeweiligen Stakeholder-Gruppe eingeholt und das Steuerungsinstrumentarium darüber iterativ weiterentwickelt werden. ■

5.9.4 EAM-Prozesse

Das Enterprise Architecture Management umfasst alle Prozesse zur Erbringung von Informations-Services, zur Pflege, Bebauungsplanung, Steuerung der Weiterentwicklung der IT-Landschaft und Geschäftsarchitektur sowie der EAM-Methode und -Werkzeugunterstützung (siehe Bild 5.110). Diese Prozesse müssen möglichst schlank im Hinblick auf ein gutes Kosten-Nutzen-Verhältnis gestaltet werden.

Folgende Prozesse werden unterschieden:

- **Pflege der EAM-Datenbasis** *(Ist, Soll und Plan):* Die Geschäftsarchitektur und die IT-Landschaft werden initial entsprechend unternehmensspezifisch festzulegenden Modellierungsrichtlinien erhoben und bei Veränderungen aktualisiert. Dies schließt insbesondere auch eine Qualitätssicherung der Bebauungen mit ein (siehe Abschnitt 5.9.4.1).
- **Erbringung von Informations-Services:** Die Unternehmensarchitekten erbringen Unterstützungsleistungen für die verschiedenen Stakeholder-Gruppen, indem sie z. B. über die Analyse der Bebauungen Fragestellungen der verschiedenen Stakeholder beantworten (siehe Abschnitt 5.2) oder aber Input für Entscheidungen oder die Planung liefern. Dies kann z. B. Teil einer Projektunterstützung sein (siehe Abschnitt 6.2.6).

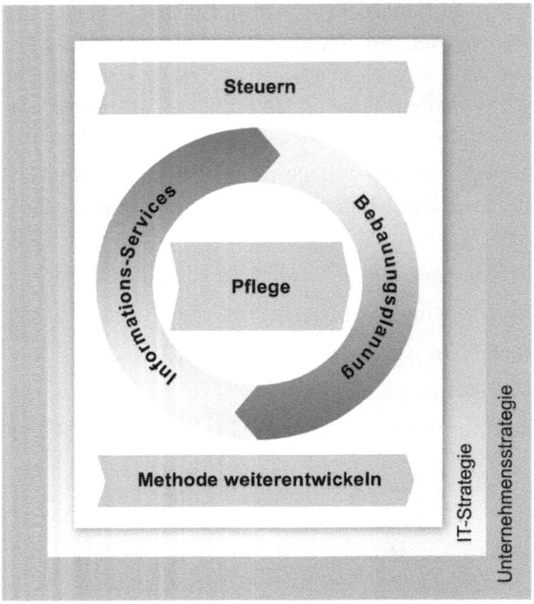

Bild 5.110
EAM-Prozesse

- **Gestaltung (Bebauungsplanung):** Der Ziel-Zustand und dessen Umsetzungsplanung (Roadmap) werden entsprechend den Geschäftsanforderungen, der Unternehmens- und IT-Strategie und den internen und externen Randbedingungen im Rahmen der fachlichen (siehe [Han14]), der IS-Bebauungsplanung (siehe Abschnitt 5.4) und der technischen Standardisierung (siehe Abschnitt 5.6) gestaltet.
- **Steuerung der Weiterentwicklung der IT-Landschaft:** Die zukünftige Geschäftsarchitektur und IT-Landschaft werden für Projekte und Wartungsmaßnahmen als Rahmenvorgabe gesetzt und der Status der Umsetzung wird transparent gemacht. Die Umsetzung wird über eine enge Integration in die Planungs-, Entscheidungs- und IT-Prozesse forciert (siehe Abschnitt 5.9.5). So werden die Business-Planung und insbesondere die businessorientierte strategische IT-Steuerung wirksam unterstützt.
- **Weiterentwicklung der EAM-Methode und -Werkzeugunterstützung:** Die unternehmensspezifische Unternehmensarchitektur zusammen mit den Visualisierungen zur Beantwortung der Fragestellungen der Stakeholder sowie die EA-Governance werden kontinuierlich entsprechend des Feedbacks in Ausbaustufen weiterentwickelt. Siehe hierzu Abschnitt 5.9.4.2.

Beim Einstieg ins Enterprise Architecture Management wird im Allgemeinen mit dem Pflegeprozess begonnen. Erst nach dessen Etablierung steht eine hinreichend vollständige, aktuelle, qualitativ hochwertige Datenbasis mit der richtigen Granularität zur Verfügung. Diese ist für das Aufsetzen der Bebauungsplanung, die Erbringung von Informations-Services sowie die Steuerung der Weiterentwicklung der Geschäftsarchitektur und der IT-Landschaft Voraussetzung.

Sehen wir uns nun die noch nicht weiter beschriebenen EAM-Prozesse genauer an. Die Weiterentwicklung der EAM-Methode und der -Werkzeugunterstützung wird in Abschnitt 5.9.4.2 ausgeführt.

5.9.4.1 Pflege der EAM-Datenbasis

Die Pflege der Geschäftsarchitektur und der IT-Landschaft in ihrem Zusammenspiel schafft die Grundlage für die Beantwortung der Fragestellungen der unterschiedlichen Stakeholder (siehe Abschnitt 5.1) sowie der zielgerichteten Steuerung der Weiterentwicklung der Geschäftsarchitektur und der IT-Landschaft. Die Pflege beinhaltet insbesondere die Dokumentation und die Qualitätssicherung der EAM-Daten.

> **Wichtig**
>
> Die Dokumentation muss sich an Ihren Fragestellungen und an den für die Beantwortung erforderlichen und zugleich beschaffbaren Informationen ausrichten.
>
> Im Download-Anhang D finden Sie Hilfestellungen für die Ermittlung Ihrer Fragestellungen.

Lebenszyklus der Dokumentation

Die Dokumentation sowie die Elemente der Bebauungen sind einem Lebenszyklus unterworfen:

- Die Dokumentation muss initial erstellt werden. Dies erfolgt im Rahmen einer Bestandsaufnahme. Hierfür kann häufig auf vorhandene Datensammlungen zurückgegriffen werden. Dies können z. B. Bestandsaufnahmen im Kontext von Projekten, Ergebnisse von Geschäftsprozessanalysen, Prozessdokumentationen, Einkaufslisten, das DL- und Produktportfolio sowie die Listen aus dem Servicemanagement (CMDB) sein. Häufig sind diese Datensammlungen jedoch veraltet, in unterschiedlicher Granularität und Qualität sowie nicht vollständig vorhanden.

> **Wichtig**
>
> Überprüfen Sie die Vollständigkeit, Aktualität, Granularität und Qualität vorhandener Datensammlungen, bevor Sie diese in die Bebauungsdatenbasis übernehmen.

- Die Veränderungen in der IT-Landschaft müssen in der Bebauungsdatenbasis und den grafischen Visualisierungen hinreichend zeitnah entsprechend der Modellierungsrichtlinien (siehe Abschnitt 5.9.2.2) nachgezogen werden.

> **Wichtig**
>
> Stellen Sie über eine Qualitätssicherung sicher, dass die Modellierungsrichtlinien eingehalten werden. Nur so erhalten Sie eine systematische, einheitliche und qualitativ hochwertige Bebauungsdatenbasis.

- Nicht mehr aktuelle Aspekte der Dokumentation müssen aus dieser entfernt und gegebenenfalls archiviert werden.

Die initiale Dokumentation der IT-Landschaft lässt sich nach der Konzeption des Enterprise Architecture Managements in relativ kurzer Zeit (im Allgemeinen wenige Monate) durchführen.

Die kontinuierliche Pflege inklusive Aufräumen erfordert jedoch eine intensive Abstimmung mit vielen Stakeholdern und die Verankerung in der Organisation (siehe Abschnitt 5.9.5). Um sicherzustellen, dass die Dokumentation kontinuierlich in hinreichender Vollständigkeit, Qualität, Aktualität und mit angemessener Granularität gepflegt wird, müssen Sie ein Pflegekonzept (siehe Abschnitt 5.9.2.1) erstellen.

Über die Qualitätssicherung der Bebauungen stellen Sie sicher, dass Letztere und deren Beziehungen untereinander sowie zum Unternehmenskontext (Projekte, Ziele, Leistungen und Geschäftsanforderungen) hinreichend vollständig, aktuell, in einer hohen Qualität und in der richtigen Granularität vorliegen (siehe Abschnitt 5.9.2.1).

5.9.4.2 Steuerung der Weiterentwicklung der IT-Landschaft

Die IT-Landschaft muss in Richtung des Ziel-Zustands Schritt für Schritt weiterentwickelt werden (gesteuerte Evolution). Der Soll-Zustand und die IT-Roadmap müssen verbindlich für Projekte, Wartungsmaßnahmen und den Betrieb vorgegeben und der Status sowie der Fortschritt der Umsetzung müssen transparent gemacht werden. Durch eine enge Integration in die Planungs-, Durchführungs- und Entscheidungsprozesse (siehe Abschnitt 5.9.5) wird die Umsetzung forciert. Abhängig vom Einfluss der Unternehmensarchitekten bzw. der EAM-Sponsoren im IT-Management wird entweder nur Input für die Steuerung der Weiterentwicklung gegeben oder diese aktiv gesteuert.

Der Status und Fortschritt der Umsetzung werden über einen Plan-Ist-Abgleich und über geeignete Steuerungsgrößen wie z. B. Bebauungsplanfit, Standardisierungsgrad oder aber die Kostenentwicklung über die Zeit sichtbar. Dies führen wir im Folgenden weiter aus.

Plan-Ist-Abgleich

Im Plan-Ist-Abgleich werden die Ergebnisse von Projekten mit der Planung abgeglichen. Fachliche Domänenmodelle (siehe Abschnitt 2.4.1) stellen die Bezugspunkte für den Plan-Ist-Abgleich für die IS-Bebauung bereit. Über einen Synchroplan (siehe Bild 5.111) wird für Planungszeitpunkte und wichtige Meilensteine, wie z. B. die Inbetriebnahme von Informationssystemen, der Fortschritt erkennbar. In einem Synchroplan können Änderungen in der fachlichen, IS-, technischen und Betriebsinfrastrukturbebauung in Verbindung mit Projekten anschaulich dargestellt werden.

Wichtig

In einem Synchroplan müssen die Visualisierungen eines Grafiktyps für jeden Synchronisationspunkt die gleiche Struktur aufweisen. In Cluster-Grafiken eignen sich farbige Hervorhebungen, in Bebauungsplangrafiken muss der Bezugsrahmen gleich sein und in Cluster-Informationsflussgrafiken müssen die Cluster sowie die räumliche Anordnung der Informationssysteme annähernd gleich sein. Nur so werden Unterschiede (die Weiterentwicklung) sichtbar.

Neben einem Synchroplan kann auch eine zeitliche Abfolge von Portfolios für die Darstellung der Veränderungen bzw. des Fortschritts genutzt werden (siehe EAM-Einsatzszenario „IS-Portfoliomanagement“ in Kapitel 4). Häufig wird neben den „Planungsscheiben“ auch die Soll-Vorgabe abgebildet. So wird der Umsetzungsgrad auf einen Blick sichtbar.

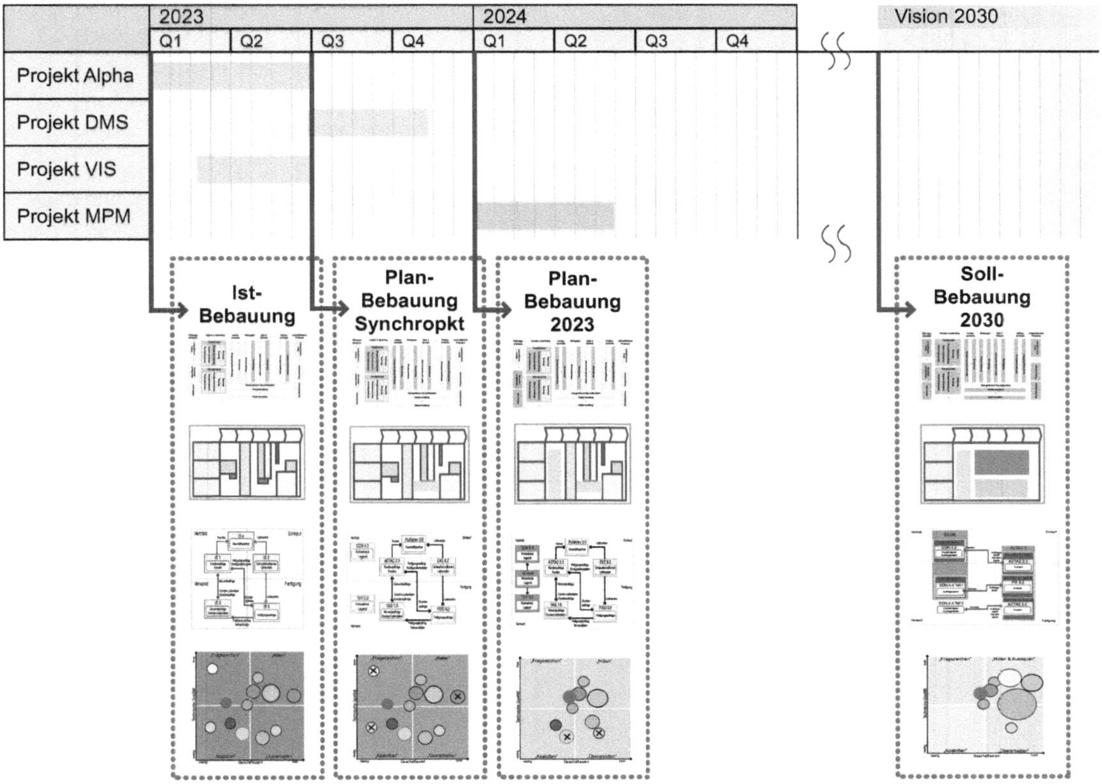

Bild 5.111 Beispiel einer Synchroplan-Grafik

Festlegung von geeigneten Steuerungsgrößen

Für die Steuerung der Weiterentwicklung sind geeignete Steuerungsgrößen festzulegen und ein Steuerungsinstrumentarium zu etablieren (siehe Abschnitt 5.9.3). So können sowohl der aktuelle Status (wo stehen wir heute?) als auch der Fortschritt bei der Weiterentwicklung der IT-Landschaft (sind wir auf dem richtigen Weg?) transparent gemacht werden.

Sie sollten Steuerungsgrößen bereitstellen, die sowohl den Grad der Umsetzung der Soll-IS-Landschaft und der technischen Standards als Ganzes als auch die Zielerreichung für die einzelnen Bebauungselemente (z. B. Informationssysteme) sichtbar machen. Für die aktive Steuerung der Weiterentwicklung der IT-Landschaft sind notwendig:

- Status und Fortschritt bei der Umsetzung der Bebauungsplanung (Soll-IS-Bebauung und IT-Roadmap) und IT-Konsolidierung aufzeigen

  Beispiele: Bebauungsplanfit und Entwicklung der IT-Komplexität über die Zeit für einen Ausschnitt der Bebauung

- Status und Fortschritt bei der Umsetzung oder die Einhaltung von strategischen Vorgaben transparent machen

  Beispiele: Strategie- und Wertbeitrag oder Kostenentwicklung über die Zeit von Informationssystemen sowie Strategiekonformität von Projekten

- Einhaltung des Blueprints überprüfen

  Beispiel: Standardkonformität eines Informationssystems oder Projekts
- Einhaltung von Zielvorgaben an Bebauungselemente (Steuerungsobjekte) überprüfen

  Beispiel: Abgleich zwischen Schutzbedarf von Geschäftsprozessen und Sicherheitslevel von Informationssystemen
- Handlungsbedarf oder Optimierungspotenzial in der IT-Landschaft im Zusammenspiel mit der Geschäftsarchitektur aufzeigen sowie Abhängigkeiten und Auswirkungen analysieren

  Beispiel: Gesundheitszustand von Informationssystemen oder Prozessqualität und -transparenz

Wichtig

Über die Betrachtung der Veränderung über die Zeit kann man den Nutzen von EAM, wie z. B. um 10 % verringerte Kosten über die Zeit oder geringere Anzahl von Informationssystemen durch Abschaltung, gut aufzeigen. In Abschnitt 5.9.3.3 finden Sie weitere Informationen zu Steuerungsgrößen und Hilfestellungen für die Ableitung Ihrer Kennzahlen.

Stellen Sie die Wirksamkeit von EAM durch ein Nach-Controlling sicher. Stellen Sie sicher, dass dabei die Nutzenargumente von Vorhaben und auch von EAM selbst überprüft werden.

5.9.5 Verankerung in der Organisation

„Think global, act local."

Paul McCartney

„Pick battles large enough to matter, but small enough to win."

Jonathan Kozol

Der Nutzen von EAM entsteht nur, wenn die EAM-Prozesse in die Planungs-, Entscheidungs- und Durchführungsprozesse integriert sind. So hilft es wenig, wenn transparent ist, dass ein Projekt nicht konform zu Standards oder der Soll-IS-Bebauung ist, wenn es keine Handhabe gibt, dies zu ändern. Zudem veraltet der EAM-Datenbestand, wenn die Änderungen innerhalb von Projekten und Wartungsmaßnahmen sowie aus der Business- und IT-Planung nicht wieder eingepflegt werden. EAM wird ein „nutzloses" Datengrab.

Wichtig

Erwecken Sie Ihr EAM „zum Leben“. Wesentlich sind:

- Einfluss von EAM auf Entscheidungen; insbesondere im Projektportfoliomanagement, aber auch bei Entscheidungen im Projekt-, Wartungs- oder Betriebskontext
- Sicherstellung einer hinreichend aktuellen, vollständigen und qualitativ hochwertigen EAM-Datenbasis durch eine zeitgerechte Aktualisierung der Datenbasis
- Übergreifendes systemisches Denken und Abhängigkeiten und Auswirkungen einzubeziehen; aber lokal an konkreten Pains oder Erfordernissen mit direkter Wirkung agieren

Einfluss von EAM auf Entscheidungen

Ziel von EAM ist es, die Geschäftsarchitektur und die IT-Landschaft strategisch weiterzuentwickeln. Das Geschäft soll optimiert oder sogar befähigt und die IT-Landschaft zukunftsfähig, kosteneffizient und flexibel weiterentwickelt werden. Im Rahmen der IS-Bebauungsplanung werden die Soll-IS-Landschaft und die IT-Roadmap zur Umsetzung gestaltet. Im Technologiemanagement werden zukunftsfähige und agilitätsunterstützende technische Standards entwickelt. Die Umsetzung muss über die Business-, Investitionsplanung sowie insbesondere im Rahmen von Projekten, Wartungsmaßnahmen und dem Betrieb erfolgen. EAM muss Einfluss auf Investitions- und Strategieentscheidungen bekommen.

Einfluss auf Strategieentscheidungen zu bekommen, ist nicht so einfach. Viele wesentliche Entscheidungen, z. B. über die Standardisierung von Geschäftsprozessen und damit einhergehend der IT-Unterstützung oder aber im Hinblick auf Geschäftsanforderungen, werden im Business getroffen. Die Unternehmensarchitekten müssen hierzu in der Unternehmensstrategieentwicklung und Business-Planung eingebunden sein und eine tragende Rolle im Demand-Management (siehe Abschnitt 6.2.14) spielen.

Insbesondere haben aber auch inhaltliche Projektentscheidungen großen Einfluss darauf, ob die Soll-IS-Landschaft umgesetzt wird und die Standardisierung erfolgt. Unternehmensarchitekten sollten bereits in der Planungs- und Initialphase von Projekten eingebunden werden (siehe Bild 5.112), um frühzeitig die Auswirkungen aufzuzeigen. Die Unternehmensarchitekten können die Projekte und das Management beraten, indem sie planungskonforme Lösungsvorschläge für die Geschäftsanforderungen unterbreiten. Diese Lösungsvorschläge müssen einen echten Mehrwert liefern. Nur wenn der zuvor versprochene Nutzen tatsächlich geliefert wird, können sich die Unternehmensarchitekten etablieren. Ansonsten werden die Unternehmensarchitekten wieder ausgegrenzt (siehe EAM-Reifegradmodell in Abschnitt 5.8).

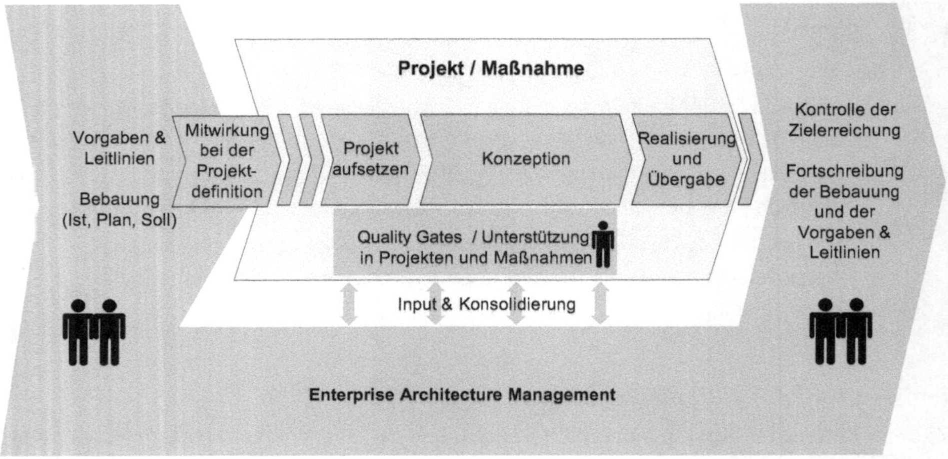

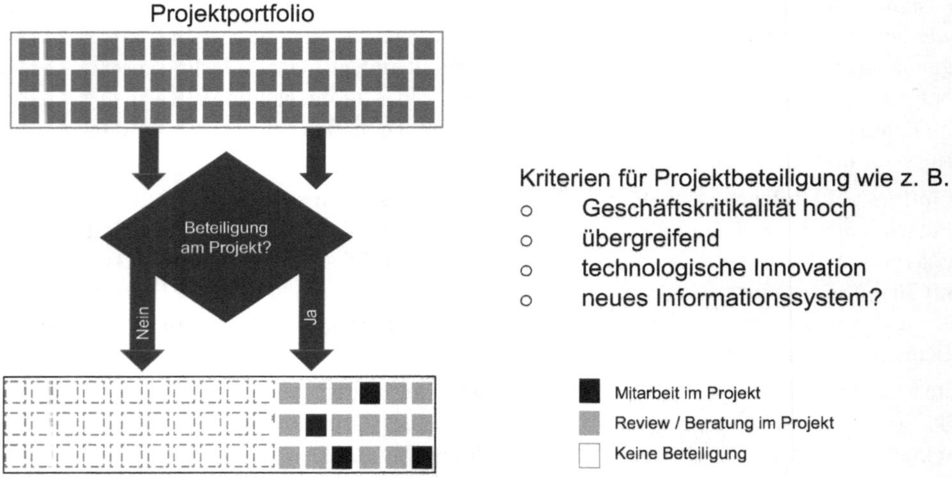

Bild 5.112 Integration in Projekte und Art der Beteiligung (Engagement-Modell)

Wichtig

Die Einbindung der Unternehmensarchitekten in Projekte oder aber in die Strategieentwicklung ist keine Selbstverständlichkeit. Ein Unternehmensarchitekt muss sich erst beweisen, bevor er Einfluss nehmen kann. Er muss erst durch seine Kompetenz einen Mehrwert für die Projekte oder die Strategieentwicklung liefern. Eine Anordnung von oben allein führt im Allgemeinen nicht zu den gewünschten Ergebnissen. Er muss zeitnah einen wertvollen Input – wie z. B. Analyseergebnisse für projektspezifische Fragestellungen, „what-if"-Analysen oder Bebauungspläne – bereitstellen. ■

Im Projektverlauf müssen z. B. über Mitarbeit im Projekt oder aber über Reviews (Quality Gates) die Konformität zu den Zielvorgaben festgestellt und bewertet sowie die Veränderungen in der Bebauung eingepflegt werden. In der Regel muss aber aufgrund der Vielzahl von Projekten und der beschränkten Anzahl von Unternehmensarchitekten im Unternehmen ein Projekt-Hijacking erfolgen. Es muss eine Auswahl von Projekten getroffen werden. Projekte können z. B. aufgrund ihrer Größe, Komplexität, Neuartigkeit, Auswirkungen auf die Bebauung und Verwendung von neuen Technologien klassifiziert werden. Entsprechend der Ausprägungen kann dann eine Entscheidung getroffen werden. Für große, komplexe, neuartige Projekte mit großen Auswirkungen auf die Bebauung wird im Allgemeinen ein Unternehmensarchitekt „abgestellt", der die Reviews durchführt und das Projekt berät. Bei den anderen Projektklassen muss individuell eine Entscheidung getroffen werden.

Über das Beteiligungsmodell (Engagement-Modell) kann anschaulich analysiert und dokumentiert werden, wie, mit welchen Aufgaben und in welchem Umfang ein Unternehmensarchitekt in Projekten mitwirkt. In Tabelle 5.12 finden Sie ein Beispiel. Hierüber können Sie die Erwartungshaltung bei allen Beteiligten steuern.

Tabelle 5.12 Beispiel Engagement-Modell

	Mitarbeit	Review	Keine Beteiligung
Ziele	Gestalten der Lösung als technischer Architekt (Projektrolle)	Reviews zu festgelegten Meilensteinen durchführen	Informationen sammeln ohne direkte Projektbeteiligung
Prozentualer Anteil der Zeit	60 %	25 %	15 %
Prozentualer Anteil der unterstützten Projekte	10 %	50 %	40 %
Aufgabe	Verantwortlich für die technische Architektur im Projekt EAM-Dokumentation pflegen und sicherstellen, dass Vorgaben eingehalten werden	Explizite Rolle als Reviewer – Feedback zur Konformität zum Blueprint und EAM-Vorgaben EAM-Dokumentation pflegen	Kontinuierliche Pflege der EAM-Dokumentation durch Einsammeln (idealerweise automatisiert) der Änderungen
Voraussetzungen	Ausreichendes Fach- und technisches Know-how im Projektkontext	Explizite Rolle als Reviewer in der Projektabwicklung	Klar definierte operationalisierte strategische Vorgaben inkl. Verankerung in den Projekt-Templates

Wichtig

Planen Sie die Beteiligung von Unternehmensarchitekten in Projekten realistisch! Hier hilft ein „Engagement-Modell“. Typische Arten der Beteiligung sind Mitarbeit, Review und keine direkte Mitwirkung. Analysieren Sie, in wie vielen Projekten der Unternehmensarchitekt mitarbeiten kann und wie viel Zeit er dafür durchschnittlich benötigt. Ermitteln Sie analog, wie viel Aufwand für Reviews anfallen. So können Sie hochrechnen, wie viele Projekte wie unterstützt werden können. Für die Auswahl der Projekte müssen Sie ebenso Kriterien festlegen, wie z. B. größerer Zeitanteil in Projekten, die geschäftskritisch und/oder übergreifend und/oder neuartig sind.

Für die Projekte oder Maßnahmen, die Sie nicht unterstützen können (in der Regel der größere Anteil), müssen Sie sicherstellen, dass Sie die erforderlichen Daten erhalten. Sie müssen im Pflegekonzept entsprechende Pflegeaktivitäten vorsehen oder aber in den Templates der Projektabwicklung und Inbetriebnahme Erweiterungen vornehmen oder aber über Werkzeugunterstützung die Daten überwiegend automatisch beschaffen.

Wirklichen Einfluss hat EAM aber erst dann, wenn die Empfehlungen und Review-Ergebnisse der Unternehmensarchitekten bei Investitionsentscheidungen berücksichtigt werden. Idealerweise sollten hierzu Kennzahlen zur Überprüfung der Konformität zur Soll-IS-Bebauung (z. B. Bebauungsplanfit) und zum Blueprint (z. B. Standardkonformität) sowie zur IT-Konsolidierung als feste Bewertungskriterien im Projektportfoliomanagement, Multiprojektsteuerung und Projektsteuerung (Projektsteuerkreise) aufgenommen werden. So werden auch die Projekte erreicht, die nicht von Unternehmensarchitekten begleitet werden.

Wichtig sind insbesondere die Kennzahlen im Kontext IT-Konsolidierung. Es muss insistiert werden, dass bei der Umsetzung von Geschäftsanforderungen kein unnötiger Ballast entsteht. Über Regeln, wie z. B. „80 % der Funktionalität ist gut genug“, kann viel erreicht werden. Wichtig ist auch, dass die als abzulösen gekennzeichneten Informationssysteme wirklich abgeschaltet werden. So gibt es in einigen Unternehmen die Regel, dass für jedes in einem Projekt eingeführte neue System auch eines abgeschaltet werden muss. Dies kann ggf. etwas über Zeiträume oder Domänen aufgeweicht werden. Eine explizit kommunizierte Abschaltliste schafft hier wahre Wunder.

Die Aufnahme dieser EAM-Kennzahlen erfordert aber einen hohen EAM-Reifegrad (siehe Abschnitt 5.8) und ein Management-Commitment, da die strategische Orientierung und auch die IT-Konsolidierung zunächst zu Mehrkosten führen, die von Projekten nur ungern getragen werden. Ein gewisser Nachdruck und Durchhaltewillen sind notwendig. Im Projektportfolio muss eine Balance zwischen operativen und strategischen Maßnahmen gefunden werden. Dies ist aber insbesondere im Kontext von Kosteneinsparungen schwierig. Die Budgets der Projekte des Projektportfolios dürfen nicht weiter einfach nach dem „Rasenmäherprinzip“ reduziert werden.

Neben fest in den Entscheidungsprozessen verankerten EAM-Steuerungsgremien ist insbesondere der Einbezug von einflussreichen EAM-Vertretern in den Entscheidungsgremien notwendig. Die EAM-Gremien müssen in die Gesamt-Gremienlandschaft integriert werden. Dies wird im Folgenden weiter ausgeführt.

Integration der EAM-Gremien in die Gremienlandschaft

In Ihrem Unternehmen gibt es sicherlich bestehende Gremien für IT-Investitions- und Strategieentscheidungen. Häufig nutzen diese aber nicht das inhaltliche Fundament von EAM. Die EAM-Gremienentscheidungen und -empfehlungen sollten in typische Gremien (ggf. mit anderem Namen) wie das IT- und Projektportfolio-Board (siehe Abschnitt 5.9.1) einbezogen werden.

Wichtig

Um die Einbeziehung sicherzustellen, müssen die Leiter der EAM-Gremien als Mitglieder im IT- und Projektportfolio-Board integriert werden. Wenn der CIO der Leiter der EAM-Gremien ist, dann ist dies durch seine Person bereits sichergestellt.

Wichtige Voraussetzung ist die organisatorische Verankerung der IT-Verantwortung in der Unternehmensführung. Der CIO kann z. B. entweder selbst Mitglied in der Unternehmensführung sein oder aber als Stab an die Unternehmensführung berichten. Die Unternehmensführung muss die Gremienzusammensetzung und die Entscheidungsprozesse wie z. B. das Projektportfoliomanagement festlegen.

Legen Sie für alle Entscheidungsfelder Gremien und Entscheidungsprozesse fest!

Für alle Entscheidungsprozesse müssen Sie die Prozesse selbst, die Gremien sowie die Rollen und Verantwortlichkeiten auf der Fach- und der IT-Seite mit ihren Entscheidungs-, Partizipations- und Durchführungsrechten und -pflichten verbindlich festlegen.

Der Einfluss der IT korreliert mit der Einbindung in die Entscheidungsprozesse und Gremien.

Sicherstellung einer hinreichend aktuellen, vollständigen und qualitativ hochwertigen EAM-Datenbasis

Alle Veränderungen in der IT-Landschaft und der Geschäftsarchitektur im Zusammenspiel mit dem Unternehmenskontext müssen zeitnah und in einer hohen Qualität in die EAM-Datenbasis eingepflegt werden.

Wichtig

Wenn die Aktualisierung aufgrund der Veränderungen nicht verzahnt mit den Planungs-, Entscheidungs- und IT-Prozessen erfolgt, müssen Sie dafür Sorge tragen, dass die veränderten Daten zumindest im Rahmen eines fest vorgegebenen Zeitraums, z. B. monatlich, regelmäßig aktualisiert werden. Im Rahmen der regelmäßigen Aktualisierung sollte ebenso eine Konsistenzsicherung bzw. Qualitätssicherung der Dokumentation erfolgen. Nur so gewährleistet man eine ausreichende Datenqualität über die Zeit hinweg.

Siehe hierzu das Pflegekonzept in Abschnitt 5.9.2.1.

Besonders wichtig ist hierbei die zeitnahe Dokumentation der folgenden Veränderungen:

- *Projektabwicklung:* An den wesentlichen Projektmeilensteinen (Quality Gates), spätestens aber bei der Inbetriebnahme ist die Ist- bzw. die Plan-Bebauung zu aktualisieren.
- *Analog bei Wartungsmaßnahmen:* Zu definierten Zeitpunkten entlang des Wartungsprozesses, spätestens aber bei der Inbetriebnahme, sollten die Veränderungen eingepflegt werden.
- *Projektportfoliomanagement:* Nach den Sitzungen der Projektportfolio-Boards ist das veränderte Projektportfolio mit ihrem Zusammenspiel mit der Plan-IS- und technischen Bebauung in die EAM-Datenbasis aufzunehmen.
- *IS-Bebauungsplanung:* Nach der Festlegung der Soll-IS-Bebauung und der IT-Roadmap durch das EAM-Board ist die Soll- bzw. Plan-Bebauung zu aktualisieren. Gegebenenfalls können auch die Planungsszenarien und deren Freigabestatus in der EAM-Datenbasis gehalten oder eingepflegt werden.
- *Technologiemanagement:* Die durch das Blueprint-Board verabschiedeten Veränderungen im Blueprint müssen in die EAM-Datenbasis als Bezugspunkt für die IS-Bebauung und die Infrastrukturelemente aufgenommen werden.
- *Management der Betriebsinfrastruktur:* Die Planung und die Veränderungen in der Betriebsinfrastruktur müssen grobgranular in der Betriebsinfrastrukturbebauung berücksichtigt werden.
- *Unternehmensstrategieentwicklung, Business-Planung, Geschäftsprozessmanagement oder/und Business Capability Management:* Veränderungen in der Geschäftsarchitektur müssen zeitnah erfasst werden.

Die EAM-Pflege wird in Abschnitt 5.9.4.1 detailliert beschrieben.

Wichtig

Um eine hinreichend aktuelle und qualitativ hochwertige EAM-Datenbasis zu erhalten, müssen die EAM-Pflegeprozesse in die Planungs-, Entscheidungs- und Durchführungsprozesse integriert werden. Die Informationen und Entscheidungen aus diesen Prozessen müssen für EAM zeitnah bereitgestellt werden. Insbesondere die Integration in die Projektabwicklung ist entscheidend. Über die Mitarbeit in den Projekten und/oder Quality Gates müssen die Informationen über die Veränderung der IT-Landschaft gesammelt und in die EAM-Datenbasis eingepflegt werden.

Abhängig vom Einfluss der Unternehmensarchitekten bzw. deren Vertreter im IT-Management wird entweder nur Input für die Steuerung der Weiterentwicklung gegeben oder diese aktiv gesteuert (siehe EAM-Reifegradmodell in Abschnitt 5.8).

Zusammenfassung und Ausblick

Mithilfe der in diesem Kapitel aufgeführten Best-Practices können Sie Ihr EAM einfach und effektiv gestalten, innerhalb weniger Monate in einer ersten Ausbaustufe erfolgreich einführen und dann schrittweise ausbauen. So können Sie den in Abschnitt 3.3 beschriebenen Nutzen von EAM verwirklichen und die Erfolge kommunizieren und vermarkten.

Voraussetzungen für eine erfolgreiche Verankerung in Ihrer Organisation:

- Treten Sie in einen intensiven Dialog mit dem Business. Nur so können Sie eine vertrauensvolle Beziehung zu den Fachbereichen aufbauen.
  Wesentlich hierfür sind klar definierte und etablierte Gremien und Rollen auf Fach- und IT-Seite sowie eine institutionalisierte Zusammenarbeit, die auf einem regelmäßigen Austausch basiert.
- Sichern Sie sich die Unterstützung Ihrer Unternehmensführung.
  Ein Mitglied aus der Unternehmensführung muss in den Gremien zur strategischen und operativen Steuerung der IT vertreten sein.
- Legen Sie für alle Entscheidungsfelder Gremien und Entscheidungsprozesse fest.
  Für alle Entscheidungsprozesse müssen Sie die Prozesse selbst, die Gremien sowie die Rollen und Verantwortlichkeiten auf der Fach- und der IT-Seite mit ihren Entscheidungs-, Partizipations- und Durchführungsrechten und -pflichten verbindlich festlegen.
  Der Einfluss der IT korreliert mit der Einbindung in die Entscheidungsprozesse und Gremien.
- Wählen Sie Ihre IT-Organisationsform in Abhängigkeit von der Struktur, Organisation und Kultur Ihres Unternehmens.
- Ermitteln Sie Ihr Leistungspotenzial und Ihre Kerneigenleistungsfähigkeit.
  Legen Sie Ihr zukünftiges Leistungspotenzial und Ihre Kerneigenleistungsfähigkeit in einer Sourcing-Strategie fest!
- Wenn Sie länderübergreifend agieren, berücksichtigen Sie die Grundsätze einer globalen IT.
- Bestimmen Sie Ihre Ausgangslage und setzen Sie ein Change-Management-Programm auf.
- Qualifizieren Sie Ihre IT. Business-Know-how, Kommunikationsskills und Überzeugungskraft sind ebenso wichtig wie Technologie-Know-how.
- Ermitteln Sie die Steuerungsaufgaben und dokumentieren Sie diese inklusive der Festlegung der dafür Verantwortlichen.
- Ermitteln Sie die adäquaten Steuerungsgrößen für die Steuerungsaufgaben, integrieren Sie diese in die Planungs- und Steuerprozesse und unterfüttern Sie sie mit beschaffbaren Messgrößen.
- Unterstützen Sie das strategische Controlling durch eine gute Werkzeugunterstützung. Nur so erstellen Sie ein zeitgerechtes und qualitativ hochwertiges Stakeholder-bezogenes Reporting. Ihr Ziel ist die richtige Information zur richtigen Zeit am richtigen Ort.

Last but not least: Verankern Sie das Steuerungsinstrumentarium in der Organisation. ■

6 Wesentliche Aspekte der Toolunterstützung im Enterprise Architecture Management

von Sebastian Hanschke

Der Autor des Kapitels

Sebastian Hanschke, Master Wirtschaftsinformatik, ist Chief Enterprise Architect beim Flughafen München. Vorher war er gemeinsam mit Frau Inge Hanschke Gründer und Geschäftsführer von Lean42, einer Management- und IT-Beratung mit Schwerpunkt auf Enterprise Architecture Management. Er hat als Berater, Lösungsfinder und Integrator für zahlreiche namhafte Unternehmen erfolgreich EAM-Projekte durchgeführt. Insbesondere war er im Bereich Enterprise Architecture Management (EAM) als EAM-Tool-Experte in Deutschland, Österreich und der Schweiz tätig. Dort hat er über 80 Einführungen, Migrationen, Erweiterungen und Verankerungen von EAM mit nahezu allen relevanten EAM-Tools durchgeführt. Von diesen Erfahrungen berichtet er in diesem Kapitel als Gastautor.

Erfolgreiche Enterprise-Architecture-Management-Projekte und insbesondere die Verankerung von EAM im Unternehmen hängen, neben der nutzenbasierten Konzeption, in großem Maße von der passenden Toolunterstützung ab. Dabei ist insbesondere auch die Datenqualität wesentlich. Diese bildet auch den Startpunkt in diesem Kapitel. Danach schauen wir uns stellvertretend für die große Anzahl vom am Markt vorliegenden EAM-Tools einige ausgewählte EAM-Tools etwas näher an. Wir zeigen in Ausschnitten auf, wie eine Umsetzung Ihrer passgenauen EAM-Konzeption in diesen Tools aussehen kann. Dabei gehen wir insbesondere auf die Kernfunktionalitäten sowie einige Highlights der ausgewählten EAM-Tools anhand wesentlicher Kern-EAM-Use-Cases ein.

In diesem Kapitel finden Sie die Antworten auf folgende Fragen:

- Welche unterschiedlichen Arten von EAM-Tools gibt es?
- Für welche Use-Cases wird ein EAM-Tool häufig verwendet?
- Welche Funktionalitäten werden typischerweise durch ein EAM-Tool unterstützt?
- Welche Aspekte sind bezüglich der Einführung & Verankerung von Enterprise Architecture Management Tools zu beachten?

■

6.1 Verbesserung der Datenqualität durch eine adäquate Toolunterstützung

Enterprise Architecture Management ohne Toolunterstützung ist für ein operatives EAM (siehe Kapitel 2) aufgrund der großen Anzahl von fachlichen und technischen Bebauungselementen zum Scheitern verurteilt. Nur mit einer einfach benutzbaren und hinreichend funktionalen EAM-Toolunterstützung, gepaart mit etablierten Governance-Prozessen (siehe Abschnitt 5.9), ist es möglich, eine kontinuierliche Pflege der EA-Daten mit einer hinreichenden Konsistenz, Aktualität und Vollständigkeit zu gewährleisten (siehe Bild 6.1). Dies ist die Basis, um Transparenz zu schaffen sowie die Weiterentwicklung der Geschäftsarchitektur und der IT-Landschaft businessorientiert zu planen und zu steuern.

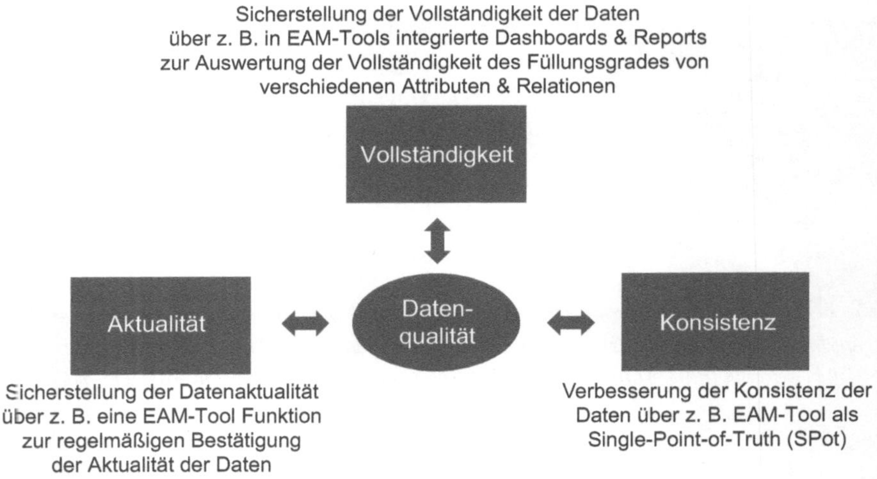

Bild 6.1 Verbesserung der Datenqualität durch Nutzung von Enterprise Architecture Management Tools

6.1.1 Vollständigkeit von EA-Daten

Für die Überprüfung der Vollständigkeit der EA-Daten müssen Kriterien entsprechend der EAM-Konzeption (siehe Abschnitt 5.7) festgelegt werden. Einerseits muss sichergestellt werden, dass alle erforderlichen Datensätze in der EA-Datenbasis enthalten sind. Andererseits muss für alle Datensätze überprüft werden können, dass alle Vorgaben eingehalten sind. Typische Vorgaben sind hier z. B. Pflichtattribute.

Ersteres ist nicht ganz einfach. Hier muss die Frage beantwortet werden, wie kann die Vollständigkeit der Datensätze überprüft werden? Hier gibt es unterschiedliche Möglichkeiten. Idealerweise greifen hier Automatismen, wo über z. B. Scans und automatische Identifikation bzw. Namensvergabe z. B. Applikationen „gefunden“ werden. Eine andere Möglichkeit ist der Quercheck über fachliche und technische Ordnungsrahmen, wie in Abschnitt 5.6 ausgeführt.

Letzteres lässt sich in den meisten EAM-Tools einfach überprüfen. Hier gibt es auch viele Toolfunktionalitäten wie integrierte KPIs, Dashboards oder Reports. Mit Hilfe dessen, kann die Vollständigkeit der Datensätze, entsprechend konfigurierter Regeln, transparent gemacht werden. Ein Beispiel ist hier das EAM-Tool LeanIX (siehe Abschnitt 6.2.2). Dies hat hierfür beispielsweise im Standard eine eigene KPI eingeführt, mit welcher prozentual der Füllungsgrad verschiedener Attribute dargestellt werden kann. Hierbei haben Administratoren auch die Möglichkeit, verschiedene Attribute zu gewichten, um so Einfluss auf die Vollständigkeits-KPI zu nehmen.

Wichtig

Häufig ist es sinnvoll, für die Auswertung der Vollständigkeit sich auf eine gewisse Menge von Attributen und Beziehungen zu beschränken, um eine nachhaltige, vollständige Befüllung auch langfristig zu gewährleisten. Diese Menge von Attributen und Beziehungen wird i.d.R. Pflichtfelder genannt. Ein Beispiel für Pflichtfelder am Beispiel eines Informationssystems für eine erste Ausbaustufe bei der Einführung eines Enterprise Architecture Management Tools finden Sie in Tabelle 6.1.

Sollte eine große Anzahl an Attributen und Relationen als verpflichtend zu füllen eingestuft werden, gibt es in der Praxis häufig das Problem, dass die Motivation dies zu tun, mit zunehmend großer Anzahl, schwindet. Eine kleinere Anzahl von einfach verständlichen Pflichtfeldern ist vielen Pflegeverantwortlichen dagegen noch vermittelbar (siehe Abschnitt 5.9.1).

Mit fortschreitendem Reifegrad und Akzeptanz des Enterprise Architecture Managements kann dann iterativ die Anzahl der zu pflegenden Pflichtfelder erhöht werden. Bei einem höheren Reifegrad von EAM ist dann die Schwelle für die Pflege eines umfangreicheren Attribut- und Beziehungskatalogs häufig deutlich geringer, da hier dann auch ein entsprechender erkennbarer Nutzen dahintersteht. Zudem verteilt sich die Pflege dann auf unterschiedliche Pflegeverantwortliche. ■

In Bild 6.2 finden Sie beispielsweise zwei Varianten einer möglichen Berechnung von Vollständigkeit bzgl. Informationssysteme[1]. In der ersten Variante (links im Bild), wird die Vollständigkeit über die Summe aller ausgefüllten Pflichtfelder aller Informationssysteme dividiert durch die Gesamtheit aller Pflichtfelder von Informationssystemen berechnet. In der zweiten Variante (rechts im Bild), werden nur die vollständig ausgefüllten Informationssysteme gezählt. Dies sind nur diejenigen Informationssysteme, welche sämtliche Pflichtfelder ausgefüllt haben. In der Praxis wird häufig die zweite Variante zum Reporten in z. B. Enterprise Architecture Management oder anderer Boards genutzt, um eine entsprechende EA Governance und damit eine verbesserte, nachhaltige Datenqualität zu unterstützen. Die konkrete Ausprägung ist allerdings stark von Ihrem EAM Repository, d. h. Ihrem EAM-Tool, abhängig.

Vollständigkeit ist dabei allerdings nicht gleich Vollständigkeit. Diese muss anhand Ihrer EAM-Konzeption und den unternehmensspezifischen Gegebenheiten entsprechend erstmal definiert werden.

[1] Informationssystem ist in diesem Kapitel synonym zur Applikation, Anwendung und Anwendungssystem zu verstehen.

Tabelle 6.1 Typische Pflichtfelder am Beispiel eines Informationssystems

Name des Pflichtfelds	Beschreibung	Feldtyp Vorschlag
Name	Sprechender, kurzer Name des Informationssystems.	[Freitext]
Beschreibung	Beschreibung des Informationssystems.	[Freitext]
Lebenszyklusstatus	Status im Lebenszyklus (Lifecycle): ▪ „in Planung“ - bezeichnet Informationssysteme, die aktuell in Planung oder ggf. bereits in Umsetzung und voraussichtlich zu einem festgelegten Termin produktiv gesetzt werden. ▪ „Pilot“ - Informationssystem wird in einem begrenzten Einsatzgebiet pilothaft genutzt. ▪ „in Produktion“ - Informationssystem ist in Produktion. ▪ „in Ablösung“ - Informationssystem ist in Ablösung. ▪ „Lebensende“ - Informationssystem wird nicht mehr verwendet.	[ENUM - Einfachauswahl] UND/ODER [Zeitraum pro Lebenszyklusstatus]
Verantwortlicher für die Datenpflege	Verantwortliche Person für die Datenpflege im EAM-Tool	[Verantwortlichkeitsmerkmal]
Fachlicher Verantwortlicher	Name des Verantwortlichen bzgl. des Informationssystems im Fachbereich	[Verantwortlichkeitsmerkmal]
Technischer Verantwortlicher	Name des technischen Verantwortlichen bzgl. des Informationssystems	[Verantwortlichkeitsmerkmal]
Hersteller	Hersteller des Informationssystems	[Referenz auf Bebauungselement]
Nutzer des Informationssystems	Organisationseinheit oder Nutzergruppe, welche das Informationssystem nutzt	[Referenz auf Bebauungselemente]
Unterstützte Geschäftsprozesse	Geschäftsprozesse, welche das Informationssystem unterstützen	[Referenz auf Bebauungselemente]
Unterstützte Geschäftsfähigkeiten	Geschäftsfähigkeiten, welche das Informationssystem unterstützen	[Referenz auf Bebauungselemente]
Technische Realisierung	Technische Bausteine, Technologien und IT-Komponenten, durch welche das Informationssystem technisch realisiert wird	[Referenz auf Bebauungselemente]

Wenn Sie beispielsweise prinzipiell viele sehr gut gefüllte Informationssysteme haben, aber zumeist nur ein oder zwei als Pflichtfelder definierte Attribute oder Beziehungen nicht gefüllt sind, kann es sinnvoll sein, die erste Variante zumindest zusätzlich mit zu reporten, weil sonst ggf. ein falscher Eindruck entstehen kann. Häufig werden solche KPIs auch über monatliche Exports via BI-Tools wie z. B. Tableau visualisiert, um insbesondere eine historische Entwicklung aufzuzeigen. Viele EAM-Tools bieten deswegen auch eine relativ leichtgewichtige Integration mit BI-Tools an, um diesen Use-Case besser zu unterstützen. Generell eigenen sich die Exportformate bzw. die REST-APIs von den meisten EAM-Tools sehr gut, um derartige Kennzahlen strukturiert über BI-Tools zu adressieren.

KPI basierend auf ausgefüllten Pflichtfeldern aller Informationssysteme vs. **KPI basierend auf Informationssystemen mit vollständig ausgefüllten Pflichtfeldern**

Diese KPI gibt den Füllstand der Pflichtfelder (Attribute & Relationen) aller Informationssysteme an.

$$\text{Vollständigkeit}_{\text{Monat}}\,(\%) = \frac{\sum \text{Ausgefüllte Pflichtfelder aller Informationssysteme}}{\sum \text{Alle Pflichtfelder aller Informationssysteme}} \times 100$$

Beispiel:
Summe aller Pflichtfelder: 25
Anzahl der gefüllten Pflichtfelder: 18
KPI: 18/25 = 72%

Pflichtfelder	IS 1	IS 2	IS 3	IS 4	IS 5
Pflichtattribut A	✓	✓	✓	✓	✓
Pflichtattribut B	✓		✓	✓	✓
Pflichtattribut C	✓				✓
Pflichtbeziehung D	✓	✓		✓	✓
Pflichtbeziehung E	✓	✓		✓	
Ausgefüllte Pflichtfelder	5/5	3/5	2/5	4/5	4/5
	KPI: 18/25 = 72 %				

Diese KPI gibt den Prozentsatz derjenigen Informationssysteme mit vollständig ausgefüllten Pflichtfeldern an.

$$\text{Vollständigkeit}_{\text{Monat}}\,(\%) = \frac{\sum \text{Informationssysteme mit vollständig ausgefüllten Pflichtfeldern}}{\sum \text{Informationssysteme}} \times 100$$

Beispiel:
Anzahl Informationssysteme: 5
Informationssysteme mit vollständig ausgefüllten Pflichtfeldern : 2
KPI: 2/5 = 40%

Pflichtfelder	IS 1	IS 2	IS 3	IS 4	IS 5
Pflichtattribut A	✓	✓	✓	✓	✓
Pflichtattribut B	✓			✓	✓
Pflichtattribut C	✓			✓	✓
Pflichtbeziehung D	✓	✓		✓	✓
Pflichtbeziehung E	✓	✓		✓	
IS Pflichtfelder alle gefüllt	Wahr	Falsch	Falsch	Wahr	Falsch
	KPI: 2/5 = 40 %				

Legende:
IS = Informationssystem
Wahr = Alle Pflichtfelder eines Informationssystems sind gefüllt
Falsch = Mindestens ein Pflichtfeld eines Informationssystems ist nicht gefüllt

Bild 6.2 Zwei Varianten einer möglichen Berechnung von Vollständigkeit bzgl. Informationssystemen

Wichtig

Verkaufen Sie Ihr EAM-Repository nicht unter Wert. Wählen Sie Ihre Kennzahlen so, dass diese bzgl. der Datenqualität der erfassten Daten einen hinreichend korrekten Stand abbilden.

Was hilft Ihnen, dass Sie prinzipiell beispielsweise Hersteller als Pflichtfeld ausgewählt haben, dieses Feld aber quasi überhaupt nicht gefüllt ist, ganz im Gegensatz zu den weiteren Pflichtfelder sowie ggf. darüber hinaus weitere Soll- oder Kann-Felder, welche aktuell, vollständig und in einer konsistenten Art und Weise gefüllt sind? Damit würde ggf. ein falsches Bild erzeugt werden, was potentiell zu Vertrauensverlust bzgl. des Enterprise Architecture Managements und des Toolings an sich führt. Besser wäre es hier, entweder die KPI entsprechend anzupassen oder die Mitarbeitenden bzw. Verantwortlichen der Datenpflege auf diesen Umstand hinzuweisen bzw. diese zu befähigen das Pflichtfeld entsprechend auszufüllen. Ggf. hat es ja auch einen Grund, warum speziell dieses Feld bislang nicht ausgefüllt wurde. Dies gilt es in einer direkten Kommunikation mit den Betroffenen zu klären. ■

Vollständigkeit alleine hilft hier aber nur bedingt. Was helfen vollständige Informationen, wenn diese nicht hinreichend aktuell sind? Achten Sie in Ihrer EAM Konzeption unbedingt darauf, wie Sie Aktualität definieren. Im nachfolgenden Abschnitt gehen wir darauf ein, wie Sie EAM-Tools bei der Sicherstellung einer hinreichenden Aktualität unterstützen können.

6.1.2 Aktualität von EA-Daten

Hinsichtlich der Sicherstellung einer hinreichenden Aktualität bieten viele EAM-Toolbieter verschiedenste Möglichkeiten an. Beispielsweise erlaubt es ADOIT (siehe Abschnitt 6.2.1) dem Nutzer, die Datenaktualität und Vollständigkeit in verschiedenen, individuell pro Bebauungselement festlegbaren, Intervallen zu bestätigen. Dabei ist es im Falle von ADOIT beispielsweise möglich grafisch den ADOIT-Nutzer in einem persönlichen Dashboard darauf hinzuweisen, dass eine Bestätigung der Datenaktualität wieder ansteht (Datenaktualitätssiegel in Gelb dargestellt) bzw. längst überfällig ist (Datenaktualitätssiegel in Rot dargestellt). Die Intervalle, in denen die Datenaktualität vom Verantwortlichen für ein Bebauungselement wie ein Informationssystem bestätigt werden muss, kann vom Admin frei konfiguriert werden. Ein Beispiel für ein solches persönliches Dashboard zur Bestätigung der Datenqualität inkl. Bestätigungsdialog finden Sie in Bild 6.3.

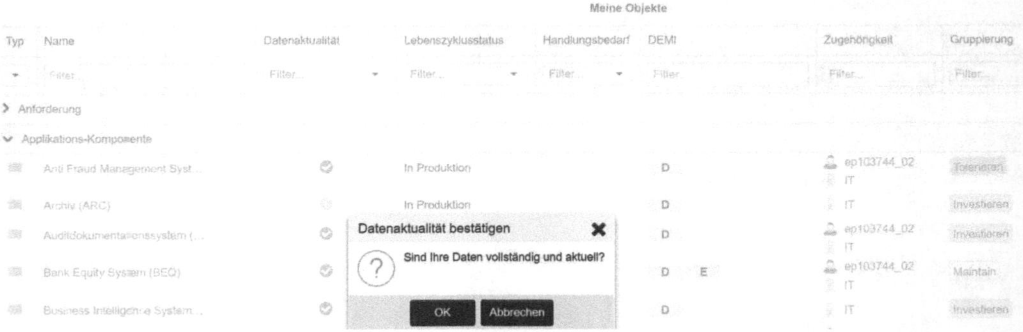

Bild 6.3 Ausschnitt eines persönlichen Dashboards eines ADOIT-Nutzers mit Datenaktualitätsbestätigungsdialog (Quelle: BOC Information Technologies Consulting GmbH, 2021)

Ähnliche Mechanismen gibt es auch bei anderen EAM-Tools.

Wählen Sie die Datenaktualitätsbestätigungsintervalle so aus, dass die EA-Daten von den Verantwortlichen für die Datenpflege mit vertretbarem Aufwand auch pflegbar sind. Es macht z. B. in der Regel keinen Sinn, monatlich oder gar wöchentlich eine Datenaktualisierung von den Verantwortlichen zu fordern. Dies gilt insbesondere zu Beginn einer Einführung eines EAM-Werkzeugs. Häufig wird zu Beginn der Nutzen nicht in einem ausreichenden Maße gesehen. Gehen Sie hier iterativ mit Maß vor und fordern Sie erst mal in größeren Abständen eine Datenaktualisierung – z. B. einmal pro Halbjahr oder Jahr – und verkürzen Sie diese bis auf z. B. eine quartalsweise Überprüfung mit steigendem Nutzen von EAM iterativ immer weiter.

Passen Sie das Bestätigungsintervall auch an den Aufwand und den entsprechenden Reifegrad bzw. spezifische Unternehmensgegebenheiten Ihrer Organisation an. Wenn Sie eine relativ große Menge an nicht ad-hoc befüllbaren Pflichtfeldern definieren, die regelmäßig bestätigt werden müssen, kann dies die Pflegeverantwortlichen unter Umständen überfordern, so dass diese die Bestätigung und ggf. generell auch die weitere Befüllung der Felder nicht oder nur mit erheblichem Widerstand durchführen. Nutzen Sie Boards, um Entscheidungen hinsichtlich u. a. der Bestätigungsintervalle der Datenaktualität herbeizuführen, um eine entsprechende Akzeptanz zu erleichtern. Erstellen und Etablieren Sie EAM Governance Prozesse in direkter Zusammenarbeit mit Ihren Kolleginnen und Kollegen. Dies hilft Ihnen nicht nur dabei, die Vollständigkeit und Aktualität der EA-Datenbasis zu verbessern, sondern auch die Anzahl der Quellen für beispielsweise Informationssysteme zu reduzieren und damit die Konsistenz der Daten zu verbessern. Der nächste Abschnitt stellt dar, wie Sie EAM-Tools hierbei unterstützten können.

6.1.3 Konsistenz von EA-Daten

Bzgl. der Unterstützung der Konsistenz der Daten, hilft es häufig schon, wenn es ein zentrales Tool für die EA-Daten gibt. Dabei stellt das EAM-Tool häufig den Single-Point-of-Truth (SPoT) der Daten dar. Das heißt aber nicht, dass sämtliche Daten im EAM-Tool gepflegt werden müssen. Das EAM-Tool stellt lediglich die zentrale Konsolidierungsstelle für die entsprechenden EA-Daten dar. Beispielweise werden zwar häufig die Geschäftsprozesse in Business Prozess Management Tools wie ADONIS, ARIS oder Signavio gepflegt, allerdings werden diese Informationen i.d.R. über Schnittstellen ins EAM-Tool übertragen. Dadurch können dann die Geschäftsprozesse im EAM-Tool genutzt werden, um einen direkten Link zu Applikationen und Geschäftsfähigkeiten sowie weiteren verbundenen Bebauungselementtypen herzustellen. Damit können dann verschiedenen Fragestellungen beantwortet werden wie, „welche Anwendungen unterstützen welche Geschäftsprozesse?". Daher sind die Informationen zwar im EAM-Tool vorhanden, werden aber teilweise in anderen Tools gepflegt. Dies gilt i.d.R. nicht für EA-Daten wie Applikationen und Geschäftsfähigkeiten, wo häufig das EAM-Tool der Master ist.

Mit dem EAM-Tool als Single-Point-of-Truth wird Inkonsistenzen vorgebeugt. Vor der Einführung von EAM-Tools gibt es beispielsweise in so gut wie allen mittelständischen sowie großen Unternehmen diverse Applikationslisten. Das führt dazu, dass wenn zehn Leute in einem Unternehmen gefragt werden, wie viele Applikationen es denn im Unternehmen gibt, häufig mindestens genauso viele unterschiedliche Antworten resultieren. Dies liegt häufig daran, dass entweder eine unterschiedliche Sicht auf die Daten eingenommen oder aber die Granularitäten sehr unterschiedlich betrachtet werden. So fassen Informationssicherheitsbeauftragte häufig Informationssysteme und technische Systeme (technische Komponenten) zu IT-Systemen zusammen. Bzgl. Granularitäten ist SAP ein schönes Beispiel. So kann in einer Applikationsliste mit der Nennung nur eines SAP Systems wie z. B. SAP ERP sämtliche SAP Module mit subsumiert werden oder aber in einer anderen Applikationsliste die einzelnen Module von SAP wie z. B. SAP ERP FI, SAP ERP MM etc. als Einzelapplikationen aufgeführt werden. Dadurch ergibt sich dann eine unterschiedliche Anzahl von Applikationen.

Mit Einführung und Verankerung eines EAM-Tools kann hier Abhilfe geschaffen werden. Durch Modellierungsrichtlinien (siehe Abschnitt 5.9.2) werden z. B. Vorgaben für die Modellierung von Granularitäten gesetzt.

Allerdings sollte hier klar sein, dass nicht jede Applikationsliste mit Einführung eines EAM-Tools verschwindet. Vielmehr ist dies ein längerer Prozess, der sich häufig über viele Jahre hinzieht, bis ein Großteil der Applikationslisten durch das EAM-Tool ersetzt wurde. Jeder einzelne Stakeholder, wie z. B. Datenschutzbeauftragter oder Informationssicherheitsbeauftragter, muss hier einzeln durch persönlichen Mehrwert überzeugt werden.

Im Verlauf der Einführung von EAM tauchen immer wieder neue Listen auf, die schrittweise mit integriert werden müssen, um EAM nachhaltig zu verankern. Denn, wenn Stakeholder mit ihren eigenen Listen weiterarbeiten, entstehen erneut Inkonsistenzen. Der Aufwand für die Behebung von Inkonsistenzen ist sehr hoch, da hierfür eine Konsolidierung der fachlichen und technischen Strukturen mit ihren kompletten Abhängigkeiten einerseits notwendig ist. Andererseits ist eine Anpassung des fachlichen Prozesses und des z. B. Excel-basierten Toolings des Stakeholders erforderlich, dass dieser zukünftig wirklich das EA-Tool als Single-Point-of-Truth nutzt.

Darüber hinaus bieten einige EAM-Tools verschiedene Funktionen an, um Inkonsistenzen vorzubeugen. Beispielsweise bietet LeanIX bei der Erstellung von Fact Sheets (entspricht Bebauungselementen) eine Auswahl von ähnlichen bereits existierenden Fact Sheets an. Damit kann die Chance reduziert werden, dass aus Versehen ein und dasselbe Fact Sheet bzw. Bebauungselement doppelt angelegt wird. Nehmen wir z. B. an, dass wir bereits Microsoft Word 2021 als IT-Komponente bzw. technischer Baustein im EA-Repository angelegt haben. Wenn wir dann eine weitere IT-Komponente bzw. einen technischen Baustein wie beispielsweise MS Word 2021 anlegen wollen, würde in der UI angezeigt werden, dass Microsoft Word 2021 bereits existiert. Ähnliche Funktionen gibt es auch bei anderen EAM-Tools.

Exemplarisch werden wir uns im nachfolgenden Abschnitt einmal eine Auswahl von Enterprise Architecture Management Tools etwas näher anschauen.

6.2 Auswahl von Enterprise Architecture Management Tools im Überblick

Was Enterprise Architecture Management Tools anbelangt, mangelt es nicht unbedingt an einer Auswahl. Weltweit gesehen gibt es Stand März 2022 deutlich über 40 Enterprise-Architecture-Management-Tools. Viele der führenden EAM-Tools finden Sie beispielsweise im Gartner Magic Quadrant für Enterprise Architecture Management Tools (*https://www.gartner.com/en/documents/4008102*). Eine Auswahl von einigen EAM-Tools finden Sie zudem in Tabelle 6.2. Um Ihnen eine bessere Vorstellung darüber zu geben, was für Enterprise Architecture Management Tools es gibt und was diese auszeichnet, werden im Folgenden die EAM-Tools ADOIT, LUY und LeanIX näher betrachtet.

Tabelle 6.2 Eine Auswahl von Enterprise-Architecture-Management-Tools

Tool-Name	URL
avolution	*https://www.avolutionsoftware.com/*
adaptive	*https://adaptive.com/products/adaptive-enterprise-architecture-manager/*
ADOIT	*https://www.boc-group.com/en/adoit/*
Alfabet	*https://www.softwareag.com/de_de/platform/alfabet/enterprise-architecture.html*
Archi	*https://www.archimatetool.com/*
ardoq	*https://www.ardoq.com/*
Bee360	*https://www.bee360.com/de/*
BiZZdesign	*https://bizzdesign.com/*
BlueDolphin	*https://valueblue.com/en/uc/enterprise-architecture/*
ConceptDraw	*https://www.conceptdraw.com/solution-park/management-enterprise-architecture-diagrams*
Enterprise Architect	*https://www.sparxsystems.de/*
Envision® VIP	*http://www.future-tech.com/envision.html*
erwin EA	*https://www.casewisesa.co.za/erwin-enterprise-architectu*
Essential Project	*https://enterprise-architecture.org/*
iServer	*https://www.orbussoftware.com/iServer*
LUY	*https://www.luy.eu/de*
Innovator	*https://innovator.de/en/*
Ins-pi	*https://www.ins-pi.com/*
Layer8	*http://www.layer8-solutions.de/*
LeanIX	*https://www.leanix.net/en/*
Living EAM Platform	*https://www.softplant.de/portfolio-item/living-eam-platform/*
MEGA Hopex Platform	*https://www.mega.com/en/hopex-platform*
SAP PowerDesigner	*https://www.sap.com/products/powerdesigner-data-modeling-tools.html*
QPR Enterprise-Architect	*https://www.qpr.com/operational-excellence/software#QPREnterpriseArchitect*
QualiWare Enterprise Architecture	*https://www.qualiware.com/enterprise-architecture*
SAMU EAM-Tool	*https://atollgroup.eu/samu-enterprise-architecture-tool/*
smart360	*https://smart360.biz/*
Troux	*https://www.planview.com/de/acquisitions/about-troux/*
Txture	*https://txture.io/en*

Die Auswahl der drei Enterprise-Architecture-Management-Tools spiegelt dabei insbesondere verschiedene Kategorien von Tools wider. Bei der Auswahl wurde insbesondere Augenmerk daraufgelegt, welche Marktdurchdringung die Tools vor allem in Deutschland, Schweiz und Österreich haben, welche Preissegmente diesen zuzuordnen sind und inwiefern sich diese Feature-technisch untereinander abgrenzen lassen. Zudem kam bei der Auswahl der Enterprise Architecture Management Tools im erheblichen Maße zum Tragen, welche EAM-Tools es in den Jahren 2015 bis 2021 aus den Erfahrungen von Sebastian und Inge Hanschke besonders häufig in die Shortlist der Tools bei einer Toolevaluierung geschafft haben.

Dabei sei angemerkt, dass die drei EAM-Tools sich zwar gut eignen, um einen allerersten Überblick über den EAM-Tool-Markt zu gewinnen, diese aber nicht repräsentativ den gesamten EAM-Tool-Markt abdecken können. Langjährig etablierte Enterprise-Architecture-Management-Tools wie Alfabet und BiZZdesign sowie relativ schnell im deutschsprachigen Markt wachsende EAM-Tools wie ardoq und iServer werden in diesem Kapitel nicht näher betrachtet. Für weitere Informationen zu EA-Tool-Evaluierung sei auf *www.Hanschke-Consulting.com* verwiesen.

Im Folgenden werden ADOIT, LeanIX und LUY im Überblick kurz vorgestellt. Sämtliche hier aufgeführte Informationen spiegeln ausschließlich die persönlichen Erfahrungen und die Meinung des Autors wider. Für alle in diesem Kapitel verwendeten EAM-Tool-Screenshots wurde jeweils eine Zustimmung des jeweiligen Toolanbieters eingeholt.

6.2.1 ADOIT

Zu Beginn betrachten wir ADOIT von der BOC Products & Services AG in der Version 14. ADOIT ist bereits seit über 25 Jahren im EAM-Tool-Markt etabliert sowie mehrfach ausgezeichnet und zertifiziert (Quelle: *https://www.boc-group.com/de/adoit/*, 2021):

- Leader im Gartner Magic Quadrant for EAM-Tools 2021 (Gartner 2021)
- Customers' Choice-Anbieter (Gartner EA Voice of the Customer 2021)
- Leader in EA Management Suites (Forrester EAMS Wave 2021)
- Anerkannt für EA Critical Capabilities (Gartner Critical Capabilities for EAM-Tools 2020)
- ArchiMate 3 zertifiziert (The Open Group 2020)
- ISO 27001-zertifizerte Cloud-Dienste (CIS GmbH 2020)
- ADOIT wird als On-Premise- und SaaS-Lösung angeboten. Die On-Premise-Lösung wird dabei insbesondere vor allem von eher sicherheitsorientierten Unternehmen geschätzt, wie Unternehmen, welche der kritischen Infrastruktur der Bundesrepublik Deutschland angehören. Generell bieten hier viele andere EAM-Tools nur noch eine SaaS-Lösung an, so dass dies für einige Unternehmen durchaus häufig ein nicht unwichtiges Kaufargument darstellt. Das ausschließliche SaaS-Angebot einer EAM-Lösung ist dabei allerdings nicht mehr so ein kategorisches K.O.-Kriterium, wie es früher einmal war. Der Trend geht erfahrungsgemäß klar in Richtung SaaS, wenngleich hier sicherlich nicht alle Unternehmen auf On-Premise verzichten können oder wollen.
- Preislich gesehen ist ADOIT bei einer überschaubaren Anzahl von schreibenden Usern und Admins im unteren Preissegment angesiedelt. Auch bei höherer Anzahl von entsprechenden Usern, steigen die Kosten in einem im Vergleich zu anderen EAM-Tools eher überschaubaren Maße. Bei höherem Customizing-Bedarf, in Abhängigkeit davon, ob die

Lösung als On-Premise oder SaaS angeboten wird, steigen die initialen sowie die kontinuierlichen Kosten potenziell analog zu vielen anderen EAM-Tools ebenfalls entsprechend. Für detaillierte Preise sei auf die BOC Products & Services AG verwiesen.

- Analog wie z. B. BiZZdesign legt ADOIT einen großen Fokus auf die Erstellung von ArchiMate-konformen Modellen. Dadurch ermöglicht ADOIT u. a. einerseits eine anschauliche visuelle Workshop-Begleitung und anderseits einen einfachen Einstieg für alle diejenigen Toolnutzer, welche bereits ArchiMate Vorwissen haben. Diese visuelle Workshop-Begleitung von einem erfahrenen ADOIT-Nutzer wird dabei häufig von vielen eher nicht so IT-nahen Personen sehr geschätzt. Da der ADOIT-Nutzer die Ideen & Architekturskizzen im Zusammenarbeit mit weiteren Mitarbeitenden direkt im Tool live in einem Modell visuell mitnotieren kann. Die Änderungen sind dann bereits im ADOIT Repository gepflegt und müssen nur noch im Anschluss in eine Ordnerstruktur einsortiert werden. Damit entfällt das sonst bei anderen Tools häufig übliche Übertragen bzw. die Erstellung der Artefakte aus den Architekturskizzen & Ideen in das Repository des EAM-Tools.
- Generell zeichnet sich ADOIT durch einen relativ hohen Funktionsumfang aus, durch welchen es notwendig ist, sich vorab entsprechend Gedanken zu machen. Z. B. ist es wichtig, sich vorher klar zu machen, welche der angebotenen ArchiMate Metamodellelementtypen wirklich notwendig sind. Häufig ist es vollkommen ausreichend, sich auf eine kleine Zahl von Metamodellelementtypen zu beschränken. Dabei wird der ADOIT-User aber nicht von der BOC Products & Services AG alleine gelassen. In ADOIT selbst gibt es vorgefertigte Konfigurationen, welche einem die Vorauswahl des unternehmensspezifischen Metamodells erleichtern. Unabhängig davon ist es aber notwendig, das so ggf. vorausgewählte Metamodell entsprechend nochmals nachzuschärfen. Aus verschiedenen Projekterfahrungen hat sich dabei erfahrungsgemäß folgendes Best-Practice ArchiMate-Grundgerüst von Metamodellelementtypen bewährt:
- **Fähigkeit:** entspricht häufig auf den oberen Hierarchieebenen Business-Domains, auf den darunterliegenden Ebenen Geschäftsfähigkeiten und auf den tieferen Ebenen Geschäftsfunktionen. Best-Practice ist, hier exklusiv den ArchiMate Metamodellelementtypen Fähigkeit für Business Domain, Geschäftsfähigkeiten und Geschäftsfunktionen zu verwenden, um die Komplexität zu reduzieren und die Kommunikation mit Dritten zu vereinfachen.
- **Geschäftsprozess:** Geschäftsprozesse inkl. Hierarchie analog zu den Geschäftsprozessen im Geschäftsprozessmanagement-Tool. Best-Practice ist hier, die Aktivitätsebene aus u. a. BPMN-Diagrammen aus dem oder den Geschäftsprozessmanagement-Tool bzw. -Tools nicht mit im EAM-Tool zu inkludieren. Häufig werden die Geschäftsprozesse in drei bis fünf Ebenen im EAM-Tool abgebildet, häufig abhängig vom Grad der Automatisierung der Daten zwischen den Tools sowie der Datenqualität von den Geschäftsprozessen.
- **Geschäftsakteur:** Hiermit sind Organisationseinheiten und Verantwortlichkeiten für die Zuordnung zu Bebauungselementen wie Applikationen gemeint.
- **Geschäftsobjekt:** Stellt sowohl eher fachliche und tendenziell Fähigkeiten zugeordnete Geschäftsobjekte sowie Datenobjekte dar, die wiederum tendenziell eher von Applikationskomponenten verarbeitet werden und über Applikationsschnittstellen übertragen werden. Das separate Datenobjekt sollte in ADOIT nur bei einem entsprechenden Reifegrad von EAM in der Organisation verwendet werden. Best-Practice ist hier, zumindest zu Beginn, nicht zwischen Datenobjekt und Geschäftsobjekt zu unterscheiden und hier nur das Geschäftsobjekt zu verwenden.

- **Applikationskomponente:** Stellt eine potenziell hierarchisch strukturierte Applikation bzw. ein Informationssystem dar. Unerheblich davon, welche Hierarchieebene von der Applikationskomponente adressiert wird, wird diese Applikationskomponente genannt. Daher wird ein Objekt wie Teilapplikation nicht über den Namen, sondern über eine sogenannte Spezialisierung in den ADOIT-Modellen repräsentiert.
- **Applikationsschnittstelle:** Die Applikationsschnittstelle stellt eine von einer Applikation bereitgestellte Schnittstelle dar, welche verschiedene Technologien und IT-Komponenten (Systemsoftware) sowie Daten- bzw. Geschäftsobjekte sowie nutzende Applikationskomponenten zugeordnet haben kann.
- **Systemsoftware:** technische Bausteine, Technologien oder IT-Komponenten, welche typischerweise insbesondere Applikationskomponenten und Gruppen (z. B. als technische Domäne) zugeordnet werden.
- **Gruppe:** Hiermit können verschiedenste EAM-Artefakte klassifiziert und geclustert werden. Beispielsweise eignen sich Gruppen sehr gut, um beispielsweise eine gewisse Gruppe von Applikationskomponenten oder Systemsoftware zu clustern. Unter anderem wird die Gruppe häufig verwendet, um technische Domänen, daher die technischen Schubladen der Systemsoftware, wie z. B. Datenbanken und Programmiersprachen, zu repräsentieren.
- **Knoten** *(optional):* Kann verwendet werden, um z. B. ausgewählte Infrastrukturelemente (auch CI bzw. Configuration Item genannt) aus einer CMDB abzubilden. Empfehlung ist hier allerdings, dass nicht sämtliche, sondern nur im Bedarfsfall, eine Auswahl von auch kontinuierlich ggf. über eine Schnittstelle pflegbaren Infrastrukturelementen in ADOIT abgebildet werden.
- Die Beschreibung der Metamodellelemente hat keinen Anspruch auf Vollständigkeit und soll nur eine zusätzliche Erläuterung zu den jeweiligen Elementen darstellen. Für eine genaue Definition von Bebauungselementtypen sei auf Kapitel 2 verwiesen. Das dargestellte Best-Practice Metamodell Grundgerüst muss darüber hinaus sicherlich noch unternehmensspezifisch an der einen oder anderen Stelle an die Unternehmensgegebenheiten angepasst werden. Dennoch wird dieses Grundgerüst erfahrungsgemäß in über 90 % der Fälle in den Unternehmen in ähnlicher bzw. leicht abgewandelter Form so verwendet.
- Tendenziell strebt die BOC Products & Services AG an, insbesondere die Usability von ADOIT kontinuierlich zu verbessern. Beispielsweise wurde mit den Insights-Dashboards ein intuitives Cockpit für die entsprechenden ArchiMate Elemente in ADOIT geschaffen.
- Was besonders bei ADOIT hervorzuheben ist, ist die einfache Pflege der Modelle, welche insbesondere von erfahrenen ADOIT-Nutzern sehr geschätzt wird. Beispielsweise kann in kürzester Zeit gemeinsam mit den entsprechenden Verantwortlichen eine Geschäftsfähigkeitslandkarte[2] in einem Modell von ADOIT entwickelt werden, was so nahezu 1-zu-1 direkt in eine PowerPoint-Präsentation überführt werden kann, ohne dies nachträglich nochmals großartig nachbearbeiten zu müssen. Ein Beispiel einer dieser Geschäftsfähigkeitslandkarten finden Sie in Bild 6.4.

2 auch häufig als Business Capability Map bezeichnet

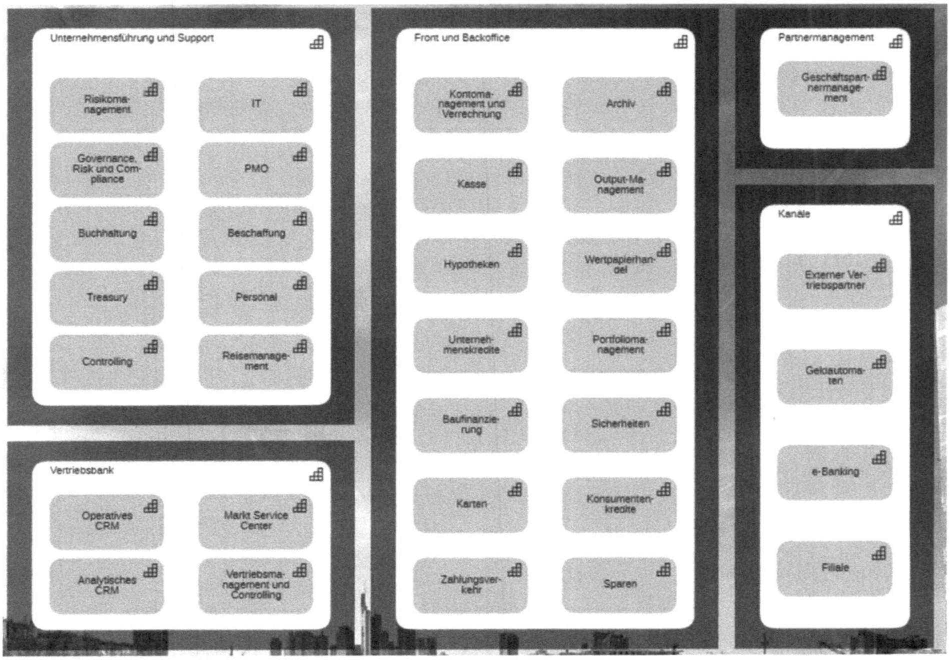

Bild 6.4 Eine in ADOIT 14 entwickelte Geschäftsfähigkeitslandkarte (Quelle: BOC Information Technologies Consulting GmbH, 2021)

> **Praxistipp**
> Machen Sie sich die Modelle von ADOIT zunutze und überzeugen Sie durch aussagekräftige sowie wenn möglich kontextbezogene Modelle. Die visuelle interaktive Gestaltung von Modellen gemeinsam mit Mitarbeitenden stellt häufig einen erheblichen Mehrwert zum Verstehen, Kommunizieren, Gestalten und Planen der Business- und IT-Landschaft dar.

Die Pflege kann zusätzlich über eine angebundene Survey-Funktion noch weiter unterstützt werden.

Weiterhin zeichnet sich ADOIT durch eine umfangreiche Rollen- und Rechtverwaltung aus, welche im Vergleich zu den anderen EAM-Tools in der obersten Liga mitspielt. Berechtigungen sind hier u. a. bis auf Attributebene möglich.

Darüber hinaus wird von vielen ADOIT-Nutzern das erfahrene Entwickler- und Beraterteam als wertvoll erachtet, so dass für den Kunden in der Regel immer ein entsprechender Sparringspartner bereitsteht.

Was die weitere Administration von ADOIT anbelangt, so gibt es hier diverse Konfigurationsmöglichkeiten. Von der Anpassung von Standardvisualisierungen wie BIAs bis hin zur detaillierten Konfiguration des Webclients sind hier viele Möglichkeiten gegeben. Beispielsweise kann über die Mehrsprachigkeitsverwaltung von ADOIT im Administrationsbereich eine Umbenennung auf Attribut- und Attributausprägungsebene erfolgen, so dass hier für viele Use-Cases häufig der Erwerb des Metamodell-Zusatzmoduls zur Anpassung von ADOIT-Attributen, Metamodelltypen und Beziehungen nicht notwendig ist. Im Bedarfsfall bietet hier die BOC Products & Services AG auch ein Attribut-Customizing an, mit dem zusätzliche Anforderungen an ADOIT realisiert werden können. Generell gilt hier allerdings die Empfehlung, weitestgehend im Standard zu bleiben, um die Release-Wechselaufwände gering zu halten.

Was die Visualisierungsmöglichkeiten anbelangt, so überzeugt ADOIT durch automatisch generierbare state of the art Business-Impact-Analysen sowie Box-in-Box-Visualisierungen (entspricht Clustergrafiken). Die Box-in-Box-Visualisierungen erlauben es, die Zuordnung von einem Bebauungselement zu beliebig vielen weiteren Bebauungselementen über verschiedene, ausblendbare Ebenen darzustellen und einzufärben (siehe Bild 6.5).

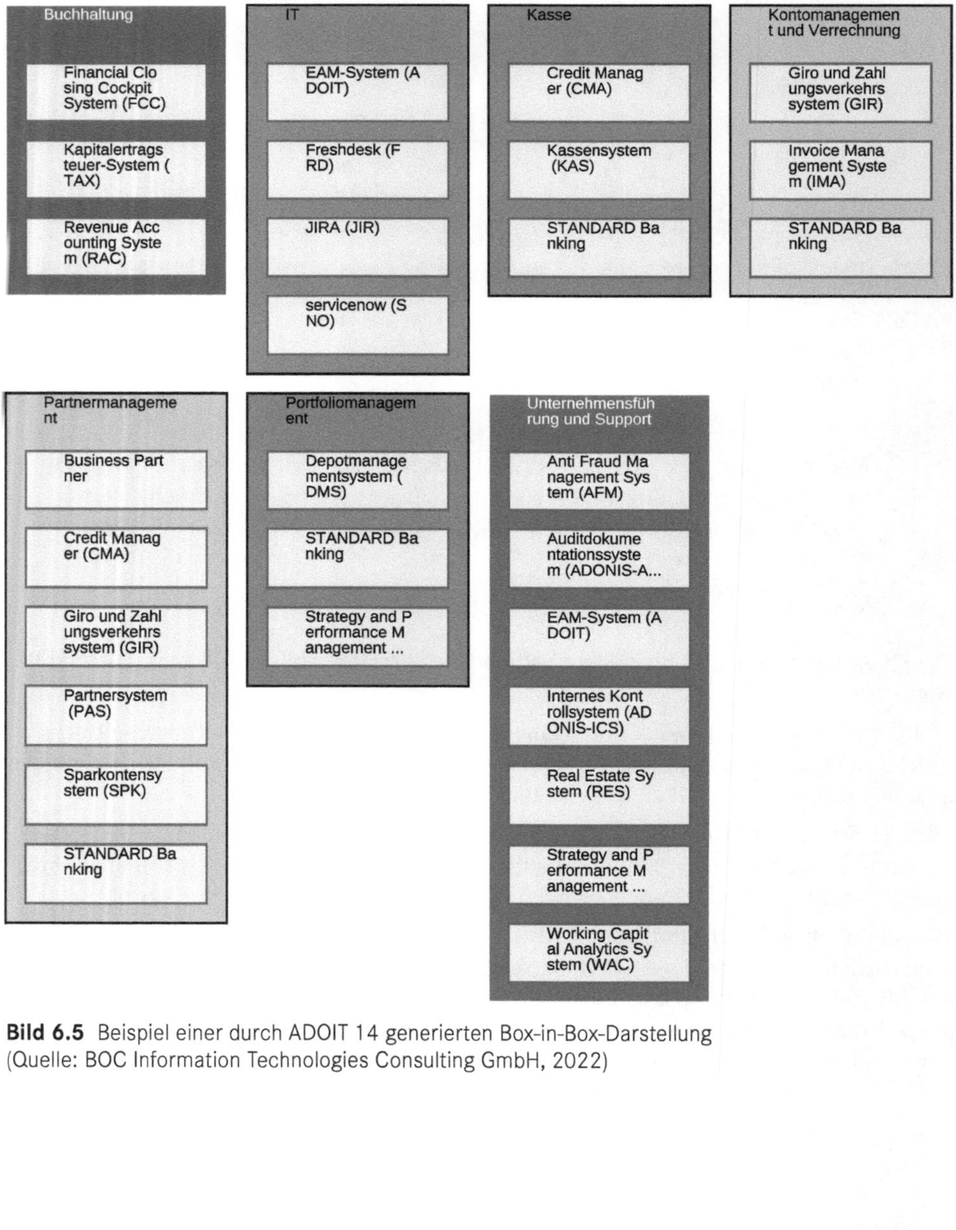

Bild 6.5 Beispiel einer durch ADOIT 14 generierten Box-in-Box-Darstellung (Quelle: BOC Information Technologies Consulting GmbH, 2022)

Beispielsweise kann so eine Geschäftsfähigkeitslandkarte mit zugeordneten Applikationen und darunter die zugeordneten IT-Komponenten (Systemsoftware in ADOIT) dargestellt werden, wobei z. B. die Applikationen als Zwischenebene ausblendbar sind. Bei den Business-Impact-Analysen, kurz BIA, sowie den weiteren ADOIT-Abhängigkeitsanalysen können alle möglichen im Repository vorhandenen Beziehungen ad-hoc ausgewertet werden. Dadurch können u. a. folgende Fragestellungen beantwortet werden:

- Welche Geschäftsprozesse und Geschäftsfähigkeiten sind vom Ausfall eines Servers betroffen?
- Welche Informationssysteme unterstützen welche Geschäftsprozesse? Wie werden die Informationssysteme technisch realisiert?
- Auf welchen Plattformen oder Servern laufen welche Informationssysteme?
- Welche technischen Elemente sind von einer Veränderung im Business betroffen?
- Ein Beispiel für eine Abhängigkeitsanalyse finden Sie in Bild 6.6.
- Weitere Visualisierungsmöglichkeiten stellen u. a. die Bubble-Grafik (Portfolio-Grafik), die Matrix (siehe Bild 6.7) und die Gantt-Grafik dar.
- Sämtliche Grafiken sind dabei in den verschiedensten Formaten exportier- und teilbar. Die EA-Daten sind zudem über eine komfortable Suchfunktion als eigene Sicht mit Mitarbeitenden teilbar sowie als Excel-Datei exportierbar. Ein Excel-Import funktioniert ebenfalls unter Zuhilfenahme eines entsprechend anzupassenden XML-Files.
- Darüber hinaus ist es möglich ArchiMate-Modelle mit anderen ArchiMate-Modellierungswerkzeugen über einen Import und Export auf relativ einfache Art und Weise auszutauschen.
- Des Weiteren können mittels des hauseigenen Integrationsframeworks unter Zuhilfenahme der REST-API sämtliche REST-fähigen Drittsysteme in einem in der Regel vertretbaren Aufwand angebunden werden.
- ADONIS, das Geschäftsprozessmanagement-Tool der BOC Products & Services AG ist zudem über das Management Office Integration Modul vergleichsweise einfach integrierbar.

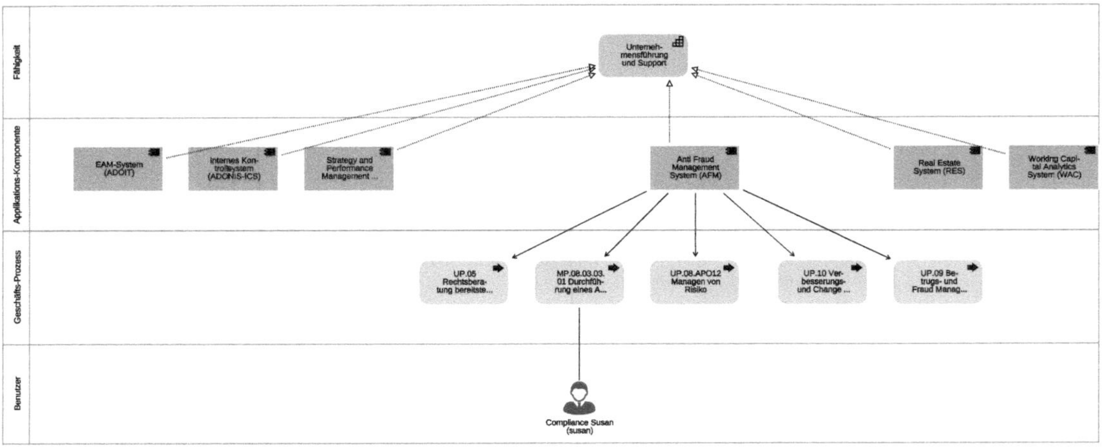

Bild 6.6 Abhängigkeitsanalyse erzeugt mit dem EAM-Tool ADOIT 14
(Quelle: BOC Information Technologies Consulting GmbH, 2022)

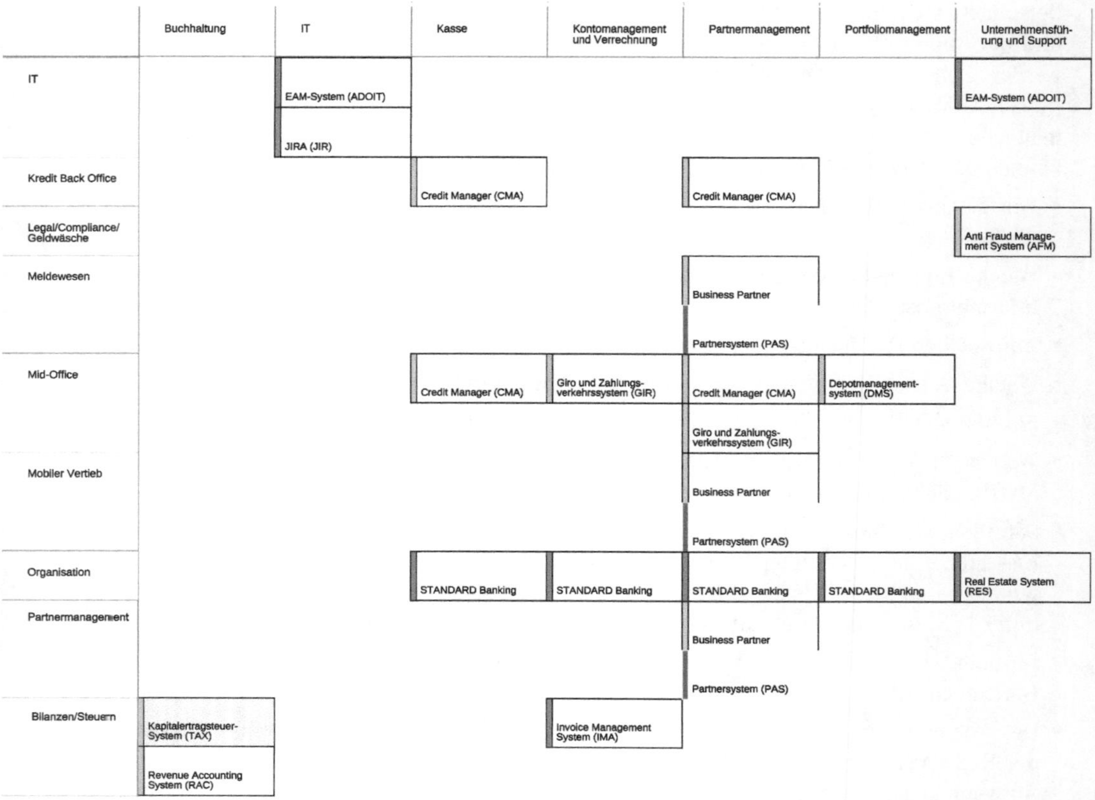

Bild 6.7 Matrix erzeugt mit dem EAM-Tool ADOIT 14. Auf der X-Achse sind hier die Fähigkeiten, auf der Y-Achse die die zugeordneten Geschäftsakteure und als Zelleninhalt die Applikationen eingefärbt nach Geschäfts-Fitness dargestellt. (Quelle: BOC Information Technologies Consulting GmbH, 2022)

- Nachfolgend nochmals die wesentlichen Kernfunktionalitäten von ADOIT in Kürze:
- Als On-Premise & SaaS erhältlich
- Viele EAM-Visualisierungen im Standard vorhanden – benutzerspezifische Sichten auf Inhalte des ADOIT-Repository
- Einfache, anschauliche Workshop-Begleitung über ADOIT-Modelle möglich (grafische Pflege des Repository) und ArchiMate-3.1-Support
- Attribute flexibel anpassbar (mit Zusatzmodul) und aus-/einblendbar
- Entwicklungsteam in u. a. Deutschland und Österreich
- Mächtige Abhängigkeitsgrafiken und Box-in-Box-Darstellungen
- Umfangreiche Rollen- und Rechteverwaltung
- Integrationsmöglichkeiten mit Drittsystemen über REST-API
- Enge Kopplung mit ADONIS über Management Office Integration Modul

6.2.2 LeanIX

Obwohl noch relativ jung am EA Markt, ist das 2012 von der LeanIX GmbH bereitgestellte EAM-Tool LeanIX das verbreitetste EAM-Tool am Markt. U. a. weist Gartner LeanIX als „Leader im Gartner Magic Quadrant for EAM-Tools 2021" aus. LeanIX hat mit seinen mittlerweile weit über 450 Mitarbeitern (Stand 2022) mit Unterstützung von zahlreichen Investoren ein erhebliches Wachstum an den Tag gelegt und blickt auf ein großes Feld von namhaften Kunden.

Obwohl LeanIX 2012 als reines EAM-Tool gestartet ist, hat LeanIX mittlerweile eine ganze Reihe von Produkten veröffentlicht. Dazu gehören Stand Januar 2022

- Enterprise Architecture Management,
- Value Stream Management,
- SaaS Management Platform und die
- LeanIX Continuous Transformation Platform.
- Dabei weisen diese Produkte eine Reihe von Synergien auf. Beispielsweise können mittels des Value-Stream-Management-Produkts die vom Unternehmen verwendeten GitHub Repositories inklusive verwendeter Bibliotheken und Open-Source-Komponenten ausgewertet und in direkte Relation mit den im Enterprise-Architecture-Management-Produkt genutzten Applikationen gesetzt werden. Dadurch ist es z. B. möglich, relativ einfach auszuwerten, welche selbst entwickelten Applikationen, welche Repositories mit welchen Bibliotheken und technischen Komponenten verwendet werden.
- Für eine bessere Vergleichbarkeit beschränken wir uns im Weiteren allerdings auf das Produkt Enterprise Architecture Management, welches mittlerweile nur noch als SaaS angeboten wird.
- Das Enterprise-Architecture-Management-Produkt gliedert sich Stand 2022 in die Module
- Application Portfolio Management (APM),
- Technology Risk Management (TRM) und
- Business Transformation Management (BTM).
- Der Startpunkt für die Einführung oder Migration eines EAM-Tools mit LeanIX stellt dabei das APM-Modul dar, welches bei Bedarf um das TRM-Modul und das BTM-Modul erweitert werden kann. Im TRM-Modul wird beispielsweise das Technologie Lifecycle Management über einen eigenen im Modulpreis inkludierten LeanIX-Service unterstützt, in dem LeanIX mit einem entsprechenden SLA Produktinformationen vor allem Lifecycle-Daten sämtlicher am Markt verfügbaren Standard-IT-Komponenten dem Kunden liefert. Konkret geht LeanIX hierbei so vor, dass diese einen Katalog mit entsprechenden Produkten bereitstellen, welche dann mit den Objekten des LeanIX Repository verknüpft werden können. Dabei kann ausgewählt werden, welche Informationen vom Katalog übertragen werden sollen. Beispielsweise kann ein Administrator von LeanIX einstellen, dass nur die Beschreibung sowie der Lifecycle-Status eines Objekts aus dem Katalog regelmäßig aktualisiert wird, der Name des Produkts aus dem Produktkatalog aber bei Kopplung mit dem Objekt aus dem LeanIX Repository nicht mit übernommen werden soll. Sollte es für ein korrespondierendes Objekt, z. B. die IT-Komponente Microsoft SQL Server 2019, in LeanIX keinen Eintrag im Produktkatalog geben, wird dieses Produkt in kürzester Zeit vom LeanIX-Team in den Produktkatalog übertragen. Eine ähnliche Funktion gibt es mittlerweile (Stand 2022) auch für die Applikationen.

- Darüber hinaus wird aktuell über das TRM-Modul insbesondere die Out-of-the-Box-Integration zu ServiceNow angeboten, wo über eine grafische UI die Schnittstelle zwischen LeanIX und ServiceNow auf relativ einfachen Wegen bereitgestellt werden kann. Hierfür sind in der Regel aufgrund der einfachen grafischen Oberfläche keinerlei Programmierkenntnisse notwendig. Lediglich bei komplexeren ServiceNow-Integrationen kann es ggf. notwendig sein, Anpassungen direkt am Austauschformat (hier JSON) vorzunehmen bzw. auf die gut dokumentierte REST-API auszuweichen.
- Das BTM-Modul hingegen erweitert APM insbesondere um verschiedene Aspekte hinsichtlich der Zielbildmodellierung und Szenarienplanung.
- Wesentliche Features des APM-Moduls sind u. a.
- Bereitstellung einer Produktiv- sowie Testumgebung, weitere Workspaces auf Anfrage,
- Survey-Funktionalität,
- SSO und intelligente Berechtigungskonzeptumsetzung über virtuelle Workspaces,
- Konfiguration von Attributen im Self-Service (zukünftig auch Beziehungen und Fact-Sheet-Typen[3]),
- Bereitstellung von verschiedenen Reports,
- Konfiguration und Bereitstellung von Self-Service-Portalen,
- Anbindung von vielen Standardintegrationen wie Signavio & Confluence,
- Bereitstellung einer mächtigen Rest-API.

LeanIX stellt allgemein ein äußerst benutzerfreundliches Enterprise Architecture Management Tool bereit, welches durch eine moderne Benutzeroberfläche brilliert. Intuitive Abfragen, eine komfortable, marktführende Survey-Funktion sowie die einfache Konfiguration von verschiedenen Elementen runden das Paket hinsichtlich Usability ab. Vor allem die konfigurierbare Survey-Funktion von LeanIX, wird von vielen LeanIX-Nutzern sehr geschätzt. Sie ermöglicht es den Nutzern in einer einfachen und intuitiven Art und Weise die Daten für Ausschnitte von Fact Sheets direkt per Survey in die LeanIX Datenbank zu schreiben. Die Konfiguration der Survey erfolgt dabei vollständig, u. a. per Drag-and-Drop, im Self-Service. Beispiele zur Illustration der LeanIX-Survey finden Sie in Bild 6.8 und Bild 6.9.

LeanIX wird zwar mittlerweile nur noch als SaaS-Lösung angeboten, erfüllt hier aber alle gängigen Sicherheitsstandards, wie auch eine Reihe von Zertifizierungen wie z. B. ISO 27001 belegen. Generell legt LeanIX viel Wert auf Sicherheit, was der kontinuierliche Ausbau von verschiedenen Sicherheitsfeatures zeigt.

Preislich orientiert sich LeanIX an der Anzahl von Applikationen. Bei einer relativ geringen Anzahl von Applikationen liegt damit LeanIX eher im unteren bis mittleren Preissegment und bei einer höheren Anzahl von Applikationen im höchsten Preissegment. Für weitere Preisinformationen sei hier an die LeanIX GmbH verwiesen.

LeanIX stellt in Summe ein recht umfangreiches Enterprise-Architecture-Management-Produkt dar, welches ähnlich wie EAM-Tools wie z. B. ardoq, einen äußerst hohen Feature-Zuwachs zu verzeichnen hat. Dennoch ist es notwendig, sich entsprechend an der „Lean“ Philosophy von LeanIX auszurichten, um das Maximum aus dem EAM-Tool herauszuholen.

[3] Entspricht Bebauungselementtypen

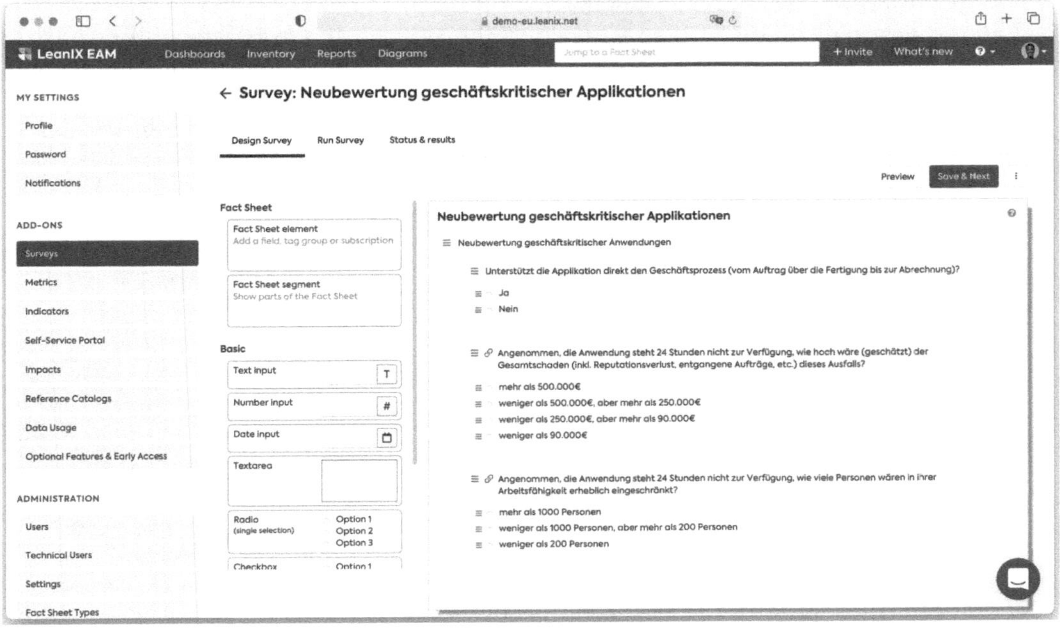

Bild 6.8 Beispiel einer Konfiguration einer Survey im LeanIX-Administrationsbereich (Quelle: LeanIX GmbH, 2022).

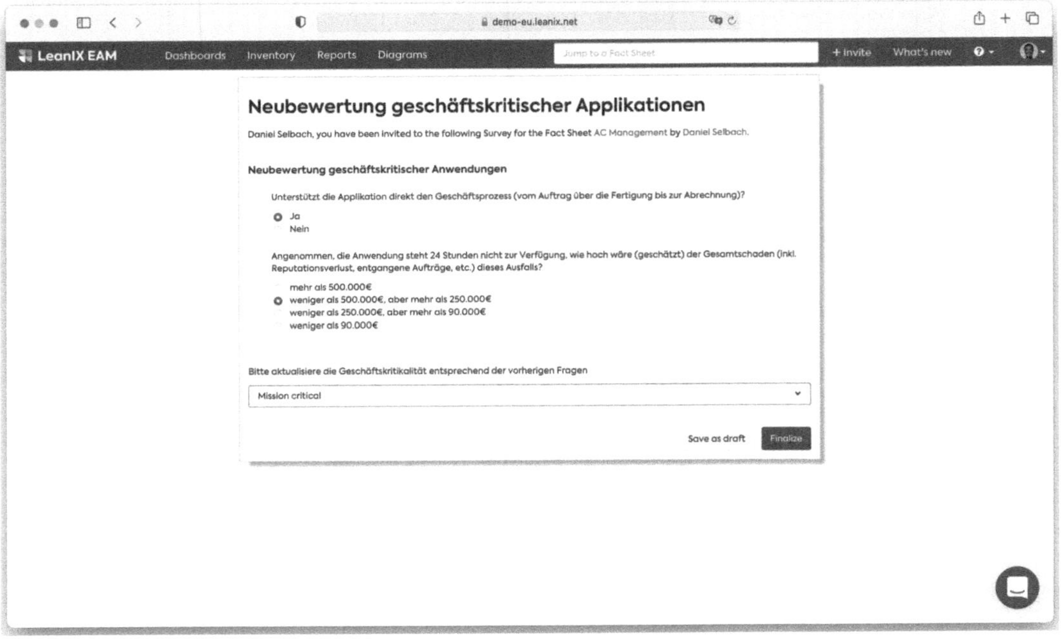

Bild 6.9 Beispiel einer Survey, wie es der User dargestellt bekommt, nachdem er eine Survey geöffnet hat (Quelle: LeanIX GmbH, 2022).

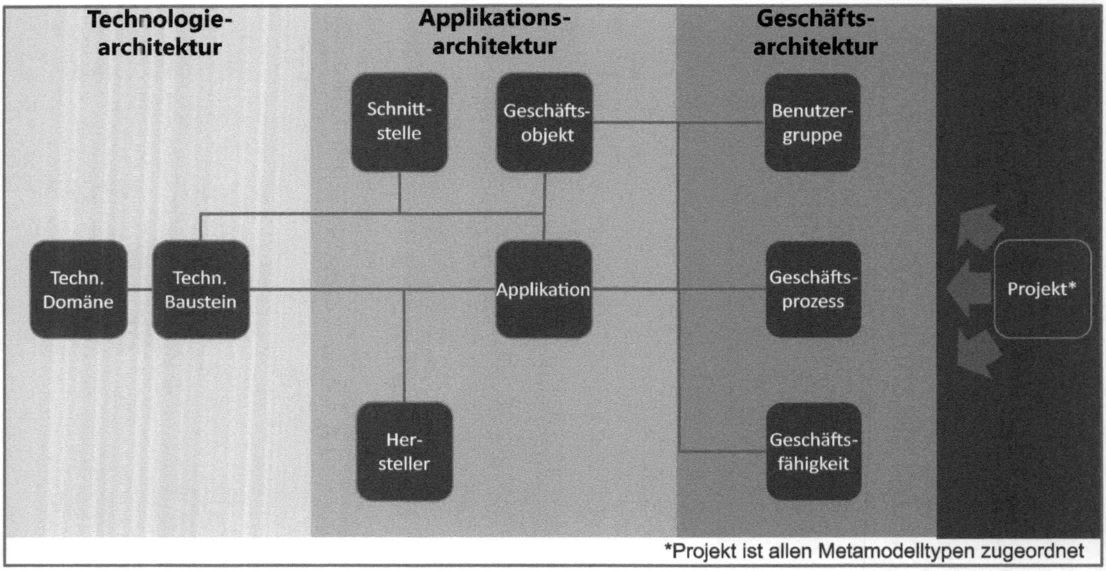

Bild 6.10 Best-Practice-Beispielimplementierung LeanIX-Metamodell als vereinfachte Darstellung

Wer versucht, LeanIX komplexe Strukturen überzustülpen, wird auf Dauer erfahrungsgemäß damit nicht sehr erfolgreich sein. Zwar ist es in LeanIX z. B. über sogenannte Constraining Relations möglich, von Applikationen unterstützte Geschäftsfähigkeiten in Abhängigkeit zu einer Benutzergruppe (z. B. einer Auswahl von Abteilungen oder Organisationseinheiten) einzuschränken. Aber ob es immer sinnvoll ist, dies auch so durchzuführen, sollte hinterfragt werden. Sollten solche Einschränkungen des Metamodells im Hinblick auf eine zusätzliche Einschränkung über die Zeit zudem unverzichtbar sein, ist dies aber dennoch über LeanIX über verschiedene Wege abbildbar. Dies ist kein selbstverständliches Feature. Viele EAM-Tools können derartige Einschränkungen nur ungenügend abbilden. Lediglich eine Handvoll Tools wie LeanIX über BTM-Modul, Alfabet und LUY können hier eine entsprechende Funktionalität liefern. Dies ist beispielsweise sogar eine besondere Stärke von LUY (siehe Abschnitt 6.2.3 und Bild 6.10).

Was das Metamodell anbelangt, stellt nachfolgendes unternehmensspezifisch noch auszuprägendes Best-Practice-Metamodell häufig einen guten Start in LeanIX dar.

Was die Integrationsfähigkeit anbelangt, so glänzt LeanIX hier auf ganzer Linie. Neben den vielen Out-of-the-Box-Standardintegrationen wie z. B. zu ServiceNow und Signavio bietet LeanIX u. a. eine mächtige REST-API und eine eigens entwickelte Integration API. Die Integration API spart dabei einiges an Aufwand. Folgende Vorteile weist LeanIX selbst aus (siehe *https://docs.leanix.net/docs/integration-api*, 2021):

- Die Komplexität wird minimiert, da Entwickler das LeanIX-Datenmodell nicht mehr verstehen müssen.
- Die Konfiguration für LeanIX ist in jedem Konnektor enthalten.
- Logik muss nicht mehr im Code abgebildet werden.
- Integration ist auch dann möglich, wenn das Drittsystem keinen direkten Zugriff zulässt.
- Keine direkte REST-Verbindung erforderlich.

- Flexible Fehlerbehandlung, kein Ausfall aufgrund einzelner oder sogar mehrerer Datenprobleme. Daten, die den Anforderungen nicht entsprechen, werden einfach ignoriert.
- Übergreifende Funktionalitäten sind Teil der API und in jedem Konnektor enthalten.

Für weitere Details hierzu sei auf die umfangreiche Dokumentation von LeanIX unter *https://docs.leanix.net/docs/integration-api* verwiesen.

Die Modellierung von Sachverhalten ähnlich wie bei ADOIT ist zwar nicht möglich, aber dies entspricht auch nicht der Philosophy von LeanIX. LeanIX sieht sich selbst nicht als hauptsächliches Modellierungswerkzeug, sondern überlässt dies anderen Tools und integriert sich lieber auf einfache Art und Weise damit. Beispielsweise gibt es bzgl. Modellierung eine enge Integration mit Lucidcharts, wo detaillierte Modelle erstellt und mit LeanIX referenziert werden können. Das heißt aber nicht, dass in LeanIX keinerlei Modellierung möglich ist. LeanIX bietet die Möglichkeit, auf Basis des LeanIX Repository Architekturskizzen und Ideen im LeanIX-eigenen Diagrammeditor anzufertigen und mit Mitarbeitenden im Unternehmen zu teilen.

Anders als viele anderen EAM-Tools, ist es in LeanIX möglich, im Self-Service Änderungen an den Attributen von Metamodellelementtypen in Eigenregie vorzunehmen. Darüber hinausgehende Änderungen im Metamodell müssen aktuell noch über LeanIX selbst erledigt werden. Allerdings erfolgen diese Änderungen in der Regel kostenfrei und in kürzester Zeit.

Was das Reporting anbelangt, so brilliert LeanIX über eine ganze Reihe von mächtigen Standardreports wie Bebauungsplänen (siehe Bild 6.11), Clustergrafiken oder Informationsflussgrafiken (vgl. Bild 6.12), die jeweils relativ frei konfigurierbar sind. Damit lassen sich beispielsweise folgende Fragestellungen beantworten:

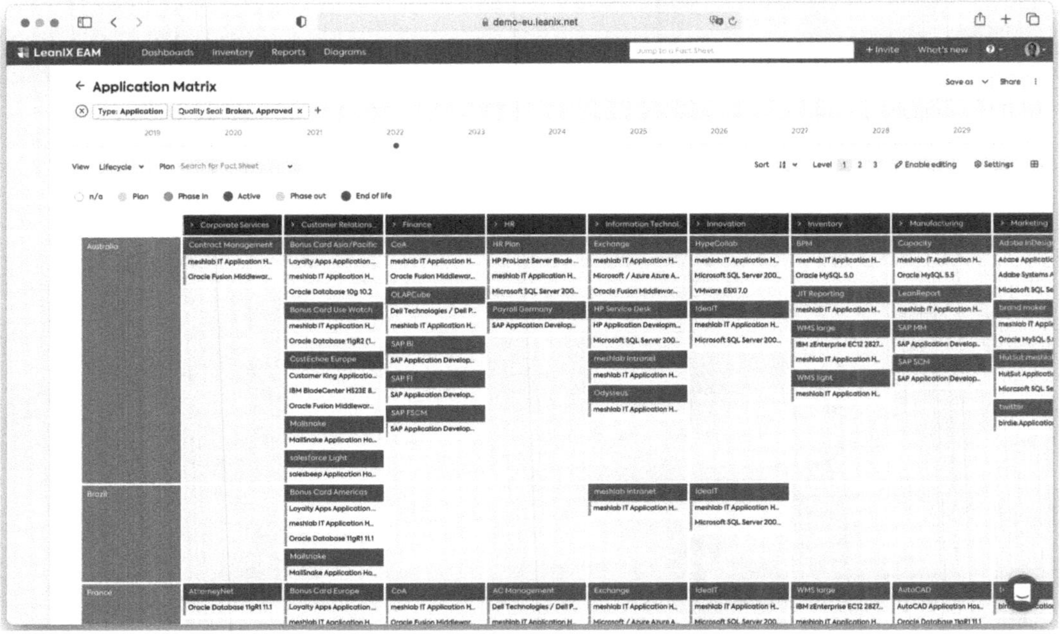

Bild 6.11 Applikationsmatrix mit Fähigkeiten auf der X-Achse, User Groups auf der Y-Achse und Applikationen mit zugeordneten IT-Komponenten als Zelleninhalt eingefärbt nach dem Lebenszyklusstatus (Quelle: LeanIX GmbH, 2022).

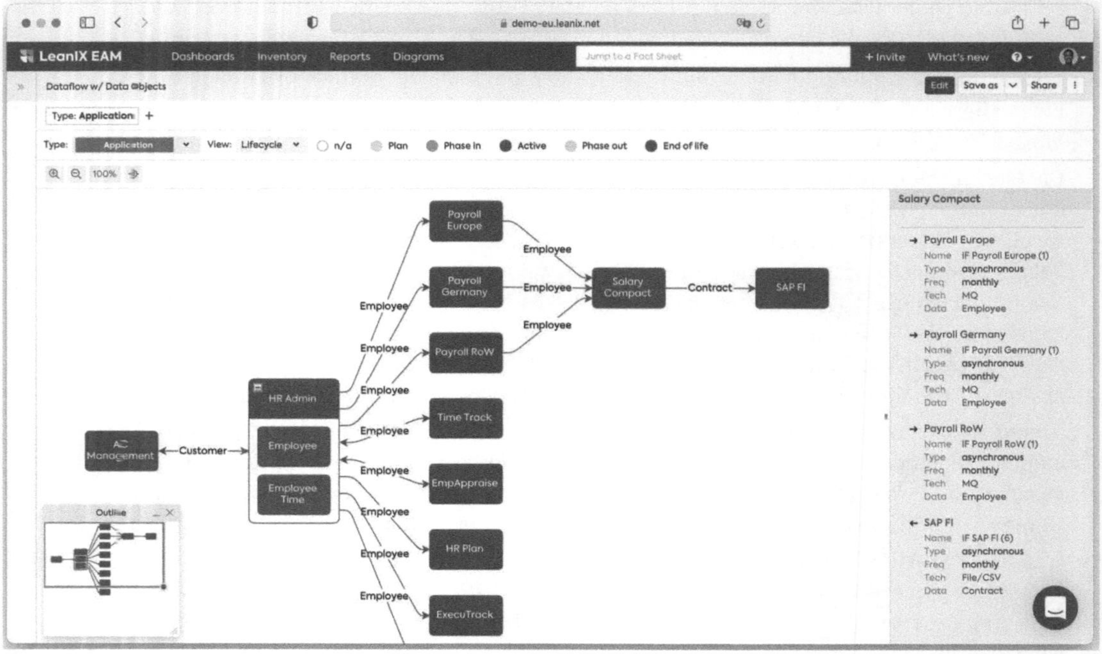

Bild 6.12 Beispiel eines Datenflusses in LeanIX (Quelle: LeanIX GmbH, 2022).

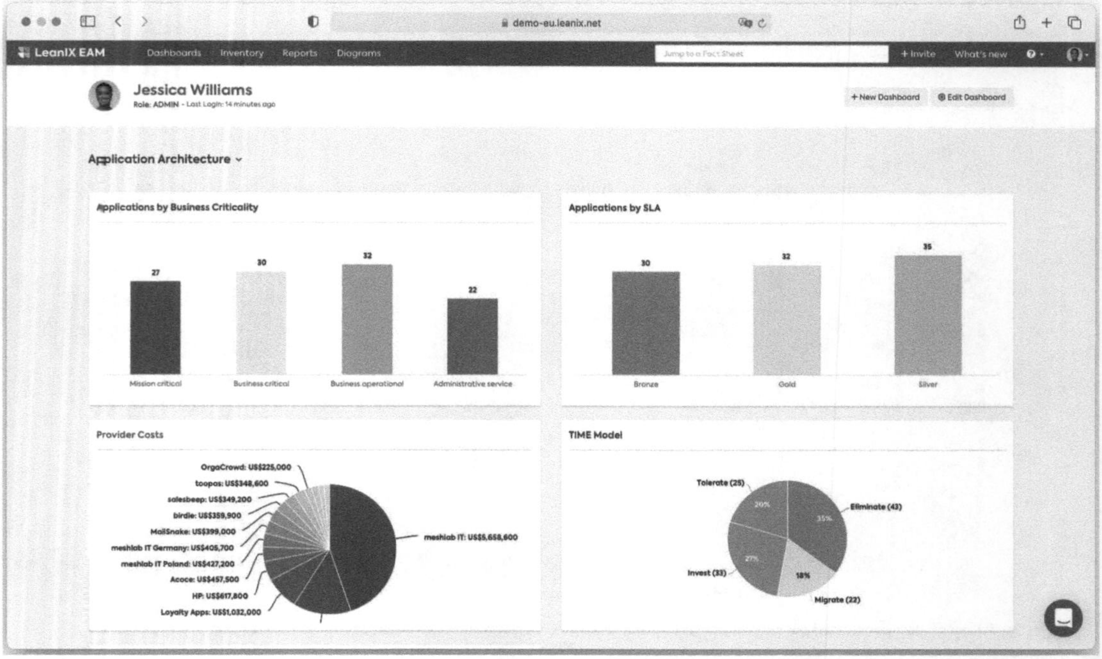

Bild 6.13 Beispiel eines Dashboards in LeanIX

- Wie sieht die Geschäftsfähigkeitslandkarte im Unternehmen aus? Welche Applikationen unterstützen diese Geschäftsfähigkeiten aktuell und welche solchen zukünftig unterstützt werden?
- Welche Applikationen unterstützen welche Geschäftsprozesse innerhalb welcher Organisationseinheit?
- Wie sind die Applikationen technisch realisiert?
- Wer sind die Kunden und Nutzer meiner Applikation?
- Was passiert, wenn eine IT-Komponente ausfällt? Welchen Impact hat dies auf Kunden, Nutzer und Geschäftsfähigkeiten?
- Darüber hinaus überzeugt LeanIX mit ad-hoc über Drag-and-Drop erstellbaren Dashboards, welche eine schnelle Visualisierung der wichtigsten Kennzahlen des EAM-Repository erlauben (siehe Bild 6.13).
- Nachfolgend nochmals die wesentlichen Kernfunktionalitäten des LeanIX-EAM-Produkts in Kürze:
- **Benutzerfreundlichkeit** (moderne Benutzeroberfläche, intuitive Abfragen, einfache Anpassung)
- **Anwendbarkeit für Business-Nutzer** (nutzbar von Nicht-IT-Endanwendern, Förderung von Austausch zwischen Business und IT)
- **Self-Service-Anpassung von Attributen**; weitere Metamodellanpassung aktuell in kurzer Zeit über LeanIX, später voraussichtlich auch als Self-Service
- **Einfache Integration mit Software von Drittanbietern** (Signavio, JIRA, Confluence, ServiceNow, ...)
- **Nahtlose Integration in weitere LeanIX-Produkte** wie VSM
- **Hoher Feature-Zuwachs**
- **Herausragende Survey-Funktionalität**

6.2.3 LUY

Ein weiteres, vor allem in Deutschland, Österreich und der Schweiz weit verbreitetes EAM-Tool stellt LUY dar, welches im Folgenden in der Version 7.2.0 betrachtet wird. LUY (vormals iteraplan) wurde vor über 20 Jahren von der Firma iteratec GmbH entwickelt und hat im Laufe der Zeit eine ganze Reihe von hochkarätigen Kunden für sich gewinnen können. LUY zeichnet u. a. der einfache Einstieg in das Enterprise Architecture Management aus. Dies ist u. a. dem strukturierten, relativ einfach verständlichen Metamodell (siehe Bild 6.14) geschuldet, welches einen sehr guten Überblick über alle fachlichen und technischen Strukturen liefert.

Das Metamodell ist dabei zwar nicht um weitere Metamodellelemente und Beziehungen erweiterbar, deckt aber erfahrungsgemäß bei über 90 %[4] der Organisationen alle wesentlichen Anforderungen an ein Metamodell ab. Dies liegt insbesondere daran, dass über die Möglichkeit der Umbenennung der einzelnen Metamodelltypen eine entsprechende Flexibilität gegeben ist.

[4] Erfahrungen aus der Beratertätigkeit von Inge und Sebastian Hanschke im Zeitraum 2014 bis 2022

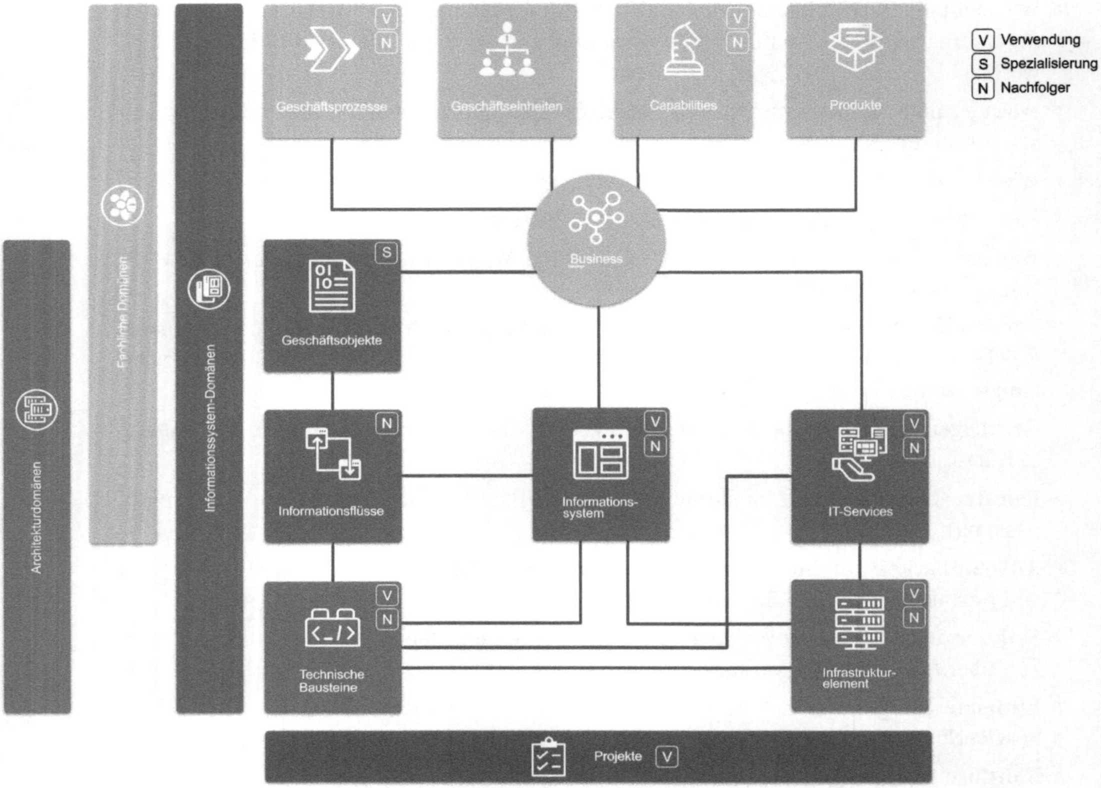

Bild 6.14 Standard-LUY-Metamodell (Quelle: iteratec GmbH, 2022)

Darüber hinaus erlaubt es LUY, auf sehr einfache Art und Weise Attribute anzulegen und entsprechenden sogenannten Attributgruppen zuzuordnen. Die Attributgruppen können dann wiederum problemlos genutzt werden, um Berechtigungen bis auf Attributgruppenebene darzustellen, so dass hinsichtlich Berechtigungen nahezu alle relevanten Use Cases umgesetzt werden können.

Generell unterstützt LUY den User in der Datenpflege über verschiedenste Funktionalitäten. U. a. ist es möglich, über eine Listenansicht eine baumartige Struktur darzustellen, welche es vor allem erleichtert, einen Überblick über die verschiedenen Hierarchieebenen zu gewinnen, um so eine aufgrund der Übersichtlichkeit relativ fehlerarme Datenpflege zu erleichtern. Zusätzlich wird die Datenpflege in der Listenansicht insofern erleichtert, als dass es hier möglich ist, über eine grafische UI ein komfortables Massen-Update durchzuführen. Somit wird der Pflegeaufwand teilweise erheblich reduziert. Darüber hinaus ist das Massen-Update-Feature mit einigen weiteren Funktionalitäten als Admin insofern konfigurierbar, als dass derartige Features nur begrenzten Nutzergruppen bereitgestellt werden können. Dadurch ist sichergestellt, dass die Daten nicht aus Versehen von Gelegenheitsnutzern unbeabsichtigt in einer Weise verändert werden, die so nicht vorgesehen war. Daneben gibt es noch weitere Funktionen in LUY wie z. B. die Survey-Funktion, welche die Datenpflege teilweise im erheblichen Maße erleichtern können.

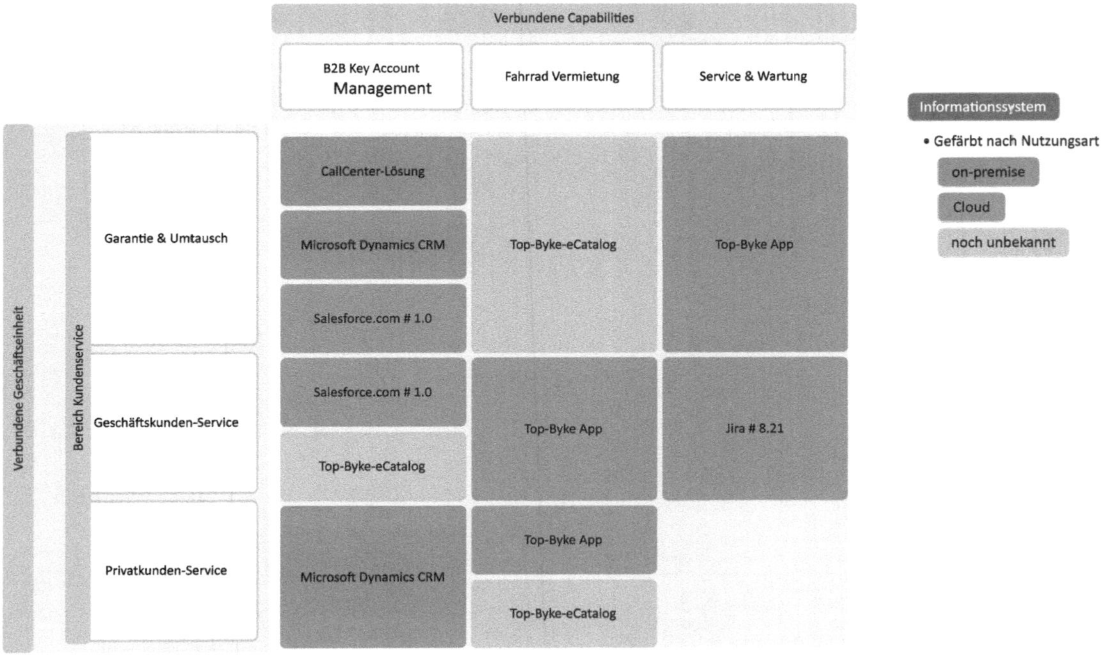

Bild 6.15 Ein Bebauungsplan aus LUY mit Einfärbung des Multi-Select-Attributs „Nutzungsart" (Quelle: iteratec GmbH, 2022).

LUY hat dabei allerdings nicht nur Stärken in der Datenpflege, sondern überzeugt auch über ein starkes Out-of-the-Box-Reporting. Das Reporting unterscheidet sich dabei im Vergleich zu anderen EAM-Tools insbesondere darin, dass sämtliche Achsen und Zelleninhalte frei anpassbar sind, ohne dass der EAM-Tool-Anbieter hier tätig werden muss. Beispielsweise können in einer Bebauungsplanungsgrafik sowohl Attribute als auch Bebauungselementtypen in den jeweiligen Achsen dargestellt werden. In den Bebauungsplanungsgrafiken ist es zudem möglich, sogenannte Multi-Select-Attribute einzufärben, was bei fast allen anderen EAM-Tools nicht funktioniert. Ein Beispiel hierfür finden Sie in Bild 6.15, wo die Nutzungsart in der Bebauungsplanungsgrafik entsprechend eingefärbt ist.

Weiterhin überzeugt LUY mit sogenannten Nested Layer Reports, womit z. B. Business Capability Maps dargestellt werden können. Im Prinzip ist es bei dieser Reportart möglich, jedes beliebige Bebauungselement auf den unterschiedlichsten Ebenen mit den jeweils zugeordneten Bebauungselementen darzustellen. Beispielsweise können auf Ebene 1 und 2 die Geschäftsfähigkeiten darstellt werden und auf Ebene 3 die zugeordneten Applikationen (siehe Bild 6.16).

Darüber hinaus gibt es noch eine ganze Reihe weiterer Reports wie z. B. Informationsfluss, Masterplan, Cluster, Navigator und Tree Map. Insbesondere der Navigator wird dabei von vielen LUY-Nutzern erfahrungsgemäß sehr geschätzt, da dieser die direkt verbundenen Bebauungselemente auf übersichtliche Art und Weise darstellt.

Des Weiteren ist es möglich, in LUY Dashboards auf der Basis der erstellten Reports bereitzustellen, um somit zu jeder Zeit eine gute Übersicht über die EA-Daten in LUY zu erhalten.

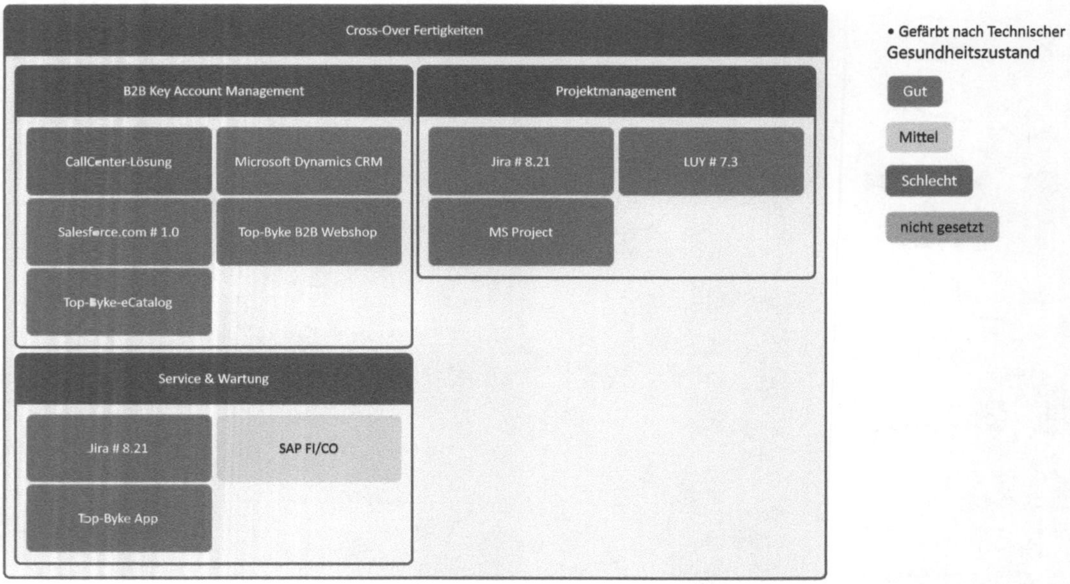

Bild 6.16 Beispiel eines Nested-Layer-Reports mit Geschäftsfähigkeiten auf den Ebenen 1 und 2 und den zugeordneten Applikationen auf Ebene 3 (Quelle: iteratec GmbH, 2022).

Weiterhin wird das Analysespektrum von LUY abgerundet durch eine Abfragekonsole in der SQL-like verschiedenste Abfragen erstellt werden können, um eine Reihe von weiteren Use Cases bedienen zu können.

Sollte dennoch ein Report oder eine Abfrage fehlen, steht noch der sogenannte Graphics Reactor zur Verfügung, mit dem organisationsspezifische Use Cases, die über Standardmittel von LUY nicht abgedeckt werden, adressiert werden können.

Was Import und Export anbelangt, so wird hier von LUY ein Instrumentarium bereitgestellt, welches es dem LUY-Benutzer erlaubt, auf einfache Art und Weise z. B. Excel aus anderen Quellen in LUY zu importieren. Darüber hinaus ist es möglich, einen einfachen Excel-Round-Trip durchzuführen, um z. B. Massenupdates über das gesamte oder Ausschnitte des LUY-EA-Repository zu ermöglichen. Analog ist dies auch über einen XMI-Import und -Export möglich.

Drittsysteme können über die gut dokumentierte REST-API im Zusammenspiel mit der bereitgestellten Plugin-API auf einfache Art und Weise angebunden werden. Darüber hinaus erlaubt es die Plugin-API, über JavaScript verschiedene Änderungen z. B. in zeitlichen Abständen regelmäßig durchzuführen. Hier gibt es eine ganze Reihe von Anwendungsfällen. U. a. können über die REST-API importierte EA-Artefakte entsprechend in geeigneter Form nachbearbeitet werden.

- Nachfolgend nochmals die wesentlichen Kernfunktionalitäten von LUY in Kürze:
- **Benutzerfreundlichkeit** (moderne Benutzeroberfläche, einfach strukturierter Metamodelleinstieg, intuitive Abfragen, einfache Anpassung)
- **Anwendbarkeit für Business-Nutzer** (nutzbar von Nicht-IT-Endanwendern, Förderung von Austausch zwischen Business und IT)
- **Self-Service-Anpassung von Attributen**

- **Einfache Integration mit Software von Drittanbietern über eine REST-API** im Zusammenspiel mit der bereitgestellten Plugin-API
- **Hoher Feature-Zuwachs**
- **Umfangreiches Out-of-the-Box-Reporting**
- **Survey-Funktionalität zur vereinfachten Datenpflege**

6.3 Enterprise-Architecture-Management-Tool, Kern Use Cases

Nun haben wir einen groben Überblick über eine Auswahl von Enterprise-Architecture-Management-Tools gewonnen. In diesem Abschnitt liegt der Fokus auf einigen typischen Kern Use Cases, welche von vielen EAM-Tools adressiert werden. Diese Auswahl von Kern Use Cases erhebt keinen Anspruch auf Vollständigkeit und soll vielmehr einen groben Eindruck davon vermitteln, welche Erwartungen diesbezüglich an ein Enterprise-Architecture-Management-Tool gestellt werden können.

Einen wesentlichen Use Case stellt sicherlich die EA-Bebauungsplanung dar. Hierbei geht es insbesondere um die Vorbereitung, Durchführung und Nachbereitung der EA-Datenpflege. Dies wird häufig über folgende EAM-Tool-Funktionalitäten unterstützt:

- Grafische Datenpflege auf Bebauungselementebene über ein entsprechendes UI
- Tabellenartige Pflege von Attributen und teilweise auch Beziehungen von mehreren Bebauungselementen gleichzeitig
- Pflege von Attributen und Beziehungen über einen Excel-Round-Trip
- Bereitstellung von EAM-Tool-Surveys, wo selektierte EA-Daten von den entsprechenden Verantwortlichen abgefragt werden können
- Bereitstellung von Modellen zur vereinfachten Pflege von EA-Daten (z. B. bei ADOIT)
- Erstellung von Portalen zur Datenpflege
- Löschen, Bearbeiten und Erstellen von Bebauungselementen über REST-API
- Ein weiterer Kern Use Case, wo viele EAM-Tools einen entsprechenden Support darstellen, ist die strategische, taktische und operative EA-Planung. Dabei geht insbesondere um die Erstellung von Planungsvorgaben (z. B. Prinzipien), Zielarchitekturen sowie um die Identifikation des GAP zwischen Ziel- und aktueller Bebauung. Folgende EAM-Tool-Funktionalitäten können für die Unterstützung dieses Kern Use Case u. a. genutzt werden:
- **Konfigurierbare Reports** wie Bebauungspläne mit der Möglichkeit, Ziel- und Ist-Bebauung miteinander zu vergleichen (z. B. über BTM-Modul von LeanIX), beispielsweise über einen Zeitstrahl bzw. eine Betrachtung des Business und der IT-Landschaft mittels eines Reports zu einem gewissen Zeitpunkt.
- **Szenarienunterstützung:** Diverse Szenarien können verfolgt werden. Dabei kann in einigen EAM-Tools ein Szenario ohne Konsequenz auf das EAM-Repository auch einfach wieder verworfen werden oder alternativ direkt ins Repository überführt werden.

- **Darstellung der Abhängigkeiten der Ziellandschaft** über verschiedene Reporting-Möglichkeiten
- Darüber hinaus ist ein Kern Use Case die EA-Governance. Hier soll insbesondere sichergestellt werden, dass der EA-Datenbestand hinreichend aktuell, vollständig und konsistent ist und eine entsprechende Güte (im Sinne von z. B. semantisch korrekten Daten) besitzt. Dies unterstützen viele EAM-Tools u. a. wie folgt:
- **Nutzung von Datenqualitätssiegeln**, welche nach einer gewissen Anzahl Tagen eine Aktion wie z. B. eine Mailnotifikation oder das Brechen des Siegels zur Folge haben. Dies unterstützt beispielsweise die Datenaktualität. Häufig wird hieraus auch eine Kennzahl abgeleitet, welche in einem Dashboard dargestellt wird.
- **In EAM-Tools integrierte KPIs** wie Vollständigkeitskennzahlen, welche angeben, zu welchem Grad der EA-Datenbestand beispielsweise hinsichtlich einer gewissen festgelegten Menge von Attributen und/oder Beziehungen gefüllt ist
- **Nutzung von automatisierten Datenpflege-Surveys**, welche nach entsprechenden Zeiträumen oder Aktionen getriggert werden
- Weitere Kern Use Cases stellen die Informationssicherheit und der Datenschutz dar. Hier gibt es bei den verschiedenen EAM-Tools die unterschiedlichsten Ansätze und Möglichkeiten. Einige der Funktionalitäten sind die folgenden:
- **Separate Informationssicherheit und Datenschutzmodule** für eine adäquate Adressierung der entsprechenden Anforderungen an diese Themenfelder
- **Bewertung der EA-Datenobjekte hinsichtlich Schutzzielen** (z. B. über UI im Tool oder über Survey) und Klassifikation hinsichtlich der Art der Daten (z. B. personenbezogene Daten bei Geschäftsobjekten).
- **Integration mit Informationssicherheits- und Datenschutzsystemen**
- Ein weiterer und hier als Letztes betrachteter Kern Use Case ist die Integration mit anderen Themenbereichen wie u. a. Prozessmanagement, IT-Service-Management, Projektportfoliomanagement sowie Entwicklung und Betrieb. Hier unterstützen die EAM-Tools häufig über Out-of-the Box-Integrationen zu den gängigsten Tools der jeweiligen Themengebiete (bei Prozessmanagement z. B. zu ARIS oder Signavio). Dort, wo nicht die entsprechend notwendigen Out-of-the-Box-Integrationen vorhanden sind, gibt es in der Regel eine hinreichend mächtige REST-API, um die Drittsysteme anzubinden.

Die hier betrachteten Kern Use Cases nochmals zusammengefasst:

- **EA-Bebauungsplanung** mit u. a. Vorbereitung, Durchführung und Nachbereitung der Datenpflege
- **Strategische, taktische und operative EA Planung** mit u. a. Erstellung von Planungsvorgaben (z. B. Prinzipien), Erstellung einer Zielarchitektur sowie Identifikation des GAP zwischen Ziel- und aktueller Bebauung
- **EA-Governance** mit beispielsweise Sicherstellung einer hinreichenden Datenqualität
- **Informationssicherheit und Datenschutz** zur Sicherstellung von u. a. einer dokumentierten, den Richtlinien und Vorgaben entsprechenden, bewerteten EA-Datenbasis
- **Integration mit anderen Themenbereichen** wie Prozessmanagement, IT-Service-Management, Projektportfoliomanagement sowie Entwicklung und Betrieb

Zusammenfassung

Sie haben in diesem Kapitel einen groben Überblick darüber gewonnen, warum EAM-Tools notwendig sind und welche EAM-Tools es am Markt gibt. Sie konnten anhand einer Auswahl von drei EAM-Tools ein Verständnis davon erlangen, wie EAM-Tools das Enterprise Architecture Management unterstützen können. Darüber hinaus haben Sie Informationen darüber erhalten, wiedie Unterstützung des Enterprise Architecture Management durch EAM-Tools erfolgen kann und welche Use Cases hiermit insbesondere adressiert werden können. ■

Glossar

Agiler Festpreis	Verbindlicher Gesamtpreis für eine gegebene Menge von Anforderungen mit inhaltlichem Spielraum. Der Auftraggeber erhält realisierte Anforderungen im Gesamtwert des Gesamtpreises und kann die Inhalte im Projektverlauf ändern. Hierzu wird ein für den Auftraggeber transparentes Verfahren für die Aufwandsschätzung bei neuen oder veränderten Geschäftsanforderungen sowie das Verfahren für den Austausch von Anforderungen im Lieferumfang vereinbart. So hat der Auftraggeber Planungssicherheit und zugleich Anforderungsflexibilität. Lästige und aufwendige Change-Request-Verfahren werden eingespart.
Agilität	Die Fähigkeit eines Unternehmens, sich schnell auf alle Arten von Veränderungen einzustellen und das Geschäftsmodell anzupassen.
Aktivität	Aktivitäten sind feingranulare Bausteine von (Teil-)Geschäftsprozessen. Ein Geschäftsprozess umfasst mehrere zusammenhängende, strukturierte Aktivitäten, die gemeinsam ein Ergebnis erzeugen, das für Kunden einen Wert darstellt.
Aktuelle Bebauung	Besteht aus der Ist- und der Plan-Bebauung. Durch die aktuelle Bebauung wird der aktuelle Kenntnisstand der Bebauung dokumentiert.
Ampel	Spezifische Ausprägung für einen Indikator. Eine Ampel visualisiert Kennzahlenwerte durch Farben. In der Praxis verwendet man häufig entweder zweifarbige („rot" – „grün") oder dreifarbige Ampeln („rot" – „gelb" – „grün").
Analysemuster	Bewährte und verallgemeinerte Schablone für die Identifikation und Visualisierung von Anhaltspunkten für Handlungsbedarf oder Optimierungspotenzial in der Dokumentation einer IT-Landschaft.
Analyseprojekt	Die Untersuchung eines fachlichen Anforderungsbündels, deren Gegenstand, Inhalt und Ziele vorweg festgelegt werden. Die Ausführung erfolgt in der Regel innerhalb eines Projekts in einem festen Zeit- und Budgetrahmen.
Änderungsanforderung	Die formalisierte Forderung, eine bestimmte Eigenschaft oder ein Produktmerkmal eines oder mehrerer IT-Systeme zu verändern.
Anforderungsliste	Das zentrale Instrument für die fachliche Planung und Steuerung im Demand Management. Auf Basis der priorisierten und bewerteten funktionalen und nichtfunktionalen Anforderungen werden die fachlichen Inhalte von Projektanträgen und der Roadmap für die Weiterentwicklung gestaltet.

Anforderungs-management	Eine wesentliche Kernaktivität in Vorgehensmodellen für die effiziente und effektive Entwicklung von IT-Systemen. Es umfasst die Anforderungserhebung, -dokumentation und -validierung sowie das Management der Anforderungen und deren Änderungen und der Maßnahmen zur Umsetzung.
Anwendungs-entwicklung	Prozesse oder Organisation zur Planung, Weiterentwicklung und Wartung von Informationssystemen.
Anwendungs-feld	Fachlich zusammenhängender Bereich, wie z. B. die Geschäftsprozesse einer Wertschöpfungskette oder aber die fachlichen Funktionen eines funktionalen Clusters.
Anwendungs-rationalisierung (englisch: Application Rationalization)	Mithilfe der Anwendungsrationalisierung (Englisch Application Rationalization) wird das bestehende Informationssystemportfolio des Unternehmens optimiert. Typische Optimierungsziele sind dabei Cloudifizierung, Effizienzsteigerung, Komplexitätsreduktion und Senkung der Gesamtbetriebskosten (TCO).
API	Die Abkürzung API steht für Application Programming Interface und bezeichnet eine Programmierschnittstelle. Die Programmierschnittstelle dient dazu, Informationen zwischen einer Anwendung und einzelnen Programmteilen standardisiert auszutauschen. Die Übergabe von Daten und Befehlen erfolgt strukturiert nach einer zuvor definierten Syntax. Die Anbindung erfolgt auf Quelltext-Ebene.
API-Management	Das aktive Management von Services und insbesondere deren APIs (Application Programming Interface) über den kompletten Lebenszyklus der Services hinweg. Dies beinhaltet die Steuerung, Optimierung, Standardisierung und Veröffentlichung von Services über APIs in einer sicheren und skalierbaren Umgebung. Sie automatisieren, überwachen und steuern die API-Verbindungen und gewährleisten die Konsistenz zwischen mehreren API-Implementierungen und Versionen. Zudem unterstützen sie das Performance-Management und Informationssicherheitsmanagement, indem z. B. Sicherheitsrichtlinien integriert werden. API-Management geht in der Regel mit einer Tool-Unterstützung einher. Hierdurch werden Programmierschnittstellen erstellt und veröffentlicht, deren Nutzungsrichtlinien durchgesetzt, der Zugriff kontrolliert, die Abonnentengemeinschaft gepflegt, Nutzungsstatistiken erfasst und analysiert sowie Leistungsberichte erstellt.
Architektur-muster	Bewährte und verallgemeinerte Lösungsschablone für eine Problemstellung in einem spezifischen Kontext. Beispiel: „Datenzugriff aus einer JEE-Anwendung auf eine relationale Datenbank“. Synonym: *Architekturbaustein*
Areal	Als Areal wird eine zusammenhängende Fläche z. B. in einer Portfolio-Grafik bezeichnet. Allen Elementen, die in demselben Areal liegen, können dieselben Aussagen zugeordnet werden.

Augmented Reality	Ist das Zusammenspiel von digitalem und analogem Leben. Während Virtual Reality die reale Welt vollständig ausblendet, damit der Nutzer in die virtuelle Umgebung abtauchen kann, bleibt die Realität bei Augmented Reality weiterhin erhalten und wird lediglich um virtuelle Elemente ergänzt. Augmented Reality findet zunehmend in der Cloud statt. Siehe hierzu *Augmented Reality Cloud*.
Augmented Reality Cloud (AR-Cloud)	Augmented Reality Cloud (AR-Cloud) wird als die nächste Generation von Augmented Reality bezeichnet. Dies ist eine weltumspannende Cloud mit Geodaten. Ohne eine solche müsste jede einzelne AR-Anwendung auf einer kleinen Basis an Geodaten aufbauen. So können zudem mehrere Nutzer gleichzeitig mit denselben Geodaten in Echtzeit interagieren.
Balanced Scorecard (BSC)	Ziel- und kennzahlenbasierte Managementmethode, die sowohl die Vision und Strategie eines Unternehmens als auch relevante interne und externe Aspekte sowie deren Wechselwirkungen betrachtet. Ein Unternehmen wird parallel über mehrere Perspektiven und diesen zugeordneten Kennzahlen gesteuert. Typische Perspektiven einer BSC sind Finanz-, Kunden-, Prozess- und Mitarbeiterperspektive (siehe [Blo06]).
Baseline	Geschäftsanforderungen entwickeln sich über die Zeit weiter, ändern sich und werden weiter detailliert. Eine Geschäftsanforderung kann also über die Zeit in unterschiedlichen Versionen vorliegen. Für die Budgetierung und Planung muss bekannt sein, welche Menge von Geschäftsanforderungen zu einem bestimmten Zeitpunkt gültig ist bzw. war. Die Baseline bildet eine Klammer um eine Menge von Geschäftsanforderungen mit der zu einem bestimmten Zeitpunkt gültigen Version der jeweiligen Geschäftsanforderung. Beispiel: Die Baseline „Release 2012.3 – Planungsstand 2011.12“ fasst alle Geschäftsanforderungen zusammen, die nach Planungsstand 2011.12 für das Release 2012.3 geplant und damit in der Jahresplanung berücksichtigt sind.
Basis-Infrastruktur	Setzt sich aus IT-Produkten zusammen, die unverändert vom Markt bezogen werden können. Zur Basis-Infrastruktur zählen z. B. PCs und PC-Arbeitsplatzsoftware wie z. B. Office- oder Kommunikationsplattformen und Server-Infrastruktur-Komponenten.
Bebauung	Instanziierung einer Unternehmensarchitektur, d. h., sie beinhaltet alle Ausprägungen der jeweiligen Gesamt- oder Teilarchitektur, wie z. B. der fachlichen, der IS-, der technischen und der Betriebsinfrastrukturarchitektur. Eine Bebauung füllt die durch die Architektur vorgegebenen Strukturen.
Bebauungsplan	Manifestiert in vielen Unternehmen die bestehende und die geplante Bebauung im Business und in der IT. Häufig wird hierfür eine Bebauungsplangrafik genutzt; sie ist daher neben der Portfoliografik das wichtigste Instrument für die Umsetzung der Business- und IT-Ziele. Der Bebauungsplan stellt die Verbindung innerhalb und zwischen Business- und IT-Strukturen her.

Bebauungs-planer	Sie sind verantwortlich für die Dokumentation, die Qualitätssicherung und Analyse sowie die strategische Planung und Steuerung, gegebenenfalls für einen Ausschnitt der aktuellen und der zukünftigen Gesamtbebauung. Sie managen den jeweiligen Ausschnitt im Überblick. Die aus verschiedenen Quellen stammenden Detaildaten, die in unterschiedlicher Qualität, Aktualität, Vollständigkeit und Granularität vorliegen, müssen von den Bebauungsplanern eingefordert, qualitätsgesichert und konsolidiert werden. Aufbauend auf dieser hochwertigen Datenbasis liefert der Bebauungsplaner Antworten für die verschiedenen Fragestellungen der Nutznießer und gestaltet die zukünftige Bebauung. Synonym: *Unternehmensarchitekt*
Bebauungs-plangrafik	Dient zur Einordnung von Bebauungselementen eines Elementtyps in einen zweidimensionalen Bezugsrahmen wie z. B. Zuordnung von Informationssystemen zu Geschäftsprozessen und Geschäftseinheiten.
Bebauungs-planung	Im Rahmen der Bebauungsplanung werden ausgehend von den strategischen und operativen Geschäftsanforderungen und Rahmenbedingungen die Soll-Bebauung und die IT-Roadmap zur Umsetzung gesamthaft oder in Ausschnitten gestaltet.
Benchmark	Vergleich von im Allgemeinen standardisierten Kennzahlen zwischen verschiedenen Unternehmen oder Organisationen. Die Vergleichbarkeit der Kennzahlen muss sichergestellt sein. Hierbei werden häufig die Vergleichszahlen von den leistungsfähigsten Organisationen als Best-Practice angesehen und als Maßstab verwendet (siehe [Min05] und [Ker08]).
Best-Practices	Stellen Wissen, Methoden und Standards zu Praktiken dar, die sich bei einer Vielzahl von Organisationen und Unternehmen in der Vergangenheit als wertvoll erwiesen haben (siehe [Ebe08]).
Betriebs-infrastruktur-bebauung	Beschreibt die HW- und NW-Einheiten und -Services, auf denen Informationssysteme betrieben werden.
Blueprint	Legt die Standards für HW-, NW- und SW-Infrastruktur sowie auf Anwendungsebene (wie z. B. SAPx) und fachlicher Ebene (wie z. B. EDIFACT) fest. Der Blueprint sollte in der Informationssystem- und Betriebsinfrastrukturbebauung „verbaut“ werden.
Budgetierung	Bezeichnet den betriebswirtschaftlichen Planungsprozess, mit dem Ziel, ein Budget zu erstellen. Die Budgetierung beinhaltet alle Aktivitäten im Rahmen der Aufstellung, Verabschiedung, Durchsetzung und Anpassung und Kontrolle von Budgets. Sie ist Teil des Gesamtplanungsprozesses einer Organisation sowie ein wichtiges Controlling- und Steuerungsinstrument (siehe *www.wikipedia.org*).
Business-Agilität	Ist die Fähigkeit, schnell auf Veränderungen zu reagieren. Wesentliche Elemente sind hier die Agilität sowie Techniken, wie Minimum Viable Product (MVP) oder Lean Startup.

Business-Alignment der IT	Darunter wird die Ausrichtung der IT am Geschäft verstanden.
Business-Analyse	Eine Tätigkeit zur Identifikation von Geschäftsanforderungen sowie Ableitung und Herbeiführung von fachlichen Lösungen, die Unternehmen helfen, ihre Ziele zu erreichen. Eine Lösung besteht oft in der Bereitstellung von IT-Komponenten, kann aber auch Prozessverbesserungen oder organisatorische Änderungen umfassen.
Business-Analyse-Instrumentarium	Eine Sammlung von Best-Practices zu Ergebnistypen sowie Methoden und Verfahren, um Geschäftsanforderungen und fachliche Zusammenhänge zu identifizieren, zu verstehen, zu kommunizieren sowie fachliche Lösungen abzuleiten und herbeizuführen.
Business-Analyst	Die Hauptakteure im Demand Management. Sie nehmen Geschäftsanforderungen auf, strukturieren, klassifizieren, analysieren und bewerten sowie gestalten und planen die Umsetzungspakete wie z. B. Projektanträge oder Wartungsmaßnahmen. Business-Analysten fungieren als Brücke zwischen den Fachbereichen und der IT. Sie managen die Geschäftsanforderungen der Fachbereiche und übersetzen die Anforderungen in die jeweilige „Sprache". Zudem stellen sie sicher, dass die Geschäftsanforderungen wirklich umgesetzt werden.
Business Capability	Business Capabilities sind (Geschäfts-)Fähigkeiten, die eine Organisation, eine Person oder ein System besitzt und auf die sich das Unternehmen stützt, um seine Geschäftsziele zu erreichen. Geschäftsfähigkeiten werden von Menschen oder Systemen in Prozessen unter Nutzung von Technologien und weiteren Ressourcen mit Leben gefüllt, um so das fachliche Leistungsvermögen des Unternehmens bereitzustellen. Die Fähigkeiten werden im Wesentlichen durch Geschäftsfunktionen beschrieben, die durch Ressourcen- oder Technologieanforderungen konkretisiert werden können. Es wird in der Regel zwischen wettbewerbsdifferenzierenden und unterstützenden Geschäftsfunktionen unterschieden. Synonym: *Fachliche Funktion*
Business Capability Management	Ein systematischer Ansatz zur Identifikation der aktuell oder zukünftig für das Unternehmen relevanten Fähigkeiten (Business Capabilities) und zur schnellen Anpassung des Geschäftsmodells und der Geschäftsprozesse sowie deren IT-Unterstützung an veränderte Marktanforderungen und Wettbewerbsbedingungen.
Business Capability Map	Beschreibt die aktuellen oder zukünftig benötigten Fähigkeiten des Unternehmens. Auf dieser Basis werden die Geschäftsprozesse und die Organisation schrittweise weiterentwickelt oder neu gestaltet. Business Capability Management schafft ein inhaltliches Fundament für Entscheidungen im Kontext von Business-Transformationen oder strategischen Veränderungen des Geschäftsmodells.

Business Continuity Management (BCM)	Zielt darauf ab, die Kontinuität des Geschäftsbetriebs selbst in kritischen Situationen (Notfällen) sicherzustellen, und ermöglicht Organisationen bei Störungen von kritischen Geschäftsprozessen, angemessen und schnell zu reagieren. Bestandteile des Notfallmanagements sind die Notfallvorsorge und Notfallbewältigung. Business Continuity Management (BCM) ist ein systematisches Notfall- und Krisenmanagement zur Bewältigung von denkbaren Situationen, die zum Stillstand kritischer Prozesse führen und damit das Überleben des Unternehmens bedrohen können. Diese Prozesse sowie die möglichen Risiken, denen sie ausgesetzt sind, gilt es zu ermitteln. Die maximal tolerierbaren Ausfallzeiten der kritischen Geschäftsprozesse sind zu definieren. Für alle Risiken müssen die möglichen Auswirkungen (z. B. finanziell oder aber immateriell, wie z. B. den Ruf des Unternehmens betreffend) und die Eintrittswahrscheinlichkeit benannt und Maßnahmen vorgegeben werden, die im Falle des Eintritts der verschiedenen Risiken durchzuführen sind. Synonym: *Notfallmanagement*
Business-IT	Beinhaltet alle Serviceleistungen zur Unterstützung des Geschäftsbetriebs, z. B. IT-Beratung oder Anwendungsentwicklung, zugeschnitten auf die Geschäftsprozesse.
Business-IT-Koordination	Eine Beratungsfunktion für die Fachabteilungen sowie eine Vermittler- und Dolmetscherfunktion zwischen den Fach- und IT-Abteilungen.
Business-Plan	Das unternehmerische Gesamtkonzept für ein geplantes Geschäftsvorhaben und mündet nach der Verwirklichung in der Unternehmensstrategie beziehungsweise dem Geschäftsmodell des Unternehmens. Der Business-Plan beschreibt das wirtschaftliche Umfeld, die Ziele, die benötigten finanziellen Mittel und die vorgesehenen Schritte zur Umsetzung.
Business-Planung	Ist der strategische und taktische fachliche Planungsprozess, in dem das wirtschaftliche Umfeld, die Ziele, die benötigten finanziellen Mittel und die vorgesehenen Schritte zur Umsetzung der Unternehmensstrategie, Geschäftsanforderungen und Berücksichtigung von Trends, des Marktes und andere Randbedingungen betrachtet wird. Umfasst alle Tätigkeiten zur Erstellung eines Business-Plans.
Business-Service	Ein fachlich orientierter Service, der im Business sichtbar und in der Sprache der Anwender beschrieben ist. Er stellt fachliche Funktionalität (fachliche Funktion) für die Nutzung in Geschäftsprozessen bereit und setzt damit eine für das Unternehmen notwendige Geschäftsfähigkeit (Business Capability) um. Business-Services werden zu Geschäftsprozessen orchestriert und füllen Geschäftsfähigkeiten (Business Capabilities) mit Leben. Beispiele für Business-Services sind die Bereitstellung von Produktdaten eines Autos für Kunden oder aber die Erfassung eines Versicherungsantrags. Synonym: *Geschäftsfunktion*

Business-Transformation	Business-Transformationen verändern das Geschäftsmodell und/oder die Organisation des Unternehmens gravierend. Beispiele für Business-Transformationen sind Merger & Acquisitions, Outsourcing, neue Kooperationsmodelle und gravierende Umstrukturierungen.
Change Management	Ein ganzheitlicher Ansatz, der Veränderungen im Unternehmen vorbereitet, begleitet und nachhaltig einführt.
Change Request (CR)	Änderungswunsch, der eingeht, nachdem der Umfang der umzusetzenden Anforderungen verbindlich festgelegt wurde. Ein CR kann den Umfang der umzusetzenden Anforderungen erweitern, verändern oder reduzieren. Die Auswirkungen des CR sind zu bewerten, bevor über die Annahme entschieden wird.
Chief Digital Officer (CDO)	Ein Chief Digital Officer (CDO), verantwortet die Entwicklung der digitalen Strategie und neuer digitaler Geschäftsmodelle. Zudem treibt er die digitale Transformation auf allen Ebenen voran. Hierzu muss er alle ökonomischen, technischen und strategischen Aspekte der Digitalisierungsvorhaben im Zusammenhang überblicken, Abhängigkeiten, Konflikte und Synergien erkennen und managen. Der CDO ist in der Regel Teil der Unternehmensführung oder aber Stab der Unternehmensführung. Nur so hat er die notwendige Durchschlagskraft. In Abhängigkeit von Größe und Ausrichtung des Unternehmens sowie der Digitalisierungsaffinität der Unternehmensführung kann dies auch in Personalunion von z. B. dem CEO oder dem CIO erfolgen, wenn diese ausreichend Zeit für diese Aufgabe haben. Wichtig ist, dass Klarheit über den Verantwortungsbereich besteht und Schnittstellen zu anderen Bereichen geschaffen und alle Bereiche „mitgenommen" werden.
Chief Information Officer (CIO)	Die Rolle des CIO wird unternehmensspezifisch unterschiedlich definiert. Das Aufgabengebiet und der Verantwortungsbereich differieren. Zu den Hauptaufgaben eines CIO gehören im Allgemeinen die Ausrichtung der IT auf die Unternehmensstrategie sowie der Aufbau und Betrieb geeigneter IT-Landschaften. In vielen Unternehmen ist der CIO direkt dem CEO (Chief Executive Officer) unterstellt. In wenigen Unternehmen ist er Mitglied der Geschäftsführung (siehe [KüM07]).
Cluster-Analyse	Wird eingesetzt, um fachlich eng zusammengehörige Funktionen, Geschäftsprozesse, Geschäftsobjekte und Geschäftseinheiten sowie Informationssysteme, Betriebsinfrastruktureinheiten und Projekte zu identifizieren. Dies ist eine Form der Abhängigkeitsanalyse.
CMDB (Configuration Management Database)	In einer CMDB werden alle Informationen über die Configuration Items der IT-Infrastruktur (Informationssysteme, Clients, Netzwerk, Server, Speicher) und deren Beziehung zueinander zur Unterstützung der Servicemanagement-Prozesse bereitgestellt.
CMMI (Capability Maturity Model Integration)	Qualitätsmanagementmodell für die System- und Softwareentwicklung und verwandte Bereiche und Nachfolger des bekannten CMM (Capability Maturity Model). Es wurde vom Verteidigungsministerium der USA entwickelt, um die Qualität von Software-Zulieferern standardisiert beurteilen zu können.

CobiT (Control Objectives for Information and Related Topics)	Referenzmodell für IT-Governance, das eine Menge von Kontrollzielen für die IT-Prozesse definiert. Die aktuelle Version ist CobiT 5.
Cockpit	Steuerungsinstrument für einen Manager. Es bietet eine strukturierte und kompakte Darstellung aller wesentlichen Informationen zu den Steuerungsobjekten. Diese werden üblicherweise grafisch visualisiert.
Commercial-off-the-Shelf-Produkt (COTS)	COTS-Produkte sind relativ kostengünstige IT-Massen-Kaufprodukte, die ohne Veränderung einfach nur genutzt werden. Beispiele hierfür sind Betriebssysteme und Programme für Textverarbeitung, Präsentation und E-Mails.
Commodity	Ursprünglich die englische Bezeichnung für Güter, die direkt aus der Natur gewonnen werden, sich gut lagern lassen und in ihrer Qualität leicht vergleichbar sind. Für die Beschaffungsentscheidung ist in der Regel nur ihr Preis relevant, so dass sie gängigerweise an Börsen (Commodity Exchanges) gehandelt werden. In der IT wird damit ein Produkt oder eine Dienstleistung bezeichnet, die von einer Vielzahl von Anbietern in vergleichbarer Qualität erbracht werden kann und damit relativ leicht einen Anbieterwechsel möglich macht. Beispiel: Betrieb von Rechenzentren (siehe [KüM07]).
Compliance	Unter Compliance wird die Einhaltung gesetzlicher Bestimmungen, regulatorischer Standards und Erfüllung weiterer, wesentlicher und in der Regel vom Unternehmen selbst gesetzter freiwilligen Standards und Anforderungen. Beispiele sind Basel II, GDBdU, KonTraG oder Sarbanes-Oxley Act (SOX) (siehe [KüM07]). Darunter werden alle Aktivitäten zusammengefasst, die erforderlich sind, um gesetzliche, vertragliche und sonstige Auflagen sicher zu erfüllen. Zu diesen Auflagen gehören im IT-Management-Umfeld hauptsächlich Sicherheitsanforderungen, wie z. B. Informationssicherheit, Verfügbarkeit, Aufbewahrungsvorgaben und Datenschutz.
Controlling	Teilbereich des Managements. Es umfasst alle Tätigkeiten und Hilfsmittel, um sowohl die Planung als auch die Entscheidungsvorbereitung kontinuierlich zu unterstützen (siehe [KüM07]).
Corporate Innovations-management	Die systematische Planung, Steuerung und Kontrolle von Innovationen in Organisationen. Im Unterschied zu Kreativität, die sich mit der Entwicklung von Ideen beschäftigt, ist Innovationsmanagement auch auf die Verwertung von Ideen bzw. deren Umsetzung in wirtschaftlich erfolgreiche Produkte bzw. Dienstleistungen ausgerichtet (siehe *www.wikipedia.org*).
Customer Journey	Customer Journey bezeichnet dabei die „Reise“ (engl. Journey) eines möglichen, bestehenden oder ehemaligen Kunden über die verschiedenen Kontaktpunkte mit einem Produkt, einer Marke oder einem Unternehmen.

Dashboard	Ist eine übersichtliche, aufbereitete konsistente Darstellung von wichtigen Kennzahlen und KPIs. Ein Dashboard wird in der Regel auf einer Seite bzw. Bildschirmansicht dargestellt. Es verdichtet relevante Daten, berechnet KPIs und visualisiert diese auf eine den Planungs-, Steuerungs- und Kontrollaufgaben des Stakeholders zugeschnittene Art und Weise.
Data Council	Das Data Council trifft strategische Entscheidungen und definiert Standards, Regeln und Prozesse für das Datenmanagement mit unternehmensweiter Reichweite
Data Governance	Im Rahmen der Data Governance werden durch organisatorische Richtlinien und Standards eine hohe Datenqualität und die Compliance bzgl. z. B. externer Vorgaben sichergestellt. Hierzu werden Qualitätsmetriken, Prozesse, Rollen und Verantwortlichkeiten definiert.
Daten-Cluster	Stellt eine Menge von Geschäftsobjekten dar, die fachlich eng zusammengehören. Geschäftsobjekte sollten zu Daten-Cluster zusammengefasst werden, wenn eine der folgenden Bedingungen erfüllt ist: ▪ Eine Menge von Geschäftsobjekten, die mehrfach in dieser Zusammenstellung in einem Geschäftsprozess, einem Produkt oder einer fachlichen Funktion verwendet werden. ▪ Eine Menge von Geschäftsobjekten, die mehrfach in dieser Zusammenstellung einer Geschäftseinheit zugeordnet sind oder deren Mehrzahl in Verantwortung von Geschäftseinheiten eines Organisations-Clusters liegen. ▪ Eine Menge von Geschäftsobjekten, die mehrfach in dieser Zusammenstellung in der IS-Bebauung auftreten, d. h. entweder Informationssystemen zugeordnet sind oder über Schnittstellen ausgetauscht werden.
Datenprodukt	Datenprodukte sind eigene Produkte oder Services oder reichern bestehende durch Nutzbarmachung der zur Verfügung stehenden Informationen an. Darüber hinaus können sie als Entscheidungshilfe nicht direkt sichtbar für Kunden und Geschäftspartner dienen.
Datenmanagement	Ist der Prozess für das Planen, Gestalten, Überwachen und Steuern der Verwendung, Verteilung und Kommunikation von Informationen in Organisationen zur Erreichung strategischer Ziele. Das Datenmanagement umfasst die Menge aller organisatorischen, fachlichen, methodischen und technischen Konzepte und Verfahren mit dem Ziel, ▪ die Daten für einen zuverlässigen Geschäftsbetrieb bereitzustellen, ▪ die optimale Nutzung von Daten zu gewährleisten und ▪ eine angemessene Datenqualität, Datenschutz und Informationssicherheit zu gewährleisten. Jeder Stelle im Unternehmen müssen alle relevanten Informationen zum richtigen Zeitpunkt, am richtigen Ort und in der für den Verwendungszweck erforderlichen Qualität zur Verfügung stehen.

Daten-Owner	Sind die eigentlichen Datenbesitzer und verantworten die Daten. Sie kommen meist aus den Fachbereichen, definieren die Anforderungen an die Daten, sichern Qualität und Verfügbarkeit und vergeben Zugriffsrechte. Operativ werden sie von den Data Stewards und Datenredakteure unterstützt. Sie geben Empfehlungen über z. B. Regeln für die zentrale oder dezentrale Pflege oder Umsetzung von Standardisierungs- und Internationalisierungsanforderungen ab. Sie sind auch der Ansprechpartner für Fragen oder Eskalation im Datenschutz und in der Informationssicherheit.
Datenprodukt	Ist ein Produkt oder eine Dienstleistung, das vornehmlich Daten nutzt oder aber bestehende Produkte und Dienstleistungen durch Nutzbarmachung der zur Verfügung stehenden Informationen anreichert, um einen Wertbeitrag für ein Unternehmen zu erbringen. Ein Beispiel hierfür ist das Sammeln und Verkaufen von Adressdaten oder Nutzerdaten.
Datenschutz	Unter Datenschutz wird primär der Schutz personenbezogener Daten vor missbräuchlicher Verwendung und Datenverarbeitung verstanden, um das Recht des Einzelnen auf informationelle Selbstbestimmung zu stärken.
Definition of Done (DoD)	Mit dem Umsetzungsverantwortlichen getroffene Vereinbarung zu Kriterien, die erfüllt werden müssen, damit eine Geschäftsanforderung als vollständig und korrekt umgesetzt gilt. Die DoD ist häufig in Form einer Checkliste gehalten. Beispiele für Bestandteile einer DoD sind „Implementierung inklusive Unit-Tests ist im Versionierungssystem eingespielt", „Code-Review wurde durchgeführt", „Benutzerdokumentation ist angepasst" oder „Integrationstest ist erfolgreich abgeschlossen". Die DoD kann je Detaillierungsebene von Geschäftsanforderungen spezifisch ausgeprägt sein.
Demand Management	Die Disziplin für das Management der strategischen und operativen Geschäftsanforderungen. Es geht darum, im Zusammenspiel zwischen Business und IT die Geschäftsanforderungen möglichst angemessen, kostengünstig und trotzdem tragfähig und zeitgerecht in den Geschäftsprozessen und in der IT-Unterstützung umzusetzen.
DevOps	DevOps ist ein zusammengesetztes Wort aus „Development", der Anwendungsentwicklung, und „Operations", dem IT-Betrieb. DevOps ist ein Ansatzpunkt zur Verbesserung der Zusammenarbeit zwischen Anwendungsentwicklung und IT-Betrieb durch gemeinsame Anreize, Prinzipien, Prozesse und Werkzeuge. Hierbei sollen sowohl die Qualität der Produkte als auch die Geschwindigkeit und Zuverlässigkeit der Inbetriebnahme verbessert werden. Time-to-Market und Release-Zyklen sollen verkürzt und der Aufwand und die Kosten für die Inbetriebnahme und den Betrieb reduziert werden. Betriebsstörungen sollen schnell beseitigt werden.

Dienstleistungs- und Produkt-portfolio	Die Gesamtheit aller IT-Dienstleistungen und IT-Produkte in einem Unternehmen, die für die IT-Kunden bereitgestellt werden. Beispiel: Applikationsbetrieb oder aber Infrastrukturbereitstellung oder aber Unterstützungsleistungen für die Geschäftsprozessmodellierung.
Digitale Plattform	Eine digitale Plattform ist intermediär in einem zweiseitigen bzw. mehrseitigen Markt. Sie verknüpft zwei oder mehrere unterschiedliche Akteursgruppen (z. B. Kunden, Lieferanten, Nutzer, Dienstleister). Die Plattform stellt eine offene Infrastruktur zur Verfügung und bestimmt die Regeln für den Austausch. Die Akteursgruppen profitieren jeweils von der Größe der anderen Gruppe/n (Netzwerkeffekte). Auf einer Handelsplattform beispielsweise ist es für die Händler umso besser, je mehr Kunden die Plattform nutzen und ihre Produkte auf diesem Weg kaufen könnten. Andersherum haben die Kunden den Vorteil einer größeren Auswahl, wenn viele Händler die Plattform nutzen. Quelle: Bundesministerium für Wirtschaft und Energie (2016)
Digitalisierung	Bezeichnet den Wandel zu neuartigen, häufig disruptiven Geschäftsmodellen mittels Informations- und Kommunikationstechnik. Analoge Daten werden in digitale umgewandelt, Geschäftsprozesse flexibilisiert und automatisiert sowie Technik, Informationen, Dinge und Menschen intelligent vernetzt. Systeme werden zunehmend intelligent und selbstlernend. Der Kunde und dessen Bedürfnisse stehen im Mittelpunkt. Durch Effizienz muss der Freiraum für Innovation geschaffen werden. Disruption steht für den Umbruch, in dem traditionelle Geschäftsmodelle durch innovative Geschäftsmodelle abgelöst oder verdrängt werden.
Disziplin	Befasst sich mit der Behandlung gewisser Stoffgebiete oder Teilbereiche. Es umfasst sowohl inhaltliche als auch organisatorische Aspekte. Beispiele für Disziplinen sind das Enterprise Architecture Management oder das Demand Management.
Domäne	Strukturierung nach festgelegten Kriterien. So kann z. B. die Bebauung nach IS-Domänen oder fachlichen Domänen strukturiert werden. Bündelt kohärentes Wissen und Vorgehensweisen. Domänen sind organisationsinvariant und strukturieren das Geschäft nach festgelegten Kriterien. So kann z. B. die IS-Bebauung nach organisatorischen Bereichen aufgeteilt werden.
Due Diligence	Ein amerikanischer Rechtsbegriff, der jedoch im deutschsprachigen Raum eine weitere Bedeutung erhalten hat. Es wird im Allgemeinen darunter die sorgfältige Analyse, Prüfung und Bewertung eines Objekts im Rahmen z. B. einer Akquisition verstanden. Im IT-Umfeld umfasst dies in der Regel die Bestandsaufnahme und die Bewertung des Produkt- und Dienstleistungsspektrums, der IT-Landschaft sowie der Prozesse.

EAM (Enterprise Architecture Management)	Ein systematischer und ganzheitlicher Ansatz für das Verstehen, Kommunizieren, Gestalten und Planen der fachlichen und technischen Strukturen im Unternehmen. Es hilft dabei, die Komplexität der Geschäftsarchitektur und der IT-Landschaft zu beherrschen und diese businessorientiert strategisch, taktisch und operativ weiterzuentwickeln. EAM ist ein wesentlicher Bestandteil des Planungs- und Steuerungsinstrumentariums eines Unternehmens und beinhaltet alle Prozesse für die Dokumentation, Analyse, Qualitätssicherung, Planung und Steuerung der Weiterentwicklung der Geschäftsarchitektur und der IT-Landschaft in ihrem Zusammenspiel. Es stellt Hilfsmittel bereit, um die Komplexität der IT-Landschaft zu beherrschen und die IT-Landschaft zielgerichtet businessorientiert weiterzuentwickeln.
EAM-Board	Im EAM-Board werden inhaltliche Empfehlungen über die Weiterentwicklung der IT-Landschaft und Geschäftsarchitektur sowie der EAM-Methode und -Werkzeugunterstützung verabschiedet. Es werden Planungsprämissen für die Bebauungsplanung vorgegeben, Planungsvarianten bewertet und Rahmenvorgaben für die Soll-Bebauung und Roadmap zur Umsetzung gegeben. Dies ist ein wichtiger Input für die IT-Strategieentwicklung, für Investitionsentscheidungen und das Projektportfoliomanagement.
EAM Framework	Im EAM Framework werden die für EAM relevanten Stakeholder, deren Ziele und Fragestellungen sowie die für die Beantwortung der Fragestellungen erforderlichen fachlichen und technischen Strukturen sowie Visualisierungen, Listen und Steuerungssichten beschrieben.
Edge-Computing	Beim Edge Computing werden Daten dezentral an dem Ort, wo sie generiert wurden, verarbeitet. Die Bedeutung der Technologie steigt mit der Menge an Daten, die durch das Internet der Dinge erzeugt wird.
End-to-end	Erstreckt sich vom Kundenbedürfnis über alle Stationen bis zur Befriedigung des Kundenbedürfnisses. Häufig sind hierzu auch externe Partner zu involvieren.
Enterprise Architecture Framework	Unterstützt die Erstellung und Pflege der Unternehmensarchitektur. Sie stellt eine Grundlage dar, aus der sich eine konkrete Unternehmensarchitektur ableiten lässt. Je nach Framework liegt der Schwerpunkt auf der Strukturierung oder der Entwicklung der Unternehmensarchitektur.
Ergebnistyp	Eine grafische oder tabellarische Darstellung, um Daten auszuwerten und Informationen darzustellen.
Erweiterte Daten	Unternehmensspezifische Daten, die den Bebauungselementen als Zusatzinformation hinzugefügt werden. Beispiele hierfür sind die Größe eines Informationssystems in „Lines-of-Code“ oder Herstellerinformationen zu einem Informationssystem.
Erweiterte Prozesslandkarte	Stellt die Teilgeschäftsprozesse des Unternehmens mit ihren wesentlichen Schnittstellen End-to-end dar. Synonym: *Swimlane-Diagramm*

Fachliche Bebauung	Beschreibt die wesentlichen fachlichen Einheiten eines Unternehmens, die maßgeblich das „Geschäft" bestimmen. Die wesentlichen Elemente der fachlichen Bebauung sind Geschäftsprozesse, Business Capabilities, Produkte, Geschäftseinheiten und Geschäftsobjekte sowie Touchpoints und Business-Ökosystem.
Fachlicher Bezugsrahmen	Gibt fachliche Strukturen als Anknüpfungs- und Orientierungspunkte für die IT-Bebauung vor. Der Bezugsrahmen wird häufig als fachliche Cluster-Grafik oder in Form der Achsen einer Bebauungsplangrafik (z. B. Soll-Geschäftsprozesse) dargestellt.
Fachliche Domäne	Fachliche Einteilungen, die typischerweise die fachliche oder Informationssystembebauung strukturieren.
Fachliches Domänenmodell	Beschreibt die Geschäftsarchitektur eines Unternehmens im Überblick. Durch fachliche Domänen wird eine übergeordnete fachliche Strukturierung vorgegeben. Als fachliche Domänen werden häufig grobgranulare Geschäftsprozesse, Business Capabilities, Produkte, Geschäftsobjekte und/oder Geschäftseinheiten genutzt. Die wesentlichen aktuellen oder zukünftigen fachlichen Bebauungselemente, wie z. B. Geschäftsprozesse oder Business Capabilities werden in die fachlichen Domänen einsortiert. Das Ergebnis ist dann ein fachliches Domänenmodell. Ein fachliches Domänenmodell gibt damit eine gemeinsame Sprache vor und schafft Bezugspunkte für die Verknüpfung mit den IT-Strukturen. Es bestimmt den Rahmen für die Weiterentwicklung in Business und IT.
Fachliche Funktion	Eine in sich abgeschlossene und zusammenhängende fachliche Funktionalität wie z. B. „Kundenkontakt-Management". Mithilfe der fachlichen Funktionen wird das fachliche Leistungsvermögen des Unternehmens („Business Capabilities") beschrieben. Business Capabilities sind unabhängig von der Umsetzung in Geschäftsprozessen. Synonym: *Business Capability*
Fachliches Klassenmodell	Stellt die wesentlichen Entitäten und deren Beziehungen sowie Geschäftsregeln dar.
Fachliches Komponentenmodell	Gliedert die einzelnen, IT-technisch umgesetzten oder umzusetzenden Funktionen, in fachliche Cluster, die Komponenten.
Fachliche Nähe	Fachliche Nähe, z. B. zu einem Prozesscluster, besteht dann, wenn das Objekt eine große Zahl oder ausschließlich die Geschäftsprozesse des Prozess-Clusters unterstützt (analog für die anderen fachlichen Bebauungselemente).
Fachliche Projekt- und Iterationsplanung	Die im Rahmen der Projektportfolio- und Roadmap-Planung festgelegten Initiativen werden im Detail in der Granularität von Realisierungsanforderungen geplant.

Fachliche Projektportfolio- und Roadmap-Planung	In dieser taktischen Planungsebene werden das Projektportfolio und die Roadmap zur Umsetzung für alle Produkte geplant und entsprechend der sich ändernden Anforderungen und Rahmenbedingungen angepasst. Dies ist die Königsdisziplin im Demand Management, da es hier darauf ankommt, mit einem angemessenen Aufwand sicherzustellen, dass die richtigen Dinge getan werden. Dies ist alles andere als einfach, da dies die Beherrschung des Anforderungschaos voraussetzt und aufbauend darauf die taktische Planung systematisch durchgeführt werden muss. Hierzu müssen mit vertretbarem Aufwand die relevanten Themenbereiche und Features identifiziert und abgestimmt werden. Die strategischen Geschäftsanforderungen werden weiter heruntergebrochen und aus den gesammelten Realisierungsanforderungen und Pains werden über eine Bottom-up-Konsolidierung Themenbereiche, Features und in einigen Fällen sogar Teil-Features identifiziert. Diese werden zu taktischen Umsetzungspaketen gebündelt, analysiert und bewertet. Hierauf setzt dann die eigentliche taktische Umsetzungsplanung auf. Ergebnis sind Projektanträge, das aus fachlicher Sicht sinnvolle Projektportfolio und/oder (Produkt-)Roadmaps für die Umsetzung der taktischen Umsetzungspakete. Die Projektanträge werden ins Projektportfoliomanagement und die Produkt-Roadmaps ins Produktmanagement eingesteuert.
Fachliches Referenzmodell	Gibt für ein Unternehmen oder eine Klasse von Unternehmen - z. B. eine Branche - eine Empfehlung für die fachliche Strukturierung vor. Auf dieser Basis erfolgen die Dokumentation und Gestaltung der unternehmensspezifischen Geschäftsarchitektur. Fachliche Referenzmodelle helfen dabei, das eigene Verständnis über Strukturen und Zusammenhänge zu schärfen. Beispiele sind VAA [Ges01] im Versicherungsumfeld oder eTOM in der Telekommunikation (siehe [Ber03-1] oder [Joh11]). Standardreferenzmodelle lassen sich selten unverändert auf die Gegebenheiten eines konkreten Unternehmens übertragen. Sie werden für die Anwendung im Unternehmen entsprechend der spezifischen Geschäftsanforderungen und Randbedingungen angepasst. Ergebnis ist das unternehmensspezifische fachliche Domänenmodell.
Feature	Funktionale oder nichtfunktionale Eigenschaften (fachliche Funktionen) eines oder mehrerer Systeme oder Produkte, die für den Anwender einen unmittelbaren Wert darstellen. Sie werden vom Anwender als eine in sich geschlossene Einheit (ein sinnvolles Ganzes) wahrgenommen. Bei (Software-)Produkten wird häufig bei der Bestimmung der Features hinterfragt, ob dieses Feature für den Käufer kaufentscheidend ist.

	Ein Feature wird über ein Projekt oder eine Wartungsmaßnahme in einem Release in einem oder mehreren miteinander verbundenen IT-Systemen umgesetzt. Für die Priorisierung und Umsetzungsplanung werden Features häufig in Teil-Features zerlegt, wenn ein Feature nicht in einer Iteration umgesetzt werden kann. Beispiele für Features für den Themenbereich „Geschäftspartnermanagement" sind „Geschäftspartner-Stammdatenverwaltung", „Geschäftspartnersegmentierung" und „Marketingaktionsschnittstelle". Teil-Features der „Geschäftspartner-Stammdatenverwaltung" sind „Geschäftspartner-Stammdatenpflege", „Beziehungsgeflechtpflege" und „Kündigungsbearbeitung".
Fertigungstiefe	Anteil der vom Unternehmen selbst durchgeführten Prozesse. Häufig konzentrieren sich die Unternehmen zunehmend auf ihre Kernkompetenzen zur Erhöhung der Wertschöpfung des Unternehmens.
Flexibilität	Schnelle Anpassung der IT-Systeme an veränderte Geschäftsanforderungen und Rahmenbedingungen (Agilität).
Führendes System	Informationssystem für ein Geschäftsobjekt oder Informationsobjekt, das der Master für das Geschäftsobjekt bzw. Informationsobjekt ist. Vom führenden Informationssystem können andere Informationssysteme das Geschäftsobjekt beziehen. Das führende Informationssystem muss eine ausreichende Datenqualität sicherstellen.
Führungsprozesse	Geschäftsprozesse für die Planung, Steuerung und das Controlling der Leistungserbringung.
Funktionales Referenzmodell	Eine Ausprägung eines fachlichen Domänenmodells. In einem funktionalen Referenzmodell werden die fachlichen Funktionen, die Fähigkeiten (Capabilities) des Unternehmens, dokumentiert. Synonym: *Business Capability Map*
Funktions-Cluster	Eine Menge von fachlichen Funktionen, die fachlich eng zusammengehören. Kandidaten für Funktions-Cluster liegen vor, wenn eine der folgenden Bedingungen erfüllt ist: ▪ Eine Menge von fachlichen Funktionen, die mehrfach in dieser Zusammenstellung einem Geschäftsprozess oder einem Produkt zugeordnet sind. ▪ Eine Menge von fachlichen Funktionen, die mehrfach in dieser Zusammenstellung einer Geschäftseinheit zugeordnet sind oder deren Mehrzahl in Verantwortung von Geschäftseinheiten eines Organisations-Clusters liegen. ▪ Eine Menge von fachlichen Funktionen, die mehrfach in dieser Zusammenstellung von einem Informationssystem unterstützt werden. ▪ Eine Menge von fachlichen Funktionen, die die gleichen Business-Ziele umsetzen.

Geschäftsanforderung	Die überprüfbare Aussage über eine Eigenschaft oder Leistung, die ein Produkt, ein Prozess, ein am Prozess Beteiligter oder ein IT-System erfüllen muss. Jede Geschäftsanforderung erfüllt das Bedürfnis eines bestehenden oder potenziellen Kunden oder das anderer Stakeholder. Geschäftsanforderungen leiten sich aus der Unternehmens- oder IT-Strategie ab oder resultieren aus Veränderungsanforderungen aus dem operativen Geschäftsbetrieb oder von externen Randbedingungen, wie z. B. gesetzliche Anforderungen. Sie beschreiben das Ergebnis der Veränderung nach der Umsetzung. Die Veränderungen können organisatorischer, prozessualer oder technischer Natur sein. Beschreibt das, was ein Anforderungssteller zur Lösung seines Problems oder zur Erreichung seines Ziels benötigt oder was ein System oder eine Systemkomponente erfüllen muss, um Vorgaben zu genügen (siehe IEEE 1990 [IEE90]).
Geschäftsarchitektur	Beschreibt die wesentlichen fachlichen Einheiten eines Unternehmens, die maßgeblich das Geschäft bestimmen. Die wesentlichen Elemente sind Geschäftsprozesse, Business Capabilities, Produkte, Geschäftseinheiten und Geschäftsobjekte sowie Touchpoints und Business-Ökosystem. Mittels fachlicher Einteilungen, fachliche Domänen genannt, kann die fachliche Bebauung strukturiert werden.
Geschäftseinheit	Logische oder strukturelle Einheiten des Unternehmens, wie z. B. Bereiche und Werke des Unternehmens, oder logische Nutzergruppen, wie z. B. „Außendienst“ und „Innendienst“.
Geschäftsmodell	Beschreibt die Geschäftsinhalte und deren Differenzierung gegenüber dem Wettbewerb gesamthaft für das Unternehmen oder aber für eine Geschäftseinheit. Das Geschäftsmodell ist der Kern der Unternehmensstrategie. Es bestimmt das Was und das Wie. Im Geschäftsmodell werden zur Konkretisierung der Ziele im Wesentlichen die Dimensionen Produkte, Kunden und Ressourcen festgelegt.
Geschäftsobjekt	Ein abgestimmter, fachlicher Begriff für abstrakte oder konkrete Objekte, die in engem Zusammenhang mit der Geschäftstätigkeit des Unternehmens stehen. Geschäftsobjekte können in einer Beziehung zueinander stehen, werden zu Datenprodukten zugeordnet und von Geschäftsprozessen verwendet. Beispiele für Geschäftsobjekte sind Kunde, Produkt oder Auftrag. Die konkreten Daten eines Informationssystems, auch Informationsobjekte genannt, können sich logisch auf ein Geschäftsobjekt beziehen. So kann z. B. ein Informationssystem Master für die Kundennummern und Kundennamen sein und diese mit anderen Informationssystemen austauschen.

Geschäfts-partner	Jemand, an dem ein Unternehmen ein geschäftliches Interesse hat. Es ist ein übergeordneter Begriff für Kunden, Lieferanten und Partner des Unternehmens. Häufig werden auch Gruppen von Geschäftspartnern unterschieden. Ein Beispiel sind die Kundengruppen „Privatkunden", „Firmenkunden" und „Institutionen".
Geschäfts-prozess	Geschäftsprozesse bestehen aus einer Abfolge von zielgerichteten Aktivitäten zur Umsetzung des Geschäftsmodells des Unternehmens. Geschäftsprozesse leisten einen unmittelbaren Beitrag zur Wertschöpfung oder unterstützen andere wertschöpfende Geschäftsprozesse. Geschäftsprozesse haben einen definierten Anfang und ein definiertes Ende mit einem klar festgelegten Ergebnis. In der Regel werden Geschäftsprozesse mehrfach durchgeführt.
Geschäftsregel	Spezifische Richtlinien, die das Geschäftsverhalten beeinflussen oder leiten, sind ein Mittel, um die Umsetzung der Unternehmensstrategie und die aktuellen Geschäftsanforderungen zu kontrollieren und durchzusetzen.
Geschäfts-relevante IT-Produkte	Entstehen durch die Bündelung von einzelnen IT-Leistungen und -Produkten zu Leistungsangeboten, die für das Business als Paket in einem gewissen Geschäftskontext sinnvoll einsetzbar sind. Beispiel: Bereitstellung eines Pakets für Außendienstler, das sowohl die Softwarepakete als auch die Anbindung und die Hardware beinhaltet.
Geschäftstreiber	Die kritischen Erfolgsfaktoren, die ausschlaggebend für das Erreichen der Ziele und des Erfolgs eines Unternehmens sind. Beispiel: Kriterien für eine Kaufentscheidung eines Kunden wie Preis oder Beschaffenheit eines Produkts.
Gesundheits-zustand	Kann sowohl fachlich als auch technisch betrachtet werden. Der fachliche Gesundheitszustand beschreibt den Grad bzw. die Qualität der Abdeckung von Geschäftsanforderungen. Der technische Gesundheitszustand ist bestimmt durch technische Qualitätsanforderungen. Diese entscheiden maßgeblich darüber, ob z. B. ein System wirtschaftlich sinnvoll und planbar an neue Geschäftsanforderungen angepasst und anschließend gewartet werden kann: Stimmt die Architektur nicht oder verhindert ein schlechtes Design die Weiterentwicklung, so sind sowohl das zugrunde liegende System selbst als auch die Lieferantenbeziehung gefährdet.
Governance	Grundsätze, Verfahren und Maßnahmen, die sicherstellen, dass die Geschäftsziele erreicht, Ressourcen verantwortungsvoll eingesetzt und Risiken angemessen überwacht werden (angelehnt an [Mey03]).
Granularität	Ein Maß für die Feinkörnigkeit (Detailgrad) des Betrachtungsgegenstands. In der Regel wird zwischen grobgranular und feingranular unterschieden.

Gremium	Bezeichnet die Zusammenarbeit von Personen in einer Gruppe (Ausschuss, Kollegium), die sich zum Zweck der Beratung über einen speziellen Themenkomplex bzw. der Beschlussfassung über diesen Themenbereich über einen längeren Zeitraum hinweg bildet (siehe *www.wikipedia.org*).
Handlungs-bedarf	Definiert die Notwendigkeit, Veränderungen im Business oder in der IT vorzunehmen.
Handlungsfeld	Sind zusammengehörige Geschäftsanforderungen, Handlungsbedarfe und Optimierungspotenziale, für die spezifische Lösungen und Maßnahmen zur Behebung gefunden werden müssen.
Incident Management	Ausgefallener Service ist so schnell wie möglich wieder bereitzustellen. Hierbei ist die Beseitigung der Ursache zweitrangig; auch eine Störungsvermeidung zählt als Beseitigung der Störung (Störungsmanagement).
Indikator	Zeigt zahlenmäßig oder grafisch auf, was in Betracht gezogen wird, um die geplante Zielerreichung zu überprüfen oder zu messen. Ein Indikator stellt somit eine möglichst genau zu formulierende Messgröße dar, die zu einem bestimmten Berichtszeitpunkt eine Aussage über die geplante oder tatsächliche Ausprägung eines Steuerungsobjekts macht (siehe [KüM07]).
Informations-bebauung	Umfasst die Beschreibung der unternehmensweit abgestimmten Begriffe (Geschäftsobjekte) und der IS-spezifischen Informationsobjekte sowie deren Zuordnung untereinander und ihre Verwendung in der fachlichen und Informationssystembebauung.
Informations-flussgrafik	Dient zum Aufzeigen von Abhängigkeiten und Zusammenhängen zwischen Informationssystemen und deren fachlich logischem Informationsfluss.
Informations-sicherheit	Die Informationssicherheit zielt auf den angemessenen Schutz von Informationen und IT-Systemen in Bezug auf alle festgelegten Schutzziele, wie Vertraulichkeit, Integrität und Verfügbarkeit, ab. Ein unbefugter Zugriff oder die Manipulation von Daten soll verhindert und soweit möglich vorgebeugt werden, um daraus resultierende wirtschaftliche Schäden zu verhindern. Bei den Daten ist es unerheblich, ob diese einen Personenbezug haben oder nicht. Informationen können sowohl auf Papier als auch in IT-Systemen vorliegen.
Informations-management	Beinhaltet die systematische, methodengestützte Planung und Steuerung der betrieblichen Informationsversorgung. Die Wertschöpfung aller Unternehmensbereiche hängt in erheblichem Umfang von der Qualität der Daten ab.
Informations-objekt	IS-spezifischer Begriff. Informationsobjekte werden von Informationssystemen auf unterschiedliche Art (z. B. CRUD) genutzt und über Schnittstellen transportiert. Sie stehen in Relation zu Geschäftsobjekten, die die fachlich übergreifend abgestimmten Begriffe repräsentieren.

Informations-system	Ein Informationssystem ist eine logische Zusammenfassung von Funktionalitäten, die der Anwender als technische oder fachliche Einheit begreift (siehe [Sie02]). Es unterstützt im Allgemeinen zusammengehörige fachliche Funktionen, die sich logisch und technisch abgrenzen lassen. Synonyme: *Applikation* oder *Anwendung*
Informations-system-bebauung	Dokumentiert die IS-Landschaft des Unternehmens, d. h. die Informationssysteme und ihre Schnittstellen inkl. deren Informationsfluss. Die IS-Bebauung kann durch fachliche oder technische Domänen oder andere Kriterien, auch Bebauungscluster genannt, strukturiert werden. Kurzform: *IS-Bebauung*
Infrastruktur-bebauung	Dokumentiert auf einer groben Granularität die Betriebsinfrastrukturelemente des Unternehmens.
Infrastruktur-elemente	Über Infrastrukturelemente werden die logischen HW- und NW-Einheiten, auf denen Informationssysteme betrieben werden, abgebildet. Die Infrastrukturelemente werden im Allgemeinen im Enterprise Architecture Management auf grober logischer Ebene erfasst.
Infrastruktur-Service	Betriebsinfrastrukturplattformen können Infrastruktur-Services anbieten und Infrastruktur-Services von anderen nutzen. Die Services (Leistungen) werden in einem standardisierten Service-Katalog mit deren SLAs und gegebenenfalls auch Preisen beschrieben, um sie am Markt (interner oder externer Kunde) anzubieten. Die Leistungen können bezüglich funktionaler und dann im Anschluss bezüglich SLA-Aspekte zu aussagekräftigen und verrechenbaren Leistungen verfeinert werden. Die Differenzierung erlaubt eine gezielte Kostensteuerung.
Infrastruktur-systeme	Stellen im Allgemeinen Dienste bereit, die von anderen Infrastruktursystemen oder Informationssystemen genutzt werden können. Im Unterschied zu Informationssystemen stellen sie in der Regel keine Business-Unterstützung bereit, z. B. implementieren sie keine fachlichen Funktionen. Infrastruktursysteme sind daher typischerweise auch nicht in einer IS-Bebauung enthalten. Ein Beispiel hierfür ist eine Portalinfrastruktur.
Inkonsistenz	Bezeichnet einen Zustand, in dem zwei Dinge, die beide als gültig angesehen werden, nicht miteinander vereinbar sind. Inkonsistenzen verursachen in der Regel hohe Aufwände für die Konsolidierung. Inkonsistente Daten können zu wirtschaftlichen oder Imageschäden führen, wenn z. B. falsche Preisdaten in Kundenaufträgen errechnet werden (siehe *www.wikipedia.org*).
Inkrement	Das Ergebnis nach einer oder mehreren Iterationen. Im agilen Kontext wird es häufig gleichgesetzt mit einem Stück fertiger lauffähiger Software entsprechend der Definition von „Done“.
Innovations-management	Die systematische Planung, Steuerung und Kontrolle von Innovationen in Organisationen (siehe *www.wikipedia.org*).

Insourcing	Die Eigenerstellung von bisher extern eingekauften Produkten bzw. Leistungen. Es erfolgt eine Ausweitung der Wertschöpfungskette auf die bisher extern eingekauften Leistungen, um Kosten zu senken und neue Geschäftsfelder wahrnehmen zu können.
Integrations-architektur	Eine Integrationsarchitektur liefert unternehmensspezifische Vorgaben für die serviceorientierte Umsetzung von Geschäftsanforderungen. Hierzu zählen Technologie-, Softwarearchitektur- und Infrastrukturaspekte für Entwicklung, Betrieb und Governance der involvierten Einzelsysteme und deren Zusammenspiel (End-to-end). Beispiele hierfür sind Architekturvorgaben für die lose Kopplung von Komponenten über einen ESB (Enterprise Service Bus) oder aber die Herauslösung der Geschäftsregeln und Ablaufsteuerung aus dem Programmcode und die Hinterlegung dieser in einer Rules Engine und einem BPMS (Business Process Management System).
Intelligent Composable Business	Ist die Fähigkeit, sich auf der Grundlage der aktuellen Situation an die veränderten Anforderungen und Rahmenbedingungen schnell anpassen und grundlegend umgestalten zu können. Man könnte dazu auch intelligent zusammensetzbare Business-Fähigkeiten sagen. Unternehmen müssen in der Lage sein, schnell aufgrund fundierter Daten Entscheidungen situativ zu treffen und diese schnell umzusetzen bzw. nachzujustieren.
Investitions-planung	Investitionsplanung ist der Prozess der Erstellung und regelmäßigen Anpassung des Investitionsprogramms in der Regel jährlich im Rahmen der Unternehmensstrategieentwicklung und Business-Planung. Um den Ressourceneinsatz (insbesondere das finanzielle Budget) zu optimieren, sind eine Priorisierung sowie eine aktive Steuerung und Überwachung der Budgets mit einer Balancierung zwischen strategischen und operativen Maßnahmen erforderlich. Mithilfe einer Business Capability Map können Entscheidungen nachvollziehbar begründet und damit abgesichert werden.
Investitions-thema	Investitionsthemen beschreiben Maßnahmen zur Umsetzung der Ziele eines Unternehmens oder einer Geschäftseinheit. Sie werden im Rahmen der Budgetierung ermittelt, bewertet und mit Budget versehen. Die Budgetzuordnung erfolgt in der Regel für eine Planungsperiode (z. B. ein Jahr) und kann im Rahmen einer rollierenden Planung z. B. je Quartal angepasst werden. Investitionsthemen werden häufig durch Schlagworte benannt, wie z. B. „Einführung CRM (Customer Relationship Management)“ oder „Partnerintegration des Unternehmens Energy Verde“. Investitionsthemen werden durch die Untergliederung in Themenbereiche konkretisiert.
Internet of Things (IoT)	Das Internet of Things (IoT) („Internet der Dinge“) bezeichnet ein Netzwerk physischer miteinander vernetzten Maschinen, Anlagen und Geräten über und mit dem Internet. Die damit verbundenen „Dinge“ müssen eindeutig identifizierbar sein.

IoT-Plattform	Steuert den Datenaustausch zwischen Sensoren, Aktoren und Anwendungen und ermöglicht die intelligente Koordination sämtlicher Bestandteile einer vernetzten Gerätewelt.
IS-Bebauung	siehe *Informationssystembebauung*
IS-Cluster	Eine Menge von fachlich eng zusammengehörigen Informationssystemen. Informationssysteme sind unter anderem dann fachlich zusammenhängend, wenn sie z. B. gemeinsame Daten nutzen, die gleichen Geschäftsprozesse unterstützen oder in Verantwortung von einer gemeinsamen Geschäftseinheit liegen. Hieraus können Optimierungsmöglichkeiten für z. B. die enge Kopplung oder das Zusammenlegen von Informationssystemen abgeleitet werden.
IS-Domäne	Fasst anhand eines oder mehrerer Kriterien verschiedene Informationssysteme zusammen. IS-Domänen werden häufig verwendet, um einerseits die IS-Landschaft und andererseits die Verantwortlichkeiten für die Bebauungsplanung aufzuteilen.
IS-Kategorie	Bezeichnet einen Typ von Informationssystemen wie z. B. OLTP- oder OLAP-Informationssysteme.
IS-Landschaft	Die Gesamtheit aller betrieblichen Informationssysteme in einem Unternehmen. Die IS-Landschaft besteht im Wesentlichen aus den Informationssystemen, deren Daten und Schnittstellen. Synonyme: *Anwendungs-* oder *Applikationslandschaft*
Ist-Bebauung	Beschreibt den aktuell produktiven Stand der Bebauung, z. B. alle Geschäftsprozesse, die aktuell so ausgeführt sind, oder alle Informationssysteme, die aktuell produktiv genutzt werden.
Ist-Zustand	Der Ist-Zustand gibt den aktuell gültigen Stand von Daten und Informationen wieder.
IT-Architektur	Die statischen und dynamischen Aspekte, die die (Grund-)Struktur eines Systems definieren. Eine IT-Architektur besteht aus verschiedenen Sichten: ▪ Konzeptionelle Sicht: Kontext, Kerninhalte und Zusammenspiel mit dem Umfeld ▪ Logische Sicht: logische, fachliche und technische Komponenten und deren Zusammenspiel ▪ Technische Sicht: Implementierungseinheiten, z. B. Codestruktur und Abbildung von Implementierungseinheiten auf die logischen Komponenten und auf die Deployment-Einheiten ▪ Infrastruktursicht: Abbildung der Deployment-Einheiten auf die Betriebsinfrastruktur sowie Betriebssicht (Sicherstellung der betriebsrelevanten Anforderungen)

IT-Bebauungs-management	Eine Metapher aus der Stadt- und Landschaftsplanung. Das IT-Bebauungsmanagement schafft Transparenz über die IT-Landschaft und stellt die Verknüpfung zwischen Business- und IT-Strukturen (die „Brücke" zwischen Business und IT) her. Mithilfe einer Unternehmensarchitektur werden die verstreuten Informationen aus dem Business und der IT, wie z. B. Geschäftsprozesse und Informationssysteme, verknüpft und ein Gesamtblick auf die IT im Unternehmen geschaffen. Abhängigkeiten und Auswirkungen von fachlichen und IT-Änderungen werden transparent. Es wird Transparenz sowohl über den Ist-Zustand als auch über den Zielzustand sowie die Umsetzungsplanung hergestellt.
IT-Board	Ist für die übergreifende Planung und Steuerung der IT verantwortlich und verabschiedet die IT-Strategie sowie die IT-Kosten- und Investitionsplanung. Das IT-Board setzt sich im Allgemeinen aus Vertretern der Unternehmensführung und dem CIO sowie dem Management der Geschäftseinheiten zusammen. Die Unternehmensführung gibt z. B. über Budgets Randbedingungen für die IT-Investitionen vor.
IT-Commodity	siehe *Commodity*
IT-Dienst-leistungs- und Produkt-portfolio	Die Gesamtheit aller IT-Dienstleistungen und IT-Produkte in einem Unternehmen, die für die IT-Kunden bereitgestellt werden. Beispiel: Applikationsbetrieb oder aber Infrastrukturbereitstellung oder aber Unterstützungsleistungen für die Geschäftsprozessmodellierung.
IT-Funktionalität	Die durch ein Informationssystem bereitgestellte fachliche Funktion. Synonym: *IT-Funktionalität*
IT-Governance	Grundsätze, Verfahren und Maßnahmen, die sicherstellen, dass mit Hilfe der eingesetzten IT die Geschäftsziele abgedeckt, Ressourcen verantwortungsvoll eingesetzt und Risiken angemessen überwacht werden (siehe [Mey03]).
IT-Kaufprodukt	Unter IT-Kaufprodukten werden Software- und Hardware-Lösungen verstanden, die vom Markt als Produkt ohne unternehmensspezifische Anpassung bezogen werden. Hierzu zählen u. a. PCs, PC-Arbeitsplatzsoftware, wie z. B. Office- oder Kommunikationsplattformen und Server-Infrastruktur-Komponenten.
IT-Konsolidie-rung	Optimiert den Einsatz von Menschen, Prozessen und Technologie für einen effizienteren und/oder effektiveren Betrieb. Die Ziele von IT-Konsolidierung liegen in der Optimierung von IT-Ressourcen, um Kosten zu reduzieren, den Service-Level zu verbessern und um die Flexibilität der Unternehmen zu erhöhen.
IT-Koordinato-ren-Gremium	Ist für die übergreifende Planung und Steuerung der Umsetzung von Geschäftsanforderungen verantwortlich. Häufig gibt es sowohl unternehmensübergreifende als auch geschäftseinheitenweite Gremien. Die von den Fachbereichen eingebrachten Geschäftsanforderungen werden übergreifend entsprechend der Umsetzungspakete (Projekte, Wartungsbudgets) priorisiert und in die Umsetzung eingesteuert.

IT-Landschaft	Besteht aus der Gesamtheit aller IT-Systeme des Unternehmens, wie z. B. Informationssysteme, Daten, Schnittstellen, technische Bausteine und Betriebsinfrastrukturen.
IT-Leistungs-verrechnung	Hier werden genau spezifizierte Produkte oder Leistungen zu vorab kalkulierten und periodenweise festgelegten Preisen an den Nutzer bzw. Kunden abgegeben (siehe [KüM07]).
IT-Management	Beinhaltet alle Planungs- und Steuerungsaufgaben im IT-Umfeld. Ziel ist die Steigerung des Wertbeitrags der IT zum Unternehmenserfolg und die Minimierung der mit der IT verbundenen Risiken und Kosten.
IT-Management-Instrumentarium	Beinhaltet alle IT-Managementfunktionen zur Planung und Steuerung der IT in ihrem Zusammenspiel. Dies schließt sowohl die Prozesse, Rollen und Verantwortlichkeiten, Gremien als auch die Werkzeugunterstützung der IT-Managementfunktionen mit ein. Kurzform: *ITM-Instrumentarium*
IT-Produkt	Soft- und/oder Hardwareelement, das als Ganzes als Eigenentwicklung oder Kaufsoftware erstellt, erworben oder lizenziert wurde.
IT-Projekt-portfolio	Das IT-Projektportfolio eines Unternehmens beinhaltet alle aktiven IT-Projekte des Unternehmens, von deren Genehmigung bis zu deren Beendigung.
IT-Revision	Prüft im unmittelbaren Auftrag der Unternehmensführung die IT-Organisationseinheiten sowie IT-Prozessabläufe hinsichtlich der Einhaltung von Vorgaben und Vorschriften. Prüfkriterien sind die Ordnungsmäßigkeit, Risiken, Sicherheit, Wirtschaftlichkeit, Zukunftssicherheit und Zweckmäßigkeit. Schwerpunkte der IT-Revision als Teil der internen Revision sind Prüfung der IT-Systeme und -Infrastrukturen, IT-Leistungserstellung und IT-gestützte Abläufe (siehe [KüM07]).
IT-Sicherheit	Adressiert als Teilbereich der Informationssicherheit den Schutz elektronisch gespeicherter Informationen und deren Verarbeitung inklusive Funktionssicherheit, also das fehlerfreie Funktionieren und die Zuverlässigkeit der IT-Systeme. Hier müssen auch Systeme einbezogen werden, die häufig nicht unmittelbar als IT-Systeme wahrgenommen werden, wie Steuerungs- (ICS) oder IoT-Systeme. Die IT-Sicherheit ist also Bestandteil der Informationssicherheit. Das Aktionsfeld der klassischen IT-Sicherheit wird bei der Cyber-Sicherheit auf den gesamten Cyber-Raum ausgeweitet.
IT-Strategie	Leitet sich aus der Unternehmensstrategie ab. Sie gibt durch Planungsprämissen und strategische Vorgaben den formalen und verbindlichen Rahmen für die Weiterentwicklung der IT vor. Eine IT-Strategie wird regelmäßig überprüft und bei Bedarf angepasst. Eine erfolgversprechende IT-Strategie gibt als Teil der Unternehmensstrategie eine Vision und Leitplanken vor und verbindet das Vorhandene mit dem notwendigen Neuen. Sie beinhaltet viele Teilstrategien, wie z. B. die Infrastruktur-, Applikations-, Innovations-, Sourcing- und Investmentstrategie.

IT-Strategie-entwicklung	Der Prozess zur initialen Erstellung der IT-Strategie oder Anpassung der IT-Strategie in regelmäßigen Zeitabständen an veränderte Rahmenbedingungen.
IT-System	Alle technischen, informationsverarbeitenden Einheiten werden IT-Systeme genannt. IT-Systeme können sowohl Informationssysteme (z. B. SAP R/3), Datenbankmanagementsysteme (z. B. Oracle) ohne oder im Zusammenspiel mit Betriebssystemen (z. B. Unix) als auch Hardware-/NW-Komponenten sein.
Iteration	Die wiederholte Durchführung einer oder mehrerer Aktivitäten. Die Anzahl der Iterationen steht entweder vorher fest oder richtet sich nach dem Fortschritt oder der Erfüllung eines Abbruchkriteriums.
ITIL (Information Technology Infrastructure Library)	Eine herstellerunabhängige Sammlung von Best-Practices für das IT-Servicemanagement. ITIL ist zum De-facto-Standard für das IT-Servicemanagement geworden.
Kennzahl	Zahl, die zu einem bestimmten Berichtszeitpunkt eine Aussage über die geplante oder tatsächliche Ausprägung eines Merkmals eines Steuerungsobjekts macht. Die Merkmale selber können sich sowohl auf Zeitpunkte als auch auf Zeiträume beziehen. Eine Kennzahl nimmt unterschiedliche Werte an (siehe [KüM07]). Eine Kennzahl kann entweder eine absolute Zahl, wie z. B. Investitionssumme oder Projektlaufzeit, oder aber eine Zahl sein, die im Verhältnis zu anderen Informationen steht, wie z. B. Innovations- oder Fertigstellungsgrad. Im Rahmen der Planung wird für die Kennzahl ein Zielwert vorgegeben, z. B. Kostenreduktion um 30 %. Ggf. wird ein Schwellenwert festgelegt, der angibt, wann ein Eingreifen erforderlich ist.
Kennzahlen-system	Beinhaltet eine Menge von Kennzahlen, die in Abhängigkeit zueinander stehen können. Eines der bekanntesten Kennzahlensysteme ist die Balanced Scorecard. Ein Kennzahlensystem macht zu einem bestimmten Zeitpunkt eine qualitative Aussage über den geplanten oder tatsächlichen Zustand von vorab festgelegten Steuerungsobjekten (siehe [KüM07]).
Kerndaten	Daten, die die Bebauungselemente beschreiben, unter anderem die Namen von z. B. Geschäftsprozessen, Informationssystemen oder technischen Bausteinen.
Kerngeschäfts-objekte (KGO)	Kerngeschäftsobjekte (KGO) sind Geschäftsobjekte mit besonderer Bedeutung oder fachliche Gruppierungen (Zusammenfassung) von Geschäftsobjekten. Häufig werden diese top-down aus Geschäftsanforderungen oder Strategie abgeleitet. Häufig werden nur Kerngeschäftsobjekte als Grundlage für Planung und Steuerung verwendet.
Kernkompetenz	Eine oder mehrere Fähigkeiten eines Unternehmens, durch die nachhaltig Wettbewerbsvorteile erreicht werden.

Kernprozesse	Geschäftsprozesse, die der Wertschöpfung im Rahmen der Erstellung von Produkten bzw. Erbringung von Dienstleistungen dienen.
Key Performance Indicator (KPI)	Der KPI bezeichnet Kennzahlen, anhand derer man den Fortschritt oder den Erfüllungsgrad hinsichtlich wichtiger Zielsetzungen oder kritischer Erfolgsfaktoren innerhalb einer Organisation messen und/oder ermitteln kann. KPIs verschaffen einen schnellen Überblick über den Status und signalisieren Handlungsbedarf. Sie bieten aber ohne eine Operationalisierung (Herunterbrechen auf fassbare Kennzahlen) keine ausreichende Grundlage für Entscheidungen (siehe [KüM07]).
Key-User	Wichtige Anwender von Informationssystemen.
Komponentisierung	Evolutionäres Zerschlagen von Applikationen in orthogonale IT-Funktionalitäten.
Laufzeitumgebung	Technische Infrastruktur, um ein Informationssystem auszuführen.
Lean Management	Ein Führungs- und Organisationskonzept zur schlanken, aber gleichzeitig effektiven und effizienten Gestaltung der Aufbau- und Ablauforganisation einer Geschäftseinheit oder eines Unternehmens. Operational und Strategic Excellence wird ohne Verschwendung in einem kontinuierlichen Verbesserungsprozess angestrebt. Wesentlich ist dabei die Konzentration auf die für die Wertschöpfung wesentlichen Aktivitäten, diese optimal aufeinander abzustimmen und jegliche Form von Verschwendung und Blindleistung, wie z. B. überflüssige Prozesse, Prozessschritte oder organisatorische Einheiten sowie Formalien, zu vermeiden.
Lean Startup	Ist eine Methode (siehe [Han18]), die aus dem schnellen Lernen über Feedback der Schlüsselkunden und der iterativen kontinuierlichen Weiterentwicklung des Produkts oder der Dienstleistung besteht. Aufgrund des Feedbacks ist es möglich, frühzeitig auf Fehlentwicklungen zu reagieren, gegebenenfalls schnell und mit minimalen Investitionen Anpassungen am Produkt vorzunehmen und flexibel auf Veränderungen des Markts zu reagieren. Die Methode hat das Ziel, Produkte zeitnah auf den Markt zu bringen, um sie anhand von Feedback schrittweise zu verbessern.
Legacy	Software wird als „Legacy“ bezeichnet, wenn sie in Wartung ist und nicht permanent an die neuen, unternehmensspezifischen technischen Standards angepasst wird. „Software systems become legacy systems when they begin to resist modification and evolution." ([Sea03])
Leitlinien	Konkrete und verbindliche Prämissen und Orientierungshilfen für IT-Entscheidungen.
Lieferantenmanagement	Umfasst die Entwicklung und Steuerung des Lieferantenportfolios in Abhängigkeit von der Kerneigenleistungsfähigkeit und Sourcing-Strategie. Es beinhaltet die Auswahl, die Bewertung und das Controlling des Lieferantenportfolios.
Lifecycle	Beschreibt die Zustände eines Objekts und deren Veränderung.

Lifecycle-Management (LCM)	Im Lifecycle-Management (LCM) wird der Lebenszyklus eines IT-Systems von der Idee oder Einführung bis zum Ablösen geplant. Das Lifecycle-Management spielt eng mit der Bebauungsplanung beziehungsweise dem Informationssystem-Portfoliomanagement (IS-Portfoliomanagement) zusammen und ist ein wesentlicher Bestandteil der Standardisierung und Homogenisierung.
Lokation	Ein physischer Ort der Leistungserbringung. Beispiele: Werke, Standort oder Standortteil.
Lösungsidee	Teil einer Soll- oder Plan-Bebauung, der für einen IT-relevanten Aspekt eine mögliche Umsetzung der zugeordneten Business- bzw. IT-Anforderung beinhaltet.
Mandant	Ein Unternehmensteil, der ggf. rechtlich selbstständig ist, für den eine individuelle und abgegrenzte Sicht auf den Datenbestand benötigt wird.
Marktanalyse	Ein Teilgebiet des Marketings, das meist als Synonym für *Marktforschung* (im weitesten Sinne) und *Marktinformationsbeschaffung* verwendet wird. Die Marktanalyse ist der grundlegende Baustein eines Marketingplans oder eines Marketingkonzepts, aus dem anschließend strategische und operative Ziele und Maßnahmen abgeleitet werden. Auch ist die Marktanalyse ein wichtiger Baustein im unternehmensübergreifenden Benchmarking (siehe *www.wikipedia.org*).
Maßnahme	Ein Vorhaben, das eine Veränderung organisatorischer, technischer oder prozessualer Natur einführt. Maßnahmen werden durch die Linienorganisation umgesetzt. Sie erfüllen nicht die Kriterien, die eine Umsetzung als Projekt erfordern (geringes Budget, begrenzte Wirkung, zum Beispiel auf nur ein IT-System, auf einen Detailprozess oder innerhalb einer Abteilung oder eines Bereichs). Maßnahmen sollten dem Demand Management bekannt gemacht werden, werden durch dieses aber in der Regel nicht an das Projektportfoliomanagement weitergegeben.
Masterplan	Eine strategische Multiprojektplanung, in der die wesentlichen grobgranularen Maßnahmen zur Umsetzung des Ziel-Bilds gesamthaft aufgeführt sind. Die Planung in der absehbaren Zukunft ist konkreter und je weiter es in die Zukunft geht, umso visionärer wird der Plan. Der Masterplan wird entsprechend der Veränderungen in der Strategie, Geschäftsanforderungen und Randbedingungen fortgeschrieben.
Masterplan-Grafik	Visualisiert zeitliche Abhängigkeiten von z. B. strategischen Maßnahmen oder Projekten.
Maturity Level	Beschreibt den Reifegrad eines Unternehmens oder von Teilen, wie z. B. Teilarchitekturen oder Geschäftsprozessen, in Stufen.
Merger & Acquisitions (M&A)	Sammelbegriff für Unternehmenstransaktionen, bei denen sich insbesondere große Gesellschaften zusammenschließen oder den Eigentümer wechseln (siehe *www.wikipedia.org*).
Methode	Die systematische Vorgehensweise, um Aufgaben aus einem bestimmten Kontext zu lösen. Häufig wird eine Handlungsvorschrift und/oder die Art und Weise der Durchführung vorgegeben, wie, ausgehend von vorgegebenen Bedingungen, ein Ziel erreicht werden kann.

Minimum Viable Product (MVP)	Ein Minimum Viable Product (MVP), wörtlich ein „minimal überlebensfähiges Produkt“, ist die erste minimal funktionsfähige Iteration eines Produkts, das entwickelt werden muss, um mit minimalem Aufwand den Kunden-, Markt- oder Funktionsbedarf zu decken und handlungsrelevantes Feedback zu gewährleisten. MVP ist die Lösung mit dem minimalen Funktionsumfang, die einen Wert für den Kunden darstellt.
Mission	Zweck einer Organisation, der ihre Existenz rechtfertigt.
Mittelfristplanung	In einer Mittelfristplanung wird typischerweise für einen längeren, aber noch überschaubaren Zeitraum in der Zukunft die Zielbebauung festgelegt. Als Zeitraum wird häufig drei bis maximal fünf Jahre gewählt. Eine Mittelfristplanung ist also ein Meilenstein in Richtung der Soll-Bebauung.
Modell	Die Abbildung eines Ausschnitts der Realität. Modelle können z. B. über mathematische Formeln, Grafiken, aber auch in natürlicher Sprache dargestellt sein. Ein „gutes“ Modell zeichnet sich dadurch aus, dass Modellersteller und Modellnutzer anhand des Modells das gleiche Verständnis für den durch das Modell abgebildeten Ausschnitt aus der Realität entwickeln können. Ein Modell kann beliebig viele Diagramme und eine beliebige Anzahl von Modellelementen enthalten. Modellelemente können über beliebig viele Diagramme visualisiert werden.
Modellierungsrichtlinien	Legen fest, welche Strukturen in welchen Granularitäten und auf welche Art und Weise abzubilden sind. Es werden Vorgaben für die Modellierung aller Bebauungselementtypen und deren Beziehungen sowie für die Modellierung von Querschnittsaspekten wie z. B. SOA, Portal oder Data Warehouse gemacht.
Monitoring	Im CobiT werden unter Monitoring die vier Prozesse „Prozesse überwachen“, „interne Steuerung bewerten“, „unabhängige Bewertung einholen“ und „unabhängige Auditierung vorsehen“ zusammengefasst (siehe [KüM07]).
Multiprojektmanagement	Die übergreifende Steuerung und Überwachung von mehreren untereinander abhängigen Projekten. Aufgrund der fachlichen und technischen Abhängigkeiten können Projekte nicht isoliert betrachtet werden. Entscheidungen in einem Projekt können Auswirkungen in anderen Projekten nach sich ziehen. Diese Wechselwirkungen werden im Rahmen des Multiprojektmanagements behandelt.
Offshoring	Verlagerung der IT-Services in Niedriglohnländer, z. B. China (Offshore) oder Ungarn (Nearshore), um die Personalkosten durch das Lohnkostengefälle zu senken. Das Einsparpotenzial muss unternehmensspezifisch eingeschätzt werden. Häufig wird auch die Organisationsform eines Offshore-Entwicklungszentrums gewählt. IT-Funktionen werden in Niedriglohnländer verlagert und externe Ressourcen in einem eigenen Unternehmen oder Joint Venture gebündelt.
Operational Excellence	Fähigkeit, das aktuelle Geschäft kostenangemessen und zuverlässig mithilfe der IT zu unterstützen und dabei die IT-Unterstützung kontinuierlich zu verbessern.

Operational Model	Stellt das Unternehmen mit seinen wesentlichen Beziehungen zu den Geschäftspartnern dar, wie z. B. Lieferanten, Partnern, Dienstleistern, Kunden, Shared Service Centern, Aufsichts- und Regulierungsbehörden oder Tochtergesellschaften.
Operative Ausrichtung	Im Fokus der operativen Ausrichtung liegt das Tagesgeschäft. In der Planung werden kurzfristige Zeithorizonte von weniger als einem Jahr, häufig auch die laufende Rechnungs- bzw. Berichtsperiode für einen Teil des Unternehmens oder Aktivitäten adressiert.
Operatives Prozessmanagement	Das operative Prozessmanagement wickelt die bestehenden Prozesse im Tagesgeschäft bestmöglich ab, um die vorgegebenen Leistungskennzahlen zu erreichen und die Potenziale bestehender Prozesse auszuschöpfen. Es modelliert, analysiert, designt und misst die Prozesse innerhalb seines Verantwortungsbereichs, der an den Schnittstellen zu anderen Organisationseinheiten endet. Es treibt die kontinuierliche Prozessverbesserung und verantwortet das Change Management für seine Prozesse (siehe auch [Sch10]).
Opportunitätskosten	Erlöse, die nicht entstehen, weil Möglichkeiten (Opportunitäten) zur Nutzung von Ressourcen nicht wahrgenommen werden (siehe *www.wikipedia.org*).
Organisations-Cluster	Eine Menge von Geschäftseinheiten, die fachlich eng zusammengehören. Kandidaten für Organisations-Cluster liegen vor, wenn eine der folgenden Bedingungen erfüllt ist: ▪ Eine Menge von Geschäftseinheiten, die zusammenhängende Geschäftsprozesse ausführen. Zusammenhängende Geschäftsprozesse sind z. B. Geschäftsprozesse, die eine gemeinsame Wertschöpfungskette (gemeinsamen Vater) haben. ▪ Eine Menge von Geschäftseinheiten, die die Mehrzahl der Funktionen eines funktionalen Clusters oder die die Mehrzahl von Geschäftsprozessen eines Prozess-Clusters ausführen. ▪ Eine Menge von Geschäftseinheiten, die für die Mehrzahl der Funktionen eines funktionalen Clusters oder für die Mehrzahl von Geschäftsprozessen eines Prozess-Clusters oder für die Mehrzahl von Geschäftsobjekten eines Daten-Clusters fachlich verantwortlich sind.
Organisationseinheit	Strukturelle Einheiten des Unternehmens; dies können Einheiten der Aufbauorganisation oder Werke bzw. Niederlassungen sein.
Organisationsentwicklung	Ist ein geplanter, systematischer und langfristiger Prozess der Veränderung und Weiterentwicklung der Aufbau- und Ablauforganisation von Unternehmen oder Unternehmensbereichen unter größtmöglicher Beteiligung aller Betroffenen.
Organisationsstruktur	Die Art, wie ein Unternehmen strukturiert ist, z. B. die Geschäftseinheiten wie Abteilungen des Unternehmens oder die Standorte oder Werke des Unternehmens.
O-Ton Kunde	Die wörtliche Formulierung der Anforderung des Anforderungsstellers („Originalton“).

Outsourcing	Nutzung externer Ressourcen und Verlagerung von Prozessen zu einem externen Anbieter mit dem Ziel, Kosten insbesondere durch Skalenvorteile zu reduzieren.
Owner	Der Owner eines Bebauungselements ist fachlich verantwortlich für dieses. So kann z. B. ein Geschäftsprozess Daten-Owner für ein Geschäftsobjekt sein.
Partner Management	Systematische Steuerung der Beziehungen zu den Geschäftspartnern.
Performance Management	Eine systematische Überprüfung und Steuerung der Leistungserstellung im Unternehmen zur Steigerung der Leistung im Unternehmen. Dies umfasst sowohl die Prozesse als auch das Ergebnis der Prozesse. IT Performance Management und Application Performance Management sind die typischen Ausprägungen im IT-Umfeld. Diese zielen im Wesentlichen darauf ab, einen zuverlässigen und sicheren Geschäftsbetrieb zu gewährleisten.
Pflegekonzept	Mit einem Pflegekonzept werden Richtlinien für die Dokumentation der Geschäftsarchitektur und/oder der IT-Landschaft vorgegeben. Es enthält einerseits Modellierungsrichtlinien für die einheitliche Dokumentation in einer angemessenen Granularität. Andererseits werden die Datenbeschaffung und Qualitätssicherung sowie die Werkzeugunterstützung im Pflegekonzept klar geregelt. Ein Pflegekonzept ist essenziell, um sicherzustellen, dass eine Bebauungsdatenbasis kontinuierlich in hinreichender Qualität und angemessener Granularität gepflegt wird.
Plan-Bebauung	Geplanter Zustand einer Bebauung zu einem bestimmten Zeitpunkt. Plan-Bebauungen beschreiben einen Schritt von der Ist- zur Soll-Bebauung bzw. einen Schritt zwischen zwei Plan-Bebauungen. Im Rahmen der Bebauungsplanung kann es mehrere gültige Plan-Bebauungen (= Planungsszenarien) geben. Dies sind dann mögliche Lösungsvarianten für die Umsetzung der Soll-Bebauung.
Planung	Alle Aktivitäten zur Festlegung von Zielen und Strategien zur Zielerreichung. Am Ende jeder Planungsaktivität steht eine Entscheidung, welches Ziel in welchem Zeitraum wie erreicht werden soll.
Planungsebene	Über eine Planungsebene sind die Granularität und der zeitliche Planungshorizont festgelegt. Wir unterscheiden die Planungsebenen „Unternehmensplanung“, „Projektportfolio- und Produktplanung“ sowie „Projekt- und Maßnahmenplanung“.
Planungsperiode	Der Zeitraum, für den eine Planung durchgeführt wird. Nach der Länge dieses Zeitraums kann man weiter unterteilen in langfristige Planung über mehrere Jahre, mittelfristige Planung über ein Jahr sowie kurzfristige Planung bis zu einem Jahr.
Planungsszenarien	Alternative Planbebauungen z. B. für verschiedene alternative IT- oder Business-Ideen.

Plattform	Plattformen verbinden Anbieter und Nachfrager oder einfach Geschäftspartner miteinander. Sie bieten für Plattformnutzer in der Regel einen einfachen Zugang, Mehrwertdienste wie Suche nach Produkten und Services, Preistransparenz, niedrigere Transaktionskosten und eine offene Infrastruktur mit klar definierten Geschäftsregeln. Jedes Unternehmen muss für sich festlegen, welche Plattformen für welchen Zweck genutzt, dafür Services angeboten oder ggf. selbst oder mit Partnern aufgebaut werden. Dies muss in das Lösungsportfolio einfließen. Die Plattform stellt eine offene Infrastruktur zur Verfügung und bestimmt die Regeln für den Austausch. Digitale Plattformen stellen in der Regel Services bereit. Diese und die anderen Services müssen professionell gemanagt werden. Managed Services sind IT-Dienstleistungen, die hinsichtlich Umfangs und Verfügbarkeit genau definiert sind. Beispiele für Managed Services sind Anwendungsdienste, Bereitstellung von Speicherplatz oder das Monitoring von IT-Infrastrukturen.
Portfolio	Der Begriff stammt ursprünglich aus dem Wertpapiergeschäft. In einem Portfolio werden zweidimensional verschiedene Objekte, wie z. B. Projekte, Informationssysteme oder Prozesse, entsprechend ihren Ausprägungen für die zwei Dimensionen einsortiert. Hierdurch wird ein Gesamtüberblick über die Eingruppierung der Objekte bzgl. der gewählten Dimensionen geschaffen.
Portfolioanalyse	Eine Technik, mit der Strategien formuliert werden können. Dazu werden die betrachteten Objekte, z. B. Produkte, bestimmt und nach in der Strategie festgelegten Attributen (relativer Marktanteil, Marktwachstum etc.) bewertet und in einer Portfoliografik dargestellt.
Portfoliografik	Dient zur übersichtlichen Visualisierung von relativen „Wertigkeiten" von Bebauungselementen oder Strategien für Bebauungselemente auf einen Blick.
Portfolio-management	Die Zusammenstellung und Verwaltung eines Portfolios, d. h. eines Bestands an Investitionen, im Sinne der mit dem Investor vereinbarten Anlagekriterien, insbesondere durch Käufe und Verkäufe mit Blick auf die erwarteten Marktentwicklungen (siehe *www.wikipedia.org*).
Prämisse	Eine als wahr unterstellte Aussage, aus der man logische Schlussfolgerungen ziehen kann.
Prinzipien	Voneinander unabhängige Grundsätze, die die Wahlfreiheit bezüglich Auswahl, Gestaltung oder Vorgehen einschränken und einen Entscheidungskorridor vorgeben. Die Prinzipien sind grundsätzlich anzuwenden. Abweichungen von den Grundsätzen sind bei entsprechender Begründung ggf. möglich. Prinzipien sind an sich beständig, d. h., sie werden nicht durch schnellen Technologie- oder Produktwechsel beeinflusst. Beispiele: „Serviceorientierung" oder „Best-of-Breed".

Produkt	Ergebnis des Leistungsprozesses eines Unternehmens, z. B. eine Ware wie ein Auto oder ein Rechner. Ein Produkt kann sowohl materiell als auch immateriell sein.
Produkt-Cluster	Eine Menge von Produkten, die fachlich eng zusammengehören. Kandidaten für Produkt-Cluster liegen vor, wenn eine der folgenden Bedingungen erfüllt ist: ▪ Eine Menge von Produkten, die mehrfach in dieser Zusammenstellung einer Geschäftseinheit zugeordnet sind. ▪ Eine Menge von Produkten, die mehrfach in dieser Zusammenstellung von einem Informationssystem unterstützt werden. ▪ Eine Menge von Produkten, die die gleichen Business-Ziele umsetzen. ▪ Eine Menge von Produkten, die mehrfach in dieser Zusammenstellung einer Geschäftseinheit zugeordnet sind oder deren Mehrzahl in Verantwortung von Geschäftseinheiten eines Organisationsclusters liegen.
Produkt-landkarte	Ausprägung eines fachlichen Referenzmodells. Eine Produktlandkarte legt das Produktspektrum des Unternehmens fest und stellt dessen Zusammenwirken grafisch dar. Sie gibt eine fachliche Strukturierung für das Unternehmen vor, die als fachlicher Bezugsrahmen für die Gestaltung der IS-Bebauung herangezogen werden kann.
Produktlebens-zyklusanalyse	Auf der Basis festgelegter Lebenszyklen, z. B. Einführung, Reife, Wachstum und Sättigung, ist es möglich, die Position der betrachteten Produkte der Unternehmung zu bestimmen und strategische Maßnahmen abzuleiten.
Produkt-management	Umfasst die Planung, Steuerung der (Weiter-)Entwicklung oder Produktion, die Vermarktung, das Ausrollen und das Ausphasen von Produkten (siehe *www.wikipedia.org*).
Produkt-manager	Sind Unternehmer im Unternehmen und verantwortlich für alle Fragen rund um das von ihnen verantwortete Produkt. Der Produktmanager ist für die Aufgaben und den Erfolg des Produktmanagements verantwortlich (siehe *www.wikipedia.org*).
Produktplanung	In der Produktplanung werden ausgehend von den strategischen und operativen Geschäftsanforderungen und der Produktvision die Features zumindest der nächsten Releases eines Produkts entsprechend der strategischen Vorgaben und Randbedingungen aus der Unternehmensplanung festgelegt.
Programm	Der Begriff wird häufig anstelle von Projekt verwendet, wenn das Projekt strategische oder übergreifende Bedeutung hat. Häufig wird auch ein Projektbündel einer gewissen Größenordnung als Programm bezeichnet.
Projekt	Ein Vorhaben, das im Wesentlichen durch die Einmaligkeit der Bedingungen in ihrer Gesamtheit gekennzeichnet ist, z. B. Zielvorgabe, zeitliche, finanzielle, personelle und andere Begrenzungen, Abgrenzung gegenüber anderen Vorhaben und projektspezifische Organisation (siehe [GPM03]).

Projektantrag	Enthält sämtliche Informationen für die Entscheidung für oder gegen die Durchführung des Projekts im Projektportfoliomanagement. In der Regel sind dies Informationen zu Anforderungssteller, Auftraggeber, Projektorganisation, Ausgangslage, Randbedingungen, Zielen, Annahmen, Handlungsfelder und Handlungsbedarfe, grobe fachliche und technische Lösungsideen und Abgrenzung, Risikobetrachtung, erwarteter Nutzen, Kosten- und Zeitrahmen sowie Wirtschaftlichkeit, die zu diesem Zeitpunkt vorliegen.
Projekt-Cluster	Anhaltspunkte für Projekt-Cluster liegen vor, wenn im Rahmen der Projekte die Mehrzahl der Veränderungen die gleichen Geschäftseinheiten betreffen oder an den gleichen Geschäftsprozessen, fachlichen Funktionen, Produkten, Geschäftsobjekten, Informationssystemen, technischen Bausteinen oder Schnittstellen sowie zugehöriger Betriebsinfrastruktur in einer zumindest überlappenden Projektlaufzeit vorgenommen werden.
Projektidee	Die erste große Skizze für einen Projektantrag.
Projektportfolio	Das Projektportfolio eines Unternehmens ist die Menge all seiner aktiven Projekte von deren Genehmigung bis zu deren Beendigung. Ein Projektportfolio kann z. B. Organisations-, Strategie-, Softwareentwicklungs-, Architektur- oder Infrastrukturprojekte umfassen. Da Projekte laufend neu genehmigt, neu priorisiert, verworfen und beendet werden, ändert sich das Projektportfolio ständig. Ziel des Projektportfoliomanagements ist es, die richtigen Projekte zum richtigen Zeitpunkt im richtigen Umfeld durchzuführen.
Projektportfolio-Board	Im Projektportfolio-Board wird das Projektportfolio des Unternehmens oder eines Geschäftsbereichs gesteuert. Projektanträge werden bewertet, priorisiert und das Projektportfolio wird festgelegt. Es werden Projekte gestartet, gestoppt oder unterbrochen und in diesem Rahmen Investitionsentscheidungen getroffen; gegebenenfalls unter Einbeziehung des Investitionskreises. Entscheidungsgrundlage sind aufbereitete Informationen zu den beantragten Projekten und zum Fortschritt und der Performance der laufenden Projekte.
Projektportfolio-management	Die regelmäßige Planung, Priorisierung, übergreifende Überwachung und Steuerung aller Projekte eines Unternehmens oder einer Geschäftseinheit. Zu den Aufgaben des Projektportfoliomanagements gehören: ▪ die Definition von Projekten und Programmen, ▪ die Bewertung von Projektanträgen, ▪ die Bewilligung, Zurückstellung und Ablehnung von Projektanträgen, ▪ die laufende Überwachung von Projekten aus der Sicht der Auftraggeber, ▪ die Wahrnehmung übergreifender Projekt- und Qualitätsmanagementaufgaben ▪ sowie das projektübergreifende Informations- und Wissensmanagement.

Projektportfolio-planung	Ein wesentlicher Bestandteil des Projektportfoliomanagements. In der Projektportfolioplanung werden das Projektportfolio und dessen Roadmap zur Umsetzung geplant und entsprechend veränderter Anforderungen und Rahmenbedingungen angepasst. Die Projektportfolioplanung ist eng mit der Produktplanung bei produktorientierten Unternehmen wie z. B. Versicherungen oder IT-Produkthersteller verbunden. Produkte können hierbei sowohl Fertigungserzeugnisse, Dienstleistungen, IT-Kaufprodukte als auch IT-Individualsoftware sein.
Projektsteuer-kreis	Ein Projektsteuerkreis, häufig auch Lenkungsausschuss genannt, entscheidet über Projektaufträge, setzt Randbedingungen für die Projektdurchführung, ernennt den Projektleiter, entscheidet über die Ressourcen- und Budgetzuteilung sowie bei inhaltlichem und budgettechnischem Änderungsbedarf und setzt übergeordnete Unternehmensinteressen durch.
Prozessablauf-diagramm	Zeigt den Prozessablauf im Detail. Es beschreibt, welcher Auslöser einen Prozess anstößt, in welcher Reihenfolge und unter welchen Bedingungen Aktivitäten durchgeführt werden und wer eine Aktivität im Prozess ausführt.
Prozess-bebauung	Im Rahmen der Prozessbebauung werden die Ist- und Soll-Geschäftsprozesse des Unternehmens dokumentiert. Unternehmensabhängig gibt es unterschiedlich viele Prozessebenen. In der untersten Prozessebene wird typischerweise der Prozess detailliert auf Basis von sogenannten ereignisgesteuerten Prozessketten (EPKs) modelliert. Die Bebauung bietet unter anderem eine Grundlage für die Bewertung der Prozesse mittels des CMMI-Verfahrens.
Prozess-Cluster	Eine Menge von Geschäftsprozessen, die fachlich eng zusammengehören. Kandidaten für Prozess-Cluster liegen vor, wenn eine der folgenden Bedingungen erfüllt ist: ▪ eine Menge von Geschäftsprozessen, die Daten-Owner für die Mehrzahl von Geschäftsobjekten eines Daten-Clusters sind oder, falls keine Daten-Owner modelliert sind, nahezu die gleichen Geschäftsobjekte nutzen, ▪ eine Menge von Geschäftsprozessen, die mehrfach in dieser Zusammenstellung von einem Informationssystem unterstützt werden, ▪ eine Menge von Geschäftsprozessen, die die gleichen Business-Ziele umsetzen, ▪ eine Menge von Geschäftsprozessen, die mehrfach in dieser Zusammenstellung einer Geschäftseinheit zugeordnet sind oder deren Mehrzahl in Verantwortung von Geschäftseinheiten eines Organisations-Clusters liegen.
Prozess-komplexität	Kriterien für die Einschätzung der Prozesskomplexität sind die Heterogenität in z. B. Verantwortlichkeiten, Anzahl und Komplexität von Schnittstellen bzw. Prozessabhängigkeiten bzw. Leistungsbeziehungen sowie Koordinationsaufwand.

Prozess-landkarte	Ausprägung eines fachlichen Referenzmodells. Eine Prozesslandkarte stellt die Geschäftsprozesse in der Regel auf Wertschöpfungsketten-ebene des Unternehmens in ihrem Zusammenwirken grafisch dar. Sie gibt eine fachliche Strukturierung für das Unternehmen vor, die sich in der Regel in der Organisation widerspiegelt.
Prozess-management	Umfasst die Identifikation, Dokumentation Gestaltung, Umsetzung, Steuerung und Optimierung von Geschäftsprozessen. Es teilt sich in die beiden Komponenten „strategisches" und „operatives" Prozessmanagement auf (siehe [HLo21]). Im strategischen Prozessmanagement wird die Frage nach der Effektivität von Geschäftsprozessen beantwortet. Die Geschäftsprozesse werden strategisch weiterentwickelt. Beim operativen Prozessmanagement werden Prozesse dokumentiert, modelliert, analysiert, umgesetzt, überwacht und optimiert (siehe [Rei09]).
Prozess-transparenz	Wird auf Basis der Vollständigkeit, Nachvollziehbarkeit, Angemessenheit, Messbarkeit und/oder des Kommunikationsgrads eingeschätzt.
Quality Gate	Meilensteine in der Projektdurchführung, bei denen anhand vorher definierter Kriterien über die Freigabe der nächsten Phase oder des nächsten Inkrements entschieden wird.
Qualitäts-management	Alle organisatorischen Maßnahmen, die der Verbesserung der Prozessqualität, der Leistungen und damit den Produkten jeglicher Art dienen (siehe *www.wikipedia.org*).
Quick Win	Eine Strategie mit dem Ziel, zunächst jene Maßnahmen umzusetzen, die schnell zu sichtbaren Ergebnissen führen (siehe *www.wikipedia.org*). Durch Quick Wins können Sie Skeptiker davon überzeugen, dass Sie auf dem richtigen Weg sind. Nichts motiviert mehr als der Erfolg selbst. So können Sie im Veränderungsprozess Akzeptanz für etwaige Neuerungen schaffen.
Ramp-up	Phase im Lebenszyklus einer neuen Software oder einer neuen Software-Veröffentlichung nach dem Entwicklungsschluss und vor der allgemeinen Marktfreigabe. Dabei wird die Software in der Regel bei ausgewählten Kunden installiert und dort, unter Betreuung durch den Hersteller, sogenannten Produktivtests unterzogen (siehe *www.wikipedia.org*).
Realisierungs-anforderung	Die Aussage über eine Eigenschaft oder eine Leistung, die ein IT-System aus Sicht des Anforderungsstellers erbringen muss. Sie beschreibt nicht, wie diese Leistung zu erbringen ist. Realisierungsanforderungen werden im Rahmen vom Anforderungsmanagement in Projekten oder Wartungsmaßnahmen ermittelt. Eine Realisierungsanforderung bezieht sich immer auf ein System oder Produkt. Eine Realisierungsanforderung wird über ein Projekt oder eine Wartungsmaßnahme in einer Iteration umgesetzt. Im agilen Umfeld wird häufig stattdessen die Einheit einer User Story (siehe [Coh04]) verwendet.

Referenzarchitektur	Musterhafte Beschreibung der Architektur eines (Teil-)Informationssystems einer Kategorie von Informationssystemen, z. B. für webbasierte Anwendungen. In einer Referenzarchitektur werden technische Bausteine des Standardisierungskatalogs „verbaut" und die Regeln für das Zusammenwirken der Bausteine festgelegt. Synonym: *Musterarchitektur*
Referenzmodell	Allgemeines oder idealtypisches Modell für eine Klasse von Sachverhalten, das als Ausgangspunkt für die Ableitung eines spezifischen Modells für den Sachverhalt oder aber als Vergleichsobjekt herangezogen werden kann. Da im Allgemeinen Erfahrungswissen in Referenzmodellen konsolidiert wird, erreicht man durch deren Anwendung eine Beschleunigung (Kosteneinsparung) und Qualitätsverbesserung bei der Ableitung spezifischer Modelle.
Reifegradmodell	Ein Reifegradmodell gibt verschiedene Reifegradstufen vor. Jede Reifegradstufe beschreibt Anforderungen oder Qualitätsniveaus, die erfüllt sein müssen, damit diese Stufe als „erreicht" gilt. Die Einstufung erfolgt mit Hilfe eines definierten Assessment-Verfahrens. Reifegradmodelle dienen der systematischen Analyse der Ist-Situation, der Definition der Soll-Situation und der Roadmap zur Umsetzung.
Release	Eine Menge von Softwareeinheiten, die als Ganzes für die Nutzung bereitgestellt werden.
Releasemanagement	Bündelung von Anforderungen zu einem Release oder Patch, das auf einmal in Betrieb genommen werden kann, sowie Sicherstellung, dass dies mit einem vertretbaren Risiko in der geforderten Zeit erfolgreich umgesetzt werden kann.
Richtlinie	Verbindliche Anweisung. Sie schafft Orientierung bei IT-Entscheidungen. Abweichungen von Richtlinien sind explizit zu begründen. Richtlinien unterstützen die Einhaltung und die Durchsetzung von Vorgaben.
Risiko	Ereignis, das die Zielerreichung gefährdet.
Schablone	Eine „Kopiervorlage" mit eindeutigem Namen. Eine Schablone besteht aus einem Teilausschnitt der Bebauungsdaten.
Schatten-IT	Umfasst alle informationsverarbeitenden Systeme, die in den Fachabteilungen eines Unternehmens neben den von der IT gemanagten IT-Infrastruktur und IT-Systemen und ohne das Wissen der IT genutzt werden.
Schnittstelle	Definiert eine ggf. gerichtete Abhängigkeit zwischen zwei Informationssystemen. Hierbei kann zwischen Informationsfluss und Kontrollfluss unterschieden werden. Der Begriff „Schnittstelle" wird im Kontext des IT-Bebauungsmanagements in der Regel im Sinn von „Informationsfluss" zwischen Informationssystemen gebraucht. Über Schnittstellen werden somit Informationsobjekte zwischen Informationssystemen in einer bestimmten Flussrichtung übertragen.

Schutzbedarfsfeststellung	Im Rahmen der Schutzbedarfsfeststellung wird der Schutzbedarf der Geschäftsprozesse, der verarbeiteten Informationen und der IT-Komponenten (insbesondere im Hinblick auf die „CIA“-Schutzziele) festgestellt: ▪ Vertraulichkeit (Confidentiality): Nur berechtigte Personen haben Zugriff auf betriebliche Informationen und personenbezogene Daten. ▪ Integrität (Integrity): Sicherstellung der Korrektheit und Vollständigkeit (Unversehrtheit) von Daten und der korrekten Funktionsweise von Systemen. ▪ Verfügbarkeit (Availability): Informationen können von den Anwendern stets wie vorgesehen genutzt werden.
Security Operation Center (SOC)	Siehe *SOC*
Service	Ein Service (Dienst) ist eine klar abgegrenzte Funktionalität, die ein Servicegeber einem Servicenehmer über eine oder mehrere Schnittstellen bereitstellt. Jedem Service liegt ein Vertrag zugrunde. Der Vertrag legt einerseits die bereitgestellte Funktionalität und andererseits nichtfunktionale Eigenschaften (QoS – Quality of Service), wie z. B. Sicherheitslevel oder Performance, fest. Synonym: *Dienst*
Service-IT	Umfasst die Erbringung aller IT-Commodity-Dienstleistungen wie z. B. Endgerätebereitstellung oder IT-Betrieb.
Service-Level-Agreement (SLA)	Vereinbarung zwischen Servicegeber und Servicenehmer über Qualität und Quantität der Serviceleistungen (eindeutig nachweisbar, nachvollziehbar). Bestandteile sind u. a. Leistungsdefinitionen, Servicezeiten und Reaktionszeiten.
Service-Level-Management	Prozess zur Sicherstellung der Service-Level-Agreements durch den Servicegeber und die Kontrolle durch den Servicenehmer. Basis sind Service Monitoring und Service Reporting.
Servicemanagement	Fasst alle Aufgaben zusammen, die für Aufbau, Pflege und Ausbau sämtlicher Serviceaktivitäten gegenüber den Kunden notwendig sind. Dies umfasst sowohl den Support und Betrieb von Informationssystemen und Infrastruktur als auch Beratungsleistungen. ITIL ist die Referenz für das Servicemanagement.
Serviceorientierte Architektur (SOA)	Ein IT-Architekturstil, in dem Services (Dienste) die zentrale Rolle spielen. Die IT-Landschaft wird in modulare Services strukturiert. Jeder Service trägt direkt oder indirekt zur Wertschöpfung bei und kann flexibel zur Umsetzung von Geschäftsprozessen genutzt werden.
Shared Service Center	Zentralisierung von IT-Leistungen in einer eigenen Einheit und Standardisierung der IT-Systeme und -Prozesse mit dem Ziel, die Kosten durch Skalenvorteile zu reduzieren.

SIEM	Ist ein System, welches die Logfiles der eingesetzten IT-Sicherheitslösungen auswertet, zusammenfasst und korreliert, um bestimmte Angriffsmuster und Anomalien erkennen und abwehren zu können. Es unterstützt bei der Erkennung und auch bei der strukturierten Behandlung
Skaleneffekt	Wird auch als Größenvorteil bezeichnet. Er spiegelt sich in der Senkung der Stückkosten wider. Ursache für solche Effekte liegen einerseits in der Einkaufsmacht und andererseits im höheren Spezialisierungsgrad (vgl. *mein-wirtschaftslexikon.de*).
SOC	Ein Security Operation Center (SOC) dient der zeitnahen Erkennung von Sicherheitsvorfällen. Das Einsatzteam besteht in der Regel IT-Sicherheitsexperten, die rund um die Uhr von verschiedenen Stellen gemeldete Sicherheitsvorfälle analysieren, bewerten und Empfehlungen abgeben. Die Mitarbeiter eines SOC sind nicht zuständig für die Behandlung der Sicherheitsvorfälle, sondern unterstützen die Detektion und koordinieren anschließend die notwendigen Prozesse, um die Behandlung in Gang zu setzen.
Software-Produktlinie	„A software product line is a set of software-intensive systems that share a common, managed set of features satisfying needs of a particular market segment or mission and that are developed from a common set of core assets in a prescribed way." Siehe Software Engineering Institute (SEI) der Carnegie Mellon Universität.
Soll-Bebauung	Die Vision, der Zielzustand der Bebauung zur Umsetzung der Business- und IT-Ziele, entweder ohne Zeitpunkt oder aber in Soll-Stufen (z. B. 2012, 2015, ...). Die Soll-Bebauung ist die optimale Bebauung. Ihre Umsetzung ist ungewiss, da sich die Rahmenbedingungen und die Geschäftsanforderungen über die Zeit ändern. Die Soll-Bebauung gibt einen verbindlichen Orientierungs- und Gestaltungsrahmen für die Umsetzung vor. Dies sind in der Regel grobe, strategische Aussagen, z. B. zu Technologien, Herstellern oder IT-Produkten. Diese Aussagen werden durch Prinzipien und Richtlinien weiter ergänzt. Die bestehende Bebauung sowie der strategische und operative Handlungsbedarf sind neben den strategischen Vorgaben wesentlicher Input für die Festlegung der Soll-Bebauung.
Soll-Szenario	Planungsszenario für die gesamte Bebauung oder einen Teilausschnitt der Bebauung. Soll-Szenarien sind mögliche Soll-Bebauungen für den jeweiligen Betrachtungsbereich.
Sourcing-Strategie	Hier werden zentrale Eckpfeiler gesetzt, um den richtigen Mix aus „make or buy" zu finden. Die Sourcing-Strategie hängt stark von der Eigenleistungsfähigkeit des Unternehmens ab.
Sponsor	Der Auftraggeber oder gegebenenfalls ein anderer nutznießender Stakeholder. Er gibt bei der Einführung der Disziplin Rückendeckung. Er hat Einfluss und sorgt initial für die entsprechenden Budgets und dafür, dass die richtigen Personen im Einführungsprojekt und später in der Linie mitwirken. Später macht er aktiv Marketing mit den Erfolgen und hilft, die Disziplin „zum Fliegen zu bekommen".

Stakeholder	Eine Person oder logische Gruppe, die ein Interesse an der Durchführung oder dem Ergebnis einer Tätigkeit oder eines Prozesses hat.
Stakeholder-Analyse	Analyse der Beteiligten an einer Aufgabe oder einem Prozess(schritt) hinsichtlich festgelegter oder festzulegenden Kriterien.
Stakeholder-Gruppe	Besteht aus einer Menge von Stakeholder.
Stellgröße	Einflussgröße, über die die Steuerungsobjekte beeinflussbar sind. Eine oder mehrere Kennzahlen des Kennzahlensystems sollen die angestrebten Zielwerte annehmen. Stellgrößen sind selber keine Kennzahlen, können aber mit einzelnen Kennzahlen in einer direkten Beziehung stehen. In der Regel wirkt die Veränderung einer Stellgröße auf mehrere Kennzahlen (siehe [KüM07]).
Steuerkreis	Ist verantwortlich für die Vorgabe von Zielen und Randbedingungen sowie die Überwachung deren Einhaltung. Ein Steuerkreis besteht entsprechend seiner Zielsetzung (siehe *Projektsteuerkreis*) aus den Entscheidungsträgern in diesem Kontext. In einer Gremienordnung, auch Geschäftsordnung genannt, werden sowohl die Häufigkeit und Dauer der Sitzungen als auch alle Verfahrensregelungen, nach denen Sitzungen dieses Gremiums abzulaufen haben, zusammengefasst.
Steuerungsgrößen	Sind maßgeblich für die Unternehmens- und IT-Steuerung. Sie sind unternehmensspezifisch. Beispiele hierfür sind die Wettbewerbsdifferenzierung von Geschäftsprozessen oder der Strategiebeitrag oder der Gesundheitszustand eines Informationssystems.
Steuerungsinstrumentarium	Ein Hilfsmittel, um zielgerichtet die Einhaltung von Planvorgaben zu überprüfen und durchzusetzen. Hierzu werden der aktuelle Status, der Fortschritt und/oder eine Prognose für die zukünftige Entwicklung Stakeholder-orientiert in einer Steuerungssicht als Input zur Verfügung gestellt.
Steuerungsobjekt	Aspekt, der zielorientiert zu steuern ist. Steuerungsobjekte können u. a. Dienstleistungen, Prozesse, Produkte, Informationssysteme, Personen, Geschäftseinheiten oder Projekte sein.
Strategic Excellence	Fähigkeit, das Unternehmen oder den jeweiligen Verantwortungsbereich strategisch auszurichten und systematisch weiterzuentwickeln. Aufgrund der sich immer schneller ändernden Randbedingungen und Geschäftsanforderungen müssen hierzu gegebenenfalls auch das Geschäftsmodell, die Organisationsstrukturen und die Geschäftsprozesse hinterfragt und angepasst werden.
Strategie	Eine Unternehmensstrategie steht für die langfristigen Vorgaben, die für den Aufbau, den Erhalt oder die Weiterentwicklung des Unternehmens erfolgskritisch sind. Sie beschäftigt sich mit der Frage, auf welche Art und Weise Ziele erreicht werden können.
Strategien	Maßnahmen zur Absicherung der Erreichung der strategischen Ziele. Strategien sind mittel- bis langfristig angelegt.
Strategiebeitrag	Der Grad der Konformität zur und der Beitrag zur Umsetzung der Unternehmensstrategie.

Strategische Ausrichtung	Bei strategischer Ausrichtung werden ein langfristiger Zeithorizont, in der Regel länger als drei Jahre, und die wesentlichen Produktbereiche, Aktivitäten des Unternehmens oder das Unternehmen als Ganzes adressiert. Die Planung ist eher abstrakt und global.
Strategisches IT-Controlling	Zielt auf die Steigerung der Effektivität ab. Es stellt entscheidungsrelevante Informationen für das Management bereit.
Strategische IT-Maßnahmenplanung	Schafft einen langfristigen und unternehmensweiten Plan zur Gestaltung der IT-Landschaft. Ein strategischer Maßnahmenplan besteht in der Regel aus mehreren Teilplänen. Jeder Teilplan nimmt konkreten Bezug auf mindestens eine Kategorie von IT-Assets wie z. B. Betriebsinfrastruktur.
Strategisches IT-System	Eine grobe Planungseinheit für die strategische IT-Planung, die die Funktionalitäten für eine fachliche (Teil-)Domäne bereitstellt. Häufig hat das strategische IT-System noch keinen Namen und es wird stattdessen nur eine grobe strategische Aussage zum angestrebten Soll-Zustand, wie z. B. SAP im Geschäftsfeld A und Microsoft im Front-Office, oder auch nur eine strategischen Vorgabe für eine fachliche oder technische Domäne, wie z. B. „Kauflösung", gemacht.
Swimlane-Diagramm	Beschreibt, wie ein Geschäftsprozess End-to-end im Unternehmen abläuft. Es stellt die wesentlichen Teilprozesse und Aktivitäten in ihrer logisch zeitlichen Abfolge, die zwischen diesen übertragenen Informationen, die ausführenden Organisationseinheiten sowie die beteiligten externen Geschäftspartner dar. Synonym: *erweiterte Prozesslandkarte*
Synchroplan	Ein aus verschiedenen Plänen, z. B. von Projekten, konsolidierter „synchronisierter" Plan, der sowohl die inhaltlichen als auch die zeitlichen Abhängigkeiten zwischen den Projekten berücksichtigt.
Szenario	Mögliche alternative Lösung, in der vorausschauend qualitativ und quantitativ die relevanten Aspekte und Randbedingungen abgebildet werden sowie Annahmen und Entwurfsentscheidungen getroffen werden. In der Regel werden irrelevante Aspekte ausgeblendet.
Tailoring	Bezeichnet die Anpassung oder Konfiguration von Bausteinen an die unternehmensspezifischen Anforderungen und Randbedingungen.
Taktische Ausrichtung	Die Planung und Steuerung erfolgt bei einer taktischen Ausrichtung in einem mittelfristigen Zeithorizont von einem bis drei oder fünf Jahre. Die Planung ist detaillierter als bei der strategischen Ebene, sie fokussiert aber zumeist nur die wesentlichen Bestandteile des Unternehmens oder der Aktivitäten.
Target Operating Model (TOM)	Ein Target Operating Model (TOM) – auf Deutsch „Zielbetriebsmodell" – definiert ein Zielbild mit allen Elementen, die erforderlich sind, um die erforderlichen Veränderungen voranzutreiben. Das TOM konkretisiert hierzu die strategische Entwicklung als Modell mit mehreren Dimensionen, wie z. B. Geschäftsprozesse, Fähigkeiten, Mitarbeiter, Business Ökosystem, Organisation, Informationen und Assets/Infrastruktur.

Technische Bausteine	Liefern Informationen zur technischen Realisierung von Informationssystemen oder Schnittstellen. Die Standardisierung erfolgt über das Technologiemanagement.
Technische Bebauung	Macht Vorgaben für die technische Realisierung von Informationssystemen, Schnittstellen und Betriebsinfrastrukturbestandteilen. Eine technische Bebauung kann sowohl Referenzarchitekturen und Architekturmuster als auch IT-Produkte, Komponenten und Werkzeuge enthalten und in technische Domänen strukturiert sein.
Technische Domäne	Strukturiert den Blueprint, den Standardisierungskatalog für die technische Bebauung. Beispiele für technische Domänen sind „Datenbanken", „Fachliche Standardsoftware" oder „Laufzeitumgebungen".
Technische Standardisierung	Beinhaltet alle Prozesse zur Planung und Steuerung der technischen Standardisierung, um die Flexibilität und Qualität durch adäquate Architekturen zu erhöhen und die Kosten durch technische Standardisierung (Prinzipien, Standardarchitekturen, Tools, Blueprints und Best-Practice-Beispiele) zu reduzieren. Im Rahmen des Technologiemanagements werden die unternehmensspezifischen IT-Standards wie z. B. Datenbanken für die Weiterentwicklung der IT-Landschaft vorgegeben. Dies ist ein wichtiger Input im IT-Bebauungsmanagement zur Steuerung der Verbauung der technischen Bausteine.
Technologiemanagement	Umfasst alle Prozesse zur Planung und Steuerung der Bereitstellung und Nutzung des Lösungsportfolios, der technischen Standardisierung, des Lifecycle-Managements und des IT-Innovationsmanagements. Die Flexibilität und Qualität werden durch adäquate Architekturen erhöht und die Kosten durch Standardisierung reduziert.
Technologiestack	In einem Technologiestack werden in der Regel technisch eng zusammenhängende Bausteine und Infrastrukturelemente zusammengefasst, die für die Entwicklung, die Wartung oder den Betrieb eines oder mehrerer Informationssysteme erforderlich sind.
Themenbereich	Themenbereiche beschreiben die Kundenbedürfnisse auf höchster Ebene. Sie füllen die Investitionsthemen mit Inhalten, so dass diese grob abgeschätzt und priorisiert werden können. Jeder Themenbereich kann jeweils unabhängig bewertet und priorisiert werden. Die Umsetzung eines Themenbereichs erfolgt über Projekte oder Wartungsmaßnahmen in einem oder mehreren Releases eines oder mehrerer IT-Systeme. Der Inhalt eines Themenbereichs wird in der Regel in wenigen Sätzen oder Aufzählungspunkten beschrieben. Die verfolgten Ziele müssen dabei klar hervorgehen. Beispiele für Themenbereiche für das Investitionsthema „CRM" sind „Geschäftspartnermanagement", „Call Center Unterstützung" und „Servicesteuerung".
TCO (Total Cost of Ownership)	Total Cost of Ownership, abgekürzt TCO, ist eine ganzheitliche Kostenbetrachtung von Informationssystemen oder Produkten oder Services, die nicht nur die Anschaffungskosten, sondern auch laufende direkte und indirekt Kosten über den kompletten Lebenszyklus hinweg berücksichtigt.

Touchpoint	Ist ein Berührungspunkt oder Kundenkontaktpunkt eines Unternehmens, einer Marke oder eines Wirtschaftsguts zu möglichen, bestehenden oder ehemaligen Kunden entlang der Customer Journey. Vertriebskanäle sind wichtige Touchpoints.
Unternehmensarchitektur	Eine Unternehmensarchitektur (Enterprise Architecture) schafft eine gesamthafte Sicht auf das Unternehmen. Sie legt die wesentlichen fachlichen und IT-Strukturen fest und verknüpft sie miteinander. Auf dieser Basis lassen sich das Business und die IT und ihre Zusammenhänge beschreiben. Eine gemeinsame Sprachbasis, „eine Brücke“ zwischen Business und IT, wird geschaffen. So kann die strategische Weiterentwicklung von Business und IT aktiv gesteuert werden.
Unternehmensplanung	Ein systematisches und zukunftsorientiertes Durchdenken und Festlegen von Mitteln und Wegen zur Erreichung der Unternehmensziele (siehe [Kle00]). Die Ziele und Strategien des Unternehmens werden in Plänen dokumentiert, die häufig für die verschiedenen Geschäftseinheiten des Unternehmens in Einzelpläne und/oder Rahmenvorgaben heruntergebrochen werden. Auf Basis der Pläne und der gesetzten Rahmenbedingungen, wie z. B. Budgettöpfe oder eine Produktvision, kann das Unternehmen zielorientiert gesteuert werden, da die Zielerreichung durch einen Plan-Ist-Vergleich überprüft werden kann.
Unternehmenssteuerung	Vorgabe von Geschäftsmodell, Zielen und Leitplanken für das taktische und operative Management im Unternehmen und Sicherstellung deren Umsetzung durch eine geeignete Organisation und Prozesse sowie Führung.
Unternehmensstrategie	Gibt das Geschäftsmodell, Organisation, Prozesse und Zielvorgaben für die Steuerung des Unternehmens vor. Es ist eine umfassende Beschreibung des Entscheidungsverhaltens der Unternehmensführung zur Sicherung zukünftiger Erfolgspotenziale. Obwohl sie sich von einem zukünftigen Erfolg ableitet, gibt sie den Weg vor, wie in der Gegenwart entschieden werden soll. Die Unternehmensstrategie gibt Antwort auf folgende essenzielle Fragen: „Wo stehen wir mit unserem Unternehmen? (Ist-Zustand)“, „Wo wollen wir hin? (Ziel- und Soll-Zustand)“ und „Wie kommen wir dorthin? (Weg zum Ziel)“ (siehe [Tie07]).
Unternehmensstrategieentwicklung	Der Prozess zur Entwicklung oder Aktualisierung der Unternehmensstrategie.
Unterstützende Prozesse	Geschäftsprozesse zur Unterstützung der Kern- und Führungsprozesse zur Gewährleistung einer reibungslosen Leistungserbringung.
Use-Case	Beschreibt das nach außen hin für den Nutzer eines Systems sichtbare Verhalten.

User Story	Eine in Alltagssprache gehaltene möglichst in einem Satz formulierte Realisierungsanforderung. Eine User Story hat in der Regel eine Überschrift, anhand derer die User Story identifiziert wird. Eine bewährte „Standardform“ für User Stories ist „As a <role>, I want <goal/desire> so that <benefit> “. Ein Beispiel für eine User Story: „Kundendaten im CRM-System: Als Verantwortlicher für Kundendaten möchte ich, dass die Daten eines registrierten Portalbenutzers in das CRM-System übernommen werden, damit diese an zentraler Stelle vorliegen.“
Value Chain	Ist eine Reihe von Aktivitäten, die ein Unternehmen in einer bestimmten Branche durchführt, um ein wertvolles Produkt oder eine Dienstleistung für den Markt zu liefern.
Value Stream	Ein Value Stream gibt an, welche Aktivitäten in welcher Reihenfolge nötig sind, um den eigentlichen Nutzen oder das eigentliche Ziel zu erreichen. Typisches Ziel ist dabei, ein wertvolles Produkt oder eine Dienstleistung für den Markt zu liefern. Sehr hilfreich ist dabei, dass zu den Phasen oder Aktivitäten des Value Stream bestimmte Fähigkeiten (Capabilities), Kenntnisse und Ressourcen zugeordnet werden können.
Verantwortlichkeit	Dafür Sorge zu tragen, dass die Entwicklung des Verantwortungsbereichs im gewünschten Sinne verläuft (siehe *www.wikipedia.org*). Verantwortung besteht aus den drei untrennbaren Bestandteilen Aufgabe, Befugnis und Rechenschaftspflicht. Es ist also nicht möglich, für die Durchführung einer Aufgabe ohne die entsprechenden Befugnisse (z. B. Zeichnungsrecht, Weisungsrecht) verantwortlich zu sein (sog. Kongruenzprinzip). Ebenso bedeutet Verantwortung, dass aus falschem Handeln oder Nichthandeln Konsequenzen wie z. B. Vertragsstrafen oder disziplinarische Strafen erwachsen (siehe *http://wirtschaftslexikon.gabler.de*).
Verbauung	Bezeichnung für die Nutzung bzw. Verlinkung einer Bebauung mit einer anderen Bebauung. Beispiel: Bei der Pflege der IS-Bebauung oder bei der Bebauungsplanung wird die technische Bebauung genutzt, um Elemente daraus als technische Realisierung den Informationssystemen oder Schnittstellen zuzuordnen.
Verfahren	Ausführbare Vorschriften oder Anweisungen zur Anwendung von Methoden. Sie beschreiben einen konkreten Weg zur Lösung bestimmter Probleme oder Problemklassen.
Vertriebskanal	Vertriebskanäle, auch Absatzkanäle genannt, schaffen den Zugang zu Kunden für den Verkauf der Produkte und Dienstleistungen des Unternehmens. Beispiele für Vertriebskanäle sind der Direktvertrieb über unternehmenseigene Verkaufsniederlassungen (z. B. Outlets), der indirekte Vertrieb über den Handel oder der Vertrieb über Internet, wie z. B. Self-Service-Portale. Als Multikanal-Vertrieb wird die gleichzeitige Nutzung mehrerer Vertriebskanäle wie Handel, Internet und Außendienst bezeichnet.

Vision	Langfristig ausgerichtetes Ziel-Bild, an dem sich sämtliche Aktivitäten orientieren. Eine Vision ist eine Wunschvorstellung, die die aktuelle Ausgangslage berücksichtigt, d. h. prinzipiell umsetzbar ist. Eine Vision dient als Leitgedanke für alle Beteiligten.
Vorhaben	Projekte, Programme oder Wartungsmaßnahmen, die als Ganzes geplant und gesteuert werden.
Wartung	Adressiert die Veränderung eines IT-Produkts nach dessen Auslieferung, um Fehler zu beheben, Performanz oder andere Attribute zu verbessern oder Anpassungen an die veränderte Umgebung vorzunehmen. (Definition gemäß IEEE 610.12-1990)
Wartungs-maßnahme	Ein „kleines" Projekt, das in der Regel nicht in einer Projektorganisation, sondern selbstständig durch Wartungsverantwortliche durchgeführt wird. Für Wartungsmaßnahmen gelten im Vergleich zu Projekten geringere formale Auflagen für Planung und Steuerung. Projekte und Wartungsmaßnahmen werden häufig über den erwarteten Aufwand oder das zugewiesene Budget voneinander abgegrenzt. Unternehmensspezifisch kann z. B. festgelegt sein, dass bis zu einem Budget von 100.000 € ein Vorhaben als Wartungsmaßnahme durchgeführt wird, ab einem Budget von 100.000 € ist das Vorhaben als Projekt durchzuführen.
Wertbeitrag	Bezeichnet den Grad der Unterstützung des aktuellen Geschäfts.
Wert-schöpfungskette	Gesamtheit der Primär- und Sekundärprozesse, die in einem Unternehmen zur Schaffung von Mehrwert beitragen (nach [Por85]). Mehrwert kann hierbei durch die Differenzierung am Markt oder aber durch die Verbesserung der Kostenstruktur erzielt werden. Konkret heißt dies: der Weg des gesamten Produkts bzw. der gesamten Dienstleistung vom Lieferanten über den Hersteller bis zum Endkunden (End-to-end).
Wissens-management	Beschäftigt sich mit dem Erwerb, der Konsolidierung, dem Transfer, der Speicherung sowie der Nutzung von Wissen.
Ziel	Bezeichnet einen in der Zukunft liegenden, gegenüber dem Gegenwärtigen im Allgemeinen veränderten, erstrebenswerten und angestrebten Zustand (Zielvorgabe). Ein Ziel ist somit ein definierter und angestrebter Endpunkt eines Prozesses, meist einer menschlichen Handlung. Mit dem Ziel ist häufig der Erfolg eines Projekts bzw. einer mehr oder weniger aufwendigen Arbeit markiert (siehe *www.wikipedia.org*).
Zielbetriebs-modell	siehe *Target Operating Model (TOM)*
Zuständigkeit	Legt Verantwortlichkeiten für Elemente wie z. B. Prozesse fest. Die Zuständigkeit kann in Form einer RACI (responsible, accountable, consulted, informed) festgelegt werden.

Abkürzungen

ADM	Architecture Development Method (TOGAF)
API	Application Programming Interface
BI	Business Intelligence
BPMN	Business Process Modeling Notation
BPMS	Business Process Management System
CAPEX	Capital Expenditures (Investitionsausgaben für längerfristige Anlagegüter)
CDO	Chief Digital Officer
CIO	Chief Information Officer
CMDB	Configuration Management Database
CMMI	Capability Maturity Model Integration
CMS	Content Management System
COTS	Commercial-off-the-Shelf-Produkt
CRAMM	CCTA Risk Analysis and Management Method
CRUD	C-Create, R-Read, U-Update, D-Delete
C4ISR	Command, Control, Communications, Computers, Intelligence, Surveillance, and Reconnaissance
DevOps	„Dev“ (Development, Entwicklung) und „Ops“ (Operations, IT-Betrieb)
DMS	Dokumenten Management System
DoD	Department of Defense
DoDAF	Department of Defense Architecture Framework
DWH	Data Warehouse
EAI	Enterprise Application Integration
EAM	Enterprise Architecture Management
EPK	Ereignisgesteuerte Prozesskette (Kontext ARIS-Prozessmodellierung siehe [Sch01])
ERP	Enterprise Resource Planning
ESB	Enterprise Service Bus
FAIR	Findable, accessible, interoperable and reusable
GfK	Gesetz über die Finanzkontrolle
HW	Hardware

IAF	Integrated Architecture Framework
IoT	Internet of Things
IS	Informationssystem
ISMS	Informationssicherheitsmanagementsystem
ITIL	IT Infrastructure Library
JIT	Just in Time
JRE	Java Runtime Environment
KI	Künstliche Intelligenz
LOC	Lines of Code
M&A	Mergers & Acquisitions
ML	Machine Learning
MSBA	Microsoft Services Business Architecture
NW	Netzwerk
OLA	Operating Level Agreement
OLAP	Online Analytical Processing
OLTP	Online Transaction Processing
OPEX	Operating Expenses (laufende Aufwendungen eines Unternehmens für u. a. Gehälter, Miete, Rohstoffverbrauch, Abschreibungen)
PoC	Proof of Concept
SADT	Structured Analysis and Design Technique
SCM	Supply Chain Management
SIEM	Security Information and Event Management
SLA	Service Level Agreement
SOA	Service Oriented Architecture
SOC	Security Operations Center
SOX	Sarbanes-Oxley Act
SPICE	Software Process Improvement and Capability Determination
SRM	Supplier Relationship Management
SWOT	Strength, Weakness, Opportunity, Threats
TAFIM	Technical Architecture Framework for Information Management
TCO	Total Cost of Ownership
TOGAF	The Open Group Architecture Framework
UC	Underpinning Contract
VAA	Versicherungs-Anwendungs-Architektur
VR	Virtual Reality

Literatur

[Abd00] *Aberdeen Group:* Enterprise Application Integration: Evolving to Meet e-Business Demands (Report), Feb. 2000

[Aie04] *Aier, S.; Schönherr, M. (Hrsg.):* Enterprise Application Integration – Serviceorientierung und nachhaltige Architekturen. 1. Auflage. Gito, Berlin 2004

[Aie05] *Aier, S.; Schönherr, M. (Hrsg.):* Unternehmensarchitekturen und Systemintegration. 1. Auflage. Gito, Berlin 2005

[Ahl06] *Ahlrichs, F.; Knuppertz, Th.:* Controlling von Geschäftsprozessen. Prozessorientierte Unternehmenssteuerung umsetzen. 1. Auflage. Schäffer-Poeschel, 2006

[All05] *Allweyer, Th.:* Geschäftsprozessmanagement. 1. Auflage. W3L, Witten 2005

[Bae07] *Bär, M.; Krumm, R.; Wiehle, H.:* Unternehmen verstehen, gestalten, verändern. Das Graves-Value-System in der Praxis. 1. Auflage. Gabler, 2007

[Bal08] *Bals, L. (Autor); Jahns, Ch. (Hrsg.):* Sourcing of Services. International Aspects and Complex Categories. 1. Auflage. Gabler, 2008

[Bar12] *Barth, S.:* Kostensprung. Earned Value Analyse: Kostenkontrolle in agilen Projekten. iX 07/2012.

[Bas03] *Bass, L.; Clements, P.; Kazman, R.:* Software Architecture in Practice. 2. Auflage. Addison-Wesley Longman, Amsterdam 2003

[Bea09] *Bea, F. X.; Haas, J.:* Strategisches Management. 5. Auflage. UTB, Düsseldorf 2009

[Bei05] *Beimborn, D.; Martin, S.; Homann, U.:* Capability-orientated Modeling of the Firm. In: Proceedings of the IPSI 2005 Conference. Category: Proceedings. *http://www.wiwi.de/publikationen/protected/CapabilityorientatedModelingoft1269.pdf.* Registrierung erforderlich, zuletzt aufgerufen am 7.4.2010. Amalfi/Italien: IPSI 2005 Conference

[Ber03-1] *Bernhard, M. G.; Blomer, R.; Bonn, J. (Hrsg.):* Strategisches IT-Management – Bd. 1: Organisation – Prozesse – Referenzmodelle. Symposion Publishing, Düsseldorf 2003

[Ber03-2] *Bernhard, M. G.; Blomer, R.; Bonn, J. (Hrsg.):* Strategisches IT-Management – Bd. 2: Fallbeispiele und praktische Umsetzung. 1. Auflage. Symposion Publishing, Düsseldorf 2003

[Bie07] *Biethahn, J.; Huch, B. (Hrsg.):* Informationssysteme für das Controlling: Konzepte, Methoden und Instrumente zur Gestaltung von Controlling-Informationssystemen. 1. Auflage. Springer, Berlin 2007

[Bit11] *BITKOM:* Enterprise Architecture Management – neue Disziplin für die ganzheitliche Unternehmensentwicklung. BITKOM, 2011

[Blo06] *Blomer, R.; Mann, H.; Bernhard, M. G. (Hrsg.):* Praktisches IT-Management. Controlling, Kennzahlensysteme, Konzepte. 1. Auflage. Symposion Publishing, Düsseldorf 2006

[Boa99] *Boar, B. H.:* Constructing Blueprints for Enterprise IT Architectures. Wiley & Sons, USA 1999

[Boe04] *Böckle, G.; Knauber, P.; Pohl, K.; Schmid, K.:* Software-Produktlinien: Methoden, Einführung und Praxis. 1. Auflage. dpunkt.verlag 2004

[Bos00] *Bosch, J.:* Design and Use of Software Architectures: Adopting and Evolving a Product-Line Approach. 1. Auflage. Addison-Wesley Amsterdam 2000

[Bpm09] *European Association of Business Process Management (EABPM) (Hrsg.):* Business Process Management Common Body of Knowledge – BPM CBOK, Version 2.0. Verlag Dr. Götz Schmidt, Gießen 2009

[Bre06] *Brenner, W.; Witte, Ch.:* Erfolgsrezepte für CIOs. Was gute Informationsmanager ausmacht. 1. Auflage. Hanser, München 2006

[Buc05] *Buchta, D.; Eul, M.; Schulte-Croonenberg, H.:* Strategisches IT-Management: Wert steigern, Leistung steuern, Kosten senken. 2. Auflage. Gabler, Wiesbaden 2005

[Buc07] *Buchsein, R.; Victor, F.; Günther, H.; Machmeier, V.:* IT-Management mit ITIL V3. 1. Auflage. Vieweg+Teubner, Wiesbaden 2007

[Bur04] *Burke, B.:* Enterprise Architecture or City Planning? *https://www.zdnet.com/article/enterprise-architecture-or-city-planning/*

[Cam09] *Cameron, B.; Kalex, U.:* Webinar (Web Seminar) on Business Capability Management; Forrester Research & alfabet AG, Juni 2009; *https://www.hpi.uni-potsdam.de/hirschfeld/teaching/past/itua12/media/Itua12_05_BusinessCapabilityManagement.pdf*

[Coc00] *Cockburn, A.:* Writing Effective Use Cases. Addison-Wesley Longman, Amsterdam 2000

[Coc06] *Cockburn, A.:* Agile Software Development: The Cooperative Game. Second Edition. Addison-Wesley Longman, Amsterdam 2006

[Coe03] *Coenenberg, A. G.; Salfeld, R.:* Wertorientierte Unternehmensführung – Vom Strategieentwurf zur Implementierung. 1. Auflage. Schäffer-Poeschel, Stuttgart 2003

[Coh04] *Cohn, M.:* User Stories Applied: For Agile Software Development. Addison-Wesley Longman, Amsterdam, 2004

[Coh06] *Cohn, M.:* Agile Estimating and Planning. Prentice Hall, Upper Saddle River, 2006

[Der09] *Dern, G.:* Management von IT-Architekturen. 3. Auflage. Vieweg+Teubner, Wiesbaden 2009

[Dic85] *Dickson, G. W.; Wetherbe, J. C.:* The Management of Information Systems. McGraw-Hill Professional, New York 1985

[Die06] *Dietrich, L.; Schirra, W.:* Innovationen durch IT – Erfolgsbeispiele aus der Praxis. 1. Auflage. Springer, Berlin 2006

[DOD04-1] *Department of Defence Architecture Framework Working Group:* DoD Architecture Framework Version 1.0, Volume I: Definitions and Guidelines. USA 2004

[DOD04-2] *Department of Defence Architecture Framework Working Group:* DoD Architecture Framework Version 1.0, Volume II: Product Descriptions. USA 2004

[Dom11] *Dombrowski, B.:* Business Capability Management – Gezielte Ausrichtung der Artefakte einer Unternehmensarchitektur; 2011; *www.generate-value.com*

[Dop02] *Doppler, K.; Lauterburg, Ch.:* Chance Management. Den Unternehmenswandel gestalten. 10. Auflage. Campus, Frankfurt 2002

[DMü11] *Donig, J., Mühlbauer, S.:* Denn sie wissen nicht, was sie tun – den Überblick über agile Backlogs behalten. *https://www.hood-group.com/fileadmin/projects/hood-group/upload/Downloads/Articles/de/Agile-by-HOOD_Agility_HOOD_DennSieWissenNichtWasSieTun_J.Donig_S.Muehlbauer.pdf* (Download 2012-07-07)

[Ebe10] *Ebert, Ch.:* Systematisches Requirements Engineering: Anforderungen ermitteln, spezifizieren, analysieren und verwalten. 3. Auflage. dpunkt.verlag, München 2010

[Ebe21] *Ebel, N.:* Basiswissen ITIL 4: Grundlagen und Know-how für das IT Service Management und die ITIL-4-Foundation-Prüfung. 4. Auflage. dpunkt.verlag, Heidelberg 2021

[Eng08] *Engels, G.; Hess, A.; Humm, B.; Juwig, O.; Lohmann, M.; Richter, J.-P.:* Quasar Enterprise: Anwendungslandschaften serviceorientiert gestalten. 1. Aufl. dpunkt.verlag, Heidelberg 2008

[Eva03] *Evans, E.:* Domain-Driven Design: Tackling Complexity in the Heart of Software. Addison-Wesley Longman, Amsterdam 2003

[Fel08] *Feldbrügge, R.; Brecht-Hadraschek, B.:* Prozessmanagement leicht gemacht: Geschäftsprozesse analysieren und gestalten. 2. Auflage. Redline, München 2008

[Fer05] *Ferstl, O. K.; Sinz, E. J.; Eckert, S. (Hrsg.), T. Isselhorst:* Wirtschaftsinformatik 2005: eEconomy, eGovernment, eSociety. S. 627–646. 1. Auflage. Physica, Heidelberg 2005

[Fis10] *Fischermanns, G.*: Praxishandbuch Prozessmanagement. 9. Auflage. Götz Schmidt, Gießen 2010 (ibo Schriftenreihe Band 9)

[Foe05] *Foegen, M.:* Architektur und Architekturmanagement – Modellierung von Architekturen und technisches Architekturmanagement in der Software-Organisation. wibas GmbH, Darmstadt 2005. *https://dl.gi.de/handle/20.500.12116/30125*

[Foe08] *Foegen, M.; Solbach, M.; Raak, C.:* Der Weg zur professionellen IT. Eine praktische Anleitung für das Management von Veränderungen mit CMMI, ITIL oder SPICE. 1. Auflage. Springer, Heidelberg 2008

[Fre10] *Freund, J.; Rücker, B.*: Praxishandbuch BPMN 2.0. 2. Auflage. Hanser, München 2010

[Frö07] *Fröhlich, M.; Glasner, K.:* IT-Governance – Leitfaden für eine praxisgerechte Implementierung. 1. Auflage. Gabler, Wiesbaden 2007

[Gad20] *Gadatsch, A.:* Grundkurs Geschäftsprozess-Management. Methoden und Werkzeuge für die IT-Praxis: Eine Einführung für Studenten und Praktiker. 9., verbesserte und erweiterte Auflage. Vieweg, Wiesbaden 2020

[Gar05] *Gartner Research Publication,* G00128285, Juni 2005; Audrey Apfel, Gartner Symposium/ITxpo 2005

[Gar08] *Gartner Research Publication,* November 2008; Cannes, France, Symposium/ITxpo 2008

[Gar19] *Gartner:* TIME-Model. Use TIME to Engage the Business for Application and Product Portfolio Triage. *https://www.gartner.com/en/documents/3905663*

[Gar20] *Dose, J.*: Gartner fordert das Composable Business. November 2020; *https://www.cio.de/a/gartner-fordert-das-composable-business,3646847*

[Gar21] Gartner: Gartner's Enterprise Architecture Definition. *https://www.gartner.com/en/information-technology/glossary/enterprise-architecture-ea*

[Gau14] *Gausemeier, J.; Plass, Ch.:* Zukunftsorientierte Unternehmensgestaltung – Strategien, Geschäftsprozesse und IT-Systeme für die Produktion von morgen. 2. Auflage. Hanser, München 2014

[Ges01] *Gesamtverband der Deutschen Versicherungswirtschaft e. V. (GDV):* VAA – Die Anwendungsarchitektur der deutschen Versicherungswirtschaft (VAA). 2.1. *https://nanopdf.com/download/das-objektorientierte-technische-referenzmodell-gdv_pdf*

[Glo11] *Gloger, B.:* Scrum: Produkte zuverlässig und schnell entwickeln. Mit beigehefteter Scrum-Checkliste 2010. 3. Auflage. Hanser, München 2011

[GPM03] *GPM Deutsche Gesellschaft für Projektmanagement e. V.:* Projektmanagement Fachmann. 7. Auflage. RKW, Eschborn 2003

[Gre15] *Greenleaf, R. K.:* The Servant as Leader. The Greenleaf Center of Servant Leadership. 1. Auflage, 2015

[Gui03] *Guiney, E.; Kulak, D.; Lavkulich, E.:* Use Cases: Requirements in Context. 2. Auflage. Addison-Wesley Longman, Amsterdam 2003

[Gün09] *Günterberg, Brigitte:* 2003 Unternehmensgrößenstatistik – Unternehmen, Umsatz und sozialversicherungspflichtige Beschäftigte 2004 bis 2009 in Deutschland, Ergebnisse des Unternehmensregisters (URS 95). Publikation des Instituts für Mittelstandsforschung, Bonn 2009

[Haf04] *Hafner, M.; Schelp, J., et al.:* Technisches Architekturmanagement als Basis effizienter und effektiver Produktion von IT-Services. HMD 41 (237), S. 54–66, 2004

[Han09] *Hanschke, I.:* Bauplan für eine SOA-Landschaft. In: IT-Management, Mai 2009

[Han11] *Hanschke, I.:* Strategisches Management der IT-Landschaft – Ein praktischer Leitfaden für das Enterprise Architecture Management. 3. Auflage. Hanser, München 2013

[Han14] *Hanschke, I.:* Lean IT-Management – einfach und effektiv. 1. Aufl. Hanser, München 2014

[Han18] *Hanschke, I.:* Digitalisierung & Industrie 4.0 – einfach und effektiv. 1. Aufl. Hanser, München 2018

[Han19] *Hanschke, I.:* Informationssicherheit & Datenschutz – einfach & effektiv: Integriertes Managementinstrumentarium systematisch aufbauen und verankern. 1. Aufl. Hanser, München 2019

[HGG15] *Hanschke, I.; Giesinger, G.; Goetze, D.:* Business-Analyse – einfach und effektiv. 2. Auflage. Hanser, München 2015

[HLo21] *Hanschke, I.; Lorenz, R.:* Strategisches Prozessmanagement – einfach und effektiv: Ein praktischer Leitfaden. 2. Auflage. Hanser, München 2021

[Hei01] *Heilmann, H. (Hrsg.):* Strategisches IT-Controlling. 1. Aufl. dpunkt.verlag, Heidelberg 2001

[Hei09] *Heinrich, L. J.; Stelzner, D.:* Informationsmanagement: Grundlagen, Aufgaben, Methoden. 9. Auflage. Oldenbourg, München 2009

[Her06] *Herzwurm, G. (Hrsg.):* IT – Kostenfaktor oder strategische Waffe? Geschäftsziele und IT in Einklang bringen. 1. Auflage. Lemmens, Bonn 2006

[Hes92] *Hesse, W.; Merbeth, G.; Frölich, R.:* Software-Entwicklung – Vorgehensmodelle, Projektführung, Produktverwaltung. Handbuch der Informatik, Band 5.3, Oldenbourg 1992

[Hir11] *Hirzel, M.; Seldmayer, M.; Alter. W.:* Projektportfolio-Management: Strategisches und operatives Multi-Projektmanagement in der Praxis: Strategisches und operatives Multi-Projektmanagement in der Praxis. 3. Auflage. Gabler, Wiesbaden 2011

[Hof10] *Hofmann, J.; Schmidt, W. (Hrsg.):* Masterkurs IT-Management: Grundlagen, Umsetzung und erfolgreiche Praxis für Studenten und Praktiker. 2. Aufl. Vieweg+Teubner, Wiesbaden 2010

[Hor02] *Horn, E.; Reinke, T.:* Softwarearchitektur und Softwarebauelemente. Eine Einführung für Softwarearchitekten. Hanser, München 2002

[Hor12] *Horváth, P.; Gleich, R.; Voggenreiter, D.:* Controlling umsetzen: Fallstudien, Lösungen und Basiswissen. 5. Auflage. Schäffer-Poeschel, 2012

[Hrb10] *Hruby, P.:* Model-Driven Design Using Business Patterns. Springer, Berlin Heidelberg 2010

[Hru06] *Hruschka, P.; Starke, G.:* Praktische Architekturdokumentation: Wie wenig ist genau richtig? In: OBJEKTspektrum, Nr. 1, S. 52–57, 2006

[IIBA09] International Institute of Business Analysis: A Guide to the Business Analysis Body of Knowledge® (BABOK® Guide). Version 2.0. Toronto 2009

[IEE00] *ANSI/IEEE Std 1471:* Recommended Practice for Architectural Descriptions of Software-Intensive Systems. *http://www.iso-architecture.org/ieee-1471/*

[IFE05] *Institute For Enterprise Architecture Developments:* Trends in Enterprise Architecture 2005: How are Organizations Progressing? *http://www.ea-consulting.com/Reports/Enterprise%20Architecture%20Survey%202005%20IFEAD%20v10.pdf*

[IGI08] *IT Governance Institute:* CobiT 4.1. *http://www.isaca.org/Knowledge-Center/Research/ResearchDeliverables/Pages/COBIT-4-1.aspx* (Download 2008-01-03)

[ISA13] *IT Governance Institute:* CobiT 5. *http://www.isaca.org/cobit* (Download 2013-02-02)

[itS08] *itSMF und ISACA:* Praxishandbuch. ITIL-COBIT-Mapping. Gemeinsamkeiten und Unterschiede der IT-Standards. 1. Auflage. Symposium Publishing, Düsseldorf 2008

[Jac11] *Jacobson, I.; Spence, I.; Bittner, K.:* USE-CASE 2.0. The Guide to Succeeding with Use Cases. Ivar Jacobson International S.A, 12/2011. *http://www.ivarjacobson.com/download.ashx?id=1282*

[Joh11] *Johannsen, W.; Goeken, M.:* Referenzmodelle für IT-Governance. Strategische Effektivität und Effizienz mit COBIT, ITIL & Co. 2. Auflage. dpunkt.verlag, Heidelberg 2011

[Kag06] *Kagermann, H.; Österle, H.:* Geschäftsmodelle 2010 - Wie CEOs Unternehmen transformieren. 1. Auflage. Frankfurter Allgemeine Buch, Frankfurt 2006

[Kel06] *Keller, W.:* IT-Unternehmensarchitektur. Von der Geschäftsstrategie zur optimalen IT-Unterstützung. 1. Auflage. dpunkt.verlag, Heidelberg 2006

[Ker08] *Kerth, K.; Asum, H.:* Die besten Strategietools in der Praxis. Welche Werkzeuge brauche ich wann? Wie wende ich sie an? Wo liegen die Grenzen. 3. Auflage. Hanser, München 2008

[Keu08] *Keuper, F.; Schomann, M.; Grimm, R. (Hrsg.).:* Strategisches IT-Management. Management von IT und IT-gestütztes Management. 1. Auflage. Gabler, Wiesbaden 2008

[Kle00] *Klenger, F.:* Operatives Controlling. 5. Auflage. Oldenbourg, München 2000

[Klu06] *Kluge, C.; Dietzsch, A.; Rosemann, M.:* Conference Proceedings of the 14th European Conference on Information Systems, Göteborg, Sweden 2006. How to realize Corporate Value from Enterprise Architecture (siehe *https://www.researchgate.net/publication/27481739_How_to_Realise_Corporate_Value_from_Enterprise_Architecture*)

[Kra04] *Krafzig D.; Banke, K.; Slama, D.:* Enterprise SOA: Service Oriented Architecture Best Practices; Prentice Hall, 2004

[Krc05] *Krcmar, H.:* Informationsmanagement. 4. Auflage. Springer, Berlin 2005

[Krc90] *Krcmar, H.:* Bedeutung und Ziele von Informationssystem-Architekturen. Wirtschaftsinformatik 32 (5), S. 395–402, 1990

[Krc09] *Krcmar, H.:* Informationsmanagement, 5. Auflage, Springer, Berlin, 2009

[Krü03] *Krüger, S.; Seelmann-Eggebert, J.:* IT-Architektur-Engineering - Systemkomplexität bewältigen und Kosten senken. 1. Auflage. Galileo, Bonn 2003

[Küt06] *Kütz, M.:* IT-Steuerung mit Kennzahlensystemen. 1. Aufl. dpunkt.verlag, Heidelberg 2006

[Küt07] *Kütz, M.:* Kennzahlen in der IT - Werkzeuge für Controlling und Management. 2. Auflage. dpunkt.verlag, Heidelberg 2007

[Küt11] *Kütz, M.:* Kennzahlen in der IT - Werkzeuge für Controlling und Management. 4. Auflage, dpunkt.verlag, Heidelberg 2011

[KüM07] *Kütz, M.; Meier, A. (Hrsg.).:* IT-Controlling. 1. Auflage. dpunkt.verlag, HMD Heft 254, Heidelberg, April 2007

[Kuh11] *Kuhrmann, M.; Ternité, T.; Friederich, J.:* Das V-Modell® XT anpassen: Anpassung und Einführung kompakt für V-Modell® XT Prozessingenieure. 1. Auflage. Springer, Berlin Heidelberg 2011

[Lan05] *Lankhorst, M.:* Enterprise Architecture at Work. Modelling, Communication and Analysis. 1. Auflage. Springer, Heidelberg 2005

[Lan11] *Lang, M.; Amberg M.:* Erfolgsfaktor IT-Management: So steigern Sie den Wertbeitrag Ihrer IT. 1. Auflage. Symposion Publishing GmbH Düsseldorf 2011

[Lef11] *Leffingwell, D.:* Agile Software Requirements - Lean Requirements Practices for Teams, Programs, and the Enterprise. 1. Auflage. Addison-Wesley 2011

[Lei07] *Leitel, J.:* Entwicklung und Anwendung von Bewertungskriterien für Enterprise Architecture Frameworks. Technische Universität München, Fakultät für Informatik, Masterarbeit 2007. *http://wwwmatthes.in.tum.de/file/Publikationen/2007/Le07/Le07.pdf*

[Lit05] *Litke, H-D.:* Projektmanagement – Handbuch für die Praxis. Konzepte – Instrumente – Umsetzung. 1. Auflage. Hanser, München 2005

[Luf00] *Luftman, J. N.:* Assessing Business-IT Alignment Maturity. In: Communications of the Association for Information Systems 4 (2000), Dezember 2000

[Mai05] *Maizlish, B.; Handler, R.:* IT Portfolio Management Step-by-Step. 1. Auflage. Wiley & Sons, USA 2005

[Mar00] *Marty, R.:* Wertorientierte IT-Governance. 1. Auflage. Springer, Berlin 2000

[Mas05] *Masak, D.:* Moderne Enterprise Architekturen. 1. Auflage. Springer, Berlin 2005

[Mas06] *Masak, D.:* IT-Alignment: IT-Architektur und Organisation (Xpert.Press). 1. Auflage. Springer, Berlin 2006

[Mat04-1] *Matthes, F.; Wittenburg, A.:* Softwarekarten zur Visualisierung von Anwendungslandschaften und ihren Aspekten – Eine Bestandsaufnahme. Technische Universität München, Fakultät für Informatik, Lehrstuhl für Informatik 19 (sebis), Technischer Bericht, 2004

[Mat04-2] *Matthes, F.; Wittenburg, A.:* Softwarekartographie: Visualisierung von Anwendungslandschaften und ihren Schnittstellen. Technische Universität München, Fakultät für Informatik, Lehrstuhl für Informatik 19 (sebis), Technischer Bericht, 2004

[Mat11] *Matthes, D.:* Enterprise Architecture Frameworks Kompendium; Springer, Heidelberg 2011

[Mey03] *Meyer, M., et al.:* IT-Governance: Begriff, Status quo und Bedeutung. Wirtschaftsinformatik 45, S. 445–448, 2003

[Mic07] *Microsoft:* Microsoft Services Business Architecture (MSBA) – Getting Started with SOA, 2007. *https://www.sigs-datacom.de/uploads/tx_dmjournals/sondermann_wicher_OS_BPM_07.pdf*

[Min05] *Mintzberg, H., et al.:* Strategy Safari. Eine Reise durch die Wildnis des strategischen Managements. 1. Auflage. Redline Wirtschaft. Heidelberg 2005

[MIT03] *MIT Sloan School Center:* MIT Sloan School for Information Systems Research (CISR), 2003

[Mol10] *Moldaschl, M.:* Das Elend des Kompetenzbegriffs – Kompetenzkonstrukte in der aktuellen Unternehmenstheorie; Erschienen in: In: M. Stephan; W. Kerber; T. Kessler; M. Lingenfelder (Hrsg.): 25 Jahre ressourcen- und kompetenzorientierte Forschung. Wiesbaden: Gabler No. 3/2010, S. 3–40.

[Mül11-1] *Müller-Stewens, G.; Lechner, Ch.:* Strategisches Management – Wie strategische Initiativen zum Wandel führen. 4. Auflage. Schäffer-Poeschel, Stuttgart 2011

[Mül11-2] *Müller, A.; Schöder, H.; von Thienen, L.:* Lean IT-Management: Was die IT aus Produktionssystemen lernen kann. 1. Auflage. Gabler, Wiesbaden 2011

[Nie05] *Niemann, K. D.:* Von der Unternehmensarchitektur zur IT-Governance. 1. Auflage. Vieweg+Teubner, Wiesbaden 2005

[Oes08] *Oestereich, B.; Weiss, C.:* APM – Agiles Projektmanagement. Erfolgreiches Timeboxing für IT-Projekte. dpunkt.verlag, Heidelberg 2008

[Oes09] *Oestereich, B.:* Die UML Kurzreferenz 2.3 für die Praxis. Oldenburg, München 2009

[Omg11] *Object Management Group:* Business Process Model and Notation (BPMN). Version 2.0. OMG, 2011. *http://www.omg.org/cgi-bin/doc?formal/11-01-03.pdf*

[Ost06] *Osterloh, M.; Fros, J.:* Prozessmanagement als Kernkompetenz. Wie Sie Business Reengineering strategisch nutzen können. 5. Auflage. Gabler, Wiesbaden 2006

[Ost11] *Osterwalder, A.:* Business Model Generation: Ein Handbuch für Visionäre, Spielveränderer und Herausforderer. 1. Auflage. Campus, 2011

[Pax10] *Paxmann, S.; Fuchs, G.:* Der unternehmensinterne Businessplan: Neue Geschäftsmöglichkeiten entdecken, präsentieren, durchsetzen. 2. Auflage. Campus, 2010

[Pey07] *Peyret, H.:* The Forrester Wave™: Enterprise Architecture Tools, Q2 2007. *https://www.coursehero.com/file/p5hev0/Pey07-H-Peyret-The-forrester-wave-Enterprise-architecture-tools-q2-Techni-cal/*

[Pfe14] *Pfeffer, T; Schmitt, R.; Masing, W.:* Handbuch Qualitätsmanagement. 6. Auflage. Hanser, München 2014

[Poh08] *Pohl, K.:* Requirements Engineering: Grundlagen, Prinzipien, Techniken. 2. Auflage. dpunkt.verlag, Heidelberg 2008

[Por85] *Porter, M.; Millar, V. E.:* How information gives you competitive advantage. In: Harvard Business Review. 63. Jg., 1985, Nr. 4, S. 149–160.

[Rat08] *Rattay, G.; Patzak, G.:* Projektmanagement: Leitfaden zum Management von Projekten, Projektportfolios und projektorientierten Unternehmen. 5. Auflage. Linde, Wien 2008

[Rei09] *Reinheimer, S. (Hrsg.):* Prozessmanagement. Praxis der Wirtschaftsinformatik. HMD. Heft 266. April 2009. dpunkt.verlag, Heidelberg 2009

[Res11] *Resch, O.:* Einführung in das IT-Management: Grundlagen, Umsetzung, Best-Practice. 2. Auflage. Erich Schmidt, Berlin 2011

[Rob06] *Robertson, S.; Robertson, J.:* Mastering the Requirements Process. Second Edition. Pearson Education, Boston 2006

[Rog95] *Rogers, E. M.:* Diffusion of Innovations. 4. Auflage. The Free Press, New York 1995

[Rom07] *Romeike, F.:* Rechtliche Grundlagen des Risikomanagements: Haftungs- und Strafvermeidung für Corporate. 1. Auflage. Schmidt, Berlin 2007

[Rüt06] *Rüter, A.; Schröder, J.; Göldner, A.:* IT-Governance in der Praxis. 1. Aufl. Springer, Berlin 2006

[Rup12] *Rupp, Ch.; Queins, S.; Zengler, B.:* UML 2 glasklar. Praxiswissen für die UML-Modellierung. 4. Auflage. Hanser, 2012

[Rup09] *Rupp, Ch.:* Requirements-Engineering und -Management: Professionelle, iterative Anforderungsanalyse für die Praxis. 5. Auflage. Hanser, München 2009

[SAP12-1] *SAP Enterprise Service* Workplace. *https://help.sap.com/doc/saphelp_nw73/7.3.16/en-US/c3/5ee00db6e44e9ab3e8290e908e279f/content.htm?no_cache=true*

[SAP12-2] *SAP Library* – Glossar.
Englische Version: *http://help.sap.com/saphelp_glossary/en/index.htm*
Deutsche Version: *http://help.sap.com/saphelp_glossary/de/index.htm*

[Sch01] *Scheer, A.-W.:* ARIS – Modellierungsmethoden, Metamodelle, Anwendungen. 4. Auflage. Springer, Berlin 2001

[Sch04] *Schönherr, M.:* Enterprise Architecture Frameworks. In: *Aier, S.; Schönherr, M. (Hrsg.):* Enterprise Application Integration – Serviceorientierung und nachhaltige Architekturen. 1. Auflage. Gito, Berlin 2004

[Sch07] *Schönherr, M.:* Erarbeitung von Blueprints mit Architekturframeworks. Technische Universität Berlin, 2007

[Sch09] *Dr. Schmidt, G.:* Organisation und Business-Analysis – Methoden und Techniken. 14. Auflage. Verlag Dr. Götz Schmidt, Gießen 2009

[Sch10] *Schmelzer, H. J.; Sesselmann, W.:* Geschäftsprozessmanagement in der Praxis. Kunden zufrieden stellen. Produktivität steigern. Wert erhöhen. 7. Auflage. Hanser, München 2010

[Sea03] *Seacord, R. C.; Plakosh, D.; Lewis, G. A.:* Modernizing Legacy Systems: Software, Technologies, Engineering Processes, and Business Practices. 1. Auflage. Addison-Wesley, Boston 2003

[Seb08] *Sebis: Matthes, F.; Buckl, S.; Schweda, Ch. M.:* Enterprise Architecture Management Tool Survey 2008. 1. Auflage. Sebis, 2008

[Sei11] *Seidl, J.:* Multiprojektmanagement: Übergreifende Steuerung von Mehrprojektsituationen durch Projektportfolio- und Programmmanagement. 1. Aufl. Springer, Berlin Heidelberg 2011

[Sek05] *Sekatzek, P:* Visualisierung von IT-Bebauungsplänen in Form von Softwarekarten - Konzeption und prototypische Umsetzung. Technische Universität München, Fakultät für Informatik, Masterarbeit 2005

[Ses07] *Sesselmann, W.; Schmelzer, H. J.:* Geschäftsprozessmanagement in der Praxis. Kunden zufrieden stellen, Produktivität steigern, Wert erhöhen: Kunden zufrieden stellen - Produktivität steigern - Wert erhöhen. 6. Auflage. Hanser, München 2007

[Sie02] *Siedersleben, J. (Hrsg.):* Standardarchitektur der Informationssysteme bei sd&m, München 2002

[Skk04] *Schekkerman, J.:* How to survive in the Jungle of Enterprise Architecture Frameworks. 2. Auflage. Trafford Publishing, Canada 2004

[Sla11] *Slama, D.; Nelius, R.:* Enterprise BPM. Erfolgsrezepte für unternehmensweites Prozessmanagement. 1. Auflage. Heidelberg 2011

[Sow92] *Sowa, J. F. L; Zachman J. A.:* Extending and Formalizing the Framework for Information Systems Architecture. In: IBM Systems Journal. Vol. 31, No. 3, S. 590-616, 1992

[Sta09] *Starke, G.:* Effektive Software-Architekturen - Ein praktischer Leitfaden. 4. Auflage. Hanser, München 2008

[Ste05] *Müller-Stewens, G.; Lechner, Ch.:* Strategisches Management. 2. Auflage. Schäffer-Poeschel, Stuttgart 2005

[Tie07] *Tiemeyer, E.:* Handbuch IT-Management. Konzepte, Methoden, Lösungen und Arbeitshilfen für die Praxis. 2. Auflage. Hanser, München 2007

[Toe09] *Töpfer, A.:* Lean Six Sigma. Erfolgreiche Kombination von Lean Management, Six Sigma und Design for Six Sigma. 1. Auflage. Springer, Berlin, Heidelberg 2009

[TOG01] *The Open Group:* Other Architectures and Architectural Frameworks. The Open Group 2001. *http://www.opengroup.org/architecture/togaf7-doc/arch/p4/others/others.htm* (Download 2007-05-07)

[TOG03] *The Open Group:* TOGAF™ (The Open Group Architecture Framework) Version 8.1 „Enterprise Edition". The Open Group 2003

[TOG07] *The Open Group:* Downloading TOGAF™ Version 8 „Enterprise Edition". The Open Group 2007. *http://www.opengroup.org/architecture/togaf8/downloads.htm* (Download 2007-05-07)

[TOG08] *The Open Group:* TOGAF™ Version 8.1.1 „Enterprise Edition". *http://www.opengroup.org/architecture/togaf* (Download 2008-01-03)

[TOG09] *The Open Group:* TOGAF™ Version 9. 1. Auflage. Van Haren Publishing, 2009

[TOG18] *The Open Group:* TOGAF ™ Version 9. 2. Auflage. Van Haren Publishing, 2018

[UML11-1] *Object Management Group:* OMG Unified Modeling Language (OMG UML), Infrastructure Version 2.4.1. OMG, 2011. *http://www.omg.org/spec/UML/2.4.1/Infrastructure*

[UML11-2] *Object Management Group:* OMG Unified Modeling Language (OMG UML), Superstructure Version 2.4.1. OMG, 2011. *https://www.omg.org/spec/UML/2.4.1/About-UML/*

[Vah05] *Vahs, D.:* Organisation. Einführung in die Organisationstheorie und -praxis. 5. Auflage. Schäffer Poeschel, Kornwestheim 2005

[Vog05] *Vogel, O.; Arnold, I.; Chughtai, A.; Ihler, E.; Mehlig, U.; Neumann, T.; Völter, M.; Zdun, U.:* Software-Architektur. Grundlagen – Konzepte – Praxis. 1. Auflage. Spektrum Akademischer Verlag, München 2005

[War02] *Ward, J.; Peppard, J.:* Strategic Planning for Information Systems. 3. Auflage. Wiley & Sons, USA 2002

[Wei04] *Weill, P.; Ross, J. W.:* IT Governance – How Top Performers Manage IT Decision Rights for Superior Results. McGraw-Hill Professional, New York 2004

[Wei06] *Weill, P.; Ross, J. W.; Robertson, D. C.:* Enterprise Architecture as a Strategy. McGraw-Hill Professional, New York 2006

[Win03] *Winter, R.:* Methodische Unterstützung der Strategiebildung im Retail Banking. In: BIT – Banking and Information Technology, Nr. 2, S. 49–58, 2003

[Win08] *Aier, S.; Kurpjuweit, S.; Schmitz, O.; Schulz, J.; Thomas, A.; Winter, R.:* An Engineering Approach to Enterprise Architecture Design and its Application at a Financial Service Provider, 2008

[Win16] *Winter, R.:* Establishing ‚Architectural Thinking' in Organizations. 9th IFIP Working Conference on The Practice of Enterprise Modeling (PoEM), Nov 2016, Skövde, Sweden. pp. 3–8, ff10.1007/978-3-319-48393-1_1ff.

[Win11] *Winter, R.:* Business Engineering Navigator: Gestaltung und Analyse von Geschäftslösungen „Business-to-IT". 1. Auflage. Springer, Berlin Heidelberg, 2011

[Win16] *Winter, R.:* Establishing ‚Architectural Thinking' in Organizations. 9th IFIP Working Conference on The Practice of Enterprise Modeling (PoEM), Nov 2016, Skövde, Sweden. pp. 3–8, ff10.1007/978-3-319-48393-1_1ff.

[Wol10] *Wolf, H.; van Solingen, R.; Rustenburg, E.:* Die Kraft von Scrum: Inspiration zur revolutionärsten Projektmanagement-Methode. 1. Auflage. Addison-Wesley, München 2010

[Zac08] *The Zachman Institute for Framework Advancement:* Mission Statement and Zachman Framework. *http://www.zifa.com* (Download 2008-01-03)

[Zac87] *Zachman, J.:* A Framework for Information Systems Architecture. In: IBM Systems Journal, Vol. 26, No. 3, S. 277–293, 1987

[Zin04] *Zink, K. J.:* TQM als integriertes Managementkonzept. Das EFQM Excellence Model und seine Unterstützung. 1. Auflage. Hanser, München 2004

Stichwortverzeichnis